BKI OBJEKTDATEN

Kosten abgerechneter Bauwerke

S6
Sonderband Holzbau

BKI Objektdaten:
Kosten abgerechneter Bauwerke und statistische Kostenkennwerte
S6 Sonderband Holzbau - Neubau

BKI Baukosteninformationszentrum (Hrsg.)
Stuttgart: BKI, 2024

Mitarbeit:
Hannes Spielbauer (Geschäftsführer)
Brigitte Lechler (Prokuristin)
Dokumentation: Catrin Baumeister, Anna Bertling, Annette Dyckmans, Heike Elsäßer, Sabine Egenberger, Foroogh Hemmati, Irmgard Schauer, Sibylle Vogelmann
Produktmanagement: Martin Mösl, Tabea Wessel
Endbearbeitung: Jeannette Sturm

Fachautoren:
Univ.-Prof. Dr.-Ing. Wolfdietrich Kalusche
Holzbau Deutschland Institut e.V.
BM HBM DI Dr. techn. Jörg Koppelhuber

Layout, Satz:
Marvin Bisceglie
Hans-Peter Freund
Thomas Fütterer

Fachliche Begleitung:
Beirat Baukosteninformationszentrum
Stephan Weber (Vorsitzender)
Markus Lehrmann (stellv. Vorsitzender)
Prof. Dr. Bert Bielefeld
Markus Fehrs
Andrea Geister-Herbolzheimer
Prof. Dr. Wolfdietrich Kalusche
David Meuer
Martin Müller
Markus Weise

Anschrift:
Seelbergstraße 4, 70372 Stuttgart
Kundenbetreuung: (0711) 954 854-0
Baukosten-Hotline: (0711) 954 854-41
Telefax: (0711) 954 854-54
info@bki.de
www.bki.de

Titelabbildungen:
Heilpädagogische Tagesstätte (6400-0122) Arch.: Kammerl & Kollegen; Pfaffing; Fotografin: Adrienne-Sophie Hoffer
Amtsverwaltung (1300-0302) Arch.: ppp architekten + stadtplaner gmbh; Lübeck; Fotograf: Stephan Baumann, bild_raum
Fahrradparkhaus (7800-0034) Arch.: Leitplan GmbH Planungs- u. Entwicklungsgesell.; Berlin; Fotograf: Michael Ryan

Vorwort

Das Interesse am Bauen mit dem Rohstoff Holz – insbesondere im Neubau – ist seit Jahren ungebrochen. Für Bauen mit dem nachwachsenden Rohstoff Holz sprechen im Vergleich zu anderen Materialien die gute Ökobilanz, ein geringerer Energieverbrauch für Gewinnung und Transport, die hohe Energieeffizienz und auch die vielfältigen Recycling-Möglichkeiten. Der zunehmenden Bedeutung nachhaltig zu Bauen kann u.a. durch die Wahl des Baustoffs Holz getragen werden.

Bei der Planung von Holzbauprojekten unterstützt das Baukosteninformationszentrum Deutscher Architektenkammern (BKI) Architektur- und Planungsbüros und alle Baubeteiligten mit aktuellen Baukosten-Auswertungen von bereits realisierten Vergleichsobjekten. Die zweite Auflage „Baukosten im Bild für Holzbau" liefert statistische Baukosten-Auswertungen für den Neubau (Büro- und Verwaltungsgebäude; Schulen; Kindergärten, nicht unterkellert; Ein- und Zweifamilienhäuser, unterkellert; Ein- und Zweifamilienhäuser, nicht unterkellert; Ein- und Zweifamilienhäuser, Passivhausstandard; Doppel- und Reihenendhäuser; Mehrfamilienhäuser und Gemeindezentren). Zudem beinhaltet der neue BKI-Sonderband 52 realisierte Holzbau-Projekte als Einzelobjektdokumentationen – eine gute Grundlage für Kostenvergleiche, Kostenkontrolle und Kostensteuerung.

Die neu erhobenen Objekte veröffentlicht BKI kontinuierlich in der Fachbuchreihe BKI OBJEKTDATEN und aktualisiert auf diese Weise die BKI-Baukostendatenbanken. Die mit jedem weiteren Band wachsende Sammlung von Vergleichsobjekten leistet wertvolle Dienste bei Kostenermittlungen und trägt zu mehr Kostensicherheit bei allen am Bau Beteiligten bei. Die Reihe „BKI OBJEKTDATEN" mit den objektbezogenen Kostenkennwerten und die Reihe „BKI BAUKOSTEN" mit statistisch ermittelten Kostenkennwerten sind aufeinander abgestimmt und ergänzen sich zu einem Expertensystem der Kostenplanung.

Der Dank des BKI gilt allen Architektinnen und Architekten, die Daten und Unterlagen zur Verfügung stellen. Sie profitieren von der Dokumentationsarbeit durch BKI und unterstützen zugleich den eigenen Berufsstand. Die in Buchform veröffentlichten Architekt*innen-Projekte bilden eine fundierte und anschauliche Dokumentation gebauter Architektur. Zudem ermöglichen sie eine kompetente Kostenermittlung von Folgeobjekten und eignen sich hervorragend zur Akquisition neuer Planungsaufgaben.

Zur Pflege der Baukostendatenbanken sucht BKI weitere Objekte aus allen Bundesländern. Weitere Informationen dazu werden auf unserer Webseite www.bki.de unter „Daten an BKI liefern" zur Verfügung gestellt. BKI berät gerne über alle Möglichkeiten, realisierte Projekte zu veröffentlichen. Datenlieferanten erhalten eine Vergütung und können weitere Vorteile nutzen.

Besonderer Dank gilt abschließend auch dem BKI-Beirat, der mit seinem Expert*innenwissen aus der Architektenpraxis, den Architekten- und Ingenieurkammern, Normausschüssen und Hochschulen zum Gelingen der BKI-Fachinformationen beiträgt.

Wir wünschen allen Anwender*innen des Fachbuchs viel Erfolg in allen Phasen der Kostenplanung und vor allem eine große Übereinstimmung zwischen geplanten und realisierten Baukosten im Sinne zufriedener Bauherr*innen. Anregungen und Kritik zur Verbesserung der BKI-Fachbücher sind uns jederzeit willkommen.

Hannes Spielbauer - Geschäftsführer
Brigitte Lechler - Prokuristin

Baukosteninformationszentrum
Deutscher Architektenkammern GmbH
Stuttgart, im August 2024

Inhalt		Seite

Benutzerhinweise

Kostenkennwerte für Kostengruppen der 3. Ebene nach DIN 276

Anhang

Holzbau-Attribute
- Übersicht nach Objekten

Holzbau Attribute - Übersicht nach Objekten

Obj.-Nr.	Objektbezeichnung	Holzskelettbau	Holzrahmenbau	Holztafelbau	Massivholzbau	Holzmodulbau	Hybridkonstruktion, horizontale Bauteile	Holzdecken, Balken	Holzdecken, massiv	Holzdach, Balken	Holzdach, massiv	Seite
Büro- und Verwaltungsgebäude												
1300-0302	Amtsverwaltung (24 AP)		•				•			•		176
1300-0305	Bürogebäude (13 AP)		•							•		182
1300-0307	Bürogebäude (15 AP)		•				•			•		188
1300-0318	Bürogebäude, Forschung (34 AP)		•				•				•	194
Schulen												
4200-0041	Werkstattgebäude (6 Klassen)	•							•		•	208
4200-0042	Akademiegebäude		•				•		•		•	214
4300-0026	Förderschule, Erweiterungsbau					•				•		220
Kindergärten, nicht unterkellert												
4400-0333	Kindertagesstätte (35 Kinder)		•						•	•		240
4400-0364	Kindertagesstätte (5 Gruppen)			•				•		•		260
4400-0365	Kindergarten (126 Kinder)				•					•		266
4400-0366	Kinderhaus (4 Gruppen, 74 Kinder)				•					•		272
4400-0367	Kindergarten (3 Gruppen)		•							•		278
4400-0369	Kindertagesstätte (4 Gruppen, 84 Kinder)				•				•		•	296
4400-0378	Kindergarten (150 Kinder)		•							•		302
4400-0380	Kindertagesstätte (5 Gruppen)		•							•		308
4400-0383	Kindertagesstätte (4 Gruppen)		•							•		314
4400-0392	Kindertagesstätte (4 Gruppen)		•				•			•		320
Ein- und Zweifamilienhäuser, unterkellert												
6100-1629	Einfamilienhaus						•				•	340
6100-1696	Zweifamilienhaus	•					•	•		•		346
Ein- und Zweifamilienhäuser, nicht unterkellert												
6100-1611	Tiny House		•							•		366
6100-1615	Einfamilienhaus		•						•	•		372
6100-1618	Ferienhaus		•					•		•		378
6100-1627	Einfamilienhaus, experimentell		•				•	•		•		384
6100-1661	Einfamilienhaus, Nebengebäude				•		•		•		•	390
6100-1672	Einfamilienhaus		•								•	396
6100-1698	Mehrfamilienhaus (2 WE)		•						•	•		412
Doppel- und Reihenendhäuser												
6100-1604	Doppelhäuser, Einfamilienhäuser			•				•		•		438
6100-1673	Reihenendhaus		•		•				•	•		444
Mehrfamilienhäuser												
6100-1593	Mehrfamilienhaus (3 WE)		•					•		•		460
6100-1612	Mehrfamilienhaus (33 WE), TG						•		•		•	476
6100-1635	Mehrfamilienhaus (24 WE)	•					•		•		•	482
6100-1649	Mehrfamilienhaus (31 WE), Gewerbe				•		•		•		•	488
6100-1650	Mehrfamilienhaus (42 WE)		•				•		•		•	494

Obj.-Nr.	Objektbezeichnung	Holzskelettbau	Holzrahmenbau	Holztafelbau	Massivholzbau	Holzmodulbau	Hybridkonstruktion, horizontale Bauteile	Holzdecken, Balken	Holzdecken, massiv	Holzdach, Balken	Holzdach, massiv	Seite
6100-1651	Mehrfamilienhaus (3 WE), Praxis		•				•		•	•		500
6100-1657	Studierendenappartements (11 WE)		•						•	•		506
6100-1669	Mehrfamilienhäuser (18 WE, 2 GE)						•			•		512
Gemeindezentren												
6400-0120	Jugendfreizeitstätte (3 Gruppen)		•								•	528
6400-0122	Heilpädagogische Tagesstätte				•		•		•		•	546
6400-0126	Gemeindehaus (140 Sitzplätze)						•			•		552
Sonstige Gebäude												
5300-0021	Duschhaus (4 Duschen)		•								•	560
5300-0022	Bootshaus (6 Fahrzeuge)	•					•			•		566
6200-0127	Studierendenwohnheim (110 WE)						•		•	•		572
6400-0123	Spielhaus				•						•	578
7200-0100	Verbrauchermarkt (2 GE, 18 AP)						•			•		584
7600-0089	Rettungswache (2 Fahrzeuge)		•		•				•		•	590
7600-0098	Werkfeuerwehr (6 Fahrzeuge)						•		•		•	606
7600-0099	Feuerwehrgerätehaus (5 Fahrzeuge)		•							•	•	612
7600-0101	Feuerwehrgerätehaus (2 Fahrzeuge)		•		•				•		•	618
7700-0092	Gerätehalle, temporär	•								•		624
7800-0034	Fahrradparkhaus (604 STP)	•							•			630
7800-0037	Parkhaus (77 STP)	•							•		•	636
9100-0212	Kirche (199 Sitzplätze), Gästehaus		•					•		•		650

Einführung

In der Fachbuchreihe „BKI OBJEKTDATEN“ werden für Kostenermittlungszwecke und Wirtschaftlichkeitsvergleiche realisierte und vollständig abgerechnete Bauwerke aus allen Bundesländern veröffentlicht.

Jährlich erscheinen mehrere Bände mit den im Laufe eines Jahres neu erhobenen Objekten der BKI-Baukostendatenbanken. Innerhalb dieser Reihen werden die einzelnen Bände nach Baumaßnahme unterschieden in Neubau, Altbau, Innenräume und Freianlagen.

Dieser Band enthält neu dokumentierte Objekte in Holzbauweise und auszugsweise aus den Statistikbänden extrahierte Neubau-Objekte in Holzbauweise.

Die Kostenkennwerte der Objekte dienen dazu, die Kosten von Bauprojekten im Vergleich mit den Kosten bereits realisierter Objekte zu ermitteln bzw. Kostenermittlungen mit büroeigenen Daten oder den Daten Dritter zu überprüfen, solange Kostenanschläge auf der Grundlage von Ausschreibungsergebnissen noch nicht vorliegen.

Dieser Vergleich wird erleichtert durch die eingesetzte „Normierung der Kostenkennwerte auf Bundesniveau“. Durch Übernahme der BKI Regionalfaktoren in die Datenbanken ist es möglich die Objekte hinsichtlich des Bauortes zu bewerten. BKI rechnet so, als ob das Objekt nicht am Bauort, sondern in einer mit dem Bundesdurchschnitt identischen Region gebaut worden wäre. Diese regionale Normierung vereinfacht die Bewertung der Kostenkennwerte für den/die Anwender*in erheblich.

Unterstützt werden Kostenermittlungen nach DIN 276 in den frühen, für die Kostenentwicklung eines Projektes aber entscheidenden Planungsphasen. Dabei finden für überschlägige Kostenermittlungen z. B. das Aufstellen eines Kostenrahmens oder für Plausibilitätsprüfungen die groben Kostenkennwerte im Teil „Statistische Kostenkennwerte“ dieses Buchs Anwendung. Für differenziertere Kostenermittlungen auf der Ebene der Bauelemente bieten sich die Kosteninformationen im Teil „Kostenkennwerte für Kostengruppen der 2. und 3. Ebene nach DIN 276 " dieses Buchs an.

Darüber hinaus enthält das Buch Planungskennwerte, die Wirtschaftlichkeitsprüfungen anhand von Flächenvergleichen ermöglichen.

Die BKI Baukostendatenbanken selbst umfassen einen wesentlich größeren Bestand an Altbau-, Neubau-, Innenraum- und auch Freianlagen-Objekten. Zugriff auf alle Einzelobjekte bietet auch die Software „BKI Kostenplaner“.

Benutzerhinweise

1. Definitionen

Kostenkennwerte sind Werte, die das Verhältnis von Kosten bestimmter Kostengruppen nach DIN 276:2018-12 zu bestimmten Bezugseinheiten nach DIN 277:2021-08 darstellen. Planungskennwerte im Sinne dieser Veröffentlichung sind Werte, die das Verhältnis bestimmter Flächen und Rauminhalte zur Nutzungsfläche (NUF) und Brutto-Grundfläche (BGF) darstellen, angegeben als Prozentsätze oder als Faktoren.

2. Kostenstand und Mehrwertsteuer

Kostenstand aller Kennwerte ist das 2. Quartal 2024. Alle Kostenkennwerte dieser Fachbuchreihe enthalten die Mehrwertsteuer. Die Angabe aller Kostenkennwerte erfolgt in Euro.
Die vorliegenden Kosten- und Planungskennwerte sind Orientierungswerte, Sie können nicht als Richtwerte im Sinne einer verpflichtenden Unter- oder Obergrenze angewendet werden.

Die Umrechnung von Kostendaten dieses Buchs wird durch ein Beispiel erläutert:
Ein Kostenkennwert von 500 €/m² BGF mit dem Kostenstand 2. Quartal 2024 soll auf den Kostenstand 3. Quartal 2021 umgerechnet werden. Verwendet wird die Indexreihe mit dem Basisjahr 2021=100.

Index 2. Quartal 2024 (2021=100) = 129,4
Index 3. Quartal 2021 (2021=100) = 102,1

$$\frac{500\ €/m^2\ BGF \times 102{,}1}{129{,}4} = 395\ €/m^2\ BGF$$

3. Datengrundlage

Grundlage der Tabellen sind abgerechnete Bauvorhaben. Die Daten wurden mit größtmöglicher Sorgfalt von uns bzw. unseren Dokumentationsstellen erhoben. Dies entbindet den/die Benutzer*in aber nicht davon, angesichts der vielfältigen Kosteneinflussfaktoren die genannten Orientierungswerte eigenverantwortlich zu prüfen und entsprechend dem jeweiligen Verwendungszweck anzupassen. Für die Richtigkeit der im Rahmen einer Kostenermittlung eingesetzten Werte können daher weder Herausgeber noch Verlag eine Haftung übernehmen.

4. Betrachtung der Kostenauswirkungen aktueller Energiestandards

Gerade im Hinblick auf die wiederholte Verschärfung gesetzgeberischer Anforderungen an die energetische Qualität, insbesondere von Neubauten, wird von Kundenseite die Frage nach dem Energiestandard der statistischen Fachbuchreihe BKI BAUKOSTEN gestellt. BKI hat Untersuchungen zu den kostenmäßigen Auswirkungen der erhöhten energetischen Qualität von Neubauten vorgenommen. Die Untersuchungen zeigen, dass energetisch bedingte Kostensteigerungen durch Rationalisierungseffekte größtenteils kompensiert werden.

BKI dokumentiert derzeit ca. 200 neue Objekte pro Jahr, die zur Erneuerung der statistischen Auswertungen verwendet werden. Etwa im gleichen Maße werden ältere Objekte aus den Auswertungen entfernt. Mit den hohen Dokumentationszahlen der letzten Jahre wurden die BKI-Datenbanken damit noch aktueller.

In nahezu allen energetisch relevanten Gebäudearten sind zudem Objekte enthalten, die über den nach GEG geforderten energetischen Standard hinausgehen. Diese über den geforderten Standard hinausgehenden Objekte kompensieren einzelne Objekte, die den aktuellen energetischen Standard nicht erreichen. Insgesamt wird daher ein ausgeglichenes Objektgefüge pro Gebäudeart erreicht.

Obwohl BKI fertiggestellte und schlussabgerechnete Objekte dokumentiert, können durch die Dokumentation von Objekten, die über das gesetzgeberisch geforderte Maß energetischer Qualität hinausgehen, Kostenkennwerte für aktuell geforderte energetische Standards ausgewiesen werden. Die Kostenkennwerte der Fachbuchreihe BKI BAUKOSTEN 2024 entsprechen somit dem aktuellen GEG-Niveau.

5. Anwendungsbereiche

Die Kostenkennwerte dienen als Orientierungswerte für Kostenermittlungen in den frühen Planungsphasen, z. B. zur Aufstellung eines „Kostenrahmens" auf der Grundlage von Bedarfsplänen oder Baumassenkonzepten, bei Kostenschätzungen und Kostenberechnungen auf der Grundlage von Vor- und Entwurfsplanungen, für Mittelbedarfsplanungen von Investoren, für Plausibilitätsprüfungen von Kostenermittlungen Dritter, für Begutachtungen von Beleihungsanträgen durch Kreditinstitute, für Wertermittlungsgutachten u.ä. Zwecke.

Für die Projektentwicklung und die frühen Planungsphasen werden auch die Kostenkennwerte für Herrichten und Erschließen, Außenanlagen, sowie Ausstattung und Kunstwerke ausgewiesen. Gleiches gilt für die Kosten und den Flächenbedarf für Nutzeinheiten und den Bauzeitbedarf bezogen auf die Brutto-Grundfläche.

Die formalen Mindestanforderungen hinsichtlich der Darstellung der Ergebnisse einer Kostenermittlung sind in DIN 276: 2018-12 unter Ziffer 4 Grundsätze der Kostenplanung festgelegt.

6. Geltungsbereiche

Die genannten Kostenkennwerte spiegeln in etwa das durchschnittliche Baukostenniveau in Deutschland für die jeweilige Kategorie von Gebäudearten wider. Die Geltungsbereiche der Tabellenwerte sind fließend. Die „von-/bis-Werte" markieren weder nach oben noch nach unten absolute Grenzwerte. Um diesen Sachverhalt zu verdeutlichen, werden objektbezogene Kostenkennwerte angegeben, die teilweise außerhalb des statistisch ermittelten „Streubereichs" (Standardabweichung) liegen. Es empfiehlt sich daher in Einzelfällen, ergänzend die Kostendokumentationen einzelner Objekte aus dem vorliegendem Fachbuch heranzuziehen, um die Ermittlungsergebnisse ggf. anhand der Daten dieser Vergleichsobjekte anzupassen.

7. Berechnung Kostenkennwerte

Im Fachbuch BKI Objektdaten Sonderband S6 - Holzbau wird eine Berechnung der Streubereiche der in der jeweiligen Gebäudeart vorhandenen Kostenkennwerte durchgeführt. Dadurch ergeben sich „von-/bis-Werte".

Auf der ersten Seite jeder Gebäudeart wird in der Grafik „Vergleichsobjekte" einerseits der Streubereich für alle Kostenkennwerte dieser Gebäudeart als heller Balken und andererseits der Bereich zwischen den „von-/bis-Werten" als dunkler Balken angegeben.

Um dem Umstand Rechnung zu tragen, dass im Bauwesen Abweichungen nach oben wahrscheinlicher sind als Abweichungen nach unten, werden die Werte oberhalb des Mittelwertes getrennt von den Werten unterhalb des Mittelwertes betrachtet. Besonders teure Gebäude haben somit keinen Einfluss auf die statistischen Werte unterhalb des Mittelwerts. Der Mittelwert liegt als Durchschnittswert nicht zwingend in der Mitte des Streubereiches (z. B. 25 27 31). In den Grafiken mit den Vergleichsobjekten wird kenntlich gemacht, ob nur ein Einzelwert vorliegt (z. B. - 27 -), oder ob mehrere Werte vorliegen, die aber noch keine Berechnung der Bandbreite zulassen (z. B. 27 27 27). Der Vorteil dieser Betrachtungsweise liegt in der genaueren Wiedergabe der Realitäten im Bauwesen. Nachfolgend werden die Berechnungsprinzipien der einzelnen statistischen Kostenkennwerte erläutert:

Min = Minimaler Kostenkennwert:
Dieser Kostenkennwert bezieht sich auf den Wert innerhalb einer Stichprobe, der den minimalen Kostenkennwert aller Werte in dieser Stichprobe aufweist. Der minimale Kostenkennwert wird nur bei Kostenkennwerten von Positionen angegeben (Baukosten Positionen Neubau/Altbau und Baupreise kompakt Neubau/Altbau).

Von = Mittelwert abzüglich Standardabweichung der Daten unterhalb des Mittelwerts:
Dieser Kostenkennwert berücksichtigt die Standardabweichung als Maß für die Streu-

breite aller Kostenkennwerte unterhalb des Mittelwerts. Dadurch ist dies ein gewichteter Wert, der den Abstand der Kostenkennwerte zum Mittelwert berücksichtigt. Das bedeutet, dass unter Umständen besonders günstige Gebäude in der Stichprobe einen geringeren Einfluss auf den „Von“ Wert haben als Gebäude, deren Kostenkennwerte näher am Mittelwert liegen.

Mittelwert = mittlerer Kostenkennwert pro Gebäudeart:
Dieser Kostenkennwert wird als arithmetischer Mittelwert durch Addition aller vorhandenen Kostenkennwerte und Teilung der dadurch entstandenen Summe der Kostenkennwerte durch die Anzahl der Kostenkennwerte ermittelt.

Bis = Mittelwert zuzüglich Standardabweichung der Daten oberhalb des Mittelwerts:
Dieser Kostenkennwert berücksichtigt die Standardabweichung als Maß für die Streubreite aller Kostenkennwerte oberhalb des Mittelwerts. Dadurch ist dies ein gewichteter Wert, der den Abstand der Kostenkennwerte zum Mittelwert berücksichtigt. Das bedeutet, dass unter Umständen besonders teure Gebäude in der Stichprobe einen geringeren Einfluss auf den „Bis“ Wert haben als Gebäude, deren Kostenkennwerte näher am Mittelwert liegen.

Max = Maximaler Kostenkennwert:
Dieser Kostenkennwert bezieht sich auf den Wert innerhalb einer Stichprobe, der den maximalen Kostenkennwert aller Werte in dieser Stichprobe aufweist. Der maximale Kostenkennwert wird nur bei Kostenkennwerten von Positionen angegeben (Baukosten Positionen Neubau/Altbau und Baupreise kompakt Neubau/Altbau).

8. Kosteneinflüsse
In den Bandbreiten der Kostenkennwerte spiegeln sich die vielfältigen Kosteneinflüsse aus Nutzung, Markt, Gebäudegeometrie, Ausführungsstandard, Projektgröße etc. wider.
Die Orientierungswerte können nicht schematisch übernommen werden, sondern müssen entsprechend den spezifischen Planungsbedingungen überprüft und ggf. angepasst werden. Mögliche Einflüsse, die eine Anpassung der Orientierungswerte erforderlich machen, können sein:
- besondere Nutzungsanforderungen
- Standortbedingungen (Erschließung, Immission, Topographie, Bodenbeschaffenheit)
- Bauwerksgeometrie (Grundrissform, Geschosszahlen, Geschosshöhen, Dachform, Dachaufbauten)
- Bauwerksqualität (gestalterische, funktionale und konstruktive Besonderheiten),
- Baumarkt (Zeit, regionaler Baumarkt, Vergabeart).

9. Budgetierung nach Kostengruppen
Die in den Tabellen „Kostenkennwerte für die Kostengruppen der 1. und 2. Ebene DIN 276“ genannten Prozentanteile ermöglichen eine erste grobe Aufteilung der ermittelten Bauwerkskosten in „Teilbudgets“. Solche geschätzten „Teilbudgets“ können als Kontrollgrößen dienen für die entsprechenden, zu einem späteren Zeitpunkt und anhand genauerer Planungsunterlagen ermittelten Kosten (Kostenkontrolle).
Aus Prozentsätzen abgeleitete Kostenaussagen können ferner zur Überprüfung von Kostenermittlungen dienen, die auf büroeigenen Kostendaten oder den Angaben Dritter basieren (Plausibilitätskontrolle). Die Ableitung von überschlägig geschätzten Teilbudgets schafft auch die Voraussetzung dafür, dass die kostenplanerisch relevanten Kostenanteile erkenn-bar werden, bei denen z. B. die Entwicklung kostensparender Alternativen primär Erfolg verspricht (Kostentransparenz, Kostenplanung, Kostensteuerung).

10. Budgetierung nach Vergabeeinheiten
In den Tabellen „Kostenkennwerte für Leistungsbereiche“ sind nur die Leistungsbereichskosten in die Prozentsätze eingegangen, die den Kostengruppen 300 und 400 zuzuordnen sind; also nicht z. B. Erdarbeiten nach LB 002, die nach DIN 276 ggf. zur Kostengruppe 500 (Außenanlagen) gehören. Die unter „Rohbau“ und „Ausbau“ zusammengefassten Leistungsbereiche sind nicht exakt der Kostengruppe 300 gleichzusetzen (nur näherungsweise!). Mit Hilfe der

angegebenen Prozentsätze lassen sich die ermittelten Bauwerkskosten in Teilbudgets für einzelne Leistungsbereiche aufteilen. Man sollte jedoch nicht den Eindruck erwecken, die Kosten solcher Teilbudgets nach Leistungsbereichen seien bereits (wie später unerlässlich) aus Einzelansätzen „Menge x Einheitspreis" positionsweise ermittelt worden. Die auf diese Weise überschlägig ermittelten Leistungsbereichskosten können aber zur Kostenkontrolle der späteren Ausschreibungsergebnisse herangezogen werden.

11. Planungskennwerte / Baukostensimulation

Neben den Kosten werden von BKI auch die Flächen und Rauminhalte der abgerechneten Objekte dokumentiert. Aus den einzelnen Flächen und Rauminhalten werden Planungskennwerte gebildet. Ein Planungskennwert stellt das Verhältnis bestimmter Flächen und Rauminhalte zueinander dar, z. B. der Anteil der Verkehrsfläche an der Nutzungsfläche, angegeben als Prozentwert oder als Faktor.
Die Planungskennwerte aller Objekte einer Gebäudeart werden statistisch ausgewertet und auf der 4. Seite jeder Gebäudeart dargestellt. Sie erlauben z. B. die Überprüfung der Wirtschaftlichkeit einer Entwurfslösung.

Es werden auch die Flächen der Grobelemente (2.Ebene nach DIN 276) ausgewertet und ihr Anteil an der Nutzungsfläche (NUF) und der Bruttogrundfläche (BGF) dokumentiert. Diese Planungskennwerte können dazu dienen die Grobelementflächen einer Planung statistisch zu ermitteln, solange konkrete Planungen oder Skizzen noch nicht vorliegen. Anhand der Brutto-Grundfläche kann somit z. B. eine statistische Aussage über die zu erwartende Menge der Außenwandfläche getroffen werden. Multipliziert mit dem Kostenkennwert der Außenwand können dadurch die Kosten der Außenwand ermittelt werden. BKI spricht bei diesem Verfahren von „Baukostensimulation". Eine komplett ausgeführte Baukostensimulation liefert als Ergebnis einen Kostenrahmen mit Kosten für die 1. und 2. Ebene DIN 276 der Kostengruppen 300 und 400.

Für die Baukostensimulation hat BKI eine Excel-Tabelle vorbereitet. Diese wird kostenfrei im Internet unter:
www.bki.de/kostensimulationsmodell.html
zur Verfügung gestellt. Hier werden auch weitere Informationen zu den Grundlagen des Verfahrens und der Handhabung der Tabelle angeboten.

12. Regionaliserung der Daten

Grundlage der BKI Regionalfaktoren sind Daten aus der amtlichen Bautätigkeitsstatistik der statistischen Landesämter, eigene Berechnungen auch unter Verwendung von Schwerpunktpositionen und regionale Umfragen. Zusätzlich wurden von BKI Verfahren entwickelt, um die Eingangsdaten auf Plausibilität prüfen und ggf. anpassen zu können. Auf der Grundlage dieser Berechnungen hat BKI einen bundesdeutschen Mittelwert gebildet. Anhand des Mittelwertes lassen sich die einzelnen Land- und Stadtkreise prozentual einordnen. Diese Prozentwerte wurden die Grundlage der BKI Deutschlandkarte mit „Regionalfaktoren für Deutschland".

Für die größeren Inseln Deutschlands wurden separate Regionalfaktoren ermittelt. Dazu wurde der zugehörige Landkreis in Festland und Inseln unterteilt. Alle Inseln eines Landkreises erhalten durch dieses Verfahren den gleichen Regionalfaktor. Der Regionalfaktor des Festlandes enthält keine Inseln mehr und ist daher gegenüber früheren Ausgaben verringert.

Die Kosten der Objekte der BKI Datenbanken wurden auf den Bundesdurchschnitt umgerechnet. Für den Anwender bedeutet die Umrechnung der Daten auf den Bundesdurchschnitt, dass einzelne Kostenkennwerte oder das Ergebnis einer Kostenermittlung mit dem Regionalfaktor des Standorts des geplanten Objekts multipliziert werden können. Die BKI Landkreisfaktoren befinden sich im Anhang des Buchs.

13. Urheberrechte

Alle Objektinformationen und die daraus abgeleiteten Auswertungen (Statistiken) sind urheberrechtlich geschützt. Die Urheberrechte liegen bei den jeweiligen Büros, Personen bzw. beim BKI. Es ist ausschließlich eine Anwendung der Daten im Rahmen der praktischen Kostenplanung im Hochbau zugelassen. Für eine anderweitige Nutzung oder weiterführende Auswertungen behält sich das BKI alle Rechte vor.

Fotopräsentation der Objekte

1300-0302 Amtsverwaltung (24 AP)
Büro- und Verwaltungsgebäude
ppp architekten + stadtplaner gmbh
Lübeck

1300-0305 Bürogebäude (13 AP)
Büro- und Verwaltungsgebäude
Dillig Architekten GmbH
Simmern

1300-0307 Bürogebäude (15 AP)
Büro- und Verwaltungsgebäude
Steinwender Architekten GmbH
Heide

1300-0318 Bürogebäude (29 AP), Forschung (5 AP)
Büro- und Verwaltungsgebäude
Pahl + Weber-Pahl Planungsgesell. mbH & Co.KG und pwpMAS Architekten PartG mbB, Darmstadt

4200-0041 Werkstattgebäude, Berufsschule (6 Klassen)
Schulen
ZRS Architekten GvA mbH
Berlin

4200-0042 Akademiegebäude (160 Auszubildende)
Schulen
Numrich Albrecht Klumpp Gesellschaft von Architekten mbH Architekten mbH, Berlin

Fotopräsentation der Objekte

4300-0026 Förderschule, Erweiterungsbau
Schulen
hiendl_schineis architekten
Passau

4400-0333 Kindertagesstätte (3 Gruppen, 35 Kinder)
Kindergärten, nicht unterkellert
Wolfgang Helmle Freier Architekt
Ellwangen

4400-0364 Kindertagesstätte (5 Gruppen, 100 Kinder)
Kindergärten, nicht unterkellert
werk.um architekten
Darmstadt

4400-0365 Kindergarten (6 Gruppen, 126 Kinder)
Kindergärten, nicht unterkellert
abhd architekten denzinger und partner mbB
Neuburg

4400-0366 Kinderhaus (4 Gruppen, 74 Kinder)
Kindergärten, nicht unterkellert
Berschneider + Berschneider GmbH Architekten BDA
+ Innenarchitekten, Pilsach

4400-0367 Kindergarten (7 Gruppen, 130 Kinder)
Kindergärten, nicht unterkellert
K9 Architekten Borgards Lösch Pichl Piribauer BDA
DWB, Freiburg

4400-0369 Kindertagesstätte (4 Gruppen, 84 Kinder)
Kindergärten, nicht unterkellert
WOLLENWEBERARCHITEKTUR
Düsseldorf

4400-0378 Kindergarten (6 Gruppen, 150 Kinder)
Kindergärten, nicht unterkellert
Architekturbüro Obereisenbuchner
Pfaffenhofen

4400-0380 Kindertagesstätte (5 Gruppen, 105 Kinder)
Kindergärten, nicht unterkellert
ulrich TILGNER thomas GROTZ Architekten GmbH
Bremen

4400-0383 Kindertagesstätte (4 Gruppen, 74 Kinder)
Kindergärten, nicht unterkellert
Dipl.Ing. (FH) Martin Szymanski
Satteldorf-Gröningen

4400-0392 Kindertagesstätte (4 Gruppen, 70 Kinder)
Kindergärten, nicht unterkellert
ZIEBELL + PARTNER Architektur- und Planungs GmbH
Lübeck

5300-0021 Duschhaus (4 Duschen)
Sonstige Gebäude
ARCHITEKTanBORD Dipl.-Ing. Viktor Walter
Augsburg

Fotopräsentation der Objekte

© K.A.

5300-0022 Bootshaus (6 Fahrzeuge)
Sonstige Gebäude
⌂ Steiner Weißenberger Architekten
Berlin

© Wolfgang Grümer

6100-1593 Mehrfamilienhaus (3 WE)
Mehrfamilienhäuser
⌂ bonfanti ARCHITEKTEN Anke und Ralph Bonfanti
Wiehl-Weiershagen

© Annegret Liebscher-Tauber

6100-1604 Doppelhäuser, Einfamilienhäuser (9 WE)
Doppel- und Reihenendhäuser
⌂ Liebscher-Tauber und Tauber Architekten PartG mbB
Berlin

© Marcel Lapander Photography

6100-1611 Tiny House
Ein- und Zweifamilienhäuser, nicht unterkellert
⌂ DIESSBACHER ARCHITEKTUR GmbH
Traunstein

© Manfred Jarisch

6100-1612 Mehrfamilienhaus (33 WE), TG (42 STP)
Mehrfamilienhäuser
⌂ Bayerische Staatsforsten AöR Thomas Feigl &
Lisa Schex, Regensburg

© Prof. Michael Mann

6100-1615 Einfamilienhaus
Ein- und Zweifamilienhäuser, nicht unterkellert
⌂ mann architektur+ Prof. Michael Mann
Erfurt

6100-1618 Ferienhaus
Ein- und Zweifamilienhäuser, nicht unterkellert
Wanja Wechselberger Studio & Legeer Architekten
Berlin

6100-1627 Einfamilienhaus, experimentell
Ein- und Zweifamilienhäuser, nicht unterkellert
c/o now (Studio CO NOW GmbH)
Berlin

6100-1629 Einfamilienhaus, Carport (2 STP)
Ein- und Zweifamilienhäuser, unterkellert
cl.ar Carsten Larusch Architektur
Bitburg

6100-1635 Mehrfamilienhaus (24 WE), Sozialzentrum
Mehrfamilienhäuser
Matthias Wegner, Potsdam und
SWP schäferwenningerprojekt GmbH, Berlin

6100-1649 Mehrfamilienhaus (31 WE), Gewerbe (3 GE)
Mehrfamilienhäuser
Wandel Lorch Götze Wach GmbH
Frankfurt am Main

6100-1650 Mehrfamilienhaus (42 WE)
Mehrfamilienhäuser
tafkaoo architects GmbH
Berlin

6100-1651 Mehrfamilienhaus (3 WE), Praxis
Mehrfamilienhäuser
brack architekten
Kempten

6100-1657 Studierendenappartements (11 WE)
Mehrfamilienhäuser
HfM Architektur + Energiedesign
Fulda

6100-1661 Einfamilienhaus, Nebengebäude
Ein- und Zweifamilienhäuser, nicht unterkellert
b@ugilde architekten
Diez

6100-1669 Mehrfamilienhäuser (2 Gebäude, 18 WE, 2 GE)
Mehrfamilienhäuser
IFUB GmbH
Berlin

6100-1672 Einfamilienhaus
Ein- und Zweifamilienhäuser, nicht unterkellert
brack architekten
Kempten

6100-1673 Reihenendhaus
Doppel- und Reihenendhäuser
ARGE Architekten Dennes Janßen, Dennis Winkler
Bremen

6100-1696 Zweifamilienhaus
Ein- und Zweifamilienhäuser, unterkellert
grotheer architektur
Wyk auf Föhr

6100-1698 Mehrfamilienhaus (2 WE)
Ein- und Zweifamilienhäuser, nicht unterkellert
sunder plaßmann . noll plan+bau gmbh
Kassel

6200-0127 Studierendenwohnheim (110 WE)
Sonstige Gebäude
ARCHITEKTEN STEIN HEMMES WIRTZ
Kasel

6400-0120 Jugendfreizeitstätte (3 Gruppen, 100 Kinder)
Gemeindezentren
brück.jordan architekten ingenieure PartGmbB
Würzburg

6400-0122 Heilpädagogische Tagesstätte (20 AP)
Gemeindezentren
Kammerl & Kollegen
Pfaffing

6400-0123 Spielhaus
Sonstige Gebäude
Hormann Architektur
www.janhormann.de

6400-0126 Gemeindehaus (140 Sitzplätze)
Gemeindezentren
Bindhammer Architekten, Stadtplaner und Beratender Ingenieur Part mbB, Bayerbach

7200-0100 Verbrauchermarkt (2 GE, 18 AP)
Sonstige Gebäude
Angelis & Partner Architekten mbB
Oldenburg

7600-0089 Rettungswache (2 Fahrzeuge)
Sonstige Gebäude
brack architekten
Kempten

7600-0098 Werkfeuerwehr (6 Fahrzeuge)
Sonstige Gebäude
wack + marx - architekten
St. Ingbert

7600-0099 Feuerwehrgerätehaus (5 Fahrzeuge)
Sonstige Gebäude
ZACHARIAS PLANUNGSGRUPPE GbR
Sankt Augustin

7600-0101 Feuerwehrgerätehaus (2 Fahrzeuge)
Sonstige Gebäude
architekten schäfer krause schulz mbB
Hannover

7700-0092 Gerätehalle, temporär (2 STP)
Sonstige Gebäude
Renn Architektur DA
Darmstadt

7800-0034 Fahrradparkhaus (604 STP)
Sonstige Gebäude
Leitplan GmbH Planungs- und Entwicklungsgesellschaft, Berlin

7800-0037 Parkhaus (77 STP)
Sonstige Gebäude
kg5 architekten Küstermeier I Gentner
Düsseldorf

9100-0212 Kirche (199 Sitzplätze), Gästehaus (15 Betten)
Sonstige Gebäude
foundation 5+ architekten BDA
Kassel

Erläuterungen

(1)

Kindergärten, nicht unterkellert

Kostenkennwerte für die Kosten des Bauwerks (Kostengruppen 300+400 nach DIN 276)

(2)

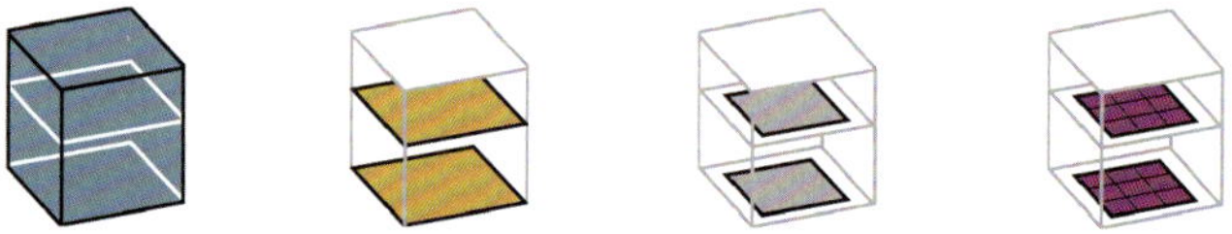

BRI 750 €/m³	BGF 3.030 €/m²	NUF 4.535 €/m²	NE 39.235 €/NE
von 610 €/m³	von 2.430 €/m²	von 3.560 €/m²	von 26.305 €/NE
bis 930 €/m³	bis 3.830 €/m²	bis 5.780 €/m²	bis 54.020 €/NE
			NE: Kinder

Objektbeispiele

Kosten:
Stand 2. Quartal 2024
Bundesdurchschnitt
inkl. 19% MwSt.

(3)

4400-0344

4400-0366

4400-0365

(4)

Kosten der 58 Vergleichsobjekte — Seiten 230 bis 325

- • KKW
- ▶ min
- ▷ von
- | Mittelwert
- ◁ bis
- ◀ max

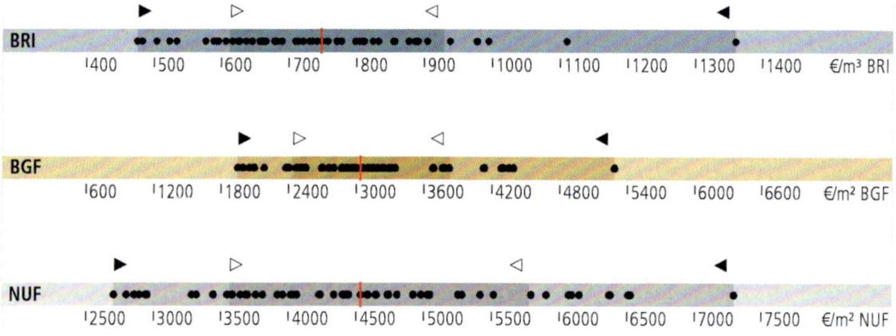

(5)

Kostenstand: 2. Quartal 2024, Bundesdurchschnitt, **inkl. 19% MwSt.**

Erläuterung nebenstehender Tabellen und Abbildungen

Kostenkennwerte für die Kosten des Bauwerks (Kostengruppe 300+400 DIN 276)

①

Bezeichnung der Gebäudeart

②

Kostenkennwerte für Bauwerkskosten inkl. MwSt. mit Kostenstand 2.Quartal 2024.
Kosten und Kostenkennwerte umgerechnet auf den Bundesdurchschnitt.

Angabe von Streubereich (Standardabweichung; „von-/bis"-Werte) und Mittelwert (Fettdruck).
- Bauwerkskosten: Summe der Kostengruppen 300 und 400 (DIN 276)
- Kostengruppe 300: Bauwerk-Baukonstruktionen
- Kostengruppe 400: Bauwerk-Technische Anlagen
- BRI: Brutto-Rauminhalt (Summe der Regelfall (R)- und Sonderfall (S)-Rauminhalte nach DIN 277)
- BGF: Brutto-Grundfläche (Summe der Regelfall (R)- und Sonderfall (S)-Rauminhalte nach DIN 277)
- NUF: Nutzungsfläche (Summe der Regelfall (R)- und Sonderfall (S)-Rauminhalte nach DIN 277)
- NE: Nutzeinheit

Auf volle 5 bzw. 10€ gerundete Werte

③

Zeigt Abbildungen beispielhaft ausgewählter Vergleichsobjekte aus der jeweiligen Gebäudeart. Die Objektnummer verweist auf die im gleichen Kapitel veröffentlichte Objektdokumentation. Jedoch sind nicht alle Objekte, die zur Bildung der statistischen Werte herangezogen wurden, als Einzelobjektdokumention in diesem Band veröffentlicht.

Vergleichsobjekte

④

Die Punkte zeigen auf die objektbezogenen Kostenkennwerte €/m³ BRI, €/m² BGF und €/m² NUF der Vergleichsobjekte. Diese Tabelle verdeutlicht den Sachverhalt, dass die Kostenkennwerte realer und abgerechneter Einzelobjekte auch außerhalb des statistisch ermittelten Streubereichs (Standardabweichung) liegen können. Der farbintensive innere Bereich stellt diesen Streubereich (von-bis) grafisch mit der Angabe des Mittelwerts dar. Von allen Vergleichsobjekten können beim BKI bei Bedarf die ausführlichen Kostendokumentationen angefordert werden. Die Breiten der Streubereiche variieren bei den unterschiedlichen Gebäudearten.

⑤

Anzeige des Kostenstandes

Kostenkennwerte für die Kostengruppen der 1. und 2.Ebene DIN 276

(1)

KG	Kostengruppen der 1. Ebene	Einheit	▷	€/Einheit	◁	▷	% an 300+400	◁
100	Grundstück	m²GF	–	**–**	–	–	**–**	–
200	Vorbereitende Maßnahmen	m²GF	7	**27**	62	1,0	**3,5**	7,3
300	Bauwerk – Baukonstruktionen	m²BGF	1.917	**2.358**	2.970	72,9	**78,1**	82,2
400	Bauwerk – Technische Anlagen	m²BGF	481	**673**	968	17,8	**21,9**	27,1
	Bauwerk 300+400	m²BGF	2.431	**3.031**	3.830	100,0	**100,0**	100,0
500	Außenanlagen und Freiflächen	m²AF	129	**415**	2.797	5,0	**10,4**	18,6
600	Ausstattung und Kunstwerke	m²BGF	33	**107**	246	1,2	**3,7**	9,0
700	Baunebenkosten*	m²BGF	588	**655**	723	19,6	**21,8**	24,1 ◁
800	Finanzierung	m²BGF	–	**–**	–	–	**–**	–

* Auf Grundlage der HOAI 2021 berechnete Werte nach §§ 35, 52, 56. Weitere Informationen siehe Seite 32

(2)

KG	Kostengruppen der 2. Ebene	Einheit	▷	€/Einheit	◁	▷	% an 1. Ebene	◁
310	Baugrube / Erdbau	m³BGI	32	**53**	96	0,9	**2,0**	3,3
320	Gründung, Unterbau	m²GRF	332	**414**	553	10,3	**15,6**	19,7
330	Außenwände / vertikal außen	m²AWF	652	**794**	992	22,0	**28,6**	36,2
340	Innenwände / vertikal innen	m²IWF	308	**391**	459	13,1	**17,0**	20,4
350	Decken / horizontal	m²DEF	597	**926**	1.316	0,4	**5,9**	17,8
360	Dächer	m²DAF	418	**564**	773	17,5	**23,2**	28,6
370	Infrastrukturanlagen		–	**–**	–	–	**–**	–
380	Baukonstruktive Einbauten	m²BGF	73	**114**	186	1,5	**4,0**	6,9
390	Sonst. Maßnahmen für Baukonst.	m²BGF	40	**79**	122	1,9	**3,6**	5,3
300	**Bauwerk – Baukonstruktionen**	**m²BGF**					**100,0**	
410	Abwasser-, Wasser-, Gasanlagen	m²BGF	93	**118**	143	17,5	**23,2**	31,2
420	Wärmeversorgungsanlagen	m²BGF	72	**112**	182	13,1	**21,5**	31,2
430	Raumlufttechnische Anlagen	m²BGF	30	**77**	163	2,8	**10,3**	19,2
440	Elektrische Anlagen	m²BGF	131	**188**	263	30,4	**34,4**	39,0
450	Kommunikationstechnische Anlagen	m²BGF	22	**41**	67	2,9	**6,8**	10,6
460	Förderanlagen	m²BGF	30	**48**	58	< 0,1	**1,5**	7,6
470	Nutzungsspez. / verfahrenstech. Anl.	m²BGF	2	**12**	53	< 0,1	**0,5**	4,2
480	Gebäude- und Anlagenautomation	m²BGF	17	**36**	100	< 0,1	**1,6**	6,9
490	Sonst. Maßnahmen f. techn. Anl.	m²BGF	2	**4**	7	< 0,1	**0,3**	1,0
400	**Bauwerk – Technische Anlagen**	**m²BGF**					**100,0**	

(3)

Prozentanteile der Kosten 2.Ebene an den Kosten des Bauwerks nach DIN 276 (Von/Mittel/Bis)

KG	Kostengruppe	%
310	Baugrube / Erdbau	1,6
320	Gründung, Unterbau	12,5
330	Außenwände / vertikal außen	22,8
340	Innenwände / vertikal innen	13,6
350	Decken / horizontal	4,6
360	Dächer	18,5
370	Infrastrukturanlagen	
380	Baukonstruktive Einbauten	3,2
390	Sonst. Maßnahmen für Baukonst.	2,9
410	Abwasser-, Wasser-, Gasanlagen	4,5
420	Wärmeversorgungsanlagen	4,2
430	Raumlufttechnische Anlagen	2,3
440	Elektrische Anlagen	6,9
450	Kommunikationstechnische Anlagen	1,4
460	Förderanlagen	0,3
470	Nutzungsspez. / verfahrenstech. Anl.	0,1
480	Gebäude- und Anlagenautomation	0,4
490	Sonst. Maßnahmen f. techn. Anl.	< 0,1

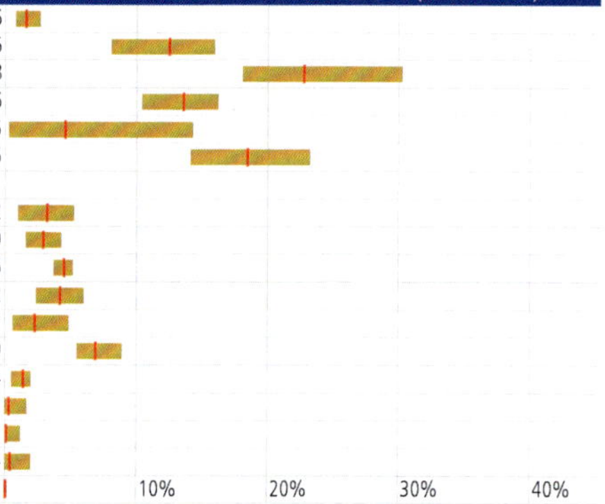

Kostenstand: 2. Quartal 2024, Bundesdurchschnitt, **inkl. 19% MwSt.**

Erläuterung nebenstehender Baukostentabellen

Alle Kostenkennwerte enthalten die Mehrwertsteuer. Kostenstand: 2. Quartal 2024.
Kosten und Kostenkennwerte umgerechnet auf den Bundesdurchschnitt.
Die Bezugseinheiten der Kostenkennwerte entsprechen der DIN 276:2018-12: Mengen und Bezugseinheiten.

Kostenkennwerte für die Kostengruppen der 1. und 2. Ebene DIN 276

①

Kostenkennwerte in €/Einheit für die Kostengruppen 200 bis 600 der 1. Ebene DIN 276 mit Angabe von Mittelwert (Spalte: €/Einheit) und Standardabweichung („von-/bis"-Werte).
Anteil der jeweiligen Kostengruppen in Prozent der Bauwerkskosten (100%) mit Angabe von Mittelwert (Spalte: % an 300 + 400) und Streubereich („von-/bis"-Werte). Die Werte in den Spalten „von" bzw. „bis" sind aus statistischen Gründen nicht addierbar, sonstige Abweichungen sind rundungsbedingt.

②

Angaben zum Bauwerk, jedoch für Kostengruppen der 2. Ebene DIN 276. Die Kostenkennwerte zur Kostengruppe 300 (Bauwerk-Baukonstruktionen) sind wegen der unterschiedlichen Bezugseinheiten nicht addierbar.
Bei der Ermittlung der Kostenkennwerte dieser Tabelle variiert der Stichprobenumfang von Kostengruppe zu Kostengruppe und auch gegenüber dem Stichprobenumfang der Tabelle der 1. Ebene. Um kostenplanerisch realistische Kostenkennwerte für die einzelnen Kostengruppen angeben zu können, wurden bei jeder Kostengruppe nur diejenigen Objekte einbezogen, bei denen für die betreffende Kostengruppe auch tatsächlich Kosten angefallen sind.
Zur Berechnung der Prozentanteile wurden jedoch alle Objekte herangezogen, zwischen den Kostenkennwerten und den Prozentanteilen kann daher kein direkter Bezug hergeleitet werden.
Beispiel: Da Kindergärten nicht immer eine Förderanlage enthalten, ergibt sich bezogen auf die gesamte Stichprobe der geringe mittlere Prozentanteil von nur 1,5% an den Kosten der Technischen Anlagen. Diesem Prozentsatz steht der Kostenkennwert von 48€/m² BGF gegenüber, ermittelt aus den Objekten, bei denen Kosten für Förderanlagen abgerechnet worden sind.

Prozentualer Anteil der Kostengruppen der 2. Ebene an den Kosten des Bauwerks nach DIN 276

③

Die grafische Darstellung verdeutlicht, welchen durchschnittlichen Anteil die Kostengruppen der 2. Ebene DIN 276 an den Bauwerkskosten (Kostengruppe 300 + 400 = 100%) haben. Für Kostenermittlungen werden die kostenplanerisch besonders relevanten Kostengruppen auch optisch sofort erkennbar. Der senkrechte Strich markiert den durchschnittlichen Prozentanteil (Mittelwert); der farbige Balken visualisiert den „Streubereich" (Standardabweichung). Bei der Aufsummierung aller Prozentanteile der Kostengruppen sind Abweichungen zu 100% rundungsbedingt.

Kostenkennwerte für die Kostengruppen der 1. und 2.Ebene DIN 276

KG	Kostengruppen der 1. Ebene	Einheit	▷	€/Einheit	◁	▷	% an 300+400	◁
100	Grundstück	m²GF	–	**–**	–	–	**–**	–
200	Vorbereitende Maßnahmen	m²GF	7	**27**	62	1,0	**3,5**	7,3
300	Bauwerk – Baukonstruktionen	m²BGF	1.917	**2.358**	2.970	72,9	**78,1**	82,2
400	Bauwerk – Technische Anlagen	m²BGF	481	**673**	968	17,8	**21,9**	27,1
	Bauwerk 300+400	m²BGF	2.431	**3.031**	3.830	100,0	**100,0**	100,0
500	Außenanlagen und Freiflächen	m²AF	129	**415**	2.797	5,0	**10,4**	18,6
600	Ausstattung und Kunstwerke	m²BGF	33	**107**	246	1,2	**3,7**	9,0
(1) 700	Baunebenkosten*	m²BGF	588	**655**	723	19,6	**21,8**	24,1 ◁
800	Finanzierung	m²BGF	–	**–**	–	–	**–**	–

* Auf Grundlage der HOAI 2021 berechnete Werte nach §§ 35, 52, 56. Weitere Informationen siehe Seite 32

KG	Kostengruppen der 2. Ebene	Einheit	▷	€/Einheit	◁	▷	% an 1. Ebene	◁
310	Baugrube / Erdbau	m³BGI	32	**53**	96	0,9	**2,0**	3,3
320	Gründung, Unterbau	m²GRF	332	**414**	553	10,3	**15,6**	19,7
330	Außenwände / vertikal außen	m²AWF	652	**794**	992	22,0	**28,6**	36,2
340	Innenwände / vertikal innen	m²IWF	308	**391**	459	13,1	**17,0**	20,4
350	Decken / horizontal	m²DEF	597	**926**	1.316	0,4	**5,9**	17,8
360	Dächer	m²DAF	418	**564**	773	17,5	**23,2**	28,6
370	Infrastrukturanlagen		–	**–**	–	–	**–**	–
380	Baukonstruktive Einbauten	m²BGF	73	**114**	186	1,5	**4,0**	6,9
390	Sonst. Maßnahmen für Baukonst.	m²BGF	40	**79**	122	1,9	**3,6**	5,3
300	**Bauwerk – Baukonstruktionen**	**m²BGF**					**100,0**	
410	Abwasser-, Wasser-, Gasanlagen	m²BGF	93	**118**	143	17,5	**23,2**	31,2
420	Wärmeversorgungsanlagen	m²BGF	72	**112**	182	13,1	**21,5**	31,2
430	Raumlufttechnische Anlagen	m²BGF	30	**77**	163	2,8	**10,3**	19,2
440	Elektrische Anlagen	m²BGF	131	**188**	263	30,4	**34,4**	39,0
450	Kommunikationstechnische Anlagen	m²BGF	22	**41**	67	2,9	**6,8**	10,6
460	Förderanlagen	m²BGF	30	**48**	58	< 0,1	**1,5**	7,6
470	Nutzungsspez. / verfahrenstech. Anl.	m²BGF	2	**12**	53	< 0,1	**0,5**	4,2
480	Gebäude- und Anlagenautomation	m²BGF	17	**36**	100	< 0,1	**1,6**	6,9
490	Sonst. Maßnahmen f. techn. Anl.	m²BGF	2	**4**	7	< 0,1	**0,3**	1,0
400	**Bauwerk – Technische Anlagen**	**m²BGF**					**100,0**	

Prozentanteile der Kosten 2.Ebene an den Kosten des Bauwerks nach DIN 276 (Von/Mittel/Bis)

KG	Kostengruppe	%
310	Baugrube / Erdbau	1,6
320	Gründung, Unterbau	12,5
330	Außenwände / vertikal außen	22,8
340	Innenwände / vertikal innen	13,6
350	Decken / horizontal	4,6
360	Dächer	18,5
370	Infrastrukturanlagen	
380	Baukonstruktive Einbauten	3,2
390	Sonst. Maßnahmen für Baukonst.	2,9
410	Abwasser-, Wasser-, Gasanlagen	4,5
420	Wärmeversorgungsanlagen	4,2
430	Raumlufttechnische Anlagen	2,3
440	Elektrische Anlagen	6,9
450	Kommunikationstechnische Anlagen	1,4
460	Förderanlagen	0,3
470	Nutzungsspez. / verfahrenstech. Anl.	0,1
480	Gebäude- und Anlagenautomation	0,4
490	Sonst. Maßnahmen f. techn. Anl.	< 0,1

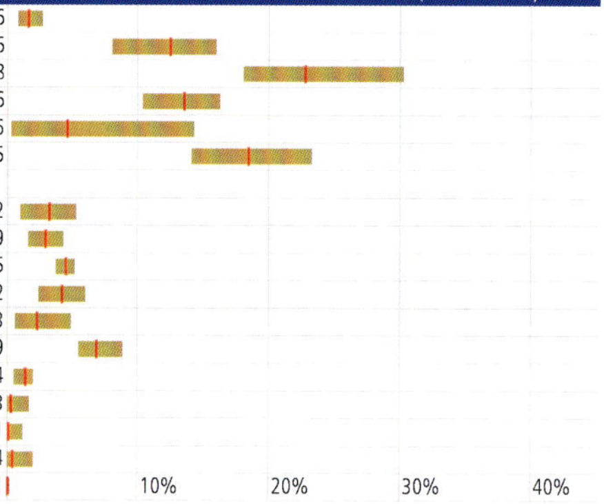

Kostenstand: 2. Quartal 2024, Bundesdurchschnitt, **inkl. 19% MwSt.**

Erläuterung nebenstehender Baukostentabellen

Alle Kostenkennwerte enthalten die Mehrwertsteuer. Kostenstand: 2.Quartal 2024.
Kosten und Kostenkennwerte umgerechnet auf den Bundesdurchschnitt.
Die Bezugseinheiten der Kostenkennwerte entsprechen der DIN 276:2018-12: Mengen und Bezugseinheiten.

Kostenkennwerte für die Kostengruppe 700 Baunebenkosten

①

Im Fachbuch werden die Honorare für die Architekten- und Ingenieurleistungen rechnerisch ermittelt. Als Grundlage dienen die Bauwerkskosten (KG 300 und 400) der jeweiligen Objekte, welche eine detaillierte Berechnung ermöglichen.

Für jedes in der Gebäudeart enthaltene Objekt wurden anhand der jeweils anrechenbaren Kosten:
- die Honorare für Grundleistungen bei Gebäuden und Innenräumen (Honorartafel § 35),
- die Honorare für Grundleistungen bei Tragwerksplanungen (Honorartafel §52),
- die Honorare für Grundleistungen der Technischen Ausrüstung (Honorartafel §56).

Es handelt sich dabei um regelmäßig anfallende Leistungsbilder der HOAI. Die berechneten Honorare beinhalten jeweils alle Grundleistungen (100%) des Leistungsbildes und keine besonderen Leistungen.

Je nach Anforderung können weitere Leistungsbilder (z.B. für Freianlagen, Umweltverträglichkeitsstudien, Bauphysik, Geotechnik, Ingenieurvermessung und weitere) und besondere Leistungen erforderlich werden. Diese müssen bei Kostenermittlungen separat ermittelt und kostenplanerisch erfasst werden. Dafür kann der Artikel „Orientierungswerte und frühzeitige Ermittlung der Baunebenkosten ausgewählter Gebäudearten“ von Univ.-Prof. Dr.-Ing. Wolfdietrich Kalusche und Dr.-Ing. Sebastian Herke (Fachbuch BKI Baukosten Gebäude 2024, ab Seite 124) eine wesentliche Hilfestellung geben, oder die ebenfalls bei BKI erhältliche Software „BKI Honorarermittler“.

Die Honorarberechnungen wurden jeweils für den Mindest-, Mittel- und Höchstsatz der entsprechenden Leistungsbilder berechnet und in der BKI Systematik bei den Von-, Mittel-, und Bis-Werten eingetragen. Bei mehreren möglichen Honorarzonen wurde die jeweils niedrigere gewählt.

Für die rechnerisch ermittelten Kostenkennwerte der KG 700 wurde eine blaue Schriftfarbe verwendet, um diese von den empirisch erhobenen Werten der anderen Kostengruppen abzuheben. Damit soll auch verdeutlicht werden, dass der hier abgebildete Kostenkennwert nicht die gesamten Kosten der KG 700 abbildet. Es werden ausschließlich die Honorare nach den Paragrafen 35, 52, 56 der HOAI 2013 ermittelt. Für eine überschlägige Berechnung der weiteren Bestandteile der Baunebenkosten wird die Tabelle 10 im Artikel „Orientierungswerte und fühzeitige Ermittlung der Baunebenkosten ausgewählter Gebäudearten“ (Fachbuch BKI Baukosten Gebäude 2024, Seite 137) empfohlen.

Kindergärten, nicht unterkellert

Kosten:
Stand 2.Quartal 2024
Bundesdurchschnitt
inkl. 19% MwSt.

Prozentanteile der Kosten für Leistungsbereiche nach STLB (Kosten Bauwerk nach DIN 276)

LB	Leistungsbereiche	▷	% an 300+400	◁
000	Sicherheits-, Baustelleneinrichtungen inkl. 001	1,4	**2,4**	3,7
002	Erdarbeiten	1,2	**2,5**	5,8
006	Spezialtiefbauarbeiten inkl. 005	< 0,1	**0,1**	1,0
009	Entwässerungskanalarbeiten inkl. 011	< 0,1	**0,4**	0,9
010	Drän- und Versickerarbeiten	0,0	**< 0,1**	0,4
012	Mauerarbeiten	< 0,1	**0,4**	2,0
013	Betonarbeiten	4,8	**6,3**	10,1
014	Natur-, Betonwerksteinarbeiten	–	**–**	–
016	Zimmer- und Holzbauarbeiten	18,2	**24,0**	32,5
017	Stahlbauarbeiten	< 0,1	**0,8**	2,4
018	Abdichtungsarbeiten	0,3	**0,8**	1,9
020	Dachdeckungsarbeiten	0,0	**0,4**	3,5
021	Dachabdichtungsarbeiten	2,8	**5,2**	8,8
022	Klempnerarbeiten	1,0	**1,9**	2,7
	Rohbau	40,3	**45,4**	49,6
023	Putz- und Stuckarbeiten, Wärmedämmsysteme	< 0,1	**0,4**	1,4
024	Fliesen- und Plattenarbeiten	0,7	**1,2**	1,9
025	Estricharbeiten	0,4	**1,3**	2,0
026	Fenster, Außentüren inkl. 029, 032	6,7	**9,1**	11,6
027	Tischlerarbeiten	3,6	**7,7**	10,7
028	Parkettarbeiten, Holzpflasterarbeiten	< 0,1	**1,0**	2,5
030	Rollladenarbeiten	0,4	**1,0**	1,9
031	Metallbauarbeiten inkl. 035	0,2	**1,1**	4,7
034	Maler- und Lackiererarbeiten inkl. 037	0,7	**1,5**	2,5
036	Bodenbelagarbeiten	0,7	**1,8**	2,7
038	Vorgehängte hinterlüftete Fassaden	0,2	**3,0**	7,0
039	Trockenbauarbeiten	3,0	**5,4**	8,4
	Ausbau	31,5	**34,5**	39,8
040	Wärmeversorgungsanl. - Betriebseinr. inkl. 041	2,5	**4,0**	5,9
042	Gas- und Wasserinstallation, Leitungen inkl. 043	0,7	**1,0**	1,4
044	Abwasseranlagen - Leitungen	0,4	**0,8**	1,5
045	GWE-Einrichtungsgegenstände inkl. 046	1,4	**2,1**	3,1
047	Dämmarbeiten an betriebstechnischen Anlagen	0,2	**0,6**	0,9
049	Feuerlöschanlagen, Feuerlöschgeräte	0,0	**< 0,1**	< 0,1
050	Blitzschutz- und Erdungsanlagen	0,4	**0,7**	1,5
052	Mittelspannungsanlagen	–	**–**	–
053	Niederspannungsanlagen inkl. 054	2,6	**3,6**	5,6
055	Sicherheits- u. Ersatzstromversorgungsanl.	< 0,1	**0,1**	1,8
057	Gebäudesystemtechnik	0,0	**0,2**	1,7
058	Leuchten und Lampen inkl. 059	1,5	**2,4**	4,4
060	Sprechanlagen, elektroakust. Anlagen inkl. 064	< 0,1	**0,2**	0,4
061	Kommunikationsnetze inkl. 062	0,2	**0,5**	1,0
063	Gefahrenmeldeanlagen	0,2	**0,7**	1,2
069	Aufzüge	0,0	**0,3**	1,7
070	Gebäudeautomation	0,0	**0,2**	0,8
075	Raumlufttechnische Anlagen inkl. 078	0,5	**2,0**	4,5
	Gebäudetechnik	15,3	**19,4**	24,3
	Sonstige Leistungsbereiche inkl. 008, 033, 051	0,2	**0,7**	2,8

Diagrammskala: 7,5% · 15% · 22,5% · 30%

Markierungen: (1) · (2) · (2) · (2) · (3)

- ● KKW
- ▶ min
- ▷ von
- | Mittelwert
- ◁ bis
- ◀ max

Kostenstand: 2.Quartal 2024, Bundesdurchschnitt, **inkl. 19% MwSt.**

Erläuterung nebenstehender Baukostentabelle

Alle Kostenkennwerte enthalten die Mehrwertsteuer. Kostenstand: 2. Quartal 2024.
Kosten und Kostenkennwerte umgerechnet auf den Bundesdurchschnitt.

Prozentanteile der Kosten für Leistungsbereiche nach STLB (Kosten des Bauwerks DIN 276)

①

LB-Nummer nach Standardleistungsbuch (STLB).
Bezeichnung des Leistungsbereichs (zum Teil abgekürzt).

Die grafische Darstellung verdeutlicht, welchen durchschnittlichen Anteil die einzelnen Leistungsbereiche an den Bauwerkskosten (Kostengruppe 300 + 400 = 100%) haben. Für Kostenermittlungen werden die kostenplanerisch besonders relevanten Leistungsbereiche auch optisch sofort erkennbar. Der senkrechte Strich markiert den durchschnittlichen Prozentanteil (Mittelwert); der farbige Balken visualisiert den „Streubereich" (Standardabweichung). Bei der Aufsummierung aller Prozentanteile der Leistungsbereiche sind Abweichungen zu 100% rundungsbedingt.

Anteil der jeweiligen Leistungsbereiche in Prozent der Bauwerkskosten (100%):
Mittelwerte: siehe Spalte „% an 300 + 400"
Standardabweichung: siehe Spalten „von/bis".

②

Prozentanteile für „Leistungsbereichspakete" als Zusammenfassung bestimmter Leistungsbereiche. Leistungsbereiche mit relativ geringem Kostenanteil wurden in Einzelfällen mit anderen Leistungsbereichen zusammengefasst.

Beispiel:
LB 000 Baustelleneinrichtung zusammengefasst mit
LB 001 Gerüstarbeiten (Angabe: inkl. 001).
vollständige Leistungsbereichsgliederung siehe S. 154

③

Ergänzende, den STLB-Leistungsbereichen nicht zuordenbare Leistungsbereiche, zusammengefasst mit den LB-Nr. 008, 033, 051 u.a.

Anmerkung:
Die Werte in den Spalten „von" bzw. „bis" sind aus statistischen Gründen nicht addierbar, sonstige Abweichungen sind rundungsbedingt.
Bei zu geringem Stichprobenumfang entfällt bei einzelnen Leistungsbereichen die Angabe „von/bis".

Planungskennwerte für Flächen und Rauminhalte nach DIN 277

(1)

Grundflächen		▷	Fläche/NUF (%)	◁	▷	Fläche/BGF (%)	◁
NUF	Nutzungsfläche	100,0	**100,0**	100,0	63,1	**67,5**	72,7
TF	Technikfläche	2,3	**3,0**	4,6	1,5	**1,9**	2,9
VF	Verkehrsfläche	19,4	**26,1**	34,6	12,4	**16,7**	20,3
NRF	Netto-Raumfläche	122,2	**129,0**	138,1	84,4	**86,2**	87,9
KGF	Konstruktions-Grundfläche	17,9	**20,8**	24,4	12,1	**13,8**	15,6
BGF	Brutto-Grundfläche	140,5	**149,9**	160,9	100,0	**100,0**	100,0

(2)

Brutto-Rauminhalte		▷	BRI/NUF (m)	◁	▷	BRI/BGF (m)	◁
BRI	Brutto-Rauminhalt	5,55	**6,09**	6,80	3,86	**4,07**	4,51

(3)

Flächen von Nutzeinheiten	▷	NUF/Einheit (m²)	◁	▷	BGF/Einheit (m²)	◁
Nutzeinheit: Kinder	7,60	**8,75**	11,55	11,33	**13,00**	16,73

(4)

Lufttechnisch behandelte Flächen	▷	Fläche/NUF (%)	◁	▷	Fläche/BGF (%)	◁
Entlüftete Fläche	–	–	–	–	–	–
Be- und entlüftete Fläche	84,0	**117,8**	126,3	76,4	**76,4**	78,5
Teilklimatisierte Fläche	–	–	–	–	–	–
Klimatisierte Fläche	–	–	–	–	–	–

(5)

KG	Kostengruppen (2. Ebene)	Einheit	▷	Menge/NUF	◁	▷	Menge/BGF	◁
310	Baugrube / Erdbau	m³ BGI	1,16	**1,52**	2,07	0,72	**0,96**	1,25
320	Gründung, Unterbau	m² GRF	1,12	**1,25**	1,35	0,71	**0,81**	0,82
330	Außenwände / vertikal außen	m² AWF	1,11	**1,21**	1,43	0,70	**0,77**	0,92
340	Innenwände / vertikal innen	m² IWF	1,27	**1,46**	1,62	0,84	**0,92**	1,02
350	Decken / horizontal	m² DEF	0,40	**0,53**	0,57	0,22	**0,30**	0,35
360	Dächer	m² DAF	1,21	**1,43**	1,55	0,78	**0,92**	1,03
370	Infrastrukturanlagen		–	–	–	–	–	–
380	Baukonstruktive Einbauten	m² BGF	1,41	**1,50**	1,61	1,00	**1,00**	1,00
390	Sonst. Maßnahmen für Baukonst.	m² BGF	1,41	**1,50**	1,61	1,00	**1,00**	1,00
300	**Bauwerk – Baukonstruktionen**	**m² BGF**	1,41	**1,50**	1,61	1,00	**1,00**	1,00

Planungskennwerte für Bauzeiten — 58 Vergleichsobjekte

(6)

Bauzeit in Wochen

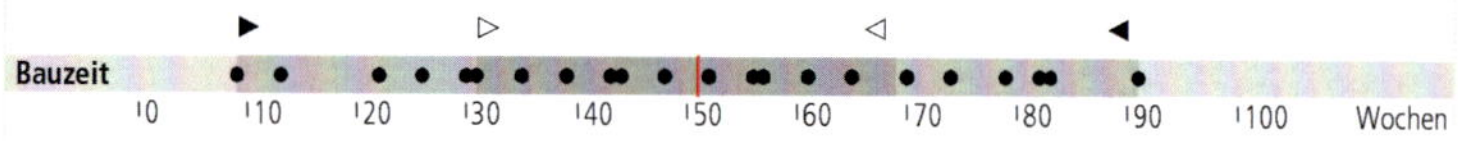

Erläuterung nebenstehender Planungskennwerttabellen

Planungskennwerte für Grundflächen und Rauminhalte DIN 277

In Ergänzung der Kostenkennwerttabellen werden für jede Gebäudeart Planungskennwerte angegeben, die die Überprüfung der Wirtschaftlichkeit einer Entwurfslösung anhand nicht-monetärer Kennwerte ermöglichen.
Ein Planungskennwert im Sinne dieser Veröffentlichung ist ein Wert, der das Verhältnis bestimmter Flächen und Rauminhalte darstellt, angegeben als Prozentwert oder als Faktor (Mengenverhältnis).

①

Grundflächen im Verhältnis zur Nutzungsfläche (NUF = 100%) und Brutto-Grundfläche (BGF = 100%) in Prozent. Angegeben sind Mittelwerte und Streubereich (Spalten „von" bzw. „bis"). Die „von-/bis"-Werte sind aus statistischen Gründen nicht addierbar, sonstige Abweichungen sind entweder rundungsbedingt oder es lagen bei einzelnen Objekten nicht alle Flächenangaben vor.

②

Verhältnis von BRI zur Nutzungsfläche und zur Brutto-Grundfläche (mittlere Geschosshöhe), angegeben als Faktor (in Meter).

③

Verhältnis der Nutzeinheiten (NE) zur Nutzungsfläche und Brutto-Grundfläche.

④

Verhältnis von lufttechnisch behandelten Flächen (nach BKI) zur Nutzungsfläche und zur Brutto-Grundfläche in Prozent. Diese Angaben sind nicht bei allen Objekten verfügbar. Wenn in der Tabelle kein Streubereich angegeben ist, handelt es sich bei dem Mittelwert um den Wert eines einzelnen Objekts.

⑤

Verhältnis der Mengen dieser Kostengruppen nach DIN 276 („Grobelemente") zur Nutzungs- und Brutto-Grundfläche, angegeben als Faktor. Wenn aus der Grundlagenermittlung die Nutzungsfläche oder Brutto-Grundfläche für ein Projekt bekannt ist, ein Vorentwurf als Grundlage für Mengenermittlungen aber noch nicht vorliegt, so können mit diesen Faktoren die Grobelementmengen überschlägig ermittelt werden.

⑥

Die statistische Auswertung der Bauzeiten der einzelnen Objekte zeigt die mittlere Bauzeit, sowie den Von-Bis-Bereich und die Minimal- und Maximal-Zeiten jeweils in Wochen. Die Skala wechselt, um die unterschiedliche Zeitdauer bei wechselnden Gebäudearten darstellen zu können. Untypische Objekte werden nicht in die Auswertung einbezogen.

Kindergärten, nicht unterkellert

Objektübersicht zur Gebäudeart

1 **4400-0364** Kindertagesstätte (5 Gruppen, 100 Kinder)

2 werk.um architekten
Darmstadt

4400-0365 Kindergarten (6 Gruppen, 126 Kinder)

abhd architekten denzinger und partner mbB
Neuburg

4400-0366 Kinderhaus (4 Gruppen, 74 Kinder)

Berschneider + Berschneider GmbH Architekten BDA
+ Innenarchitekten Pilsach

4400-0367 Kindergarten (7 Gruppen, 130 Kinder)

K9 Architekten Borgards Lösch Pichl Piribauer BDA
DWB, Freiburg

4400-0369 Kindertagesstätte (4 Gruppen, 84 Kinder)

WOLLENWEBERARCHITEKTUR
Düsseldorf

4400-0378 Kindergarten (6 Gruppen, 150 Kinder)

Architekturbüro Obereisenbuchner
Pfaffenhofen

Erläuterung nebenstehender Abbildungen

Objektübersicht

①

Objektnummer und Objektbezeichnung. Unter der Objektnummer kann die komplette Kostendokumentation beim BKI erworben werden.

Objekte mit * wurden zur Bildung der statistischen Werte herangezogen und sind nicht als Einzelobjekt in diesem Band veröffentlicht.

②

Planendes und/oder ausführendes Architektur- oder Planungsbüro.

① 4400-0367
Kindergarten
(7 Gruppen)
(130 Kinder)

Objektübersicht

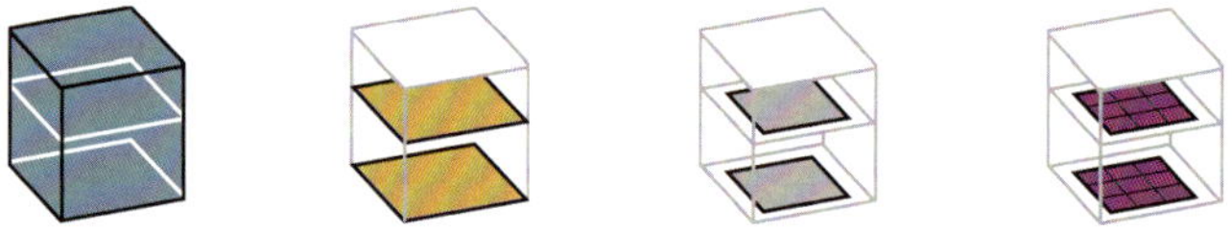

② **BRI 663 €/m³** **BGF 3.110 €/m²** **NUF 4.743 €/m²** **NE 41.410 €/NE**

NE: Kinder

③ **Objekt:**
- **a)** Kennwerte: 3. Ebene DIN 276
- **b)** BRI: 8.116 m³
  BGF: 1.731 m²
  NUF: 1.135 m²
- **c)** Bauzeit: 91 Wochen
- **d)** Bauende: 2020
- **e)** Standard: Durchschnitt
- **f)** Bundesland: Baden-Württemberg
  Kreis: Schwäbisch Hall

④ **Architekt*in:**
K9 Architekten
Borgards Lösch Pichl Piribauer
BDA DWB
Am Karlsplatz 1
79098 Freiburg

Bauherr*in:
Stadt Schwäbisch Hall
Gymnasiumstraße 4
74523 Schwäbisch Hall

⑤

⑥

© **BKI** Baukosteninformationszentrum

Kostenstand: 2. Quartal 2024, Bundesdurchschnitt, **inkl. 19% MwSt.**

Erläuterungen nebenstehender Tabellen und Abbildungen

Alle Kostenkennwerte enthalten die Mehrwertsteuer. Kostenstand 2. Quartal 2024.
Kosten und Kostenkennwerte umgerechnet auf den Bundesdurchschnitt.

Objektübersicht

①
BKI-Objektnummer und -bezeichnung.

②
Kostenkennwerte für Bauwerkskosten (Kostengruppe 300+400 nach DIN 276) bezogen auf:

- BRI: Brutto-Rauminhalt (DIN 277)
- BGF: Brutto-Grundfläche (DIN 277)
- NUF: Nutzungsfläche (DIN 277)
- NE: Nutzeinheiten (z. B. Betten bei Heimen, Stellplätze bei Garagen)
  Wohnfläche nach der Wohnflächenverordnung WoFlV, nur bei Wohngebäuden

③
a) „Kennwerte" gibt die Kostengliederungstiefe nach DIN 276 an. Die BKI Objekte sind unterschiedlich detailliert dokumentiert: Eine Kurzdokumentation enthält Kosteninformationen bis zur 1. Ebene DIN 276, eine Grobdokumentation bis zur 2. Ebene DIN 276 und eine Langdokumentation bis zur 3. Ebene (teilweise darüber hinaus bis zu den Ausführungsarten einzelner Kostengruppen).
b) Angaben zu BRI, BGF und NUF
c) Angaben zur Bauzeit
d) Angaben zum Bauenede
e) Angaben zum Standard
f) Angaben zum Kreis, Bundesland

④
Planendes und/oder ausführendes Architektur- oder Planungsbüro, sowie teilweise Angaben zum Bauherrn.

⑤
Abbildungen des Objekts

⑥
Anzeige des Kostenstands

4400-0367
Kindergarten
(7 Gruppen)
(130 Kinder)

Objektbeschreibung

Allgemeine Objektinformationen

Der eingeschossige Baukörper bietet Platz für vier Kindergartengruppen und drei Krippengruppen. Das rechtwinklige Gebäude ermöglicht sowohl für die Krippe als auch für den Kindergarten eigenständige Bereiche, die sich wie zwei Häuser unter einem Dach vereinen. Beide Gebäudeteile sind über das Eingangsfoyer miteinander verbunden. Durch das Öffnen des Foyers mit dem angrenzenden Mehrzweckraum entsteht ein Forum für größere Veranstaltungen. Durch die Gruppierung der Räume um einen gemeinsamen Außenbereich bildet sich eine grüne Oase, geschützt vom Baukörper, eingerahmt von der parkähnlichen Landschaft im Süden und Westen.

(1)

Nutzung

1 Erdgeschoss
Gruppenräume, Ruheräume, Mehrzweckräume, Essbereiche, Funktionsräume, Spielzonen, Nebenräume, Lagerräume, Elternbesprechung, Büro, Teamzimmer, Sozialraum, Kinderwagen, Regenerierküche, Spülküche, Kühllager, Warenannahme, Hauswirtschaft/Putzraum, Sanitärräume/WCs, Flure, Schleusen, Foyer, Windfang, Technikräume

Nutzeinheiten

Gruppen: 7
Kinder: 130

Grundstück

Bauraum: Freier Bauraum
Neigung: Ebenes Gelände
Bodenklasse: BK 3 bis BK 5

Markt

Hauptvergabezeit: 1.Quartal 2018
Baubeginn: 4.Quartal 2018
Bauende: 3.Quartal 2020
Konjunkturelle Gesamtlage: Durchschnitt
Regionaler Baumarkt: Durchschnitt

(2)

Baukonstruktion

Die Gründung erfolgte über eine Pfahlgründung mit duktilen Gussrammpfählen. Die freitragende Bodenplatte liegt auf Stahlbetonbalken auf und wurde von unten gedämmt. Die Außenwände in Holzrahmenbauweise sind mit Zellulose gedämmt und mit OSB beplankt. Die vertikal verlegte, gebürstete Holzbekleidung der Fassaden ist teilweise dunkel lasiert, die rückversetzten Gebäudeteile sind mit einer farblosen Lasur versehen. Die Holzfenster in den überdachten Bereichen und die Holz-Alufenster wurden mit Dreifachverglasung ausgeführt. Verschattet werden können die Fenster mit außenliegenden Senkrechtmarkisen. Die Oberlichter im Dach bringen zusätzliches Licht in die Räume. Alle tragenden Innenwände sind als Massivholz- oder Holzrahmenwände erstellt. Sowohl die Flachdächer als auch die Satteldächer sind in zimmermannsmäßiger Holzkonstruktion errichtet, bituminös abgedichtet und teilweise begrünt. Die Böden sind mit Kautschuk oder Bodenfliesen belegt. Die Decken erhielten Abhängungen aus Holzlamellen oder GK-Akustikplatten.

Technische Anlagen

Beheizt wird das Gebäude über einen Anschluss ans Fernwärmenetz. Die Wärmeverteilung erfolgt über eine Fußbodenheizung. Die kontrollierten Be- und Entlüftungsanlagen mit Wärmerückgewinnung nutzt auch die Nachtabkühlung. Ebenso wurde eine Brandmeldeanlage installiert. Die Satteldachflächen bieten Platz für PV-Anlagen. Diese sind nicht Bestandteil dieser Dokumentation.

Sonstiges

Das Gebäude entspricht dem KfW-Effizienzhaus 55. Es entstand ein nachhaltiges Gebäude mit langlebigen Materialien, einem gut belichteten Grundriss und variablen Nutzungsmöglichkeiten.

Energetische Kennwerte

Gesetzliche Grundlage: EnEV 2013
Gebäudenutzfläche: 1.609,80 m^2
Gebäudevolumen: 6.582,60 m^3
Hüllfläche des beheizten Volumens: 4.374,60 m^2
Mittlerer U-Wert (opake Bauteile): 0,14 $W/(m^2 \cdot K)$
Mittlerer U-Wert (transparente Bauteile): 0,90 $W/(m^2 \cdot K)$
Mittlerer U-Wert (Glasdächer, etc.): 1,30 $W/(m^2 \cdot K)$
Spez. Jahresprimärenergiebedarf: 22,20 $kWh/(m^2 \cdot a)$
CO_2-Emissionen: 1,00 $kg/(m^2 \cdot a)$

Kostenstand: 2.Quartal 2024, Bundesdurchschnitt, **inkl. 19% MwSt.**

Erläuterungen nebenstehender Tabellen und Abbildungen

Objektbeschreibung

①
Objektbeschreibung mit:
- Allgemeine Objektinformationen
- Angaben zur Nutzung
- Nutzeinheiten
- Grundstück
- Markt
- Baukonstruktion
- Technische Anlagen
- Sonstiges

②
Energetische Kennwerte:
Die Angaben stammen aus dem Energieausweis (EnEV/GEG), bzw. der Energiebedarfsberechnung oder aus dem Passivhaus-Projektierungspaket (PHPP). Die Werte unterscheiden sich aufgrund unterschiedlicher Rechenverfahren. Die Zielsetzung bundesweit vergleichbarer Ergebnisse bedingt bei der EnEV / beim GEG bundesweit einheitliche Klimadaten und weitere einheitliche Randbedingungen. Das PHPP Verfahren verfolgt das Ziel, den späteren Energieverbrauch möglichst genau zu prognostizieren. Es berücksichtigt daher individuelle Klimadaten und Randbedingungen und bezieht mehr energetisch wirksame Faktoren mit ein.

Energetische Angaben zu Außenbauteilen

Bodenplatte

① **U-Wert: 0,20 W/(m²·K)**

Gesamtdicke: 51,00 cm	d[cm]	λ[W/(m·K)]
Estrich	8,00	1,200
Trittschalldämmung	2,00	0,040
② Dämmung	6,00	0,035
Stahlbeton	25,00	2,500
Dämmung	10,00	0,040

Außenwand hinterlüftet

U-Wert: 0,16 W/(m²·K)

Gesamtdicke: 30,00 cm	d[cm]	λ[W/(m·K)]
GK-Platte	2,50	0,250
Dämmung	4,00	0,042
OSB-Platte	1,50	0,130
Holz	16,00	0,130
Dämmung	16,00	0,040
Holzfaserplatte	6,00	0,042

Flachdach

U-Wert: 0,16 W/(m²·K)

Gesamtdicke: 59,15 cm	d[cm]	λ[W/(m·K)]
GK-Platte	1,25	0,250
Holz	26,00	0,130
Luftschicht ruhend	26,00	1,875
OSB-Platte	2,50	0,130
Dampfsperre	0,20	0,170
Dämmung	20,00	0,035
Dachdichtungsbahn	0,20	0,170
Extensive Dachbegrünung	9,00	2,000

Satteldach

U-Wert: 0,16 W/(m²·K)

Gesamtdicke: 55,15 cm	d[cm]	λ[W/(m·K)]
GK-Platte	1,25	0,250
③ Holz	22,00	0,130
Luftschicht ruhend	22,00	1,875
OSB-Platte	2,50	0,130
Dampfsperre	0,20	0,170
Dämmung	20,00	0,037
Dachdichtungsbahn	0,20	0,170
Extensive Begrünung	9,00	2,000

Erläuterungen nebenstehender Tabellen und Abbildungen

Energetische Angaben zu Außenbauteilen

①
Angabe des U-Werts und der Gesamtdicke des Bauteils. Es werden meist nur die wärmetechnisch wirksamen Schichten dargestellt und berücksichtigt. Es werden nicht immer alle Außenbauteile aufgeführt, sondern die für eine Beurteilung der energetischen Qualität des Objekts wesentlichen.
Die Berechnung erfolgt auf der Grundlage der DIN EN ISO 6946. Die U-Werte können von Berechnungen der Datenlieferanten aus verschiedenen Gründen leicht abweichen:
- Die DIN 6946 wurde auch für die Objekte aus Österreich herangezogen, die originär abweichend berechnet wurden.
- Falls nur Angaben zu Schichten und Schichtdicken vorlagen, jedoch keine Lambda-Werte, wurden für die verwendeten Materialien übliche Lambda-Werte von BKI eingesetzt.
- Es gibt leichte Abweichungen bei der Berechnung des U-Werts im PHPP Verfahren und bei Berechnungen die auf Finiten Elementen beruhen.

②
Schichtenfolge der Materialien der Außenbauteile, mit Angabe der Schichtdicke und des Lambda-Werts

③
Kennzeichnung inhomogener Schichten

4400-0367
Kindergarten
(7 Gruppen)
(130 Kinder)

Planungskennwerte für Flächen und Rauminhalte nach DIN 277

1

Flächen des Grundstücks		Menge Einheit	% an GF
BF	Bebaute Fläche	1.927,00 m²	31,4
UF	Unbebaute Fläche	4.203,00 m²	68,6
GF	Grundstücksfläche	6.130,00 m²	100,0

2

Grundflächen des Bauwerks		Menge Einheit	% an NUF	% an BGF
NUF	Nutzungsfläche	1.134,93 m²	100,0	65,6
TF	Technikfläche	11,46 m²	1,0	0,7
VF	Verkehrsfläche	397,13 m²	35,0	22,9
NRF	Netto-Raumfläche	1.543,52 m²	136,0	89,2
KGF	Konstruktions-Grundfläche	187,67 m²	16,5	10,8
BGF	Brutto-Grundfläche	1.731,19 m²	152,5	100,0

3

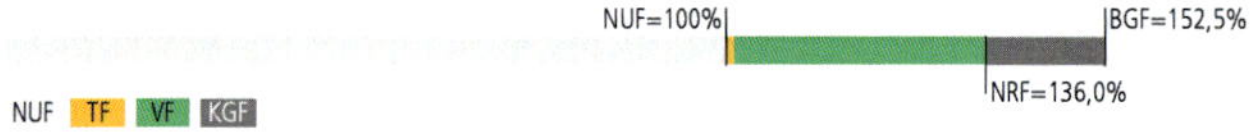

4

Brutto-Rauminhalt des Bauwerks		Menge Einheit	BRI/NUF (m)	BRI/BGF (m)
BRI	Brutto-Rauminhalt	8.116,00 m³	7,15	4,69

5

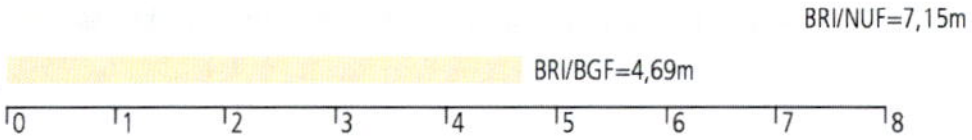

6

Lufttechnisch behandelte Flächen	Menge Einheit	% an NUF	% an BGF
Entlüftete Fläche	–	–	–
Be- und entlüftete Fläche	1.495,00 m²	131,7	86,4
Teilklimatisierte Fläche	–	–	–
Klimatisierte Fläche	–	–	–

7

KG	Kostengruppen (2. Ebene)	Menge Einheit	Menge/NUF	Menge/BGF
310	Baugrube / Erdbau	2.734,53 m³ BGI	2,41	1,58
320	Gründung, Unterbau	1.693,27 m² GRF	1,49	0,98
330	Außenwände/Vertikale Baukonstruktionen, außen	1.103,26 m² AWF	0,97	0,64
340	Innenwände/Vertikale Baukonstruktionen, innen	1.783,13 m² IWF	1,57	1,03
350	Decken/Horizontale Baukonstruktionen	–	–	–
360	Dächer	1.957,57 m² DAF	1,73	1,13

Kostenstand: 2. Quartal 2024, Bundesdurchschnitt, **inkl. 19% MwSt.**

Erläuterungen nebenstehender Planungskennwerte- und Baukostentabellen

Alle Kostenkennwerte enthalten die Mehrwertsteuer. Kostenstand 2. Quartal 2024.
Kosten und Kostenkennwerte umgerechnet auf den Bundesdurchschnitt.

Planungskennwerte für Flächen und Rauminhalte nach DIN 277

In Ergänzung der Kostenkennwerttabellen werden für jedes Objekt Planungskennwerte angegeben, die zur Überprüfung der Vergleichbarkeit des Objekts mit der geplanten Baumaßnahme dienen.
Ein Planungskennwert im Sinne dieser Veröffentlichung ist ein Wert, der das Verhältnis bestimmter Flächen und Rauminhalte zur Nutzungsfläche (NUF) und Brutto-Grundfläche (BGF) darstellt, angegeben als Prozentwert oder als Faktor (Mengenverhältnis).

①
Bebaute und unbebaute Flächen des Grundstücks sowie deren Verhältnis in Prozent zur Grundstücksfläche (GF).

②
Grundflächen im Verhältnis zur Nutzungsfläche (NUF = 100%) und Brutto-Grundfläche (BGF = 100%) in Prozent.

③
Grafische Darstellung der Grundflächen im Verhältnis zur Nutzungsfläche (NUF = 100%)

④
Verhältnis von Brutto-Rauminhalt (BRI) zur Nutzungsfläche (NUF) und Brutto-Grundfläche (BGF), (BRI / BGF = mittlere Geschosshöhe), angegeben als Faktor (in Meter).

⑤
Grafische Darstellung der Verhältnisse Brutto-Rauminhalt (BRI) zur Nutzungsfläche (NUF = 100%) und Brutto-Grundfläche (BGF); (BRI / BGF = mittlere Geschosshöhe), angegeben als Faktor (in Meter).

⑥
Verhältnis von lufttechnisch behandelten Flächen (nach BKI), Nutzungsfläche (NUF) und Brutto-Grundfläche (BGF) in Prozent.

⑦
Verhältnis der Mengen dieser Kostengruppen nach DIN 276 („Grobelemente“) zur Nutzungsfläche (NUF) und Brutto-Grundfläche (BGF), angegeben als Faktor. Wenn aus der Grundlagenermittlung die Nutzungs- oder Brutto-Grundfläche für ein Projekt bekannt ist, ein Vorentwurf als Grundlage für Mengenermittlungen aber noch nicht vorliegt, so können mit diesen Faktoren die Grobelementmengen überschlägig ermittelt werden.

4400-0367
Kindergarten
(7 Gruppen)
(130 Kinder)

Kostenkennwerte für die Kostengruppen der 1. Ebene DIN 276

KG	Kostengruppen (1. Ebene)	Einheit	Kosten €	€/Einheit	€/m² BGF	€/m³ BRI	% 300+400
100	Grundstück	m² GF	–	–	–	–	–
200	Vorbereitende Maßnahmen	m² GF	152.004	24,80	87,80	18,73	2,8
300	Bauwerk – Baukonstruktionen	m² BGF	4.294.842	2.480,86	2.480,86	529,18	79,8
400	Bauwerk – Technische Anlagen	m² BGF	1.088.513	628,77	628,77	134,12	20,2
	Bauwerk 300+400	**m² BGF**	**5.383.355**	**3.109,63**	**3.109,63**	**663,30**	**100,0**
500	Außenanlagen und Freiflächen	m² AF	100.405	23,89	58,00	12,37	1,9
600	Ausstattung und Kunstwerke	m² BGF	160.691	92,82	92,82	19,80	3,0
700	Baunebenkosten	m² BGF	–	–	–	–	–
800	Finanzierung	m² BGF	–	–	–	–	–

① (1)

KG	Kostengruppe	Menge Einheit	Kosten €	€/Einheit	%
200	**Vorbereitende Maßnahmen**	6.130,00 m² GF	152.004	**24,80**	2,8
	Oberbodenabtrag; Hausanschlüsse Wasser, Fernwärme, Strom				
3+4	**Bauwerk**				**100,0**
300	**Bauwerk – Baukonstruktionen**	1.731,19 m² BGF	4.294.842	**2.480,86**	79,8
	Bodenaushub; Stb-Bodenplatte, Stb-Tiefgründung, Abdichtung, Estrich, Kautschukbelag, Bodenfliesen, Schottertragschicht, Perimeterdämmung; Holzrahmen-Außenwände, Stahlstützen, Holz-Alufenster, Holzfenster, hinterlüftete Holzfassade, Holz-Vorsatzschalen, Malervlies, Beschichtung, Wandfliesen, Markisen; Brettsperrholzwände, Holzrahmen-Innenwände, GK-Wände, Holztüren, Holzfenster, Holz-Glastürelemente, Trennwände; Holzflach-/Satteldächer, Dachverglasungen, Dachbegrünung, Dachentwässerung, GK-Decken, Holzdecken; Einbaumöbel, Küchenzeilen, Kletterwand				
400	**Bauwerk – Technische Anlagen**	1.731,19 m² BGF	1.088.513	**628,77**	20,2
	Gebäudeentwässerung, Kalt- und Warmwasserleitungen, Sanitärobjekte, Durchlauferhitzer; Fernwärmeübergabestation, Heizleitungen, Fußbodenheizung; Lüftungsanlagen; Elektroinstallation, Beleuchtung, Blitzschutz-/Erdungsanlage; Telekommunikationsanlage, Zeiterfassung, Brandmeldeanlage, Datenübertragungsnetz				
500	**Außenanlagen und Freiflächen**	4.203,00 m² AF	100.405	**23,89**	1,9
	Gebäudeentwässerung, Fettabscheider; Kabelschutzrohre				
600	**Ausstattung und Kunstwerke**	1.731,19 m² BGF	160.691	**92,82**	3,0
	Möblierung, Sanitärausstattung; Schlafebenen, Turnraumausstattung				

② (2)

③ (3)

Kostenstand: 2. Quartal 2024, Bundesdurchschnitt, **inkl. 19% MwSt.**

Erläuterung nebenstehender Baukostentabelle

Alle Kostenkennwerte enthalten die Mehrwertsteuer. Kostenstand 2. Quartal 2024.
Kosten und Kostenkennwerte umgerechnet auf den Bundesdurchschnitt

Kostenkennwerte für die Kostengruppen der 1. Ebene DIN 276

①
Kostenübersicht, Kostenkennwerte in €/Einheit, €/m^2 BGF und €/m^3 BRI für die Kostengruppen der 1. Ebene DIN 276. Anteil der jeweiligen Kostengruppe in Prozent an den Bauwerkskosten (Spalte: % 300+400). Die Bezugseinheiten der Kostenkennwerte entsprechen der DIN 277-3: 2005-04: Mengen und Bezugseinheiten.

②
Codierung und Bezeichnung der Ausführung zur Kostengruppe entsprechend der 1. Ebene nach DIN 276

③
Abgerechnete Leistungen zu dokumentierten Objekten mit Beschreibung, Menge, Einheit, Kosten, Kostenkennwert bezogen auf die Kostengruppeneinheit oder alternativ bezogen auf die übergeordnete Einheit.

Bei den Mengen handelt es sich um ausgeführte Mengen.

Kostenkennwerte für die Kostengruppen 300 der 2. und 3. Ebene DIN 276 (Übersicht)

KG	Kostengruppe	Menge Einheit	€/Einheit	Kosten €	% an 3+4
300	**Bauwerk – Baukonstruktionen**	**1.731,19 m² BGF**	**2.480,86**	**4.294.841,99**	**79,8**
310	**Baugrube / Erdbau**	**2.734,53 m³ BGI**	**77,26**	**211.265,23**	**3,9**
311	Herstellung	2.734,53 m³ BGI	77,26	211.265,23	3,9
312	Umschließung	–	–	–	–
313	Wasserhaltung	–	–	–	–
314	Vortrieb	–	–	–	–
(1) 319	Sonstiges zur KG 310	–	–	–	–
320	**Gründung, Unterbau**	**1.693,27 m² GRF**	**496,80**	**841.221,64**	**15,6**
321	Baugrundverbesserung	–	–	–	–
322	Flachgründungen und Bodenplatten	1.693,27 m²	119,91	203.031,95	3,8
323	Tiefgründungen	1.693,27 m²	107,46	181.959,90	3,4
324	Gründungsbeläge	1.598,58 m²	184,87	295.522,00	5,5
325	Abdichtungen und Bekleidungen	1.802,12 m²	89,18	160.707,81	3,0
(2) 326	Dränagen	–	–	–	–
329	Sonstiges zur KG 320	–	–	–	–
330	**Außenwände/Vert. Baukonstrukt., außen**	**1.103,26 m² AWF**	**733,37**	**809.092,86**	**15,0**
331	Tragende Außenwände	571,69 m²	239,17	136.729,83	2,5
332	Nichttragende Außenwände	215,23 m²	244,14	52.545,56	1,0
333	Außenstützen	50,00 m	104,82	5.240,90	< 0,1
334	Außenwandöffnungen	316,34 m²	1.011,60	320.009,76	5,9
335	Außenwandbekleidungen, außen	828,66 m²	220,11	182.399,77	3,4
336	Außenwandbekleidungen, innen	537,19 m²	90,73	48.739,32	0,9
337	Element. Außenwandkonstruktionen	–	–	–	–
338	Lichtschutz zur KG 330	177,40 m²	357,54	63.427,70	1,2
339	Sonstiges zur KG 330	–	–	–	–
340	**Innenwände/Vert. Baukonstrukt., innen**	**1.783,13 m² IWF**	**468,93**	**836.168,75**	**15,5**
341	Tragende Innenwände	1.100,81 m²	257,74	283.724,51	5,3
342	Nichttragende Innenwände	383,50 m²	156,04	59.840,27	1,1
343	Innenstützen	–	–	–	–
344	Innenwandöffnungen	180,28 m²	938,10	169.120,14	3,1
345	Innenwandbekleidungen	2.832,63 m²	86,24	244.296,84	4,5
346	Elementierte Innenwandkonstruktionen	118,54 m²	668,02	79.186,97	1,5
347	Lichtschutz zur KG 340	–	–	–	–
349	Sonstiges zur KG 340	–	–	–	–
350	**Decken/Horizontale Baukonstruktionen**	**–**	**–**	**–**	**–**
351	Deckenkonstruktionen	–	–	–	–
352	Deckenöffnungen	–	–	–	–
353	Deckenbeläge	–	–	–	–
354	Deckenbekleidungen	–	–	–	–
355	Elementierte Deckenkonstruktionen	–	–	–	–
359	Sonstiges zur KG 350	–	–	–	–
360	**Dächer**	**1.957,57 m² DAF**	**586,29**	**1.147.702,98**	**21,3**
361	Dachkonstruktionen	1.936,65 m²	114,14	221.041,82	4,1
362	Dachöffnungen	20,92 m²	1.708,12	35.733,78	0,7
363	Dachbeläge	1.906,92 m²	264,14	503.700,36	9,4
364	Dachbekleidungen	1.807,30 m²	202,22	365.474,43	6,8
365	Elementierte Dachkonstruktionen	–	–	–	–
366	Lichtschutz zur KG 360	–	–	–	–
369	Sonstiges zur KG 360	1.957,57 m² DAF	11,11	21.752,60	0,4
370	**Infrastrukturanlagen**	**–**	**–**	**–**	**–**
380	**Baukonstruktive Einbauten**	**1.731,19 m² BGF**	**158,23**	**273.924,57**	**5,1**
390	**Sonst. Maßnahmen für Baukonstrukt.**	**1.731,19 m² BGF**	**101,36**	**175.465,96**	**3,3**

Kostenstand: 2. Quartal 2024, Bundesdurchschnitt, **inkl. 19% MwSt.**

Erläuterung nebenstehender Baukostentabelle

Alle Kostenkennwerte enthalten die Mehrwertsteuer. Kostenstand 2. Quartal 2024.
Kosten und Kostenkennwerte umgerechnet auf den Bundesdurchschnitt

Kostenkennwerte für Kostengruppen der 2. und 3. Ebene DIN 276 (Übersicht)

①
Codierung und Bezeichnung der Kostengruppe entsprechend der 2. und 3. Ebene nach DIN 276

②
Abgerechneten Leistungen mit Menge, Einheit, Kostenkennwert in Euro pro Einheit, Kosten in Euro und prozentualer Anteil an den Kostengruppen 300 und 400 DIN 276

4400-0367
Kindergarten
(7 Gruppen)
(130 Kinder)

Kostenkennwerte für Leistungsbereiche nach STLB (Kosten des Bauwerks nach DIN 276)

①

LB	Leistungsbereiche	Kosten €	€/m²BGF	€/m³BRI	% an 3+4
000	Sicherheits-, Baustelleneinrichtungen inkl. 001	169.281	97,80	20,90	3,1
002	Erdarbeiten	210.107	121,40	25,90	3,9
006	Spezialtiefbauarbeiten inkl. 005	50.444	29,10	6,20	0,9
009	Entwässerungskanalarbeiten inkl. 011	–	–	–	–
010	Drän- und Versickerarbeiten	–	–	–	–
012	Mauerarbeiten	–	–	–	–
013	Betonarbeiten	427.139	246,70	52,60	7,9
014	Natur-, Betonwerksteinarbeiten	–	–	–	–
016	Zimmer- und Holzbauarbeiten	816.604	471,70	100,60	15,2
017	Stahlbauarbeiten	46.051	26,60	5,70	0,9
018	Abdichtungsarbeiten	108.600	62,70	13,40	2,0
019	Kampfmittelräumarbeiten	–	–	–	–
020	Dachdeckungsarbeiten	–	–	–	–
021	Dachabdichtungsarbeiten	454.750	262,70	56,00	8,4
022	Klempnerarbeiten	111.963	64,70	13,80	2,1
②	**Rohbau**	**2.394.938**	**1.383,40**	**295,10**	**44,5**
023	Putz- und Stuckarbeiten, Wärmedämmsysteme	–	–	–	–
024	Fliesen- und Plattenarbeiten	68.458	39,50	8,40	1,3
025	Estricharbeiten	75.980	43,90	9,40	1,4
026	Fenster, Außentüren inkl. 029, 032	329.998	190,60	40,70	6,1
027	Tischlerarbeiten	472.322	272,80	58,20	8,8
028	Parkettarbeiten, Holzpflasterarbeiten	–	–	–	–
030	Rollladenarbeiten	60.340	34,90	7,40	1,1
031	Metallbauarbeiten inkl. 035	13.533	7,80	1,70	0,3
034	Maler- und Lackiererarbeiten inkl. 037	149.493	86,40	18,40	2,8
036	Bodenbelagarbeiten	141.500	81,70	17,40	2,6
038	Vorgehängte hinterlüftete Fassaden	185.184	107,00	22,80	3,4
039	Trockenbauarbeiten	354.855	205,00	43,70	6,6
	Ausbau	**1.851.663**	**1.069,60**	**228,10**	**34,4**
040	Wärmeversorgungsanl. - Betriebseinr. inkl. 041	89.116	51,50	11,00	1,7
042	Gas- und Wasserinstallation, Leitungen inkl. 043	42.528	24,60	5,20	0,8
044	Abwasseranlagen - Leitungen	33.642	19,40	4,10	0,6
045	GWE-Einrichtungsgegenstände inkl. 046	112.427	64,90	13,90	2,1
047	Dämmarbeiten an betriebstechnischen Anlagen	22.241	12,80	2,70	0,4
049	Feuerlöschanlagen, Feuerlöschgeräte	–	–	–	–
050	Blitzschutz- und Erdungsanlagen	29.488	17,00	3,60	0,5
053	Niederspannungsanlagen inkl. 052, 054	268.538	155,10	33,10	5,0
055	Sicherheits- u. Ersatzstromversorgungsanl.	1.772	1,00	0,22	< 0,1
057	Gebäudesystemtechnik	30.563	17,70	3,80	0,6
058	Leuchten und Lampen inkl. 059	123.774	71,50	15,30	2,3
060	Sprechanlagen, elektroakust. Anlagen inkl. 064	7.204	4,20	0,89	0,1
061	Kommunikationsnetze inkl. 063	91.914	53,10	11,30	1,7
069	Aufzüge	–	–	–	–
070	Gebäudeautomation	–	–	–	–
075	Raumlufttechnische Anlagen inkl. 078	244.759	141,40	30,20	4,5
	Gebäudetechnik	**1.097.965**	**634,20**	**135,30**	**20,4**
084	Abbruch, Rückbau, Schadstoffsanierung	–	–	–	–
	Abbrucharbeiten	**–**	**–**	**–**	**–**
③	**Sonstige Leistungsbereiche**	**38.783**	**22,40**	**4,80**	**0,7**

Kostenstand: 2. Quartal 2024, Bundesdurchschnitt, **inkl. 19% MwSt.**

Erläuterung nebenstehender Baukostentabelle

Alle Kostenkennwerte enthalten die Mehrwertsteuer. Kostenstand 2. Quartal 2024.
Kosten und Kostenkennwerte umgerechnet auf den Bundesdurchschnitt.

Kostenkennwerte für Leistungsbereiche nach STLB

①
LB-Nummer nach Standardleistungsbuch (STLB).
Bezeichnung des Leistungsbereichs (zum Teil abgekürzt).

Kostenkennwerte für Bauwerkskosten (Kostengruppe 300+400 nach DIN 276) je Leistungsbereich in €/m² Brutto-Grundfläche (BGF nach DIN 277).
Anteil der jeweiligen Leistungsbereiche in Prozent an den Bauwerkskosten (100%).

②
Kostenkennwerte und Prozentanteile für „Leistungsbereichspakete" als Zusammenfassung bestimmter Leistungsbereiche. Leistungsbereiche mit relativ geringem Kostenanteil wurden in Einzelfällen mit anderen Leistungsbereichen zusammengefasst.
Beispiel:
LB 000 Baustelleneinrichtung zusammengefasst mit
LB 001 Gerüstarbeiten (Angabe: inkl. 001).

③
Ergänzende, den STLB-Leistungsbereichen nicht zuzuordnende Leistungsbereiche, zusammengefasst mit den LB-Nr. 008, 033, 051.

4400-0367
Kindergarten
(7 Gruppen)
(130 Kinder)

Kostenkennwerte für die Kostengruppen der 3.Ebene DIN 276

KG	Kostengruppe	Menge Einheit	Kosten €	€/Einheit	%
210	**Herrichten**				**100,0**
214	**Herrichten der Geländeoberfläche**	6.130,00 m²GF	38.416	**6,27**	100,0
	Oberboden abtragen, d=35cm, lagern (200m³), entsorgen (699m³)				
220	**Öffentliche Erschließung**				**100,0**
222	**Wasserversorgung**	6.130,00 m²GF	48.781	**7,96**	42,9
	Hausanschluss Wasser, Erdarbeiten, Leitungen (1St)				
224	**Fernwärmeversorgung**	6.130,00 m²GF	53.311	**8,70**	46,9
	Hausanschluss Fernwärme 80kW, Erdarbeiten, Leitungen (1St), Hausübergabestation (1St)				
① 225	**Stromversorgung**	6.130,00 m²GF	11.497	**1,88**	10,1
	Hausanschluss Strom, Erdarbeiten, Leitungen (1St)				
310	**Baugrube / Erdbau**				**100,0**
311	**Herstellung**	2.734,53 m³BGI	211.265	**77,26**	100,0
②	Baugrube BK 3-4, t bis 60cm, lösen, lagern (1.629m³), Grabenaushub BK 3-5, t bis 1,00m (87m³), t bis 2,00m (440m³), t bis 4,00m (579m³), verfüllen, Lagermaterial (1.093m³), Liefermaterial (293m³), entsorgen (663m³), Planum (2.795m²)				

310
Baugrube/Erdbau

Kostenkennwerte für die Kostengruppen 300 der 3.Ebene DIN 276

KG	Kostengruppe	Menge Einheit	Kosten €	€/Einheit	€/m²BGF
① **311**	**Herstellung**				
	4400-0333 Kindertagesstätte (3 Gruppen, 35 Kinder)	1.330,62 m³BGI	43.067	**32,37**	66,77
③	Oberboden abfahren (282m³), Baugrubenaushub BK 3-5, lagern (569m³), lagern, abfahren (369m³), Rohrgrabenaushub BK 3-5, t=1,25-3,00m (104m³), Handaushub (6m³), Rohrgraben auffüllen, Liefermaterial (39m³), Verfüllungen, Quarzsand, d=35cm, zweilagig (247m³), Planum (783m²)				
	4400-0367 Kindergarten (7 Gruppen, 130 Kinder)	2.734,53 m³BGI	211.265	**77,26**	122,03
	Baugrube BK 3-4, t bis 60cm, lösen, lagern (1.629m³), Grabenaushub BK 3-5, t bis 1,00m (87m³), t bis 2,00m (440m³), t bis 4,00m (579m³), verfüllen, Lagermaterial (1.093m³), Liefermaterial (293m³), entsorgen (663m³), Planum (2.795m²)				
	6100-1593 Mehrfamilienhaus (3 WE)	554,44 m³BGI	20.220	**36,47**	35,76
	Baugrubenaushub BK 3-4, t bis 3,00m, lösen, lagern (350m³), lösen, entsorgen (204m³), auf Grundstück verteilen (500m²), Rohrgrabenaushub BK 3-6, t bis 50cm, b=30cm (1m³), Verfüllung Kies 0/22mm, t bis 3,00m (100m³)				

Erläuterung nebenstehender Baukostentabelle

Alle Kostenkennwerte enthalten die Mehrwertsteuer. Kostenstand 2. Quartal 2024.
Kosten und Kostenkennwerte umgerechnet auf den Bundesdurchschnitt.

Kostenkennwerte für die Kostengruppen 200 bis 600 der 2. und 3. Ebene nach DIN 276

①
Codierung und Bezeichnung der Ausführung zur Kostengruppe entsprechend der 2. und 3. Ebene nach DIN 276

Sortierung nach Objekten (3. Ebene)

②
Abgerechnete Leistungen zu den dokumentierten Objekten mit Beschreibung, Menge, Einheit, Kosten, Kostenkennwert bezogen auf die Kostengruppeneinheit oder alternativ bezogen auf die übergeordnete Einheit.

Sortierung nach Kostengruppen (3. Ebene)

③
Abgerechnete Leistungen zu dokumentierten Objekten mit BKI Objektnummer, Beschreibung, Menge, Einheit, Kosten, Kostenkennwert bezogen auf die Kostengruppeneinheit oder alternativ bezogen auf die übergeordnete Einheit.

Bei den Mengen handelt es sich um ausgeführte Mengen.

Vergleich Holzbau und Massivbau - Grundflächen, Bauwerkskosten, Bauzeiten

von Univ.-Prof. Dr.-Ing. Wolfdietrich Kalusche

Vergleich Holzbau und Massivbau – Grundflächen, Bauwerkskosten, Bauzeiten

2. vollständig aktualisierte und erweiterte Fassung

ein Beitrag von Wolfdietrich Kalusche

Vorbemerkungen

Mit diesem Beitrag werden die spezifischen Eigenschaften des Holzbaus gegenüber dem weit verbreiteten Massivbau (Beton, Mauerwerk) aufgezeigt. Grundlage hierfür sind ausschließlich die zur Verfügung stehenden BKI-Objektdaten und -beschreibungen. Der Vergleich wird an Gebäudearten durchgeführt, für die eine größere Anzahl von Vergleichsobjekten zur Verfügung steht – sowohl für Holzbauten als auch für Massivbauten.

Gegenstand der Untersuchung und Annahmen

Die Untersuchung ist in vier Abschnitte gegliedert, hierzu werden die folgenden Annahmen getroffen.

1. Anteile von Holz am Tragwerk bei Holzbau und Massivbau: Die Zimmer- und Holzbauarbeiten (LB 016 nach STLB-Bau) machen bei Holzbauten im Mittel mindestens die Hälfte der Kosten des Tragwerks aus. Als Tragwerk im engeren Sinne werden weiterhin die (Kosten der) Baukonstruktionen der Leistungsbereiche Mauerarbeiten (LB 012), Betonarbeiten (LB 013) und Stahlbauarbeiten (LB 017) verstanden.
2. Flächenwirtschaftlichkeit in Bezug auf die Konstruktions-Grundfläche: Holzbauten unterscheiden sich von Massivbauten möglicherweise hinsichtlich der Flächenwirtschaftlichkeit. Der Anteil der Konstruktions-Grundfläche an der Brutto-Grundfläche (KGF/BGF) könnte bei schlanken Konstruktionen im Holzbau geringer sein als beim Massivbau.
3. Kostenwirtschaftlichkeit von Holzbau und Massivbau: Die Kosten von Holzbauten (€/m² BGF) könnten aufgrund von Vorfertigung und Modularisierung geringer sein als bei meist konventionell erstellten Massivbauten. Dagegen hört man oft, dass der Holzbau wesentlich teurer wäre als der Massivbau.
4. Vergleich der Bauzeiten von Holzbau und Massivbau: Die Bauzeiten von Holzbauten sind erfahrungsgemäß kürzer als die von Massivbauten. Die weitergehende Unterscheidung der Holzbauten in Holzskelettbau, Holzrahmenbau, Holztafelbau, Massivholzbau und Holzmodulbau kann möglicherweise unterschiedliche Bauzeiten erklären.

Einordnung und Abgrenzung der Untersuchung

Die vorliegende Untersuchung ist als Beitrag zum Vergleich der Konstruktionsweisen Holzbau und Massivbau zu verstehen. Nachvollziehbare Daten über Grundflächen, Kosten und Bauzeiten von Gebäuden werden erfahrungsgemäß von den am Projekt Beteiligten gerne für die Planung und Wirtschaftlichkeitsbetrachtungen verwendet.

Gleichzeitig sind weitere Gesichtspunkte für die Entscheidung, ob das Objekt als Holzbau oder Massivbau realisiert werden soll, zu berücksichtigen. Hierzu zählen in Stichworten:

- Baupolitische Anforderungen (z. B. Nachhaltigkeit, CO_2-Bilanz)
- Verfügbarkeit des Rohstoffes Holz (z. B. Holzabbaurechte, Zölle)
- Entwicklungen auf dem Markt für Bauleistungen, insbesondere der Preise von Bauholz und Holzprodukten, national und international
- Möglichkeiten der Vorfertigung bzw. der industriellen Produktion von Bauelementen oder Gebäuden in Holzbauweise
- Kapazitäten Holz verarbeitender Betriebe vor Ort
- Bauphysikalische Gesichtspunkte (z. B. Schallschutz, Brandschutz, Feuchtigkeit)
- Nutzeranforderungen (z.B. Gestaltung von Gebäuden und Innenräumen, Veränderbarkeit von Grundrissen)
- Lebensdauer von Bauelementen aus Holz und Holzwerkstoffen

Diese Gesichtspunkte werden in der vorliegenden Untersuchung nicht betrachtet.

Die Datenbanken des Baukosteninformationszentrums Deutscher Architektenkammern (BKI) enthalten mehrere tausend abgerechnete und dokumentierte Objekte. Das erlaubt es, bestimmte Eigenschaften von Gebäuden zu vergleichen. In der vorliegenden Untersuchung geht es um den Vergleich von Holzbau bzw. Holzbauweise und Massivbau bzw. Massivbauweise. Grundlage hierfür sind die zur Verfügung stehenden BKI-Objektdaten und -beschreibungen.

Für die folgenden Gebäudearten liegen Daten von Holzbauten und Massivbauten vor:

- Schulen
- Kindergärten, nicht unterkellert
- Ein- und Zweifamilienhäuser, unterkellert
- Ein- und Zweifamilienhäuser, nicht unterkellert
- Ein- und Zweifamilienhäuser, Passivhausstandard
- Mehrfamilienhäuser
- Gemeindezentren

Bei der Dokumentation von Kosten- und Planungskennwerten, z.B. von Neubauten, werden alle betreffenden Rechtsvorschriften und technischen Regeln angewendet.

Dazu zählen:

- DIN 276:2018-12, Kosten im Bauwesen
- DIN 277:2021-08, Grundflächen und Rauminhalte im Hochbau
- Standardleistungsbuch für das Bauwesen (STLB-Bau), Stand 2024-04

Zusätzlich werden Bauzeiten berücksichtigt. Diese werden seit vielen Jahren von BKI dokumentiert und sind im Band BKI: Baukosten Gebäude Neubau 2024, Statistische Kostenkennwerte, enthalten. Weitergehende Informationen, z.B. Konstruktionsweisen von Holzbauten, und neuere Objektdaten wurden dem Verfasser für die vorliegende Untersuchung zur Verfügung gestellt.

Folgende Anmerkungen sind zum Verständnis der → **Tabelle 01** erforderlich: Die Holzbauten werden bislang noch nicht nach einfachem, mittlerem oder hohem Standard oder weiteren Gesichtspunkten unterschieden. Bei den Massivbauten werden, soweit eine Unterscheidung erfolgt ist, sowohl alle Schularten und als auch alle Standards in den Vergleich einbezogen. Denn die Schulart oder der Standard hat häufig einen Einfluss nicht nur auf die Grundfläche, die Bauwerkkosten und die Bauzeit, sondern auch auf andere Merkmale über den Gegenstand der vorliegenden Untersuchung hinaus. Dazu gehört beispielsweise die Gestaltung, der Brandschutz, die Instandhaltung, die Nachhaltigkeit, um nur einige Aspekte zu nennen.

Über die genannten Gebäudearten hinaus stehen weitere Daten zur Verfügung. Die Anzahl der Vergleichsobjekte ist jedoch für die Untersuchung zu gering:

- Büro- und Verwaltungsgebäude, Holzbauweise mit 10 Vergleichsobjekten
- Doppel- und Reihenhäuser, Holzbauweise mit 8 Vergleichsobjekten
- ...

Im Verlauf der Untersuchung kamen aus den BKI-Datenbanken noch 14 weitere Vergleichsobjekte in Holzbauweise hinzu, deren Bauzeiten und Konstruktionsweisen in Kapitel 4 berücksichtigt werden konnten.

1. Tragwerk

Nach welchen Gesichtspunkten kann entschieden werden, ob es sich bei einem Gebäude um einen Massivbau, einen Holzbau oder einen Stahlbau handelt. Tatsächlich besteht jedes Gebäude aus einer Vielzahl von Baustoffen und Produkten. Eine einfache Grundlage können Anteile von z.B. Holz, Mauerwerk, Beton (und Stahl) an den Kosten des Tragwerks sein.

Bei der Leistungsbeschreibung mit Leistungsverzeichnis für die Bauleistungen werden die entsprechenden Leistungspositionen nach dem Standardleistungsbuch im Bauwesen (STLB-Bau) in Leistungsbereiche (LB) unterschieden:

- Mauerarbeiten (LB 012)
- Betonarbeiten (LB 013)
- Zimmer- und Holzbauarbeiten (LB 016)
- Stahlbauarbeiten (LB 017).

Holzbauweise	Massivbauweise
Schulen, Holzbauweise, 12 Vergleichsobjekte, S. 276-279	Schulen, 44 +10+15 Vergleichsobjekte, S. 260-263, S. 284-287, S. 292-295
Kindergärten, Holzbauweise, nicht unterkellert, 48 Vergleichsobjekte, S. 348-351	Kindergärten, nicht unterkellert, 10+56+22 Vergleichsobjekte, S. 312-315, S. 320-323, S. 338-341
Ein- und Zweifamilienhäuser, Holzbauweise, unterkellert, 37 Vergleichsobjekte, S. 512-515	Ein- und Zweifamilienhäuser, unterkellert, 8+24+42 Vergleichsobjekte, S. 414-417, S. 420-423, S. 430-433
Ein- und Zweifamilienhäuser, Holzbauweise, nicht unterkellert, 28 Vergleichsobjekte, S. 526-529	Ein- und Zweifamilienhäuser, nicht unterkellert, 6+50+30 Vergleichsobjekte, S. 450-453, S. 456-459, S. 474-477
Ein- und Zweifamilienhäuser, Passivhausstandard, Holzbauweise, 37 Vergleichsobjekte, S. 498-501	Ein- und Zweifamilienhäuser, Passivhausstandard, Massivbauweise, 23 Vergleichsobjekte, S. 486-489
Mehrfamilienhäuser, Holzbauweise, 18 Vergleichsobjekte, S. 710-713	Mehrfamilienhäuser, mit 6 bis 19 WE, 8+39+29 Vergleichsobjekte, S. 632-635, S. 638-641, S. 652-655
Gemeindezentren, Holzbauweise, 13 Vergleichsobjekte, S. 1008-1011	Gemeindezentren, 8+27+20 Vergleichsobjekte, S. 980-983, S. 986-989, S. 998-1001
193 Vergleichsobjekte, Holzbauweise	**471 Vergleichsobjekte, Massivbauweise**

Tab. 01: Die Gebäudearten des Vergleichs der Holzbauten und Massivbauten im Überblick.
[BKI: Baukosten Gebäude Neubau 2024, Statistische Kostenkennwerte, S. 260-1011]

Auf Grundlage der vorliegenden Daten werden im Rahmen dieser Untersuchung Holzbauten mit konventionellen Massivbauten verglichen. Dabei konzentriert sich der Vergleich auf das Tragwerk im engeren Sinne. Schwerpunkte der Untersuchung sind die Anteile der Massivbauelemente (LB 012 und LB 013) einerseits und der Holzbauelemente (LB 016) andererseits. Anteilige Stahlbauarbeiten (LB 017) werden angegeben, jedoch nicht weiter betrachtet.

Am Beispiel von nicht unterkellerten Kindergärten und unterkellerten Ein- und Zweifamilienhäusern, sowohl Massivbauten als auch Holzbauten, kann die gewünschte Unterscheidung hergeleitet werden. Grundlage der Untersuchung sind die genannten Leistungsbereiche (LB 012, 013, 017) von dokumentierten Gebäudearten, welchen bereits entweder Massivbauten oder Holzbauten zugeordnet sind. Die Herleitung wird anhand der → **Tabellen 02 bis 05** gezeigt. Die Kosten der einzelnen Leistungsbereiche als Anteil der Bauwerkskosten in Prozent stehen für alle Gebäudearten zur Verfügung, es werden die Mittelwerte zum Vergleich herangezogen. Siehe die Literaturangabe der jeweiligen Tabelle.

Es werden die jeweiligen Anteile der Leistungsbereiche in Prozent der Bauwerkskosten angegeben. Betragen die Zimmer- und Holzbauarbeiten mehr als 50 %, wird das einzelne Objekt bzw. die Gebäudeart dem Holzbau zugeordnet. Macht die Summe aus Mauerarbeiten und Betonarbeiten mehr als 50 % aus, handelt es sich um einen Massivbau bzw. Massivbauten. Der Anteil der Stahlbauarbeiten bei den betrachteten Objekten ist unerheblich.

Bei den hier beispielhaft gezeigten Holzbauten beträgt der Anteil der Zimmer- und Holzbauarbeiten am Tragwerk bei nicht unterkellerten Kindergärten, Holzbau, im Mittel 78,0 % (→ **Tab. 02)**. Der andere Teil, vor allem Bodenplatte bzw. Fundament besteht hauptsächlich aus Beton. Bei unterkellerten Ein- und Zweifamilienhäusern beträgt der Anteil von Holz am Tragwerk im Mittel 65,7 % (→ **Tab. 04)**.

Bei den ausgewählten Massivbauten beträgt der Anteil der Zimmer- und Holzbauarbeiten bei den nicht unterkellerten Kindergärten als Massivbauten im Mittel 48,5 % (→ **Tab. 03)**. Bei den meisten Objekten dieser Art ist der Dachstuhl aus Holz. Bei den unterkellerten Ein- und Zweifamilienhäusern in Massivbauweise beträgt der Anteil von Holz am Tragwerk im Mittel 15,8 % (→ **Tab. 05)**.

Objekte, die zu den Stahlbauten gezählt werden könnten, kommen bei den hier untersuchten Gebäudearten nicht vor. Würden Hochgaragen oder Gebäude für Produktion untersucht, wären sicher auch Stahlbauten anzutreffen.

Kindergärten, Holzbau, nicht unterkellert			
Tragwerk und anteilige Kosten der Leistungsbereiche	% an BWK	% an Tragwerk	
Mauerarbeiten (LB 012)	0,7 %	Massivbau	19,0 %
Betonarbeiten (LB 013)	5,6 %		
Zimmer- und Holzbauarbeiten (LB 016)	25,2 %	Holzbau	78,0 %
Stahlbauarbeiten (LB 017)	0,9 %	Stahlbau	0,3 %
Summe der Leistungsbereiche	**32,4 %**		**100,0 %**

Tab. 02: Kindergärten, Holzbau, nicht unterkellert, 48 Vergleichsobjekte.
[BKI: Baukosten Gebäude Neubau 2024. Statistische Kostenkennwerte, S. 350]

Kindergärten, Massivbau, nicht unterkellert, einfacher Standard			
Tragwerk und anteilige Kosten der Leistungsbereiche	% an BWK	% an Tragwerk	
Mauerarbeiten (LB 012)	5,3 %	Massivbau	51,5 %
Betonarbeiten (LB 013)	8,7 %		
Zimmer- und Holzbauarbeiten (LB 016)	13,2 %	Holzbau	48,5 %
Stahlbauarbeiten (LB 017)	0,0 %	Stahlbau	0,0 %
Summe der Leistungsbereiche	**27,2 %**		**100,0 %**

Tab. 03: Kindergärten, Massivbau, nicht unterkellert, einfacher Standard, 10 Vergleichsobjekte.
[BKI: Baukosten Gebäude Neubau 2024. Statistische Kostenkennwerte, S. 314

Ein- und Zweifamilienhäuser, Holzbau, unterkellert			
Tragwerk und anteilige Kosten der Leistungsbereiche	% an BWK	% an Tragwerk	
Mauerarbeiten (LB 012)	2,6 %	Massivbau	34,1 %
Betonarbeiten (LB 013)	11,0 %		
Zimmer- und Holzbauarbeiten (LB 016)	26,2 %	Holzbau	65,7 %
Stahlbauarbeiten (LB 017)	0,1 %	Stahlbau	0,2 %
Summe der Leistungsbereiche	**39,9 %**		**100,0 %**

Tab. 04: Ein- und Zweifamilienhäusern, Holzbau, unterkellert, 37 Vergleichsobjekte.
[BKI: Baukosten Gebäude Neubau 2024. Statistische Kostenkennwerte, S. 514]

Ein- und Zweifamilienhäuser, Massivbau, unterkellert, einfacher Standard			
Tragwerk und anteilige Kosten der Leistungsbereiche	% an BWK	% an Tragwerk	
Mauerarbeiten (LB 012)	15,3 %	Massivbau	84,2 %
Betonarbeiten (LB 013)	15,6 %		
Zimmer- und Holzbauarbeiten (LB 016)	5,8 %	Holzbau	15,8 %
Stahlbauarbeiten (LB 017)	0,0 %	Stahlbau	0,0 %
Summe der Leistungsbereiche	**36,7 %**		**100,0 %**

Tab. 05: Ein- und Zweifamilienhäusern, Massivbau, unterkellert, einfacher Standard, 8 Vergleichsobjekte.
[BKI: Baukosten Gebäude Neubau 2024. Statistische Kostenkennwerte, S. 416]

2. Grundflächen

Die Flächenwirtschaftlichkeit kann sich im Bauwesen zum einen auf die Bebauung und zum anderen auf das Gebäude beziehen. Bei der Flächenwirtschaftlichkeit einer Bebauung wird das Verhältnis der Gebäudefläche als Output, i.d.R. die Brutto-Grundfläche, zur Grundstücksfläche als Input ermittelt. Je größer der Verhältniswert ausfällt, desto größer ist die Flächenwirtschaftlichkeit, z.B. bei mehrgeschossiger Bebauung.

Die Flächenwirtschaftlichkeit eines Gebäudes ergibt sich aus dem Verhältnis deren Grundflächen. Grundlage der Ermittlungen ist vor allem die DIN 277:2021-08, Grundflächen und Rauminhalte im Hochbau. Ist für die Flächenwirtschaftlichkeit auch die Konstruktion von Bedeutung? Spielt es eine Rolle, ob vorwiegend Beton, Mauerwerk, Stahl oder Holz verwendet werden?

Die Flächenwirtschaftlichkeit der Konstruktion am Grundriss eines Gebäudes kann als Verhältnis der Konstruktions-Grundfläche (KGF) zur Brutto-Grundfläche (BGF) in Prozent aufgezeigt werden. Je kleiner der Konstruktions-Grundfläche-Anteil ausfällt, desto größer ist die Netto-Raumfläche (NRF) des Gebäudes und damit die Flächenwirtschaftlichkeit. Die Netto-Raumfläche wird weiter in die Nutzungsfläche (NUF), die Verkehrsfläche (VF) und die Technikfläche (TF) aufgeteilt.

Während die Nutzungsfläche in Form des Raumprogramms vom Auftraggebenden vorgegeben wird, resultieren die sonstigen Grundflächen aus dem Entwurf.

Zur Ermittlung von Grundflächen und Rauminhalten stehen grundsätzlich die folgenden Regelwerke zur Verfügung

- DIN 277:2021-08, Grundflächen und Rauminhalte im Hochbau,
- bei Wohngebäuden zusätzlich die Verordnung zur Berechnung der Wohnfläche (Wohnflächenverordnung – WoFlV), Inkrafttreten 01.01.2004,
- sowie gegebenenfalls Richtlinien der Gesellschaft für Immobilienwirtschaftliche Forschung (gif e.V.)

Die Grundflächen des Bauwerks werden nach DIN 277 wie folgt gegliedert:

Brutto-Grundfläche (BGF)			
Netto-Raumfläche (NRF)			Konstruktions- Grundfläche (KGF)
Nutzungsfläche (NUF)	Technikfläche (TF)	Verkehrsfläche (VF)	

Tab. 06: Gliederung der Grundflächen des Bauwerks.
[DIN 277:2021-08, Ziffer 4.1, S. 6]

Für die vorliegende Untersuchung sind ausgewählte Grundflächen von Interesse. Das ist zunächst die Konstruktions-Grundfläche (KGF). Sie unterscheidet voraussichtlich danach, welche Konstruktionsweise – hier Holzbau oder Massivbau – für ein Gebäude bzw. eine Gebäudeart gewählt wird. Die Konstruktions-Grundfläche ist der „Anteil der Brutto-Grundfläche (BGF), der die Grundflächen der aufgehenden Baukonstruktionen des Bauwerks umfasst."
[vgl. DIN 277:2021-08, Ziffer 3.2, S. 4]

Zum allgemeinen Verständnis der Ermittlung von Grundfläche nach DIN 277 und zur sicheren Anwendung von Grundflächen und Planungskennwerten der BKI-Daten sind einige Definitionen und Angaben bei der praktischen Anwendung zu beachten:

- Die Brutto-Grundfläche (BGF) ist die „Gesamtheit der Grundflächen aller Geschosse oder eines Teilbereichs des Bauwerks, die sich in Netto- Raumfläche (NRF) und Konstruktions-Grundfläche (KGF) gliedert." Sie ist die Bezugseinheit (= 100,0 %) für die Ermittlung von Planungskennwerten, in diesem Fall als Anteil der Konstruktions-Grundfläche an der Brutto-Grundfläche in Prozent (m^2 KGF/m^2 BGF in %). [vgl. DIN 277:2021-08, Ziffer 3.4, S. 5]
- Die Konstruktions-Grundfläche kann einfach ermittelt werden als Differenz aus der Brutto-Grundfläche und Netto-Raumfläche.
[vgl. DIN 277:2021-08, Ziffer 6.3, S. 11]
- Die Netto-Raumfläche ist der „Anteil der Brutto-Grundfläche (BGF), der sich in Nutzungsfläche (NUF), Technikfläche (TF) und Verkehrsfläche (VF) gliedert."
[vgl. DIN 277:2021-08, Ziffer 3.3, S. 5]

Weiterhin ist zu berücksichtigen, dass die Grundflächen als Regelfall der Raumumschließung (R) oder als Sonderfall der Raumumschließung (S) unterschieden werden.

Zum Regelfall zählen Netto- Raumflächen, die „bei allen Begrenzungsflächen des Raums vollständig umschlossen" sind.
[vgl. DIN 277:2021-08, Ziffer 5.7.1, S. 10]

Ein Sonderfall liegt dann vor, wenn Netto-Raumflächen „mit dem Bauwerk konstruktiv fest verbunden sind, jedoch nicht bei allen Begrenzungsflächen des Raums vollständig umschlossen sind (z.B. Loggien, Balkone, Dachterrassen, unterbaute Eingangsbereiche und Höfe sowie Außentreppen)".
[vgl. DIN 277:2021-08, Ziffer 5.7.2, S. 10]

Alle Grundflächen (und Rauminhalte) nach DIN 277 und entsprechende Planungskennwerte sowie wesentliche Kostenkennwerte werden von BKI ermittelt und dokumentiert. Die Größe einer Grundfläche wird immer als Summe der Grundflächen als Regelfall und der Grundflächen als Sonderfall ausgewiesen bzw. für die Bildung von Kennwerten herangezogen. Dieser Umstand ist insofern von Bedeutung, als bei der Angabe oder Kennwertbildung städtebaulicher Kennziffern (nach BauNVO) oder der Ermittlung der Wohnfläche (nach WoFlV) anderes verfahren wird.

Das Verhältnis Konstruktions-Grundfläche zu Brutto-Grundfläche kann sehr unterschiedlich sein, wie → **Tabelle 07** erkennen lässt. Siehe die Werte **5,5** und **24,3** im Fettdruck. Daraus ergibt sich die Frage, welche Ursachen erkannt werden können und ob es Möglichkeiten der Optimierung geben kann.

Wenn es bei der Ermittlung oder Interpretation der Konstruktions-Grundfläche (KGF) Unsicherheit oder Fragen gibt, sind genauere Vorgaben der DIN 277 hilfreich:" Für die Ermittlung der Konstruktions-Grundfläche (KGF) sind die Fertigmaße der Baukonstruktionen einschließlich der Bekleidungen in Höhe der Oberkanten der Boden- bzw. Deckenbeläge anzusetzen. Konstruktive und gestalterische Vor- und Rücksprünge, Fuß- und Sockelleisten,

Schrammborde und Unterschneidungen sowie vorstehende Teile von Fenster- und Türbekleidungen bleiben unberücksichtigt. Anstelle einer Ermittlung anhand von einzelnen Maßen des Bauwerks kann die Konstruktions-Grundfläche (KGF) als Differenz aus der Brutto-Grundfläche (BGF) und der Netto-Raumfläche (NRF) ermittelt werden. […]"
[DIN 277:2021-08, Ziffer 6.3, S. 11]

Dazu zählt weiterhin die sogenannte Positivliste der Norm: […] Die Konstruktions-Grundfläche (KGF) schließt die Grundflächen von folgenden Elementen ein:

- Vormauerungen, Vorwandinstallationen und Bekleidungen, die raumhoch sind;
- Installationshohlräume und Wandschlitze in den aufgehenden Baukonstruktionen;
- Wandöffnungen und Wandnischen (z. B. Türen, Fenster, Durchgänge) mit einem lichten Querschnitt von ≤1,0m²;
- Grundflächen von Installations- und Aufzugsschächten mit einem lichten Querschnitt von ≤1,0 m² in jedem Geschoss, durch das sie führen.
- […]"

[DIN 277:2021-08, Ziffer 6.3, S. 11]

These 1:

Nicht nur die Nutzungsart, die Bauwerksgeometrie, die Grundrissorganisation, sondern auch die Konstruktionsweise eines Gebäudes hat einen Einfluss auf die Grundfläche eines Gebäudes, so auch auf die Konstruktions-Grundfläche.

Die → **Tabellen 08 bis 14** zeigen für jede Gebäudeart des Holzbaus und des Massivbaus das Verhältnis der Konstruktions-Grundfläche (KGF) zur Brutto-Grundfläche (BGF) in Prozent. Es werden für den Vergleich jeweils die **Mittelwerte** betrachtet (Fettdruck). Die übergeordnete Fragestellung lautet: Sind die Wandkonstruktionen (KGF), insbesondere der Außenwände, von Holzbauten im Vergleich mit Massivbauten deutlich schlanker, sodass bei gleicher Größe des Gebäudes (BGF) ein Flächengewinn (mehr NRF) erwartet werden kann. Damit wäre die Flächenwirtschaftlichkeit von Holzbauten grundsätzlich höher als die von Massivbauten. Entsprechendes ist häufig zu lesen, wobei nicht nur die Netto-Raumfläche (NRF), sondern sogar die Nutzungsfläche oder die Wohnfläche größer ausfallen soll.

Anteil der Konstruktions-Grundfläche (KGF) an der Brutto-Grundfläche (BGF) ausgewählter Gebäudearten in Prozent	**KGF/BGF (%)**		
	von	mittel	bis
Büro- und Verwaltungsgebäude, mittlerer Standard, 50 Vergleichsobjekte, S. 172, 175	13,3%	15,3%	17,5%
Ein- und Zweifamilienhäuser, nicht unterkellert, mittlerer Standard, 50 Vergleichsobjekte, S. 456, 469	18,5%	21,2%	**24,3%**
Verbrauchermärkte, 13 Vergleichsobjekte, S. 872, 875	8,9%	10,6%	12,9%
Lagergebäude ohne Mischnutzung, 19 Vergleichsobjekte, S. 886, 889	**5,5%**	7,4%	10,3%
Bibliotheken, Museen und Ausstellungen, 31 Vergleichsobjekte, S. 958, 961	12,6%	15,0%	18,3%

Tab. 07: Anteil der Konstruktions-Grundfläche (KGF) an der Brutto-Grundfläche (BGF) ausgewählter Gebäudearten in Prozent.
[BKI: Baukosten Gebäude Neubau 2024. Statistische Kostenkennwerte, S. 172-961]

Schulen

Zu → **Tab. 08**: Der Mittelwert des Verhältnisses von Konstruktions-Grundfläche zu Brutto-Grundfläche bei den Schulen in Massivbauweise beträgt 14,2 %. Bei den Schulen ist der Einfluss der Konstruktionsweise auf den Anteil der Konstruktions-Grundfläche an der Brutto-Grundfläche sehr gering (0,3 Prozentpunkte).

Für die Schulen in Holzbauweise liegen noch nicht so viele Vergleichsobjekte vor, dass eine Unterscheidung nach Schularten sinnvoll wäre. Bei den Beruflichen Schulen in Massivbauweise ist der Anteil der Konstruktions-Grundfläche im Vergleich mit den anderen Schularten niedrig. Ursächlich sind vermutlich die großflächigen Werkstadtbereiche bei geringerem Anteil von Innenwänden für die praktische Ausbildung an Maschinen verbunden mit weniger Innenwänden im Gebäude.

Kindergärten, nicht unterkellert

Zu → **Tab. 09**: Der Mittelwert des Verhältnisses von Konstruktions-Grundfläche zu Brutto-Grundfläche bei den Kindergärten, nicht unterkellert, in Massivbauweise beträgt 14,4 %. Bei den Kindergärten, nicht unterkellert, ist der Einfluss der Konstruktionsweise auf den Anteil der Konstruktions-Grundfläche an der Brutto-Grundfläche sehr gering (0,6 Prozentpunkte).

Schulen			
Grundflächen von Schulen – Verhältnis der Konstruktions-Grundfläche (KGF) zur Brutto-Grundfläche (BGF) in Prozent	**KGF/BGF**		
	von	mittel	bis
Schulen, Holzbauweise, 12 Vergleichsobjekte, S. 279	11,9 %	**14,5 %**	24,8 %
Allgemeinbildende Schulen, 44 Vergleichsobjekte, S. 263	12,4 %	**14,7 %**	17,0 %
Berufliche Schulen, 10 Vergleichsobjekte, S. 287	10,0 %	**11,2 %**	11,9 %
Förder- und Sonderschulen, 15 Vergleichsobjekte, S. 295	13,3 %	**14,9 %**	18,2 %

Tab. 08: Grundflächen von Schulen
– Verhältnis der Konstruktions-Grundfläche (KGF) zur Brutto-Grundfläche (BGF) in Prozent.
[BKI: Baukosten Gebäude Neubau 2024, Statistische Kostenkennwerte, S. 263-259]

Kindergärten, nicht unterkellert			
Grundflächen von Kindergärten, nicht unterkellert – Verhältnis der Konstruktions-Grundfläche (KGF) zur Brutto-Grundfläche (BGF) in Prozent	**KGF/BGF**		
	von	mittel	bis
Kindergärten, Holzbauweise, 48 Vergleichsobjekte, S. 351	12,1 %	**13,8 %**	15,4 %
Kindergärten, nicht unterkellert, einfacher Standard, 10 Vergleichsobjekte, S. 315	12,8 %	**13,2 %**	14,5 %
Kindergärten, nicht unterkellert, mittlerer Standard, 56 Vergleichsobjekte, S. 323	12,6 %	**14,1 %**	16,0 %
Kindergärten, nicht unterkellert, hoher Standard, 22 Vergleichsobjekte, S. 341	13,6 %	**15,7 %**	18,5 %

Tab. 09: Grundflächen von Kindergärten, nicht unterkellert
– Verhältnis der Konstruktions-Grundfläche (KGF) zur Brutto-Grundfläche (BGF) in Prozent.
[BKI: Baukosten Gebäude Neubau 2024, Statistische Kostenkennwerte, S. 315-351]

Ein- und Zweifamilienhäuser, unterkellert

Zu → **Tab. 10**: Der Mittelwert des Verhältnisses von Konstruktions-Grundfläche zu Brutto-Grundfläche bei den Ein- und Zweifamilienhäusern, unterkellert, in Massivbauweise beträgt 20,1 %. Bei den Ein- und Zweifamilienhäusern, unterkellert, ist der Einfluss der Konstruktionsweise auf den Anteil der Konstruktions-Grundfläche an der Brutto-Grundfläche sehr gering (0,3 Prozentpunkte).

Ein- und Zweifamilienhäuser, nicht unterkellert

Zu → **Tab. 11**: Der Mittelwert des Verhältnisses von Konstruktions-Grundfläche (KGF) zu Brutto-Grundfläche (BGF) der Ein- und Zweifamilienhäuser, nicht unterkellert, in Massivbauweise beträgt 21,0 %. Bei den Ein- und Zweifamilienhäusern, nicht unterkellert, ist der Einfluss der Konstruktionsweise auf den Anteil der Konstruktions-Grundfläche an der Brutto-Grundfläche gering (1,5 Prozentpunkte).

Ein- und Zweifamilienhäuser, unterkellert			
Grundflächen von Ein- und Zweifamilienhäusern, unterkellert – Verhältnis der Konstruktions-Grundfläche (KGF) zur Brutto-Grundfläche (BGF) in Prozent	**KGF/BGF**		
	von	mittel	bis
Ein- und Zweifamilienhäusern, unterkellert, Holzbauweise, 37 Vergleichsobjekte, S. 515	17,7 %	**19,8 %**	22,8 %
Ein- und Zweifamilienhäusern, unterkellert, einfacher Standard, 8 Vergleichsobjekte, S. 417	14,9 %	**17,5 %**	19,3 %
Ein- und Zweifamilienhäusern, unterkellert, mittlerer Standard, 24 Vergleichsobjekte, S. 423	18,3 %	**19,9 %**	21,5 %
Ein- und Zweifamilienhäusern, unterkellert, hoher Standard, 42 Vergleichsobjekte, S. 433	19,1 %	**20,7 %**	22,4 %

Tab. 10: Grundflächen von Ein- und Zweifamilienhäusern, unterkellert
– Verhältnis der Konstruktions-Grundfläche (KGF) zur Brutto-Grundfläche (BGF) in Prozent.
[BKI: Baukosten Gebäude Neubau 2024, Statistische Kostenkennwerte, S. 417-515]

Ein- und Zweifamilienhäuser, nicht unterkellert			
Grundflächen von Ein- und Zweifamilienhäusern, nicht unterkellert – Verhältnis der Konstruktions-Grundfläche (KGF) zur Brutto-Grundfläche (BGF) in Prozent	**KGF/BGF**		
	von	mittel	bis
Ein- und Zweifamilienhäuser, nicht unterkellert, Holzbauweise, 28 Vergleichsobjekte, S. 529	18,0 %	**19,5 %**	22,8 %
Ein- und Zweifamilienhäusern, nicht unterkellert, einfacher Standard, 6 Vergleichsobjekte, S. 453	20,2 %	**22,7 %**	22,9 %
Ein- und Zweifamilienhäusern, nicht unterkellert, mittlerer Standard, 50 Vergleichsobjekte, S. 459	18,5 %	**21,2 %**	24,3 %
Ein- und Zweifamilienhäusern, nicht unterkellert, hoher Standard, 30 Vergleichsobjekte, S. 477	18,3 %	**20,4 %**	23,4 %

Tab. 11: Grundflächen von Ein- und Zweifamilienhäusern, nicht unterkellert
– Verhältnis der Konstruktions-Grundfläche (KGF) zur Brutto-Grundfläche (BGF) in Prozent.
[BKI: Baukosten Gebäude Neubau 2024, Statistische Kostenkennwerte, S. 435-529]

Ein- und Zweifamilienhäuser, Passivhausstandard

Zu → **Tab. 12**: Bei den Ein- und Zweifamilienhäusern, Passivhausstandard, ist der Einfluss der Konstruktionsweise auf den Anteil der Konstruktions-Grundfläche an der Brutto-Grundfläche sehr gering (0,6 Prozentpunkte).

Mehrfamilienhäuser

Zu → **Tab. 13**: Der Mittelwert des Verhältnisses von Konstruktions-Grundfläche zu Brutto-Grundfläche der Mehrfamilienhäuser in Massivbauweise beträgt 17,0 %. Bei den Mehrfamilienhäusern ist der Einfluss der Konstruktionsweise auf den Anteil der Konstruktions-Grundfläche an der Brutto-Grundfläche gering (0,7 Prozentpunkte).

Ein- und Zweifamilienhäuser, Passivhausstandard			
Grundflächen von Ein- und Zweifamilienhäusern, Passivhausstandard – Verhältnis der Konstruktions-Grundfläche (KGF) zur Brutto-Grundfläche (BGF) in Prozent	**KGF/BGF**		
	von	mittel	bis
Ein- und Zweifamilienhäusern, Passivhausstandard, Holzbauweise, 37 Vergleichsobjekte, S. 501	18,9 %	**21,9 %**	25,6 %
Ein- und Zweifamilienhäusern, Passivhausstandard, Massivbauweise, 23 Vergleichsobjekte, S. 489	18,7 %	**21,3 %**	23,2 %

Tab. 12: Grundflächen von Ein- und Zweifamilienhäusern, Passivhausstandard – Verhältnis der Konstruktions-Grundfläche (KGF) zur Brutto-Grundfläche (BGF) in Prozent.
[BKI: Baukosten Gebäude Neubau 2024, Statistische Kostenkennwerte, S. 489-501]

Mehrfamilienhäuser			
Grundflächen von Mehrfamilienhäusern – Verhältnis der Konstruktions-Grundfläche (KGF) zur Brutto-Grundfläche (BGF) in Prozent	**KGF/BGF**		
	von	mittel	bis
Mehrfamilienhäuser, Holzbauweise, 18 Vergleichsobjekte, S. 713	14,5 %	**16,3 %**	17,2 %
Mehrfamilienhäuser, mit 6 bis 19 WE, einfacher Standard, 8 Vergleichsobjekte, S. 635	15,4 %	**17,4 %**	20,1 %
Mehrfamilienhäuser, mit 6 bis 19 WE, mittlerer Standard, 39 Vergleichsobjekte, S. 641	15,7 %	**17,2 %**	18,7 %
Mehrfamilienhäuser, mit 6 bis 19 WE, hoher Standard, 29 Vergleichsobjekte, S. 655	14,7 %	**16,5 %**	18,6 %

Tab. 13: Grundflächen von Mehrfamilienhäusern – Verhältnis der Konstruktions-Grundfläche (KGF) zur Brutto-Grundfläche (BGF) in Prozent.
[BKI: Baukosten Gebäude Neubau 2024, Statistische Kostenkennwerte, S. 635-713]

Gemeindezentren

Zu → **Tab. 14**: Der Mittelwert des Verhältnisses von Konstruktions-Grundfläche zu Brutto-Grundfläche der Gemeindezentren in Massivbauweise beträgt 16,8 %. Bei den Gemeindezentren ist der Einfluss der Konstruktionsweise auf den Anteil der Konstruktions-Grundfläche an der Brutto-Grundfläche gering (1,4 Prozentpunkte).

Zusammenfassung zu den Konstruktions-Grundflächen

Zu → **Tab. 15**: Der Anteil der Konstruktions-Grundfläche an der Brutto-Grundfläche von Gebäuden ist insgesamt sehr unterschiedlich. Das liegt im Allgemeinen an der jeweiligen Nutzungsart und dem Raumkonzept, der Anzahl und der Anordnung der Geschosse sowie der Geometrie des Baukörpers.

Gemeindezentren			
Grundflächen von Gemeindezentren – Verhältnis der Konstruktions-Grundfläche (KGF) zur Brutto-Grundfläche (BGF) in Prozent	**KGF/BGF**		
	von	mittel	bis
Gemeindezentren, Holzbauweise, 13 Vergleichsobjekte, S. 1010	14,2 %	**15,4 %**	18,4 %
Gemeindezentren, einfacher Standard, 8 Vergleichsobjekte, S. 983	15,8 %	**16,1 %**	18,4 %
Gemeindezentren, mittlerer Standard, 27 Vergleichsobjekte, S. 989	16,2 %	**18,1 %**	21,8 %
Gemeindezentren, hoher Standard, 20 Vergleichsobjekte, S. 1001	13,0 %	**15,2 %**	18,5 %

Tab. 14: Grundflächen von Gemeindezentren – Verhältnis der Konstruktions-Grundfläche (KGF) zur Brutto-Grundfläche (BGF) in Prozent.
[BKI: Baukosten Gebäude Neubau 2024, Statistische Kostenkennwerte, S. 983-1010]

Konstruktions-Grundfläche (KGF) zur Brutto-Grundfläche (BGF) ausgewählter Gebäudearten in Holzbauweise und Massivbauweise gegenübergestellt in Prozent	**KGF/BGF in %**		
	Mittelwert Holzbau	Mittelwert Massivbau	Unterschied
Schulen	14,5 %	14,2 %	0,3 %
Kindergärten, nicht unterkellert	13,8 %	14,4 %	0,6 %
Ein- und Zweifamilienhäuser, unterkellert	19,8 %	20,1 %	0,3 %
Ein- und Zweifamilienhäuser, nicht unterkellert	19,5 %	21,0 %	1,5 %
Ein- und Zweifamilienhäuser, Passivhausstandard	21,9 %	21,3 %	0,6 %
Mehrfamilienhäuser	16,3 %	17,0 %	0,7 %
Gemeindezentren	15,4 %	16,8 %	1,4 %

Tab. 15: Konstruktions-Grundfläche (KGF) zur Brutto-Grundfläche (BGF) ausgewählter Gebäudearten in Holzbauweise und Massivbauweise gegenübergestellt.

Kommentar:
Wohnungsbau in Holzbauweise – Zugewinn an Grundfläche?

Begleitend zur vorliegenden Untersuchung wurden Fachartikel in Zeitschriften und im Internet ausgewertet. In Bezug auf die Grundflächen von Gebäuden wurden mehrfach Vorteile des Holzbaus genannt, hierzu drei Zitate:

- „Holzbauteile können vergleichsweise schlank ausgeführt werden, was einen Zugewinn an Nutzfläche bringt. Bei gleicher Wohnfläche benötigt ein Holzbau etwa 10% weniger Grundfläche."
- [Grundlagen Wohngebäude in Holzbauweise (ingenieurholzbau.de)]
- „Die reduzierte Wandstärke bei der Holzskelettbauweise führt daher oft zu einem Gewinn an Wohnfläche im Vergleich zum Massivbau."
  [Massivbau oder Holzbau? (hausinfo.ch)]
- „Nicht unerheblich wirkt sich aus, dass aufgrund des besseren Dämmwerts gegenüber dem Mauerbau mit dünneren Wänden gearbeitet wird, sodass mehr Nutz- und Wohnfläche bei gleicher Grundfläche bleibt. So ergibt sich ein Flächengewinn mit Holzrahmenwänden von circa 10%, der die Quadratmeterkosten senkt."

[Holzrahmenbau, Holzständerbauweise | Alle Informationen (holzbauwelt.de)]

In den vorangehenden → **Tabellen 08 bis 15** wird jeweils der Anteil der Konstruktions-Grundfläche an der Brutto-Grundfläche gezeigt, und zwar von unterkellerten und nicht unterkellerten Ein- und Zweifamilienhäusern, teilweise mit Passivhausstandard, sowie von Mehrfamilienhäusern.

Der Unterschied zwischen den Massivbauten und den Holzbauten beträgt bei dem Anteil der Konstruktions-Grundfläche an der Brutto-Grundfläche jeweils im Mittel

- Ein- und Zweifamilienhäuser, unterkellert
  0,3 Prozentpunkte
- Ein- und Zweifamilienhäusern, nicht unterkellert
  1,5 Prozentpunkte
- Ein- und Zweifamilienhäusern, Passivhausstandard
  0,6 Prozentpunkte
- Mehrfamilienhäuser
  0,7 Prozentpunkte

Wenn also die Unterschiede der Konstruktions-Grundfläche bei Wohngebäuden im Ergebnis der vorliegenden Untersuchung so gering sind, kann dennoch bei Holzbauten im Vergleich zu Massivbauten ein „Zugewinn" an der Nutzungsfläche oder der Wohnfläche in Höhe von 10% versprochen werden?

Zu These 1:

Der Einfluss der Konstruktionsweise hat zumindest bei den hier untersuchten Gebäudearten keinen entscheidenden Einfluss auf die Flächenwirtschaftlichkeit der Gebäude erkennen lassen.

3. Bauwerkskosten

Es gibt in der Baupraxis für die „Kosten im Bauwesen" eine Vielzahl von Begriffen. Nur wenige werden in der DIN 267 definiert. Andere können gleichbedeutend verwendet werden. Häufig sind die Bezeichnungen aber unklar und führen zu Verwirrung und Fehleinschätzungen.

DIN 276:2018-12, Kosten im Bauwesen, definiert die „Gesamtkosten" (KG 100-800) und unterscheidet als deren wesentlichen Teil die „Bauwerkskosten" (KG 300+400).
[DIN 276:2018-12, Ziffer 3.11 und 3.12, S. 6]

Die „Bauwerkskosten" wurden vor rund 70 Jahren als „reine Baukosten" bezeichnet.
[DIN 276:1954-03, Ziffer 2.1, S. 1]

Zu → **Tab. 16**: Die allseits bekannten „Baukosten" werden in der Norm nicht definiert, sie entsprechen den Kosten gemäß KG 300-800 nach DIN 276:2018-12. Als Synonyme für „Baukosten" werden häufig die „Herstellungskosten" (Begriff aus dem Handelsgesetzbuch mit Rückgriff auf das Steuerrecht) und die „Bausumme" (Begriff aus dem Versicherungswesen, der Rechtsprechung und der Finanzierung) verwendet.

Bei den Bauverwaltungen von Bund und Ländern wird der Begriff „Gesamtbaukosten" verwendet, dieser entspricht den Kosten gemäß KG 200-700 nach DIN 276:2018-12.
[https://www.bauministerkonferenz.de/Dokumente/42321894.pdf]

Erläuterung zu → **Tabelle 16**:

Gesamtkosten
(KG 100 - 800 nach DIN 276-1:2018-12)

Gesamtbaukosten
(KG 200 - 700 nach DIN 276-1:2018-12)

Baukosten
(KG 300 - 800 nach DIN 276-1:2018-12)

Bauwerkskosten
(KG 300 + 400 nach DIN 276-1:2008-12)

Bei der vorliegenden Untersuchung werden die Bauwerkskosten (KG 300 + 400) betrachtet. Bei Berechnungen oder Kennwerten sind die Bauwerkskosten stets 100 %.

Dabei sind die hier betrachteten Bauwerkskosten (KG 300 + 400 nach DIN 276-1:2008-12) immer nur ein, wenn auch wichtiger Teil der Gesamtkosten bzw. vollständigen Investition einer Baumaßnahme. Die Gliederung der Kosten im Bauwesen in der ersten Ebene der Kostengliederung macht dies deutlich.

- 100 Grundstück
- 200 Vorbereitende Maßnahmen
- 300 Bauwerk – Baukonstruktionen
- 400 Bauwerk – Technische Anlagen
- 500 Außenanlagen und Freiflächen
- 600 Ausstattung und Kunstwerke
- 700 Baunebenkosten
- 800 Finanzierung

[Gliederung gemäß DIN 276:2018-12, Ziffer 5.1, S. 12-13]

Tab. 16: In der Praxis verwendete Begriffe für Kosten im Bauwesen.

Zunächst erfolgt ein Vergleich der Bauwerkskosten der Vergleichsobjekte des Holzbaus und des Massivbaus (→ **Tabellen 17 bis 23**), dargestellt als Kostenkennwerte als Verhältnis von Bauwerkskosten (BWK) zur Brutto-Grundfläche (BGF) in Euro (€/m² BGF).

Anschließend werden die Konstruktionsweisen von Holzbauten und Massivbauten, insbesondere

- Zimmer- und Holzbauarbeiten (LB 016) mit
- Maurerarbeiten (LB 012) und Betonarbeiten (LB 013)

als Anteile der Baukonstruktionen (KG 300) betrachtet (→ **Tabellen 25 bis 30**). Die Baukonstruktionen machen je nach Gebäudeart, Grundstückskosten, Baunebenkosten und Finanzierung grob zwischen 30 und 40 % der Gesamtkosten aus.

Die Kosten im Bauwesen unterliegen zahlreichen Kosteneinflüssen. Zum Verständnis und zur Interpretation sind diese zu beachten. Für die vorliegende Untersuchung sind vor allem „konstruktive Besonderheiten“ wie Holzbau und Massivbau sowie der „regionale Baumarkt“ in Bezug auf die Preise von Baustoffen und Produkten von Interesse.

Preissteigerungen von Bauleistungen werden mit dem Baupreisindex abgebildet. Hinsichtlich der regionalen Preisunterschiede sei darauf hingewiesen, dass BKI-Kostenwerte auf den Bundesdurchschnitt umgerechnet werden. Mit den Regionalfaktoren können Kostenwerte auf den Standort des Bauvorhabens umgerechnet werden.
[vgl. BKI: Baukosten Gebäude Neubau 2024, Statistische Kostenkennwerte, S. 11, Ziffer 12]

Seit dem Jahr 2015 bis heute sind die Kosten für Bauleistungen um über 60 % gestiegen. Als Beispiele für regionalen Preisunterschiede seien genannt: Stadtkreis Emden mit 0,720 und Stadtkreis München mit 1,606 bezogen auf den Bundesdurchschnitt = 1,00).
[https://www.bki.de/regionalfaktoren.html]

These 2:

Es herrscht die Meinung vor, dass die Bauwerkskosten von Holzbauten grundsätzlich deutlich höher sind als die von Massivbauten.

Die → **Tabellen 17 bis 23** zeigen für jede Gebäudeart des Holzbaus und des Massivbaus die Bauwerkskosten (BWK) bezogen auf die Brutto-Grundfläche (BGF) in Euro. Es werden für den Vergleich jeweils die Mittelwerte betrachtet (Fettdruck). Die übergeordnete Fragestellung lautet: Sind Holzbauten generell teurer als Massivbauten. Weiterhin wird untersucht; wieviel Holz (Zimmer- und Holzbauarbeiten und weitere Leistungsbereiche) im Holzhaus vorkommt und welche Optionen es darüber für Holz und Holzwerkstoffe gibt.

Schulen

Zu → **Tab. 17**: Das Verhältnis der Bauwerkskosten zur Brutto-Grundfläche der Schulen in Massivbauweise beträgt im Mittel 2.690 €/m² BGF. Der Unterschied der Bauwerkskosten der Schulen in Holzbauweise gegenüber der Massivbauweise ist so gering (deutlich unter 5 %), dass er zu vernachlässigen ist.

Kindergärten, nicht unterkellert

Zu → **Tab. 18**: Das Verhältnis der Bauwerkskosten zur Brutto-Grundfläche der Kindergärten, nicht unterkellert, in Massivbauweise beträgt im Mittel 2.725 €/m² BGF. Der Unterschied der Bauwerkskosten der Kindergärten, nicht unterkellert, in Holzbauweise gegenüber der Massivbauweise ist deutlich erkennbar und beträgt rund plus 13 %.

Schulen			
Kostenkennwerte von Schulen – Verhältnis von Bauwerkskosten (BWK) zur Brutto-Grundfläche (BGF) in €/m² BGF	**BWK/BGF**		
	von	mittel	bis
Schulen, Holzbauweise, 12 Vergleichsobjekte, S. 276	2.165 €/m²	**2.705 €/m²**	3.470 €/m²
Allgemeinbildende Schulen, 44 Vergleichsobjekte, S. 260	2.240 €/m²	**2.755 €/m²**	3.350 €/m²
Berufliche Schulen, 10 Vergleichsobjekte, S. 284	1.955 €/m²	**2.580 €/m²**	3.160 €/m²
Förder- und Sonderschulen, 15 Vergleichsobjekte, S. 292	2.165 €/m²	**2.575 €/m²**	3.135 €/m²

Tab. 17: Schulen – Verhältnis von Bauwerkskosten (BWK) zur Brutto-Grundfläche (BGF) in €/m² BGF.
[BKI: Baukosten Gebäude Neubau 2024, Statistische Kostenkennwerte, S. 260-292]
Kostenstand 1. Quartal 2024, Bundesdurchschnitt, inkl. MwSt.

Kindergärten, nicht unterkellert			
Kostenkennwerte von Kindergärten, nicht unterkellert – Verhältnis von Bauwerkskosten (BWK) zur Brutto-Grundfläche (BGF) in €/m² BGF	**BWK/BGF**		
	von	mittel	bis
Kindergärten, nicht unterkellert, Holzbauweise, 48 Vergleichsobjekte, S. 348	2.340 €/m²	**3.070 €/m²**	4.030 €/m²
Kindergärten, nicht unterkellert, einfacher Standard, 10 Vergleichsobjekte, S. 312	1.715 €/m²	**2.140 €/m²**	2.560 €/m²
Kindergärten, nicht unterkellert, mittlerer Standard 56 Vergleichsobjekte, S. 320	2.255 €/m²	**2.720 €/m²**	3.245 €/m²
Kindergärten, nicht unterkellert, hoher Standard, 22 Vergleichsobjekte, S. 324	2.420 €/m²	**3.000 €/m²**	3.715 €/m²

Tab. 18: Kindergärten, nicht unterkellert – Verhältnis von Bauwerkskosten (BWK) zur Brutto-Grundfläche (BGF) in €/m² BGF.
[BKI: Baukosten Gebäude Neubau 2024, Statistische Kostenkennwerte, S. 312-348]
Kostenstand 1. Quartal 2024, Bundesdurchschnitt, inkl. MwSt.

Ein- und Zweifamilienhäuser, unterkellert

Zu → **Tab. 19**: Das Verhältnis der Bauwerkskosten zur Brutto-Grundfläche der Ein- und Zweifamilienhäuser, unterkellert, in Massivbauweise beträgt 2.125 €/m² BGF. Der Unterschied der Bauwerkskosten der Ein- und Zweifamilienhäuser, unterkellert, in Holzbauweise gegenüber der Massivbauweise ist so gering (deutlich unter 5%), dass er zu vernachlässigen ist.

Ein- und Zweifamilienhäuser, nicht unterkellert

Zu → **Tab. 20**: Das Verhältnis der Bauwerkskosten zur Brutto-Grundfläche der Ein- und Zweifamilienhäuser, nicht unterkellert, in Massivbauweise beträgt ebenfalls 2.240 €/m² BGF. Die Konstruktionsweise hat in diesem Fall keinen Einfluss auf die Bauwerkskosten der Ein- und Zweifamilienhäuser, nicht unterkellert.

Ein- und Zweifamilienhäuser, unterkellert			
Kostenkennwerte von Ein- und Zweifamilienhäusern, unterkellert – Verhältnis von Bauwerkskosten (BWK) zur Brutto-Grundfläche (BGF) in €/m² BGF	**BWK/BGF**		
	von	mittel	bis
Ein- und Zweifamilienhäuser, unterkellert, Holzbauweise, 37 Vergleichsobjekte, S. 512	1.745 €/m²	**2.160 €/m²**	2.660 €/m²
Ein- und Zweifamilienhäuser, unterkellert, einfacher Standard, 8 Vergleichsobjekte, S. 414	1.250 €/m²	**1.350 €/m²**	1.450 €/m²
Ein- und Zweifamilienhäuser, unterkellert, mittlerer Standard, 24 Vergleichsobjekte, S. 418	1.665 €/m²	**1.945 €/m²**	2.365 €/m²
Ein- und Zweifamilienhäuser, unterkellert, hoher Standard, 42 Vergleichsobjekte, S. 424	1.930 €/m²	**2.380 €/m²**	3.090 €/m²

Tab. 19: Ein- und Zweifamilienhäuser, unterkellert – Verhältnis von Bauwerkskosten (BWK) zur Brutto-Grundfläche (BGF) in €/m² BGF.
[BKI: Baukosten Gebäude Neubau 2024, Statistische Kostenkennwerte, S. 414-512]
Kostenstand 1. Quartal 2024, Bundesdurchschnitt, inkl. MwSt.

Ein- und Zweifamilienhäuser, nicht unterkellert			
Kostenkennwerte von Ein- und Zweifamilienhäusern, nicht unterkellert – Verhältnis von Bauwerkskosten (BWK) zur Brutto-Grundfläche (BGF) in €/m² BGF	**BWK/BGF**		
	von	mittel	bis
Ein- und Zweifamilienhäuser, nicht unterkellert, Holzbauweise, 28 Vergleichsobjekte, S. 526	1.840 €/m²	**2.240 €/m²**	2.810 €/m²
Ein- und Zweifamilienhäuser, nicht unterkellert, einfacher Standard, 6 Vergleichsobjekte, S. 450	1.270 €/m²	**1.405 €/m²**	1.700 €/m²
Ein- und Zweifamilienhäuser, nicht unterkellert, mittlerer Standard, 50 Vergleichsobjekte, S. 454	1.715 €/m²	**2.135 €/m²**	2.545 €/m²
Ein- und Zweifamilienhäuser, nicht unterkellert, hoher Standard, 30 Vergleichsobjekte, S. 460	2.115 €/m²	**2.580 €/m²**	3.250 €/m²

Tab. 20: Ein- und Zweifamilienhäuser, nicht unterkellert – Verhältnis von Bauwerkskosten (BWK) zur Brutto-Grundfläche (BGF) in €/m² BGF.
[BKI: Baukosten Gebäude Neubau 2024, Statistische Kostenkennwerte, S. 450-526]
Kostenstand 1. Quartal 2024, Bundesdurchschnitt, inkl. MwSt.

Ein- und Zweifamilienhäuser, Passivhausstandard

Zu → **Tab. 21**: Das Verhältnis der Bauwerkskosten zur Brutto-Grundfläche der Ein- und Zweifamilienhäuser, Passivhausstandard, in Holzbauweise gegenüber der Massivbauweise ist deutlich unterschiedlich, es beträgt rund plus 8 %.

Mehrfamilienhäuser

Zu → **Tab. 22**: Das Verhältnis der Bauwerkskosten zur Brutto-Grundfläche der Mehrfamilienhäuser in Massivbauweise beträgt im Mittel 1.755 €/m² BGF. Auf der Grundlage der vorliegenden Daten ist Unterschied der Bauwerkskosten der Mehrfamilienhäuser, in Holzbauweise gegenüber der Massivbauweise deutlich erkennbar und beträgt rund plus 25 %.

Ein- und Zweifamilienhäuser, Passivhausstandard			
Kostenkennwerte von Ein- und Zweifamilienhäusern, Passivhausstandard – Verhältnis von Bauwerkskosten (BWK) zur Brutto-Grundfläche (BGF) in €/m² BGF	**BWK/BGF**		
	von	mittel	bis
Ein- und Zweifamilienhäusern, Passivhausstandard, Holzbauweise, 37 Vergleichsobjekte, S. 498	1.790 €/m²	**2.155 €/m²**	2.615 €/m²
Ein- und Zweifamilienhäusern, Passivhausstandard, Massivbauweise, 23 Vergleichsobjekte, S. 486	1.740 €/m²	**1.990 €/m²**	2.320 €/m²

Tab. 21: Ein- und Zweifamilienhäuser, Passivhausstandard – Verhältnis von Bauwerkskosten (BWK) zur Brutto-Grundfläche (BGF) in €/m² BGF.
[BKI: Baukosten Gebäude Neubau 2024, Statistische Kostenkennwerte, S. 486-498]
Kostenstand 1. Quartal 2024, Bundesdurchschnitt, inkl. MwSt.

Mehrfamilienhäuser			
Kostenkennwerte von Mehrfamilienhäusern – Verhältnis von Bauwerkskosten (BWK) zur Brutto-Grundfläche (BGF) in €/m² BGF	**BWK/BGF**		
	von	mittel	bis
Mehrfamilienhäuser, Holzbauweise, 18 Vergleichsobjekte, S. 710	1.635 €/m²	**2.190 €/m²**	2.580 €/m²
Mehrfamilienhäuser, mit 6 bis 19 WE, einfacher Standard, 8 Vergleichsobjekte, S. 632	1.150 €/m²	**1.335 €/m²**	1.540 €/m²
Mehrfamilienhäuser, mit 6 bis 19 WE, mittlerer Standard, 39 Vergleichsobjekte, S. 636	1.380 €/m²	**1.695 €/m²**	2.020 €/m²
Mehrfamilienhäuser, mit 6 bis 19 WE, hoher Standard, 29 Vergleichsobjekte, S. 642	1.630 €/m²	**1.950 €/m²**	2.365 €/m²

Tab. 22: Mehrfamilienhäuser – Verhältnis von Bauwerkskosten (BWK) zur Brutto-Grundfläche (BGF) in €/m² BGF.
[BKI: Baukosten Gebäude Neubau 2024, Statistische Kostenkennwerte, S. 632-710]
Kostenstand 1. Quartal 2024, Bundesdurchschnitt, inkl. MwSt.

Zu → **Tab. 23**: Das Verhältnis der Bauwerkskosten zur Brutto-Grundfläche der Gemeindezentren in Massivbauweise beträgt im Mittel 2.946 €/m² BGF.

Der Unterschied der Bauwerkskosten der Gemeindezentren in Holzbauweise gegenüber der Massivbauweise ist so gering (deutlich unter 5 %), dass er zu vernachlässigen ist.

Zusammenfassung zu den Bauwerkskosten

Zu These 2:

Die Bauwerkskosten von Holzbauten sind in vielen Fällen nicht höher als die von vergleichbaren Gebäudearten in Massivbauweise. Die vorliegende Untersuchung lässt aber erkennen, dass die Bauwerkskosten von Kindergärten, Ein- und Zweifamilienhäusern mit Passivhausstandard etwas und die von Mehrfamilienhäusern deutlich höher sind.

Nachdem die Holzbauten und die Massivbauten in der ersten Ebene der Kostengliederung (KG 300+400 nach DIN 276) verglichen wurden, sollen die Holzbauten genauer untersucht werden.

Gemeindezentren			
Kostenkennwerte von Gemeindezentren – Verhältnis von Bauwerkskosten (BWK) zur Brutto-Grundfläche (BGF) in €/m² BGF	**BWK/BGF**		
	von	mittel	bis
Gemeindezentren, Holzbauweise, 13 Vergleichsobjekte, S. 1008	2.280 €/m²	**2.975 €/m²**	3.640 €/m²
Gemeindezentren, einfacher Standard, 8 Vergleichsobjekte, S. 980	1.660 €/m²	**1.975 €/m²**	2.310 €/m²
Gemeindezentren, mittlerer Standard, 24 Vergleichsobjekte, S. 984	2.245 €/m²	**3.000 €/m²**	3.935 €/m²
Gemeindezentren, hoher Standard, 20 Vergleichsobjekte, S. 998	2.925 €/m²	**3.385 €/m²**	3.960 €/m²

Tab. 23: Gemeindezentren – Verhältnis von Bauwerkskosten (BWK) zur Brutto-Grundfläche (BGF) in €/m² BGF.
[BKI: Baukosten Gebäude Neubau 2024, Statistische Kostenkennwerte, S. 980-1.008]
Kostenstand 1. Quartal 2024, Bundesdurchschnitt, inkl. MwSt.

Bauwerkskosten (BWK) zur Brutto-Grundfläche (BGF) ausgewählter Gebäudearten in Holzbauweise und Massivbauweise gegenübergestellt	**BWK/BGF in €**		
	Mittelwert Holzbau	Mittelwert Massivbau	Holzbau in Prozent
Schulen	2.705 €	2.690 €	ca. 100 %
Kindergärten, nicht unterkellert	3.070 €	2.725 €	ca. 113 %
Ein- und Zweifamilienhäuser, unterkellert	2.160 €	2.125 €	ca. 100 %
Ein- und Zweifamilienhäuser, nicht unterkellert	2.240 €	2.240 €	ca. 100 %
Ein- und Zweifamilienhäuser, Passivhausstandard	2.155 €	1.990 €	ca. 108 %
Mehrfamilienhäuser	2.190 €	1.755 €	ca. 125 %
Gemeindezentren	2.975 €	2.946 €	ca. 100 %

Tab. 24: Bauwerkskosten ausgewählter Gebäudearten in Holzbau- und Massivbauweise für den Holzbau (gerundet) in Prozent für den Holzbau (Massivbau = 100 Prozent).
Kostenstand 1. Quartal 2024, Bundesdurchschnitt, inkl. MwSt.

Holz und Holzwerkstoffe als Bestandteile von Gebäuden in Holzbauweise

Gebäude, die als Holzbauten bezeichnet werden, bestehen aus einer Vielzahl von Baustoffen und Produkten. Die Unterscheidung von Gebäuden und sonstigen Bauwerken gemäß der Gliederung nach Leistungsbereichen (LB) nach dem Standardleistungsbuch für das Bauwesen (STLB) ermöglicht anhand ausgewählter Leistungsbereiche eine nachvollziehbare Einschätzung jeder Art der Anteile von bestimmten Baustoffen und Produkten eines Gebäudes oder einer Gebäudeart.

Für die vorliegende Untersuchung werden zur Ermittlung der Anteile von Holz und Holzwerkstoffen der ausgewählten Gebäudearten bzw. Gruppen von Gebäudearten die Anteile folgender Leistungsbereiche an den Bauwerkskosten betrachtet:

- Zimmer- und Holzbauarbeiten (LB 016)
- Dachdeckungsarbeiten (LB 020)
- Fenster, Außentüren (LB 026 inkl. 029, 032)
- Tischlerarbeiten (LB 027)
- Parkett-, Holzpflasterarbeiten (LB 028)
- Rollladenarbeiten (LB 030)

Für die Herstellung von Gebäuden in Holzbauweise werden weitere Baustoffe und Produkte benötigt. Die Gründe hierfür sind zahlreich: Funktion, Gestaltung, Wirtschaftlichkeit, Sicherheit und vieles mehr. Von Interesse ist jedoch die Frage, ob und an welcher Stelle alternativ Holz oder Holzwerkstoffe eingesetzt werden könnten. Für die Fragestellung werden herangezogen: Mauerarbeiten, Betonarbeiten, Stahlbauarbeiten.

Nicht anstelle von Holz praktisch eingesetzt werden können die Technischen Anlagen bzw. die Gebäudetechnik. Deren Anteil an den Bauwerkskosten werden an dieser Stelle genannt und dabei nicht in Frage gestellt, weil sie einen nicht unerheblichen Anteil an den Bauwerkskosten ausmachen.

Es werden Anteile von Zimmer- und Holzbauarbeiten bis Rollladenarbeiten anhand der → **Tabellen 25 bis 30** aufgezeigt.

Zimmer- und Holzbauarbeiten

Zu → **Tab. 25**: Der Anteil der Zimmer- und Holzbauarbeiten an Gebäuden in Holzbauweise ist sehr hoch. Die wichtigsten Baukonstruktionen sind Holztragwerke, Dachstühle, Wärme- und Schalldämmung, Fußböden, Treppen, Fensterrahmen und Türen.

In einzelnen Fällen reicht der Anteil der Zimmer- und Holzbauarbeiten bis an die 40 %, im Mittel reichen die Werte von 17 bis rund 36 %. Die in der → **Tabelle 25** geringen Werte mit rund 7,8 und 11 % gehen vermutlich darauf zurück, dass in manchen Fällen komplexe Bauelemente, z. B. Raumzellen, pauschal beauftragt eine Aufteilung der Bauleistungen (und zusätzlichen Nebenleistungen des Unternehmers für z. B. Planungsleistungen) bei der Kostenfeststellung nicht dokumentiert werden konnten.

Erkennbar unterscheiden sich die Werte der Ein- und Zweifamilienhäuser, Holzbauweise, die unterkellert sind mit rund 26 % von denen, die nicht unterkellert sind bei rund 36 %. Die Anteile des Tragwerks, insbesondere Außenwände im Keller sind erdberührte Bauelemente und werden überwiegend aus Beton gefertigt. Vergleiche dazu im Abschnitt Betonarbeiten → **Tabelle 33**.

Dachdeckungsarbeiten

Zu → **Tab. 26**: Für die Dachbeläge stehen verschiedene Baustoffe und Produkte zur Verfügung: Tonziegel, Betondachsteine, Schiefer, Zinkblech, Kupfer und neben vielen anderen auch Holzschindeln, jeweils in Verbindung mit Dämmungen sowie Schalungen und Lattungen aus Holz. Der Anteil der Dachdeckungsarbeiten bzw. Dachbeläge an den Bauwerkskosten ist insgesamt sehr gering, das gilt umso mehr für den Baustoff Holz. Dennoch ist eine Holzdeckung eine Möglichkeit, soweit die Dachneigung und die Gestaltung es geeignet erscheinen lassen.

Fenster und Außentüren

Zu → **Tab. 27**: Für die Herstellung von Fenster und Außentüren stehen, abgesehen von der Verglasung (LB 032) und den Beschlägen (LB 029) verschiedene Baustoffe zur Wahl: Holz, Aluminium und Kunststoff. Laut Presseberichten ist in den letzten Jahren der Anteil der eingebauten Holzfenster und -außentüren gering, der Anteil von Aluminium- bzw. Kunststoff-Fenster und Außentüren dagegen sehr hoch. Dennoch sind die Möglichkeiten für den Einsatz von Holz vielfältig.

Schätzungsweise hat Holz bei der Hälfte der Fenster und Außentüren einen Wertanteil rund 3 bis 6 %. Dennoch ist er im Vergleich gering. Fenster und Außentüren sollen Anforderungen erfüllen: hohe technische Lebensdauer, leichte Pflege, Wärmedämmung, Schallschutz, Einbruchsicherheit, Gestaltqualität, Klimaverträglichkeit. Eine sorgfältige Abwägung ist erforderlich.

Zimmer- und Holzbauarbeiten (LB 016)			
Anteil der Kosten von Zimmer- und Holzbauarbeiten (LB 016) an den Bauwerkskosten (BWK) ausgewählter Holzbauten in Prozent	**Kosten LB 016/BWK**		
	von	mittel	bis
Schulen, Holzbauweise, S. 278	7,8 %	**17,0 %**	28,9 %
Kindergärten, nicht unterkellert, Holzbauweise, S. 350	19,2 %	25,2 %	34,8 %
Ein- und Zweifamilienhäuser, Holzbauweise unterkellert, S. 514	20,2 %	**26,2 %**	33,9 %
Ein- und Zweifamilienhäuser, Holzbauweise, nicht unterkellert, S. 528	24,0 %	**35,5 %**	42,9 %
Ein- und Zweifamilienhäuser, Passivhausstandard, Holzbauweise, S. 500	23,5 %	28,2 %	43,9 %
Mehrfamilienhäuser, Holzbauweise, S. 712	7,3 %	17,8 %	30,7 %
Gemeindezentren, Holzbauweise, S. 1010	11,3 %	17,5 %	22,7 %

Tab. 25: Anteil der Kosten von Zimmer- und Holzbauarbeiten (LB 016) an den Bauwerkskosten (BWK) ausgewählter Holzbauten in Prozent.
[BKI: Baukosten Gebäude Neubau 2024, Statistische Kostenkennwerte, S. 278-1010]

Dachdeckungsarbeiten (LB 020)			
Anteil der Kosten von Dachdeckungsarbeiten (LB 020) an den Bauwerkskosten (BWK) ausgewählter Holzbauten in Prozent	**Kosten LB 020/BWK**		
	von	mittel	bis
Schulen, Holzbauweise, S. 278	0,0 %	**2,4 %**	5,3 %
Kindergärten, nicht unterkellert, Holzbauweise, S. 350	*	*	*
Ein- und Zweifamilienhäuser, Holzbauweise unterkellert, S. 514	<0,1 %	1,4 %	3,0 %
Ein- und Zweifamilienhäuser, Holzbauweise, nicht unterkellert, S. 528	0,0 %	1,1 %	3,0 %
Ein- und Zweifamilienhäuser, Passivhausstandard, Holzbauweise, S. 500	0,2 %	1,4 %	3,5 %
Mehrfamilienhäuser, Holzbauweise, S. 712	0,0 %	**0,1 %**	0,5 %
Gemeindezentren, Holzbauweise, S. 1010	0,0 %	1,1 %	2,1 %

Tab. 26: Anteil der Kosten von Dachdeckungsarbeiten (LB 020) an den Bauwerkskosten (BWK) ausgewählter Holzbauten in Prozent.
* Es liegen keine Daten vor.
[BKI: Baukosten Gebäude Neubau 2024, Statistische Kostenkennwerte, S. 278-1010]

Fenster und Außentüren (LB 026 inkl. 029, 032)			
Anteil der Kosten der Fenster, Außentüren (LB 026 inkl. 029, 032) an den Bauwerkskosten (BWK) ausgewählter Holzbauten in Prozent	**Kosten LB 026/BWK**		
	von	mittel	bis
Schulen, Holzbauweise, S. 278	6,9 %	9,4 %	11,6 %
Kindergärten, nicht unterkellert, Holzbauweise, S. 350	6,1 %	8,9 %	11,1 %
Ein- und Zweifamilienhäuser, Holzbauweise unterkellert, S. 514	4,7 %	7,2 %	8,4 %
Ein- und Zweifamilienhäuser, Holzbauweise, nicht unterkellert, S. 528	8,1 %	10,5 %	13,6 %
Ein- und Zweifamilienhäuser, Passivhausstandard, Holzbauweise, S. 500	5,5 %	9,3 %	12,2 %
Mehrfamilienhäuser, Holzbauweise, S. 712	0,3 %	**5,6 %**	7,8 %
Gemeindezentren, Holzbauweise, S. 1010	7,5 %	**11,1 %**	14,4 %

Tab. 27: Anteil der Kosten der Fenster, Außentüren (LB 026 inkl. 029, 032) an den Bauwerkskosten (BWK) ausgewählter Holzbauten in Prozent.
[BKI: Baukosten Gebäude Neubau 2024, Statistische Kostenkennwerte, S. 278-1010]

Tischlerarbeiten

Zu → **Tab. 28**: Die Tischlerarbeiten sind nach den Zimmer- und Holzbauarbeiten das wichtigste Handlungsfeld für das Bauen mit Holz. Der Wertanteil beträgt 3 bis 9 % der Bauwerkskosten. Die Schwerpunkte sind Arbeiten in Innenräumen wie Innenwandbekleidungen, Deckenbekleidungen, Deckenbeläge, auch Innentüren, Fenster und Fensterbänke, Einbauschränke und Einbauküchen als Bestandteile von Gebäuden (siehe auch KG 380, hier nicht betrachtet) und darüber hinaus Möbel (KG 600, hier nicht betrachtet). Der Anteil der Tischlerarbeiten an den Bauwerkskosten ist bei vielen Gebäudearten gering, gleichzeitig bieten sich viele Möglichkeiten der Anwendung.

Tischlerarbeiten (LB 027)			
Anteil der Kosten von Tischlerarbeiten (LB 027) an den Bauwerkskosten (BWK) ausgewählter Holzbauten in Prozent	**Kosten LB 027/BWK**		
	von	mittel	bis
Schulen, Holzbauweise, S. 278	2,1 %	**3,0 %**	3,4 %
Kindergärten, nicht unterkellert, Holzbauweise, S. 350	2,4 %	6,2 %	8,4 %
Ein- und Zweifamilienhäuser, Holzbauweise unterkellert, S. 514	1,9 %	3,7 %	5,7 %
Ein- und Zweifamilienhäuser, Holzbauweise, nicht unterkellert, S. 528	1,6 %	**3,0 %**	4,6 %
Ein- und Zweifamilienhäuser, Passivhausstandard, Holzbauweise, S. 500	1,5 %	3,3 %	6,4 %
Mehrfamilienhäuser, Holzbauweise, S. 712	2,5 %	5,8 %	13,5 %
Gemeindezentren, Holzbauweise, S. 1010	5,6 %	**9,0 %**	11,4 %

Tab. 28: Anteil der Kosten von Tischlerarbeiten (LB 027) an den Bauwerkskosten (BWK) ausgewählter Holzbauten in Prozent. [BKI: Baukosten Gebäude Neubau 2024, Statistische Kostenkennwerte, S. 278-1010]

Parkett-, Holzpflasterarbeiten (LB 028)			
Anteil der Kosten von Parkett-, Holzpflasterarbeiten (LB 028) an den Bauwerkskosten (BWK) ausgewählter Holzbauten in Prozent	**Kosten LB 028/BWK**		
	von	mittel	bis
Schulen, Holzbauweise, S. 278	<0,1 %	**1,3 %**	3,9 %
Kindergärten, nicht unterkellert, Holzbauweise, S. 350	0,2 %	1,5 %	2,9 %
Ein- und Zweifamilienhäuser, Holzbauweise unterkellert, S. 514	<0,1 %	1,4 %	3,0 %
Ein- und Zweifamilienhäuser, Holzbauweise, nicht unterkellert, S. 528	0,7 %	2,4 %	4,2 %
Ein- und Zweifamilienhäuser, Passivhausstandard, Holzbauweise, S. 500	0,7 %	2,0 %	3,1 %
Mehrfamilienhäuser, Holzbauweise, S. 712	2,3 %	**3,0 %**	3,2 %
Gemeindezentren, Holzbauweise, S. 1010	1,0 %	2,1 %	3,2 %

Tab. 29: Anteil der Kosten von Parkett-, Holzpflasterarbeiten (LB 028) an den Bauwerkskosten (BWK) ausgewählter Holzbauten in Prozent. [BKI: Baukosten Gebäude Neubau 2024, Statistische Kostenkennwerte, S. 278-1010]

Rollladenarbeiten (LB 030)			
Anteil der Kosten von Rollladenarbeiten (LB 030) an den Bauwerkskosten (BWK) ausgewählter Holzbauten in Prozent	**Kosten LB 030/BWK**		
	von	mittel	bis
Schulen, Holzbauweise, S. 278	0,3 %	0,8 %	1,5 %
Kindergärten, nicht unterkellert, Holzbauweise, S. 350	0,2 %	1,0 %	2,3 %
Ein- und Zweifamilienhäuser, Holzbauweise unterkellert, S. 514	0,2 %	1,3 %	1,9 %
Ein- und Zweifamilienhäuser, Holzbauweise, nicht unterkellert, S. 528	0,7 %	**2,4 %**	4,3 %
Ein- und Zweifamilienhäuser, Passivhausstandard, Holzbauweise, S. 500	0,9 %	2,2 %	2,9 %
Mehrfamilienhäuser, Holzbauweise, S. 712	0,2 %	**0,7 %**	1,8 %
Gemeindezentren, Holzbauweise, S. 1010	<0,1 %	0,9 %	1,6 %

Tab. 30: Anteil der Kosten von Rollladenarbeiten (LB 030) an den Bauwerkskosten (BWK) ausgewählter Holzbauten in Prozent. [BKI: Baukosten Gebäude Neubau 2024, Statistische Kostenkennwerte, S. 278-1010]

Parkett-, Holzpflasterarbeiten

Zu → **Tab. 29**: Parkett- und Holzpflasterarbeiten sind im Vergleich mit Bodenbelagarbeiten (LB 036) etwa zwei- bis viermal so teuer, aber auch um das gleiche haltbarer. Der Anteil der Parkett- und Holzpflasterarbeiten an den Bauwerkskosten ist gering, jedoch nachhaltig.

Rollladenarbeiten

Zu → **Tab. 30**: Rollläden, dazu gehören auch Jalousien und Fensterläden, Markisen, dienen bei Außenwänden und Dächern zu Sonnen-, Sicht- und Blendschutz und Verdunkelung.

Materialien sind Aluminium, Kunststoff, Textilien und Holz, zum Teil ausgestattet mit Antrieben wie Rohrmotoren oder Gurtwicklern. Der Anteil der Rollladenarbeiten an den Bauwerkskosten ist sehr gering. Der Einsatz von Holz beschränkt sich auf im Wesentlichen auf Fensterläden und fällt damit nicht ins Gewicht.

Zusammenfassung

Zu → **Tab. 31**: Holz und Holzwerkstoffen sind im Bauwesen und für die Produktion von Gebrauchsgegenständen verwendbar. Die in den → **Tabellen 25 bis 30** gezeigten Werte beziehen sich auf ausgewählten Gebäudearten in Holzbauweise.

Grob gerechnet bestehen Holzbauten aus mindestens zu einem Viertel aus dem Stoff, dessen Namen sie führen. Bei Holzbauten wird man vermutlich bei den Bauwerkskosten einen Holzanteil bis zu 60 % erreichen können, wenn bei der Objektplanung bewusst darauf geachtet wird.

Mauerarbeiten, Betonarbeiten, Stahlbauarbeiten und Gebäudetechnik

Alle Gebäude benötigen eine Baugrube und eine Gründung. Soweit ein Keller oder ein Untergeschoss erforderlich ist oder das Gebäude mehrgeschossig ist, werden Beton, Mauerwerk und gegebenenfalls auch Stahl eingesetzt. Zur Ver- und Entsorgung ist je nach Nutzung in unterschiedlichem Umfang Gebäudetechnik erforderlich, die zu den Bauwerkskosten zählt. Deren Anteil beträgt für die in der Untersuchung berücksichtigten Gebäudearten zwischen rund 17 bis 21 %, vgl. → **Tabelle 35**.

Es werden mit den → **Tabellen 32 bis 35** die Anteile der Kosten an den Bauwerkskosten folgender Leistungsbereiche bei Holzbauten gezeigt: Mauerarbeiten (LB 012), Betonarbeiten (LB 013), Stahlbauarbeiten (LB 017) sowie Gebäudetechnik (LB 040 bis LB 078).

Holz und Holzwerkstoffe als Anteil der Bauwerkskosten (BWK) von Gebäuden in Holzbauweise, unterteilt nach Leistungsbereichen (LB) in Prozent gerundet	**Holz und Holzwerkstoffe / BWK**	
	Von-bis-Wert	Bewertung
Zimmer- und Holzbauarbeiten (LB 016)	17 – 36 %	sehr hoch
Dachdeckungsarbeiten (LB 020)	<0 – 2 %	sehr gering
Fenster, Außentüren (LB 026 inkl. 029, 032)	3 – 6 %	mittel
Tischlerarbeiten (LB 027)	3 – 9 %	mittel
Parkett-, Holzpflasterarbeiten (LB 028)	1 – 3 %	gering
Rollladenarbeiten (LB 030)	–	–

Tab. 31: Holz und Holzwerkstoffe als Anteil der Bauwerkskosten (BWK) von Gebäuden in Holzbauweise, unterteilt nach Leistungsbereichen (LB) in Prozent gerundet.

Mauerarbeiten

Zu → **Tab. 32**: Bei konventionell errichteten Massivbauten, z.B. Ein- und Zweifamilienhäuser, machen die Mauerarbeiten zwischen rund 10 bis 14 % aus. Bei den betrachteten Holzbauten ist der Anteil von rund 1 bis 3 % sehr gering. [vgl. BKI: Baukosten Gebäude Neubau 2024, Statistische Kostenkennwerte, S. 458]

Das liegt daran, dass Mauerwerk und Holz bei vielen Gebäuden gleiche Funktionen erfüllen können: Tragende und nicht tragende Wände, teilweise auch Treppen und Deckenbeläge. Auf Mauerarbeiten kann bei Holzbauten nahezu verzichtet werden.

Betonarbeiten

Der Einsatz von Beton ist für die Gründung vor allem mehrgeschossiger Gebäude kaum verzichtbar. Tragwerke größerer Gebäude bzw. tragende und nichttragende Innen- und Außenwände, Schächte, Treppen und Rampen können vergleichsweise kostengünstig erstellt werden, in Ortbeton oder in Fertigteilen.
Betonwände sind schlanker als Ziegelwände. Unter den Gesichtspunkten Nachhaltigkeit und CO_2-Emission schneidet Beton sehr schlecht ab.

Zu → **Tab. 33**: Die höchsten Anteile der Betonarbeiten weisen unterkellerte Holzbauten auf. Das sind offensichtlich unterkellerte Ein- und Zweifamilienhäuser in Holzbauweise mit 11 % im Vergleich mit knapp 5 % bei nicht unterkellerten Gebäuden gleicher Nutzung. Den höchsten Anteil an den Bauwerkskosten zeigen mit über 12 % die (unterkellerten mehrgeschossigeren) Mehrfamilienhäuser in Holzbauweise auf. Ähnlich hoch sind auch die Werte bei Schulen, die mehrheitlich unterkellert und mehrgeschossig sind.

Stahlbauarbeiten

Zu → **Tab. 34**: Der Stahlbau spielt bei Gebäuden insgesamt eine untergeordnete Rolle, bei größeren Spannweiten von Hallen, Parkhäusern oder anderen Nichtwohnbauten werden Tragwerke oder Fassaden aus Stahl gefertigt. So kann Stahl auch zur Unterstützung von Holzkonstruktionen eine Anwendung finden, z. B. bei Gemeindezentren.

Technische Anlagen bzw. Gebäudetechnik

Technische Anlagen dienen der Ver- und Entsorgung von Gebäuden. Dabei sind je nach Nutzungszweck die Anforderungen an die Gebäudetechnik sehr unterschiedlich. Der Anteil der Kosten Technischer Anlagen an den Bauwerkskosten ist unterschiedlich hoch. „Die einzelnen technischen Anlagen enthalten die zugehörigen Gestelle, Befestigungen, Armaturen, Wärme- und Kältedämmung, Schall- und Brandschutzvorkehrungen, Abdeckungen, Verkleidungen, Anstriche, Kennzeichnungen sowie die werkseitig integrierten Mess-, Steuer- und Regelanlagen."
[DIN 276:2018-12, Ziffer 5.4, S. 23]

Anmerkung: Die Begriffe Technische Anlagen (KG 400 nach DIN 276), Gebäudetechnik (LB 040 bis 078) und Technische Ausrüstung (HOAI) werden in der Baupraxis und teilweise auch bei BKI synonym verwendet.

Mauerarbeiten			
Anteil der Kosten von Mauerarbeiten (LB 012) an den Bauwerkskosten (BWK) ausgewählter Holzbauten in Prozent	**Kosten LB 012/BWK**		
	von	mittel	bis
Schulen, Holzbauweise, S. 278	0,0 %	1,6 %	3,6 %
Kindergärten, nicht unterkellert, Holzbauweise, S. 350	<0,1 %	**0,7 %**	2,0 %
Ein- und Zweifamilienhäuser, Holzbauweise unterkellert, S. 514	0,9 %	**2,6 %**	6,5 %
Ein- und Zweifamilienhäuser, Holzbauweise, nicht unterkellert, S. 528	<0,1 %	0,5 %	2,2 %
Ein- und Zweifamilienhäuser, Passivhausstandard, Holzbauweise, S. 500	0,3 %	0,8 %	1,6 %
Mehrfamilienhäuser, Holzbauweise, S. 712	<0,1 %	1,7 %	6,7 %
Gemeindezentren, Holzbauweise, S. 1010	<0,1 %	2,1 %	4,1 %

Tab. 32: Anteil der Kosten von Mauerarbeiten (LB 012) an den Bauwerkskosten (BWK) ausgewählter Holzbauten in Prozent.
[BKI: Baukosten Gebäude Neubau 2024, Statistische Kostenkennwerte, S. 278-1010]

Zu → **Tab. 35**: Der Umfang der Technischen Anlagen ist weitgehend unabhängig von der Konstruktionsweise, also ob es sich um einen Holzbau oder einen Massivbau handelt. Je höher der Anteil der Kosten von Technischen Anlagen ausfällt, desto geringer ist der Anteil auch von Holz.

[vgl. Kalusche, Wolfdietrich: Die Kosten der Technischen Anlagen von Gebäuden im Wandel der Zeit. In: BKI (Hrsg.): Baukosten Gebäude Neubau 2024. Statistische Kostenkennwerte, Stuttgart 2024, S. 106-121]

Betonarbeiten (LB 013)			
Anteil der Kosten von Betonarbeiten (LB 013) an den Bauwerkskosten (BWK) ausgewählter Holzbauten in Prozent	**Kosten LB 013/BWK**		
	von	mittel	bis
Schulen, Holzbauweise, S. 278	7,2 %	10,8 %	15,1 %
Kindergärten, nicht unterkellert, Holzbauweise, S. 350	4,4 %	5,6 %	12,7 %
Ein- und Zweifamilienhäuser, Holzbauweise unterkellert, S. 514	8,9 %	**11,0 %**	15,6 %
Ein- und Zweifamilienhäuser, Holzbauweise, nicht unterkellert, S. 528	3,6 %	**4,5 %**	6,2 %
Ein- und Zweifamilienhäuser, Passivhausstandard, Holzbauweise, S. 500	4,5 %	7,5 %	11,3 %
Mehrfamilienhäuser, Holzbauweise, S. 712	8,0 %	**12,4 %**	16,9 %
Gemeindezentren, Holzbauweise, S. 1010	6,1 %	7,4 %	8,4 %

Tab. 33: Anteil der Kosten von Betonarbeiten (LB 013) an den Bauwerkskosten (BWK) ausgewählter Holzbauten in Prozent.
[BKI: Baukosten Gebäude Neubau 2024, Statistische Kostenkennwerte, S. 278-1010]

Stahlbauarbeiten (LB 017)			
Anteil der Kosten von Stahlbauarbeiten (LB 017) an den Bauwerkskosten (BWK) ausgewählter Holzbauten in Prozent	**Kosten LB 017/BWK**		
	von	mittel	bis
Schulen, Holzbauweise, S. 278	–	–	–
Kindergärten, nicht unterkellert, Holzbauweise, S. 350	0,0 %	0,9 %	2,5 %
Ein- und Zweifamilienhäuser, Holzbauweise unterkellert, S. 514	0,0 %	0,1 %	0,8 %
Ein- und Zweifamilienhäuser, Holzbauweise, nicht unterkellert, S. 528	0,0 %	0,2 %	1,1 %
Ein- und Zweifamilienhäuser, Passivhausstandard, Holzbauweise, S. 500	0,0 %	0,5 %	3,3 %
Mehrfamilienhäuser, Holzbauweise, S. 712	<0,1 %	0,6 %	2,1 %
Gemeindezentren, Holzbauweise, S. 1010	1,3 %	**1,9 %**	2,5 %

Tab. 34: Anteil der Kosten von Stahlbauarbeiten (LB 017) an den Bauwerkskosten (BWK) ausgewählter Holzbauten in Prozent.
[BKI: Baukosten Gebäude Neubau 2024, Statistische Kostenkennwerte, S. 278-1010]

Technische Anlagen (TA)			
Anteil der Kosten der Technischen Anlagen (TA) an den Bauwerkskosten (BWK) ausgewählter Holzbauten in Prozent	**Kosten TA/BWK**		
	von	mittel	bis
Schulen, Holzbauweise, S. 278	16,6 %	**21,9 %**	27,5 %
Kindergärten, nicht unterkellert, Holzbauweise, S. 350	15,7 %	18,4 %	26,0 %
Ein- und Zweifamilienhäuser, Holzbauweise unterkellert, S. 514	15,6 %	18,1 %	21,1 %
Ein- und Zweifamilienhäuser, Holzbauweise, nicht unterkellert, S. 528	13,3 %	**16,6 %**	22,3 %
Ein- und Zweifamilienhäuser, Passivhausstandard, Holzbauweise, S. 500	17,9 %	21,0 %	24,5 %
Mehrfamilienhäuser, Holzbauweise, S. 712	15,9 %	21,2 %	27,7 %
Gemeindezentren, Holzbauweise, S. 1010	14,2 %	18,8 %	23,6 %

Tab. 35: Anteil der Kosten der Technischen Anlagen (TA) an den Bauwerkskosten (BWK) ausgewählter Holzbauten in Prozent.
[BKI: Baukosten Gebäude Neubau 2024, Statistische Kostenkennwerte, S. 278-1010]

Baustoffe und Produkte aus Holz und Holzwerkstoffen und Leistungsbereiche

Die in den Holzbauten vorkommenden Leistungsbereiche können bestimmten Bauelementen in der dritten Ebene der Kostengliederung zugeordnet werden. Die Tabelle 39 soll als Orientierungshilfe dienen, welche Konstruktionen, z.B. Deckenbeläge (KG 353) welchen Leistungsbereichen, z.B. Zimmer- und Holzbauarbeiten (LB 016), Tischlerarbeiten (LB 027) oder Parkett-, Holzpflasterarbeiten (LB 028), zugeordnet werden können.

Erläuterungen zu Elementen (1), Lichtschutz (2) und Sonstigem (3)

(1) Elemente: Zu den Elementen zählen vorgefertigte Außenwände, die Türen und Fenster oder äußere und innere Bekleidungen enthalten können, weiterhin Innenwände als Falt- und Schiebewände, Sanitärtrennwände, Verschläge, vorgefertigte Decken, Treppen, Rampen, die auch Öffnungen, Beläge oder Bekleidungen enthalten können, sowie Vorgefertigte Dächer, die auch Öffnungen, Beläge oder Bekleidungen enthalten können.

(2) Lichtschutz: An Außen- und Innenwänden sowie an Dächern können Konstruktionen für Sonnen-, Sicht- und Blendschutz, Verdunkelung (z.B. Rollläden, Markisen und Jalousien) einschließlich Antrieben wie Rohrmotoren oder Gurtwicklern für den Lichtschutz vorgesehen werden.

(3) Sonstiges: An Außen- und Innenwänden sowie an Dächern können Gitter, Stoßabweiser, Handläufe, Vorrichtungen für den Berührungsschutz, Geländer, Abdeckungen, Schachtdeckel, Roste, Leitern, Laufbohlen, Schneefänge und Dachleitern erforderlich sein.

[vgl. DIN 276:2018-12, Ziffer 5.4, S. 15-20]

Die genannten Elemente, Vorrichtungen und sonstigen Konstruktionen können unter anderem vollständig oder weitgehend als Bauelemente aus Holz oder Holzwerkstoffen gefertigt oder vorgefertigt werden.

Baukonstruktive Einbauten (KG 380)

Je nach Art der Nutzungsart bzw. der Anforderungen der Nutzer werden bereits in der Ausführung Gebäude mit Einbauten versehen. Dazu gehören zum beispielsweise

- Einbaumöbel wie Sitz- und Liegemöbel, Gestühl, Podien, Tische, Theken, Schränke, Garderoben, Regale, Einbauküchen als Allgemeine Einbauten (KG 381) oder
- Werkbänke in Werkhallen, Altäre in Kirchen, Einbausportgeräte in Sporthallen als Besondere Einbauten als (KG 381).

[vgl. DIN 276:2018-12, Ziffer 5.4, S. 21]

Auch die Einbauten können unter anderem vollständig oder weitgehend als Bauelemente aus Holz oder Holzwerkstoffen gefertigt oder vorgefertigt werden.

Matrix LB und KG – Baustoffe und Produkte aus Holz und Holzwerkstoffen								
	Leistungsbereiche (LB) nach STLB							
Es werden den Kostengruppen (KG) der DIN 276:2018-12 in der dritten Ebene der Kostengliederung die Leistungsbereiche (LB) des Standardleistungsbuchs im Bauwesen (STLB) zugeordnet, die Baustoffe und Produkte aus Holz und Holzwerkstoffen enthalten oder enthalten können. Kostengruppen (KG) nach DIN 276:2018-12	[...]	LB 016 Zimmer- und Holzbau [...]	LB 020 Dachdeckungsarbeiten	LB 026 Fenster, Außentüren	LB 027 Tischlerarbeiten	LB 028 Parkett-, Holzpflaster [...]	LB 030 Rollladenarbeiten	[...]
KG 320 Gründung								
KG 324 Gründungsbeläge					x	x		
KG 330 Außenwände								
KG 331 Tragende Außenwände		x						
KG 332 Nichttragende Außenwände		x						
KG 333 Außenstützen		x						
KG 334 Außenwandöffnungen				x	x			
KG 335 Außenwandbekleidungen, außen		x			x			
KG 336 Außenwandbekleidungen, innen		x			x			
KG 337 Elementierte Außenwandkonstruktionen (1)		x						
KG 338 Lichtschutz zur KG 330					x		x	
KG 339 Sonstiges zur KG 330					x			
KG 340 Innenwände								
KG 341 Tragende Innenwände		x						
KG 342 Nichttragende Innenwände		x			x			
KG 343 Innenstützen		x						
KG 344 Innenwandöffnungen					x			
KG 345 Innenwandbekleidungen		x			x			
KG 346 Elementierte Innenwandkonstruktionen (1)		x						
KG 347 Lichtschutz zur KG 340					x		x	
KG 349 Sonstiges zur KG 340					x			
KG 350 Decken								
KG 351 Deckenkonstruktionen		x						
KG 352 Deckenöffnungen					x			
KG 353 Deckenbeläge				x	x	x		
KG 354 Deckenbekleidungen								
KG 355 Elementierte Deckenkonstruktionen (1)		x			x			
KG 359 Sonstiges zur KG 350					x			
KG 360 Dächer								
KG 361 Dachkonstruktionen		x						
KG 362 Dachöffnungen				x	x			
KG 363 Dachbeläge					x			
KG 364 Dachbekleidungen			x		x			
KG 365 Elementierte Dachkonstruktionen (1)		x						
KG 366 Lichtschutz zur KG 360					x		x	
KG 369 Sonstiges zur KG 360					x			

Tab. 36: Matrix LB und KG – Baustoffe und Produkte aus Holz und Holzwerkstoffen.[vgl. DIN 276:2018-12, Ziffer 5.4, S. 15-20]

4. Bauzeiten

Das Baukosteninformationszentrum Deutscher Architektenkammern (BKI) dokumentiert seit über 20 Jahren nicht nur Kosten- und Planungskennwerte, sondern auch Bauzeiten unterschiedlichster Objekte. Die Bauzeiten und deren Erläuterungen sind eine wesentliche Grundlage für das erste BKI Handbuch Terminplanung für Architekten im Jahr 2020 gewesen.

Unter Bauzeit wird die Dauer vom Beginn der Bauausführung bis zur Abnahme und Übergabe des Objekts verstanden. Schon die ersten Vergleiche von Gebäudearten im Jahr 2020 haben deutlich gemacht, dass die Bauzeiten von Holzbauten sehr kurz sein können bzw. im Mittel kürzer als die der Massivbauten sind.

These 3:

Die Bauzeit von Gebäuden in Holzbauweise ist in der Regel kürzer als die von vergleichbaren Massivbauten.

Die → **Tabellen 37 bis 43** zeigen für jede Gebäudeart des Holzbaus und des Massivbaus die Bauzeiten. Es werden für den Vergleich jeweils die Mittelwerte betrachtet (Fettdruck).

Schulen

Zu → **Tab. 37**: Die Bauzeit von Schulen in Massivbauweise beträgt im Mittel 81 Wochen. Die durchschnittliche Bauzeit von Schulen in Holzbauweise beträgt im Vergleich zu der in Massivbauweise rund 65 %.

Kindergärten, nicht unterkellert

Zu → **Tab. 38**: Die Bauzeit von Kindergärten, nicht unterkellert, in Massivbauweise beträgt im Mittel 59 Wochen. Die mittlere Dauer der Bauzeit von Kindergärten, nicht unterkellert, in Holzbauweise beträgt im Vergleich zu der in Massivbauweise rund 86 %.

Ein- und Zweifamilienhäuser, unterkellert

Zu → **Tab. 39**: Die Bauzeit von Ein- und Zweifamilienhäusern, unterkellert, in Massivbauweise beträgt im Mittel 48 Wochen. Die mittlere Dauer der Bauzeit von Ein- und Zweifamilienhäusern, unterkellert, in Holzbauweise beträgt im Vergleich zu der in Massivbauweise rund 85 %.

Schulen					
Bauzeiten von Schulen – Konstruktion, Schulart und Bauzeit	**Bauzeit in Wochen**				
	min	von	mittel	bis	max
Schulen, Holzbauweise, 12 Vergleichsobjekte, S. 276	9	29	**54**	80	104
Allgemeinbildende Schulen, 44 Vergleichsobjekte, S. 263	35	60	**84**	112	135
Berufliche Schulen, 10 Vergleichsobjekte, S. 287	30	44	**74**	106	130
Förder- und Sonderschulen, 15 Vergleichsobjekte, S. 295	30	56	**78**	98	122

Tab. 37: Schulen – Konstruktion, Schulart und Bauzeit.
[BKI: Baukosten Gebäude Neubau 2024, Statistische Kostenkennwerte, S. 263-295]

Kindergärten, nicht unterkellert					
Bauzeiten von Kindergärten, nicht unterkellert – Konstruktion, Standard und Bauzeit	**Bauzeit in Wochen**				
	min	von	mittel	bis	max
Kindergärten, nicht unterkellert, Holzbauweise, 48 Vergleichsobjekte, S. 351	9	31	**51**	68	83
Kindergärten, nicht unterkellert, einfacher Standard, 10 Vergleichsobjekte, S. 315	39	41	**49**	63	74
Kindergärten, nicht unterkellert, mittlerer Standard, 56 Vergleichsobjekte, S. 323	22	43	**59**	77	122
Kindergärten, nicht unterkellert, hoher Standard, 22 Vergleichsobjekte, S. 341	13	46	**64**	90	126

Tab. 38: Kindergärten, nicht unterkellert – Konstruktion, Standard und Bauzeit.
[BKI: Baukosten Gebäude Neubau 2024, Statistische Kostenkennwerte, S. 315-351]

Ein- und Zweifamilienhäuser, unterkellert					
Bauzeiten von Ein- und Zweifamilienhäusern, unterkellert Konstruktion, Standard und Bauzeit	**Bauzeit in Wochen**				
	min	von	mittel	bis	max
Ein- und Zweifamilienhäuser, Holzbauweise, unterkellert, 37 Vergleichsobjekte, S. 515	17	27	**41**	64	64
Ein- und Zweifamilienhäuser, unterkellert, einfacher Standard, 8 Vergleichsobjekte, S. 417	30	34	**48**	46	74
Ein- und Zweifamilienhäuser, unterkellert, mittlerer Standard, 24 Vergleichsobjekte, S. 423	22	33	**42**	60	91
Ein- und Zweifamilienhäuser, unterkellert, hoher Standard, 42 Vergleichsobjekte, S. 433	26	37	**52**	70	113

Tab. 39: Ein- und Zweifamilienhäuser, unterkellert – Konstruktion, Standard und Bauzeit.
[BKI: Baukosten Gebäude Neubau 2024, Statistische Kostenkennwerte, S. 417-515]

Zu → **Tab. 40**: Die Bauzeit von Ein- und Zweifamilienhäusern in Massivbauweise, nicht unterkellert, beträgt im Mittel 46 Wochen. Die mittlere Dauer der Bauzeit von Ein- und Zweifamilienhäusern, nicht unterkellert, in Holzbauweise beträgt im Vergleich zu der in Massivbauweise rund 75 %.

Ein- und Zweifamilienhäuser – unterkellert oder nicht unterkellert

Ob Wohngebäude, z.B. Ein- und Zweifamilienhäuser, unterkellert werden sollen oder nicht, ist eine grundsätzliche Frage, die vor Beginn der Objektplanung zu klären ist. Die jeweils zu erwartende Bauzeit ist ein Gesichtspunkt von vielen für diese Entscheidung.

Ein- und Zweifamilienhäuser, Passivhausstandard

Zu → **Tab. 42**: Die mittlere Dauer der Bauzeit von Ein- und Zweifamilienhäusern, Passivhausstandard, in Holzbauweise beträgt im Vergleich zu der in Massivbauweise rund 90 %.

Mehrfamilienhäuser

Zu → **Tab. 43**: Die Bauzeit von Mehrfamilienhäusern, mit 6 bis 19 WE, in Massivbauweise beträgt im Mittel 56 Wochen.

Die mittlere Dauer der Bauzeit von Mehrfamilienhäusern, in Holzbauweise beträgt im Vergleich zu der in Massivbauweise rund 125 %.

Gemeindezentren

Zu → **Tab. 44**: Die Bauzeit von Gemeindezentren in Massivbauweise beträgt im Mittel 68 Wochen. Die mittlere Dauer der Bauzeit von Gemeindezentren, in Holzbauweise beträgt im Vergleich zu der in Massivbauweise rund 80 %.

Ein- und Zweifamilienhäuser, nicht unterkellert,					
Bauzeiten von Ein- und Zweifamilienhäusern, nicht unterkellert – Konstruktion, Standard und Bauzeit	**Bauzeit in Wochen**				
	min	von	mittel	bis	max
Ein- und Zweifamilienhäuser, nicht unterkellert, Holzbauweise, 28 Vergleichsobjekte, S. 529	13	21	**35**	46	78
Ein- und Zweifamilienhäuser, nicht unterkellert, einfacher Standard, 6 Vergleichsobjekte, S. 453	22	27	**32**	40	43
Ein- und Zweifamilienhäuser, nicht unterkellert, mittlerer Standard, 50 Vergleichsobjekte, S. 459	26	33	**46**	68	109
Ein- und Zweifamilienhäuser, nicht unterkellert, hoher Standard, 30 Vergleichsobjekte, S. 477	35	40	**50**	67	83

Tab. 40: Ein- und Zweifamilienhäuser, nicht unterkellert – Konstruktion, Standard und Bauzeit.
[BKI: Baukosten Gebäude Neubau 2024, Statistische Kostenkennwerte, S. 453-529]

Ein- und Zweifamilienhäuser, unterkellert oder nicht unterkellert – Unterschied in Wochen	unterkellert	nicht unterkellert	Unterschied Unterkellerung
Ein- und Zweifamilienhäuser, Holzbauweise	41	35	6
Ein- und Zweifamilienhäuser, Massivbauweise	48	46	2
Unterschied je nach Konstruktion Holzbauweise und Massivbauweise	7	11	–

Tab. 41: Ein- und Zweifamilienhäusern, Holzbauweise und Massivbauweise unterkellert oder nicht unterkellert – Unterschied in Wochen.

Ein- und Zweifamilienhäuser, Passivhausstandard					
Bauzeiten von Ein- und Zweifamilienhäusern, Passivhausstandard – Konstruktion, Standard und Bauzeit	**Bauzeit in Wochen**				
	min	von	mittel	bis	max
Ein- und Zweifamilienhäusern, Passivhausstandard, Holzbauweise 37 Vergleichsobjekte, S. 501	13	22	**33**	51	51
Ein- und Zweifamilienhäusern, Passivhausstandard, Massivbauweise 23 Vergleichsobjekte, S. 489	26	30	**37**	46	52

Tab. 42: Ein- und Zweifamilienhäuser, Passivhausstandard – Konstruktion und Bauzeit.
[BKI: Baukosten Gebäude Neubau 2024, Statistische Kostenkennwerte, S. 489-501]

Mehrfamilienhäuser					
Bauzeiten von Mehrfamilienhäusern – Konstruktion, Standard und Bauzeit	**Bauzeit in Wochen**				
	min	von	mittel	bis	max
Mehrfamilienhäuser, Holzbauweise, 18 Vergleichsobjekte, S. 713	35	49	**69**	106	165
Mehrfamilienhäuser, mit 6 bis 19 WE, einfacher Standard, 8 Vergleichsobjekte, S. 635	26	32	**42**	56	65
Mehrfamilienhäuser, mit 6 bis 19 WE, mittlerer Standard, 39 Vergleichsobjekte, S. 641	31	43	**56**	89	131
Mehrfamilienhäuser, mit 6 bis 19 WE, hoher Standard, 29 Vergleichsobjekte, S. 655	17	44	**61**	77	91

Tab. 43: Mehrfamilienhäuser – Konstruktion, Standard und Bauzeit.
[BKI: Baukosten Gebäude Neubau 2024, Statistische Kostenkennwerte, S. 635-713]

Gemeindezentren					
Bauzeiten von Gemeindezentren – Konstruktion, Standard und Bauzeit	**Bauzeit in Wochen**				
	min	von	mittel	bis	max
Gemeindezentren, Holzbauweise, 13 Vergleichsobjekte, S. 1011	26	39	**54**	91	129
Gemeindezentren, einfacher Standard, 8 Vergleichsobjekte, S. 883	22	36	**53**	75	78
Gemeindezentren, mittlerer Standard, 24 Vergleichsobjekte, S. 988	17	40	**63**	83	104
Gemeindezentren, hoher Standard, 20 Vergleichsobjekte, S. 1001	31	47	**80**	110	135

Tab. 44: Gemeindezentren – Konstruktion, Standard und Bauzeit.
[BKI: Baukosten Gebäude Neubau 2024, Statistische Kostenkennwerte, S. 883-1011]

Zusammenfassung zu den Bauzeiten
→ **Tab. 45**

Zu These 3:

Die Bauzeiten von Gebäuden in Holzbauweise können grundsätzlich wesentlich kürzer sein als die von Gebäuden gleicher Nutzungsart in Massivbauweise. Im Rahmen der vorliegenden Untersuchung weisen bisher allein Mehrfamilienhäuser weit überdurchschnittlich längere Bauzeiten aus.

Warum sind die Mehrfamilienhäuser, Holzbauweise, teurer als Massivbauten?

Insgesamt drängt sich die Frage auf, warum die Mehrfamilienhäuser, Holzbauweise, deutlich teurer sind.

Hierzu – abgesehen von der zu geringen Zahl der Objekte – einige Annahmen:

- vergleichsweise weniger Erfahrung in der Objektplanung von größeren und komplexen Holzbauten,
- häufig Leistungsbeschreibung mit Leistungsprogramm von auch umfassenden Holzbaukonstruktionen und damit Verlagerung von anteiligen Planungs- und Überwachungsleistungen zum ausführenden Unternehmen („Holzbau-GU"),
- unzureichender Preiswettbewerb bei Ausschreibungen von Zimmer- und Holzbauarbeiten (Bietermarkt) Preisschwankungen auf dem Weltmarkt für Holz und entsprechende Produkte,
- Erschwerung der Planung und Ausführung in der Umsetzung von Normen und Verordnungen des Wohnungsbaus im Holzbau,
- Individuelle Planung statt Nutzung effizienter Planungs- und Fertigungsverfahren,
- Hohe Kosten bei mehrgeschossigen Holztragwerken,
- vereinzelt zusätzlich höhere Kosten aufgrund Effizienzhaus-Standard.

Zusammenhang von Projektdauer und Projektkosten

Die Projektdauer eines Bauvorhabens hat auch Einfluss auf dessen Kosten, und zwar auf die Kosten der Finanzierung. Das sind die „Kosten, die im Zusammenhang mit der Finanzierung des Bauprojekts bis zum Beginn der Nutzung anfallen" [KG 800 nach DIN 276:2018-12].

Diese ergeben sich aus dem Verlauf der Kapitalbindung, z.B. im Grundstück, in den Planungsleistungen sowie Bauleistungen, dem Zinssatz für die Bereitstellung des Kapitals und der Dauer der Kapitalbindung. Wird die Projektdauer verkürzt, z. B. durch das Bauen mit Holz, verringern sich damit auch die Finanzierungskosten.

Entsprechende Ermittlungen werden meist vom Auftraggebenden oder von dessen Kreditinstitut aufgestellt. Auf jeden Fall können je nach Zinssatz und der Verkürzung der Bauzeit die Gesamtkosten des Bauprojekts (KG 100-800 nach DIN 276) um einige Prozentpunkte gemindert werden.

Bauzeiten ausgewählter Gebäudearten in Holzbau- und Massivbauweise in Wochen für den Holzbau (gerundet) in Prozent für den Holzbau (Massivbau = 100 Prozent)	**Bauzeit in Wochen**		
	Mittelwert **Holzbau**	Mittelwert Massivbau	Holzbau in Prozent
Schulen	54	81	ca. 65 %
Kindergärten, nicht unterkellert	51	59	ca. 85 %
Ein- und Zweifamilienhäuser, unterkellert	41	48	ca. 85 %
Ein- und Zweifamilienhäuser, nicht unterkellert	35	46	ca. 75 %
Ein- und Zweifamilienhäuser, Passivhausstandard	33	37	ca. 90 %
Mehrfamilienhäuser	69	56	ca. 125 %
Gemeindezentren	54	68	ca. 80 %

Tab. 45: Bauzeiten ausgewählter Gebäudearten in Holzbau- und Massivbauweise in für den Holzbau (gerundet) in Prozent für den Holzbau (Massivbau = 100 Prozent).

Holzskelettbau, Holzrahmenbau, Holztafelbau, Massivholzbau und Holzmodulbau

Die im vorhergehenden Abschnitt dargestellten Bauzeiten wurden auf der Grundlage der Vergleichsobjekte im Band Baukosten Gebäude Neubau 2024 ermittelt. Hierbei konnte festgestellt werden, dass im Allgemeinen die Bauzeiten der Holzbauten kürzer sind als bei den Massivbauten.

Die Unterteilung der Holzbauten nach den Konstruktionsmerkmalen – Holzskelettbau, Holzrahmenbau, Holztafelbau, Massivholzbau, Holzmodulbau – erfolgte erstmalig für den Sonderband S4 Holzbau im Jahr 2022.

Nicht alle Holzbauten konnten eindeutig einer Konstruktion zugeordnet werden. Sie waren z.B. als „Mischkonstruktion“ bezeichnet worden. Diese wenigen Fälle sind nicht bei der weiteren Untersuchung berücksichtigt worden. Gleichzeitig sind zahlreiche weitere Holzbauten unterschiedlicher Gebäudearten hinzugekommen, auch Kindergärten sowie Ein- und Zweifamilienhäuser.

→ **Tab. 46**

Attribute	Erläuterungen
Holzskelettbau	Die tragende Konstruktion besteht aus durchlaufenden Stützen und Trägern. Diagonale Streben und Verspannungen bieten zusätzliche Stabilität und zur Aussteifung.
Holzrahmenbau	Die Elemente sind nur teilweise, aber nicht vollständig industriell vorgefertigt. 1)
Holztafelbau	Die Elemente sind vollständig industriell vorgefertigt, einschließlich aller Oberflächen und Einbauten. 1)
Massivholzbau	Typisch für den Massivholzbau ist die Verwendung großformatiger Holzbauteile. Die Außenwände werden beim Massivholzbau mit zusätzlichen Dämmschichten kombiniert und nachträglich verputzt oder bekleidet. Es wird eine Vielzahl von Systemen unterschieden, z.B. massive Flächenelemente wie Brettstapel-, Dübelholz- und Brettschichtholzelemente aus Latten, Brettern, Bohlen, vertikalen Stäben oder Plattenwerkstoffen oder Elemente in Holzkastenbauweise.
Holzmodulbau	Raumbildende Systeme, Raumzellen, Modul- oder Zellenbauweise.

Tab. 46: BKI-Einteilung der Holzbauten seit Sommer 2022.
1) Holzrahmenbau und Holztafelbau haben dasselbe Konstruktionsprinzip, unterscheiden sich aber im Umfang der Vorfertigung.

Für die vertiefte Untersuchung der Holzbauten und deren Bauzeiten stehen insgesamt 207 dokumentierte Vergleichsobjekte zur Verfügung.

→ **Tab. 47**

125 und damit mehr als drei Viertel der Gebäude zählen zu den Holzrahmenbauten. Der Massivholzbau mit 34 Vergleichsobjekten ist gering vertreten. Für Schlussfolgerungen sind zudem der Holzskelettbauten mit anteilig 13 sowie der Holztafelbau mit 12 und der Holzmodulbau mit nur zwei Beispielen viel zu gering an der Zahl. Auch die als Mischkonstruktion bezeichneten 11 Fälle sind vorerst für eine Auswertung nicht geeignet. Es ist zu wünschen, dass zukünftig vor allem zuletzt genannte Objekte bevorzugt dokumentiert werden, um diese beurteilen zu können.

Anmerkungen:

- Fettdruck zeigt den Mittelwert der Bauzeit von fünf oder mehr Objekten an.
- Sofern die Anzahl der Holzkonstruktion pro Gebäudeart kleiner als 5 ist, wird die mittlere Bauzeit in Klammern gesetzt.
- keine Angabe (k. A.) meint, dass bei vorkommender Mischkonstruktion keine Angaben zur Bauzeit erfolgen.

Bauzeiten der Vergleichsobjekte, Holzbauweise – Gebäudearten, Konstruktionsweisen und Anzahl						
	Anzahl der Holzbauten, unterschieden nach der Konstruktionsweise					
Anzahl der Holzbauten, unterschieden nach Gebäudearten (Kindergärten, Ein- und Zweifamilienhäuser, teilweise nicht unterkellert, unterkellert, Passivhausstandard) und Konstruktion (Holzskelettbau, Holzrahmenbau, Holztafelbau, Massivholzbau, Holzmodulbau).	Holzskelettbau	Holzrahmenbau	Holztafelbau	Massivholzbau	Holzmodulbau	Mischkonstruktion
Schulen, Holzbauweise, 12 Vergleichsobjekte	2	7	1	2	0	0
Kindergärten, Holzbauweise, nicht unterkellert, 48 Vergleichsobjekte	1	26	4	13	2	2
Ein- und Zweifamilienhäuser, Holzbauweise, unterkellert, 37+3=40 Vergleichsobjekte	2	29	3	5	0	1
Ein- und Zweifamilienhäuser, Holzbauweise, nicht unterkellert, 28+7=35 Vergleichsobjekte	0	25	0	10	0	0
Ein- und Zweifamilienhäuser, Passivhausstandard, Holzbauweise, 37+3=40 Vergleichsobjekte	5	21	3	1	0	0
Mehrfamilienhäuser, Holzbauweise, 18 Vergleichsobjekte	1	8	1	2	0	6
Gemeindezentren, Holzbauweise, 13+1=14 Vergleichsobjekte	2	9	0	1	0	2
Anzahl der Vergleichsobjekte je Konstruktion:	13	125	12	34	2	11
Anzahl der Vergleichsobjekte, Holzbauweise:	**207**					

Tab. 47: Bauzeiten der Vergleichsobjekte, Holzbauweise – Gebäudearten, Konstruktionsweisen und Anzahl.
[Quelle: BKI-Datenbanken, Stand Juni 2024]

Auswertung der Bauzeiten

→ **Tab. 48**

Die Holzrahmenbauten (125 Objekte) sind bei allen untersuchten Gebäudearten in mindestens acht Fällen anzutreffend. Damit können deren Bauzeiten mit denen anderer Konstruktionsweise verglichen werden.

Für Schulen liegen bislang noch 12 Vergleichsobjekte in Holzbauweise vor, fünf davon sind Holzrahmenbauten.

Die Kindergärten, nicht unterkellert, weisen neben dem Holzrahmenbau (26 Objekte) noch zahlreiche Objekte in Massivholzbau (13 Objekte) aus, deren Bauzeit im Mittel zwei Wochen kürzer ausfällt.

Groß ist der Unterschied bei den Ein- und Zweifamilienhäusern (29 unterkellerte und 25 nicht unterkellerte Objekte) zwischen dem Holzrahmenbau (mit deutlich kürzeren Bauzeiten) und dem Massivholzbau (5 unterkellerte und 10 nicht unterkellerte Objekte). Das trifft sowohl auf unterkellerte als auch auf nicht unterkellerte Objekte zu. Die nicht unterkellerten Holzrahmenbauten haben eine um acht Wochen und die Massivholzbauten eine um 10 Wochen kürzere Bauzeit im Vergleich mit unterkellerten Gebäuden.

Bei den Ein- und Zweifamilienhäusern mit Passivhausstandard ist die Bauzeit der Holzskelettbauten (bislang allerdings nur fünf Objekte) deutlich kürzer als bei denen in Holzrahmenbau.

Die bislang nur 18 dokumentierten Mehrfamilienhäuser in Holzbauweise haben eine um ein Viertel längere Bauzeit im Vergleich mit den Massivbauten. Die Holzbauten sind knapp zur Hälfte Holzrahmenbauten und die meisten weiteren sind Mischkonstruktionen. Für eine Einordnung der Konstruktionsweisen müssten deutlich mehr Vergleichsobjekte vorhanden sein.

Vergleichsobjekte, Holzbauweise – Konstruktionsweisen						
	Bauzeiten in Wochen (Mittelwerte)					
Bauzeiten der Holzbauten, unterschieden nach Gebäudearten (Kindergärten, Ein- und Zweifamilienhäuser, teilweise nicht unterkellert, unterkellert, Passivhausstandard) und Konstruktionsweisen (Holzskelettbau, Holzrahmenbau, Holztafelbau, Massivholzbau, Holzmodulbau).	Holzskelettbau	Holzrahmenbau	Holztafelbau	Massivholzbau	Holzmodulbau	Mischkonstruktion
Schulen, Holzbauweise, 12 Vergleichsobjekte	(65)	**53**	(65)	(41)	–	–
Kindergärten, Holzbauweise, nicht unterkellert, 48 Vergleichsobjekte	(39)	**53**	(56)	**51**	(9)	k. A.
Ein- und Zweifamilienhäuser, Holzbauweise, unterkellert, 37+3=40 Vergleichsobjekte	(28)	**41**	(40)	**55**	–	k. A.
Ein- und Zweifamilienhäuser, Holzbauweise, nicht unterkellert, 28+7=35 Vergleichsobjekte	–	**33**	–	**45**	–	–
Ein- und Zweifamilienhäuser, Passivhausstandard, Holzbauweise, 37+3=40 Vergleichsobjekte	**29**	**36**	(39)	(22)	–	–
Mehrfamilienhäuser, Holzbauweise, 18 Vergleichsobjekte	(35)	**74**	(57)	(55)	–	k. A.
Gemeindezentren, Holzbauweise, 13+1=14 Vergleichsobjekte	(57)	**44**	–	(44)	–	k. A.
Anzahl der Vergleichsobjekte je Konstruktion:	13	**125**	12	34	2	11

Tab. 48: Vergleichsobjekte, Holzbauweise – Konstruktionsweisen und Bauzeiten in Wochen (Mittelwerte). Auswertung der Bauzeiten

Die bislang nur 14 Gemeindezentren sind überwiegend Holzrahmenbauten (9 Objekte), daneben noch zwei Holzskelettbauten und zwei Mischkonstruktionen.

Für Gebäude, die in sehr kurzer Bauzeit errichtet werden sollen, bietet sich der Holzmodulbau an. Bislang liegen nur zwei Objekte vor, und nicht unterkellerte Kindergärten. Die Bauzeit beträgt nur zwei Wochen. Auch hierfür sollen noch weitere Vergleichsobjekte dokumentiert werden.

Literatur

BKI: Baukosten Gebäude Neubau 2024, Statistische Kostenkennwerte, Stuttgart 2024

DIN 276:2018-12, Kosten im Bauwesen

DIN 277:2021-08, Grundflächen und Rauminhalte im Hochbau

Kalusche, Wolfdietrich: Die Kosten der Technischen Anlagen von Gebäuden m Wandel der Zeit. In: BKI (Hrsg.): Baukosten Gebäude Neubau 2024. Statistische Kostenkennwerte, Stuttgart 2024, S. 106-121

Verordnung über die Honorare für Architekten- und Ingenieurleistungen – HOAI 2021

Vergabe- und Vertragsordnung für Bauleistungen (VOB 2023)

Standardleistungsbuch für das Bauwesen (STLB-Bau), Stand 2024-04

Verordnung zur Berechnung der Wohnfläche (Wohnflächenverordnung – WoFlV), Inkrafttreten 01.01.2004

Internet

https://www.bki.de/regionalfaktoren.html

Grundlagen Wohngebäude in Holzbauweise (ingenieurholzbau.de)

Massivbau oder Holzbau? (hausinfo.ch)

Holzrahmenbau, Holzständerbauweise | Alle Informationen (holzbauwelt.de)

Regelwerke im Holzbau

von Anke Blume
Maxi Broßat
Jörg Bühler
Max Köhnken
J. Niedermeyer
Tobias Röttgen

Regelwerke im Holzbau

ein Beitrag von

Anke Blume
Maxi Broßat
Jörg Bühler
Max Köhnken
J. Niedermeyer
Tobias Röttgen

1 Einleitung

Die Holzbauweise hat in den letzten dreißig Jahren eine kontinuierliche technische Weiterentwicklung in allen Marktsegmenten, insbesondere im Wohnungsbau und im Objektbau vollzogen. Mit dieser Entwicklung nahm auch die Anzahl der technischen Regelwerke zu. Regeln in Form von Richtlinien, europäisch harmonisierten Normen und nationalen DIN-Normen wurden sukzessive ergänzt und fortgeschrieben. In jüngster Zeit änderten sich vor dem Hintergrund des föderalen Systems die technischen Anforderungen und damit auch die Regelwerke besonders im Bereich des Brandschutzes, auch als Folge einer konsequenten Forschungs- und Entwicklungsarbeit der betroffenen Fach- und Verkehrskreise.

Um mit überschaubarem Aufwand immer auf dem laufenden Stand der Regelungen und der bautechnischen Ausführung im Holzbau zu sein, sind folgende Internetseiten als stete Informationsquelle empfohlen:

→ www.informationsdienst-holz.de
→ www.baunetzwissen.de
→ www.dataholz.eu
→ www.is-argebau.de

Der vorliegende Überblick zu den „Regelwerken im Holzbau" orientiert sich in der Struktur an den „Grundanforderungen an Bauwerke" (BWR)[1] der Musterverwaltungsvorschrift Technische Baubestimmungen (MVV TB)[2]:

BWR 1 Mechanische Festigkeit und Standsicherheit
BWR 2 Brandschutz
BWR 3 Hygiene, die Gesundheit und den Umweltschutz
BWR 4 Sicherheit und Barrierefreiheit bei der Nutzung
BWR 5 Schallschutz
BWR 6 Wärmeschutz

1. BWR – Basic Works Requirements – Grundanforderungen an Bauwerke
2. Aktuelle Mustervorschriften und Mustererlasse: www.is-argebau.de

Ergänzt wurde diese Betrachtung durch die siebte Grundanforderung „Nachhaltige Nutzung der natürlichen Ressourcen" (BWR 7) der europäischen Bauproduktenverordnung (BauPVO), die aktuell in der Musterverwaltungsvorschrift technische Baubestimmung (MVV TB) nicht abgebildet ist. Allerdings ist davon auszugehen, dass dieses mehr denn je wichtige Schutzziel in den nächsten Jahren auf Grundlage des geförderten QNG[3]-Rahmens in der Novellierung des Gebäudeenergiegesetzes (GEG) sowie der neuen Bauproduktenverordnung, die voraussichtlich im Herbst 2024 im europäischen Amtsblatt erscheinen wird, schrittweise prominenter berücksichtigt wird.

3. QNG – Qualitätssiegel Nachhaltiges Gebäude

2 Regelwerke anhand der BWR 1- 7

2.1 BWR 1 – Mechanische Festigkeit und Standsicherheit

2.1.1 Allgemeines

Die Standsicherheit einer baulichen Anlage ist von besonderer Bedeutung für die öffentliche Sicherheit und Ordnung und nimmt somit eine wichtige Stellung im Bauordnungsrecht ein (§ 3 und § 12 Absatz (1) MBO). Die Standsicherheit definiert die Anforderung an Bauwerke, nicht einzustürzen. Diese Standsicherheitsanforderung umfasst dabei die einzelnen Bauteile, ihre Verbindungen bis hin zum gesamten Gebäude und seinem Baugrund. Die Standsicherheit muss sowohl für den Bauzustand als auch für die gesamte Nutzungsdauer für alle statisch tragenden Bestandteile nachgewiesen werden. Die nach MVV TB zu beachtenden technischen Regeln zur Erfüllung dieser Anforderung umfassen die Eurocodes zu den Grundlagen für die Tragwerksplanung, zu den Einwirkungen auf Bauwerke sowie zur Bemessung.

Die Bemessung von Tragwerken und Tragwerksteilen aus Holz oder Holzwerkstoffen werden durch die Normenreihe DIN EN 1995 „Bemessung und Konstruktion von Holzbauten" (Eurocode 5, EC 5) geregelt. Diese berücksichtigt die Anforderungen an die Tragfähigkeit, Gebrauchstauglichkeit, Dauerhaftigkeit und den Feuerwiderstand.

Für Bauten in Regionen seismischer Aktivität, sind zusätzlich Nachweise für ein Bemessungserdbeben nach DIN 4149 „Bauten in deutschen Erdbebengebieten - Lastannahmen, Bemessung und Ausführung üblicher Hochbauten" (zukünftig: Normenreihe DIN EN 1998 „Auslegung von Bauwerken gegen Erdbeben", Eurocode 8) zu führen.

Für tragende Holzbauteile müssen geeignete Maßnahmen zur Vermeidung einer hohen Holzfeuchte vorgenommen werden, die zu einem Befall durch zerstörende Pilze und/oder zu einer Abnahme der Festigkeit und Steifigkeit führen können. Die Holzschutznormenreihe DIN 68800 „Holzschutz" ergänzt daher die Bemessungsnormen hinsichtlich der Sicherung der Gebrauchsdauer von Holzbauwerken.

2.1.2 Bemessung nach Eurocode 5

Der Eurocode 5 „Bemessung und Konstruktion von Holzbauten“ besteht aus drei Teilen:

- DIN EN 1995-1-1: Allgemeines - Allgemeine Regeln und Regeln für den Hochbau
- DIN EN 1995-1-2: Allgemeine Regeln – Tragwerksbemessung für den Brandfall
- DIN EN 1995-2: Brücken

Der Eurocode 5 wird ergänzt durch die Nationalen Anhänge (NA). Diese enthalten national festgelegte Parameter (NDP) sowie zusätzliche, dem Eurocode nicht widersprechende Regelungen (NCI) wie beispielsweise

- Werte und / oder Klassen, für die im Eurocode Alternativen zugelassen werden, z. B. Teilsicherheitsbeiwerte, Klassen der Lasteinwirkungsdauer,
- länderspezifische Angaben,
- Ergänzung fehlender oder unzureichend definierter Bemessungsregeln, z. B. Verstärkungen von Queranschlüssen, Ausklinkungen und Durchbrüchen, zimmermannsmäßigen Verbindungen.

Festlegungen, die nicht in den EC 5 bzw. Nationalen Anhang aufgenommen werden durften, wurden in DIN 1052-10 „Herstellung und Ausführung von Holzbauwerken – Teil 10: Ergänzende Bestimmungen“ verlagert. Hierbei handelt es sich um ergänzende Anforderungen an Verbindungsmittel (Korrosion) sowie um Festlegungen für die Ausführung und Überwachung von Klebungen bei Holztragwerken.

Die Nachweisführung erfolgt auf der Grundlage des semiprobabilistischen Sicherheitskonzepts nach DIN EN 1990: „Grundlagen der Tragwerksplanung“. Bei der Nachweisführung wird zwischen dem Grenzzustand der Tragfähigkeit und dem Grenzzustand der Gebrauchstauglichkeit unterschieden. Der Nachweis der Tragfähigkeit von Holzbauteilen und mechanischen Verbindungen beruht auf der Gegenüberstellung der Beanspruchung und des Tragwiderstands. Zum Nachweis der Gebrauchstauglichkeit werden die Verformungen eines Tragwerks mit den in EC 5 / EC 5-NA empfohlenen oder mit der Bauherrschaft vereinbarten Grenzwerten verglichen.

Für die Ermittlung der Einwirkungen (Lasten) wird die Normenreihe DIN EN 1991 „Einwirkungen auf Tragwerke“ (Eurocode 1, EC 1) zugrunde gelegt. Darin sind Einwirkungen wie Eigen- und Nutzlasten, Schnee- und Windlasten festgelegt.

Der EC 5 ist eine reine Bemessungsnorm und enthält, anders als die frühere DIN 1052:2008 „Entwurf, Berechnung und Bemessung von Holzbauwerken“, keine Produktregelungen und auch keine Tabellen mit Materialkennwerten wie beispielsweise Festigkeits- oder Steifigkeitswerte. Waren die wesentlichen Materialkennwerte in der DIN 1052 anwenderfreundlich zusammengestellt, muss sich die Planer*in heute die erforderlichen Werte aus diversen Normen heraussuchen. **Tabelle 02-01** zeigt für die wesentlichen Produkte im Holzbau eine Zusammenstellung der zu beachtenden Normen.

2.1.3 Holzschutz nach DIN 68800

Die Normenreihe DIN 68800 spiegelt die im Holzbau langjährig geübte Praxis des konstruktiven Holzschutzes wieder. Sie enthält die Verpflichtung bauliche Maßnahmen vorrangig zu berücksichtigen; die Notwendigkeit des Einsatzes von chemischen Holzschutzmitteln muss hingegen belegt und gesondert vereinbart werden. Damit wird das Minimierungsgebot hinsichtlich der Verwendung von Bioziden im Bauwesen umgesetzt, welches sich u. a. aus der Biozidrichtlinie[4], der Gefahrstoffverordnung[5], dem Kreislaufwirtschaftsgesetz[6] und diversen Arbeitssicherheitsregeln ableitet.

Die Normenreihe besteht aus vier Teilen, von denen die MVV TB ausschließlich die Teile 1 und 2 in Bezug nimmt:

- DIN 68800-1: Holzschutz – Allgemeines
- DIN 68800-2: Holzschutz – Vorbeugende bauliche Maßnahmen im Hochbau

Einen Verweis auf die Teile 3 und 4, in denen der chemische Holzschutz geregelt wird, existiert nicht.

4. EU-Richtlinie 98/8/EG [Biozid-Produkt-Richtlinie; BiozidRL] – Richtlinie über das Inverkehrbringen von Biozid-Produkten
5. Die Gefahrstoffverordnung [GefStoffV] regelt umfassend die Schutzmaßnahmen für Beschäftigte bei Tätigkeiten mit Gefahrstoffen.
6. Kreislaufwirtschaftsgesetz [KrWG] – Gesetz zur Förderung der Kreislaufwirtschaft und Sicherung der umweltverträglichen Bewirtschaftung von Abfällen

<table>
<tr><th>Produkt</th><th colspan="2">Produktnorm</th><th>Anwendungsnorm[a]</th><th>Werte für Bemessung</th></tr>
<tr><td>Vollholz</td><td colspan="2">DIN EN 14081-1</td><td>DIN 20000-5</td><td>DIN EN 338</td></tr>
<tr><td>Brettschichtholz</td><td colspan="2">DIN EN 14080</td><td>DIN 20000-3</td><td>DIN EN 14080</td></tr>
<tr><td>Balkenschichtholz</td><td colspan="2">DIN EN 14080
abZ/aBG [b]</td><td>DIN 20000-3</td><td>DIN EN 14080
abZ/aBG [b]</td></tr>
<tr><td>Furnierschichtholz</td><td rowspan="8">DIN EN 13986 [c]</td><td>DIN EN 14374
DIN EN 14279</td><td rowspan="8">DIN 20000-1</td><td>abZ/aBG [b]</td></tr>
<tr><td>Sperrholz</td><td>DIN EN 636</td><td>DIN EN 12369-2</td></tr>
<tr><td>OSB-Platten</td><td>DIN EN 300</td><td>DIN EN 12369-1</td></tr>
<tr><td>Spanplatten</td><td>DIN EN 312</td><td>DIN EN 12369-1</td></tr>
<tr><td>Holzfaserplatten
– hart
– mittelhart
– MDF</td><td>
DIN EN 622-2
DIN EN 622-3
DIN EN 666-5</td><td>
EC5/NA
EC5/NA
DIN EN 12369-1</td></tr>
<tr><td>Massivholzplatten</td><td>DIN EN 13353
abZ/aBG bzw. ETA [b]</td><td>DIN EN 12369-3
abZ/aBG bzw. ETA [b]</td></tr>
<tr><td>zementgebundene Spanplatte</td><td>DIN EN 634-2</td><td>EC5/NA
abZ/aBG [b]</td></tr>
<tr><td>Gipsplatten</td><td colspan="2">DIN EN 520 und DIN 18180</td><td>–</td><td>EC5/NA</td></tr>
<tr><td>Gipsfaserplatten</td><td colspan="2">DIN EN 15283-2</td><td>–</td><td>abZ/aBG bzw. ETA [b]</td></tr>
<tr><td>Stiftförmige Verbindungsmittel</td><td colspan="2">DIN EN 14592</td><td>DIN 20000-6</td><td>EC5/NA
ETA [b]</td></tr>
<tr><td>nicht stiftförmige Verbindungsmittel</td><td colspan="2">DIN EN 14545</td><td>DIN 20000-6</td><td>EC5/NA
abZ/aBG bzw. ETA [b]</td></tr>
<tr><td>Nagelplattenbinder</td><td colspan="2">DIN EN 14250
aBG [b]</td><td>DIN 20000-4</td><td>EC5/NA
aBG [b]</td></tr>
</table>

a) Europäisch harmonisierten Produktnormen enthalten keine Anwendungsregeln. In Deutschland ist die Anwendung von Bauprodukten in Bauwerken durch die Normenreihe DIN 20000 geregelt. Anwendungsnormen stellen somit das Bindeglied zwischen europäischer Produkt- und nationaler Bemessungsnorm dar.

b) abZ allgemeine bauaufsichtliche Zulassungen
aBG allgemeine Bauartgenehmigung
ETA European Technical Assessment – Europäische Technische Bewertung
Die gültigen abZ/aBG/ETA werden beim DIBt gelistet → www.dibt.de

c) Als sogenannte „Deckelnorm" definiert die DIN EN 13 986 Holzwerkstoffe für die Verwendung im Bauwesen und legt deren wesentliche Eigenschaften und Prüfverfahren zur Bestimmung dieser Eigenschaften fest. Sie benennt die jeweiligen Produktnormen, in denen die Produktionsanforderungen an die verschiedenen Holzwerkstoffe geregelt sind.

Tabelle 02-01: Zusammenstellung wesentlicher Normen für Produkte im Holzbau

Gebrauchsklassen

Nach DIN 68800-1 werden Holzbauteile einer Gebrauchsklasse (GK) zugeordnet, um den erforderlichen Schutz gegenüber Holzschadorganismen festlegen zu können → **Abb. 02-01**. Maßgebendes Kriterium ist dabei die Holzfeuchte im Gebrauchszustand. Hierbei wird unterschieden, ob das Holz ständig trocken (GK 0 / GK 1) oder gelegentlich (GK 2 / GK 3.1), häufig (GK 3.2) bzw. ständig (GK 4 / GK 5) feucht ist. Diese Begriffe beschreiben eine zunehmende Beanspruchung des Holzes durch Feuchte, ohne dass hierfür in DIN 68800-1 konkrete Zahlenwerte benannt werden.

Als Kriterium für „trocken" gilt im Allgemeinen eine mittlere Holzfeuchte von unter 20 %, bei der auf der sicheren Seite liegend keine Gefährdung durch holzzerstörende Pilze vorliegt. Eine unmittelbare Gefährdung liegt erst dann vor, wenn lokal der Fasersättigungsbereich erreicht bzw. überschritten wird und freies Wasser in den Zellen über einen Zeitraum von mindestens drei Monaten vorliegt.

Die Zuordnung von Holzbauteilen zu den Gebrauchsklassen ist eine zentrale Aufgabe der Planung und muss in Ausschreibungen deutlich gemacht werden. Bei Umbauten oder Nutzungsänderungen sind etwaige Änderungen der Gebrauchsklasse und ihre Folgen zu beachten. Grundsätzlich gilt die Normenreihe DIN 68800 für tragende und sicherheitsrelevante Bauteile. Es wird empfohlen, diese auch für nicht tragende Bauteile anzuwenden.

Baulicher Holzschutz

DIN 68800-2 benennt baulich-konstruktive Randbedingungen, um Holzbauteile in die GK 0 einstufen bzw. überführen zu können und so auf weitere Holzschutzmaßnahmen – insbesondere die Verwendung chemischer Holzschutzmittel – verzichten zu können. Das einfachste Instrument zum Schutz vor holzzerstörenden Insekten besteht im Einsatz von technisch getrocknetem Holz. Die wichtigste Handlung zum Schutz vor holzzerstörenden Pilzen besteht in der Begrenzung der Holzfeuchte (≤ 20 %) durch

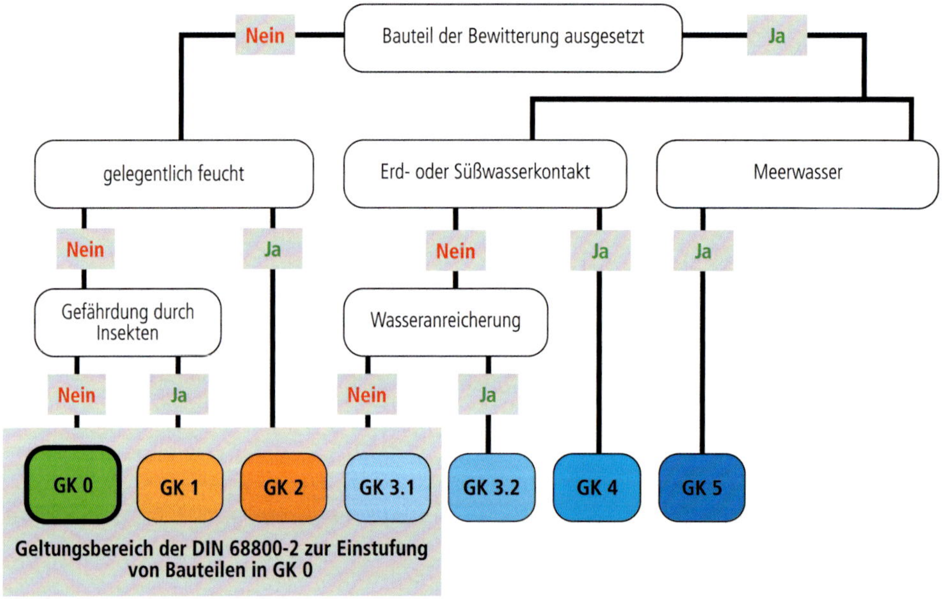

Abb. 02-01: Zuordnung von Holzbauteilen zu einer Gebrauchsklasse, Bildquelle: Holzschutz – Bauliche Maßnahmen, INFORMATIONSDIENST HOLZ, 2015

bauliche Maßnahmen. DIN 68800-2 differenziert hierbei zwischen grundsätzlichen und besonderen baulichen Maßnahmen.

Grundsätzliche bauliche Maßnahmen sind durch eine rechtzeitige und sorgfältige Planung des Holzschutzes immer zu berücksichtigen und beschreiben den umfassenden Feuchteschutz von Holzbauteilen. Dies betrifft sowohl die Feuchte während des Transports, Montage und Einbau als auch die Feuchte im Gebrauchszustand (→ **Abb. 02-02**).

Besondere bauliche Maßnahmen ermöglichen es Holzbauteile in die GK 0 zu überführen, wenn dies allein anhand der grundsätzlichen Maßnahmen nicht möglich ist. Hierzu zählen die technische Trocknung, besondere Konstruktionsprinzipien sowie besondere rechnerische Nachweise des Tauwasserschutzes (→ **Abb. 02-02**).

In Anhang A der DIN 68800-2 werden zahlreiche Beispielkonstruktionen dargestellt, bei denen die Bedingungen der GK 0 erfüllt sind und auf die Verwendung von chemischen Holzschutzmitteln verzichtet werden kann. Diese können ohne weiteren Nachweis angewendet werden.

Bei üblichen Holzbauten reichen die in der Norm aufgeführten vorbeugenden baulichen Maßnahmen aus. Für verbleibende Fälle, in denen das Schutzziel nicht alleine durch den baulichen Holzschutz sichergestellt werden kann, sind in DIN 68800-1 in Abhängigkeit der gegebenen Gebrauchsklasse Maßnahmen beschrieben, welche die geforderte Dauerhaftigkeit der Konstruktion dennoch sicherstellen sollen – beispielsweise durch die Auswahl besonders dauerhafter Holzarten.

Werden Außenwandbekleidungen, Balkone und Terrassen aus Holz nach den Fachregeln des Zimmererhandwerks ausgeführt, ist auch für diese Außenbauteile ein vorbeugender Schutz mit Holzschutzmitteln nicht erforderlich. Hinweise für Planer*innen und Ausführende werden mit zahlreichen Detaillösungen für Regelkonstruktionen ergänzt.

- Fachregel 01 des Zimmererhandwerks – Außenwandbekleidung aus Holz
- Fachregel 02 des Zimmererhandwerks – Balkone und Terrassen

2.2 BWR 2 – Brandschutz

2.2.1 Allgemeines

Die Formulierung des allgemeinen Schutzziels in § 3 MBO wird hinsichtlich des Brandschutzes in § 14 MBO konkretisiert. Bauliche Anlagen sind so zu errichten, zu ändern und instand zu halten, dass die Entstehung und Ausbreitung von Feuer verhindert wird, die Rettung von Menschen und Tieren bei einem Brand möglich und ein wirksamer Löschangriff durchführbar ist. Die Landesbauordnungen definieren hierzu fast ausschließlich Maßnahmen, die zum baulichen Brandschutz zählen (v.a. Gebäudekonstruktion, Flucht- und Rettungswege, Bildung von Brandabschnitten, Zufahrtswege für die Feuerwehr).

In Abhängigkeit von der Gebäudeklasse werden unterschiedliche Anforderungen an die Brennbarkeit der verwendeten Baustoffe sowie den Feuerwiderstand der Bauteile gestellt. Die Klassifizierung erfolgt hierbei nach der nationalen Normenreihe DIN 4102 „Brandverhalten von Baustoffen und Bauteilen" bzw. der europäischen Normenreihen DIN EN 13501 „Klassifizierung von Bauprodukten und Bauarten zu ihrem Brandverhalten".

Für den Holzbau relevant sind zudem die Muster-HolzBauRichtlinie (MHolzBauRL) sowie die Bemessungsnorm für den Brandfall DIN EN 1995-1-2 (EC 5).

2.2.2 Normative Regelwerke

DIN EN 1995-1-2

Eine wichtige Grundanforderung jedes Bauwerks ist seine mechanische Festigkeit und Standsicherheit. Diese bauwerksbezogene Anforderung muss ebenso für die außergewöhnliche Situation eines Brandfalls erfüllt werden. Für die Bemessung und Konstruktion von Holzbauten verweist die MVV TB in Kapitel A 1.2.5 auf den Eurocode 5. Speziell für die Tragwerksbemessung im Brandfall werden als technische Regel der Teil DIN EN 1995-1-2 „Bemessung und Konstruktion von Holzbauten – Teil 1-2: Allgemeine Regeln – Tragwerksbemessung für den Brandfall" mit dem nationalen Anhang DIN EN 1995-1-2/NA angegeben.

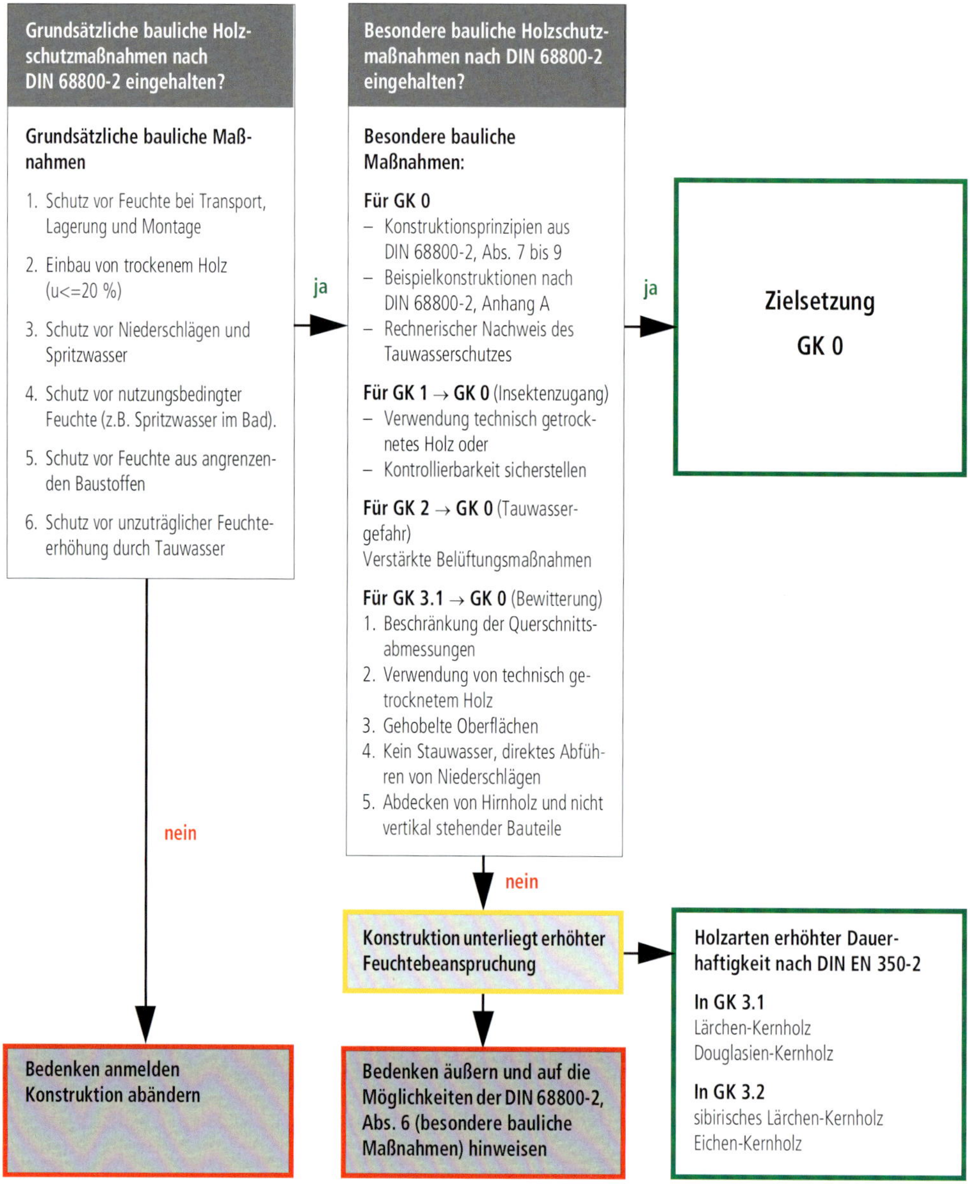

Abb. 02-02: Holzschutz nach DIN 68800

DIN EN 1995-1-2 gilt für Tragwerke oder Teile von Tragwerken, die in den Anwendungsbereich von EN 1995-1-1 fallen und entsprechend bemessen werden. Die enthaltenen Verfahren sind auf alle Produkte, deren Produktnormen auf die EN 1995-1-2 verweisen, anwendbar.

Sämtliche in dieser Norm behandelten Bemessungsverfahren beziehen sich ausschließlich auf den baulichen Brandschutz. Die Feuerwiderstandsdauern von Holzbauteilen, die entweder tragend (R), raumabschließend (EI) oder sowohl tragend als auch raumabschließend (REI) sind, können berechnet werden.

Der Nachweis der Tragfähigkeit für ein Bauteil (z.B. Stützen, Pfeiler, Unterzüge) wird über den Zeitraum der geforderten Branddauer geführt. Dies sind in der Regel 30, 60 oder 90 Minuten. Dabei wird mit einer holzartspezifischen Abbrandrate und der Branddauer ein Restquerschnitt bestimmt, mit dem eine entsprechend verminderte Tragfähigkeit auf der Widerstandsseite berechnet wird. Der Brandfall als außergewöhnliche Bemessungssituation führt zur Annahme von reduzierten Nutzlasten auf der Einwirkungsseite. Für Wand- und Deckenkonstruktionen kann über die jeweiligen Grundwerte der Wärmedämmung der Bekleidungs- und Wärmedämmstofflagen die Dauer des Raumabschlusses (EI) bestimmt werden (EC 5 Anhang E). Dies jedoch nur für maximal 60 Minuten.

Im Zusammenhang mit der speziellen Ausbildung von z.B. Anschlüssen und Fugen sind die Anwendungsregeln nach DIN 4102-4:2016-05 zu beachten, sofern die DIN EN 1995-1-2 für diese keine Angaben enthält.

DIN 4102-4

Für die Bauausführung ist insbesondere Teil 4 „Zusammenstellung und Anwendung klassifizierter Baustoffe, Bauteile und Sonderbauteile" der Normenreihe DIN 4102 „Brandverhalten von Baustoffen und Bauteilen" von Bedeutung. Dieser Normenteil enthält einen Bauteilkatalog, in dem Baustoffe, Bauteile und Sonderbauteile auf Grundlage der Prüfnormen dieser Normenreihe klassifiziert und Anwendungs- und Ausführungsregelungen für Bauteile festgelegt werden. Dabei erfolgt der Nachweis des Brandverhaltens bzw. der Feuerwiderstandsfähigkeit in „tabellarischer" Form.

Für Wände, Decken und Dächer bildet die DIN 4102-4 Tabellen mit Bauteilaufbauten ab. Darin werden die zu verwendenden Baustoffe bzw. Baustoffschichten, deren Eigenschaften (z.B. Rohdichte, Querschnitt oder Dicke) und Abmessungen (z.B. max. Ständerabstände) angegeben. Mögliche zusätzliche Angaben sind für tragende Bauteile die zulässige Spannung oder Schlankheit, sowie ggf. weitere erforderliche Randbedingungen. Werden die jeweiligen Vorgaben erfüllt, kann den Tabellen die zugehörige Klassifizierung entnommen werden. Dies sind für den Holzbau F 30-B, F 60-B oder F 90-B (vgl. DIN 4102-4:2016-05 Abs. 10).

Die Tabellenwerte leiten sich in der Regel aus Brandversuchen ab, die auf Basis der Einheitstemperaturzeitkurve (ETK) stattfanden.

Weitere Anwendungs- und Ausführungsregelungen für klassifizierte Holzbauteile mit Rechteckquerschnitt (z.B. Träger, Stützen, freiliegende Holzbalken) und Verbindungen finden sich in Abschnitt 8 der DIN 4102-4:2016-05. Der Nachweis der Tragfähigkeit und die Bemessung des Feuerwiderstandes erfolgt dabei grundsätzlich mit dem Eurocode 5. Für tragende Bauteile die dort nicht geregelt sind, erfolgt die Klassifizierung der Feuerwiderstandsfähigkeit auf Grundlage der DIN 4102-2.

2.2.3 Bauordnungsrechtliche Regelwerke

Landesbauordnungen und Verwaltungsvorschriften

Die Landesbauordnungen der sechzehn Bundesländern geben zusammen mit den technischen Baubestimmungen in Form der Verwaltungsvorschriften technische Baubestimmungen den formalen Rahmen für die bauordnungsrechtlichen Anforderungen für das Bauen mit brennbaren Baustoffen vor.

Im Paragraphen § 26 der MBO „Allgemeine Anforderungen an das Brandverhalten von Baustoffen und Bauteilen" finden sich die entscheidenden Anforderungen an die Konstruktion.

– *„§ 26 Abs. 2 Satz 3 MBO*
Demnach müssen die tragenden und aussteifenden Teile feuerbeständiger Bauteile aus nichtbrennbaren Baustoffen bestehen. Raumabschließende Bauteile müssen zusätzlich eine in Bauteilebene durchgehende Schicht aus nichtbrennbaren Baustoffen haben. Hochfeuerhemmende Bauteile, deren tragende und aussteifende Teile aus brennbaren Baustoffen bestehen, müssen allseitig eine brandschutztechnisch wirksame Bekleidung aus nichtbrennbaren Baustoffen (Brandschutzbekleidung) haben und – sofern vorhanden – mit nichtbrennbaren Dämmstoffen gedämmt sein.
– *§ 26 Abs. 2 Satz 4 MBO*
Für Bauteile, die feuerbeständig oder hochfeuerhemmend sein müssen, ist eine Verwendung brennbarer Baustoffe eröffnet. Gleichwohl weisen solche Bauteile ein anderes Brandverhalten auf, weshalb es sich definitionsgemäß nicht um feuerbeständige bzw. hochfeuerhemmende Bauteile handelt. Die Verwendung brennbarer Baustoffe ist daher unter den Vorbehalt gestellt, dass die angewendeten Bauarten den Technischen Baubestimmungen nach § 85a MBO entsprechen." [7]

Über die Musterverwaltungsvorschrift Technische Baubestimmung (MVV TB) wird die Richtlinie für den Holzbau, die die Regelungen und Anforderungen für den Holzbau festlegt, benannt. Aktuell (bis auf Sachsen) ist dies die Muster-Richtlinie über brandschutztechnische Anforderungen an Bauteile und Außenwandbekleidungen in Holzbauweise MHolzBauRL:2020-10.

Musterholzbaurichtlinie MHolzBauRL (2020-10)[8]

In der MHolzBauRL:2020-10 werden konkretisierende Regelungen zur Planung, Bemessung und Ausführung, respektive Anforderungen an feuerwiderstandsfähige Bauteile bzw. Bauarten dargestellt, für die eine Übereinstimmungserklärung durch den Anwender der Bauart (Unternehmer) nach § 16 a Abs. 5 MBO (nach Landesrecht) gefordert wird. Die Richtlinie umfasst drei Anwendungsbereiche des Holzbaus:

– Abschnitt 4: Holztafelbauweise für Standardgebäude der Gebäudeklasse 4 (GK 4)
Hochfeuerhemmende Bauteile in Holzbauweise mit Hohlräumen und allseitiger Brandschutzbekleidung.
– Abschnitt 5: Massivholzbauweise für Standardgebäude der GK 4 und 5
Abweichend hochfeuerhemmende und abweichend feuerbeständige Bauteile in Holzbauweise ohne Hohlräume und ohne vollständige Brandschutzbekleidung.
– Abschnitt 6: Außenwandbekleidungen aus Holz und Holzwerkstoffen in der GK 4 und 5
Bekleidung aus normalentflammbaren Baustoffen inklusive Brandsperren zur Verhinderung der Brandausbreitung

Ferner ist in diesem Zusammenhang die bauaufsichtliche Nachweisführung im Holzbau nach den durch Einführung der MBO vom 27.09.2019 und der MVV TB 2021/1 gültigen Regelungen zu beachten.

Der Nachweis der erforderlichen Feuerwiderstandsfähigkeit von tragenden, aussteifenden und/oder raumumschließenden Bauteilen (Abs. 3.2 MHolzBauRL) kann soweit möglich über eine Technische Regel geführt werden, die als Technische Baubestimmung bekannt gemacht worden ist oder über eine Bauartgenehmigung gemäß § 16a MBO.

Aktuell können folgende Technische Regeln für den Nachweis herangezogen werden:

– Für die Holzrahmen- oder Holztafelbauweise bei Gebäuden der GK 4 nach DIN 4102-4:2016-05 – „Brandverhalten von Baustoffen und Bauteilen" oder nach DIN EN 1995-1-2 zusammen mit DIN EN 1995-1-2/NA. Zusätzlich ist eine brandschutztechnisch wirksame Bekleidung vorzusehen.

– Für die Massivholzbauweise oder Hybrid-Bauweise bei Standardgebäuden der GK 4 mit Nutzungseinheiten bis 200 m² die hoch-

7. Quelle: www.dibt.de/de/aktuelles/meldungen/nachricht-detail/meldung/bauaufsichtliche-nachweise-im-holzbau
8. Aktuelle MHolzBauRL: www.is-argebau.de

feuerhemmend sein müssen und die abweichend von §26 Abs. 2 Satz 3 MBO aus brennbaren Baustoffen bestehen, nach DIN EN 1995-1-2 zusammen mit DIN EN 1995-1-2/NA.

- Für die Massivholzbauweise oder Hybrid-Bauweise bei Standardgebäuden der GK 5 bis 22 m Höhe mit Nutzungseinheiten bis 200 m² die feuerbeständig sein müssen und die abweichend von §26 Abs. 2 Satz 3 MBO aus brennbaren Baustoffen bestehen dürfen, existiert keine Technische Regel zum Nachweis der Feuerwiderstandsfähigkeit. Somit ist in jedem Fall eine Bauartgenehmigung erforderlich.

Bauprodukte für den Holzbau nach Europäischer Technischer Bewertung (ETA) bleiben unberücksichtigt. Vor deren Anwendung ist durch den Verwender zu prüfen, ob Anwendungsregeln für diese Bauprodukte vorliegen und die ETA die Beurteilung des Feuerwiderstandes und des Brandverhaltens beinhaltet.

Sollen von dieser Richtlinie wesentlich abweichende Bauarten in Holz zur Anwendung kommen, so bedarf dies einer allgemeinen bauaufsichtlichen Bauartgenehmigung (aBG) bzw. vorhabensbezogenen Bauartgenehmigung (vBG) nach § 16a Abs. 2 MBO. Sofern von den bauordnungsrechtlichen Anforderungen abgewichen werden soll, ist darüber hinaus eine Abweichungsentscheidung nach § 67 MBO erforderlich.

Bewertungsinhalte sind die Standsicherheit, der Feuerwiderstand und das Brandverhalten. Die Bewertungsgrundlage ist dabei das Anforderungsniveau der MHolzBauRL. [9]

2.2.4 Anwendbarkeitsnachweise und Übereinstimmungserklärung für Bauarten

Das Zusammenfügen von Bauprodukten zu baulichen Anlagen oder Teilen von baulichen Anlagen wird von der MBO § 2 Abs. 11 als Bauart definiert. An Bauarten werden grundsätzlich Anforderungen (z.B. Standsicherheit, Brandschutz) gestellt, die ein geregeltes Zusammenfügen im Hinblick auf die Planung, Bemessung und Ausführung erfordern. Der Nachweis für die Anwendung einer Bauart kann über eine bauaufsichtlich eingeführte Technische Baubestimmung oder eine allgemein anerkannte Regel der Technik erfolgen, sofern die Bauart von diesen vollständig erfasst wird oder nicht wesentlich abweicht.

9. Quelle: https://www.dibt.de/de/aktuelles/meldungen/nachricht-detail/meldung/bauaufsichtliche-nachweise-im-holzbau

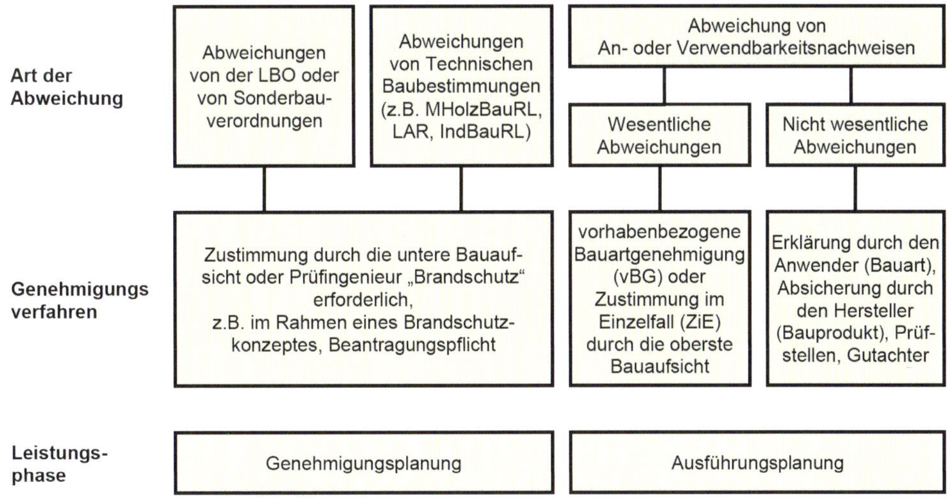

Abb. 02-03: Umgang mit Abweichungen

Ist eine Bauart von keiner Technischen Regel erfasst oder weicht von den genannten Regelungen wesentlich ab, kann die Anwendung nach Erteilung einer der folgenden Nachweise erfolgen (→ **Abb. 02-03**):

allgemeines bauaufsichtliches Prüfzeugnis (abP)

Ein abP wird für die in Kapitel C 4 der MVV TB aufgeführten Bauarten ausgestellt, für die allgemein anerkannte Prüfverfahren vorliegen.

allgemeine Bauartgenehmigung (aBG)

Die aBG existiert erst seit Einführung der MVV TB und ersetzt seit Juli 2017 die allgemeine bauaufsichtliche Zulassung (abZ) für Bauarten. Sie wird für alle Bundesländer zentral durch das Deutsche Institut für Bautechnik (DIBt) erteilt.

Die aktuell gültigen aBGs sind beim DIBt gelistet.[10]

vorhabenbezogene Bauartgenehmigung (vBG)

Die vBG kann statt einer aBG beantragt werden, wenn die Bauart nur im Rahmen eines konkreten Bauvorhabens angewendet werden soll. Sie wird durch die zuständige oberste Bauaufsichtsbehörde des Landes erteilt.

Übereinstimmungserklärung für Bauarten

Die Ausführung einer Bauart bedarf der formlosen schriftlichen Bestätigung der Übereinstimmung durch den Anwender/Errichter. Die Bestätigung beinhaltet die Übereinstimmung mit der Ausführungsplanung und die Bestätigung der Einhaltung der relevanten Technischen Baubestimmung oder des Anwendbarkeitsnachweises (abP, aBG, vBG).

Die Vorschriften zur Ü-Kennzeichnung und Produktionskontrolle gelten nicht für Bauarten, d.h. Bauarten tragen kein Ü-Zeichen.

2.2.5 Ausblick

Die hier dargelegte und beschriebene Systematik der normativen und bauordnungsrechtlichen Regelwerke unterliegt einer Momentaufnahme.

In 2024/25 wird die Muster-Verwaltungsvorschrift Technische Baubestimmungen (MVV TB 2024/1) und sehr wahrscheinlich auch eine überarbeitete Version der MHolzBauRL erscheinen. Auch eine normative Weiterentwicklung (DIN 4102-4 A1) steht an. Mit folgenden Veränderungen ist zu rechnen:

In der DIN 4102-4 A1 werden detaillierte Ausführungsregelungen aufgenommen, u.a. zu Einbauten und Installationen. Zudem werden die Klassifizierungstabellen erweitert. Sie enthalten nunmehr Massivholzbauteile sowie Bauteile in Holztafelbauweise mit einem Gefachdämmstoff aus Holzfasern.

Der Anwendungsbereich der MHolzBauRL wird, unter Einhaltung vorgegebener Randbedingungen, ebenfalls erweitert. Dies wird in erster Linie den Holztafelbau betreffen. Zukünftig ist dieser auch in der Gebäudeklasse 5 geregelt. Die brandschutztechnisch wirksamen Bekleidungen von Holztafelbauteilen werden auch als Kombination aus Holzwerkstoff- und Gips-/Gipsfaserplatten sowie in reduzierter Form zugelassen. Zusätzlich wird die Richtlinie aller Voraussicht nach auf Sonderbauten anwendbar sein.

10. Quelle: www.dibt.de/de/service/zulassungsdownload/zulassungs-und-genehmigungsverzeichnisse

2.3 BWR 3 – Hygiene, Gesundheit und Umweltschutz

Der Gesundheitsschutz ist eine wesentliche Anforderung an das Gebäude. In Deutschland regeln die Landesbauordnungen neben der Planung, Bemessung und Ausführung auch die Verwendung von Bauprodukten. Gemäß MBO § 3 und § 13 darf von Bauprodukten, mit denen Gebäude errichtet bzw. die in solche eingebaut werden, keine Gefahr durch chemische, physikalische oder biologische Einflüsse und keine unzumutbaren Belästigungen ausgehen. Somit ist die Gesundheit der Gebäudenutzer u.a. durch die Verwendung geeigneter Bauprodukte zu schützen.

Menschen verbringen den größten Teil des Tages in Innenräumen. Seit Gebäude immer besser gedämmt sind und weniger Luftwechsel stattfindet, richtet sich der Fokus vermehrt auf die Qualität der Innenraumluft. Neben Luftwechsel, Temperatur und Luftfeuchtigkeit können Emissionen aus Bauprodukten, aber auch einer Vielzahl anderer Fremdstoffe die Qualität der Raumluft beeinflussen. (→ **Abb. 02-04**)

Europäische Studien[11] zeigen, dass die meisten Erkrankungen im Kontext der Innenraumluftqualität auf Verbrennungspartikel, Gebäudefeuchtigkeit, Bio-Aerosole aus der Außenluft, Radon und Kohlenmonoxid zurückzuführen sind. Obwohl nur 1,3 % der Erkrankungen VOC[12]s zugeordnet werden können, unterliegen gerade diese zunehmend strengeren Regelungen.

Alle Baustoffe haben durch flüchtige organische Verbindungen (VOCs) Einfluss auf die Raumluftqualität. Diese VOCs sind natürlichen, mehrheitlich allerdings petrochemischen Ursprungs. Letztere können durchaus gesundheitsschädlich sein und bedürfen gesetzlicher Regelungen. Holz als organisches Naturprodukt gibt insbesondere im Neubau mit abnehmender Intensität natürliche nVOC[13]s (u.a. Terpene und Aldehyde) ab. Diese sind teilweise auch olfaktorisch (geruchlich) wahrnehmbar – zumeist als angenehm empfundener charakteristischer Eigengeruch des Holzes. Durch richtiges Lüften werden diese Ausdünstungen i.d.R. in den ersten Wochen der Nutzung aus den Räumen transportiert. Die Luftwechselrate sollte dabei zwischen 0,3 h^{-1} und 0,5 h^{-1} betragen. Zahlreiche wissenschaftliche Studien[14] zeigen, dass von diesen nVOCs keine Gesundheitsgefährdung ausgeht.

Die vom Umweltbundesamt (UBA) herausgegebenen Richt- und Leitwerte für VOC werden nach Baufertigstellung immer öfter überwacht. Auch die Prüfzeichen für Bauprodukte fordern die Einhaltung von VOC-Emissionswerten.

Die Verwendung emissionsarmer Bauprodukte ist eine wesentliche Voraussetzung für eine gute Innenraumluftqualität. Der bereits in viele Landesbauordnungen übernommene Anhang 8 der MVV TB „Anforderungen an bauliche Anlagen bezüglich des Gesundheitsschutzes (ABG)" sieht für VOC-Emissionen zahlreicher Bauprodukte eine Nachweispflicht vor, wenn diese in Aufenthaltsräumen Verwendung finden. Dies gilt im Bereich der Holzprodukte für OSB und Spanplatten; Vollholzprodukte sind bisher nicht betroffen. Grundlage ist das AgBB[15]-Bewertungsschema. Bei den Produktprüfungen im Labor werden hierbei toxikologisch begründete, gesundheitsbezogene Stoffbewertungen anhand der NIK[16]-Werte vorgenommen. Es wird davon ausgegangen, dass unterhalb des NIK-Wertes auch bei Langzeitexposition keine nachteiligen Gesundheitsauswirkungen zu befürchten sind.

Hinweis:
Da trotz umfassender wissenschaftlicher Untersuchungen bislang keine gesundheitsschädliche Wirkung von VOCs aus OSB und Spanplatten nachgewiesen werden konnte, wurde die Nachweispflicht für diese beiden Produkte in einigen Bundesländern (u.a. BW, NRW, Saarland) außer Kraft gesetzt; in weiteren Bundesländern steht dies ebenfalls zur Diskussion.[17]

11. vgl. Jantunen M., THL, Oliveira Fernandes E., FEUP, Carrer P. (2011)
12. VOC – Volatile Organic Compounds – flüchtige organische Verbindungen
13. nVOC – natural volatile Organic Compounds – natürliche flüchtige organische Verbindungen
14. vgl. FNR (2021)
15. AggB – Ausschuss zur gesundheitlichen Bewertung von Bauprodukten. Im AgBB sind neben den Ländergesundheitsbehörden das Umweltbundesamt, das Deutsche Institut für Bautechnik (DIBt), die ARGEBAU, die Bundesanstalt für Materialforschung und -prüfung (BAM) und das Bundesinstitut für Risikobewertung (BfR) vertreten.
16. NIK – Niedrigste Interessierende Konzentration. NIK-Werte stellen Rechengrößen zur toxikologischen Wichtung eines Bauproduktes dar, sind aber nicht als Richtwerte zu verstehen

Es muss grundsätzlich zwischen den o.g. VOC-Prüfungen einzelner Bauprodukte im Labor und den tatsächlich nach Baufertigstellung im Innenraum gemessenen VOC-Werten unterschieden werden. Für die Raumluftmessungen legt die Normenreihe DIN EN ISO 16000 „Innenraumluftverunreinigungen" die verpflichtenden Prüfbedingungen (Temperatur, Luftwechsel, Feuchte) und Messmethodik fest. Für die meisten in der Innenraumluft auftretenden Substanzen gibt es keine gesetzlichen Regelungen. Es existieren aber Richt- und Leitwerte, die vom Umweltbundesamt (UBA) publiziert werden und eine Orientierung zur Beurteilung der Innenraumluftqualität geben. Eine Richtwertüberschreitung ist noch nicht gesundheitlich bedenklich, sondern wird vom UBA als „hygienische Auffälligkeit" definiert. Diese sollten durch technische und bauliche Maßnahmen und/oder ein geändertes Nutzerverhalten behoben werden – beispielsweise verstärktes Lüften, Reduzierung emissionsträchtiger Reiniger oder verdächtiger Raumausstattungen.

Diese UBA-Werte haben ausschließlich Empfehlungscharakter und sind rechtlich nicht verbindlich. Werden diese allerdings im Bauvertrag als Raumzielwert verankert, werden sie zu zwingend einzuhaltenden Grenzwerten.

Eine Differenzierung zwischen VOC-Emissionen aus natürlichen und sonstigen Quellen bzgl. der gesundheitlichen Relevanz wird aktuell nicht vorgenommen. Regulatorische Bewertungen und Einschränkungen von Holzprodukten sind nach aktuellem Stand der Wissenschaft daher nicht begründbar. Hier besteht noch Regulierungsbedarf.

Das Thema der Innenraumhygiene ist komplex, da es viele Rahmenbedingungen, Regelungen und Zusammenhänge zu beachten gilt.

17. VGH Baden-Württemberg Urteil vom 7.10.2020, 8 S 2959/18

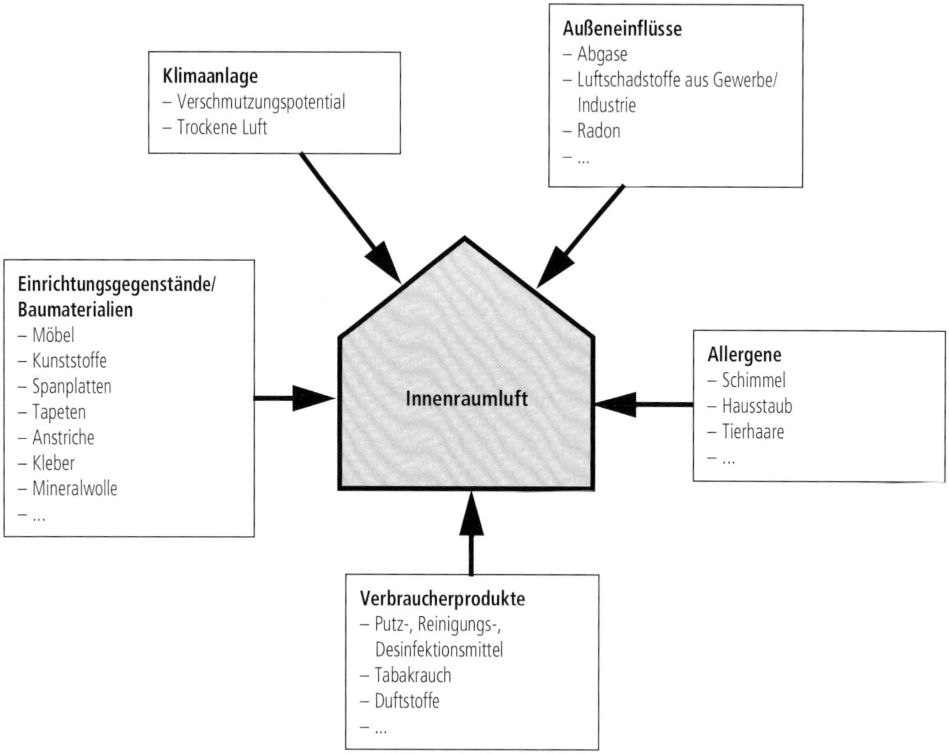

Abb. 02-04: Einflüsse auf die Qualität der Innenraumluft

Das Informationsportal
→ www.holz-und-raumluft.de
klärt Planer*innen, Bauherr*innen und Bauunternehmen neutral und sachlich im Umgang mit Bauprodukten zur Erreichung einer guten Raumluft auf.

2.4 BWR 4 – Sicherheit und Barrierefreiheit

Die Anforderungen an die Nutzungssicherheit und Barrierefreiheit nach § 16 und § 50 der MBO werden umgesetzt, wenn die Gebäude nach der Normenreihe DIN 18040 entworfen und ausgeführt werden.

- DIN 18040-1: Barrierefreies Bauen – Planungsgrundlagen – Teil 1: Öffentlich zugängliche Gebäude
- DIN 18040-2: Barrierefreies Bauen – Planungsgrundlagen – Teil 2: Wohnungen

Dazu gehört der ebene Zugang zu Gebäuden genauso wie die barrierefreie Grundrissplanung und Berücksichtigung der uneingeschränkten Nutzbarkeit von Einbauten und Installationen für jede Person im Gebäude.

Insbesondere die Umsetzung der barrierefreien Übergänge an Hauseingangstüren, Terrassen und Balkonen erfordert im Holzhausbau eine sorgfältige Planung. Grundsätzlich sollten Holzkonstruktionen 30cm Abstand von der Geländeoberkante haben, um Spritzwasser aus Niederschlägen vom Holz fernzuhalten. Bei Anordnung einer definierten Kiesschüttung darf dieser Abstand auf 15cm reduziert werden. Bei ebenerdigen Türaustritten befindet sich die Holzschwelle der Erdgeschosswände allerdings unterhalb des Außenterrains.
DIN 68800-2 bietet hierfür eine Sonderkonstruktion an, in der durch bauliche Maßnahmen (Gitterrost, abgesenktes Kiesbett mit rückstaufreier Entwässerung, Abdichtungen) eine Befeuchtung der Holzschwelle durch Niederschlagswasser ausgeschlossen werden kann. Diese Rinnenlösung ist auf die Türbereiche begrenzt und kann nicht rund um das gesamte Gebäude angewendet werden. Zur Umsetzung sind daher ggf. in den Eingangsbereichen Rampen anzuordnen. (→ **Abb. 02-05**)

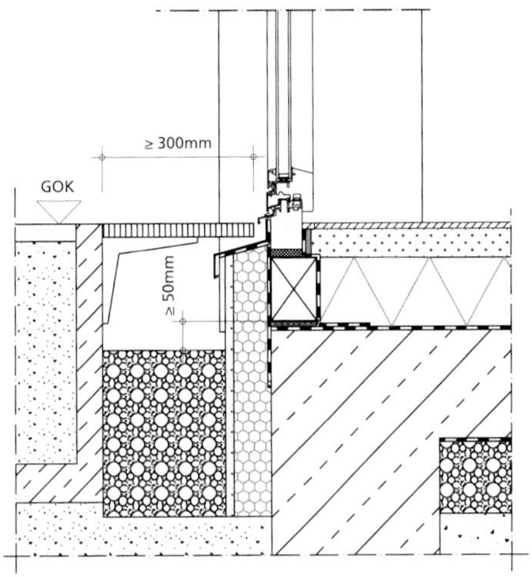

Abb. 02-05: Beispiel ebenerdiger Terrassenaustritt

2.5 BWR 5 – Schallschutz

2.5.1 Allgemeines

Der Schallschutz ist ein wesentlicher Faktor für die Lebensqualität der Bewohner und Nutzer von Gebäuden. Daher werden nach MBO § 3 und § 15 Absatz 2 bei der Errichtung, Änderung und Instandhaltung baulicher Anlagen Schallschutzanforderungen formuliert. Dabei geht es beim baulichen Schallschutz um die Luftschalldämmung gegenüber Innen- und Außengeräuschen sowie die Körper- bzw. Trittschalldämmung innerhalb des Gebäudes. Geregelt wird der Schallschutz im Hochbau in der Normenreihe DIN 4109. Von besonderem Interesse für den Holzbau sind hierbei:

- DIN 4109-1 Schallschutz im Hochbau – Teil 1: Mindestanforderungen
- DIN 4109-2 Schallschutz im Hochbau – Teil 2: Rechnerische Nachweise der Erfüllung der Anforderungen
- DIN 4109-5 Schallschutz im Hochbau – Teil 5: Erhöhte Anforderungen
- DIN 4109-33 Schallschutz im Hochbau – Teil 33: Daten für die rechnerischen Nachweise des Schallschutzes (Bauteilkatalog) – Holz-, Leicht- und Trockenbau

– DIN 4109-35 Schallschutz im Hochbau – Teil 35: Daten für die rechnerischen Nachweise des Schallschutzes (Bauteilkatalog) – Elemente, Fenster, Türen, Vorhangfassaden

Die Normenreihe ist anzuwenden für Mehrfamilienhäuser, Bürogebäude, gemischt genutzte Gebäude, Reihen- und Doppelhäuser, Hotels und Beherbergungsstätten, Krankenhäuser und Sanatorien sowie Schulen und ähnliche Einrichtungen.

Außerdem ist bei allen Gebäuden, die von Menschen zu Aufenthaltszwecken genutzt werden – so auch bei Einfamilienhäusern –, der Außenlärmschutz zu betrachten.

Die Normen existieren in unterschiedlichen Generationen. Es ist jeweils die datierte Version zu verwenden, die nach der gültigen Verwaltungsvorschrift Technische Baubestimmungen zum Zeitpunkt der Baugenehmigung im jeweiligen Bundesland eingeführt ist.

2.5.2 Mindestschallschutz – Anforderungen nach DIN 4109-1

DIN 4109-1 definiert für die jeweiligen Gebäudetypen Mindestanforderungen, die die Lärmbelästigung innerhalb des Gebäudes für einen normalempfindlichen Menschen auf ein zumutbares und für die Gesundheit unbedenkliches Maß reduzieren und durch die ein Mindestmaß an Vertraulichkeit erreicht wird. Anforderungen an die Schalldämmung werden nur für schutzbedürftige Räume[18] zwischen fremden Wohn- und Nutzungseinheiten gestellt und sind nach öffentlichem Recht – auch ohne explizite vertragliche Vereinbarung – zwingend einzuhalten. Bauakustische Ansprüche innerhalb des eigenen Wohn- und Arbeitsbereiches, mit Ausnahme von durch den Nutzer nicht beeinflussbaren raumlufttechnischen Anlagen, sind baurechtlich nicht geregelt und müssen gegebenenfalls gesondert im Bauvertrag vereinbart werden.

2.5.3 Erhöhter Schallschutz – Vereinbarungsgrundlagen

Heutige Bauweisen können in der Regel deutlich bessere Schalldämmleistungen als die Mindestwerte erbringen. Zudem werden durch das bloße Einhalten des Mindestschallschutzes die Qualitätsansprüche oftmals nicht erfüllt. In Abhängigkeit vom Gebäudetyp, der Nutzungsart sowie der Lage und Ausstattung können zwischen Bauherr*in und Bauausführenden privatrechtlich höhere Anforderungen vereinbart werden. Hierbei kann auf die Empfehlungen bestehender Normen oder Richtlinien zurückgegriffen werden, z.B. DIN 4109-5, DEGA-Empfehlung 103[19], VDI-Richtlinie 4100[20].

18. schutzbedürftig sind Räume für dauerhaften Aufenthalt z.B. Wohn-, Ess-, Schlaf- und Arbeitszimmer
19. DEGA-Empfehlung 103: Schallschutz im Wohnungsbau – Schallschutzausweis
20. VDI 4100 Schallschutz im Hochbau – Wohnungen - Beurteilung und Vorschläge für erhöhten Schallschutz

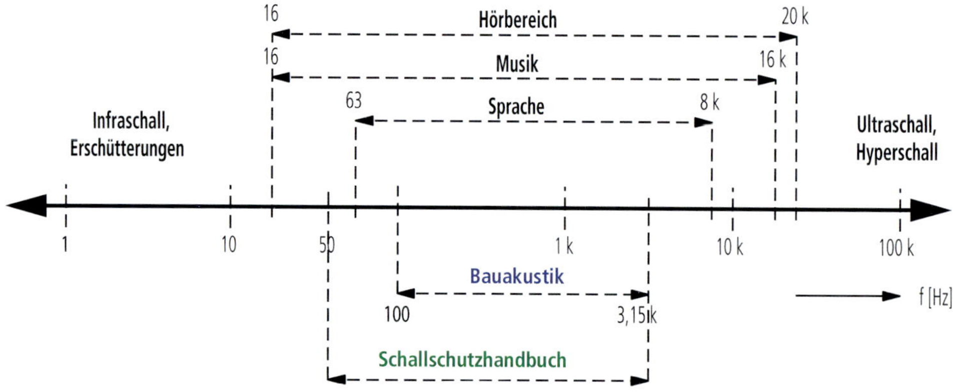

Abb. 02-06: Darstellung Frequenzbereiche

Problematisch ist, dass sich die normativen Regelungen und Richtlinien nur auf ein Frequenzspektrum zwischen 100 und 3150 Hz beziehen. Vor allem Gehgeräusche weisen aber größtenteils tiefe Frequenzen unter 100 Hz auf und werden von den Nutzern oftmals als dröhnend und sehr störend empfunden.
(→ **Abb. 02-06**)

Im tieffrequenten Bereich kommt nachteilig noch hinzu, dass bei üblichen Bauteilen aller Bauweisen, nicht nur im Holzbau, die Schalldämmleistung in diesem Frequenzspektrum erfahrungsgemäß geringer ist. Es gibt jedoch die Möglichkeit, die Frequenzen zwischen 50 und 100 Hz durch sogenannte Spektrumanpassungswerte bei der Planung zu berücksichtigen. Normativ ist das nicht vorgeschrieben, wird aber gerade beim Trittschall für die tiefen Frequenzen dringend empfohlen.

Für den Holzbau wurde daher ein eigenes dreistufiges Schallschutzklassensystem entwickelt und im Schallschutz-Handbuch[21] veröffentlicht. Neben dem Mindestschallschutz nach DIN 4109-1 (Niveau BASIS) werden auch Zielwerte für einen erhöhten Schallschutz (Niveau BASIS+ und KOMFORT) definiert, die zusätzlich die tiefen Frequenzen (< 100 Hz) berücksichtigen und ebenfalls als vertragliche Vereinbarungsgrundlage dienen können. In **Tabelle 02-03** und **Tabelle 02-04** werden die normativen Anforderungen und die Zielwert-Empfehlungen nach dem Schallschutz-Handbuch gegenübergestellt.

2.5.4 Anforderungen an Außenbauteile

Die Anforderung an die Luftschalldämmung von Fassaden ist abhängig von der Nutzungsart sowie dem maßgeblichen Außenlärmpegel. Der maßgebliche Außenlärmpegel nach DIN 4109-1 wird in der Regel anhand der vorliegenden äußeren Lärmbelastung gemäß DIN 4109-2 berechnet (→ **Abb. 02-07**). Eine Bestimmung mithilfe von Messungen nach DIN 4109-4 ist aber ebenfalls zulässig.

21. Schallschutz im Holzbau – Grundlagen und Vorbemessung, INFORMATIONSDIENST HOLZ, 2019

	verbale Beschreibung	BASIS = DIN 4109-1:2018	BASIS +	DIN 4109-5:2020	KOMFORT
1	**Laute Sprache**	verstehbar	im Allgemeinen verstehbar	im Allgemeinen nicht verstehbar	im Allgemeinen nicht verstehbar
2	**Sprache in angehobener Sprechweise**	im Allgemeinen verstehbar	im Allgemeinen nicht verstehbar	nicht verstehbar, kaum hörbar	nicht verstehbar
3	**Sprache in normaler Sprechweise**	im Allgemeinen nicht verstehbar, noch hörbar	nicht verstehbar	nicht verstehbar, nicht hörbar	nicht hörbar
4	**Gehgeräusche**	im Allgemeinen störend	nicht mehr störend 1)	noch hörbar	nicht störend bzw. kaum wahrnehmbar 1)

1) dies wird durch die Berücksichtigung des Spektrumanpassungswert $C_{I,50\text{-}2500}$ erreicht

Tabelle 02-03: verbale Beschreibung des Schallschutzniveaus

		Mindestschallschutz 1)	erhöhter Schallschutz		
	Bauteil / Schallschutzniveau	**BASIS = DIN 4109-1:2018**	**BASIS +**	**DIN 4109-5:2020**	**KOMFORT**
1	**Wohnungstrennwand**	$R'_w \geq 53$ dB	$R'_w \geq 56$ dB	$R'_w \geq 56$ dB	$R'_w \geq 59$ dB
2	**Reihenhaustrennwand**	$R'_w \geq 62$ dB	$R'_w \geq 62$ dB $R_w + C_{50\text{-}5000} \geq 62$ dB 2) 6)	$R'_w \geq 67$ dB 7) 9) $R'_w \geq 62$ dB 8)	$R'_w \geq 67$ dB $R_w + C_{50\text{-}5000} \geq 65$ dB 2) 6)
3	**Wohnungstrenndecke**	$R'_w \geq 54$ dB	$R'_w \geq 57$ dB	$R'_w \geq 57$ dB	$R'_w \geq 60$ dB
4	**Wohnungstrenndecke Trittschall**	$L'_{n,w} \leq 53/50$ dB 4)	$L'_{n,w} \leq 50$ dB $L_{n,w} + C_{I,50\text{-}2500} \leq 50$ dB 3)	$L'_{n,w} \leq 45$ dB	$L'_{n,w} \leq 46$ dB $L_{n,w} + C_{I,50\text{-}2500} \leq 47$ dB 3)
5	**Dachterrassen und Loggien mit darunterliegenden Wohnräumen**	$L'_{n,w} \leq 50$ dB	$L'_{n,w} \leq 50$ dB	$L'_{n,w} \leq 45$ dB	$L'_{n,w} \leq 46$ dB
6	**Decken unter Laubengängen (in alle Schallausbreitungsrichtungen)**	$L'_{n,w} \leq 53$ dB	$L'_{n,w} \leq 50$ dB	$L'_{n,w} \leq 45$ dB	$L'_{n,w} \leq 46$ dB
7	**Treppenlauf und Podeste**	$L'_{n,w} \leq 53$ dB	$L'_{n,w} \leq 50$ dB	$L'_{n,w} \leq 47$ dB	$L'_{n,w} \leq 46$ dB
8	**Außenlärm**	Außenlärm nach Lärmpegelbereich und Anforderungen der DIN 4109	Außenlärm nach Lärmpegelbereich und Anforderungen der DIN 4109	Außenlärm nach Lärmpegelbereich und Anforderungen der DIN 4109	Anforderungen nach DIN 4109 inkl. Berücksichtigung $C_{tr,50\text{-}5000}$ für das opake Bauteil 5)
9	**weitere Bauteile, die normativ mit Anforderungen belegt sind**	nach DIN 4109-1:2018	nach DIN 4109-1:2018	nach DIN 4109-5:2020	nach DIN 4109-5:2020

1) darf nicht unterschritten werden und ist auch ohne Vereinbarung immer geschuldet
2) ergänzender Luftschallanforderungswert nur ans Bauteil ohne Flanken
3) ergänzender Trittschallanforderungswert nur ans Bauteil ohne Flanken
4) Sonderregelung für Deckenkonstruktionen, die der DIN 4109-33:2016 zuzuordnen sind, ansonsten $L'_{n,w} \leq 50$ dB
5) für Fensterflächenanteile über 30% gesonderte Betrachtung, reine Bauteilanforderung
6) Anforderung an die Doppelschalenwand, beide Wände
7) gilt für Haustrennwände oberhalb des untersten Geschosses des Gebäudes
8) gilt für Haustrennwände im untersten Geschoss des Gebäudes
9) wird eine Unterkellerung als Weiße Wanne mit durchlaufenden flankierenden Außengewänden ausgeführt. Gilt $R'_w \geq 64$ dB

Tabelle 02-04: Gegenüberstellung verschiedener Schallschutzniveaus

Liegt der ermittelte maßgebliche Außenlärmpegel unter den festgelegten Mindestwerten nach MVV TB und werden im zugehörigen Bebauungsplan keine Maßnahmen zum Außenlärmschutz am Gebäude gefordert, darf auf die Bemessung der Luftschalldämmung der Außenbauteile verzichtet werden. Bei sehr hohen Außenlärmpegeln wiederum reicht der rechnerische Nachweis mittels eines Prognoseverfahrens nicht mehr aus und die Einhaltung der Anforderungen muss durch eine Messung nach DIN 4109-4 belegt werden.

2.5.5 Rechnerischer Schallschutznachweis (Prognoseverfahren)

Die Berechnungsverfahren zur Prognose der Schallübertragung in Gebäuden für Luftschall, Trittschall und Außenlärm sind in DIN 4109-2 geregelt. Die hier ermittelte, zu erwartende Luftschall- und Trittschalldämmung gilt als Eignungsnachweis für die nach DIN 4109-1 gestellten Anforderungen. Für den Luftschall-Nachweis von Holzmassivbauteilen sowie für haustechnische Anlagen allgemein gibt es derzeit noch kein normativ geregeltes Prognoseverfahren.

Die rechnerische Bestimmung des vorhandenen Schalldämm-Maßes eines Bauteils ist im Holzbau anders als bei mineralischen Bauweisen nicht möglich. Der ergänzende Bauteilkatalog DIN 4109-33 enthält deshalb für den Holz-, Trocken- und Leichtbau schalltechnische Kennwerte von zahlreichen Wand-, Decken- und Dachaufbauten, die ohne bauakustische Prüfung als Eingangswerte für die Bemessung verwendet werden dürfen. Um die rasanten Entwicklungsschritte der letzten Jahrzehnte im Holzbau abbilden zu können, gibt es zusätzlich diverse Bauteilkataloge, in denen Schalldämm-Maße von Holzkonstruktionen aufgeführt sind (zum Beispiel im Schallschutz-Handbuch[22] oder bei Dataholz[23]). Außerdem stellen auch diverse Hersteller schalltechnische Kennwerte für ihre Produkte zur Verfügung. Für den Außenlärmnachweis werden zusätzlich die Angaben zur Schalldämmung von Fenstern einschließlich Fugen, Türen und weiteren Einbauteilen (z.B. Lüftungselementen) in der Außenwand nach DIN 4109-35 benötigt (→ **Abb. 02-07**).

Schall breitet sich jedoch nicht nur über die Luft, sondern auch in benachbarte Bauteile aus. Die Nachweise beziehen sich daher nicht nur auf die direkte Schalldämmung des trennenden Bauteils, die Schallübertragung der Nebenwege über flankierende Bauteile muss zusätzlich berücksichtigt werden. Lediglich beim Außenlärmnachweis darf u.a. bei Fassadenbauteilen in Holz-, Leicht- oder Trockenbauweise die Flankenübertragung vernachlässigt werden.[24]

Grundsätzlich können die für den jeweiligen Nachweis erforderlichen Bauteilkennwerte auch immer durch bauakustische Prüfungen ermittelt werden. Hierbei sind die Vorgaben der DIN 4109-4 zu berücksichtigen. Es sind sowohl Labor- als auch Baumessungen möglich. Letztere erfolgt erst nach Fertigstellung des Gebäudes und trägt das Risiko, dass bei Nichteinhaltung des vereinbarten Niveaus Nachbesserungsmaßnahmen auszuführen sind. (→ **Abb. 02-07**)

22. Schallschutz im Holzbau – Grundlagen und Vorbemessung, INFORMATIONSDIENST HOLZ, 2019
23. www.dataholz.eu – bauphysikalisch und ökologisch geprüfte und/oder zugelassene Holz- und Holzwerkstoffe, Baustoffe, Bauteile und Bauteilfügungen für den Holzbau
24. nach DIN 4109-2:2018-01 Abschnitt 4.4.3

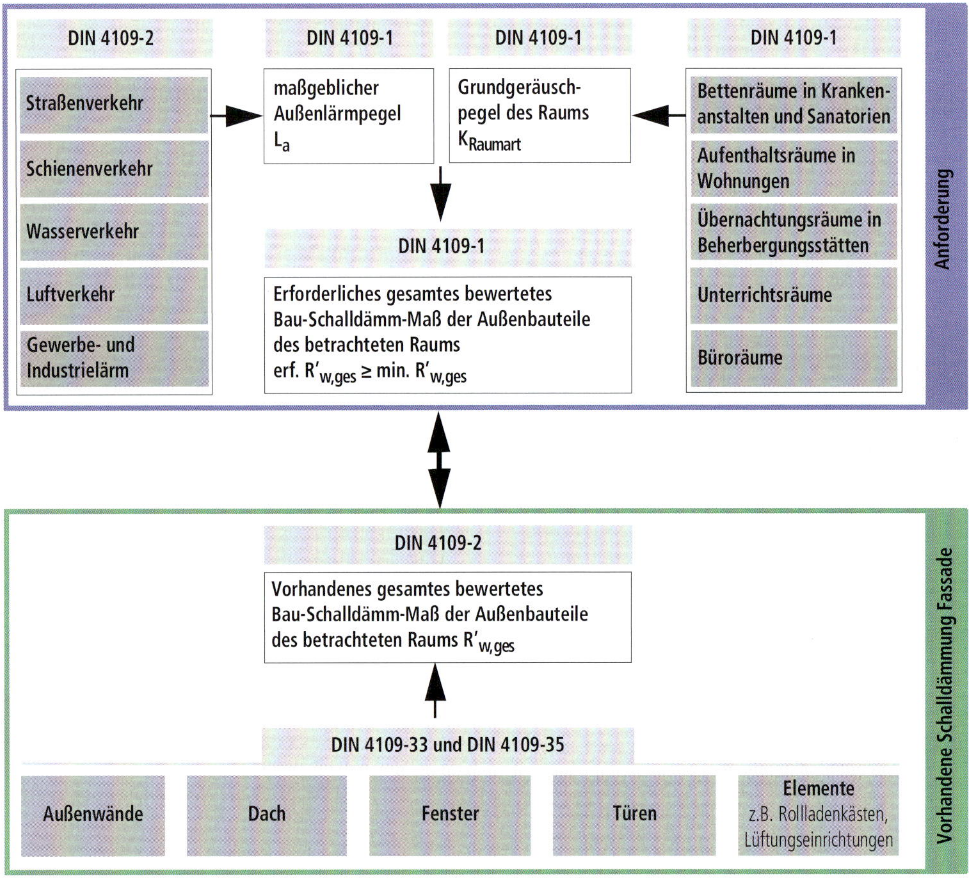

Abb. 02-07: Berechnungsschema Außenlärm (Nachweis ist für jedes Gebäude, das von Menschen zu Aufenthaltszwecken genutzt wird, zu erbringen)

2.5.6 Konstruktive Einflüsse auf die Schalldämmung

Die Schalldämmung eines Gebäudes lässt sich durch konstruktive Maßnahmen stark beeinflussen. Entscheidende Voraussetzungen für einen guten Schallschutz sind Luftdichtigkeit – nach außen sowie zwischen fremden Nutzungseinheiten – und das Vermeiden von Schallbrücken.

Mit Verständnis für die bauakustischen Grundsätze in leichten, mehrschaligen Konstruktionen können im Holzbau hohe Schalldämmqualitäten erreicht werden. Im Allgemeinen wirken sich folgende Maßnahmen positiv auf die Schalldämmung der genannten Bauteile aus.

Holzständer- und Massivholzwände:
- schwere, direkte und am besten mehrlagige Beplankungen
- Vorsatzschalen (starr, elastisch befestigt oder freistehend) mit schwerer und am besten mehrlagiger Beplankung
- getrennte Wandschalen

Holzbalkendecken:
- schwimmender Estrich auf Trittschalldämmung mit möglichst kleiner dynamischen Steifigkeit s' und schwerem Estrich
- Plattenbeschwerungen oder Schüttungen (ungebunden oder elastisch gebunden)
- Unterdecken (starr oder elastisch befestigt) mit schweren, mehrlagigen Beplankungen

Massivholzdecken:
- schwimmender Estrich auf Trittschalldämmung mit möglichst kleiner dynamischen Steifigkeit s' und schwerem Estrich
- Plattenbeschwerungen oder Schüttungen (ungebunden oder elastisch gebunden)
- unterseitige direkte, schwere und am besten mehrlagige Beplankung

Die jeweilige Wirkungsweise der Verbesserungsmaßnahmen sowie detaillierte Ausführungshinweise werden im Schallschutz-Handbuch[25] dargestellt.

2.6 BWR 6 – Wärmeschutz

2.6.1 Allgemeines

Aus den allgemeinen Anforderungen des § 3 MBO heraus besteht die in § 15 Absatz 1 formulierte Erfordernis an einen der Nutzung und den klimatischen Verhältnissen angepassten Wärmeschutz für Gebäude. Dieses Schutzziel konkretisiert die MVV TB in Abschnitt A 6.2.1 unter Angabe der relevanten Technischen Baubestimmungen, die der Normenreihe DIN 4108 „Wärmeschutz und Energie-Einsparung in Gebäuden" entstammen. Im Kern sind dies die
- DIN 4108-2:2013-02 Mindestanforderungen an den Wärmeschutz und
- DIN 4108-3:2018-10 Klimabedingter Feuchteschutz.

Durch deren Regelungen wird ein hygienisches Raumklima sowie ein dauerhafter Schutz der Baukonstruktion gegen klimabedingte Feuchteeinwirkungen sichergestellt.

2.6.2 Mindestwärmeschutz

Die DIN 4108-2 regelt durch einen Mindestwärmeschutz die Tauwasser- und Schimmelpilzfreiheit an Innenoberflächen von Außenbauteilen im Ganzen sowie in Kanten und Ecken (Wärmebrücken). Für flächige Bauteile erfolgt dies durch die Angabe von Mindestwerten für die Wärmedurchlasswiderstände einzelner Bauteile. Für die im Holzbau typischen inhomogenen nichttransparenten Bauteile[26] werden diese Werte spezifiziert[27]. Wärmebrücken können entsprechend der Planungs- und Ausführungsbeispiele nach DIN 4108 Beiblatt 2 konstruiert oder mithilfe der gegebenen Nutzungsrandbedingungen nachgewiesen werden. Weitere Anforderungen betreffen die Luftdichtheit und den sommerlichen Wärmeschutz. Für letzteren wird in der MVV TB auf das Gebäudeenergiegesetz (GEG) verwiesen.

2.6.3 Energieeinsparung

Die EU-Bauproduktenverordnung legt mit der Grundanforderung Nr. 6 in Anhang I fest, dass über den Wärmeschutz hinaus ein Bauwerk und seine Anlagen und Einrichtungen für Heizung, (Warmwasser), Kühlung, Beleuchtung und Lüftung einen geringen Energieverbrauch aufzuweisen haben. Dies wird ebenso auf den Auf- und Rückbau des Bauwerks bezogen.

Für den Gebäudebetrieb deckt das GEG diese Grundanforderung ab. Es dient auf nationaler Ebene der Umsetzung der EU-Richtlinien zur Gesamtenergieeffizienz von Gebäuden, zur Energieeffizienz und zur Förderung der Nutzung von Energie aus erneuerbaren Quellen. Im Jahr 2020 führte es das Energieeinspargesetz (EnEG), die Energieeinsparverordnung (EnEV) und das Erneuerbare-Energien-Wärmegesetz (EEWärmeG) zusammen. Das GEG legt für Wohngebäude und Nichtwohngebäude Anforderungen an den Jahres-Primärenergiebedarf und den baulichen Wärmeschutz fest und nennt Berechnungsgrundlagen und -verfahren.

2.6.4 Feuchteschutz

Die Regelungen der DIN 4108-3 sollen die Einwirkungen durch Tauwasser auf Baukonstruktionen begrenzen, speziell auf einen möglichen Tauwasserausfall im Bauteilinneren.
U.a. werden mit Verweis auf die Holzschutznorm DIN 68800-2 Bedingungen genannt, durch die eine unzulässige Feuchteanreicherung in Holzbauteilen verhindert wird.
Bestimmte Konstruktionen gelten damit als nachweisfrei[28]. Für nicht nachweisfreie Konstruktionen können die Diffusionsvorgänge sofern zulässig vereinfacht (z.B. mit dem Periodenbilanzverfahren) oder instationär durch hygrothermische Simulation berechnet werden.

25. Schallschutz im Holzbau – Grundlagen und Vorbemessung, INFORMATIONSDIENST HOLZ, 2019
26. Skelett-, Rahmen- oder Holzständerbauweisen
27. Gefach $R_G \geq 1{,}75$ m² · K/W; Gesamtbauteil $R_M = 1{,}00$ m² · K/W
28. vgl. DIN 4108-3 Abschnitt 5.3 und DIN 68800-2 Anhang A

2.7 BWR 7 – Nachhaltige Nutzung der natürlichen Ressourcen

2.7.1 Allgemeines

Nachhaltig bauen, also die Planungs-, Bau-, Betriebs- und Rückbauprozesse nach den Maßstäben der drei Dimensionen der Nachhaltigkeit zu gestalten, bestimmt zunehmend den Alltag der am Bau Beteiligten. Trotz einer definierten Gleichberechtigung der ökologischen, sozialen und ökonomischen Qualität wird in Entscheidungsprozessen vermehrt die ökologische Qualität eines Gebäudes vorangestellt. Dies ist eine Folge globaler Entwicklungen, die ein Handeln in den Bereichen Klimaschutz und Ressourcenschonung erfordern. Bestehende Nachhaltigkeitsbewertungssysteme führen zusätzliche Querschnittsqualitäten ein, die die Nachhaltigkeitsqualität eines Gebäudes direkt oder indirekt beeinflussen. Diese Kriterien können den Bereichen Technische Ausführung, Planung, Bauausführung und ergänzend dem Standort zugeordnet werden (→ **Tabelle 02-05**).

2.7.2 Gesetzliche Anforderungen an die Nachhaltigkeit

Für Nachhaltigkeitsanforderungen an Gebäude existiert keine eineindeutige Rechtsgrundlage in den baurechtlichen Regelwerken. Formulierungen in den einschlägigen Gesetzen nennen jedoch explizit Schutzziele und Schutzgüter die der Nachhaltigkeit zuzuordnen sind.

Das Raumordnungsgesetz (ROG § 1 (2)) gibt als Leitvorstellung *„[...] eine nachhaltige Raumentwicklung, die die sozialen und wirtschaftlichen Ansprüche an den Raum mit seinen ökologischen Funktionen in Einklang bringt [...]“* aus.

Nach § 1 (5) des Baugesetzbuches (BauGB) sollen die Bauleitpläne *„[...] eine nachhaltige städtebauliche Entwicklung, die die sozialen, wirtschaftlichen und umweltschützenden Anforderungen auch in Verantwortung gegenüber künftigen Generationen miteinander in Einklang bringt, [...] gewährleisten [und] dazu beitragen, eine menschenwürdige Umwelt zu sichern, die natürlichen Lebensgrundlagen zu schützen und zu entwickeln sowie den Klimaschutz und die Klimaanpassung [...] zu fördern [...]“.*

Qualität (Hauptkriteriengruppe/Themenfeld)		
	Schutzziel (Kriteriengruppe)	
		Kriterium

Ökologische Qualität		
	Wirkungen auf die globale und lokale Umwelt	
		Treibhauspotential (GWP)
		...
	Ressourceninanspruchnahme	
		Primärenergiebedarf
		...
Soziale und Funktionale Qualität		
	Gesundheit, Behaglichkeit und Nutzerzufriedenheit	
		Innenraumlufthygiene
		...
	Funktionalität	
		Barrierefreiheit
		...
	Sicherung der Gestaltungsqualität	
		Gestalterische und städtebauliche Qualität
		...
Ökonomische Qualität		
	Lebenszykluskosten	
		Gebäudebezogene Kosten im Lebenszyklus
	Wirtschaftlichkeit und Wertstabilität	
		Anpassungsfähigkeit
		...
Technische Qualität		
	Technische Ausführung	
		Schallschutz
		Rückbau, Trennung und Verwertung
		...
Prozessqualität		
	Planung	
		Integrale Planung
	Bauausführung	
		Qualitätssicherung der Bauausführung
		...
Standortqualität		
	Standortmerkmale	
		Verkehrsanbindung
		...

Tabelle 02-05: an Bewertungssysteme angelehnter Kriterienkatalog (Auszug)

In der Musterbauordnung (MBO) dienen die Allgemeinen Anforderungen in § 3 Satz 1 der Gefahrenabwehr. So sind (bauliche) *„Anlagen so anzuordnen, zu errichten, zu ändern und instand zu halten, dass die öffentliche Sicherheit und Ordnung, insbesondere Leben, Gesundheit und die natürlichen Lebensgrundlagen, nicht gefährdet werden; [...]"*.

Ein Bezug auf die Prinzipien einer nachhaltigen Entwicklung ist im Gegensatz zum ROG und BauGB hieraus nicht ersichtlich. Dieser lässt sich aus der im Jahr 2016 zur MBO § 3 Satz 1 hinzugefügten Ergänzung erschließen: *„[...] dabei sind die Grundanforderungen an Bauwerke gemäß Anhang I der Verordnung (EU) Nr. 305/2011 [EU-Bauproduktenverordnung (EU-BauPVO)] zu berücksichtigen."* Diese im Anhang I, Nr. 1 bis 7 aufgeführten sieben Grundanforderungen an Bauwerke behandeln unter Nr. 7 die „Nachhaltige Nutzung der natürlichen Ressourcen", welche in drei Teilanforderungen gegliedert ist:

a) Das Bauwerk, seine Baustoffe und Teile müssen nach dem Abriss wiederverwendet oder recycelt werden können;
b) das Bauwerk muss dauerhaft sein;
c) für das Bauwerk müssen umweltverträgliche Rohstoffe und Sekundärbaustoffe verwendet werden.

Die EU-BauPVO stellt ihre Forderungen nach Ressourcen-, Umwelt-, Gesundheitsschutz und Dauerhaftigkeit über den gesamten Lebenszyklus an das Bauwerk als Ganzes und seine Teile.

Für Bauprodukte bestimmt die Verordnung, dass wesentliche Leistungsmerkmale festgelegt werden, für die ein Hersteller ggf. auch eine Deklarationspflicht hat, sofern er das Produkt in den Verkehr bringen möchte. Aus der Beziehung Bauprodukt, Bauteil, Bauwerk heraus ist ersichtlich, dass zur Erfüllung der oben genannten Grundanforderung Nr. 7 zwingend umwelt- und gesundheitsrelevante Angaben, Teil dieser erklärten Produktmerkmale sein müssen, um eine wertende Aussage über das Gebäude abgeben zu können.

Die MBO selbst verweist zur Konkretisierung der Grundanforderungen auf die Technischen Baubestimmungen (§ 85a). Diese werden vom DIBt als Musterverwaltungsvorschrift herausgegeben (MVV TB) und sind in Teil A kapitelweise nach den Grundanforderungen gegliedert. Ein Kapitel für die „Nachhaltige Nutzung der natürlichen Ressourcen" ist aufgrund fehlender Umsetzung noch nicht vorhanden. Folglich existiert kein rechtlich verbindlicher Rahmen der für diese Nachhaltigkeitsziele konkrete Leistungen fordert.

Jedoch gibt es Aspekte der anderen sechs Grundanforderungen, die einen nachhaltigen Charakter haben und mit den Kriterien der Nachhaltigkeitsbewertungssysteme in Relation gebracht werden können. Diese sind im Rahmen der jeweiligen Landesbauordnung und der Anforderungen der jeweiligen Verwaltungsvorschriften rechtlich verbindlich. (→ **Tabelle 02-06**)

Qualität (Hauptkriteriengruppe/Themenfeld)	Grundanforderung nach EU-BauPVO	
Schutzziel (Kriteriengruppe)	Nr.	Titel
Kriterium		
Soziale und Funktionale Qualität		
Gesundheit, Behaglichkeit und Nutzerzufriedenheit		
Innenraumlufthygiene	*3.*	*Hygiene, Gesundheit und Umweltschutz*
Funktionalität		
Barrierefreiheit	*4.*	*Sicherheit und Barrierefreiheit*
Technische Qualität		
Technische Ausführung		
Schallschutz	*5.*	*Schallschutz*
Wärme- und Tauwasserschutz	*6.*	*Wärmeschutz*

Tabelle 02-06: mit Grundanforderungen assoziierende Kriterien

Die Nachhaltigkeitsbewertungssysteme, z. B. der „Leitfaden Nachhaltiges Bauen" des Bundes haben keinen rechtsverbindlichen Charakter. Zur Anwendung kommen solche Zertifizierungen daher nur bei Gebäuden, die öffentlich sind, für die Fördermaßnahmen nach BEG[29] mit dem QNG[30] Siegel beantragt wurden oder bei denen die Bauherr*in für sich und die Nutzer einen gesteigerten Wert auf nachhaltige Qualitäten legt.

2.7.3 Normative Grundlagen

Auf europäischer Ebene stellt die Normung ein System zur Bewertung der Nachhaltigkeit von Gebäuden und Ingenieurbauwerken durch Anwendung eines Lebenszyklusansatzes zur Verfügung. Die Auswirkungen und Aspekte der umweltbezogenen, sozialen und ökonomischen Qualität werden quantifiziert unter Verwendung unterschiedlicher quantitativer Indikatoren. Tatsächliche Richtwerte werden von den Normen nicht angegeben.

29. BEG - Richtlinie für die Bundesförderung für effiziente Gebäude
30. QNG - Qualitätssiegel Nachhaltiges Gebäude

Die Vergleichbarkeit ist über die Festlegung von Szenarien und eines funktionalen Äquivalents[31] gegeben. D.h. die in die Quantifizierung eingehenden Lebenszyklusphasen müssen deckungsgleich sein und die technische und funktionale Gleichwertigkeit der betrachteten Gebäude oder Bauteile gegeben. Die Beurteilung der technischen und funktionalen Qualitäten liegt nicht im Anwendungsbereich der Normen, durch den Bezug auf das funktionale Äquivalent werden diese jedoch berücksichtigt.

Das Gerüst dieser Reihe europäischer Normen, die vom CEN/TC 350 erarbeitet wurden, ist in **Tabelle 02-07** dargestellt. Auf Grundlage des Rahmendokuments DIN EN 15643 werden die Berechnungsmethoden auf Gebäudeebene z.Zt. in der Normenreihe DIN EN 15978 neu gefasst.

31. funktionales Äquivalent - quantifizierte funktionale Anforderungen und/oder technische Anforderungen an ein Gebäude, ein Ingenieurbauwerk oder ein Bauwerksteil, die als Grundlage für Vergleiche dienen

Konzeptionelle Ebene	Integrale Qualität des Gebäudes				
	Qualitäten der Nachhaltigkeit			**Technische Qualität**	**Funktionale Qualität**
	Ökologie Q.	**Soziale Q.**	**Ökonomische Q.**		
Ebene des Rahmendokumentes	**DIN EN 15643:2021-12** **Nachhaltigkeit von Bauwerken** Allgemeine Rahmenbedingungen zur Bewertung von Gebäuden und Ingenieurbauwerken				
Gebäudeebene	Berechnungsmethoden:				
	DIN EN 15978:2024-05 Bewertung der Umweltleistungen von Gebäuden	**DIN EN 16309:2014-12** Bewertung der sozialen Qualität von Gebäuden	**DIN EN 16627:2015-09** Bewertung der ökonomischen Qualität von Gebäuden		
	DIN EN 17680:2023-12 Nachhaltigkeit von Bauwerken – Bewertung des Potentials zur nachhaltigen Modernisierung von Gebäuden **DIN EN 17472:2024-06** Nachhaltigkeit von Bauwerken – Nachhaltigkeitsbewertung von Ingenieurbauwerken - Rechenverfahren				
Produktebene (EPD)	**DIN EN 15804:2022-03*** Nachhaltigkeit von Bauwerken – Umweltproduktdeklarationen – Grundregeln für die Produktkategorie Bauprodukte **DIN EN 16485:2023-07** Rund- und Schnittholz – Umweltproduktdeklarationen – Produktkategorie-Regeln für Holz und Holzwerkstoffe im Bauwesen				

* Gegenwärtig sind technische Angaben, die sich auf Aspekte der sozialen und ökonomischen Qualität beziehen, in den Festlegungen enthalten und bilden einen Teil der Umwelt-Produktdeklaration

Tabelle 02-07: Europäische Normung zur Bewertung der Nachhaltigkeit (Stand 06/2024, Auszug)

2.7.4 Umwelt-Produktdeklaration (EPD – „Environmental Product Declaration“)

Bei einer EPD handelt es sich um ein Typ III-Umweltkennzeichen für Produkte. Die Ausstellung ist entgegen der CE-Kennzeichnung, gesetzlich nicht vorgeschrieben. Eine Typ III-Umweltkennzeichnung stellt Anforderungen an die Qualität und das Format der bereitgestellten Daten und nicht an die Produktqualität selbst.

Die DIN EN ISO 14025[32] regelt die Grundsätze und Verfahren bei der Erstellung eines Typ III-Umweltkennzeichens. Die Grundlagen für eine EPD ergeben sich aus den Anforderungen einer Ökobilanz (LCA – Life Cycle Assessment) nach DIN EN ISO 14040[33] und DIN EN ISO 14044[34]. Die Grundregeln der Produktkategorie „Bauprodukte“ basieren auf europäischen Normen und werden in der DIN EN 15804 spezifiziert. Hierzu liefert die DIN EN 16485 ergänzende Bestimmungen für Rund- und Schnittholz.

Eine EPD dokumentiert die umweltrelevanten Merkmale von Bauprodukten und dient als Basis für die Bewertung der ökologischen Qualität von Gebäuden. Die ganzheitliche Grundlage bildet die Beschreibung der funktionalen und technischen Eigenschaften und die Angabe der Ökobilanzdaten für die einzelnen Lebenszyklusphasen unter Bezugnahme einer funktionellen Einheit[35]. Dadurch ist ein ökobilanzieller Vergleich funktionell gleichwertiger Produkte oder Bauteile möglich.

Hersteller oder Verbände können EPDs durch eine anerkannte Programmbetreiber*in erstellen und verifizieren lassen (→ **Abb. 02-08**). Die Verifizierung erfolgt unter den Gesichtspunkten der Vollständigkeit, Plausibilität und Normenkonformität. Die EPD-Programmbetreiber*in überstellt abschließend die Daten in die ÖKOBAUDAT[36]. Dies ist die vom BBSR betriebene öffentlich zugänglichen Online-Baustoffdatenbank für EPDs. Sie bildet die Datenbasis für eine Ökobilanzierung. Neben den EPDs für Bauprodukte, sind dort auch die Ökobilanzdaten von Bau-, Transport-, Energie und Entsorgungsprozessen hinterlegt. Alle Datensätze sind das Ergebnis von produktabhängigen Prozessanalysen, beispielsweise zu den Prozessschritten der Rohstoffgewinnung, dem Transport und der Fertigung.

32. DIN EN ISO 14025: Umweltkennzeichnungen und -deklarationen - Typ III Umweltdeklarationen - Grundsätze und Verfahren
33. DIN EN ISO 14040: Umweltmanagement – Ökobilanz – Grundsätze und Rahmenbedingungen
34. DIN EN ISO 14044: Umweltmanagement – Ökobilanz – Anforderungen und Anleitungen
35. funktionelle Einheit - quantifizierter Nutzen eines Produktsystems für die Verwendung als Vergleichseinheit (z. B. 1 kg, 1 m^3)
36. https://www.oekobaudat.de/

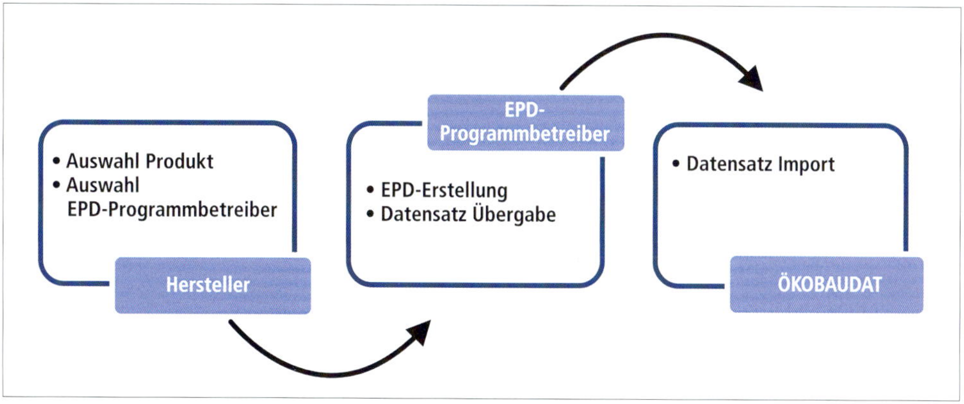

Abb. 02-08: EPD-Erstellung und Datenlieferung, Bildquelle: ÖKOBAUDAT; https://www.oekobaudat.de/anleitungen/datenlieferanten.html; abgerufen am 24.10.2022

2.7.5 Bewertungs- und Zertifizierungssysteme für Nachhaltiges Bauen[37]

Zertifizierungssysteme für das Nachhaltige Bauen basieren auf dem Prinzip der nachhaltigen Entwicklung, die zum integralen Bestandteil aller Planung- und Entscheidungsprozesse über den gesamten Lebenszyklus eines Gebäudes wird. Definierte Rahmenbedingungen bilden dabei das Gerüst zur Bewertung der Nachhaltigkeit. Auf Grundlage der nach Norm quantifizierbaren Indikatoren bzw. in Anlehnung an die Schutzziele der Nachhaltigkeit[38] werden Kriterien festgelegt, die in Hauptkriteriengruppen bzw. Themenfeldern einer der Qualitäten der Nachhaltigkeit zugeordnet sind (→ **Tabelle 02-05**).

Um die Qualität der Nachhaltigkeit eines Gebäudes mess- und darstellbar zu machen, wurden für jedes Kriterium Ziele formuliert, deren Erfüllung überprüft und bewertet werden kann. Durch eine Gewichtung kann deren Relevanz für die Schutzziele innerhalb einer Hauptkriteriengruppe bzw. eines Themenfeldes abgebildet werden. Je nach vorliegender Gebäudenutzung, vorliegendem Gebäudestandort und Art der Baumaßnahme (Neubau oder Bauen im Bestand) kann eine Vergleichbarkeit durch eine angepasste Auswahl und Gewichtung der Kriterien innerhalb der Bewertungsschemata hergestellt werden.

37. vgl. BNB (2019)
38. ökologische, soziale und ökonomische Qualität, technische Qualität, Prozess- und Standortqualität

Zertifizierungssysteme bieten somit die Möglichkeit die Qualität der Nachhaltigkeit eines Gebäudes transparent, nachvollziehbar und vergleichbar nach außen darzustellen.

Die Lebenszyklusbetrachtung ist aufgrund der üblicherweise langen Gebäudenutzungsdauern ein wichtiges Prinzip bei der ganzheitlichen Bewertung und gibt Aufschluss über die tatsächliche Qualität eines Gebäudes. Der Lebenszyklus (→ **Abb. 02-09**) setzt sich aus den Phasen Planung, Errichtung, Nutzung einschließlich Instandhaltung, Modernisierung sowie Rückbau, Verwertung und Entsorgung zusammen. Alle Lebensphasen müssen hinsichtlich der unterschiedlichen Aspekte der Nachhaltigkeit optimiert werden, mit dem Ziel eine hohe Gebäude- und Nutzungsqualität zu erreichen und gleichzeitig die Umweltwirkungen und Lebenszykluskosten zu minimieren.

Für eine ganzheitliche Bewertung von Nachhaltigkeitsaspekten für Gebäude stehen folgende Zertifizierungssysteme zur Verfügung:

- BNB – Bewertungssystem Nachhaltiges Bauen
- BNK – Bewertungssystem Nachhaltiger Kleinwohnhausbau
- DGNB – Deutsche Gesellschaft für Nachhaltiges Bauen
- NaWoh – Qualitätssiegel Nachhaltiger Wohnungsbau

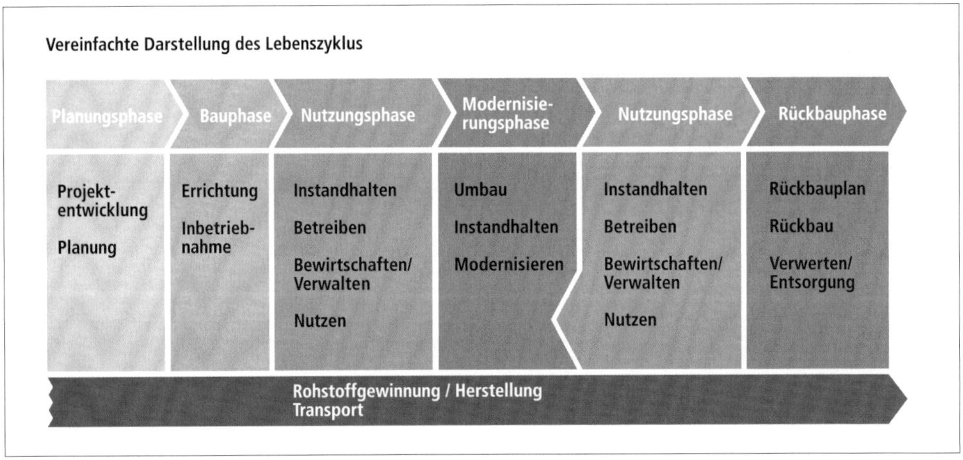

Abb. 02-09: vereinfachte Darstellung Gebäudelebenszyklus. Bildquelle: Leitfaden Nachhaltiges Bauen; Bundesministerium des Innern, für Bau und Heimat, BBSR; 3. aktualisierte Auflage; 2019; in Anlehnung an Lützkendorf, T. 2007

Die Umweltwirkungen von Gebäuden lassen sich mit dem Ökobilanzierungstool eLCA[39] berechnen. Es wird vom BBSR kostenlos zur Verfügung gestellt und ist im Rahmen des Bewertungssystems Nachhaltiges Bauen (BNB) verbindlich anzuwenden. Die Bilanzierung erfolgt auf Basis der ÖKOBAUDAT-Datensätze. Für eine Auswertung sind im Tool Benchmarksysteme vom BNB und NaWoh hinterlegt. Die Kernkomponente bildet ein Bauteileditor, mit dem die Nutzer*in Bauteile modellieren und veranschaulichen kann. Darüber hinaus bietet eLCA die Möglichkeit projektweise Daten aus den gängigen Softwarelösungen zur energetischen Bewertung von Gebäuden zu importieren[40].

2.7.6 Nachhaltige Nutzung des nachwachsenden Rohstoffs Holz – Praktischer Bezug

Eine umweltorientierte Planung, die den gesamten Lebenszyklus eines Gebäudes abbildet, soll der Bauherr*in und Planer*in als Entscheidungshilfe dienen. Auf Grundlage einer umfassenden Datenbasis können mögliche Lösungen und relevante Umweltindikatoren identifiziert werden. Das betrifft in erster Linie das Treibhauspotenzial (GWP) und den Bedarf an nicht erneuerbarer Primärenergie (PEne). Diese sind speziell für den Baustoff Holz von Bedeutung.

Im Treibhauspotenzial spiegelt sich die Eigenschaft des Holzes als Teil des natürlichen Kohlenstoffkreislaufs wider. Der nachwachsende Rohstoff speichert während des Wachstums Kohlenstoff aus der Atmosphäre. Die Bindung von biogenem Kohlenstoff wird durch die stoffliche Nutzung von Holz verlängert. Eingelagerter Kohlenstoff wird erst am Ende der Nutzungsphase bei einer energetischen Verwertung wieder freigesetzt. Somit ist die Aufnahme und Abgabe von CO_2 unter der Voraussetzung einer nachhaltigen Waldbewirtschaftung über den gesamten Lebenszyklus ausgeglichen. Die Wieder- bzw. Weiterverwendung von Holz in Produkten erhöht die im Kreislauf gespeicherte Kohlenstoffmenge.[41] Damit spielt die Nutzung des Rohstoffes Holz eine entscheidende Rolle bei der Reduzierung der in der Atmosphäre befindlichen Treibhausgase.[42]

Das Substitutionspotenzial von Holz wird nach DIN EN 15804 in Modul D bewertet. Dabei wird zwischen der stofflichen und energetischen Verwertung unterschieden. Bei der stofflichen Nutzung von Altholz gibt das Modul D die potentiellen Gutschriften infolge der Substitution primärer Rohstoffe aus Holz an. Wird Altholz am Ende seines Lebenszyklus nicht recycelt, erfolgt in der Regel eine energetische Verwertung in einem Biomasse(heiz)kraftwerk. Die potentiellen Gutschriften in Modul D beziehen sich dabei auf die Substitution fossiler nicht erneuerbarer Energieträger. Der Bedarf an nicht erneuerbarer Primärenergie wird durch den nachwachsenden Rohstoff Holz gesenkt.[43]

Der Einsatz des Baustoffes Holz kann den Ausstoß klimaschädlicher Emissionen und den Energieverbrauch reduzieren und damit zum Klimaschutz und zur Schonung fossiler Ressourcen beitragen.

Die Online-Plattform dataholz.eu[44] bietet Architekt*innen, Planer*innen, Baubehörden und Ausführenden eine Zusammenstellung von geprüften bauphysikalischen und ökologischen Daten sowie Nachweisen für Holz und Holzwerkstoffe, Baustoffe, Bauteile und Bauteilfügungen für den Holzbau. Die Anzeige passender Bauteile erfolgt nach Angabe der geforderten bauphysikalischen Parameter, des Gültigkeitsbereiches (Deutschland) und weiterer Randbedingungen. Die gesuchten Informationen können nach Auswahl eines Bauteils und einer Bauteilvariation abgerufen werden. Bauphysikalische Prüfgutachten für Behörden sowie herstellerspezifische Nachweise zu Bauteilen finden sich an gleicher Stelle nach Anmeldung im kostenfreien aber passwortgeschützten Bereich.

39. vgl. Bauteileditor (2022)
40. vgl. Bauteileditor (2022)
41. vgl. FNR (2021)
42. vgl. Rüter, S. (2016) S. 217
43. vgl. Rüter, S.; Diederichs, S. (2012), S. 60, 64 und 65
44. https://www.dataholz.eu/

Eine Berechnung der Umweltwirkungen steht dort ebenfalls zur Verfügung. Die ökobilanzielle Bewertung eines Bauteils bezieht sich dabei auf die Module A und C und ausgewählte Umweltindikatoren. Herausgestellt ist die Angabe der verbauten Menge an nachwachsenden Rohstoffen und des in der Konstruktion gebundenen Kohlenstoffs sowie der Einsatz an Primärenergie inklusive seines erneuerbaren Anteils. Das Modul D wird bei der Bilanzierung nicht berücksichtigt. Die ÖKOBAUDAT des BMUB[45] bildet die Datengrundlage, zur Zeit in der Version 2017-I (27.11.2017). Eine Konformität mit der aktuellen DIN EN 15804 ist somit nicht gegeben. Für Vergleichszwecke lassen sich die Daten grundsätzlich verwenden.

45. Bundesministerium für Umwelt, Naturschutz, nukleare Sicherheit (BMUB)

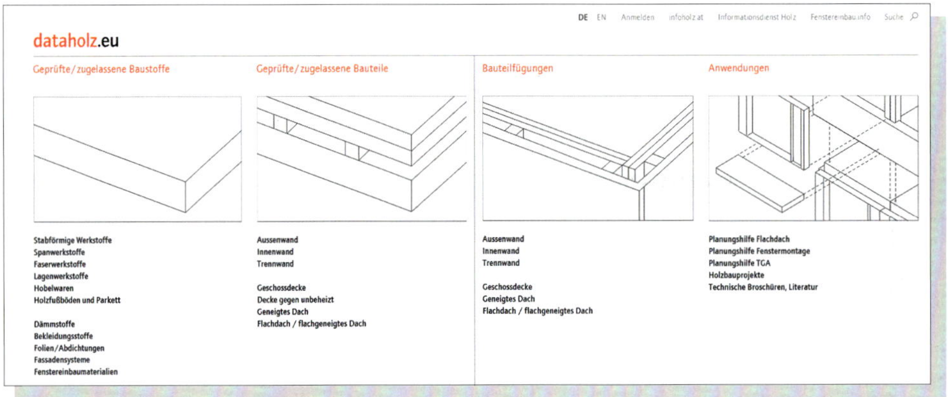

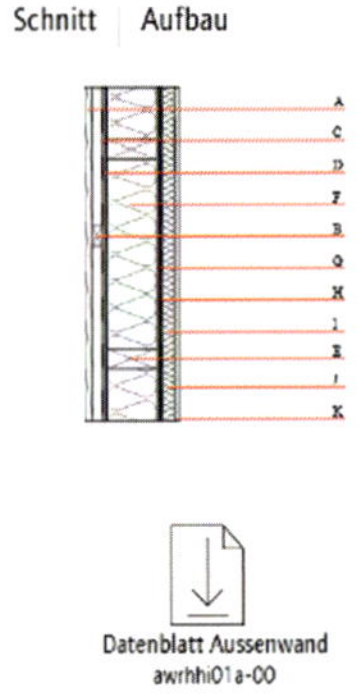

Baustoffangaben zur Konstruktion, Schichtaufbau (außen nach innen)

	Dicke [mm]	Baustoff	Wärmeschutz				Brandverhaltensklasse EN
			λ	μ min – max	ρ	c	
A	24,0	Holz Lärche Aussenwandverkleidung	0,155	150	600	1,600	D
B	30,0	Holz Fichte Lattung versetzt (30/50; 30/80)-Hinterlüftung	0,120	50	450	1,600	D
C		Windbremse sd ≤ 0,3m			1000		
D	12,5	Gipsfaserplatte	0,320	21	1000	1,100	A2
E	160,0	**Konstruktionsholz** (60/.; e=*)	0,120	50	450	1,600	D
F	160,0	Mineralwolle [040; ≥16; <1000°C]	0,040	1	16	1,030	A1
G	10,0	Gipsfaserplatte	0,320	21	1000	1,100	A2
H		Dampfbremse sd ≥ 2m			1000		
I	40,0	Holz Fichte Querlattung (a=400) bzw. Lattung versetzt	0,120	50	450	1,600	D
J	40,0	Mineralwolle [040; ≥16; <1000°C]	0,040	1	16	1,030	A1
K	12,5	Gipsfaserplatte oder	0,320	21	1000	1,100	A2
K	12,5	Gipsplatte Typ DF (GKF)	0,250	10	800	1,050	A2

Ökologische Bewertung (pro m² Konstruktionsfläche)

Datenbasis Datenbank ecoinvent

ΔOI3 23,6

Berechnung durch HFA

Ökologische Bewertung im Detail...

						Ressourceneinsatz					
Lebenszyklus Phase	GWP [kg CO_2 Äqv]	AP [kg SO_2 Äqv]	EP [kg PO_4 Äqv]	ODP [kg R11 Äqv]	POCP [kg Ethen Äqv]	PERE [MJ]	PERM [MJ]	PERT [MJ]	PENRE [MJ]	PENRM [MJ]	PENRT [MJ]
A1 - A3	-21,386	0,106	0,048	2,23e-6	0,006	71,863	420,041	491,904	376,834	12,604	389,439

letzte Änderung 09.07.2020/hfa plb

Abb. 02-10: dataholz.eu. Bildquelle: https://www.dataholz.eu/ (Ausschnitt); abgerufen am 24.10.2022

3 Technische Regelwerke und Literatur

Allgemein

• **Richtlinien**

Musterbauordnung (MBO)

Muster-Verwaltungsvorschrift Technische Baubestimmungen (MVV TB)

Hinweis:
Die MBO sowie die MVV TB dienen als Vorlage für die entsprechenden Landesvorschriften. Sie sind nicht direkt anwendbar. Grundsätzlich gelten die Bestimmungen des Bundeslandes, in dem das jeweilige Bauprodukt verwendet bzw. die Bauart angewendet wird.
→ aktuelle Fassung: www.is-argebau.de

Mechanische Festigkeit und Standsicherheit

• **Normen**

DIN EN 1995-1-1
Eurocode 5: Bemessung und Konstruktion von Holzbauten – Teil 1-1: Allgemeines - Allgemeine Regeln und Regeln für den Hochbau

DIN EN 1995-1-1/NA
Nationaler Anhang – National festgelegte Parameter – Eurocode 5: Bemessung und Konstruktion von Holzbauten – Teil 1-1: Allgemeines - Allgemeine Regeln und Regeln für den Hochbau

DIN EN 1995-1-2
Eurocode 5: Bemessung und Konstruktion von Holzbauten - Teil 1-2: Allgemeine Regeln - Tragwerksbemessung für den Brandfall

DIN EN 1995-1-2/NA
Nationaler Anhang - National festgelegte Parameter - Eurocode 5: Bemessung und Konstruktion von Holzbauten - Teil 1-2: Allgemeine Regeln - Tragwerksbemessung für den Brandfall

DIN EN 1995-2
Eurocode 5: Bemessung und Konstruktion von Holzbauten – Teil 2 Brücken

DIN EN 1995-2/NA
Nationaler Anhang – National festgelegte Parameter – Eurocode 5: Bemessung und Konstruktion von Holzbauten – Teil 2: Brücken

DIN 1052-10
Herstellung und Ausführung von Holzbauwerken – Teil 10: Ergänzende Bestimmungen

DIN 4149
Bauten in deutschen Erdbebengebieten - Lastannahmen, Bemessung und Ausführung üblicher Hochbauten

DIN 68800-1
Holzschutz – Teil 1: Allgemeines

DIN 68800-2
Holzschutz – Teil 2: Vorbeugende bauliche Maßnahmen im Hochbau

• **Leitfäden und Berichte**

Fachregel 01 des Zimmererhandwerks
Außenwandbekleidungen aus Holz; Holzbau Deutschland – Bund Deutscher Zimmermeister

Fachregel 02 des Zimmererhandwerks
Balkone und Terrassen; Holzbau Deutschland – Bund Deutscher Zimmermeister

Brandschutz

• **Normen**

DIN EN 1995-1-2
Eurocode 5: Bemessung und Konstruktion von Holzbauten - Teil 1-2: Allgemeine Regeln - Tragwerksbemessung für den Brandfall

DIN EN 1995-1-2/NA
Nationaler Anhang - National festgelegte Parameter - Eurocode 5: Bemessung und Konstruktion von Holzbauten - Teil 1-2: Allgemeine Regeln - Tragwerksbemessung für den Brandfall

DIN EN 13501-1
Klassifizierung von Bauprodukten und Bauarten zu ihrem Brandverhalten – Teil 1: Klassifizierung mit den Ergebnissen aus den Prüfungen zum Brandverhalten von Bauprodukten

DIN EN 13501-2
Klassifizierung von Bauprodukten und Bauarten zu ihrem Brandverhalten – Teil 2: Klassifizierung mit den Ergebnissen aus den Feuerwiderstandsprüfungen, mit Ausnahme von Lüftungsanlagen

DIN EN 13501-3
Klassifizierung von Bauprodukten und Bauarten zu ihrem Brandverhalten – Teil 3: Klassifizierung mit den Ergebnissen aus den Feuerwiderstandsprüfungen an Bauteilen von haustechnischen Anlagen: Feuerwiderstandsfähige Leitungen und Brandschutzklappen

DIN EN 13501-4
Klassifizierung von Bauprodukten und Bauarten zu ihrem Brandverhalten – Teil 4: Klassifizierung von Bauprodukten und Bauarten zu ihrem Brandverhalten - Klassifizierung mit den Ergebnissen aus den Feuerwiderstandsprüfungen von Anlagen zur Rauchfreihaltung

DIN EN 13501-5
Klassifizierung von Bauprodukten und Bauarten zu ihrem Brandverhalten – Teil 5: Klassifizierung mit den Ergebnissen aus Prüfungen von Bedachungen bei Beanspruchung durch Feuer von außen

DIN 4102-2
Brandverhalten von Baustoffen und Bauteilen; Bauteile, Begriffe, Anforderungen und Prüfungen

DIN 4102-4
Brandverhalten von Baustoffen und Bauteilen - Teil 4: Zusammenstellung und Anwendung klassifizierter Baustoffe, Bauteile und Sonderbauteile

- **Richtlinien**

Richtlinie über brandschutztechnische Anforderungen an Bauteile und Außenwandbekleidungen in Holzbauweise – MHolzBauRL (Fassung Oktober 2020)

Hygiene, Gesundheit, Umweltschutz

- **Normen**

DIN EN 15251
Eingangsparameter für das Raumklima zur Auslegung und Bewertung der Energieeffizienz von Gebäuden – Raumluftqualität, Temperatur, Licht und Akustik.

DIN EN 13779
Lüftung von Nichtwohngebäuden – Allgemeine Grundlagen und Anforderungen für Lüftungs- und Klimaanlagen und Raumkühlsysteme.

DIN EN 16798 Teil 1 - 17
Energieeffizienz von Gebäuden – Vorgaben für Raumluftqualität, Temperatur, Licht, Akustik. Berechungsverfahren für Energiebedarf von Lüftungs- und Klimanalagen sowie Kühlsysteme.

DIN 1946 Teil 1 - 7
Raumlufttechnik – Raumluftechnische Anlagen und Vorgaben zur Lüftung.

DIN EN ISO 16000 – Teil 1 - 36
Innenraumluftverunreinigungen – Probenahmestrategien und Prüfvorgaben.

- **Leitfäden und Berichte**

AgBB: Gesundheitliche Bewertung der Emissionen von flüchtigen organischen Verbindungen (VOC und SVOC) aus Bauprodukten, Umweltbundesamt → aktuelles AgBB-Bewertungsschema: www.umweltbundesamt.de

FNR (2021): WOHNEN UND LEBEN MIT HOLZ – Einfluss von Holzemissionen auf die Wohngesundheit

Jantunen M., THL, Oliveira Fernandes E., FEUP, Carrer P. (2011): Universita degli studi di Milano, Kephalopoulos; Promoting actions for healthy indoor air (IAIAQ)

Barrierefreiheit

- **Normen**

DIN 18040-1
Barrierefreies Bauen – Planungsgrundlagen – Teil 1: Öffentlich zugängliche Gebäude

DIN 18040-2
Barrierefreies Bauen – Planungsgrundlagen – Teil 2: Wohnungen

Schallschutz

- **Normen**

DIN 4109-1
Schallschutz im Hochbau – Teil 1: Mindestanforderungen

DIN 4109-2
Schallschutz im Hochbau – Teil 2: Rechnerische Nachweise der Erfüllung der Anforderungen

DIN 4109-4
DIN 4109-4:2016-07 Schallschutz im Hochbau – Teil 4: Bauakustische Prüfungen

DIN 4109-5
Schallschutz im Hochbau – Teil 5: Erhöhte Anforderungen

DIN 4109-33
Schallschutz im Hochbau – Teil 33: Daten für die rechnerischen Nachweise des Schallschutzes (Bauteilkatalog) – Holz-, Leicht- und Trockenbau

DIN 4109-35
Schallschutz im Hochbau – Teil 35: Daten für die rechnerischen Nachweise des Schallschutzes (Bauteilkatalog) – Elemente, Fenster, Türen, Vorhangfassaden

- **Richtlinien**

DEGA-Empfehlung 103: Schallschutz im Wohnungsbau – Schallschutzausweis

VDI 4100 Schallschutz im Hochbau – Wohnungen - Beurteilung und Vorschläge für erhöhten Schallschutz

- **Leitfäden und Berichte**

Schallschutz-Handbuch
Schallschutz im Holzbau – Grundlagen und Vorbemessung vom INFORMATIONSDIENST HOLZ, 2019

Differenzierte Flankenbewertung
Schallschutz im Holzbau – Differenzierte Flankenbewertung bei der Trittschallübertragung vom INFORMATIONSDIENST HOLZ, 2020

Wärmeschutz

- **Normen**

DIN 4108-2
Wärmeschutz und Energie-Einsparung in Gebäuden - Teil 2: Mindestanforderungen an den Wärmeschutz

DIN 4108-3
Wärmeschutz und Energie-Einsparung in Gebäuden - Teil 3: Klimabedingter Feuchteschutz - Anforderungen, Berechnungsverfahren und Hinweise für Planung und Ausführung

DIN 4108 Beiblatt 2
Wärmeschutz und Energie-Einsparung in Gebäuden; Beiblatt 2: Wärmebrücken - Planungs- und Ausführungsbeispiele

- **Gesetze**

Gebäudeenergiegesetz – GEG
Gesetz zur Einsparung von Energie und zur Nutzung erneuerbarer Energien zur Wärme- und Kälteerzeugung in Gebäuden (Gebäudeenergiegesetz - GEG)

Nachhaltigkeit

- **Normen**

DIN EN 15643:2021-12
Nachhaltigkeit von Bauwerken - Allgemeine Rahmenbedingungen zur Bewertung von Gebäuden und Ingenieurbauwerken -

DIN EN 15978:2024-05 Entwurf
Nachhaltigkeit von Bauwerken - Bewertung der Umweltleistung von Gebäuden – Methodik

DIN EN 16309:2014-12
Nachhaltigkeit von Bauwerken - Bewertung der sozialen Qualität von Gebäuden - Berechnungsmethoden

DIN EN 16627:2015-09
Nachhaltigkeit von Bauwerken - Bewertung der ökonomischen Qualität von Gebäuden – Berechnungsmethoden

DIN EN 17680:2023-12
Nachhaltigkeit von Bauwerken - Bewertung des Potentials zur nachhaltigen Modernisierung von Gebäuden

DIN EN 17472:2024-06
Nachhaltigkeit von Bauwerken - Nachhaltigkeitsbewertung von Ingenieurbauwerken – Rechenverfahren

DIN EN 15804:2022-03
Nachhaltigkeit von Bauwerken - Nachhaltigkeitsbewertung von Ingenieurbauwerken – Rechenverfahren

DIN EN 16485:2023-07 Entwurf
Rund- und Schnittholz - Umweltproduktdeklarationen – Produktkategorieregeln für Holz und Holzwerkstoffe im Bauwesen

DIN EN ISO 14025:2022-04
Umweltkennzeichnungen und -deklarationen – Typ III Umweltdeklarationen – Grundsätze und Verfahren

DIN EN ISO 14044:2021-02
Umweltmanagement – Ökobilanz – Anforderungen und Anleitungen

• Internetquellen

ÖKOBAUDAT (2022): Datenlieferanten, unter: https://www.oekobaudat.de/anleitungen/datenlieferanten.html, letzter Abruf: 06.09.2022

Bauteileditor (2022): Informationen, unter: https://www.bauteileditor.de/information/, letzter Abruf: 07.09.2022

Dataholz.eu (2022): Startseite; unter: https://www.dataholz.eu/, letzter Abruf 20.09.2022

FNR (2021): Klimafreundlicher Kreislauf, unter: https://www.fnr.de/presse/pressemitteilungen/aktuelle-mitteilungen/aktuelle-nachricht/klimafreundlicher-kreislauf-heizen-mit-holz, letzter Abruf: 05.09.2022

• Leitfäden und Berichte

BNB (2019): Leitfaden Nachhaltiges Bauen, Berlin: Bundesministerium des Innern, für Bau und Heimat

Rüter, S. (2016): Der Beitrag der stofflichen Nutzung von Holz zum Klimaschutz,

Rüter, S.; Diederichs, S. (2012): Ökobilanz – Basisdaten für Bauprodukte aus Holz; Hamburg: Institut für Holztechnologie und Holzbiologie

Technische und wirtschaftliche Prozessoptimierung im Holzsystembau – Vorfertigung, Standardisierung, Ausschreibung, Kalkulation

von Jörg Koppelhuber

Anmerkung:
Der Autor hat in diesem Fachartikel insbesondere die österreichischen Verhältnisse im Holzbau betrachtet. Die im Artikel genannte ÖNORM B 1801-1 ist hinsichtlich der Kostenplanung vergleichbar mit der in Deutschland vorhandenen DIN 276. Für die Zuordnung der Kostengruppen lt. DIN zu den Kostengruppen lt. ÖNORM wurde von BKI eine Zuordnungstabelle entwickelt (Gegenüberstellung DIN 276 und ÖNORM B 1801), welche BKI Kunden kostenfrei zur Verfügung gestellt wird.

Technische und wirtschaftliche Prozessoptimierung im Holzsystembau – Vorfertigung, Standardisierung, Ausschreibung, Kalkulation

ein Beitrag von Jörg Koppelhuber

1 Einleitung

Die Holzbaubranche ist – wie viele andere Wirtschaftsbereiche auch – unabhängig von der aktuellen Entwicklung der Baukosten und Materialpreise einer stetigen Umwälzung unterworfen. Seit Jahren ist ein tiefgreifender Wandel von einer handwerklichen Unikatsfertigung hin zu zunehmend industrialisierten Prozessen in der Branche in Form eines industrialisierten, teils mechanisierten Holzsystembaus deutlich erkennbar. In diesem Kontext gewinnen standardisierte Abläufe, neuartige Werkstoffe sowie systemisches Denken zunehmend an Bedeutung. Dies führt zu einer Transformation der gesamten Bauwirtschaft. Neben diesen technischen Aspekten stehen vor allem die Themen Nachhaltigkeit, Ressourcenverbrauch und Kreislaufwirtschaft im Fokus, welche die Bauwirtschaft vor erhebliche Herausforderungen stellen. Dies trifft ebenfalls auf den Holzbau zu, wobei dessen grundsätzlich als ökologisch eingestuftes Image – unabhängig von Erkenntnissen fundierter Studien und einer nachweisbaren Faktenlage – eine deutlich stärkere unterstützende Wirkung im Kontext des *European Green Deals*[1] aufweist, als dies bei klassischen Baumaterialien und Bausystemen der Fall ist.

In der primär technologiegetriebenen Entwicklung des Holzbaus, die sich bisher vor allem auf der Produkt- und Fertigungsebene abzeichnet, wurde der Entwicklung von speziell auf den Holzbau angepassten bau- und betriebswirtschaftlichen Grundlagen bzw. entsprechenden Werkzeugen lange Zeit zu wenig Beachtung geschenkt bzw. wurden diese gänzlich vernachlässigt. Die Folge ist ein eklatantes Informationsdefizit, das sowohl aus einem Mangel an verlässlichen und fundierten (Untersuchungs-)Daten als auch aus einer unzureichenden literarischen, softwaretechnischen und anwenderorientierten Aufbereitung der wenigen vorhandenen Erkenntnisse und Kennwerte resultiert.

Der vermehrte Einsatz von (teil-)automatisierten Maschinen und Produktionsanlagen, neuartigen (Halb-)Fertigteilen sowie komplexen Softwarelösungen hat neben den technologischen Implikationen in der Vorfertigung – sowie der dafür notwendigen Standardisierung von Aufbauten, Anschlüssen und Details –

1. Vgl. EUROPÄISCHE KOMMISSION: COM(2019) 640 final: Der europäische Grüne Deal. S. 1ff

weitreichende und auch tiefgreifende Auswirkungen auf das bauwirtschaftliche Umfeld und Handeln im Holzbau. Dies betrifft neben dem umfassenden Thema der Vorfertigung und den daraus resultierenden Herausforderungen an die dafür erforderliche frühzeitige detaillierte ausführungsreife Planung vor allem auch die bauwirtschaftlichen Aspekte der Kostenplanung, Ausschreibung und Kalkulation. Diese planerischen Aspekte und Chancen gilt es zu erkennen und die daraus resultierenden bauwirtschaftlichen Effekte auch zu nutzen, um hierfür rechtzeitig (!) produkt- und firmenneutrale, vor allem aber praxisnahe und holzbauspezifische Lösungsstrategien und Umsetzungswerkzeuge zu erarbeiten und in den Holzbauunternehmen – sowohl in der Planung als auch in der Ausführung – flächendeckend zu implementieren. In den kommenden Jahren gilt es, diese Chancen verstärkt zu nutzen und als Branche Holzbau neben notwendigen Leuchtturmprojekten vor allem Holz als Massenbaustoff im großvolumigen Immobilienbereich weitere Bedeutung zu erlangen.

Der Holzbau gewinnt seit Jahren an Bedeutung und Marktanteilen, kämpft aber nach wie vor mit Hemmnissen durch technische Regelwerke und zu geringem Know-how bei den beteiligten Fachplanenden sowie fehlenden bauwirtschaftlichen Rahmenbedingungen vor allem in den frühen Leistungsphasen. Im Planungssegment ist dies vor allem durch den Auf- und Ausbau der Qualifikation und Kompetenz der Beteiligten in Bezug auf den Holzbau in unterschiedlichen Aspekten und Niveaus bereits erkennbar, aber bei weitem noch nicht voll ausgeprägt.

Auch im Bereich der Kostenplanung, Ausschreibung und Kalkulation wächst die Branche zunehmend aus ihren baubetrieblichen Kinderschuhen heraus. Dennoch hat der Holzbau Nachholbedarf, wenn es darum geht, die klassischen Themen Ausschreibung und Kosten sowie Vertragsgestaltung im Baumanagement professionell zu bearbeiten. Gleichzeitig entwickelt sich der Holzsystembau mit zum Teil rasanter Geschwindigkeit und Effizienz weiter und ist mittlerweile als Vorzeigemodell im Bauwesen in Sachen Vorfertigung, kurze Bauzeiten und Prozessoptimierung in der Mitte der Gesellschaft angekommen, sowohl bei privaten Bauherren im kleineren Rahmen als auch bei Großinvestoren und auch bei der öffentlichen Hand, nicht zuletzt aufgrund gesetzlicher Vorgaben zur Ökologie (Taxonomie).

Eine ausschließliche Übertragung allgemein gültiger Prinzipien des mineralischen Massivbaus auf den Holzbau ist aufgrund der spezifischen Branchen- und Unternehmensstruktur sowie der völlig konträren Produktions- und Bauprozesse nur bedingt möglich, stellt aber – mangels Alternativen – nach wie vor die am weitest verbreitete Lösungsstrategie zur Bekämpfung der wirtschaftlichen Defizite des Holzbaus dar. Die Entwicklung und Etablierung von baustoffspezifischen Verfahren und Umsetzungswerkzeugen, welche den besonderen Anforderungen des Holzbaus gerecht werden, ist daher längst überfällig und alternativlos.

Worauf bei dieser sowohl holz.bau.technischen als auch holz.bau.wirtschaftlichen Entwicklung zu achten ist und welche konkreten Maßnahmen bereits umgesetzt wurden bzw. noch ausstehen, wird im Folgenden näher erläutert.

Leitgedanke Holzbau:

- tiefgreifender Wandel von handwerklicher Unikatsfertigung hin zu industrialisierten Prozessen sowie teil-mechanisiertem Holzsystembau
- Nachhaltigkeit, Ressourcenverbrauch und Kreislaufwirtschaft im Fokus
- primär technologiegetriebene Entwicklung des Holzbaus
- Einsatz (teil-)automatisierter Maschinen und Produktionsanlagen, neuartiger (Halb-) Fertigteile sowie komplexer Softwarelösungen
- bau- und betriebswirtschaftliche Grundlagen – eklatantes Informationsdefizit
- Vorfertigung mit der dafür notwendigen Standardisierung von Aufbauten, Anschlüssen und Details
- Bedeutung bauwirtschaftlicher Aspekte der Kostenplanung, Ausschreibung und Kalkulation
- rechtzeitige Entwicklung und Etablierung (!) produkt- und firmenneutraler, vor allem aber praxisnaher und holzbauspezifischer Lösungsstrategien und Umsetzungswerkzeuge
- Holzbau-Umsetzung neben Leuchtturmprojekten vor allem als Massenbaustoff im großvolumigen Immobilienbereich
- Holzbau gewinnt seit Jahren stetig an Bedeutung und Marktanteile
- Hemmnisse durch technische Regelwerke und zu geringem Know-how bei beteiligten Fachplanern
- Auf- und Ausbau der Qualifikationen und Kompetenzen der Beteiligten
- Nachholbedarf bei klassischen Themen Ausschreibung, Kosten sowie Vertragsgestaltung
- Entwicklung und Etablierung von baustoffspezifischen Verfahren und Umsetzungswerkzeugen
- Holzsystembau als Vorzeigemodell im Bauwesen in Sachen Vorfertigung, kurze Bauzeiten und Prozessoptimierung

2 Notwendigkeit eines Paradigmenwechsels im Holz(hoch)bau

Die Bauwirtschaft in ihrer Gesamtheit stellt einen Wirtschaftszweig mit einer langen und gewichtigen Tradition dar, welche seit Jahrhunderten durch eine starke handwerkliche Projektrealisierung und heteronome Prozessabläufe geprägt ist. Diese Konstellation steht im auffälligen Widerspruch zu den technologischen und gesellschaftlichen Entwicklungen der Industrialisierung, Digitalisierung und Autonomisierung. Globale Megatrends stellen alle Akteure im Bauwesen selbst und darüber hinaus vor außerordentliche technologische, ökologische und strategische Herausforderungen. Die daraus resultierenden Anforderungen an die Akteure können mit den klassischen, fast ausschließlich investitionskostenorientierten Projektabwicklungsformen im Hochbau, den zur Verfügung stehenden Materialitäten, Baustoffen sowie vor allem herkömmlichen Bausystemen und -verfahren und der notorisch fragmentierten Wertschöpfungskette Bau nur – wenn überhaupt – unzureichend bewältigt werden. Hinzu kommt zu allem Überfluss eine negativ geprägte gesellschaftliche Wahrnehmung des Bauens insgesamt, die im Wesentlichen auf jahrzehntelangen Zielabweichungen sowohl in monetärer als auch in terminlicher und letztlich vor allem in qualitativer Hinsicht beruht und durch mediale Aufbereitungen und Anstöße weiter forciert wird.

Vor diesem Hintergrund ist es dringend erforderlich, unter Bezugnahme auf diese gesellschaftliche Stimmung eine entschiedene Kehrtwende einzuleiten und die technischen Möglichkeiten zu nutzen, die in anderen Wirtschafts- und Industriezweigen längst Standard sind und sich ständig weiterentwickeln. Daraus ergibt sich die unmittelbare Notwendigkeit, eine branchenweite Dynamik, vor allem aber sozial und ökologisch verträgliche Visionen und Strategien auf Unternehmensebene zu entwickeln, um eine gänzliche Neuausrichtung einer ganzen Branche durchzusetzen. Dabei dürfen neben den systemimmanenten technischen Aspekten vor allem die soziokulturellen, umweltpolitischen und letztlich die ökosozialen Auswirkungen des gesamten unternehmerischen Handelns nicht weiter vernachlässigt werden, sondern müssen im Sinne einer gesellschaftspolitischen Verantwortung in den Mittelpunkt des Handelns, auch im Bauwesen gestellt werden.[2]

2.1 Ausgangssituation – (Holz)Bau von heute

Der heutige Holzbau hat sich in den letzten zwei Jahrzehnten durch weitreichende technische Neuerungen, aber auch durch die Veränderung des Baumarktes an sich, mit großer Geschwindigkeit und Wirkung deutlich verändert. Im Detail zeigt sich dies durch den nun schon seit vielen Jahren anhaltenden Einfluss der Spezies Mensch auf die Nutzung, den rasanten Verbrauch der vorhandenen natürlichen Ressourcen und dem damit verbundenen, deutlich gewordenen Trend zu ökologischen, rückbaubaren und recyclingfähigen Baustoffen. Neben globalen Entwicklungen wie *Fridays for future*, den immer alarmierender werdenden Berichten des *Weltklimarates* sowie des politischen Willens auf EU-Ebene in Form des *European Green Deals* ist dieser Umstand auch in einer großen Variabilität auf Produktebene einerseits und einer tendenziell immer stärker industrialisierten Prozessebene der Herstellung von Holzbauteilen andererseits deutlich ablesbar. Die stetige Zunahme von Bauprojekten in Holzbauweise und die immer größer werdenden Volumina – sowohl national als auch international – belegen diese Entwicklung.

In diesem Zusammenhang wird auf die durch den Autor im Mai 2024 publizierte Studie zum Holzbauanteil in Österreich verwiesen. Die Publikation *„Holzbauanteil mehrgeschoßiger Holzwohnbau in Österreich 2008-2019 – Gesamtergebnisse Österreich und Bundesländer“* [3] beinhaltet zahlreiche Detailergebnisse zu Bauformen, Bausystemen und Bauherrenverteilungen

Abb. 1: Gegenüberstellung fertiggestellter Wohneinheiten in allen Bauweisen mit erhobenen Wohneinheiten in Holzbauweise, MGHWB, AT, 2008-2019 (Quelle: Koppelhuber, J.; Grünefeldt, N.; Bok, M.: Holzbauanteil Mehrgeschoßiger Holzwohnbau in Österreich 2008-2019 – Gesamtergebnisse Österreich und Bundesländer. S. 47)

sowie Vorfertigungssystemen. Letztlich ergibt sich im mehrgeschossigen Wohnbau in Österreich ein Anteil von durchschnittlich 3 %, der mit dem Werkstoff Holz realisiert wurde, verglichen mit dem im selben Zeitraum umgesetzten Wohnbauten aus anderen Baustoffen. → **Abb. 1**

In diesem Zusammenhang rückt der Denkansatz eines wesentlichen Wegbereiters des industriellen Bauens in den Vordergrund.

> Der deutsche Architekt Ludwig Mies van der Rohe[a] hat bereits 1924 – also vor exakt 100 Jahren (!) – seine damals wie heute revolutionären Gedanken in einem Aufsatz niedergeschrieben:
>
> *„In der Industrialisierung des Bauwesens sehe ich das Kernproblem des Bauens unserer Zeit. Gelingt es uns, diese Industrialisierung durchzuführen dann werden sich die sozialen, wirtschaftlichen, technischen und auch künstlerischen Fragen leicht lösen lassen. Die Frage, wie die Industrialisierung durchzuführen ist, läßt sich vielleicht dann beantworten, wenn wir festzustellen versuchen, was hier hindernd bisher im Wege stand.“*[b]
>
> Diese innovative Sichtweise wird ergänzt durch:
>
> *„[…] wer aber bedauern würde, daß das Haus der Zukunft nicht mehr von Bauhandwerkern hergestellt werden kann, möge bedenken, daß auch das Automobil nicht mehr vom Stellmacher erbaut wird.“* [c]

a. Der deutsche und später amerikanische Architekt Ludwig Mies van der Rohe (1856 – 1915) ist neben Walter Gropius und Le Corbusier) zu den Pionieren der modernen Architektur zu zählen. Seine Werke zeichnen sich vor allem dadurch aus, als er bestrebt ist, optimiert mit dem eingesetzten Material zu arbeiten und gleichzeitig eine großzügige Grundrissgestaltung zuzulassen. Vgl. Frampton, K.: Die Architektur der Moderne. S. 140 ff

b. Vgl. Mies van der Rohe, L.: Industrielles Bauen. In: G. Zeitschrift für elementare Gestaltung, no 3, June/1924. S. 18-20

c. Vgl. Mies van der Rohe, L.: Industrielles Bauen. In: G. Zeitschrift für elementare Gestaltung, no 3, June/1924. S. 18-20

---

2. Vgl. Koppelhuber, J.: Bauprozessmanagement im industriellen Holzbau – Ableitung eines Bauprozessmodells zur Prozess- und Bauablaufoptimierung im Holzsystembau. Dissertation. S. 564

3. Vgl. Koppelhuber, J.; Grünefeldt, N.; Bok, M.: Holzbauanteil Mehrgeschoßiger Holzwohnbau in Österreich 2008-2019 – Gesamtergebnisse Österreich und Bundesländer. S. 1 ff

Dies macht deutlich, dass das industrielle Bauen – wie der Holzbau heute oft genannt wird – bereits vor 100 Jahren ein Thema der gesellschaftspolitischen Entwicklung war und heute aktueller denn je ist. Die Umsetzung ließ jedoch bisher auf sich warten. Lediglich einzelne Bereiche des Bauwesens wurden teilindustrialisiert und Materialherstellungsprozesse optimiert, der Planungs- und Bauprozess hinkt hier jedoch noch deutlich hinterher. Der Holzbau in seiner Gesamtheit hat bereits einen wesentlichen Beitrag zum Umdenken in den Prozessen – vor allem hinsichtlich der Vorfertigung von Bauteilen sowie der Implementierung von ganzheitlichen 3D-Planungen – geleistet.

Die technische Entwicklung der Produkte sowie die maschinellen Errungenschaften und auch der Kompetenzaufbau in den Holzbauunternehmen haben in den letzten Jahrzehnten zu hervorragenden konstruktiven Möglichkeiten mit dem Bau- und Werkstoff Holz geführt. In diesem Zusammenhang ist sowohl die produzierende Holzindustrie (Zulieferung) als auch das ausführende Holzbaugewerbe (Ausführung) gleichermaßen umfasst.

Durch Systemlösungen mit standardisierten bzw. modularisierten Bauteilen und Elementen kann auch das Problem das großen Abfallaufkommens im Bau- und Immobiliensektor durch eine flexible Nach- bzw. Umnutzung ganzer Objekte oder einzelner Komponenten drastisch reduziert werden. Eine ganzheitliche Betrachtung aller Lebenszyklusphasen, von der Planung bis zur Entsorgung führt – neben dem Mehrwert für die Nutzer – automatisch zu einer energetischen Optimierung, einer Reduktion der für die Errichtung notwendigen Ressourcen sowie des anfallenden Abfallaufkommens. Bei stark steigenden Energiepreisen ist dies neben der ökologischen auch von wirtschaftlicher Bedeutung.

Neben den Chancen der Industrialisierung bietet der heutige Holzbau ein enormes ökologisches Potenzial, das sich nachweislich aus der Rückbaubarkeit und Wiederverwendbarkeit bzw. Kaskadennutzung sowie den CO_2-Speichermöglichkeiten von Holz ergibt. Eine vermehrte Substitution von fossilen und mineralischen Roh- und Baustoffen – die oftmals eine enorm energieintensive Herstellung erfordern – durch Holzwerkstoffe, kann den Ressourcenbedarf und damit die CO_2-Emissionen des Bausektors drastisch reduzieren und somit einen wesentlichen Beitrag zur Dekarbonisierung unseres Planeten leisten.

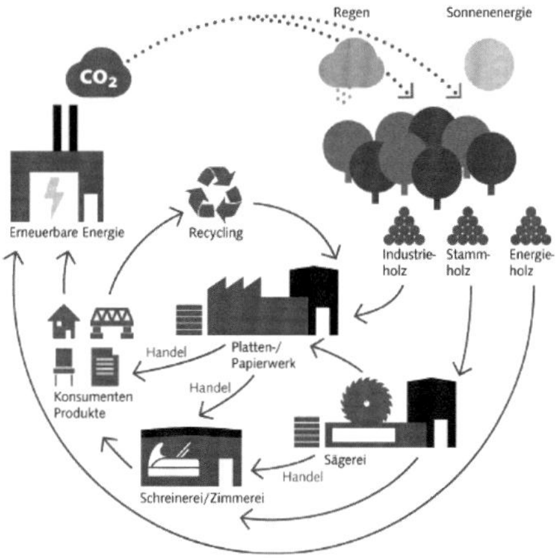

Abb. 2: Kreislaufwirtschaft Holzbau[4]

4. weiterentwickelt aus: https://www.lignum.ch/auf_einen_klick/news/lignum_journal_holz_news_schweiz/news_detail/kreislaufwirtschaft-nachwachsende-rohstoffe-in-kaskadenutzen. Datum des Zugriffs: 06.2024

2.2 Planungs- und Ausführungskompetenz im Holzbau

Der Holzbau stellt besondere Anforderungen an Planende und Ausführende. Um die Vorteile des Baustoffes Holz optimal zu nutzen und die spezifischen Herausforderungen zu meistern, sind umfassendes Grundlagenwissen, eine fundierte Ausbildung und eine kontinuierliche fachliche Weiterbildung unerlässlich. Zudem beeinflussen fehlende Standardisierungen und spezifische Planungskompetenzen den Planungs- und Umsetzungsprozess im Holzbau erheblich.

> Das Grundwissen im Holzbau umfasst mehrere Aspekte:
>
> Neben der eigentlichen Materialkunde und den materialspezifischen Kenntnissen über die Eigenschaften des Holzes und seiner Umweltfaktoren ist es vor allem das Verständnis für die Konstruktion und die Zusammenhänge im Holzbau sowie holzbaunaher Gewerke, über das die Fachplanenden im Zuge einer Holzbauplanung auf jeden Fall verfügen sollten.
>
> Dies gilt für die Zusammenhänge zwischen Statik und Tragwerksplanung einschließlich der Verbindungstechnik ebenso wie für die Bauphysik mit den Themen Wärme- und Schallschutz sowie dem immer wichtiger werdenden Feuchteschutz. Physikalische Grundsätze bestimmen jedenfalls die Umsetzung einer Planung im Holzbau. Demgegenüber bilden der Brandschutz als Rahmenbedingung für diese Umsetzung der gesetzlichen Vorgaben sowie die bisher eher tangierenden, mittlerweile aber fast tonangebenden Vorgaben aus der Haustechnik sowie der Elektroplanung strenge Eckpunkte, welche die eigentliche planerische Freiheit oft eher hemmen denn frei entfalten lassen.

Eine fundierte Ausbildung und kontinuierliche Weiterbildung sind daher entscheidend, um den speziellen Anforderungen im Holzbau gerecht werden zu können. Durch fehlende Standardisierung und zu geringe Planungskompetenz, aber auch durch teilweise unpräzise Vorgaben seitens des Bestellers bzw. Auftraggebers leidet insbesondere der vorgefertigte Holzbau teilweise unter mangelnder Bestellqualität, zu geringem Detaillierungsgrad sowie fehlender Ausführungsreife in der Architektur-, aber auch in der Fachplanung zum Zeitpunkt der Ausschreibung und Vergabe an das Holzbauunternehmen.

Die Planungskompetenz umfasst jedoch nicht nur das eigene Fachgebiet, sondern vor allem die enge interdisziplinäre Zusammenarbeit zwischen Architektur, Tragwerksplanung, Bauphysik, Brandschutz, Haus- und Elektrotechnik auf der einen Seite und dem ausführenden Holzbauunternehmen mit seinen Fachplanenden und Arbeitsvorbereitenden, Ausführenden und Handwerkern auf der anderen Seite. Gerade diese Erfahrungswerte sind im Holzbau von enormer Bedeutung, um aufgrund von Erfahrungen und ausgeführten Best-Practice-Beispielen die Planung frühzeitig und unwiderruflich – wie bei allen hergestellten Produkten, die uns tagtäglich umgeben – ausführungsreif zu gestalten.

Weitere wesentliche Einflüsse im Bereich der Planung sind im Rahmen des Umsetzungsprozesses im Holzbau baubetrieblicher Natur in Form von Kostenplanung bzw. Kostenvergleich, Ausschreibung und Kalkulation. Auch diese Faktoren stehen in direktem Zusammenhang mit der Planungsqualität und erfordern Kompetenz und Know-how vor allem in holzbauspezifischen Belangen. Eine möglichst frühzeitige und genaue Kostenplanung ist notwendig, um die Wirtschaftlichkeit des Holzbaus im Vergleich zu anderen Bauweisen neutral beurteilen zu können. Dabei sind neben den klassischen Kosteneinflussfaktoren auch alle spezifischen Kostenfaktoren, wie die Vorfertigung von Bauteilen, die verkürzte Bauzeit sowie die qualitätssichernden Maßnahmen im Werk zu berücksichtigen. In jedem Fall sollten im Zuge einer Holzbauausschreibung detaillierte Leistungsverzeichnisse erstellt werden, die eine hohe Bestellqualität für den Bauherrn sowie eine umfassende Entscheidungsqualität für die Planenden aufweisen und damit die speziellen Anforderungen des Holzbaus genau erfassen. Damit werden Missverständnisse vermieden und eine faire Bewertung der Angebote gewährleistet. Die vom Auftraggeber (AG) erwartete Kostengenauigkeit im Zuge der Angebotserstellung ist speziell im vorgefertigten Holzbau essenziell und ermöglicht neben der frühzeitigen Festlegung der Qualität auch eine weitgehend nachtragsfreie Realisierung, was immer im Sinne des Bauherrn ist.

Aufgrund der zunehmenden Volumina und Komplexitäten im Holzbau sowie der oft unklaren Situation der Schnittstellen zwischen den verschiedenen Planungsbeteiligten erscheint es mittlerweile unumgänglich, eindeutige, nicht baustoffneutrale Leistungsbilder und damit die

Zusammenarbeit zu definieren. Diese würden Klarheit über die Zuständigkeiten und Kompetenzbereiche der Planenden für Architektur, Bauphysik, Tragwerksplanung, Brandschutz sowie Haus- und Elektrotechnik einerseits und des Bauherrn, Auftraggebers bzw. Bestellers sowie des Holzbauunternehmens andererseits gewährleisten und damit eine reibungslosere Zusammenarbeit ermöglichen. Letztlich geht es vor allem um die Frage, wer wann was mit welchem Detaillierungsgrad plant und wie diese Leistungen auch aufwandsgerecht vergütet werden. In diesem Zusammenhang kommt der zeitlichen Vorverlagerung von Planungsleistungen, ausgelöst durch das Thema Vorfertigung und die immer frühere Fertigstellung im Holzbau, eine erhebliche Bedeutung zu. Diese Maßnahmen erfordern ein branchenspezifisches Leistungsportfolio im Bereich der Planung, um die Diskrepanz zu anderen Bauweisen vor Ort sinnvoll abbilden zu können. Um in diesem Zusammenhang eindeutige Verantwortlichkeiten zu gewährleisten, Schnittstellen weitestgehend zu definieren und die Inhalte der einzelnen Planungsstufen zu präzisieren, ist es seit längerem das Ziel, eine gemeinsame Planungsgrundlage zu erarbeiten.

Die in Österreich im Jahr 2014 als *LM.VM.2014*[5] eingeführten und mittlerweile neu als *LM.VM.2023*[6] aufgelegten Leistungs- und Vergütungsmodelle von Lechner, welche an den meisten Stellen der deutschen *HOAI*[7] stark ähneln, definieren baustoffneutral für die einzelnen Planungsgewerke sowie Leistungsphasen die jeweils zu erbringenden Grundleistungen sowie optionalen Leistungen. Aufgrund der ständig aufflammenden Diskussion, was von wem in welchem Detaillierungsgrad aufgrund welcher Basis zu planen und zu definieren ist, gab es zum LM.VM.2014 bereits frühzeitig ergänzende Kommentare[8] für die leichtere Interpretation des Leistungsumfanges sowie des Inhaltes an zu erbringender Planungsleistung.

Auch mit der neuen LM.VM.2023 liegt seit Mai 2024 ein umfangreicher Kommentar als Interpretationsunterstützung in Form der Publikation *Kommentar zu Planung und ÖBA – Projektentwicklung, Objektplanung Architektur, Tragwerksplanung, Bauphysik + Nachhaltigkeit, Brandschutz, Technische Ausrüstung*[9] vor.

Diese baustoffneutralen Leistungsbilder in Österreich und Deutschland bilden den Holzbau mit seinem frühzeitig erforderlichen Detaillierungsgrad und den für die Vorfertigung jedenfalls erforderlichen Details und Anschlüssen mit Ausführungsreife lediglich bedingt – vor allem punkto der im Holzbau oftmals verwendeten Begrifflichkeiten – ab. Daher wurde in der *ÖNORM B 2215*[10] Werkvertragsnorm für Holzbauarbeiten bereits im Jahr 2017 als Ergänzung folgender Passus zum Thema Planungsleistung, welche das ausführende Unternehmen erwarten darf, eingeführt.

In der ÖNORM B 2215 unter Pkt. 4.3 wurde Folgendes als vom Auftraggeber zu erbringende Voraussetzungen aufgenommen:

„Vom Auftraggeber zu erbringende Voraussetzungen sind Ausführungs-, Detail- und Konstruktionspläne nach Art und Größe des Objekts, im für die Ausführung erforderlichen Umfang und Detaillierungsgrad unter Berücksichtigung aller fachspezifischen Anforderungen und Angaben aus den Fachplanungen wie Tragwerksplanung, bauphysikalische Planung, Haustechnikplanung, Elektroplanung, Brandschutzplanung, Holzschutzplanung, z.B bei Gebäuden mindestens im Maßstab 1:20, sowie die Eintragung aller Maßangaben und Materialbestimmungen zur Umsetzung in die Ausführung ohne weitere Fachplanung." [a]

a. Austrian Standard Institute: ÖNORM B 2215 (Ausgabe: 2017-12-01) Holzbauarbeiten – Werkvertragsnorm. S. 8

5. Vgl. Lechner, H.: LM.VM.2014 – ein Vorschlag für Leistungsmodelle + Vergütungsmodelle für Planerleistungen. S. 1ff
6. Vgl. Lechner, H.: LM.VM.2023 – ein Vorschlag für Leistungsmodelle + Vergütungsmodelle für Planerleistungen. S. 1ff
7. Vgl. Bundesregierung der Bundesrepublik Deutschland: Verordnung über die Honorare für Architekten- und Ingenieurleistungen (Honorarordnung für Architekten und Ingenieure – HOAI) . S. 1ff
8. Vgl. Lechner, H.; Stifter, D.: Kommentar zum Leistungsbild Architektur – HOAI 2013 – LM.-VM.2014. S. 1ff
9. Vgl. Lechner, H.: Kommentar zu Planung und ÖBA - Projektentwicklung, Objektplanung Architektur, Tragwerksplanung, Bauphysik + Nachhaltigkeit, Brandschutz, Technische Ausrüstung . S. 1ff
10. Vgl. Austrian Standard Institute: ÖNORM B 2215 (Ausgabe: 2017-12-01) Holzbauarbeiten – Werkvertragsnorm. S. 1ff

Der Grund hinter dieser Formulierung ist der oftmalig anzutreffende Umstand, dass diese detaillierte Planung im Holzbau bis hin zur Ausführungsreife häufig kostenlos seitens Holzbauunternehmens zu erbringen ist. Denn die *ÖNORM B 2215* besagt weiter, dass, wenn diese Voraussetzung nicht vorhanden ist, es dafür eigene Positionen in der Ausschreibung des Holzbaus geben muss. Demnach geht es um die sachgerechte Vergütung der Planungsleistung, welche für den vorgefertigten Holzbau von heute jedenfalls erforderlich ist.

Damit konnten – neben prinzipiellen Themen des Werkvertrages im Holzbau – auch grundsätzliche Festlegungen getroffen werden, welche die Planungskompetenz und den Planungsumfang für das Holzbauunternehmen festlegen bzw. dessen Vorleistungen definieren. Gleichzeitig wurde eine Absicherung des Leistungsumfanges bezüglich Planung für die Holzbauunternehmen vorgenommen. Im Gegenzug dazu wird nunmehr auf Seiten der Planenden für Architektur und Fachplanung ebenso eine Absicherung des Leistungsumfanges versucht, in dem die vorliegenden Kommentare für den Holzbau interpretiert werden sowie die grundsätzlichen Themen des Holzbaus in einem heuer im Jahr 2024 seitens des Informationsdienstes Holz erscheinenden Leitfaden zum Thema Planung im Holzbau auch beschrieben und für den Nutzer detailliert wird.

2.3 Komplexitätszuwachs und Entwicklung als Herausforderung am Bau

Die Bauindustrie sieht sich einer Vielzahl von Herausforderungen gegenüber, welche durch eine erhebliche Zunahme der Komplexität in technischen Fragen sowie der rechtlichen und normativen Rahmenbedingungen verschärft werden. Dieser Komplexitätszuwachs ist das Ergebnis mehrerer ineinandergreifender Faktoren, die zusammengenommen die Effizienz und Effektivität von Bauprojekten tonangebend beeinträchtigen.

Ein Hauptproblem ist die zunehmende Komplexität der Bauprojekte selbst. Moderne Bauprojekte sind technischer, größer und oftmalig architektonisch anspruchsvoller als früher. Diese Komplexität führt zu einer Kostenproblematik im Bauwesen: Projekte werden teurer, weil sie umfangreicher geplant und ausgeführt werden müssen, um den zum Teil stark gestiegenen Anforderungen aus den Regelwerken sowie den wachsenden Ansprüchen der Nutzer:innen ebenso gerecht zu werden.

Ein wesentlicher Grund für diese Kostenproblematik ist eine zu geringe Planungstiefe. Häufig werden Projekte im Vorfeld nicht gründlich genug geplant und Entscheidungen zu spät bzw. gar nicht getroffen, was zu Problemen und unerwarteten Kostensteigerungen während der Bauphase führt. Dies ist zum Teil auf den in der Branche weit verbreiteten Mangel an Fachplanenden mit spezifischem Know-how zurückzuführen, was die detaillierte und präzise Planung und Ausführung von Bauprojekten erschwert.

Ein weiterer gewichtiger Faktor ist der Mangel an Standardisierung. Die Bauindustrie ist stark fragmentiert, mit vielen kleinen und mittleren Unternehmen, welche jeweils ihre eigenen Methoden und Standards haben. Diese Fragmentierung der Bauwirtschaft führt zu Ineffizienzen und höheren Kosten, da die Zusammenarbeit zwischen den verschiedenen Akteuren oftmals nicht reibungslos funktioniert. Zusätzlich erschweren immer komplexere Vorschriften und Gesetze Bauprojekte. Die Einhaltung dieser Vorschriften erfordert umfangreiches Wissen und Ressourcen, was die Planung und Durchführung von Bauprojekten weiter erschwert und verteuert.

Verschärft werden diese Probleme durch Megatrends wie Urbanisierung, Digitalisierung, Nachhaltigkeit und Ressourcenschonung. Diese Trends erfordern innovative

Lösungen und Anpassungen, welche die Komplexität von Bauprojekten weiter erhöhen. Die Urbanisierung führt zu einem steigenden Bedarf an urbanen Wohn- und Gewerbeflächen, die Digitalisierung zu neuen Technologien und Arbeitsweisen und der Trend zur Nachhaltigkeit zu strengeren Umweltauflagen und energieeffizienteren Bauweisen.

Zusammenfassend lässt sich sagen, dass die zunehmende Komplexität im Bausektor eine große Herausforderung für alle Beteiligten darstellt. Steigende Anforderungen an Projekte, gepaart mit einem Mangel an Fachplanenden, fehlender Standardisierung und umfangreicher Regulierung führen zu steigenden Kosten und Ineffizienzen. Um diesen Herausforderungen zu begegnen, bedarf es frühzeitig einer vertieften Planung, standardisierter Prozesse und innovativer Ansätze, um die Bauprojekte der Zukunft effizient und kostengünstig zu gestalten.

3 Prozessoptimierung Technik – Lösungsstrategien

Der industrialisierte vorgefertigte Holzbau, der sich vom zimmermannsmäßigen Holzbau vor allem durch den Einsatz (teil-)automatisierter Fertigungsmethoden unterscheidet, wurde in den letzten Jahrzehnten durch die stetige Weiterentwicklung technischer und vor allem computergestützter Be- und Verarbeitungsmethoden wesentlich geprägt und weiterentwickelt. Dabei ermöglichen nicht nur die sich rasch an die Bedürfnisse anpassenden IT-Werkzeuge, sondern vor allem auch die neu entwickelten Holzwerkstoffe zukunftsweisende Optionen für eine werkseitige Vorfertigung.

Aufgrund der offensichtlichen und seit Jahren einer breiten Masse von Nutzern kommunizierten Argumente und Vorteile der Holzbauweise, wie z. B. die Leichtigkeit der Konstruktion, die kurze Montagezeit vor Ort oder die witterungsgeschützte Produktion und die damit verbundene gleichbleibende Qualität, ist die Nachfrage nach vorgefertigten Gebäuden aus Holz nicht nur in Mitteleuropa, sondern mittlerweile weltweit in den letzten Jahren deutlich gestiegen. Ausgehend von der seit vielen Jahrzehnten erfolgreich agierenden Fertighausindustrie, die vor allem im Ein- und Zweifamilienhausbereich einen hohen Anteil an vorgefertigten Gebäuden in Holzbauweise aufweist, konnten diese erfolgreichen Systeme der Vorfertigung jedoch bisher nicht in gleichem Maße auf andere Gebäudetypen, wie z. B. den mehrgeschossigen Kommunal-, Wohn- und Bürobau übertragen werden. Dies mag zum einen an den technischen Randbedingungen – wie den deutlich geringeren Anforderungen an Schall- und Brandschutz beim Ein- und Zweifamilienhaus – liegen, zum anderen aber auch an der völlig anderen Kunden- und damit Finanzierungsstruktur.

Grundsätzlich unterscheidet sich der moderne industrialisierte Holzbau wesentlich vom klassischen über die Jahrhunderte entwickelten Zimmereibereich.

Die Arten und Elemente eines industrialisierten Holzbaus umfassen Folgendes:

- Halbzeuge bzw. Halbfertigteile, vergleichbar mit konventionellen mineralischen Baustoffen
- flächige 2D-Elemente als vollintegrierte Bauteile unter Berücksichtigung weiterer Gewerke neben dem Holzbau
- 3D-Module, welche als schlüsselfertige Raumzellen in großvolumigen Holzbauten mit sich wiederholender Grundrissausbildung zunehmend Verwendung finden

In diesem Zusammenhang wird oftmals auch der Begriff Fertigbau (in Deutschland) oder Fertigteilbau (in Österreich) synonym für industrialisiertes Bauen verwendet. Der Begriff bezeichnet eine Bauweise, bei der einzelne Bauteile bereits im Werk vorgefertigt und dann auf der Baustelle montiert werden.

Dabei wird der Fertig(teil)bau folgendermaßen charakterisiert:

- Verlagerung der Bauwerkserstellung von der Baustelle (on-site) in eine Produktionsanlage (off-site)
- ortsunabhängige Produktion von Bauteilen bzw. Bauwerken im Zuge einer Vorfertigung
- Einsatz von automatisierten Fertigungsmethoden bzw. Serienfertigung – Industrialisierung
- Einteilung von Bauteilen in Rastermaße bzw. die Zugrundelegung von standardisierten Bauteilen und Anschlüssen
- Rationalisierung der Bauprozesse

3.1 Standardisierung und Vorfertigung

Die Standardisierung im Holzbau ist in Abhängigkeit des Bausystems bzw. der verwendeten Produkte teilweise sehr weit, teils sehr gering fortgeschritten. Grundsätzlich bieten Standardisierung sowie Normung und Typung jedoch große Potenziale, die es auch im Bauwesen und speziell bei vorgefertigten Bauweisen wie dem Holzbau zu nutzen gilt.

Eine Standardisierung bietet folgende Vorteile:

- Effizienzsteigerung: Standardisierte Bauteile und Prozesse steigern die Effizienz deutlich und senken die Kosten. Wiederkehrende Elemente können schneller, kostengünstiger und qualitätsgesichert hergestellt werden.
- Planungssicherheit: Standardisierte Aufbauten, Anschlüsse und Details sowie standardisierte Prozesse erleichtern die Planungsabläufe im Holzbau und reduzieren das Risiko von Fehlern und Missverständnissen.

Dabei ist die Standardisierung sowie der Standardisierungsgrad wie folgt definiert:

Standardisierung und Standardisierungsgrad

- Standardisierung: Einteilung von Bauteilen in Raster. Bauen mit Elementen bzw. Modulen in einem Baukastensystem.
- Standardisierungsgrad: Je mehr Bauteile des Gesamtbauwerkes standardisiert werden, desto höher ist der Standardisierungsgrad. Ein hoher Standardisierungsgrad bedeutet, dass die Bauteilmaße an einen fixen Raster gebunden sind.

  → Standardisierung ist die unbedingte Voraussetzung für die Umsetzung / Implementierung des modularen Bauens

Die Kombination von Vorfertigung und Standardisierung im Holzbau bietet folglich signifikante Vorteile hinsichtlich Qualität, Effizienz und damit auch Nachhaltigkeit. Sie stellt einen essenziellen Schritt zur weiteren Professionalisierung und Verbreitung dieser Bauweise dar.

Die Vorfertigung spielt im Holzbau eine zentrale Rolle. Dabei werden Bauteile, wie Wände, Decken und Dächer bereits in der Werkstatt oder im Werk passgenau vorgefertigt, zahlreiche Folgegewerke integriert und die Bauteile oftmals mit fertigen Oberflächen auf die Baustelle transportiert und dort lediglich montiert.

Diese Vorgehensweise der Vorfertigung bietet zahlreiche Vorteile:

- Qualität und Präzision: Die kontrollierten Bedingungen in der Werkstatt gewährleisten eine hohe Präzision und Qualität der Bauteile. Die Möglichkeit von Fehlern und Ungenauigkeiten, welche auf der Baustelle auftreten können, wird minimiert.
- Zeitersparnis: Die Vorfertigung ermöglicht eine erhebliche Verkürzung der Bauzeit auf der Baustelle. Während die Bauteile im Werk vorproduziert werden, können parallel auf der Baustelle vorbereitende Arbeiten, wie bspw. die Fundamentierung oder die Herstellung von Treppenhauskernen aus Stahlbeton, unabhängig durchgeführt werden.
- Witterungsunabhängigkeit: Die Vorfertigung in geschlossenen Räumen gewährleistet eine witterungsunabhängige Produktion, was zu einer höheren Planungssicherheit und einer Reduzierung von Verzögerungen sowie zu besseren Arbeitsplatzbedingungen und dabei gleichbleibender hoher Qualität führt.

Dabei ist die Vorfertigung sowie der Vorfertigungsgrad wie folgt definiert:

Vorfertigung und Vorfertigungsgrad

- Vorfertigung: ortsunabhängige Herstellung eines Bauteils oder Bauwerks in einem Werk (off-site) sowie die Herstellung von Bauprodukten unter Zuhilfenahme industrieller Arbeitsmethoden.
- Vorfertigungsgrad: Je größer die Wertschöpfung im Werk, desto höher ist der Vorfertigungsgrad. Ein hoher Vorfertigungsgrad bedeutet, dass die notwendigen Arbeitsschritte auf der Baustelle ein Minimum erreichen.

→ Vorfertigung ist die unbedingte Voraussetzung für die Umsetzung / Implementierung der Fertigteilbauweise, allerdings bedeutet Vorfertigung nicht automatisch eine mechanisierte bzw. industrialisierte Fertigung

Ergänzend zu den angeführten Begriffen sei noch auf das Folgende hingewiesen:

Industrialisierung und Industrialisierungsgrad

- Industrialisierung: Anwendung von industriellen Produktionsprinzipien wie Mechanisierung, Automatisierung und Robotik.
- Industrialisierungsgrad: Je größer die Mechanisierung, Automatisierung bzw. der Robotikeinsatz in der Bauwerkserstellung ist, desto höher ist der Industrialisierungsgrad. Ein hoher Industrialisierungsgrad bedeutet, dass die manuellen Arbeitsschritte auf der Baustelle bzw. im Werk ein Minimum erreichen.

→ Industrialisierung unbedingte Voraussetzung für die Umsetzung / Implementierung des industriellen Bauens

Das Thema Vorfertigung wird in allen Materialitäten als wesentlich erachtet. Allerdings gestaltet sich die Vorfertigung unterschiedlich, was auch immer wieder zu Verwechslung und Fehlerinterpretationen führt.

Im Zusammenhang mit den erläuterten Begriffen der Vorfertigung taucht auch oftmals der Systembau auf. Dieser stellt eine innovative Bauweise dar, bei der das Gesamtbauwerk in vorgefertigte Module oder Bauelemente aufgeteilt wird. Diese Module werden nach dem Baukastenprinzip im Werk vorgefertigt und anschließend auf der Baustelle montiert.

Zusammenfassend findet sich nachstehend eine Darstellung, welche die Vorfertigung je Baustoff sowie die Vorfertigungsstufen veranschaulicht:

→ **Abb. 3**

Die Abbildung zeigt unter anderem die Unterscheidung in die Hybridbauweisen, welche im Holzbau vermehrt eingesetzt werden (bspw. Holz-Beton-Verbunddecken – HBV), die Unterscheidung in Systemhybrid und Materialhybrid ist dabei essenziell.

Im Zusammenhang mit dem Thema Vorfertigung, dem industriellen Bauen bzw. genormter Bauteile und Typen kommt vor allem aufgrund des immer wiederkehrenden Vorwurfes des Monotonen in der Architektur und Gestaltung, den folgenden beiden Begriffen Baukasten und Bausatz bzw. deren Unterscheidung eine maßgebliche Bedeutung zu.

Unter einem Baukastensystem ist ein geschlossenes System zu verstehen, bei welchem die einzelnen Elemente von einem Produzenten gebäudeunabhängig hergestellt werden. Der Baukasten beinhaltet eine bestimmte Anzahl an Elementen, welche unterschiedlich miteinander kombiniert werden können, jedoch standardisierte Verbindung und Komponenten aufweisen.

Als grundsätzliches Kennzeichen eines Baukastensystems ist vor allem der zum Zeitpunkt der Produktion unbekannte Einbauort sowie bei der Herstellung nicht feststehende Anwender anzusehen. Ebenso steht durch die Variabilität der einzelnen Elemente das Endergebnis zum Zeitpunkt der Produktion nicht fest. Dies unterscheidet sich vom Bausatz, bei welchem zum Zeitpunkt der Produktion zwar Anwender und Einsatzort unbekannt sind, jedoch das Endergebnis eindeutig feststeht, was sich im Falle von Gebäuden in einem Gebäudetyp mit zuvor festgelegtem Grundriss und geringer Variabilität äußert.

→ **Abb. 4**

System-Bauweisen für tragende Bauteile

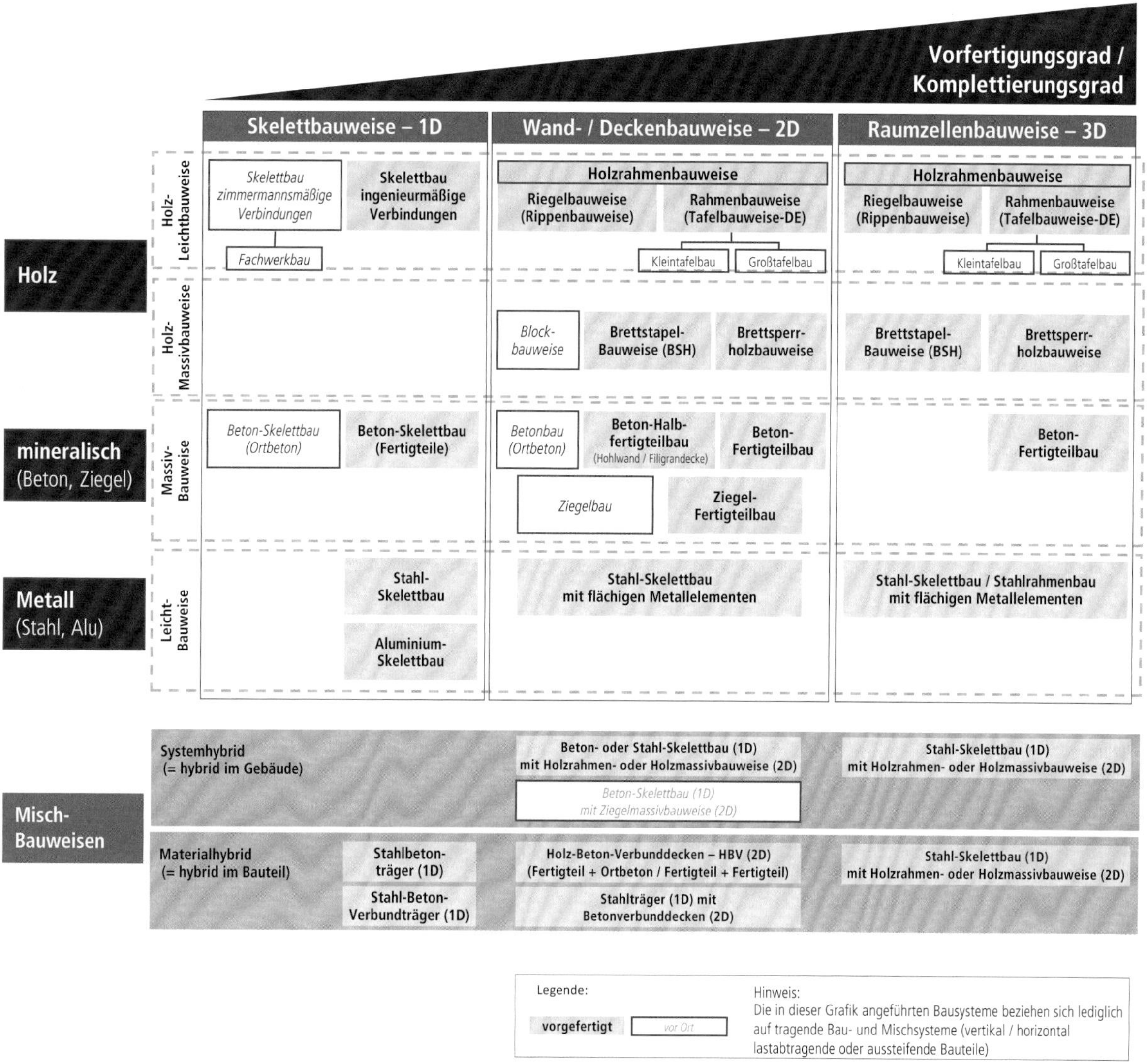

Abb. 3: Einteilung Systembauweisen in Abhängigkeit des Materials sowie des Vorfertigungsgrades (Quelle: IG Lebenszyklus: Prozessmodell für Hybridbau und modularen Systembau – Leitfaden für systembauinteressierte Branchenvertreter:innen. S. 7)

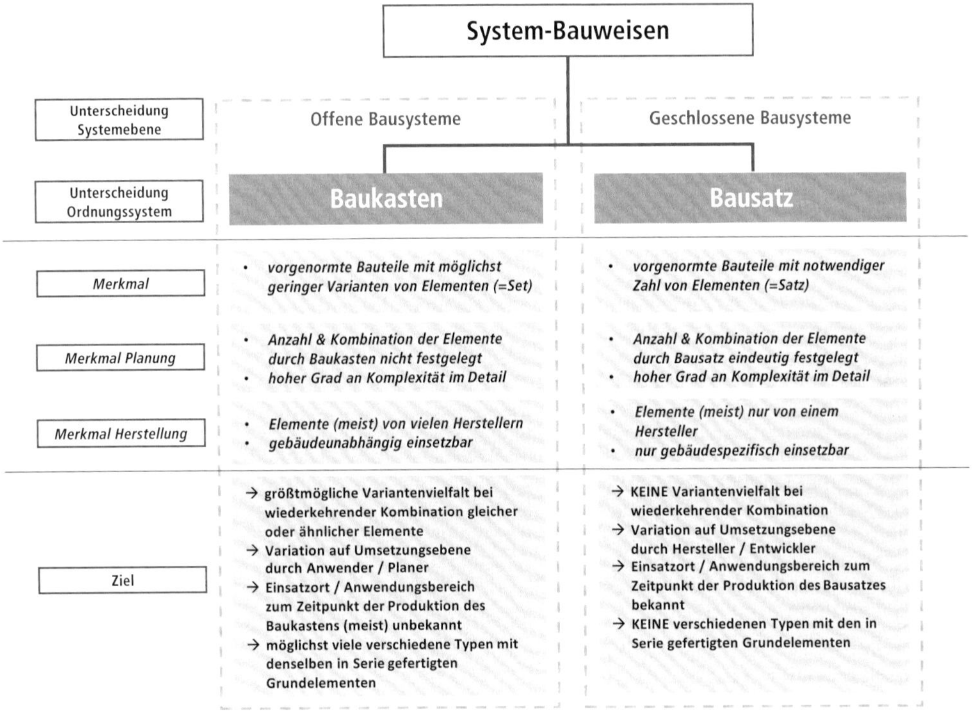

Abb. 4: Baukastensystem im Vergleich zum Bausatz (Quelle: weiterentwickelt aus: Koppelhuber, J.: Bauprozessmanagement im Industriellen Holzbau – Ableitung eines Bauprozessmodells zur Prozess- und Bauablaufoptimierung im Holzsystembau. Schriftenreihe – Heft 39. S. 164)

3.2 Effizienzsteigerung durch Industrialisierung

Der Begriff des industriellen Bauens bzw. des Bauens mit vorgefertigten Bauteilen bezeichnet in der Regel die Übertragung einzelner industrieller Arbeitsweisen aus der stationären auf die dezentralen Produktions- und Vorfertigungssysteme sowie Montagekonzepte einer Bauproduktion. Im Sprachgebrauch des Holzbaus wird die Bezeichnung Vorfertigung in der Regel für das Bauen in Serie, für den Systembau sowie für das elementierte (2D-Elemente) oder modulare (3D-Module) Bauen verwendet. Grundsätzlich ist unter diesem Begriff ausschließlich die Produktion einzelner Bauelemente an einem witterungsunabhängigen Ort zu verstehen und nicht das industrielle Bauen auf der Baustelle an sich. Des Weiteren ist es in diesem Zusammenhang irrelevant, ob die Vorfertigung automatisiert, maschinell oder handwerklich erfolgt, wie es im Holzbau aufgrund der unterschiedlichen Ausstattungsgrade in den Werkshallen der Holzbauunternehmen ebenfalls der Fall ist. Ebenso ist die Fertigungstiefe, also der erreichte Prozentsatz des eigenen oder fremden Vorfertigungsgrades, mit dem Begriff Vorfertigung nicht näher definiert. Der Begriff „Bauen im System" bzw. „serielles Bauen" beschreibt hingegen die für die 1960er-Jahre typische Vereinheitlichung der zugrunde liegenden Ausgangsmodule. Um einen wirtschaftlichen Vorteil zu erzielen, wurden damals die verarbeiteten Bauteile standardisiert und in hohen Stückzahlen produziert. Die Homogenisierung einzelner Komponenten und Bauteile bedingt, dass individuell angepasste Bauwerke nicht realisierbar sind. Dies manifestiert sich in einer Architektur, die mitunter als monoton wahrgenommen wird. Diese Wahrnehmung wird als Nachteil des industriellen Bauens erachtet und oftmals als Gegenargument angeführt.

In der Industrialisierung der Bauprozesse liegen jedoch erhebliche Effizienzpotenziale, welche im Bauwesen jedoch nach wie vor weitestgehend ungenutzt bleiben. Klassische mechanische stationäre Produktionsanlagen der ersten industriellen Revolution (im 19. Jahrhundert) wurden zwar erfolgreich bspw. in Form von Baumaschinen vor vielen Jahrzehnten rasch und flächendeckend in den Prozess der Bauwerkserstellung integriert. Die weiteren Industrialisierungsstufen, bspw. durch eine IT-gestützte Automatisierung der Massenproduktion, sind bis dato lediglich in äußerst geringem Maße auch im Holzbau vorhanden. Das Ziel des industriellen Bauens besteht darin, die Innovationen aufgrund der Industrialisierung auch in der Bauwirtschaft flächendeckend zu implementieren. Dadurch soll kosteneffizientes und termintreues Bauen mit hoher Präzision und Qualität durch Automation in den Arbeitsprozessen erreicht werden. Dies erfolgt in Übereinstimmung mit dem über allem stehenden Dreigestirn im Bauwesen (Qualität, Kosten, Termin). Die kontinuierliche Weiterentwicklung in Bezug auf eine maschinelle Automatisierung in der Fertigung zur Reduktion manueller Tätigkeiten, der Einsatz von Industrierobotern als Ersatz ohnehin fehlender menschlicher (Fach-)Arbeitskraft sowie die Integration selbiger auf der Baustelle und damit eine Veränderung der Bauprozesse vor Ort, stellen für die Integration des industriellen Bauens in den nächsten Jahren eine maßgebliche Chance auch im Holzbau, aber auch Herausforderung dar.[11]

11. Vgl. Koppelhuber, J.: Bauprozessmanagement im industriellen Holzbau – Ableitung eines Bauprozessmodells zur Prozess- und Bauablaufoptimierung im Holzsystembau. Dissertation. S. 206-207

3.3 Mechanisierung und Werkzeuge im Holzbau – Lean und BIM

In zahlreichen Bereichen der klassischen Produktionsindustrie erfolgt eine fortwährende Automatisierung mittels Industrierobotern, insbesondere für komplexe Tätigkeiten. Während die Mechanisierung lediglich eine Unterstützung der menschlichen Arbeitskraft bietet und im Vergleich dazu die Maschinisierung die Arbeit selbst ersetzt, bildet die Automatisierung eine IT-gestützte Übertragung der Prozesssteuerung und -regelung ausgehend von menschlicher Arbeitskraft hin zu künstlichen Systemen. Um die dadurch entstehenden Effizienzvorteile von stationären Produktionsanlagen künftig auch im Baugewerbe und damit auch im Holzbau effizient und flächendeckend nutzen zu können, müssen die Bauprozesse entweder weg von der Baustelle in dezentrale Produktionsstätten verlagert oder Technologien entwickelt werden, um dieselben oder adaptierte Möglichkeiten auch auf der Baustelle einsetzen zu können.

Die Anwendung des Lean-Prinzips ermöglicht u.a. auch die Rationalisierung industrieller Bauprozesse. Zudem kann durch den Einsatz von BIM eine Optimierung der Prozesse sowie eine Erweiterung um Cyber-Physische Systeme und Künstliche Intelligenz (KI) erzielt werden. Grundsätzlich basiert das Prinzip Lean[12] auf dem Grundgedanken der Vermeidung von Ressourcenverschwendungen durch effiziente Arbeitsabläufe in der Herstellung von Produktionsgütern.[13] Die systematische und kontinuierliche Optimierung sowie Rationalisierung der Wertschöpfungsprozesse erlaubt es folglich, Ressourcen einzusparen bzw. an anderer Stelle gewinnbringender einzusetzen. Dies resultiert in einer signifikanten organisatorischen Effizienzsteigerung, sowohl in einer externen Produktionsstätte als auch vor Ort auf der Baustelle.

Erst mit der Einführung von Lean bzw. Lean Production haben sich in der stationären Industrie, aber auch in ersten Schritten im Baugewerbe, die bis dahin vorherrschenden Produktionsstrukturen grundlegend geändert. Im Fokus steht nicht länger die ausschließliche Optimierung der Leistungserstellung und Rationalisierung der tatsächlichen Güterproduktion, sondern auch die flexible Reaktion auf unterschiedliche Randbedingungen und Kundenwünsche. Durch die Ergänzung mit Building Information Modeling (BIM) soll es möglich sein, möglichst realistische Bauwerke und Bausituationen vorab virtuell in einem digitalen Zwilling zu generieren und dadurch Entscheidungen frühzeitig vorwegzunehmen. Dadurch können negative Auswirkungen, die in der Regel zeitlich, finanziell sowie auch in der Qualität erheblich sind, gänzlich vermieden werden. Die angestrebte Flexibilität soll zudem mithilfe der Integration neuer Kommunikations- und Informationstechnologien sowie -systeme und KI zu einem ähnlichen Kostenniveau wie bei einer klassischen Massenproduktion ermöglicht werden.

Obgleich die Potenziale erkannt und der Anteil an Gebäuden, die aus Halbfertigteilen oder Fertigteilen hergestellt werden, kontinuierlich steigt, bleibt der Anteil industrieller Vorfertigung in der Baubranche im Vergleich zu anderen Wirtschaftszweigen in Europa und zahlreichen anderen westlichen Staaten nach wie vor stark zurück. Die in einigen Ländern bereits etablierten Systeme, welche nach einem Baukastensystem auf einem Fließband mithilfe hochautomatisierter Fertigungsprozesse ähnlich der Automobilindustrie Gebäude bzw. zahlreiche Gewerke-integrierte Bauteile realisieren, lassen sich bei näherer Betrachtung kaum von traditionell errichteten Bauten unterscheiden, weisen jedoch einen sehr hohen Vorfertigungsgrad auf. Dies demonstriert, dass die vielfach insbesondere von Planenden vehement vertretene Auffassung, Prozesse der Automobilbranche seien nicht auf die Baubranche übertragbar bzw. integrierbar, nicht gänzlich korrekt ist. Die grundlegenden Parallelen einer Bauproduktion und einer industriellen Produktion können als Ausgangspunkt für eine Optimierung herangezogen werden. Die erforderlichen Denkmuster, Abläufe und Umsetzungsprozesse unterscheiden sich jedoch grundlegend von denen der industriellen Produktion. Zudem ist eine Abkehr von einem klassischen Denkmuster einer vermeintlich individuell gestalteten Architektur erforderlich, die sich im Bauwerk letztlich zeigen soll.

12. Vgl. Lean Production ist ein ökonomischer Denkansatz und Leitgedanke einer Produktion, der durch eine Optimierung der Arbeitsabläufe zu einer Vermeidung von unnötigem Mehraufwand und Verschwendung führen soll.
13. Vgl. Dickmann, P.: Schlanker Materialfluss – mit Lean Production, Kanban und Innovationen. S. 1ff.

4 Prozessoptimierung Wirtschaft – Lösungsstrategien

In der primär technologiegetriebenen Evolution des Holzbaus, welche sich bisher hauptsächlich auf der Produkt- und Herstellungsebene abzeichnet, wurde der Entwicklung von speziell für den Holzbau adaptierten bau- und betriebswirtschaftlichen Grundlagen bzw. zugehörigen Werkzeugen lange Zeit keine ausreichende Beachtung geschenkt bzw. diese gänzlich vernachlässigt. Dies resultiert in einem eklatanten Informationsdefizit, welches sich sowohl aus einem Mangel an zuverlässigen und fundierten (Untersuchungs-)Daten als auch aus einer mangelnden literarischen, softwaretechnischen und anwenderorientierten Aufbereitung der wenigen vorhandenen Erkenntnisse und Kennwerte ergibt.

Eine Übertragung allgemein gültiger Grundsätze des mineralischen Massivbaus auf den Holzbau ist aufgrund der spezifischen Branchen- und Unternehmensstruktur sowie der konträren Produktions- und Bauprozesse lediglich bedingt möglich. Dennoch stellt sie – mangels Alternativen – nach wie vor die am weitesten verbreitete Lösungsstrategie zur Bekämpfung von holzbauwirtschaftlichen Lücken dar. Die Entwicklung und Etablierung von materialspezifischen Verfahren und Umsetzungstools, welche den besonderen Ansprüchen des Holzbaus gerecht werden, ist demnach längst überfällig und alternativlos.

Die nachfolgend dargestellten Entwicklungen (mit starkem Bezug auf Österreich) der letzten Jahre lassen den Schluss zu, dass sich der Holzbau auf einem soliden Weg befindet, um sich aus den bauwirtschaftlichen Kinderschuhen zu befreien und eine ganzheitliche Professionalisierung – aus bauwirtschaftlicher Sicht – für die gesamte Branche vorzunehmen. In diesem Kontext sind insbesondere die folgenden Themenfelder von Relevanz: die holzbaugerechte Planung, ein Ausweg aus dem nahezu alternativlosen Preiswettbewerb in der Branche sowie eine mangelnde Nachhaltigkeit des Bauens an sich. Darüber hinaus stehen die Themenfelder Kostenplanung bzw. Kostenvergleich, Ausschreibung und Kalkulation sowie bauvertragliche Grundlagen im Vordergrund. Im Folgenden wird erörtert, wie sich die dargestellten Aspekte äußern, welche Entwicklungen bereits initiiert wurden bzw. noch ausständig sind und wie deren Auswirkungen antizipiert werden können.

4.1 Standardisierung in der Kostenplanung

Die Definition des (vollkommen) baustoffneutralen Kostenziels bzw. Kostenrahmens eines Projektes, welche sich gemäß der in Österreich gültigen *ÖNORM B 1801-1*[14] (vergleichbar mit der *DIN 276:2018*[15] in Deutschland) in den ersten beiden Stufen der Kostenplanung widerspiegelt, sowie deren konsequente Verfolgung zur Erreichung eines positiven Projektabschlusses, rufen aufgrund unterschiedlicher Interessen des Bauherrn bzw. dessen bevollmächtigten Planenden / der Objektüberwachung (in Deutschland) bzw. Örtliche Bauaufsicht (ÖBA in Österreich) ein stark opportunistisches Verhalten gegenüber den ausführenden Unternehmen hervor. Dieses nicht ausschließlich auf den Baustoff Holz bezogene Phänomen stellt auch für den Holzbau eine zunehmende Herausforderung dar. Dabei ist dies vor allem darauf zurückzuführen, dass vermehrt großvolumige Bauvorhaben mit dem Werkstoff Holz umgesetzt werden, und dementsprechende Abwicklungsstrukturen erfordern. Zudem werden Gesamtaufträge als Generalunternehmer (GU oder Teil-GU) bzw. -übernehmer (GÜ) oder gar Totalunternehmer (TU) und -übernehmer (TÜ) durch Holzbauunternehmen abgewickelt.

Ein weiterer Aspekt, den es zu berücksichtigen gilt, ist die Tatsache, dass sich der Holzbau sowohl technisch als auch finanziell häufig gegenüber dem mineralischen Wettbewerb „beweisen" muss. Zudem zeigt sich in der Praxis oftmals, dass die Kostenplanung gemäß *ÖNORM B 1801-1* (in Österreich) bzw. *DIN 276* (in Deutschland), insbesondere die Kostenschätzung (LPH 2) , die Kostenberechnung (LPH 3) der Kostenvoranschlag (lediglich in Deutschland; LPH 5) und der Kostenanschlag (LPH 7), oftmalig unzureichend, wenig belastbar und auf falscher Basis erfolgt.

Die großteils fehlenden validen Daten zu neutralen Kostenkennwerten im Holzbau führen dazu, dass im Rahmen von Kostenvergleichen verschiedener Bauweisen und Baustoffe keine vergleichbare und valide Basis herangezogen wird und damit ein stark verzerrtes Kostenbild entsteht, welches den Holzbau finanziell oftmals

14. Vgl. Austrian Standards;: ÖNORM B 1801-1:2022 03 01 Bauprojekt und Objektmanagement – Teil 1: Objekterrichtung. S. 1ff

15. Vgl. DIN Deutsches Institut für Normung: DIN 276:2018 Kosten im Bauwesen. S. 1ff

wesentlich schlechter abschneiden lässt, obwohl dieser Umstand unbegründet ist. Dieser Umstand – welcher auch in Studien der TU Graz[16] belegt werden konnte – ist vor allem auf die fehlenden holzbauspezifischen Kostenkennwerte zurückzuführen. Die herangezogenen Daten sind demnach großteils nicht holzbauspezifisch oder spiegeln nicht die technologischen Innovationen auf Produktebene wider.

Ein weiterer erschwerender Faktor für eine vergleichbare sowie transparente und damit haltbare Kostenberechnung in LPH 3 ist die Tatsache, dass der Holzbau oftmals als Variante (oder gar Alternative) zum mineralischen Massivbau (eventuell zu einem späteren Zeitpunkt) mit deutlich höherem Qualitätsstandard angeboten wird. Der Vergleich zwischen Holzbau und konventionellem Massivbau erfolgt demnach viel zu oft auf einer ungleichen, nicht neutralen Basis mit variierenden Ausstattungsstandards.

Lösungsstrategie Kostenplanung Holzbau

Es ist das erklärte Ziel, die Kostenplanung im Holzbau auf eine valide und vor allem (firmen-)neutrale Datenbasis zu stellen. Dazu ist im Zuge eines Kostenvergleiches unterschiedlicher Baustoffe / Bauweisen stets auf den *„Edelrohbau"* zurückzugreifen. Dies impliziert, dass das statisch bzw. bauphysikalisch äquivalente Element die Vergleichsgrundlage bildet (gleiche statische Funktion, gleicher U-Wert, gleicher Schallschutz und gleicher Brandschutz u. ä., bspw. von Wand-, Decken- und Dachkonstruktionen), mit welcher die finanzielle Gegenüberstellung unterschiedlicher Bauweisen bzw. Baustoffe durchgeführt wird. Im Rahmen eines Wirtschaftlichkeitsvergleiches sind sämtliche weiteren Elemente der Konstruktion und des Ausbaus sowie der Ausstattung zu diesem Zeitpunkt nicht zu berücksichtigen. Erst zum Zeitpunkt der Kostenschätzung in der Vorentwurfsphase werden diese Elemente wieder in die Berechnung zur Vervollständigung der Kostenplanung gemäß Norm mit aufgenommen.

16. Vgl. Studien am Institut für Baubetrieb und Bauwirtschaft (iBBW) der TU Graz zwischen 2012 und 2018; siehe dazu: Koppelhuber, J.: Bauprozessmanagement im Industriellen Holzbau – Ableitung eines Bauprozessmodells zur Prozess- und Bauablaufoptimierung im Holzsystembau. Schriftenreihe – Heft 39. S. 1ff

Unbedingte Voraussetzung Kostenvergleich Hochbau – mineralischer Massivbau → Vergleichbarkeit der angesetzten Kostenkennwerte
- Bezugsobjekte ähnlicher Größe
- Hauptnutzungsarten (Schule, Krankenhaus, Wohnbau, Büro, …)
- Identische Qualität / (Aus)Baustandard (einfach/mittel/hoch)
- Geometrie (Steildach, Flachdach, …)
- Aktualität (Vergleichszeitraum, Bezugsjahrgang)
- Indexanpassung (Aktualität, Index-Art)
- Standort / Region (Länder, Bundesländer, innerstädtisch)
- …

Da im Holzbau erfahrungsgemäß oftmals ein höherer Ausstattungsgrad bzw. Qualitätsstandard gewünscht wird als im mineralischen Massivbau, bspw. bei der Wahl zwischen Kunststofffenstern und Holz-Alu-Fenstern, Parkett und Laminat, Holzfaserdämmung und EPS, hinterlüftete Fassaden und WDVS, etc., gilt es diesen Umstand jedenfalls zu berücksichtigen. Im Rahmen eines Kostenvergleiches der Baustoffe, Bausysteme und Bauweisen sind sämtliche Elemente wie Fenster, Türen, Fassaden, Dachdeckungen, Böden, Heizungs-, Klima- und Sanitärinstallationen sowie Elektroinstallationen zuerst nicht zu berücksichtigen. Erst dadurch wird ein neutraler Kostenvergleich möglich und zulässig, wodurch eine neutrale und damit auch faire Bewertung des Holzbaus gewährleistet werden kann.

Grundsatz „Edelrohbau" bei Kostenvergleich Holzbau – mineralischer Massivbau

- → durchgeführte Kostenvergleiche der Bauweisen / Baustoffe / auf neutrale Basis heben und
- → anhand des Vergleiches der Kosten für den „Edelrohbau" = STATISCH-BAUPHYSIKALISCHES ÄQUIVALENT eine Kostenberwertung der eingesetzten Baustoffe vornehmen, ohne jegliche Kosten für Ausbau etc. zu berücksichtigen und
- → erst für endgültige Kostenermittlung (Kostenplanungsstufen gemäß ÖNORM B 1801-1) alle zu erwartenden Kosten (Teile aus KG 2, KG 3, KG 4) heranziehen)

Kostenvergleich IMMER ohne Ausbau („Edelrohbau")

- → d.h. gleiche statische Funktion / U-Wert, Schall- und Brandschutz
- → ohne Fenster / Türen / Fassade / Dachdeckung / Böden / HKLS / Elektro / Ausstattung / ...)
- → ACHTUNG: meist höhere Ausstattungs- / Ausführungsqualitäten im Holzbau als im mineralischen Massivbau
  - Mineralwolle – EPS
  - Holzalufenster – Kunststofffenster
  - Parkett – Laminat
  - hinterlüftete Fassadenbekleidungen – Wärmedämmverbundsystem (WDVS)
  - ...

In zahlreichen baubetrieblichen Untersuchungen sowie publizierten REFA-Studien der TU Graz [17] konnte nachgewiesen werden, dass sich der Holzrohbau zumindest kostenneutral verhält. Dies lässt sich sowohl im Holzrahmenbau als auch im Holzmassivbau (BSP) sowie in Holzhybridbauten und bei Holzmischbauten fundiert nachweisen. Zusätzlich zu den monetär bewertbaren Faktoren sind auch nicht monetär bewertbare „weiche Faktoren" zu berücksichtigen, wie bspw. teils geringere Wandstärken bei Innenwänden (d.h. mehr Wohnnutzfläche), kürzere Bauzeiten (d.h. frühzeitiger Bezug), weniger CO_2-Emissionen (d.h. Vermeidung einer potenziellen Carbon Tax), geringeres Gewicht (d.h. reduziertere Fundamentierung) und eine höhere Wohnqualität (d.h. höherer Verkaufs- und Mietpreis). Diese Faktoren sind ebenfalls bei Kostenbetrachtungen finanziell zu berücksichtigen.

17. Vgl. Studien am Institut für Baubetrieb und Bauwirtschaft (iBBW) der TU Graz zwischen 2012 und 2018; siehe dazu: Koppelhuber, J.: Bauprozessmanagement im Industriellen Holzbau – Ableitung eines Bauprozessmodells zur Prozess- und Bauablaufoptimierung im Holzsystembau. Schriftenreihe – Heft 39. S. 1ff

4.2 Standardisierung in der Ausschreibung

Gemäß dem Grundsatz „eine gute Ausschreibung bedingt ein gutes Projekt" stellt sich auch im Holzbau seit geraumer Zeit die Frage, wie ein Projekterfolg mit einem möglichst verlässlichen Kostenrahmen ohne erhebliche Nachtragsforderungen, Bauzeitüberschreitungen und langwierige Rechtsstreitigkeiten realisiert werden kann. Dabei spielt die zugrundeliegende Ausschreibung – sei sie funktional oder konstruktiv – eine wesentliche Rolle. Sie ermöglicht eine nachvollziehbare Kostenschätzung und -berechnung sowie eine Reproduzierbarkeit der Kostenanschläge durch eine standardisierte Darstellung der projektspezifischen Bauteile, Leistungen sowie der zu erwartenden Umstände der Leistungserbringung. Letztere müssen sowohl erkennbar als auch kalkulierbar sein. Um diesem Umstand Rechnung zu tragen, wird in Österreich seit Jahrzehnten auf die frei zugängliche, in regelmäßigen Abständen aktualisierte, laufend an die Gegebenheiten und Entwicklungen des jeweiligen Gewerkes angepasste sowie dem jeweiligen Stand der Technik entsprechende und vor allem KOSTENLOSE *Standardleistungsbeschreibung (LB-HB)* des Bundes zurückgegriffen, die rd. 80 % der im allgemeinen Hochbau zu erbringenden Leistungen nach dem Stand der Technik textlich präzise und umfassend erfasst und dem Grundsatz folgt, Bauleistungen eindeutig, vollständig und neutral zu beschreiben. Diese *Standardleistungsbeschreibung* ist auch von allen öffentlichen Auftraggebern sowie Sektorenauftraggebern gemäß *Bundesvergabegesetz (BvergG)* neben den geltenden ÖNORMEN bis 2018 verpflichtend (!), mittlerweile empfohlen als gültiger Standard anzuwenden. Da der Holzbau mittlerweile sehr häufig bei öffentlichen Bauten sowohl auf kommunaler Ebene als auch bei Entscheidungsträgern der Länder und des Bundes zum Einsatz kommt, ist dieser Umstand der Anwendung der LB-HB gemäß *BvergG* auch im Holzbau von größer werdender Bedeutung.

Die immer kürzer werdenden Zyklen der Produktinnovationen, laufend angepasste und durch (Grundlagen-)Forschung untermauerte neue Detaillösungen sowie die sich ständig ändernden sowie zunehmenden Leistungsumfänge im Holzbau führten in der Vergangenheit oftmals zu unzureichenden Positionsbeschreibungen sowie ungenauen und vor allem herstellerspezifischen Bezeichnungen in der Leistungsgruppe (LG) 36 Zimmererarbeiten der alten *Standardleistungsbeschreibung*.

Aus diesem Grund wurde diese vor einigen Jahren im Zuge einer gänzlichen Neuaufstellung von einer Projektgruppe aus Fachvertretung, Wirtschaft und Wissenschaft umfassend überarbeitet und geändert und an den aktuellen Stand der Technik im modernen Holzbau angepasst. Im Zuge der Neuerscheinung der LB-HB in der Version 021 im Dezember 2018 (veröffentlicht Anfang Februar 2019) sowie der zwischenzeitlichen weiteren Adaptierung und Veröffentlichung mit Ende 2021 (LB-HB 022) wurde diese Leistungsgruppe 36 Anfang 2019 vom Bundesministerium für Arbeit und Wirtschaft (BMAW) veröffentlicht und zum kostenlosen Download[18] – auch als *ÖNORM*-Datenträger (vergleichbar mit dem .gaeb Austauschformat in Deutschland) – zur Verfügung gestellt.

Die erfolgte Anpassung der standardisierten Leistungsbeschreibung ermöglicht somit eine umfassende und detaillierte, technisch adäquate Ausschreibung im Holzbau durch eine der Struktur des Holzbaus entsprechende Gliederung nach Bauteilen (Wand, Decke, Dach etc.) und Konstruktionsschichten (Tragwerk, Dämmpaket, Innenverkleidung, Fassade etc.). Mit über 800 Grund- und Zulagepositionen (in Österreich als Aufzahlungspositionen Az bezeichnet) in 37 Unterleistungsgruppen (ULG) – mit mittlerweile mehr als 850 Positionen durch die letzte Überarbeitung 2023 / 24 – ermöglicht diese Anpassung dem Ausschreibenden die Erstellung eines produkt- und firmenneutralen Leistungsverzeichnisses nach dem gleichen Schema und mit ähnlichen Abrechnungsregeln, wie im mineralischen Massivbau sowie bei zahlreichen Ausbaugewerken (z.B. Trockenbau, Estrich, WDVS, etc.). Dies gestattet wiederum dem Bieter eine schnelle und zielgerichtete Kalkulation der einzelnen Positionen in einem hohen Detaillierungsgrad auf gleichbleibender und sich wiederholender Basis – nach dem System einer Standardkalkulation, wie sie in vielen klassischen Gewerken (Beton- und Stahlbeton, Mauerwerk, Estrich, Trockenbau, WDVS, etc.) in Österreich seit Jahrzehnten üblich ist.

18. BMAW Bundesministerium für Arbeit und Wirtschaft – Standardisierte Leistungsbeschreibung LB-HB 022 https://www.bmaw.gv.at/Services/Bauservice/Hochbau.html

Im Zuge der bisherigen Überarbeitung der *LG 36* – wie auch der laufenden und zukünftigen Anpassung bzw. Erweiterung wurde vor allem die in den letzten Jahren verstärkt eingesetzte Holzmassivbauweise mit Brettsperrholz (in herstellerunabhängigen Dicken, Rippenplattendecken, Verschraubungen, Schlitzen und Durchbrüchen, udgl.) sowie die gesamte Palette der modernen Verbindungstechnik (Holzbau-Schrauben, Verstärkungsmaßnahmen, eingeklebte Gewindestangen, Winkel, Systemverbinder, udgl.) aufgenommen. Weiter wurden Begriffsdefinitionen, technische Erläuterungen und Oberflächenqualitäten für Brettsperrholz sowie die Ausschreibung der Verbindungstechnik für linienförmige Bauteile im Holzleicht- und Holzmassivbau, aber auch Gesamtkonstruktionen in Form von Rohbauelementen gemäß dem Bauteilkatalog *dataholz.eu*[19] in die LG 36 aufgenommen. In der aktuellen Überarbeitung 2023 / 24 wurde die LG 36 Holzbau um das zunehmend an Bedeutung gewinnende Kapitel Holz-Beton-Verbund HBV erweitert sowie einige Anpassungen an normative Änderungen ebenso wie Präzisierungen vorgenommen. Diese Fassung wird im Zuge der Neuauflage der LB HB 023 mit Jahreswechsel 2024/25 offiziell veröffentlicht, ist aber mittlerweile bereits als Zwischenversion seitens des Bundesministeriums verfügbar.

Um ein besseres Verständnis zu erreichen und die Einarbeitungszeit in die neue Struktur auch für erfahrene Ausschreibende und Kalkulierende zu verkürzen, wurde vom Autor ergänzend ein Leitfaden[20] erstellt.

Lösungsstrategie Ausschreibung Holzbau

Um eine zielgerichtete, umfassende und gleichermaßen detaillierte Ausschreibung im Holzbau zu erreichen, welche wenig bis keine Anhaltspunkte für Mehrkostenforderungen zulässt bzw. den Holzbau entsprechend den Produktionssystemen des Handwerks und der Industrie ausreichend und baustoffadäquat beschreibt, ist die Verwendung der genannten

19. Vgl. www.dataholz.eu. Datum des Zugriffs: 06.2024

20. Vgl. Koppelhuber, J.; Bok, M.; Koppelhuber, D.: Ausschreibung im Holzbau – Begleitende Erläuterungen zur standardisierten Leistungsbeschreibung Hochbau (LB-HB 021) – Leistungsgruppe LG 36 Holzbauarbeiten. S. 1ff

Standardleistungsbeschreibung in Österreich jedenfalls als zielführend anzusehen. Diese ist flächendeckend für alle Holzbauvorhaben anzuwenden, was wiederum eine Abkehr von den derzeit üblichen, großteils widersprüchlichen und nicht produktneutralen Ausschreibungstexten und Vorbemerkungen bedeutet. Mit der *Standardleistungsbeschreibung* wird eine firmenneutrale Ausschreibung auch im Holzbau möglich, was wiederum eine detaillierte und nachvollziehbare Kalkulation ohne zusätzlichen Wagniszuschlag aufgrund unzureichender Klarheit in der Planung und Ausschreibung ermöglicht. Das Leistungsverzeichnis bildet auch die Grundlage für einen Kostenanschlag, der bis zum Projektende Bestand hat und nicht – wie im Hochbau oftmals zu beobachten – jeden Rahmen als Farce erscheinen lässt. Demnach ist eine flächendeckende Anwendung der aktuellen *LG 36* – zumindest für Österreich, aber aufgrund der oftmals fehlenden aktualisierten Normen (z.B. in Deutschland) auch darüber hinaus – zwar einerseits mit Einarbeitungsaufwand verbunden, bietet andererseits aber auch die Sicherheit, eine eindeutige Vergleichbarkeit der Angebote zu gewährleisten sowie das Vertragsrisiko durch den Wegfall mangelhafter Formulierungen (im Falle eigener Formulierungen und dadurch entstehender Widersprüche) für beide Seiten signifikant zu reduzieren. Dies schlägt sich auch im Preis des Bieters nieder, der dadurch ebenfalls eine Minimierung des Vertragsrisikos erfährt, da die Leistungsbeschreibung bekanntlich auch Vertragsbestandteil wird. Somit ist die Anwendung der *LG 36* für beide Seiten ein großer Gewinn, was dem Holzbau aus bauwirtschaftlicher Sicht nur dienlich sein kann. Selbst bei unzureichend formulierten bzw. nicht vorhandenen Standardleistungsbeschreibungen abseits von Österreich kann die umfassende und *gut ausgearbeitete Leistungsgruppe 36* als Vorbild für konstruktive Leistungsverzeichnisse in anderen Ländern eingesetzt werden.

4.3 Standardisierung in der Kalkulation

Die Preisermittlung (Kalkulation) im Bauwesen ist in Österreich in der seit vielen Jahrzehnten bestehenden und immer wieder angepassten *ÖNORM B 2061*[21] baustoffneutral und damit auch für den Holzbau gültig eindeutig geregelt. In Form einer standardisierten Vorgehensweise mit Kalkulationsformblättern (K3, K4, K5, K6, K7) und zugehörigen Hilfsblättern definiert diese Verfahrensnorm die Ermittlung von Kosten bzw. Baupreisen für Österreich. Eine Kalkulation nach *ÖNORM B 2061* sowie die unbedingte Einhaltung der zum Zeitpunkt der Angebotsabgabe gültigen Kollektivverträge wird in der Vergabephase als wesentliches Kriterium für den Vergleich der Angebote herangezogen, wobei deren Nichteinhaltung vor allem bei öffentlichen Bauvorhaben nach dem *Bundesvergabegesetz (BVergG)* standardmäßig zum Ausschluss führt und somit die Regel ist, aber auch für private Bauleistungen empfohlen wird. Da der Holzbau neben dem privaten Wohn- und Bürobau zunehmend auch im öffentlichen Bildungs-, Sport- und Kommunalbau eingesetzt wird, unterliegt er auch vergaberechtlich diesen Regelungen und wird nicht, wie oft fälschlicherweise angenommen, anders behandelt. Dies hat zur Folge, dass sämtliche Detailkalkulationen transparent und nachvollziehbar durchzuführen und im Falle einer vertieften Angebotsprüfung dem AG vorzulegen sind. Dies ist gemäß § 137 Abs. 2 *BvergG* immer dann erforderlich, wenn (Z 1) das Angebot einen ungewöhnlich niedrigen Gesamtpreis aufweist oder (Z 2) in wesentlichen Positionen zu hohe oder zu niedrige Einheitspreise auftreten oder (Z 3) aufgrund der Umstände der Leistungserbringung bei der Prüfung der Angemessenheit der Preise begründete Zweifel an der Preisangemessenheit bestehen.

Darüber hinaus sind gemäß § 141 Abs. 1 Z 3 *BVergG* all jene Angebote auszuscheiden, die im Rahmen einer vertieften Angebotsprüfung eine nicht plausible Zusammensetzung des Gesamtpreises aufweisen. Es reicht daher auch im modernen Holzbau nicht mehr aus, sich ausschließlich auf die Ebene der Einheitspreise für einzelne ausgeschriebene Positionen zu begeben, sondern sich im Detail intensiv mit den

21. Vgl. Austrian Standards Institute: ÖNORM B 2061 (Ausgabe 2020-05-01) Preisermittlung für Bauleistungen Verfahrensnorm. S. 1ff

Abläufen und den zu erwartenden Umständen der Leistungserbringung auseinanderzusetzen und dies auch nachweislich zu dokumentieren.

Diese Form der Detailkalkulation – wie sie im mineralischen Massivbau seit Jahrzehnten üblich ist – hält daher neben einer detaillierten und fundierten Kalkulation z.B. des Mittellohnpreises (in Österreich im K3-Blatt) auch im Holzbau flächendeckend Einzug, da bei Nichtvorlage dieser Grundlagen im Zuge der Vergabe das Ausscheiden aus dem Verfahren die logische und unausweichliche Konsequenz ist. Es ist daher Aufgabe der Holzbauunternehmen, eine fundierte, valide und transparente Kalkulation zu erstellen, die für den Auftraggeber (AG) prüfbar, nachvollziehbar und vor allem plausibel ist und keinen Anlass zur Beanstandung gibt. Die (Detail-) Kalkulation selbst, welche sich in die Bereiche Lohn, Material, Gerät und Fremdleistung gliedert, folgt wiederum grundsätzlich dem Schema aller anderen Gewerke, wie dies auch bei der Ausschreibung der Fall ist.

Da sich vor allem der industrialisierte Holzbau immer mehr dem Montagebau anpasst und einen starken Zuliefercharakter mit hohem Materialkostenanteil anstelle eigener Produktionen klassischer Zimmermeisterleistungen aufweist, ergibt sich auch in der Kalkulation über die Jahre ein verändertes Bild. Durch stark variierende Lieferanten für Halbfertigteile und Materialbeistellungen kann das Holzbauunternehmen selbst jedoch aufgrund der zugrundeliegenden Planung und der darauf basierenden Ausschreibung wenig bis keinen Einfluss auf die Abläufe und Prozesse nehmen. Die anfallenden Montagekosten, die durch den Einsatz von überschaubaren Kolonnengrößen von vier bis sechs Facharbeitern (FA) geprägt sind, stellen sich konstant dar. Die Baukosten unterscheiden sich demnach im Wesentlichen durch den Vorfertigungs- bzw. Fertigstellungsgrad der Bauteile, die Komplexität des Bauwerks und die Qualität der Vorleistungen anderer Nachunternehmer. Dieser Umstand erweist sich in einigen Fällen im Übergangsbereich zu bestehenden Beton- bzw. Anschlussbauteilen vor allem aufgrund der auftretenden bzw. zulässigen Toleranzen als durchaus problematisch. Im Holzbau ist somit in den letzten Jahrzehnten eine ähnliche Entwicklung wie im mineralischen Massivbau zu beobachten, die maßgeblich durch einen hohen Anteil an Nachunternehmerleistungen geprägt ist.

Aufgrund des stetig steigenden Anteils an Nachunternehmerleistungen sowie der zunehmenden Volumina der Bauteile und Baukörper bei gleichzeitig stark steigender Detailkomplexität ist vor allem im mehrgeschossigen Holzwohnbau im Vorfeld zu klären, welche Form des Bau- bzw. Werkvertrages für die Projektabwicklung geeignet ist. Hierbei stellt sich die Frage, ob das ausführende Unternehmen als Generalunternehmer oder Teil-Generalunternehmer die Bauleistung zur Gänze übernehmen soll bzw. aufgrund des Zukaufs von Leistungen und Materialien (z.B. Fenster, Sonnenschutz, Trockenbau, Abdichtung, etc.) aus wirtschaftlicher Sicht überhaupt kann und sich somit eines klassischen Bauunternehmens in Form eines Nachunternehmers für die meist geringen Leistungen des Betonbaus bedient. Ist dies der Fall, erhöht sich die Notwendigkeit einer vertieften bzw. detaillierten Kalkulation sämtlicher anfallenden Kosten bzw. Preise erheblich. All diese Umstände führen dazu, dass auch im Holzbau immer mehr Details kalkuliert werden müssen und von einer ausschließlichen Beurteilung aus dem Bauch heraus völlig abgegangen werden muss.

Lösungsstrategie Kalkulation Holzbau

Die Erfahrungswerte etablierter Unternehmen stellen zwar grundsätzlich eine gute Basis für eine erste Kostenschätzung dar, sind aber im Detail wenig bis gar nicht belastbar und halten einer vertieften Angebotsprüfung keinesfalls stand. So ist man auch im Holzbau längst dazu übergegangen, wie in anderen Gewerken auch, auf eine Standardkalkulation zurückzugreifen, bei der jeder einzelne Prozess nach immer gleichen sowie im Detail abgebildeten Schemata (bereits vor Jahren in Österreich) vorgegeben ist und im Zuge der Objektkalkulation lediglich an einzelnen Stellschrauben – den Aufwandswerten bzw. Kalkulationsansätzen sowie in einigen Fällen an den Preisen für Materialien, Geräte und Nachunternehmerleistungen – justiert wird. Dies führt dazu, dass die einzelnen Prozesse im Detail und vor allem in ihrer zeitlichen Dauer auch weitestgehend bekannt sind.

Derartige Kalkulationsansätze wurden in den letzten Jahren (unter Federführung des Autors) im Rahmen von Bauprozessanalysen (REFA-Studien) systematisch erhoben und veröffentlicht, um eine fundierte Datenbasis für die Kalkulation in Holzbauunternehmen zu generieren.

Dabei wurde eine Vielzahl von Daten erhoben und daraus wissenschaftlich fundierte Aufwandswerte abgeleitet, die für die Kalkulation z. B. von Bauwerken in Holzleichtbauweise, Holzmassivbauweise oder Holzbetonverbundbauweise sowie für die Verbindungen, die Fassadenkonstruktionen und auch die Haustechnik im Holzbau herangezogen werden können. Die zugrunde liegenden Schemata, die sich an der Struktur bzw. den Positionen der *Standardleistungsbeschreibung LG 36* orientieren, wurden auch im Detail – Mittellohnpreis im K3-Blatt, Gesamtzuschlag im K2-Blatt, Detailkalkulation der Position im K7-Blatt – konzipiert und softwaretechnisch umgesetzt. Letztlich besteht damit die Möglichkeit – dem Vorbild anderer Gewerke folgend – auch im Holzbau schnell und reproduzierbar eine fundierte und valide Preisermittlung durchzuführen, die einerseits im Zuge der Vergabe belastbar und andererseits auch für das Holzbauunternehmen auskömmlich ist. Denn nur, wenn auch die Teilprozesse kalkulatorisch erfasst sind und von Beginn an eine Vollkostenrechnung (Nullkalkulation) durchgeführt wird, ist es dem Unternehmen möglich, im Zuge der Verhandlung an seine Preisuntergrenze heranzugehen, die gesetzlich bzw. auch normativ geforderten angemessenen Ansätze zu finden und dennoch Gewinne zu erwirtschaften. Diese Erkenntnis muss auch im Holzbau Einzug halten, denn letztendlich entscheiden die Kosten eines Systems über dessen Wahl und den langfristigen Erfolg.

5 Conclusio – Holzsystembau als Nachhaltigkeitstreiber

Der (Holz-)Systembau, wie er sich heute darstellt und dessen Bauvolumen stetig zunimmt, hat in den letzten zwei Jahrzehnten aufgrund technologischer, aber auch markt- und prozessbedingter Entwicklungen stetig an ökonomischer, sozialer und ökologischer Bedeutung gewonnen. Insbesondere der großvolumige Holzbau hat sich von einem handwerklich dominierten Verarbeitungsprozess zu einem industrialisierten Bauprozess mit immenser off-site Wertschöpfung gewandelt. Auch wenn die Innovationen der Industrialisierung derzeit nur teilweise genutzt werden, haben sich viele ehemals traditionelle kleine Zimmereibetriebe bereits weitestgehend zu modernen Wirtschaftsunternehmen entwickelt. Neben den Chancen der Industrialisierung verfügt der Holzbau über ein enormes ökologisches Potenzial, das sich aus der Rückbaubarkeit und Wiederverwendbarkeit bzw. Kaskadennutzung sowie den CO_2-Speichermöglichkeiten von Holz ergibt. Eine verstärkte Substitution von energieintensiv hergestellten fossilen und mineralischen Rohstoffen durch Holzwerkstoffe reduziert den Ressourcenbedarf und damit die CO_2-Emissionen im Bausektor drastisch. Durch Systemlösungen mit standardisierten bzw. modularisierten Bauteilen und Elementen kann bei intelligenter Planung und Vorfertigung – neben den Effizienzpotenzialen bei der Planung und Herstellung von Bauwerken – das Abfallaufkommen durch eine flexible Umnutzung ganzer Bauwerke oder einzelner Bauteile drastisch reduziert werden. Die Betrachtung des gesamten Lebenszyklus von der Planung bis zur Entsorgung führt neben dem Mehrwert für den Nutzer zu einer energetischen Optimierung, einer Reduktion des Ressourceneinsatzes und des Abfallaufkommens. Ersteres ist bei den derzeit stark steigenden Energie- und Rohstoffpreisen auch von enormer wirtschaftlicher Bedeutung.

5.1 Chance und Herausforderung Holzbau im Rahmen der Nachhaltigkeit

Der seit längerem erkennbare technologische Stillstand bezüglich eines kosteneffizienten, ökologisch verträglichen und termintreuen Bauens bietet einen optimalen Nährboden für Substitutionstechnologien – sowohl in der Tragkonstruktion als auch im Hinblick auf Werkstoffe der Dämm- und Dichtebenen sowie des gesamten (technischen) Ausbaus. Innovative Produkte bzw. Verfahren können auch in rezessiven Märkten, wie bspw. dem Einfamilienhausbau, aber auch im klassischen Wohnbau nach wie vor Wachstum ermöglichen. Diese Chance birgt jedoch ebenso das Risiko, dass baufremde Unternehmen dieses Potenzial erkennen und durch disruptive Ansätze einen Strukturwandel einleiten.

Die Verwendung repetitiver Systemlösungen, Baukomponenten und Details birgt ein beträchtliches Potenzial in qualitativer, terminlicher und monetärer Hinsicht, welches sich über sämtliche Projektphasen von der Idee bis zum Rückbau erstreckt. An dieser Stelle ist insbesondere auf die Nachhaltigkeitsaspekte des (Holz-)Systembaus einzugehen. Der hohe Vorfertigungsgrad sowie die im Vergleich zu konventionellen Bauweisen geringe Bauzeit sprechen für eine Verwendung standardisierter bzw. modularer Bauten für Wohn- und Büroflächen sowie für eine zeitgebundene gewerbliche Nutzung. Ein geplanter und vorab durchdachter Rückbau sowie eine flexible Nachrüstung ermöglichen die Wiederverwendung des Bauwerks am Ende der Nutzungsdauer an anderer Stelle und/oder für andere Zwecke im Gegensatz zum klassischen Abbruch, wie er sich zurzeit darstellt.

Daher ist eine holzbauadäquate und systemgerechte Planung beim Bauen mit Holz unerlässlich. Diese Planung erfordert die Einbringung umfassender Werkstoffkenntnisse und -kompetenzen durch die verantwortlichen Planer:innen. Des Weiteren ist das ausführende Holzbauunternehmen bereits in einem frühen Stadium in gestalterische Aufgaben einzubinden, welche die externe Planungstätigkeiten im Bereich der Ausführungsplanung betreffen, bspw. in Bezug auf Tragwerk, Brandschutz, Bauphysik und Haustechnik. Zudem erstellt das Unternehmen die internen Werkstatt-, Transport- und Montageplanungen. Somit kann bereits mit dem Projektstart eine baustoffgerechte, nachhaltige und effiziente Bauwerkserstellung und -nutzung gewährleistet werden. Des Weiteren erscheint es sinnvoll, durch umweltverträgliche Um- und Rückbaumaßnahmen bzw. eine geplante Nachnutzung das Abfallaufkommen deutlich zu reduzieren. Im Sinne einer Bauwerkserstellung mit möglichst geringer CO_2-Emission bzw. ökologischem Fußabdruck ist durch die Fokussierung auf eine regionale Wertschöpfung bzw. lokale Kooperationen über den gesamten Lebenszyklus auf möglichst kurze, effiziente und sinnvolle Transportwege zu achten.

Neben der Digitalisierung stellt der Trend der Nachhaltigkeit in westlichen Industrienationen – insbesondere die Energieeffizienz, ökologische Baumaterialien, das Planen und Bauen von Green Buildings sowie das Urban Mining – derzeit die größte Relevanz im Baugewerbe dar. Dies resultiert in einer bedeutenden Herausforderung für einen der ressourcenintensivsten Wirtschaftszweige und eröffnet somit auch eine zukünftige Chance für den (Holz-)Systembau.

5.2 Aktuelle bauwirtschaftliche Entwicklung im Holzbau

Neben den Themen Kosten, Ausschreibung und Kalkulation sowie den daraus resultierenden Themen Bauvertragswesen, aber auch die Planung an sich samt der erforderlichen Planungskompetenz werden im Holzbau auch weitere baubetriebliche, bauwirtschaftliche und baurechtliche Themen behandelt. Diese bilden gemeinsam die Grundlage für eine noch erfolgreichere und nachhaltigere Gestaltung des Holzbaus im ökonomischen Sinn. In diesem Kontext sind Themen der Organisation (Baubetrieb, Bauverfahrenstechnik, Arbeitsvorbereitung, Fertigungsplanung, Logistik etc.) ebenso von Relevanz wie jene der Ausschreibung und Kalkulation (Standardausschreibung vs. Ausschreibungsstandards, Kalkulationsansätze, kalkulatorische Verfahrensvergleiche, Kostenanalysen bestehender Objekte etc.) sowie Bereiche eines holzbauspezifischen Bauvertragswesens, der Personalqualifikation auf der Baustelle und in den Büros und letztlich nicht minder eine über die bestehenden Strukturen des Holzbaus hinausgehende Innovation der vorherrschenden Unternehmensstrategien und Geschäftsmodelle.

Der Bereich der strategischen Unternehmensplanung und -erweiterung sowie Ausführungskooperation eröffnet künftig – aufbauend auf den technischen Errungenschaften der letzten Jahre und den bauwirtschaftlichen ergänzenden Werkzeugen und Daten – völlig neue Potenziale für den Marktanteil des Holzbaus. Auch der vorgefertigte (Holz-)Systembau trägt maßgeblich zu dieser Entwicklung bei. Bei konsequenter Ausführung aus technischer Sicht und weitreichender Implementierung in den Unternehmen erlaubt er einen flächendeckenden Einsatz des Baustoffes Holz. Dieser ermöglicht die Verschmelzung der Elemente der Effizienz aus der Massenproduktion mit der Individualisierung aus der Unikatfertigung zu einer Mass-Customization. Dies ist vor allem dem Umstand geschuldet, dass durch die mögliche Produktivitätssteigerung, deren Nachweisbarkeit umfangreiches Potenzial aufweist, welche sich durch den Einsatz des Holz-Systembaus ergibt, die Kosten signifikant reduziert werden können. Dadurch wird der Vergleich von Konstruktionen, Bauweisen und insbesondere Baustoffen obsolet.

Dies kann nur dann gelingen, wenn der Holzbau sich über die vorherrschende Lethargie der Bauwirtschaft hinwegsetzt und die Rückstände bezüglich der Arbeitsproduktivität sowie des Digitalisierungsgrades und der Bedeutung einer strategischen Differenzierung zu baufremden Branchen schnellstmöglich schließt. Dadurch wird es möglich sein, dass Holz auf lange Sicht anderen Baustoffen im Hochbau neben den ökologischen Vorteilen auch kostentechnisch den Rang abläuft. Das Ziel muss es sein, die Kosten im Bauwesen drastisch zu reduzieren, insbesondere im Bereich des derzeit aufgrund der Wirtschaftslage, aber eigentlich immer schon intensiv diskutierten leistbaren Wohnraums. Gleichzeitig ist es erforderlich, den globalen ökologischen Entwicklungen Rechnung zu tragen und auch im Bauwesen endlich die seit Jahren nicht wahrgenommene Verantwortung für die zahlreichen umweltpolitischen und ökologisch-sozialen Krisenherde zu übernehmen.

5.3 Holz(system)bau – quo vadis?

Die Holzbaubranche ist – wie auch viele andere Wirtschaftsbereiche – einem stetigen Wandel unterworfen. Seit einigen Jahren lässt sich beobachten, dass sich die Branche von einer handwerklichen Unikatsfertigung hin zu einer zunehmend industrialisierten Holzbauwirtschaft transformiert. Dabei spielen insbesondere standardisierte (Prozess-)Abläufe, neuartige Werkstoffe sowie grundlegendes systematisches Denken eine vorherrschende Rolle. Der vermehrte Einsatz von (teil-)automatisierten Maschinen und Produktionsanlagen, neuartiger (Halb-)Fertigteile sowie komplexer Softwarelösungen hat neben den technologischen Implikationen auch tiefgreifende Auswirkungen auf die Einsatzgebiete des Holzbaus. Infolge der steigenden Komplexität und Dimension von Bauvorhaben erlangt das bauwirtschaftliche Umfeld im holzbaulichen Gesamtprozess eine zunehmende Bedeutung. Diese Entwicklung spiegelt sich neben den technischen Rahmenbedingungen auch im bauwirtschaftlichen Kontext wider, insbesondere in den Bereichen Kostenplanung, Ausschreibung und Kalkulation sowie Bauvertrag. Zudem ergeben sich zahlreiche weitere Themenfelder, die es zu berücksichtigen gilt. Daher ist es erforderlich, den bauwirtschaftlichen Themen in Kombination mit den oftmals augenscheinlich auftretenden Kostenfallen im Holzbau ein verstärktes Augenmerk zu widmen. Es gilt, mögliche Lösungsstrategien hierfür zu erarbeiten und in der Praxis umzusetzen.

Die Emanzipation des Holzbaus von seinen anfänglichen, bauwirtschaftlichen Wurzeln hat vor einiger Zeit begonnen und mündet mittlerweile in einem kontinuierlichen Wandel der Branche hin zu einem ganzheitlichen Bauprozessmanagement. Das Spektrum umfasst sämtliche Bereiche, welche – neben den technischen Errungenschaften – die Basis dafür bilden, dass sich der Holzbau nicht nur positiv entwickeln kann, sondern dass der Baustoff und die dahinterstehenden Unternehmen sich aus einem Nischenmarkt heraus entwickeln können, um als Global Player am Markt auftreten zu können. Verschiedene Maßnahmen wurden und werden ergriffen, um die Voraussetzungen für eine positive Entwicklung der Holzbauindustrie zu schaffen. Ziel ist es, nicht nur prestigeträchtige Leuchtturmprojekte umzusetzen, sondern auch den Massenmarkt zu erobern und sich dort zu etablieren. Dies umfasst den mehrgeschossigen Kommunal-, Wohn- und Bürobau, unabhängig von der gewählten Bauweise und Konstruktion.

Die Entwicklungen der vergangenen Jahre manifestieren sich in Form bautechnischer Lösungen, die sich durch einfache, aber intelligente und vor allem robuste Eigenschaften auszeichnen. Zudem stehen ergänzende bauwirtschaftliche Werkzeuge und prozessunterstützende Hilfsmittel in der Kostenplanung, im Kostenvergleich, in der Ausschreibung und in der Kalkulation zur Verfügung, die letztlich dem großen Ganzen in dieser Entwicklung dienen. Sie stellen jedoch die unabdingbare Grundlage dar, um die erfolgreiche Implementierung des Baustoffes Holz im Bauwesen auch langfristig fundiert zu ermöglichen. Der Holzbau kann eine Evolution des Bauens sowohl aus ökologischer als auch aus ökonomischer Sicht maßgeblich vorantreiben, sofern eine konsequente Implementierung bauwirtschaftlicher Ansätze und Werkzeuge erfolgt. Ein technologisch herausragendes Produkt allein ist nicht ausreichend, um im 21. Jahrhundert auf dem Markt zu bestehen.

Leitgedanke – Vermeidung Qualitäts- und Kostenfalle Holzbau:

PLANUNG Holzbau

- Aufbau von (eigenem) Systemwissen im Holzbau (eigene Holzbaukompetenz in der Planung)
- zeitgerechte, unwiderrufliche Entscheidungen durch Bauherrn
- holzbauadäquate Planung (Statik / Bauphysik / Brandschutz / Schallschutz /...)
- frühzeitige und eindeutige Festlegung der Verantwortlichkeiten

→ zeitliche Vorverlagerung – frühzeitiger höherer Detaillierungsgrad

→ rechtzeitige Integration von Holzbauexperten (Holzbau-Architekt:innen | Holzbau-Fachplaner:innen | Holzbau-Ingenieur:innen | Holzbau-Installateur | Holzbau-Unternehmen)

→ Einsatz der Leistungsbilder des LM-VM.2023 und künftiges Leistungsbild Holzbauplanung

KOSTENPLANUNG / KOSTENVERGLEICH Holzbau

- Kostenplanung aufgrund belegbaren Daten
- Kostenvergleich auf neutraler Basis

→ für künftige Kostenplanungen – Erweiterung Kosteninformationsdatenbank Holzbau UNBEDINGT notwendig

→ Kostenvergleich von Baustoffen / Bausystemen IMMER ohne Ausbau („Edelrohbau") statisch-bauphysikalisches Äquivalent – gleiche statische Funktion / gleicher U-Wert, gleicher Schallschutz, gleicher Brandschutz; ohne Fenster / Türen / Fassade / Dachdeckung / Böden / HKLS / Elektro / Ausstattung,...)

→ ACHTUNG: meist höhere Ausstattungs- / Ausführungsqualitäten im Holzbau als im mineralischen Massivbau
bspw.: Mineralwolle – EPS | Holzfenster – Kunststofffenster | Parkett – Laminat | hinterlüftete Fassadenbekleidungen – Wärmedämmverbundsystem (WDVS) etc.

AUSSCHREIBUNG Holzbau

- Holzbau mit Standardisierter Leistungsbeschreibung LG 36 NEU ausschreiben
- wenn Planung nicht fertig → NICHT AUSSCHREIBEN

→ Vertragsrisikominimierung durch Einsatz standardisierter Leistungsbeschreibungen

→ firmen- / produktneutrale Ausschreibungen forcieren oder österreichischen Industriestandard verwenden

→ Ausschreibung ERST auf Basis der Ausführungs- und Detailplanung

→ Einsatz der Erläuterungen zur Ausschreibung im Holzbau als Hilfestellung

AUSFÜHRUNG Holzbau

- schnelle Montage Holzbau, ABER schleppende Ausbaugewerke
- Herausforderung Übernahme der Gesamtkoordination der weiteren Gewerke

→ detaillierte Kenntnis über Kostenkomponenten (und deren Auswirkung) zwingend notwendig

→ Klärung eindeutige / nachvollziehbare Verantwortlichkeitsstruktur

→ vertragliche Festlegung ALLER Schnittstellen

→ Einsatz der eindeutigen Abrechnungsregelungen der Gewerke

→ Sensibilisierung der Ausbaugewerke über schnellen Rohbau durch kurze Montagezeit

Literatur:

e-book – Publikation Holzbauanteil mehrgeschoßiger Holzwohnbau in Österreich 2008-2019 – Gesamtergebnisse Österreich und Bundesländer

Koppelhuber, J.: Bauprozessmanagement im industriellen Holzbau – Ableitung eines Bauprozessmodells zur Prozess- und Bauablaufoptimierung im Holzsystembau, 2018, Dissertation TU Graz

Koppelhuber, J.; Grünefeldt, N.; Bok, M.: Holzbauanteil Mehrgeschoßiger Holzwohnbau in Österreich 2008-2019 – Gesamtergebnisse Österreich und Bundesländer, 2024, Verlag TU Graz

Lechner, H.: LM.VM.2023 – ein Vorschlag für Leistungsmodelle + Vergütungsmodelle für Planerleistungen, Verlag TU Graz

Lechner, H.: Kommentar zu Planung und ÖBA - Projektentwicklung, Objektplanung Architektur, Tragwerksplanung, Bauphysik + Nachhaltigkeit, Brandschutz, Technische Ausrüstung, Verlag TU Graz

Gliederung in Leistungsbereiche nach STLB-Bau

Als Beispiel für eine ausführungsorientierte Ergänzung der Kostengliederung werden im Folgenden die Leistungsbereiche des Standardleistungsbuchs für das Bauwesen in einer Übersicht dargestellt.

000 Sicherheitseinrichtungen, Baustelleneinrichtung
001 Gerüstarbeiten
002 Erdarbeiten
003 Landschaftsbauarbeiten
004 Landschaftsbauarbeiten, Pflanzen
005 Brunnenbauarbeiten und Aufschlussbohrungen
006 Spezialtiefbauarbeiten
007 Untertagebauarbeiten
008 Wasserhaltungsarbeiten
009 Entwässerungskanalarbeiten
010 Drän- und Versickerungsarbeiten
011 Abscheider- und Kleinkläranlagen
012 Mauerarbeiten
013 Betonarbeiten
014 Natur-, Betonwerksteinarbeiten
016 Zimmer- und Holzbauarbeiten
017 Stahlbauarbeiten
018 Abdichtungsarbeiten
019 Kampfmittelräumarbeiten
020 Dachdeckungsarbeiten
021 Dachabdichtungsarbeiten
022 Klempnerarbeiten
023 Putz- und Stuckarbeiten, Wärmedämmsysteme
024 Fliesen- und Plattenarbeiten
025 Estricharbeiten
026 Fenster, Außentüren
027 Tischlerarbeiten
028 Parkettarbeiten, Holzpflasterarbeiten
029 Beschlagarbeiten
030 Rollladenarbeiten
031 Metallbauarbeiten
032 Verglasungsarbeiten
033 Baureinigungsarbeiten
034 Maler- und Lackierarbeiten, Beschichtungen
035 Korrosionsschutzarbeiten an Stahlbauten
036 Bodenbelagsarbeiten
037 Tapezierarbeiten
038 Vorgehängte hinterlüftete Fassaden
039 Trockenbauarbeiten
040 Wärmeversorgungsanlagen - Betriebseinrichtungen
041 Wärmeversorgungsanlagen - Leitungen, Armaturen, Heizflächen
042 Gas- und Wasseranlagen - Leitungen und Armaturen
043 Druckrohrleitungen für Gas, Wasser und Abwasser
044 Abwasseranlagen - Leitung, Abläufe, Armaturen
045 Gas-, Wasser- und Entwässerungsanlagen - Ausstattung, Elemente, Fertigbäder
046 Gas-, Wasser- und Entwässerungsanlagen - Betriebseinrichtungen
047 Dämm- und Brandschutzarbeiten an technischen Anlagen
049 Feuerlöschanlagen, Feuerlöschgeräte
050 Blitzschutz- und Erdungsanlagen, Überspannungsschutz
051 Kabelleitungstiefbauarbeiten
052 Mittelspannungsanlagen
053 Niederspannungsanlagen - Kabel/Leitungen, Verlegesysteme, Installationsgeräte
054 Niederspannungsanlagen - Verteilersysteme und Einbaugeräte
055 Sicherheits- und Ersatzstromversorgungsanlagen
057 Gebäudesystemtechnik
058 Leuchten und Lampen
059 Sicherheitsbeleuchtungsanlagen
060 Sprech-, Ruf-, Antennenempfangs-, Uhren- und elektroakustische Anlagen
061 Kommunikations- und Übertragungsnetze
062 Kommunikationsanlagen
063 Gefahrenmeldeanlagen
064 Zutrittskontroll-, Zeiterfassungssysteme
069 Aufzüge
070 Gebäudeautomation
075 Raumlufttechnische Anlagen
078 Kälteanlagen für raumlufttechnische Anlagen
080 Straßen, Wege, Plätze
081 Betonerhaltungsarbeiten
082 Bekämpfender Holzschutz
084 Abbruch-, Rückbau- und Schadstoffsanierungsarbeiten
085 Rohrvortriebsarbeiten
087 Abfallentsorgung, Verwertung und Beseitigung
090 Baulogistik
091 Stundenlohnarbeiten
096 Bauarbeiten an Bahnübergängen
097 Bauarbeiten an Gleisen und Weichen
098 Witterungsschutzmaßnahmen

Häufig gestellte Fragen

Fragen zur Flächenberechnung (DIN 277):

1. Wie wird die BGF berechnet?	Die Brutto-Grundfläche ist die Summe der Grundflächen aller Grundrissebenen. Nicht dazu gehören die Grundflächen von nicht nutzbaren Dachflächen (Kriechböden) und von konstruktiv bedingten Hohlräumen (z. B. über abgehängter Decke). (DIN 277:2021-08) Bei den Gebäudearten Dachausbau und Aufstockung nur bezogen auf die Grundrissebene des Dachs.
2. Gehört der Keller bzw. eine Tiefgarage mit zur BGF?	Ja, im Gegensatz zur Geschossfläche nach § 20 Baunutzungsverordnung (BauNVo) gehört auch der Keller bzw. die Tiefgarage zur BGF.
3. Wie werden Luftgeschosse (z. B. Züblinhaus) nach DIN 277 berechnet?	Die Rauminhalte der Luftgeschosse zählen zum Regelfall der Raumumschließung (R) BRI (R). Die Grundflächen der untersten Ebene der Luftgeschosse und Stege, Treppen, Galerien etc. innerhalb der Luftgeschosse zählen zur Brutto-Grundfläche BGF (R). Vorsicht ist vor allem bei Kostenermittlungen mit Kostenkennwerten des Brutto-Rauminhalts geboten.
4. Welchen Flächen ist die Garage zuzurechnen?	Die Stellplatzflächen von Garagen werden zur Nutzungsfläche gezählt, die Fahrbahn ist Verkehrsfläche.
5. Wird die Diele oder ein Flur zur Nutzungsfläche gezählt?	Normalerweise nicht, da eine Diele oder ein Flur zur Verkehrsfläche gezählt wird. Wenn die Diele aber als Wohnraum genutzt werden kann, z. B. als Essplatz, wird sie zur Nutzungsfläche gezählt.
6. Zählt eine nicht umschlossene oder nicht überdeckte Terrasse einer Sporthalle, die als Eingang und Fluchtweg dient, zur Nutzungsfläche?	Die Terrasse ist nicht Bestandteil der Grundflächen des Bauwerks nach DIN 277. Sie bildet daher keine BGF und damit auch keine Nutzungsfläche. Die Funktion als Eingang oder Fluchtweg ändert daran nichts.

7. Zählt eine Außentreppe zum Keller zur BGF?

Wenn die Treppe allseitig umschlossen ist, z. B. mit einem Geländer, ist sie als Verkehrsfläche zu werten. Nach DIN 277:2021-08 gilt: Grundflächen und Rauminhalte sind nach ihrer Zugehörigkeit zu den folgenden Bereichen getrennt zu ermitteln: Regelfall der Raumumschließung (R): Räume und Grundflächen, die Nutzungen der Netto-Raumfläche entsprechend Tabelle 1 aufweisen und die bei allen Begrenzungsflächen des Raums (Boden, Decke, Wand) vollständig umschlossen sind. Dazu gehören nicht nur Innenräume, die von der Witterung geschützt sind, sondern auch solche allseitig umschlossenen Räume, die über Öffnungen mit dem Außenklima verbunden sind; Sonderfall der Raumumschließung (S): Räume und Grundflächen, die Nutzungen der Netto-Raumfläche entsprechend Tabelle 1 aufweisen und mit dem Bauwerk konstruktiv verbunden sind, jedoch nicht bei allen Begrenzungsflächen des Raums (Boden, Decke, Wand) vollständig umschlossen sind (z. B. Loggien, Balkone, Terrassen auf Flachdächern, unterbaute Innenhöfe, Eingangsbereiche, Außentreppen). Die Außentreppe stellt also demnach einen Sonderfall der Raumumschließung (S) dar. Wenn die Treppe allerdings über einen Tiefgarten ins UG führt, wird sie zu den Außenanlagen gezählt. Sie bildet dann keine BGF. Die Kosten für den Tiefgarten mit Treppe sind bei den Außenanlagen zu erfassen.

8. Ist eine Abstellkammer mit Heizung eine Technikfläche?

Es kommt auf die überwiegende Nutzung an. Wenn über 50% der Kammer zum Abstellen genutzt werden können, wird sie als Abstellraum gezählt. Es kann also Gebäude ohne Technikfläche geben.

9. Ist die NUF gleich der Wohnfläche?

Nein, die DIN 277 kennt den Begriff Wohnfläche nicht. Zur Nutzungsfläche gehören grundsätzlich keine Verkehrsflächen, während bei der Wohnfläche zumindest die Verkehrsflächen innerhalb der Wohnung hinzugerechnet werden. Die Abweichungen sind dadurch meistens nicht unerheblich.

Fragen zur Wohnflächenberechnung (WoFlV):

10. Wie wird die Wohnfläche (NE: Wohnfläche) bei Wohngebäuden bei BKI berechnet?

Die Berechnung der bei BKI auf der Startseite der Wohngebäude angegebenen "NE: Wohnfläche" erfolgt nach der Wohnflächenberechnung WoFlV.

11. Wird ein Hobbyraum im Keller zur Wohnfläche gezählt?	Wenn der Hobbyraum nicht innerhalb der Wohnung liegt, wird er nicht zur Wohnfläche gezählt. Beim Einfamilienhaus gilt: Das ganze Haus stellt die Wohnung dar. Der Hobbyraum liegt also innerhalb der Wohnung und wird mitgezählt, wenn er die Qualitäten eines Aufenthaltsraums nach LBO aufweist.
12. Wird eine Diele oder ein Flur zur Wohnfläche gezählt?	Wenn die Diele oder der Flur in der Wohnung liegt ja, ansonsten nicht.
13. In welchem Umfang sind Balkone oder Terrassen bei der Wohnfläche zu rechnen?	Balkone und Terrassen werden von BKI zu einem Viertel zur Wohnfläche gerechnet. Die Anrechnung zur Hälfte wird nicht verwendet, da sie in der WoFIV als Ausnahme definiert ist.
14. Zählt eine Empore/Galerie im Zimmer als eigene Wohnfläche oder Nutzungsfläche?	Wenn es sich um ein unlösbar mit dem Baukörper verbundenes Bauteil handelt, zählt die Empore mit. Anders beim nachträglich eingebauten Hochbett, das zählt zum Mobiliar. Für die verbleibende Höhe über der Empore ist die 1 bis 2m Regel nach WoFIV anzuwenden: „Die Grundflächen von Räumen und Raumteilen mit einer lichten Höhe von mindestens zwei Metern sind vollständig, von Räumen und Raumteilen mit einer lichten Höhe von mindestens einem Meter und weniger als zwei Metern sind zur Hälfte anzurechnen."

Fragen zur Kostengruppenzuordnung (DIN 276):

15. Wo werden Abbruchkosten zugeordnet?	Abbruchkosten ganzer Gebäude im Sinne von „Bebaubarkeit des Grundstücks herstellen" werden der KG 212 Abbruchmaßnahmen zugeordnet. Abbruchkosten einzelner Bauteile, insbesondere bei Sanierungen werden den jeweiligen Kostengruppen der 2. oder 3. Ebene (Wände, Decken, Dächer) zugeordnet. Wo diese Aufteilung nicht möglich ist, werden die Abbruchkosten der KG 394 Abbruchmaßnahmen zugeordnet, weil z. B. die Abbruchkosten verschiedenster Bauteile pauschal abgerechnet wurden. Analog gilt dies auch für die Kostengruppen 400 und 500.

16. Wo muss ich die Kosten des Aushubs für Abwasser- oder Wasserleitungen zuordnen?

Diese Kosten werden wie auch alle anderen Rohrgraben- und Schachtaushubskosten der KG 311 zugeordnet, sofern der Aushub unterhalb des Gebäudes anfällt.
Die Kosten für Rohrgraben- und Schachtaushub zwischen Gebäudeaußenkante und Grundstücksgrenze gehören in die KG 511. Die Kosten des Rohrgraben- und Schachtaushubs innerhalb von Erschließungsflächen werden der KG 220 ff. oder KG 230 ff. zugeordnet.

17. Wie werden Eigenleistungen bewertet?

Nach DIN 276:2018-12, gilt:
4.2.11 Die Werte von unentgeltlich eingebrachten Gütern und Leistungen (z. B. Materialien, Eigenleistungen) sind den betreffenden Kostengruppen zuzurechnen, aber gesondert auszuweisen. Dafür sind die aktuellen Marktwerte dieser Güter und Leistungen zu ermitteln und einzusetzen.
Nach HOAI §4 (2) gilt: Als anrechenbare Kosten nach Absatz 2 gelten ortsübliche Preise, wenn der Auftraggeber:

- selbst Lieferungen oder Leistungen übernimmt
- von bauausführenden Unternehmern oder von Lieferanten sonst nicht übliche Vergünstigungen erhält
- Lieferungen oder Leistungen in Gegenrechnung ausführt oder
- vorhandene oder vorbeschaffte Baustoffe oder Bauteile einbauen lässt.

Fragen zu Kosteneinflussfaktoren:

18. Welchen Einfluss hat die Konjunktur auf die Baukosten?

Der Einfluss der Konjunktur auf die Baukosten wird häufig überschätzt. Er ist meist geringer als der anderer Kosteneinflussfaktoren. BKI Untersuchungen haben ergeben, dass die Baukosten bei mittlerer Konjunktur manchmal höher sind als bei hoher Konjunktur.

19. Gibt es beim BKI Regionalfaktoren?

Der Anhang dieser Ausgabe enthält eine Liste der Regionalfaktoren aller deutschen Land- und Stadtkreise, sowie für die Nord- und Ostsee-Inseln. Die Faktoren wurden auf Grundlage von Daten aus den statistischen Landesämtern gebildet, die wiederum aus den Angaben der Antragsteller von Bauanträgen entstammen. Die Regionalfaktoren werden von BKI zusätzlich als farbiges Poster im DIN A1 Format angeboten.

Die Faktoren geben Aufschluss darüber, inwiefern die Baukosten in einer bestimmten Region Deutschlands teurer oder günstiger liegen als im Bundesdurchschnitt. Sie können dazu verwendet werden, die BKI Baukosten an das besondere Baupreisniveau einer Region anzupassen.

Die Angaben wurden durch Untersuchungen des BKI weitgehend verifiziert. Dennoch können Abweichungen zu den angegebenen Werten entstehen. In Grenznähe zu einem Land-Stadtkreis mit anderen Baupreisfaktoren sollte dessen Baupreisniveau mit berücksichtigt werden, da die Übergänge zwischen den Land-Stadtkreisen fließend sind. Die Besonderheiten des Einzelfalls können ebenfalls zu Abweichungen führen.

Siehe auch Benutzerhinweise, 6. Regionalisierung der Daten (Seite 14).

20. Standardzuordnung

Einige Gebäudearten werden vom BKI nach ihrem Standard in „einfach", „mittel" und „hoch" unterteilt. Diese Unterteilung wurde immer dann vorgenommen, wenn der Standard als ein wesentlicher Kostenfaktor festgestellt wurde. Grundsätzlich gilt, dass immer mehrere Kosteneinflussfaktoren auf die Kosten und damit auf die Kostenkennwerte einwirken.

Einige dieser vielen Faktoren seien hier aufgelistet:

- Zeitpunkt der Ausschreibung
- Art der Ausschreibung
- Regionale Konjunktur
- Gebäudegröße
- Lage der Baustelle, Erreichbarkeit

usw.

Wenn bei einem Gebäude große Mengen an Bauteilen hoher Qualität die übrigen Kosteneinflussfaktoren überlagern, dann wird von einem „hohen Standard" gesprochen.

Für Gebäudearten mit Standardunterteilung gibt es in „BKI Baukosten Gebäude, Statistische Kostenkennwerte" zu Beginn der jeweiligen Gebäudeart ein Arbeitsblatt zur Standardeinordnung.

21. Wie gehe ich mit der aktuellen Baukostenentwicklung um?

Zur Bewertung aktueller Baukostenentwicklungen führen wir zusätzlich Befragungen zu regionalen Baukosten-Niveaus nach Leistungsbereichen durch. Die Ergebnisse stellen wir den Anwender*innen der BKI-Fachbuchreihe zur Verfügung, unter *www.bki.de/baukostenentwicklungen*.
Damit können die Risiken kurzfristiger Materialpreis- und Lohnkosten-Veränderungen verbessert prognostiziert werden, wie sie die normkonforme Kostenplanung nach DIN 276 verlangt.

Fragen zur Handhabung der von BKI herausgegebenen Bücher:

22. Ist die MwSt. in den Kostenkennwerten enthalten?

Bei allen Kostenkennwerten in „BKI Baukosten" ist die gültige MwSt. enthalten (zum Zeitpunkt der Herausgabe 19%). In „BKI Baukosten Positionen Neubau, Statistische Kostenkennwerte" und „BKI Baukosten Positionen Altbau, Statistische Kostenkennwerte" werden die Kostenkennwerte, wie bei Positionspreisen üblich, zusätzlich ohne MwSt. dargestellt. Kostenstand und MwSt. wird auf jeder Seite als Fußzeile angegeben.

23. Hat das Baujahr der Objekte einen Einfluss auf die angegebenen Kosten?

Nein, alle Kosten wurden über den Baupreisindex auf einen einheitlichen zum Zeitpunkt der Herausgabe aktuellen Kostenstand umgerechnet. Der Kostenstand wird auf jeder Seite als Fußzeile angegeben. Allenfalls sind Korrekturen zwischen dem Kostenstand zum Zeitpunkt der Herausgabe und dem aktuellen Kostenstand durchzuführen.

24. Wo finde ich weitere Informationen zu den einzelnen Objekten einer Gebäudeart?

Alle Objekte einer Gebäudeart sind einzeln mit Kurzbeschreibung, Angabe der BGF und anderer wichtiger Kostenfaktoren aufgeführt. Die Objektdokumentationen sind veröffentlicht in den Fachbüchern „Objektdaten" und können als PDF-Datei unter ihrer Objektnummer bei BKI bestellt werden, Telefon: 0711 954 854-41.

25. Was mache ich, wenn ich keine passende Gebäudeart finde?

In aller Regel findet man verwandte Gebäudearten, deren Kostenkennwerte der 2. Ebene (Grobelemente) wegen ähnlicher Konstruktionsart übernommen werden können.

26. Wo findet man Kostenkennwerte für Abbruch?	Im Fachbuch „BKI Baukosten Gebäude Altbau - Statistische Kostenkennwerte" gibt es Ausführungsarten zu Abbruch und Demontagearbeiten. Im Fachbuch „BKI Baukosten Positionen Altbau - Statistische Kostenkennwerte" gibt es Mustertexte für Teilleistungen zu „LB 384 - Abbruch und Rückbauarbeiten". Im Fachbuch „BKI Baupreise kompakt Altbau" gibt es Positionspreise und Kurztexte zu „LB 384 - Abbruch und Rückbauarbeiten". Die Mustertexte für Teilleistungen zu „LB 384 - Abbruch und Rückbauarbeiten" und deren Positionspreise sind auch auf der DVD BKI Positionen und im BKI Kostenplaner enthalten.
27. Warum ist die Summe der Kostenkennwerte in der Kostengruppen (KG) 310-390 nicht gleich dem Kostenkennwert der KG 300, aber bei der KG 400 ist eine Summenbildung möglich?	In den Kostengruppen 310-390 ändern sich die Einheiten (310 Baugrube/Erdbau gemessen in m^3, 320 Gründung, Unterbau gemessen in m^2); eine Addition der Kostenkennwerte ist nicht möglich. In den Kostengruppen 410-490 ist die Bezugsgröße immer BGF, dadurch ist eine Addition prinzipiell möglich.
28. Manchmal stimmt die Summe der Kostenkennwerte der 2. Ebene der Kostengruppe 400 trotzdem nicht mit dem Kostenkennwert der 1. Ebene überein; warum nicht?	Die Anzahl der Objekte, die auf der 1. Ebene dokumentiert werden, kann von der Anzahl der Objekte der 2. Ebene abweichen. Dann weichen auch die Kostenkennwerte voneinander ab, da es sich um unterschiedliche Stichproben handelt. Es fallen auch nicht bei allen Objekten Kosten in jeder Kostengruppe an (Beispiel KG 461 Aufzugsanlagen).
29. Nutzungskosten, Lebenszykluskosten	Seit 2010 bringt BKI in Zusammenarbeit mit dem Institut für Bauökonomie der Universität Stuttgart ein Fachbuch mit Nutzungskosten ausgewählter Objekte heraus. Die Reihe wird kontinuierlich erweitert. Das Fachbuch Nutzungskosten Gebäude 2020/2021 fasst einzelne Objekte zu statistischen Auswertungen zusammen.
30. Lohn- und Materialkosten	BKI dokumentiert Baukosten nicht getrennt nach Lohn- und Materialanteil.
31. Gibt es Angaben zu Kostenflächenarten?	Nein, BKI hält die Grobelementmethode für geeigneter. Solange Grobelementmengen nicht vorliegen, besteht die Möglichkeit der Ableitung der Grobelementmengen aus den Verhältniszahlen von Vergleichsobjekten (siehe Planungskennwerte und Baukostensimulation).

32. Sind die im Fachbuch „BKI Baukosten Gebäude Altbau" angegebenen Mengenwerte Mengen nach DIN 276, oder die tatsächlich jeweils bearbeiteten Mengen?	Die im Fachbuch „BKI Baukosten Gebäude Altbau" angegebenen Mengenwerte sind anders als im Fachbuch „BKI Baukosten Gebäude Neubau" nicht Mengen nach DIN 276, sondern die abgerechneten Mengen, die bei den jeweiligen Objekten gemäß der Maßnahme nach der jeweiligen Kostengruppe tatsächlich bearbeitet wurden.

Fragen zu weiteren BKI Produkten:

33. Sind die Inhalte von „BKI Baukosten Gebäude (Teil 1), Statistische Kostenkennwerte" und „BKI Baukosten Bauelemente (Teil 2), Statistische Kostenkennwerte" auch im Kostenplaner enthalten?	Ja, im BKI Kostenplaner Statistik sind alle Objekte mit den Kosten bis zur 3. Ebene nach DIN 276 enthalten. Im BKI Kostenplaner Statistik plus sind zudem die vom BKI gebildeten Ausführungsklassen und Ausführungsarten enthalten. Darüber hinaus ermöglicht der BKI Kostenplaner den Zugriff auf alle Einzeldokumentationen von tausenden Objekten.
34. Worin unterscheiden sich die Fachbuchreihen „BKI Baukosten" und „BKI Objektdaten"	In der Fachbuchreihe BKI Objektdaten erscheinen abgerechnete Einzelobjekte eines bestimmten Teilbereichs des Bauens (A=Altbau, N=Neubau, E=Energieeffizientes Bauen, IR=Innenräume, F=Freianlagen). In der Fachbuchreihe BKI Baukosten erscheinen hingegen statistische Kostenkennwerte von Gebäudearten, die aus den Einzelobjekten gebildet werden. Die Kostenplanung mit Einzelobjekten oder mit statistischen Kostenkennwerten haben spezifische Vor- und Nachteile: Planung mit Objektdaten (BKI Objektdaten): • Vorteil: Wenn es gelingt ein vergleichbares Einzelobjekt oder passende Bauausführungen zu finden ist die Genauigkeit besser als mit statistischen Kostenkennwerten. Die Unsicherheit, die der Streubereich (von-bis-Werte) mit sich bringt, entfällt. • Nachteil: Passende Vergleichsobjekte oder Bauausführungen zu finden kann mühsam oder erfolglos sein. Planung mit statistischen Kostenkennwerten (BKI Baukosten): • Vorteil: Über die BKI Gebäudearten ist man recht schnell am Ziel, aufwändiges Suchen entfällt. • Nachteil: Genauere Prüfung, ob die Mittelwerte übernommen werden können oder noch nach oben oder unten angepasst werden müssen, ist unerlässlich.

35. In welchen Produkten dokumentiert BKI Positionspreise?

Preise für Positionen mit statistischer Auswertung werden in „BKI Baukosten Positionen, Statistische Kostenkennwerte Neubau (Teil 3) und Altbau (Teil 5)" und „BKI Baupreise kompakt Neu- und Altbau" herausgegeben.
In Software-Form sind Preise mit den vorformulierten BKI-Mustertexten in der Software „BKI Kostenplaner - Statistik plus [Positionen]" und „BKI Positionen" enthalten.
Ausgewählte Positionspreise enthalten die Fachbücher „Konstruktionsdetails K1 bis K4", „Objektdaten Gebäudetechnik G1 bis G6" sowie die BKI „Objektdaten Freianlagen".
Im Sonderband Objektdaten S2 - Barrierefreies Bauen erscheint eine Auswahl von besonderen Positionen zum Barrierefreien Bauen.

36. Worin unterscheiden sich die Bände N1 bis N20 (A1 bis A12)

Die Bücher unterscheiden sich lediglich durch die Auswahl der dokumentierten Einzelobjekte. Der Aufbau der Bände ist gleich. In der BKI Fachbuchreihe Objektdaten erscheinen in unregelmäßigen Abständen Folgebände mit neu dokumentierten Einzelobjekten. Speziell bei den Altbaubänden A1 bis A12 ist es nützlich, alle Bände zu besitzen, da es im Bereich Altbau notwendig ist, mit passenden Vergleichsobjekten zu planen. Je mehr Vergleichsobjekte vorhanden sind, desto höher ist die „Trefferquote". Bände der Fachbuchreihe Objektdaten sollten deshalb langfristig aufbewahrt werden.

BKI plant für zukünftige Ausgaben des vorliegenden Fachbuchs zusätzlich sogenannte Aufwandsdaten zu erfassen. Sofern ausreichend Daten akquiriert werden können, erfolgt die Publikation dieser Daten wie im Folgenden beschrieben:

37. Was ist mit Aufwandsdaten gemeint?	Aufwandsdaten stellen den Zeitaufwand für Produktivleistungen eines Architekturauftrags dar. Als Produktivleistungen gelten: • Beratung bzgl. Planung und die Ausführung des Bauvorhabens • Erstellung von Zeichnungen, Berechnungen und Beschreibungen • Koordination und Integration der Beiträge fachlich Beteiligter • Erstellung von Genehmigungsunterlagen • Vorbereitung und Mitwirken bei der Vergabe • Objektüberwachung und Mitwirken bei der Abnahme u.v.m. Produktivleistungen werden nicht nur von Mitarbeiter*innen, sondern auch von Inhaber*innen/Partner*innen und Dritten erbracht und den Personalaufwendungen zugeordnet. In den BKI-Objektdokumentationen werden – soweit vom Objektplaner angegeben – die Aufwandsdaten für Produktivleistungen der Leistungsphasen 1 bis 8 dargestellt. Die Angabe des Zeitaufwands erfolgt in Arbeitstagen (1 AT = 8 Stunden).

Diese Liste wird laufend erweitert und im Internet unter www.bki.de/faq-kostenplanung.html veröffentlicht.

Abkürzungsverzeichnis

Abkürzung	Bezeichnung
a	Jahr (lat. annus)
AF	Außenanlagenfläche
Alu	Aluminium
AP	Arbeitsplätze
APP	Appartement
AWF	Außenwandfläche
BGF	Brutto-Grundfläche (Summe der Regelfall (R)- und Sonderfall (S)-Flächen nach DIN 277)
BGI	Baugrubeninhalt
BHKW	Blockheizkraftwerk
bis	oberer Grenzwert des Streubereichs um einen Mittelwert
BK	Bodenklasse
BRI	Brutto-Rauminhalt (Summe der Regelfall (R)- und Sonderfall (S)-Rauminhalte nach DIN 277)
BRI/BGF (m)	Verhältnis von Brutto-Rauminhalt zur Brutto-Grundfläche angegeben in Meter
BRI/NUF (m)	Verhältnis von Brutto-Rauminhalt zur Nutzungsfläche angegeben in Meter
BSH	Brettschichtholz
CO_2	Kohlendioxid
d	Dicke
DN	Durchmesser Nennmaß
DAF	Dachfläche
DEF	Deckenfläche
DHH	Doppelhaushälfte
DIN 276	Kosten im Bauwesen (DIN 276:2018-12)
DIN 277	Grundflächen und Rauminhalte im Hochbau (DIN 277:2021-08)
EDV	elektronische Datenverarbeitung
EFH	Einfamilienhaus
EG	Erdgeschoss
ELW	Einliegerwohnung
EnEV	Energieeinsparverordnung
EPS	Expandierter Polystyrol-Hartschaum
ESG	Einscheiben-Sicherheitsglas
ETW	Etagenwohnung
EVA	Ethylenvinylacetatcopolymer
FBH	Fußbodenheizung
Fläche/BGF (%)	Anteil der angegebenen Fläche zur Brutto-Grundfläche in Prozent
Fläche/NUF (%)	Anteil der angegebenen Fläche zur Nutzungsfläche in Prozent
€/Einheit	Spaltenbezeichnung für Mittelwerte zu den Kosten bezogen auf eine Einheit der Bezugsgröße
€/m^2 BGF	Spaltenbezeichnung für Mittelwerte zu den Kosten bezogen auf Brutto-Grundfläche
GE	Gewerbeeinheit
GF	Grundstücksfläche
GK	Gipskarton
GRF	Gründungsfläche
HF	Holzfaser
Hlz	Hochlochziegel
HPL	Laminatbeschichtung im Hochdruckpressverfahren (eng. High Pressure Laminate)
HT	Hochtemperatur-Abflussrohr
HW	Holzwolle
inkl.	einschließlich
IWF	Innenwandfläche
KFZ	Kraftfahrzeug
KG	Kanalgrund(rohr) / Kostengruppe
kg	Kilogramm

Abkürzungsverzeichnis (Fortsetzung)

Abkürzung	Bezeichnung
Kita	Kindertagesstätte
KGF	Konstruktions-Grundfläche (Summe der Regelfall (R)- und Sonderfall (S)-Flächen nach DIN 277)
KS	Kalksandstein
KVH	Konstruktionsvollholz
kW	Kilowatt
KWK	Kraftwärmekopplung
LB	Leistungsbereich
MDF	mitteldichte Faserplatte (Spanplatte)
Menge/BGF	Menge der genannten Kostengruppen-Bezugsgröße bezogen auf die Menge der Brutto-Grundfläche
Menge/NUF	Menge der genannten Kostengruppen-Bezugsgröße bezogen auf die Menge der Nutzungsfläche
MW	Mineralwolle
MwSt.	Mehrwertsteuer
NE	Nutzeinheit
NUF	Nutzungsfläche (Summe der Regelfall (R)- und Sonderfall (S)-Flächen nach DIN 277)
NRF	Netto-Raumfläche (Summe der Regelfall (R)- und Sonderfall (S)-Flächen nach DIN 277)
Obj.-Nr.	Nummer des Objekts in den BKI Baukostendatenbanken
OSB	Grobspanplatten (engl. oriented strand board)
PA	Polyamid
PE	Polyethyen
PHPP	Passivhaus-Projektierungspaket
PIR	Polyisocyanurate
PP	Polypropylen
PS	Polystyrol
PU/PUR	Polyurethan
PV	Photovoltaik
PVC	Polyvinylchlorid
restl.	restlich
RH	Reihenhaus
sonst.	Sonstige
STLB	Standardleistungsbuch
St	Stück
STP	Stellplatz
TF	Technikfläche (Summe der Regelfall (R)- und Sonderfall (S)-Flächen nach DIN 277)
TG	Tiefgarage
UK	Unterkonstruktion
UP	Unterputz
Uw	U-Wert Fenster (engl. window)
VF	Verkehrsfläche (Summe der Regelfall (R)- und Sonderfall (S)-Flächen nach DIN 277)
VIP	Vakuumisolationspaneel
VSG	Verbund-Sicherheitsglas
von	unterer Grenzwert des Streubereichs um einen Mittelwert
WDVS	Wärmedämmverbundsystem
WE	Wohneinheit
WFL	Wohnfläche
WLG	Wärmeleitgruppe
WU	wasserundurchlässig (Betonqualität)
XPS	Extrudierter Polystyrol-Hartschaum
Ø	Mittelwert
300+400	Zusammenfassung der Kostengruppen Bauwerk-Baukonstruktionen und Bauwerk-Technische Anlagen
% an 300+400	Kostenanteil der jeweiligen Kostengruppe an den Kosten des Bauwerks
% an 300	Kostenanteil der jeweiligen Kostengruppe an der Kostengruppe Bauwerk-Baukonstruktion
% an 400	Kostenanteil der jeweiligen Kostengruppe an der Kostengruppe Bauwerk-Technische Anlagen

1 Büro- und Verwaltungsgebäude

Büro- und Verwaltungsgebäude

Kostenkennwerte für die Kosten des Bauwerks (Kostengruppen 300+400 nach DIN 276)

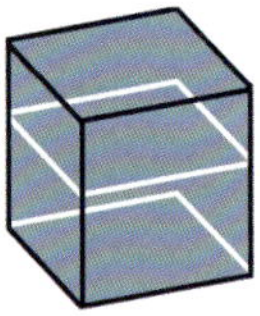

BRI 745 €/m³
von 530 €/m³
bis 1.005 €/m³

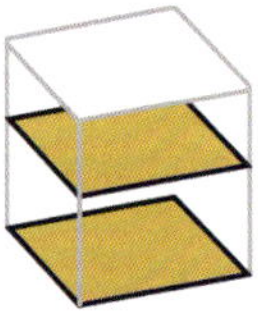

BGF 3.045 €/m²
von 2.175 €/m²
bis 4.515 €/m²

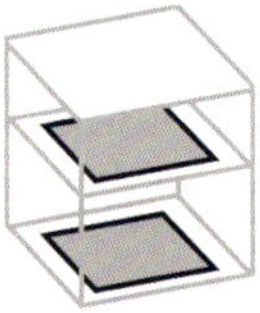

NUF 4.360 €/m²
von 3.000 €/m²
bis 6.440 €/m²

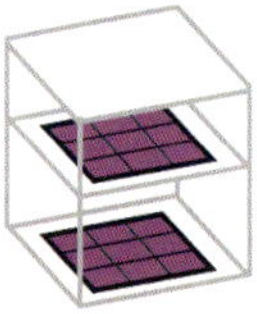

NE 93.145 €/NE
von 53.910 €/NE
bis 143.005 €/NE
NE: Arbeitsplätze

Objektbeispiele

Kosten:
Stand 2. Quartal 2024
Bundesdurchschnitt
inkl. 19% MwSt.

1300-0318

1300-0305

1300-0307

Kosten der 13 Vergleichsobjekte

Seiten 172 bis 198

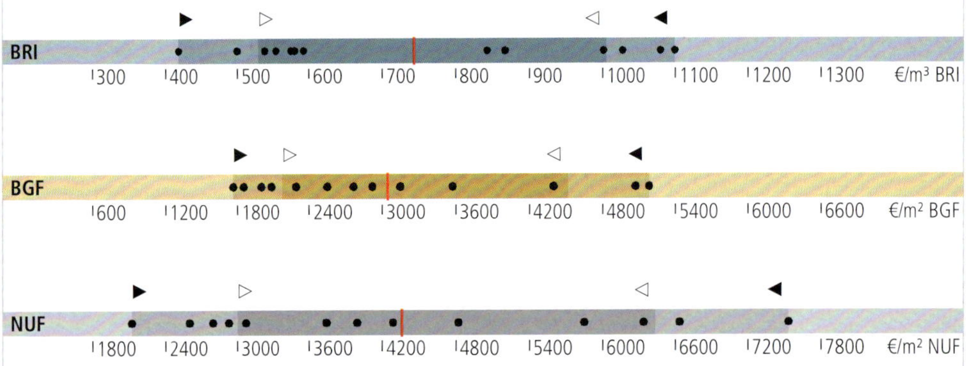

- ● KKW
- ▶ min
- ▷ von
- | Mittelwert
- ◁ bis
- ◀ max

Kostenstand: 2. Quartal 2024, Bundesdurchschnitt, **inkl. 19% MwSt.**

Kostenkennwerte für die Kostengruppen der 1. und 2.Ebene DIN 276

KG	Kostengruppen der 1. Ebene	Einheit	▷	€/Einheit	◁	▷	% an 300+400	◁
100	Grundstück	m² GF	–	**–**	–	–	**–**	–
200	Vorbereitende Maßnahmen	m² GF	< 1	**7**	28	0,2	**0,9**	1,9
300	Bauwerk – Baukonstruktionen	m² BGF	1.701	**2.408**	3.642	71,7	**78,9**	84,1
400	Bauwerk – Technische Anlagen	m² BGF	436	**636**	1.086	15,9	**21,1**	28,3
	Bauwerk 300+400	m² BGF	2.177	**3.044**	4.515	100,0	**100,0**	100,0
500	Außenanlagen und Freiflächen	m² AF	22	**112**	165	1,1	**2,9**	4,9
600	Ausstattung und Kunstwerke	m² BGF	13	**161**	457	0,5	**3,8**	10,4
700	Baunebenkosten*	m² BGF	625	**697**	769	20,8	**23,2**	25,6 ◁
800	Finanzierung	m² BGF	–	**–**	–	–	**–**	–

* Auf Grundlage der HOAI 2021 berechnete Werte nach §§ 35, 52, 56. Weitere Informationen siehe Seite 32

KG	Kostengruppen der 2. Ebene	Einheit	▷	€/Einheit	◁	▷	% an 1. Ebene	◁
310	Baugrube / Erdbau	m³ BGI	33	**64**	100	0,4	**0,7**	1,7
320	Gründung, Unterbau	m² GRF	421	**513**	633	6,8	**14,6**	18,1
330	Außenwände / vertikal außen	m² AWF	455	**641**	868	27,7	**32,7**	38,7
340	Innenwände / vertikal innen	m² IWF	214	**321**	451	5,8	**13,3**	16,1
350	Decken / horizontal	m² DEF	399	**511**	692	3,8	**12,9**	20,9
360	Dächer	m² DAF	502	**616**	955	13,2	**19,2**	34,0
370	Infrastrukturanlagen		–	**–**	–	–	**–**	–
380	Baukonstruktive Einbauten	m² BGF	45	**57**	69	0,0	**1,6**	3,3
390	Sonst. Maßnahmen für Baukonst.	m² BGF	66	**92**	167	4,0	**5,0**	7,7
300	**Bauwerk – Baukonstruktionen**	**m² BGF**					**100,0**	
410	Abwasser-, Wasser-, Gasanlagen	m² BGF	49	**65**	78	8,2	**12,3**	16,8
420	Wärmeversorgungsanlagen	m² BGF	107	**126**	136	4,4	**19,1**	34,4
430	Raumlufttechnische Anlagen	m² BGF	40	**125**	210	7,5	**19,0**	28,7
440	Elektrische Anlagen	m² BGF	118	**217**	269	32,4	**37,7**	42,9
450	Kommunikationstechnische Anlagen	m² BGF	19	**44**	115	3,9	**6,3**	11,7
460	Förderanlagen	m² BGF	–	**19**	–	0,0	**0,5**	2,0
470	Nutzungsspez. / verfahrenstech. Anl.	m² BGF	–	**< 1**	–	0,0	**< 0,1**	< 0,1
480	Gebäude- und Anlagenautomation	m² BGF	42	**76**	109	0,0	**4,8**	9,9
490	Sonst. Maßnahmen f. techn. Anl.	m² BGF	3	**4**	5	0,0	**0,3**	0,6
400	**Bauwerk – Technische Anlagen**	**m² BGF**					**100,0**	

Prozentanteile der Kosten 2.Ebene an den Kosten des Bauwerks nach DIN 276 (Von/Mittel/Bis)

KG	Kostengruppe	%
310	Baugrube / Erdbau	0,5
320	Gründung, Unterbau	11,3
330	Außenwände / vertikal außen	24,7
340	Innenwände / vertikal innen	10,2
350	Decken / horizontal	9,5
360	Dächer	14,8
370	Infrastrukturanlagen	
380	Baukonstruktive Einbauten	1,2
390	Sonst. Maßnahmen für Baukonst.	3,7
410	Abwasser-, Wasser-, Gasanlagen	2,9
420	Wärmeversorgungsanlagen	3,9
430	Raumlufttechnische Anlagen	5,1
440	Elektrische Anlagen	9,1
450	Kommunikationstechnische Anlagen	1,6
460	Förderanlagen	0,2
470	Nutzungsspez. / verfahrenstech. Anl.	< 0,1
480	Gebäude- und Anlagenautomation	1,4
490	Sonst. Maßnahmen f. techn. Anl.	< 0,1

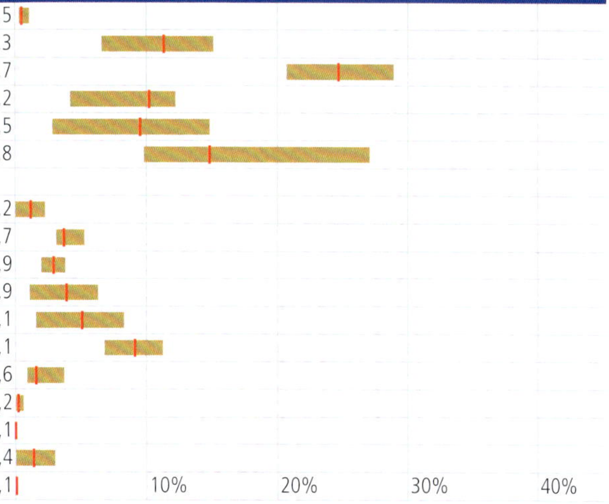

Prozentanteile der Kosten für Leistungsbereiche nach STLB (Kosten Bauwerk nach DIN 276)

Kosten:
Stand 2. Quartal 2024
Bundesdurchschnitt
inkl. 19% MwSt.

LB	Leistungsbereiche	▷	% an 300+400	◁
000	Sicherheits-, Baustelleneinrichtungen inkl. 001	2,4	**3,3**	4,4
002	Erdarbeiten	0,5	**1,2**	1,8
006	Spezialtiefbauarbeiten inkl. 005	0,2	**1,1**	3,7
009	Entwässerungskanalarbeiten inkl. 011	0,2	**0,4**	0,7
010	Drän- und Versickerarbeiten	0,0	**0,2**	0,8
012	Mauerarbeiten	< 0,1	**1,5**	5,9
013	Betonarbeiten	7,4	**12,6**	19,0
014	Natur-, Betonwerksteinarbeiten	0,0	**0,6**	1,3
016	Zimmer- und Holzbauarbeiten	7,8	**12,8**	17,5
017	Stahlbauarbeiten	< 0,1	**0,4**	0,7
018	Abdichtungsarbeiten	< 0,1	**0,6**	1,1
020	Dachdeckungsarbeiten	–	**–**	–
021	Dachabdichtungsarbeiten	3,7	**5,4**	7,4
022	Klempnerarbeiten	0,7	**1,5**	2,4
	Rohbau	37,2	**41,6**	46,8
023	Putz- und Stuckarbeiten, Wärmedämmsysteme	0,7	**3,1**	5,5
024	Fliesen- und Plattenarbeiten	0,2	**0,6**	0,9
025	Estricharbeiten	0,7	**2,1**	3,5
026	Fenster, Außentüren inkl. 029, 032	3,6	**7,1**	10,5
027	Tischlerarbeiten	0,9	**4,0**	7,1
028	Parkettarbeiten, Holzpflasterarbeiten	0,2	**1,0**	3,2
030	Rollladenarbeiten	0,3	**1,1**	1,9
031	Metallbauarbeiten inkl. 035	3,6	**6,0**	11,7
034	Maler- und Lackiererarbeiten inkl. 037	0,1	**1,2**	1,6
036	Bodenbelagarbeiten	0,5	**1,9**	3,8
038	Vorgehängte hinterlüftete Fassaden	0,0	**2,0**	4,1
039	Trockenbauarbeiten	3,9	**4,5**	4,9
	Ausbau	32,4	**34,6**	36,4
040	Wärmeversorgungsanl. - Betriebseinr. inkl. 041	1,0	**3,7**	6,1
042	Gas- und Wasserinstallation, Leitungen inkl. 043	0,4	**0,5**	0,8
044	Abwasseranlagen - Leitungen	0,3	**0,5**	0,8
045	GWE-Einrichtungsgegenstände inkl. 046	1,0	**1,4**	2,4
047	Dämmarbeiten an betriebstechnischen Anlagen	0,2	**0,6**	1,6
049	Feuerlöschanlagen, Feuerlöschgeräte	0,0	**< 0,1**	< 0,1
050	Blitzschutz- und Erdungsanlagen	0,2	**0,3**	0,4
052	Mittelspannungsanlagen	0,0	**0,2**	0,9
053	Niederspannungsanlagen inkl. 054	4,2	**6,9**	9,8
055	Sicherheits- u. Ersatzstromversorgungsanl.	0,0	**0,3**	1,0
057	Gebäudesystemtechnik	–	**–**	–
058	Leuchten und Lampen inkl. 059	0,4	**1,4**	2,5
060	Sprechanlagen, elektroakust. Anlagen inkl. 064	< 0,1	**0,5**	1,8
061	Kommunikationsnetze inkl. 062	0,7	**0,9**	1,1
063	Gefahrenmeldeanlagen	< 0,1	**0,2**	0,9
069	Aufzüge	0,0	**0,2**	0,6
070	Gebäudeautomation	0,0	**1,4**	3,0
075	Raumlufttechnische Anlagen inkl. 078	1,6	**4,7**	7,8
	Gebäudetechnik	18,3	**23,6**	29,0
	Sonstige Leistungsbereiche inkl. 008, 033, 051	0,1	**0,2**	0,5

- ● KKW
- ▶ min
- ▷ von
- | Mittelwert
- ◁ bis
- ◀ max

Planungskennwerte für Flächen und Rauminhalte nach DIN 277

Grundflächen		▷	Fläche/NUF (%)	◁	▷	Fläche/BGF (%)	◁
NUF	Nutzungsfläche	100,0	**100,0**	100,0	64,4	**71,0**	76,6
TF	Technikfläche	2,9	**3,5**	4,3	1,9	**2,4**	2,8
VF	Verkehrsfläche	13,8	**19,0**	30,3	9,2	**12,3**	17,4
NRF	Netto-Raumfläche	116,5	**121,6**	134,4	82,1	**85,1**	87,2
KGF	Konstruktions-Grundfläche	18,5	**21,7**	25,1	12,8	**14,9**	17,9
BGF	Brutto-Grundfläche	134,2	**143,3**	160,7	100,0	**100,0**	100,0

Brutto-Rauminhalte		▷	BRI/NUF (m)	◁	▷	BRI/BGF (m)	◁
BRI	Brutto-Rauminhalt	5,16	**5,87**	6,27	3,81	**4,12**	4,40

Flächen von Nutzeinheiten	▷	NUF/Einheit (m²)	◁	▷	BGF/Einheit (m²)	◁
Nutzeinheit: Arbeitsplätze	20,85	**24,30**	34,77	28,90	**34,53**	46,00

Lufttechnisch behandelte Flächen	▷	Fläche/NUF (%)	◁	▷	Fläche/BGF (%)	◁
Entlüftete Fläche	–	**–**	–	–	**–**	–
Be- und entlüftete Fläche	–	**–**	–	–	**–**	–
Teilklimatisierte Fläche	–	**–**	–	–	**–**	–
Klimatisierte Fläche	–	**–**	–	–	**–**	–

KG	Kostengruppen (2. Ebene)	Einheit	▷	Menge/NUF	◁	▷	Menge/BGF	◁
310	Baugrube / Erdbau	m³ BGI	0,27	**0,35**	0,35	0,16	**0,22**	0,22
320	Gründung, Unterbau	m² GRF	0,60	**0,73**	0,73	0,42	**0,55**	0,55
330	Außenwände / vertikal außen	m² AWF	1,21	**1,39**	1,47	0,92	**0,97**	1,03
340	Innenwände / vertikal innen	m² IWF	0,90	**1,12**	1,22	0,59	**0,78**	0,92
350	Decken / horizontal	m² DEF	0,90	**0,92**	0,92	0,56	**0,58**	0,58
360	Dächer	m² DAF	0,70	**0,83**	0,83	0,51	**0,64**	0,64
370	Infrastrukturanlagen		–	**–**	–	–	**–**	–
380	Baukonstruktive Einbauten	m² BGF	1,34	**1,43**	1,61	1,00	**1,00**	1,00
390	Sonst. Maßnahmen für Baukonst.	m² BGF	1,34	**1,43**	1,61	1,00	**1,00**	1,00
300	**Bauwerk – Baukonstruktionen**	**m² BGF**	1,34	**1,43**	1,61	1,00	**1,00**	1,00

Planungskennwerte für Bauzeiten — 13 Vergleichsobjekte

Bauzeit in Wochen

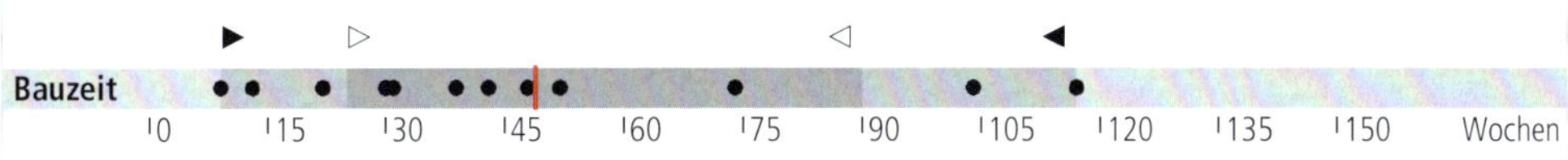

Objektübersicht zur Gebäudeart

1300-0146 Verwaltungsgebäude*

S.I.G. SCHROLL CONSULT GmbH
Dipl.-Ing. (FH) Sven Schroll, Saarbrücken

1300-0166 Verwaltungsgebäude, TG - Passivhaus*

Neuhaus & Bassfeld GmbH
Dinslaken

1300-0203 Bürogebäude (17 AP)*

2wei Plus architekten GmbH
Bamberg

1300-0210 Büro- und Präsentationsgebäude (6 AP)*

Architekturbüro W. Poggemann, Architekt und Bauingenieur, Georgsmarienhütte

1300-0235 Bürogebäude (12 AP) - Effizienzhaus ~60%*

MIND Architects Collective
Bischofsheim

1300-0249 Verwaltungsgebäude (42 AP)*

F64 Architekten, Architekten und Stadtplaner PartGmbB, Kempten / Allgäu

* Diese Objekte wurden zur Bildung der statistischen Werte herangezogen und sind nicht als Einzelobjekt in diesem Band veröffentlicht.

1300-0254 Bürogebäude (8 AP) - Effizienzhaus ~73%*

AW+ Planungsgesellschaft mbH
Eiterfeld

1300-0259 Bürogebäude (30 AP) - Effizienzhaus ~53%*

RAINER GRAF architekten GmbH
Ofterdingen

1300-0266 Bürocontainer (3 AP)*

freiraum4plus
Wiesbaden

1300-0292 Landratsamt (136 AP), TG
- Effizienzhaus ~44%*

ArGe Gurland+Seher+Rapp Architekten
Biberach a.d. Riss

1300-0305 Bürogebäude (13 AP)

Dillig Architekten GmbH
Simmern

1300-0307 Bürogebäude (15 AP)

Steinwender Architekten GmbH
Heide

* Diese Objekte wurden zur Bildung der statistischen Werte herangezogen und sind nicht als Einzelobjekt in diesem Band veröffentlicht.

Objektübersicht zur Gebäudeart

1300-0318 Bürogebäude (29 AP), Forschung (5 AP)

Pahl + Weber-Pahl Planungsgesell. mbH & Co.KG und pwpMAS Architekten PartG mbB, Darmstadt

1300-0302
Amtsverwaltung
(24 AP)

Objektübersicht

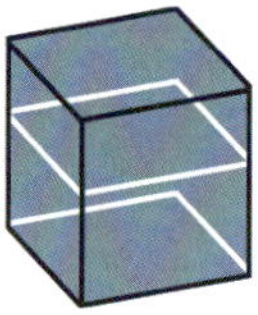

BRI 1.536 €/m³

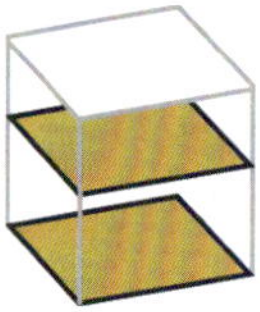

BGF 4.715 €/m²

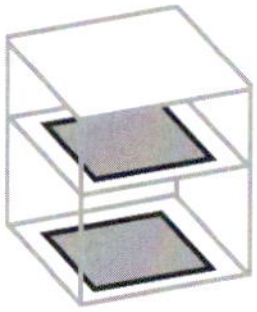

NUF 11.711 €/m²

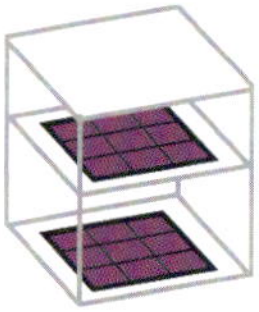

NE 234.984 €/NE

NE: Arbeitsplätze

Objekt:
Kennwerte: 1. Ebene DIN 276
BRI: 3.671 m³
BGF: 1.196 m²
NUF: 482 m²
Bauzeit: 122 Wochen
Bauende: 2021
Standard: über Durchschnitt
Bundesland: Mecklenburg-Vorpommern
Kreis: Ludwigslust-Parchim

Architekt*in:
ppp architekten +
stadtplaner gmbh
Kanalstraße 52
23552 Lübeck

Bauherr*in:
Amt Zarrentin
Kirchplatz 8
19246 Zarrentin am Schaalsee

© Stephan Baumann, bild_raum

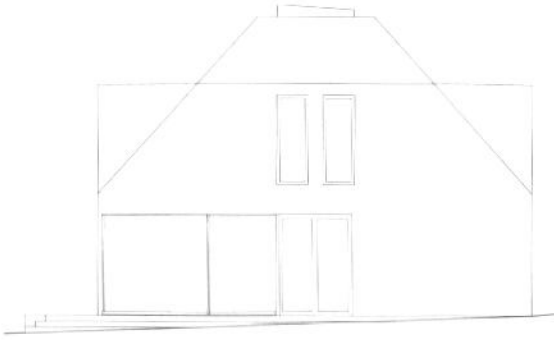

Ansicht Nord

Ansicht West

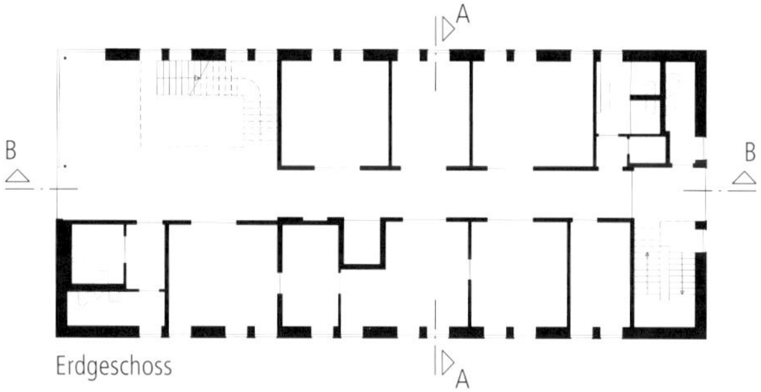

Erdgeschoss

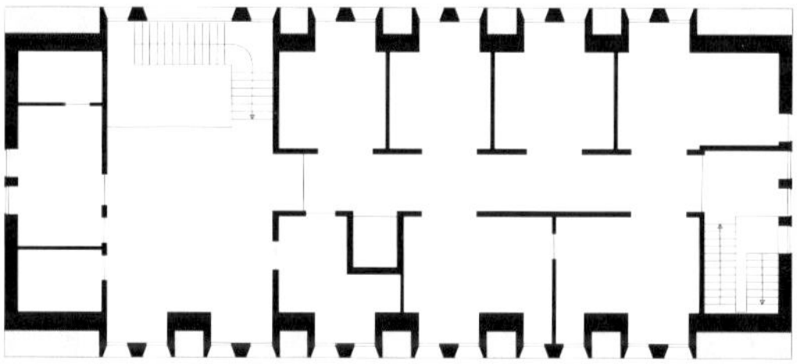

Dachgeschoss

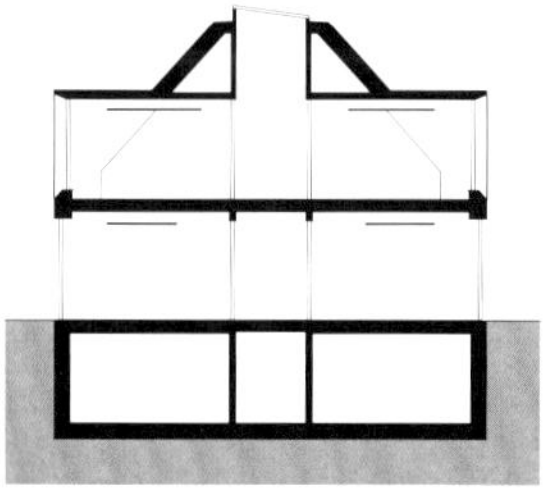

Schnitt A-A

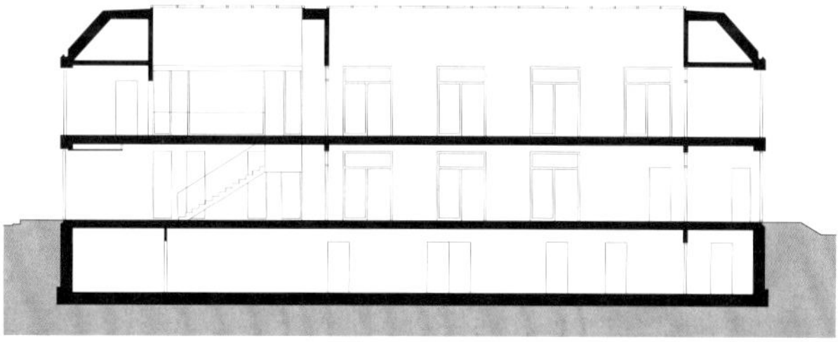

Schnitt B-B

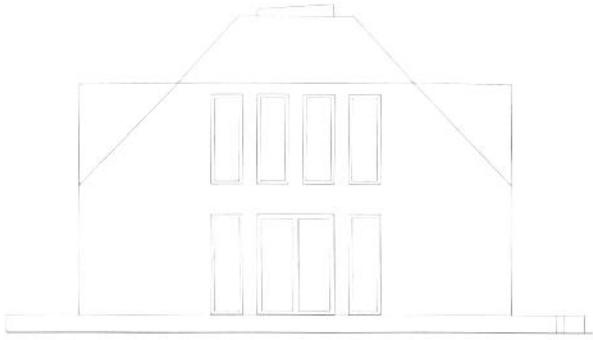

Ansicht Süd

Ansicht Ost

Objektbeschreibung

Allgemeine Objektinformationen

An der Stelle der historischen, aber baufälligen Amtsviehscheune wurde im historischen Ortskern von Zarrentin ein Neubau als Erweiterung der ortsansässigen Amtsverwaltung realisiert. Das Gebäude wurde als Nahezu-Nullenergie-Haus konzipiert und soll für die Region des Biosphärenreservats Schaalsee als Leuchtturmprojekt in Hinblick auf Nutzung erneuerbarer Energien dienen.

Nutzung

1 Untergeschoss
Lager, Technik

1 Erdgeschoss
Büroarbeit

2 Dachgeschosse
1. DG: Büroarbeit
Spitzboden: Technik

Nutzeinheiten

Arbeitsplätze: 24

Grundstück

Bauraum: Beengter Bauraum
Neigung: Geneigtes Gelände
Bodenklasse: BK 3 bis BK 4

Markt

Hauptvergabezeit: 2.Quartal 2019
Baubeginn: 2.Quartal 2019
Bauende: 4.Quartal 2021
Konjunkturelle Gesamtlage: über Durchschnitt
Regionaler Baumarkt: Durchschnitt

Baukonstruktion

Für Außenwände, Dach und Gauben wurde eine Holzbauweise gewählt, die den EnEV-Standard überschreitet und dadurch zu CO_2-Einsparungen führt. Die Bekleidung aus Ziegelplatten als modernem Baustoff passt farblich zur umgebenden Bebauung. Die Bekleidung der Fensterlaibungen und Dachgauben ist aus einem langlebigen und wartungsarmen Cortenstahl. Fenster und Fassaden aus Aluminium überschreiten durch Dreifachverglasung und U-Wert ebenfalls den EnEV-Standard. Als Bodenbelag der öffentlichen Bereiche wurde im Gebäude ein für die Region typischer Ortsterrazzo eingebaut.

Technische Anlagen

Das Gebäude wird über ein Geothermieanlage mit einer Sole-Wasser-Wärmepumpe beheizt, hat eine Lüftungsanlage und eine Kühlung für den sommerlichen Wärmeschutz. Das Dachoberlicht ist mit Photovoltaik-Modulen belegt, der erzeugte Strom wird selbst genutzt. Die Beleuchtung ist zur Energieeinsparung über Präsenzmelder gesteuert.

Sonstiges

Durch Materialität und Kubatur passt sich das Gebäude ein in das Ensemble historischer Gebäude im Bereich der ehemaligen Klosteranlage. Von außen und innen soll das barrierefrei erreichbare Gebäude transparent und bürgernah wirken. Die Außenanlagen fügen sich schlicht in die vorhandene Gestaltung ein.

Energetische Kennwerte

Gesetzliche Grundlage: EnEV 2013
Gebäudenutzfläche: 955,00 m^2
Gebäudevolumen: 3.121,00 m^3
Hüllfläche des beheizten Volumens: 1.458,00 m^2
Spez. Transmissionswärmeverlust: 0,20 W/(m^2·K)
Mittlerer U-Wert (opake Bauteile): 0,12 W/(m^2·K)
Mittlerer U-Wert (transparente Bauteile): 0,80 W/(m^2·K)
Jahresprimärenergie: 32.702,00 kWh/a
Spez. Jahresprimärenergiebedarf: 34,24 kWh/(m^2·a)
Jahresendenergiebedarf: 18.168,00 kWh/a
Spez. Jahresendenergiebedarf: 19,02 kWh/(m^2·a)

Energetische Angaben zu Außenbauteilen

Bodenplatte

U-Wert: 0,17 W/(m²·K)

Gesamtdicke: 45,00 cm	d [cm]	λ [W/(m·K)]
Stahlbeton	25,00	2,500
Dämmung PS	20,00	0,035

Außenwand gegen Erdreich

U-Wert: 0,17 W/(m²·K)

Gesamtdicke: 50,00 cm	d [cm]	λ [W/(m·K)]
Stahlbeton	30,00	2,500
Dämmung PS	20,00	0,035

Außenwand

U-Wert: 0,14 W/(m²·K)

Gesamtdicke: 35,45 cm	d [cm]	λ [W/(m·K)]
GK-Platte	1,25	0,250
OSB-Platte	2,20	0,130
Dämmung MW	24,00	0,032
Holz	24,00	0,180
Dämmung HF	8,00	0,040

Außenwand Gaube

U-Wert: 0,17 W/(m²·K)

Gesamtdicke: 19,65 cm	d [cm]	λ [W/(m·K)]
GK-Platte	1,25	0,250
OSB-Platte	2,20	0,130
Dämmung PUR	14,00	0,026
OSB-Platte	2,20	0,130

Dach Gaube

U-Wert: 0,17 W/(m²·K)

Gesamtdicke: 19,65 cm	d [cm]	λ [W/(m·K)]
GK-Platte	1,25	0,250
OSB-Platte	2,20	0,130
Dämmung PUR	14,00	0,026
OSB-Platte	2,20	0,130

Dach

U-Wert: 0,14 W/(m²·K)

Gesamtdicke: 35,45 cm	d [cm]	λ [W/(m·K)]
GK-Platte	1,25	0,250
OSB-Platte	2,20	0,130
Dämmung MW	24,00	0,035
Holz	24,00	0,180
Dämmung HF	8,00	0,040

Planungskennwerte für Flächen und Rauminhalte nach DIN 277

Flächen des Grundstücks		Menge Einheit	% an GF
BF	Bebaute Fläche	362,00 m²	43,4
UF	Unbebaute Fläche	472,00 m²	56,6
GF	Grundstücksfläche	834,00 m²	100,0

Grundflächen des Bauwerks		Menge Einheit	% an NUF	% an BGF
NUF	Nutzungsfläche	481,58 m²	100,0	40,3
TF	Technikfläche	108,78 m²	22,6	9,1
VF	Verkehrsfläche	253,27 m²	52,6	21,2
NRF	Netto-Raumfläche	843,63 m²	175,2	70,5
KGF	Konstruktions-Grundfläche	352,37 m²	73,2	29,5
BGF	Brutto-Grundfläche	1.196,00 m²	248,3	100,0

Brutto-Rauminhalt des Bauwerks		Menge Einheit	BRI/NUF (m)	BRI/BGF (m)
BRI	Brutto-Rauminhalt	3.671,00 m³	7,62	3,07

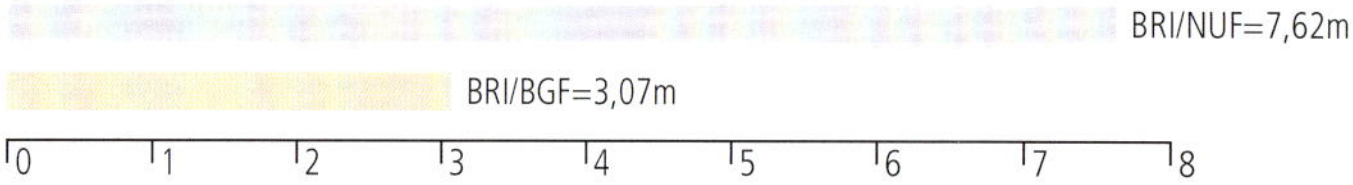

Kostenkennwerte für die Kostengruppen der 1.Ebene DIN 276

KG	Kostengruppen (1.Ebene)	Einheit	Kosten €	€/Einheit	€/m² BGF	€/m³ BRI	% 300+400
100	Grundstück	m² GF	–	–	–	–	–
200	Vorbereitende Maßnahmen	m² GF	–	–	–	–	–
300	Bauwerk – Baukonstruktionen	m² BGF	3.821.517	3.195,25	3.195,25	1.041,00	67,8
400	Bauwerk – Technische Anlagen	m² BGF	1.818.108	1.520,16	1.520,16	495,26	32,2
	Bauwerk 300+400	**m² BGF**	**5.639.625**	**4.715,41**	**4.715,41**	**1.536,26**	**100,0**
500	Außenanlagen und Freiflächen	m² AF	196.077	415,42	163,94	53,41	3,5
600	Ausstattung und Kunstwerke	m² BGF	–	–	–	–	–
700	Baunebenkosten	m² BGF	–	–	–	–	–
800	Finanzierung	m² BGF	–	–	–	–	–

KG	Kostengruppe	Menge Einheit	Kosten €	€/Einheit	%
3+4	**Bauwerk**				**100,0**
300	**Bauwerk – Baukonstruktionen**	1.196,00 m² BGF	3.821.517	**3.195,25**	67,8

Erdarbeiten, Verbau; Stb-Sohlplatte, Bodenbeschichtung, schwimmender Estrich, Teppich, Bodenfliesen, Ortsterrazzo, Kiesfilter-, Sauberkeitsschicht, Perimeterdämmung; Stb-Elementwände (Keller) mit Perimeterdämmung, Holzrahmen-Außenwände (EG/OG), Alufenster, Alu-Pfosten-Riegelfassade, Dreifachverglasung, Laibungsbekleidung Cortenstahl, Vorhangfassade Ziegelplatten; KS-Innenmauerwerk, Holzrahmenwände, Holztüren, teilw. mit Glasseitenteil und Oberlicht, Holzglaselemente und Stahl-Glas-Flurtüren mit und ohne Brandschutzanforderung, Innenputz, Beschichtung; Stb-Elementdecken, Stb-Treppen, Stahltreppe, Bodenfliesen, Werkstein, abgehängte GK-Decken, teilw. Akustikdecken; Holzdachstuhl, Dachgauben, Dachoberlichtband mit bauwerksintegrierten PV-Modulen als äußerer Verglasung, Abdichtung, Dachdeckung mit Ziegelplatten, Gaubenbekleidung Cortenstahl

KG	Kostengruppe	Menge Einheit	Kosten €	€/Einheit	%
400	**Bauwerk – Technische Anlagen**	1.196,00 m² BGF	1.818.108	**1.520,16**	32,2

Gebäudeentwässerung im Trennsystem, Kalt- und Warmwasserleitungen, Sanitärobjekte; Geothermieanlage mit Sole-Wasser-Wärmepumpe, Fußbodenheizung, Röhrenheizkörper; Lüftungsanlage, Kühlanlage; bauwerksintegrierte PV-Anlage (siehe Hochbau), Elektroinstallation, Beleuchtungsteuerung über Präsenzmelder, Sicherheitsbeleuchtung, Blitzschutz; Telekommunikationsanlage, WC-Notruf, Schließanlage mit Zutrittskontrollsystem, Einbruchmeldeanlage, IT-Datennetz; maschinenraumloser, barrierefreier Aufzug (drei Haltestellen) mit Elektroantrieb; zwei Teeküchen

KG	Kostengruppe	Menge Einheit	Kosten €	€/Einheit	%
500	**Außenanlagen und Freiflächen**	472,00 m² AF	196.077	**415,42**	3,5

Befestigte Flächen; Winkelstützwände, Stufenanlage; Entwässerungsrinnen; auch im Anschlussbereich an die und auf den angrenzenden Grundstücken

1300-0305
Bürogebäude (13 AP)

Objektübersicht

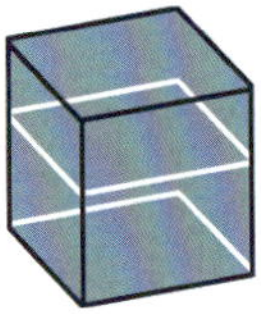

BRI 574 €/m³

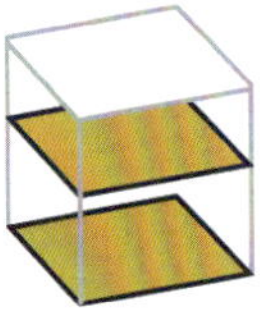

BGF 2.760 €/m²

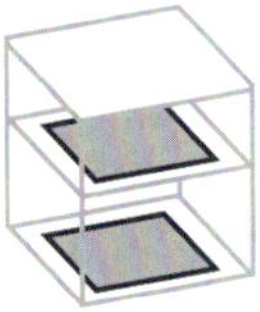

NUF 3.988 €/m²

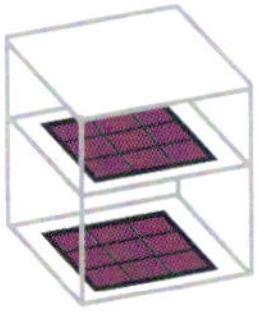

NE 86.085 €/NE

NE: Arbeitsplätze

Objekt:
Kennwerte: 1.Ebene DIN 276
BRI: 1.948 m³
BGF: 405 m²
NUF: 281 m²
Bauzeit: 43 Wochen
Bauende: 2021
Standard: über Durchschnitt
Bundesland: Rheinland-Pfalz
Kreis: Rhein-Hunsrück-Kreis

Architekt*in:
Dillig Architekten GmbH
Bahnhofsplatz 5
55469 Simmern

Bauherr*in:
Maschinenring Hundsrück e.V.
BirSim GmbH
Weinenweg 5
55469 Ohlweiler

© Dillig Architekten GmbH

© Dillig Architekten GmbH

© Dillig Architekten GmbH

© Dillig Architekten GmbH

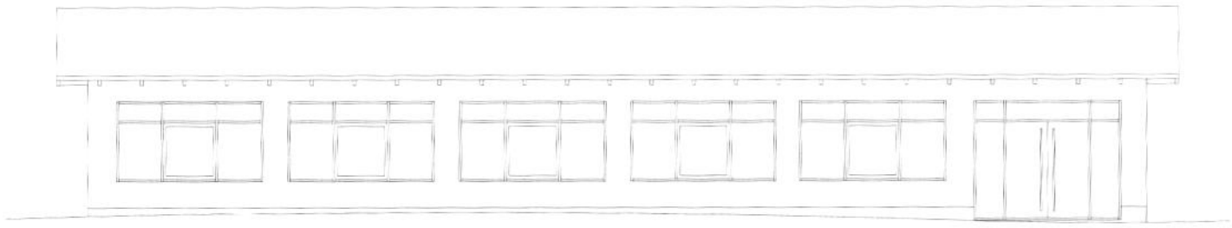

Ansicht Nord-West

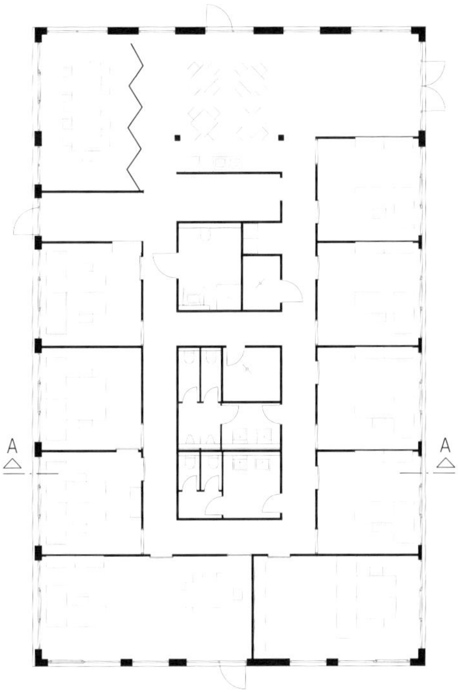

Erdgeschoss

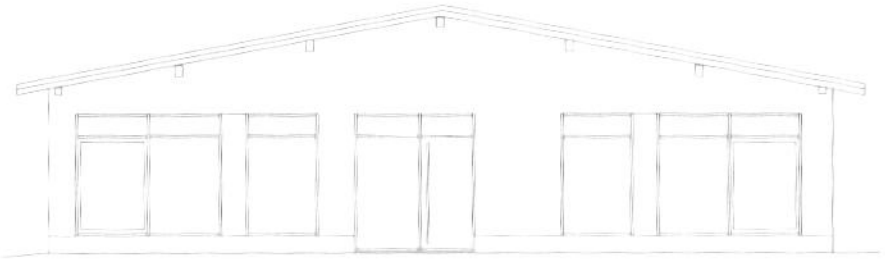

Ansicht Nord-Ost

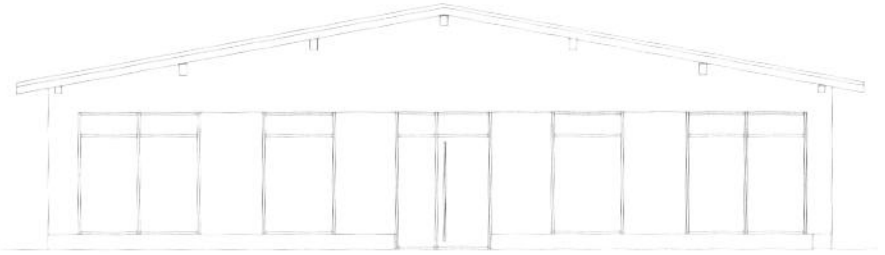

Ansicht Süd-West

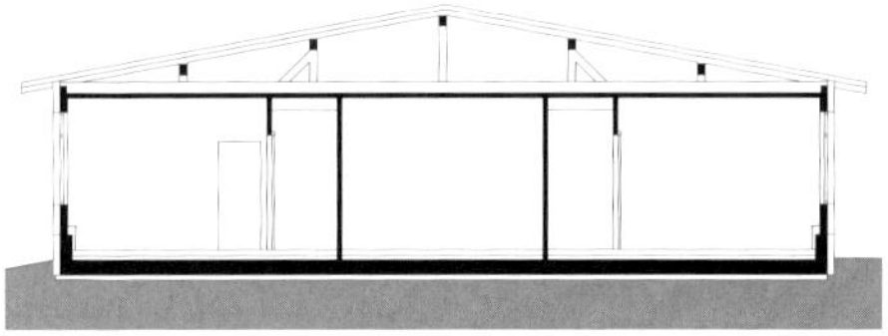

Schnitt A-A

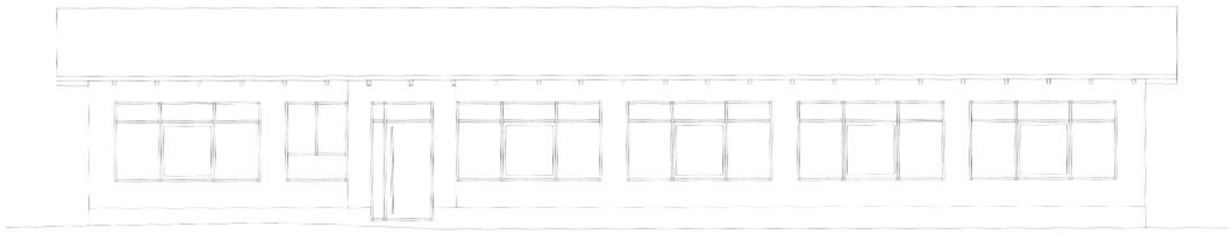

Ansicht Süd-Ost

Objektbeschreibung

Allgemeine Objektinformationen

Bei dem Neubau handelt es sich um ein eingeschossiges modernes Bürogebäude, welches durch einen hohen Einsatz von Gebäudeautomation auch eine gewisse Intelligenz besitzt.

Nutzung

1 Erdgeschoss
Büros, Besprechungsraum, Caféteria, Küche, Empfang, Garderobe, Sanitärräume, Technik

Nutzeinheiten

Arbeitsplätze: 13
Bürofläche: 355 m²

Grundstück

Bauraum: Freier Bauraum
Neigung: Ebenes Gelände
Bodenklasse: BK 1 bis BK 4

Markt

Hauptvergabezeit: 2. Quartal 2020
Baubeginn: 3. Quartal 2020
Bauende: 2. Quartal 2021
Konjunkturelle Gesamtlage: Durchschnitt
Regionaler Baumarkt: unter Durchschnitt

Baukonstruktion

Es wurde ein ökologisches Gebäude in Vollholzbauweise erstellt. Die Bodenplatte sowie der Sockelbereich sind in konservativer Betonbauweise erstellt. Bei dieser Bauweise werden Vollholzelemente wie Balken, Bretter oder Brettsperrholz verwendet, sie bilden sowohl die tragenden Strukturen als auch die Innen- und Außenwände des Gebäudes. Tragwerkstechnisch wurde es so konzipiert, dass eine Aufstockung um ein weiteres Geschoss möglich ist. Das flache Satteldach wurde mit Betondachsteinen gedeckt. Die Fassade erhielt ein Wärmedämmverbundsystem, die Alufenster sind dreifachverglast. Die Böden wurden mit textilen Belägen und Fliesen belegt.

Technische Anlagen

Das Gebäude ist an eine Nahwärmeleitung angeschlossen, dieses wird über eine Hackschnitzelanlage beheizt, die im Nachbargebäude steht und dieses auch mit Wärme versorgt. Aufgrund des niedrigen Wärmebedarfs des Gebäudes, sowie des seltenen Warmwasserbedarfs, ist die Warmwasserbereitung über Durchlauferhitzer ausgeführt. Die WCs werden bei Bedarf manuell entlüftet. Auf weitere Lüftungstechnik wurde verzichtet, da der ökologische Gedanke des Gebäudes eine maximale Öffnung der Fenster- und Außentüren vorsieht.

Sonstiges

Mit Ausnahme der Bodenplatte sind alle Baustoffe vollökologisch.

Energetische Kennwerte

Gesetzliche Grundlage: EnEV 2013
Gebäudenutzfläche: 373,63 m²
Gebäudevolumen: 1.503,80 m³
Hüllfläche des beheizten Volumens: 1.083,60 m²
Mittlerer U-Wert (opake Bauteile): 0,13 W/(m²·K)
Mittlerer U-Wert (transparente Bauteile): 1,00 W/(m²·K)
Spez. Jahresprimärenergiebedarf: 40,00 kWh/(m²·a)
CO_2-Emissionen: 23,00 kg/(m²·a)

Planungskennwerte für Flächen und Rauminhalte nach DIN 277

Flächen des Grundstücks		Menge Einheit	% an GF
BF	Bebaute Fläche	405,47 m²	4,1
UF	Unbebaute Fläche	9.583,53 m²	95,9
GF	Grundstücksfläche	9.989,00 m²	100,0

Grundflächen des Bauwerks		Menge Einheit	% an NUF	% an BGF
NUF	Nutzungsfläche	280,61 m²	100,0	69,2
TF	Technikfläche	8,08 m²	2,9	2,0
VF	Verkehrsfläche	74,53 m²	26,6	18,4
NRF	Netto-Raumfläche	363,22 m²	129,4	89,6
KGF	Konstruktions-Grundfläche	42,25 m²	15,1	10,4
BGF	Brutto-Grundfläche	405,47 m²	144,5	100,0

Brutto-Rauminhalt des Bauwerks		Menge Einheit	BRI/NUF (m)	BRI/BGF (m)
BRI	Brutto-Rauminhalt	1.948,47 m³	6,94	4,81

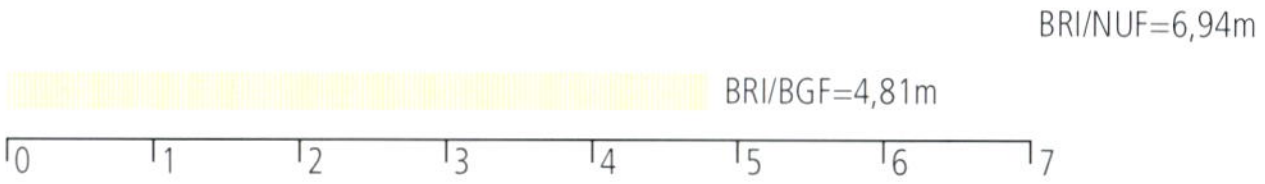

Kostenkennwerte für die Kostengruppen der 1. Ebene DIN 276

KG	Kostengruppen (1. Ebene)	Einheit	Kosten €	€/Einheit	€/m²BGF	€/m³BRI	%300+400
100	Grundstück	m² GF	–	–	–	–	–
200	Vorbereitende Maßnahmen	m² GF	–	–	–	–	–
300	Bauwerk – Baukonstruktionen	m² BGF	791.955	1.953,18	1.953,18	406,45	70,8
400	Bauwerk – Technische Anlagen	m² BGF	327.150	806,84	806,84	167,90	29,2
	Bauwerk 300+400	**m² BGF**	**1.119.105**	**2.760,02**	**2.760,02**	**574,35**	**100,0**
500	Außenanlagen und Freiflächen	m² AF	–	–	–	–	–
600	Ausstattung und Kunstwerke	m² BGF	–	–	–	–	–
700	Baunebenkosten	m² BGF	–	–	–	–	–
800	Finanzierung	m² BGF	–	–	–	–	–

KG	Kostengruppe	Menge Einheit	Kosten €	€/Einheit	%
3+4	**Bauwerk**				**100,0**
300	**Bauwerk – Baukonstruktionen**	405,47 m² BGF	791.955	**1.953,18**	70,8

Baugrubenaushub; Stb-Bodenplatte, Abdichtung, Dämmung, Estrich, Bodenfliesen, textile Beläge; Stb-Aufkantung, Holzrahmenwände, Dämmung, Sperrholzplatten, Alufenster, Dreifachverglasung, Alutüren, WDVS, oberflächenfertige Holzschalung; Holzrahmenwände, oberflächenfertig, Holzstützen, Holztüren, Stahlzargen, elektrische Glasschiebetüren; Holzträger, Sperrholzdecke, Dämmung; Holz-Satteldachkonstruktion, Unterspannbahn, Betondachsteine, Dachentwässerung

KG	Kostengruppe	Menge Einheit	Kosten €	€/Einheit	%
400	**Bauwerk – Technische Anlagen**	405,47 m² BGF	327.150	**806,84**	29,2

Gebäudeentwässerung, Kalt- und Warmwasserleitungen, Sanitärobjekte; Nahwärmeanschluss, Hackschnitzelheizung, Durchlauferhitzer; Elektroinstallation, Beleuchtung; Rauchwarnmelder; Gebäudeautomation

1300-0307
Bürogebäude (15 AP)

Objektübersicht

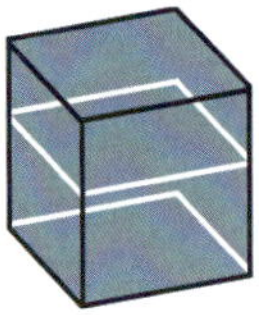

BRI 867 €/m³

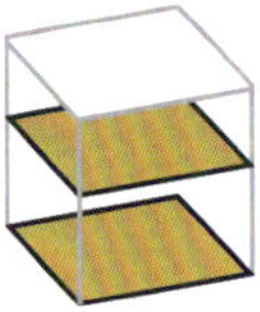

BGF 4.398 €/m²

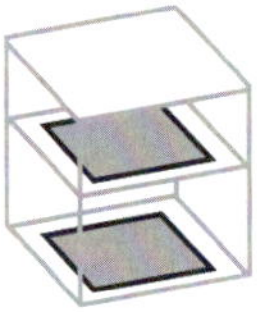

NUF 6.341 €/m²

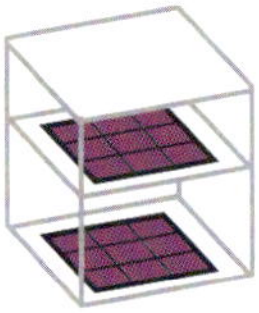

NE 176.543 €/NE

NE: Arbeitsplätze

Objekt:
Kennwerte: 1.Ebene DIN 276
BRI: 2.851 m³
BGF: 562 m²
NUF: 390 m²
Bauzeit: 52 Wochen
Bauende: 2020
Standard: über Durchschnitt
Bundesland: Schleswig-Holstein
Kreis: Dithmarschen

Architekt*in:
Steinwender
Architekten GmbH
Grüner Weg 10
25746 Heide

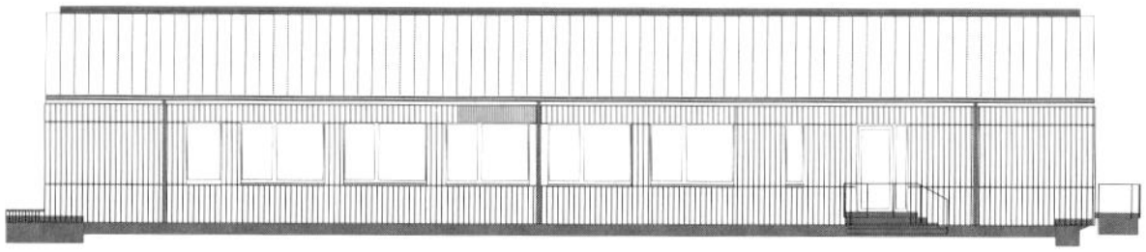

Ansicht Nord

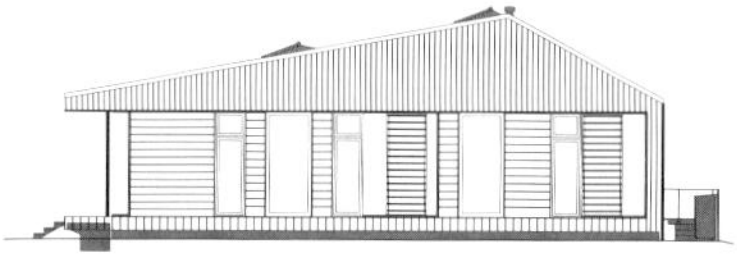

Ansicht Ost

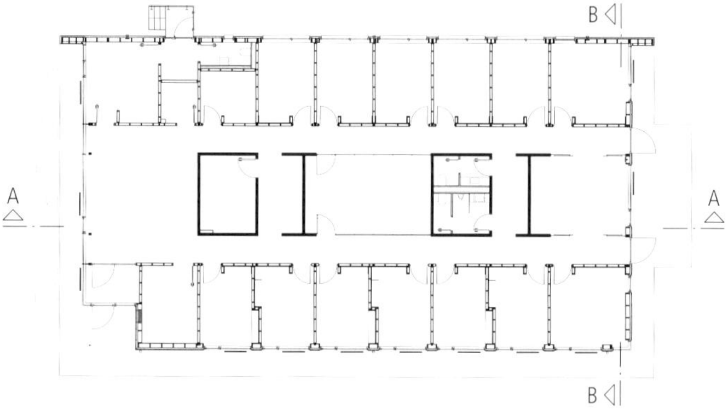

Erdgeschoss

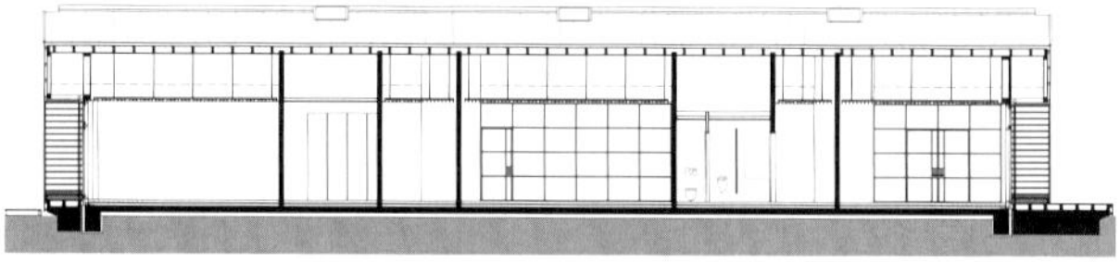

Schnitt A-A

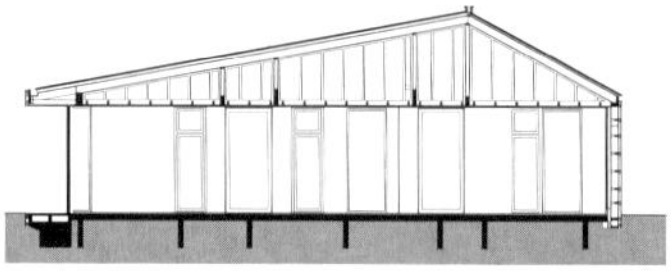

Schnitt B-B

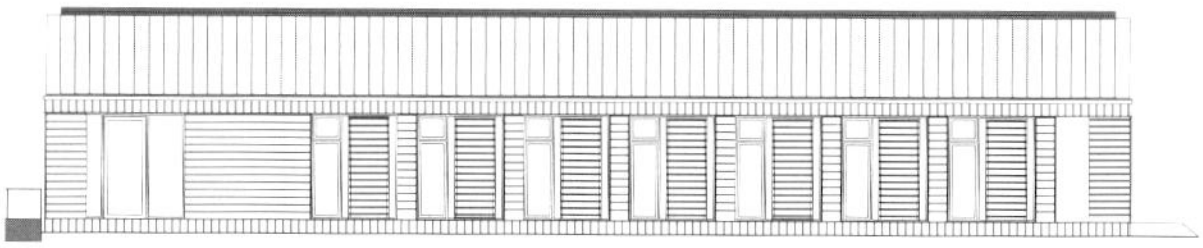

Ansicht Süd

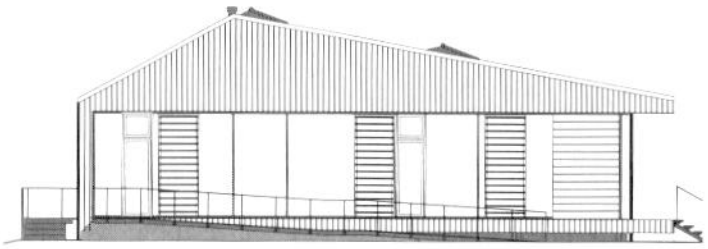

Ansicht West

Objektbeschreibung

Allgemeine Objektinformationen

Das eingeschossige Gebäude ist gegenüber dem Gelände um ca. 60cm angehoben, was dem Gebäude einen schwebenden Eindruck verleiht. Die mittige Kernzone nimmt neben Empfang und Besprechungsraum auch Nebenflächen auf und wird durch transparente Industrie-Glasfassaden abgetrennt. Es entsteht eine freundliche, transparente und von Tageslicht durchflutete Bürolandschaft.

Nutzung

1 Erdgeschoss
Foyer, Büros, Besprechungsraum, Kopierraum, Teeküche mit Aufenthaltsraum, Archiv, Umkleide, Dusche, WCs, Technikraum, Terrassen

Nutzeinheiten

Arbeitsplätze: 14

Grundstück

Bauraum: Beengter Bauraum
Neigung: Ebenes Gelände
Bodenklasse: BK 1 bis BK 3

Markt

Hauptvergabezeit: 3. Quartal 2019
Baubeginn: 3. Quartal 2019
Bauende: 3. Quartal 2020
Konjunkturelle Gesamtlage: über Durchschnitt
Regionaler Baumarkt: unter Durchschnitt

Baukonstruktion

Das Gebäude wurde in Mischbauweise errichtet und besteht aus zwei massiven, aussteifenden Kernen in Sichtbeton. Die Gründung erfolgte auf Fundamenten und einer Bodenplatte. Dach und Bürotrennwände sowie die geschlossenen Außenwände wurden aus vorgefertigten Holztafelelementen hergestellt. Die Fassade besteht im transparenten Bereich aus einer Alu-Pfosten-Riegelfassade mit dreifacher Sonnenschutzverglasung. Die geschlossenen Fassadenbereiche sind mit einer Lärchenholzschalung und Alu-Aufsatzplatten bekleidet. Die Bauweise mit Holzrahmenwänden ermöglichte eine sehr kurze Bauzeit, da sich alle Fassadenelemente parallel zur Rohbauerstellung vorfertigen ließen. Das asymmetrische Satteldach erhielt eine metallische Eindeckung und überdeckt den umlaufenden Steg, der auf drei Seiten Schutz vor Sonne und Regen bietet. Der sommerliche Wärmeschutz wird durch öffenbare, einbruchsichere Fassadenelemente und Dachflächenfenster sichergestellt (Nachtabkühlung). Die auskragenden Dachelemente verhindern, zusammen mit den verschiebbaren Horizontallamellen ein Aufheizen des Gebäudes im Sommer.

Technische Anlagen

Die Beheizung des Gebäudes erfolgt durch eine Luftwärmepumpe in Kombination mit einer Fußbodenheizung. Der Aufenthalts- und Besprechungsraum sind mit einer Kühlungsanlage ausgestattet.

Energetische Kennwerte

Gesetzliche Grundlage: EnEV 2013
Gebäudenutzfläche: 819,10 m^2
Gebäudevolumen: 2.457,30 m^3
A/V_e-Verhältnis (Kompaktheit): 0,53 m^{-1}
Hüllfläche des beheizten Volumens: 1.301,30 m^2
Mittlerer U-Wert (opake Bauteile): 0,17 $W/(m^2 \cdot K)$
Mittlerer U-Wert (transparente Bauteile): 1,20 $W/(m^2 \cdot K)$
Mittlerer U-Wert (Glasdächer, etc.): 1,30 $W/(m^2 \cdot K)$
Spez. Jahresprimärenergiebedarf: 96,50 $kWh/(m^2 \cdot a)$

Energetische Angaben zu Außenbauteilen

Bodenplatte

U-Wert: 0,21 W/(m²·K)

Gesamtdicke: 42,25 cm	d [cm]	λ [W/(m·K)]
Estrich	6,00	1,400
Trittschalldämmung	4,00	0,040
Bitumenbahn	0,25	0,170
Stahlbeton	20,00	2,100
Dämmung	12,00	0,035

Außenwand

U-Wert: 0,12 W/(m²·K)

Gesamtdicke: 63,50 cm	d [cm]	λ [W/(m·K)]
GK-Platte	12,50	0,210
OSB-Platte	15,00	0,130
Dämmung	20,00	0,035
Holz	20,00	0,130
Holzfaserplatte	16,00	0,070

Dach

U-Wert: 0,14 W/(m²·K)

Gesamtdicke: 50,70 cm	d [cm]	λ [W/(m·K)]
GK-Platte	12,50	0,210
OSB-Platte	2,20	0,130
Dämmung MW	20,00	0,035
Holz	20,00	0,130
Holzfaserplatte	16,00	0,070

Planungskennwerte für Flächen und Rauminhalte nach DIN 277

Flächen des Grundstücks		Menge Einheit	% an GF
BF	Bebaute Fläche	577,00 m²	31,2
UF	Unbebaute Fläche	1.271,00 m²	68,8
GF	Grundstücksfläche	1.848,00 m²	100,0

Grundflächen des Bauwerks		Menge Einheit	% an NUF	% an BGF
NUF	Nutzungsfläche	389,80 m²	100,0	69,4
TF	Technikfläche	11,90 m²	3,1	2,1
VF	Verkehrsfläche	103,30 m²	26,5	18,4
NRF	Netto-Raumfläche	505,00 m²	129,6	89,9
KGF	Konstruktions-Grundfläche	57,00 m²	14,6	10,1
BGF	Brutto-Grundfläche	562,00 m²	144,2	100,0

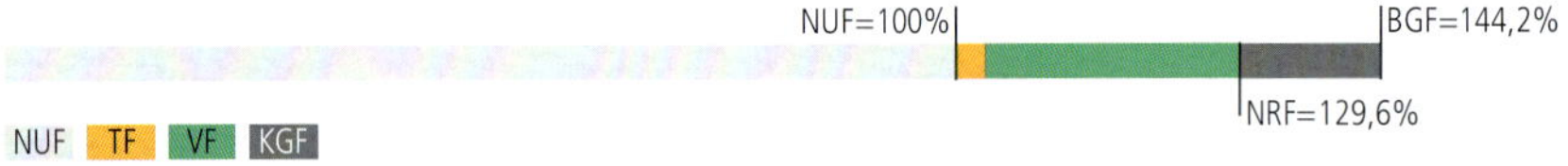

Brutto-Rauminhalt des Bauwerks		Menge Einheit	BRI/NUF (m)	BRI/BGF (m)
BRI	Brutto-Rauminhalt	2.851,00 m³	7,31	5,07

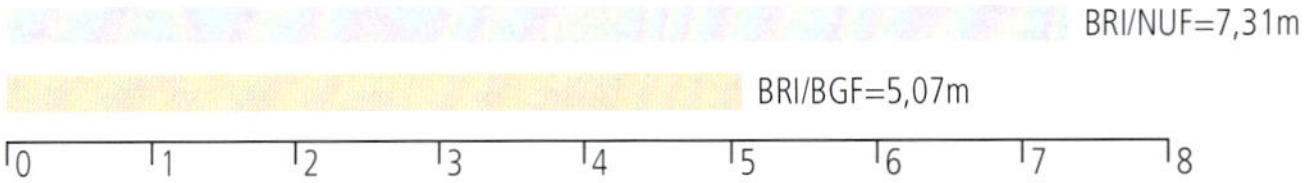

Kostenkennwerte für die Kostengruppen der 1.Ebene DIN 276

KG	Kostengruppen (1.Ebene)	Einheit	Kosten €	€/Einheit	€/m² BGF	€/m³ BRI	% 300+400
100	Grundstück	m² GF	–	–	–	–	–
200	Vorbereitende Maßnahmen	m² GF	–	–	–	–	–
300	Bauwerk – Baukonstruktionen	m² BGF	1.960.260	3.488,01	3.488,01	687,57	79,3
400	Bauwerk – Technische Anlagen	m² BGF	511.336	909,85	909,85	179,35	20,7
	Bauwerk 300+400	**m² BGF**	**2.471.597**	**4.397,86**	**4.397,86**	**866,92**	**100,0**
500	Außenanlagen und Freiflächen	m² AF	92.666	185,33	164,89	32,50	3,7
600	Ausstattung und Kunstwerke	m² BGF	–	–	–	–	–
700	Baunebenkosten	m² BGF	–	–	–	–	–
800	Finanzierung	m² BGF	–	–	–	–	–

KG	Kostengruppe	Menge Einheit	Kosten €	€/Einheit	%
3+4	**Bauwerk**				**100,0**
300	**Bauwerk – Baukonstruktionen**	562,00 m² BGF	1.960.260	**3.488,01**	79,3

Baugrubenaushub, Wasserhaltung; Bodenaustausch, Stb-Fundamente, Stb-Bodenplatte, Heizestrich, Fließestrich, Holzdielen, Teppichboden, Bodenfliesen, Abdichtung, Dämmung, Perimeterdämmung, Dränage, Terrassendielen; Holzrahmenbauwände, Stahlstützen, Alu-Pfosten-Riegel-Fassade, Alufenster, Dreifachverglasung, Sonnenschutzverglasung, Wärmedämmung, hinterlüftete Blechfassade, Lärchenholzfassade, textiler Sonnenschutz, Holz-Sonnenschutzlamellen; Stb-Wände, Sichtbeton, Holzrahmenbauwände, Glaswände, Holz-Stützen, Innenfenster, Ganzglastüren, Wandfliesen, Akustikelemente; Holzbalkendach, Dachfenster, Dämmung, Stehfalzdeckung, innenliegende Dachentwässerung, abgehängte GK-Akustikdecken, abgehängte Holzlamellendecken, Lärchenholzunterdecke; Teeküchen, Einbauschränke, Empfangstresen, Garderoben, Einbauregale, Akustikvorhang

KG	Kostengruppe	Menge Einheit	Kosten €	€/Einheit	%
400	**Bauwerk – Technische Anlagen**	562,00 m² BGF	511.336	**909,85**	20,7

Gebäudeentwässerung, Kalt- und Warmwasserleitungen, Sanitärobjekte; Luft-Wasser-Wärmepumpe, Fußbodenheizung; kontrollierte Be- und Entlüftung mit Wärmerückgewinnung, Klimaanlagen; Elektroinstallation, Beleuchtung, Sicherheitsleuchten; Datenübertragungsanlage; elektronische Zugangskontrolle

KG	Kostengruppe	Menge Einheit	Kosten €	€/Einheit	%
500	**Außenanlagen und Freiflächen**	500,00 m² AF	92.666	**185,33**	3,7

Oberbodenarbeiten; Wege, Stellplätze; Zäune, Treppen, Rampe; Regenrückhaltesystem; Fahrradständer, Müllplatzeinhausung; Bodenverbesserung, Gehölze, Rollrasen, Fertigstellungspflege

1300-0318
Bürogebäude (29 AP)
Forschung (5 AP)

Objektübersicht

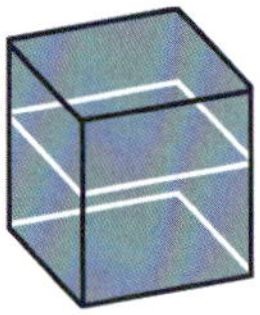
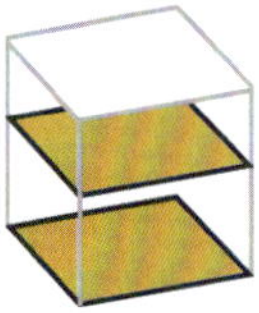
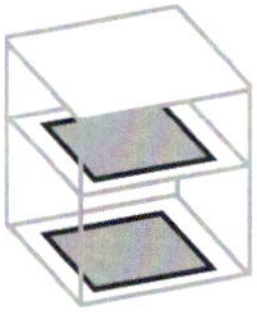

BRI 1.080€/m^3 **BGF 5.185€/m^2** **NUF 6.634€/m^2**

Objekt:
Kennwerte: 1.Ebene DIN 276
BRI: 11.351 m^3
BGF: 2.364 m^2
NUF: 1.848 m^2
Bauzeit: 104 Wochen
Bauende: 2023
Standard: über Durchschnitt
Bundesland: Nordrhein-Westfalen
Kreis: Siegen-Wittgenstein

Architekt*in:
Pahl + Weber-Pahl
Planungsgesellschaft
mbH & Co.KG
Spreestraße 3
64295 Darmstadt

seit 2024:
pwpMAS Architekten
PartG mbB
Spreestraße 3
64295 Darmstadt

Bauherr*in:
EJOT GmbH & Co. KG
Im Herrengarten 1
57319 Bad Berleburg

© Martin Granacher

© Roman Mensing

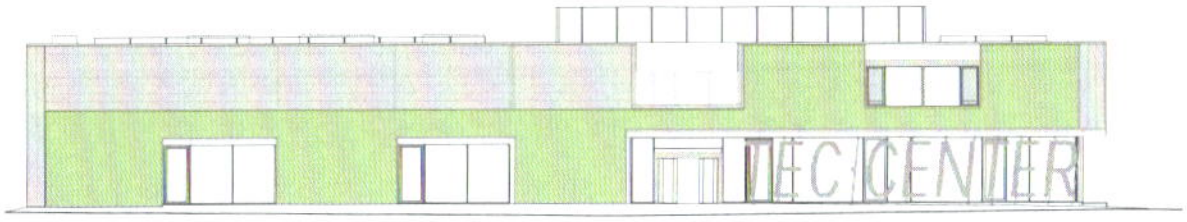

Ansicht West

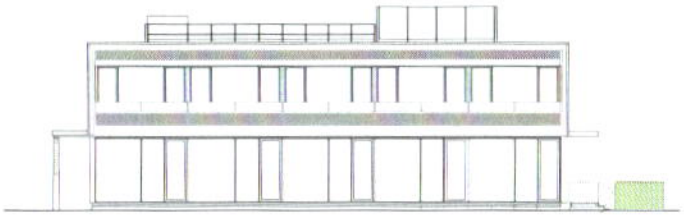

Ansicht Süd

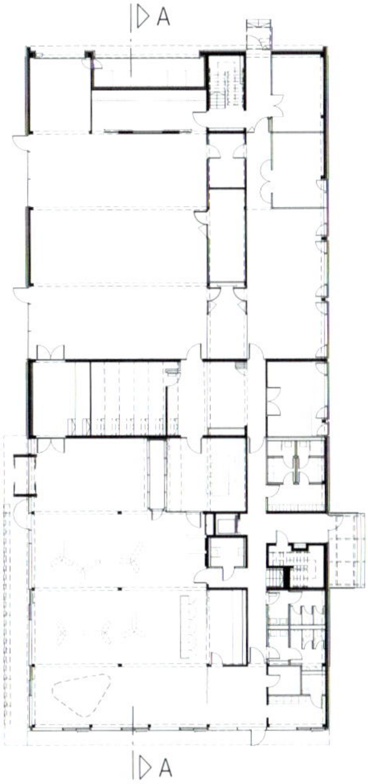

Erdgeschoss

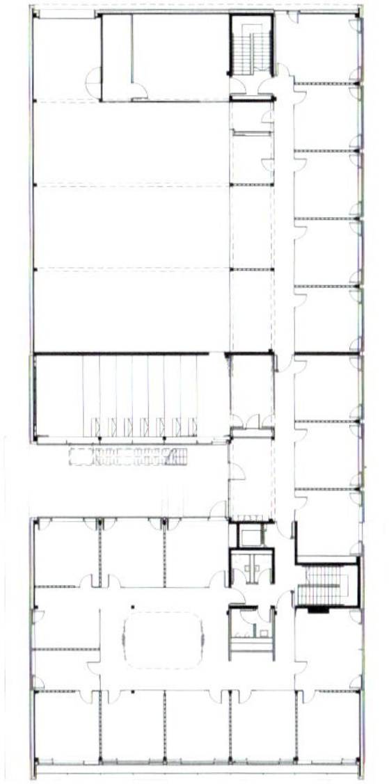

Obergeschoss

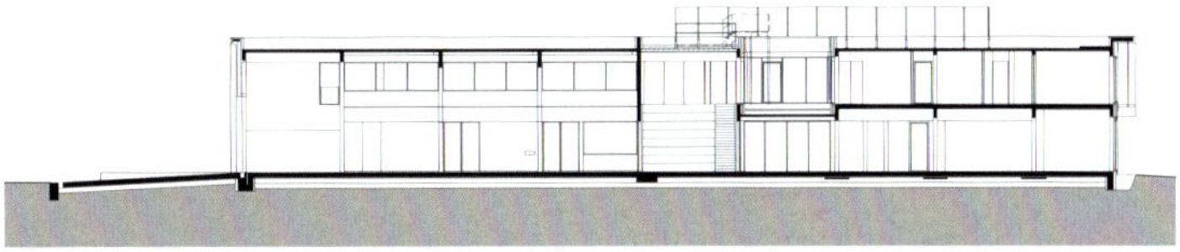

Schnitt A-A

Ansicht Ost

Ansicht Nord

Objektbeschreibung

Allgemeine Objektinformationen

Mit dem Neubau definiert sich das entstandene Ensemble mit einem großen grünen Zwischenraum als eine Einheit in der Forschung, Entwicklung sowie Schulung und Verwaltung des Bauherren vereint werden. Auf der dem Eingang abgewandten Ostseite bildet das neue Gebäude einen Zwischenraum. Die neue Eingangssituation nimmt die Richtung des Bestandsgebäudes auf und reagiert mit einem tiefen Einschnitt in der Gebäudekubatur auf das zweigeschossige Eingangsportal des Bestandswerks. Dieser erlaubt die Belichtung des tiefen Gebäudevolumens im Ober- und Erdgeschoss.

Nutzung

1 Erdgeschoss
Foyer und Showroom mit Buffetbereich, Halle, Klimakammern, Werkstatt, Prüflabor, Monitoring, Kreativraum, Musterfertigung, Personalraum, Teeküche, WCs, Duschen, Umkleiden, Lagerräume, Technik, Hausanschlussräume

1 Obergeschoss
Büroräume, Besprechungsraum, Seminarraum, WCs, Teeküchen, EDV-Raum, Plotterraum, Lager, Technik

Nutzeinheiten

Arbeitsplätze: 34

Grundstück

Bauraum: Freier Bauraum
Neigung: Ebenes Gelände
Bodenklasse: BK 3 bis BK 7

Markt

Hauptvergabezeit: 1. Quartal 2021
Baubeginn: 3. Quartal 2021
Bauende: 3. Quartal 2023
Konjunkturelle Gesamtlage: über Durchschnitt
Regionaler Baumarkt: Durchschnitt

Baukonstruktion

Das Haupttragwerk trägt eine Holz-Beton-Verbund-Geschossdecke mit integrierter Bauteiltemperierung sowie eine Brettstapeldecke als Dachtragwerk. Die Spannrichtung des Tragwerks aus Baubuchestützen und -bindern ist gleichzeitig Ordnungs- und Tragstruktur. Zur Gründung liegt eine einfache Stahlbetonbodenplatte mit integrierter Bauteiltemperierung auf Rüttelstopfsäulen und einer Dämmung aus Glasschaumschotter. Im Sinne des Brandschutzes und zur Aussteifung wurden die Treppenhäuser in Stahlbeton errichtet. Wo immer sinnvoll machbar, sind die tragenden Bauteile als raumbildende Konstruktion belassen. Ein großer Teil des Trockenbaus ist in Holzständerbauweise mit Lehmtrockenbauplatten ausgeführt. Die Westfassade zum grünen Zwischenraum ist eine Grünfassade.

Technische Anlagen

Die haustechnischen Anlagen und Leitungsführungen sind in großen Teilen sichtbar belassen. Beheizt wird das Gebäude über eine Sole-Wasser-Wärmepumpe, die Verteilung erfolgt über Fußbodenheizung. Eine Lüftungsanlage mit adiabater Kühlung sorgt im Sommer für angenehme Temperierung. Eine PV-Anlage mit 290m² wurde installiert. Außerdem verfügt das Gebäude über eine Brandmeldeanlage, eine Einbruchmeldeanlage und einen Personenaufzug.

Sonstiges

Auf gut 2.200m² sind Nutzungen von Forschung und Entwicklung, Schulung sowie Verwaltung synergetisch miteinander verknüpft. Der Showroom als Schnittstelle zur Öffentlichkeit öffnet sich zum Campusplatz. Der Seminarraum fungiert als Auditorium mit Stufenanlage. In seiner Materialisierung wurde Wert auf CO_2-Reduktion in Betrieb und Erstellung sowie auf Rückbaubarkeit der Konstruktion gelegt.

Energetische Kennwerte

Gesetzliche Grundlage: GEG 2020
Gebäudenutzfläche: 1.987,00 m²
Spez. Jahresprimärenergiebedarf: 51,43 kWh/(m²·a)
CO_2-Emissionen: 16,00 kg/(m²·a)

Planungskennwerte für Flächen und Rauminhalte nach DIN 277

Flächen des Grundstücks		Menge Einheit	% an GF
BF	Bebaute Fläche	8.340,00 m²	46,5
UF	Unbebaute Fläche	9.607,00 m²	53,5
GF	Grundstücksfläche	17.947,00 m²	100,0

Grundflächen des Bauwerks		Menge Einheit	% an NUF	% an BGF
NUF	Nutzungsfläche	1.847,57 m²	100,0	78,2
TF	Technikfläche	52,03 m²	2,8	2,2
VF	Verkehrsfläche	129,32 m²	7,0	5,5
NRF	Netto-Raumfläche	2.028,92 m²	109,8	85,8
KGF	Konstruktions-Grundfläche	335,04 m²	18,1	14,2
BGF	Brutto-Grundfläche	2.363,96 m²	127,9	100,0

Brutto-Rauminhalt des Bauwerks		Menge Einheit	BRI/NUF (m)	BRI/BGF (m)
BRI	Brutto-Rauminhalt	11.351,00 m³	6,14	4,80

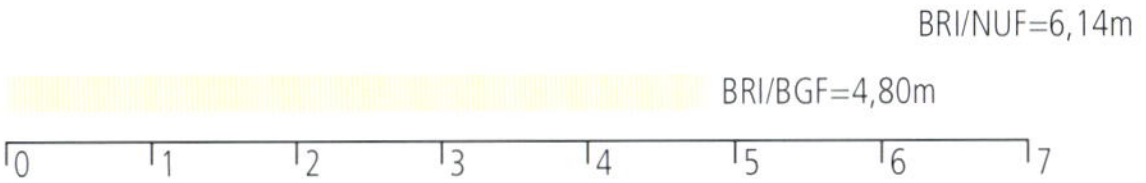

Kostenkennwerte für die Kostengruppen der 1. Ebene DIN 276

KG	Kostengruppen (1. Ebene)	Einheit	Kosten €	€/Einheit	€/m² BGF	€/m³ BRI	% 300+400
100	Grundstück	m² GF	–	–	–	–	–
200	Vorbereitende Maßnahmen	m² GF	–	–	–	–	–
300	Bauwerk – Baukonstruktionen	m² BGF	8.944.296	3.783,61	3.783,61	787,97	73,0
400	Bauwerk – Technische Anlagen	m² BGF	3.312.702	1.401,34	1.401,34	291,84	27,0
	Bauwerk 300+400	**m² BGF**	**12.256.999**	**5.184,94**	**5.184,94**	**1.079,82**	**100,0**
500	Außenanlagen und Freiflächen	m² AF	–	–	–	–	–
600	Ausstattung und Kunstwerke	m² BGF	–	–	–	–	–
700	Baunebenkosten	m² BGF	–	–	–	–	–
800	Finanzierung	m² BGF	–	–	–	–	–

KG	Kostengruppe	Menge Einheit	Kosten €	€/Einheit	%
3+4	**Bauwerk**				**100,0**
300	**Bauwerk – Baukonstruktionen**	2.363,96 m² BGF	8.944.296	**3.783,61**	73,0

Baugrubenaushub; Stb-Fundamente, Stb-Bodenplatte, Heizestrich, Bodenbeschichtungen, Eicheparkett, Teppichboden, Abdichtung, Glasschaumschotter-Dämmung, Dränage; Baubuche-Holzwände, Stb-Wände, Sichtbeton, Baubuchestützen, Stb-Stützen, Holz-Alu-Pfosten-Riegelfassade, Alufenster, Dreifachverglasung, Sandwichtor, Wärmedämmung, vorgehängte Stahlblech-Paneelfassade, hinterlüftete Grünfassade, Brettsperrholz-Bekleidung, Raffstores; Stb-Wände Sichtbeton, Holzständerwände mit Lehmplatten, GK-Wände, Glaswände, Schallschutzvorhänge, Baubuchestützen, Alu-Glastüren, HPL-Wandbekleidungen, WC-Trennwände, mobile Trennwand; Holz-Beton-Verbunddecken, Stb-Decke, Stb-Treppen, Heizestrich, Eicheparkett, Teppichboden, Bodenbeschichtungen, Treppengeländer; Holz-Brettstapeldach, Stb-Dach, Oberlichter, Dämmung, Abdichtung, Attika, Retentionsdach mit extensiver Dachbegrünung, Dachentwässerung, Betonplatten; Teeküchen

KG	Kostengruppe	Menge Einheit	Kosten €	€/Einheit	%
400	**Bauwerk – Technische Anlagen**	2.363,96 m² BGF	3.312.702	**1.401,34**	27,0

Gebäudeentwässerung, Kalt- und Warmwasserleitungen, Sanitärobjekte; Sole-Wasser-Wärmepumpe, Fußbodenheizung, Deckenstrahlplatten; Lüftungsanlage mit adiabater Kühlung (Verdunstungskühlung), RWA-Anlage; Elektroinstallation, PV-Anlage (290m²), Beleuchtung; Datenverkabelung, Telefonanlage, Brandmeldeanlage, Einbruchmeldeanlage; Personenaufzug

Schulen

2

Kostenkennwerte für die Kosten des Bauwerks (Kostengruppen 300+400 nach DIN 276)

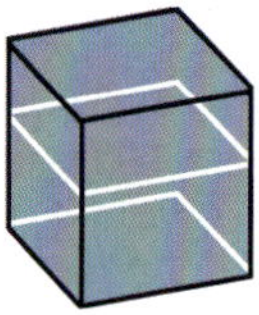

BRI 685 €/m³
von 565 €/m³
bis 895 €/m³

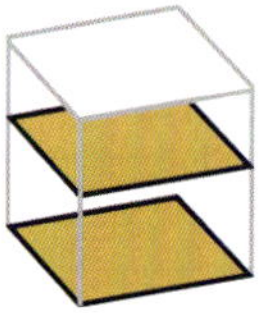

BGF 2.780 €/m²
von 2.145 €/m²
bis 3.500 €/m²

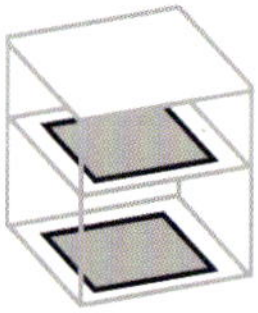

NUF 4.155 €/m²
von 3.040 €/m²
bis 5.695 €/m²

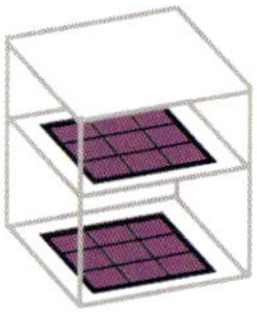

NE 23.210 €/NE
von 13.585 €/NE
bis 46.260 €/NE
NE: Schüler

Objektbeispiele

Kosten:
Stand 2. Quartal 2024
Bundesdurchschnitt
inkl. 19% MwSt.

4200-0041

4300-0026

4200-0035

Kosten der 17 Vergleichsobjekte

Seiten 204 bis 224

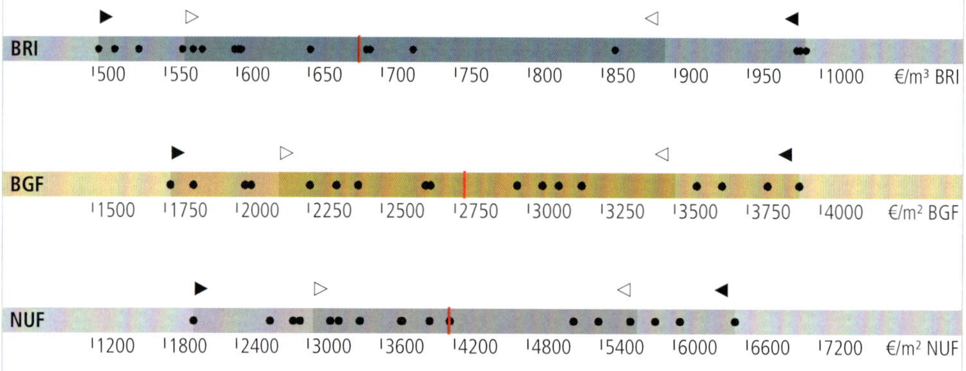

- ● KKW
- ▶ min
- ▷ von
- | Mittelwert
- ◁ bis
- ◀ max

Kostenkennwerte für die Kostengruppen der 1. und 2.Ebene DIN 276

KG	Kostengruppen der 1.Ebene	Einheit	▷	€/Einheit	◁	▷	% an 300+400	◁
100	Grundstück	m² GF	–	**–**	–	–	**–**	–
200	Vorbereitende Maßnahmen	m² GF	2	**11**	29	0,7	**1,8**	3,5
300	Bauwerk – Baukonstruktionen	m² BGF	1.720	**2.161**	2.886	70,6	**77,7**	83,2
400	Bauwerk – Technische Anlagen	m² BGF	405	**621**	844	16,8	**22,3**	29,4
	Bauwerk 300+400	m² BGF	2.146	**2.782**	3.502	100,0	**100,0**	100,0
500	Außenanlagen und Freiflächen	m² AF	26	**180**	675	2,2	**6,0**	11,4
600	Ausstattung und Kunstwerke	m² BGF	17	**84**	229	0,5	**3,1**	7,2
700	Baunebenkosten*	m² BGF	556	**616**	675	20,3	**22,5**	24,7 ◁
800	Finanzierung	m² BGF	–	**–**	–	–	**–**	–

* Auf Grundlage der HOAI 2021 berechnete Werte nach §§ 35, 52, 56. Weitere Informationen siehe Seite 32

KG	Kostengruppen der 2.Ebene	Einheit	▷	€/Einheit	◁	▷	% an 1.Ebene	◁
310	Baugrube / Erdbau	m³ BGI	33	**85**	161	0,9	**2,1**	4,3
320	Gründung, Unterbau	m² GRF	430	**495**	603	12,4	**16,1**	20,7
330	Außenwände / vertikal außen	m² AWF	624	**850**	1.013	29,4	**33,3**	35,4
340	Innenwände / vertikal innen	m² IWF	355	**412**	581	11,6	**14,4**	16,5
350	Decken / horizontal	m² DEF	359	**531**	754	0,2	**8,5**	15,2
360	Dächer	m² DAF	465	**618**	833	15,0	**20,7**	28,2
370	Infrastrukturanlagen		–	**–**	–	–	**–**	–
380	Baukonstruktive Einbauten	m² BGF	1	**7**	21	< 0,1	**0,3**	1,1
390	Sonst. Maßnahmen für Baukonst.	m² BGF	55	**94**	141	3,1	**4,6**	8,0
300	**Bauwerk – Baukonstruktionen**	**m² BGF**					**100,0**	
410	Abwasser-, Wasser-, Gasanlagen	m² BGF	66	**97**	164	9,3	**17,2**	27,1
420	Wärmeversorgungsanlagen	m² BGF	64	**83**	109	10,6	**14,8**	26,7
430	Raumlufttechnische Anlagen	m² BGF	10	**75**	148	1,7	**8,8**	19,0
440	Elektrische Anlagen	m² BGF	132	**218**	295	26,4	**35,5**	45,6
450	Kommunikationstechnische Anlagen	m² BGF	26	**56**	80	5,7	**8,9**	12,6
460	Förderanlagen	m² BGF	34	**54**	109	0,5	**3,8**	8,8
470	Nutzungsspez. / verfahrenstech. Anl.	m² BGF	20	**89**	277	0,3	**6,0**	25,6
480	Gebäude- und Anlagenautomation	m² BGF	58	**82**	95	0,0	**4,7**	12,0
490	Sonst. Maßnahmen f. techn. Anl.	m² BGF	2	**4**	6	< 0,1	**0,3**	1,7
400	**Bauwerk – Technische Anlagen**	**m² BGF**					**100,0**	

Prozentanteile der Kosten 2.Ebene an den Kosten des Bauwerks nach DIN 276 (Von/Mittel/Bis)

KG	Kostengruppe	%
310	Baugrube / Erdbau	1,6
320	Gründung, Unterbau	12,5
330	Außenwände / vertikal außen	25,6
340	Innenwände / vertikal innen	10,9
350	Decken / horizontal	6,2
360	Dächer	16,0
370	Infrastrukturanlagen	
380	Baukonstruktive Einbauten	0,2
390	Sonst. Maßnahmen für Baukonst.	3,5
410	Abwasser-, Wasser-, Gasanlagen	3,5
420	Wärmeversorgungsanlagen	3,2
430	Raumlufttechnische Anlagen	2,4
440	Elektrische Anlagen	8,0
450	Kommunikationstechnische Anlagen	2,2
460	Förderanlagen	1,1
470	Nutzungsspez. / verfahrenstech. Anl.	1,6
480	Gebäude- und Anlagenautomation	1,3
490	Sonst. Maßnahmen f. techn. Anl.	< 0,1

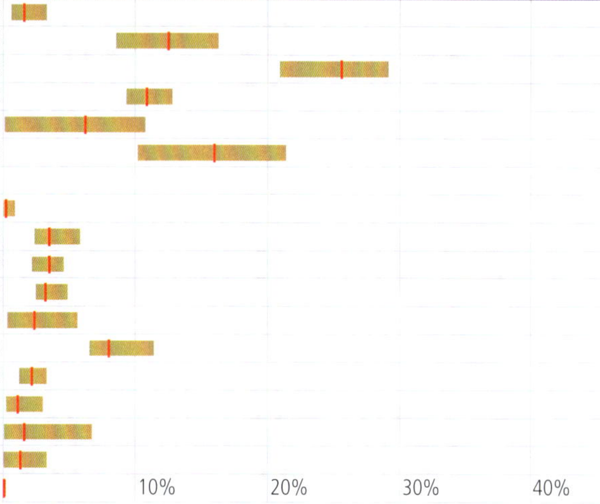

Prozentanteile der Kosten für Leistungsbereiche nach STLB (Kosten Bauwerk nach DIN 276)

Kosten:
Stand 2. Quartal 2024
Bundesdurchschnitt
inkl. 19% MwSt.

LB	Leistungsbereiche	▷	% an 300+400	◁
000	Sicherheits-, Baustelleneinrichtungen inkl. 001	1,8	**2,9**	5,2
002	Erdarbeiten	1,1	**1,9**	3,5
006	Spezialtiefbauarbeiten inkl. 005	–	**–**	–
009	Entwässerungskanalarbeiten inkl. 011	0,0	**0,4**	0,6
010	Drän- und Versickerarbeiten	< 0,1	**< 0,1**	0,4
012	Mauerarbeiten	0,2	**1,5**	3,6
013	Betonarbeiten	7,2	**10,9**	14,6
014	Natur-, Betonwerksteinarbeiten	< 0,1	**0,1**	0,5
016	Zimmer- und Holzbauarbeiten	7,8	**17,2**	27,4
017	Stahlbauarbeiten	–	**–**	–
018	Abdichtungsarbeiten	0,5	**1,2**	2,2
020	Dachdeckungsarbeiten	0,0	**2,1**	5,3
021	Dachabdichtungsarbeiten	0,1	**2,2**	4,3
022	Klempnerarbeiten	0,8	**2,3**	4,6
	Rohbau	38,2	**42,8**	49,5
023	Putz- und Stuckarbeiten, Wärmedämmsysteme	0,9	**3,4**	10,0
024	Fliesen- und Plattenarbeiten	0,6	**1,1**	2,1
025	Estricharbeiten	0,7	**1,7**	3,0
026	Fenster, Außentüren inkl. 029, 032	5,2	**8,6**	11,2
027	Tischlerarbeiten	2,9	**4,4**	12,7
028	Parkettarbeiten, Holzpflasterarbeiten	< 0,1	**1,7**	4,0
030	Rollladenarbeiten	0,3	**1,0**	1,9
031	Metallbauarbeiten inkl. 035	0,4	**2,1**	4,5
034	Maler- und Lackiererarbeiten inkl. 037	0,7	**1,6**	2,9
036	Bodenbelagarbeiten	0,2	**1,3**	2,6
038	Vorgehängte hinterlüftete Fassaden	0,0	**3,1**	5,8
039	Trockenbauarbeiten	1,7	**4,2**	7,2
	Ausbau	31,4	**34,3**	38,8
040	Wärmeversorgungsanl. - Betriebseinr. inkl. 041	2,4	**3,0**	4,8
042	Gas- und Wasserinstallation, Leitungen inkl. 043	0,4	**0,8**	2,1
044	Abwasseranlagen - Leitungen	0,3	**0,5**	1,0
045	GWE-Einrichtungsgegenstände inkl. 046	1,3	**1,9**	3,0
047	Dämmarbeiten an betriebstechnischen Anlagen	< 0,1	**0,5**	0,9
049	Feuerlöschanlagen, Feuerlöschgeräte	< 0,1	**< 0,1**	0,2
050	Blitzschutz- und Erdungsanlagen	0,4	**0,7**	1,0
052	Mittelspannungsanlagen	–	**–**	–
053	Niederspannungsanlagen inkl. 054	3,4	**4,9**	6,6
055	Sicherheits- u. Ersatzstromversorgungsanl.	–	**–**	–
057	Gebäudesystemtechnik	< 0,1	**0,4**	2,6
058	Leuchten und Lampen inkl. 059	1,7	**2,7**	4,3
060	Sprechanlagen, elektroakust. Anlagen inkl. 064	< 0,1	**0,3**	0,8
061	Kommunikationsnetze inkl. 062	0,2	**0,5**	0,9
063	Gefahrenmeldeanlagen	0,4	**1,0**	1,8
069	Aufzüge	0,0	**0,8**	1,5
070	Gebäudeautomation	0,0	**0,8**	3,0
075	Raumlufttechnische Anlagen inkl. 078	0,3	**2,3**	5,4
	Gebäudetechnik	16,8	**21,3**	27,4
	Sonstige Leistungsbereiche inkl. 008, 033, 051	0,2	**1,6**	6,0

● KKW
▶ min
▷ von
| Mittelwert
◁ bis
◀ max

Planungskennwerte für Flächen und Rauminhalte nach DIN 277

Grundflächen		▷	Fläche/NUF (%)	◁	▷	Fläche/BGF (%)	◁
NUF	Nutzungsfläche	100,0	**100,0**	100,0	60,9	**69,6**	76,1
TF	Technikfläche	4,3	**5,7**	13,5	2,4	**3,4**	7,0
VF	Verkehrsfläche	14,8	**20,9**	28,1	9,2	**13,1**	17,2
NRF	Netto-Raumfläche	118,1	**126,2**	137,0	77,1	**85,9**	88,3
KGF	Konstruktions-Grundfläche	19,0	**23,2**	51,9	11,7	**14,1**	22,9
BGF	Brutto-Grundfläche	137,2	**149,5**	183,5	100,0	**100,0**	100,0

Brutto-Rauminhalte		▷	BRI/NUF (m)	◁	▷	BRI/BGF (m)	◁
BRI	Brutto-Rauminhalt	5,54	**6,05**	7,24	3,92	**4,10**	4,58

Flächen von Nutzeinheiten	▷	NUF/Einheit (m²)	◁	▷	BGF/Einheit (m²)	◁
Nutzeinheit: Schüler	5,01	**6,32**	9,29	7,19	**9,15**	12,25

Lufttechnisch behandelte Flächen	▷	Fläche/NUF (%)	◁	▷	Fläche/BGF (%)	◁
Entlüftete Fläche	–	**–**	–	–	**–**	–
Be- und entlüftete Fläche	136,7	**136,7**	136,7	53,0	**53,0**	53,0
Teilklimatisierte Fläche	–	**–**	–	–	**–**	–
Klimatisierte Fläche	–	**–**	–	–	**–**	–

KG	Kostengruppen (2. Ebene)	Einheit	▷	Menge/NUF	◁	▷	Menge/BGF	◁
310	Baugrube / Erdbau	m³ BGI	0,66	**0,87**	1,15	0,44	**0,61**	0,91
320	Gründung, Unterbau	m² GRF	0,86	**0,97**	1,09	0,62	**0,69**	0,71
330	Außenwände / vertikal außen	m² AWF	1,06	**1,22**	1,37	0,78	**0,84**	0,94
340	Innenwände / vertikal innen	m² IWF	0,88	**1,12**	1,40	0,60	**0,74**	0,87
350	Decken / horizontal	m² DEF	0,43	**0,65**	0,65	0,22	**0,38**	0,45
360	Dächer	m² DAF	0,87	**1,01**	1,11	0,61	**0,72**	0,74
370	Infrastrukturanlagen		–	**–**	–	–	**–**	–
380	Baukonstruktive Einbauten	m² BGF	1,37	**1,49**	1,83	1,00	**1,00**	1,00
390	Sonst. Maßnahmen für Baukonst.	m² BGF	1,37	**1,49**	1,83	1,00	**1,00**	1,00
300	**Bauwerk – Baukonstruktionen**	**m² BGF**	1,37	**1,49**	1,83	1,00	**1,00**	1,00

Planungskennwerte für Bauzeiten — 17 Vergleichsobjekte

Bauzeit in Wochen

Objektübersicht zur Gebäudeart

4100-0160 Grundschule (150 Schüler), Hort (100 Kinder)*

qbatur Planungsbüro GmbH
Quedlinburg

4100-0167 Oberschule (2 Klassen, 40 Schüler)*

Bosse Westphal Schäffer Architekten
Winsen/Luhe

4100-0174 Gesamtschule (10 Klassen)
- Effizienzhaus ~66%*

Tectum Hille Kobelt Architekten BDA
Weimar

4100-0175 Grundschule (160 Schüler)
- Effizienzhaus ~3%*

ralf pohlmann architekten
Waddeweitz

4100-0179 Gymnasium, Sporthalle - Plusenergiehaus*

Hermann Kaufmann ZT GmbH & Florian Nagler
Architekten GmbH "ARGE Diedorf", München

4100-0183 Mittelschule (125 Schüler)
- Effizienzhaus ~72%*

ABHD Architekten Beck und Denzinger
Neuburg

* Diese Objekte wurden zur Bildung der statistischen Werte herangezogen und sind nicht als Einzelobjekt in diesem Band veröffentlicht.

Objektübersicht zur Gebäudeart

4100-0192 Ganztagsschule (96 Schüler) - Passivhaus*

Architekten_FSB
Bremen

4100-0198 Gesamtschule, Tanz- und Atelierräume (3 Kl)*

qbatur Planungsgenossenschaft eG
Quedlinburg

4100-0200 Selbstlernzentrum (60 Schüler)*

tun-architektur PartGmbB
Hamburg

4100-0204 Unterrichtsgebäude (2 Klassen, 56 Schüler)*

MURZIK architekten
Leipzig

4100-0219 Gymnasium (12 Klassen, 330 Schüler)*

werk.um architekten
Darmstadt

4100-0224 Schule (6 Klassen, 180 Schüler)*

MOSAIK architekt:innen bda
Hannover

* Diese Objekte wurden zur Bildung der statistischen Werte herangezogen und sind nicht als Einzelobjekt in diesem Band veröffentlicht.

Objektübersicht zur Gebäudeart

4200-0032 Berufsschule*

PH2 Architektur + Stadtplanung
Eschlkam

4200-0035 Bildungszentrum (400 Schüler)*

Kersten Kopp Architekten GmbH
Berlin

4200-0039 Bildungszentrum Holzbauberufe (4 Klassen)*

Lieb Architekten BDA
Freudenstadt

4200-0041 Werkstattgebäude, Berufsschule (6 Klassen)

ZRS Architekten GvA mbH
Berlin

4300-0026 Förderschule, Erweiterungsbau

hiendl_schineis architekten
Passau

* Diese Objekte wurden zur Bildung der statistischen Werte herangezogen und sind nicht als Einzelobjekt in diesem Band veröffentlicht.

4200-0041
Werkstattgebäude
Berufsschule
(6 Klassen)

Objektübersicht

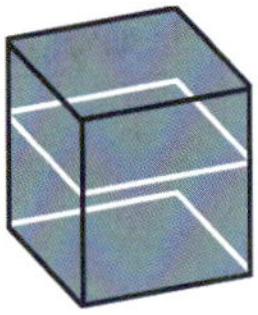
BRI 859 €/m³

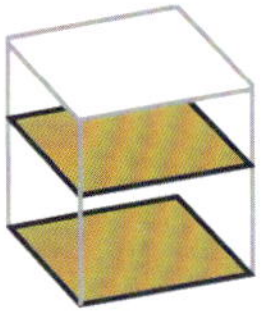
BGF 3.662 €/m²

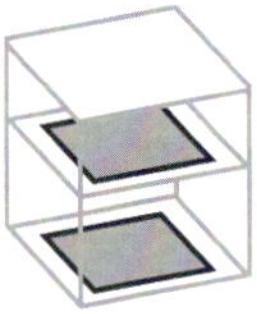
NUF 5.376 €/m²

Objekt:
Kennwerte: 1.Ebene DIN 276
BRI: 7.250 m³
BGF: 1.700 m²
NUF: 1.158 m²
Bauzeit: 70 Wochen
Bauende: 2021
Standard: Durchschnitt
Bundesland: Berlin
Kreis: Berlin, Stadt

Architekt*in:
ZRS Architekten GvA mbH
Schlesische Straße 26
10997 Berlin

Bauherr*in:
Senatsverwaltung für
Stadtentwicklung,
Bauen und Wohnen
Fehrbelliner Platz 2
10707 Berlin

© Giacomo Morelli

© Giacomo Morelli

© Giacomo Morelli

© Giacomo Morelli

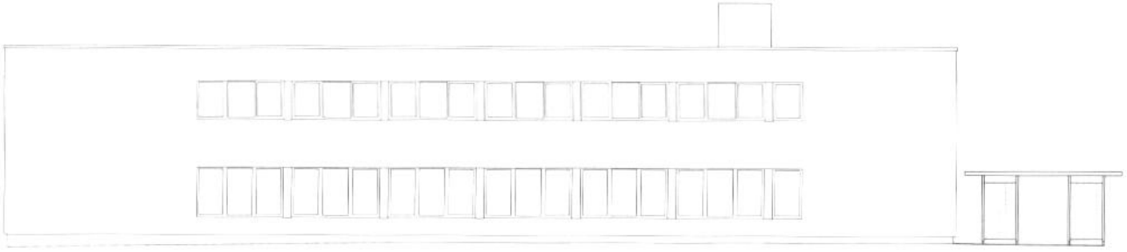

Ansicht Nord

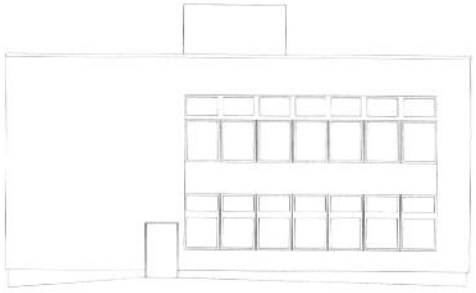

Ansicht Ost

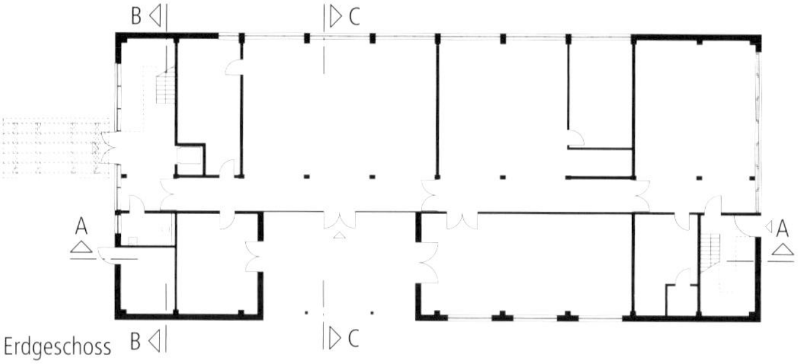

Erdgeschoss

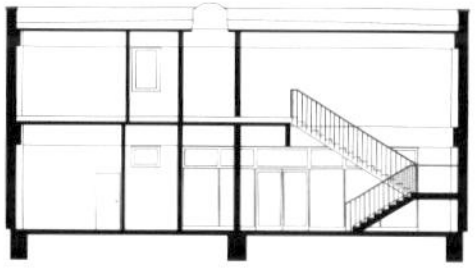

Schnitt B-B

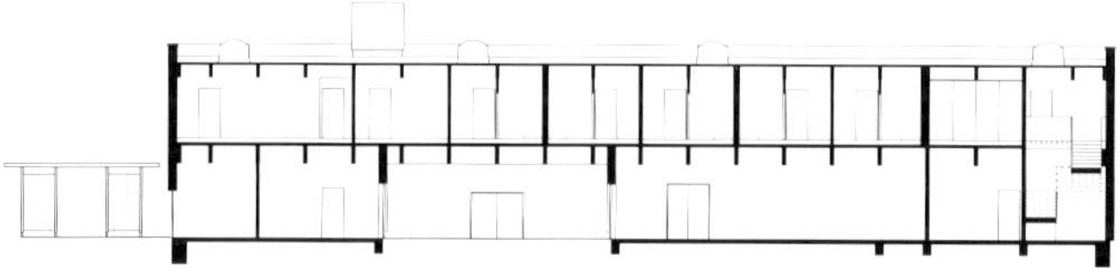

Schnitt A-A

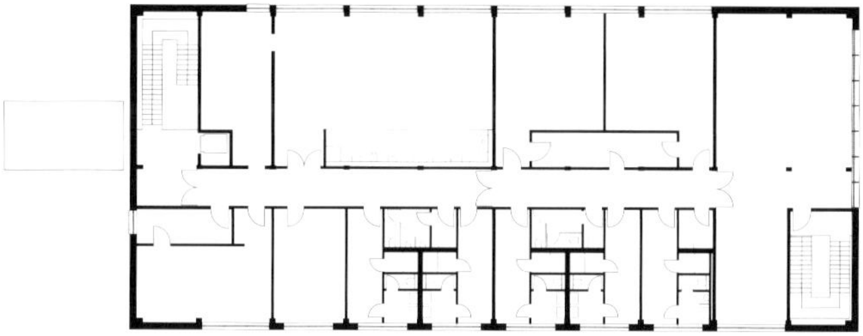

Obergeschoss

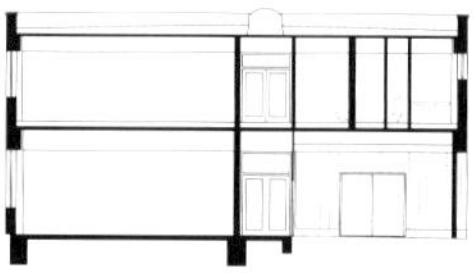

Schnitt C-C

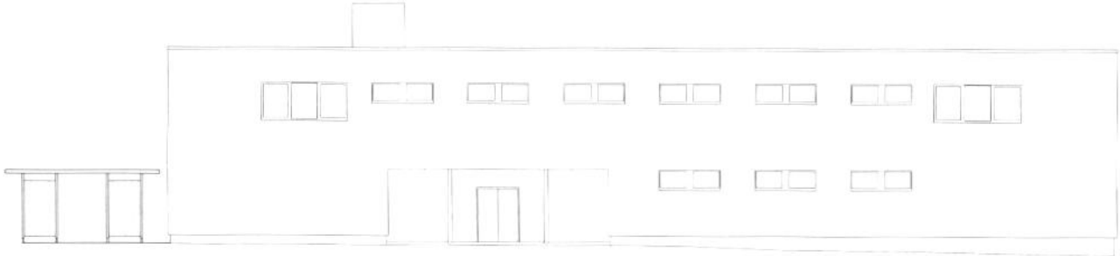

Ansicht Süd

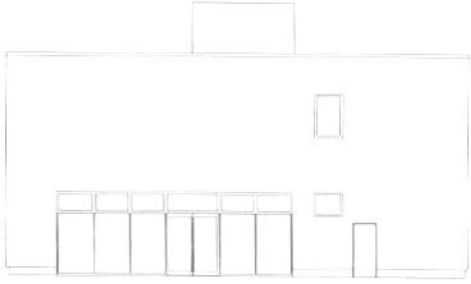

Ansicht West

Objektbeschreibung

Allgemeine Objektinformationen

Das neue Werkstattgebäude gehört zu einer Berufsschule mit sonderpädagogischem Schwerpunkt. Die Schule gilt als Pilotschule für Inklusion. Das bestehende Hauptgebäude wurde durch den bedarfsgerechten, zweigeschossigen Neubau im vorderen Bereich des Grundstücks ersetzt. Die kompakte und schlichte Kubatur des Gebäuderiegels ist als Nebengebäude klar ablesbar und wird durch eine Bandfassade mit verschieden großen Fensteröffnungen gegliedert. Die Fensterbänder bieten Ausblicke aus den Werkstätten auf das Schulgelände. Zur Straße hin bietet ein großes „Schaufenster" Einblicke in die Aktivitäten der Schule. Die barrierefreie Erschließung erfolgt über eine Eingangszone mit überdachter Anbindung an das bestehende Schulgebäude.

Nutzung

1 Erdgeschoss
Werkstätten, Lagerbereiche

1 Obergeschoss
Werkstätten, Unterrichtsräume, Sanitärbereiche, Lager

Nutzeinheiten

Klassen: 6

Grundstück

Bauraum: Beengter Bauraum
Neigung: Geneigtes Gelände
Bodenklasse: BK 1 bis BK 2

Besonderer Kosteneinfluss Grundstück
Auffüllungen bis Unterkante Gründung, Homogenbereich EA1

Markt

Hauptvergabezeit: 4. Quartal 2019
Baubeginn: 4. Quartal 2019
Bauende: 2. Quartal 2021
Konjunkturelle Gesamtlage: über Durchschnitt
Regionaler Baumarkt: über Durchschnitt

Baukonstruktion

Nur die Streifenfundamente und die Bodenplatte in WU-Konstruktion sind als erdberührte Bauteile in Beton ausgeführt, flügelgeglättet und imprägniert. Das Tragwerk wurde aus massiven Holzstützen und Unterzügen sowie Massivholzdecken erstellt, die Innenwände sind aus Brettsperrholz. Hochdämmende, nicht tragende Holzrahmenelemente bilden die Außenhülle. Die Außenwandbekleidung wurde als hinterlüftete Holzfassade aus karbonisiertem Fichtenholz ausgeführt. Der Haupteingang und das „Schaufenster" sind als Pfosten-Riegel-Konstruktion errichtet. Durch die offene Skelettbauweise mit einem Achsmaß von 9m und einer Deckenspannweite von 4,5m entstand ein funktionaler und langfristig flexibel nutzbarer Baukörper.

Technische Anlagen

Durch die diffusionsoffene Bauweise und die natürliche Fensterlüftung wird die Raumluftfeuchte und die Innenraumtemperatur gesteuert. Es kann so auf teure und wartungsintensive Technik wie Lüftungs- und Klimaanlagen verzichtet werden. Durch den Einsatz einer Luft-Wärmepumpe wird ein hoher Anteil des Wärmebedarfs gedeckt. Das Flachdach wurde so dimensioniert und vorgerüstet, dass die Aufstellung einer Photovoltaikanlage zur Eigen- und Regionalversorgung ergänzend realisiert werden kann.

Sonstiges

Durch die Schulnutzung handelt es sich bei dem Gebäude um einen Sonderbau der Gebäudeklasse 3. Die geforderte Feuerwiderstandsfähigkeit der tragenden und aussteifenden Bauteile wurde von den Tragwerksplaner*innen durch Abbrand nachgewiesen. Durch die klare Wegeführung zweier baulicher Rettungswege und die Gliederung in Teilnutzungseinheiten kann auf notwendige Flure verzichtet und die Holzsichtigkeit in den Treppenräumen realisiert werden.

Energetische Kennwerte

Gesetzliche Grundlage: EnEV 2013
Gebäudenutzfläche: 2.108,00 m^2
Gebäudevolumen: 6.588,00 m^3
Hüllfläche des beheizten Volumens: 2.756,00 m^2
Mittlerer U-Wert (opake Bauteile): 0,13 $W/(m^2 \cdot K)$
Mittlerer U-Wert (transparente Bauteile): 1,30 $W/(m^2 \cdot K)$
Mittlerer U-Wert (Glasdächer, etc.): 1,30 $W/(m^2 \cdot K)$
Spez. Jahresprimärenergiebedarf: 70,93 $kWh/(m^2 \cdot a)$

Energetische Angaben zu Außenbauteilen

Bodenplatte

U-Wert: 0,22 W/(m²·K)

Gesamtdicke: 36,00 cm	d [cm]	λ [W/(m·K)]
Stahlbeton	20,00	2,300
Dämmung PS	16,00	0,038

Außenwand hinterlüftet

U-Wert: 0,16 W/(m²·K)

Gesamtdicke: 34,30 cm	d [cm]	λ [W/(m·K)]
Holz	2,25	0,130
OSB-Platte	2,00	0,130
Dämmung Zellulose	24,00	0,037
Holz	24,00	0,130
Holzfaserplatte	6,00	0,048
Fassadenbahn	0,05	0,170

Dach

U-Wert: 0,12 W/(m²·K)

Gesamtdicke: 28,01 cm	d [cm]	λ [W/(m·K)]
Holz	10,00	0,130
Dampfsperre	0,01	0,170
Dämmung PUR	18,00	0,025

4200-0041
Werkstattgebäude
Berufsschule
(6 Klassen)

Planungskennwerte für Flächen und Rauminhalte nach DIN 277

Flächen des Grundstücks		Menge Einheit	% an GF
BF	Bebaute Fläche	1.509,40 m²	42,6
UF	Unbebaute Fläche	2.032,60 m²	57,4
GF	Grundstücksfläche	3.542,00 m²	100,0

Grundflächen des Bauwerks		Menge Einheit	% an NUF	% an BGF
NUF	Nutzungsfläche	1.157,89 m²	100,0	68,1
TF	Technikfläche	44,99 m²	3,9	2,6
VF	Verkehrsfläche	210,77 m²	18,2	12,4
NRF	Netto-Raumfläche	1.413,65 m²	122,1	83,2
KGF	Konstruktions-Grundfläche	286,34 m²	24,7	16,8
BGF	Brutto-Grundfläche	1.699,99 m²	146,8	100,0

Brutto-Rauminhalt des Bauwerks		Menge Einheit	BRI/NUF (m)	BRI/BGF (m)
BRI	Brutto-Rauminhalt	7.250,07 m³	6,26	4,27

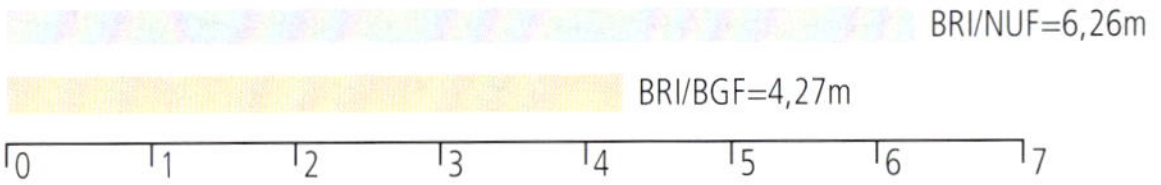

Kostenkennwerte für die Kostengruppen der 1.Ebene DIN 276

KG	Kostengruppen (1. Ebene)	Einheit	Kosten €	€/Einheit	€/m² BGF	€/m³ BRI	% 300+400
100	Grundstück	m² GF	–	–	–	–	–
200	Vorbereitende Maßnahmen	m² GF	141.796	40,03	83,41	19,56	2,3
300	Bauwerk – Baukonstruktionen	m² BGF	4.915.034	2.891,21	2.891,21	677,93	79,0
400	Bauwerk – Technische Anlagen	m² BGF	1.309.791	770,47	770,47	180,66	21,0
	Bauwerk 300+400	**m² BGF**	**6.224.825**	**3.661,68**	**3.661,68**	**858,59**	**100,0**
500	Außenanlagen und Freiflächen	m² AF	385.742	188,03	226,91	53,21	6,2
600	Ausstattung und Kunstwerke	m² BGF	410.656	241,56	241,56	56,64	6,6
700	Baunebenkosten	m² BGF	–	–	–	–	–
800	Finanzierung	m² BGF	–	–	–	–	–

KG	Kostengruppe	Menge Einheit	Kosten €	€/Einheit	%
200	**Vorbereitende Maßnahmen**	3.542,00 m² GF	141.796	**40,03**	2,3
	Umlegung Trafostation, Straßenlaterne, Grundstückszufahrt				
3+4	**Bauwerk**				**100,0**
300	**Bauwerk – Baukonstruktionen**	1.699,99 m² BGF	4.915.034	**2.891,21**	79,0
	Bodenarbeiten; Stb-Streifenfundamente, Stb-Bodenplatte, WU, flügelgeglättet, imprägniert, Zementestrich, Linoleum, Fliesen, Perimeterdämmung; Holz-Skelettbauweise mit massiven Holzstützen und Unterzügen, OSB-Bekleidung, nichttragende Holzrahmenelemente, Holz-Alufenster, Alu-Türelemente, Pfosten-Riegel-Konstruktion, hinterlüftete Holzfassade aus karbonisiertem Fichtenholz, Holzfaserdämmplatten, Zellulosedämmung; Brettsperrholz-Innenwände, Alutüren, Glas-Trennwand; Brettsperrholzdecken, Stb-Treppen, Flachstahlgeländer; Brettsperrholzdach, Lichtkuppeln, Bitumenabdichtung, Hartschaumdämmung, extensive Dachbegrünung, Dachentwässerung				
400	**Bauwerk – Technische Anlagen**	1.699,99 m² BGF	1.309.791	**770,47**	21,0
	Gebäudeentwässerung, Rückstaubecken, Kalt- und Warmwasserleitungen, Sanitärobjekte; Luft-Wärmepumpe mit Spitzenlasten über Bestandskessel, Fußbodenheizung; Einzelraumlüfter in Sanitärbereichen; Elektroinstallation, Elektro-Durchlauferhitzer, LED-Beleuchtung; Brandmeldeanlage				
500	**Außenanlagen und Freiflächen**	2.051,51 m² AF	385.742	**188,03**	6,2
	Bodenarbeiten; Pflasterarbeiten; Spielgeräte; Oberbodenarbeiten, Bepflanzung, Rasenansaat				
600	**Ausstattung und Kunstwerke**	1.699,99 m² BGF	410.656	**241,56**	6,6
	Mobiliar für Werkstatt: Maschinen, Tische, Stühle, Werkbänke, Ausstattung Unterrichtsräume und Nebenflächen				

4200-0042
Akademiegebäude
(160 Auszubildende)

Objektübersicht

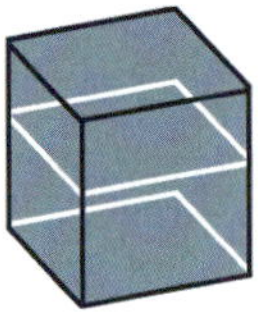

BRI 1.372€/m^3

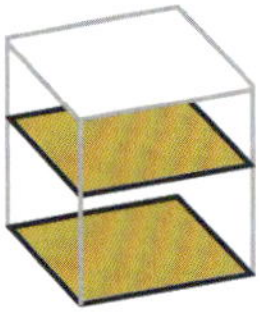

BGF 5.514€/m^2

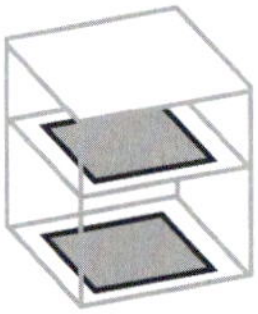

NUF 10.591€/m^2

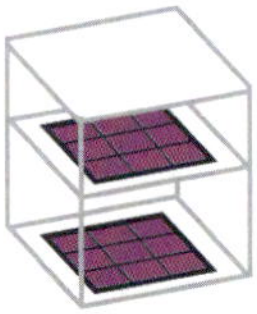

NE 36.276€/NE

NE: Auszubildende

Objekt:
Kennwerte: 1.Ebene DIN 276
BRI: 4.231m^3
BGF: 1.053m^2
NUF: 548m^2
Bauzeit: 126 Wochen
Bauende: 2022
Standard: Durchschnitt
Bundesland: Berlin
Kreis: Berlin, Stadt

Architekt*in:
Numrich Albrecht Klumpp
Gesellschaft von
Architekten mbH
Stromstraße 3
10555 Berlin

Bauherr*in:
Berliner Immobilien-
management GmbH
Alexanderstraße 3
10178 Berlin

© Adel Bikulov

© Adel Bikulov

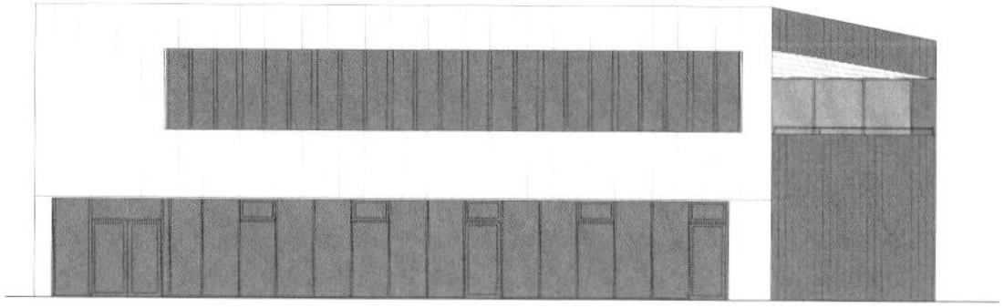

Ansicht West

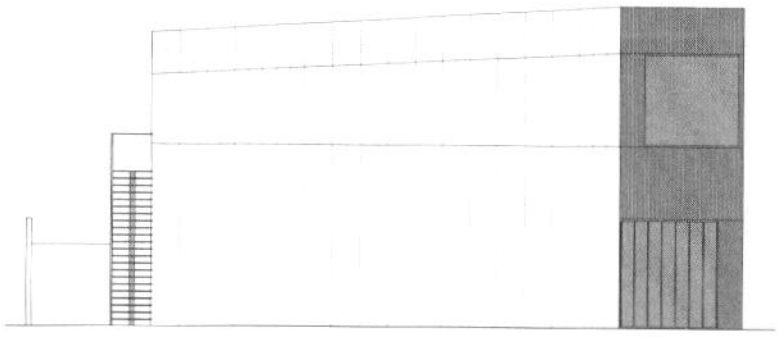

Ansicht Nord

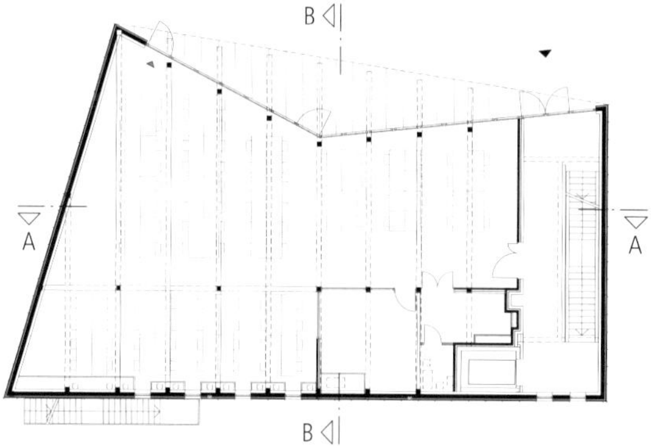

Erdgeschoss

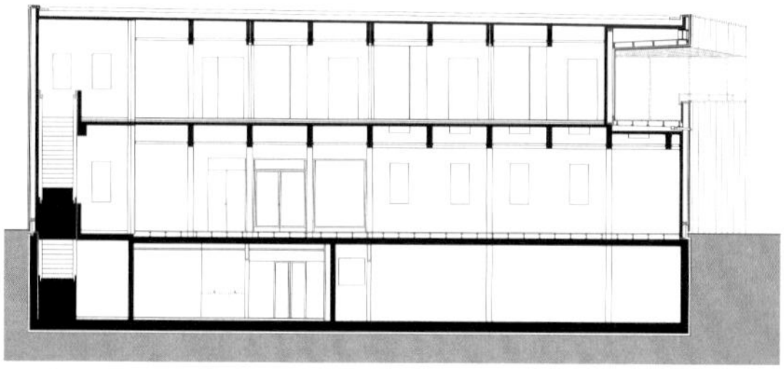

Schnitt A-A

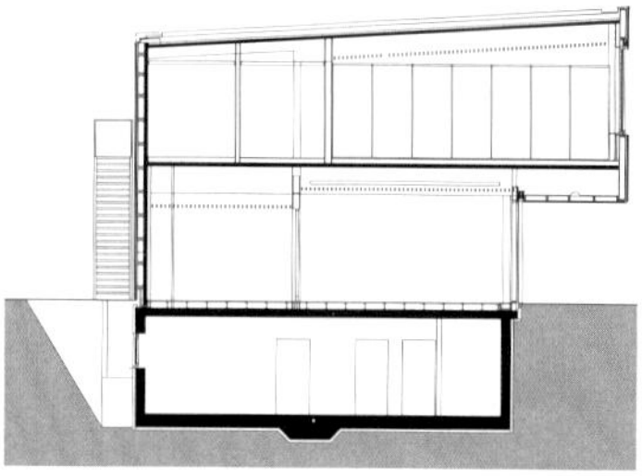

Schnitt B-B

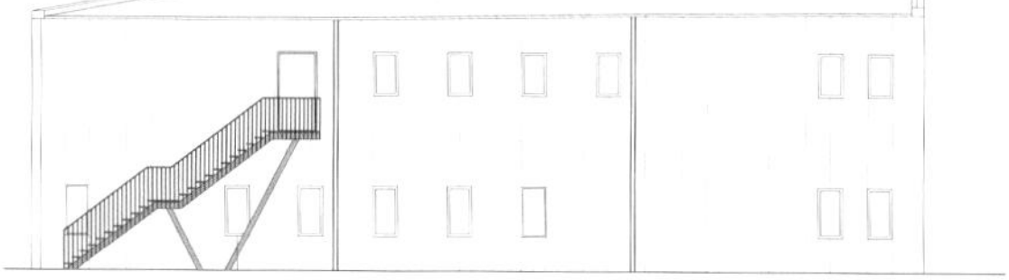

Ansicht Ost

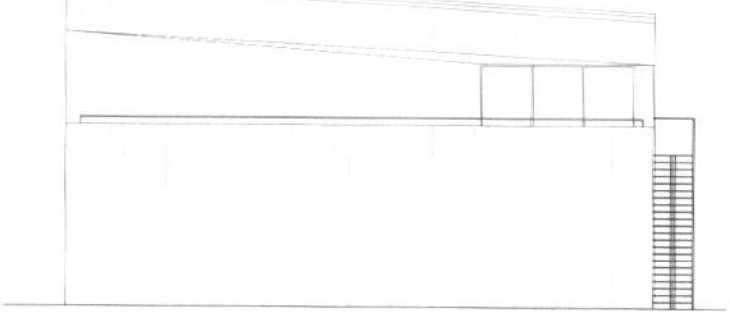

Ansicht Süd

Objektbeschreibung

Allgemeine Objektinformationen

Der klare zweigeschossige Erweiterungsbau im Garten der denkmalgeschützten Verwaltungsakademie wurde als Holzbau konzipiert. Das sehr begrenzte Baufeld im Hinterhof zwischen Grundstücksgrenze und dem erhaltenswerten Baumbestand wird durch die Geometrie des Neubaus optimal ausgenutzt. Die Holzkonstruktion des Hauses bleibt im Innenraum vollständig sichtbar und schafft somit eine hohe Aufenthaltsqualität.

Nutzung

1 Untergeschoss
WC-Anlagen, Abstellraum, Technikräume, Flure, Treppenhaus, Aufzug

1 Erdgeschoss
Prüfungsraum, Regieraum, Lagerraum, Treppenhaus, Aufzug

1 Obergeschoss
Seminarraum, unterteilbar, Büro, Teeküche, Treppenhaus, Aufzug, Loggia

Nutzeinheiten

Auszubildende: 160

Grundstück

Bauraum: Beengter Bauraum
Neigung: Ebenes Gelände
Bodenklasse: BK 3 bis BK 5

Besonderer Kosteneinfluss Grundstück
Bestehender Baumbestand musste berücksichtigt werden.
Absenkung des Grundwassers.

Markt

Hauptvergabezeit: 2. Quartal 2020
Baubeginn: 1. Quartal 2020
Bauende: 2. Quartal 2022
Konjunkturelle Gesamtlage: Durchschnitt
Regionaler Baumarkt: über Durchschnitt

Baukonstruktion

Das Untergeschoss wurde in WU-Beton ausgeführt und gründet auf einer 50cm starken Fundamentplatte. Die darüberliegenden Geschosse sind in Holz ausgeführt. Die Fassaden wurden mit Zink-Stehfalzblech bekleidet und die Holzfenster mit einer Dreifachverglasung ausgestattet. Die Holzkonstruktion ist weitgehend sichtbar gehalten. Im Westen öffnet sich das Gebäude über eine fast vollständig verglaste und nach innen gerückte Fassade, die genügend Abstand zum Baumbestand hält. Flexible Trennwände ermöglichen es, die Nutzung zwischen vier Seminarräumen und einer vollständig offenen Fläche zu variieren, die im Süden durch eine Loggia erweitert werden kann. Das leicht geneigte Dach wurde als Gründach angelegt.

Technische Anlagen

Die Wärmeversorgung erfolgt über den Anschluss ans Fernwärmenetz. Die Sanitärräume und der Prüfungsraum im EG wurden mit Lüftungsanlagen mit Wärmerückgewinnung ausgestattet. Aufgrund der Wärmelasten der Computer mussten die Räume im EG und OG mit Kühlbalken ausgeführt werden.

Sonstiges

Das Gebäude erhält die Nachhaltigkeitszertifizierung des Bewertungssystems Nachhaltiges Bauen (BNB) in Silber.

Energetische Kennwerte

Gesetzliche Grundlage: EnEV 2013
Gebäudenutzfläche: 853,00 m^2
Spez. Jahresprimärenergiebedarf: 87,70 kWh/($m^2 \cdot a$)

Energetische Angaben zu Außenbauteilen

Bodenplatte

U-Wert: 0,43 W/(m²·K)

Gesamtdicke: 48,00 cm	d [cm]	λ [W/(m·K)]
Stahlbeton	40,00	2,300
Dämmung	8,00	0,040

Außenwand gegen Erdreich

U-Wert: 0,45 W/(m²·K)

Gesamtdicke: 33,00 cm	d [cm]	λ [W/(m·K)]
Stahlbeton	25,00	2,300
Dämmung	8,00	0,040

Außenwand hinterlüftet Holzständer

U-Wert: 0,16 W/(m²·K)

Gesamtdicke: 32,50 cm	d [cm]	λ [W/(m·K)]
Holz	2,50	0,130
Holz	4,00	0,130
Dämmung	4,00	0,040
OSB-Platte	2,00	0,130
Holz	22,00	0,130
Dämmung	22,00	0,040
Holzfaserplatte	2,00	0,100

Außenwand hinterlüftet Massivholz

U-Wert: 0,16 W/(m²·K)

Gesamtdicke: 30,00 cm	d [cm]	λ [W/(m·K)]
Holz	12,00	0,130
Dämmung	18,00	0,035

Decke gegen Außenluft oben

U-Wert: 0,16 W/(m²·K)

Gesamtdicke: 30,40 cm	d [cm]	λ [W/(m·K)]
Holz	12,00	0,130
Dämmung	18,00	0,035
Abdichtung	0,40	0,170

Dach begrünt

U-Wert: 0,20 W/(m²·K)

Gesamtdicke: 29,00 cm	d [cm]	λ [W/(m·K)]
Holz	9,00	0,130
Schüttung	6,00	0,700
Dämmung	14,00	0,035

Planungskennwerte für Flächen und Rauminhalte nach DIN 277

Flächen des Grundstücks		Menge Einheit	% an GF
BF	Bebaute Fläche	339,89 m²	8,5
UF	Unbebaute Fläche	3.660,11 m²	91,5
GF	Grundstücksfläche	4.000,00 m²	100,0

Grundflächen des Bauwerks		Menge Einheit	% an NUF	% an BGF
NUF	Nutzungsfläche	548,02 m²	100,0	52,1
TF	Technikfläche	125,17 m²	22,8	11,9
VF	Verkehrsfläche	220,29 m²	40,2	20,9
NRF	Netto-Raumfläche	893,48 m²	163,0	84,9
KGF	Konstruktions-Grundfläche	159,12 m²	29,0	15,1
BGF	Brutto-Grundfläche	1.052,60 m²	192,1	100,0

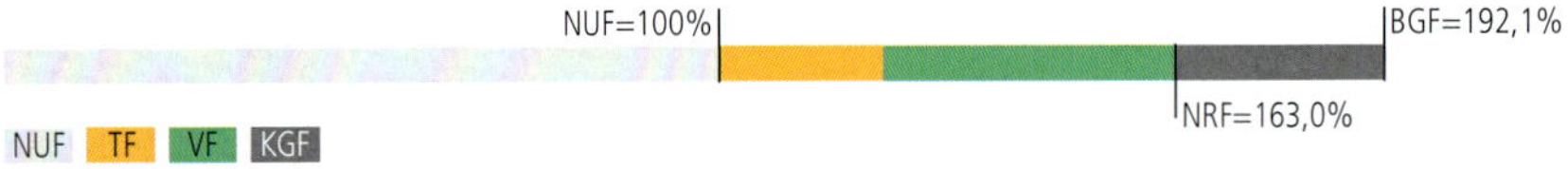

Brutto-Rauminhalt des Bauwerks		Menge Einheit	BRI/NUF (m)	BRI/BGF (m)
BRI	Brutto-Rauminhalt	4.231,05 m³	7,72	4,02

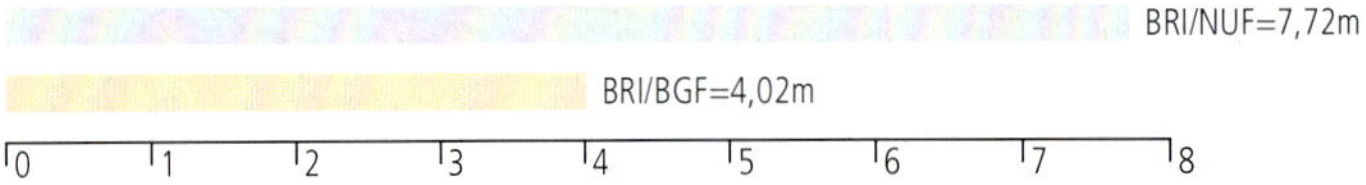

Kostenkennwerte für die Kostengruppen der 1.Ebene DIN 276

KG	Kostengruppen (1. Ebene)	Einheit	Kosten €	€/Einheit	€/m² BGF	€/m³ BRI	% 300+400
100	Grundstück	m² GF	–	–	–	–	–
200	Vorbereitende Maßnahmen	m² GF	332.434	83,11	315,82	78,57	5,7
300	Bauwerk – Baukonstruktionen	m² BGF	4.154.250	3.946,66	3.946,66	981,85	71,6
400	Bauwerk – Technische Anlagen	m² BGF	1.649.941	1.567,49	1.567,49	389,96	28,4
	Bauwerk 300+400	**m² BGF**	**5.804.191**	**5.514,15**	**5.514,15**	**1.371,81**	**100,0**
500	Außenanlagen und Freiflächen	m² AF	556.270	–	528,47	131,47	9,6
600	Ausstattung und Kunstwerke	m² BGF	–	–	–	–	–
700	Baunebenkosten	m² BGF	–	–	–	–	–
800	Finanzierung	m² BGF	–	–	–	–	–

KG	Kostengruppe	Menge Einheit	Kosten €	€/Einheit	%
200	**Vorbereitende Maßnahmen**	4.000,00 m² GF	332.434	**83,11**	5,7
	Umverlegung Fernwärmeleitung				
3+4	**Bauwerk**				**100,0**
300	**Bauwerk – Baukonstruktionen**	1.052,60 m² BGF	4.154.250	**3.946,66**	71,6
	Baugrubenaushub, Verbau, Grundwasserabsenkung; Stb-Fundamentplatte, WU, Dämmung, Estrich, Beschichtung, Linoleum, Bodenfliesen; Stb-Wände, gedämmte Brettsperrholzelemente, Holzfenster, Holz-Schiebetüren, Dreifachverglasung, hinterlüftete Zink-Stehfalzfassade, Beschichtung, Terrassenbrüstungen Stehfalzdeckung; Stb-Wände, Brettsperrholzwände, GK-Wände, Holztüren, Verglasungen, Akustikplatten, Beschichtung, Wandfliesen, mobile Trennwände, Sanitärtrennwände; Stb-Decken, Brettschichtbinder, Brettsperrholzdecken, Stb-Treppen, Dämmung, Estrich, Doppelboden, Bodenfliesen, textiler Bodenbelag, Parkett, Terrassendielen, Holzlamellendecken, schallabsorbierende Dämmplatten, Holz-Treppengeländer; Brettschichtbinder, Brettsperrholzdach, Dämmung, Abdichtung, Dachbegrünung, Dachentwässerung, Holzlamellendecken				
400	**Bauwerk – Technische Anlagen**	1.052,60 m² BGF	1.649.941	**1.567,49**	28,4
	Gebäudeentwässerung, Kalt- und Warmwasserleitungen, Sanitärobjekte; Fernwärmeanschluss, Heizleitungen, Heizkörper; Lüftungsanlagen mit Wärmerückgewinnung, Kühlbalken; Elektroinstallation, Kabelkanäle, Doppelböden, Beleuchtung; EDV-Verkabelung; Personenaufzüge				
500	**Außenanlagen und Freiflächen**	–	556.270	**–**	9,6
	Zufahrten, Wege, Eingang pflastern, Traufstreifen; Vegetationsflächen, Bepflanzung, Rasen				

4300-0026
Förderschule
Erweiterungsbau
(2 Klassen)
(30 Schüler)

Objektübersicht

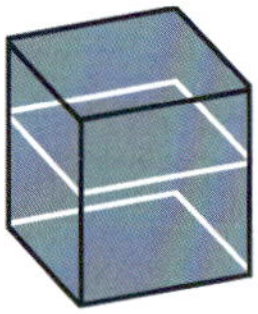

BRI 504 €/m³

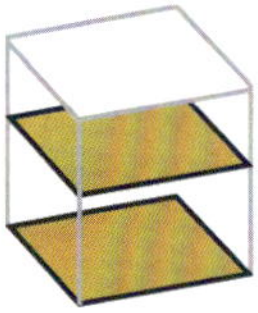

BGF 1.768 €/m²

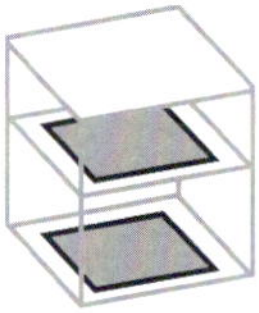

NUF 2.039 €/m²

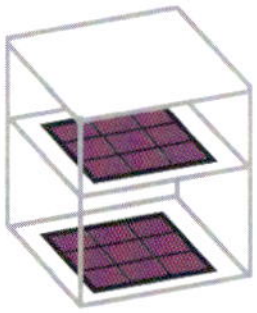

NE 18.796 €/NE

NE: Schüler

Objekt:
Kennwerte: 1. Ebene DIN 276
BRI: 1.119 m³
BGF: 319 m²
NUF: 277 m²
Bauzeit: 30 Wochen
Bauende: 2021
Standard: über Durchschnitt
Bundesland: Bayern
Kreis: Freising

Architekt*in:
hiendl_schineis architekten
projektleitung regina schineis
Ledererergasse 2
94032 Passau

Bauherr*in:
Landkreis Freising
Landshuter Straße 31
85356 Freising

© Eckhart Matthäus

© Eckhart Matthäus

© Eckhart Matthäus

© Eckhart Matthäus

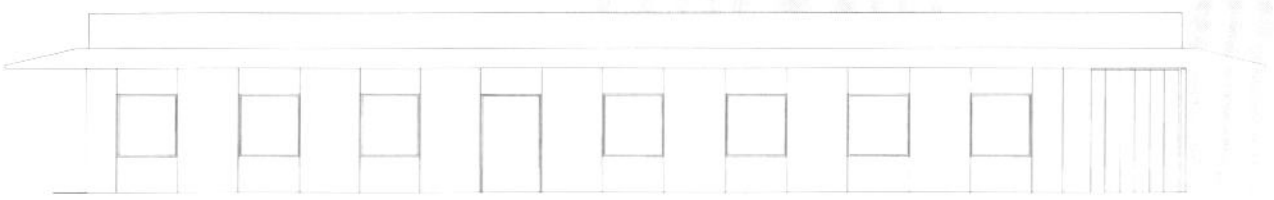

Ansicht Nord-Ost

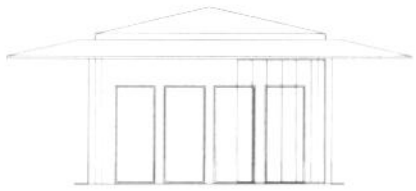

Ansicht Nord-West

Bestand

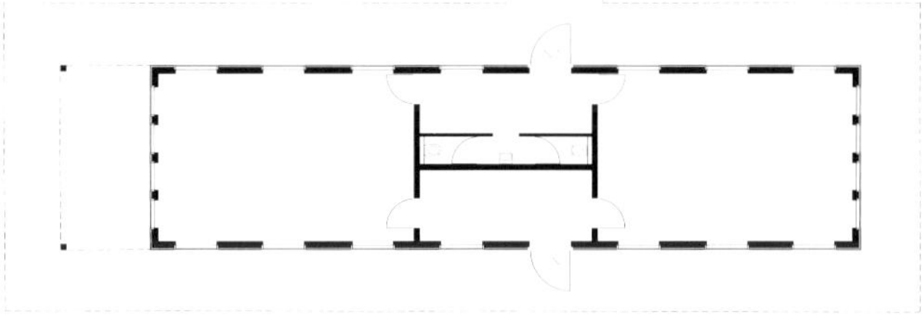

Erdgeschoss

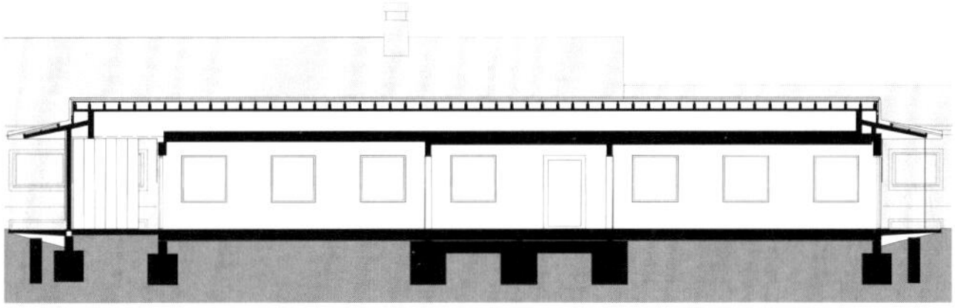

Schnitt A-A

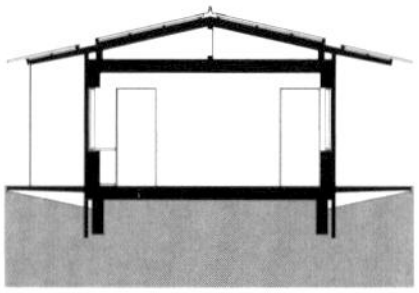

Schnitt B-B

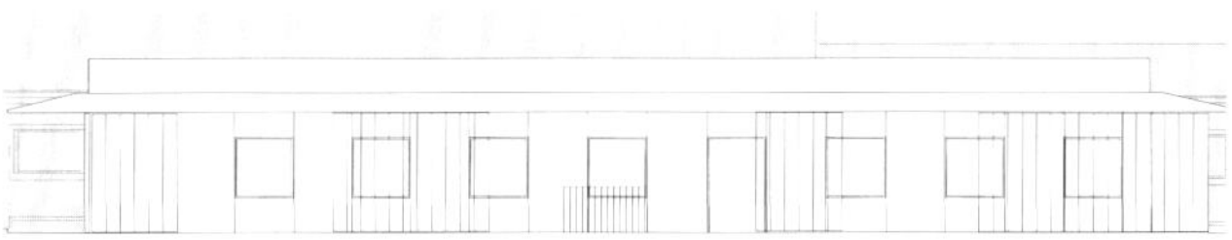

Ansicht Süd-West

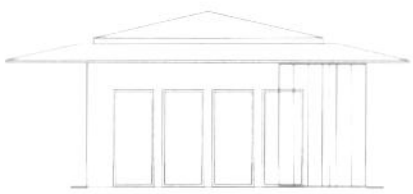

Ansicht Süd-Ost

4300-0026
Förderschule
Erweiterungsbau
(2 Klassen)
(30 Schüler)

Objektbeschreibung

Allgemeine Objektinformationen

Der Erweiterungsbau für das Sonderschulförderzentrum befindet sich frei eingestellt im Garten. Ein Schulpavillon, allseitig umgeben von einer umlaufenden Terrasse. Das weit auskragende Dach mit roter Welle schützt den hölzernen Umgang und gibt dem Garten einen Teil seiner Fläche mit neuer Qualität zurück. Kriterien der Nachhaltigkeit der gewählten Materialien, eine durchgängige Detailqualität, ein zurückhaltendes und helles Erscheinungsbild im Inneren sowie eine sich zurücknehmende Farbgebung der äußeren Hülle prägen den Pavillon.

Nutzung

1 Erdgeschoss
zwei Klassenräume, Garderobe, Sanitär, Technik, Flur

Nutzeinheiten

Klassen: 2
Schüler: 30

Grundstück

Bauraum: Beengter Bauraum
Neigung: Ebenes Gelände
Bodenklasse: BK 1 bis BK 3

Markt

Hauptvergabezeit: 2. Quartal 2020
Baubeginn: 3. Quartal 2020
Bauende: 1. Quartal 2021
Konjunkturelle Gesamtlage: Durchschnitt
Regionaler Baumarkt: Durchschnitt

Baukonstruktion

Der Neubau wurde mit vorgefertigten Holzelementen für Boden, Wände und Decken in neun Modulen vor Ort zusammengefügt. Punktfundamente tragen die Module. Ein Sparrendachtragwerk, eingedeckt mit Faserzementwellplatten, bietet Witterungsschutz. Die Fassadenplatten aus Dreischichtholz sind rot lasiert verkleidet, die Holz-Alu-Kippfenster und Terrassentüren bündig eingesetzt. Innen bleiben die tragenden Massivholzelemente unbehandelt und sichtbar. Der Boden ist mit einem Naturkautschukbelag, robust und farbgebend, belegt.

Technische Anlagen

Die Wärmeerzeugung des Pavillons erfolgt über eine Luft-Wasser-Wärmepumpe, wodurch das Gebäude unabhängig von fossilen Brennstoffen geheizt werden kann. Die Wärme wird mittels einer Fußbodenheizung in die Räume übertragen. Natürliche und an die Nutzerwünsche und das Nutzerverhalten angepasste Lüftungskonzepte durch Drehkippfenster und Fenstertüren zur Querlüftung sorgen für die gewünschte Raumluftqualität.

Sonstiges

Der nachwachsende Rohstoff Holz ist überall zu finden: Holzelementwände, Holzdecken, Holztüren, Holzmöbel, Holzfaserdämmung. Die Wände und Decken atmen diffusionsoffen. Das Gebäude ist durch Nullenergie und CO_2-Neutralität zukunftsweisend und ökonomisch. Trotz beengter räumlicher Verhältnisse ist ein eingeschossiger Pavillon mit hoher Qualität entstanden.

Energetische Kennwerte

Gesetzliche Grundlage: EnEV 2013
Gebäudenutzfläche: 122,00 m²
Spez. Jahresprimärenergiebedarf: 88,30 kWh/(m²·a)

Planungskennwerte für Flächen und Rauminhalte nach DIN 277

Flächen des Grundstücks		Menge Einheit	% an GF
BF	Bebaute Fläche	319,00 m²	14,2
UF	Unbebaute Fläche	1.920,00 m²	85,8
GF	Grundstücksfläche	2.239,00 m²	100,0

Grundflächen des Bauwerks		Menge Einheit	% an NUF	% an BGF
NUF	Nutzungsfläche	276,60 m²	100,0	86,7
TF	Technikfläche	1,00 m²	0,4	0,3
VF	Verkehrsfläche	10,83 m²	3,9	3,4
NRF	Netto-Raumfläche	288,43 m²	104,3	90,4
KGF	Konstruktions-Grundfläche	30,57 m²	11,1	9,6
BGF	Brutto-Grundfläche	319,00 m²	115,3	100,0

Brutto-Rauminhalt des Bauwerks		Menge Einheit	BRI/NUF (m)	BRI/BGF (m)
BRI	Brutto-Rauminhalt	1.119,17 m³	4,05	3,51

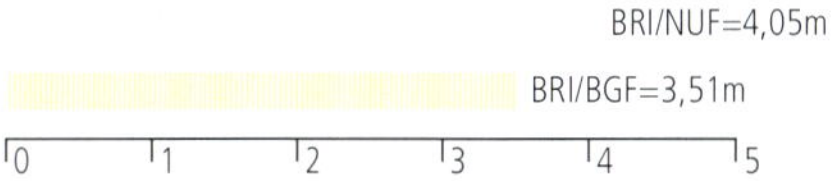

Kostenkennwerte für die Kostengruppen der 1. Ebene DIN 276

KG	Kostengruppen (1. Ebene)	Einheit	Kosten €	€/Einheit	€/m² BGF	€/m³ BRI	% 300+400
100	Grundstück	m² GF	–	–	–	–	–
200	Vorbereitende Maßnahmen	m² GF	17.689	7,90	55,45	15,81	3,1
300	Bauwerk – Baukonstruktionen	m² BGF	387.750	1.215,52	1.215,52	346,46	68,8
400	Bauwerk – Technische Anlagen	m² BGF	176.129	552,13	552,13	157,37	31,2
	Bauwerk 300+400	**m² BGF**	**563.879**	**1.767,65**	**1.767,65**	**503,84**	**100,0**
500	Außenanlagen und Freiflächen	m² AF	81.409	–	255,20	72,74	14,4
600	Ausstattung und Kunstwerke	m² BGF	26.812	84,05	84,05	23,96	4,8
700	Baunebenkosten	m² BGF	–	–	–	–	–
800	Finanzierung	m² BGF	–	–	–	–	–

KG	Kostengruppe	Menge Einheit	Kosten €	€/Einheit	%
200	**Vorbereitende Maßnahmen**	2.239,00 m² GF	17.689	**7,90**	3,1
	Anschlüsse für Abwasserentsorgung, Wasserversorgung, Stromversorgung				
3+4	**Bauwerk**				**100,0**
300	**Bauwerk – Baukonstruktionen**	319,00 m² BGF	387.750	**1.215,52**	68,8
	Baugrubenaushub; Stb-Einzelfundamente, Stb-Fundamenbalken, KVH-Bodenplatte, Holzfaserdämmung, OSB-Platte, Stahlkonstruktion für umlaufenden Terrassensteg, Kautschukbelag, Thermoesche, Schottertragschicht, PE-Folie, Sauberkeitsschicht; Brettsperrholzwände, Holzfaserdämmung, Dreischicht-Holzplatten, Oberfläche lasiert, Holzstützen, Holz-Alufenster, Dreifachverglasung, Haustürelement Holz; Brettsperrholzwände, Trockenbau, Holztüren mit Stahlzargen, Beschichtung wasserdicht in WCs; zimmermannsmäßiges Holzsparrendach, Dämmung, Wellplatten, abgehängte Akustikplatten, Dachentwässerung; Garderobenschränke, Regale Klassenzimmer, Schrank Nebenraum als Holzeinbauten, Vorhänge innen vor Fenstertüren mit Deckenschiene, Sonnenschutz-Außenvorhang mit Deckenschiene, Blendschutzverdunkelung innen				
400	**Bauwerk – Technische Anlagen**	319,00 m² BGF	176.129	**552,13**	31,2
	Gebäudeentwässerung, Kalt- und Warmwasserleitungen, Sanitärobjekte; Luft-Wasser-Wärmepumpe, Fußbodenheizung; Einzelraumlüfter; Elektroinstallation, Sicherheitsbeleuchtung, Blitzschutz; Gegensprechanlage				
500	**Außenanlagen und Freiflächen**	–	81.409	**–**	14,4
	Grasnarbe abtragen und entsorgen, Oberboden abtragen und zwischenlagern; Asphaltbelag ausbauen, zerkleinern und entsorgen; Brücke; Abwasseranlagen, Wasseranlagen, Wärmeversorgungsanlagen, Demontage Heiztank; Oberboden andecken, fräsen, feinplanieren, Extensivbepflanzung mit Sträuchern, Heister, Rindenmulch, Rasenansaat				
600	**Ausstattung und Kunstwerke**	319,00 m² BGF	26.812	**84,05**	4,8
	Lehrerpults, Lehrerstühle, Schülertische, Stühle, Whiteboard-Tafeln, Tischkameras, PCs, Beamer				

Kindergärten, nicht unterkellert

3

Kindergärten, nicht unterkellert

Kostenkennwerte für die Kosten des Bauwerks (Kostengruppen 300+400 nach DIN 276)

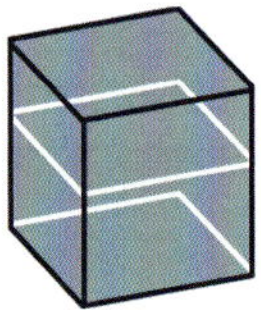

BRI 750€/m³
von 610€/m³
bis 930€/m³

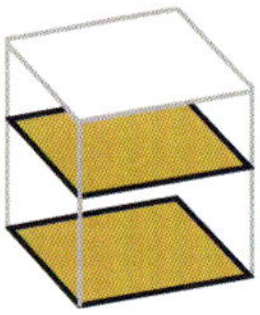

BGF 3.030€/m²
von 2.430€/m²
bis 3.830€/m²

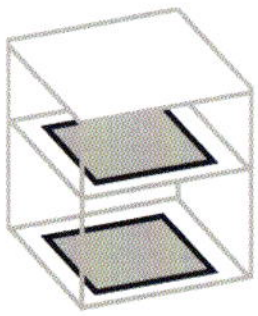

NUF 4.535€/m²
von 3.560€/m²
bis 5.780€/m²

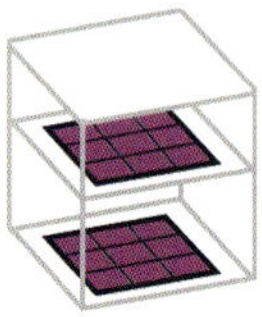

NE 39.235€/NE
von 26.305€/NE
bis 54.020€/NE
NE: Kinder

Objektbeispiele

Kosten:
Stand 2. Quartal 2024
Bundesdurchschnitt
inkl. 19% MwSt.

© Martin Lukas Kim
4400-0344

© Axel Roderus
4400-0366

© Maximilian Gottwald
4400-0365

Kosten der 58 Vergleichsobjekte — Seiten 230 bis 325

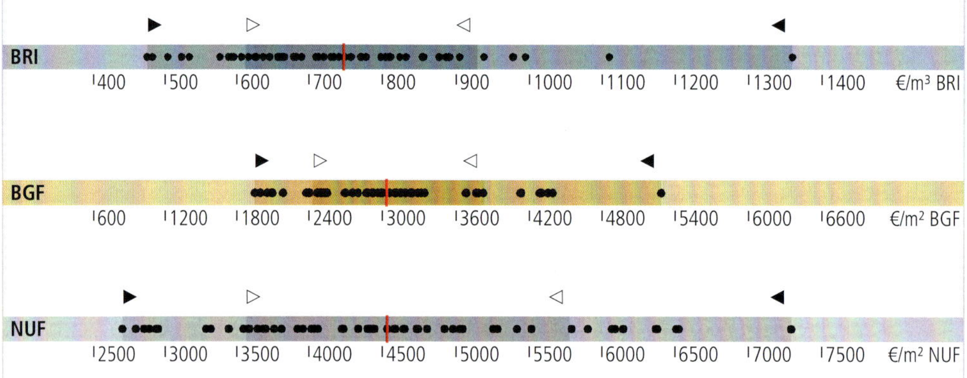

- ● KKW
- ▶ min
- ▷ von
- | Mittelwert
- ◁ bis
- ◀ max

Kostenkennwerte für die Kostengruppen der 1. und 2. Ebene DIN 276

KG	Kostengruppen der 1. Ebene	Einheit	▷	€/Einheit	◁	▷	% an 300+400	◁
100	Grundstück	m² GF	–	**–**	–	–	**–**	–
200	Vorbereitende Maßnahmen	m² GF	7	**27**	62	1,0	**3,5**	7,3
300	Bauwerk – Baukonstruktionen	m² BGF	1.917	**2.358**	2.970	72,9	**78,1**	82,2
400	Bauwerk – Technische Anlagen	m² BGF	481	**673**	968	17,8	**21,9**	27,1
	Bauwerk 300+400	m² BGF	2.431	**3.031**	3.830	100,0	**100,0**	100,0
500	Außenanlagen und Freiflächen	m² AF	129	**415**	2.797	5,0	**10,4**	18,6
600	Ausstattung und Kunstwerke	m² BGF	33	**107**	246	1,2	**3,7**	9,0
700	Baunebenkosten*	m² BGF	588	**655**	723	19,6	**21,8**	24,1
800	Finanzierung	m² BGF	–	**–**	–	–	**–**	–

◁ * Auf Grundlage der HOAI 2021 berechnete Werte nach §§ 35, 52, 56. Weitere Informationen siehe Seite 32

KG	Kostengruppen der 2. Ebene	Einheit	▷	€/Einheit	◁	▷	% an 1. Ebene	◁
310	Baugrube / Erdbau	m³ BGI	32	**53**	96	0,9	**2,0**	3,3
320	Gründung, Unterbau	m² GRF	332	**414**	553	10,3	**15,6**	19,7
330	Außenwände / vertikal außen	m² AWF	652	**794**	992	22,0	**28,6**	36,2
340	Innenwände / vertikal innen	m² IWF	308	**391**	459	13,1	**17,0**	20,4
350	Decken / horizontal	m² DEF	597	**926**	1.316	0,4	**5,9**	17,8
360	Dächer	m² DAF	418	**564**	773	17,5	**23,2**	28,6
370	Infrastrukturanlagen		–	**–**	–	–	**–**	–
380	Baukonstruktive Einbauten	m² BGF	73	**114**	186	1,5	**4,0**	6,9
390	Sonst. Maßnahmen für Baukonst.	m² BGF	40	**79**	122	1,9	**3,6**	5,3
300	**Bauwerk – Baukonstruktionen**	**m² BGF**					**100,0**	
410	Abwasser-, Wasser-, Gasanlagen	m² BGF	93	**118**	143	17,5	**23,2**	31,2
420	Wärmeversorgungsanlagen	m² BGF	72	**112**	182	13,1	**21,5**	31,2
430	Raumlufttechnische Anlagen	m² BGF	30	**77**	163	2,8	**10,3**	19,2
440	Elektrische Anlagen	m² BGF	131	**188**	263	30,4	**34,4**	39,0
450	Kommunikationstechnische Anlagen	m² BGF	22	**41**	67	2,9	**6,8**	10,6
460	Förderanlagen	m² BGF	30	**48**	58	< 0,1	**1,5**	7,6
470	Nutzungsspez. / verfahrenstech. Anl.	m² BGF	2	**12**	53	< 0,1	**0,5**	4,2
480	Gebäude- und Anlagenautomation	m² BGF	17	**36**	100	< 0,1	**1,6**	6,9
490	Sonst. Maßnahmen f. techn. Anl.	m² BGF	2	**4**	7	< 0,1	**0,3**	1,0
400	**Bauwerk – Technische Anlagen**	**m² BGF**					**100,0**	

Prozentanteile der Kosten 2. Ebene an den Kosten des Bauwerks nach DIN 276 (Von/Mittel/Bis)

KG	Kostengruppe	%
310	Baugrube / Erdbau	1,6
320	Gründung, Unterbau	12,5
330	Außenwände / vertikal außen	22,8
340	Innenwände / vertikal innen	13,6
350	Decken / horizontal	4,6
360	Dächer	18,5
370	Infrastrukturanlagen	
380	Baukonstruktive Einbauten	3,2
390	Sonst. Maßnahmen für Baukonst.	2,9
410	Abwasser-, Wasser-, Gasanlagen	4,5
420	Wärmeversorgungsanlagen	4,2
430	Raumlufttechnische Anlagen	2,3
440	Elektrische Anlagen	6,9
450	Kommunikationstechnische Anlagen	1,4
460	Förderanlagen	0,3
470	Nutzungsspez. / verfahrenstech. Anl.	0,1
480	Gebäude- und Anlagenautomation	0,4
490	Sonst. Maßnahmen f. techn. Anl.	< 0,1

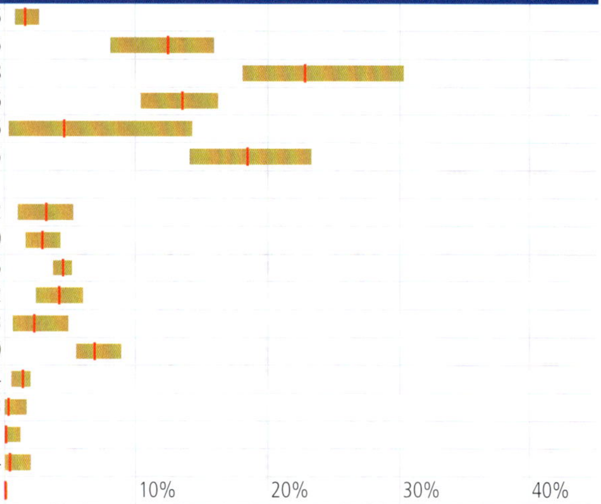

Prozentanteile der Kosten für Leistungsbereiche nach STLB (Kosten Bauwerk nach DIN 276)

LB	Leistungsbereiche	▷	% an 300+400	◁
000	Sicherheits-, Baustelleneinrichtungen inkl. 001	1,4	**2,4**	3,7
002	Erdarbeiten	1,2	**2,5**	5,8
006	Spezialtiefbauarbeiten inkl. 005	< 0,1	**0,1**	1,0
009	Entwässerungskanalarbeiten inkl. 011	< 0,1	**0,4**	0,9
010	Drän- und Versickerarbeiten	0,0	**< 0,1**	0,4
012	Mauerarbeiten	< 0,1	**0,4**	2,0
013	Betonarbeiten	4,8	**6,3**	10,1
014	Natur-, Betonwerksteinarbeiten	–	**–**	–
016	Zimmer- und Holzbauarbeiten	18,2	**24,0**	32,5
017	Stahlbauarbeiten	< 0,1	**0,8**	2,4
018	Abdichtungsarbeiten	0,3	**0,8**	1,9
020	Dachdeckungsarbeiten	0,0	**0,4**	3,5
021	Dachabdichtungsarbeiten	2,8	**5,2**	8,8
022	Klempnerarbeiten	1,0	**1,9**	2,7
	Rohbau	40,3	**45,4**	49,6
023	Putz- und Stuckarbeiten, Wärmedämmsysteme	< 0,1	**0,4**	1,4
024	Fliesen- und Plattenarbeiten	0,7	**1,2**	1,9
025	Estricharbeiten	0,4	**1,3**	2,0
026	Fenster, Außentüren inkl. 029, 032	6,7	**9,1**	11,6
027	Tischlerarbeiten	3,6	**7,7**	10,7
028	Parkettarbeiten, Holzpflasterarbeiten	< 0,1	**1,0**	2,5
030	Rollladenarbeiten	0,4	**1,0**	1,9
031	Metallbauarbeiten inkl. 035	0,2	**1,1**	4,7
034	Maler- und Lackiererarbeiten inkl. 037	0,7	**1,5**	2,5
036	Bodenbelagarbeiten	0,7	**1,8**	2,7
038	Vorgehängte hinterlüftete Fassaden	0,2	**3,0**	7,0
039	Trockenbauarbeiten	3,0	**5,4**	8,4
	Ausbau	31,5	**34,5**	39,8
040	Wärmeversorgungsanl. - Betriebseinr. inkl. 041	2,5	**4,0**	5,9
042	Gas- und Wasserinstallation, Leitungen inkl. 043	0,7	**1,0**	1,4
044	Abwasseranlagen - Leitungen	0,4	**0,8**	1,5
045	GWE-Einrichtungsgegenstände inkl. 046	1,4	**2,1**	3,1
047	Dämmarbeiten an betriebstechnischen Anlagen	0,2	**0,6**	0,9
049	Feuerlöschanlagen, Feuerlöschgeräte	0,0	**< 0,1**	< 0,1
050	Blitzschutz- und Erdungsanlagen	0,4	**0,7**	1,5
052	Mittelspannungsanlagen	–	**–**	–
053	Niederspannungsanlagen inkl. 054	2,6	**3,6**	5,6
055	Sicherheits- u. Ersatzstromversorgungsanl.	< 0,1	**0,1**	1,8
057	Gebäudesystemtechnik	0,0	**0,2**	1,7
058	Leuchten und Lampen inkl. 059	1,5	**2,4**	4,4
060	Sprechanlagen, elektroakust. Anlagen inkl. 064	< 0,1	**0,2**	0,4
061	Kommunikationsnetze inkl. 062	0,2	**0,5**	1,0
063	Gefahrenmeldeanlagen	0,2	**0,7**	1,2
069	Aufzüge	0,0	**0,3**	1,7
070	Gebäudeautomation	0,0	**0,2**	0,8
075	Raumlufttechnische Anlagen inkl. 078	0,5	**2,0**	4,5
	Gebäudetechnik	15,3	**19,4**	24,3
	Sonstige Leistungsbereiche inkl. 008, 033, 051	0,2	**0,7**	2,8

Kosten:
Stand 2. Quartal 2024
Bundesdurchschnitt
inkl. 19% MwSt.

- ● KKW
- ▶ min
- ▷ von
- | Mittelwert
- ◁ bis
- ◀ max

Planungskennwerte für Flächen und Rauminhalte nach DIN 277

Grundflächen		▷	Fläche/NUF (%)	◁	▷	Fläche/BGF (%)	◁
NUF	Nutzungsfläche	100,0	**100,0**	100,0	63,1	**67,5**	72,7
TF	Technikfläche	2,3	**3,0**	4,6	1,5	**1,9**	2,9
VF	Verkehrsfläche	19,4	**26,1**	34,6	12,4	**16,7**	20,3
NRF	Netto-Raumfläche	122,2	**129,0**	138,1	84,4	**86,2**	87,9
KGF	Konstruktions-Grundfläche	17,9	**20,8**	24,4	12,1	**13,8**	15,6
BGF	Brutto-Grundfläche	140,5	**149,9**	160,9	100,0	**100,0**	100,0

Brutto-Rauminhalte		▷	BRI/NUF (m)	◁	▷	BRI/BGF (m)	◁
BRI	Brutto-Rauminhalt	5,55	**6,09**	6,80	3,86	**4,07**	4,51

Flächen von Nutzeinheiten	▷	NUF/Einheit (m²)	◁	▷	BGF/Einheit (m²)	◁
Nutzeinheit: Kinder	7,60	**8,75**	11,55	11,33	**13,00**	16,73

Lufttechnisch behandelte Flächen	▷	Fläche/NUF (%)	◁	▷	Fläche/BGF (%)	◁
Entlüftete Fläche	–	**–**	–	–	**–**	–
Be- und entlüftete Fläche	84,0	**117,8**	126,3	76,4	**76,4**	78,5
Teilklimatisierte Fläche	–	**–**	–	–	**–**	–
Klimatisierte Fläche	–	**–**	–	–	**–**	–

KG	Kostengruppen (2. Ebene)	Einheit	▷	Menge/NUF	◁	▷	Menge/BGF	◁
310	Baugrube / Erdbau	m³ BGI	1,16	**1,52**	2,07	0,72	**0,96**	1,25
320	Gründung, Unterbau	m² GRF	1,12	**1,25**	1,35	0,71	**0,81**	0,82
330	Außenwände / vertikal außen	m² AWF	1,11	**1,21**	1,43	0,70	**0,77**	0,92
340	Innenwände / vertikal innen	m² IWF	1,27	**1,46**	1,62	0,84	**0,92**	1,02
350	Decken / horizontal	m² DEF	0,40	**0,53**	0,57	0,22	**0,30**	0,35
360	Dächer	m² DAF	1,21	**1,43**	1,55	0,78	**0,92**	1,03
370	Infrastrukturanlagen		–	**–**	–	–	**–**	–
380	Baukonstruktive Einbauten	m² BGF	1,41	**1,50**	1,61	1,00	**1,00**	1,00
390	Sonst. Maßnahmen für Baukonst.	m² BGF	1,41	**1,50**	1,61	1,00	**1,00**	1,00
300	**Bauwerk – Baukonstruktionen**	**m² BGF**	1,41	**1,50**	1,61	1,00	**1,00**	1,00

Planungskennwerte für Bauzeiten — 58 Vergleichsobjekte

Bauzeit in Wochen

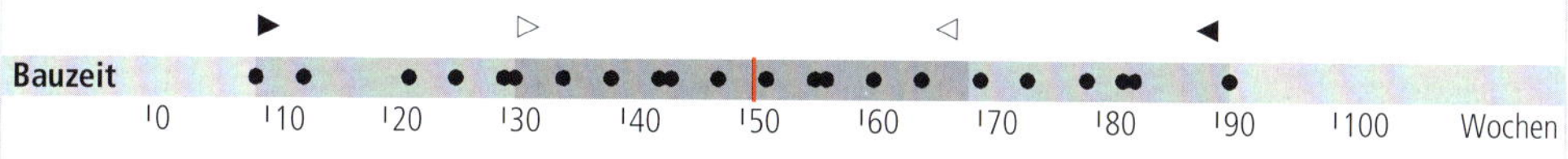

Objektübersicht zur Gebäudeart

4100-0225 Schülerhort (3 Gruppen, 81 Kinder)*

Hayner Salgert Architekten PartmbB
Düsseldorf

4400-0118 Kindertageseinrichtung (3 Gruppen)*

Diana Schaugg Freie Architektin
Stuttgart

4400-0131 Kindertageseinrichtung (3 Gruppen)*

evaplan Architektur + Stadtplanung
Karlsruhe

4400-0189 Kindertagesstätte (8 Gruppen)*

larssonarchitekten
Berlin

4400-0190 Kindertagesstätte (4 Gruppen)*

bmwquadrat architekten
Hamburg

4400-0216 Kinderkrippe (4 Gruppen, 60 Kinder)*

heine | reichold architekten Partnerschaftsgesellschaft
mbB, Lichtenstein

* Diese Objekte wurden zur Bildung der statistischen Werte herangezogen und sind nicht als Einzelobjekt in diesem Band veröffentlicht.

4400-0225 Kinderkrippe (2 Gruppen, 30 Kinder)*

Bosse Westphal und Partner und
Dipl.-Ing. Stefan Schmitt-Wenzel, Winsen/Luhe

4400-0234 Kindertagesstätte (5 Gruppen) - Passivhaus*

Birk Heilmeyer und Frenzel Gesellschaft von
Architekten mbH, Stuttgart

4400-0235 Kinderkrippe (3 Gruppen, 36 Kinder)*

goldbrunner + hrycyk architekten
München

4400-0237 Kindertagesstätte (4 Gruppen, 36 Kinder)*

dreier + lauterbach architekten und ingenieure gmbh
München

4400-0240 Kindertagesstätte (6 Gruppen, 149 Kinder)*

Hirner und Riehl Architekten und Stadtplaner BDA
München

4400-0245 Kindertagesstätte (9 Gruppen, 150 Kinder)*

güldenzopf rohrberg architektur + design
Hamburg

* Diese Objekte wurden zur Bildung der statistischen Werte herangezogen und sind nicht als Einzelobjekt in diesem Band veröffentlicht.

Objektübersicht zur Gebäudeart

© Meyer Steffens Architekten und Stadtplaner

4400-0247 Kindertagesstätte (2 Gruppen, 20 Kinder)*

Meyer Steffens Architekten und Stadtplaner BDA
Lübeck

© AV1 Architekten GmbH

4400-0249 Kindertagesstätte (6 Gruppen, 90 Kinder)*

AV1 Architekten GmbH
Kaiserslautern

© Andreas Leonhard

4400-0250 Kinderkrippe (4 Gruppen, 50 Kinder)*

Leonhard Architekten
München

© heinobrodersen architekt

4400-0255 Kinderkrippe (4 Gruppen, 40 Kinder)*

heinobrodersen architekt
Flensburg

© Quirin Leppert

4400-0256 Kinderkrippe (4 Gr) - Effizienzhaus ~76%*

Schindhelm Moser Architekten
München

© Architekturbüro Werner Grannemann

4400-0259 Kinderkrippe (4 Gruppen, 40 Kinder)*

Architekturbüro Werner Grannemann
Bremerhaven

* Diese Objekte wurden zur Bildung der statistischen Werte herangezogen und sind nicht als Einzelobjekt in diesem Band veröffentlicht.

© Maximilian Gottwald

4400-0263 Kindertagesstätte (2 Gruppen, 37 Kinder)*

ABHD Architekten Beck und Denzinger
Neuburg

© Maximilian Gottwald

4400-0265 Kinderkrippe (6 Gruppen, 72 Kinder)*

ABHD Architekten Beck und Denzinger
Neuburg

© Markurt Architekturkontor

4400-0266 Kindertagesstätte (80 Ki) - Effizienzhaus ~10%*

Markurt Architekturkontor
Wermsdorf

© Boran Biriz

4400-0267 Kindergarten (2 Gruppen, 50 Kinder)*

Breitenbücher Hirschbeck Architektengesellschaft
mbH, München

© Bosse Westphal Schäffer Architekten

4400-0273 Kinderkrippe (2 Gruppen, 30 Kinder)*

Bosse Westphal Schäffer Architekten und
Dipl.-Ing. Stefan Schmitt-Wenzel, Winsen/Luhe

© Anselm Gaupp

4400-0282 Kindertagesstätte (8 Gruppen, 140 Kinder)*

Neustadtarchitekten und lup-architekten
Hamburg

* Diese Objekte wurden zur Bildung der statistischen Werte herangezogen und sind nicht als Einzelobjekt in diesem Band veröffentlicht.

Objektübersicht zur Gebäudeart

4400-0284 Kinderhort (150 Ki) - Effizienzhaus ~32%*

Raum und Bau Planungsgesellschaft mbH·
München

4400-0288 Kinderkrippe (1 Gr, 12 Kinder) - Modulbau*

Bosse Westphal Schäffer Architekten
Winsen/Luhe

4400-0289 Kindergarten (1 Gr, 12 Kinder) - Modulbau*

Bosse Westphal Schäffer Architekten
Winsen/Luhe

4400-0298 Kinderhort (40 Kinder) - Effizienzhaus ~30%*

ralf pohlmann architekten
Waddeweitz

4400-0301 Kindertagesstätte (1 Gruppe, 25 Kinder)*

Bosse Westphal Schäffer Architekten
Winsen/Luhe

4400-0307 Kindertagesstätte (100 Kinder)
- Effizienzhaus ~60%*

wagner + ewald architekten
Ginsheim-Gustavsburg

* Diese Objekte wurden zur Bildung der statistischen Werte herangezogen und sind nicht als Einzelobjekt in diesem Band veröffentlicht.

© Kemper Steiner & Partner

4400-0310 Kindergarten (80 Ki) - Effizienzhaus ~76%*

Kemper Steiner & Partner Architekten GmbH
Bochum

© Zooey Braun

4400-0316 Kindertagesstätte (97 Ki) - Effizienzhaus ~67%*

Prof. Rollmann + Partner Architekten PartGmbB
Homburg

© Architekt Helmle

4400-0333 Kindertagesstätte (3 Gruppen, 35 Kinder)

Wolfgang Helmle Freier Architekt
Ellwangen

© Angele Architekten GmbH

4400-0339 Kindertagesstätte (99 Ki) - Effizienzhaus ~26%*

Angele Architekten GmbH
Oberhausen

© Martin Lukas Kim

4400-0344 Kindertagesstätte (4 Gruppen, 60 Kinder)*

JEBENS SCHOOF ARCHITEKTEN BDA
Heide

© Hanno Keppel Image Photography

4400-0345 Kindertagesstätte (2 Gruppen, 45 Kinder)*

maurer - ARCHITEKTUR, Vechelde und Jensen Gronau Architekten BDA, Braunschweig

* Diese Objekte wurden zur Bildung der statistischen Werte herangezogen und sind nicht als Einzelobjekt in diesem Band veröffentlicht.

Objektübersicht zur Gebäudeart

© k. A.

4400-0347 Kindertagesstätte (7 Gruppen, 110 Kinder)*

Werkgruppe Kleinmachnow Architekten PartGmbB
Kleinmachnow

© Petra Höglmeier-Wübert

4400-0348 Kinderhort (4 Gruppen, 100 Kinder)*

goldbrunner + hrycyk architekten
München

© Sebastian Schels

4400-0349 Kinderhaus (8 Gruppen, 161 Kinder)*

Hrycyk Architekten
München

© Felix Meyer

4400-0351 Kindertagesstätte (6 Gruppen, 138 Kinder)*

Bär Stadelmann Stöcker Architekten und Stadtplaner
PartGmbH, Nürnberg

© Thomas Ott, www.o2t.de

4400-0354 Kindertagesstätte (5 Gruppen, 90 Kinder)*

werk.um architekten
Darmstadt

© Sebastian Schels

4400-0356 Kindergarten (4 Gr, 112 Kinder), Wohnungen*

goldbrunner + hrycyk architekten
München

* Diese Objekte wurden zur Bildung der statistischen Werte herangezogen und sind nicht als Einzelobjekt in diesem Band veröffentlicht.

4400-0357 Kinderhaus (4 Gr, 74 Ki) - Effizienzhaus ~45%*

goldbrunner + hrycyk architekten
München

4400-0358 Schulhort (15 Gruppen, 250 Kinder)*

°pha design Banniza, Hermann, Öchsner und Partner
Potsdam

4400-0359 Kindertagesstätte (4 Gruppen, 75 Kinder)*

abdelkader architekten bda Partnerschaft mbB
Münster

4400-0360 Kinderkrippe (3 Gruppen, 45 Kinder)*

KUKUK Architekten Partnerschaftsgesellschaft mbB
Bremen

4400-0361 Kindergarten (2 Gruppen, 42 Kinder)*

hüttnerarchitekten
Lichtenberg

4400-0362 Kindertagesstätte (6 Gruppen, 124 Kinder) *

härtner ito architekten PartGmbB
Stuttgart

* Diese Objekte wurden zur Bildung der statistischen Werte herangezogen und sind nicht als Einzelobjekt in diesem Band veröffentlicht.

Objektübersicht zur Gebäudeart

4400-0364 Kindertagesstätte (5 Gruppen, 100 Kinder)

werk.um architekten
Darmstadt

4400-0365 Kindergarten (6 Gruppen, 126 Kinder)

abhd architekten denzinger und partner mbB
Neuburg

4400-0366 Kinderhaus (4 Gruppen, 74 Kinder)

Berschneider + Berschneider GmbH Architekten BDA
+ Innenarchitekten Pilsach

4400-0367 Kindergarten (7 Gruppen, 130 Kinder)

K9 Architekten Borgards Lösch Pichl Piribauer BDA
DWB, Freiburg

4400-0369 Kindertagesstätte (4 Gruppen, 84 Kinder)

WOLLENWEBERARCHITEKTUR
Düsseldorf

4400-0378 Kindergarten (6 Gruppen, 150 Kinder)

Architekturbüro Obereisenbuchner
Pfaffenhofen

4400-0380 Kindertagesstätte (5 Gruppen, 105 Kinder)

ulrich TILGNER thomas GROTZ Architekten GmbH
Bremen

4400-0383 Kindertagesstätte (4 Gruppen, 74 Kinder)

Dipl.Ing. (FH) Martin Szymanski
Satteldorf-Gröningen

4400-0386 Kindertagesstätte (11 Gruppen, 200 Kinder)*

DNR Daab Nordheim Reutler PartGmbB
Leipzig

4400-0392 Kindertagesstätte (4 Gruppen, 70 Kinder)

ZIEBELL + PARTNER Architektur- und Planungs GmbH
Lübeck

* Diese Objekte wurden zur Bildung der statistischen Werte herangezogen und sind nicht als Einzelobjekt in diesem Band veröffentlicht.

4400-0333
Kindertagesstätte
(3 Gruppen)
(35 Kinder)

Objektübersicht

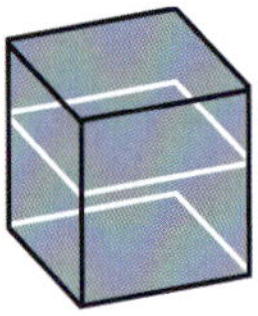

BRI 659€/m^3

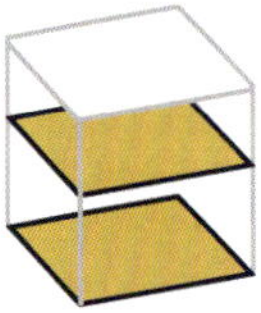

BGF 3.223€/m^2

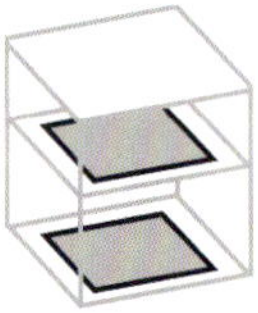

NUF 5.280€/m^2

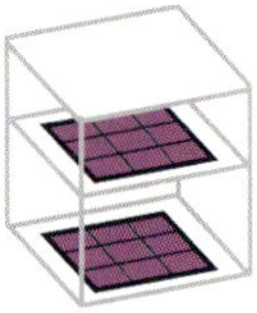

NE 59.386€/NE

NE: Kinder

Objekt:
Kennwerte: 3.Ebene DIN 276
BRI: 3.156m^3
BGF: 645m^2
NUF: 394m^2
Bauzeit: 39 Wochen
Bauende: 2019
Standard: Durchschnitt
Bundesland: Baden-Württemberg
Kreis: Ostalbkreis

Architekt*in:
Wolfgang Helmle
Freier Architekt
Schloßvorstadt 7
73479 Ellwangen

Bauherr*in:
Reha-Südwest gGmbh
Kanalweg 40/42
76149 Karlsruhe

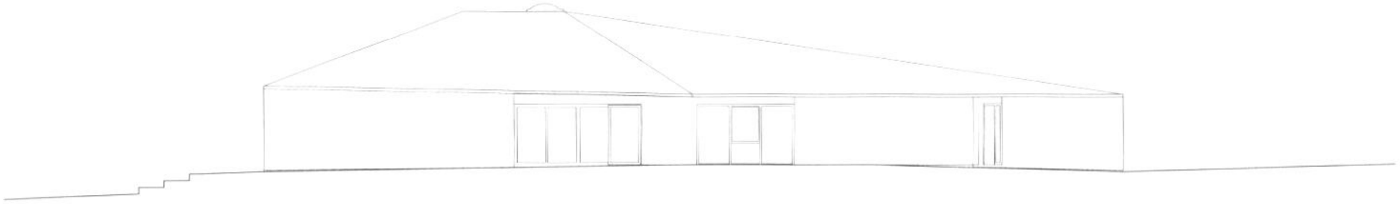

Ansicht Ost

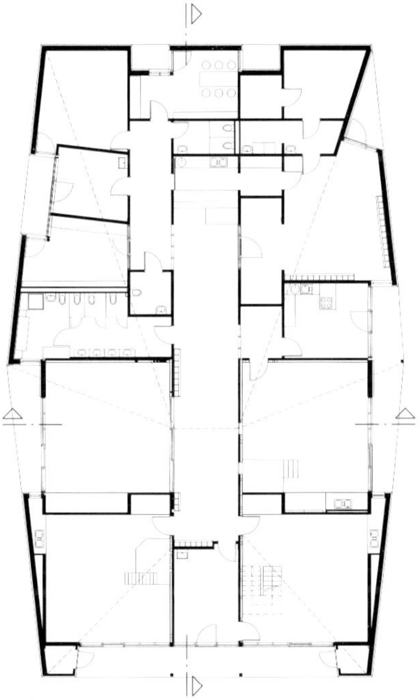

Erdgeschoss

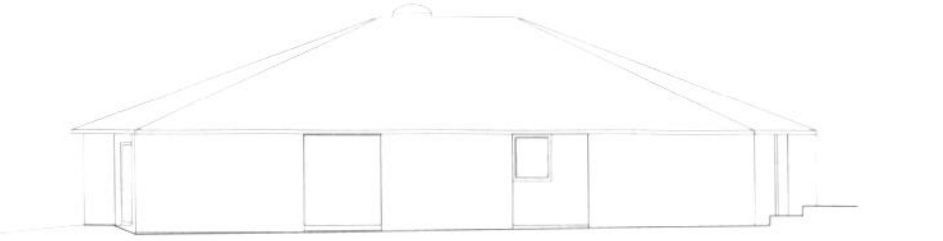

Ansicht Nord

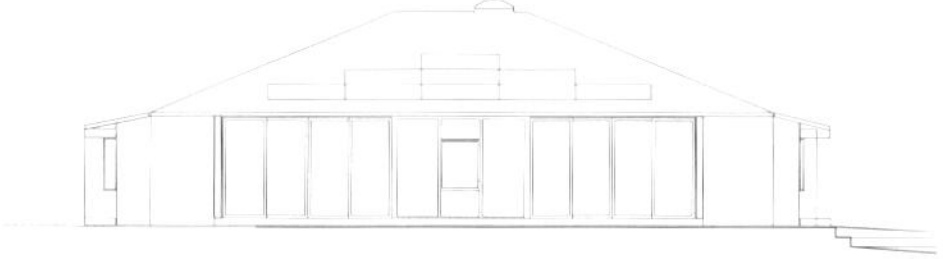

Ansicht Süd

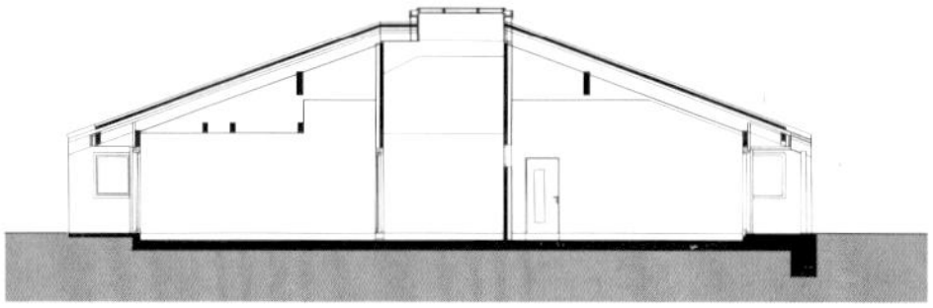

Querschnitt

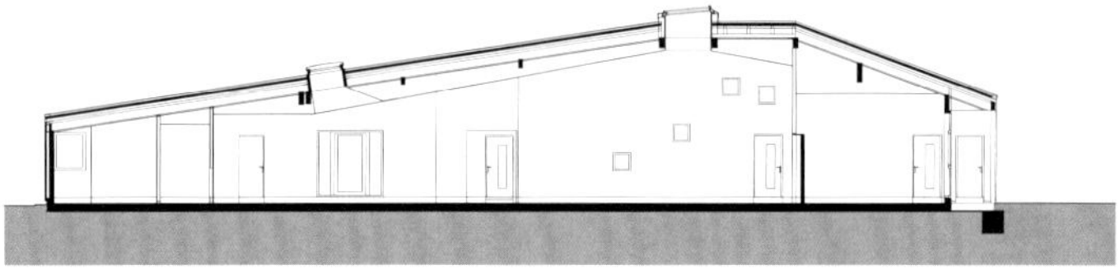

Längsschnitt

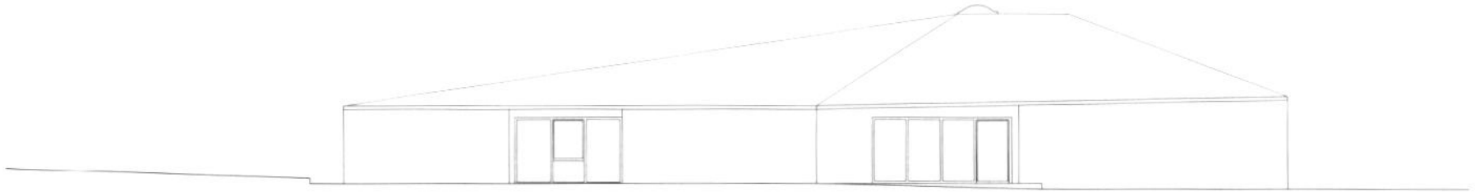

Ansicht West

Objektbeschreibung

Allgemeine Objektinformationen

Der Neubau einer inklusiven Kindertagesstätte ist als eingeschossiges Gebäude mit Spielgalerie und Walmdach ohne Unterkellerung konzipiert. Die Anordnung und Gliederung der Gruppenräume ist durch Vor- und Rücksprünge der Fassaden von außen ablesbar. Innen sind die Gruppen-, Neben- und Sanitärräume um einen zentralen Flur angeordnet, der sich an ein großzügiges Foyer mit Garderoben anschließt.

Nutzung

1 Erdgeschoss
Gruppenräume (3St), Intensivräume (3St), Ruheraum, Bewegungsraum, Sanitärräume, WC barrierefrei, Büro, Personalraum, Foyer, Garderobe, Küche, Technikräume, Putzraum, Waschen

1 Dachgeschoss
Spielgalerie

Nutzeinheiten

Gruppen: 3
Kinder: 35

Grundstück

Bauraum: Beengter Bauraum
Neigung: Geneigtes Gelände
Bodenklasse: BK 3

Markt

Hauptvergabezeit: 1.Quartal 2018
Baubeginn: 2.Quartal 2018
Bauende: 1.Quartal 2019
Konjunkturelle Gesamtlage: über Durchschnitt
Regionaler Baumarkt: unter Durchschnitt

Baukonstruktion

Das Gebäude steht auf einer Stahlbetonbodenplatte und wurde komplett aus Holz errichtet. Die Böden sind mit Parkett, Linoleum und Fliesen belegt. Die Innen- und Außenwände sind als Holzrahmenbau ausgeführt. Die Außenwände sind mit Zellulose gedämmt und zusätzlich von außen mit Holzweichfaserplatten beplankt. Eine Lärche-Schindelbekleidung und in Teilen eine HPL-Bekleidungen gestalten die Fassaden. Es wurden dreifachverglaste Alu-Pfosten-Riegel-Elemente und Fenster eingebaut. In den Gruppenräumen bestehen die Innenwände aus Brettsperrholz mit Weißtannenoberfläche. Trockenbauwände und die GF-Bekleidungen der Holzwände wurden beschichtet sowie Dreischichtplatten-Bekleidungen angebracht. Eine Holztreppe führt auf eine Spielgalerie aus Brettsperrholz. Das Walmdach wurde gedämmt und extensiv begrünt. Es wurden GK-Unterdecken ausgeführt. Für eine gute Raumakustik sorgen Akustikelementen aus Weißtanne.

Technische Anlagen

Die Energieversorgung erfolgt über eine solarthermische Anlage auf dem Dach, die Ihre Energie in einen Erdsolespeicher unter der Bodenplatte einspeist. Eine Fußbodenheizung sorgt für eine angenehme Raumtemperatur. Diese wird von einer Sole-Wasser-Wärmepumpe beheizt.

Sonstiges

Auf Nachhaltigkeit bezüglich Baustoffwahl und Energieverbrauch wurde Wert gelegt. Der Einsatz erneuerbarer Energien erfolgte mit dem Ziel der Energieautarkie. Ein weiterer wichtiger Aspekt war der Einbau gesundheitlich unbedenklicher Baustoffe. Sämtliche Räume sind barrierefrei erschlossen.

Energetische Kennwerte

Gesetzliche Grundlage: EnEV 2013
Gebäudenutzfläche: 535,00 m^2
Gebäudevolumen: 1.931,50 m^3
Hüllfläche des beheizten Volumens: 1.483,40 m^2
Spez. Transmissionswärmeverlust: 0,23 $W/(m^2{\cdot}K)$
Mittlerer U-Wert (opake Bauteile): 0,12 $W/(m^2{\cdot}K)$
Mittlerer U-Wert (transparente Bauteile): 0,89 $W/(m^2{\cdot}K)$
Mittlerer U-Wert (Vorhangfassade): 0,89 $W/(m^2{\cdot}K)$
Mittlerer U-Wert (Glasdächer, etc.): 1,00 $W/(m^2{\cdot}K)$
Spez. Jahresprimärenergiebedarf: 63,50 $kWh/(m^2{\cdot}a)$
Spez. Jahresendenergiebedarf: 35,30 $kWh/(m^2{\cdot}a)$
CO_2-Emissionen: 24,00 $kg/(m^2{\cdot}a)$

Energetische Angaben zu Außenbauteilen

Bodenplatte

U-Wert: 0,15 W/(m²·K)

Gesamtdicke: 73,44 cm	d [cm]	λ [W/(m·K)]
PE-Folie	0,02	2,300
Trittschalldämmung	3,00	0,040
Dämmung	10,00	0,035
Bitumenbahn	0,40	0,170
Stahlbeton	25,00	2,500
Stahlbeton	5,00	2,000
PE-Folie	0,02	2,300
Schaumglasschotter	30,00	0,110

Außenwand

U-Wert: 0,18 W/(m²·K)

Gesamtdicke: 26,84 cm	d [cm]	λ [W/(m·K)]
GF-Platte	1,25	0,320
OSB-Platte	1,50	0,130
Holz	16,00	0,130
Dämmung	16,00	0,040
Holz	8,00	0,045
Unterdeckbahn	0,09	0,130

Dach

U-Wert: 0,14 W/(m²·K)

Gesamtdicke: 35,89 cm	d [cm]	λ [W/(m·K)]
OSB-Platte	1,80	0,130
Holz	26,00	0,130
Dämmung	26,00	0,040
Holzfaserplatte	8,00	0,045
Unterdeckbahn	0,09	0,130

4400-0333
Kindertagesstätte
(3 Gruppen)
(35 Kinder)

Planungskennwerte für Flächen und Rauminhalte nach DIN 277

Flächen des Grundstücks		Menge Einheit	% an GF
BF	Bebaute Fläche	675,68 m²	47,8
UF	Unbebaute Fläche	738,32 m²	52,2
GF	Grundstücksfläche	1.414,00 m²	100,0

Grundflächen des Bauwerks		Menge Einheit	% an NUF	% an BGF
NUF	Nutzungsfläche	393,65 m²	100,0	61,0
TF	Technikfläche	18,19 m²	4,6	2,8
VF	Verkehrsfläche	144,09 m²	36,6	22,3
NRF	Netto-Raumfläche	555,93 m²	141,2	86,2
KGF	Konstruktions-Grundfläche	89,05 m²	22,6	13,8
BGF	Brutto-Grundfläche	644,98 m²	163,8	100,0

Brutto-Rauminhalt des Bauwerks		Menge Einheit	BRI/NUF (m)	BRI/BGF (m)
BRI	Brutto-Rauminhalt	3.155,63 m³	8,02	4,89

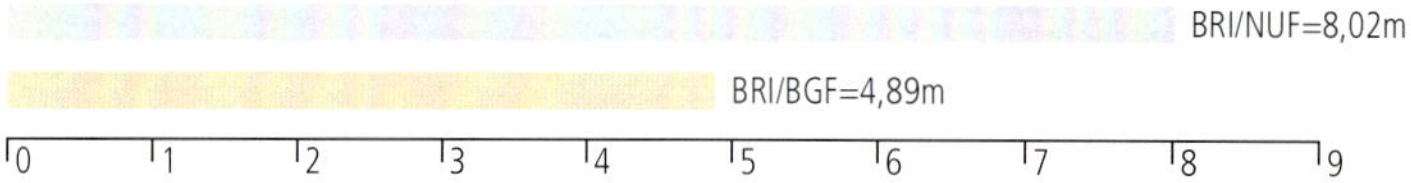

Lufttechnisch behandelte Flächen	Menge Einheit	% an NUF	% an BGF
Entlüftete Fläche	–	–	–
Be- und entlüftete Fläche	555,93 m²	141,2	86,2
Teilklimatisierte Fläche	–	–	–
Klimatisierte Fläche	–	–	–

KG	Kostengruppen (2.Ebene)	Menge Einheit	Menge/NUF	Menge/BGF
310	Baugrube / Erdbau	1.330,62 m³ BGI	3,38	2,06
320	Gründung, Unterbau	602,52 m² GRF	1,53	0,93
330	Außenwände/Vertikale Baukonstruktionen, außen	374,42 m² AWF	0,95	0,58
340	Innenwände/Vertikale Baukonstruktionen, innen	791,22 m² IWF	2,01	1,23
350	Decken/Horizontale Baukonstruktionen	26,62 m² DEF	0,07	0,04
360	Dächer	722,46 m² DAF	1,84	1,12

Kostenkennwerte für die Kostengruppen der 1.Ebene DIN 276

KG	Kostengruppen (1.Ebene)	Einheit	Kosten €	€/Einheit	€/m² BGF	€/m³ BRI	% 300+400
100	Grundstück	m² GF	–	–	–	–	–
200	Vorbereitende Maßnahmen	m² GF	9.306	6,58	14,43	2,95	0,4
300	Bauwerk – Baukonstruktionen	m² BGF	1.622.064	2.514,91	2.514,91	514,02	78,0
400	Bauwerk – Technische Anlagen	m² BGF	456.451	707,70	707,70	144,65	22,0
	Bauwerk 300+400	**m² BGF**	**2.078.516**	**3.222,60**	**3.222,60**	**658,67**	**100,0**
500	Außenanlagen und Freiflächen	m² AF	15.078	–	23,38	4,78	0,7
600	Ausstattung und Kunstwerke	m² BGF	227.748	353,11	353,11	72,17	11,0
700	Baunebenkosten	m² BGF	–	–	–	–	–
800	Finanzierung	m² BGF	–	–	–	–	–

KG	Kostengruppe	Menge Einheit	Kosten €	€/Einheit	%
200	**Vorbereitende Maßnahmen**	1.414,00 m² GF	9.306	**6,58**	0,4
	Bitumenbelag abbrechen, Asphalttragschicht einbauen, Oberboden abtragen, in Mieten lagern, Bäume fällen, Wurzelstöcke roden, beseitigen				
3+4	**Bauwerk**				**100,0**
300	**Bauwerk – Baukonstruktionen**	644,98 m² BGF	1.622.064	**2.514,91**	78,0
	Baugrundverbesserung, Stb-Flachgründung, Heizestrich, Parkett, Linoleum, Bodenfliesen, Glasschaumschotter; Holzrahmenwände, Holzstützen, Holz-Alu-Fenster-/Türelemente, Holzfaserdämmung, Holzschindelbekleidung, HPL-Bekleidung, Holz-Alu-Pfosten-Riegel-Fassaden, Markisen; Brettsperrholzwände, GK-Wände, Holz-Fenster-/Türelement, Hebeschiebetüren, GF-Bekleidungen, GK-Beplankung, Beschichtung, Dreischichtplatten-Bekleidungen, Wandfliesen, WC-Trennwandanlagen; Brettsperrholzdecke, Holztreppenanlage; Holz-Walmdach, Dachfenster, Dachbegrünung, Dachentwässerung, Akustikdecken, abgehängte Decken; Einbaumöbel				
400	**Bauwerk – Technische Anlagen**	644,98 m² BGF	456.451	**707,70**	22,0
	Gebäudeentwässerung, Kalt- und Warmwasserleitungen, Sanitärobjekte; Sole-Wasser-Wärmepumpe, Solartstation, Erdsolespeicher, Flachkollektoren, Heizungsrohre, Fußbodenheizung; Zu-/Abluftanlage; Elektroinstallation, Beleuchtung, Erdungsanlage; Personen-Notsignalanlage, Lautsprecheranlage, RWA-Anlage, Datenübertragungsnetz				
500	**Außenanlagen und Freiflächen**	–	15.078	**–**	0,7
	Pollerleuchten teilweise mit Steckdosen, Bewegungssensor, Notlicht				
600	**Ausstattung und Kunstwerke**	644,98 m² BGF	227.748	**353,11**	11,0
	Einrichtung, Möblierung, Sanitärausstattung, Ausstattung Bewegungsraum, Ausstattung Snoezelen				

Kostenkennwerte für die Kostengruppen der 2. Ebene DIN 276

KG	Kostengruppe	Menge Einheit	Kosten €	€/Einheit	%
200	**Vorbereitende Maßnahmen**				**100,0**
210	**Herrichten**	1.414,00 m² GF	9.306	**6,58**	100,0

Rohrgrabenbereich: Bitumenbelag und Unterbau abbrechen, entsorgen, Asphalttragschicht einbauen (10m²) * Oberboden abtragen, in Mieten lagern (1.427m²), Bäume fällen, Wurzelstöcke roden, beseitigen (3St)

KG	Kostengruppe	Menge Einheit	Kosten €	€/Einheit	%
300	**Bauwerk – Baukonstruktionen**				**100,0**
310	**Baugrube / Erdbau**	1.330,62 m³ BGI	43.348	**32,58**	2,7

Oberboden abfahren (282m³), Baugrubenaushub, lagern (569m³), lagern, abfahren (369m³), Rohrgrabenaushub (104m³), Handaushub (6m³), Rohrgraben auffüllen, Liefermaterial (39m³), Verfüllungen, Quarzsand (247m³), Planum (783m²) * Rohrgrabenverbau (36m²)

KG	Kostengruppe	Menge Einheit	Kosten €	€/Einheit	%
320	**Gründung, Unterbau**	602,52 m² GRF	240.930	**399,87**	14,9

Hydraulisches Bindemittel (18t) * Stb-Bodenplatte (603m²), Magerbetonauffüllungen (13m³), Einzelfundamente (2m³), Gebäudeeinführungen * Bitumenabdichtung, EPS-Dämmung, Heizestrich (554m²), Parkett (318m²), Linoleum (111m²), Bodenfliesen (130m²), Fußabstreifer (2St) * Geotextil, Glasschaumschotter, Sauberkeitsschicht (705m²), PE-Folie (603m²), vertikal, Perimeterdämmung (30m²) * Dränagerohre, Sickerpackung (122m), Spül-Kontrollschächte (4St), Anschluss an Kanal (1St)

KG	Kostengruppe	Menge Einheit	Kosten €	€/Einheit	%
330	**Außenwände/Vert. Baukonstrukt., außen**	374,42 m² AWF	341.439	**911,91**	21,0

Holzrahmenwände, Zellulosedämmung, OSB-Schalung (267m²) * Holzstützen (7m) * Holz-Alu-Fenster-/Türelemente (20m²) * Holzfaserdämmung (252m²), Lärche-Schindelbekleidung (192m²), HPL-Bekleidung (77m²), Perimeterdämmung (18m²) * GF-Bekleidung (243m²), GK-Vorsatzschale (37m²), Beschichtung (200m²), Dreischichtplatten-Bekleidung (47m²), Wandfliesen (9m²) * Holz-Alu-Pfosten-Riegel-Fassaden, Hebeschiebetüren (83m²), Holz-Alu-Haustürelement (4m²) * Markisen, Motorantriebe (86m²), Steuerung (1St), USV-Anlage (1St) * Briefkastenanlage (1St)

KG	Kostengruppe	Menge Einheit	Kosten €	€/Einheit	%
340	**Innenwände/Vert. Baukonstrukt., innen**	791,22 m² IWF	321.289	**406,07**	19,8

Holzrahmenwände, Zellulosedämmung, OSB-Schalung (343m²), Brettsperrholzwände (271m²) * GK-Wände (77m²) * Holz-Fenster-/Türelement, Hebeschiebetüren (14m²), Holz-Alu-Pfosten-Riegel-Konstruktionen (11m²), Schiebetüranlagen (31m²), Holz-Türelemente (15m²), T30 (2m²) * GF-Bekleidungen (573m²), Schallschutz-Vorsatzschalen (224m²), GK-Beplankung (27m²), Beschichtung (728m²), Dreischichtplatten-Bekleidung (230m²), Wandfliesen (71m²) * WC-Trennwandanlagen (21m²) * Handlauf (1St)

KG	Kostengruppe	Menge Einheit	Kosten €	€/Einheit	%
350	**Decken/Horizontale Baukonstruktionen**	26,62 m² DEF	27.455	**1.031,36**	1,7

Dreischicht-Brettsperrholzdecke (21m²), Stahlrahmen mit Stahlstütze für Galerie (1St) * Treppenanlage: 14 Stg zweiläufig mit Zwischenpodest, Treppenstufen, Eiche, Treppenwangen und Brüstungsplatte, Dreischichtplatte mit HPL-Bekleidung, unter Podest zwei Schiebetüren, auf Gegenseite eine Drehtüre, auf Galerie eine Drehtüre in Brüstungshöhe (5m²), Glas-Absturzsicherung, Brüstung (psch)

KG	Kostengruppe	Menge Einheit	Kosten €	€/Einheit	%
360	**Dächer**	722,46 m² DAF	547.328	**757,59**	33,7
	Holz-Walmdach, Zellulosedämmung, OSB-Schalung (686m²) * Oberlichtband, RWA (4m²), Flachdachfenster (2m²) * Holzfaserdämmung (683m²), Dachabdichtung (716m²), Dränmatten (379m²), Wasserspeicher-/Dränschicht, Substrat (252m²), Systemerde (352m²), Bewässerungsmatten (631m²), Ansaat (589m²), Ziegelbruch (32m²), Dachrinnen (107m), Regenfallrohre (17m) * Holztragkonstruktion (104m²), Akustik-Brettsperrholz-Elemente (97m²), Dreischichtplatten (111m²), GK-Decken (183m²), GKF-Decken (42m²), GK-Bekleidung (110m²), Beschichtung (359m²), HPL-Bekleidung (71m²) * Wabenplissee (1m²) * Schneefanggitter (10m)				
380	**Baukonstruktive Einbauten**	644,98 m² BGF	55.552	**86,13**	3,4
	Spielpodest mit Geländerwange, drei Stufen, unter Podest, Schublade, Box für Bällebad (1St), Sitzbank (1St), Nische, Seite, Oberboden Birke-Multiplex, HPL-beschichtet (1St), Schlafkojen, Birke-Multiplex, beschichtet (4St), vordere Klappe mit Fangschutznetz (4St), Leiter (1St), offene Regale (2St), Garderoben, Sitzbank, Oberteil, Zweier,-Dreierelemente (15St) * Infosäule mit Sitzbank (1St), Schriftzug "STROMBOLI" (1St)				
390	**Sonst. Maßnahmen für Baukonstrukt.**	644,98 m² BGF	44.724	**69,34**	2,8
	Baustelleneinrichtung (psch), Bauzaun (126m), Schnurgerüst (1St), Baustellenzufahrt (112m³), Baustrom-, Bauwasseranschluss (psch), Baustellen-Trocken-WC (1St), Feuchtraumleuchten (2St) * Fassadengerüst (359m²), Dachfanggerüst (160m), Fahrgerüst (1St) * Witterungsschutz Holzbauteile (psch), Linoleumbelag mit Tetrapack schützen (96m²), Folienabdeckungen (133m²), Bautrockner für Estrich (7Wo) * provisorischer Fallrohranschlüsse, Kunststoffschläuche (6St)				
400	**Bauwerk – Technische Anlagen**				**100,0**
410	**Abwasser-, Wasser-, Gasanlagen**	644,98 m² BGF	94.681	**146,80**	20,7
	KG-Rohre (242m), Kontrollschächte (2St), Mehrschichtverbundrohre (168m), Bodenabläufe (2St), Edelstahlrinne (1St) * Edelstahlrohre (274m), Mehrschichtverbundrohre (224m), Flexschläuche (10m), Zirkulationspumpe (1St), Tiefspül-WCs (6St), barrierefrei, WC-Steuerung (1St), Waschtische (9St), Duschwanne (1St), Ausgussbecken (1St), Sicherheitsthermostate (12St), Elektronik-Batterien (11St), Außenarmaturen (2St), Stützklappgriffe (2St) * Montagewände (42m²), Montageelemente (19St)				
420	**Wärmeversorgungsanlagen**	644,98 m² BGF	158.068	**245,07**	34,6
	Sole-Wasser-Wärmepumpe (1St), Pufferspeicher (2St), Pumpen (2St), Solarstation (1St), Solarvorschaltgefäß (1St), Solar-Ausdehnungsgefäße (2St), Mischergruppe (1St), Erdsolespeicher: Registermatten, Heiz-/Kühlkreise möglich, PE-RT-Rohre (482m²), Glykol-Wasser-Gemisch (1St), Soleverteiler (4St), Flachkollektoren (8St), Regelung * Edelstahlrohre (159m), Edelstahlsolarleitungen (227m) * Fußbodenheizung (554m²), Fußbodenheizregister (247St), PE-RT-Rohre (920m), Heizkreisverteiler (4St), Anschlussgruppen (4St)				
430	**Raumlufttechnische Anlagen**	644,98 m² BGF	48.085	**74,55**	10,5
	Zu-/Abluftgerät, Volumenstrom, Deckenmontage (1St), Hydraulikeinheit (1St), Spiralfalzrohre (167m), Alu-Flexrohre (41m), Stahl-Formsteile, Kanaldämmung (35m²), Drosselklappen (31St), Tellerventile (36St), Wetterschutzgitter (2St)				

KG	Kostengruppe	Menge Einheit	Kosten €	€/Einheit	%
440	**Elektrische Anlagen**	644,98 m2 BGF	121.590	**188,52**	26,6
	Zählerschrank (1St), Verteilerschrank (1St), Kleinverteiler (2St), Mantelleitungen (5.041m), Gummischlauchleitungen (428m), Steuerleitungen (61m), Erdkabel (86m), Steckdosen (179t), Schalter/Taster (247St), Präsenzmelder (18St) * Anbauleuchten (8St), Einbaustrahler (10St), Lichtkanäle (137m), Notleuchten-, Sicherheitsleuchten (6St), Spots (3St) * Fundamenterder (326m), Anschlussfahnen (37St), Auffangleitungen (107m), Fangstangen (5St), Potenzialausgleichsschienen (2St)				
450	**Kommunikationstechnische Anlagen**	644,98 m2 BGF	29.615	**45,92**	6,5
	Schwachstromverteilerkasten (1St), Ruf-Kompakt-Set (1St), Fernmeldeleitungen (35m) * Deckenlautsprecher (6St), Installationsverstärker (3St), Audio-Kabel (147m), Audio-Anschlussdosen (4St) * Rauchabzugszentrale (1St), Wind-/Regensensor (1St), RWA-Haupt-/Nebenbedienstellen (3St), Rauchwarnmelder (35St) * Netzwerkschrank (1St), Patchfelder (2St), C6A-Module (76St), Datenanschlussdosen (34St), Datenleitungen (1.062m), HDMI-Anschlussdosen (2St), HDMI-Kabel (10m)				
490	**Sonst. Maßnahmen für techn. Anlagen**	644,98 m2 BGF	4.413	**6,84**	1,0
	Fahrgerüste (psch) * Elektroheizmobil für Estrichaufheizung, Leihgebühr (2St) * provisorischer Anschluss Dachkuppel für Lüftungszwecke, Parametrierung, Programmierung bauseitiges Bediengerät (1St)				
500	**Außenanlagen und Freiflächen**				**100,0**
550	**Technische Anlagen**	–	15.078	–	100,0
	Pollerleuchtenrohr mit drei Steckdosen, fünf CEE-Steckdosen, FI-Schalter, acht Sicherungen (1St), mit Bewegungssensor (3St), mit Notlicht (1St), Pollerleuchtenköpfe (5St), Erdstücke (5St), Erdkabel (89m)				
600	**Ausstattung und Kunstwerke**				**100,0**
610	**Allgemeine Ausstattung**	644,98 m2 BGF	227.748	**353,11**	100,0
	Kindermöbel (psch), Büromöbel (psch), Regale (psch), WC-Papierrollenhalter (7St), WC-Bürstengarnitur (7St), WC Reservepapierhalter (7St), Garderobenhaken (7St), Badetuchhalter (1St), Hygienebeutelspende (2St), Seifenhalterkorb (1St)				

Kostenkennwerte für die Kostengruppen 300 der 2. und 3. Ebene DIN 276 (Übersicht)

KG	Kostengruppe	Menge Einheit	€/Einheit	Kosten €	% an 3+4
300	**Bauwerk – Baukonstruktionen**	**644,98 m² BGF**	**2.514,91**	**1.622.064,22**	**78,0**
310	**Baugrube / Erdbau**	**1.330,62 m³ BGI**	**32,58**	**43.347,81**	**2,1**
311	Herstellung	1.330,62 m³ BGI	32,37	43.067,38	2,1
312	Umschließung	36,00 m²	7,79	280,42	< 0,1
313	Wasserhaltung	–	–	–	–
314	Vortrieb	–	–	–	–
319	Sonstiges zur KG 310	–	–	–	–
320	**Gründung, Unterbau**	**602,52 m² GRF**	**399,87**	**240.930,21**	**11,6**
321	Baugrundverbesserung	–	–	5.464,79	0,3
322	Flachgründungen und Bodenplatten	602,52 m²	146,27	88.132,46	4,2
323	Tiefgründungen	–	–	–	–
324	Gründungsbeläge	558,79 m²	165,27	92.351,53	4,4
325	Abdichtungen und Bekleidungen	632,23 m²	77,53	49.017,30	2,4
326	Dränagen	602,52 m² GRF	9,90	5.964,13	0,3
329	Sonstiges zur KG 320	–	–	–	–
330	**Außenwände/Vert. Baukonstrukt., außen**	**374,42 m² AWF**	**911,91**	**341.438,68**	**16,4**
331	Tragende Außenwände	267,26 m²	188,58	50.400,37	2,4
332	Nichttragende Außenwände	–	–	–	–
333	Außenstützen	7,35 m	58,62	430,89	< 0,1
334	Außenwandöffnungen	19,67 m²	811,71	15.966,43	0,8
335	Außenwandbekleidungen, außen	286,93 m²	296,25	85.002,63	4,1
336	Außenwandbekleidungen, innen	256,50 m²	128,85	33.049,51	1,6
337	Element. Außenwandkonstruktionen	87,49 m²	1.453,73	127.186,88	6,1
338	Lichtschutz zur KG 330	86,00 m²	286,92	24.675,13	1,2
339	Sonstiges zur KG 330	374,42 m² AWF	12,62	4.726,84	0,2
340	**Innenwände/Vert. Baukonstrukt., innen**	**791,22 m² IWF**	**406,07**	**321.288,55**	**15,5**
341	Tragende Innenwände	613,59 m²	143,14	87.829,96	4,2
342	Nichttragende Innenwände	81,62 m²	144,26	11.774,86	0,6
343	Innenstützen	–	–	–	–
344	Innenwandöffnungen	74,29 m²	1.341,10	99.630,30	4,8
345	Innenwandbekleidungen	1.031,09 m²	109,86	113.277,23	5,4
346	Elementierte Innenwandkonstruktionen	21,72 m²	285,31	6.197,01	0,3
347	Lichtschutz zur KG 340	–	–	–	–
349	Sonstiges zur KG 340	791,22 m² IWF	3,26	2.579,21	0,1
350	**Decken/Horizontale Baukonstruktionen**	**26,62 m² DEF**	**1.031,36**	**27.454,80**	**1,3**
351	Deckenkonstruktionen	21,36 m²	352,25	7.523,96	0,4
352	Deckenöffnungen	–	–	–	–
353	Deckenbeläge	–	–	–	–
354	Deckenbekleidungen	–	–	–	–
355	Elementierte Deckenkonstruktionen	5,26 m²	3.096,07	16.285,34	0,8
359	Sonstiges zur KG 350	26,62 m² DEF	136,95	3.645,50	0,2
360	**Dächer**	**722,46 m² DAF**	**757,59**	**547.328,35**	**26,3**
361	Dachkonstruktionen	686,25 m²	281,93	193.476,15	9,3
362	Dachöffnungen	6,08 m²	3.405,14	20.703,24	1,0
363	Dachbeläge	716,38 m²	298,42	213.785,65	10,3
364	Dachbekleidungen	637,36 m²	184,21	117.409,98	5,6
365	Elementierte Dachkonstruktionen	–	–	–	–
366	Lichtschutz zur KG 360	1,44 m²	418,84	603,13	< 0,1
369	Sonstiges zur KG 360	722,46 m² DAF	1,87	1.350,18	< 0,1
370	**Infrastrukturanlagen**	**–**	**–**	**–**	**–**
380	**Baukonstruktive Einbauten**	**644,98 m² BGF**	**86,13**	**55.551,57**	**2,7**
390	**Sonst. Maßnahmen für Baukonstrukt.**	**644,98 m² BGF**	**69,34**	**44.724,24**	**2,2**

Kostenkennwerte für die Kostengruppen 400 der 2. und 3.Ebene DIN 276 (Übersicht)

KG	Kostengruppe	Menge Einheit	€/Einheit	Kosten €	% an 3+4
400	**Bauwerk – Technische Anlagen**	**644,98 m2 BGF**	**707,70**	**456.451,39**	**22,0**
410	**Abwasser-, Wasser-, Gasanlagen**	**644,98 m2 BGF**	**146,80**	**94.681,24**	**4,6**
411	Abwasseranlagen	644,98 m2 BGF	38,27	24.680,21	1,2
412	Wasseranlagen	644,98 m2 BGF	93,42	60.251,72	2,9
413	Gasanlagen	–	–	–	–
419	Sonstiges zur KG 410	644,98 m2 BGF	15,12	9.749,31	0,5
420	**Wärmeversorgungsanlagen**	**644,98 m2 BGF**	**245,07**	**158.067,73**	**7,6**
421	Wärmeerzeugungsanlagen	644,98 m2 BGF	142,07	91.633,86	4,4
422	Wärmeverteilnetze	644,98 m2 BGF	49,84	32.143,01	1,5
423	Raumheizflächen	644,98 m2 BGF	53,17	34.290,87	1,6
424	Verkehrsheizflächen	–	–	–	–
429	Sonstiges zur KG 420	–	–	–	–
430	**Raumlufttechnische Anlagen**	**644,98 m2 BGF**	**74,55**	**48.084,64**	**2,3**
431	Lüftungsanlagen	644,98 m2 BGF	74,55	48.084,64	2,3
432	Teilklimaanlagen	–	–	–	–
433	Klimaanlagen	–	–	–	–
434	Kälteanlagen	–	–	–	–
439	Sonstiges zur KG 430	–	–	–	–
440	**Elektrische Anlagen**	**644,98 m2 BGF**	**188,52**	**121.590,00**	**5,8**
441	Hoch- und Mittelspannungsanlagen	–	–	–	–
442	Eigenstromversorgungsanlagen	–	–	–	–
443	Niederspannungsschaltanlagen	–	–	–	–
444	Niederspannungsinstallationsanlagen	644,98 m2 BGF	98,46	63.503,39	3,1
445	Beleuchtungsanlagen	644,98 m2 BGF	69,68	44.939,95	2,2
446	Blitzschutz- und Erdungsanlagen	644,98 m2 BGF	20,38	13.146,66	0,6
447	Fahrleitungssysteme	–	–	–	–
449	Sonstiges zur KG 440	–	–	–	–
450	**Kommunikationstechnische Anlagen**	**644,98 m2 BGF**	**45,92**	**29.614,52**	**1,4**
451	Telekommunikationsanlagen	–	–	–	–
452	Such- und Signalanlagen	644,98 m2 BGF	3,80	2.449,38	0,1
453	Zeitdienstanlagen	–	–	–	–
454	Elektroakustische Anlagen	644,98 m2 BGF	12,19	7.859,82	0,4
455	Audiovisuelle Medien- u. Antennenanl.	–	–	–	–
456	Gefahrenmelde- und Alarmanlagen	644,98 m2 BGF	18,23	11.758,75	0,6
457	Datenübertragungsnetze	644,98 m2 BGF	11,70	7.546,58	0,4
458	Verkehrsbeeinflussungsanlagen	–	–	–	–
459	Sonstiges zur KG 450	–	–	–	–
460	**Förderanlagen**	**–**	**–**	**–**	**–**
461	Aufzugsanlagen	–	–	–	–
462	Fahrtreppen, Fahrsteige	–	–	–	–
463	Befahranlagen	–	–	–	–
464	Transportanlagen	–	–	–	–
465	Krananlagen	–	–	–	–
466	Hydraulikanlagen	–	–	–	–
469	Sonstiges zur KG 460	–	–	–	–
470	**Nutzungsspez. u. verfahrenstechn. Anl.**	**–**	**–**	**–**	**–**
480	**Gebäude- und Anlagenautomation**	**–**	**–**	**–**	**–**
490	**Sonst. Maßnahmen für techn. Anlagen**	**644,98 m2 BGF**	**6,84**	**4.413,25**	**0,2**

Kostenkennwerte für die Kostengruppen der 3.Ebene DIN 276

KG	Kostengruppe	Menge Einheit	Kosten €	€/Einheit	%
210	**Herrichten**				**100,0**
211	**Sicherungsmaßnahmen**	1.414,00 m²GF	2.127	**1,50**	22,9
	Rohrgrabenbereich: Bitumenbelag und Unterbau abbrechen, entsorgen, Asphalttragschicht einbauen (10m²)				
214	**Herrichten der Geländeoberfläche**	1.414,00 m²GF	7.179	**5,08**	77,1
	Oberboden abtragen, d=30cm, in Mieten lagern (1.427m²), Bäume fällen, Wurzelstöcke roden, beseitigen (3St)				
310	**Baugrube / Erdbau**				**100,0**
311	**Herstellung**	1.330,62 m³BGI	43.067	**32,37**	99,4
	Oberboden abfahren (282m³), Baugrubenaushub BK 3-5, lagern (569m³), lagern, abfahren (369m³), Rohrgrabenaushub BK 3-5, t=1,25-3,00m (104m³), Handaushub (6m³), Rohrgraben auffüllen, Liefermaterial (39m³), Verfüllungen, Quarzsand, d=35cm, zweilagig (247m³), Planum (783m²)				
312	**Umschließung**	36,00 m²	280	**7,79**	0,6
	Rohrgrabenverbau, h bis 3,00m (36m²)				
320	**Gründung, Unterbau**				**100,0**
321	**Baugrundverbesserung**	–	5.465	**–**	2,3
	Hydraulisches Bindemittel, Zement/Kalk, in Lagen verteilen (18t)				
322	**Flachgründungen und Bodenplatten**	602,52 m²	88.132	**146,27**	36,6
	Stb-Bodenplatte, d=25cm, Schalung, Bewehrung (603m²), Magerbetonauffüllungen für Tiefergründung, unbewehrt (13m³), Einzelfundamente 2,50x0,40x0,60m (2m³), Mehrspartenhauseinführung (1St), Rohrdurchführungen (12St), Gebäudeeinführungen (4St)				
324	**Gründungsbeläge**	558,79 m²	92.352	**165,27**	38,3
	Bitumenabdichtungsbahnen (554m²), EPS-Dämmung, WLG 035, d=100mm (540m²), d=70mm (9m²), d=130mm (5m²), Calciumsulfat-Heizestrich CA-C35-F5, d=65mm (415m²), Zementheizestrich CT-C35-F5, bewehrt, d=65mm (130m²), d=70cm (9m²), Massivholzparkett, Eiche, d=8mm, geölt, gewachst (318m²), Holzsockel (111m), Linoleum, d=2,5mm (111m²), Holzsockel, lasiert (69m), Bodenfliesen 60x30cm (66m²), 30x30cm (64m²), Fliesensockel (79m), Fußabstreifer 200x200cm (2St)				
325	**Abdichtungen und Bekleidungen**	632,23 m²	49.017	**77,53**	20,3
	Geotextil 150-200g/m², Glasschaumschotter 10/75mm, d=30cm, PE-Folie, Sauberkeitsschicht C12/15, d=5cm (705m²), PE-Folie (603m²), vertikal, Perimeterdämmung WLG 035, d=60mm (30m²)				
326	**Dränagen**	602,52 m²GRF	5.964	**9,90**	2,5
	Dränagerohre DN100, Sickerpackung, Kies 16/32mm, Vlies (122m), Spül-Kontrollschächte DN315 (4St), Anschluss an bestehenden Kanal (1St)				

KG	Kostengruppe	Menge Einheit	Kosten €	€/Einheit	%
330	**Außenwände/Vertikale Baukonstruktionen, außen**				**100,0**
331	**Tragende Außenwände**	267,26 m²	50.400	**188,58**	14,8
	Holzrahmenwände, d=17,5cm, KVH 6/16cm, Zellulosedämmung WLG 040, d=160mm, OSB-Schalung, d=15mm (224m²), d=11,5cm (43m²), Holzschwellen 10x16cm (110m), 10x12cm (9m)				
333	**Außenstützen**	7,35 m	431	**58,62**	0,1
	Holzstützen 16x16cm (7m), Stahlprofil-Stützenfüße (3St)				
334	**Außenwandöffnungen**	19,67 m²	15.966	**811,71**	4,7
	Holz-Alu-Fenster Ug=0,7W/m²K, einflüglig, Drehkipp (10m²), festverglast (4m²), Rahmentüren (5m²), Fensterbänke, Multiplex, b=8-15cm, innen (7m), Alu, außen (9m), Laibungsbretter, Multiplex, innen (10m)				
335	**Außenwandbekleidungen, außen**	286,93 m²	85.003	**296,25**	24,9
	Holzfaserdämmung WLG 040, d=80mm (252m²), Fassadenbahn (267m²), Konterlattung 3x5cm, Sparschalung, d=3cm, Lärche-Schindelbekleidung, zweilagig (192m²), Holzunterkonstruktion, zweilagig, HPL-Bekleidung, d=6mm (77m²), Perimeterdämmung WLG 035, d=60mm (18m²), Sockelverwahrungen, Edelstahl (118m)				
336	**Außenwandbekleidungen, innen**	256,50 m²	33.050	**128,85**	9,7
	Gipsfaserplatten-Bekleidung, d=12,5mm (243m²), GK-Vorsatzschalen, einseitig, zweilagig beplankt, d=7,5cm, Mineralwolldämmung, d=40mm (37m²), Dispersionssilikat-Beschichtung (200m²), Dreischichtplatten-Bekleidung, Decklage Weißtanne, d=20mm (47m²), Wandfliesen (9m²)				
337	**Element. Außenwandkonstruktionen**	87,49 m²	127.187	**1.453,73**	37,3
	Holz-Alu-Pfosten-Riegel-Fassaden, Festverglasungen, teilweise farbig, Brüstungsverglasungen, Drehkippflügel, zweiteilige Hebeschiebetüren, barrierefrei, Ug=0,7W/m²K, VSG (83m²), Haustürelement, Holz-Alu-Eingangstür mit Glasausschnitt, Drehtür-Automatik, seitliche Festverglasung (4m²)				
338	**Lichtschutz zur KG 330**	86,00 m²	24.675	**286,92**	7,2
	Fassaden-Markisen, Motorantriebe (86m²), Sonnenschutzzentrale mit Messwertgebern (1St), USV-Anlage (1St)				
339	**Sonstiges zur KG 330**	374,42 m² AWF	4.727	**12,62**	1,4
	Briefkastenanlage, Edelstahl (1St), Gitterrosst (1St)				
340	**Innenwände/Vertikale Baukonstruktionen, innen**				**100,0**
341	**Tragende Innenwände**	613,59 m²	87.830	**143,14**	27,3
	Holzrahmenwände, d=11,5cm, KVH 6/10cm, Zellulosedämmung WLG 040, d=100mm, OSB-Schalung, d=15mm (199m²), d=13,5cm (95m²), d=17,5cm (49m²), Dreischicht-Brettsperrholzwände, d=10cm (271m²)				
342	**Nichttragende Innenwände**	81,62 m²	11.775	**144,26**	3,7
	GK-Metallständerwände, d=15cm, Mineralwolldämmung, d=60mm, beidseitig doppelt beplankt (46m²), d=12,5cm (10m²), als Installationswände, d=30-37cm, Mineralwolldämmung, d=40mm, beidseitig doppelt beplankt (21m²), Abmauerung Brausewannen, Bimsplatten, d=6-8cm (4m²)				

KG	Kostengruppe	Menge Einheit	Kosten €	€/Einheit	%
344	**Innenwandöffnungen**	74,29 m²	99.630	**1.341,10**	31,0
	Holz-Fensterelement, dreiteilig, zwei Hebeschiebetüren, barrierefrei, Festverglasung (14m²), Holz-Alu-Pfosten-Riegel-Konstruktionen, dreiteilig, Blockrahmentür mit Glasausschnitt, zwei Festverglasungen (11m²), drei Schiebetüranlagen, je vier Schiebetüren, MDF-Platten, HPL-beschichtet (29m²), Holz-Schiebetürelement, vor Wand laufend, HPL-beschichtet (2m²), Fingerschutztürelemente, Röhrenspaneinlage, HPL-beschichtet (15m²), T30, HPL-beschichtet (2m²), Festverglasungen, VSG (2m²); Stahlumfassungszargen, VSG				
345	**Innenwandbekleidungen**	1.031,09 m²	113.277	**109,86**	35,3
	Gipsfaserplatten-Bekleidung, d=12,5mm, Q3 (573m²), GKF-Schallschutz-Vorsatzschalen, d=10,5cm, zweilagig beplankt, Mineralwolldämmung, d=60mm (201m²), GK-Vorsatzschale, zweilagig beplankt, d=7,5cm, Mineralwolldämmung, d=40mm (23m²), GK-Beplankung (27m²), Dispersionssilikat-Beschichtung (697m²), Dreischichtplatten-Bekleidung, Decklage Weißtanne, d=20mm (230m²), Wandfliesen 15x15cm (71m²), Spiegel 265x90cm, fliesenbündig (2m²), Acrylharzbeschichtung (18m²), Lasur (13m²)				
346	**Elementierte Innenwandkonstruktionen**	21,72 m²	6.197	**285,31**	1,9
	WC-Trennwandanlagen, Vollspanplatten, d=40mm, HPL-Schichtstoff, mit Frontwänden, Mittelwänden, drei Türen, h=2,00m (13m²), h=1,50m (8m²)				
349	**Sonstiges zur KG 340**	791,22 m² IWF	2.579	**3,26**	0,8
	Handlauf, Eiche (1St)				
350	**Decken/Horizontale Baukonstruktionen**				**100,0**
351	**Deckenkonstruktionen**	21,36 m²	7.524	**352,25**	27,4
	Dreischicht-Brettsperrholzdecke, d=10cm (21m²), Stahlrahmen mit Stahlstütze für Galerie (1St)				
355	**Elementierte Deckenkonstruktionen**	5,26 m²	16.285	**3.096,07**	59,3
	Treppenanlage: 14Stg 17x26cm, zweiläufig mit Zwischenpodest, Treppenstufen, Eiche Massiv, Treppenwangen und Brüstungsplatte, Dreischichtplatte mit HPL-Bekleidung, unter Podest zwei Schiebetüren, auf Gegenseite eine Drehtüre, auf Galerie eine Drehtüre in Brüstungshöhe (5m²)				
359	**Sonstiges zur KG 350**	26,62 m² DEF	3.646	**136,95**	13,3
	Glas-Absturzsicherung, Brüstung (psch)				
360	**Dächer**				**100,0**
361	**Dachkonstruktionen**	686,25 m²	193.476	**281,93**	35,3
	Sechseckiges Holz-Walmdach, abbinden, aufstellen, Sparren 10x26cm, Zellulosedämmung WLG 040, d=260mm, OSB-Schalung, d=18mm, unter Sparren (686m²)				
362	**Dachöffnungen**	6,08 m²	20.703	**3.405,14**	3,8
	Oberlichtband, Uw=1,0W/m²K, VSG, drei Module, ein Rauchabzugsoberlicht 1,00x1,60m, Motorantrieb, zwei feststehende Module 0,75x1,60m, drei innenliegende Sonnenschutz-Rollos, Motorantrieb, Alu-Eindeckrahmen, Holzunterkonstruktion (4m²), Flachdachfenster 1,20x1,20m, Uw=1,2W/m²K, Isolierglasscheibe, VSG, Acrylglaskuppel, Kunststoff-Aufsetzkranz, Motorantrieb (1m²), festverglast (1m²), Aufsetzkranzerhöhungen (2St)				

KG	Kostengruppe	Menge Einheit	Kosten €	€/Einheit	%
363	**Dachbeläge**	716,38 m²	213.786	**298,42**	39,1
	Holzfaserdämmung WLG 045, d=80mm, Unterspannbahn (683m²), Konterlattung, Dachschalung (687m²), Traufschalung (14m²), Vlies, Kunststoff-Dachabdichtung (716m²), Schubschwellen (189m), Dränmatten (379m²), Wasserspeicher-/Dränschicht, Filtervlies, Vegetationssubstrat, d=6cm (252m²), Systemerde, d=10cm (352m²), Bewässerungs-/Schutzmatten (631m²), Hydraulische Naßansaat (589m²), Ziegelbruch 8/16mm, b=30cm (32m²), Traufprofil, Edelstahl (107m), Dachrinnen, Titanzink (107m), Regenfallrohre DN100, Titanzink (17m)				
364	**Dachbekleidungen**	637,36 m²	117.410	**184,21**	21,5
	Holzlattenkonstruktion 30x98mm (208m²), Holztragkonstruktion (104m²), Dreischichtplatten, d=33mm, Decklage Weißtanne (111m²), Akustik-Brettsperrholz-Elemente, d=33mm, Weißtanne, Sichtqualität (97m²), GK-Decken, abgehängt, gelocht (99m²), glatt (84m²), GKF-Decken F30, Mineralwolldämmung, d=40mm (42m²), GK-Bekleidung (110m²), Dispersionssilikat-Beschichtung (359m²), Holzunterkonstruktion, zweilagig, HPL-Bekleidung, d=6mm, außen (71m²)				
366	**Lichtschutz zur KG 360**	1,44 m²	603	**418,84**	0,1
	Wabenplissee, Motorantrieb (1m²)				
369	**Sonstiges zur KG 360**	722,46 m² DAF	1.350	**1,87**	0,2
	Schneefanggitter (10m)				
380	**Baukonstruktive Einbauten**				**100,0**
381	**Allgemeine Einbauten**	644,98 m² BGF	51.432	**79,74**	92,6
	Spielpodest 2,25x1,74m, Birke-Multiplex, mit Geländerwange, d=40 mm, drei Stufen, Eiche massiv, unter Podest, Schublade, Box für Bällebad (1St), Sitzbank, rund, Birke-Multiplex, Linoleumbelag (1St), Nischenbekleidung, Birke-Multiplex, HPL-beschichtet (1St), Schlafkojen für 120-140er bauseitige Matratzen, Birke-Multiplex, beschichtet (4St), Schlafkojen oben, vordere Klappe mit Fangschutznetz (4St), Leiter (1St), offene Regale, eingepasst (2St), Garderoben, Sitzbank, Schuhablage, Oberteil, Dreierelemente (12St), Zweierelemente (3St)				
386	**Orientierungs- und Informationssysteme**	644,98 m² BGF	4.120	**6,39**	7,4
	Infosäule, MDF-Platte, beschichtet, mit Sitzbank, Birke-Multiplex, 2/3-Kreis, Sitzfläche mit Linoleum belegt (1St), Schriftzug "STROMBOLI" (1St)				
390	**Sonstige Maßnahmen für Baukonstruktionen**				**100,0**
391	**Baustelleneinrichtung**	644,98 m² BGF	31.865	**49,41**	71,2
	Baustelleneinrichtung (psch), Bauzaun (126m), Schnurgerüst (1St), Baustellenzufahrt, d=35cm (112m³), Baustrom-, Bauwasseranschluss (psch), Baustellen-Trocken-WC (1St), Feuchtraumleuchten (2St)				
392	**Gerüste**	644,98 m² BGF	8.482	**13,15**	19,0
	Fassadengerüst, Lastklasse 3 (359m²), Dachfanggerüst (160m), Fahrgerüst (1St)				
397	**Zusätzliche Maßnahmen**	644,98 m² BGF	4.253	**6,59**	9,5
	Witterungsschutz Holzbauteile (psch), Linoleumbelag mit Tetrapack schützen (96m²), Folienabdeckungen (133m²), Bautrockner für Estrich (7Wo)				

KG	Kostengruppe	Menge Einheit	Kosten €	€/Einheit	%
398	**Provisorische Baukonstruktionen**	644,98 m²BGF	125	**0,19**	0,3
	Provisorische Fallrohranschlüsse, Kunststoffschläuche (6St)				
410	**Abwasser-, Wasser-, Gasanlagen**				**100,0**
411	**Abwasseranlagen**	644,98 m²BGF	24.680	**38,27**	26,1
	KG-Rohre DN100-200, Formstücke (242m), Kontrollschächte DN1.000, t=1,75-2,75 (2St), Mehrschichtverbundrohre DN50-125, Formstücke, Rohrdämmung (168m), Bodenabläufe (2St), Edelstahlrinne (1St)				
412	**Wasseranlagen**	644,98 m²BGF	60.252	**93,42**	63,6
	Edelstahlrohre DN12-40, Formstücke, Rohrdämmung (274m), Mehrschichtverbundrohre DN12-20, Formstücke, Rohrdämmung (224m), Flexschläuche (10m), Zirkulationspumpe (1St), Rückspülfilter, Druckminderer (1St), Tiefspül-WCs (2St), für Kinder (3St), für Baby (1St), barrierefrei, WC-Steuerung, Funk (1St), Waschtische (2St), mit Griffmulden (7St), Duschwanne 80x80cm, Brausegarnitur (1St), Ausgussbecken (1St), Sicherheitsthermostate (12St), Waschtisch-Elektronik-Batterien (11St), Spültischarmatur (1St), Außenarmaturen (2St), Stützklappgriffe (2St)				
419	**Sonstiges zur KG 410**	644,98 m²BGF	9.749	**15,12**	10,3
	Installations-Montagewände, raumhoch (42m²), Montageelemente für Waschtisch (1St), barrierefrei (8St), für WCs (6St), barrierefrei (1St), für bodenstehendes WC (1St), für Stützklappgriffe (2St)				
420	**Wärmeversorgungsanlagen**				**100,0**
421	**Wärmeerzeugungsanlagen**	644,98 m²BGF	91.634	**142,07**	58,0
	Sole-Wasser-Wärmepumpe 6-24kW (1St), Speicher 300l (1St), Pufferspeicher 1.000l (1St), Ausdehnungsgefäß 150l (1St), Pumpen (2St), Solarstation (1St), Solarregler (1St), Solarvorschaltgefäß 35l (1St), Solar-Ausdehnungsgefäße 80l (2St), Mischergruppe (1St), Erdsolespeicher: Registermatten, Heiz-/Kühlkreise möglich, PE-RT-Rohre, Formstücke (482m²), Glykol-Wasser-Gemisch (1St), Soleverteiler (4St), Flachkollektoren 2,15x1,25x0,80m, 2kW (8St), Regelung, Fernzugriff (2St), Visualisierung				
422	**Wärmeverteilnetze**	644,98 m²BGF	32.143	**49,84**	20,3
	Edelstahlrohre DN25-50, Formstücke, Rohrdämmung (159m), Edelstahlsolarleitungen DN12-25, Formstücke, Rohrdämmung (227m), Lufttöpfe DN65-80 (4St), Kontrollschacht für Wärmepumpenleitungen DN1.500 (1St)				
423	**Raumheizflächen**	644,98 m²BGF	34.291	**53,17**	21,7
	Fußbodenheizung, EPS-Dämmplatte WLG 040, d=30-2mm (554m²), Fußbodenheizregister (247St), PE-RT-Rohre (920m), Heizkreisverteiler, sieben-elf Heizkreise (4St), Verteilerschränke (4St), Anschlussgruppen für Sole- oder Heizkreis (4St), Raumthermostate (15St), Raumtemperaturregler (6St), Ventilantriebe (35St), hydraulischer Abgleich (1St)				
430	**Raumlufttechnische Anlagen**				**100,0**
431	**Lüftungsanlagen**	644,98 m²BGF	48.085	**74,55**	100,0
	Zu-/Abluftgerät, Volumenstrom 1.350m³/h, Deckenmontage (1St), Hydraulikeinheit (1St), Spiralfalzrohre DN100-315, Formstücke (167m), Alu-Flexrohre DN100-125 (41m), Stahl-Formsteile, Kanaldämmung (35m²), Rohrschalldämpfer (28St), Kanalschalldämpfer (1St), Drosselklappen (31St), Tellerventile DN100-125 (36St), Wetterschutzgitter 40x60cm (2St)				

KG	Kostengruppe	Menge Einheit	Kosten €	€/Einheit	%
440	**Elektrische Anlagen**				**100,0**
444	**Niederspannungsinstallationsanlagen**	644,98 m² BGF	63.503	**98,46**	52,2
	Zählerschrank (1St), Verteilerschrank (1St), Kleinverteiler (2St), Drehstromzähler (3St), Schutzschalter (82St), Schütze (4St), Blitzstrom-Kombi-Ableiter (1St), Jahresuhr (1St), Dämmerungsschalter (1St), Kabelrinnen (24m), Installationskanäle (29m), Mantelleitungen (5.041m), Fernmeldeleitungen (1.083m), Gummischlauchleitungen (428m), Steuerleitungen (61m), Erdkabel (86m), Steckdosen (175St), CEE-Steckdosen (4St), Schalter/Taster (243St), Jalousieschalter (1St), Präsenzmelder (18St), DALI-Potentiometer (2St), Automatikschalter (1St), Herdanschlussdose (1St)				
445	**Beleuchtungsanlagen**	644,98 m² BGF	44.940	**69,68**	37,0
	Feuchtraum-Anbauleuchten (6St), Anbauleuchten (2St), Einbau-Tiefstrahler (10St), Lichtkanäle, Anbau (47m), Einbau (2m), Pendel (10m), DALI-Lichtkanäle (78m), Notleuchten, selbstüberwachend (4St), Sicherheitsleuchten (2St), Spots (3St)				
446	**Blitzschutz- und Erdungsanlagen**	644,98 m² BGF	13.147	**20,38**	10,8
	Fundamenterder, Bandstahl (131m), Edelstahl, D=10mm (195m), Anschlussfahnen (37St), Erdeinführungen (6St), Ableitungen Alu/PVC, hinter Fassade (41m), Alu-Auffangleitungen, D=8mm (107m), Alu-Fangstangen, l=2,00m (5St), Klemmen (110St), Potenzialausgleichsschienen (2St)				
450	**Kommunikations-, sicherheits- und informationstechnische Anlagen**				**100,0**
452	**Such- und Signalanlagen**	644,98 m² BGF	2.449	**3,80**	8,3
	Schwachstromverteilerkasten (1St), LSA-Anschlussleiten (8St), Ruf-Kompakt-Set für barrierefreies WC (1St), Ruftaster mit Beruhigungslampe (1St), Einbaulautsprecher (1St), Innenstationen, Freisprechen (3St), Steuergerät (1St), Fernmeldeleitungen (35m)				
454	**Elektroakustische Anlagen**	644,98 m² BGF	7.860	**12,19**	26,5
	Deckenlautsprecher (6St), Installationsverstärker, Überträger (3St), Überträger, zweikanalig (2St), Audio-Kabel (50m), Cinch-Audiokabel (97m), Audio-Anschlussdosen (4St)				
456	**Gefahrenmelde- und Alarmanlagen**	644,98 m² BGF	11.759	**18,23**	39,7
	Rauchabzugszentrale (1St), Wind-/Regensensor (1St), RWA-Haupt-/Nebenbedienstellen (3St), Rauchwarnmelder, Funkmodul (32St), Funkhandtaster (3St), optische Brandmelder (3St)				
457	**Datenübertragungsnetze**	644,98 m² BGF	7.547	**11,70**	25,5
	Netzwerkschrank 21HE (1St), Patchfelder 24 Ports (2St), Steckdosen (6St), C6A-Module (76St), Datenanschlussdosen mit Abdeckplatte, 2xRJ45 (4St), Datenanschlussdosen 2xRJ45 (13St), Datenleitungen (1.062m), HDMI-Anschlussdosen (2St), HDMI-Kabel (10m)				
490	**Sonstige Maßnahmen für technische Anlagen**				**100,0**
492	**Gerüste**	644,98 m² BGF	1.088	**1,69**	24,7
	Fahrgerüste (psch)				
497	**Zusätzliche Maßnahmen**	644,98 m² BGF	3.091	**4,79**	70,0
	Elektroheizmobil für Estrichaufheizung, Leihgebühr (2St)				

KG	Kostengruppe	Menge Einheit	Kosten €	€/Einheit	%
498	**Provisorische technische Anlagen**	644,98 m²BGF	234	**0,36**	5,3
	Provisorische Anschluss Dachkuppel für Lüftungszwecke, Parametrierung, Programmierung bauseitiges Bediengerät (1St)				
550	**Technische Anlagen**				**100,0**
556	**Elektrische Anlagen**	–	15.078	**–**	100,0
	Pollerleuchtenrohr, h=1,15m, mit drei Steckdosen, fünf CEE-Steckdosen, FI-Schalter, acht Sicherungen (1St), h=0,875m, mit Bewegungssensor (3St), mit Notlicht (1St), Pollerleuchtenköpfe (5St), Erdstücke (5St), Erdkabel (89m)				

Kostenkennwerte für Leistungsbereiche nach STLB (Kosten des Bauwerks nach DIN 276)

LB	Leistungsbereiche	Kosten €	€/m² BGF	€/m³ BRI	% an 3+4
000	Sicherheits-, Baustelleneinrichtungen inkl. 001	41.435	64,20	13,10	2,0
002	Erdarbeiten	28.097	43,60	8,90	1,4
006	Spezialtiefbauarbeiten inkl. 005	–	–	–	–
009	Entwässerungskanalarbeiten inkl. 011	16.384	25,40	5,20	0,8
010	Drän- und Versickerarbeiten	5.964	9,20	1,90	0,3
012	Mauerarbeiten	–	–	–	–
013	Betonarbeiten	155.836	241,60	49,40	7,5
014	Natur-, Betonwerksteinarbeiten	–	–	–	–
016	Zimmer- und Holzbauarbeiten	542.738	841,50	172,00	26,1
017	Stahlbauarbeiten	–	–	–	–
018	Abdichtungsarbeiten	4.372	6,80	1,40	0,2
019	Kampfmittelräumarbeiten	–	–	–	–
020	Dachdeckungsarbeiten	–	–	–	–
021	Dachabdichtungsarbeiten	120.481	186,80	38,20	5,8
022	Klempnerarbeiten	21.365	33,10	6,80	1,0
	Rohbau	**936.672**	**1.452,20**	**296,80**	**45,1**
023	Putz- und Stuckarbeiten, Wärmedämmsysteme	–	–	–	–
024	Fliesen- und Plattenarbeiten	33.947	52,60	10,80	1,6
025	Estricharbeiten	31.546	48,90	10,00	1,5
026	Fenster, Außentüren inkl. 029, 032	177.327	274,90	56,20	8,5
027	Tischlerarbeiten	261.308	405,10	82,80	12,6
028	Parkettarbeiten, Holzpflasterarbeiten	24.339	37,70	7,70	1,2
030	Rollladenarbeiten	25.278	39,20	8,00	1,2
031	Metallbauarbeiten inkl. 035	4.263	6,60	1,40	0,2
034	Maler- und Lackiererarbeiten inkl. 037	14.148	21,90	4,50	0,7
036	Bodenbelagarbeiten	10.825	16,80	3,40	0,5
038	Vorgehängte hinterlüftete Fassaden	–	–	–	–
039	Trockenbauarbeiten	115.128	178,50	36,50	5,5
	Ausbau	**698.110**	**1.082,40**	**221,20**	**33,6**
040	Wärmeversorgungsanl. - Betriebseinr. inkl. 041	154.802	240,00	49,10	7,4
042	Gas- und Wasserinstallation, Leitungen inkl. 043	24.907	38,60	7,90	1,2
044	Abwasseranlagen - Leitungen	8.297	12,90	2,60	0,4
045	GWE-Einrichtungsgegenstände inkl. 046	39.558	61,30	12,50	1,9
047	Dämmarbeiten an betriebstechnischen Anlagen	14.179	22,00	4,50	0,7
049	Feuerlöschanlagen, Feuerlöschgeräte	–	–	–	–
050	Blitzschutz- und Erdungsanlagen	13.147	20,40	4,20	0,6
053	Niederspannungsanlagen inkl. 052, 054	65.900	102,20	20,90	3,2
055	Sicherheits- u. Ersatzstromversorgungsanl.	–	–	–	–
057	Gebäudesystemtechnik	–	–	–	–
058	Leuchten und Lampen inkl. 059	44.940	69,70	14,20	2,2
060	Sprechanlagen, elektroakust. Anlagen inkl. 064	10.309	16,00	3,30	0,5
061	Kommunikationsnetze inkl. 063	19.305	29,90	6,10	0,9
069	Aufzüge	–	–	–	–
070	Gebäudeautomation	–	–	–	–
075	Raumlufttechnische Anlagen inkl. 078	46.200	71,60	14,60	2,2
	Gebäudetechnik	**441.544**	**684,60**	**139,90**	**21,2**
084	Abbruch, Rückbau, Schadstoffsanierung	–	–	–	–
	Abbrucharbeiten	**–**	**–**	**–**	**–**
	Sonstige Leistungsbereiche	**2.189**	**3,40**	**0,69**	**0,1**

4400-0364
Kindertagesstätte
(5 Gruppen)
(100 Kinder)

Objektübersicht

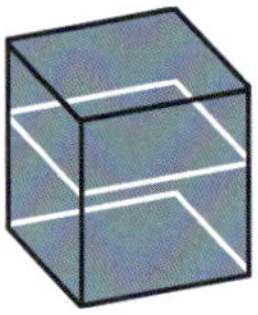

BRI 877 €/m^3

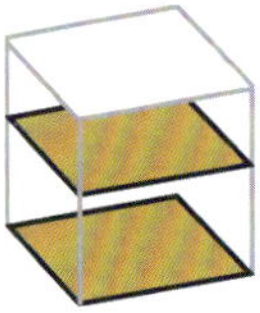

BGF 3.180 €/m^2

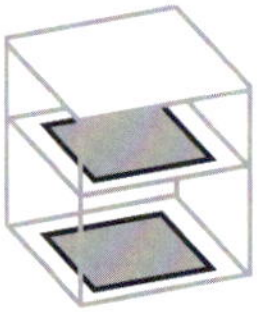

NUF 4.641 €/m^2

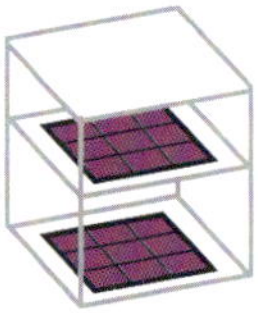

NE 35.287 €/NE

NE: Kinder

Objekt:
Kennwerte: 1.Ebene DIN 276
BRI: 4.022 m^3
BGF: 1.109 m^2
NUF: 760 m^2
Bauzeit: 70 Wochen
Bauende: 2021
Standard: Durchschnitt
Bundesland: Rheinland-Pfalz
Kreis: Alzey-Worms

Architekt*in:
werk.um architekten
Rheinstraße 99.4
64295 Darmstadt

Bauherr*in:
Stadtverwaltung Alzey
Ernst-Ludwig-Straße 42
55232 Alzey

© Thomas Ott, www.o2t.de

© Thomas Ott, www.o2t.de

© Thomas Ott, www.o2t.de

© Thomas Ott, www.o2t.de

Ansicht Nord

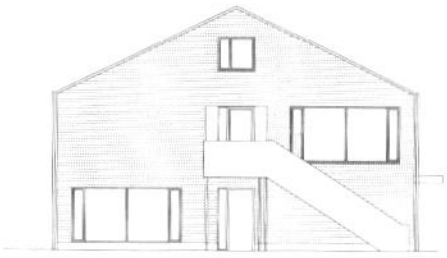
Ansicht Ost

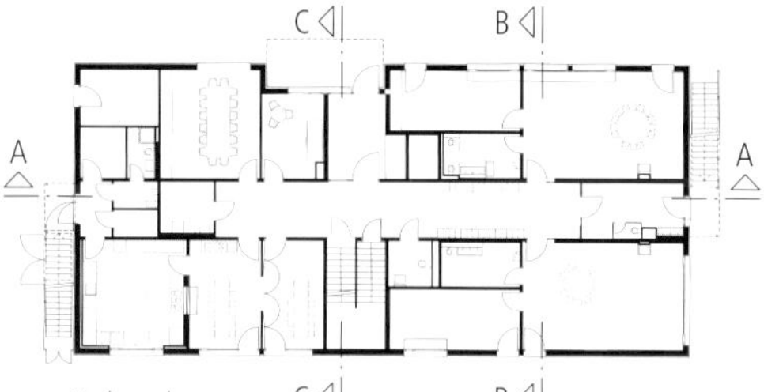

Erdgeschoss C B

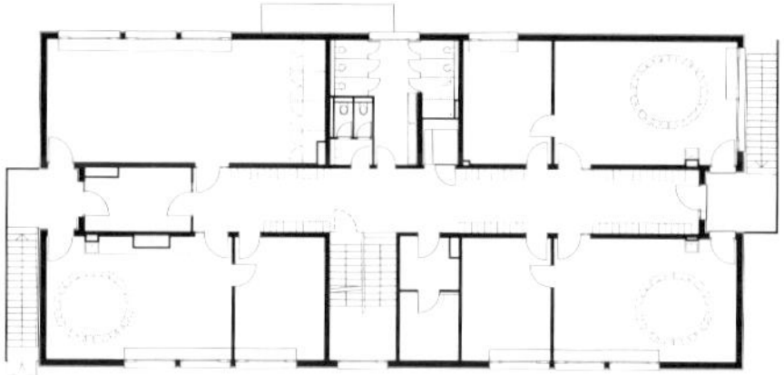
1. Obergeschoss

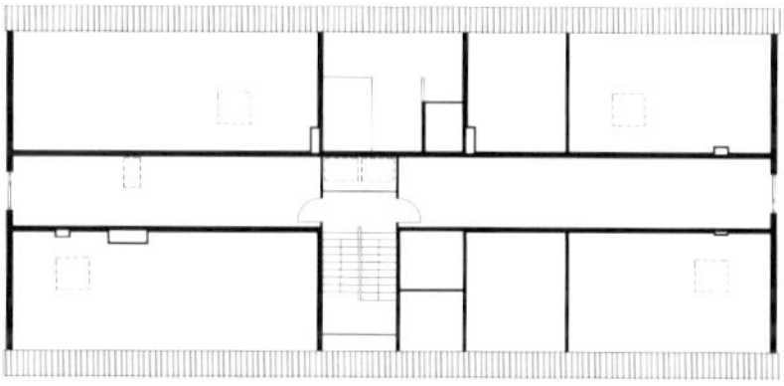
Dachgeschoss

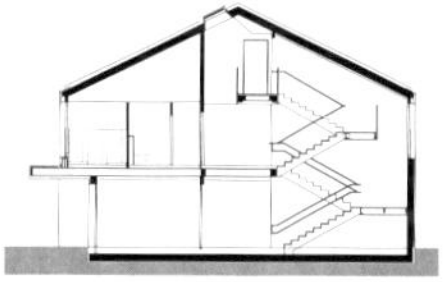
Schnitt C-C

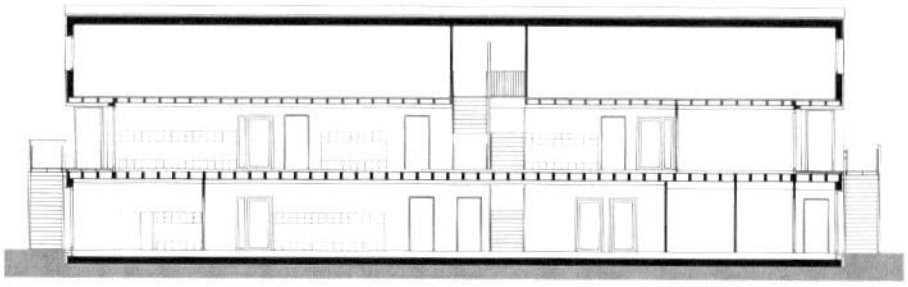
Schnitt A-A

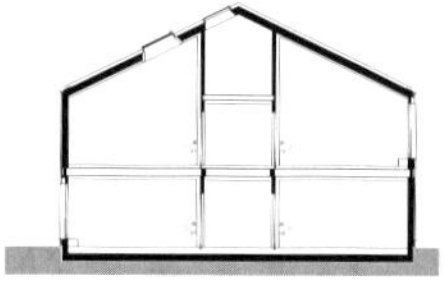
Schnitt B-B

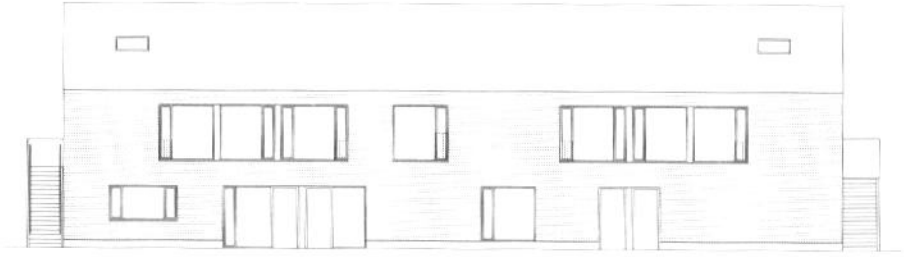
Ansicht Süd

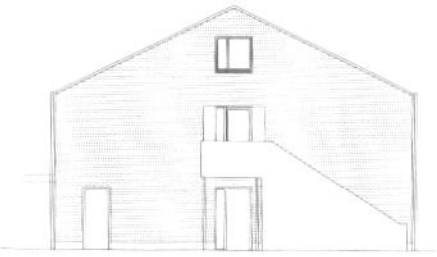
Ansicht West

Objektbeschreibung

Allgemeine Objektinformationen

Die neue Kindertagesstätte bietet Platz für fünf Gruppen und ist in Holzbauweise errichtet. Im EG befinden sich die U3-Gruppenräume, im OG die Ü3-Räume sowie ein Bewegungsraum. Die Räume im OG haben auf Grund des Satteldachs eine größere Raumhöhe, das Dachgeschoss beschränkt sich auf den mittleren Gebäudeteil und enthält nur Nebenräume. Zwei Flucht-Außentreppen sind an den Giebelseiten angeordnet.

Nutzung

1 Erdgeschoss
Foyer, Küche, Hauswirtschaftsraum, Funktionsraum mit Kinderküche, Gruppenräume, Ruheräume, Büro, Personal, Garderoben, WCs, Umkleide, Lager, Hausanschlussraum

1 Obergeschoss
Gruppenräume, Bewegungsraum, Ruheräume, Spielflur, Garderoben, WCs, Lager

1 Dachgeschoss
Lagerraum, Technikraum

Nutzeinheiten

Gruppen: 5
Kinder: 100

Grundstück

Bauraum: Freier Bauraum
Neigung: Ebenes Gelände
Bodenklasse: BK 3 bis BK 4

Markt

Hauptvergabezeit: 3.Quartal 2019
Baubeginn: 4.Quartal 2019
Bauende: 1.Quartal 2021
Konjunkturelle Gesamtlage: Durchschnitt
Regionaler Baumarkt: Durchschnitt

Baukonstruktion

Die Außenwände wurden als vorgefertigte Holztafelkonstruktion mit ausgefachter Zwischendämmung erstellt. Die Fassade besteht aus einer hinterlüfteten Vorhangfassade aus Lärchenholz. Die Decken wurden als vorgefertigte Holzbalkendecken mit Splittfüllung ausgeführt und erhielten oberseitig einen schwimmenden Zementestrich, unterseitig Holz-Akustikelemente. Durch die einfache Grundrissgestaltung spannen die Decken als Dreifeldträger über die komplette Gebäudebreite. Das Holzsparren-Satteldach hat eine Neigung von 25°. Die Beton-Sohlplatte wurde oberseitig 18cm dick gedämmt.

Technische Anlagen

Die Beheizung erfolgt über eine Luft-Wasser-Wärmepumpe sowie einen Gas-Brennwertkessel. Über eine Fußbodenheizung wird die Wärme verteilt. Die zentrale Warmwasserbereitung wird über eine an einen Pufferspeicher angeschlossene Frischwasserstation mit Zirkulationssystem gewährleistet. Dezentrale Lüftungsgeräte mit Wärmerückgewinnung stellen den Mindestluftwechsel sicher. Auch eine Fensterlüftung ist möglich. Die Nachtauskühlung erfolgt über Fensterflügel mit Witterungsschutz aus Streckmetall.

Sonstiges

Ein Schwerpunkt liegt auf dem Thema Ernährung: In der Küche wird frisch gekocht. Es gibt außerdem eine separate Kinderküche. Kosteneinsparungen erfolgten durch die Mehrfachnutzung von Räumen. So wird z.B. der Speisesaal auch als Raum für pädagogische Arbeit genutzt und die Flure als Garderoben.

Energetische Kennwerte

Gesetzliche Grundlage: EnEV 2013
Gebäudenutzfläche: 925,90 m^2
Gebäudevolumen: 3.973,90 m^3
Spez. Transmissionswärmeverlust: 0,38 W/(m^2·K)
Mittlerer U-Wert (opake Bauteile): 0,15 W/(m^2·K)
Mittlerer U-Wert (transparente Bauteile): 1,30 W/(m^2·K)
Spez. Jahresprimärenergiebedarf: 92,70 kWh/(m^2·a)

Energetische Angaben zu Außenbauteilen

Bodenplatte

U-Wert: 0,19 W/(m²·K)

Gesamtdicke: 50,03 cm	d [cm]	λ [W/(m·K)]
Estrich	7,00	1,400
Dämmung EPS	1,00	0,035
Trittschalldämmung	3,00	0,040
Dämmung	14,00	0,035
Dampfsperre	0,03	0,200
Stahlbeton	25,00	2,300

Außenwand

U-Wert: 0,18 W/(m²·K)

Gesamtdicke: 28,35 cm	d [cm]	λ [W/(m·K)]
GK-Platte	1,25	0,210
OSB-Platte	1,50	0,130
Dämmung Zellulose	24,00	0,040
Holz	24,00	0,130
Holzfaserplatte	1,60	0,130

Decke gegen Außenluft oben

U-Wert: 0,14 W/(m²·K)

Gesamtdicke: 35,80 cm	d [cm]	λ [W/(m·K)]
Holzfaserplatte	1,60	0,130
Dämmung MW	28,00	0,035
Holz	28,00	0,130
OSB-Platte	2,20	0,130
Dämmung PS	4,00	0,035

Decke gegen Außenluft unten EG

U-Wert: 0,15 W/(m²·K)

Gesamtdicke: 42,80 cm	d [cm]	λ [W/(m·K)]
Estrich	7,00	1,400
Dämmung EPS	1,00	0,035
Trittschalldämmung	3,00	0,040
OSB-Platte	2,20	0,130
Dämmung MW	28,00	0,035
Holz	28,00	0,130
Holzfaserplatte	1,60	0,130

Decke gegen Außenluft unten OG

U-Wert: 0,25 W/(m²·K)

Gesamtdicke: 21,60 cm	d [cm]	λ [W/(m·K)]
OSB-Platte	1,80	0,130
Dämmung	18,00	0,035
Holz	18,00	0,130
OSB-Platte	1,80	0,130

Dach

U-Wert: 0,16 W/(m²·K)

Gesamtdicke: 31,10 cm	d [cm]	λ [W/(m·K)]
OSB-Platte	1,50	0,130
Dämmung MW	28,00	0,035
Holz	28,00	0,130
Holzfaserplatte	1,60	0,130

Planungskennwerte für Flächen und Rauminhalte nach DIN 277

Flächen des Grundstücks		Menge Einheit	% an GF
BF	Bebaute Fläche	501,03 m²	22,9
UF	Unbebaute Fläche	1.683,97 m²	77,1
GF	Grundstücksfläche	2.185,00 m²	100,0

Grundflächen des Bauwerks		Menge Einheit	% an NUF	% an BGF
NUF	Nutzungsfläche	760,27 m²	100,0	68,5
TF	Technikfläche	46,18 m²	6,1	4,2
VF	Verkehrsfläche	136,33 m²	17,9	12,3
NRF	Netto-Raumfläche	942,78 m²	124,0	85,0
KGF	Konstruktions-Grundfläche	166,71 m²	21,9	15,0
BGF	Brutto-Grundfläche	1.109,49 m²	145,9	100,0

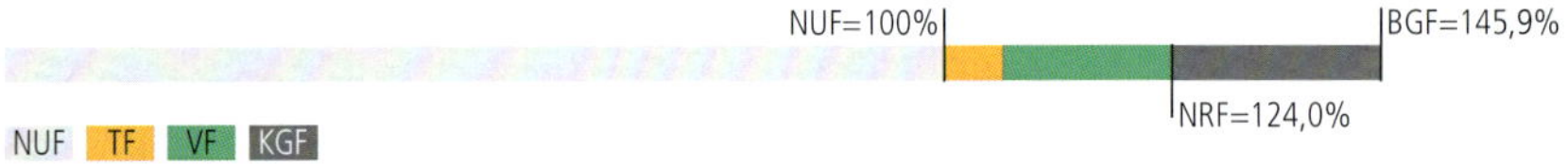

Brutto-Rauminhalt des Bauwerks		Menge Einheit	BRI/NUF (m)	BRI/BGF (m)
BRI	Brutto-Rauminhalt	4.022,00 m³	5,29	3,63

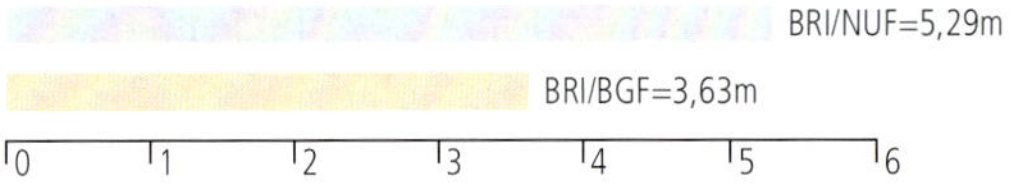

Kostenkennwerte für die Kostengruppen der 1.Ebene DIN 276

KG	Kostengruppen (1.Ebene)	Einheit	Kosten €	€/Einheit	€/m² BGF	€/m³ BRI	% 300+400
100	Grundstück	m² GF	–	–	–	–	–
200	Vorbereitende Maßnahmen	m² GF	–	–	–	–	–
300	Bauwerk – Baukonstruktionen	m² BGF	2.316.215	2.087,64	2.087,64	575,89	65,6
400	Bauwerk – Technische Anlagen	m² BGF	1.212.465	1.092,81	1.092,81	301,46	34,4
	Bauwerk 300+400	**m² BGF**	**3.528.680**	**3.180,45**	**3.180,45**	**877,34**	**100,0**
500	Außenanlagen und Freiflächen	m² AF	–	–	–	–	–
600	Ausstattung und Kunstwerke	m² BGF	–	–	–	–	–
700	Baunebenkosten	m² BGF	–	–	–	–	–
800	Finanzierung	m² BGF	–	–	–	–	–

KG	Kostengruppe	Menge Einheit	Kosten €	€/Einheit	%
3+4	**Bauwerk**				**100,0**
300	**Bauwerk – Baukonstruktionen**	1.109,49 m² BGF	2.316.215	**2.087,64**	65,6

Baugrubenaushub; Stb-Bodenplatte WU-Beton, Abdichtung, Dämmung, Heizestrich, Kautschukbelag, Bodenfliesen; Holzrahmenwände, Holzfenster, Dreifachverglasung, hinterlüftete Lärchenholzfassade, Alu-Sonnenschutzlamellen; Holzständerwände, Wandfliesen, WC-Trennwände; Holzbalkendecke mit Kiesschüttung, Holztreppen, Heizestrich, Kautschukbelag, Bodenfliesen, Holzlamellen-Akustikdecken; Holz-Sparrendach, Dachfenster, Dachziegel, außenliegende Dachentwässerung, Eingangsüberdachung, Sonnenschutz, Holzlamellen-Akustikdecken; Einbauschränke, Garderoben, Wickeltische, Sitzbänke vor den Fenstern, Kinderküche

KG	Kostengruppe	Menge Einheit	Kosten €	€/Einheit	%
400	**Bauwerk – Technische Anlagen**	1.109,49 m² BGF	1.212.465	**1.092,81**	34,4

Gebäudeentwässerung, Fettabscheider, Hebeanlage, Kalt- und Warmwasserleitungen, Sanitärobjekte; Gas-Brennwerttherme, Luft-Wasser-Wärmepumpe, Fußbodenheizung; Einzelraumlüfter, kontrollierte Be- und Entlüftung mit Wärmerückgewinnung dezentral pro Gruppe; Elektroinstallation, Beleuchtung, Sicherheitsleuchten, Blitzschutzanlage; Brandmeldeanlage; Personenaufzug als Plattformlift, Gewerbeküche

4400-0365
Kindergarten
(6 Gruppen)
(126 Kinder)

Objektübersicht

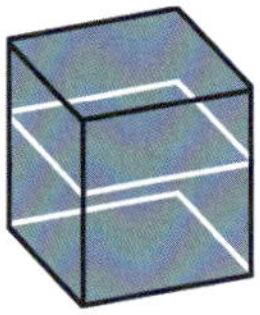

BRI 891 €/m^3

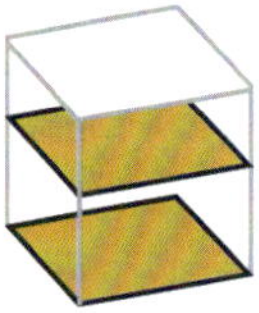

BGF 4.351 €/m^2

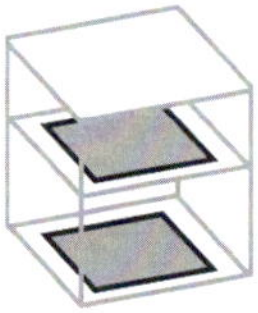

NUF 5.416 €/m^2

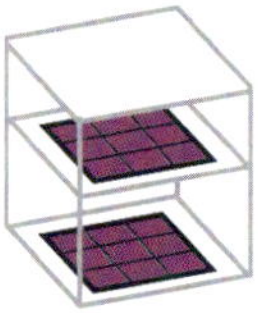

NE 44.794 €/NE

NE: Kinder

Objekt:
Kennwerte: 1. Ebene DIN 276
BRI: 6.335 m^3
BGF: 1.297 m^2
NUF: 1.042 m^2
Bauzeit: 61 Wochen
Bauende: 2021
Standard: über Durchschnitt
Bundesland: Bayern
Kreis: Eichstätt

Architekt*in:
abhd architekten
denzinger und partner mbB
Luitpoldstraße C 66
86633 Neuburg

Bauherr*in:
Stadt Beilngries

© Maximilian Gottwald

© Maximilian Gottwald

© Maximilian Gottwald

© Maximilian Gottwald

Zeichnungen

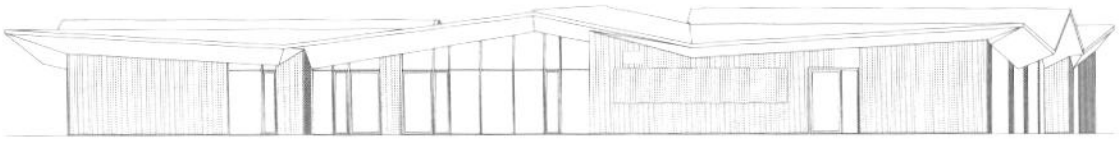
Ansicht Nord

Ansicht Ost

Erdgeschoss

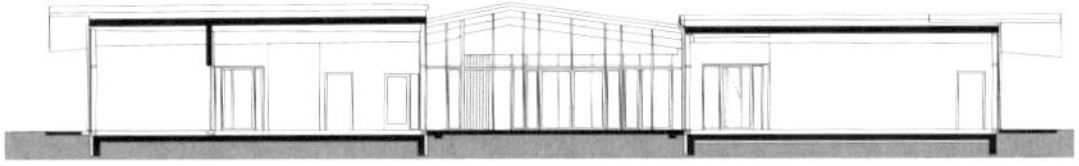
Schnitt A-A

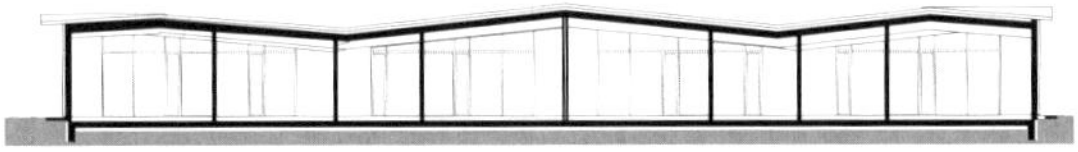
Schnitt C-C

Ansicht Süd

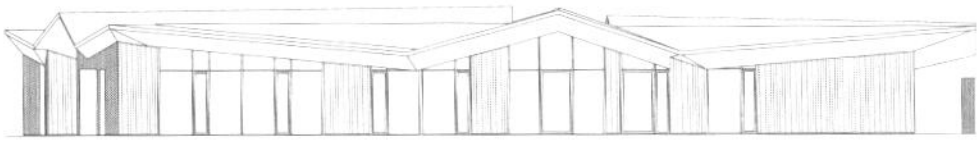
Ansicht West

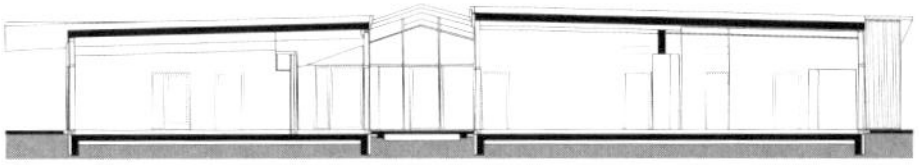
Schnitt B-B

Objektbeschreibung

Allgemeine Objektinformationen

Der Neubau des Kindergartens in städtischer Trägerschaft befindet sich südwestlich einer bestehenden Grundschule und grenzt an landwirtschaftliche Fläche, Sportplatz und Wohngebiet. Der eingeschossige Neubau wird von Westen erschlossen. Im Süden sind vier der sechs Gruppen angeordnet, im Osten an der Außenfassade die zwei Krippengruppen. Nebenräume und Mehrzweckräume orientieren sich nach Norden. Es gibt einen kleinen nach außen geöffneten Lichthof, den Patio.

Nutzung

1 Erdgeschoss
Gruppenräume, Ruheräume, Spielräume, Küche, Büroräume, Sanitärräume, Lager, Technik

Besonderer Kosteneinfluss Nutzung
Eingeschossiger Baukörper, Materialauswahl nach Nachhaltigkeit

Nutzeinheiten

Gruppen: 6
Kinder: 126

Grundstück

Bauraum: Baulücke
Neigung: Ebenes Gelände
Bodenklasse: BK 1 bis BK 3

Besonderer Kosteneinfluss Grundstück
Überschwemmungsgebiet der Altmühl, Archäologische Untersuchung

Markt

Hauptvergabezeit: 1.Quartal 2020
Baubeginn: 3.Quartal 2020
Bauende: 3.Quartal 2021
Konjunkturelle Gesamtlage: über Durchschnitt
Regionaler Baumarkt: Durchschnitt

Baukonstruktion

Die Gründung erfolgt durch frostsichere Streifenfundamente. Das Gebäude ist in Holzmassivbauweise mit unterschiedlich geneigten Satteldächern mit 16 planaren Flächen als Pfettendach erstellt. Es gibt bis auf einen technischen Schacht keine Unterkellerung. Auf dem Heizestrich mit Wärme- und Trittschalldämmung liegen Linoleumbelag oder Bodenfliesen. Die Außenwände haben eine Weichfaserdämmung mit Fassadenschalung erhalten. Das Holzdach ist unterseitig mit einer abgehängten Holz-Akustikdecke bekleidet, oberseitig ist es als Industriemetalldach ausgeführt. Für die Fensterelemente wurde Holz-Alu verwendet.

Technische Anlagen

Das Gebäude wird über Fernwärme beheizt. Die Fernwärmetrasse zum Biomasseheizkraftwerk wurde hergestellt. Es kamen eine Fußbodenheizung und Deckenkühlung zum Einbau. Die Lüftung erfolgt über eine kontrollierte, zentrale Be- und Entlüftungsanlage mit Wärmerückgewinnung. Strom für den Eigenbedarf wird mit einer PV-Anlage erzeugt. Zur Ausführung kamen auch eine Gefahrenmelde- und Alarmanlage. Eine Spülküche, Küchengroßgeräte sowie Kühlung für Gruppennebenräume und Ruheräume bilden die nutzungsspezifischen Anlagen.

Sonstiges

Besonderer Wert wurde im Innenbereich auf nachhaltige Materialien und Einbaumöbel gelegt, die den Belastungen des Kindergartenbetriebs genauso gerecht werden, wie den Bedürfnissen von aktiven Kindern.

Energetische Kennwerte

Gesetzliche Grundlage: EnEV 2013
Gebäudenutzfläche: 1.165,00 m^2
Spez. Jahresprimärenergiebedarf: 116,00 kWh/($m^2 \cdot a$)

Planungskennwerte für Flächen und Rauminhalte nach DIN 277

Flächen des Grundstücks		Menge Einheit	% an GF
BF	Bebaute Fläche	1.521,00 m²	14,0
UF	Unbebaute Fläche	9.325,00 m²	86,0
GF	Grundstücksfläche	10.846,00 m²	100,0

Grundflächen des Bauwerks		Menge Einheit	% an NUF	% an BGF
NUF	Nutzungsfläche	1.042,11 m²	100,0	80,3
TF	Technikfläche	31,96 m²	3,1	2,5
VF	Verkehrsfläche	51,87 m²	5,0	4,0
NRF	Netto-Raumfläche	1.125,94 m²	108,0	86,8
KGF	Konstruktions-Grundfläche	171,18 m²	16,4	13,2
BGF	Brutto-Grundfläche	1.297,12 m²	124,5	100,0

Brutto-Rauminhalt des Bauwerks		Menge Einheit	BRI/NUF (m)	BRI/BGF (m)
BRI	Brutto-Rauminhalt	6.335,33 m³	6,08	4,88

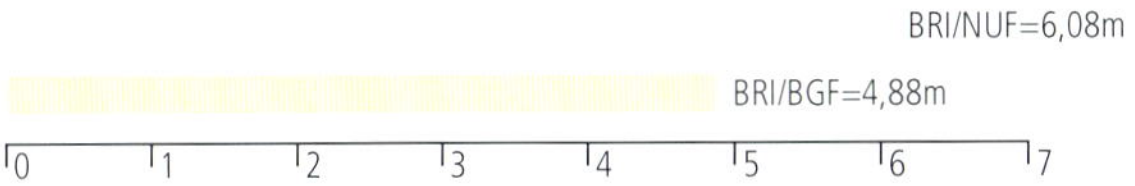

Kostenkennwerte für die Kostengruppen der 1. Ebene DIN 276

KG	Kostengruppen (1. Ebene)	Einheit	Kosten €	€/Einheit	€/m² BGF	€/m³ BRI	% 300+400
100	Grundstück	m² GF	–	–	–	–	–
200	Vorbereitende Maßnahmen	m² GF	–	–	–	–	–
300	Bauwerk – Baukonstruktionen	m² BGF	4.502.223	3.470,94	3.470,94	710,65	79,8
400	Bauwerk – Technische Anlagen	m² BGF	1.141.782	880,24	880,24	180,22	20,2
	Bauwerk 300+400	**m² BGF**	**5.644.005**	**4.351,18**	**4.351,18**	**890,88**	**100,0**
500	Außenanlagen und Freiflächen	m² AF	840.933	1.097,09	648,31	132,74	14,9
600	Ausstattung und Kunstwerke	m² BGF	146.843	113,21	113,21	23,18	2,6
700	Baunebenkosten	m² BGF	–	–	–	–	–
800	Finanzierung	m² BGF	–	–	–	–	–

KG	Kostengruppe	Menge Einheit	Kosten €	€/Einheit	%
3+4	**Bauwerk**				**100,0**
300	**Bauwerk – Baukonstruktionen**	1.297,12 m² BGF	4.502.223	**3.470,94**	79,8

Stahlbetonbodenplatte WU25, Abdichtung, Wärmedämmung, Trittschalldämmung, Heizestrich, Linoleumbelag, Bodenfliesen, Perimeterdämmung; Außenwände Brettsperrholz 100mm, raumseitig Sichtoberflächen, Holz-Alu-Fensterelemente, Pfosten-Riegel-Fassade, Winddichtung, Fassadendämmung Weichfaser 140mm, Fassadenschalung auf UK, raumhohe Wandfliesen, textiler Sonnenschutz; Innenwände Brettsperrholz 100mm, Sichtoberflächen, nichttragende GK-Wände, Holz-Innentüren, mobile Trennwände; Sparrendach, unterschiedlich geneigte Satteldächer mit 16 planaren Flächen, abgehängte Holz-Akustikdecke, Abfangträger HEA, Dämmebene, Schalungsbahn winddicht, diffusionsoffen, Aufdachdämmung, Weichfaser 300mm, Schalung 24mm, Industriemetalldach; Garderobe mit Wandbekleidung, Wickelkommode, Einbauschränke Gruppenräume, Einbauküche

KG	Kostengruppe	Menge Einheit	Kosten €	€/Einheit	%
400	**Bauwerk – Technische Anlagen**	1.297,12 m² BGF	1.141.782	**880,24**	20,2

Gebäudeentwässerung, Kalt- und Warmwasserleitungen, Sanitärobjekte, dezentrale Warmwasserbereitung durch Elektro-Durchlauferhitzer, zusätzliche Boiler; Herstellung Fernwärmetrasse zum Biomasseheizkraftwerk, Fußbodenheizung; Lüftungsanlage, Eigenstromversorgung PV-Anlage, Gefahrenmelde- und Alarmanlage, Nutzungsspezifische Anlagen: Spülküche, Küchengroßgeräte, Kühlung für Gruppennebenräume und Ruheräume

KG	Kostengruppe	Menge Einheit	Kosten €	€/Einheit	%
500	**Außenanlagen und Freiflächen**	766,51 m² AF	840.933	**1.097,09**	14,9

Außenanlagen, Außenspielgeräte, Zaun

KG	Kostengruppe	Menge Einheit	Kosten €	€/Einheit	%
600	**Ausstattung und Kunstwerke**	1.297,12 m² BGF	146.843	**113,21**	2,6

Lose Möblierung, Bastelbedarf, Spielzeug, Bücher

4400-0366
Kinderhaus
(4 Gruppen)
(74 Kinder)

Objektübersicht

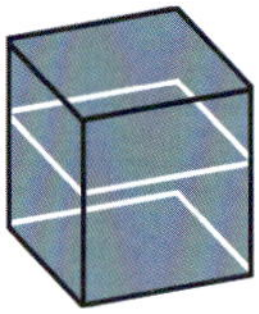

BRI 682 €/m³

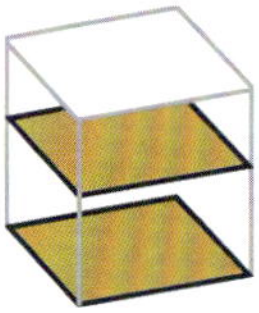

BGF 4.133 €/m²

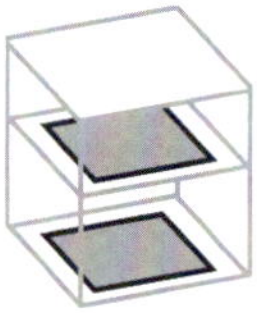

NUF 6.091 €/m²

Objekt:
Kennwerte: 1. Ebene DIN 276
BRI: 6.132 m³
BGF: 1.011 m²
NUF: 686 m²
Bauzeit: 56 Wochen
Bauende: 2021
Standard: Durchschnitt
Bundesland: Bayern
Kreis: Neumarkt i.d.OPf.

Architekt*in:
Berschneider +
Berschneider
Architekten BDA +
Innenarchitekten
Hauptstraße 10
92367 Pilsach

Bauherr*in:
Stadt Freystadt
Marktplatz 1
92342 Freystadt

© Axel Roderus

© Axel Roderus

© Axel Roderus

© Axel Roderus

Zeichnungen

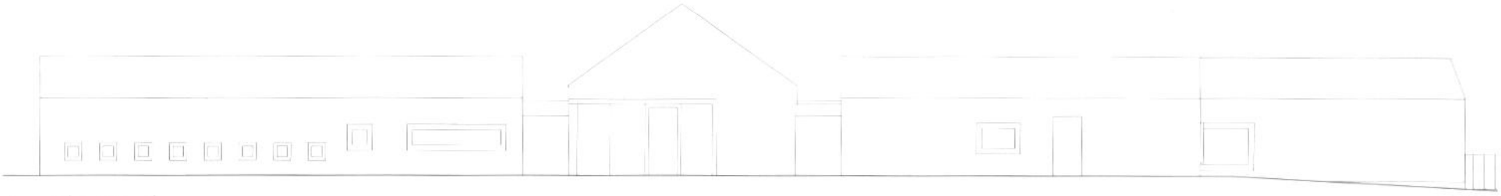

Ansicht Nord

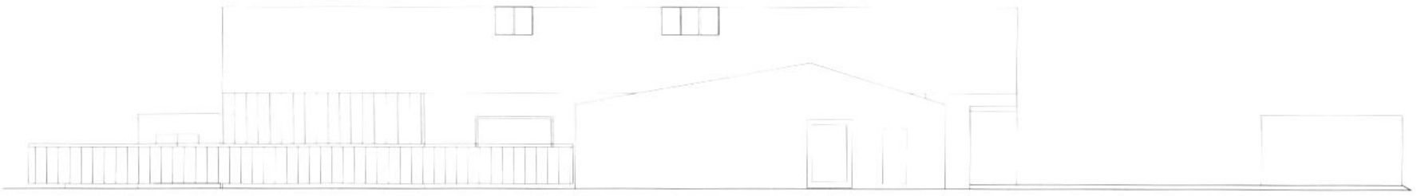

Ansicht Ost

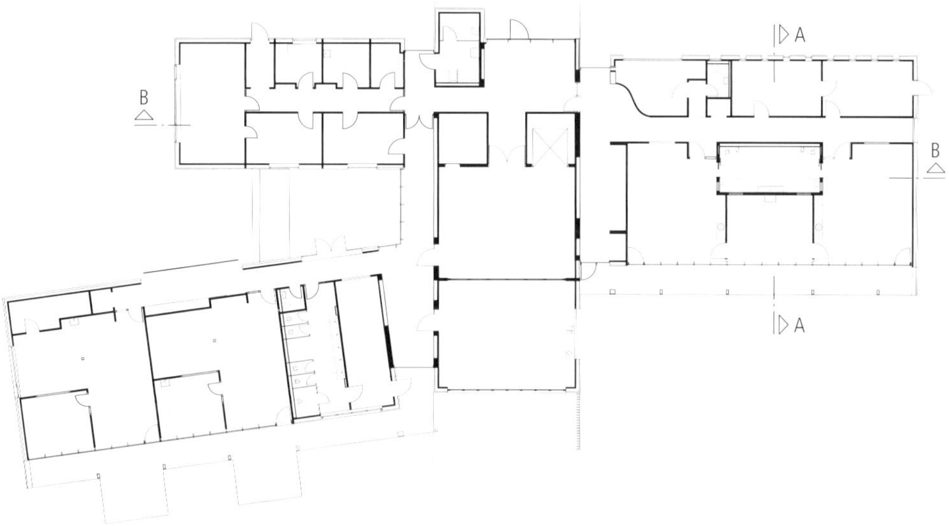

Erdgeschoss

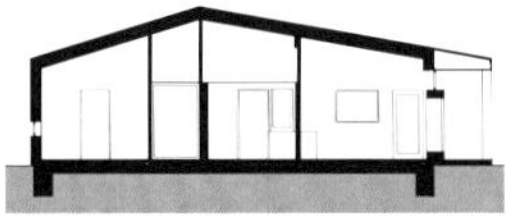

Schnitt A-A

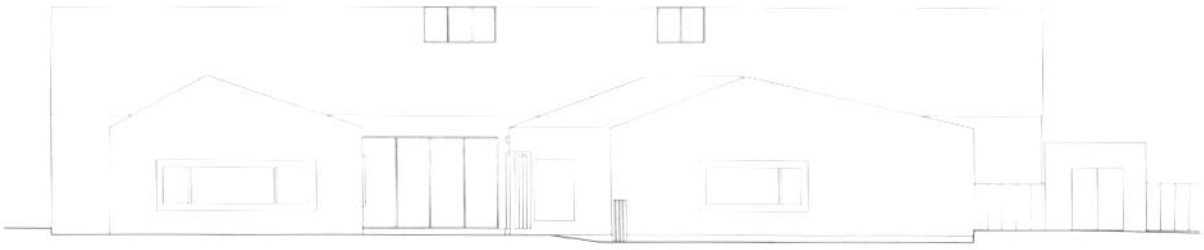

Ansicht West

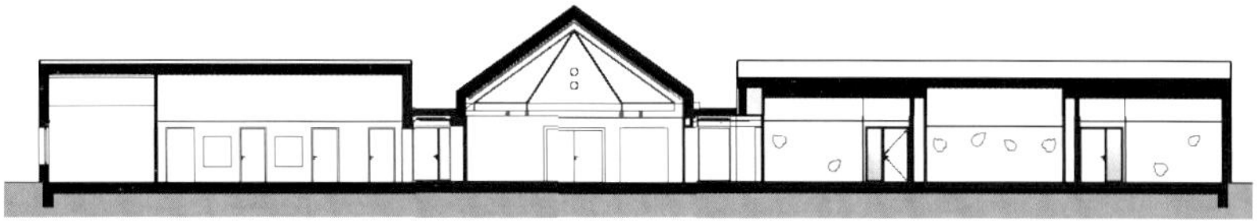

Schnitt B-B

Objektbeschreibung

Allgemeine Objektinformationen

Der Neubau bietet zwei Kinderkrippen-Gruppen à 12 Kinder und zwei Kindergarten-Gruppen à 25 Kinder Platz. Der zentrale Mittelbau beherbergt den Eingangsbereich, einen Mehrzweckraum und den gemeinsamen Essbereich mit angegliederter Terrasse. Wie die Hülle des Gebäudes ist auch sein Inneres vom Werkstoff Holz geprägt. Durch die eingeschossige Bauweise sind luftige Räume mit Raumhöhen bis zu sechs Metern entstanden, transparente Elemente in der Hülle und große Sitzfenster schaffen immer wieder einen direkten Bezug zum Außenbereich.

Nutzung

1 Erdgeschoss
Gruppenräume, Ruheräume, Nebenraum, Mehrzweckraum, Büro, Therapiezimmer, Personalraum, Essbereich, Sanitärräume, Eingangsbereich, Garderobe, Lagerräume, Putzraum, Waschküche, Technik

Nutzeinheiten

Gruppen: 4
Kinder: 74

Grundstück

Bauraum: Beengter Bauraum
Neigung: Ebenes Gelände
Bodenklasse: BK 3 bis BK 5

Markt

Hauptvergabezeit: 2. Quartal 2019
Baubeginn: 2. Quartal 2020
Bauende: 2. Quartal 2021
Konjunkturelle Gesamtlage: Durchschnitt
Regionaler Baumarkt: unter Durchschnitt

Baukonstruktion

Der CO_2-neutrale Neubau aus nachwachsenden Rohstoffen besitzt eine Gebäudehülle aus Holzmassivwänden mit Holzfaserdämmung. Die allseitige Holzschalung der Fassade aus grau gestrichenen Lärchenbrettern geht ohne sichtbare Traufe beinahe nahtlos in die gleichfarbige Dacheindeckung über, wodurch der Neubau monolithisch anmutet. Die Holz-Alu-fenster- und Türelemente sind mit Sonnenschutzglas dreifachverglast. Auf dem Heizestrich liegen Kautschukbelag oder Bodenfliesen. Im Innenbereich wurden die Holzoberflächen sichtbar gelassen.

Technische Anlagen

Eine energieeffiziente Wärmepumpe sorgt in Kombination mit einer Fußbodenheizung für behagliches Raumklima und eine gute energetische Bilanz. Frischluft fällt über ein zentrales Lüftungsgerät mit Wärmerückgewinnung ein.

Sonstiges

Das ausgewogene natürliche Farbkonzept im Innenraum mit sichtbar belassenem Holz, größtenteils weiß lasierter Fichte sowie grünen und blauen Akzenten führt dazu, dass das Innere und Äußere miteinander verschmelzen. Blätterförmige Ausschnitte als Guckfenster und organisch geformte Podestlandschaften aus Holz verstärken diesen Effekt. Große Fenster und Oberlichter sorgen für reichlich Tageslichteinfall, sonnengelbe Kautschukböden bringen Wärme in die Räume. Beleuchtung und Farben schaffen verschiedene Zonen für Konzentration, Ruhe, Spiel, Rückzug und Kommunikation. Der gesamte Neubau ist barrierefrei. Von den Gruppenräumen kann über eine Terrassenzone das gesamte Außen- und Spielgelände ebenerdig erreicht werden.

Energetische Kennwerte

Gesetzliche Grundlage: EnEV 2013
Gebäudenutzfläche: 876,00 m^2
Spez. Jahresprimärenergiebedarf: 93,00 kWh/(m^2·a)
CO_2-Emissionen: 35,00 kg/(m^2·a)

Planungskennwerte für Flächen und Rauminhalte nach DIN 277

Flächen des Grundstücks		Menge Einheit	% an GF
BF	Bebaute Fläche	2.258,52 m²	31,9
UF	Unbebaute Fläche	4.832,48 m²	68,1
GF	Grundstücksfläche	7.091,00 m²	100,0

Grundflächen des Bauwerks		Menge Einheit	% an NUF	% an BGF
NUF	Nutzungsfläche	686,21 m²	100,0	67,9
TF	Technikfläche	8,68 m²	1,3	0,9
VF	Verkehrsfläche	200,04 m²	29,2	19,8
NRF	Netto-Raumfläche	894,93 m²	130,4	88,5
KGF	Konstruktions-Grundfläche	116,27 m²	16,9	11,5
BGF	Brutto-Grundfläche	1.011,20 m²	147,4	100,0

Brutto-Rauminhalt des Bauwerks		Menge Einheit	BRI/NUF (m)	BRI/BGF (m)
BRI	Brutto-Rauminhalt	6.131,58 m³	8,94	6,06

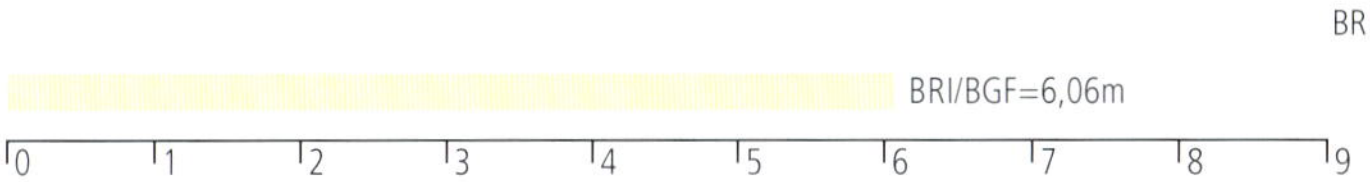

Kostenkennwerte für die Kostengruppen der 1. Ebene DIN 276

KG	Kostengruppen (1. Ebene)	Einheit	Kosten €	€/Einheit	€/m² BGF	€/m³ BRI	% 300+400
100	Grundstück	m² GF	–	–	–	–	–
200	Vorbereitende Maßnahmen	m² GF	–	–	–	–	–
300	Bauwerk – Baukonstruktionen	m² BGF	3.262.519	3.226,38	3.226,38	532,08	78,1
400	Bauwerk – Technische Anlagen	m² BGF	916.898	906,74	906,74	149,54	21,9
	Bauwerk 300+400	**m² BGF**	**4.179.417**	**4.133,13**	**4.133,13**	**681,62**	**100,0**
500	Außenanlagen und Freiflächen	m² AF	–	–	–	–	–
600	Ausstattung und Kunstwerke	m² BGF	–	–	–	–	–
700	Baunebenkosten	m² BGF	–	–	–	–	–
800	Finanzierung	m² BGF	–	–	–	–	–

KG	Kostengruppe	Menge Einheit	Kosten €	€/Einheit	%
3+4	**Bauwerk**				**100,0**
300	**Bauwerk – Baukonstruktionen**	1.011,20 m² BGF	3.262.519	**3.226,38**	78,1

Stb-Streifenfundamente, Stb-Bodenplatte, Tackerdämmplatte für Fußbodenheizung, Heizestrich, Kautschukbelag, Bodenfliesen, Abdichtung, Dämmung; Brettsperrholz-Außenwände, Dampfbremse, Holzfaserdämmstoff, Holz-Alufenster- und Türelemente, Dreifachverglasung, Sonnenschutzverglasung, Lattung, Holzschalung, Holzoberflächen innen und außen sichtbar; Brettsperrholz-Innenwände, Oberflächen sichtbar, Holzinnentüren, mobile Raumtrennwand; Holz-Dachkonstruktionen als Flach- und Satteldächer, Oberlichter, Lattung, luftdichte Abklebung, OSB-Platten, Sparren, Holzfaserweichdämmung, Unterspannbahn, Konterlattung, vollflächige Verschalung, Alu-Stehfalzdeckung, Akustik-Dachbekleidung

KG	Kostengruppe	Menge Einheit	Kosten €	€/Einheit	%
400	**Bauwerk – Technische Anlagen**	1.011,20 m² BGF	916.898	**906,74**	21,9

Gebäudeentwässerung, Kalt- und Warmwasserleitungen, Sanitärobjekte, elektrische Durchlauferhitzer; Wärmepumpe, Fußbodenheizung; zentrales Lüftungsgerät mit Wärmerückgewinnung; Elektroinstallation, Insta-BUS, LED-Beleuchtung; Telefon- und Sprechanlage, Brandmeldeanlage als Hausalarm

4400-0367
Kindergarten
(7 Gruppen)
(130 Kinder)

Objektübersicht

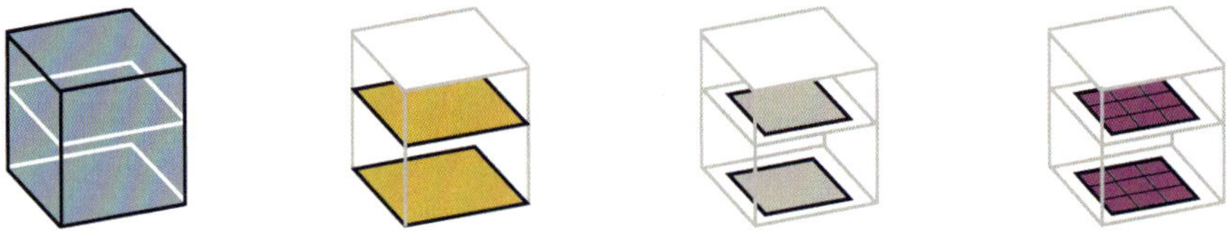

BRI 663 €/m³ | BGF 3.110 €/m² | NUF 4.743 €/m² | NE 41.410 €/NE

NE: Kinder

Objekt:
Kennwerte: 3.Ebene DIN 276
BRI: 8.116 m³
BGF: 1.731 m²
NUF: 1.135 m²
Bauzeit: 91 Wochen
Bauende: 2020
Standard: Durchschnitt
Bundesland: Baden-Württemberg
Kreis: Schwäbisch Hall

Architekt*in:
K9 Architekten
Borgards Lösch Pichl Piribauer
BDA DWB
Am Karlsplatz 1
79098 Freiburg

Bauherr*in:
Stadt Schwäbisch Hall
Gymnasiumstraße 4
74523 Schwäbisch Hall

© Yohan Zerdoun

Zeichnungen

Ansicht Nord

Erdgeschoss

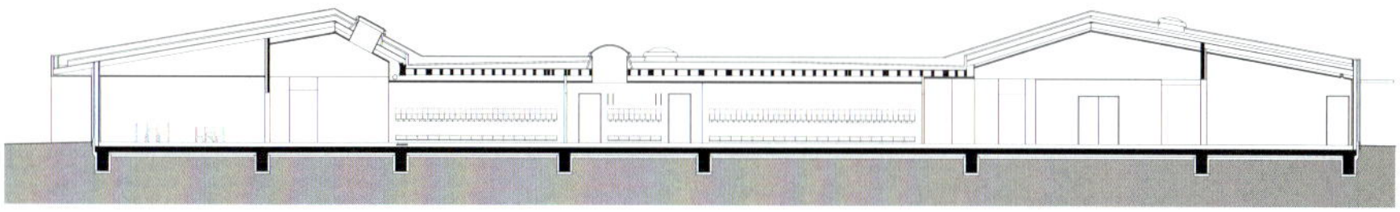

Schnitt A-A

Ansicht West

Objektbeschreibung

Allgemeine Objektinformationen

Der eingeschossige Baukörper bietet Platz für vier Kindergartengruppen und drei Krippengruppen. Das rechtwinklige Gebäude ermöglicht sowohl für die Krippe als auch für den Kindergarten eigenständige Bereiche, die sich wie zwei Häuser unter einem Dach vereinen. Beide Gebäudeteile sind über das Eingangsfoyer miteinander verbunden. Durch das Öffnen des Foyers mit dem angrenzenden Mehrzweckraum entsteht ein Forum für größere Veranstaltungen. Durch die Gruppierung der Räume um einen gemeinsamen Außenbereich bildet sich eine grüne Oase, geschützt vom Baukörper, eingerahmt von der parkähnlichen Landschaft im Süden und Westen.

Nutzung

1 Erdgeschoss
Gruppenräume, Ruheräume, Mehrzweckräume, Essbereiche, Funktionsräume, Spielzonen, Nebenräume, Lagerräume, Elternbesprechung, Büro, Teamzimmer, Sozialraum, Kinderwagen, Regenerierküche, Spülküche, Kühllager, Warenannahme, Hauswirtschaft/Putzraum, Sanitärräume/WCs, Flure, Schleusen, Foyer, Windfang, Technikräume

Nutzeinheiten

Gruppen: 7
Kinder: 130

Grundstück

Bauraum: Freier Bauraum
Neigung: Ebenes Gelände
Bodenklasse: BK 3 bis BK 5

Markt

Hauptvergabezeit: 1. Quartal 2018
Baubeginn: 4. Quartal 2018
Bauende: 3. Quartal 2020
Konjunkturelle Gesamtlage: Durchschnitt
Regionaler Baumarkt: Durchschnitt

Baukonstruktion

Die Gründung erfolgte über eine Pfahlgründung mit duktilen Gussrammpfählen. Die freitragende Bodenplatte liegt auf Stahlbetonbalken auf und wurde von unten gedämmt. Die Außenwände in Holzrahmenbauweise sind mit Zellulose gedämmt und mit OSB beplankt. Die vertikal verlegte, gebürstete Holzbekleidung der Fassaden ist teilweise dunkel lasiert, die rückversetzten Gebäudeteile sind mit einer farblosen Lasur versehen. Die Holzfenster in den überdachten Bereichen und die Holz-Alufenster wurden mit Dreifachverglasung ausgeführt. Verschattet werden können die Fenster mit außenliegenden Senkrechtmarkisen. Die Oberlichter im Dach bringen zusätzliches Licht in die Räume. Alle tragenden Innenwände sind als Massivholz- oder Holzrahmenwände erstellt. Sowohl die Flachdächer als auch die Satteldächer sind in zimmermannsmäßiger Holzkonstruktion errichtet, bituminös abgedichtet und teilweise begrünt. Die Böden sind mit Kautschuk oder Bodenfliesen belegt. Die Decken erhielten Abhängungen aus Holzlamellen oder GK-Akustikplatten.

Technische Anlagen

Beheizt wird das Gebäude über einen Anschluss ans Fernwärmenetz. Die Wärmeverteilung erfolgt über eine Fußbodenheizung. Die kontrollierten Be- und Entlüftungsanlagen mit Wärmerückgewinnung nutzt auch die Nachtabkühlung. Ebenso wurde eine Brandmeldeanlage installiert. Die Satteldachflächen bieten Platz für PV-Anlagen. Diese sind nicht Bestandteil dieser Dokumentation.

Sonstiges

Das Gebäude entspricht dem KfW-Effizienzhaus 55. Es entstand ein nachhaltiges Gebäude mit langlebigen Materialien, einem gut belichteten Grundriss und variablen Nutzungsmöglichkeiten.

Energetische Kennwerte

Gesetzliche Grundlage: EnEV 2013
Gebäudenutzfläche: 1.609,80 m^2
Gebäudevolumen: 6.582,60 m^3
Hüllfläche des beheizten Volumens: 4.374,60 m^2
Mittlerer U-Wert (opake Bauteile): 0,14 W/(m^2·K)
Mittlerer U-Wert (transparente Bauteile): 0,90 W/(m^2·K)
Mittlerer U-Wert (Glasdächer, etc.): 1,30 W/(m^2·K)
Spez. Jahresprimärenergiebedarf: 22,20 kWh/(m^2·a)
CO_2-Emissionen: 1,00 kg/(m^2·a)

Energetische Angaben zu Außenbauteilen

Bodenplatte

U-Wert: 0,20 W/(m²·K)

Gesamtdicke: 51,00 cm	d [cm]	λ [W/(m·K)]
Estrich	8,00	1,200
Trittschalldämmung	2,00	0,040
Dämmung	6,00	0,035
Stahlbeton	25,00	2,500
Dämmung	10,00	0,040

Außenwand hinterlüftet

U-Wert: 0,16 W/(m²·K)

Gesamtdicke: 30,00 cm	d [cm]	λ [W/(m·K)]
GK-Platte	2,50	0,250
Dämmung	4,00	0,042
OSB-Platte	1,50	0,130
Holz	16,00	0,130
Dämmung	16,00	0,040
Holzfaserplatte	6,00	0,042

Flachdach

U-Wert: 0,16 W/(m²·K)

Gesamtdicke: 59,15 cm	d [cm]	λ [W/(m·K)]
GK-Platte	1,25	0,250
Holz	26,00	0,130
Luftschicht ruhend	26,00	1,875
OSB-Platte	2,50	0,130
Dampfsperre	0,20	0,170
Dämmung	20,00	0,035
Dachdichtungsbahn	0,20	0,170
Extensive Dachbegrünung	9,00	2,000

Satteldach

U-Wert: 0,16 W/(m²·K)

Gesamtdicke: 55,15 cm	d [cm]	λ [W/(m·K)]
GK-Platte	1,25	0,250
Holz	22,00	0,130
Luftschicht ruhend	22,00	1,875
OSB-Platte	2,50	0,130
Dampfsperre	0,20	0,170
Dämmung	20,00	0,037
Dachdichtungsbahn	0,20	0,170
Extensive Begrünung	9,00	2,000

Planungskennwerte für Flächen und Rauminhalte nach DIN 277

Flächen des Grundstücks		Menge Einheit	% an GF
BF	Bebaute Fläche	1.927,00 m²	31,4
UF	Unbebaute Fläche	4.203,00 m²	68,6
GF	Grundstücksfläche	6.130,00 m²	100,0

Grundflächen des Bauwerks		Menge Einheit	% an NUF	% an BGF
NUF	Nutzungsfläche	1.134,93 m²	100,0	65,6
TF	Technikfläche	11,46 m²	1,0	0,7
VF	Verkehrsfläche	397,13 m²	35,0	22,9
NRF	Netto-Raumfläche	1.543,52 m²	136,0	89,2
KGF	Konstruktions-Grundfläche	187,67 m²	16,5	10,8
BGF	Brutto-Grundfläche	1.731,19 m²	152,5	100,0

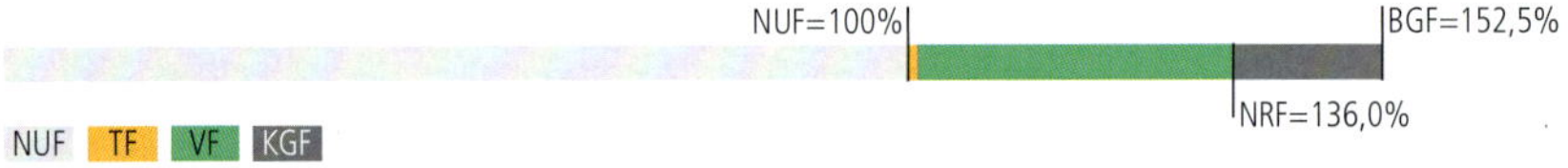

Brutto-Rauminhalt des Bauwerks		Menge Einheit	BRI/NUF (m)	BRI/BGF (m)
BRI	Brutto-Rauminhalt	8.116,00 m³	7,15	4,69

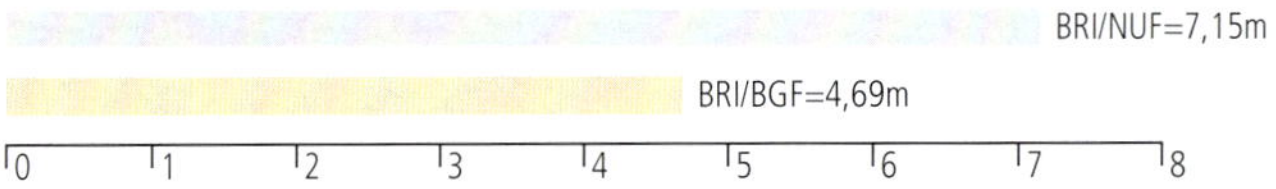

Lufttechnisch behandelte Flächen	Menge Einheit	% an NUF	% an BGF
Entlüftete Fläche	–	–	–
Be- und entlüftete Fläche	1.495,00 m²	131,7	86,4
Teilklimatisierte Fläche	–	–	–
Klimatisierte Fläche	–	–	–

KG	Kostengruppen (2. Ebene)	Menge Einheit	Menge/NUF	Menge/BGF
310	Baugrube / Erdbau	2.734,53 m³ BGI	2,41	1,58
320	Gründung, Unterbau	1.693,27 m² GRF	1,49	0,98
330	Außenwände/Vertikale Baukonstruktionen, außen	1.103,26 m² AWF	0,97	0,64
340	Innenwände/Vertikale Baukonstruktionen, innen	1.783,13 m² IWF	1,57	1,03
350	Decken/Horizontale Baukonstruktionen	–	–	–
360	Dächer	1.957,57 m² DAF	1,73	1,13

Kostenkennwerte für die Kostengruppen der 1. Ebene DIN 276

KG	Kostengruppen (1. Ebene)	Einheit	Kosten €	€/Einheit	€/m² BGF	€/m³ BRI	% 300+400
100	Grundstück	m² GF	–	–	–	–	–
200	Vorbereitende Maßnahmen	m² GF	152.004	24,80	87,80	18,73	2,8
300	Bauwerk – Baukonstruktionen	m² BGF	4.294.842	2.480,86	2.480,86	529,18	79,8
400	Bauwerk – Technische Anlagen	m² BGF	1.088.513	628,77	628,77	134,12	20,2
	Bauwerk 300+400	**m² BGF**	**5.383.355**	**3.109,63**	**3.109,63**	**663,30**	**100,0**
500	Außenanlagen und Freiflächen	m² AF	100.405	23,89	58,00	12,37	1,9
600	Ausstattung und Kunstwerke	m² BGF	160.691	92,82	92,82	19,80	3,0
700	Baunebenkosten	m² BGF	–	–	–	–	–
800	Finanzierung	m² BGF	–	–	–	–	–

KG	Kostengruppe	Menge Einheit	Kosten €	€/Einheit	%
200	**Vorbereitende Maßnahmen**	6.130,00 m² GF	152.004	**24,80**	2,8
	Oberbodenabtrag; Hausanschlüsse Wasser, Fernwärme, Strom				
3+4	**Bauwerk**				**100,0**
300	**Bauwerk – Baukonstruktionen**	1.731,19 m² BGF	4.294.842	**2.480,86**	79,8
	Bodenaushub; Stb-Bodenplatte, Stb-Tiefgründung, Abdichtung, Estrich, Kautschukbelag, Bodenfliesen, Schottertragschicht, Perimeterdämmung; Holzrahmen-Außenwände, Stahlstützen, Holz-Alufenster, Holzfenster, hinterlüftete Holzfassade, Holz-Vorsatzschalen, Malervlies, Beschichtung, Wandfliesen, Markisen; Brettsperrholzwände, Holzrahmen-Innenwände, GK-Wände, Holztüren, Holzfenster, Holz-Glastürelemente, Trennwände; Holzflach-/Satteldächer, Dachverglasungen, Dachbegrünung, Dachentwässerung, GK-Decken, Holzdecken; Einbaumöbel, Küchenzeilen, Kletterwand				
400	**Bauwerk – Technische Anlagen**	1.731,19 m² BGF	1.088.513	**628,77**	20,2
	Gebäudeentwässerung, Kalt- und Warmwasserleitungen, Sanitärobjekte, Durchlauferhitzer; Fernwärmeübergabestation, Heizleitungen, Fußbodenheizung; Lüftungsanlagen; Elektroinstallation, Beleuchtung, Blitzschutz-/Erdungsanlage; Telekommunikationsanlage, Zeiterfassung, Brandmeldeanlage, Datenübertragungsnetz				
500	**Außenanlagen und Freiflächen**	4.203,00 m² AF	100.405	**23,89**	1,9
	Gebäudeentwässerung, Fettabscheider; Kabelschutzrohre				
600	**Ausstattung und Kunstwerke**	1.731,19 m² BGF	160.691	**92,82**	3,0
	Möblierung, Sanitärausstattung; Schlafebenen, Turnraumausstattung				

Kostenkennwerte für die Kostengruppen der 2. Ebene DIN 276

KG	Kostengruppe	Menge Einheit	Kosten €	€/Einheit	%
200	**Vorbereitende Maßnahmen**				**100,0**
210	**Herrichten**	6.130,00 m² GF	38.416	**6,27**	25,3
	Oberboden abtragen, lagern (200m³), entsorgen (699m³)				
220	**Öffentliche Erschließung**	6.130,00 m² GF	113.588	**18,53**	74,7
	Hausanschluss Wasser (1St) * Hausanschluss Fernwärme (1St), Hausübergabestation (1St) * Hausanschluss Strom (1St)				
300	**Bauwerk – Baukonstruktionen**				**100,0**
310	**Baugrube / Erdbau**	2.734,53 m³ BGI	211.265	**77,26**	4,9
	Baugrube, lösen, lagern (1.629m³), Grabenaushub (1.106m³), verfüllen (1.386m³), entsorgen (663m³)				
320	**Gründung, Unterbau**	1.693,27 m² GRF	841.222	**496,80**	19,6
	Stb-Bodenplatte (1.693m²), Hauseinführungsschacht (1St) * duktile Gusspfähle, (83m), Pfahlkopfplatten (81St), Stb-Fundamentbalken (32m³) * Abdichtung (1.722m²), EPS-Dämmung (1.477m²), EPS-Trittschalldämmung (1.477m²), Estrich (1.477m²), Kautschukbelag (1.412m²), Bodenfliesen (161m²), Sauberlaufmatten (26m²) * Schottertragschicht (2.528m²), Sauberkeitsschicht (1.812), XPS-Dämmung (2.195m²), Abdichtung (109m²)				
330	**Außenwände/Vert. Baukonstrukt., außen**	1.103,26 m² AWF	809.093	**733,37**	18,8
	Holzrahmenwände, gedämmt (500m²), ungedämmt (72m²) * Holzrahmen-Attiken, gedämmt (176m²), ungedämmt (39m²) * Stahlstützen (50m) * Holz-Alufenster (196m²), Holzfenster (113m²), Holztüren (7m²) * hinterlüftete Fichtenbekleidung, Lasur (759m²) * GK-Vorsatzschalen (222m²), Holz-Vorsatzschalen, Sichtqualität (184m²), Malervlies (313m²), Beschichtung (518m²), Wandfliesen (26m²), MDF-Stützenbekleidungen (21m²) * Markisen, Motorantrieb (177m²), Wetterstation (1St)				
340	**Innenwände/Vert. Baukonstrukt., innen**	1.783,13 m² IWF	836.169	**468,93**	19,5
	Brettsperrholzwände (570m²), Holzrahmenwände (530m²), OSB-Aufdopplungen (776m²) * GK-Wände (228m²), Holzrahmenwände (156m²) * Holztüren, Verglasungen (161m²), Schallschutztüren (4m²), Schiebetüren (4m²), Stahltür (2m²), Holzfenster (8m²) * GK-Vorsatzschalen (1.107m²), Holz-Vorsatzschalen (192m²), Holzlasur (779m²), Vergilbungsschutz (671m²), Malervlies (834m²), Beschichtung (1.024m²), Wandfliesen (156m²), Wandspiegel, fliesenbündig (10m²) * Holz-Glastürelemente (30m²), mobile Holztrennwand (22m²), ESG-Glastrennwände (16m²), WC-Trennwände (50m²)				
360	**Dächer**	1.957,57 m² DAF	1.147.703	**586,29**	26,7
	Holzflach-/Satteldächer (132m³), OSB-Schalung (1.937m²), Stahlträger (72m) * Dachverglasungen (14m²), Lichtkuppeln (7m²) * Dämmungen (1.907m²), Gefälledämmungen (1.044m²), Bitumenabdichtung (1.851m²), extensive Dachbegrünung (1.038m²), Kies (256m²), Attikaabdeckungen (345m), Dachabläufe (16St) * GK-Akustikdecken (977m²), Holzdecken (205m²), GK-Decken, Tapete (186m²), Holz-Akustikdecken (148m²), Kassettendecken (43m²), Mineralfaserplatten (40m²), GK-Bekleidung (33m²), Beschichtung (1.272m²) * Seilsicherungssystem (psch)				

KG	Kostengruppe	Menge Einheit	Kosten €	€/Einheit	%
380	**Baukonstruktive Einbauten**	1.731,19 m²BGF	273.925	**158,23**	6,4
	Holz-Einbauschränke (53St), Schrankaufsätze (22St), Unter-/Oberschränke (87St), Regale (22St), Garderoben (8St), Arbeitsplatten (4St), Sitzbänke/-möbel (3St), Küchenzeilen: Hochschränke (2St), Unter-/Oberschränke (10St), Arbeitsplatten (6m), Kühlschränke (2St), Edelstahlspülen (2St), Geschirrspüler (1St), Einbauherd (1St), Mikrowelle (1St), Regal (1St) * Klappturnwand (1St), Wand-Prallschutz (1St)				
390	**Sonst. Maßnahmen für Baukonstrukt.**	1.731,19 m²BGF	175.466	**101,36**	4,1
	Baustelleneinrichtungen (14St), Baustraße (257m²), Bauzaun (431m), Besprechungscontainer (psch), Baukran (1St) * Fassadengerüst (1.134m²) * Schutzabdeckungen (523m²), Reinigung von Bodenbelägen (1.585m²), Einbaumöbeln (395m²), Fenstern (280m²), Wandfliesen (220m²), Holz-Glastüren (80m²), Holztüren (61St), Sanitärobjekten (61St)) * provisorische Regenfallrohre (58m), Dachabläufe (11St)				
400	**Bauwerk – Technische Anlagen**				**100,0**
410	**Abwasser-, Wasser-, Gasanlagen**	1.731,19 m²BGF	195.230	**112,77**	17,9
	HT-Rohre (156m), PE-Schläuche (131m), Grundleitungsanschlüsse (17St), Bodenabläufe (4St) * Hauswasserstation, Zähler (1St), Weichwasseranlage (1St), Metallverbundrohre (578m), Hygienespülungen (4St), Durchlauferhitzer (50St), WW-Speicher (1St), Waschtische (30St), Wand-Tiefspül-WCs (25St), Duschwannen, Brausearmaturen (4St), Urinale (2St), Ausgussbecken (1St), Stützklappgriff (1St), Klappsitz (1St), Rückenstütze (1St), Außenarmaturen (2St) * Montageelemente (39St)				
420	**Wärmeversorgungsanlagen**	1.731,19 m²BGF	92.883	**53,65**	8,5
	Fernwärmeübergabestation (1St), Ausdehnungsgefäß (1St), Schlammabscheider (1St), Systementgasung (1St), Wasseraufbereitungsanlage (1St) * Kupferrohre (464m) * Fußbodenheizung, PE-Xa-Heizungsrohre (8.130m), Verteilerschränke, Heizkreisverteiler (9St)				
430	**Raumlufttechnische Anlagen**	1.731,19 m²BGF	251.900	**145,51**	23,1
	Lüftungsgeräte 648-3.312m³/h, mit WRG (3St), Abluftgerät 720-3.600m³/h (1St), Dachventilator 5.018m³/h (1St), Edelstahl-Abzugshauben (3St), Einzelraumlüfter (9St), Lüftungskanäle (457m²), Wickelfalzrohre (115m), Alu-Flexrohre (55m), Schalldämpfer (98St), Volumenstromregler (18St), Jalousieklappen (6St), Luftdurchlässe (65St), Brandschutzklappen (6St), Dachhauben (8St)				
440	**Elektrische Anlagen**	1.731,19 m²BGF	441.195	**254,85**	40,5
	Schaltschränke (2St), Verteiler (5St), LS/FI-Schalter (234St), Brandschutzschalter (57St), Steuermodule (44St), Überspannungsschutz (8St), NH-Sicherungen (7St), Mantelleitungen (13.637m), Installationskabel (3.240m), Steuerleitungen (444m), Steckdosen (350St), Schalter/Taster (150St), Thermostatschalter (49St), Bewegungsmelder (22St) * Leuchten (335St), Lichtbänder (98St), Lichtleisten (42m), Rettungszeichenleuchten (34St), Sicherheitsleuchte (1St) * Blitzschutz-/Erdungsanlage (psch), Mantelleitungen (170m), Potenzialausgleichsschienen (4St)				
450	**Kommunikationstechnische Anlagen**	1.731,19 m²BGF	100.825	**58,24**	9,3
	Verteilerkasten (1St), Patchfelder (4St) * Sprechanlage (1St), Innensprechstellen (8St), Ruf-Kompakt-Set (1St) * Zeiterfassung (3St) * Koaxialkabel (25m), Anschlussdosen (2St) * Brandmeldezentrale (1St), Installationskabel (1.472m), Rauchmelder (65St), Handmelder (22St), Luftproben-Rauchmelder (11St), Brandmelder (4St), Signalgeber (9St), Feuerwehr-Infozentrale (1St), Laufkarten (38St) * Verteilerschrank (1St), Verteilerfelder (9St), Datenkabel (4.259m), Datenanschlussdosen (72St)				

KG	Kostengruppe	Menge Einheit	Kosten €	€/Einheit	%
490	**Sonst. Maßnahmen für techn. Anlagen**	1.731,19 m²BGF	6.480	**3,74**	0,6
	Baustromverteiler (2St), Baustellenbeleuchtung (psch) * Rollgerüste (5St)				
500	**Außenanlagen und Freiflächen**				**100,0**
550	**Technische Anlagen**	4.203,00 m²AF	100.405	**23,89**	100,0
	KG-Rohre (685m), Fettabscheider, Probeentnahmeschacht, Ultraschallmessgerät (1St), Kontrollschächte (9St), Schachtanschlüsse (5St) * Kabelschutzrohre (733m)				
600	**Ausstattung und Kunstwerke**				**100,0**
610	**Allgemeine Ausstattung**	1.731,19 m²BGF	131.895	**76,19**	82,1
	Stapelliegen (50St), Schränke (15St), Regale (39St), mit Schiebetür (2St), Raumteiler (7St), Stühle (106St), Rundhocker (43St), Kindersitze (16St), Polsterbänke (2St), Dreisitzer (2St), Schaukelstuhl (1St), Tische (38St), Leuchttisch (1St), Spielpodeste (15St), Werkbank/Werktisch (2St), Spieltisch (1St), Spielküche (1St), Materialkästen (194St), Rollkästen (38St), Rollcontainer (13St), Büchertröge (3St), Schreibtische (2St), mobile Arbeitsplätze (4St), Malwände (5St), Malstation (1St), Staffelei (1St), Farbpalettentische (2St), WC-Bürstengarnituren (23St), WC-Papierrollenhalter (21St), Spiegel (6St), Trockenständer (1St)				
620	**Besondere Ausstattung**	1.731,19 m²BGF	28.796	**16,63**	17,9
	Schlafebenen für je 14 Kinder, zwei Sprossenleitern (3St), Sprungkästen (2St), Turnwand (1St), Mattensatz, Transportwagen (1St), Turnmatten (10St), Weichbodenmatte (1St), Turnbank (1St)				

Kostenkennwerte für die Kostengruppen 300 der 2. und 3.Ebene DIN 276 (Übersicht)

KG	Kostengruppe	Menge Einheit	€/Einheit	Kosten €	% an 3+4
300	**Bauwerk – Baukonstruktionen**	**1.731,19 m² BGF**	**2.480,86**	**4.294.841,99**	**79,8**
310	**Baugrube / Erdbau**	**2.734,53 m³ BGI**	**77,26**	**211.265,23**	**3,9**
311	Herstellung	2.734,53 m³ BGI	77,26	211.265,23	3,9
312	Umschließung	–	–	–	–
313	Wasserhaltung	–	–	–	–
314	Vortrieb	–	–	–	–
319	Sonstiges zur KG 310	–	–	–	–
320	**Gründung, Unterbau**	**1.693,27 m² GRF**	**496,80**	**841.221,64**	**15,6**
321	Baugrundverbesserung	–	–	–	–
322	Flachgründungen und Bodenplatten	1.693,27 m²	119,91	203.031,95	3,8
323	Tiefgründungen	1.693,27 m²	107,46	181.959,90	3,4
324	Gründungsbeläge	1.598,58 m²	184,87	295.522,00	5,5
325	Abdichtungen und Bekleidungen	1.802,12 m²	89,18	160.707,81	3,0
326	Dränagen	–	–	–	–
329	Sonstiges zur KG 320	–	–	–	–
330	**Außenwände/Vert. Baukonstrukt., außen**	**1.103,26 m² AWF**	**733,37**	**809.092,86**	**15,0**
331	Tragende Außenwände	571,69 m²	239,17	136.729,83	2,5
332	Nichttragende Außenwände	215,23 m²	244,14	52.545,56	1,0
333	Außenstützen	50,00 m	104,82	5.240,90	< 0,1
334	Außenwandöffnungen	316,34 m²	1.011,60	320.009,76	5,9
335	Außenwandbekleidungen, außen	828,66 m²	220,11	182.399,77	3,4
336	Außenwandbekleidungen, innen	537,19 m²	90,73	48.739,32	0,9
337	Element. Außenwandkonstruktionen	–	–	–	–
338	Lichtschutz zur KG 330	177,40 m²	357,54	63.427,70	1,2
339	Sonstiges zur KG 330	–	–	–	–
340	**Innenwände/Vert. Baukonstrukt., innen**	**1.783,13 m² IWF**	**468,93**	**836.168,75**	**15,5**
341	Tragende Innenwände	1.100,81 m²	257,74	283.724,51	5,3
342	Nichttragende Innenwände	383,50 m²	156,04	59.840,27	1,1
343	Innenstützen	–	–	–	–
344	Innenwandöffnungen	180,28 m²	938,10	169.120,14	3,1
345	Innenwandbekleidungen	2.832,63 m²	86,24	244.296,84	4,5
346	Elementierte Innenwandkonstruktionen	118,54 m²	668,02	79.186,97	1,5
347	Lichtschutz zur KG 340	–	–	–	–
349	Sonstiges zur KG 340	–	–	–	–
350	**Decken/Horizontale Baukonstruktionen**	**–**	**–**	**–**	**–**
351	Deckenkonstruktionen	–	–	–	–
352	Deckenöffnungen	–	–	–	–
353	Deckenbeläge	–	–	–	–
354	Deckenbekleidungen	–	–	–	–
355	Elementierte Deckenkonstruktionen	–	–	–	–
359	Sonstiges zur KG 350	–	–	–	–
360	**Dächer**	**1.957,57 m² DAF**	**586,29**	**1.147.702,98**	**21,3**
361	Dachkonstruktionen	1.936,65 m²	114,14	221.041,82	4,1
362	Dachöffnungen	20,92 m²	1.708,12	35.733,78	0,7
363	Dachbeläge	1.906,92 m²	264,14	503.700,36	9,4
364	Dachbekleidungen	1.807,30 m²	202,22	365.474,43	6,8
365	Elementierte Dachkonstruktionen	–	–	–	–
366	Lichtschutz zur KG 360	–	–	–	–
369	Sonstiges zur KG 360	1.957,57 m² DAF	11,11	21.752,60	0,4
370	**Infrastrukturanlagen**	**–**	**–**	**–**	**–**
380	**Baukonstruktive Einbauten**	**1.731,19 m² BGF**	**158,23**	**273.924,57**	**5,1**
390	**Sonst. Maßnahmen für Baukonstrukt.**	**1.731,19 m² BGF**	**101,36**	**175.465,96**	**3,3**

Kostenkennwerte für die Kostengruppen 400 der 2. und 3.Ebene DIN 276 (Übersicht)

KG	Kostengruppe	Menge Einheit	€/Einheit	Kosten €	% an 3+4
400	**Bauwerk – Technische Anlagen**	**1.731,19 m²BGF**	**628,77**	**1.088.513,29**	**20,2**
410	**Abwasser-, Wasser-, Gasanlagen**	**1.731,19 m²BGF**	**112,77**	**195.229,53**	**3,6**
411	Abwasseranlagen	1.731,19 m²BGF	19,43	33.642,43	0,6
412	Wasseranlagen	1.731,19 m²BGF	83,60	144.736,14	2,7
413	Gasanlagen	–	–	–	–
419	Sonstiges zur KG 410	1.731,19 m²BGF	9,73	16.850,96	0,3
420	**Wärmeversorgungsanlagen**	**1.731,19 m²BGF**	**53,65**	**92.882,68**	**1,7**
421	Wärmeerzeugungsanlagen	1.731,19 m²BGF	16,06	27.798,49	0,5
422	Wärmeverteilnetze	1.731,19 m²BGF	16,76	29.016,44	0,5
423	Raumheizflächen	1.731,19 m²BGF	20,83	36.067,76	0,7
424	Verkehrsheizflächen	–	–	–	–
429	Sonstiges zur KG 420	–	–	–	–
430	**Raumlufttechnische Anlagen**	**1.731,19 m²BGF**	**145,51**	**251.900,28**	**4,7**
431	Lüftungsanlagen	1.731,19 m²BGF	145,51	251.900,28	4,7
432	Teilklimaanlagen	–	–	–	–
433	Klimaanlagen	–	–	–	–
434	Kälteanlagen	–	–	–	–
439	Sonstiges zur KG 430	–	–	–	–
440	**Elektrische Anlagen**	**1.731,19 m²BGF**	**254,85**	**441.195,22**	**8,2**
441	Hoch- und Mittelspannungsanlagen	–	–	–	–
442	Eigenstromversorgungsanlagen	–	–	–	–
443	Niederspannungsschaltanlagen	–	–	–	–
444	Niederspannungsinstallationsanlagen	1.731,19 m²BGF	165,30	286.160,43	5,3
445	Beleuchtungsanlagen	1.731,19 m²BGF	72,52	125.545,83	2,3
446	Blitzschutz- und Erdungsanlagen	1.731,19 m²BGF	17,03	29.488,98	0,5
447	Fahrleitungssysteme	–	–	–	–
449	Sonstiges zur KG 440	–	–	–	–
450	**Kommunikationstechnische Anlagen**	**1.731,19 m²BGF**	**58,24**	**100.825,24**	**1,9**
451	Telekommunikationsanlagen	1.731,19 m²BGF	0,99	1.706,91	< 0,1
452	Such- und Signalanlagen	1.731,19 m²BGF	2,99	5.176,29	< 0,1
453	Zeitdienstanlagen	1.731,19 m²BGF	1,06	1.838,56	< 0,1
454	Elektroakustische Anlagen	–	–	–	–
455	Audiovisuelle Medien- u. Antennenanl.	1.731,19 m²BGF	0,11	189,22	< 0,1
456	Gefahrenmelde- und Alarmanlagen	1.731,19 m²BGF	36,36	62.944,88	1,2
457	Datenübertragungsnetze	1.731,19 m²BGF	16,73	28.969,38	0,5
458	Verkehrsbeeinflussungsanlagen	–	–	–	–
459	Sonstiges zur KG 450	–	–	–	–
460	**Förderanlagen**	**–**	**–**	**–**	**–**
461	Aufzugsanlagen	–	–	–	–
462	Fahrtreppen, Fahrsteige	–	–	–	–
463	Befahranlagen	–	–	–	–
464	Transportanlagen	–	–	–	–
465	Krananlagen	–	–	–	–
466	Hydraulikanlagen	–	–	–	–
469	Sonstiges zur KG 460	–	–	–	–
470	**Nutzungsspez. u. verfahrenstechn. Anl.**	**–**	**–**	**–**	**–**
480	**Gebäude- und Anlagenautomation**	**–**	**–**	**–**	**–**
490	**Sonst. Maßnahmen für techn. Anlagen**	**1.731,19 m²BGF**	**3,74**	**6.480,34**	**0,1**

Kostenkennwerte für die Kostengruppen der 3.Ebene DIN 276

KG	Kostengruppe	Menge Einheit	Kosten €	€/Einheit	%
210	**Herrichten**				**100,0**
214	**Herrichten der Geländeoberfläche**	6.130,00 m^2 GF	38.416	**6,27**	100,0
	Oberboden abtragen, d=35cm, lagern (200m^3), entsorgen (699m^3)				
220	**Öffentliche Erschließung**				**100,0**
222	**Wasserversorgung**	6.130,00 m^2 GF	48.781	**7,96**	42,9
	Hausanschluss Wasser, Erdarbeiten, Leitungen (1St)				
224	**Fernwärmeversorgung**	6.130,00 m^2 GF	53.311	**8,70**	46,9
	Hausanschluss Fernwärme 80kW, Erdarbeiten, Leitungen (1St), Hausübergabestation (1St)				
225	**Stromversorgung**	6.130,00 m^2 GF	11.497	**1,88**	10,1
	Hausanschluss Strom, Erdarbeiten, Leitungen (1St)				
310	**Baugrube / Erdbau**				**100,0**
311	**Herstellung**	2.734,53 m^3 BGI	211.265	**77,26**	100,0
	Baugrube BK 3-4, t bis 60cm, lösen, lagern (1.629m^3), Grabenaushub BK 3-5, t bis 1,00m (87m^3), t bis 2,00m (440m^3), t bis 4,00m (579m^3), verfüllen, Lagermaterial (1.093m^3), Liefermaterial (293m^3), entsorgen (663m^3), Planum (2.795m^2)				
320	**Gründung, Unterbau**				**100,0**
322	**Flachgründungen und Bodenplatten**	1.693,27 m^2	203.032	**119,91**	24,1
	Stb-Bodenplatte C25/30, d=25cm, Schalung, Bewehrung (1.693m^2), Hauseinführungsschacht 1,00x1,00x1,50m (1St)				
323	**Tiefgründungen**	1.693,27 m^2	181.960	**107,46**	21,6
	Duktile Gusspfähle, D=11,8cm, t bis 6,00m, Verpressbeton C25/30 (267m), D=17cm (83m), Pfahlkopfplatten (81St), Stb-Fundamentbalken C25/30, 50x80cm, Schalung, Bewehrung (29m^3), 24x80cm (3m^3)				
324	**Gründungsbeläge**	1.598,58 m^2	295.522	**184,87**	35,1
	Bitumenabdichtung (1.722m^2), EPS-Wärmedämmung WLG 035, d=70mm (1.477m^2), EPS-Trittschalldämmung, d=10-30mm (1.477m^2), Heizestrich, d=88-90mm (1.229m^2), Zementestrich, d=80-86mm (248m^2), Kautschukbelag (1.412m^2), Holzsockel (350m), Alusockel (310m), Zementmörtel, Bodenfliesen 20x20cm (161m^2), Fliesensockel (123m), Sauberlaufmatten, Rahmen (26m^2)				
325	**Abdichtungen und Bekleidungen**	1.802,12 m^2	160.708	**89,18**	19,1
	Schottertragschicht, d bis 25cm (2.156m^2), d bis 50cm, Filtervlies (372m^2), Sauberkeitsschicht C16/20, d i.M. 10cm (1.812m^2), PE-Folie (1.348m^2), XPS-Perimeterdämmung WLG 040, d=100mm (2.195m^2), Bitumendickbeschichtung, vertikal (109m^2)				

KG	Kostengruppe	Menge Einheit	Kosten €	€/Einheit	%
330	**Außenwände/Vertikale Baukonstruktionen, außen**				**100,0**
331	**Tragende Außenwände**	571,69 m²	136.730	**239,17**	16,9
	Holzrahmenwände, d=21,5cm, KVH 10x14-16cm, außen Holzfaserbeplankung, d=60mm,innen OSB-Schalung, Zelluloseeinblasdämmung WLG 040, d=140mm (386m²), d=23,5cm, KVH 10x16cm, außen Holzfaserbeplankung, d=60mm, innen OSB-Schalung, Zelluloseeinblasdämmung WLS 042, d=160mm (114m²), d=13,3cm, KVH 10x10cm, außen OSB-Schalung (72m²)				
332	**Nichttragende Außenwände**	215,23 m²	52.546	**244,14**	6,5
	Holzrahmen-Attiken, KVH 10x14cm, Zelluloseeinblasdämmung WLG 040, d=140mm, außen Holzfaserbeplankung, d=60mm, OSB-Schalung, Dreischichtplatten, d=27mm (176m²), ungedämmt (39m²), Attika-Unterkonstruktion, Dreischichtplatten, d=27mm, b=400mm (301m)				
333	**Außenstützen**	50,00 m	5.241	**104,82**	0,6
	Stahlstützen 60x60x4mm, beschichtet (34m), 80x80x5mm (16m)				
334	**Außenwandöffnungen**	316,34 m²	320.010	**1.011,60**	39,6
	Holzfenster, Uw=0,9W/m²K, Dreifach-VSG-Verglasung, Öffnungsflügel, Festverglasungen, vierteilig (81m²), fünfteilig (65m²), dreiteilig (51m²), als Holz-Alufenster, zweiteilig (97m²), dreiteilig (13m²), einteilig (4m²), Holztüren, hinterlüftete Fichtenbekleidung, beschichtet, Blockzargen (7m²), Antipanikbeschläge (6St), Motorantrieb (1St), Fluchttürsicherung (1St), Alu-Fenstereinfassungen (163m), Fensterbänke innen, Holz (34m), Fensterbänke außen, Alu (31m)				
335	**Außenwandbekleidungen, außen**	828,66 m²	182.400	**220,11**	22,5
	Holzunterkonstruktion, d=40mm, hinterlüftete Fichtenbekleidung waagrecht, Lasur (759m²), Laibungen (76m), Insektenschutzwinkel (601m), Alu-Sockelbekleidung (54m²), Siliconharzbeschichtung (16m²)				
336	**Außenwandbekleidungen, innen**	537,19 m²	48.739	**90,73**	6,0
	GK-Vorsatzschalen, UK, Dämmung, d=40mm, doppelt beplankt (222m²), Holz-Vorsatzschalen, UK, Dämmung, d=50mm, Dreischichtplatten, d=19mm, Sichtqualität (184m²), Spachtelung Q3, Malervlies, Dispersionsbeschichtung (313m²), Latexbeschichtung (205m²), Laibungen (8m), Wandfliesen (26m²), MDF-Stützenbekleidungen (21m²), Brandschutzbeschichtung auf Stahlstützen (13m²)				
338	**Lichtschutz zur KG 330**	177,40 m²	63.428	**357,54**	7,8
	Markisen mit Seilführung, Motorantrieb, zweiteilig (69m²), einteilig (49m²), Schienenführung (59m²), Bediengerät (1St), Schaltaktoren (8St), Wetterstation (1St)				
340	**Innenwände/Vertikale Baukonstruktionen, innen**				**100,0**
341	**Tragende Innenwände**	1.100,81 m²	283.725	**257,74**	33,9
	Brettsperrholzwände, d=100mm, einseitig Einschichtplatte, Sichtqualität (478m²), beidseitig Einschichtplatte (92m²), Holzrahmenwände, KVH 6x10cm, d=125-150mm, Steinwolldämmung, d=100mm, einseitig OSB-Schalung, einseitig GK-Beplankung, Dreischichtplatten, d=19mm, Sichtqualität (221m²), einseitig GK-Beplankung, Dreischichtplatten, Sichtqualität (185m²), einseitig doppelte GK-Beplankung (124m²), OSB-Aufdopplungen (776m²)				

KG	Kostengruppe	Menge Einheit	Kosten €	€/Einheit	%
342	**Nichttragende Innenwände**	383,50 m²	59.840	**156,04**	7,2
	GK-Metallständerwände, d=12,5cm, beidseitig doppelt beplankt, Mineralwolldämmung WLG 040, d=60mm (228m²), Holzrahmenwände, d=118-124mm, KVH 6x8cm, Steinwolldämmung, d=80mm, einseitig Dreischichtplatten, Sichtqualität, einseitig doppelte GK-Beplankung (131m²), beidseitig Dreischichtplatten, Sichtqualität (25m²)				
344	**Innenwandöffnungen**	180,28 m²	169.120	**938,10**	20,2
	Holztüren, Stahlzargen (99m²), mit Glasseitenteilen (43m²), Holzrahmentüren, Oberlichter, Seitenteile mit Glasausschnitt, T30-RS (19m²), Schallschutztüren (4m²), Schiebetüren (4m²), Stahltür (2m²), Holzfenster, ESG-Festverglasungen (8m²), Stahlumfassungszargen (61St), Türstopper (26St)				
345	**Innenwandbekleidungen**	2.832,63 m²	244.297	**86,24**	29,2
	GK-Vorsatzschalen, UK, Dämmung 20-60mm, doppelt beplankt (697m²), einfach beplankt (249m²), ungedämmt (161m²), GK-Laibungen (159m), Holz-Vorsatzschalen, UK, Dämmung, d=20-60mm, GK-Beplankung, Dreischichtplatten, d=19mm, Sichtqualität (192m²), Holz-Laibungen (120m), Holzlasur (779m²), Vergilbungsschutz (671m²), Spachtelung Q3, Malervlies (834m²), Dispersionsbeschichtung (1.024m²), Laibungen (103m), Wandfliesen (156m²), Wandspiegel, fliesenbündig (10m²)				
346	**Elementierte Innenwandkonstruktionen**	118,54 m²	79.187	**668,02**	9,5
	Holz-Glaselemente, Rahmentüren, Holzzargen, Glasseitenteile, Oberlichter (30m²), mobile Holz-Trennwandanlage, beidseitig Dreischichtplatten, schallgedämmt, Rw=47dB, Laufschienensystem, sechs Vollwandelemente, eine Tür, zwei Anschlusselemente (22m²), ESG-Glastrennwand, Holzständer, sechs Glasfelder, eine Glasrahmentür, Stockzarge (16m²), WC-Trennwände, HPL-Vollkernplatten, d=13mm, 16 Türen (50m²)				
360	**Dächer**				**100,0**
361	**Dachkonstruktionen**	1.936,65 m²	221.042	**114,14**	19,3
	Holzflach-/Satteldächer, BSH 12x26cm (129m³), KVH (3m³), Abbund (4.113m), OSB-Schalung, d=25mm (1.937m²), Abfangträger HEA200 (28m), IPE360 (17m), IPE400 (14m), IPE 220 (13m)				
362	**Dachöffnungen**	20,92 m²	35.734	**1.708,12**	3,1
	Dachverglasungen, Ug=1,8W/m²K, Neigung 9-27°, Stahlblechzarge, Wärmedämmung (14m²), Lichtkuppeln, Ug=2,2W/m²K, D=1,20-1,50m, Aufsetzkranz (7m²)				
363	**Dachbeläge**	1.906,92 m²	503.700	**264,14**	43,9
	Bitumendampfsperre (1.985m²), EPS-Dämmung WLS 036, d=140mm (1.054m²), als Gefälledämmung, d i.M. 110mm (972m²), Mineralwolldämmung WLS 036-037, d=140-200mm (798m²), als Gefälledämmung, d i.M. 60mm (72m²), Steinwolldämmung WLG 035, als Stirndämmung (56m²), Lagesicherung auf Schrägdach, Titanzink (230m), Bitumenabdichtung, Wurzelschutz (1.851m²), Drän-/Filterschicht, d=20-50mm, extensive Dachbegrünung, d=9cm (1.038m²), Kiesfangleisten (365m), Kies (256m²), Attikaabdeckungen, Alu (345m), Dachrandbekleidung, Titanzink (230m), Dachabläufe (16St)				

KG	Kostengruppe	Menge Einheit	Kosten €	€/Einheit	%
364	**Dachbekleidungen**	1.807,30 m2	365.474	**202,22**	31,8
	GK-Akustikdecken, Abhängehöhe 40cm, Mineralwolldämmung, d=20mm (977m2), Holzdecken, Abhängehöhe 10-180cm, beschichtet (205m2), Holz-Akustikdecken, Vergilbungsschutz, Abhängehöhe 40cm, Mineralfaserdämmung, d=150mm (148m2), GK-Decken, Tapete (186m2), Metall-Kassettendecken (43m2), Mineralfaserplatten (40m2), GK-Bekleidung (33m2), Dispersionsbeschichtung (1.272m2), Brandschutzbeschichtung auf Stahlträgern (74m2)				
369	**Sonstiges zur KG 360**	1.957,57 m2 DAF	21.753	**11,11**	1,9
	Seilsicherungssystem, Sekuranten, Anschlagpunkte (psch), Steigleiter (1St), persönliche Schutzausrüstung (1St)				
380	**Baukonstruktive Einbauten**				**100,0**
381	**Allgemeine Einbauten**	1.731,19 m2 BGF	268.027	**154,82**	97,8
	Holz-Einbauschränke, b=60-120cm, Dreischichtplatten, Türen abschließbar (53St), Schrankaufsätze (22St), Unterschränke (46St), Oberschränke (41St), Regale (22St), Garderoben (8St), Einsätze für Fachböden (15St), für Abfallbehälter (10St), für Wasch-/Spülbecken (12St), Rollboxen (24St), Arbeitsplatten (4St), Schiebetüren (4St), Sitzbänke/-möbel (3St), Küchenzeilen: Hochschränke (2St), Ober-/Unterschränke (10St), Arbeitsplatten (6m), Einbaukühlschränke (2St), Edelstahlspülen (2St), Geschirrspüler (1St), Einbauherd (1St), Mikrowelle (1St), Regal (1St), Mülltrenner (2St), Armaturen (4St)				
382	**Besondere Einbauten**	1.731,19 m2 BGF	5.898	**3,41**	2,2
	Klappturnwand, Leiter, Parcours (1St), Wand-Prallschutz, d=3cm (1St)				
390	**Sonstige Maßnahmen für Baukonstruktionen**				**100,0**
391	**Baustelleneinrichtung**	1.731,19 m2 BGF	114.577	**66,18**	65,3
	Baustelleneinrichtung Hauptgewerk (1St), Nebengewerke (13St), Schottertragschicht für Baustraße, d=30cm, Filtervlies (257m2), Bauzaun, h=2,00m, Tore (431m), Baustrom (1St), Besprechungscontainer (psch), Baukran (1St), Baustellen-WC (1St), Bautüren (3St)				
392	**Gerüste**	1.731,19 m2 BGF	48.224	**27,86**	27,5
	Fassadengerüst, Lastklasse 3, freistehend (1.134m2), Treppenturm (1St), Rollgerüste (2St)				
397	**Zusätzliche Maßnahmen**	1.731,19 m2 BGF	10.604	**6,13**	6,0
	Schutzabdeckungen für Fenster, Türen (275m2), für Bodenbeläge (159m2), für Sichtholzwände (89m2), Reinigung von Kautschukbodenbelägen (1.435m2), Einbauschränken (360m2), Fensterelementen (280m2), Wandfliesen (220m2), Bodenfliesen (150m2), Holz-Glastüren (80m2), Holztüren (61St), Sanitärobjekten (61St), Kücheneinrichtungen (35m2)				
398	**Provisorische Baukonstruktionen**	1.731,19 m2 BGF	2.061	**1,19**	1,2
	Provisorische Regenfallrohre (58m), Dachabläufe (11St)				
410	**Abwasser-, Wasser-, Gasanlagen**				**100,0**
411	**Abwasseranlagen**	1.731,19 m2 BGF	33.642	**19,43**	17,2
	HT-Rohre DN50-110, Formstücke (156m), PE-Schläuche DN50-110 (131m), Grundleitungsanschlüsse (17St), Sifons (14St), Bodenabläufe (4St)				

KG	Kostengruppe	Menge Einheit	Kosten €	€/Einheit	%
412	**Wasseranlagen**	1.731,19 m² BGF	144.736	**83,60**	74,1
	Hauswasserstation, Zähler (1St), Weichwasseranlage (1St), Metallverbundrohre DN12-40, Formstücke, Rohrdämmung (578m), Hygienespülungen (4St), Durchlauferhitzer (50St), WW-Speicher, 80l (1St), Waschtische (22St), barrierefrei (1St), kindgerecht (7St), Wand-Tiefspül-WCs (8St), barrierefrei, Spülautomatik (1St), kindgerecht (16St), Duschwannen, Brausearmaturen (4St), Urinale (2St), Ausgussbecken (1St), Stützklappgriff (1St), Klappsitz (1St), Rückenstütze (1St), Außenarmaturen (2St)				
419	**Sonstiges zur KG 410**	1.731,19 m² BGF	16.851	**9,73**	8,6
	Montageelemente für WCs (22St), barrierefrei (1St), für Waschtische (12St), barrierefrei (1St), für Urinale (2St), für Ausgussbecken (1St)				
420	**Wärmeversorgungsanlagen**				**100,0**
421	**Wärmeerzeugungsanlagen**	1.731,19 m² BGF	27.798	**16,06**	29,9
	Fernwärmeübergabestation 49kW (1St), Ausdehnungsgefäß (1St), Schlammabscheider (1St), Systementgasung (1St), Wasseraufbereitungsanlage (1St)				
422	**Wärmeverteilnetze**	1.731,19 m² BGF	29.016	**16,76**	31,2
	Kupferrohre DN 20-40, Formstücke (464m), Rohrdämmung (108m)				
423	**Raumheizflächen**	1.731,19 m² BGF	36.068	**20,83**	38,8
	Fußbodenheizung, Verlegeplatten, PE-Xa-Heizungsrohre 17x2,0mm (8.130m), Verteilerschränke, Heizkreisverteiler, 7-14 Heizkreise (9St), Stellantriebe (80St), Regulierventile (9St)				
430	**Raumlufttechnische Anlagen**				**100,0**
431	**Lüftungsanlagen**	1.731,19 m² BGF	251.900	**145,51**	100,0
	Lüftungsgeräte mit WRG, 2.000m³/h (2St), 648-3.312 m³/h (1St), Abluftgerät 720-3.600 m³/h (1St), Dachventilator Volumenstrom 5.018 m³/h, Sockelschalldämpfer (1St), Edelstahl-Abzugshauben, Beleuchtung (3St), Bedieneinheiten (2St), Einzelraumlüfter 30-60m³/h (9St), Lüftungskanäle, Formstücke, Dämmung (457m²), Wickelfalzrohre DN100-250 (115m), Alu-Flexrohre DN80-160 (55m), Rohrschalldämpfer (65St), Kanalschalldämpfer (33St), Volumenstromregler (18St), Jalousieklappen (6St), Luftdurchlässe (65St), Brandschutzklappen (6St), Dachdurchführungen (12St), Dachhauben (8St)				
440	**Elektrische Anlagen**				**100,0**
444	**Niederspannungsinstallationsanlagen**	1.731,19 m² BGF	286.160	**165,30**	64,9
	Schaltschränke (2St), Verteiler (5St), LS-Schalter (209St), FI-Schalter (25St), Brandschutzschalter (57St), Steuermodule (44St), Überspannungsschutz (8St), NH-Sicherungen (7St), Klemmen (766St), Mantelleitungen (13.637m), Installationskabel (3.240m), Steuerleitungen (444m), Installationskanäle (541m), Kabelrinnen (47m), Steckdosen (350St), Schalter/Taster (118St), Raumthermostatschalter (49St), Jalousieschalter (32St), Bewegungsmelder (22St) Bodentanks (4St)				
445	**Beleuchtungsanlagen**	1.731,19 m² BGF	125.546	**72,52**	28,5
	Einbauleuchten (169St), Anbauleuchten (166St), Lichtbänder (98St), Lichtleisten (42m), Rettungszeichenleuchten (34St), Sicherheitsleuchte, Batterie (1St)				
446	**Blitzschutz- und Erdungsanlagen**	1.731,19 m² BGF	29.489	**17,03**	6,7
	Blitzschutz-/Erdungsanlage (psch), Mantelleitungen (170m), Erdungsrohrschellen (6St), Potenzialausgleichsschienen (4St)				

KG	Kostengruppe	Menge Einheit	Kosten €	€/Einheit	%
450	**Kommunikations-, sicherheits- und informationstechnische Anlagen**				**100,0**
451	**Telekommunikationsanlagen**	1.731,19 m² BGF	1.707	**0,99**	1,7
	Verteilerkasten (1St), Anschlussleisten (6St), Patchfelder Cat3 (4St), Datenkabel mit Stecker Cat6 (1St)				
452	**Such- und Signalanlagen**	1.731,19 m² BGF	5.176	**2,99**	5,1
	Sprechanlage, Steuerung, Einbaulautsprecher (1St), Innenstationen, Ruftasten, Gong (2St), Innensprechstellen (8St), Ruf-Kompakt-Set, Läutewerk (1St)				
453	**Zeitdienstanlagen**	1.731,19 m² BGF	1.839	**1,06**	1,8
	Zeiterfassung, Funkuhren (3St)				
455	**Audiovisuelle Medien- u. Antennenanl.**	1.731,19 m² BGF	189	**0,11**	0,2
	Koaxialkabel (25m), Anschlussdosen (2St)				
456	**Gefahrenmelde- und Alarmanlagen**	1.731,19 m² BGF	62.945	**36,36**	62,4
	Brandmeldezentrale, Schaltschrank (1St), Installationskabel (1.472m), Rauchmelder (65St), Handmelder (22St), Luftproben-Rauchmelder (11St), Brandmelder (4St), akustische Signalgeber (67St), optische Signalgeber (2St), Feuerwehr-Infozentrale, Anzeigetableau (1St), Laufkarten (38St), Schlüsseldepot (1St)				
457	**Datenübertragungsnetze**	1.731,19 m² BGF	28.969	**16,73**	28,7
	Verteilerschrank (1St), 19"-Verteilerfelder (9St), Datenkabel (4.259m), Datenanschlussdosen Cat6 (72St)				
490	**Sonstige Maßnahmen für technische Anlagen**				**100,0**
491	**Baustelleneinrichtung**	1.731,19 m² BGF	3.728	**2,15**	57,5
	Baustromverteiler (2St), Baustellenbeleuchtung (psch)				
492	**Gerüste**	1.731,19 m² BGF	2.752	**1,59**	42,5
	Rollgerüste (5St)				
550	**Technische Anlagen**				**100,0**
551	**Abwasseranlagen**	4.203,00 m² AF	95.960	**22,83**	95,6
	KG-Rohre DN100-300, Formstücke (685m), Fettabscheider, Probeentnahmeschacht, Ultraschallmessgerät (1St), Kontrollschächte DN1.000, Schachtabdeckungen (9St), Schachtringe (9St), Schachtanschlüsse (5St)				
556	**Elektrische Anlagen**	4.203,00 m² AF	4.445	**1,06**	4,4
	Kabelschutzrohre DN50-100, erdverlegt (733m)				

Kostenkennwerte für Leistungsbereiche nach STLB (Kosten des Bauwerks nach DIN 276)

LB	Leistungsbereiche	Kosten €	€/m² BGF	€/m³ BRI	% an 3+4
000	Sicherheits-, Baustelleneinrichtungen inkl. 001	169.281	97,80	20,90	3,1
002	Erdarbeiten	210.107	121,40	25,90	3,9
006	Spezialtiefbauarbeiten inkl. 005	50.444	29,10	6,20	0,9
009	Entwässerungskanalarbeiten inkl. 011	–	–	–	–
010	Drän- und Versickerarbeiten	–	–	–	–
012	Mauerarbeiten	–	–	–	–
013	Betonarbeiten	427.139	246,70	52,60	7,9
014	Natur-, Betonwerksteinarbeiten	–	–	–	–
016	Zimmer- und Holzbauarbeiten	816.604	471,70	100,60	15,2
017	Stahlbauarbeiten	46.051	26,60	5,70	0,9
018	Abdichtungsarbeiten	108.600	62,70	13,40	2,0
019	Kampfmittelräumarbeiten	–	–	–	–
020	Dachdeckungsarbeiten	–	–	–	–
021	Dachabdichtungsarbeiten	454.750	262,70	56,00	8,4
022	Klempnerarbeiten	111.963	64,70	13,80	2,1
	Rohbau	**2.394.938**	**1.383,40**	**295,10**	**44,5**
023	Putz- und Stuckarbeiten, Wärmedämmsysteme	–	–	–	–
024	Fliesen- und Plattenarbeiten	68.458	39,50	8,40	1,3
025	Estricharbeiten	75.980	43,90	9,40	1,4
026	Fenster, Außentüren inkl. 029, 032	329.998	190,60	40,70	6,1
027	Tischlerarbeiten	472.322	272,80	58,20	8,8
028	Parkettarbeiten, Holzpflasterarbeiten	–	–	–	–
030	Rollladenarbeiten	60.340	34,90	7,40	1,1
031	Metallbauarbeiten inkl. 035	13.533	7,80	1,70	0,3
034	Maler- und Lackiererarbeiten inkl. 037	149.493	86,40	18,40	2,8
036	Bodenbelagarbeiten	141.500	81,70	17,40	2,6
038	Vorgehängte hinterlüftete Fassaden	185.184	107,00	22,80	3,4
039	Trockenbauarbeiten	354.855	205,00	43,70	6,6
	Ausbau	**1.851.663**	**1.069,60**	**228,10**	**34,4**
040	Wärmeversorgungsanl. - Betriebseinr. inkl. 041	89.116	51,50	11,00	1,7
042	Gas- und Wasserinstallation, Leitungen inkl. 043	42.528	24,60	5,20	0,8
044	Abwasseranlagen - Leitungen	33.642	19,40	4,10	0,6
045	GWE-Einrichtungsgegenstände inkl. 046	112.427	64,90	13,90	2,1
047	Dämmarbeiten an betriebstechnischen Anlagen	22.241	12,80	2,70	0,4
049	Feuerlöschanlagen, Feuerlöschgeräte	–	–	–	–
050	Blitzschutz- und Erdungsanlagen	29.488	17,00	3,60	0,5
053	Niederspannungsanlagen inkl. 052, 054	268.538	155,10	33,10	5,0
055	Sicherheits- u. Ersatzstromversorgungsanl.	1.772	1,00	0,22	< 0,1
057	Gebäudesystemtechnik	30.563	17,70	3,80	0,6
058	Leuchten und Lampen inkl. 059	123.774	71,50	15,30	2,3
060	Sprechanlagen, elektroakust. Anlagen inkl. 064	7.204	4,20	0,89	0,1
061	Kommunikationsnetze inkl. 063	91.914	53,10	11,30	1,7
069	Aufzüge	–	–	–	–
070	Gebäudeautomation	–	–	–	–
075	Raumlufttechnische Anlagen inkl. 078	244.759	141,40	30,20	4,5
	Gebäudetechnik	**1.097.965**	**634,20**	**135,30**	**20,4**
084	Abbruch, Rückbau, Schadstoffsanierung	–	–	–	–
	Abbrucharbeiten	**–**	**–**	**–**	**–**
	Sonstige Leistungsbereiche	**38.783**	**22,40**	**4,80**	**0,7**

4400-0369
Kindertagesstätte
(4 Gruppen)
(84 Kinder)

Objektübersicht

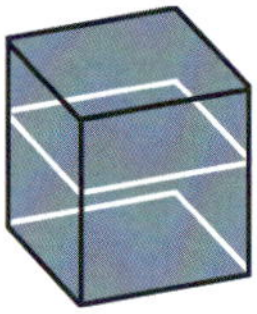

BRI 994 €/m^3

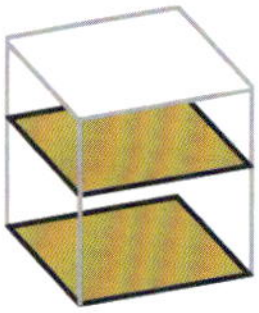

BGF 4.282 €/m^2

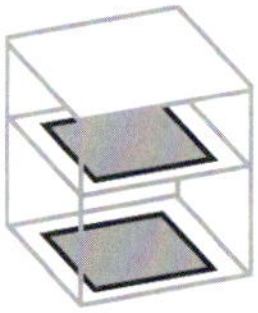

NUF 6.510 €/m^2

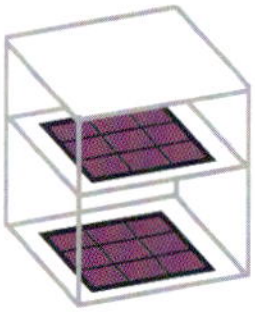

NE 43.941 €/NE
NE: Kinder

Objekt:
Kennwerte: 1. Ebene DIN 276
BRI: 3.712 m^3
BGF: 862 m^2
NUF: 567 m^2
Bauzeit: 74 Wochen
Bauende: 2021
Standard: Durchschnitt
Bundesland: Nordrhein-Westfalen
Kreis: Düsseldorf, Stadt

Architekt*in:
WOLLENWEBER-ARCHITEKTUR
Kronprinzenstraße 9
40217 Düsseldorf

Bauherr*in:
Gebäudemanagement Neuss
Meererhof 1
41462 Neuss

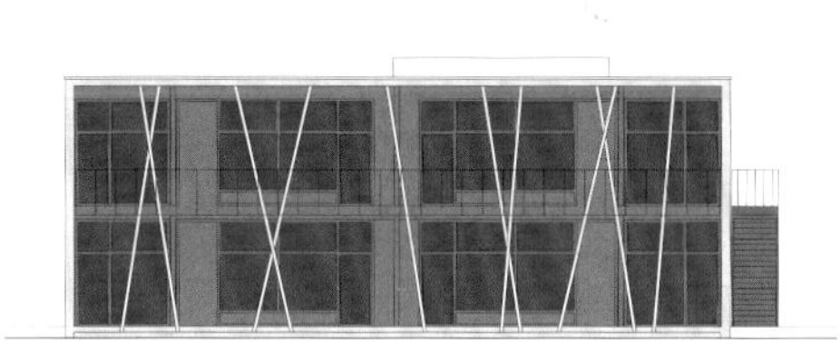

Ansicht Süd-West

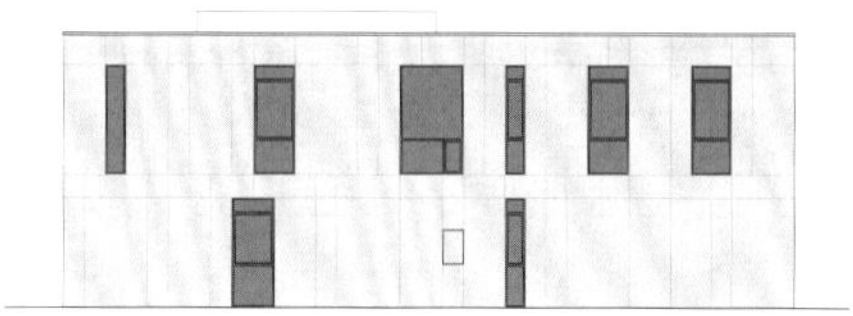

Ansicht Nord-Ost

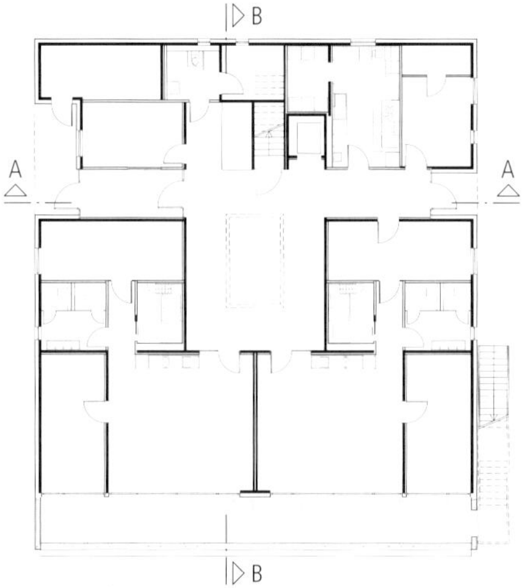

Erdgeschoss

Obergeschoss

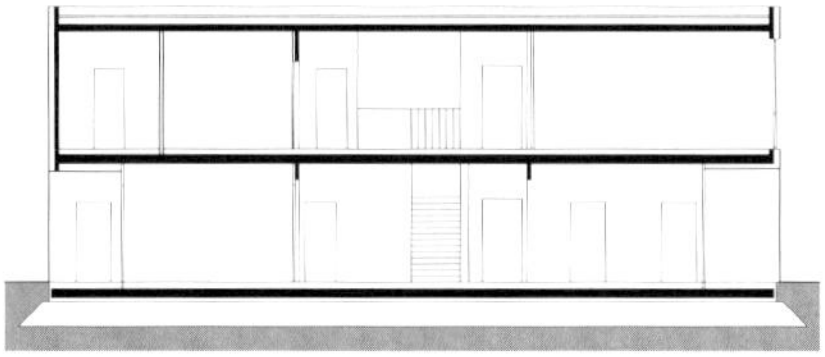

Schnitt A-A

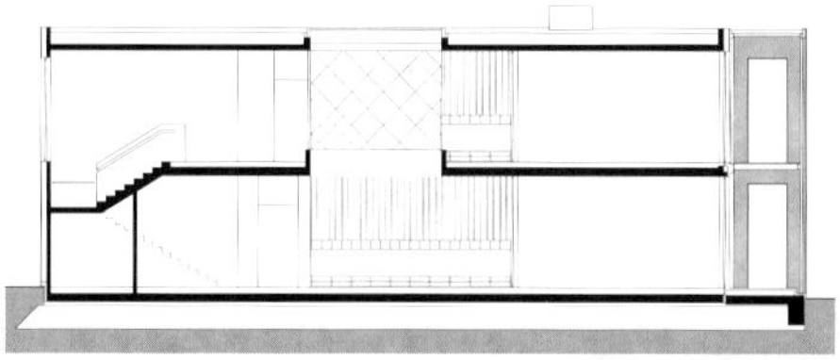

Schnitt B-B

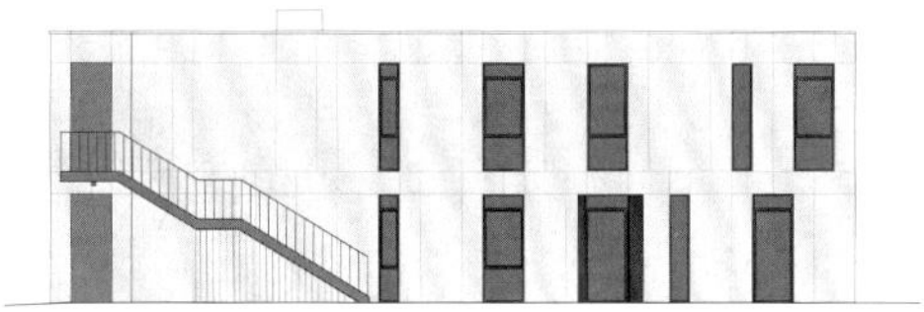

Ansicht Süd-Ost

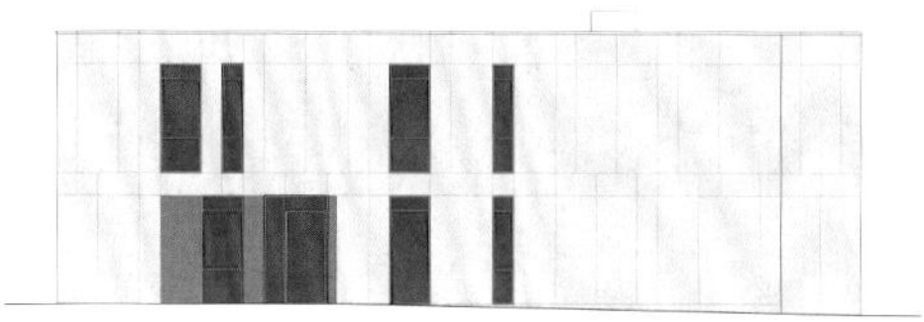

Ansicht Nord-West

Objektbeschreibung

Allgemeine Objektinformationen

Der zweigeschossige Neubau einer Kindertagesstätte beherbergt vier Gruppen. Im Herzstück befindet sich ein zweigeschossiger Bereich, der mit einem großen Oberlicht das Erdgeschoss mit Tageslicht und Frischluft versorgt. Die Gruppenräume sind um diesen zentralen Bereich angeordnet. Die sichtbare Holzkonstruktion sorgt für ein angenehmes Raumklima und macht die ökologische Bauweise erlebbar und strahlt ein hohes Maß an Behaglichkeit und Wärme aus.

Nutzung

1 Erdgeschoss
Foyer, Spielflur, Windfang, Gruppenräume, Schlafräume, Nebenräume, Sanitärräume, Küche, Therapieraum, Büro, Technik, Abstellraum, Aufzug

1 Obergeschoss
Spielflur, Gruppenräume, Schlafräume, Nebenräume, Mehrzweckraum, Personalräume, Sanitärräume, Verteilerküche, Hauswirtschaftsraum, Abstellraum, Aufzug

Nutzeinheiten

Gruppen: 4
Kinder: 84

Grundstück

Bauraum: Freier Bauraum
Neigung: Ebenes Gelände
Bodenklasse: BK 1 bis BK 3

Markt

Hauptvergabezeit: 2. Quartal 2020
Baubeginn: 1. Quartal 2020
Bauende: 3. Quartal 2021
Konjunkturelle Gesamtlage: Durchschnitt
Regionaler Baumarkt: Durchschnitt

Baukonstruktion

Der als massiver Holzbau konzipierte Baukörper gründet auf einer 25cm starken Stahlbetonbodenplatte. Die Außenwände, sowie die Decken und das Flachdach sind aus massiven Brettsperrholzplatten vorgefertigt. Die Innenwände sind teilweise in GK-Trockenbauweise oder aus Brettsperrholzelementen gefertigt. Die Fassade wurde mit hinterlüfteten Faserzementplatten bekleidet. Die Alufenster- und Türen sind dreifachverglast. Die Böden wurden mit Linoleum oder Bodenfliesen belegt, die Decken mit Holzakustikelementen abgehängt.

Technische Anlagen

Beheizt wird die Kita über eine geothermische Wärmepumpe, Warmwasser wird über einen elektrischen Durchlauferhitzer bereitet. Die Wärmeverteilung erfolgt über eine Fußbodenheizung. Ein zentrales Lüftungsgerät mit Wärmerückgewinnung wurde eingebaut und versorgt die Räume mit Frischluft. Das Gebäude ist barrierefrei mit einem Aufzug ausgestattet. Es wurde eine RWA-Anlage und eine Brandwarnanlage eingebaut.

Sonstiges

Eine außenliegende Verschattung sowie die vorgestellte Balkonkonstruktion verhindern eine Überhitzung des Innenraumes. Zudem werden über die großen Fensterflächen passive solare Gewinne generiert, die den Wärmebedarf minimieren.

Planungskennwerte für Flächen und Rauminhalte nach DIN 277

Flächen des Grundstücks		Menge Einheit	% an GF
BF	Bebaute Fläche	426,00 m²	18,4
UF	Unbebaute Fläche	1.884,00 m²	81,6
GF	Grundstücksfläche	2.310,00 m²	100,0

Grundflächen des Bauwerks		Menge Einheit	% an NUF	% an BGF
NUF	Nutzungsfläche	567,00 m²	100,0	65,8
TF	Technikfläche	14,00 m²	2,5	1,6
VF	Verkehrsfläche	169,00 m²	29,8	19,6
NRF	Netto-Raumfläche	750,00 m²	132,3	87,0
KGF	Konstruktions-Grundfläche	112,00 m²	19,8	13,0
BGF	Brutto-Grundfläche	862,00 m²	152,0	100,0

Brutto-Rauminhalt des Bauwerks		Menge Einheit	BRI/NUF (m)	BRI/BGF (m)
BRI	Brutto-Rauminhalt	3.712,00 m³	6,55	4,31

Kostenkennwerte für die Kostengruppen der 1. Ebene DIN 276

KG	Kostengruppen (1. Ebene)	Einheit	Kosten €	€/Einheit	€/m² BGF	€/m³ BRI	% 300+400
100	Grundstück	m² GF	–	–	–	–	–
200	Vorbereitende Maßnahmen	m² GF	–	–	–	–	–
300	Bauwerk – Baukonstruktionen	m² BGF	2.569.608	2.980,98	2.980,98	692,24	69,6
400	Bauwerk – Technische Anlagen	m² BGF	1.121.465	1.301,00	1.301,00	302,12	30,4
	Bauwerk 300+400	**m² BGF**	**3.691.073**	**4.281,99**	**4.281,99**	**994,36**	**100,0**
500	Außenanlagen und Freiflächen	m² AF	–	–	–	–	–
600	Ausstattung und Kunstwerke	m² BGF	–	–	–	–	–
700	Baunebenkosten	m² BGF	–	–	–	–	–
800	Finanzierung	m² BGF	–	–	–	–	–

KG	Kostengruppe	Menge Einheit	Kosten €	€/Einheit	%
3+4	**Bauwerk**				**100,0**
300	**Bauwerk – Baukonstruktionen**	862,00 m² BGF	2.569.608	**2.980,98**	69,6

Baugrundverbesserung, Stb-Bodenplatte, Abdichtung, Dämmung, Zementestrich, Linoleum, Bodenfliesen; Brettsperrholzwände, Alufenster, dreifachverglast, Alutüren, hinterlüftete, gedämmte Faserzementfassade, Holzoberflächen sichtbar, Beschichtung, Holzschalung, Raffstores; Brettschicht-Innenwände, GK-Wände, Holztüren, Blockzargen, Stahlumfassungszargen, GK-Vorsatzschalen, Beschichtung, Mineralwoll-Schalldämmung; Brettsperrholzdecken, Brettsperrholz-Treppen, Massivholzstufen, Stahl-Balkonanlage, Stahl-Fluchttreppe, Estrich, Linoleum, Bodenfliesen, Akustikdecken, GK-Decken, abgehängt; Brettsperrholz-Flachdach, Gefälledämmung, Abdichtung, Gründach, Dachentwässerung; Sekuranten

KG	Kostengruppe	Menge Einheit	Kosten €	€/Einheit	%
400	**Bauwerk – Technische Anlagen**	862,00 m² BGF	1.121.465	**1.301,00**	30,4

Gebäudeentwässerung, Kaltwasserleitungen, Sanitärobjekte, elektrische Durchlauferhitzer; geothermische Wärmepumpe, Fußbodenheizung, zentrales Lüftungsgerät mit Wärmerückgewinnung auf Dach; Elektroinstallation, LED-Beleuchtung, Blitzschutz; Telefonanlage, Gegensprechanlage; RWA-Anlage, Brandwarnanlage; Personenaufzug

4400-0378
Kindergarten
(6 Gruppen)
(150 Kinder)

Objektübersicht

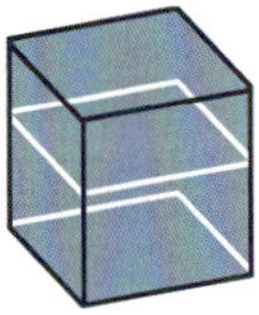

BRI 576 €/m³

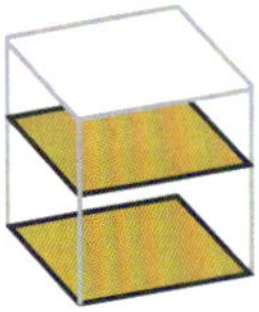

BGF 3.094 €/m²

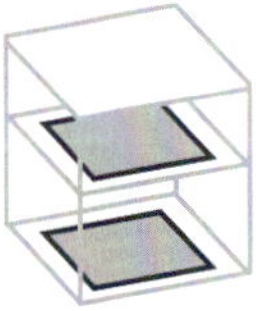

NUF 4.531 €/m²

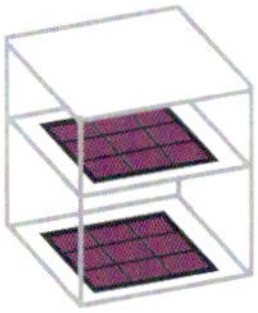

NE 33.766 €/NE

NE: Kinder

Objekt:
Kennwerte: 1.Ebene DIN 276
BRI: 8.792 m³
BGF: 1.637 m²
NUF: 1.118 m²
Bauzeit: 70 Wochen
Bauende: 2022
Standard: Durchschnitt
Bundesland: Bayern
Kreis: Pfaffenhofen a.d. Ilm

Architekt*in:
Architekturbüro
Obereisenbuchner
Schulstraße 13
85276 Pfaffenhofen

Bauherr*in:
Katholische Kirchenstiftung
Verklärung Christi
Kirchweg 3
85296 Rohrbach a.d.Ilm

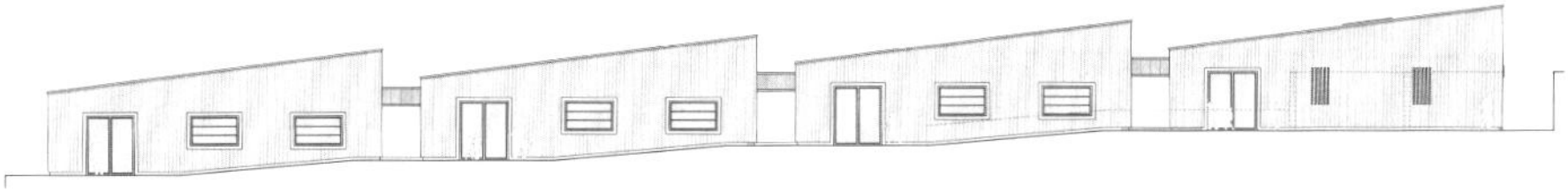

Ansicht Nord

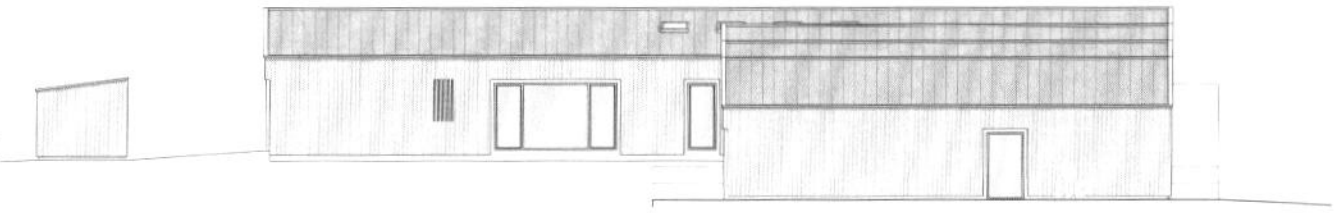

Ansicht Ost

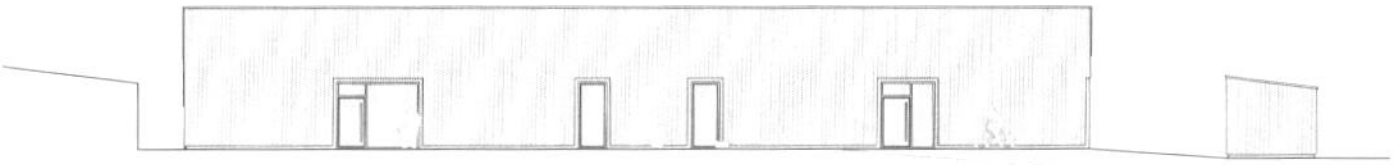

Ansicht West

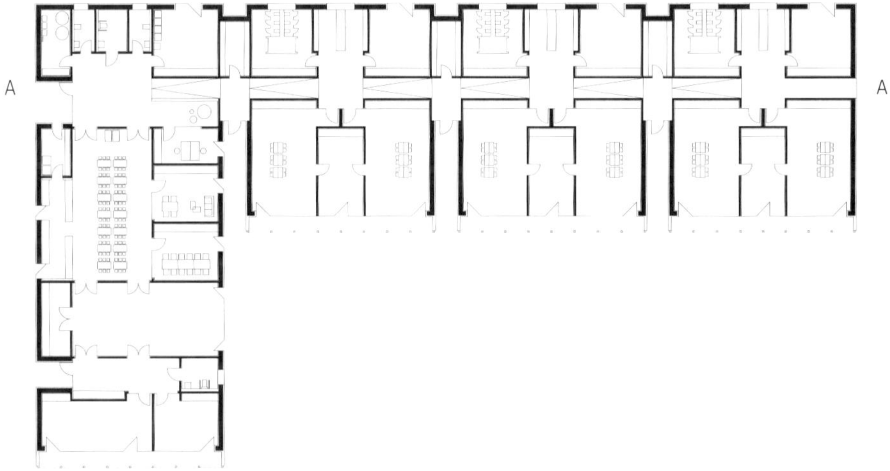

Erdgeschoss

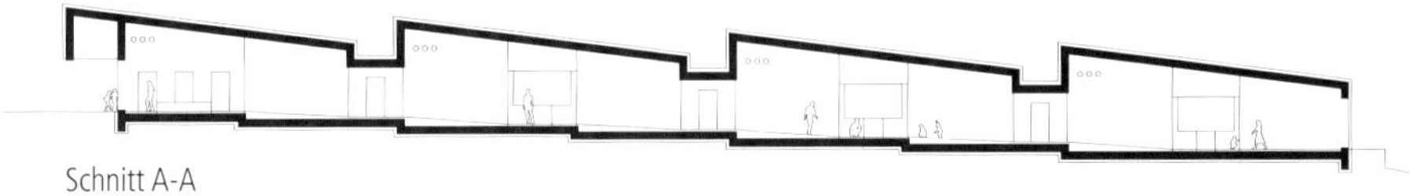

Schnitt A-A

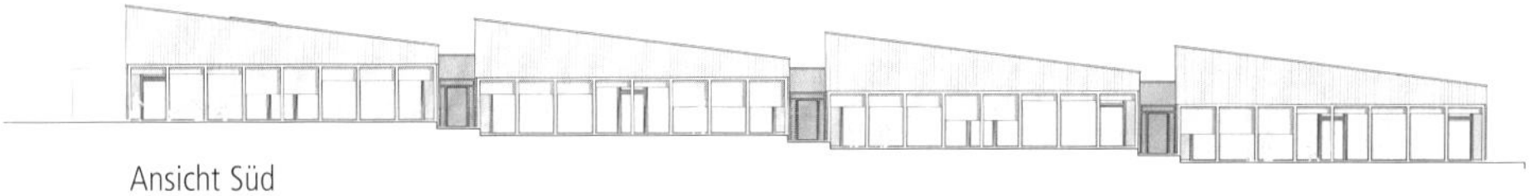

Ansicht Süd

Objektbeschreibung

Allgemeine Objektinformationen

Das L-förmige, eingeschossige Gebäude, wird durch drei Einschnitte in vier Baukörper gegliedert, welche sich entlang einer starken Hanglage kaskadenartig dem Gelände anpassen. Die innere Erschließung erfolgt entsprechend über sechs Rampen, wodurch eine umfassende Barrierefreiheit für die Inklusionseinrichtung geschaffen werden konnte.

Nutzung

1 Erdgeschoss
Gruppenräume, Garderoben, Nebenräume, Therapieraum, WCs, Personalräume, Küche, Speiseraum, Mehrzweckraum, Besprechung, Büroräume, Verwaltungsräume der Pfarrei, Technik, Flure

Nutzeinheiten

Gruppen: 6
Kinder: 150

Grundstück

Bauraum: Freier Bauraum
Neigung: Hanglage
Bodenklasse: BK 1 bis BK 5

Markt

Hauptvergabezeit: 3. Quartal 2020
Baubeginn: 1. Quartal 2021
Bauende: 3. Quartal 2022
Konjunkturelle Gesamtlage: über Durchschnitt
Regionaler Baumarkt: unter Durchschnitt

Baukonstruktion

Das Gebäude gründet auf einer Stahlbetonbodenplatte. Der vorgefundene Baugrund musste mittels Trockenmörtelsäulen verbessert werden. Die Wände wurden in Holzrahmenbauweise vorgefertigt und auf die Baustelle gebracht, darauf wurde eine hinterlüftete Holzschalung mit Holzfaserdämmung montiert. Die Fassadenschalung aus Fichtenholz mit mineralischer Beschichtung zur Vorvergrauung unterstützt die zurückhaltende äußere Erscheinung des Gebäudes in seinem Umfeld. Die Holz-Alufenster sind dreifachverglast und können mit Senkrechtmarkisen verschattet werden. Alle Konstruktionselemente sind in Holzrahmenbauweise vorgefertigt und mit Wärme- bzw. Schalldämmung aus Holzfaserplatten erstellt. Das Pultdach als Sparrendach wurde mit einer Doppelstehfalzdeckung gedeckt. Die Böden sind mit Linoleum und Fliesen belegt. Die Wände wurden nach der Installation mit GK bekleidet und beschichtet.

Technische Anlagen

Die Wärmeerzeugung erfolgt durch eine Luft-Wärmepumpe, eine Fußbodenheizung verteilt die Wärme in den Räumen. In den vier Baukörpern wurde jeweils eine mechanische Lüftungsanlage mit Wärmerückgewinnung verbaut. Auf den Dachflächen wurde eine PV-Anlage installiert.

Sonstiges

Südlich des Neubaus schließen Räume für die örtliche Pfarrei an. Trotz den individuellen, funktionalen und lokalen Anforderungen konnte der Baukörper durch eine hohe Vorfertigung aller Wand- und Dachelemente in kurzer Bauzeit realisiert werden.

Energetische Kennwerte

Gesetzliche Grundlage: EnEV 2013
Gebäudenutzfläche: 1.331,00 m^2
Gebäudevolumen: 7.662,50 m^3
A/V_e-Verhältnis (Kompaktheit): 0,60 m^{-1}
Hüllfläche des beheizten Volumens: 4.604,60 m^2
Mittlerer U-Wert (opake Bauteile): 0,13 $W/(m^2 \cdot K)$
Mittlerer U-Wert (transparente Bauteile): 0,96 $W/(m^2 \cdot K)$
Spez. Jahresprimärenergiebedarf: 124,90 $kWh/(m^2 \cdot a)$
CO_2-Emissionen: 38,80 $kg/(m^2 \cdot a)$

Energetische Angaben zu Außenbauteilen

Bodenplatte

U-Wert: 0,18 W/(m²·K)

Gesamtdicke: 54,00 cm	d [cm]	λ [W/(m·K)]
Estrich	8,00	1,400
Dämmung	3,00	0,045
Dämmung	8,00	0,040
Stahlbeton	25,00	2,300
Dämmung	10,00	0,041

Außenwand gegen Erdreich

U-Wert: 0,26 W/(m²·K)

Gesamtdicke: 43,50 cm	d [cm]	λ [W/(m·K)]
GK-Platte	2,50	0,250
Luftschicht ruhend	4,00	0,088
Holz	4,00	0,130
Stahlbeton	25,00	2,300
Dämmung	12,00	0,039

Außenwand hinterlüftet

U-Wert: 0,12 W/(m²·K)

Gesamtdicke: 45,00 cm	d [cm]	λ [W/(m·K)]
GK-Platte	2,50	0,250
Luftschicht ruhend	4,00	0,088
Holz	4,00	0,130
OSB-Platte	2,50	0,130
Dämmung	30,00	0,040
Holz	30,00	0,130
Holzfaserplatte	6,00	0,055

Dach hinterlüftet

U-Wert: 0,16 W/(m²·K)

Gesamtdicke: 34,50 cm	d [cm]	λ [W/(m·K)]
OSB-Platte	2,50	0,250
Dämmung	26,00	0,040
Holz	26,00	0,130
Holzfaserplatte	6,00	0,055

Planungskennwerte für Flächen und Rauminhalte nach DIN 277

Flächen des Grundstücks		Menge Einheit	% an GF
BF	Bebaute Fläche	1.570,89 m²	29,9
UF	Unbebaute Fläche	3.683,11 m²	70,1
GF	Grundstücksfläche	5.254,00 m²	100,0

Grundflächen des Bauwerks		Menge Einheit	% an NUF	% an BGF
NUF	Nutzungsfläche	1.117,90 m²	100,0	68,3
TF	Technikfläche	13,95 m²	1,2	0,9
VF	Verkehrsfläche	251,43 m²	22,5	15,4
NRF	Netto-Raumfläche	1.383,28 m²	123,7	84,5
KGF	Konstruktions-Grundfläche	253,81 m²	22,7	15,5
BGF	Brutto-Grundfläche	1.637,09 m²	146,4	100,0

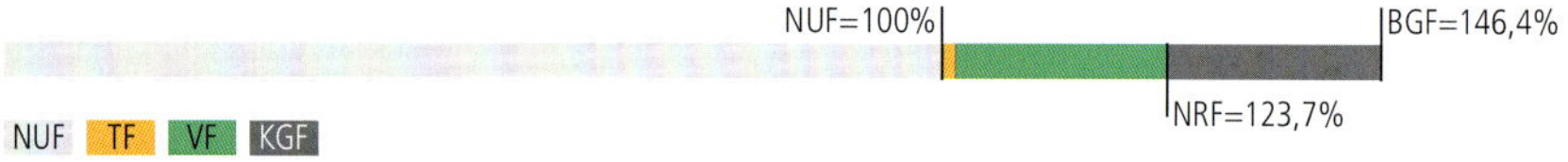

Brutto-Rauminhalt des Bauwerks		Menge Einheit	BRI/NUF (m)	BRI/BGF (m)
BRI	Brutto-Rauminhalt	8.791,92 m³	7,87	5,37

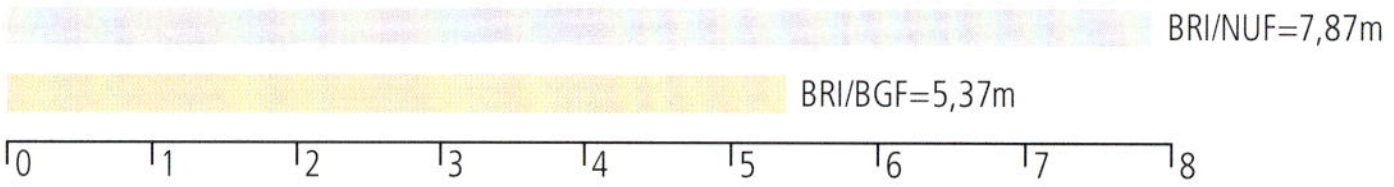

Kostenkennwerte für die Kostengruppen der 1.Ebene DIN 276

KG	Kostengruppen (1.Ebene)	Einheit	Kosten €	€/Einheit	€/m² BGF	€/m³ BRI	% 300+400
100	Grundstück	m² GF	–	–	–	–	–
200	Vorbereitende Maßnahmen	m² GF	–	–	–	–	–
300	Bauwerk – Baukonstruktionen	m² BGF	4.034.922	2.464,69	2.464,69	458,94	79,7
400	Bauwerk – Technische Anlagen	m² BGF	1.030.021	629,18	629,18	117,16	20,3
	Bauwerk 300+400	**m² BGF**	**5.064.942**	**3.093,87**	**3.093,87**	**576,09**	**100,0**
500	Außenanlagen und Freiflächen	m² AF	–	–	–	–	–
600	Ausstattung und Kunstwerke	m² BGF	–	–	–	–	–
700	Baunebenkosten	m² BGF	–	–	–	–	–
800	Finanzierung	m² BGF	–	–	–	–	–

KG	Kostengruppe	Menge Einheit	Kosten €	€/Einheit	%
3+4	**Bauwerk**				**100,0**
300	**Bauwerk – Baukonstruktionen**	1.637,09 m² BGF	4.034.922	**2.464,69**	79,7

Baugrubenaushub, Baugrundverbesserung mittels Trockenmörtelsäulen, Stb-Streifenfundamente, Stb-Bodenplatten, Stb-Rampen, Dämmung, Heizestrich, Linoleum, Bodenfliesen, Sauberlaufmatten, Sauberkeitsschicht, Perimeterdämmung; Stb-Aufkantung, Holzrahmenwände, Holzstützen, Holzfaserdämmung, Holz-Alufenster, -türen, hinterlüftete Fichtenholzschalung, GK-Installationsebenen, Beschichtung, Wandfliesen, Senkrechtmarkisen; Holzrahmen-Innenwände, Holzfaserdämmplatten, Holztüren, GK-Vorsatzschalen; Pfettendach (Pultdach), Holzrahmenelemente, Holzfaserdämmung, Dachflächenfenster, Metalldeckung Doppelstehfalz, Dachentwässerung, Akustikdecken, Beschichtung; Einbauschränke, Einbauküchen, Garderoben, Möbel

KG	Kostengruppe	Menge Einheit	Kosten €	€/Einheit	%
400	**Bauwerk – Technische Anlagen**	1.637,09 m² BGF	1.030.021	**629,18**	20,3

Gebäudeentwässerung, Kalt- und Warmwasserleitungen, Sanitärobjekte; Luft-Wärmepumpe, Fußbodenheizung, Durchlauferhitzer; dezentrale Lüftungsanlagen mit Wärmerückgewinnung (4St); Photovoltaikanlage, Elektroinstallation, Blitzschutzanlage, Beleuchtung; Datennetzwerk, Sprechanlage, Brandmeldeanlage; Küchengeräte

4400-0380
Kindertagesstätte
(5 Gruppen)
(105 Kinder)

Objektübersicht

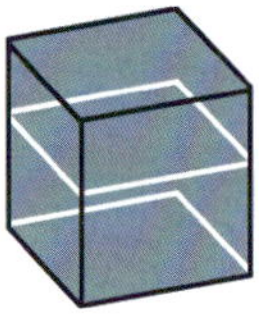

BRI 855 €/m³

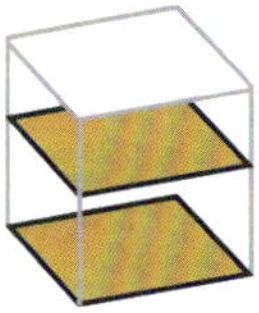

BGF 3.682 €/m²

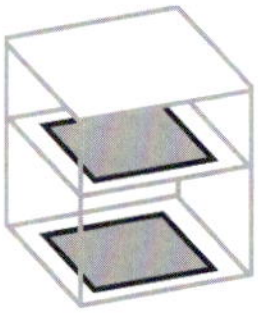

NUF 5.046 €/m²

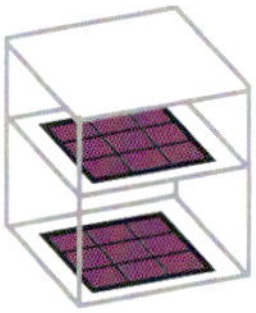

NE 47.305 €/NE

NE: Kinder

Objekt:
Kennwerte: 1.Ebene DIN 276
BRI: 5.808 m³
BGF: 1.349 m²
NUF: 984 m²
Bauzeit: 70 Wochen
Bauende: 2021
Standard: über Durchschnitt
Bundesland: Niedersachsen
Kreis: Verden

Architekt*in:
ulrich TILGNER
thomas GROTZ
Architekten GmbH
Konsul-Smidt-Straße 8d
28217 Bremen

Bauherr*in:
Stadt Verden
Große Straße 40
27283 Verden (Aller)

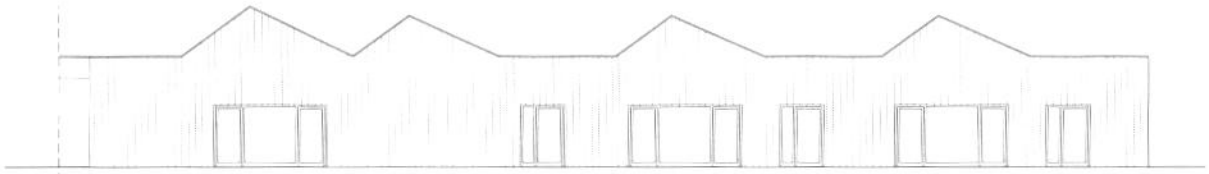

Ansicht Nord

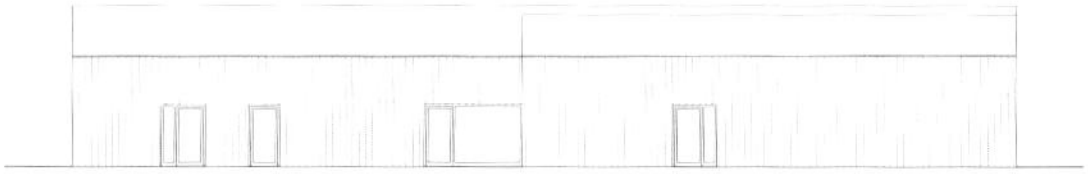

Ansicht West

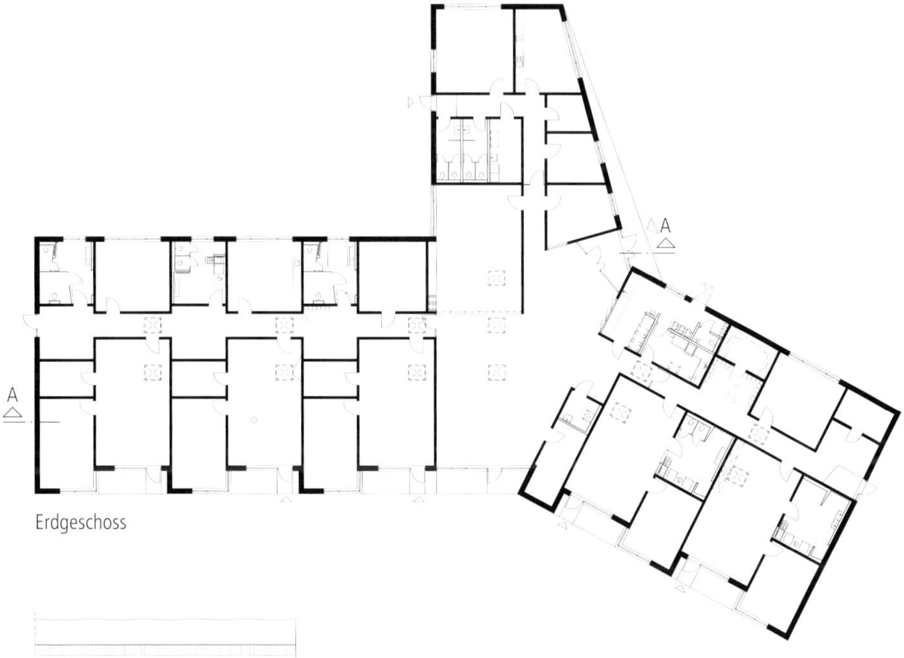

Erdgeschoss

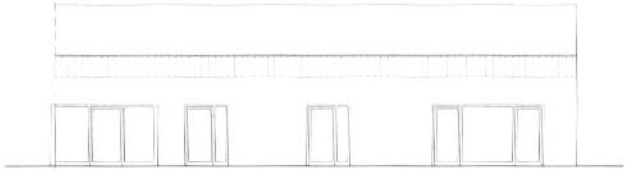

Ansicht Ost

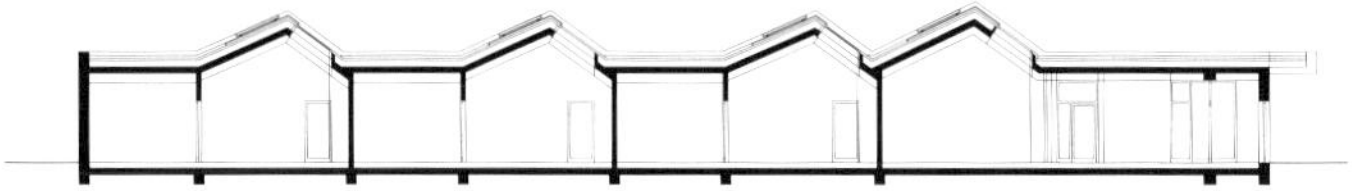

Schnitt A-A

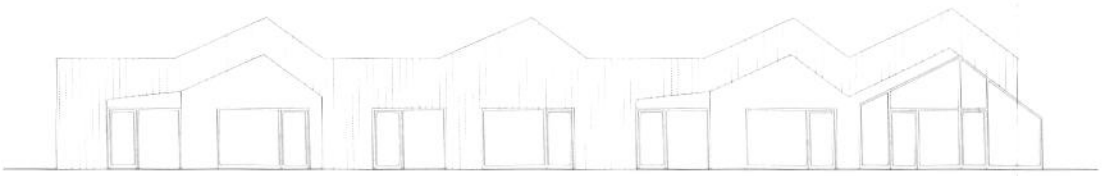

Ansicht Süd

Objektbeschreibung

Allgemeine Objektinformationen

Die Kindertagesstätte entstand in Holzrahmenbauweise mit Dachbegrünung. Aus der Form des Gebäudes werden die drei Nutzungen des Gebäudes erkennbar: die Kita, Krippe und das Familienzentrum stehen gleichberechtigt nebeneinander. Im hinteren Teil des Grundstücks befindet sich ein sicherer Spielbereich.

Nutzung

1 Erdgeschoss
Foyer, Garderoben, Gruppenräume für Krippe und Kita, Speiseraum, Bewegungsraum, Schlafräume, Sanitärräume, Büros Familienzentrum, Küche, Abstellräume, Terrassen

Nutzeinheiten

Gruppen: 5
Kinder: 105

Grundstück

Bauraum: Freier Bauraum
Neigung: Geneigtes Gelände
Bodenklasse: BK 1 bis BK 5

Markt

Hauptvergabezeit: 2. Quartal 2020
Baubeginn: 2. Quartal 2020
Bauende: 3. Quartal 2021
Konjunkturelle Gesamtlage: über Durchschnitt
Regionaler Baumarkt: Durchschnitt

Baukonstruktion

Das in Holzrahmenbauweise erstellte Gebäude wurde auf Streifenfundamenten und einer Stahlbeton-Bodenplatte gegründet. Sämtliche Holzrahmenwände sind mit einer vorgegrauten, hinterlüfteten Holzfassade oder an den Giebelseiten mit Faserzement-Fassadenplatten bekleidet. Die Holzfenster wurden mit einer Dreifachverglasung ausgeführt. Die Böden sind mit Kautschuk oder Bodenfliesen belegt. Sämtliche Materialien im Innenraum sind unter ökologischen Aspekten ausgewählt. Das Dach erhielt eine extensive Begrünung und im Innenbereich wurden die Dachflächen zur Verbesserung der Raumakustik mit Holzfaserplatten bekleidet.

Technische Anlagen

Eine Luft-Wasser-Wärmepumpe erzeugt die nötige Heizwärme, die über eine Fußbodenheizung im Gebäude verteilt wird. Im Sommer kann die Fußbodenheizung zum Kühlen des Gebäudes genutzt werden. Die Stromgewinnung erfolgt durch eine Photovoltaikanlage auf dem Dach.

Sonstiges

Die Form des Baukörpers soll es ermöglichen, dass den Kindern unterschiedliche Blickwinkel begegnen. Bei der Wahl der Materialien wurde großen Wert auf Nachhaltigkeit unter ökologischen Aspekten gelegt.

Energetische Kennwerte

Gesetzliche Grundlage: EnEV 2013
Gebäudenutzfläche: 2.107,00 m^2
Gebäudevolumen: 6.585,00 m^3
Hüllfläche des beheizten Volumens: 3.745,00 m^2
Mittlerer U-Wert (opake Bauteile): 0,23 W/(m^2·K)
Mittlerer U-Wert (transparente Bauteile): 0,93 W/(m^2·K)
Spez. Jahresprimärenergiebedarf: 178,24 kWh/(m^2·a)

Energetische Angaben zu Außenbauteilen

Bodenplatte

U-Wert: 0,27 W/(m²·K)

Gesamtdicke: 43,00 cm	d [cm]	λ [W/(m·K)]
Estrich	6,00	1,400
Dämmung	12,00	0,035
Stahlbeton	25,00	2,300

Außenwand

U-Wert: 0,20 W/(m²·K)

Gesamtdicke: 27,00 cm	d [cm]	λ [W/(m·K)]
OSB-Platte	1,50	0,130
Dämmung	24,00	0,040
Holz	24,00	0,130
Holzfaserplatte	1,50	0,070

Dach

U-Wert: 0,20 W/(m²·K)

Gesamtdicke: 26,55 cm	d [cm]	λ [W/(m·K)]
GK-Platte	2,50	0,250
PE-Folie	0,05	0,330
Dämmung	24,00	0,040
Holz	24,00	0,130

Planungskennwerte für Flächen und Rauminhalte nach DIN 277

Flächen des Grundstücks		Menge Einheit	% an GF
BF	Bebaute Fläche	1.349,00 m²	28,8
UF	Unbebaute Fläche	3.333,85 m²	71,2
GF	Grundstücksfläche	4.682,85 m²	100,0

Grundflächen des Bauwerks		Menge Einheit	% an NUF	% an BGF
NUF	Nutzungsfläche	984,43 m²	100,0	73,0
TF	Technikfläche	25,00 m²	2,5	1,9
VF	Verkehrsfläche	178,74 m²	18,2	13,2
NRF	Netto-Raumfläche	1.188,17 m²	120,7	88,1
KGF	Konstruktions-Grundfläche	160,83 m²	16,3	11,9
BGF	Brutto-Grundfläche	1.349,00 m²	137,0	100,0

Brutto-Rauminhalt des Bauwerks		Menge Einheit	BRI/NUF (m)	BRI/BGF (m)
BRI	Brutto-Rauminhalt	5.808,00 m³	5,90	4,31

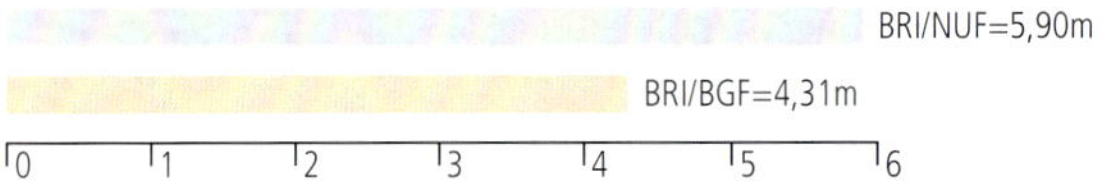

Kostenkennwerte für die Kostengruppen der 1.Ebene DIN 276

KG	Kostengruppen (1. Ebene)	Einheit	Kosten €	€/Einheit	€/m² BGF	€/m³ BRI	% 300+400
100	Grundstück	m² GF	–	–	–	–	–
200	Vorbereitende Maßnahmen	m² GF	21.601	4,61	16,01	3,72	0,4
300	Bauwerk – Baukonstruktionen	m² BGF	3.815.792	2.828,61	2.828,61	656,99	76,8
400	Bauwerk – Technische Anlagen	m² BGF	1.151.226	853,39	853,39	198,21	23,2
	Bauwerk 300+400	**m² BGF**	**4.967.018**	**3.682,00**	**3.682,00**	**855,20**	**100,0**
500	Außenanlagen und Freiflächen	m² AF	431.053	285,28	319,54	74,22	8,7
600	Ausstattung und Kunstwerke	m² BGF	121.724	90,23	90,23	20,96	2,5
700	Baunebenkosten	m² BGF	–	–	–	–	–
800	Finanzierung	m² BGF	–	–	–	–	–

KG	Kostengruppe	Menge Einheit	Kosten €	€/Einheit	%
200	**Vorbereitende Maßnahmen**	4.682,85 m² GF	21.601	**4,61**	0,4
	Gelände freimachen, Baugrube; Hauswasseranschluss				
3+4	**Bauwerk**				**100,0**
300	**Bauwerk – Baukonstruktionen**	1.349,00 m² BGF	3.815.792	**2.828,61**	76,8
	Oberbodenarbeiten; Fundamentaushub, Stb-Streifenfundamente, Stb-Bodenplatte, Abdichtung, Dämmung, Heizestrich, Kautschukbeläge, Bodenfliesen; Holzrahmenwände, Holzfenster, Dreifachverglasung, Holztüren, Dämmung, vertikale, vorgegraute Holzbekleidung, Faserzementbekleidung, Senkrechtmarkisen; Vollholzwände, Holzrahmenwände, GK-Wände, Holz-Glas-Türelemente, Holztüren, GK-Bekleidung, Beschichtung, mobile Raumtrennwand; Sparrendach, Abdichtung, Zinkblechdeckung, Flachdach mit Satteldachelementen, Dämmung, Abdichtung, Dachentwässerung, Dachbegrünung, Kies, abgehängte GK-Decken, Akustikdecken; Einbaumöbel, Garderoben, Regale, Einbauküche, Aufwärm-, Spülküche				
400	**Bauwerk – Technische Anlagen**	1.349,00 m² BGF	1.151.226	**853,39**	23,2
	Gebäudeentwässerung, Kalt- und Warmwasserleitungen, Sanitärobjekte; Sole-Wasser-Wärmepumpe, Fußbodenheizung; Lüftungsanlage mit Wärmerückgewinnung; Photovoltaikanlage (200m²), Elektroinstallation, Beleuchtung, Blitzschutz; Telekommunikationsanlage, Brandmeldeanlage, Alarmanlage; Feuerlöschanlage				
500	**Außenanlagen und Freiflächen**	1.511,00 m² AF	431.053	**285,28**	8,7
	Pflaster für Wege, Plätze, Spielbereiche; Spielgeräte; Vegetationsflächen, Bepflanzung, Rasen				
600	**Ausstattung und Kunstwerke**	1.349,00 m² BGF	121.724	**90,23**	2,5
	Mobiliar Gruppenräume, u.a. Tische, Hocker				

4400-0383
Kindertagesstätte
(4 Gruppen)
(74 Kinder)

Objektübersicht

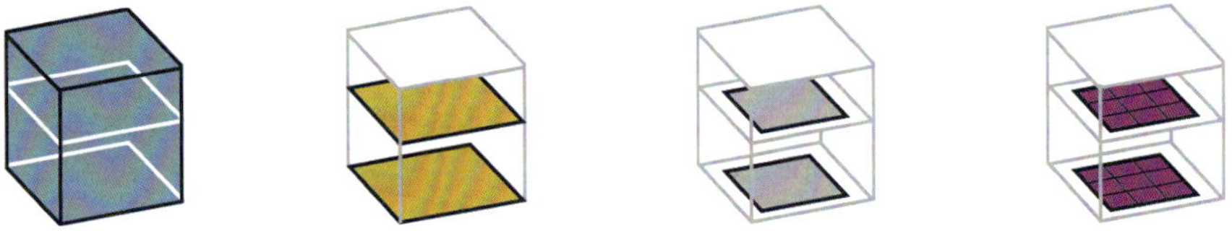

BRI 709 €/m³ **BGF 2.958 €/m²** **NUF 4.586 €/m²** **NE 46.011 €/NE**

NE: Kinder

Objekt:
Kennwerte: 1.Ebene DIN 276
BRI: 4.803 m³
BGF: 1.151 m²
NUF: 742 m²
Bauzeit: 52 Wochen
Bauende: 2022
Standard: Durchschnitt
Bundesland: Bayern
Kreis: Ansbach

Architekt*in:
Dipl.Ing. (FH)
Martin Szymanski
Rötstraße 11
74589 Satteldorf-Gröningen

Bauherr*in:
Gemeinde Schnelldorf
Rothenburger Straße 13
91625 Schnelldorf

© Bauer Holzbau GmbH

© Bauer Holzbau GmbH

© Bauer Holzbau GmbH

© Bauer Holzbau GmbH

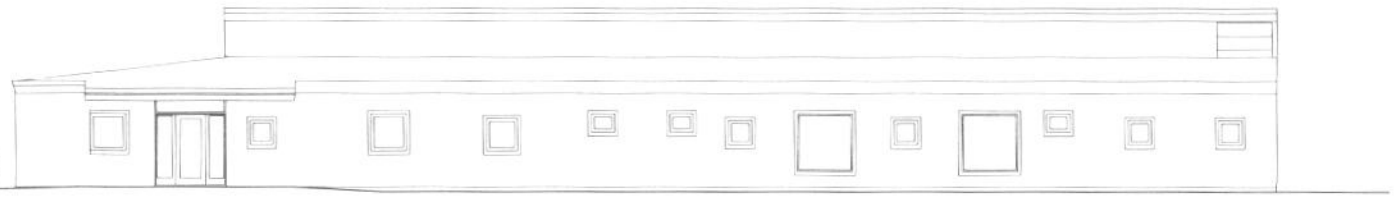
Ansicht Nord

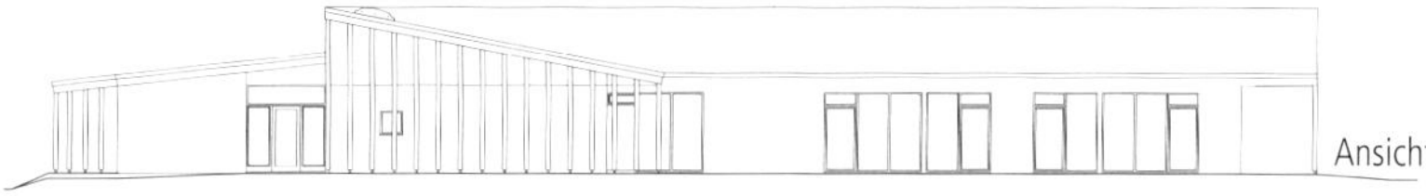
Ansicht West

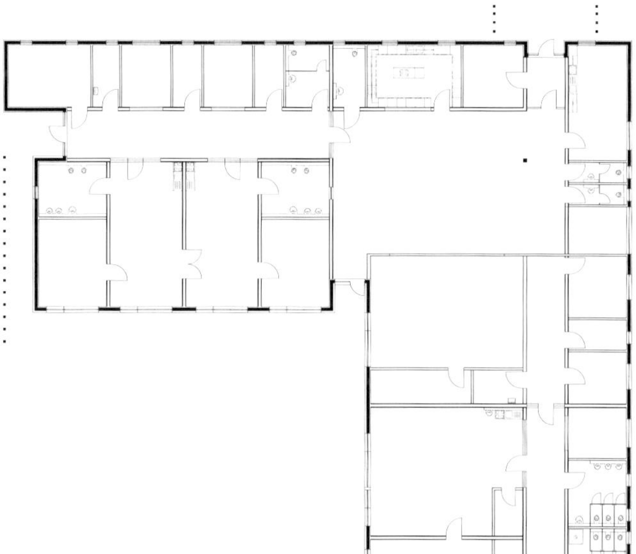
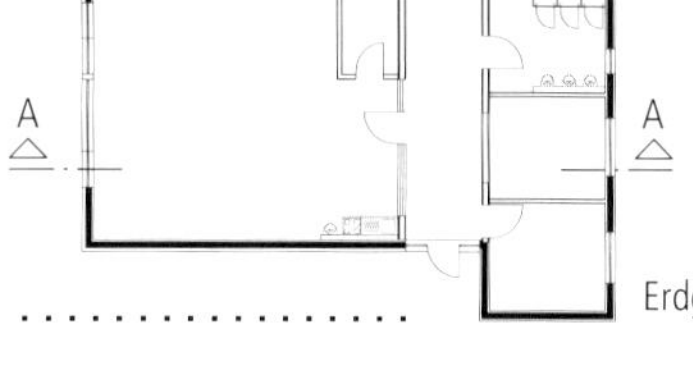

Erdgeschoss

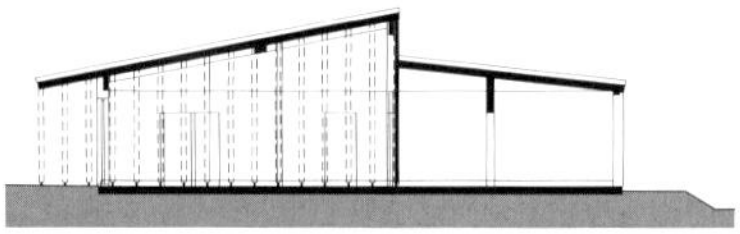
Schnitt A-A

Ansicht Süd

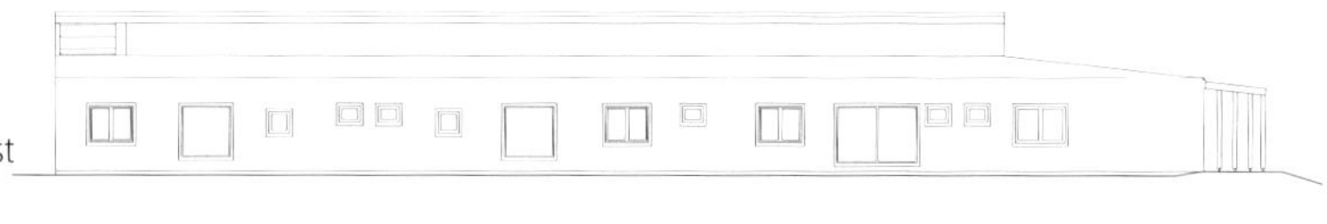
Ansicht Ost

Objektbeschreibung

Allgemeine Objektinformationen

Beim Neubau der Kindertagesstätte war das Ziel, mit nachhaltigen Materialien eine Wohlfühlatmosphäre unter gesunden Bedingungen für die Kleinkinder zu kreieren. Der reine Holzbau in Holztafelbauweise sorgt dabei nicht nur für hervorragende Raumluft und Wohngesundheit, sondern setzt auch in Sachen Klimaschutz ein Ausrufezeichen. Die Architektur des Gebäudes überzeugt durch weite und helle Räume. Viel Glas und die nach Südwesten ausgerichtete Winkelbauweise verwandeln das Gebäude in einen lichtdurchfluteten Ort der Geborgenheit.

Nutzung

1 Erdgeschoss
Windfang, Foyer, Gemeinschaftsraum Krippe (2St), Gemeinschaftsraum Gruppe (2St), Ruheräume, Garderoben, Gemeinschaftsraum, Küche, Vorratsraum, Abstellräume, Personal, Büro, Sanitärräume, Lager, Flure

Nutzeinheiten

Gruppen: 4
Kinder: 74

Grundstück

Bauraum: Freier Bauraum
Neigung: Ebenes Gelände
Bodenklasse: BK 3 bis BK 5

Markt

Hauptvergabezeit: 3. Quartal 2021
Baubeginn: 4. Quartal 2021
Bauende: 4. Quartal 2022
Konjunkturelle Gesamtlage: Durchschnitt
Regionaler Baumarkt: unter Durchschnitt

Baukonstruktion

Die Gründung des Holzbaus erfolgte auf einer Stahlbetonbodenplatte. Für die Wand- und Dachkonstruktion wurden Holzständer aus Fichtenholz eingesetzt. Die innenseitige Klimainstallationsebene aus Holzweichfaserdämmung nimmt überschüssige Luftfeuchtigkeit auf und gibt diese bei Bedarf wieder an die Raumluft ab. Die Fassadenkonstruktion besteht aus unbehandelter Douglasie, ausgeführt als horizontale Rhombusschalung sowie verputzen Flächen. Auch für die Stelen an den Zugängen wurde Douglasie verwendet. Die Alu-Holzfenster sind mit Dreifachverglasung ausgestattet. Die Böden sind mit Linoleum und Fliesen belegt.

Technische Anlagen

Der Neubau wurde an das Fernwärmenetz der Stadt angeschlossen und mit einer Fußbodenheizung ausgestattet. Eine Lüftungsanlage mit Wärmerückgewinnung versorgt die Räume mit Frischluft.

Sonstiges

Das Projekt wurde in einer Rekordbauzeit von 13 Monaten durch Vorfertigung aller Wand- und Dachelemente realisiert. Die Gebäudehülle erreicht den KfW-40-Standard

Planungskennwerte für Flächen und Rauminhalte nach DIN 277

Flächen des Grundstücks		Menge Einheit	% an GF
BF	Bebaute Fläche	1.166,84 m²	–
UF	Unbebaute Fläche	–	–
GF	Grundstücksfläche	–	–

Grundflächen des Bauwerks		Menge Einheit	% an NUF	% an BGF
NUF	Nutzungsfläche	742,48 m²	100,0	64,5
TF	Technikfläche	20,97 m²	2,8	1,8
VF	Verkehrsfläche	196,61 m²	26,5	17,1
NRF	Netto-Raumfläche	960,06 m²	129,3	83,4
KGF	Konstruktions-Grundfläche	191,18 m²	25,7	16,6
BGF	Brutto-Grundfläche	1.151,24 m²	155,1	100,0

Brutto-Rauminhalt des Bauwerks		Menge Einheit	BRI/NUF (m)	BRI/BGF (m)
BRI	Brutto-Rauminhalt	4.802,66 m³	6,47	4,17

Kostenkennwerte für die Kostengruppen der 1. Ebene DIN 276

KG	Kostengruppen (1. Ebene)	Einheit	Kosten €	€/Einheit	€/m² BGF	€/m³ BRI	% 300+400
100	Grundstück	m² GF	–	–	–	–	–
200	Vorbereitende Maßnahmen	m² GF	–	–	–	–	–
300	Bauwerk – Baukonstruktionen	m² BGF	2.752.811	2.391,17	2.391,17	573,18	80,9
400	Bauwerk – Technische Anlagen	m² BGF	652.001	566,35	566,35	135,76	19,1
	Bauwerk 300+400	**m² BGF**	**3.404.811**	**2.957,52**	**2.957,52**	**708,94**	**100,0**
500	Außenanlagen und Freiflächen	m² AF	–	–	–	–	–
600	Ausstattung und Kunstwerke	m² BGF	–	–	–	–	–
700	Baunebenkosten	m² BGF	–	–	–	–	–
800	Finanzierung	m² BGF	–	–	–	–	–

KG	Kostengruppe	Menge Einheit	Kosten €	€/Einheit	%
3+4	**Bauwerk**				**100,0**
300	**Bauwerk – Baukonstruktionen**	1.151,24 m² BGF	2.752.811	**2.391,17**	80,9

Baugrubenaushub; Stb-Bodenplatte, Abdichtung, Dämmung, Heizestrich, Linoleum, Bodenfliesen; Holzständerwände, Holzstützen, Holzweichfaserdämmung, Alu-Holzfenster, Alutüren, horizontale Rhombusverschalung, Putz, Beschichtung, GK-Bekleidung, Beschichtung, Wandfliesen; Holzständerwände, Holz-Glastüren, Holztüren, Holzweichfaserdämmung, GK-Bekleidung, Beschichtung, Wandfliesen; Sparrendachstuhl, Schalung, Holzweichfaserdämmung, Abdichtung, Trapezblecheindeckung, Dachentwässerung, Akustikdecken

KG	Kostengruppe	Menge Einheit	Kosten €	€/Einheit	%
400	**Bauwerk – Technische Anlagen**	1.151,24 m² BGF	652.001	**566,35**	19,1

Gebäudeentwässerung, Kalt- und Warmwasserleitungen, Sanitärobjekte; Fernwärme, dezentrale Warmwasserversorgung, Fußbodenheizung; Lüftungsanlage mit Wärmerückgewinnung, Kleinlüfter Sanitärbereich; Elektroinstallation, Beleuchtung, Blitzschutzanlage; Telekommunikationsanlage, Sprechanlage, Zutrittskontrolle, Rauchmelder, Netzwerkverkabelung

4400-0392
Kindertagesstätte
(4 Gruppen)
(70 Kinder)

Objektübersicht

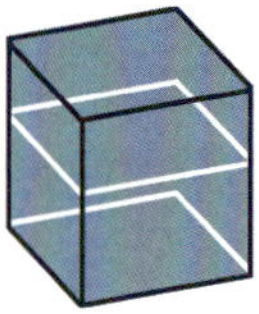

BRI 713 €/m³

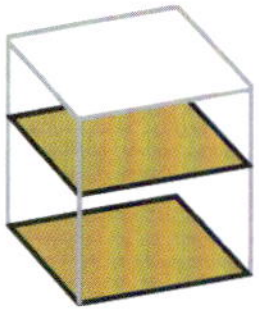

BGF 2.959 €/m²

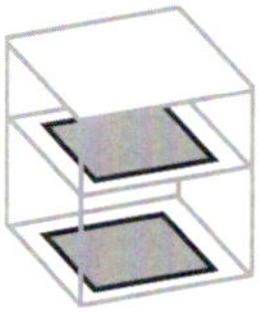

NUF 4.399 €/m²

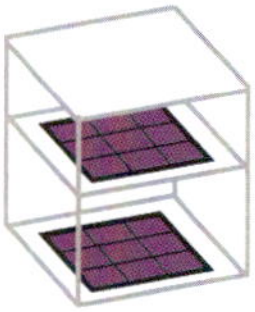

NE 43.786 €/NE
NE: Kinder

Objekt:
Kennwerte: 1.Ebene DIN 276
BRI: 4.299 m³
BGF: 1.036 m²
NUF: 697 m²
Bauzeit: 52 Wochen
Bauende: 2022
Standard: Durchschnitt
Bundesland: Schleswig-Holstein
Kreis: Lübeck, Stadt

Architekt*in:
ZIEBELL + PARTNER
Architektur- und
Planungs GmbH
Sophienstraße 1
23560 Lübeck

Bauherr*in:
Grundstücks-Gesellschaft
TRAVE mbH
Falkenstraße 11
23564 Lübeck

Ansicht Süd-West

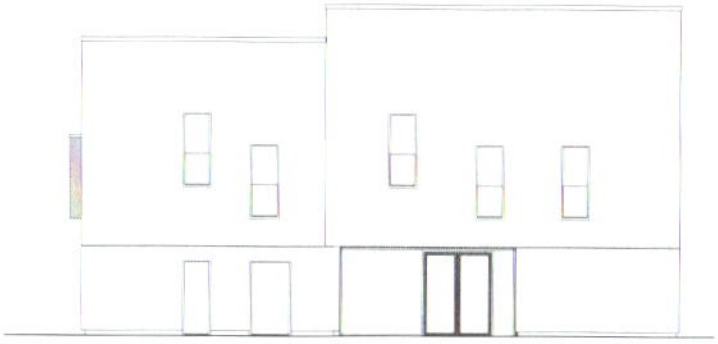

Ansicht Süd-Ost

Erdgeschoss

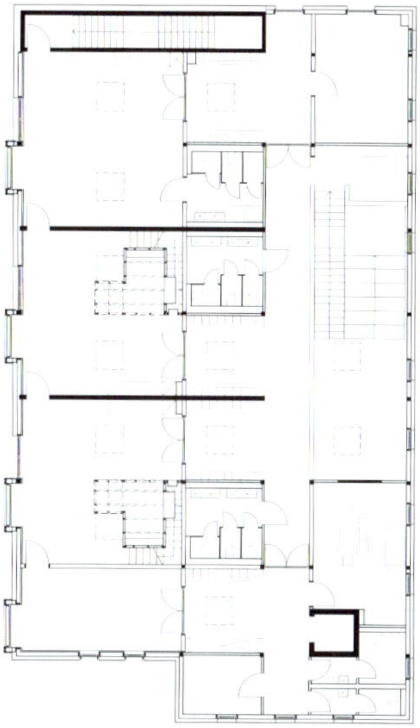

Obergeschoss

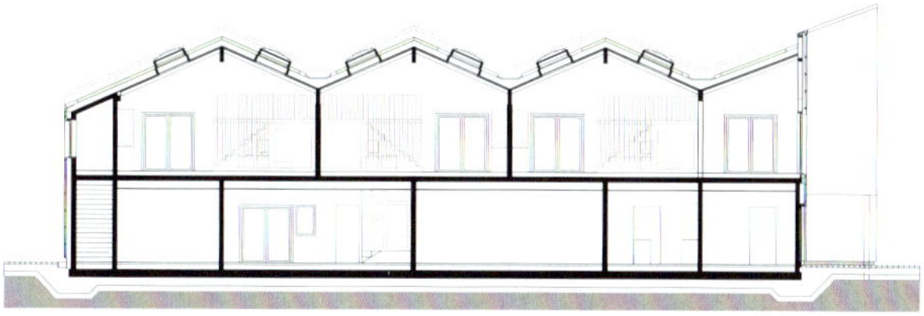

Schnitt A-A

Ansicht Nord-Ost

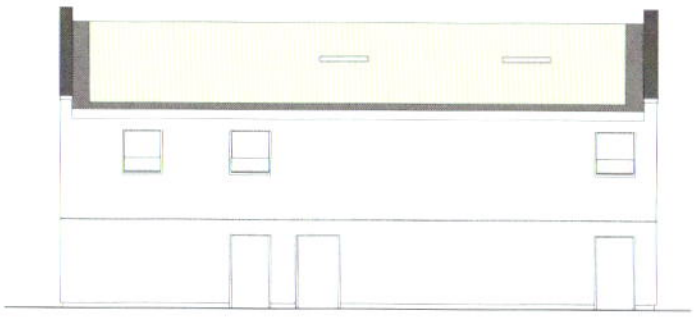

Ansicht Nord-West

Objektbeschreibung

Allgemeine Objektinformationen

Unter einem prägnanten Dach wurde ein zukunftsweisender Neubau in Hybridbauweise realisiert. Für drei Elementargruppen und eine Krippengruppe öffnen sich die Lufträume bis unters Dach und bieten Platz für integrierte Hochebenen, die neben zusätzlicher Spielfläche auch Stauraum bieten. Jedem Gruppenraum ist ein Garderobenbereich und ein Sanitärraum zugeordnet. Eine multifunktionale Tribünentreppe verbindet spielerisch die Geschosse und bietet gemeinsam mit der Mehrzweckhalle und der angedockten Küche unendliche Möglichkeiten der Interaktion.

Nutzung

1 Erdgeschoss
Foyer, Halle mit Veranstaltungsbereich, Mehrzweckraum, Gruppenraum, Schlafraum, Spielgeräteraum, Küche und Erlebniskochen, Büro, Garderobe, WCs, Sanitär- und Wickelraum, Lager, Abstellräume, Hausanschlussraum, Flur, Treppenhaus, Aufzug

1 Obergeschoss
Gruppenräume, Galerie, Förderräume, Personal, Garderoben, Sanitärräume, WCs, Abstellraum, Flur, Treppenhaus, Aufzug

Nutzeinheiten

Gruppen: 4
Kinder: 70

Grundstück

Bauraum: Freier Bauraum
Neigung: Ebenes Gelände
Bodenklasse: BK 1 bis BK 3

Markt

Hauptvergabezeit: 1.Quartal 2021
Baubeginn: 1.Quartal 2021
Bauende: 1.Quartal 2022
Konjunkturelle Gesamtlage: Durchschnitt
Regionaler Baumarkt: Durchschnitt

Baukonstruktion

Die Gründung erfolgte auf Stb-Streifenfundamenten und Stb-Bodenplatten. Darüber wurde das EG in Mauerwerk mit Stb-Decke erstellt, das OG besteht aus Holzrahmenbauwänden mit einer von innen sichtbaren Holz-Sheddach-Konstruktion. Auf der bituminösen Abdichtung wurde das Dach extensiv begrünt. Die Fassade besteht aus einer vertikalen, hinterlüfteten Holzschalung. Die Alufenster sind mit einer Dreifachverglasung ausgestattet, jeweils ein Fenster pro Gruppenraum wurde als auskragendes Alu-Sitzfenster hergestellt. Die Sparren des Dachs wurden zur Verbesserung der Akustik mit Schallschutzplatten bekleidet. Die Böden sind mit Bodenfliesen und Linoleum belegt.

Technische Anlagen

Das Gebäude wird über Fernwärme beheizt, die Verteilung der Heizwärme erfolgt über eine Fußbodenheizung. Der Frischluftbedarf wird über Fensterlüftung erzielt. In den Sanitärräumen wurden Einzelraumlüfter eingebaut. Auf dem Dach wurde eine PV-Anlage mit einer Fläche von 35m² realisiert. Ein Aufzug sichert die Barrierefreiheit.

Energetische Kennwerte

Gesetzliche Grundlage: EnEV 2013
Gebäudenutzfläche: 835,00 m²
Hüllfläche des beheizten Volumens: 1.807,30 m²
Spez. Transmissionswärmeverlust: 0,32 W/(m²·K)
Mittlerer U-Wert (opake Bauteile): 0,17 W/(m²·K)
Mittlerer U-Wert (transparente Bauteile): 0,90 W/(m²·K)
Spez. Jahresprimärenergiebedarf: 71,20 kWh/(m²·a)

Energetische Angaben zu Außenbauteilen

Bodenplatte

U-Wert: 0,19 W/(m²·K)

Gesamtdicke: 49,00 cm	d [cm]	λ [W/(m·K)]
Estrich	6,00	1,400
Dämmung	3,00	0,040
Dämmung	15,00	0,035
Stahlbeton	25,00	2,300

Außenwand

U-Wert: 0,20 W/(m²·K)

Gesamtdicke: 34,50 cm	d [cm]	λ [W/(m·K)]
Innenputz	1,00	1,000
Kalksandstein	17,50	1,100
Dämmung	16,00	0,035

Decke gegen Außenluft unten

U-Wert: 0,17 W/(m²·K)

Gesamtdicke: 46,00 cm	d [cm]	λ [W/(m·K)]
Estrich	6,00	1,400
Dämmung	3,00	0,040
Dämmung	5,00	0,035
Stahlbeton	20,00	2,300
Dämmung	12,00	0,035

Außenwand OG

U-Wert: 0,22 W/(m²·K)

Gesamtdicke: 20,45 cm	d [cm]	λ [W/(m·K)]
GK-Platte	1,25	0,250
OSB-Platte	1,60	0,130
Holz	16,00	0,130
Dämmung	16,00	0,032
Holzfaserplatte	1,60	0,063

Gründach

U-Wert: 0,17 W/(m²·K)

Gesamtdicke: 22,00 cm	d [cm]	λ [W/(m·K)]
Holz	2,00	0,130
Dämmung	20,00	0,035

Planungskennwerte für Flächen und Rauminhalte nach DIN 277

Flächen des Grundstücks		Menge Einheit	% an GF
BF	Bebaute Fläche	536,19 m2	21,9
UF	Unbebaute Fläche	1.914,81 m2	78,1
GF	Grundstücksfläche	2.451,00 m2	100,0

Grundflächen des Bauwerks		Menge Einheit	% an NUF	% an BGF
NUF	Nutzungsfläche	696,81 m2	100,0	67,3
TF	Technikfläche	17,03 m2	2,4	1,6
VF	Verkehrsfläche	121,33 m2	17,4	11,7
NRF	Netto-Raumfläche	835,17 m2	119,9	80,6
KGF	Konstruktions-Grundfläche	200,67 m2	28,8	19,4
BGF	Brutto-Grundfläche	1.035,84 m2	148,7	100,0

Brutto-Rauminhalt des Bauwerks		Menge Einheit	BRI/NUF (m)	BRI/BGF (m)
BRI	Brutto-Rauminhalt	4.299,00 m3	6,17	4,15

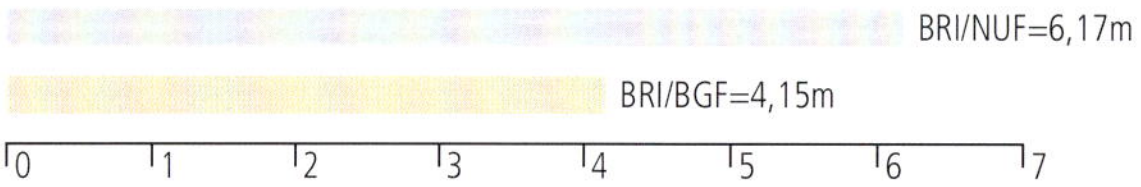

Kostenkennwerte für die Kostengruppen der 1. Ebene DIN 276

KG	Kostengruppen (1. Ebene)	Einheit	Kosten €	€/Einheit	€/m² BGF	€/m³ BRI	% 300+400
100	Grundstück	m² GF	–	–	–	–	–
200	Vorbereitende Maßnahmen	m² GF	–	–	–	–	–
300	Bauwerk – Baukonstruktionen	m² BGF	2.393.794	2.310,97	2.310,97	556,83	78,1
400	Bauwerk – Technische Anlagen	m² BGF	671.238	648,01	648,01	156,14	21,9
	Bauwerk 300+400	**m² BGF**	**3.065.031**	**2.958,98**	**2.958,98**	**712,96**	**100,0**
500	Außenanlagen und Freiflächen	m² AF	–	–	–	–	–
600	Ausstattung und Kunstwerke	m² BGF	–	–	–	–	–
700	Baunebenkosten	m² BGF	–	–	–	–	–
800	Finanzierung	m² BGF	–	–	–	–	–

KG	Kostengruppe	Menge Einheit	Kosten €	€/Einheit	%
3+4	**Bauwerk**				**100,0**
300	**Bauwerk – Baukonstruktionen**	1.035,84 m² BGF	2.393.794	**2.310,97**	78,1

Baugrubenaushub; Frostschürzen, Stb-Bodenplatte, WU, Heizestrich, Linoleum, Bodenfliesen, Abdichtung, Sauberkeitsschicht, Perimeterdämmung; Mauerwerkswände, Stb-Wände, Sichtbeton, Holzrahmenbauwände, Alufenster, Dreifachverglasung, Wärmedämmung, hinterlüftete Holzfassade, textiler Sonnenschutz; KS-Mauerwerk, Stb-Wände, Holzrahmenbauwände, Holztüren, Innenfenster, Putz, Wandfliesen, WC-Trennwände; Stb-Decken, Stb-Treppen, Stb-Spieltreppe, Heizestrich, Linoleum, Bodenfliesen, Holzstufen, abgeh. Schallschutzdecken, Brüstungsgeländer, Treppengeländer; Holzbalkendach, Dachflächenfenster, Dämmung, Abdichtung, extensive Dachbegrünung, Dachentwässerung, Schallschutzdecken; Küche, Garderoben, Hochebenen mit Treppen

KG	Kostengruppe	Menge Einheit	Kosten €	€/Einheit	%
400	**Bauwerk – Technische Anlagen**	1.035,84 m² BGF	671.238	**648,01**	21,9

Gebäudeentwässerung, Kalt- und Warmwasserleitungen, Sanitärobjekte; Fernwärmeversorgung, Fußbodenheizung; Einzelraumlüfter, RWA-Anlage; PV-Anlage (35m²), Elektroinstallation, Beleuchtung, Sicherheitsbeleuchtung, Blitzschutzanlage; Datenübertragungsanlage, elektroakustische Anlage, Brandmeldeanlage, elektronische Zugangskontrolle mit Chipkarten; Personenaufzug; Feuerlöscher

Ein- und Zweifamilienhäuser, unterkellert

4

Ein- und Zwei-familienhäuser, unterkellert

Kostenkennwerte für die Kosten des Bauwerks (Kostengruppen 300+400 nach DIN 276)

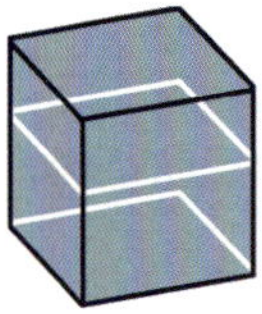
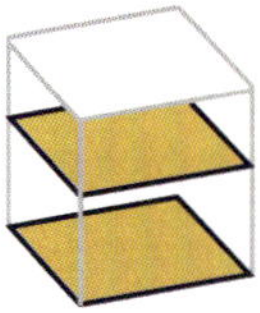
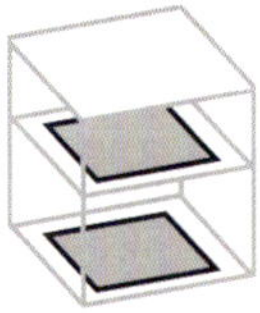
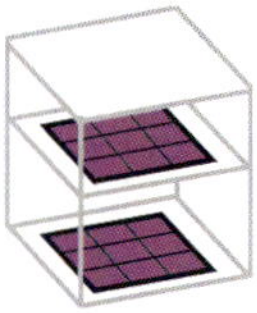

BRI 705 €/m³	BGF 2.230 €/m²	NUF 3.375 €/m²	NE 4.035 €/NE
von 585 €/m³	von 1.795 €/m²	von 2.605 €/m²	von 3.150 €/NE
bis 900 €/m³	bis 2.805 €/m²	bis 4.340 €/m²	bis 5.075 €/NE
			NE: Wohnfläche

Objektbeispiele

Kosten:
Stand 2. Quartal 2024
Bundesdurchschnitt
inkl. 19% MwSt.

6100-1629

6100-1531

6100-1696

Kosten der 41 Vergleichsobjekte — Seiten 332 bis 351

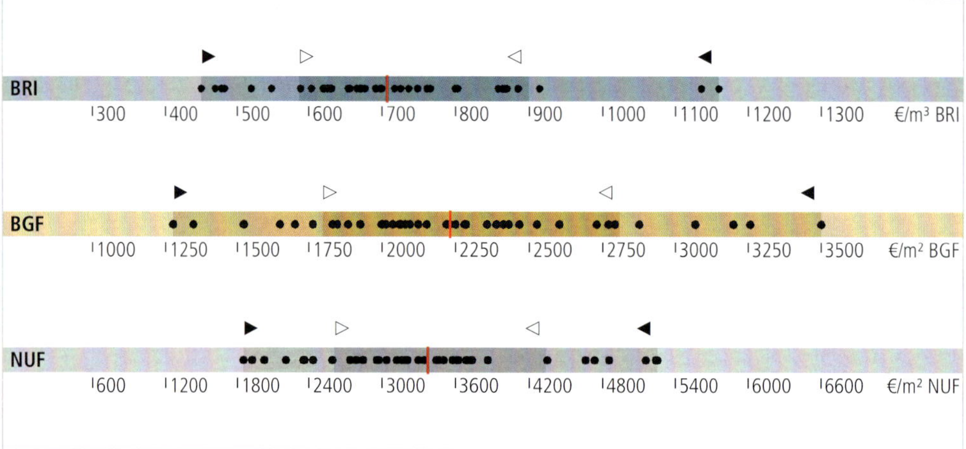

- ● KKW
- ▶ min
- ▷ von
- | Mittelwert
- ◁ bis
- ◀ max

 Kostenstand: 2. Quartal 2024, Bundesdurchschnitt, **inkl. 19% MwSt.**

Kostenkennwerte für die Kostengruppen der 1. und 2. Ebene DIN 276

KG	Kostengruppen der 1. Ebene	Einheit	▷	€/Einheit	◁	▷	% an 300+400	◁
100	Grundstück	m² GF	–	**–**	–	–	**–**	–
200	Vorbereitende Maßnahmen	m² GF	19	**43**	106	1,1	**2,7**	5,0
300	Bauwerk – Baukonstruktionen	m² BGF	1.436	**1.809**	2.243	77,0	**81,1**	85,1
400	Bauwerk – Technische Anlagen	m² BGF	307	**423**	607	14,9	**18,9**	23,0
	Bauwerk 300+400	m² BGF	1.795	**2.232**	2.807	100,0	**100,0**	100,0
500	Außenanlagen und Freiflächen	m² AF	78	**219**	563	3,1	**6,6**	11,6
600	Ausstattung und Kunstwerke	m² BGF	12	**31**	72	0,4	**1,4**	2,8
700	Baunebenkosten*	m² BGF	526	**587**	647	24,0	**26,7**	29,5 ◁
800	Finanzierung	m² BGF	–	**–**	–	–	**–**	–

* Auf Grundlage der HOAI 2021 berechnete Werte nach §§ 35, 52, 56. Weitere Informationen siehe Seite 32

KG	Kostengruppen der 2. Ebene	Einheit	▷	€/Einheit	◁	▷	% an 1. Ebene	◁
310	Baugrube / Erdbau	m³ BGI	25	**37**	53	2,0	**2,8**	4,1
320	Gründung, Unterbau	m² GRF	243	**325**	456	5,8	**7,7**	11,8
330	Außenwände / vertikal außen	m² AWF	424	**537**	676	40,6	**44,2**	48,3
340	Innenwände / vertikal innen	m² IWF	203	**251**	345	8,4	**11,6**	14,1
350	Decken / horizontal	m² DEF	321	**401**	505	11,2	**16,4**	21,4
360	Dächer	m² DAF	371	**460**	602	11,5	**13,3**	18,4
370	Infrastrukturanlagen		–	**–**	–	–	**–**	–
380	Baukonstruktive Einbauten	m² BGF	6	**36**	95	< 0,1	**0,4**	3,1
390	Sonst. Maßnahmen für Baukonst.	m² BGF	34	**58**	123	2,4	**3,6**	6,3
300	**Bauwerk – Baukonstruktionen**	**m² BGF**					**100,0**	
410	Abwasser-, Wasser-, Gasanlagen	m² BGF	81	**119**	174	23,8	**31,2**	36,4
420	Wärmeversorgungsanlagen	m² BGF	107	**146**	203	22,3	**37,8**	52,3
430	Raumlufttechnische Anlagen	m² BGF	26	**57**	109	0,3	**7,0**	17,5
440	Elektrische Anlagen	m² BGF	50	**80**	155	13,9	**20,3**	29,5
450	Kommunikationstechnische Anlagen	m² BGF	6	**10**	18	1,8	**2,7**	4,4
460	Förderanlagen	m² BGF	–	**–**	–	–	**–**	–
470	Nutzungsspez. / verfahrenstech. Anl.	m² BGF	–	**10**	–	0,0	**0,2**	2,6
480	Gebäude- und Anlagenautomation	m² BGF	–	**52**	–	0,0	**0,6**	8,9
490	Sonst. Maßnahmen f. techn. Anl.	m² BGF	–	**12**	–	0,0	**0,2**	2,2
400	**Bauwerk – Technische Anlagen**	**m² BGF**					**100,0**	

Prozentanteile der Kosten 2. Ebene an den Kosten des Bauwerks nach DIN 276 (Von/Mittel/Bis)

KG	Kostengruppe	%
310	Baugrube / Erdbau	2,3
320	Gründung, Unterbau	6,2
330	Außenwände / vertikal außen	35,5
340	Innenwände / vertikal innen	9,3
350	Decken / horizontal	13,1
360	Dächer	10,7
370	Infrastrukturanlagen	
380	Baukonstruktive Einbauten	0,3
390	Sonst. Maßnahmen für Baukonst.	2,9
410	Abwasser-, Wasser-, Gasanlagen	6,1
420	Wärmeversorgungsanlagen	7,7
430	Raumlufttechnische Anlagen	1,4
440	Elektrische Anlagen	4,0
450	Kommunikationstechnische Anlagen	0,5
460	Förderanlagen	
470	Nutzungsspez. / verfahrenstech. Anl.	< 0,1
480	Gebäude- und Anlagenautomation	0,2
490	Sonst. Maßnahmen f. techn. Anl.	< 0,1

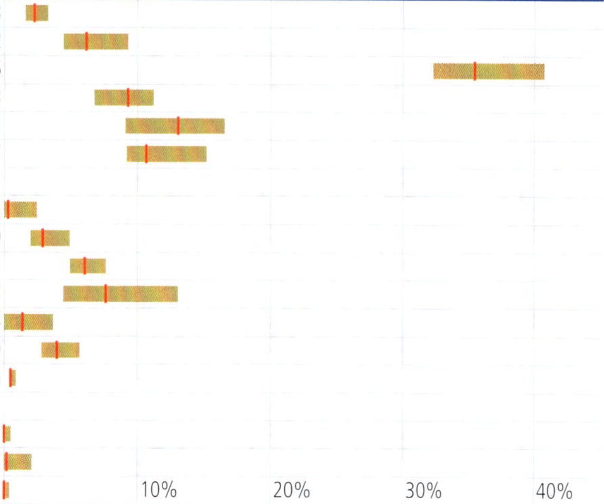

Kosten:
Stand 2. Quartal 2024
Bundesdurchschnitt
inkl. 19% MwSt.

● KKW
▶ min
▷ von
| Mittelwert
◁ bis
◀ max

Prozentanteile der Kosten für Leistungsbereiche nach STLB (Kosten Bauwerk nach DIN 276)

LB	Leistungsbereiche	▷	% an 300+400	◁
000	Sicherheits-, Baustelleneinrichtungen inkl. 001	1,9	**2,7**	4,7
002	Erdarbeiten	1,5	**2,5**	3,5
006	Spezialtiefbauarbeiten inkl. 005	0,0	**< 0,1**	< 0,1
009	Entwässerungskanalarbeiten inkl. 011	0,1	**0,6**	1,8
010	Drän- und Versickerarbeiten	< 0,1	**0,2**	0,4
012	Mauerarbeiten	1,0	**2,5**	6,5
013	Betonarbeiten	8,9	**10,8**	15,0
014	Natur-, Betonwerksteinarbeiten	< 0,1	**0,2**	0,8
016	Zimmer- und Holzbauarbeiten	19,1	**25,3**	32,4
017	Stahlbauarbeiten	< 0,1	**0,2**	1,0
018	Abdichtungsarbeiten	0,3	**1,3**	2,5
020	Dachdeckungsarbeiten	< 0,1	**1,4**	2,9
021	Dachabdichtungsarbeiten	< 0,1	**0,8**	3,1
022	Klempnerarbeiten	0,8	**2,6**	5,9
	Rohbau	45,0	**50,9**	60,9
023	Putz- und Stuckarbeiten, Wärmedämmsysteme	0,8	**2,6**	6,5
024	Fliesen- und Plattenarbeiten	1,1	**1,8**	3,4
025	Estricharbeiten	0,7	**1,6**	3,3
026	Fenster, Außentüren inkl. 029, 032	5,2	**7,4**	9,6
027	Tischlerarbeiten	2,0	**3,8**	5,6
028	Parkettarbeiten, Holzpflasterarbeiten	0,1	**1,5**	3,0
030	Rollladenarbeiten	0,1	**1,2**	1,9
031	Metallbauarbeiten inkl. 035	0,1	**1,7**	4,7
034	Maler- und Lackiererarbeiten inkl. 037	< 0,1	**1,5**	2,0
036	Bodenbelagarbeiten	0,0	**0,4**	1,7
038	Vorgehängte hinterlüftete Fassaden	0,0	**1,9**	9,4
039	Trockenbauarbeiten	2,0	**4,5**	7,1
	Ausbau	24,0	**30,1**	35,8
040	Wärmeversorgungsanl. - Betriebseinr. inkl. 041	5,4	**7,5**	11,7
042	Gas- und Wasserinstallation, Leitungen inkl. 043	1,2	**1,8**	2,6
044	Abwasseranlagen - Leitungen	0,5	**0,8**	1,4
045	GWE-Einrichtungsgegenstände inkl. 046	2,1	**2,8**	4,8
047	Dämmarbeiten an betriebstechnischen Anlagen	0,1	**0,4**	0,7
049	Feuerlöschanlagen, Feuerlöschgeräte	–	**–**	–
050	Blitzschutz- und Erdungsanlagen	0,1	**0,3**	0,6
052	Mittelspannungsanlagen	–	**–**	–
053	Niederspannungsanlagen inkl. 054	2,9	**3,8**	5,3
055	Sicherheits- u. Ersatzstromversorgungsanl.	–	**–**	–
057	Gebäudesystemtechnik	–	**–**	–
058	Leuchten und Lampen inkl. 059	< 0,1	**< 0,1**	0,4
060	Sprechanlagen, elektroakust. Anlagen inkl. 064	< 0,1	**0,1**	0,3
061	Kommunikationsnetze inkl. 062	0,1	**0,3**	0,6
063	Gefahrenmeldeanlagen	< 0,1	**< 0,1**	< 0,1
069	Aufzüge	–	**–**	–
070	Gebäudeautomation	0,0	**0,2**	2,1
075	Raumlufttechnische Anlagen inkl. 078	< 0,1	**0,9**	2,7
	Gebäudetechnik	16,0	**18,9**	22,7
	Sonstige Leistungsbereiche inkl. 008, 033, 051	0,0	**< 0,1**	0,3

Planungskennwerte für Flächen und Rauminhalte nach DIN 277

Grundflächen		▷	Fläche/NUF (%)	◁	▷	Fläche/BGF (%)	◁
NUF	Nutzungsfläche	100,0	**100,0**	100,0	63,6	**66,9**	70,8
TF	Technikfläche	3,9	**5,0**	7,9	2,5	**3,2**	4,9
VF	Verkehrsfläche	12,5	**15,7**	20,1	8,4	**10,2**	12,3
NRF	Netto-Raumfläche	116,9	**120,5**	126,3	77,3	**80,3**	82,2
KGF	Konstruktions-Grundfläche	26,3	**30,1**	36,0	17,8	**19,7**	22,7
BGF	Brutto-Grundfläche	142,8	**150,7**	159,3	100,0	**100,0**	100,0

Brutto-Rauminhalte		▷	BRI/NUF (m)	◁	▷	BRI/BGF (m)	◁
BRI	Brutto-Rauminhalt	4,46	**4,76**	5,12	3,02	**3,16**	3,38

Flächen von Nutzeinheiten	▷	NUF/Einheit (m^2)	◁	▷	BGF/Einheit (m^2)	◁
Nutzeinheit: Wohnfläche	1,10	**1,18**	1,34	1,65	**1,77**	1,97

Lufttechnisch behandelte Flächen	▷	Fläche/NUF (%)	◁	▷	Fläche/BGF (%)	◁
Entlüftete Fläche	–	**–**	–	–	**–**	–
Be- und entlüftete Fläche	127,0	**127,0**	127,0	83,9	**83,9**	83,9
Teilklimatisierte Fläche	–	**–**	–	–	**–**	–
Klimatisierte Fläche	–	**–**	–	–	**–**	–

KG	Kostengruppen (2. Ebene)	Einheit	▷	Menge/NUF	◁	▷	Menge/BGF	◁
310	Baugrube / Erdbau	m^3 BGI	1,25	**1,80**	2,12	0,86	**1,25**	1,46
320	Gründung, Unterbau	m^2 GRF	0,47	**0,53**	0,73	0,32	**0,36**	0,48
330	Außenwände / vertikal außen	m^2 AWF	1,65	**1,85**	2,00	1,17	**1,27**	1,36
340	Innenwände / vertikal innen	m^2 IWF	0,99	**1,03**	1,11	0,64	**0,71**	0,77
350	Decken / horizontal	m^2 DEF	0,72	**0,88**	0,96	0,47	**0,60**	0,63
360	Dächer	m^2 DAF	0,60	**0,65**	0,87	0,42	**0,45**	0,56
370	Infrastrukturanlagen		–	**–**	–	–	**–**	–
380	Baukonstruktive Einbauten	m^2 BGF	1,43	**1,51**	1,59	1,00	**1,00**	1,00
390	Sonst. Maßnahmen für Baukonst.	m^2 BGF	1,43	**1,51**	1,59	1,00	**1,00**	1,00
300	**Bauwerk – Baukonstruktionen**	**m^2 BGF**	1,43	**1,51**	1,59	1,00	**1,00**	1,00

Planungskennwerte für Bauzeiten — 41 Vergleichsobjekte

Bauzeit in Wochen

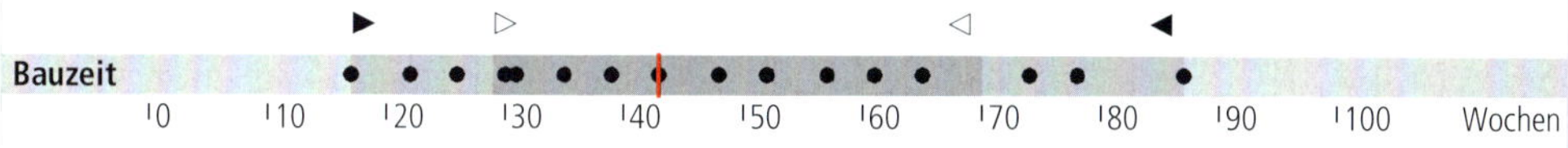

Objektübersicht zur Gebäudeart

6100-0495 Einfamilienhaus, Holzrahmenbau*

Planungsgruppe Barthelmey
Erfurt

6100-0545 Doppelhaushälfte - KfW 40*

Erber Architekten
Lindau

6100-0549 Doppelhaushälfte - KfW 60*

Erber Architekten
Lindau

6100-0550 Doppelhaushälfte, Holzbau*

Freier Architekt Dipl.-Ing. Tim Günther
Sipplingen

6100-0552 Reihenendhaus*

Architekten + Diplom-Ingenieure Jünger + Logar
Darmstadt

6100-0556 Reihenmittelhaus*

Architekten + Diplom-Ingenieure Jünger + Logar
Darmstadt

* Diese Objekte wurden zur Bildung der statistischen Werte herangezogen und sind nicht als Einzelobjekt in diesem Band veröffentlicht.

6100-0834 Einfamilienhaus - KfW 40*

Architekturbüro A. Weiser
Detmold

6100-0835 Einfamilienhaus, Garage*

TRU Architekten Partnerschaft mbB
Berlin

6100-0867 Doppelhaushälfte, Garage*

Architekturbüro Anna Orzessek
Köln

6100-0873 Einfamilienhaus - Effizienzhaus 70*

Jaks Architekten + Ingenieure
München

6100-0874 Doppelhaushälfte, Garage*

Jaks Architekten + Ingenieure
München

6100-0883 Einfamilienhaus - KfW 60*

Hatzius Sarramona Architekten
Hamburg

* Diese Objekte wurden zur Bildung der statistischen Werte herangezogen und sind nicht als Einzelobjekt in diesem Band veröffentlicht.

Objektübersicht zur Gebäudeart

6100-0885 Einfamilienhaus - Effizienzhaus 40*

fabi architekten bda
Regensburg

6100-0905 Einfamilienhaus - KfW 40*

Werkgruppe Freiburg Architekten
Freiburg

6100-0911 Einfamilienhaus*

brenner architekten
München

6100-0980 Einfamilienhaus - Effizienzhaus 55*

evaplan Architektur + Stadtplanung
Karlsruhe

6100-0991 Einfamilienhaus*

bau grün ! energieeffiziente Gebäude
Mönchengladbach

6100-1031 Einfamilienhaus - Effizienzhaus 70*

Planungsgruppe Barthelmey
Erfurt

* Diese Objekte wurden zur Bildung der statistischen Werte herangezogen und sind nicht als Einzelobjekt in diesem Band veröffentlicht.

6100-1044 Einfamilienhaus - Effizienzhaus 85*

TRÄNKNER ARCHITEKTEN Dipl.-Ing.
Architekt Matthias Tränkner, Naumburg (Saale)

6100-1094 Einfamilienhaus - Effizienzhaus 70*

Wacker Zeiger Architekten
Hamburg

6100-1106 Einfamilienhaus, Garage - Effizienzhaus 70*

Lilienström Architekten PartG mbB
Dormagen

6100-1158 Einfamilienhaus, Carport*

grau. architektur Dipl.-Ing. Architektin Petra Grau
Wuppertal

6100-1254 Einfamilienhaus - Effizienzhaus 55*

son.tho architekten
Besigheim

6100-1268 Einfamilienhaus, Garage - Effizienzhaus 55*

kg architektur Dipl.-Ing. Arch. Kai Grosche
Köln

* Diese Objekte wurden zur Bildung der statistischen Werte herangezogen und sind nicht als Einzelobjekt in diesem Band veröffentlicht.

Objektübersicht zur Gebäudeart

6100-1289 Einfamilienhaus, Garage - Effizienzhaus ~31%*

bau grün ! energieeffiziente Gebäude
Mönchengladbach

6100-1291 Einfamilienhaus, Garage*

+studio moeve architekten
Darmstadt

6100-1365 Einfamilienhaus - Effizienzhaus 40*

Jirka + Nadansky Architekten
Hohen Neuendorf

6100-1382 Einfamilienhaus, teilunterkellert*

Hatzius Sarramona Architekten
Hamburg

6100-1407 Einfamilienhaus, Doppelgarage
- Effizienzhaus 55*

2P-Raum Architekten
Nattheim

6100-1527 Einfamilienhaus*

claus arnold architekt bda
Würzburg

* Diese Objekte wurden zur Bildung der statistischen Werte herangezogen und sind nicht als Einzelobjekt in diesem Band veröffentlicht.

© Grosche Burgmer Architekten Part GmbB

6100-1531 Einfamilienhaus - Effizienzhaus ~63%*

Grosche Burgmer Architekten Part GmbB
Köln

© Thomas Nutt

6100-1535 Einfamilienhaus*

Laura Hirsch Architektin
Hamburg

© ASs Flassak & Tehrani

6100-1541 Einfamilienhäuser (6 WE) - Effizienzhaus ~31%*

ASs Flassak & Tehrani Freie Architekten und Stadtplaner, Stuttgart

© riekMANUFAKTUR

6100-1556 Doppelhaushälfte (1 WE)*

riekMANUFAKTUR
Nonnenhorn

© Jan Rottler

6100-1564 Einfamilienhaus, Garage*

Partner und Partner Architekten
Berlin

© Dieter Leistner

6100-1568 Einfamilienhaus, Carport*

claus arnold architekt bda
Würzburg

* Diese Objekte wurden zur Bildung der statistischen Werte herangezogen und sind nicht als Einzelobjekt in diesem Band veröffentlicht.

Objektübersicht zur Gebäudeart

© sgfa

6100-1575 Einfamilienhaus, Garage*

sgfa schäfer gaukel kammerer freie architekten
partnerschaft mbb, Karlsruhe

© Jakob Börner Fotografie

6100-1592 Einfamilienhaus - Effizienzhaus 40*

Sieckmann Walther Architekten
Hamburg

© Sascha Kletzsch

6100-1601 Einfamilienhaus mit Doppelgarage*

Laubender Architektur
Bad Heilbrunn

© Rudi Rach

6100-1629 Einfamilienhaus, Carport (2 STP)

cl.ar Carsten Larusch Architektur
Bitburg

© grotheer architektur

6100-1696 Zweifamilienhaus

grotheer architektur
Wyk auf Föhr

* Diese Objekte wurden zur Bildung der statistischen Werte herangezogen und sind nicht als Einzelobjekt in diesem Band veröffentlicht.

6100-1629
Einfamilienhaus
Carport (2 STP)

Objektübersicht

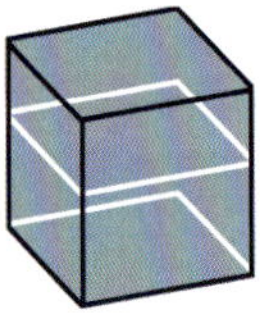

BRI 803 €/m³

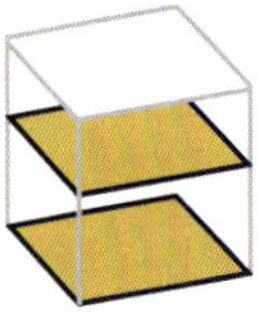

BGF 3.067 €/m²

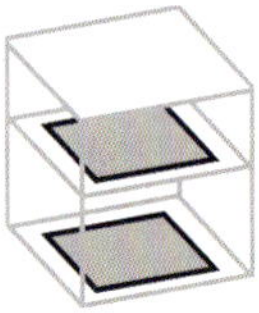

NUF 4.734 €/m²

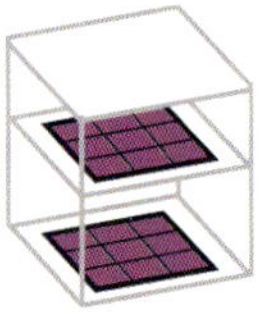

NE 5.267 €/NE

NE: Wohnfläche

Objekt:
Kennwerte: 1.Ebene DIN 276
BRI: 1.358 m³
BGF: 355 m²
NUF: 230 m²
Bauzeit: 74 Wochen
Bauende: 2020
Standard: über Durchschnitt
Bundesland: Rheinland-Pfalz
Kreis: Trier-Saarburg

Architekt*in:
cl.ar Carsten Larusch
Architektur
Holunderweg 10
54634 Bitburg

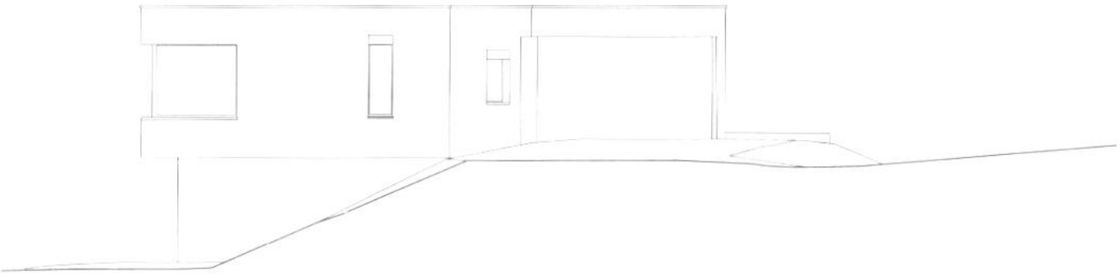

Ansicht Süd

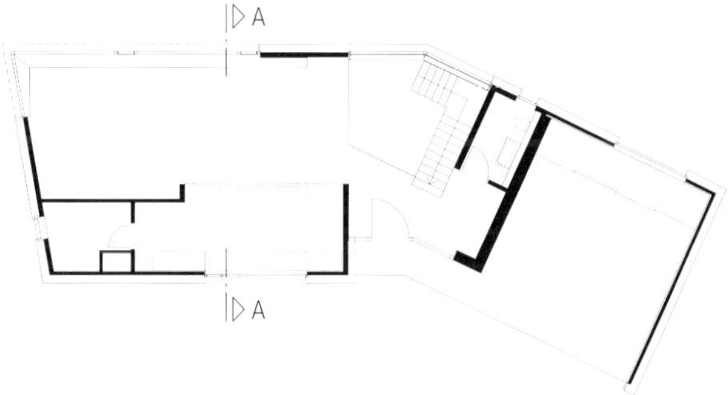

Erdgeschoss

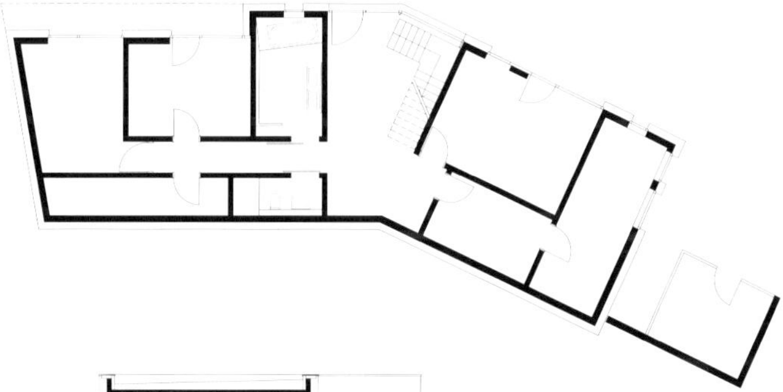

Untergeschoss

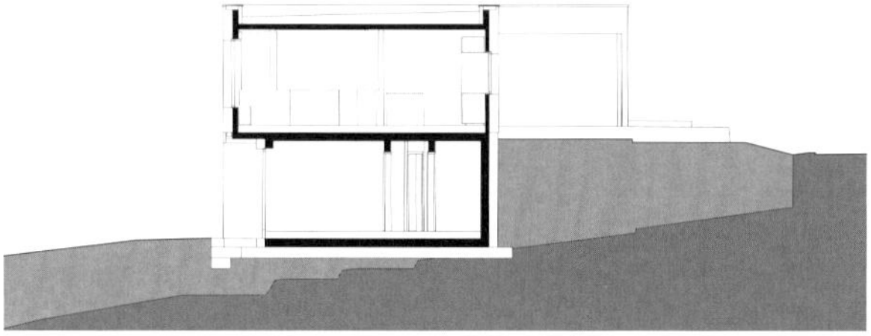

Schnitt A-A

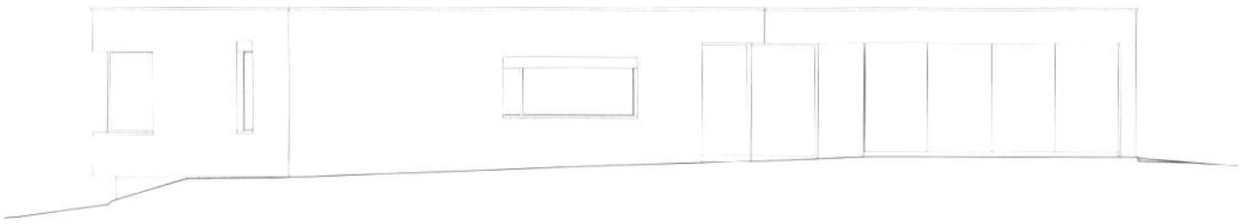

Ansicht Ost

Objektbeschreibung

Allgemeine Objektinformationen

Das Objekt in Hanglage flankiert von hochgewachsenen Bäumen, bietet einen eindrucksvollen Ausblick über das Tal bis hin ins benachbarte Luxemburg. Der zweigeschossige Bau bettet sich respektvoll in den natürlichen Geländeverlauf ein. Der geradlinige Baukörper winkelt sich im Bereich des zentralen Eingangsbereichs ab, sodass sich der Außenraum des Gartens öffnet und der straßenseitige Hof räumlich gefasst wird. Der Südgiebel dreht sich aus seinem rechten Winkel heraus, vergrößert somit die talseitige Westfassade und weitet das Panorama vom Innenraum über das Tal.

Nutzung

1 Untergeschoss
Treppenhaus, Schlafzimmer mit Ankleide, zwei Zimmer, Bad, Duschbad, Wirtschaftsraum, Geräteraum, Technik

2 Erdgeschosse
Eingangsbereich mit Garderobe, Wohnraum, Ess-Küche, Vorräte, WC, Carport (zwei Stellplätze)

Nutzeinheiten

Wohneinheiten: 1
Wohnfläche: 207 m^2

Grundstück

Bauraum: Freier Bauraum
Neigung: Hanglage
Bodenklasse: BK 1 bis BK 5

Markt

Hauptvergabezeit: 1. Quartal 2019
Baubeginn: 1. Quartal 2019
Bauende: 2. Quartal 2020
Konjunkturelle Gesamtlage: Durchschnitt
Regionaler Baumarkt: unter Durchschnitt

Baukonstruktion

Das zweigeschoßige Gebäude wurde in Massivbauweise errichtet und gründet auf einer Stb-Fundamentplatte. Die Kellerwände sind aus Fertigteil-Hohlwänden gefertigt, die Wände im EG dagegen aus massivem Brettsperrholz. Ebenso verhält es sich mit den Decken über UG in Stahlbeton, wogegen das Flachdach über EG aus Brettsperrholz gefertigt auf Brettschichtholzträgern lagert. Die Böden sind mit Parkett und Fliesen belegt. Es wurden Holz-Alu-Fenster und Türen verbaut. Zellulose-Einblasdämmung in Kombination mit Holzwolle-Dämmplatten, die als Putzträger dienen, bilden zusammen mit den konstruktiven Tragelementen aus Brettsperrholzelementen hocheffiziente und nachhaltige Bauteile für Fassade und Dach. Der bewusst raue, grobkörnige Außenputz in einem erdigen Naturton bildet den schützenden Abschluss der Fassade.

Technische Anlagen

Für geringsten energetischen Verbrauch sorgen die Luft-Wärmepumpe und die zentrale Lüftungsanlage. Mit den Erträgen aus der (geplanten) Photovoltaikanlage auf dem Flachdach kombiniert mit einem Batteriespeicher wird der „KfW Effizienzhaus 40+"-Standard erreicht. Somit erzeugt das Gebäude in der Gesamtjahresbetrachtung mehr Energie als es verbraucht.

Sonstiges

Das Wohngebäude ist die Symbiose aus ökologischer, gesunder Bauweise mit zukunftsfähigen, nachrüstbaren energetischen Standards, umgesetzt in zeitloser, klarer Architektur.

Energetische Kennwerte

Gesetzliche Grundlage: EnEV 2013
Gebäudenutzfläche: 335,92 m^2
Gebäudevolumen: 1.049,76 m^3
A/V_e-Verhältnis (Kompaktheit): 0,76 m^{-1}
Hüllfläche des beheizten Volumens: 797,62 m^2
Spez. Transmissionswärmeverlust: 0,22 $W/(m^2 \cdot K)$
Spez. Jahresprimärenergiebedarf: 22,10 $kWh/(m^2 \cdot a)$
Spez. Jahresendenergiebedarf: 12,28 $kWh/(m^2 \cdot a)$
Spez. Jahresheizwärmebedarf: 53,52 $kWh/(m^2 \cdot a)$
CO_2-Emissionen: 8,39 $kg/(m^2 \cdot a)$
Anlagenaufwandszahl: 0,50

Planungskennwerte für Flächen und Rauminhalte nach DIN 277

Flächen des Grundstücks		Menge Einheit	% an GF
BF	Bebaute Fläche	214,00 m²	26,6
UF	Unbebaute Fläche	592,00 m²	73,4
GF	Grundstücksfläche	806,00 m²	100,0

Grundflächen des Bauwerks		Menge Einheit	% an NUF	% an BGF
NUF	Nutzungsfläche	230,28 m²	100,0	64,8
TF	Technikfläche	10,07 m²	4,4	2,8
VF	Verkehrsfläche	30,84 m²	13,4	8,7
NRF	Netto-Raumfläche	271,19 m²	117,8	76,3
KGF	Konstruktions-Grundfläche	84,26 m²	36,6	23,7
BGF	Brutto-Grundfläche	355,45 m²	154,4	100,0

Brutto-Rauminhalt des Bauwerks		Menge Einheit	BRI/NUF (m)	BRI/BGF (m)
BRI	Brutto-Rauminhalt	1.358,00 m³	5,90	3,82

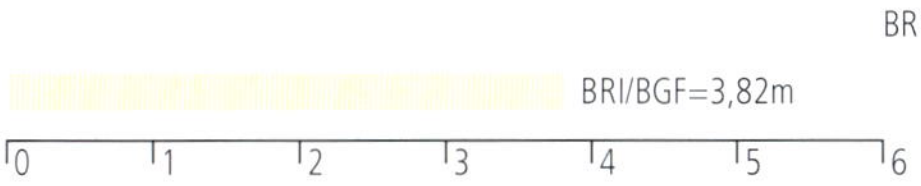

Kostenkennwerte für die Kostengruppen der 1. Ebene DIN 276

KG	Kostengruppen (1. Ebene)	Einheit	Kosten €	€/Einheit	€/m² BGF	€/m³ BRI	% 300+400
100	Grundstück	m² GF	–	–	–	–	–
200	Vorbereitende Maßnahmen	m² GF	–	–	–	–	–
300	Bauwerk – Baukonstruktionen	m² BGF	897.953	2.526,24	2.526,24	661,23	82,4
400	Bauwerk – Technische Anlagen	m² BGF	192.250	540,86	540,86	141,57	17,6
	Bauwerk 300+400	**m² BGF**	**1.090.203**	**3.067,11**	**3.067,11**	**802,80**	**100,0**
500	Außenanlagen und Freiflächen	m² AF	41.007	63,87	115,37	30,20	3,8
600	Ausstattung und Kunstwerke	m² BGF	–	–	–	–	–
700	Baunebenkosten	m² BGF	–	–	–	–	–
800	Finanzierung	m² BGF	–	–	–	–	–

KG	Kostengruppe	Menge Einheit	Kosten €	€/Einheit	%
3+4	**Bauwerk**				**100,0**
300	**Bauwerk – Baukonstruktionen**	355,45 m² BGF	897.953	**2.526,24**	82,4

Schottertragschichten, Stb-Bodenplatte, Abdichtung, Dämmung, Estrich, Parkett, Fliesen, Schaumglasschotter; Stb-Fertigteil-Hohlwände, Brettsperrholzwände, Holz-Alufenster, dreifachverglast, Holz-Alutürelemente, Zelluloseeinblasdämmung in Hohlkammern, Holzfaserträgerplatte, Außenputz, Sichtbetonoberflächen, Innenputz, Beschichtung, Wandfliesen; Brettsperrholz-Innenwände, Holztüren, Schiebetüren, Innenputz, Beschichtung, Fliesen; Stb-Decke, Stb-Treppe, Estrich, Parkett, Fliesen, Ganzglasgeländer; Brettsperrholz-Flachdach, Brettsperrholzunterzüge, Gefälledämmung, Abdichtung, Dachentwässerung; Einbaumöbel

KG	Kostengruppe	Menge Einheit	Kosten €	€/Einheit	%
400	**Bauwerk – Technische Anlagen**	355,45 m² BGF	192.250	**540,86**	17,6

Gebäudeentwässerung, Warm- und Kaltwasserleitungen, Sanitärobjekte; Luft-Wärmepumpe mit Fassadenansaugung, Pufferspeicher; zentrale Lüftungsanlage; Elektroinstallation, "SmartHome"-System, Cat7-Verkabelung, Beleuchtung, Blitzschutz; EDV-Verkabelung

KG	Kostengruppe	Menge Einheit	Kosten €	€/Einheit	%
500	**Außenanlagen und Freiflächen**	642,00 m² AF	41.007	**63,87**	3,8

Stb-Winkelstützelemente, Unterbau, Schottertragschicht für Zufahrt

6100-1696
Zweifamilienhaus

Objektübersicht

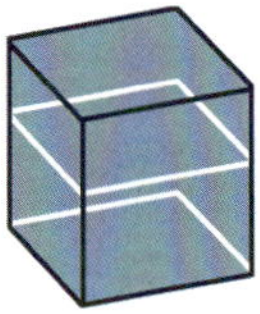
BRI 1.135€/m³

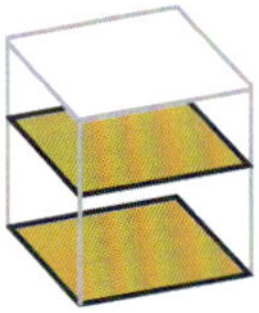
BGF 3.500€/m²

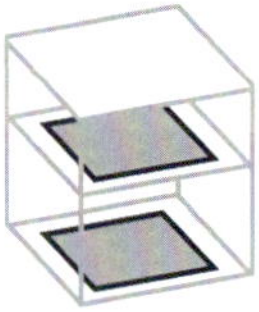
NUF 5.240€/m²

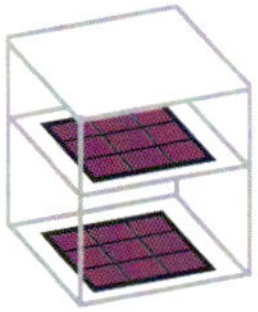
NE 5.143€/NE

NE: Wohnfläche

Objekt:
Kennwerte: 1.Ebene DIN 276
BRI: 1.501 m³
BGF: 487 m²
NUF: 325 m²
Bauzeit: 87 Wochen
Bauende: 2023
Standard: über Durchschnitt
Bundesland: Schleswig-Holstein
Kreis: Nordfriesland

Architekt*in:
grotheer architektur
Friedrichstraße 8a
25938 Wyk auf Föhr

Ansicht West

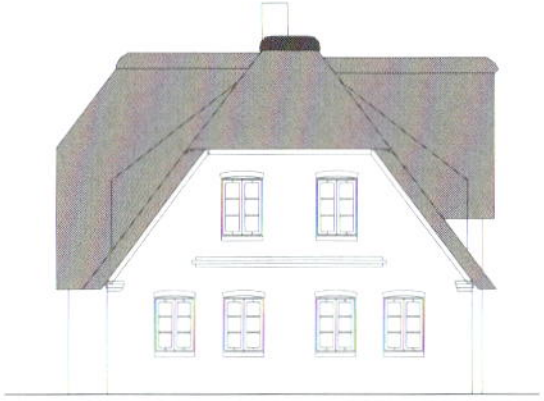

Ansicht Nord

Untergeschoss

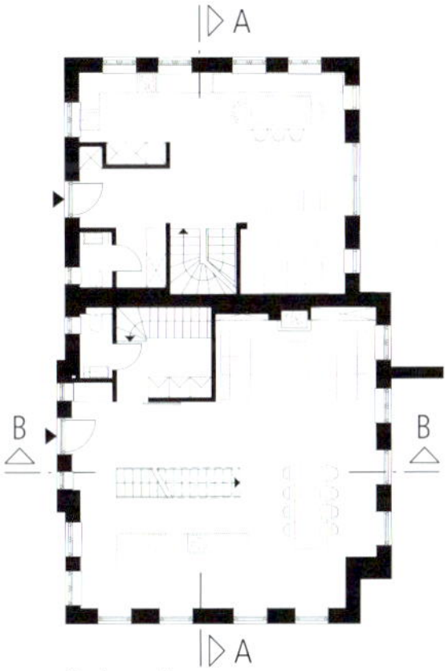

Erdgeschoss

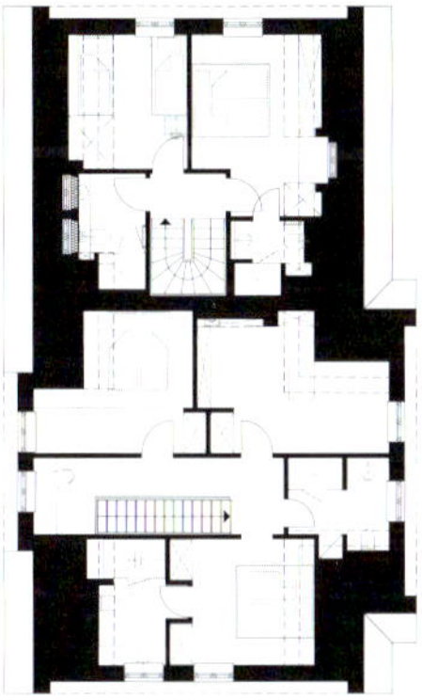

Obergeschoss

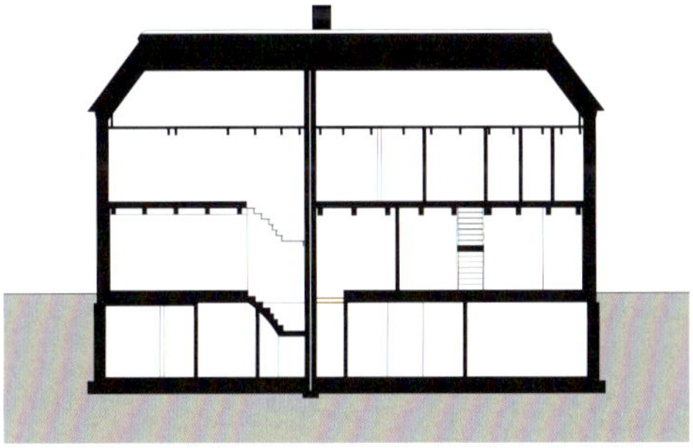

Schnitt A-A

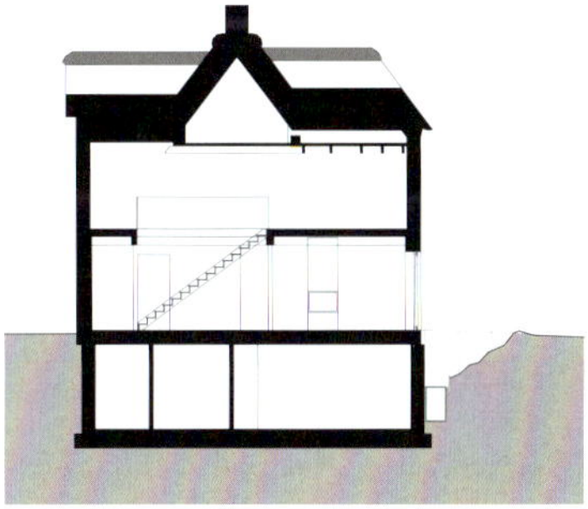

Schnitt B-B

Ansicht Ost

Ansicht Süd

Objektbeschreibung

Allgemeine Objektinformationen

Das Gebäude mit zwei Wohneinheiten wurde auf einer Insel errichtet. Es besteht aus einem Wohnhaus mit angebautem Ferienhaus.

Nutzung

1 Untergeschoss
Hobbyraum, Sauna- und Fitnessräume, Duschen, Abstell- und Hauswirtschaftsräume, Hausanschlussräume

1 Erdgeschoss
Wohn-Essräume mit Küchen, WCs, Garderoben, Treppenhaus

1 Dachgeschoss
Schlafräume, Bäder, Flure

Nutzeinheiten

Wohneinheiten: 2
Wohnfläche: 331 m^2

Grundstück

Bauraum: Freier Bauraum
Neigung: Ebenes Gelände
Bodenklasse: BK 1 bis BK 3

Markt

Hauptvergabezeit: 2. Quartal 2021
Baubeginn: 4. Quartal 2021
Bauende: 3. Quartal 2023
Konjunkturelle Gesamtlage: über Durchschnitt
Regionaler Baumarkt: unter Durchschnitt

Baukonstruktion

Die Außenwände des Untergeschosses wurden in WU-Beton hergestellt und gründet auf einer Stahlbetonfundamentplatte. Die Außenwände des Erdgeschosses sind in Kalksandstein gemauert und verklinkert, dagegen wurden die Giebelwände im DG in Holzrahmenbauweise hergestellt. Die Decke über dem Erdgeschoss ist als Holzbalkendecke ausgeführt. Die Holzfenster sind mit einer Dreifachverglasung ausgestattet. Das Dach ist nach nordfriesischer Tradition mit Reet gedeckt.

Technische Anlagen

Das Wohngebäude wird durch Erdwärme geheizt. Hierfür wurden vier 60m tiefe Bohrungen erstellt und verpresst. Als Wärmeübertrager wurde eine Doppel-U-Erdwärmesonde gewählt. Die Wärmeverteilung erfolgt über eine Fußbodenheizung. Im Untergeschoss wurden zwei Saunen eingebaut.

Sonstiges

Für die Dachdeckung wurde eine Reetdeckung gewählt. Reetdächer erzeugen ein gutes Raumklima und geben Temperaturunterschiede in die Innenräumen nur verzögert weiter.

Energetische Kennwerte

Gesetzliche Grundlage: GEG 2020
Gebäudenutzfläche: 427,30 m^2
Gebäudevolumen: 1.134,40 m^3
A/V_e-Verhältnis (Kompaktheit): 0,67 m^{-1}
Hüllfläche des beheizten Volumens: 763,20 m^2
Spez. Transmissionswärmeverlust: 0,29 W/(m^2·K)
Spez. Jahresprimärenergiebedarf: 36,40 kWh/(m^2·a)
Spez. Jahresendenergiebedarf: 20,20 kWh/(m^2·a)
CO_2-Emissionen: 11,30 kg/(m^2·a)

Energetische Angaben zu Außenbauteilen

Bodenplatte

U-Wert: 0,20 W/(m²·K)

Gesamtdicke: 47,75 cm	d [cm]	λ [W/(m·K)]
Estrich	6,50	1,400
Dämmung	8,00	0,035
Bitumenbahn	0,25	0,170
Stahlbeton	25,00	2,100
Dämmung	8,00	0,035

Außenwand gegen Erdreich

U-Wert: 0,32 W/(m²·K)

Gesamtdicke: 41,25 cm	d [cm]	λ [W/(m·K)]
Innenputz	1,00	0,870
Stahlbeton	30,00	2,100
Bitumenanstrich	0,25	0,170
Dämmung	10,00	0,035

Außenwand hinterlüftet

U-Wert: 0,25 W/(m²·K)

Gesamtdicke: 31,00 cm	d [cm]	λ [W/(m·K)]
Innenputz	1,50	0,870
Kalksandstein	17,50	0,790
Dämmung	12,00	0,035

Außenwand hinterlüftet (Giebel)

U-Wert: 0,17 W/(m²·K)

Gesamtdicke: 28,75 cm	d [cm]	λ [W/(m·K)]
GK-Platte	1,25	0,210
OSB-Platte	1,00	0,130
Holz	6,00	0,130
Dämmung	6,00	0,035
OSB-Platte	1,50	0,130
Holz	16,00	0,130
Dämmung	16,00	0,035
Holzfaserplatte	3,00	1,000

Dach

U-Wert: 0,14 W/(m²·K)

Gesamtdicke: 28,04 cm	d [cm]	λ [W/(m·K)]
GK-Platte	2,00	0,210
Luftschicht ruhend	2,00	0,125
PE-Folie	0,02	0,200
Dämmung	24,00	0,035
Unterspannbahn	0,02	0,700

Planungskennwerte für Flächen und Rauminhalte nach DIN 277

Flächen des Grundstücks		Menge Einheit	% an GF
BF	Bebaute Fläche	311,97 m²	26,5
UF	Unbebaute Fläche	865,03 m²	73,5
GF	Grundstücksfläche	1.177,00 m²	100,0

Grundflächen des Bauwerks		Menge Einheit	% an NUF	% an BGF
NUF	Nutzungsfläche	325,19 m²	100,0	66,8
TF	Technikfläche	25,95 m²	8,0	5,3
VF	Verkehrsfläche	50,59 m²	15,6	10,4
NRF	Netto-Raumfläche	401,73 m²	123,5	82,5
KGF	Konstruktions-Grundfläche	85,08 m²	26,2	17,5
BGF	Brutto-Grundfläche	486,81 m²	149,7	100,0

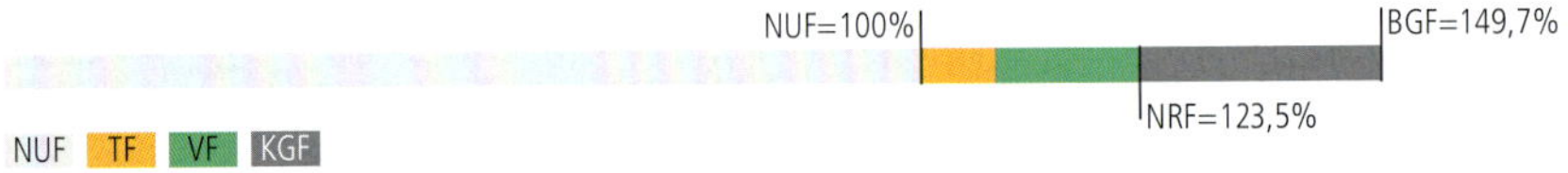

Brutto-Rauminhalt des Bauwerks		Menge Einheit	BRI/NUF (m)	BRI/BGF (m)
BRI	Brutto-Rauminhalt	1.500,96 m³	4,62	3,08

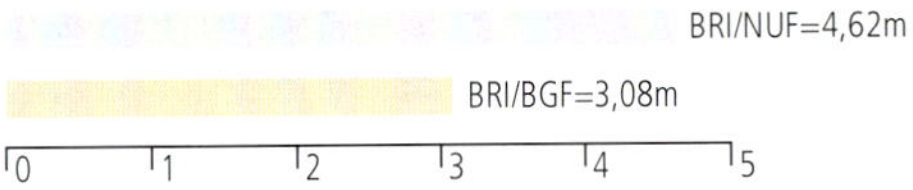

Kostenkennwerte für die Kostengruppen der 1. Ebene DIN 276

KG	Kostengruppen (1. Ebene)	Einheit	Kosten €	€/Einheit	€/m² BGF	€/m³ BRI	% 300+400
100	Grundstück	m² GF	–	–	–	–	–
200	Vorbereitende Maßnahmen	m² GF	–	–	–	–	–
300	Bauwerk – Baukonstruktionen	m² BGF	1.149.533	2.361,36	2.361,36	765,87	67,5
400	Bauwerk – Technische Anlagen	m² BGF	554.461	1.138,97	1.138,97	369,40	32,5
	Bauwerk 300+400	**m² BGF**	**1.703.994**	**3.500,33**	**3.500,33**	**1.135,27**	**100,0**
500	Außenanlagen und Freiflächen	m² AF	181.918	179,62	373,69	121,20	10,7
600	Ausstattung und Kunstwerke	m² BGF	–	–	–	–	–
700	Baunebenkosten	m² BGF	–	–	–	–	–
800	Finanzierung	m² BGF	–	–	–	–	–

KG	Kostengruppe	Menge Einheit	Kosten €	€/Einheit	%
3+4	**Bauwerk**				**100,0**
300	**Bauwerk – Baukonstruktionen**	486,81 m² BGF	1.149.533	**2.361,36**	67,5

Baugrubenaushub, Grundwasserabsenkung; Stb-Fundamentplatte, Sichtestrich, Heizestrich, Abdichtung, Perimeterdämmung, Dränage; Stb-Wände WU, KS-Mauerwerkswände, Holzwände, Holzfenster, Dreifachverglasung, Wärmedämmung, Klinkerfassade; KS-Innenmauerwerk, GK-Wände, Wandfliesen, Beschichtung; Stb-Decke, Sicht-Holzbalkendecke, Stb-Treppen, Holztreppen, Sichtestrich, Heizestrich, Dreischichtparkett, Holz-Brüstungsgeländer, Treppengeländer; Holz-Sparrendach, Dämmung, Reetdachdeckung, GK-Bekleidung, zwei Saunen

KG	Kostengruppe	Menge Einheit	Kosten €	€/Einheit	%
400	**Bauwerk – Technische Anlagen**	486,81 m² BGF	554.461	**1.138,97**	32,5

Gebäudeentwässerung, Hebeanlagen, Kalt- und Warmwasserleitungen, Sanitärobjekte; Erd-Wärmepumpe, Fußbodenheizung; zentrale Lüftungsanlage; Elektroinstallation; Sat-Anlage

KG	Kostengruppe	Menge Einheit	Kosten €	€/Einheit	%
500	**Außenanlagen und Freiflächen**	1.012,80 m² AF	181.918	**179,62**	10,7

Oberbodenarbeiten, Bodenarbeiten; Wege, Terrassen, Stellplätze; Geländer, Winkelstützmauern, Friesenwälle; Oberflächenentwässerung, Dränagen, Außenbeleuchtung; Oberbodenauftrag, Gehölze, Stauden, Gräser, Rollrasen

5

Ein- und Zweifamilienhäuser, nicht unterkellert

Ein- und Zweifamilienhäuser, nicht unterkellert

Kostenkennwerte für die Kosten des Bauwerks (Kostengruppen 300+400 nach DIN 276)

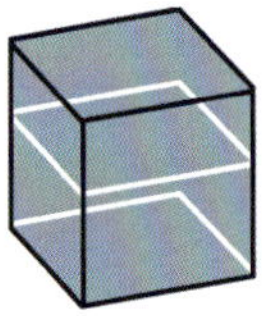

BRI 690 €/m³
von 550 €/m³
bis 860 €/m³

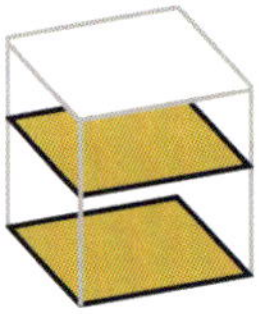

BGF 2.225 €/m²
von 1.805 €/m²
bis 2.775 €/m²

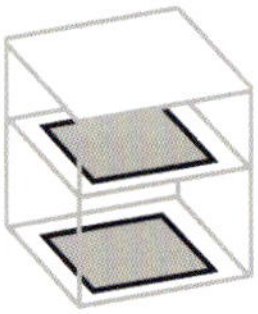

NUF 3.275 €/m²
von 2.525 €/m²
bis 4.240 €/m²

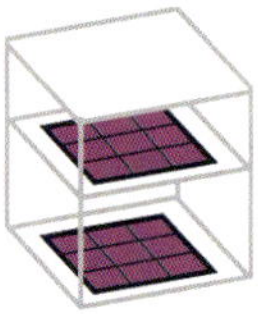

NE 3.295 €/NE
von 2.705 €/NE
bis 3.960 €/NE
NE: Wohnfläche

Objektbeispiele

Kosten:
Stand 2. Quartal 2024
Bundesdurchschnitt
inkl. 19% MwSt.

6100-1672

6100-1615

6100-1627

Kosten der 37 Vergleichsobjekte

Seiten 358 bis 417

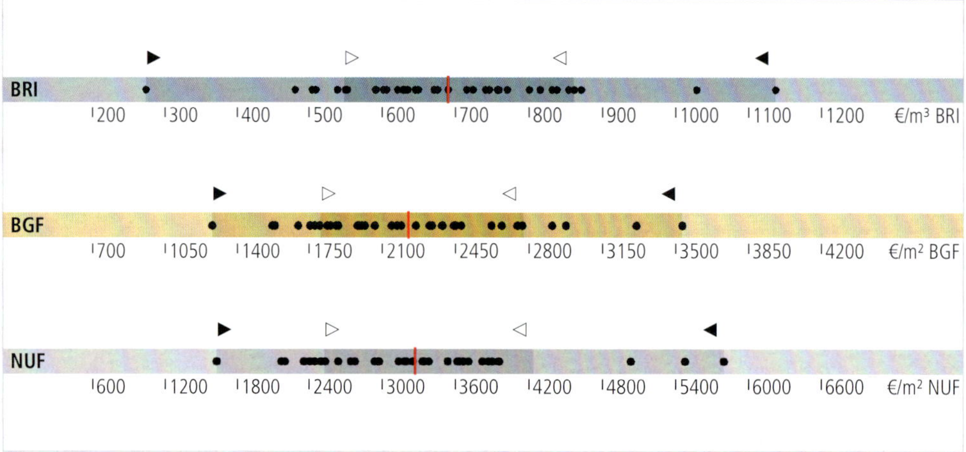

- ● KKW
- ▶ min
- ▷ von
- | Mittelwert
- ◁ bis
- ◀ max

Kostenkennwerte für die Kostengruppen der 1. und 2. Ebene DIN 276

KG	Kostengruppen der 1. Ebene	Einheit	▷	€/Einheit	◁	▷	% an 300+400	◁
100	Grundstück	m² GF	–	**–**	–	–	**–**	–
200	Vorbereitende Maßnahmen	m² GF	7	**22**	82	1,2	**3,0**	8,5
300	Bauwerk – Baukonstruktionen	m² BGF	1.440	**1.821**	2.316	75,8	**81,6**	86,5
400	Bauwerk – Technische Anlagen	m² BGF	281	**404**	534	13,5	**18,4**	24,2
	Bauwerk 300+400	m² BGF	1.806	**2.225**	2.773	100,0	**100,0**	100,0
500	Außenanlagen und Freiflächen	m² AF	17	**69**	201	1,4	**3,6**	7,8
600	Ausstattung und Kunstwerke	m² BGF	7	**17**	62	0,3	**0,7**	1,7
700	Baunebenkosten*	m² BGF	556	**620**	684	25,2	**28,1**	30,9 ◁
800	Finanzierung	m² BGF	–	**–**	–	–	**–**	–

* Auf Grundlage der HOAI 2021 berechnete Werte nach §§ 35, 52, 56. Weitere Informationen siehe Seite 32

KG	Kostengruppen der 2. Ebene	Einheit	▷	€/Einheit	◁	▷	% an 1. Ebene	◁
310	Baugrube / Erdbau	m³ BGI	22	**60**	121	0,6	**1,4**	2,4
320	Gründung, Unterbau	m² GRF	345	**405**	498	11,0	**12,6**	16,5
330	Außenwände / vertikal außen	m² AWF	474	**586**	712	34,2	**40,0**	45,6
340	Innenwände / vertikal innen	m² IWF	191	**262**	368	8,1	**11,7**	15,6
350	Decken / horizontal	m² DEF	307	**433**	550	3,5	**10,6**	13,5
360	Dächer	m² DAF	358	**488**	654	14,6	**19,6**	24,8
370	Infrastrukturanlagen		–	**–**	–	–	**–**	–
380	Baukonstruktive Einbauten	m² BGF	14	**29**	73	< 0,1	**0,6**	2,2
390	Sonst. Maßnahmen für Baukonst.	m² BGF	32	**64**	124	1,9	**3,6**	6,8
300	**Bauwerk – Baukonstruktionen**	**m² BGF**					**100,0**	
410	Abwasser-, Wasser-, Gasanlagen	m² BGF	63	**102**	143	18,5	**25,1**	32,6
420	Wärmeversorgungsanlagen	m² BGF	119	**182**	274	33,3	**43,8**	56,0
430	Raumlufttechnische Anlagen	m² BGF	21	**39**	54	< 0,1	**6,6**	13,3
440	Elektrische Anlagen	m² BGF	59	**92**	274	14,8	**20,9**	37,8
450	Kommunikationstechnische Anlagen	m² BGF	6	**12**	27	1,3	**2,7**	5,2
460	Förderanlagen	m² BGF	–	**–**	–	–	**–**	–
470	Nutzungsspez. / verfahrenstech. Anl.	m² BGF	–	**11**	–	< 0,1	**0,2**	2,7
480	Gebäude- und Anlagenautomation	m² BGF	–	**20**	–	0,0	**0,6**	8,7
490	Sonst. Maßnahmen f. techn. Anl.	m² BGF	–	**–**	–	–	**–**	–
400	**Bauwerk – Technische Anlagen**	**m² BGF**					**100,0**	

Prozentanteile der Kosten 2. Ebene an den Kosten des Bauwerks nach DIN 276 (Von/Mittel/Bis)

KG	Kostengruppe	%
310	Baugrube / Erdbau	1,1
320	Gründung, Unterbau	10,1
330	Außenwände / vertikal außen	32,5
340	Innenwände / vertikal innen	9,5
350	Decken / horizontal	8,6
360	Dächer	15,8
370	Infrastrukturanlagen	
380	Baukonstruktive Einbauten	0,5
390	Sonst. Maßnahmen für Baukonst.	2,9
410	Abwasser-, Wasser-, Gasanlagen	4,7
420	Wärmeversorgungsanlagen	8,4
430	Raumlufttechnische Anlagen	1,2
440	Elektrische Anlagen	4,2
450	Kommunikationstechnische Anlagen	0,5
460	Förderanlagen	
470	Nutzungsspez. / verfahrenstech. Anl.	< 0,1
480	Gebäude- und Anlagenautomation	< 0,1
490	Sonst. Maßnahmen f. techn. Anl.	

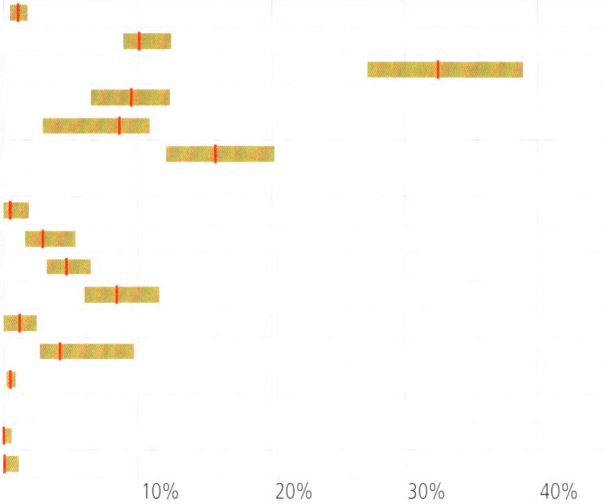

Kosten:
Stand 2. Quartal 2024
Bundesdurchschnitt
inkl. 19% MwSt.

Prozentanteile der Kosten für Leistungsbereiche nach STLB (Kosten Bauwerk nach DIN 276)

LB	Leistungsbereiche	▷	% an 300+400	◁
000	Sicherheits-, Baustelleneinrichtungen inkl. 001	1,5	**2,6**	4,7
002	Erdarbeiten	1,2	**2,2**	3,2
006	Spezialtiefbauarbeiten inkl. 005	–	**–**	–
009	Entwässerungskanalarbeiten inkl. 011	< 0,1	**0,8**	2,5
010	Drän- und Versickerarbeiten	< 0,1	**< 0,1**	0,8
012	Mauerarbeiten	< 0,1	**0,4**	2,2
013	Betonarbeiten	3,9	**5,7**	9,0
014	Natur-, Betonwerksteinarbeiten	< 0,1	**< 0,1**	0,7
016	Zimmer- und Holzbauarbeiten	23,7	**36,2**	49,7
017	Stahlbauarbeiten	0,0	**0,2**	1,1
018	Abdichtungsarbeiten	0,1	**0,5**	1,4
020	Dachdeckungsarbeiten	0,0	**1,2**	3,5
021	Dachabdichtungsarbeiten	0,4	**3,0**	10,0
022	Klempnerarbeiten	0,7	**2,4**	4,7
	Rohbau	46,4	**55,0**	67,1
023	Putz- und Stuckarbeiten, Wärmedämmsysteme	0,5	**1,8**	3,3
024	Fliesen- und Plattenarbeiten	0,7	**1,6**	3,9
025	Estricharbeiten	0,5	**1,4**	2,1
026	Fenster, Außentüren inkl. 029, 032	5,1	**9,1**	12,9
027	Tischlerarbeiten	1,1	**2,9**	5,3
028	Parkettarbeiten, Holzpflasterarbeiten	< 0,1	**1,3**	3,6
030	Rollladenarbeiten	0,0	**1,7**	3,6
031	Metallbauarbeiten inkl. 035	0,0	**0,3**	1,9
034	Maler- und Lackiererarbeiten inkl. 037	0,4	**1,6**	3,7
036	Bodenbelagarbeiten	0,0	**0,9**	2,2
038	Vorgehängte hinterlüftete Fassaden	–	**–**	–
039	Trockenbauarbeiten	0,7	**3,6**	5,4
	Ausbau	14,2	**26,2**	32,4
040	Wärmeversorgungsanl. - Betriebseinr. inkl. 041	3,4	**6,7**	10,7
042	Gas- und Wasserinstallation, Leitungen inkl. 043	0,8	**2,3**	10,5
044	Abwasseranlagen - Leitungen	0,2	**0,7**	3,0
045	GWE-Einrichtungsgegenstände inkl. 046	0,4	**1,4**	2,3
047	Dämmarbeiten an betriebstechnischen Anlagen	< 0,1	**0,2**	0,7
049	Feuerlöschanlagen, Feuerlöschgeräte	–	**–**	–
050	Blitzschutz- und Erdungsanlagen	< 0,1	**0,2**	0,6
052	Mittelspannungsanlagen	–	**–**	–
053	Niederspannungsanlagen inkl. 054	2,3	**3,9**	8,4
055	Sicherheits- u. Ersatzstromversorgungsanl.	–	**–**	–
057	Gebäudesystemtechnik	0,0	**0,2**	2,3
058	Leuchten und Lampen inkl. 059	< 0,1	**0,5**	1,2
060	Sprechanlagen, elektroakust. Anlagen inkl. 064	< 0,1	**0,2**	0,6
061	Kommunikationsnetze inkl. 062	< 0,1	**0,3**	0,6
063	Gefahrenmeldeanlagen	0,0	**< 0,1**	< 0,1
069	Aufzüge	–	**–**	–
070	Gebäudeautomation	–	**–**	–
075	Raumlufttechnische Anlagen inkl. 078	< 0,1	**1,5**	2,6
	Gebäudetechnik	13,8	**18,1**	23,0
	Sonstige Leistungsbereiche inkl. 008, 033, 051	< 0,1	**0,7**	3,7

- ● KKW
- ▶ min
- ▷ von
- | Mittelwert
- ◁ bis
- ◀ max

Planungskennwerte für Flächen und Rauminhalte nach DIN 277

Grundflächen		▷	Fläche/NUF (%)	◁	▷	Fläche/BGF (%)	◁
NUF	Nutzungsfläche	100,0	**100,0**	100,0	66,0	**68,9**	71,6
TF	Technikfläche	3,4	**4,5**	8,9	2,3	**3,0**	5,4
VF	Verkehrsfläche	9,6	**12,6**	16,2	6,5	**8,4**	10,4
NRF	Netto-Raumfläche	113,9	**117,5**	125,3	77,8	**80,6**	82,3
KGF	Konstruktions-Grundfläche	26,1	**29,0**	35,1	18,1	**19,6**	22,4
BGF	Brutto-Grundfläche	141,3	**146,2**	153,8	100,0	**100,0**	100,0

Brutto-Rauminhalte		▷	BRI/NUF (m)	◁	▷	BRI/BGF (m)	◁
BRI	Brutto-Rauminhalt	4,44	**4,77**	5,45	3,06	**3,27**	3,78

Flächen von Nutzeinheiten	▷	NUF/Einheit (m²)	◁	▷	BGF/Einheit (m²)	◁
Nutzeinheit: Wohnfläche	0,95	**1,03**	1,18	1,39	**1,50**	1,68

Lufttechnisch behandelte Flächen	▷	Fläche/NUF (%)	◁	▷	Fläche/BGF (%)	◁
Entlüftete Fläche	–	**–**	–	–	**–**	–
Be- und entlüftete Fläche	–	**–**	–	–	**–**	–
Teilklimatisierte Fläche	–	**–**	–	–	**–**	–
Klimatisierte Fläche	–	**–**	–	–	**–**	–

KG	Kostengruppen (2. Ebene)	Einheit	▷	Menge/NUF	◁	▷	Menge/BGF	◁
310	Baugrube / Erdbau	m³ BGI	0,56	**0,69**	0,80	0,41	**0,49**	0,57
320	Gründung, Unterbau	m² GRF	0,69	**0,78**	0,94	0,49	**0,55**	0,70
330	Außenwände / vertikal außen	m² AWF	1,49	**1,70**	1,85	1,05	**1,19**	1,25
340	Innenwände / vertikal innen	m² IWF	1,04	**1,12**	1,34	0,73	**0,78**	0,91
350	Decken / horizontal	m² DEF	0,52	**0,63**	0,68	0,37	**0,44**	0,49
360	Dächer	m² DAF	0,94	**1,00**	1,11	0,66	**0,70**	0,81
370	Infrastrukturanlagen		–	**–**	–	–	**–**	–
380	Baukonstruktive Einbauten	m² BGF	1,41	**1,46**	1,54	1,00	**1,00**	1,00
390	Sonst. Maßnahmen für Baukonst.	m² BGF	1,41	**1,46**	1,54	1,00	**1,00**	1,00
300	**Bauwerk – Baukonstruktionen**	**m² BGF**	1,41	**1,46**	1,54	1,00	**1,00**	1,00

Planungskennwerte für Bauzeiten — 36 Vergleichsobjekte

Bauzeit in Wochen

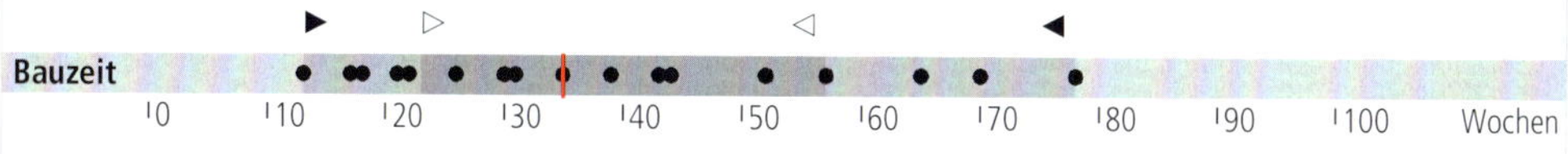

Objektübersicht zur Gebäudeart

6100-0476 Doppelhaushälfte, 3-Liter-Haus*

Thorsten Kappelmeyer Dipl.-Ing. Architekt
Hannover

6100-0491 Doppelhaushälfte, 3-Liter-Haus*

Thorsten Kappelmeyer Dipl.-Ing. Architekt
Hannover

6100-0719 Einfamilienhaus Lehmbau*

Planungsgruppe Barthelmey
Erfurt

6100-0720 Einfamilienhaus, Lehmbau*

Planungsgruppe Barthelmey
Erfurt

6100-0828 Einfamilienhaus - Effizienzhaus 70*

Locke Lührs Architektinnen
Dresden

6100-0847 Einfamilienhaus, 2 Garagen - Effizienzhaus 40*

Architekturbüro Ising
Marsberg

* Diese Objekte wurden zur Bildung der statistischen Werte herangezogen und sind nicht als Einzelobjekt in diesem Band veröffentlicht.

6100-1078 Einfamilienhaus*

Schauer + Volhard Architekten BDA
Darmstadt

6100-1083 Einfamilienhaus, Carport - Effizienzhaus 70*

Architekturbüro Peter Walach
Schmallenberg

6100-1086 Einfamilienhaus - Effizienzhaus 55*

puschmann architektur
Recklinghausen

6100-1096 Einfamilienhaus, Garagen*

puschmann architektur
Recklinghausen

6100-1097 Einfamilienhaus, Carport - Effizienzhaus 55*

Planungsgruppe Barthelmey
Erfurt

6100-1133 Einfamilienhaus*

ARCHITEKTanBORD Dipl.-Ing. Viktor Walter
Augsburg

* Diese Objekte wurden zur Bildung der statistischen Werte herangezogen und sind nicht als Einzelobjekt in diesem Band veröffentlicht.

Objektübersicht zur Gebäudeart

6100-1167 Einfamilienhaus - Effizienzhaus 40*

sellger architektur Martin Sellger, M.Sc.
Hamburg

6100-1190 Einfamilienhaus, Garage - Effizienzhaus 40*

brack architekten
Kempten

6100-1214 Einfamilienhaus, Garage - Effizienzhaus 70*

Thomas Pscherer Architekt
München

6100-1217 Einfamilienhaus, Garage - Effizienzhaus 40*

bau grün ! energieeffiziente Gebäude
Mönchengladbach

6100-1240 Einfamilienhaus, Carport - Effizienzhaus 70*

LÖSER-SCHWARZOTT ENERGIE.BEWUSSTE.
ARCHITEKTUR., Regenstauf

6100-1272 Einfamilienhäuser (2 Gebäude)
- Effizienzhaus ~50%*

finsterwalderarchitekten
Stephanskirchen

* Diese Objekte wurden zur Bildung der statistischen Werte herangezogen und sind nicht als Einzelobjekt in diesem Band veröffentlicht.

Objektübersicht zur Gebäudeart

6100-1273 Einfamilienhaus - Effizienzhaus ~56%*

finsterwalderarchitekten
Stephanskirchen

6100-1276 Einfamilienhaus, Garage - Effizienzhaus ~72%*

Märkplan GmbH
Brandenburg an der Havel

6100-1304 Einfamilienhaus, ELW*

adbarchitektur
Wuppertal

6100-1325 Einfamilienhaus - Effizienzhaus 40*

brack architekten
Kempten

6100-1339 Einfamilienhaus, Garage - Effizienzhaus 40*

Architekt Rainer Graf Architektur + Energiekonzepte
Ofterdingen

6100-1344 Einfamilienhaus - Effizienzhaus ~53%*

bau grün ! energieeffiziente Gebäude
Mönchengladbach

* Diese Objekte wurden zur Bildung der statistischen Werte herangezogen und sind nicht als Einzelobjekt in diesem Band veröffentlicht.

Objektübersicht zur Gebäudeart

6100-1495 Einfamilienhaus*

Ruge+Göllner GmbH
Vechta

6100-1513 Einfamilienhaus - Effizienzhaus ~64%*

Maximilian Hartinger
München

6100-1539 Einfamilienhaus*

Zeller & Moye
Berlin

6100-1546 Einfamilienhaus, Carport*

Henschke Schulze Reimers Architekten
Lüneburg

6100-1550 Einfamilienhaus, Doppelgarage*

burgemeister+marx architekten
Berlin

6100-1563 Ferienhaus (1 WE), Garage*

meyer-bassin und partner freie architekten bda
Dresden

* Diese Objekte wurden zur Bildung der statistischen Werte herangezogen und sind nicht als Einzelobjekt in diesem Band veröffentlicht.

6100-1565 Einfamilienhaus*

Nina und Michael Bohl Dipl. Ing. M. Sc. Architekten
Wolfhagen

6100-1594 Einfamilienhaus*

Ina Veit
Siegsdorf

6100-1615 Einfamilienhaus

mann architektur+ Prof. Michael Mann
Erfurt

6100-1627 Einfamilienhaus, experimentell
Nicht in der Bauzeitstatistik enthalten

c/o now (Studio CO NOW GmbH)
Berlin

6100-1661 Einfamilienhaus, Nebengebäude

b@ugilde architekten
Diez

6100-1672 Einfamilienhaus

brack architekten
Kempten

* Diese Objekte wurden zur Bildung der statistischen Werte herangezogen und sind nicht als Einzelobjekt in diesem Band veröffentlicht.

Objektübersicht zur Gebäudeart

6100-1698 Mehrfamilienhaus (2 WE)

sunder plaßmann . noll plan+bau gmbh
Kassel

6100-1611*
Tiny House

Objektübersicht

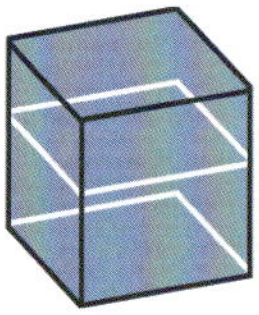

BRI **889 €/m³**

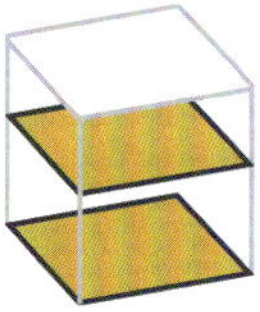

BGF **3.449 €/m²**

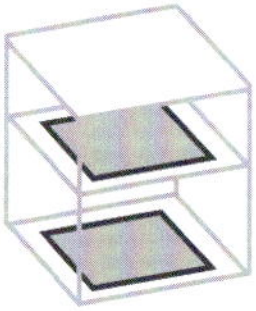

NUF **5.762 €/m²**

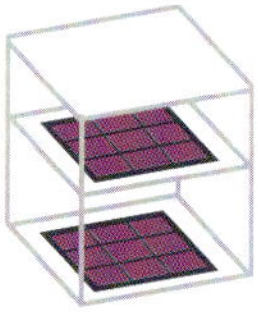

NE **4.865 €/NE**

NE: Wohnfläche

Objekt:
Kennwerte: 1.Ebene DIN 276
BRI: 115 m³
BGF: 30 m²
NUF: 18 m²
Bauzeit: 18 Wochen
Bauende: 2021
Standard: über Durchschnitt
Bundesland: Bayern
Kreis: Traunstein

Architekt*in:
DIESSBACHER ARCHITEKTUR GmbH
Marienstraße 9
83278 Traunstein

* Nicht in der Auswertung enthalten

Ansicht Nord

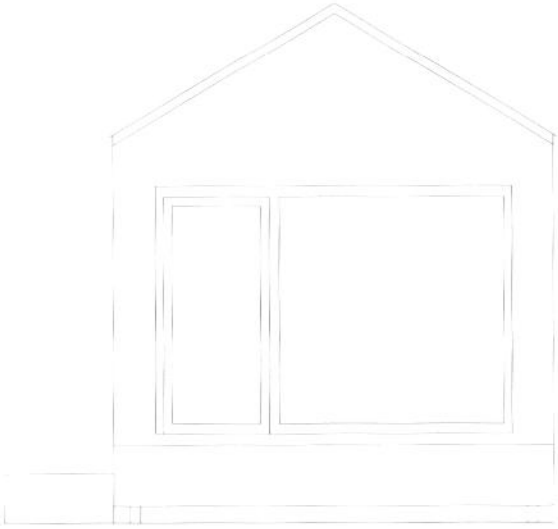

Ansicht West

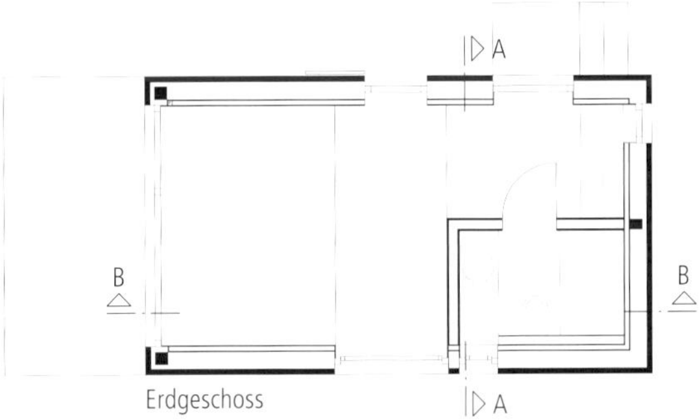

Erdgeschoss

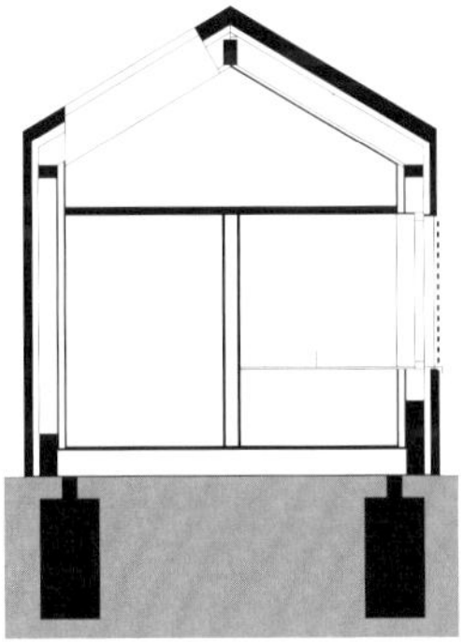

Schnitt A-A

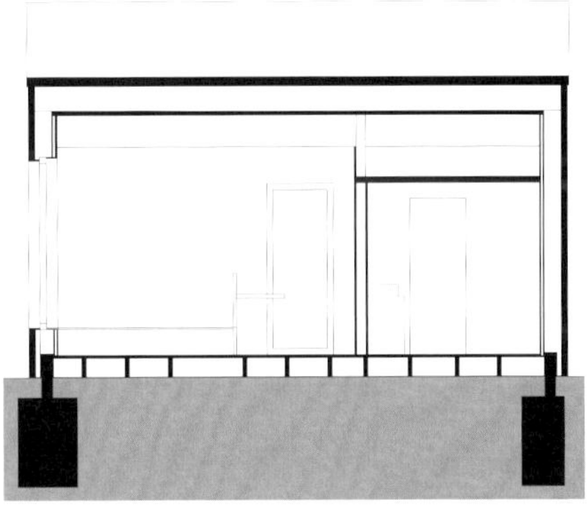

Schnitt B-B

Ansicht Süd

Ansicht Ost

Objektbeschreibung

Allgemeine Objektinformationen

Das Tiny House ergänzt das bestehende Zweifamilienhaus um eine eigene kleine Wohneinheit. Durch seine reduzierte Formensprache und seine Außenhaut aus unbehandelter Lärche fügt es sich wie ein Gartenhaus ganz selbstverständlich in die Umgebung ein. Es wird vor allem als privates Gästehaus genutzt, ist aber auch Rückzugsort und Yogaraum für die Bauherren.

Nutzung

1 Erdgeschoss
Wohnen

Nutzeinheiten

Wohnfläche: 21 m^2

Grundstück

Bauraum: Freier Bauraum
Neigung: Ebenes Gelände
Bodenklasse: BK 1 bis BK 3

Markt

Hauptvergabezeit: 4. Quartal 2020
Baubeginn: 4. Quartal 2020
Bauende: 1. Quartal 2021
Konjunkturelle Gesamtlage: über Durchschnitt
Regionaler Baumarkt: unter Durchschnitt

Baukonstruktion

Das kleine Haus ist in Holzrahmenbauweise errichtet. Der Boden besteht aus einer Holzbalkenlage, die auf Einzelfundamenten aufgeständert steht. Das Satteldach wurde als klassischer zimmermannsmäßiger Dachstuhl aufgestellt. Die Verwendung ökologische Baustoffe war ein wichtiger Bestandteil des Projekts. Die Dämmung der Wände, des Dachs und des Balkenbodens erfolgte mit Holzfaser-Einblasdämmung. Es wurden Holzfenster mit Dreifach-Wärmeschutzverglasung eingebaut. Außen erhielt das Häuschen eine vertikale Schalung aus unbehandeltem Lärchenholz in verschiedenen Brettbreiten. Die Dachuntersicht innen besteht aus Fichten-Dreischichtplatten, der Fußboden aus Fichtendielen.

Technische Anlagen

Das Tiny House wird durch Fernwärme von der Luft-Wasser-Wärmepumpe des Hauptwohnhauses mit versorgt. Aufgrund der geringen Fläche und des hohen Energiestandards (KfW 40) ist die Versorgung unproblematisch möglich. Strom- und Wasserversorgung funktionieren ebenfalls über den Anschluss an das Hauptwohngebäude.

Sonstiges

Es gibt eine Schlafgalerie mit großem Dachfenster, das zum einen auf der Galerie Platz schafft, zum anderen den Blick in die Sterne ermöglicht. Der Wohnraum ist in einem Teilbereich durch ein Podest erhöht. Dieses Podest bietet Stauraum mittels Schubladen und gliedert den Raum. Das Podest sowie die anderen Einbauten wie Küchenzeile, Esstisch, Waschtisch und Schlafgalerie mit Treppe wurden von der Architektin geplant und von einem Schreiner umgesetzt.

Energetische Kennwerte

Gesetzliche Grundlage: EnEV 2013
Gebäudenutzfläche: 35,60 m^2
Gebäudevolumen: 111,40 m^3
A/V_e-Verhältnis (Kompaktheit): 1,26 m^{-1}
Hüllfläche des beheizten Volumens: 140,90 m^2
Spez. Transmissionswärmeverlust: 0,21 $W/(m^2 \cdot K)$
Spez. Jahresprimärenergiebedarf: 54,13 $kWh/(m^2 \cdot a)$
Spez. Jahresendenergiebedarf: 61,20 $kWh/(m^2 \cdot a)$
Spez. Jahresheizwärmebedarf: 48,00 $kWh/(m^2 \cdot a)$
Anlagenaufwandszahl: 0,89

Energetische Angaben zu Außenbauteilen

Bodenplatte

U-Wert: 0,20 W/(m²·K)

Gesamtdicke: 28,95 cm	d [cm]	λ [W/(m·K)]
Parkett	1,50	0,130
OSB-Platte	2,20	0,130
Dämmung Zellulose	24,00	0,039
Holz	24,00	0,130
Leichtbetonbauplatte	1,25	0,290

Außenwand hinterlüftet

U-Wert: 0,14 W/(m²·K)

Gesamtdicke: 33,10 cm	d [cm]	λ [W/(m·K)]
Holz	1,50	0,130
Dämmung HF	6,00	0,040
Holz	6,00	0,130
OSB-Platte	1,50	0,130
Dämmung Zellulose	18,00	0,039
Holz	18,00	0,130
Dämmung HF	6,00	0,039
PE-Folie	0,10	2,300

Dach hinterlüftet

U-Wert: 0,14 W/(m²·K)

Gesamtdicke: 36,12 cm	d [cm]	λ [W/(m·K)]
GK-Platte	1,52	0,250
Luftschicht	3,00	0,156
Holz	3,00	0,130
OSB-Platte	1,50	0,130
Dämmung Zellulose	24,00	0,039
Holz	24,00	0,130
Dämmung HF	6,00	0,039
PE-Folie	0,10	0,039

Planungskennwerte für Flächen und Rauminhalte nach DIN 277

Flächen des Grundstücks		Menge Einheit	% an GF
BF	Bebaute Fläche	284,98 m²	24,1
UF	Unbebaute Fläche	899,02 m²	75,9
GF	Grundstücksfläche	1.184,00 m²	100,0

Grundflächen des Bauwerks		Menge Einheit	% an NUF	% an BGF
NUF	Nutzungsfläche	17,67 m²	100,0	59,9
TF	Technikfläche	–	–	–
VF	Verkehrsfläche	3,26 m²	18,4	11,0
NRF	Netto-Raumfläche	20,93 m²	118,4	70,9
KGF	Konstruktions-Grundfläche	8,59 m²	48,6	29,1
BGF	Brutto-Grundfläche	29,52 m²	167,1	100,0

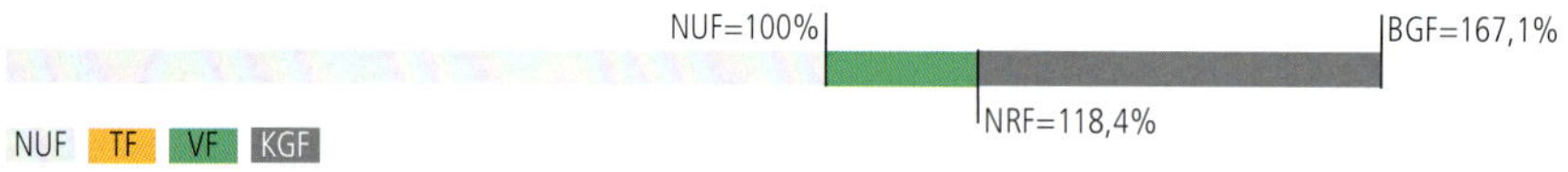

Brutto-Rauminhalt des Bauwerks		Menge Einheit	BRI/NUF (m)	BRI/BGF (m)
BRI	Brutto-Rauminhalt	114,54 m³	6,48	3,88

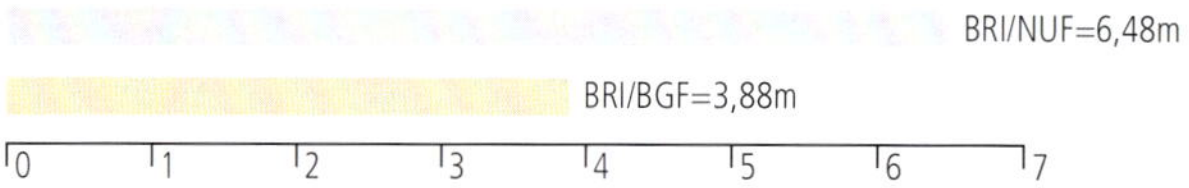

Kostenkennwerte für die Kostengruppen der 1.Ebene DIN 276

KG	Kostengruppen (1.Ebene)	Einheit	Kosten €	€/Einheit	€/m² BGF	€/m³ BRI	% 300+400
100	Grundstück	m² GF	–	–	–	–	–
200	Vorbereitende Maßnahmen	m² GF	–	–	–	–	–
300	Bauwerk – Baukonstruktionen	m² BGF	77.333	2.619,69	2.619,69	675,16	76,0
400	Bauwerk – Technische Anlagen	m² BGF	24.486	829,48	829,48	213,78	24,0
	Bauwerk 300+400	**m² BGF**	**101.820**	**3.449,17**	**3.449,17**	**888,94**	**100,0**
500	Außenanlagen und Freiflächen	m² AF	–	–	–	–	–
600	Ausstattung und Kunstwerke	m² BGF	–	–	–	–	–
700	Baunebenkosten	m² BGF	–	–	–	–	–
800	Finanzierung	m² BGF	–	–	–	–	–

KG	Kostengruppe	Menge Einheit	Kosten €	€/Einheit	%
3+4	**Bauwerk**				**100,0**
300	**Bauwerk – Baukonstruktionen**	29,52 m² BGF	77.333	**2.619,69**	76,0

Erdarbeiten, Stb-Streifenfundamente, Holzbalkenlage, Zellulosefaserdämmung, Fichtendielen, Bodenfliesen, Abdichtung; Holzrahmen-Außenwände, Holzfenster mit Dreifach-Wärmeschutzverglasung, Eingangstür, Außenschalung Lärche, Dispersionsbeschichtung, Wandfliesen; Holzrahmen-Innenwände, Innentür; Holzdachstuhl, Holzfaserdämmung, Dachfenster, Ziegeldeckung, GK-Bekleidung, Dachentwässerung; Schlafgalerie mit Stahl-Holztreppe, Podest im Wohnbereich als Stauraum, Einbauküchenzeile

KG	Kostengruppe	Menge Einheit	Kosten €	€/Einheit	%
400	**Bauwerk – Technische Anlagen**	29,52 m² BGF	24.486	**829,48**	24,0

Gebäudeentwässerung, Anschluss an bestehenden Revisionsschacht, Kalt- und Warmwasserleitungen, Sanitärobjekte; Fernwärmeanschluss an bestehende Luft-Wasser-Wärmepumpe von Wohnhaus, Wandheizung; Elektroinstallation, Anschluss an bestehendes Wohnhaus

Objektübersicht

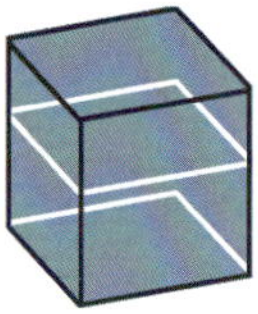

BRI 1.137 €/m³

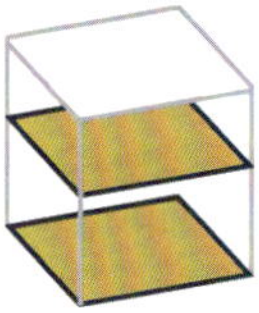

BGF 3.531 €/m²

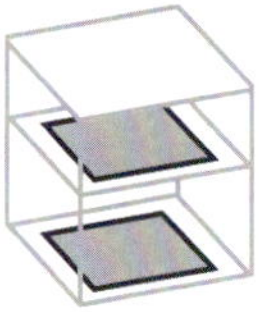

NUF 5.795 €/m²

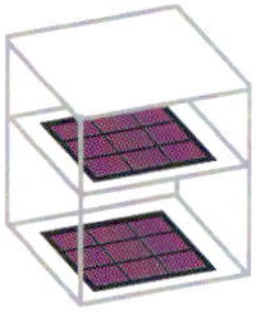

NE 4.698 €/NE

NE: Wohnfläche

Objekt:
Kennwerte: 1.Ebene DIN 276
BRI: 564 m³
BGF: 182 m²
NUF: 111 m²
Bauzeit: 70 Wochen
Bauende: 2022
Standard: Durchschnitt
Bundesland: Baden-Württemberg
Kreis: Lörrach

Architekt*in:
mann architektur+
Prof. Michael Mann
Albrechtstraße 3
99089 Erfurt

Bauherr*in:
Graziella und Michael Mann
99089 Erfurt

© Prof. Michael Mann

© Prof. Michael Mann

© Prof. Michael Mann

© Prof. Michael Mann

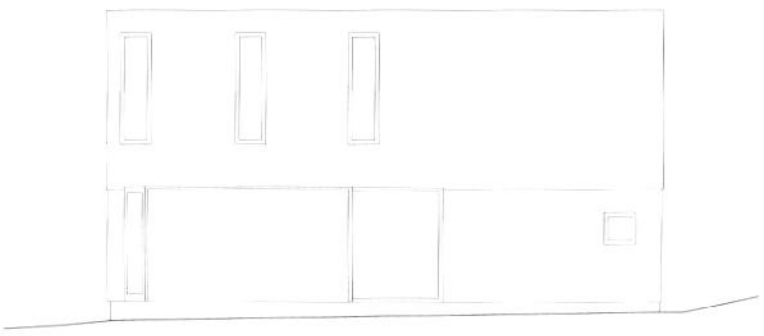

Ansicht Nord

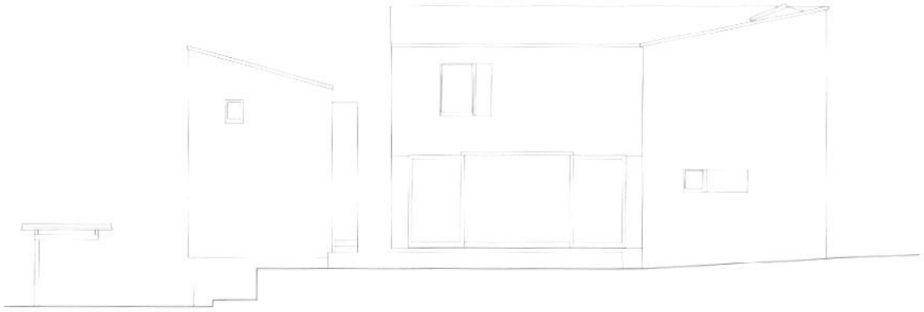

Ansicht Ost

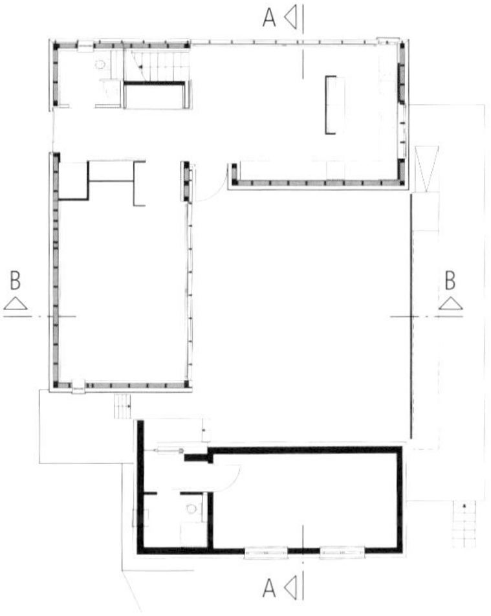

Erdgeschoss

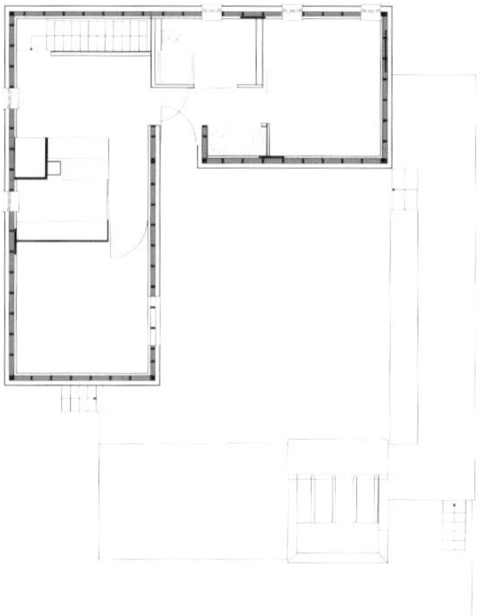

Obergeschoss

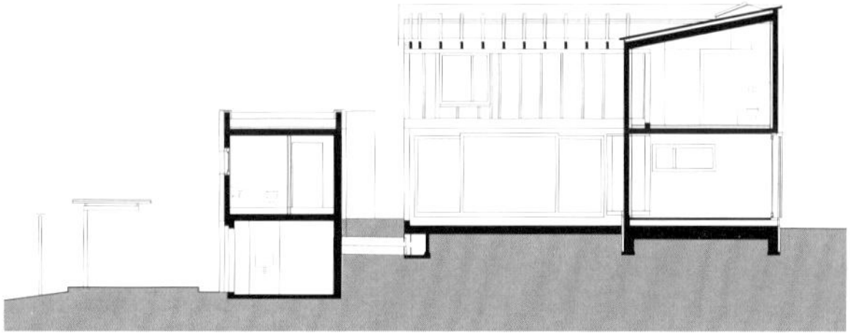

Schnitt A-A

Ansicht Süd

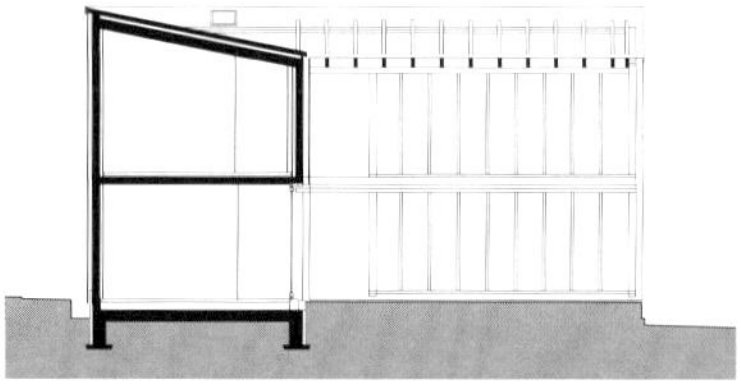

Schnitt B-B

Objektbeschreibung

Allgemeine Objektinformationen

Das freistehende Einfamilienhaus ist zweigeschossig, nicht unterkellert und hat einen winkelförmigen Grundriss.

Nutzung

1 Erdgeschoss
Wohnen, Essen, Kochen

1 Obergeschoss
Schlafen, Bad, Arbeiten

Nutzeinheiten

Wohneinheiten: 1
Wohnfläche: 137 m²

Grundstück

Bauraum: Freier Bauraum
Neigung: Ebenes Gelände
Bodenklasse: BK 1 bis BK 4

Markt

Hauptvergabezeit: 4. Quartal 2020
Baubeginn: 2. Quartal 2021
Bauende: 3. Quartal 2022
Konjunkturelle Gesamtlage: über Durchschnitt
Regionaler Baumarkt: unter Durchschnitt

Baukonstruktion

Der Neubau gründet auf einer Bodenplatte aus WU-Beton mit umlaufenden Frostschürzen. Das Tragwerk ist in Holzständerbauweise realisiert, die Geschossdecken sind aus 16cm starken Brettstapelelementen. Das Dach wurde mit Sparren aus Leimbindern gefertigt. Als Wärmedämmung kamen Holzfaserdämmstoffe bzw. Holzdämmplatten zum Einsatz. Die Fassade besteht aus vorbewittertem Douglasienholz. Im EG liegt oberflächenfertiger, geschliffener Zementestrich, im OG Lamellenparkett aus Räuchereiche. Die Schiebetore vor den Fenstern dienen als Sicht- und Sonnenschutz. Sie wurden als Metallrahmenkonstruktionen mit senkrechter Holzlattung ausgeführt. Auf dem Dach wurde Aluminium als oberer Gebäudeabschluss eingesetzt.

Technische Anlagen

Als Heizung wird eine Luftwärmepumpe mit Brauchwassererwärmung genutzt. Solarpaneele können später auf dem Dach nachgerüstet werden. Zusätzlich sorgt ein Grundofen für Kaminholz im Erdgeschoss für angenehme Wärme.

Energetische Kennwerte

Gesetzliche Grundlage: EnEV 2013
Gebäudenutzfläche: 256,70 m²
Gebäudevolumen: 802,30 m³
A/V_e-Verhältnis (Kompaktheit): 0,59 m^{-1}
Hüllfläche des beheizten Volumens: 474,40 m²
Spez. Transmissionswärmeverlust: 0,31 W/(m²·K)
Spez. Jahresprimärenergiebedarf: 42,20 kWh/(m²·a)
Spez. Jahresendenergiebedarf: 23,40 kWh/(m²·a)
Spez. Jahresheizwärmebedarf: 41,87 kWh/(m²·a)
CO_2-Emissionen: 14,50 kg/(m²·a)
Anlagenaufwandszahl: 0,78

Energetische Angaben zu Außenbauteilen

Bodenplatte

U-Wert: 0,22 W/(m²·K)

Gesamtdicke: 46,00 cm	d [cm]	λ [W/(m·K)]
Estrich	6,00	1,200
Trittschalldämmung	3,00	0,040
Dämmung PS	12,00	0,035
Stahlbeton	25,00	2,100

Außenwand

U-Wert: 0,16 W/(m²·K)

Gesamtdicke: 29,50 cm	d [cm]	λ [W/(m·K)]
GK-Platte	1,25	0,210
Dämmung HF	5,00	0,050
Holz	5,00	0,130
GF-Platte	1,25	0,300
Dämmung MW	16,00	0,035
Holz	16,00	0,130
Holzfaserplatte	6,00	0,045

Dach

U-Wert: 0,14 W/(m²·K)

Gesamtdicke: 31,83 cm	d [cm]	λ [W/(m·K)]
Dreischichtplatte	1,80	0,210
PE-Folie	0,03	0,200
Dämmung MW	22,00	0,035
Holz	22,00	0,130
Holzfaserplatte	8,00	0,045

Planungskennwerte für Flächen und Rauminhalte nach DIN 277

Flächen des Grundstücks		Menge Einheit	% an GF
BF	Bebaute Fläche	93,00 m²	33,3
UF	Unbebaute Fläche	186,00 m²	66,7
GF	Grundstücksfläche	279,00 m²	100,0

Grundflächen des Bauwerks		Menge Einheit	% an NUF	% an BGF
NUF	Nutzungsfläche	110,67 m²	100,0	60,9
TF	Technikfläche	1,47 m²	1,3	0,8
VF	Verkehrsfläche	27,39 m²	24,7	15,1
NRF	Netto-Raumfläche	139,53 m²	126,1	76,8
KGF	Konstruktions-Grundfläche	42,08 m²	38,0	23,2
BGF	Brutto-Grundfläche	181,61 m²	164,1	100,0

Brutto-Rauminhalt des Bauwerks		Menge Einheit	BRI/NUF (m)	BRI/BGF (m)
BRI	Brutto-Rauminhalt	564,00 m³	5,10	3,11

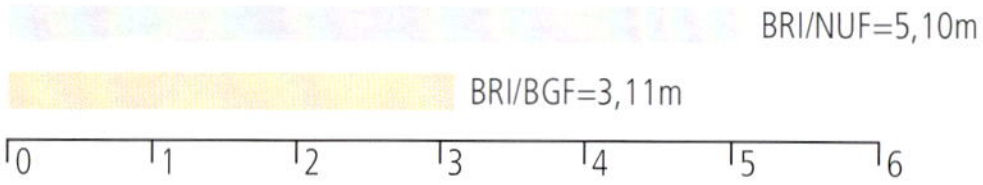

Kostenkennwerte für die Kostengruppen der 1.Ebene DIN 276

KG	Kostengruppen (1.Ebene)	Einheit	Kosten €	€/Einheit	€/m² BGF	€/m³ BRI	% 300+400
100	Grundstück	m² GF	–	–	–	–	–
200	Vorbereitende Maßnahmen	m² GF	–	–	–	–	–
300	Bauwerk – Baukonstruktionen	m² BGF	546.667	3.010,11	3.010,11	969,27	85,2
400	Bauwerk – Technische Anlagen	m² BGF	94.657	521,21	521,21	167,83	14,8
	Bauwerk 300+400	**m² BGF**	**641.324**	**3.531,33**	**3.531,33**	**1.137,10**	**100,0**
500	Außenanlagen und Freiflächen	m² AF	–	–	–	–	–
600	Ausstattung und Kunstwerke	m² BGF	–	–	–	–	–
700	Baunebenkosten	m² BGF	–	–	–	–	–
800	Finanzierung	m² BGF	–	–	–	–	–

KG	Kostengruppe	Menge Einheit	Kosten €	€/Einheit	%
3+4	**Bauwerk**				**100,0**
300	**Bauwerk – Baukonstruktionen**	181,61 m² BGF	546.667	**3.010,11**	85,2

Stahlbeton-Frostschürzen, Stahlbetonbodenplatte, WU-Beton 25cm, Zementestrich, Oberfläche geschliffen, Perimeterdämmung, Sauberkeitsschicht; Holzständer-Außenwände, Holzfaserdämmstoff, Holzdämmplatten, Holzfassade aus vorbewitterter Douglasie, Malervlies, Beschichtung, Schiebetore aus Metallrahmen; Holzständer-Innenwände, Schiebetüren, GK-Beplankung, Malervlies, Beschichtung; Brettstapel-Elementdecken 16cm, Zementestrich, Lamellenparkett Räuchereiche; Pultdach mit Sparren aus Leimbindern, Wärmedämmung, Dachdeckung Aluminium; Dachentwässerung; Einbauschränke, teilweise auch zur Raumtrennung

KG	Kostengruppe	Menge Einheit	Kosten €	€/Einheit	%
400	**Bauwerk – Technische Anlagen**	181,61 m² BGF	94.657	**521,21**	14,8

Gebäudeentwässerung, Kalt- und Warmwasserleitungen, Sanitärobjekte; Luftwärmepumpe mit Brauchwassererwärmung, Leitungen, Armaturen, Heizflächen, Grundofen für Kaminholz; Elektroinstallation; Telefonanschluss

6100-1618*
Ferienhaus

Objektübersicht

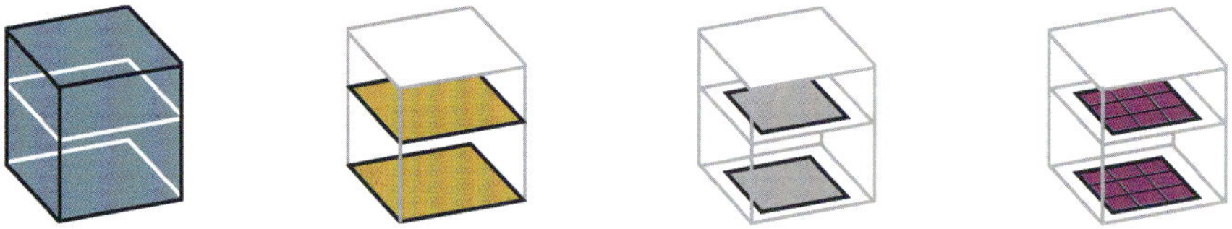

BRI 1.521€/m³ **BGF** 2.650€/m² **NUF** 4.270€/m² **NE** 5.006€/NE

NE: Wohnfläche

Objekt:
Kennwerte: 1.Ebene DIN 276
BRI: 283 m³
BGF: 162 m²
NUF: 101 m²
Bauzeit: 65 Wochen
Bauende: 2020
Standard: über Durchschnitt
Bundesland: Mecklenburg-Vorpommern
Kreis: Mecklenburgische Seenplatte

Architekt*in:
Wanja Wechselberger Studio & Legeer Architekten
Oranienstraße 69
10969 Berlin

Bauherr*in:
Jutta Rieger
Andrea Kleinsorge
Kastanienweg 12
91083 Baiersdorf

* Nicht in der Auswertung enthalten

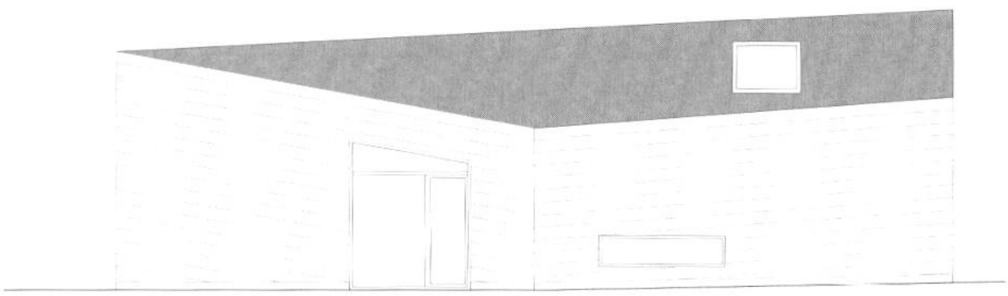

Ansicht Nord-West

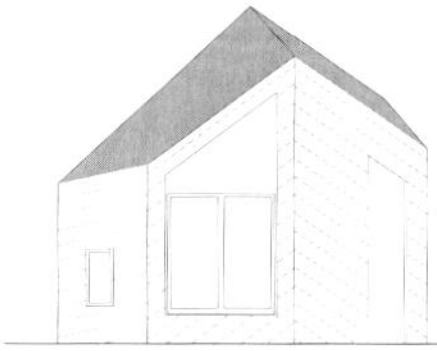

Ansicht Nord-Ost

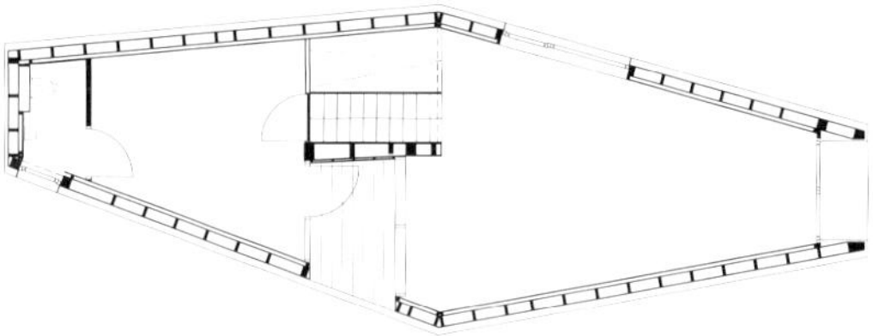

1. Obergeschoss

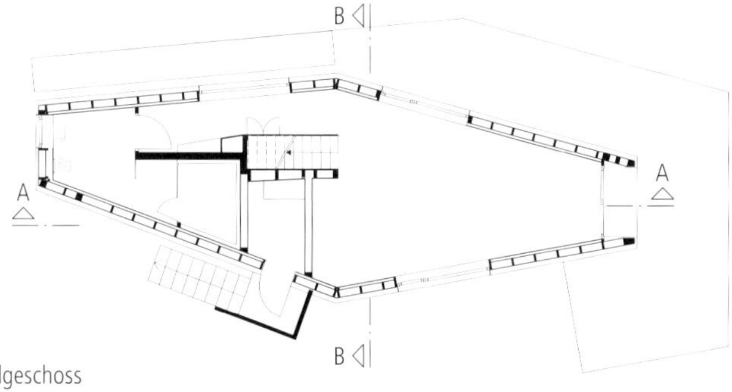

Erdgeschoss

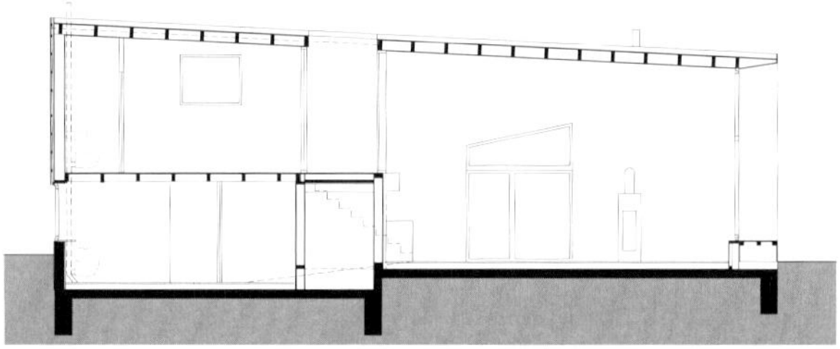

Schnitt A-A

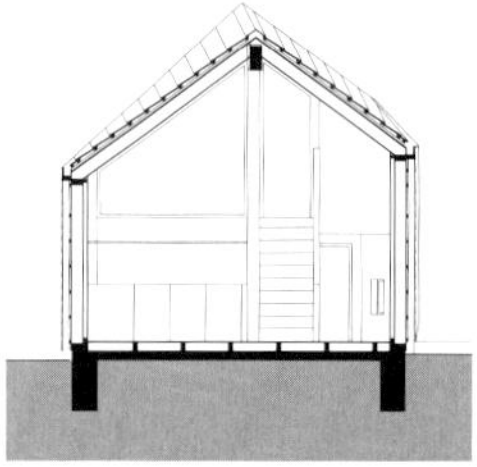

Schnitt B-B

Ansicht Süd-Ost

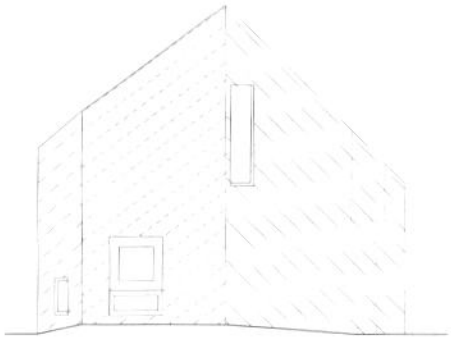

Ansicht Süd-West

Objektbeschreibung

Allgemeine Objektinformationen

Haus Wustrow liegt an der Mecklenburgischen Seenplatte und ist Teil einer Ferienhaussiedlung mit 20 Ferienhäusern. Der Gebäudeentwurf ist eine Neudefinition der regionalen Bootshaus- und Scheunentypologie mit Inspiration aus dem Bootsbau und findet so den Bezug zur umliegenden Landschaft. Der rautenförmige nach Nord-Süd ausgerichtete Baukörper bietet zu allen Richtungen wechselnde Perspektiven und Ansichten. Diese Außenwirkung wird durch die zwei unterschiedlich geformten Dachflächen und sorgfältig positionierten, verschieden große Fensterformate verstärkt. Genau wie das Gebäude beim Umlaufen immer neue Eindrücke entstehen lässt, fängt es in seinem Inneren über die Fenster stets neue Blicke auf die Landschaft ein und erzeugt eine Vielzahl an Lichtstimmungen, die je nach Tages- und Jahreszeit wechseln.

Nutzung

1 Untergeschoss
Abstellen, Bad, Sauna

1 Erdgeschoss
Küche, Wohnraum

1 Obergeschoss
Schlafen, Bad, Balkon

Nutzeinheiten

Wohneinheiten: 1
Wohnfläche: 86 m²

Grundstück

Bauraum: Freier Bauraum
Neigung: Geneigtes Gelände
Bodenklasse: BK 3 bis BK 5

Markt

Hauptvergabezeit: 3. Quartal 2018
Baubeginn: 2. Quartal 2019
Bauende: 3. Quartal 2020
Konjunkturelle Gesamtlage: unter Durchschnitt
Regionaler Baumarkt: unter Durchschnitt

Baukonstruktion

Das Gebäude ist in Holzständerbauweise errichtet. Die Gründung erfolgte durch eine Stahlbeton-Fundamentplatte. Die Wände im UG sind in Ziegelmauerwerk errichtet, die Wandkonstruktionen darüber wurden als Holzrahmenwände vorgefertigt. Die vorgehängte hinterlüftete Fassade besteht aus anthrazitfarbener lasierter Lärche. Die Stülpschalung ist parallel zur Traufkante ausgerichtet und verläuft daher diagonal zur Fußbodenkante. Die Fenster sind aus Aluminium und zweifach verglast. Der gesamte Innenausbau des maisonetteartigen Ferienhauses, das sich über drei Ebenen erstreckt, wurde überwiegend aus Birkensperrholz – in Form von Dielen und großformatigen Wand- und Deckenpaneelen – gefertigt.

Technische Anlagen

Das Haus wird nur durch eine Fußbodenheizung im Bad und Saunabereich und einem Holzspeicherofen im Wohnraum beheizt. Die Luftdichtheit des Gebäudes wurde mit einem Blower-Door-Test geprüft. Regenwasser wird in einer Zisterne gesammelt.

Sonstiges

Die beiden unteren Ebenen sind über eine flach ansteigende Rampe barrierefrei miteinander verbunden. Im Erdgeschoss befindet sich zusätzlich ein rollstuhlgerechtes Badezimmer mit anschließender Sauna. Nachhaltigkeit und Umweltverträglichkeit war ebenfalls ein Thema, bei dem Bau des Ferienhauses fanden ausschließlich heimische Hölzer wie Fichte und Kiefer Verwendung. Große Fenster sorgen für eine natürliche Belichtung. Das großzügige Hauptfenster zum See ist zurückgesetzt, sodass durch die Geometrie des Baukörpers eine Verschattung der großen Glasfläche gewährleisten werden kann.

Planungskennwerte für Flächen und Rauminhalte nach DIN 277

Flächen des Grundstücks		Menge Einheit	% an GF
BF	Bebaute Fläche	128,40 m²	20,4
UF	Unbebaute Fläche	499,60 m²	79,6
GF	Grundstücksfläche	628,00 m²	100,0

Grundflächen des Bauwerks		Menge Einheit	% an NUF	% an BGF
NUF	Nutzungsfläche	100,83 m²	100,0	62,1
TF	Technikfläche	3,12 m²	3,1	1,9
VF	Verkehrsfläche	16,51 m²	16,4	10,2
NRF	Netto-Raumfläche	120,46 m²	119,5	74,1
KGF	Konstruktions-Grundfläche	42,02 m²	41,7	25,9
BGF	Brutto-Grundfläche	162,48 m²	161,1	100,0

Brutto-Rauminhalt des Bauwerks		Menge Einheit	BRI/NUF (m)	BRI/BGF (m)
BRI	Brutto-Rauminhalt	283,00 m³	2,81	1,74

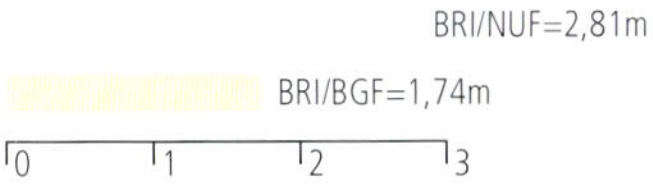

Kostenkennwerte für die Kostengruppen der 1. Ebene DIN 276

KG	Kostengruppen (1. Ebene)	Einheit	Kosten €	€/Einheit	€/m² BGF	€/m³ BRI	% 300+400
100	Grundstück	m² GF	–	–	–	–	–
200	Vorbereitende Maßnahmen	m² GF	–	–	–	–	–
300	Bauwerk – Baukonstruktionen	m² BGF	389.342	2.396,24	2.396,24	1.375,77	90,4
400	Bauwerk – Technische Anlagen	m² BGF	41.160	253,32	253,32	145,44	9,6
	Bauwerk 300+400	**m² BGF**	**430.502**	**2.649,57**	**2.649,57**	**1.521,21**	**100,0**
500	Außenanlagen und Freiflächen	m² AF	39.665	–	244,12	140,16	9,2
600	Ausstattung und Kunstwerke	m² BGF	–	–	–	–	–
700	Baunebenkosten	m² BGF	–	–	–	–	–
800	Finanzierung	m² BGF	–	–	–	–	–

KG	Kostengruppe	Menge Einheit	Kosten €	€/Einheit	%
3+4	**Bauwerk**				**100,0**
300	**Bauwerk – Baukonstruktionen**	162,48 m² BGF	389.342	**2.396,24**	90,4

Baugrubenaushub; Stb-Fundamentplatte, Abdichtung, Holzunterkonstruktion, Dämmung, Dielung, Bodenfliesen 60x60cm, Kiesschüttung; UG: Ziegelmauerwerk, Abdichtung, Dämmung, EG+OG: Holzrahmenkonstruktion, Dämmung, Schalung, Alu-Fenster, zweifach verglast, Fassadenbahn, Holzfaserplatte, Multiplex-Birkenfurnierplatte, lasiert; Holzrahmenwände, Schalung, GK-Bekleidung, GK-Wände, doppelt beplankt, Holztüren, Beschichtung; Holzbalkendecken, Dämmung, Dielung, Wangentreppe Kiefer, lasiert, Multiplex Treppengeländer; Sparrendach, Dachflächenfenster, Zwischensparrendämmung, Rauspundschalung, Dachbahn, Lattung, Betondachsteine, Birkenfurnierplatte, hell lasiert, Dachentwässerung; Einbauküche, Sauna, Einbauschrank

KG	Kostengruppe	Menge Einheit	Kosten €	€/Einheit	%
400	**Bauwerk – Technische Anlagen**	162,48 m² BGF	41.160	**253,32**	9,6

Gebäudeentwässerung, Kalt- und Warmwasserleitungen, Sanitärobjekte; Holz-Kaminofen mit Speichersteinen, Saunaofen; Elektroinstallation, Beleuchtung, elektrische Fußbodenheizung (Bad, Sauna); Telekommunikationsanschluss

KG	Kostengruppe	Menge Einheit	Kosten €	€/Einheit	%
500	**Außenanlagen und Freiflächen**	–	39.665	**–**	9,2

Stb-Einzelfundamente; Terrassendeck, Außenrampe, Terrassendielen auf Unterkonstruktion, Parkplatzbefestigung; Klinkerwände, Außentreppe in UG; Regenwasserzisterne, Bewässerungssystem

6100-1627
Einfamilienhaus
experimentell

Objektübersicht

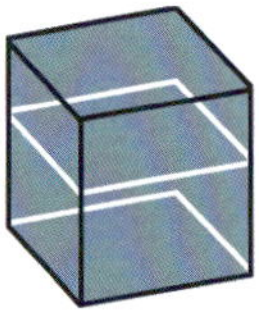

BRI 274 €/m³

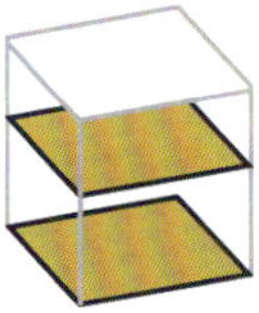

BGF 1.278 €/m²

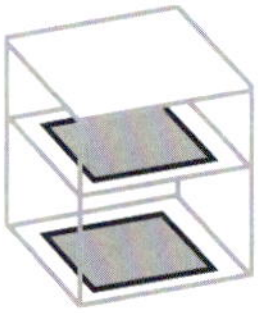

NUF 1.628 €/m²

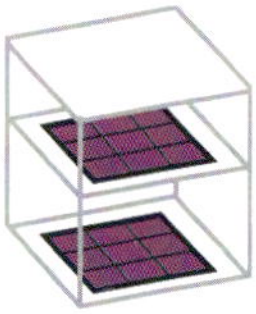

NE 2.267 €/NE

NE: Wohnfläche

Objekt:
Kennwerte: 1. Ebene DIN 276
BRI: 1.365 m³
BGF: 292 m²
NUF: 230 m²
Bauzeit: 130 Wochen
Bauende: 2022
Standard: Durchschnitt
Bundesland: Brandenburg
Kreis: Potsdam-Mittelmark

Architekt*in:
c/o now
(Studio CO NOW GmbH)
Wilhelmshavener Straße 47
10551 Berlin

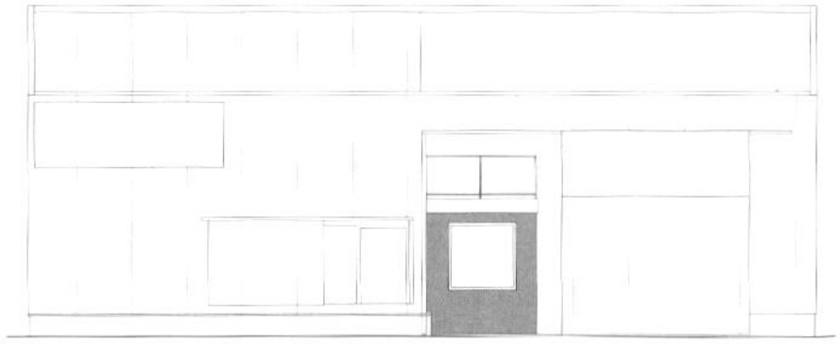

Ansicht West

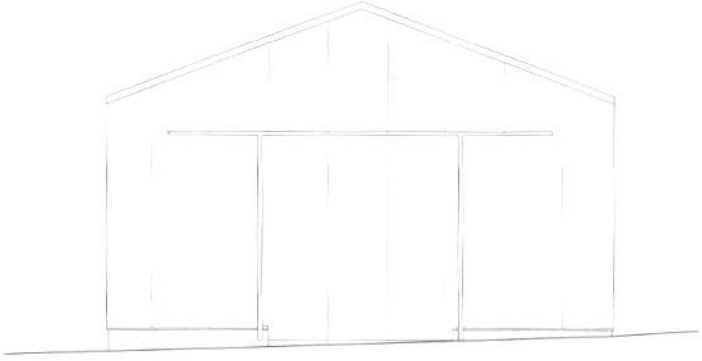

Ansicht Süd

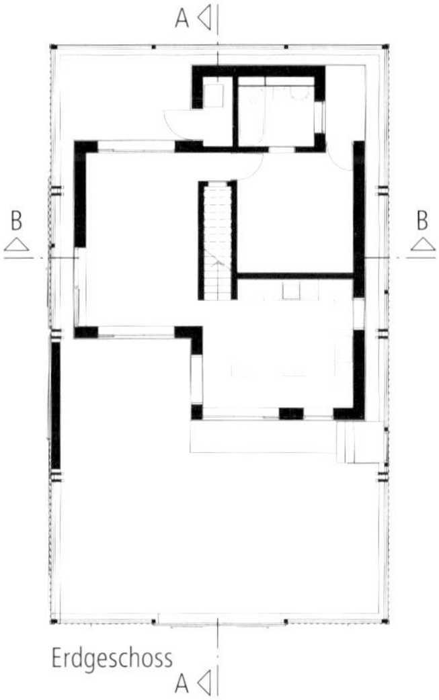

Erdgeschoss

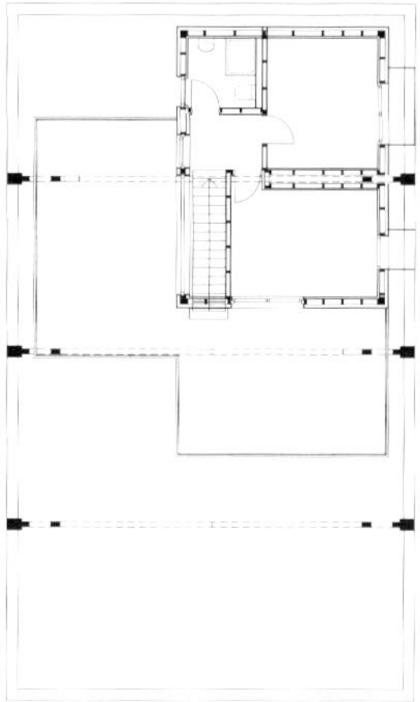

Obergeschoss

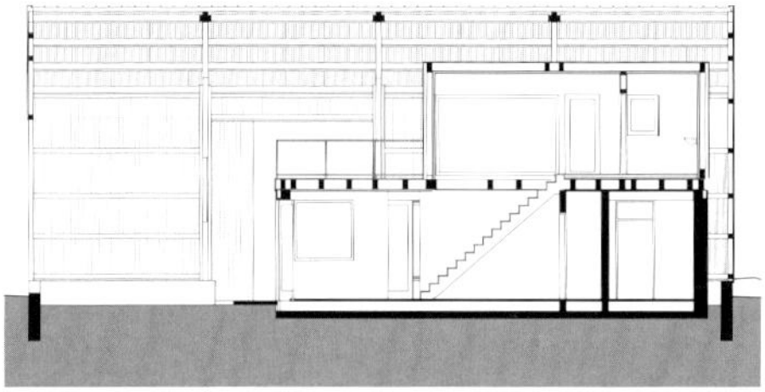

Schnitt A-A

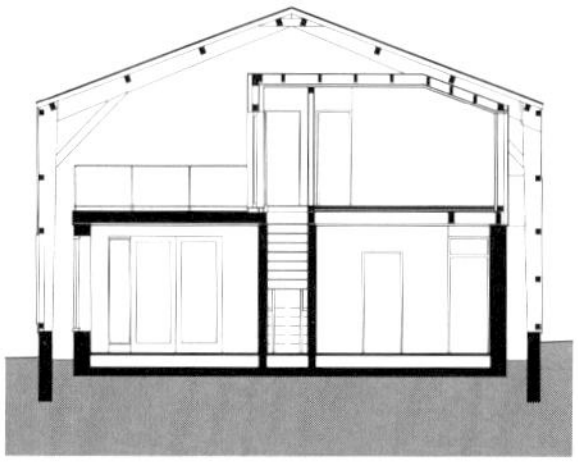

Schnitt B-B

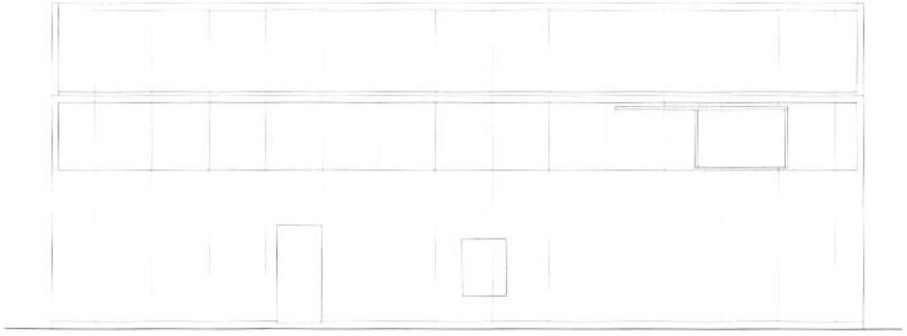

Ansicht Ost

Ansicht Nord

Objektbeschreibung

Allgemeine Objektinformationen

Das Wohnhaus orientiert sich an französischen Architekturen der 1980/90er Jahre, bei denen industriell gefertigte Gewächshäuser als Ausbauhäuser Anwendung fanden. Bei diesem Objekt dient eine vorfabrizierte Halle in Holzbauweise, bekleidet mit Trapezblechen, Licht- und Sandwichpaneelen als witterungsfeste Klimahülle für ein beheizbares Kernhaus.

Nutzung

1 Erdgeschoss
Eingang, Wohnen, Schlafen, Küche, Bad, Terrasse, Indoorgarten

1 Obergeschoss
Kinderzimmer, Büro, Duschbad, Terrasse

Nutzeinheiten

Wohneinheiten: 1
Wohnfläche: 165m²

Grundstück

Bauraum: Freier Bauraum
Neigung: Geneigtes Gelände
Bodenklasse: BK 1 bis BK 4

Markt

Hauptvergabezeit: 4.Quartal 2019
Baubeginn: 4.Quartal 2019
Bauende: 2.Quartal 2022
Konjunkturelle Gesamtlage: über Durchschnitt
Regionaler Baumarkt: unter Durchschnitt

Baukonstruktion

Die Hallenkonstruktion wurde auf leicht erhöhten Streifenfundament aus Teilfertigteilen montiert. Das beheizbare Kernhaus steht auf einer von der Hallenkonstruktion entkoppelten Bodenplatte. Die EG-Außenwände des Kernhauses wurden mit monolithischen Dämmziegel gemauert, wogegen das OG mit einer einfachen, gedämmten Holzständerkonstruktion mit Installations- und Hinterlüftungsebene ausgeführt wurde. Es kamen Kunststofffenster zum Einsatz. Die Innenwände im EG wurden in Hlz gemauert und verputzt, im OG wurden sie in Holzständerbauweise mit Gipskartonbeplankung ausgeführt. Bei der Hallenkonstruktion handelt es sich um eine ingenieursmäßige Holzkonstruktion aus Brettschichtholzbindern, die mit geschlossenen, opaken und transparenten Industriebaustoffen wie Trapezblechen im Wandbereich und Sandwichpaneelen im Dachbereich bekleidet ist. Durch die witterungsfeste Hülle der Halle konnte beim Kernhaus auf Abdichtungsmaßnahmen verzichtet werden. Auch bot das durch die Halle erzeugte Zwischenklima bauphysikalischen Vorteile in Bezug auf die Reduktion von Dämmstärken.

Technische Anlagen

Die Wärmeversorgung erfolgt über eine zentrale Luft-Wasser-Wärmepumpe. Die Verteilung der Wärme erfolgt über eine Fußbodenheizung. Alle Räume werden natürlich belüftet. Bei der Elektroinstallation wurde ein einfacher Standard inkl. Lan + TV gewählt.

Sonstiges

Die Baustelle wurde offiziell mit dem Einzug der Auftraggeber*innen beendet. Der fortlaufende Ausbau, erfolgt durch die Bewohner*innen in Eigenregie. Ausgehend von ursprünglich 90m² Wohnfläche kann das Haus bei einer überbauten Fläche von 200m² bis zu einem Maximum von 400m² Wohnfläche ausgebaut werden.

Energetische Kennwerte

Gesetzliche Grundlage: EnEV 2013
Gebäudenutzfläche: 112,00m²
Gebäudevolumen: 390,00m³
Spez. Transmissionswärmeverlust: 0,26W/(m²·K)
Spez. Jahresprimärenergiebedarf: 51,20kWh/(m²·a)
Spez. Jahresendenergiebedarf: 28,40kWh/(m²·a)
CO_2-Emissionen: 9,00kg/(m²·a)
Anlagenaufwandszahl: 0,76

Energetische Angaben zu Außenbauteilen

Bodenplatte Wohnwürfel

U-Wert: 0,18 W/(m²·K)

Gesamtdicke: 50,00 cm	d [cm]	λ [W/(m·K)]
Bodenbelag	2,00	0,170
Estrich	8,50	1,400
Trittschalldämmung	3,00	0,048
Dämmung	16,00	0,035
Bitumenbahn	0,50	0,230
Stahlbeton WU	20,00	2,100

Außenwand Wohnwürfel EG

U-Wert: 0,21 W/(m²·K)

Gesamtdicke: 39,50 cm	d [cm]	λ [W/(m·K)]
Innenputz	1,50	1,000
Dämmziegel	36,50	0,080
Außenputz	1,50	1,000

Außenwand Wohnwürfel OG

U-Wert: 0,22 W/(m²·K)

Gesamtdicke: 22,35 cm	d [cm]	λ [W/(m·K)]
GK-Platte	2,50	0,250
Dämmung	4,00	0,040
OSB-Platte	1,80	0,130
Dämmung	14,00	0,035
Holz	14,00	0,130
PE-Folie	0,05	0,150

Dachterrasse Wohnwürfel

U-Wert: 0,16 W/(m²·K)

Gesamtdicke: 31,45 cm	d [cm]	λ [W/(m·K)]
GK-Platte	1,25	0,250
Dämmung	4,00	0,040
Holz	4,00	0,130
Dämmung	24,00	0,035
Holz	24,00	0,130
OSB-Platte	2,20	0,130

Dach Wohnwürfel

U-Wert: 0,21 W/(m²·K)

Gesamtdicke: 23,45 cm	d [cm]	λ [W/(m·K)]
GK-Platte	1,25	0,250
Dämmung	4,00	0,040
Dämmung	16,00	0,035
Holz	16,00	0,130
Holz	2,20	0,130

Planungskennwerte für Flächen und Rauminhalte nach DIN 277

Flächen des Grundstücks		Menge Einheit	% an GF
BF	Bebaute Fläche	201,99 m²	18,7
UF	Unbebaute Fläche	878,16 m²	81,3
GF	Grundstücksfläche	1.080,15 m²	100,0

Grundflächen des Bauwerks		Menge Einheit	% an NUF	% an BGF
NUF	Nutzungsfläche	229,51 m²	100,0	78,5
TF	Technikfläche	2,09 m²	0,9	0,7
VF	Verkehrsfläche	10,42 m²	4,5	3,6
NRF	Netto-Raumfläche	242,02 m²	105,5	82,8
KGF	Konstruktions-Grundfläche	50,41 m²	22,0	17,2
BGF	Brutto-Grundfläche	292,43 m²	127,4	100,0

Brutto-Rauminhalt des Bauwerks		Menge Einheit	BRI/NUF (m)	BRI/BGF (m)
BRI	Brutto-Rauminhalt	1.365,45 m³	5,95	4,67

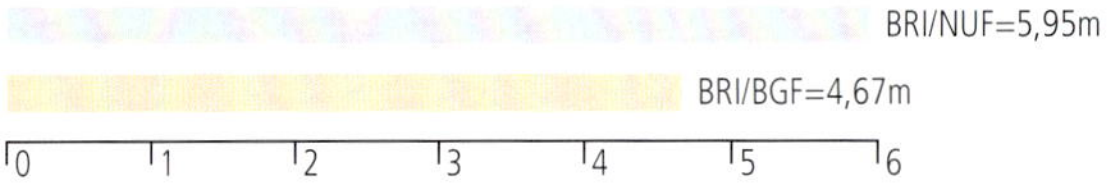

Kostenkennwerte für die Kostengruppen der 1.Ebene DIN 276

KG	Kostengruppen (1. Ebene)	Einheit	Kosten €	€/Einheit	€/m² BGF	€/m³ BRI	% 300+400
100	Grundstück	m² GF	–	–	–	–	–
200	Vorbereitende Maßnahmen	m² GF	9.579	8,87	32,76	7,02	2,6
300	Bauwerk – Baukonstruktionen	m² BGF	325.177	1.111,98	1.111,98	238,15	87,0
400	Bauwerk – Technische Anlagen	m² BGF	48.491	165,82	165,82	35,51	13,0
	Bauwerk 300+400	**m² BGF**	**373.668**	**1.277,80**	**1.277,80**	**273,66**	**100,0**
500	Außenanlagen und Freiflächen	m² AF	3.349	–	11,45	2,45	0,9
600	Ausstattung und Kunstwerke	m² BGF	–	–	–	–	–
700	Baunebenkosten	m² BGF	–	–	–	–	–
800	Finanzierung	m² BGF	–	–	–	–	–

KG	Kostengruppe	Menge Einheit	Kosten €	€/Einheit	%
200	**Vorbereitende Maßnahmen**	1.080,15 m² GF	9.579	**8,87**	2,6
	Suchschachtung, Baumfällarbeiten; Anschluss Medien, Wasser, Abwasser, Telefon				
3+4	**Bauwerk**				**100,0**
300	**Bauwerk – Baukonstruktionen**	292,43 m² BGF	325.177	**1.111,98**	87,0
	Klimahülle: Streifenfundamente; ingenieursmäßige Holzkonstruktion, Brettschichtholzbinder, KVH-Balken, Aussteifungen, opale, transparente Industriebaustoffe, Schiebetore, Schiebefenster; Dachbinder, Sandwichpaneelplatten, Dachentwässerung Kerngebäude: Stb-Bodenplatte, Dämmung, Heizestrich, Terrassenplatten, Bodenfliesen, Parkett; Ziegelmauerwerk, Holzständerwände mit Installationsebene, Dämmung, Kunststofffenster, Dreifachverglasung, Eingangstüre, Außenputz, Innenputz; Hlz-Mauerwerk, GK-Holzständerwände, Holztüren, Innenputz, GK-Beplankungen, Beschichtung, Wandfliesen; Holzbalkendecke, Holztreppe, Heizestrich, Parkett, Fliesen, Geländer; Holzbalkendach, Dämmung, OSB-Platten, Geländer				
400	**Bauwerk – Technische Anlagen**	292,43 m² BGF	48.491	**165,82**	13,0
	Gebäudeentwässerung, Kalt- und Warmwasserleitungen, Sanitärobjekte; Sole-Wasser-Wärmepumpe, Heizleitungen, Fußbodenheizung, Handtuchheizkörper; Einzellüfter in Bädern; Elektroinstallation, Beleuchtung				
500	**Außenanlagen und Freiflächen**	–	3.349	**–**	0,9
	Anarbeiten des Geländes an die Außenwände				

6100-1661
Einfamilienhaus
Nebengebäude

Objektübersicht

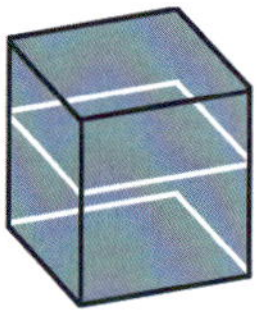

BRI 480 €/m³

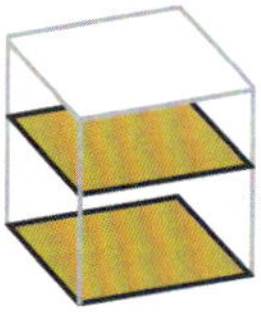

BGF 2.389 €/m²

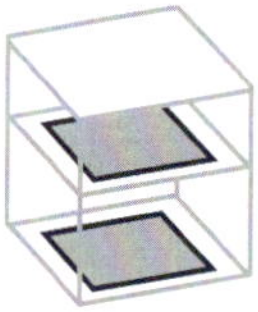

NUF 3.664 €/m²

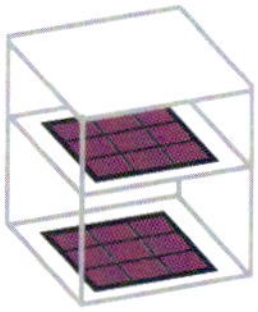

NE 3.889 €/NE

NE: Wohnfläche

Objekt:
Kennwerte: 1.Ebene DIN 276
BRI: 1.249 m³
BGF: 251 m²
NUF: 164 m²
Bauzeit: 52 Wochen
Bauende: 2022
Standard: Durchschnitt
Bundesland: Rheinland-Pfalz
Kreis: Rhein-Lahn-Kreis

Architekt*in:
b@ugilde architekten
Schlossberg 20
65582 Diez

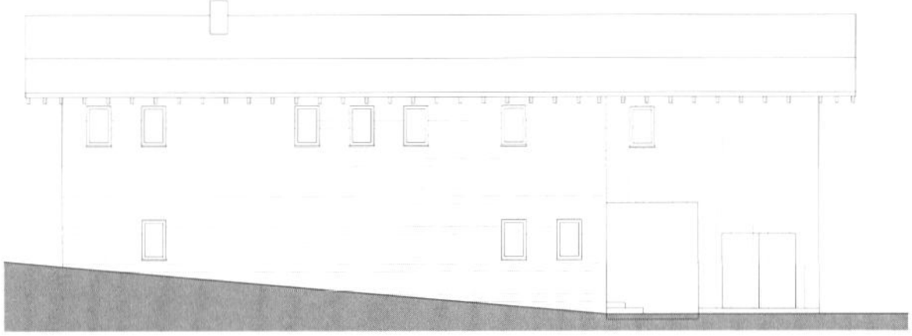
Ansicht Nord

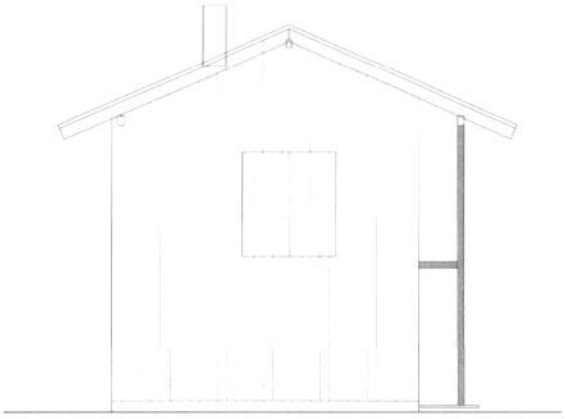
Ansicht West

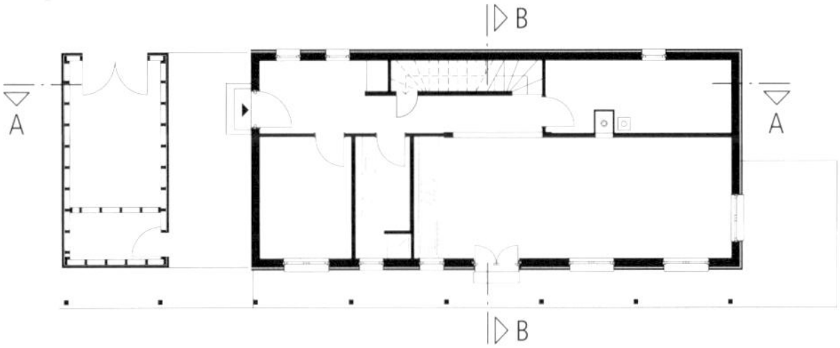

Erdgeschoss

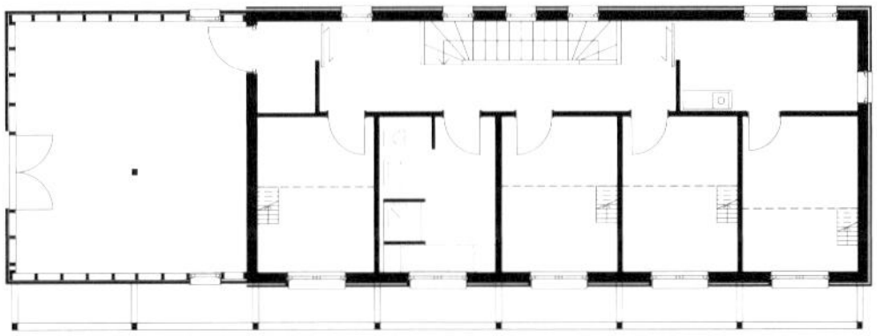
Obergeschoss

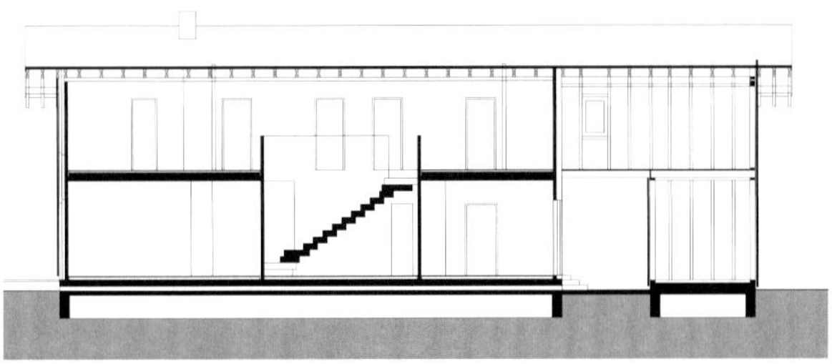
Schnitt A-A

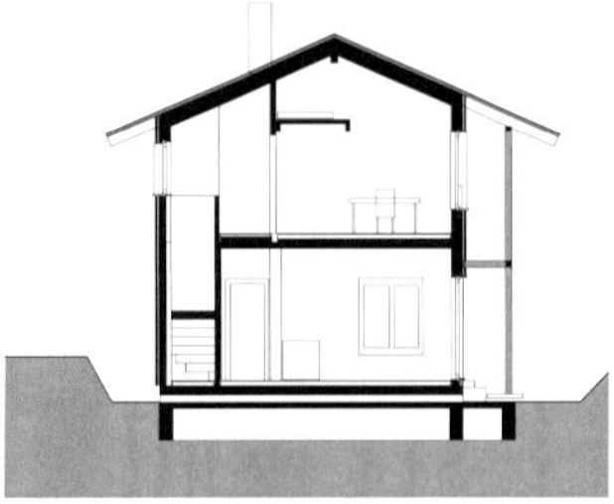
Schnitt B-B

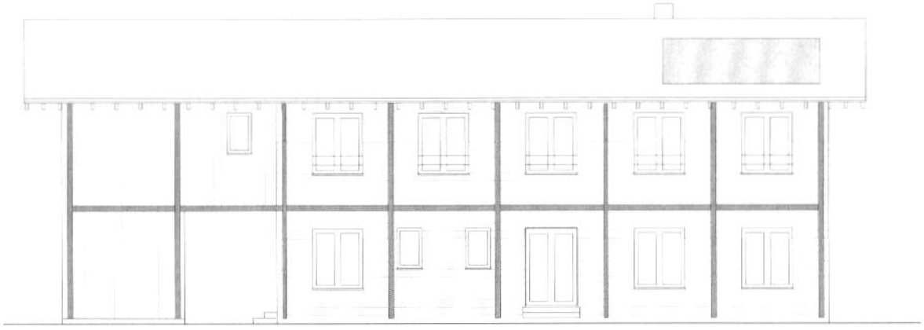
Ansicht Süd

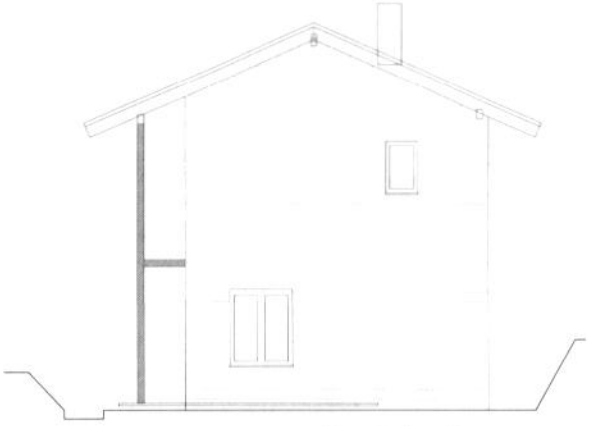
Ansicht Ost

Objektbeschreibung

Allgemeine Objektinformationen

Bei diesem Gebäude wurden die Einflüsse des Ortes, das Nutzungsverhalten der Ortsbewohner sowie die Architektursprache vom Architekten in einen bewussten Materialeinsatz übersetzt. Entstanden ist ein Holzhaus, mit wenigen einfachen Details, demontierbaren Fügungen und einer geringen Technikausstattung. Bei der Wahl der Baustoffe hatten regionale, ökologisch wertvolle und auch wiederverwertete Materialien höchste Priorität.

Nutzung

1 Erdgeschoss
Wohnhaus: Wohnen, Ess-Küche, Gästezimmer, Technik, Bad, Diele, Treppe
Nebenhaus: Werkstatt, Fahrradabstellraum

1 Obergeschoss
Schlafzimmer mit Schlafgalerie, drei Kinderzimmer mit Schlafgalerie, Arbeitszimmer, Bad, Flur, Dachboden

Nutzeinheiten

Wohneinheiten: 1
Wohnfläche: 154 m^2

Grundstück

Bauraum: Freier Bauraum
Neigung: Geneigtes Gelände
Bodenklasse: BK 1 bis BK 4

Markt

Hauptvergabezeit: 1. Quartal 2021
Baubeginn: 2. Quartal 2021
Bauende: 2. Quartal 2022
Konjunkturelle Gesamtlage: Durchschnitt
Regionaler Baumarkt: unter Durchschnitt

Baukonstruktion

Die Gründung erfolgte auf einer Stahlbetonbodenplatte. Die Wände des Wohnhauses wurden aus massiven Brettsperrholzelementen erstellt. Die Holzfaserdämmung in Dach, Wand und Boden wurde im Außenwandbereich mit Lärchenschalung bekleidet. Die Fenster aus Fichtenholz sind zweifachverglast. Das Dach wurde mit Tonziegeln gedeckt. Als Bodenbeläge kamen Fichtedielen und Fliesen zum Einsatz. Die Wände erhielten einen Lehmputz. Das Nebengebäude wurde in Holzrahmenbauweise erstellt und mit sägerauer Fichtenverschalung bekleidet.

Technische Anlagen

Das Gebäude wurde nach dem Lowtech-Prinzip ausgestattet. Eine Solarthermieanlage auf dem Dach und ein wasserführender Holzvergaserkaminofen im Wohnzimmer erwärmen das Wasser, das in einem 850l Schichtspeicher für Heizung und Trinkwasser vorgehalten wird. Die Verteilung der Wärme erfolgt über Wandheizungsflächen in Lehmplatten. Ein Balkonkraftwerk sorgt für den Alltagsbedarf an regenerativem Strom.

Sonstiges

Das Gebäude ist bis auf die Gründung reversibel und nach dem Cradle-to-Cradle Prinzip erstellt.

Energetische Kennwerte

Gesetzliche Grundlage: EnEV 2013
Spez. Transmissionswärmeverlust: 0,38 W/(m^2·K)
Spez. Jahresprimärenergiebedarf: 35,90 kWh/(m^2·a)

Energetische Angaben zu Außenbauteilen

Bodenplatte Fliesen

U-Wert: 0,14 W/(m²·K)

Gesamtdicke: 63,05 cm	d [cm]	λ [W/(m·K)]
Fliesen	1,00	1,000
Mörtel	0,50	1,000
Dampfbremse	0,50	50,000
OSB-Platte	2,00	0,130
Dämmung	10,00	0,035
Holz	10,00	0,130
Dampfsperre	0,05	2,000
Stahlbeton	20,00	2,500
Dämmung	14,00	0,036
Kies	15,00	0,700

Bodenplatte Parkett

U-Wert: 0,15 W/(m²·K)

Gesamtdicke: 61,05 cm	d [cm]	λ [W/(m·K)]
Holz	2,00	0,154
Dämmung	10,00	0,040
Holz	10,00	0,130
Dampfsperre	0,05	2,000
Stahlbeton	20,00	2,500
Dämmung	14,00	0,036
Kies	15,00	0,700

Außenwand Brettsperrholz

U-Wert: 0,20 W/(m²·K)

Gesamtdicke: 26,00 cm	d [cm]	λ [W/(m·K)]
Holz	10,00	0,130
Holzfaserplatte	16,00	0,040

Dach

U-Wert: 0,16 W/(m²·K)

Gesamtdicke: 33,00 cm	d [cm]	λ [W/(m·K)]
Holz	8,00	0,090
Dampfsperre	0,50	2,000
Dämmung	24,00	0,035
Holz	24,00	0,130
Dachdichtungsbahn	0,50	0,040

Planungskennwerte für Flächen und Rauminhalte nach DIN 277

Flächen des Grundstücks		Menge Einheit	% an GF
BF	Bebaute Fläche	133,34 m²	9,5
UF	Unbebaute Fläche	1.271,66 m²	90,5
GF	Grundstücksfläche	1.405,00 m²	100,0

Grundflächen des Bauwerks		Menge Einheit	% an NUF	% an BGF
NUF	Nutzungsfläche	163,72 m²	100,0	65,2
TF	Technikfläche	12,43 m²	7,6	4,9
VF	Verkehrsfläche	30,46 m²	18,6	12,1
NRF	Netto-Raumfläche	206,61 m²	126,2	82,3
KGF	Konstruktions-Grundfläche	44,51 m²	27,2	17,7
BGF	Brutto-Grundfläche	251,12 m²	153,4	100,0

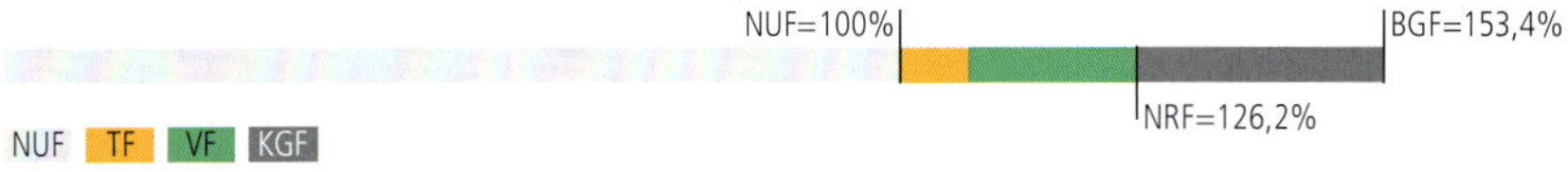

Brutto-Rauminhalt des Bauwerks		Menge Einheit	BRI/NUF (m)	BRI/BGF (m)
BRI	Brutto-Rauminhalt	1.248,99 m³	7,63	4,97

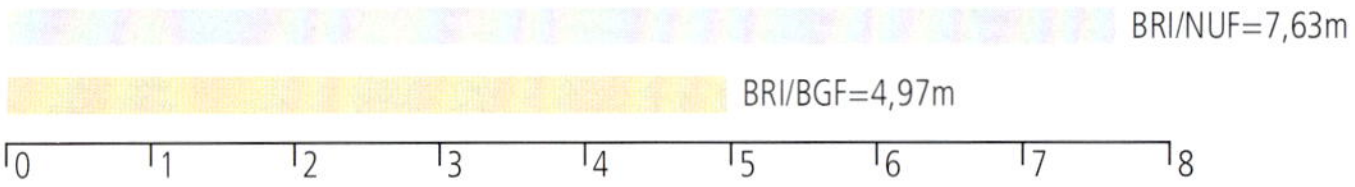

Kostenkennwerte für die Kostengruppen der 1.Ebene DIN 276

KG	Kostengruppen (1. Ebene)	Einheit	Kosten €	€/Einheit	€/m² BGF	€/m³ BRI	% 300+400
100	Grundstück	m² GF	–	–	–	–	–
200	Vorbereitende Maßnahmen	m² GF	–	–	–	–	–
300	Bauwerk – Baukonstruktionen	m² BGF	486.383	1.936,85	1.936,85	389,42	81,1
400	Bauwerk – Technische Anlagen	m² BGF	113.500	451,97	451,97	90,87	18,9
	Bauwerk 300+400	**m² BGF**	**599.883**	**2.388,83**	**2.388,83**	**480,29**	**100,0**
500	Außenanlagen und Freiflächen	m² AF	–	–	–	–	–
600	Ausstattung und Kunstwerke	m² BGF	–	–	–	–	–
700	Baunebenkosten	m² BGF	–	–	–	–	–
800	Finanzierung	m² BGF	–	–	–	–	–

KG	Kostengruppe	Menge Einheit	Kosten €	€/Einheit	%
3+4	**Bauwerk**				**100,0**
300	**Bauwerk – Baukonstruktionen**	251,12 m² BGF	486.383	**1.936,85**	81,1

Erdarbeiten; Stahlbetonbodenplatte, Kiesfrostschürzen, Holzfaserdämmung, Brettsperrholzplatten, Fichtedielenböden; Brettsperrholzwände, Holzstützen, Fichtenholzfenster, Holzeingangtüren, Holzfaserdämmung, Lärchenschalung, Lehmbekleidung, Beschichtung; Brettsperrholzwände, Holztüren; Brettsperrholzdecken, Holztreppe, Fichtendielenböden, Bodenfliesen, Oberflächenfertige Deckenuntersichten, Treppengeländer; Satteldach-Brettsperrholzkonstruktion, Holzfaserdämmung, Lattung, Ziegeldeckung, Dachentwässerung

KG	Kostengruppe	Menge Einheit	Kosten €	€/Einheit	%
400	**Bauwerk – Technische Anlagen**	251,12 m² BGF	113.500	**451,97**	18,9

Gebäudeentwässerung, Kalt- und Warmwasserleitungen, Entkalkungsanlage, Sanitärobjekte; Holzvergaserkaminofen mit Wassertasche, Solarthermieanlage, Pufferspeicher 850l, Wandplattenheizung; Elektroinstallation, Balkonkraftwerk, Beleuchtung

Objektübersicht

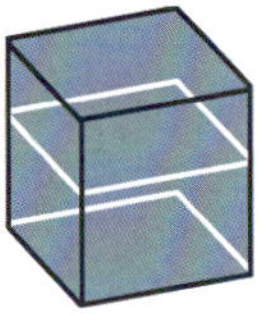

BRI 839 €/m³

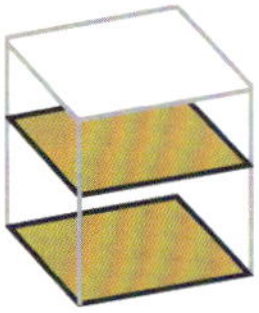

BGF 2.767 €/m²

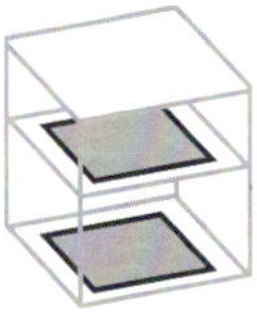

NUF 3.632 €/m²

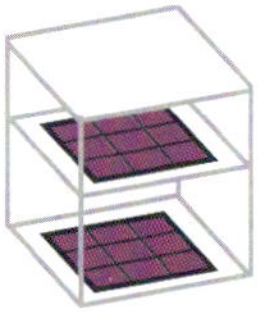

NE 3.182 €/NE

NE: Wohnfläche

Objekt:
Kennwerte: 3.Ebene DIN 276
BRI: 436 m³
BGF: 132 m²
NUF: 101 m²
Bauzeit: 39 Wochen
Bauende: 2022
Standard: Durchschnitt
Bundesland: Bayern
Kreis: Starnberg

Architekt*in:
brack architekten
Brennergasse 9
87435 Kempten

Ansicht Ost

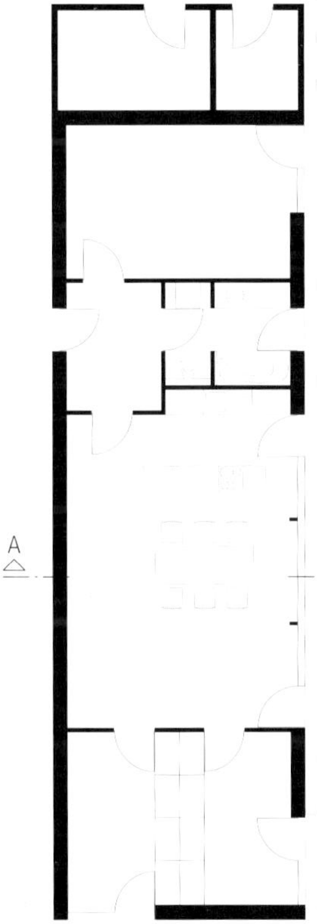

Erdgeschoss

Schnitt A-A

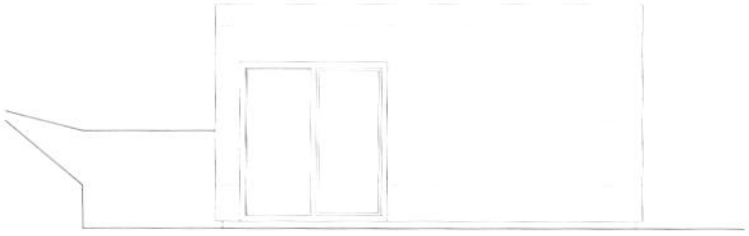

Ansicht Süd

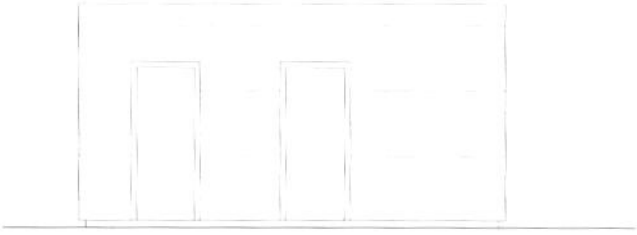

Ansicht Nord

Ansicht West

Objektbeschreibung

Allgemeine Objektinformationen

Das eingeschossige Einfamilienhaus entstand als Ersatzneubau für einen zum Wohngebäude umgebauten Hühnerstall. Für den Neubau war die Grundfläche des Bestands zu übernehmen.

Nutzung

1 Erdgeschoss
Wohnen/Essen/Küche, Schlafzimmer, Kinderzimmer (2St), Bad, Windfang, Abstellraum, Technikraum

Nutzeinheiten

Wohneinheiten: 1
Wohnfläche: 115 m²

Grundstück

Bauraum: Beengter Bauraum
Neigung: Ebenes Gelände
Bodenklasse: BK 3 bis BK 5

Markt

Hauptvergabezeit: 4. Quartal 2021
Baubeginn: 1. Quartal 2022
Bauende: 4. Quartal 2022
Konjunkturelle Gesamtlage: über Durchschnitt
Regionaler Baumarkt: unter Durchschnitt

Baukonstruktion

Der Neubau gründet mit einer Stahlbeton-Fundamentplatte auf einer Schicht aus Schaumglasschotter. Die in Holzrahmenbauweise errichteten Außenwände stehen auf einem Stahlbetonsockel. Sie sind außenseitig mit Holzfaserdämmung und einer Nut- und Federschalung aus Lärche bekleidet. Die hohen Holz-Aluminiumfenster wurden mit Dreifachverglasung ausgeführt. Die Holzeingangstüren erhielten außen eine Deckschale aus Aluminium. Das Massivholz-Flachdach wurde extensiv begrünt. Innen kamen mit Gipskarton bekleidete Massivholzwände und Gipskartonwände zur Ausführung. Die Oberflächen wurden gespachtelt und beschichtet. Linoleum und Fliesen dienen als Bodenbelag.

Technische Anlagen

Das Gebäude wird durch eine Wärmepumpe beheizt und mit Warmwasser versorgt. Die Temperierung erfolgt über eine Fußbodenheizung. Die Photovoltaikanlage mit 4,05kWp dient der Eigenstromversorgung. LED-Lichtbänder sowie eine Antennenanlage wurden installiert.

Sonstiges

Die Außenanlage ist unter der BKI-Objektnummer 6100-1676 dokumentiert.

Energetische Kennwerte

Gesetzliche Grundlage: GEG 2020
Gebäudenutzfläche: 142,00 m²
Gebäudevolumen: 443,70 m³
A/V_e-Verhältnis (Kompaktheit): 0,88 m^{-1}
Hüllfläche des beheizten Volumens: 388,60 m²
Spez. Transmissionswärmeverlust: 0,35 W/(m²·K)
Spez. Jahresprimärenergiebedarf: 58,36 kWh/(m²·a)
Anlagenaufwandszahl: 0,76
PV-Anlage: 3,64 kWp

Energetische Angaben zu Außenbauteilen

Bodenplatte

U-Wert: 0,20 W/(m²·K)

Gesamtdicke: 59,02 cm	d [cm]	λ [W/(m·K)]
Estrich	6,00	1,400
PE-Folie	0,02	0,330
Trittschalldämmung	3,00	0,040
Stahlbeton	10,00	2,000
Schaumglasschotter	40,00	0,103

Außenwand hinterlüftet

U-Wert: 0,18 W/(m²·K)

Gesamtdicke: 26,95 cm	d [cm]	λ [W/(m·K)]
GK-Platte	1,25	0,250
OSB-Platte	1,10	0,130
Holz	5,00	0,030
Dämmung	5,00	0,040
OSB-Platte	1,60	0,130
Holz	16,00	0,130
Dämmung	16,00	0,040
Holzfaserplatte	2,00	0,045

Dach

U-Wert: 0,12 W/(m²·K)

Gesamtdicke: 51,92 cm	d [cm]	λ [W/(m·K)]
GK-Platte	1,25	0,250
Holz	16,00	0,130
Dampfsperre	0,05	0,130
Dämmung	24,00	0,035
Dachdichtungsbahn	0,31	0,190
Dachdichtungsbahn	0,31	0,190
Kies	10,00	0,700

Planungskennwerte für Flächen und Rauminhalte nach DIN 277

Flächen des Grundstücks		Menge Einheit	% an GF
BF	Bebaute Fläche	464,26 m²	10,8
UF	Unbebaute Fläche	3.851,74 m²	89,2
GF	Grundstücksfläche	4.316,00 m²	100,0

Grundflächen des Bauwerks		Menge Einheit	% an NUF	% an BGF
NUF	Nutzungsfläche	100,75 m²	100,0	76,2
TF	Technikfläche	4,70 m²	4,7	3,6
VF	Verkehrsfläche	6,90 m²	6,8	5,2
NRF	Netto-Raumfläche	112,35 m²	111,5	85,0
KGF	Konstruktions-Grundfläche	19,88 m²	19,7	15,0
BGF	Brutto-Grundfläche	132,23 m²	131,2	100,0

Brutto-Rauminhalt des Bauwerks		Menge Einheit	BRI/NUF (m)	BRI/BGF (m)
BRI	Brutto-Rauminhalt	436,34 m³	4,33	3,30

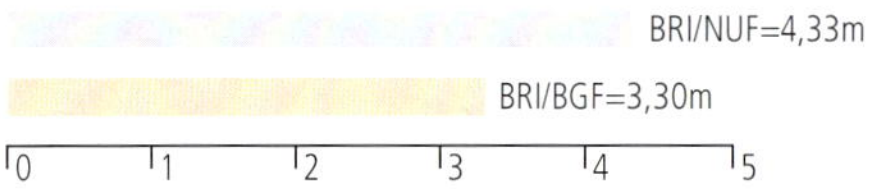

Lufttechnisch behandelte Flächen	Menge Einheit	% an NUF	% an BGF
Entlüftete Fläche	–	–	–
Be- und entlüftete Fläche	–	–	–
Teilklimatisierte Fläche	–	–	–
Klimatisierte Fläche	–	–	–

KG	Kostengruppen (2. Ebene)	Menge Einheit	Menge/NUF	Menge/BGF
310	Baugrube / Erdbau	99,98 m³ BGI	0,99	0,76
320	Gründung, Unterbau	126,74 m² GRF	1,26	0,96
330	Außenwände/Vertikale Baukonstruktionen, außen	183,41 m² AWF	1,82	1,39
340	Innenwände/Vertikale Baukonstruktionen, innen	86,51 m² IWF	0,86	0,65
350	Decken/Horizontale Baukonstruktionen	–	–	–
360	Dächer	132,23 m² DAF	1,31	1,00

Kostenkennwerte für die Kostengruppen der 1.Ebene DIN 276

KG	Kostengruppen (1. Ebene)	Einheit	Kosten €	€/Einheit	€/m² BGF	€/m³ BRI	% 300+400
100	Grundstück	m² GF	–	–	–	–	–
200	Vorbereitende Maßnahmen	m² GF	31.865	7,38	240,99	73,03	8,7
300	Bauwerk – Baukonstruktionen	m² BGF	272.979	2.064,42	2.064,42	625,61	74,6
400	Bauwerk – Technische Anlagen	m² BGF	92.930	702,79	702,79	212,98	25,4
	Bauwerk 300+400	**m² BGF**	**365.909**	**2.767,22**	**2.767,22**	**838,58**	**100,0**
500	Außenanlagen und Freiflächen	m² AF	5.738	5,10	43,39	13,15	1,6
600	Ausstattung und Kunstwerke	m² BGF	1.023	7,73	7,73	2,34	0,3
700	Baunebenkosten	m² BGF	–	–	–	–	–
800	Finanzierung	m² BGF	–	–	–	–	–

KG	Kostengruppe	Menge Einheit	Kosten €	€/Einheit	%
200	**Vorbereitende Maßnahmen**	4.316,00 m² GF	31.865	**7,38**	8,7
	Abbruch von Wohnhaus, Gartenhaus, Dachdeckungen, Betonplatten, Erdtank verfüllen, Bäume fällen				
3+4	**Bauwerk**				**100,0**
300	**Bauwerk – Baukonstruktionen**	132,23 m² BGF	272.979	**2.064,42**	74,6
	Stb-Fundamentplatte, Heizestrich, Linoleum, Bodenbeschichtung, Bodenfliesen, Schaumglasschotter; Holzrahmenwände, Stb-Sockelaufkantung, Massivholzattika, Holz-Alufenster, Holz-Alu-Eingangstüren, Dämmung, Holzschalung, Sockelputz, Beschichtung, GK-Installationsebene, Glasvordach; Massivholzwände, GK-Wände, Holztüren, GK-Bekleidung, Beschichtung, Wandfliesen; Brettsperrholz-Flachdach, Gefälledämmung, Dachabdichtung, Gründach, Kies, Dachentwässerung				
400	**Bauwerk – Technische Anlagen**	132,23 m² BGF	92.930	**702,79**	25,4
	Gebäudeentwässerung, Kalt- und Warmwasserleitungen, Sanitärobjekte; Luft-Wasser-Wärmepumpe, Heizleitungen, Fußbodenheizung; Einzelraumlüfter; Photovoltaikanlage, Elektroinstallation, Beleuchtung, Erdung; Türsprechanlage, SAT-Anlage, Rauchmelder, Datenverkabelung				
500	**Außenanlagen und Freiflächen**	1.125,00 m² AF	5.738	**5,10**	1,6
	Beton-Absetzschacht, Sprechanlage, Ladestation, Außenkabel				
600	**Ausstattung und Kunstwerke**	132,23 m² BGF	1.023	**7,73**	0,3
	Badewannenabtrennung				

Kostenkennwerte für die Kostengruppen der 2. Ebene DIN 276

KG	Kostengruppe	Menge Einheit	Kosten €	€/Einheit	%
200	**Vorbereitende Maßnahmen**				**100,0**
210	**Herrichten**	4.316,00 m² GF	31.865	**7,38**	100,0
	Abbruch von Wohnhaus (411m³), Gartenhaus (43m³), Dachdeckungen (273m²), Betonplatten (80m²); Entsorgung, Deponiegebühren * Erdtank verfüllen (3m³), Bäume fällen (2St)				
300	**Bauwerk – Baukonstruktionen**				**100,0**
310	**Baugrube / Erdbau**	99,98 m³ BGI	2.725	**27,25**	1,0
	Baugrubenaushub, abfahren (90m³), Rohrgrabenaushub, lagern, verfüllen (10m³)				
320	**Gründung, Unterbau**	126,74 m² GRF	57.909	**456,91**	21,2
	Stb-Fundamentplatte, WU (127m²) * Bitumenabdichtung (113m²), EPS-Dämmung (108m²), XPS-Dämmung (5m²), Zement-Heizestrich (113m²), Linoleum (92m²), Bodenbeschichtung (14m²), Bodenfliesen (5m²) * Schaumglasschotter (172m³), Bitumendickbeschichtung, Perimeterdämmung, Sockelputz, Beschichtung, vertikal (7m²) * PVC-Dränrohre DN100 (138m)				
330	**Außenwände/Vert. Baukonstrukt., außen**	183,41 m² AWF	100.148	**546,03**	36,7
	Holzrahmenwände (94m²), Stb-Sockelaufkantung (25m²) * Massivholzattika (21m²) * Holz-Alu-Fenstertüren/Festverglasungen (35m²), Holz-Alu-Eingangstüren (8m²) * Holzfaserdämmung, Nut-/Federschalung (232m²), Bitumendickbeschichtung, Perimeterdämmung (19m²), Sockelputz, Beschichtung (25m²) * GK-Installationsebene (104m²), Beschichtung (70m²), Wandfliesen (2m²) * Ganzglasvordach (1St)				
340	**Innenwände/Vert. Baukonstrukt., innen**	86,51 m² IWF	18.263	**211,11**	6,7
	Massivholzwände (59m²) * GK-Wände (19m²) * Holztüren (9m²) * GK-Bekleidung (118m²), Beschichtung (100m²), Wandfliesen (15m²)				
360	**Dächer**	132,23 m² DAF	74.739	**565,22**	27,4
	Brettsperrholz-Flachdach (126m²) * PIR-Gefälledämmung (118m²), Bitumenabdichtung (146m²), Drän-/Speicherelemente, Extensivsubstrat, Trockensaat (75m²), Kiesrandstreifen (27m²), Attikaabdeckung (56m), Dachabläufe (2St), Notüberläufe (2St), Fallrohre (8m) * GK-Bekleidung, Beschichtung (100m²)				
390	**Sonst. Maßnahmen für Baukonstrukt.**	132,23 m² BGF	19.195	**145,16**	7,0
	Baustelleneinrichtung (psch), Kran (1St), Baustromanschluss (1St), Zufahrtsrampe (34m²) * Fassadengerüst (240m²), Dachfanggerüst (57m) * Baureinigung (psch)				
400	**Bauwerk – Technische Anlagen**				**100,0**
410	**Abwasser-, Wasser-, Gasanlagen**	132,23 m² BGF	15.874	**120,05**	17,1
	PP-Grundleitungen DN100-150 (57m), PP-Schalldämmrohre DN50-100 * Edelstahlrohre DN12-25 (40m), Systemtrenner (1St), Rückspülfilter (1St), Tiefspül-WC (1St), Waschtisch (1St), Badewanne (1St), Brausegarnitur (1St) * Montageelement (1St)				

KG	Kostengruppe	Menge Einheit	Kosten €	€/Einheit	%
420	**Wärmeversorgungsanlagen**	132,23 m² BGF	31.101	**235,20**	33,5
	Luft-Wasser-Wärmepumpe, Heizleistung 2,3-6,5kW (1St), Multifunktionsspeicher (1St) * Stahlrohre DN12-25 (37m), Strangabsperrventil (1St) * Fußbodenheizung, Tackersystem, PS-Dämmung, d=30-35mm (108m²), PE-X-Rohre (800m), Edelstahlverteiler (1St), Stellantriebe (8St)				
430	**Raumlufttechnische Anlagen**	132,23 m² BGF	580	**4,39**	0,6
	Einzelraumlüfter (1St)				
440	**Elektrische Anlagen**	132,23 m² BGF	40.743	**308,13**	43,8
	Photovoltaikanlage (20m²), Wechselrichter (1St), Solarkabel (200m) * Zählerkasten (1St), Unterverteiler (1St), Zeitschalter (1St), Kabel (318m), Steckdosen (36St), Bodendose (1St), Dimmer/Schalter (15St), Raumthermostate (5St), Bewegungsmelder (1St) * LED-Lichtbänder (50m), Außenwandleuchten (5St), Wannenleuchten (3St) * Fundamenterder (126m), Erdungsschiene (1St)				
450	**Kommunikationstechnische Anlagen**	132,23 m² BGF	4.632	**35,03**	5,0
	Klingeltaster, Sprechstelle (1St), Rufgenerator (1St), Funkmodul (1St) * SAT-Anlage (1St), Antennenanschlussdosen (5St) * Rauchmelder (5St) * Patchfeld (1St), Datenanschlussdosen (6St)				
500	**Außenanlagen und Freiflächen**				**100,0**
550	**Technische Anlagen**	1.125,00 m² AF	5.738	**5,10**	100,0
	Beton-Absetzschacht DN1.000 (1St) * Sprechanlage, Türstation (psch), Ladestation 11kW (1St), Außenkabel (52m)				
600	**Ausstattung und Kunstwerke**				**100,0**
610	**Allgemeine Ausstattung**	132,23 m² BGF	1.023	**7,73**	100,0
	Badewannenabtrennung 100x150cm, ESG, Faltpendeltür (1St)				

Kostenkennwerte für die Kostengruppen 300 der 2. und 3.Ebene DIN 276 (Übersicht)

KG	Kostengruppe	Menge Einheit	€/Einheit	Kosten €	% an 3+4
300	**Bauwerk – Baukonstruktionen**	**132,23 m² BGF**	**2.064,42**	**272.978,82**	**74,6**
310	**Baugrube / Erdbau**	**99,98 m³ BGI**	**27,25**	**2.724,71**	**0,7**
311	Herstellung	99,98 m³ BGI	27,25	2.724,71	0,7
312	Umschließung	–	–	–	–
313	Wasserhaltung	–	–	–	–
314	Vortrieb	–	–	–	–
319	Sonstiges zur KG 310	–	–	–	–
320	**Gründung, Unterbau**	**126,74 m² GRF**	**456,91**	**57.908,78**	**15,8**
321	Baugrundverbesserung	–	–	–	–
322	Flachgründungen und Bodenplatten	126,74 m²	207,80	26.336,06	7,2
323	Tiefgründungen	–	–	–	–
324	Gründungsbeläge	112,78 m²	119,16	13.438,87	3,7
325	Abdichtungen und Bekleidungen	133,98 m²	114,86	15.388,81	4,2
326	Dränagen	126,74 m² GRF	21,66	2.745,03	0,8
329	Sonstiges zur KG 320	–	–	–	–
330	**Außenwände/Vert. Baukonstrukt., außen**	**183,41 m² AWF**	**546,03**	**100.148,20**	**27,4**
331	Tragende Außenwände	119,26 m²	169,61	20.227,17	5,5
332	Nichttragende Außenwände	21,48 m²	307,66	6.608,49	1,8
333	Außenstützen	–	–	–	–
334	Außenwandöffnungen	42,67 m²	701,97	29.952,92	8,2
335	Außenwandbekleidungen, außen	156,79 m²	190,20	29.822,08	8,2
336	Außenwandbekleidungen, innen	103,93 m²	99,40	10.330,54	2,8
337	Element. Außenwandkonstruktionen	–	–	–	–
338	Lichtschutz zur KG 330	–	–	–	–
339	Sonstiges zur KG 330	183,41 m² AWF	17,49	3.207,00	0,9
340	**Innenwände/Vert. Baukonstrukt., innen**	**86,51 m² IWF**	**211,11**	**18.263,19**	**5,0**
341	Tragende Innenwände	59,10 m²	102,82	6.076,76	1,7
342	Nichttragende Innenwände	18,52 m²	103,73	1.921,10	0,5
343	Innenstützen	–	–	–	–
344	Innenwandöffnungen	8,89 m²	293,40	2.608,35	0,7
345	Innenwandbekleidungen	118,30 m²	64,73	7.657,00	2,1
346	Elementierte Innenwandkonstruktionen	–	–	–	–
347	Lichtschutz zur KG 340	–	–	–	–
349	Sonstiges zur KG 340	–	–	–	–
350	**Decken/Horizontale Baukonstruktionen**	**–**	**–**	**–**	**–**
351	Deckenkonstruktionen	–	–	–	–
352	Deckenöffnungen	–	–	–	–
353	Deckenbeläge	–	–	–	–
354	Deckenbekleidungen	–	–	–	–
355	Elementierte Deckenkonstruktionen	–	–	–	–
359	Sonstiges zur KG 350	–	–	–	–
360	**Dächer**	**132,23 m² DAF**	**565,22**	**74.739,27**	**20,4**
361	Dachkonstruktionen	126,19 m²	175,31	22.122,34	6,0
362	Dachöffnungen	–	–	–	–
363	Dachbeläge	132,23 m²	351,37	46.461,96	12,7
364	Dachbekleidungen	99,74 m²	61,71	6.154,97	1,7
365	Elementierte Dachkonstruktionen	–	–	–	–
366	Lichtschutz zur KG 360	–	–	–	–
369	Sonstiges zur KG 360	–	–	–	–
370	**Infrastrukturanlagen**	**–**	**–**	**–**	**–**
380	**Baukonstruktive Einbauten**	**–**	**–**	**–**	**–**
390	**Sonst. Maßnahmen für Baukonstrukt.**	**132,23 m² BGF**	**145,16**	**19.194,66**	**5,2**

Kostenkennwerte für die Kostengruppen 400 der 2. und 3.Ebene DIN 276 (Übersicht)

KG	Kostengruppe	Menge Einheit	€/Einheit	Kosten €	% an 3+4
400	**Bauwerk – Technische Anlagen**	**132,23 m² BGF**	**702,79**	**92.930,42**	**25,4**
410	**Abwasser-, Wasser-, Gasanlagen**	**132,23 m² BGF**	**120,05**	**15.874,07**	**4,3**
411	Abwasseranlagen	132,23 m² BGF	53,18	7.031,56	1,9
412	Wasseranlagen	132,23 m² BGF	63,18	8.354,07	2,3
413	Gasanlagen	–	–	–	–
419	Sonstiges zur KG 410	132,23 m² BGF	3,69	488,46	0,1
420	**Wärmeversorgungsanlagen**	**132,23 m² BGF**	**235,20**	**31.100,84**	**8,5**
421	Wärmeerzeugungsanlagen	132,23 m² BGF	188,55	24.932,50	6,8
422	Wärmeverteilnetze	132,23 m² BGF	9,13	1.207,40	0,3
423	Raumheizflächen	132,23 m² BGF	37,52	4.960,94	1,4
424	Verkehrsheizflächen	–	–	–	–
429	Sonstiges zur KG 420	–	–	–	–
430	**Raumlufttechnische Anlagen**	**132,23 m² BGF**	**4,39**	**580,19**	**0,2**
431	Lüftungsanlagen	132,23 m² BGF	4,39	580,19	0,2
432	Teilklimaanlagen	–	–	–	–
433	Klimaanlagen	–	–	–	–
434	Kälteanlagen	–	–	–	–
439	Sonstiges zur KG 430	–	–	–	–
440	**Elektrische Anlagen**	**132,23 m² BGF**	**308,13**	**40.743,42**	**11,1**
441	Hoch- und Mittelspannungsanlagen	–	–	–	–
442	Eigenstromversorgungsanlagen	132,23 m² BGF	61,73	8.162,85	2,2
443	Niederspannungsschaltanlagen	–	–	–	–
444	Niederspannungsinstallationsanlagen	132,23 m² BGF	175,24	23.172,08	6,3
445	Beleuchtungsanlagen	132,23 m² BGF	51,76	6.844,81	1,9
446	Blitzschutz- und Erdungsanlagen	132,23 m² BGF	19,39	2.563,67	0,7
447	Fahrleitungssysteme	–	–	–	–
449	Sonstiges zur KG 440	–	–	–	–
450	**Kommunikationstechnische Anlagen**	**132,23 m² BGF**	**35,03**	**4.631,90**	**1,3**
451	Telekommunikationsanlagen	–	–	–	–
452	Such- und Signalanlagen	132,23 m² BGF	2,84	375,68	0,1
453	Zeitdienstanlagen	–	–	–	–
454	Elektroakustische Anlagen	–	–	–	–
455	Audiovisuelle Medien- u. Antennenanl.	132,23 m² BGF	23,21	3.068,88	0,8
456	Gefahrenmelde- und Alarmanlagen	132,23 m² BGF	1,59	210,39	< 0,1
457	Datenübertragungsnetze	132,23 m² BGF	7,39	976,94	0,3
458	Verkehrsbeeinflussungsanlagen	–	–	–	–
459	Sonstiges zur KG 450	–	–	–	–
460	**Förderanlagen**	**–**	**–**	**–**	**–**
461	Aufzugsanlagen	–	–	–	–
462	Fahrtreppen, Fahrsteige	–	–	–	–
463	Befahranlagen	–	–	–	–
464	Transportanlagen	–	–	–	–
465	Krananlagen	–	–	–	–
466	Hydraulikanlagen	–	–	–	–
469	Sonstiges zur KG 460	–	–	–	–
470	**Nutzungsspez. u. verfahrenstechn. Anl.**	**–**	**–**	**–**	**–**
480	**Gebäude- und Anlagenautomation**	**–**	**–**	**–**	**–**
490	**Sonst. Maßnahmen für techn. Anlagen**	**–**	**–**	**–**	**–**

Kostenkennwerte für die Kostengruppen der 3. Ebene DIN 276

KG	Kostengruppe	Menge Einheit	Kosten €	€/Einheit	%
210	**Herrichten**				**100,0**
212	**Abbruchmaßnahmen**	4.316,00 m^2 GF	31.222	**7,23**	98,0
	Abbruch von Wohnhaus (411m^3), Gartenhaus (43m^3), Dachdeckung (273m^2), Betonplatten (80m^2); Entsorgung, Deponiegebühren				
214	**Herrichten der Geländeoberfläche**	4.316,00 m^2 GF	643	**0,15**	2,0
	Erdtank verfüllen (3m^3), Bäume fällen, Wurzelstöcke roden (2St)				
310	**Baugrube / Erdbau**				**100,0**
311	**Herstellung**	99,98 m^3 BGI	2.725	**27,25**	100,0
	Baugrubenaushub BK 3-5, abfahren (90m^3), Rohrgrabenaushub BK 3-5, t bis 1m, lagern, verfüllen (10m^3)				
320	**Gründung, Unterbau**				**100,0**
322	**Flachgründungen und Bodenplatten**	126,74 m^2	26.336	**207,80**	45,5
	Stb-Fundamentplatte C25/30, WU, d=25cm, Schalung, Bewehrung (127m^2), Mehrspartenhausanschluss (1St)				
324	**Gründungsbeläge**	112,78 m^2	13.439	**119,16**	23,2
	Bitumenabdichtung (113m^2), EPS-Dämmung WLG 040, d=50mm (108m^2), XPS-Dämmung WLG 040, d=80mm (5m^2), Zement-Heizestrich, d=70-75mm, Trocknungsbeschleuniger (113m^2), Linoleum (92m^2), Linoleumsockel (53m), Bodenbeschichtung, Sockel (14m^2), Abdichtung, Bodenfliesen 60x60cm (5m^2)				
325	**Abdichtungen und Bekleidungen**	133,98 m^2	15.389	**114,86**	26,6
	Geotextil (210m^2), Schaumglasschotter (172m^3), PE-Folie (137m^2), Bitumendickbeschichtung, Perimeterdämmung WLS 037, d=120mm, Armierung, Sockelputz, Dichtschlämme, Beschichtung, vertikal (7m^2)				
326	**Dränagen**	126,74 m^2 GRF	2.745	**21,66**	4,7
	PVC-Dränrohre DN100, Formstücke (138m)				
330	**Außenwände/Vertikale Baukonstruktionen, außen**				**100,0**
331	**Tragende Außenwände**	119,26 m^2	20.227	**169,61**	20,2
	Holzrahmenwände, KVH/BSH 6x16cm, Holzfaserdämmung, d=160mm, innenseitig OSB-Schalung, d=15mm (94m^2), Stb-Sockelaufkantung C25/30, d=14cm, h=35cm, Schalung, Bewehrung (25m^2)				
332	**Nichttragende Außenwände**	21,48 m^2	6.608	**307,66**	6,6
	Massivholzattika, d=16cm, h=40cm (21m^2)				
334	**Außenwandöffnungen**	42,67 m^2	29.953	**701,97**	29,9
	Holz-Alu-Fenstertüren, Uw=0,8W/m^2K, zweiteilig, Drehkipp, Festverglasung (27m^2), einteilig, Festverglasung (6m^2), Drehkipp (2m^2), Holzeingangstüren, U=1,3W/m^2K, außenseitig Aluschale (5m^2), mit Glasausschnitt (2m^2)				

KG	Kostengruppe	Menge Einheit	Kosten €	€/Einheit	%
335	**Außenwandbekleidungen, außen**	156,79 m²	29.822	**190,20**	29,8
	Fassadenbahn, Holzfaserdämmung, d=60mm, Holz-UK, Nut-/Federschalung, Lärche (132m²), in Laibungen (51m), Flüssigkunststoffabdichtung (20m), Bitumendickbeschichtung, Perimeterdämmung WLS 037, d=120mm (19m²), Armierung, Sockelputz, Dichtschlämme, Beschichtung (25m²), in Laibungen (6m)				
336	**Außenwandbekleidungen, innen**	103,93 m²	10.331	**99,40**	10,3
	GK-Installationsebene, doppelt beplankt, Dämmung, d=40mm, Spachtelung Q3 (104m²), in Laibungen (70m), über Fenstern (15m), Dispersions-Silikatbeschichtung (70m²), in Laibungen (52m), Wandfliesen 60x30cm (2m²)				
339	**Sonstiges zur KG 330**	183,41 m² AWF	3.207	**17,49**	3,2
	Ganzglasvordach 1,50x1,00m, VSG, freitragend (1St)				
340	**Innenwände/Vertikale Baukonstruktionen, innen**				**100,0**
341	**Tragende Innenwände**	59,10 m²	6.077	**102,82**	33,3
	Massivholzwände, d=6cm (59m²)				
342	**Nichttragende Innenwände**	18,52 m²	1.921	**103,73**	10,5
	GK-Wände, d=10-15cm, beidseitig doppelt beplankt, Dämmung, d=40mm, Spachtelung Q3 (19m²)				
344	**Innenwandöffnungen**	8,89 m²	2.608	**293,40**	14,3
	Holztüren, Oberfläche lackiert, Umfassungszargen (9m²)				
345	**Innenwandbekleidungen**	118,30 m²	7.657	**64,73**	41,9
	GK-Bekleidung, Spachtelung Q3 (118m²), GK-Vorsatzschale (1m²), GK-Verkofferung (1m²), Dispersions-Silikatbeschichtung (100m²), Abdichtung, Wandfliesen (15m²), Abmauerung Badewanne (1St)				
360	**Dächer**				**100,0**
361	**Dachkonstruktionen**	126,19 m²	22.122	**175,31**	29,6
	Brettsperrholz-Flachdach, d=16cm (126m²)				
363	**Dachbeläge**	132,23 m²	46.462	**351,37**	62,2
	Dampfsperre, PIR-Gefälledämmung WLS 023, d i.M. 164mm (118m²), Linienentwässerungskeile (4St), Bitumenabdichtung, zweilagig (146m²), Schutzvlies, Drän-/Speicherelemente, Extensivsubstrat, Trockensaat (75m²), Kiesrandstreifen 16/32mm, b=50cm (27m²), Ortgangschalung, Attikaabdeckung, Edelstahl (56m), Dachabläufe (2St), Notüberläufe (2St), Fallrohre, Edelstahl (8m), Standrohre (2St)				
364	**Dachbekleidungen**	99,74 m²	6.155	**61,71**	8,2
	GK-Bekleidung, Spachtelung, Dispersions-Silikatbeschichtung (100m²)				
390	**Sonstige Maßnahmen für Baukonstruktionen**				**100,0**
391	**Baustelleneinrichtung**	132,23 m² BGF	15.486	**117,11**	80,7
	Baustelleneinrichtung (psch), Kran (1St), Schnurgerüst (1St), Baustromanschluss (1St), Baustellen-WC (1St), Bauzaun (39m), Zufahrtsrampe, Frostschutzkies (34m²)				

KG	Kostengruppe	Menge Einheit	Kosten €	€/Einheit	%
392	**Gerüste**	132,23 m²BGF	2.998	**22,67**	15,6
	Fassadengerüst, Lastklasse 3 (240m²), Dachfanggerüst (57m)				
397	**Zusätzliche Maßnahmen**	132,23 m²BGF	711	**5,38**	3,7
	Baureinigung von Linoleum (92m²), Fliesen (24m²), Fenstern (41m²), Sanitärobjekten (psch), Türen (5St), Technik-/Abstellraum (14m²)				
410	**Abwasser-, Wasser-, Gasanlagen**				**100,0**
411	**Abwasseranlagen**	132,23 m²BGF	7.032	**53,18**	44,3
	PP-Grundleitungen DN100-150, Formstücke (57m), PP-Schalldämmrohre DN50-100, Formstücke, Rohrdämmung (9m)				
412	**Wasseranlagen**	132,23 m²BGF	8.354	**63,18**	52,6
	Edelstahlrohre DN12-25, Formstücke, Rohrdämmung (40m), Systemtrenner (1St), Zähleranschlussgarnitur (1St), Rückspülfilter (1St), Schrägsitzventile (3St), Mischventil (1St), Tiefspül-WC (1St), Waschtisch mit Möbel (1St), Badewanne (1St), Brausegarnitur (1St), Außenarmatur (1St), Geräteventil (1St)				
419	**Sonstiges zur KG 410**	132,23 m²BGF	488	**3,69**	3,1
	Montageelement für WC (1St)				
420	**Wärmeversorgungsanlagen**				**100,0**
421	**Wärmeerzeugungsanlagen**	132,23 m²BGF	24.932	**188,55**	80,2
	Luft-Wasser-Wärmepumpe, Heizleistung 2,3-6,5kW (1St), Multifunktionsspeicher 830l (1St), Pumpenbaugruppe (1St), Sicherheitsgruppe (1St), Umschaltventil (1St), Luft-Schlammabscheider (1St)				
422	**Wärmeverteilnetze**	132,23 m²BGF	1.207	**9,13**	3,9
	Stahlrohre DN12-25, Formstücke, Rohrdämmung (37m), Strangabsperrventil (1St), Kugelhahn (1St)				
423	**Raumheizflächen**	132,23 m²BGF	4.961	**37,52**	16,0
	Fußbodenheizung, Tackersystem, PS-Dämmung WLS 045, d=30-35mm (108m²), PE-X-Rohre 17x2mm (800m), Edelstahlverteiler, elf Heizkreise, Verteilerschrank (1St), Stellantriebe (8St), Kugelhahn (1St)				
430	**Raumlufttechnische Anlagen**				**100,0**
431	**Lüftungsanlagen**	132,23 m²BGF	580	**4,39**	100,0
	Einzelraumlüfter 100m³/h, Außenwandhülse (1St)				
440	**Elektrische Anlagen**				**100,0**
442	**Eigenstromversorgungsanlagen**	132,23 m²BGF	8.163	**61,73**	20,0
	Photovoltaikanlage 4,05kWp, ballastiert, zwölf Module (20m²), Wechselrichter (1St), Solarkabel (200m)				
444	**Niederspannungsinstallationsanlagen**	132,23 m²BGF	23.172	**175,24**	56,9
	Zählerkasten (1St), Unterverteiler (1St), FI-LS-Kombischalter (2St), LS-Schalter (2St), Zeitschalter (1St), Flachbandkabel (197m), Mantelleitungen NYM (77m), Solarkabel (44m), Leerrohre (33m), Kabelkanal (4m), Steckdosen (36St), Bodendose (1St), Dimmer (9St), Schalter (6St), Raumthermostate (5St), Bewegungsmelder (1St)				

KG	Kostengruppe	Menge Einheit	Kosten €	€/Einheit	%
445	**Beleuchtungsanlagen**	132,23 m²BGF	6.845	**51,76**	16,8
	LED-Lichtbänder (50m), Aluprofile, l=2,50-4,40m (12St), Schaltnetzteile (8St), Außenwandleuchten (5St), Feuchtraum-Wannenleuchten (3St)				
446	**Blitzschutz- und Erdungsanlagen**	132,23 m²BGF	2.564	**19,39**	6,3
	Fundamenterder V4A (66m), verzinkt (60m), Verbinder (36St), Erdungsschiene (1St), Anschlussfahne (1St), Mantelleitungen NYM (16m)				
450	**Kommunikations-, sicherheits- und informationstechnische Anlagen**				**100,0**
452	**Such- und Signalanlagen**	132,23 m²BGF	376	**2,84**	8,1
	Klingeltaster, Sprechstelle (1St), Rufgenerator (1St), Funkmodul (1St)				
455	**Audiovisuelle Medien- u. Antennenanl.**	132,23 m²BGF	3.069	**23,21**	66,3
	SAT-Anlage (1St), Antennenanschlussdosen (5St)				
456	**Gefahrenmelde- und Alarmanlagen**	132,23 m²BGF	210	**1,59**	4,5
	Rauchmelder (5St)				
457	**Datenübertragungsnetze**	132,23 m²BGF	977	**7,39**	21,1
	Patchfeld (1St), Datenanschlussdosen (6St)				
550	**Technische Anlagen**				**100,0**
551	**Abwasseranlagen**	1.125,00 m²AF	2.105	**1,87**	36,7
	Beton-Absetzschacht DN1.000, t=3,25m, Schachtabdeckung (1St)				
556	**Elektrische Anlagen**	1.125,00 m²AF	3.633	**3,23**	63,3
	Sprechanlage, Türstation (psch), Ladestation 11kW (1St), Außenkabel (52m), Kabelschutzrohre DN50 (50m)				

Kostenkennwerte für Leistungsbereiche nach STLB (Kosten des Bauwerks nach DIN 276)

LB	Leistungsbereiche	Kosten €	€/m² BGF	€/m³ BRI	% an 3+4
000	Sicherheits-, Baustelleneinrichtungen inkl. 001	18.484	139,80	42,40	5,1
002	Erdarbeiten	4.622	35,00	10,60	1,3
006	Spezialtiefbauarbeiten inkl. 005	–	–	–	–
009	Entwässerungskanalarbeiten inkl. 011	5.213	39,40	11,90	1,4
010	Drän- und Versickerarbeiten	2.745	20,80	6,30	0,8
012	Mauerarbeiten	–	–	–	–
013	Betonarbeiten	41.670	315,10	95,50	11,4
014	Natur-, Betonwerksteinarbeiten	–	–	–	–
016	Zimmer- und Holzbauarbeiten	71.281	539,10	163,40	19,5
017	Stahlbauarbeiten	–	–	–	–
018	Abdichtungsarbeiten	6.059	45,80	13,90	1,7
019	Kampfmittelräumarbeiten	–	–	–	–
020	Dachdeckungsarbeiten	–	–	–	–
021	Dachabdichtungsarbeiten	42.605	322,20	97,60	11,6
022	Klempnerarbeiten	3.857	29,20	8,80	1,1
	Rohbau	**196.535**	**1.486,30**	**450,40**	**53,7**
023	Putz- und Stuckarbeiten, Wärmedämmsysteme	5.928	44,80	13,60	1,6
024	Fliesen- und Plattenarbeiten	4.042	30,60	9,30	1,1
025	Estricharbeiten	4.356	32,90	10,00	1,2
026	Fenster, Außentüren inkl. 029, 032	33.160	250,80	76,00	9,1
027	Tischlerarbeiten	2.608	19,70	6,00	0,7
028	Parkettarbeiten, Holzpflasterarbeiten	–	–	–	–
030	Rollladenarbeiten	–	–	–	–
031	Metallbauarbeiten inkl. 035	–	–	–	–
034	Maler- und Lackiererarbeiten inkl. 037	3.458	26,20	7,90	0,9
036	Bodenbelagarbeiten	6.472	48,90	14,80	1,8
038	Vorgehängte hinterlüftete Fassaden	–	–	–	–
039	Trockenbauarbeiten	20.921	158,20	47,90	5,7
	Ausbau	**80.946**	**612,20**	**185,50**	**22,1**
040	Wärmeversorgungsanl. - Betriebseinr. inkl. 041	30.972	234,20	71,00	8,5
042	Gas- und Wasserinstallation, Leitungen inkl. 043	5.333	40,30	12,20	1,5
044	Abwasseranlagen - Leitungen	1.819	13,80	4,20	0,5
045	GWE-Einrichtungsgegenstände inkl. 046	2.922	22,10	6,70	0,8
047	Dämmarbeiten an betriebstechnischen Anlagen	717	5,40	1,60	0,2
049	Feuerlöschanlagen, Feuerlöschgeräte	–	–	–	–
050	Blitzschutz- und Erdungsanlagen	2.564	19,40	5,90	0,7
053	Niederspannungsanlagen inkl. 052, 054	31.335	237,00	71,80	8,6
055	Sicherheits- u. Ersatzstromversorgungsanl.	–	–	–	–
057	Gebäudesystemtechnik	–	–	–	–
058	Leuchten und Lampen inkl. 059	6.840	51,70	15,70	1,9
060	Sprechanlagen, elektroakust. Anlagen inkl. 064	3.445	26,00	7,90	0,9
061	Kommunikationsnetze inkl. 063	1.187	9,00	2,70	0,3
069	Aufzüge	–	–	–	–
070	Gebäudeautomation	–	–	–	–
075	Raumlufttechnische Anlagen inkl. 078	580	4,40	1,30	0,2
	Gebäudetechnik	**87.713**	**663,30**	**201,00**	**24,0**
084	Abbruch, Rückbau, Schadstoffsanierung	–	–	–	–
	Abbrucharbeiten	**–**	**–**	**–**	**–**
	Sonstige Leistungsbereiche	**711**	**5,40**	**1,60**	**0,2**

6100-1698
Mehrfamilienhaus
(2 WE)

Objektübersicht

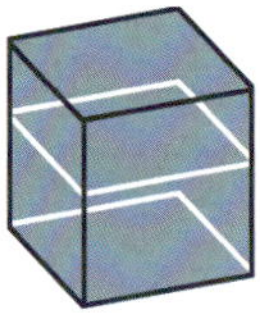

BRI 800 €/m³

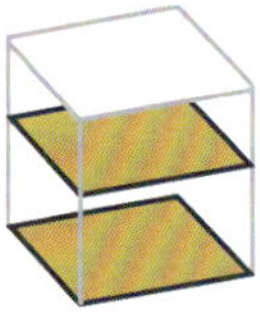

BGF 2.339 €/m²

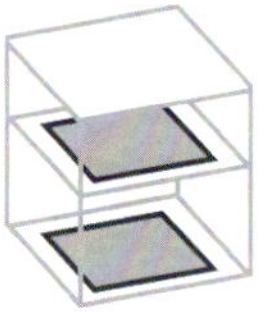

NUF 3.871 €/m²

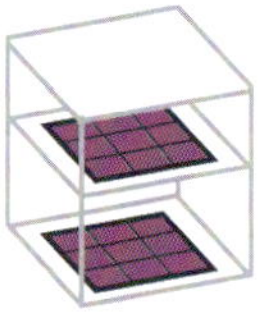

NE 4.620 €/NE

NE: Wohnfläche

Objekt:
Kennwerte: 1. Ebene DIN 276
BRI: 680 m³
BGF: 233 m²
NUF: 141 m²
Bauzeit: 52 Wochen
Bauende: 2022
Standard: Durchschnitt
Bundesland: Hessen
Kreis: Kassel

Architekt*in:
sunder plaßmann . noll
plan+bau gmbh
Treppenstraße 2
34117 Kassel

Bauherr*in:
Anne Walther
Ahneweg 48
34292 Ahnatal Weimar

Ansicht Nord-West

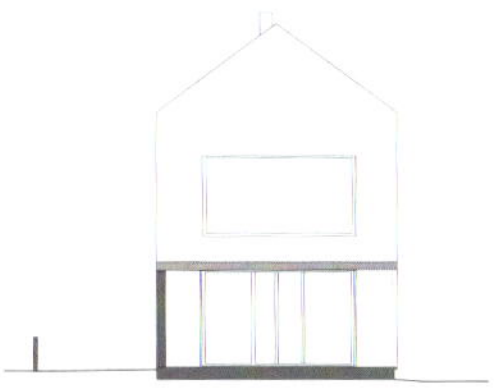

Ansicht Süd-West

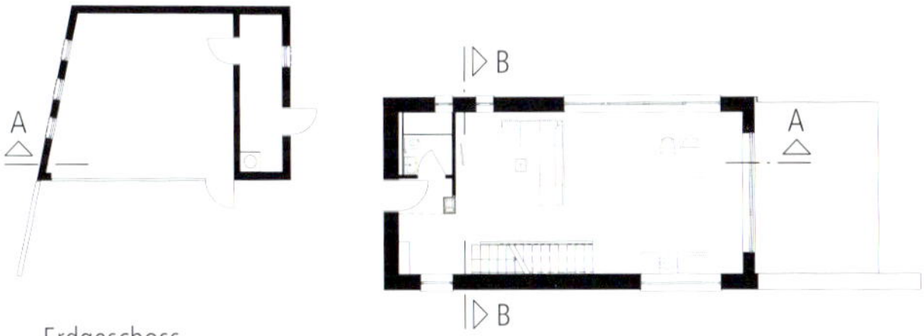

Erdgeschoss

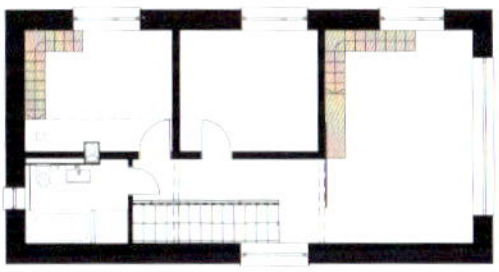

Obergeschoss

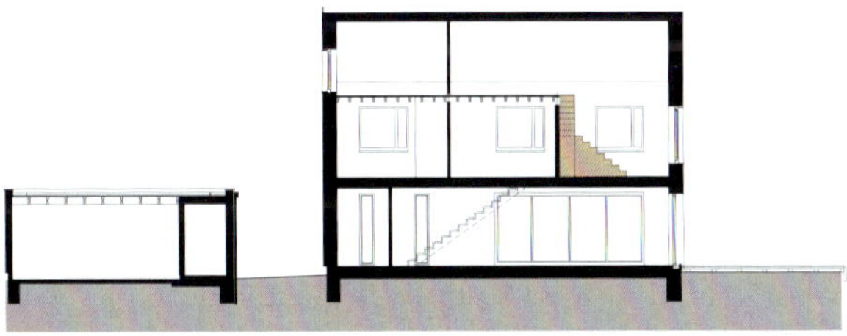

Schnitt A-A

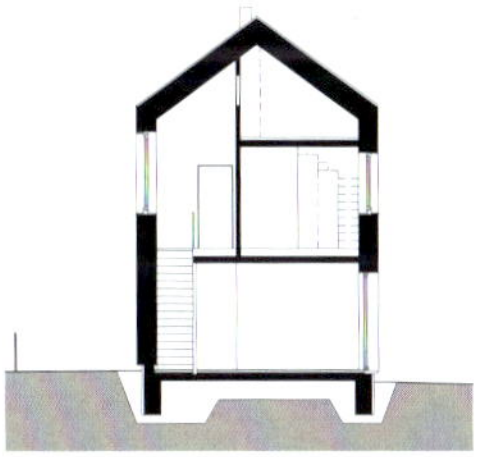

Schnitt B-B

Ansicht Süd-Ost

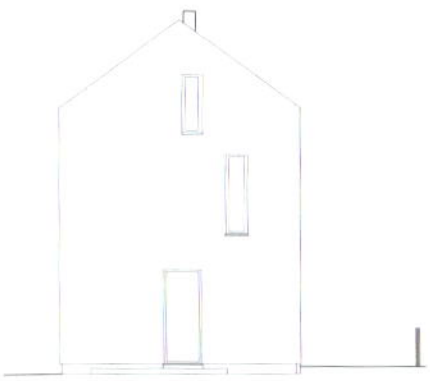

Ansicht Nord-Ost

Objektbeschreibung

Allgemeine Objektinformationen

Mit diesem Gebäude wurde der Anspruch der Bauherrin an modernes, energiesparendes und ökologisch nachhaltiges Wohnen umgesetzt. Es ist für zwei Wohneinheiten vorgesehen, wird allerdings momentan als eine Wohneinheit genutzt.

Nutzung

1 Erdgeschoss
Wohnküche, Bad, Treppe, Terrasse, Garage, Hausanschlussraum

1 Obergeschoss
Schlafräume, Bad, Flur, Treppen

1 Dachgeschoss
Galerien

Nutzeinheiten

Stellplätze: 2
Wohneinheiten: 2
Wohnfläche: 118 m^2

Grundstück

Bauraum: Beengter Bauraum
Neigung: Ebenes Gelände
Bodenklasse: BK 1 bis BK 3

Markt

Hauptvergabezeit: 1. Quartal 2021
Baubeginn: 1. Quartal 2021
Bauende: 1. Quartal 2022
Konjunkturelle Gesamtlage: über Durchschnitt
Regionaler Baumarkt: unter Durchschnitt

Baukonstruktion

Das Effizienzhaus 40+ gründet auf Stb-Streifenfundamenten und ist in Holzrahmenbauweise mit einer Holzfassade aus heimischer Lärche errichtet. Die sägeraue und unbehandelte Bekleidung aus unterschiedlich breiten Lärchendielen lässt das Gebäude angenehm roh erscheinen. Die geölten Holzfenster wurden mit einer Dreifachverglasung ausgestattet. Gebrauchte Innenfenster und Türen wurden recycelt und eingebaut, um dem Interieur einen einzigartigen Charme zu verleihen. Die Dachdeckung erfolgte als Ziegeldeckung. Die Böden im EG bestehen aus versiegeltem Estrich, im OG aus Holzdielen.

Technische Anlagen

Das Gebäude wird mit einer Luftwärmepumpe beheizt. Die Photovoltaik-Elemente fügen sich in die dunkle Ziegeldeckung des Daches ein. Sie dienen der Warmwassererzeugung, werden heizungsunterstützend eingesetzt und produzieren den Stromverbrauch des Hauses. Die gesamte Haustechnik wurde in der Garage untergebracht. Im EG des Wohngebäudes wurde darüber hinaus ein Scheitholzofen eingebaut.

Sonstiges

Das Atelier und das Treppenhaus erstrecken sich bis zum First und schaffen eine großzügige Raumhöhe. Das Gebäude entspricht den Kriterien eines Passivhauses.

Energetische Kennwerte

Gesetzliche Grundlage: GEG 2020
Gebäudenutzfläche: 165,90 m^2
Gebäudevolumen: 518,40 m^3
A/V_e-Verhältnis (Kompaktheit): 0,76 m^{-1}
Hüllfläche des beheizten Volumens: 392,00 m^2
Spez. Transmissionswärmeverlust: 0,26 $W/(m^2 \cdot K)$
Spez. Jahresprimärenergiebedarf: 20,24 $kWh/(m^2 \cdot a)$
Anlagenaufwandszahl: 0,78

Energetische Angaben zu Außenbauteilen

Bodenplatte

U-Wert: 0,15 W/(m²·K)

Gesamtdicke: 64,05 cm	d [cm]	λ [W/(m·K)]
Estrich	6,00	1,400
Dämmung	12,00	0,032
Bitumenbahn	0,05	0,170
Stahlbeton	16,00	2,000
Tragschicht Recyclingmaterial	30,00	0,120

Außenwand hinterlüftet

U-Wert: 0,12 W/(m²·K)

Gesamtdicke: 41,00 cm	d [cm]	λ [W/(m·K)]
GK-Platte	1,20	0,250
Holz	4,00	0,130
Dämmung	4,00	0,035
OSB-Platte	1,80	0,130
Holz	24,00	0,130
Dämmung	24,00	0,040
Holzfaserplatte	10,00	0,045

Dach hinterlüftet

U-Wert: 0,12 W/(m²·K)

Gesamtdicke: 36,70 cm	d [cm]	λ [W/(m·K)]
GK-Platte	1,20	0,254
Holz	4,00	0,130
Dämmung	4,00	0,035
OSB-Platte	1,50	0,130
Holz	24,00	0,092
Dämmung	24,00	0,040
Holzfaserplatte	6,00	0,040

Planungskennwerte für Flächen und Rauminhalte nach DIN 277

Flächen des Grundstücks		Menge Einheit	% an GF
BF	Bebaute Fläche	114,35 m^2	21,2
UF	Unbebaute Fläche	425,65 m^2	78,8
GF	Grundstücksfläche	540,00 m^2	100,0

Grundflächen des Bauwerks		Menge Einheit	% an NUF	% an BGF
NUF	Nutzungsfläche	140,61 m^2	100,0	60,4
TF	Technikfläche	6,85 m^2	4,9	2,9
VF	Verkehrsfläche	30,88 m^2	22,0	13,3
NRF	Netto-Raumfläche	178,34 m^2	126,8	76,6
KGF	Konstruktions-Grundfläche	54,38 m^2	38,7	23,4
BGF	Brutto-Grundfläche	232,72 m^2	165,5	100,0

Brutto-Rauminhalt des Bauwerks		Menge Einheit	BRI/NUF (m)	BRI/BGF (m)
BRI	Brutto-Rauminhalt	680,29 m^3	4,84	2,92

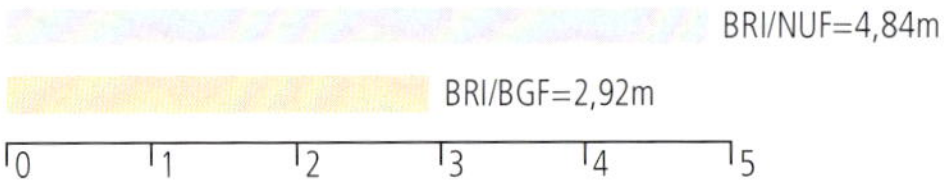

Kostenkennwerte für die Kostengruppen der 1.Ebene DIN 276

KG	Kostengruppen (1.Ebene)	Einheit	Kosten €	€/Einheit	€/m² BGF	€/m³ BRI	% 300+400
100	Grundstück	m² GF	–	–	–	–	–
200	Vorbereitende Maßnahmen	m² GF	–	–	–	–	–
300	Bauwerk – Baukonstruktionen	m² BGF	408.809	1.756,66	1.756,66	600,93	75,1
400	Bauwerk – Technische Anlagen	m² BGF	135.543	582,43	582,43	199,24	24,9
	Bauwerk 300+400	**m² BGF**	**544.352**	**2.339,09**	**2.339,09**	**800,18**	**100,0**
500	Außenanlagen und Freiflächen	m² AF	–	–	–	–	–
600	Ausstattung und Kunstwerke	m² BGF	–	–	–	–	–
700	Baunebenkosten	m² BGF	–	–	–	–	–
800	Finanzierung	m² BGF	–	–	–	–	–

KG	Kostengruppe	Menge Einheit	Kosten €	€/Einheit	%
3+4	**Bauwerk**				**100,0**
300	**Bauwerk – Baukonstruktionen**	232,72 m² BGF	408.809	**1.756,66**	75,1

Baugrubenaushub; Stb-Fundamente, Stb-Bodenplatte, Heizestrich, Beschichtung, Bodenfliesen, Abdichtung, Kiesfilterschicht, Perimeterdämmung; Holzrahmenwände, Holzfenster, Dreifachverglasung, Garagentor, Wärmedämmung, hinterlüftete Lärchenholzfassade, Gipsfaser-Bekleidung, teilw. Seekieferbekleidung, Verschattungselement mit Stahlrahmen und Holzbeplankung; GK-Wände, Holzrahmenwände, Wandfliesen, Beschichtung; Holz-Brettstapeldecken, Holztreppen, Heizestrich, Dielen, Bodenfliesen, Treppengeländer; Holzsparrendach, Dämmung, Flachdachziegel, Dachentwässerung, Dachbegrünung (Garage), Seekieferbekleidung

KG	Kostengruppe	Menge Einheit	Kosten €	€/Einheit	%
400	**Bauwerk – Technische Anlagen**	232,72 m² BGF	135.543	**582,43**	24,9

Gebäudeentwässerung, Kalt- und Warmwasserleitungen, Sanitärobjekte; Luft-Wasser-Wärmepumpe, Durchlauferhitzer, Scheitholzofen, Schornstein; Lüftungsanlage; PV-Anlage (5kWh), Elektroinstallation, Elektrospeicher; Glasfaseranlage, Rauchmelder

6

Ein- und Zweifamilienhäuser, Passivhausstandard

Ein- und Zweifamilienhäuser, Passivhausstandard

Kostenkennwerte für die Kosten des Bauwerks (Kostengruppen 300+400 nach DIN 276)

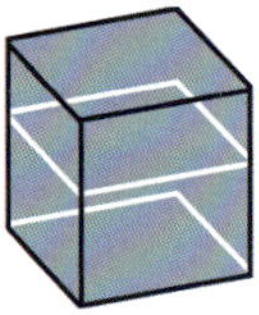

BRI 705 €/m³
von 590 €/m³
bis 810 €/m³

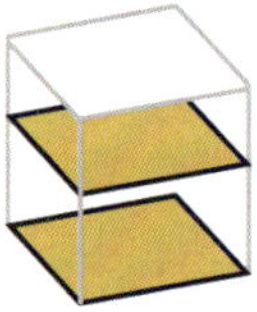

BGF 2.170 €/m²
von 1.805 €/m²
bis 2.630 €/m²

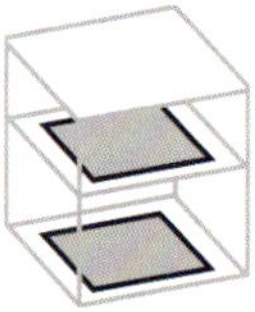

NUF 3.270 €/m²
von 2.745 €/m²
bis 3.985 €/m²

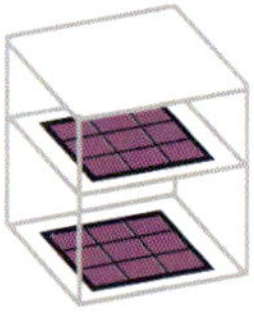

NE 3.700 €/NE
von 3.180 €/NE
bis 4.750 €/NE
NE: Wohnfläche

Kosten:
Stand 2. Quartal 2024
Bundesdurchschnitt
inkl. 19% MwSt.

Objektbeispiele

6100-0811

6100-1326

6100-1017

6100-1562

6100-1177

6100-1360

Kosten der 37 Vergleichsobjekte

Seiten 424 bis 430

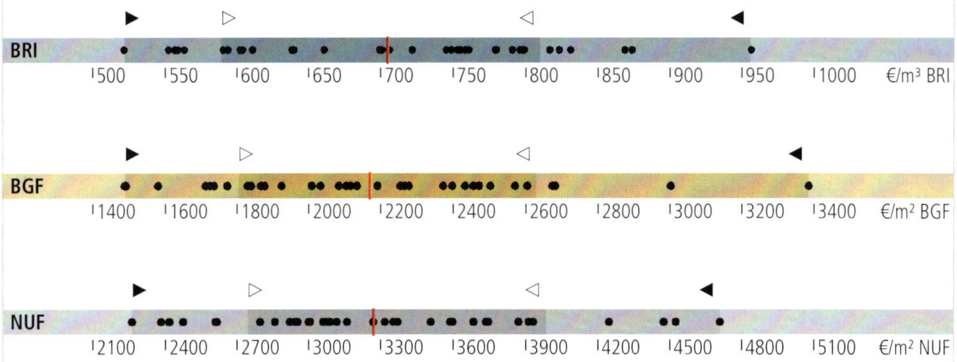

- ● KKW
- ▶ min
- ▷ von
- | Mittelwert
- ◁ bis
- ◀ max

Kostenkennwerte für die Kostengruppen der 1. und 2.Ebene DIN 276

KG	Kostengruppen der 1.Ebene	Einheit	▷	€/Einheit	◁	▷	% an 300+400	◁
100	Grundstück	m²GF	–	**–**	–	–	**–**	–
200	Vorbereitende Maßnahmen	m²GF	6	**16**	38	0,5	**1,5**	2,7
300	Bauwerk – Baukonstruktionen	m²BGF	1.420	**1.719**	2.062	75,0	**79,4**	84,1
400	Bauwerk – Technische Anlagen	m²BGF	317	**450**	603	15,9	**20,6**	25,0
	Bauwerk 300+400	m²BGF	1.804	**2.170**	2.630	100,0	**100,0**	100,0
500	Außenanlagen und Freiflächen	m²AF	40	**91**	169	2,2	**4,7**	9,3
600	Ausstattung und Kunstwerke	m²BGF	3	**57**	112	0,1	**2,7**	5,2
700	Baunebenkosten*	m²BGF	537	**598**	659	24,8	**27,6**	30,5 ◁
800	Finanzierung	m²BGF	–	**–**	–	–	**–**	–

* Auf Grundlage der HOAI 2021 berechnete Werte nach §§ 35, 52, 56. Weitere Informationen siehe Seite 32

KG	Kostengruppen der 2.Ebene	Einheit	▷	€/Einheit	◁	▷	% an 1.Ebene	◁
310	Baugrube / Erdbau	m³BGI	36	**57**	91	1,2	**2,1**	3,8
320	Gründung, Unterbau	m²GRF	305	**475**	580	6,7	**12,0**	15,4
330	Außenwände / vertikal außen	m²AWF	570	**685**	836	38,1	**42,9**	46,5
340	Innenwände / vertikal innen	m²IWF	242	**304**	411	8,2	**10,9**	14,4
350	Decken / horizontal	m²DEF	412	**507**	580	7,5	**12,7**	16,9
360	Dächer	m²DAF	431	**521**	639	12,3	**15,1**	19,0
370	Infrastrukturanlagen		–	**–**	–	–	**–**	–
380	Baukonstruktive Einbauten	m²BGF	16	**68**	104	< 0,1	**1,1**	5,8
390	Sonst. Maßnahmen für Baukonst.	m²BGF	39	**56**	80	2,3	**3,1**	4,4
300	**Bauwerk – Baukonstruktionen**	**m²BGF**					**100,0**	
410	Abwasser-, Wasser-, Gasanlagen	m²BGF	95	**136**	189	18,8	**26,9**	37,0
420	Wärmeversorgungsanlagen	m²BGF	89	**161**	258	7,9	**24,8**	42,2
430	Raumlufttechnische Anlagen	m²BGF	74	**117**	200	10,7	**22,3**	37,7
440	Elektrische Anlagen	m²BGF	75	**127**	246	16,1	**23,3**	41,0
450	Kommunikationstechnische Anlagen	m²BGF	9	**18**	25	0,8	**2,6**	4,1
460	Förderanlagen	m²BGF	–	**–**	–	–	**–**	–
470	Nutzungsspez. / verfahrenstech. Anl.	m²BGF	–	**11**	–	0,0	**0,1**	2,2
480	Gebäude- und Anlagenautomation	m²BGF	–	**–**	–	–	**–**	–
490	Sonst. Maßnahmen f. techn. Anl.	m²BGF	–	**–**	–	–	**–**	–
400	**Bauwerk – Technische Anlagen**	**m²BGF**					**100,0**	

Prozentanteile der Kosten 2.Ebene an den Kosten des Bauwerks nach DIN 276 (Von/Mittel/Bis)

KG	Kostengruppe	%
310	Baugrube / Erdbau	1,7
320	Gründung, Unterbau	9,4
330	Außenwände / vertikal außen	33,5
340	Innenwände / vertikal innen	8,5
350	Decken / horizontal	9,9
360	Dächer	11,8
370	Infrastrukturanlagen	
380	Baukonstruktive Einbauten	0,9
390	Sonst. Maßnahmen für Baukonst.	2,4
410	Abwasser-, Wasser-, Gasanlagen	5,8
420	Wärmeversorgungsanlagen	5,4
430	Raumlufttechnische Anlagen	4,8
440	Elektrische Anlagen	5,4
450	Kommunikationstechnische Anlagen	0,6
460	Förderanlagen	
470	Nutzungsspez. / verfahrenstech. Anl.	< 0,1
480	Gebäude- und Anlagenautomation	
490	Sonst. Maßnahmen f. techn. Anl.	

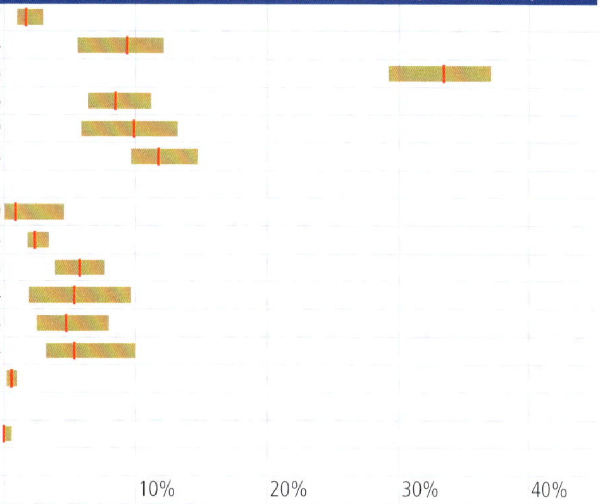

Kosten:
Stand 2. Quartal 2024
Bundesdurchschnitt
inkl. 19% MwSt.

● KKW
▶ min
▷ von
| Mittelwert
◁ bis
◀ max

Prozentanteile der Kosten für Leistungsbereiche nach STLB (Kosten Bauwerk nach DIN 276)

LB	Leistungsbereiche	▷	% an 300+400	◁
000	Sicherheits-, Baustelleneinrichtungen inkl. 001	1,3	**2,1**	2,6
002	Erdarbeiten	1,2	**1,9**	3,0
006	Spezialtiefbauarbeiten inkl. 005	–	**–**	–
009	Entwässerungskanalarbeiten inkl. 011	0,1	**0,6**	1,2
010	Drän- und Versickerarbeiten	< 0,1	**0,3**	1,0
012	Mauerarbeiten	0,3	**0,8**	1,6
013	Betonarbeiten	4,5	**7,5**	11,3
014	Natur-, Betonwerksteinarbeiten	0,0	**0,2**	1,2
016	Zimmer- und Holzbauarbeiten	23,5	**28,2**	43,9
017	Stahlbauarbeiten	< 0,1	**0,5**	3,3
018	Abdichtungsarbeiten	0,3	**1,0**	2,3
020	Dachdeckungsarbeiten	0,2	**1,4**	3,5
021	Dachabdichtungsarbeiten	0,4	**1,6**	3,2
022	Klempnerarbeiten	0,8	**1,4**	2,1
	Rohbau	42,0	**47,4**	59,2
023	Putz- und Stuckarbeiten, Wärmedämmsysteme	0,6	**2,6**	5,0
024	Fliesen- und Plattenarbeiten	1,1	**2,0**	3,1
025	Estricharbeiten	1,0	**1,8**	2,8
026	Fenster, Außentüren inkl. 029, 032	5,5	**9,3**	12,2
027	Tischlerarbeiten	1,5	**3,3**	6,4
028	Parkettarbeiten, Holzpflasterarbeiten	0,7	**2,0**	3,1
030	Rollladenarbeiten	0,9	**2,2**	2,9
031	Metallbauarbeiten inkl. 035	0,3	**1,6**	3,2
034	Maler- und Lackiererarbeiten inkl. 037	0,8	**2,0**	3,4
036	Bodenbelagarbeiten	< 0,1	**0,7**	1,8
038	Vorgehängte hinterlüftete Fassaden	0,0	**0,3**	3,0
039	Trockenbauarbeiten	0,9	**3,3**	6,2
	Ausbau	16,7	**31,2**	36,1
040	Wärmeversorgungsanl. - Betriebseinr. inkl. 041	1,5	**5,2**	9,3
042	Gas- und Wasserinstallation, Leitungen inkl. 043	1,0	**1,7**	2,4
044	Abwasseranlagen - Leitungen	0,3	**0,7**	1,1
045	GWE-Einrichtungsgegenstände inkl. 046	1,1	**2,5**	4,2
047	Dämmarbeiten an betriebstechnischen Anlagen	< 0,1	**0,3**	0,6
049	Feuerlöschanlagen, Feuerlöschgeräte	–	**–**	–
050	Blitzschutz- und Erdungsanlagen	< 0,1	**0,1**	0,3
052	Mittelspannungsanlagen	–	**–**	–
053	Niederspannungsanlagen inkl. 054	3,0	**5,2**	9,2
055	Sicherheits- u. Ersatzstromversorgungsanl.	–	**–**	–
057	Gebäudesystemtechnik	–	**–**	–
058	Leuchten und Lampen inkl. 059	< 0,1	**0,2**	0,7
060	Sprechanlagen, elektroakust. Anlagen inkl. 064	< 0,1	**0,2**	0,3
061	Kommunikationsnetze inkl. 062	< 0,1	**0,4**	0,7
063	Gefahrenmeldeanlagen	< 0,1	**< 0,1**	0,2
069	Aufzüge	–	**–**	–
070	Gebäudeautomation	–	**–**	–
075	Raumlufttechnische Anlagen inkl. 078	2,4	**4,6**	7,5
	Gebäudetechnik	17,9	**21,0**	24,5
	Sonstige Leistungsbereiche inkl. 008, 033, 051	< 0,1	**0,4**	2,4

Planungskennwerte für Flächen und Rauminhalte nach DIN 277

Grundflächen		▷	Fläche/NUF (%)	◁	▷	Fläche/BGF (%)	◁
NUF	Nutzungsfläche	100,0	**100,0**	100,0	62,9	**66,5**	68,7
TF	Technikfläche	4,2	**5,5**	9,8	2,7	**3,6**	6,2
VF	Verkehrsfläche	9,1	**12,2**	14,8	6,1	**8,0**	9,7
NRF	Netto-Raumfläche	114,5	**117,6**	120,2	74,4	**78,1**	81,1
KGF	Konstruktions-Grundfläche	28,8	**33,7**	42,9	18,9	**21,9**	25,6
BGF	Brutto-Grundfläche	146,6	**151,3**	161,9	100,0	**100,0**	100,0

Brutto-Rauminhalte		▷	BRI/NUF (m)	◁	▷	BRI/BGF (m)	◁
BRI	Brutto-Rauminhalt	4,35	**4,66**	5,09	2,90	**3,09**	3,30

Flächen von Nutzeinheiten	▷	NUF/Einheit (m^2)	◁	▷	BGF/Einheit (m^2)	◁
Nutzeinheit: Wohnfläche	1,10	**1,18**	1,45	1,63	**1,79**	2,19

Lufttechnisch behandelte Flächen	▷	Fläche/NUF (%)	◁	▷	Fläche/BGF (%)	◁
Entlüftete Fläche	–	**–**	–	–	**–**	–
Be- und entlüftete Fläche	80,8	**92,7**	103,0	51,7	**59,6**	65,2
Teilklimatisierte Fläche	7,4	**7,4**	7,4	4,6	**4,6**	4,6
Klimatisierte Fläche	–	**–**	–	–	**–**	–

KG	Kostengruppen (2. Ebene)	Einheit	▷	Menge/NUF	◁	▷	Menge/BGF	◁
310	Baugrube / Erdbau	m^3 BGI	0,93	**1,18**	1,65	0,62	**0,79**	1,05
320	Gründung, Unterbau	m^2 GRF	0,62	**0,69**	0,88	0,42	**0,47**	0,62
330	Außenwände / vertikal außen	m^2 AWF	1,59	**1,73**	1,91	1,08	**1,17**	1,30
340	Innenwände / vertikal innen	m^2 IWF	0,83	**0,99**	1,12	0,56	**0,67**	0,77
350	Decken / horizontal	m^2 DEF	0,61	**0,70**	0,83	0,40	**0,47**	0,53
360	Dächer	m^2 DAF	0,70	**0,82**	1,00	0,47	**0,56**	0,69
370	Infrastrukturanlagen		–	**–**	–	–	**–**	–
380	Baukonstruktive Einbauten	m^2 BGF	1,47	**1,51**	1,62	1,00	**1,00**	1,00
390	Sonst. Maßnahmen für Baukonst.	m^2 BGF	1,47	**1,51**	1,62	1,00	**1,00**	1,00
300	**Bauwerk – Baukonstruktionen**	**m^2 BGF**	1,47	**1,51**	1,62	1,00	**1,00**	1,00

Planungskennwerte für Bauzeiten — 36 Vergleichsobjekte

Bauzeit in Wochen

Objektübersicht zur Gebäudeart

6100-0571 Einfamilienhaus - Passivhaus*

Martin Wamsler Freier Architekt BDA Dipl.-Ing. (FH)
Friedrichshafen

6100-0575 Einfamilienhaus - Passivhaus*

Martin Wamsler Freier Architekt BDA Dipl.-Ing. (FH)
Friedrichshafen

6100-0587 Einfamilienhaus - Passivhaus*

Architekturbüro Dipl.-Ing. (FH) Werner Friedl
Adelzhausen

6100-0627 Einfamilienhaus - Passivhaus*

Dipl.-Ing. (FH) Wolfgang Klein
Pleisweiler-Oberhofen

6100-0679 Einfamilienhaus - Passivhaus*

Werkgruppe Freiburg Architekten
Freiburg

6100-0715 Einfamilienhaus - Passivhaus*

Planungsbüro future-proved Alexander Grab
Augsburg

* Diese Objekte wurden zur Bildung der statistischen Werte herangezogen und sind nicht als Einzelobjekt in diesem Band veröffentlicht.

© Martin Wamsler Freier Architekt

6100-0765 Einfamilienhaus - Passivhaus*

Martin Wamsler Freier Architekt BDA Dipl.-Ing. (FH)
Friedrichshafen

© Martin Wamsler Freier Architekt

6100-0766 Einfamilienhaus - Passivhaus*

Martin Wamsler Freier Architekt BDA Dipl.-Ing. (FH)
Friedrichshafen

© Kauer & Brodmeier GbR Planungsgemeinschaft

6100-0778 Reihenmittelhaus - Passivhaus*

Kauer & Brodmeier GbR Planungsgemeinschaft
München

© Rainer Graf

6100-0794 Einfamilienhaus - Passivhaus*

Architekt Rainer Graf Architektur + Energiekonzepte
Ofterdingen

© Rainer Graf

6100-0796 Einfamilienhaus - Passivhaus*

Architekt Rainer Graf Architektur + Energiekonzepte
Ofterdingen

© Fürstberger, Büro für Energieoptimierung und Architektur

6100-0799 Einfamilienhaus - Passivhaus*

Fürstberger, Büro für Energieoptimierung Architektur
und Baubiologie, Zenting

* Diese Objekte wurden zur Bildung der statistischen Werte herangezogen und sind nicht als Einzelobjekt in diesem Band veröffentlicht.

Objektübersicht zur Gebäudeart

6100-0808 Einfamilienhaus - Passivhaus*

Winfried Mannert Dipl.-Ing. Architekt BDA dwb
Architektur- und Stadtplanungsbüro, Bad Kreuznach

6100-0809 Einfamilienhaus - Passivhaus*

Raum für Architektur Dipl.-Ing. Kay Künzel
Wachtberg

6100-0810 Einfamilienhaus - Passivhaus*

Raum für Architektur Dipl.-Ing. Kay Künzel
Wachtberg

6100-0811 Einfamilienhaus - Passivhaus*

Raum für Architektur Dipl.-Ing. Kay Künzel
Wachtberg

6100-0813 Einfamilienhaus - Passivhaus*

Martin Wamsler Freier Architekt BDA Dipl.-Ing. (FH)
Friedrichshafen

6100-0832 Wohnhaus (2 WE) - Passivhaus*

August Bruns GmbH & Co.KG
Berge

* Diese Objekte wurden zur Bildung der statistischen Werte herangezogen und sind nicht als Einzelobjekt in diesem Band veröffentlicht.

Objektübersicht zur Gebäudeart

6100-0853 Einfamilienhaus - Passivhaus*

Architekturbüro Frau Farzaneh Nouri-Schellinger
Erlangen

6100-0870 Einfamilienhaus - Plusenergiehaus*

Jirka + Nadansky Architekten
Borgsdorf

6100-0899 Einfamilienhaus, ELW - Passivhaus*

Architekturbüro Böhmer
Duisburg

6100-0947 Doppelhaushälfte - Passivhaus*

Architekturbüro Thyroff-Krause
Kaltenkirchen

6100-0970 Einfamilienhaus, Garage - Passivhaus*

Dejozé & Dr. Ammann und Architekturbüro Thiel,
Münster

6100-0981 Einfamilienhaus - Passivhaus*

amunt architekten martenson und nagel theissen
Aachen, Stuttgart

* Diese Objekte wurden zur Bildung der statistischen Werte herangezogen und sind nicht als Einzelobjekt in diesem Band veröffentlicht.

Objektübersicht zur Gebäudeart

6100-1017 Einfamilienhaus - Passivhaus*

architekten dd Dipl.-Ing. Dietmar Eichelmann
Dresden

6100-1018 Einfamilienhaus - Passivhaus*

architekten dd Dipl.-Ing. Dietmar Eichelmann
Dresden

6100-1042 Einfamilienhaus, Doppelgarage - Passivhaus*

Wimmer Architekten
Rosenheim

6100-1058 Doppelhaushälfte - Passivhaus*

Agathos Baukontor Dipl. Ing. Bernward Sutmann
Roetgen

6100-1156 Reihenmittelhaus - Passivhaus*

Architekturbüro Thyroff-Krause
Kaltenkirchen

6100-1169 Reihenendhaus - Passivhaus*

Architekturbüro Thyroff-Krause
Kaltenkirchen

* Diese Objekte wurden zur Bildung der statistischen Werte herangezogen und sind nicht als Einzelobjekt in diesem Band veröffentlicht.

6100-1177 Einfamilienhaus, Carport - Passivhaus*

Architekt Rainer Graf Architektur + Energiekonzepte
Ofterdingen

6100-1209 Zweifamilienhaus, Garage - Passivhaus*

Sabine Schmidt freie architektin
Scheidegg

6100-1326 Einfamilienhaus, Carport - Passivhaus*

RONGEN ARCHITEKTEN PartG mbB
Wassenberg

6100-1360 Einfamilienhaus, Garage - Passivhaus*

bau grün ! energieeffiziente Gebäude
Mönchengladbach

6100-1474 Einfamilienhaus - Passivhaus*

bau grün ! energieeffiziente Gebäude
Mönchengladbach

6100-1559 Einfamilienhaus, Praxis - Passivhaus*

messmerarchitektur gmbh
Wehingen

* Diese Objekte wurden zur Bildung der statistischen Werte herangezogen und sind nicht als Einzelobjekt in diesem Band veröffentlicht.

Objektübersicht zur Gebäudeart

6100-1562 Einfamilienhaus, Büro - Passivhaus*

Nicht in der Bauzeitstatistik enthalten

Shakti Haus
Bad König

* Diese Objekte wurden zur Bildung der statistischen Werte herangezogen und sind nicht als Einzelobjekt in diesem Band veröffentlicht.

Doppel- und Reihenendhäuser

7

Doppel- und Reihenendhäuser

Kostenkennwerte für die Kosten des Bauwerks (Kostengruppen 300+400 nach DIN 276)

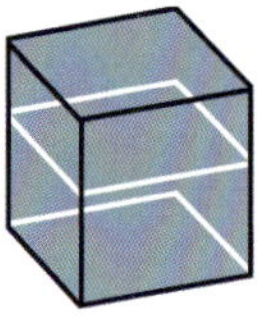

BRI 705 €/m³
von 550 €/m³
bis 910 €/m³

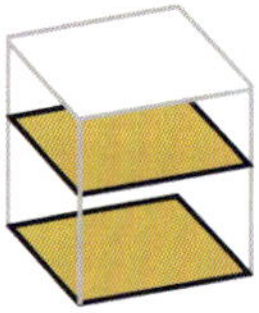

BGF 2.080 €/m²
von 1.635 €/m²
bis 2.910 €/m²

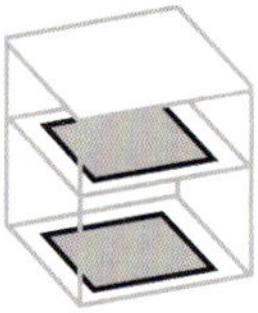

NUF 3.090 €/m²
von 2.480 €/m²
bis 4.165 €/m²

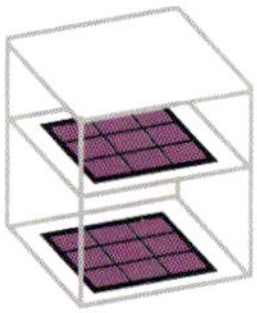

NE 3.220 €/NE
von 2.575 €/NE
bis 3.905 €/NE
NE: Wohnfläche

Objektbeispiele

Kosten:
Stand 2. Quartal 2024
Bundesdurchschnitt
inkl. 19% MwSt.

6100-1604

6100-1199

6100-1586

Kosten der 9 Vergleichsobjekte

Seiten 436 bis 448

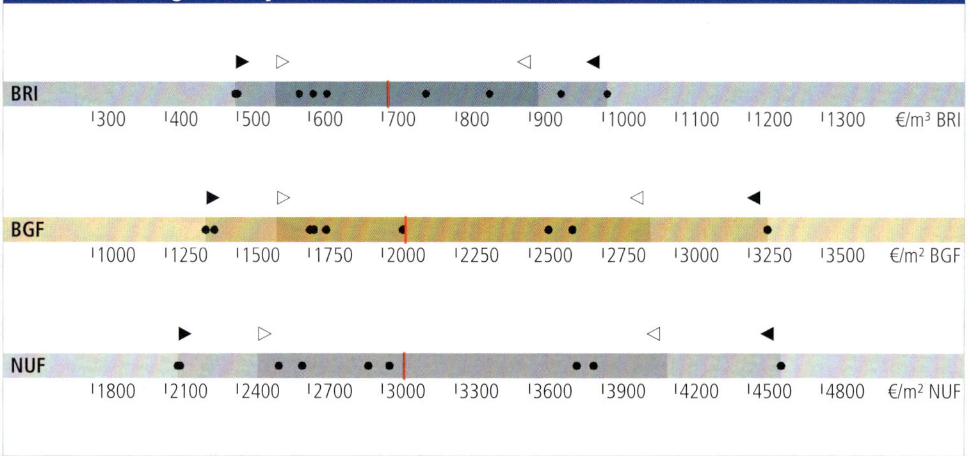

- ● KKW
- ▶ min
- ▷ von
- | Mittelwert
- ◁ bis
- ◀ max

Kostenkennwerte für die Kostengruppen der 1. und 2.Ebene DIN 276

KG	Kostengruppen der 1. Ebene	Einheit	▷	€/Einheit	◁	▷	% an 300+400	◁
100	Grundstück	m²GF	–	**–**	–	–	**–**	–
200	Vorbereitende Maßnahmen	m²GF	5	**41**	84	1,0	**3,2**	8,8
300	Bauwerk – Baukonstruktionen	m²BGF	1.243	**1.687**	2.333	75,3	**80,5**	84,7
400	Bauwerk – Technische Anlagen	m²BGF	296	**393**	512	15,3	**19,5**	24,7
	Bauwerk 300+400	m²BGF	1.634	**2.080**	2.912	100,0	**100,0**	100,0
500	Außenanlagen und Freiflächen	m²AF	54	**94**	135	3,5	**5,3**	10,3
600	Ausstattung und Kunstwerke	m²BGF	–	**3**	–	0,2	**0,2**	0,2
700	Baunebenkosten*	m²BGF	491	**547**	603	24,1	**26,8**	29,5 ◁
800	Finanzierung	m²BGF	–	**–**	–	–	**–**	–

* Auf Grundlage der HOAI 2021 berechnete Werte nach §§ 35, 52, 56. Weitere Informationen siehe Seite 32

KG	Kostengruppen der 2. Ebene	Einheit	▷	€/Einheit	◁	▷	% an 1. Ebene	◁
310	Baugrube / Erdbau	m³BGI	33	**51**	102	0,6	**1,3**	3,4
320	Gründung, Unterbau	m²GRF	295	**382**	487	8,1	**10,4**	17,4
330	Außenwände / vertikal außen	m²AWF	370	**557**	789	37,6	**40,8**	49,7
340	Innenwände / vertikal innen	m²IWF	179	**272**	351	10,2	**13,7**	17,7
350	Decken / horizontal	m²DEF	390	**448**	603	11,5	**14,9**	17,6
360	Dächer	m²DAF	291	**458**	876	11,8	**14,7**	17,7
370	Infrastrukturanlagen		–	**–**	–	–	**–**	–
380	Baukonstruktive Einbauten	m²BGF	–	**–**	–	–	**–**	–
390	Sonst. Maßnahmen für Baukonst.	m²BGF	51	**72**	115	3,7	**4,2**	4,7
300	**Bauwerk – Baukonstruktionen**	**m²BGF**					**100,0**	
410	Abwasser-, Wasser-, Gasanlagen	m²BGF	81	**108**	173	19,7	**28,9**	37,7
420	Wärmeversorgungsanlagen	m²BGF	113	**160**	177	38,7	**42,8**	46,9
430	Raumlufttechnische Anlagen	m²BGF	13	**21**	36	1,0	**4,5**	8,1
440	Elektrische Anlagen	m²BGF	46	**82**	121	15,5	**21,2**	35,5
450	Kommunikationstechnische Anlagen	m²BGF	8	**10**	15	2,2	**2,7**	3,9
460	Förderanlagen	m²BGF	–	**–**	–	–	**–**	–
470	Nutzungsspez. / verfahrenstech. Anl.	m²BGF	–	**–**	–	–	**–**	–
480	Gebäude- und Anlagenautomation	m²BGF	–	**–**	–	–	**–**	–
490	Sonst. Maßnahmen f. techn. Anl.	m²BGF	–	**–**	–	–	**–**	–
400	**Bauwerk – Technische Anlagen**	**m²BGF**					**100,0**	

Prozentanteile der Kosten 2.Ebene an den Kosten des Bauwerks nach DIN 276 (Von/Mittel/Bis)

310	Baugrube / Erdbau	1,0
320	Gründung, Unterbau	8,2
330	Außenwände / vertikal außen	33,0
340	Innenwände / vertikal innen	11,1
350	Decken / horizontal	11,9
360	Dächer	11,8
370	Infrastrukturanlagen	
380	Baukonstruktive Einbauten	
390	Sonst. Maßnahmen für Baukonst.	3,4
410	Abwasser-, Wasser-, Gasanlagen	5,2
420	Wärmeversorgungsanlagen	8,5
430	Raumlufttechnische Anlagen	0,8
440	Elektrische Anlagen	4,5
450	Kommunikationstechnische Anlagen	0,5
460	Förderanlagen	
470	Nutzungsspez. / verfahrenstech. Anl.	
480	Gebäude- und Anlagenautomation	
490	Sonst. Maßnahmen f. techn. Anl.	

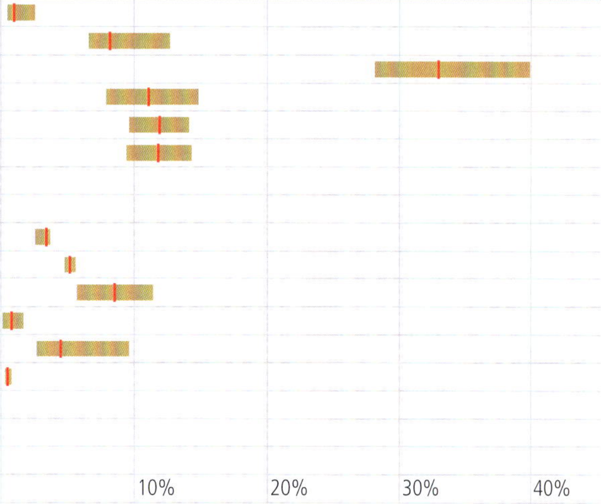

 Kostenstand: 2. Quartal 2024, Bundesdurchschnitt, **inkl. 19% MwSt.**

Kosten:
Stand 2. Quartal 2024
Bundesdurchschnitt
inkl. 19% MwSt.

Prozentanteile der Kosten für Leistungsbereiche nach STLB (Kosten Bauwerk nach DIN 276)

LB	Leistungsbereiche	▷	% an 300+400	◁
000	Sicherheits-, Baustelleneinrichtungen inkl. 001	2,8	**3,3**	3,7
002	Erdarbeiten	0,6	**1,2**	1,8
006	Spezialtiefbauarbeiten inkl. 005	–	**–**	–
009	Entwässerungskanalarbeiten inkl. 011	0,0	**0,5**	1,1
010	Drän- und Versickerarbeiten	0,0	**< 0,1**	0,4
012	Mauerarbeiten	1,0	**5,0**	9,0
013	Betonarbeiten	4,5	**8,2**	9,7
014	Natur-, Betonwerksteinarbeiten	–	**–**	–
016	Zimmer- und Holzbauarbeiten	12,2	**24,5**	28,8
017	Stahlbauarbeiten	0,0	**0,4**	1,7
018	Abdichtungsarbeiten	< 0,1	**0,7**	1,4
020	Dachdeckungsarbeiten	0,7	**2,9**	5,2
021	Dachabdichtungsarbeiten	0,0	**0,2**	0,9
022	Klempnerarbeiten	0,9	**2,3**	6,2
	Rohbau	40,7	**49,4**	58,6
023	Putz- und Stuckarbeiten, Wärmedämmsysteme	0,2	**1,5**	4,9
024	Fliesen- und Plattenarbeiten	1,0	**1,6**	3,2
025	Estricharbeiten	< 0,1	**0,7**	1,6
026	Fenster, Außentüren inkl. 029, 032	7,9	**8,7**	10,9
027	Tischlerarbeiten	1,8	**3,5**	5,4
028	Parkettarbeiten, Holzpflasterarbeiten	1,3	**4,7**	8,7
030	Rollladenarbeiten	0,2	**1,3**	2,4
031	Metallbauarbeiten inkl. 035	0,0	**0,4**	1,6
034	Maler- und Lackiererarbeiten inkl. 037	1,3	**2,0**	2,6
036	Bodenbelagarbeiten	0,0	**0,3**	1,3
038	Vorgehängte hinterlüftete Fassaden	0,0	**2,8**	6,6
039	Trockenbauarbeiten	3,0	**4,7**	9,1
	Ausbau	25,3	**32,3**	40,9
040	Wärmeversorgungsanl. - Betriebseinr. inkl. 041	5,4	**7,7**	10,7
042	Gas- und Wasserinstallation, Leitungen inkl. 043	0,9	**1,6**	2,3
044	Abwasseranlagen - Leitungen	0,4	**0,6**	1,1
045	GWE-Einrichtungsgegenstände inkl. 046	1,9	**2,3**	2,8
047	Dämmarbeiten an betriebstechnischen Anlagen	0,0	**0,2**	0,4
049	Feuerlöschanlagen, Feuerlöschgeräte	–	**–**	–
050	Blitzschutz- und Erdungsanlagen	0,2	**0,3**	0,4
052	Mittelspannungsanlagen	0,0	**< 0,1**	< 0,1
053	Niederspannungsanlagen inkl. 054	2,1	**3,9**	9,5
055	Sicherheits- u. Ersatzstromversorgungsanl.	–	**–**	–
057	Gebäudesystemtechnik	–	**–**	–
058	Leuchten und Lampen inkl. 059	0,0	**0,3**	0,8
060	Sprechanlagen, elektroakust. Anlagen inkl. 064	< 0,1	**0,1**	0,3
061	Kommunikationsnetze inkl. 062	< 0,1	**0,4**	0,6
063	Gefahrenmeldeanlagen	–	**–**	–
069	Aufzüge	–	**–**	–
070	Gebäudeautomation	–	**–**	–
075	Raumlufttechnische Anlagen inkl. 078	0,1	**0,8**	1,6
	Gebäudetechnik	14,1	**18,3**	23,6
	Sonstige Leistungsbereiche inkl. 008, 033, 051	–	**–**	–

(Balkendiagramm mit Skala 7,5% – 15% – 22,5% – 30%)

- ● KKW
- ▶ min
- ▷ von
- | Mittelwert
- ◁ bis
- ◀ max

Planungskennwerte für Flächen und Rauminhalte nach DIN 277

Grundflächen		▷	Fläche/NUF (%)	◁	▷	Fläche/BGF (%)	◁
NUF	Nutzungsfläche	100,0	**100,0**	100,0	64,2	**66,9**	68,3
TF	Technikfläche	3,4	**4,1**	5,6	2,0	**2,7**	3,6
VF	Verkehrsfläche	14,0	**16,7**	18,3	9,6	**11,1**	12,3
NRF	Netto-Raumfläche	118,5	**120,8**	122,0	78,6	**80,8**	82,1
KGF	Konstruktions-Grundfläche	27,4	**29,0**	33,8	17,9	**19,2**	21,4
BGF	Brutto-Grundfläche	147,1	**149,8**	156,7	100,0	**100,0**	100,0

Brutto-Rauminhalte		▷	BRI/NUF (m)	◁	▷	BRI/BGF (m)	◁
BRI	Brutto-Rauminhalt	4,12	**4,39**	4,60	2,78	**2,93**	3,06

Flächen von Nutzeinheiten	▷	NUF/Einheit (m²)	◁	▷	BGF/Einheit (m²)	◁
Nutzeinheit: Wohnfläche	0,99	**1,06**	1,15	1,48	**1,60**	1,80

Lufttechnisch behandelte Flächen	▷	Fläche/NUF (%)	◁	▷	Fläche/BGF (%)	◁
Entlüftete Fläche	91,0	**91,0**	91,0	61,6	**61,6**	61,6
Be- und entlüftete Fläche	–	**–**	–	–	**–**	–
Teilklimatisierte Fläche	–	**–**	–	–	**–**	–
Klimatisierte Fläche	–	**–**	–	–	**–**	–

KG	Kostengruppen (2. Ebene)	Einheit	▷	Menge/NUF	◁	▷	Menge/BGF	◁
310	Baugrube / Erdbau	m³ BGI	0,67	**0,93**	0,93	0,45	**0,64**	0,64
320	Gründung, Unterbau	m² GRF	0,58	**0,62**	0,62	0,39	**0,42**	0,42
330	Außenwände / vertikal außen	m² AWF	1,80	**1,83**	1,96	1,25	**1,25**	1,40
340	Innenwände / vertikal innen	m² IWF	1,16	**1,20**	1,27	0,78	**0,82**	0,85
350	Decken / horizontal	m² DEF	0,76	**0,77**	0,83	0,52	**0,53**	0,56
360	Dächer	m² DAF	0,81	**0,84**	0,91	0,57	**0,58**	0,60
370	Infrastrukturanlagen		–	**–**	–	–	**–**	–
380	Baukonstruktive Einbauten	m² BGF	1,47	**1,50**	1,57	1,00	**1,00**	1,00
390	Sonst. Maßnahmen für Baukonst.	m² BGF	1,47	**1,50**	1,57	1,00	**1,00**	1,00
300	**Bauwerk – Baukonstruktionen**	**m² BGF**	1,47	**1,50**	1,57	1,00	**1,00**	1,00

Planungskennwerte für Bauzeiten — 8 Vergleichsobjekte

Bauzeit in Wochen

Objektübersicht zur Gebäudeart

6100-0212 Doppelhaushälfte - Holzrahmenbau*

Kottkamp & Schneider Freie Architekten VFA
Stuttgart

6100-0663 Doppelhaushälfte - KfW 40*

Büro Architekten GrundRiss
Landsberg am Lech

6100-1028 Doppelhaushälfte, Carport - Effizienzhaus 55*

Aslaksen-Schürholz Architektin
Bochum

6100-1048 Doppelhaushälfte - KfW 60*

Hirschhäuser Liedtke Architekten BDA
München

6100-1199 Doppelhaus - Effizienzhaus 55*

Planungsbüro Clobes GmbH
Wabern

6100-1584 Doppelhaushälfte *

Architekturbüro Ralf Tschöpe
Baruth

* Diese Objekte wurden zur Bildung der statistischen Werte herangezogen und sind nicht als Einzelobjekt in diesem Band veröffentlicht.

6100-1586 Doppelhaus (2 WE)*

JEBENS SCHOOF ARCHITEKTEN BDA
Heide

6100-1604 Doppelhäuser, Einfamilienhäuser (9 WE)
Nicht in der Bauzeitstatistik enthalten

Liebscher-Tauber und Tauber Architekten PartG mbB
Berlin

6100-1673 Reihenendhaus

ARGE Architekten Dennes Janßen, Dennis Winkler
Bremen

* Diese Objekte wurden zur Bildung der statistischen Werte herangezogen und sind nicht als Einzelobjekt in diesem Band veröffentlicht.

6100-1604
Doppelhäuser
(3 Gebäude)
Einfamilienhäuser
(3 Gebäude)

Objektübersicht

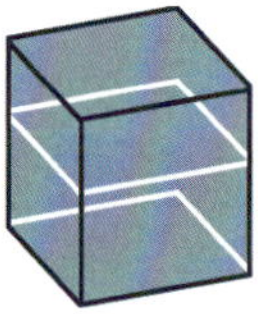

BRI 943 €/m³

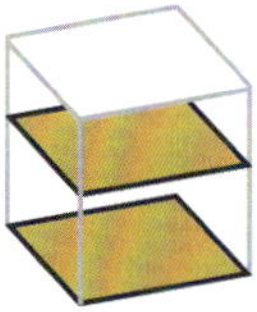

BGF 2.646 €/m²

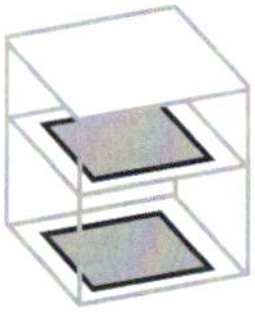

NUF 3.794 €/m²

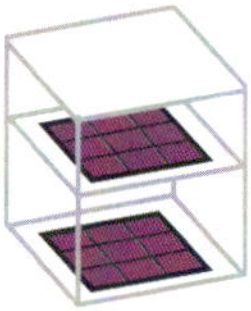

NE 3.247 €/NE

NE: Wohnfläche

Objekt:
Kennwerte: 1. Ebene DIN 276
BRI: 3.845 m³
BGF: 1.370 m²
NUF: 956 m²
Bauzeit: 148 Wochen
Bauende: 2022
Standard: Durchschnitt
Bundesland: Berlin
Kreis: Berlin, Stadt

Architekt*in:
Liebscher-Tauber und
Tauber Architekten PartG mbB
Anklamer Straße 12
10115 Berlin

Bauherr*in:
Baugemeinschaft
am Hahneberg GbR
Gneisenaustraße 45
10961 Berlin

© Annegret Liebscher-Tauber

© Annegret Liebscher-Tauber

© Annegret Liebscher-Tauber

Lageplan

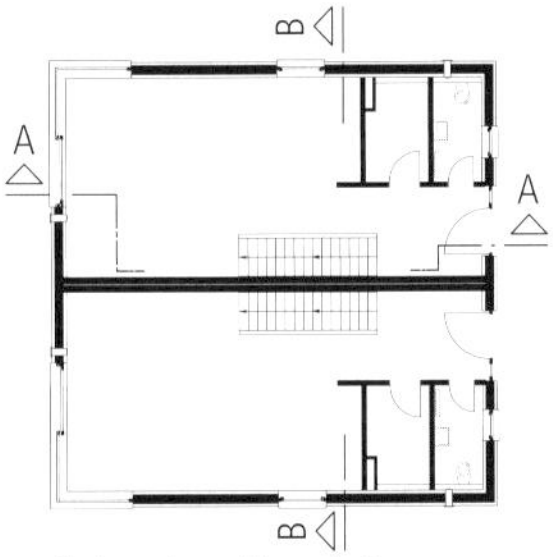

Erdgeschoss Haus 1-3

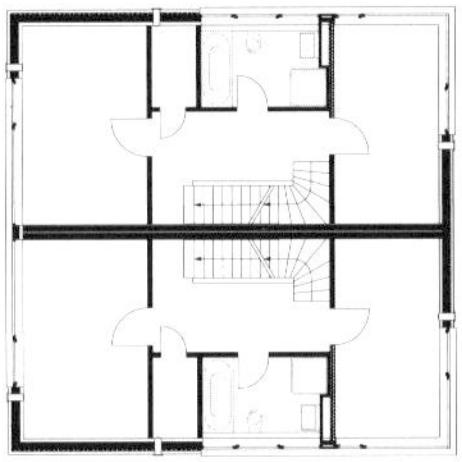

Obergeschoss Haus 1-3

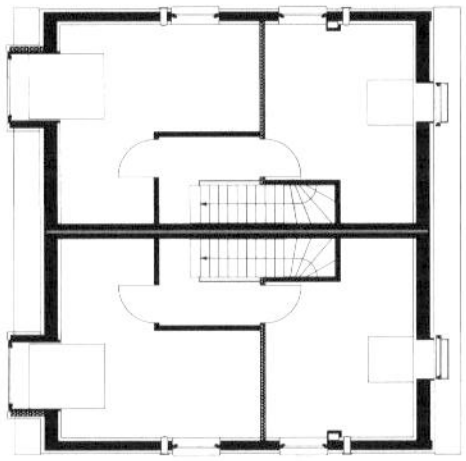

Dachgeschoss Haus 1-3

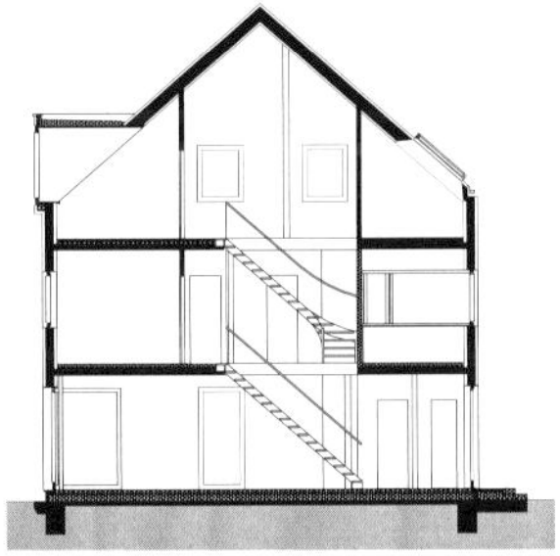

Schnitt A-A Haus 1-3

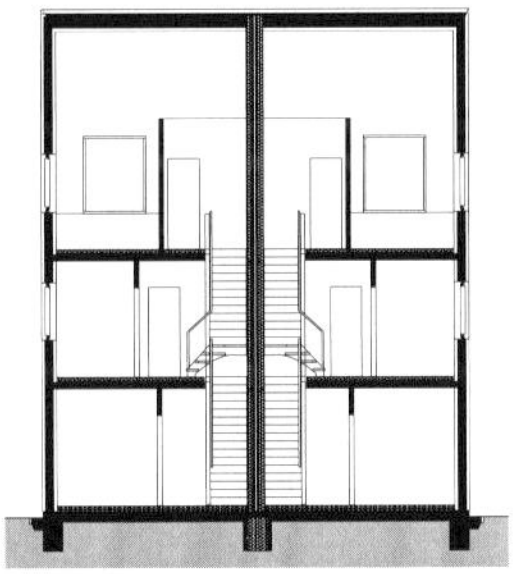

Schnitt B-B Haus 1-3

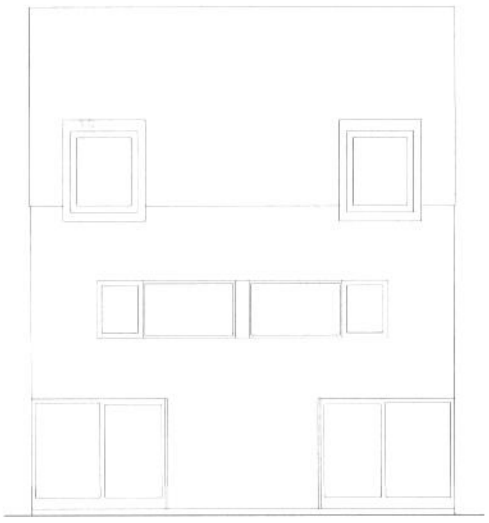

Ansicht West Haus 1-3

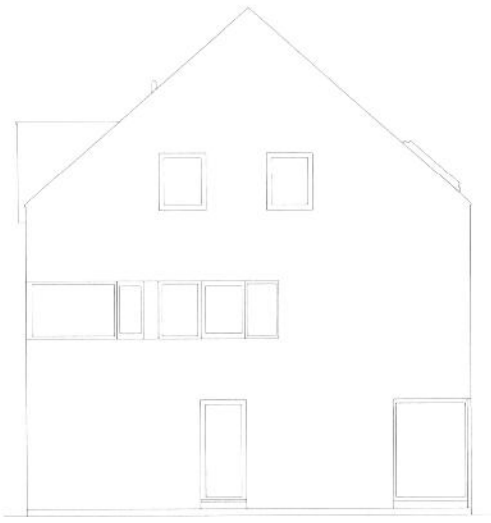

Ansicht Nord Haus 1-3

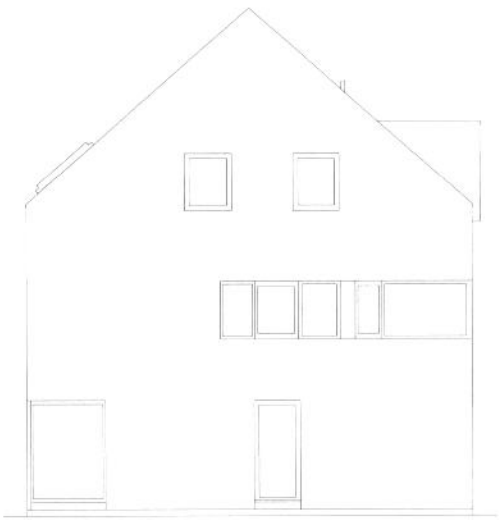

Ansicht Süd Haus 1-3

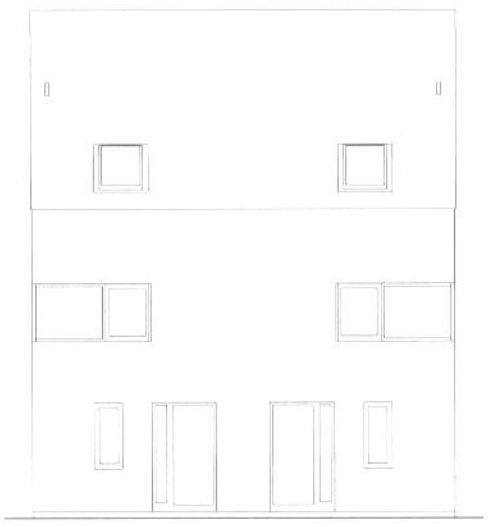

Ansicht Ost Haus 1-3

Objektbeschreibung

Allgemeine Objektinformationen

Auf einem Grundstück direkt am Naturschutzgebiet in unmittelbarer Nähe zu Berlin entstanden sechs Doppelhäuser und drei Einfamilienhäuser in moderner Holztafelbauweise. Die Doppelhaushälften wurden dreigeschossig und die Einfamilienhäuser zweigeschossig realisiert. Auf eine Unterkellerung wurde verzichtet, dafür großen Wert auf eine klare und prägnante Formensprache gelegt. Die Räume sind hoch und lichtdurchflutet. In Verbindung mit natürlichen Baustoffen entstand ein gesundes Raumklima.

Nutzung

1 Erdgeschoss
Wohn-/Essküchen, Eingangsflure, Gäste-WCs, Hauswirtschaftsräume

1 Obergeschoss
Schlafräume, Bäder, Abstellräume, Flure

1 Dachgeschoss
Schlafräume, Flure

Nutzeinheiten

Wohneinheiten: 9
Wohnfläche: 1.117 m^2

Grundstück

Bauraum: Freier Bauraum
Neigung: Ebenes Gelände
Bodenklasse: BK 1 bis BK 4

Markt

Hauptvergabezeit: 2. Quartal 2019
Baubeginn: 2. Quartal 2019
Bauende: 2. Quartal 2022
Konjunkturelle Gesamtlage: über Durchschnitt
Regionaler Baumarkt: über Durchschnitt

Baukonstruktion

Erstellt wurden die sechs Gebäude in Holztafelbauweise und gründen auf Stahlbetonbodenplatten. Die Außenwände sind mit einer Zellulosefaserdämmung gedämmt. Davor verleiht die vorgegraute, senkrecht angebrachten Holzbekleidung eine zeitgemäße, moderne Optik. Die Decken sind mit Holztafelelementen ausgeführt. Die Holz-Aluminiumfenster sind dreifach verglast. Die Sparrendächer wurden mit einer Einblasdämmung aus Holzfasern gedämmt und sind mit einer Stehfalzdeckung aus Zinkblech mit verdeckter, innenliegender Rinne gedeckt. Die kubisch aufgesetzten Dachgauben erhielten ein schlichtes Flachdach. Im Innenbereich kam ein Heizestrich zum Einsatz, der mit massivem Eichenparkett und Bodenfliesen belegt wurde.

Technische Anlagen

Die Wohneinheiten verfügen jeweils über eine Wärmepumpe mittels Geothermie, die Wärmeverteilung erfolgt über Fußbodenheizung. Die notwendige Wohnraumlüftung wird mit Wandlüftern mit Wärmerückgewinnung erreicht. Auf den meisten Dächern wurde eine Photovoltaikanlage montiert.

Sonstiges

An die Holzhaussiedlung sind vielfältige Gemeinschaftseinrichtungen angebunden, z.B. ein Gemeinschaftsgarten mit Grillplatz, Sauna und Spielhaus.

Energetische Kennwerte

Gesetzliche Grundlage: EnEV 2013
Gebäudenutzfläche: 162,40 m^2
Gebäudevolumen: 564,07 m^3
Hüllfläche des beheizten Volumens: 325,70 m^2
Spez. Transmissionswärmeverlust: 0,39 $W/(m^2 \cdot K)$
Jahresprimärenergie: 9.333,00 kWh/a
Spez. Jahresprimärenergiebedarf: 57,50 $kWh/(m^2 \cdot a)$
Jahresendenergiebedarf: 5.185,00 kWh/a
Anlagenaufwandszahl: 0,77

Energetische Angaben zu Außenbauteilen

Bodenplatte

U-Wert: 0,24 W/(m²·K)

Gesamtdicke: 38,00 cm	d [cm]	λ [W/(m·K)]
Belag	1,00	1,000
Estrich	6,00	1,400
Trittschalldämmung	2,00	0,035
Dämmung MW	3,00	0,035
Stahlbeton	16,00	2,500
Dämmung	10,00	0,042

Außenwand hinterlüftet

U-Wert: 0,18 W/(m²·K)

Gesamtdicke: 29,55 cm	d [cm]	λ [W/(m·K)]
GK-Platte	1,25	0,250
Dämmung	5,00	0,042
Holz	5,00	0,130
OSB-Platte	1,80	0,130
Dämmung Zellulose	18,00	0,040
Holz	18,00	0,130
Holzfaserplatte	3,50	0,090

Dach hinterlüftet

U-Wert: 0,16 W/(m²·K)

Gesamtdicke: 34,75 cm	d [cm]	λ [W/(m·K)]
GK-Platte	1,25	0,250
Luftschicht ruhend	4,00	0,313
Holz	4,00	0,130
OSB-Platte	2,00	0,130
Dämmung Zellulose	24,00	0,040
Holz	24,00	0,130
Holzfaserplatte	3,50	0,047

Planungskennwerte für Flächen und Rauminhalte nach DIN 277

Flächen des Grundstücks		Menge Einheit	% an GF
BF	Bebaute Fläche	609,07 m²	19,0
UF	Unbebaute Fläche	2.594,93 m²	81,0
GF	Grundstücksfläche	3.204,00 m²	100,0

Grundflächen des Bauwerks		Menge Einheit	% an NUF	% an BGF
NUF	Nutzungsfläche	955,50 m²	100,0	69,7
TF	Technikfläche	26,40 m²	2,8	1,9
VF	Verkehrsfläche	150,00 m²	15,7	10,9
NRF	Netto-Raumfläche	1.131,90 m²	118,5	82,6
KGF	Konstruktions-Grundfläche	238,29 m²	24,9	17,4
BGF	Brutto-Grundfläche	1.370,19 m²	143,4	100,0

Brutto-Rauminhalt des Bauwerks		Menge Einheit	BRI/NUF (m)	BRI/BGF (m)
BRI	Brutto-Rauminhalt	3.844,67 m³	4,02	2,81

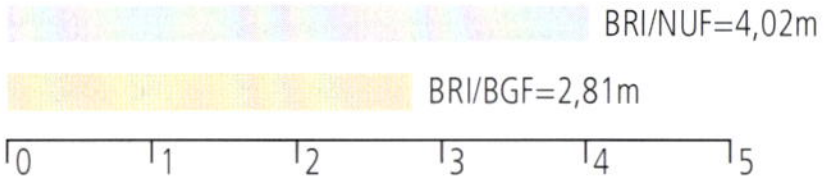

Kostenkennwerte für die Kostengruppen der 1.Ebene DIN 276

KG	Kostengruppen (1. Ebene)	Einheit	Kosten €	€/Einheit	€/m² BGF	€/m³ BRI	% 300+400
100	Grundstück	m² GF	–	–	–	–	–
200	Vorbereitende Maßnahmen	m² GF	17.593	5,49	12,84	4,58	0,5
300	Bauwerk – Baukonstruktionen	m² BGF	2.793.800	2.038,99	2.038,99	726,67	77,1
400	Bauwerk – Technische Anlagen	m² BGF	831.062	606,53	606,53	216,16	22,9
	Bauwerk 300+400	**m² BGF**	**3.624.862**	**2.645,52**	**2.645,52**	**942,83**	**100,0**
500	Außenanlagen und Freiflächen	m² AF	–	–	–	–	–
600	Ausstattung und Kunstwerke	m² BGF	–	–	–	–	–
700	Baunebenkosten	m² BGF	–	–	–	–	–
800	Finanzierung	m² BGF	–	–	–	–	–

KG	Kostengruppe	Menge Einheit	Kosten €	€/Einheit	%
200	**Vorbereitende Maßnahmen**	3.204,00 m² GF	17.593	**5,49**	0,5
	Freimachen des Grundstückes				
3+4	**Bauwerk**				**100,0**
300	**Bauwerk – Baukonstruktionen**	1.370,19 m² BGF	2.793.800	**2.038,99**	77,1
	Baugrubenaushub; Stb-Bodenplatte, Abdichtung, Heizestrich, Bodenfliesen, Eichenparkett; Holztafelwände, Holz-Alufenster, dreifachverglast, Zellulosefaserdämmung, senkrechte Holzschalung, GK-Bekleidung, Wandfliesen, Dispersionsbeschichtung; Holztafel-Innenwände, Holztüren, GK-Bekleidung, Wandfliesen; Holztafeldecken, Holztreppen, Heizestrich, Bodenfliesen, Eichenparkett, Holzhandlauf; Holzsatteldach, Dachflächenfenster, Einblasdämmung, Dachabdichtung, Zinkblech-Doppelstehfalzdeckung, Dachgauben, Dachentwässerung, GK-Bekleidung, Beschichtung				
400	**Bauwerk – Technische Anlagen**	1.370,19 m² BGF	831.062	**606,53**	22,9
	Gebäudeentwässerung, Kalt- und Warmwasserleitungen, Sanitärobjekte; Wärmepumpe (Geothermie), Fußbodenheizung; kontrollierte Wohnraumlüftung mit Wärmerückgewinnung; Elektroinstallation, Starkstrom, Photovoltaikanlagen; Telekommunikationsanlage, Fernseh- und Antennenanlage				

6100-1673
Reihenendhaus

Objektübersicht

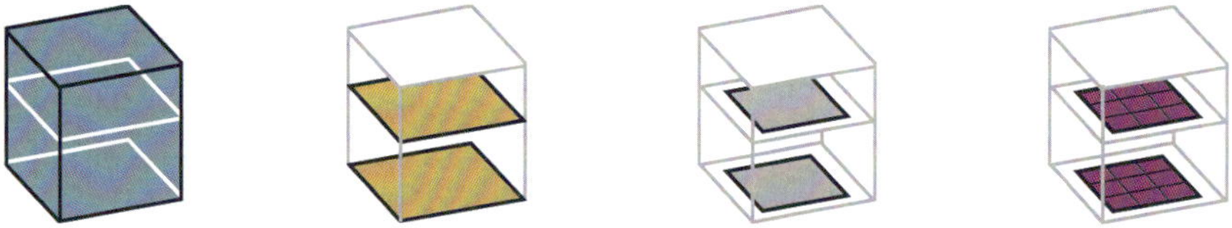

BRI 759 €/m³ | **BGF** 2.565 €/m² | **NUF** 3.862 €/m² | **NE** 4.135 €/NE

NE: Wohnfläche

Objekt:
Kennwerte: 1. Ebene DIN 276
BRI: 970 m³
BGF: 287 m²
NUF: 191 m²
Bauzeit: 35 Wochen
Bauende: 2021
Standard: über Durchschnitt
Bundesland: Bremen
Kreis: Bremen, Stadt

Architekt*in:
ARGE
Architekten
Dennes Janßen
Dennis Winkler
Vagtstraße 48/49
28203 Bremen

Bauherr*in:
Anja und Klaus Richter
Marie-Mindermann-Str. 43a
28277 Bremen

© Christian Burmester

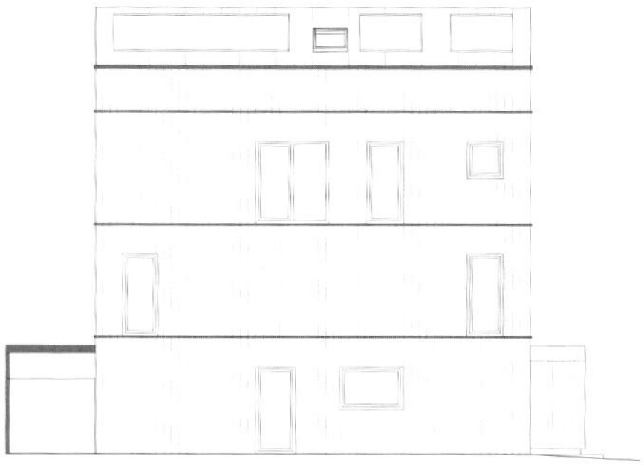
Ansicht Ost

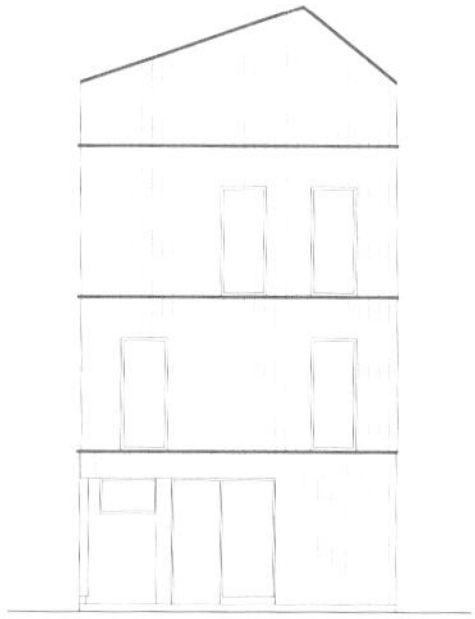
Ansicht Nord

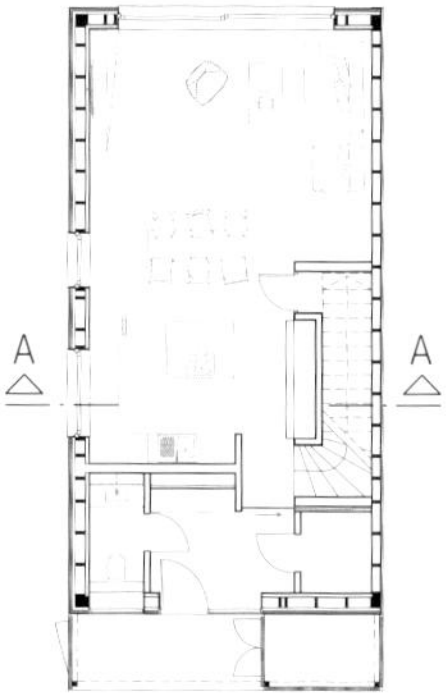

Erdgeschoss

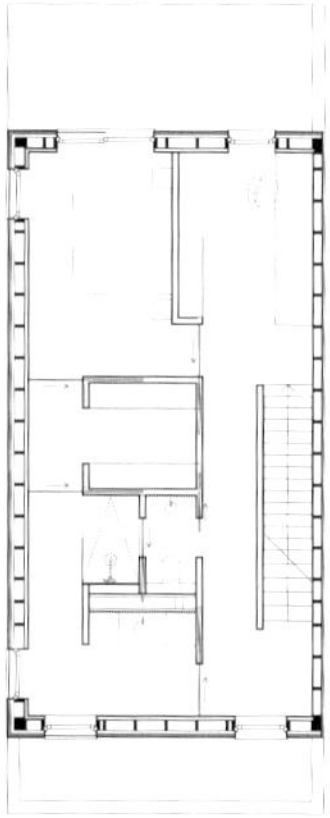
1. Obergeschoss

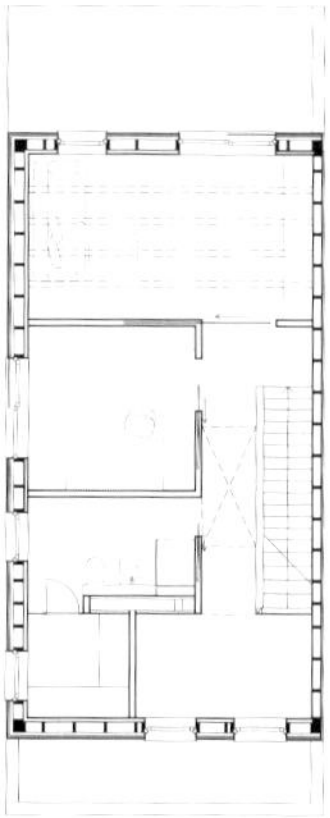
2. Obergeschoss

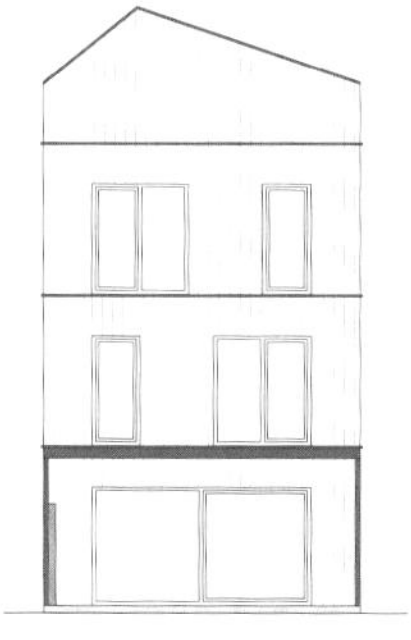
Ansicht Süd

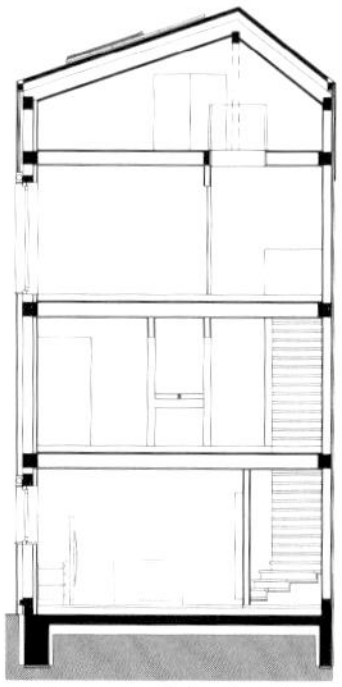
Schnitt A-A

Objektbeschreibung

Allgemeine Objektinformationen

Im Entwurfsprozess war es den Bauherren zu jedem Zeitpunkt wichtig, sich in die Abstimmungsprozesse auf allen Ebenen einbringen zu können, um mit einem auf ihre Bedürfnisse zugeschnittenen Haus Teil des sich dynamisch entwickelnden Stadtquartiers zu werden.

Nutzung

1 Erdgeschoss
Wohn-, Koch- und Essbereich, WC, Abstellraum, Hausanschlussraum

2 Obergeschosse
Schlafraum, Ankleide, Dusche, WC, Bäder, Arbeiten, Gästezimmer, Büro, Sauna, Ruheraum

Nutzeinheiten

Wohneinheiten: 1
Wohnfläche: 178 m^2

Grundstück

Bauraum: Freier Bauraum
Neigung: Ebenes Gelände
Bodenklasse: BK 1 bis BK 3

Markt

Hauptvergabezeit: 4. Quartal 2020
Baubeginn: 1. Quartal 2021
Bauende: 4. Quartal 2021
Konjunkturelle Gesamtlage: Durchschnitt
Regionaler Baumarkt: über Durchschnitt

Baukonstruktion

Die vorgefertigte Holzbauweise ermöglichte innerhalb kürzester Zeit die Realisierung eines klimafreundlichen Wohnhauses. Die Außenwände sind mit einem Holzständerwerk mit Einblasdämmung ausgeführt. Unterseitig sind die tragenden Holzmassivdecken in Sichtqualität hergestellt. Der in allen Bereichen durchgängig verlaufende, geschliffene Estrich sorgt für eine fugenlose Bodenoberfläche. Die Holz-Alufenster mit Dreifachverglasung sind auf einen hohen Wärme- und Schallschutz ausgelegt.

Technische Anlagen

Die Wärmeversorgung für Heizung und Warmwasser erfolgt über den Anschluss an ein Quartierswärmenetz. Innerhalb des Hauses sorgt eine Fußbodenheizung für die gleichmäßige Verteilung der Wärme. Der ausgeführte Estrich mit Sichtqualität bietet dabei eine Wärmespeichermasse im Holzbau. Der optimale Luftaustausch kann über die zentrale Lüftungsanlage mit Wärmerückgewinnung gesteuert werden. Über die Photovoltaikanlage auf dem Dach und zugehörige Speichereinheiten erfolgt eine nachhaltige Stromversorgung.

Sonstiges

Durch die Vergabe der Bauleistungen an einen Generalunternehmer konnte der hohe Vorfertigungsgrad sowie eine kurze und witterungsunabhängige Bauzeit sichergestellt werden. Auch konnte die Planung der Baukosten über eine frühzeitige Einbindung des Unternehmens im Entwurfsprozess sichergestellt werden.

Energetische Kennwerte

Gesetzliche Grundlage: EnEV 2013
Gebäudenutzfläche: 263,50 m^2
Gebäudevolumen: 823,50 m^3
Hüllfläche des beheizten Volumens: 447,83 m^2
Spez. Transmissionswärmeverlust: 0,24 W/(m^2·K)
Spez. Jahresprimärenergiebedarf: 18,94 kWh/(m^2·a)

Planungskennwerte für Flächen und Rauminhalte nach DIN 277

Flächen des Grundstücks		Menge Einheit	% an GF
BF	Bebaute Fläche	88,00 m²	29,3
UF	Unbebaute Fläche	212,00 m²	70,7
GF	Grundstücksfläche	300,00 m²	100,0

Grundflächen des Bauwerks		Menge Einheit	% an NUF	% an BGF
NUF	Nutzungsfläche	190,56 m²	100,0	66,4
TF	Technikfläche	2,28 m²	1,2	0,8
VF	Verkehrsfläche	36,11 m²	18,9	12,6
NRF	Netto-Raumfläche	228,95 m²	120,1	79,8
KGF	Konstruktions-Grundfläche	58,02 m²	30,4	20,2
BGF	Brutto-Grundfläche	286,97 m²	150,6	100,0

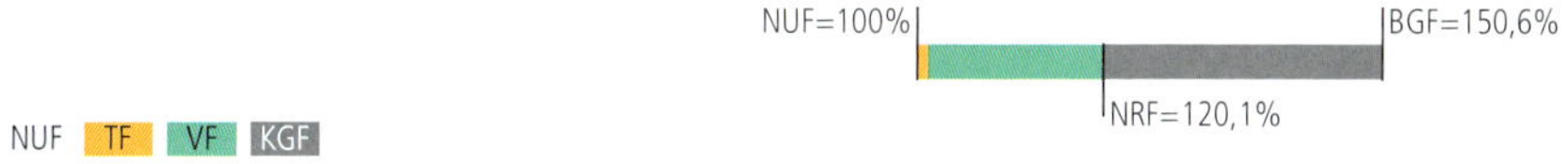

Brutto-Rauminhalt des Bauwerks		Menge Einheit	BRI/NUF (m)	BRI/BGF (m)
BRI	Brutto-Rauminhalt	970,00 m³	5,09	3,38

Kostenkennwerte für die Kostengruppen der 1. Ebene DIN 276

KG	Kostengruppen (1. Ebene)	Einheit	Kosten €	€/Einheit	€/m² BGF	€/m³ BRI	% 300+400
100	Grundstück	m² GF	–	–	–	–	–
200	Vorbereitende Maßnahmen	m² GF	–	–	–	–	–
300	Bauwerk – Baukonstruktionen	m² BGF	605.213	2.108,98	2.108,98	623,93	82,2
400	Bauwerk – Technische Anlagen	m² BGF	130.810	455,83	455,83	134,86	17,8
	Bauwerk 300+400	**m² BGF**	**736.022**	**2.564,81**	**2.564,81**	**758,79**	**100,0**
500	Außenanlagen und Freiflächen	m² AF	–	–	–	–	–
600	Ausstattung und Kunstwerke	m² BGF	–	–	–	–	–
700	Baunebenkosten	m² BGF	–	–	–	–	–
800	Finanzierung	m² BGF	–	–	–	–	–

KG	Kostengruppe	Menge Einheit	Kosten €	€/Einheit	%
3+4	**Bauwerk**				**100,0**
300	**Bauwerk – Baukonstruktionen**	286,97 m² BGF	605.213	**2.108,98**	82,2

Baugrubenaushub; Bodenaustausch, Baugrundverbesserung, Stb-Fundamente, Stb-Bodenplatte, WU-Beton, geschliffener Heizestrich, Abdichtung, Sauberkeitsschicht, Perimeterdämmung; Holzrahmenbauwände, Brandwand, Gipsfaserplatten, Holz-Alufenster, Dreifachverglasung, Holzfaser-Dämmplatten, Einblasdämmung, hinterlüftete Holzfassade, Gipsfaser-Bekleidung, Rollladenkästen; GK-Wände, teilw. Schiebetüren, fugenlose Wandbekleidung; mehrschichtige Massivholz-Balkendecke, unterseitig Sichtqualität, Holztreppen, geschliffener Heizestrich, Gipsfaserbekleidung; Holzbalkendach, Dachfenster, Holzfaser-Dämmplatten, Dachziegel, innenliegende Dachentwässerung, Gipsfaser-Bekleidung, Flachdach-Eingangsüberdachung

KG	Kostengruppe	Menge Einheit	Kosten €	€/Einheit	%
400	**Bauwerk – Technische Anlagen**	286,97 m² BGF	130.810	**455,83**	17,8

Gebäudeentwässerung, Kalt- und Warmwasserleitungen, Sanitärobjekte; Nahwärmeversorgung, Fußbodenheizung; kontrollierte Be- und Entlüftung mit Wärmerückgewinnung; Elektroinstallation, PV-Anlage (30m²), Beleuchtung, Stromspeicher; Musikanlage, Fernseh-, Antennenanlagen; Rauchmelder

Mehrfamilienhäuser

8

Kostenkennwerte für die Kosten des Bauwerks (Kostengruppen 300+400 nach DIN 276)

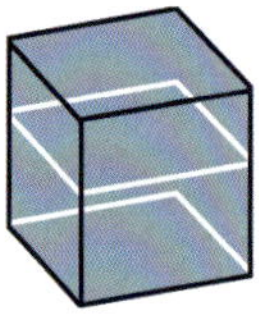

BRI 735 €/m³
von 560 €/m³
bis 905 €/m³

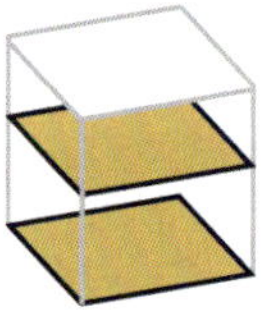

BGF 2.280 €/m²
von 1.790 €/m²
bis 2.830 €/m²

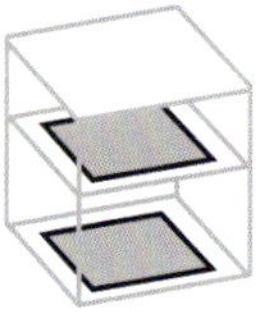

NUF 3.475 €/m²
von 2.715 €/m²
bis 4.395 €/m²

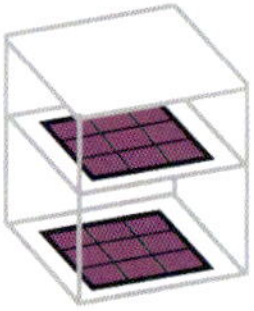

NE 3.810 €/NE
von 2.930 €/NE
bis 4.850 €/NE
NE: Wohnfläche

Objektbeispiele

Kosten:
Stand 2. Quartal 2024
Bundesdurchschnitt
inkl. 19% MwSt.

6100-1669

6100-1651

6100-1649

Kosten der 25 Vergleichsobjekte

Seiten 454 bis 517

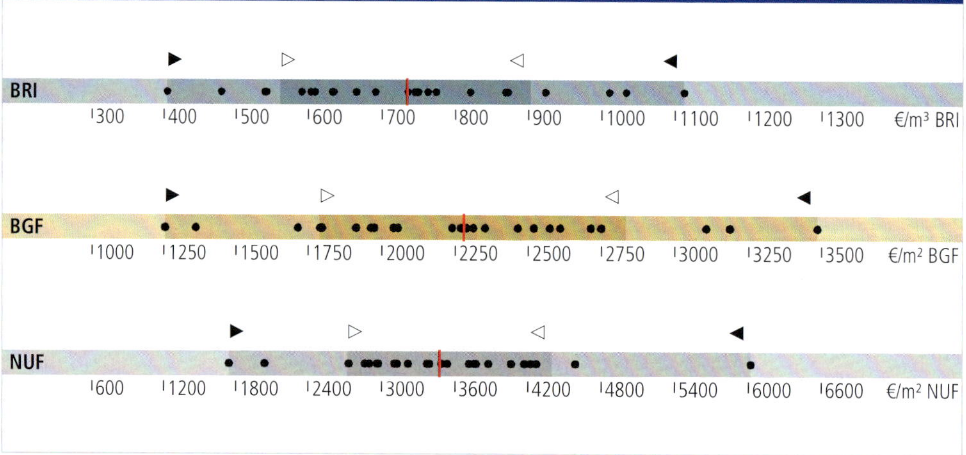

- ● KKW
- ▶ min
- ▷ von
- | Mittelwert
- ◁ bis
- ◀ max

Kostenkennwerte für die Kostengruppen der 1. und 2.Ebene DIN 276

KG	Kostengruppen der 1. Ebene	Einheit	▷	€/Einheit	◁	▷	% an 300+400	◁
100	Grundstück	m² GF	–	**–**	–	–	**–**	–
200	Vorbereitende Maßnahmen	m² GF	42	**83**	273	1,6	**3,0**	4,8
300	Bauwerk – Baukonstruktionen	m² BGF	1.417	**1.810**	2.259	75,4	**79,5**	84,1
400	Bauwerk – Technische Anlagen	m² BGF	320	**470**	622	15,9	**20,5**	24,6
	Bauwerk 300+400	m² BGF	1.788	**2.280**	2.832	100,0	**100,0**	100,0
500	Außenanlagen und Freiflächen	m² AF	115	**345**	646	2,8	**4,7**	7,1
600	Ausstattung und Kunstwerke	m² BGF	9	**44**	148	0,3	**1,6**	4,2
700	Baunebenkosten*	m² BGF	417	**465**	513	18,5	**20,7**	22,8 ◁
800	Finanzierung	m² BGF	–	**–**	–	–	**–**	–

* Auf Grundlage der HOAI 2021 berechnete Werte nach §§ 35, 52, 56. Weitere Informationen siehe Seite 32

KG	Kostengruppen der 2. Ebene	Einheit	▷	€/Einheit	◁	▷	% an 1. Ebene	◁
310	Baugrube / Erdbau	m³ BGI	31	**57**	77	1,5	**1,9**	2,3
320	Gründung, Unterbau	m² GRF	396	**473**	606	7,4	**9,1**	11,4
330	Außenwände / vertikal außen	m² AWF	433	**601**	734	25,5	**31,9**	37,0
340	Innenwände / vertikal innen	m² IWF	187	**260**	317	14,0	**16,5**	18,7
350	Decken / horizontal	m² DEF	469	**536**	640	21,2	**24,3**	27,2
360	Dächer	m² DAF	369	**536**	778	9,3	**11,3**	13,5
370	Infrastrukturanlagen		–	**–**	–	–	**–**	–
380	Baukonstruktive Einbauten	m² BGF	4	**19**	49	0,1	**0,7**	3,0
390	Sonst. Maßnahmen für Baukonst.	m² BGF	35	**64**	107	2,2	**4,2**	5,8
300	**Bauwerk – Baukonstruktionen**	**m² BGF**					**100,0**	
410	Abwasser-, Wasser-, Gasanlagen	m² BGF	62	**93**	133	18,7	**25,9**	33,6
420	Wärmeversorgungsanlagen	m² BGF	69	**98**	197	15,1	**27,9**	35,6
430	Raumlufttechnische Anlagen	m² BGF	11	**41**	90	3,7	**9,2**	17,4
440	Elektrische Anlagen	m² BGF	57	**124**	186	26,6	**31,4**	38,2
450	Kommunikationstechnische Anlagen	m² BGF	10	**15**	20	3,5	**4,1**	4,5
460	Förderanlagen	m² BGF	–	**42**	–	0,0	**1,4**	7,0
470	Nutzungsspez. / verfahrenstech. Anl.	m² BGF	–	**< 1**	–	0,0	**< 0,1**	0,1
480	Gebäude- und Anlagenautomation	m² BGF	–	**–**	–	–	**–**	–
490	Sonst. Maßnahmen f. techn. Anl.	m² BGF	–	**2**	–	0,0	**< 0,1**	0,3
400	**Bauwerk – Technische Anlagen**	**m² BGF**					**100,0**	

Prozentanteile der Kosten 2.Ebene an den Kosten des Bauwerks nach DIN 276 (Von/Mittel/Bis)

KG	Kostengruppe	Mittel
310	Baugrube / Erdbau	1,5
320	Gründung, Unterbau	7,3
330	Außenwände / vertikal außen	25,5
340	Innenwände / vertikal innen	13,1
350	Decken / horizontal	19,4
360	Dächer	9,1
370	Infrastrukturanlagen	
380	Baukonstruktive Einbauten	0,5
390	Sonst. Maßnahmen für Baukonst.	3,3
410	Abwasser-, Wasser-, Gasanlagen	5,1
420	Wärmeversorgungsanlagen	5,4
430	Raumlufttechnische Anlagen	2,0
440	Elektrische Anlagen	6,4
450	Kommunikationstechnische Anlagen	0,8
460	Förderanlagen	0,4
470	Nutzungsspez. / verfahrenstech. Anl.	< 0,1
480	Gebäude- und Anlagenautomation	
490	Sonst. Maßnahmen f. techn. Anl.	< 0,1

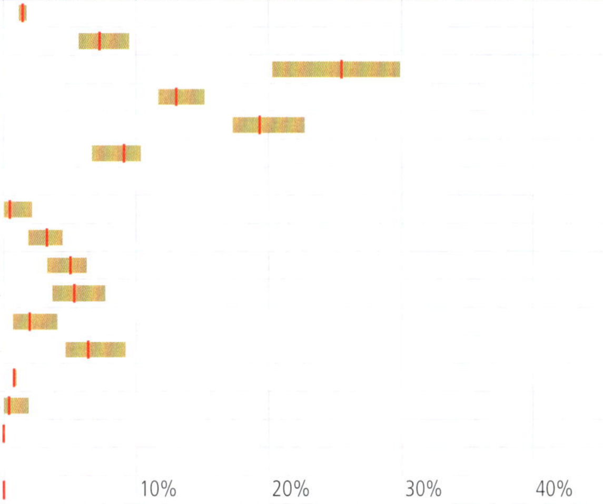

Prozentanteile der Kosten für Leistungsbereiche nach STLB (Kosten Bauwerk nach DIN 276)

LB	Leistungsbereiche	▷	% an 300+400	◁
000	Sicherheits-, Baustelleneinrichtungen inkl. 001	1,9	**2,8**	4,3
002	Erdarbeiten	1,3	**1,8**	2,3
006	Spezialtiefbauarbeiten inkl. 005	< 0,1	**0,3**	0,8
009	Entwässerungskanalarbeiten inkl. 011	< 0,1	**0,1**	0,7
010	Drän- und Versickerarbeiten	0,0	**0,5**	0,8
012	Mauerarbeiten	0,1	**1,4**	6,7
013	Betonarbeiten	8,0	**13,0**	16,5
014	Natur-, Betonwerksteinarbeiten	–	**–**	–
016	Zimmer- und Holzbauarbeiten	8,5	**16,6**	30,4
017	Stahlbauarbeiten	< 0,1	**0,5**	2,1
018	Abdichtungsarbeiten	0,2	**0,9**	2,1
020	Dachdeckungsarbeiten	0,0	**0,5**	1,4
021	Dachabdichtungsarbeiten	0,0	**2,2**	3,7
022	Klempnerarbeiten	0,7	**1,3**	2,3
	Rohbau	34,7	**41,9**	53,7
023	Putz- und Stuckarbeiten, Wärmedämmsysteme	0,4	**1,4**	2,7
024	Fliesen- und Plattenarbeiten	1,7	**2,2**	3,1
025	Estricharbeiten	1,9	**2,3**	2,8
026	Fenster, Außentüren inkl. 029, 032	1,8	**5,6**	7,7
027	Tischlerarbeiten	2,6	**5,3**	13,5
028	Parkettarbeiten, Holzpflasterarbeiten	1,4	**2,7**	3,1
030	Rollladenarbeiten	0,2	**0,8**	1,6
031	Metallbauarbeiten inkl. 035	1,1	**3,0**	5,9
034	Maler- und Lackiererarbeiten inkl. 037	1,7	**3,4**	4,7
036	Bodenbelagarbeiten	0,0	**0,2**	0,6
038	Vorgehängte hinterlüftete Fassaden	0,5	**2,9**	6,6
039	Trockenbauarbeiten	5,3	**7,3**	10,1
	Ausbau	26,6	**37,2**	43,1
040	Wärmeversorgungsanl. - Betriebseinr. inkl. 041	3,4	**5,0**	7,3
042	Gas- und Wasserinstallation, Leitungen inkl. 043	1,2	**2,1**	3,3
044	Abwasseranlagen - Leitungen	0,8	**1,0**	1,4
045	GWE-Einrichtungsgegenstände inkl. 046	0,9	**1,8**	2,4
047	Dämmarbeiten an betriebstechnischen Anlagen	0,6	**1,0**	1,2
049	Feuerlöschanlagen, Feuerlöschgeräte	0,0	**< 0,1**	< 0,1
050	Blitzschutz- und Erdungsanlagen	0,2	**0,2**	0,3
052	Mittelspannungsanlagen	–	**–**	–
053	Niederspannungsanlagen inkl. 054	4,4	**6,2**	9,4
055	Sicherheits- u. Ersatzstromversorgungsanl.	–	**–**	–
057	Gebäudesystemtechnik	–	**–**	–
058	Leuchten und Lampen inkl. 059	< 0,1	**0,3**	0,5
060	Sprechanlagen, elektroakust. Anlagen inkl. 064	0,1	**0,2**	0,4
061	Kommunikationsnetze inkl. 062	0,2	**0,4**	0,7
063	Gefahrenmeldeanlagen	0,0	**< 0,1**	< 0,1
069	Aufzüge	0,0	**0,4**	1,9
070	Gebäudeautomation	0,0	**< 0,1**	< 0,1
075	Raumlufttechnische Anlagen inkl. 078	0,7	**2,0**	4,2
	Gebäudetechnik	16,6	**20,6**	27,6
	Sonstige Leistungsbereiche inkl. 008, 033, 051	< 0,1	**0,2**	0,5

(Balkendiagramm-Skala: 7,5% – 15% – 22,5% – 30%)

Kosten:
Stand 2. Quartal 2024
Bundesdurchschnitt
inkl. 19% MwSt.

- ● KKW
- ▶ min
- ▷ von
- | Mittelwert
- ◁ bis
- ◀ max

 Erläuterungen zu den Tabellen siehe Seite 34

Planungskennwerte für Flächen und Rauminhalte nach DIN 277

Grundflächen		▷	Fläche/NUF (%)	◁	▷	Fläche/BGF (%)	◁
NUF	Nutzungsfläche	100,0	**100,0**	100,0	62,0	**66,1**	70,6
TF	Technikfläche	2,4	**2,9**	4,2	1,6	**1,9**	2,9
VF	Verkehrsfläche	17,9	**24,1**	34,4	11,6	**15,3**	20,0
NRF	Netto-Raumfläche	121,6	**127,1**	137,0	81,6	**83,3**	85,0
KGF	Konstruktions-Grundfläche	22,3	**25,7**	29,6	15,0	**16,7**	18,4
BGF	Brutto-Grundfläche	144,1	**152,8**	162,3	100,0	**100,0**	100,0

Brutto-Rauminhalte		▷	BRI/NUF (m)	◁	▷	BRI/BGF (m)	◁
BRI	Brutto-Rauminhalt	4,50	**4,76**	5,16	3,01	**3,11**	3,29

Flächen von Nutzeinheiten	▷	NUF/Einheit (m²)	◁	▷	BGF/Einheit (m²)	◁
Nutzeinheit: Wohnfläche	1,10	**1,20**	1,42	1,68	**1,83**	2,38

Lufttechnisch behandelte Flächen	▷	Fläche/NUF (%)	◁	▷	Fläche/BGF (%)	◁
Entlüftete Fläche	39,5	**39,5**	39,5	27,8	**27,8**	27,8
Be- und entlüftete Fläche	86,8	**86,8**	86,8	52,9	**52,9**	52,9
Teilklimatisierte Fläche	–	**–**	–	–	**–**	–
Klimatisierte Fläche	–	**–**	–	–	**–**	–

KG	Kostengruppen (2. Ebene)	Einheit	▷	Menge/NUF	◁	▷	Menge/BGF	◁
310	Baugrube / Erdbau	m³ BGI	0,68	**0,85**	1,14	0,47	**0,56**	0,71
320	Gründung, Unterbau	m² GRF	0,33	**0,42**	0,46	0,22	**0,28**	0,31
330	Außenwände / vertikal außen	m² AWF	1,04	**1,15**	1,26	0,71	**0,77**	0,80
340	Innenwände / vertikal innen	m² IWF	1,26	**1,36**	1,40	0,82	**0,93**	0,99
350	Decken / horizontal	m² DEF	0,92	**0,94**	1,00	0,63	**0,64**	0,68
360	Dächer	m² DAF	0,39	**0,48**	0,52	0,27	**0,32**	0,33
370	Infrastrukturanlagen		–	**–**	–	–	**–**	–
380	Baukonstruktive Einbauten	m² BGF	1,44	**1,53**	1,62	1,00	**1,00**	1,00
390	Sonst. Maßnahmen für Baukonst.	m² BGF	1,44	**1,53**	1,62	1,00	**1,00**	1,00
300	**Bauwerk – Baukonstruktionen**	**m² BGF**	1,44	**1,53**	1,62	1,00	**1,00**	1,00

Planungskennwerte für Bauzeiten — 25 Vergleichsobjekte

Bauzeit in Wochen

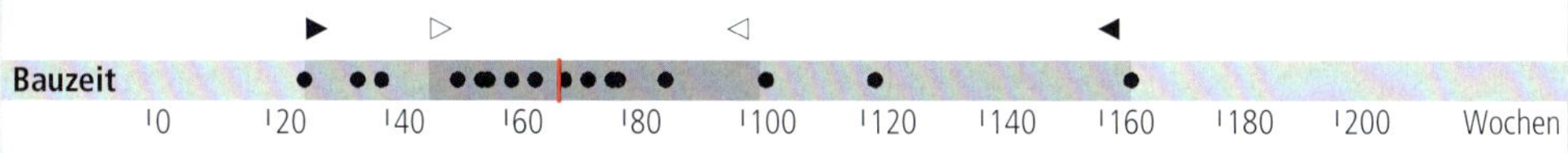

Objektübersicht zur Gebäudeart

6100-0522 Mehrfamilienhaus (4 WE), Carport*

RICHTER I ARCHITEKTUR
Bad Brückenau

6100-1186 Mehrfamilienhaus (9 WE)
- Effizienzhaus Plus*

Martin Wamsler Freier Architekt BDA Dipl.-Ing. (FH)
Friedrichshafen

6100-1241 Mehrfamilienhaus (6 WE), TG
- Effizienzhaus 85*

Roswag Architekten GvAmbH
Berlin

6100-1243 Mehrfamilienhaus (5 WE) - Effizienzhaus 55*

Architekturbüro Rolf Keck, Dipl.-Ing. (FH)
Heidenheim

6100-1284 Mehrfamilienhaus (3 WE) - Effizienzhaus 70*

Studio für Architektur Bernd Vordermeier
Ortenburg

6100-1336 Mehrfamilienhäuser (37 WE)
- Effizienzhaus ~38%*

Deppisch Architekten GmbH
Freising

* Diese Objekte wurden zur Bildung der statistischen Werte herangezogen und sind nicht als Einzelobjekt in diesem Band veröffentlicht.

© Inke von Dobro-Wolski

6100-1484 Mehrfamilienhaus (3 WE)*

Inke von Dobro-Wolski Dipl. Ing. Architektin
Stedesand

© Andreas Friedel

6100-1532 Mehrfamilienhäuser (2 Gebäude, 23 WE)*

Praeger Richter Architekten BDA
Berlin

© Erich Malter

6100-1560 Mehrfamilienhaus (16 WE)*

wbg Nürnberg GmbH Immobilienunternehmen
Nürnberg

© Constanze Prause-Bergner

6100-1561 Mehrfamilienhaus (7 WE) - Effizienzhaus ~21%*

Architekturbüro Constanze Prause-Bergner
Remptendorf

© dietzsch & weber architekten bda

6100-1573 Wohnanlage (96 WE), TG (77 STP)*

dietzsch & weber architekten bda
Halle (Saale)

© Simon Kramer

6100-1582 Mehrfamilienhaus (17 WE)
- Effizienzhaus ~35%*

raumstation Architekten GmbH
Starnberg

* Diese Objekte wurden zur Bildung der statistischen Werte herangezogen und sind nicht als Einzelobjekt in diesem Band veröffentlicht.

Objektübersicht zur Gebäudeart

6100-1583 Mehrfamilienhäuser (5 Gebäude, 30 WE)*

A.ONE STUDIO GmbH
Hamburg

6100-1587 Mehrfamilienhaus (9 WE)*

Plan-R-Architektenbüro Martin Brüdigam
Hamburg

6100-1590 Mehrfamilienhaus (8 WE)*

sunder plaßmann . noll plan+bau gmbh
Kassel

6100-1593 Mehrfamilienhaus (3 WE)

bonfanti ARCHITEKTEN Anke und Ralph Bonfanti
Wiehl-Weiershagen

6100-1600 Mehrfamilienhäuser (2 Gebäude, 18 WE)*

Auernhammer Wohlrab Architektur Architekten und
Stadtplaner PartGmbB, München

6100-1612 Mehrfamilienhaus (33 WE), TG (42 STP)

Bayerische Staatsforsten AöR Thomas Feigl &
Lisa Schex, Regensburg

* Diese Objekte wurden zur Bildung der statistischen Werte herangezogen und sind nicht als Einzelobjekt in diesem Band veröffentlicht.

© Klaus Walter

6100-1634 Mehrfamilienhäuser (2 Gebäude, 11 WE)*

Neustadtarchitekten
Hamburg

© SWP GmbH

6100-1635 Mehrfamilienhaus (24 WE), Sozialzentrum

Matthias Wegner, Potsdam und SWP schäferwenningerprojekt GmbH, Berlin

© Norbert Miguletz

6100-1649 Mehrfamilienhaus (31 WE), Gewerbe (3 GE)

Wandel Lorch Götze Wach GmbH
Frankfurt am Main

© tafkaoo architects GmbH

6100-1650 Mehrfamilienhaus (42 WE)

tafkaoo architects GmbH
Berlin

© Matthias Baumgartner

6100-1651 Mehrfamilienhaus (3 WE), Praxis

brack architekten
Kempten

© Katharina Wagner

6100-1657 Studierendenappartements (11 WE)

HfM Architektur + Energiedesign
Fulda

* Diese Objekte wurden zur Bildung der statistischen Werte herangezogen und sind nicht als Einzelobjekt in diesem Band veröffentlicht.

Objektübersicht zur Gebäudeart

6100-1669 Mehrfamilienhäuser (2 Gebäude, 18 WE, 2 GE)

IFUB GmbH
Berlin

6100-1593
Mehrfamilienhaus
(3 WE)

Objektübersicht

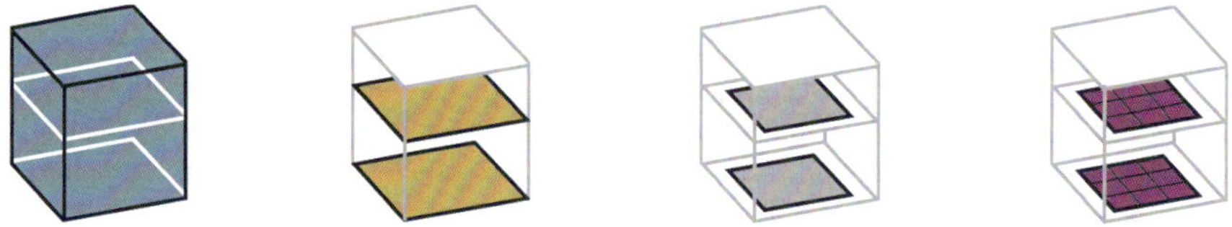

BRI 632 €/m³ **BGF** 1.961 €/m² **NUF** 3.215 €/m² **NE** 3.667 €/NE

NE: Wohnfläche

Objekt:
Kennwerte: 3.Ebene DIN 276
BRI: 1.754 m³
BGF: 565 m²
NUF: 345 m²
Bauzeit: 57 Wochen
Bauende: 2021
Standard: über Durchschnitt
Bundesland: Nordrhein-Westfalen
Kreis: Oberbergischer Kreis

Architekt*in:
bonfanti ARCHITEKTEN
Anke und Ralph Bonfanti
Im Ohler Garten 2a
51674 Wiehl-Weiershagen

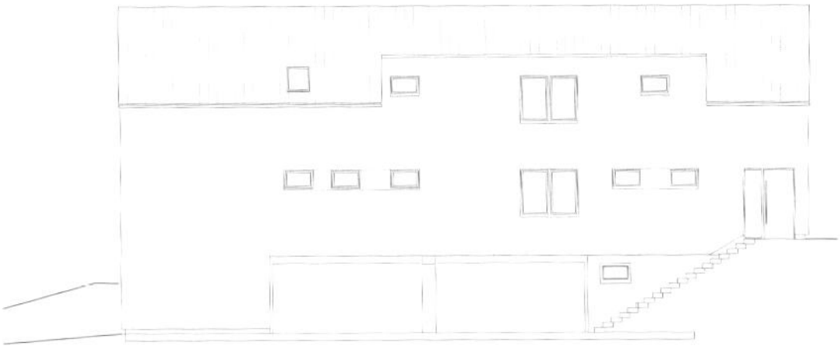

Ansicht Ost

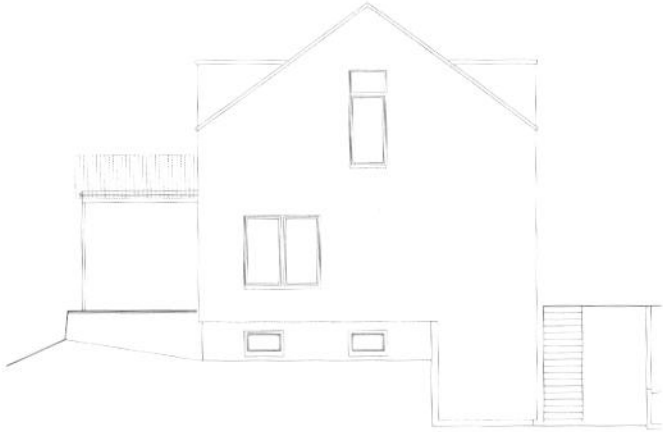

Ansicht Süd

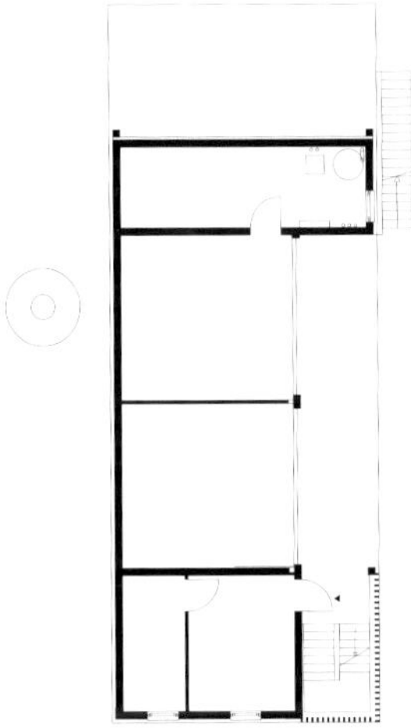

Untergeschoss

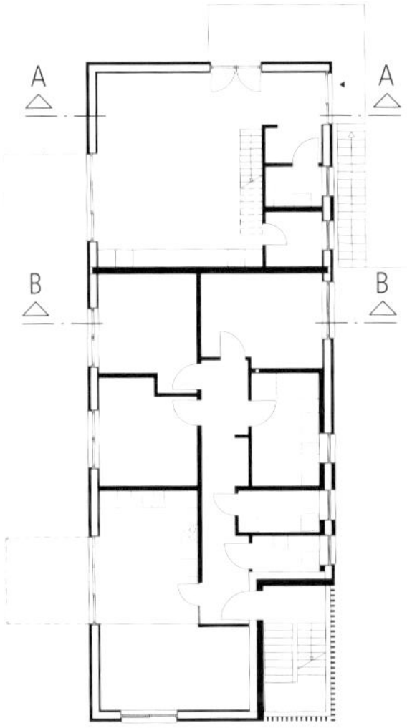

Erdgeschoss

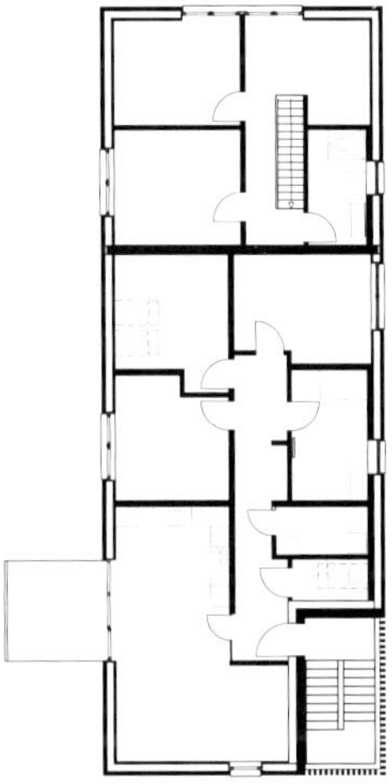

Dachgeschoss

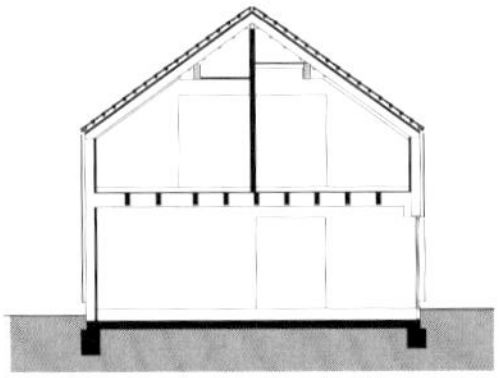

Schnitt A-A

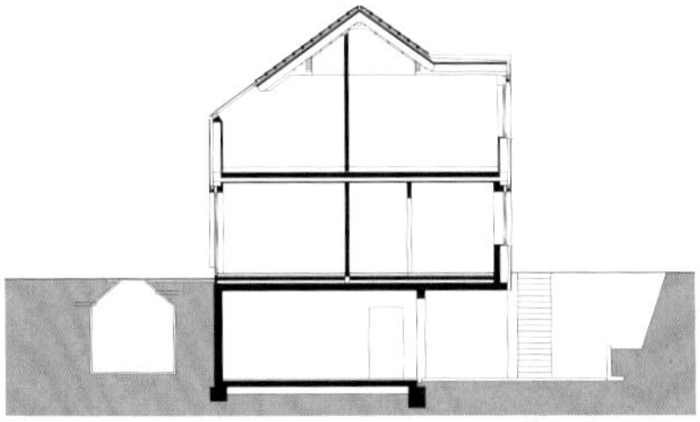

Schnitt B-B

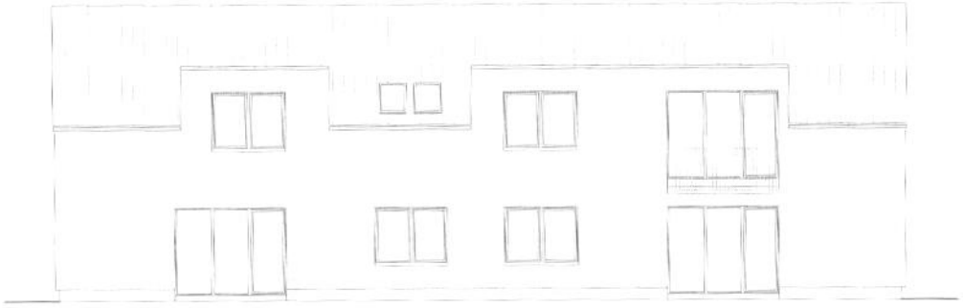

Ansicht West

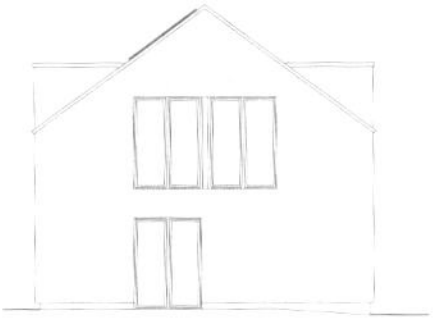

Ansicht Nord

Objektbeschreibung

Allgemeine Objektinformationen

Auf dem Grundstück stand ein Wohnhaus, welches abgebrochen wurde. Das Grundstück wurde im Anschluss so geteilt, dass baurechtlich die Erstellung eines Einfamilienhauses und eines Zweifamilienhauses möglich war. Das eigengenutzte Einfamilienhaus wird von der Bauherrschaft selbst bewohnt und ist als Maisonettewohnung konzipiert. Die beiden anderen Wohnungen sind vermietet.

Nutzung

1 Untergeschoss
Garagen, Technik, Müllraum, Fahrradraum, Außentreppe

1 Erdgeschoss
Wohnräume, Küchen, Bäder, WCs, Flur, Außentreppe, Terrassen

1 Obergeschoss
Wohnräume, Küche, Bäder, WCs, Flur, Außentreppe, Balkon

Nutzeinheiten

Stellplätze: 4
Wohneinheiten: 3
Wohnfläche: 302 m²

Grundstück

Bauraum: Freier Bauraum
Neigung: Geneigtes Gelände
Bodenklasse: BK 3 bis BK 5

Markt

Hauptvergabezeit: 3. Quartal 2020
Baubeginn: 3. Quartal 2020
Bauende: 3. Quartal 2021
Konjunkturelle Gesamtlage: Durchschnitt
Regionaler Baumarkt: unter Durchschnitt

Baukonstruktion

Aus ökologischen und energetischen Gründen wurde eine Bebauung in Holzrahmenbauweise gewählt. Da das Haus am Hang steht wurde aus statischen Gründen das untere Geschoss in Betonbauweise erstellt. Die Wände der darüberliegenden Etagen sind in Holzrahmenbauweise errichtet. Die Gebäudetrennwand musste aus brandschutztechnischen Gründen betoniert werden. Die Fassaden sind mit einer hinterlüfteten, unregelmäßig breiten, senkrechten Holzschalung bekleidet. Die Alu-Kunststofffenster sind mit einer Dreifachverglasung ausgestattet. Die Böden wurden mit Parkett und Fliesen belegt.

Technische Anlagen

Für die Heizung wurde eine Sole-Wasser-Wärmepumpe eingebaut. Dazu waren 120m tiefe Erdsondenbohrungen notwendig. Außerdem erhielt jede Wohnung eine separate Wohnungslüftungsanlage mit Wärmerückgewinnung. Eine Photovoltaikanlage kam ebenfalls zur Ausführung.

Sonstiges

Bei dem Gebäude handelt es sich um ein KfW 40+ Haus gem. Förderrichtlinien.

Energetische Kennwerte

Gesetzliche Grundlage: EnEV 2013
Gebäudenutzfläche: 271,50 m²
Spez. Transmissionswärmeverlust: 0,20 W/(m²·K)
Spez. Jahresprimärenergiebedarf: 18,20 kWh/(m²·a)
Spez. Jahresendenergiebedarf: 10,10 kWh/(m²·a)
CO_2-Emissionen: 6,90 kg/(m²·a)

Planungskennwerte für Flächen und Rauminhalte nach DIN 277

Flächen des Grundstücks		Menge Einheit	% an GF
BF	Bebaute Fläche	204,95 m²	21,5
UF	Unbebaute Fläche	748,05 m²	78,5
GF	Grundstücksfläche	953,00 m²	100,0

Grundflächen des Bauwerks		Menge Einheit	% an NUF	% an BGF
NUF	Nutzungsfläche	344,80 m²	100,0	61,0
TF	Technikfläche	21,12 m²	6,1	3,7
VF	Verkehrsfläche	82,35 m²	23,9	14,6
NRF	Netto-Raumfläche	448,27 m²	130,0	79,3
KGF	Konstruktions-Grundfläche	117,19 m²	34,0	20,7
BGF	Brutto-Grundfläche	565,46 m²	164,0	100,0

Brutto-Rauminhalt des Bauwerks		Menge Einheit	BRI/NUF (m)	BRI/BGF (m)
BRI	Brutto-Rauminhalt	1.754,30 m³	5,09	3,10

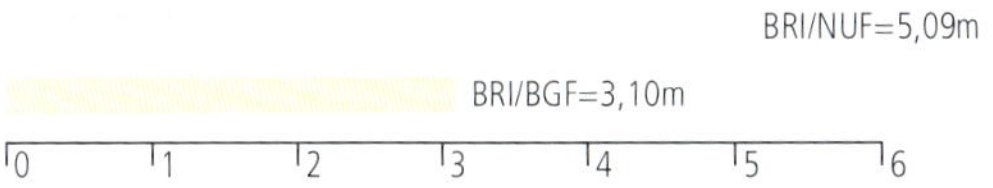

Lufttechnisch behandelte Flächen	Menge Einheit	% an NUF	% an BGF
Entlüftete Fläche	–	–	–
Be- und entlüftete Fläche	299,30 m²	86,8	52,9
Teilklimatisierte Fläche	–	–	–
Klimatisierte Fläche	–	–	–

KG	Kostengruppen (2. Ebene)	Menge Einheit	Menge/NUF	Menge/BGF
310	Baugrube / Erdbau	554,44 m³ BGI	1,61	0,98
320	Gründung, Unterbau	173,48 m² GRF	0,50	0,31
330	Außenwände/Vertikale Baukonstruktionen, außen	548,43 m² AWF	1,59	0,97
340	Innenwände/Vertikale Baukonstruktionen, innen	502,71 m² IWF	1,46	0,89
350	Decken/Horizontale Baukonstruktionen	367,86 m² DEF	1,07	0,65
360	Dächer	234,16 m² DAF	0,68	0,41

Kostenkennwerte für die Kostengruppen der 1. Ebene DIN 276

KG	Kostengruppen (1. Ebene)	Einheit	Kosten €	€/Einheit	€/m² BGF	€/m³ BRI	% 300+400
100	Grundstück	m² GF	–	–	–	–	–
200	Vorbereitende Maßnahmen	m² GF	52.004	54,57	91,97	29,64	4,7
300	Bauwerk – Baukonstruktionen	m² BGF	901.789	1.594,79	1.594,79	514,04	81,3
400	Bauwerk – Technische Anlagen	m² BGF	206.840	365,79	365,79	117,90	18,7
	Bauwerk 300+400	**m² BGF**	**1.108.629**	**1.960,58**	**1.960,58**	**631,95**	**100,0**
500	Außenanlagen und Freiflächen	m² AF	35.596	–	62,95	20,29	3,2
600	Ausstattung und Kunstwerke	m² BGF	3.058	5,41	5,41	1,74	0,3
700	Baunebenkosten	m² BGF	–	–	–	–	–
800	Finanzierung	m² BGF	–	–	–	–	–

KG	Kostengruppe	Menge Einheit	Kosten €	€/Einheit	%
200	**Vorbereitende Maßnahmen**	953,00 m² GF	52.004	**54,57**	4,7
	Abbruch von Wohngebäude; Oberboden abtragen, abräumen von Sträuchern				
3+4	**Bauwerk**				**100,0**
300	**Bauwerk – Baukonstruktionen**	565,46 m² BGF	901.789	**1.594,79**	81,3
	Baugrubenaushub; Stb-Fundamenten, Stb-Bodenplatte, Abdichtung, Estrich, Epoxidharzbeschichtung, Sauberkeitsschicht, Dränage; Stb-Wände, Holzrahmenwände, Stb-Stützen, KS-Mauerwerkspfeiler, Alu-Kunststofffenster, Alu-Haustüren, Sektionaltore, Fassadenbekleidung: Lärchenholz, Faserzementplatten, Malervlies, Beschichtung, Calciumsilikatplatten, Alu-Raffstores; Stb-Wände, Holzrahmenwände, KS-Mauerwerk, GK-Wände, Stahlstütze, Innentüren, GK-Vorsatzschalen, Wandfliesen; Stb-Elementdecken, Holzbalkendecken, Stb-Treppen, Stahlwangentreppe, Dämmung, Heizestrich, Parkett, Bodenfliesen, abgehängte Decken, Balkonanlage, Geländer; Holz-Satteldach mit Gauben, Dachflächenfenster, Holzfaserdämmung, Dachziegel, Dachentwässerung, Dämmung, GK-Platten				
400	**Bauwerk – Technische Anlagen**	565,46 m² BGF	206.840	**365,79**	18,7
	Gebäudeentwässerung, Kalt- und Warmwasserleitungen, Sanitärobjekte; Sole-Wasser-Wärmepumpe, Fußbodenheizung; zentrale Wohnungslüftungsanlagen mit WRG; PV-Anlage, Elektroinstallation, Beleuchtung, Erdung; Klingelanlagen, SAT-Anlage, EDV-Verkabelung				
500	**Außenanlagen und Freiflächen**	–	35.596	–	3,2
	Erdsondenbohrung für Wärmepumpe				
600	**Ausstattung und Kunstwerke**	565,46 m² BGF	3.058	**5,41**	0,3
	Duschabtrennungen				

Kostenkennwerte für die Kostengruppen der 2.Ebene DIN 276

KG	Kostengruppe	Menge Einheit	Kosten €	€/Einheit	%
200	**Vorbereitende Maßnahmen**				**100,0**
210	**Herrichten**	953,00 m² GF	52.004	**54,57**	100,0
	Abbruch von Wohngebäude (psch), Entsorgung, Deponiegebühren * Oberboden mit Bewuchs abtragen, lagern (200m²), abräumen von Sträuchern (50m²)				
300	**Bauwerk – Baukonstruktionen**				**100,0**
310	**Baugrube / Erdbau**	554,44 m³ BGI	20.220	**36,47**	2,2
	Baugrubenaushub, t bis 3,00m, lösen, lagern (350m³)				
320	**Gründung, Unterbau**	173,48 m² GRF	75.955	**437,83**	8,4
	Fundamentaushub, laden, entsorgen (33m³), Stb-Fundamente (30m³), Stb-Bodenplatte (173 m²) * Bitumenabdichtung (147m²), Zementestrich (46m²), Epoxidharzbeschichtung (114m²) * Sauberkeitsschicht, Recyclingmaterial (158m³) * PVC-Dränagerohre (30m), Kontrollschacht (1St), Dränkies (16m³)				
330	**Außenwände/Vert. Baukonstrukt., außen**	548,43 m² AWF	361.232	**658,66**	40,1
	Stb-Wände (202m²), Holzrahmenwände (244m²) * Stb-Stützen (6m), KS-Mauerwerkspfeiler (5m) * Alu-Kunststofffenster (70m²), Alu-Haustüren (10m²), Sektionaltore (23m²) * Fassadenbekleidung: senkrechte Lärchenholzprofile (262m²), offene Fassadenbekleidung (57m²), Fassadenbeschichtung (215m²), Sockelabdichtung (92m²), Sockelplatten (9m²), Faserzementplatten (17m²), HPL-Platten (10m²) * Malervlies (220m²), Dispersionsbeschichtung (340m²), Calciumsilikatplatten (49m²) * Alu-Raffstores (40m²) * Absturzsicherungen (4m²)				
340	**Innenwände/Vert. Baukonstrukt., innen**	502,71 m² IWF	119.796	**238,30**	13,3
	Stb-Wände (36m²), Holzrahmenwände, Holzfaserdämmung, OSB, GK-Beplankung (129m²) * KS-Mauerwerk (26m²), GK-Wände (153m²) * Stahlstütze (7m) * Holztüren (32m²), Stahltüren (3m²), Ganzglastüren (4m²) * Malervlies, Beschichtung (482m²), GK-Vorsatzschalen, Holzfaserdämmung, GK-Beplankung (35m²), GK-Platten (90m²), Wandfliesen (155m²)				
350	**Decken/Horizontale Baukonstruktionen**	367,86 m² DEF	182.786	**496,89**	20,3
	Stb-Elementdecken (153m²), Stb-Unterzüge (18m), Holzbalkendecken, OSB (183m²), Stb-Treppen (8m²), Stb-Podeste (13m²), Stahlwangentreppe (3m²) * Wärmedämmung (157m²), TSD (310m²), Heizestrich (310m²), Parkett (219m²), Bodenfliesen (70m²) * abgehängte Decken, Mineralwolldämmung, GK, Malervlies, Beschichtung (154m²) * Balkonanlage 3,00x3,04m, Stahlstützen (9m²) * Geländer, Holzhandlauf (9m), an Betontreppen (10m), Balkongeländer (9m)				
360	**Dächer**	234,16 m² DAF	115.533	**493,39**	12,8
	Holz-Satteldach mit Gauben (9m³), Stahlverbinder (544m) * Dachflächenfenster, Motorantriebe (3St), Rollläden (2St) * Holzfaserdämmung (233m²), Dachziegel (177m²), Traufe, Rinnen (47m), Abdichtung (54m²), Fallrohre (30m) * Holzfaserdämmplatten, GK-Platten, Malervlies, Dispersionsbeschichtung (216m²)				
390	**Sonst. Maßnahmen für Baukonstrukt.**	565,46 m² BGF	26.267	**46,45**	2,9
	Baustelleneinrichtung (3St), Baustellen-WC, Baustrom (6Mt), Schnurgerüst (psch) * Fassadengerüst (440m²), Konsolverbreiterungen (50m), Dachdeckerschutznetze (92m), Arbeitsschutzgerüste (1.040m²), Treppengerüst (psch) * Abdecken der Bodenflächen (128m²)				

KG	Kostengruppe	Menge Einheit	Kosten €	€/Einheit	%
400	**Bauwerk – Technische Anlagen**				**100,0**
410	**Abwasser-, Wasser-, Gasanlagen**	565,46 m² BGF	28.471	**50,35**	13,8
	KG-Rohre (6m), HT-Rohre (55m), Bodenablauf (1St) * Alu-Verbundrohre (238m), Zirkulationspumpe, Druckminderer (1St), WCs (6St), Handwaschbecken (6St), Badewannen (3St), Duschablaufrinnen (2St), Ausgussbecken (1St), Waschmaschinenanschlüsse (3St), Küchenanschluss (1St), Außenwasserhähne (2St) * Montageelemente (12St)				
420	**Wärmeversorgungsanlagen**	565,46 m² BGF	54.787	**96,89**	26,5
	Sole-Wasser-Wärmepumpe (1St), Wasseraufbereiter (1St), Schlammabscheider (1St), Ausdehnungsgefäß (1St) * Kupferrohre (90m), Fußbodenheizungsrohre (310m²), Heizkreisverteiler (4St), Stellantriebe (33St), Wärmemengenzähler (4St), Sicherheitsgruppe (1St), Unterputzventile (6St), Ventilblöcke (9St), Wasserzähler (2St)				
430	**Raumlufttechnische Anlagen**	565,46 m² BGF	35.408	**62,62**	17,1
	Zentrale Wohnungslüftungsanlagen mit WRG, Steuerung, Flachkanäle, Luftgitter, Ventile, Schalldämpfer (3St)				
440	**Elektrische Anlagen**	565,46 m² BGF	79.445	**140,50**	38,4
	PV-Anlage (1St) * Zählerschrank (1St), Unterverteiler (3St), FI-Schutzschalter (2St), FI/Automaten (14St), Erdkabel (140m), Mantelleitungen (127m), Schalter/Taster (47St), Steckdosen (170St), Raumthermostate (24St), Jalousienanschlüsse (12St), Deckenbrennstellen (12St), Stromkreiszuleitungen (36St), Verkabelung (psch) * Außenleuchten (3St) * Fundamenterder (63m), Anschlussfahnen (2St), Potenzialausgleichsschiene (1St)				
450	**Kommunikationstechnische Anlagen**	565,46 m² BGF	8.728	**15,44**	4,2
	Fernsehanschlussdosen (4St) * Klingelanlagen (3St) * SAT-Anlage (1St) * EDV-Anschlussdosen (21St)				
500	**Außenanlagen und Freiflächen**				**100,0**
550	**Technische Anlagen**	–	35.596	**–**	100,0
	Erdsondenbohrung für Wärmepumpe (1St)				
600	**Ausstattung und Kunstwerke**				**100,0**
610	**Allgemeine Ausstattung**	565,46 m² BGF	3.058	**5,41**	100,0
	Duschabtrennungen, feststehend, ESG, d=10mm (3St)				

Kostenkennwerte für die Kostengruppen 300 der 2. und 3. Ebene DIN 276 (Übersicht)

KG	Kostengruppe	Menge Einheit	€/Einheit	Kosten €	% an 3+4
300	**Bauwerk – Baukonstruktionen**	**565,46 m² BGF**	**1.594,79**	**901.788,99**	**81,3**
310	**Baugrube / Erdbau**	**554,44 m³ BGI**	**36,47**	**20.220,04**	**1,8**
311	Herstellung	554,44 m³ BGI	36,47	20.220,04	1,8
312	Umschließung	–	–	–	–
313	Wasserhaltung	–	–	–	–
314	Vortrieb	–	–	–	–
319	Sonstiges zur KG 310	–	–	–	–
320	**Gründung, Unterbau**	**173,48 m² GRF**	**437,83**	**75.954,86**	**6,9**
321	Baugrundverbesserung	–	–	–	–
322	Flachgründungen und Bodenplatten	173,48 m²	301,41	52.288,24	4,7
323	Tiefgründungen	–	–	–	–
324	Gründungsbeläge	147,21 m²	95,84	14.108,24	1,3
325	Abdichtungen und Bekleidungen	173,48 m²	38,04	6.599,94	0,6
326	Dränagen	173,48 m² GRF	17,05	2.958,44	0,3
329	Sonstiges zur KG 320	–	–	–	–
330	**Außenwände/Vert. Baukonstrukt., außen**	**548,43 m² AWF**	**658,66**	**361.231,50**	**32,6**
331	Tragende Außenwände	445,27 m²	248,47	110.635,40	10,0
332	Nichttragende Außenwände	–	–	–	–
333	Außenstützen	10,88 m	384,61	4.184,56	0,4
334	Außenwandöffnungen	103,16 m²	760,84	78.487,94	7,1
335	Außenwandbekleidungen, außen	445,82 m²	233,07	103.906,51	9,4
336	Außenwandbekleidungen, innen	339,08 m²	130,23	44.158,11	4,0
337	Element. Außenwandkonstruktionen	–	–	–	–
338	Lichtschutz zur KG 330	39,74 m²	397,16	15.783,13	1,4
339	Sonstiges zur KG 330	548,43 m² AWF	7,43	4.075,85	0,4
340	**Innenwände/Vert. Baukonstrukt., innen**	**502,71 m² IWF**	**238,30**	**119.796,20**	**10,8**
341	Tragende Innenwände	164,42 m²	188,83	31.047,09	2,8
342	Nichttragende Innenwände	178,50 m²	159,52	28.473,54	2,6
343	Innenstützen	7,20 m	26,97	194,15	< 0,1
344	Innenwandöffnungen	39,29 m²	650,15	25.544,46	2,3
345	Innenwandbekleidungen	836,91 m²	41,27	34.536,99	3,1
346	Elementierte Innenwandkonstruktionen	–	–	–	–
347	Lichtschutz zur KG 340	–	–	–	–
349	Sonstiges zur KG 340	–	–	–	–
350	**Decken/Horizontale Baukonstruktionen**	**367,86 m² DEF**	**496,89**	**182.786,09**	**16,5**
351	Deckenkonstruktionen	358,86 m²	216,63	77.739,59	7,0
352	Deckenöffnungen	–	–	–	–
353	Deckenbeläge	309,40 m²	184,38	57.048,61	5,1
354	Deckenbekleidungen	163,40 m²	170,90	27.924,64	2,5
355	Elementierte Deckenkonstruktionen	9,00 m²	907,28	8.165,52	0,7
359	Sonstiges zur KG 350	367,86 m² DEF	32,37	11.907,72	1,1
360	**Dächer**	**234,16 m² DAF**	**493,39**	**115.533,25**	**10,4**
361	Dachkonstruktionen	244,64 m²	62,31	15.244,30	1,4
362	Dachöffnungen	3,10 m²	3.233,74	10.024,59	0,9
363	Dachbeläge	231,06 m²	214,91	49.656,65	4,5
364	Dachbekleidungen	215,91 m²	188,08	40.607,71	3,7
365	Elementierte Dachkonstruktionen	–	–	–	–
366	Lichtschutz zur KG 360	–	–	–	–
369	Sonstiges zur KG 360	–	–	–	–
370	**Infrastrukturanlagen**	**–**	**–**	**–**	**–**
380	**Baukonstruktive Einbauten**	**–**	**–**	**–**	**–**
390	**Sonst. Maßnahmen für Baukonstrukt.**	**565,46 m² BGF**	**46,45**	**26.267,06**	**2,4**

Kostenkennwerte für die Kostengruppen 400 der 2. und 3. Ebene DIN 276 (Übersicht)

KG	Kostengruppe	Menge Einheit	€/Einheit	Kosten €	% an 3+4
400	**Bauwerk – Technische Anlagen**	**565,46 m² BGF**	**365,79**	**206.839,63**	**18,7**
410	**Abwasser-, Wasser-, Gasanlagen**	**565,46 m² BGF**	**50,35**	**28.471,24**	**2,6**
411	Abwasseranlagen	565,46 m² BGF	8,52	4.819,05	0,4
412	Wasseranlagen	565,46 m² BGF	34,02	19.237,87	1,7
413	Gasanlagen	–	–	–	–
419	Sonstiges zur KG 410	565,46 m² BGF	7,81	4.414,34	0,4
420	**Wärmeversorgungsanlagen**	**565,46 m² BGF**	**96,89**	**54.787,06**	**4,9**
421	Wärmeerzeugungsanlagen	565,46 m² BGF	52,16	29.493,91	2,7
422	Wärmeverteilnetze	565,46 m² BGF	44,73	25.293,15	2,3
423	Raumheizflächen	–	–	–	–
424	Verkehrsheizflächen	–	–	–	–
429	Sonstiges zur KG 420	–	–	–	–
430	**Raumlufttechnische Anlagen**	**565,46 m² BGF**	**62,62**	**35.407,70**	**3,2**
431	Lüftungsanlagen	565,46 m² BGF	62,62	35.407,70	3,2
432	Teilklimaanlagen	–	–	–	–
433	Klimaanlagen	–	–	–	–
434	Kälteanlagen	–	–	–	–
439	Sonstiges zur KG 430	–	–	–	–
440	**Elektrische Anlagen**	**565,46 m² BGF**	**140,50**	**79.445,44**	**7,2**
441	Hoch- und Mittelspannungsanlagen	–	–	–	–
442	Eigenstromversorgungsanlagen	565,46 m² BGF	51,62	29.189,27	2,6
443	Niederspannungsschaltanlagen	–	–	–	–
444	Niederspannungsinstallationsanlagen	565,46 m² BGF	82,29	46.531,33	4,2
445	Beleuchtungsanlagen	565,46 m² BGF	1,36	771,46	< 0,1
446	Blitzschutz- und Erdungsanlagen	565,46 m² BGF	5,22	2.953,37	0,3
447	Fahrleitungssysteme	–	–	–	–
449	Sonstiges zur KG 440	–	–	–	–
450	**Kommunikationstechnische Anlagen**	**565,46 m² BGF**	**15,44**	**8.728,16**	**0,8**
451	Telekommunikationsanlagen	565,46 m² BGF	1,24	698,41	< 0,1
452	Such- und Signalanlagen	565,46 m² BGF	0,65	368,87	< 0,1
453	Zeitdienstanlagen	–	–	–	–
454	Elektroakustische Anlagen	–	–	–	–
455	Audiovisuelle Medien- u. Antennenanl.	565,46 m² BGF	5,39	3.048,57	0,3
456	Gefahrenmelde- und Alarmanlagen	–	–	–	–
457	Datenübertragungsnetze	565,46 m² BGF	8,16	4.612,32	0,4
458	Verkehrsbeeinflussungsanlagen	–	–	–	–
459	Sonstiges zur KG 450	–	–	–	–
460	**Förderanlagen**	**–**	**–**	**–**	**–**
461	Aufzugsanlagen	–	–	–	–
462	Fahrtreppen, Fahrsteige	–	–	–	–
463	Befahranlagen	–	–	–	–
464	Transportanlagen	–	–	–	–
465	Krananlagen	–	–	–	–
466	Hydraulikanlagen	–	–	–	–
469	Sonstiges zur KG 460	–	–	–	–
470	**Nutzungsspez. u. verfahrenstechn. Anl.**	**–**	**–**	**–**	**–**
480	**Gebäude- und Anlagenautomation**	**–**	**–**	**–**	**–**
490	**Sonst. Maßnahmen für techn. Anlagen**	**–**	**–**	**–**	**–**

Kostenkennwerte für die Kostengruppen der 3.Ebene DIN 276

KG	Kostengruppe	Menge Einheit	Kosten €	€/Einheit	%
210	**Herrichten**				**100,0**
212	**Abbruchmaßnahmen**	953,00 m² GF	49.529	**51,97**	95,2
	Abbruch von Wohngebäude (psch); Entsorgung, Deponiegebühren				
214	**Herrichten der Geländeoberfläche**	953,00 m² GF	2.476	**2,60**	4,8
	Oberboden mit Bewuchs, d=30cm, abtragen, lagern (200m²), abräumen von Sträuchern, h=1,00-2,00m (50m²)				
310	**Baugrube / Erdbau**				**100,0**
311	**Herstellung**	554,44 m³ BGI	20.220	**36,47**	100,0
	Baugrubenaushub BK 3-4, t bis 3,00m, lösen, lagern (350m³), lösen, entsorgen (204m³), auf Grundstück verteilen (500m²), Rohrgrabenaushub BK 3-6, t bis 50cm, b=30cm (1m³), Verfüllung Kies 0/22mm, t bis 3,00m (100m³)				
320	**Gründung, Unterbau**				**100,0**
322	**Flachgründungen und Bodenplatten**	173,48 m²	52.288	**301,41**	68,8
	Fundamentaushub BK 3-6, t=0,60m, laden, entsorgen (33m³), Stb-Fundamente C25/30, Schalung, Bewehrung (30m³), Stb-Bodenplatte C25/30, d=18cm (173 m²), Fugenband (71m)				
324	**Gründungsbeläge**	147,21 m²	14.108	**95,84**	18,6
	Bitumenabdichtung (147m²), Zementestrich CT-C35, d=45mm (46m²), Hartstoffeinstreuung (60m²), Epoxidharzbeschichtung (114m²)				
325	**Abdichtungen und Bekleidungen**	173,48 m²	6.600	**38,04**	8,7
	Sauberkeitsschicht, Recyclingmaterial 0/45mm, d=20-25cm (158m³), PE-Folie (173m²)				
326	**Dränagen**	173,48 m² GRF	2.958	**17,05**	3,9
	PVC-Dränrohre DN125, Formstücke (30m), Dränkontrollschacht DN315, t=3,00m (1St), Dränkies 8/16mm (16m³)				
330	**Außenwände/Vertikale Baukonstruktionen, außen**				**100,0**
331	**Tragende Außenwände**	445,27 m²	110.635	**248,47**	30,6
	Stb-Wände C25/30, d=25cm, Sichtqualität, Schalung, Bewehrung (202m²), Holzrahmenwände, d=27cm, KVH 60x240mm, außenseitig MDF, d=15mm, innenseitig OSB, d=15mm, Mineralwolldämmung WLG 035, d=240mm (244m²)				
333	**Außenstützen**	10,88 m	4.185	**384,61**	1,2
	Stb-Stützen C30/37, 45x25cm, Schalung, Bewehrung (3m), 25x25cm (3m), KS-Mauerwerkspfeiler 24x24cm (5m)				
334	**Außenwandöffnungen**	103,16 m²	78.488	**760,84**	21,7
	Alu-Kunststofffenster, Dreifachverglasung, U<0,79W/m²K, DK, zweiflüglig, dreigeteilt (70m²), Alu-Haustüren, geschlossenes Türblatt (5m²), mit verglastem Seitenteil, satiniert (5m²), Sektionaltore 5,00x2,25m, Motorantrieb (23m²), Fensterbänke, Holz, innen, t=30cm (17m), t=44cm (5m), Alu, außen (35m)				

KG	Kostengruppe	Menge Einheit	Kosten €	€/Einheit	%
335	**Außenwandbekleidungen, außen**	445,82 m²	103.907	**233,07**	28,8
	Fassadenbekleidung: Konterlattung/Lattung aus KVH 40-60mm, senkrechte Lärchenholzprofile, verschiedene Breiten, b=69-121mm, gehobelt, geölt (262m²), offene Fassadenbekleidung (57m²), Laibungen (58m), Fassadenbeschichtung (215m²), Sockelabdichtung, Noppenschutzbahn (92m²), Faserzementplatten (17m²), Sockelplatten, h=30cm (9m²), HPL-Platten, d=9mm, als Gaubenbekleidung (10m²), Insektenschutzgitter (208m)				
336	**Außenwandbekleidungen, innen**	339,08 m²	44.158	**130,23**	12,2
	GK-Installationswände, spachteln, Malervlies (220m²), Laibungen (91m), Dispersionsbeschichtung (340m²), Calciumsilikatplatten, d=12cm, Putz (49m²), Wandabdichtung (15m²)				
338	**Lichtschutz zur KG 330**	39,74 m²	15.783	**397,16**	4,4
	Alu-Raffstores, Lamellenbreite 80mm (40m²)				
339	**Sonstiges zur KG 330**	548,43 m² AWF	4.076	**7,43**	1,1
	Absturzsicherungen, Glas, h bis 90cm (4m²), Halterungen, Edelstahl (8St)				
340	**Innenwände/Vertikale Baukonstruktionen, innen**				**100,0**
341	**Tragende Innenwände**	164,42 m²	31.047	**188,83**	25,9
	Stb-Wände C25/30, d=25cm, Sichtqualität, Schalung, Bewehrung (36m²), Holzrahmenwände, d=17,5cm, KVH 60x120mm, Holzfaserdämmung, beidseitig OSB=15mm, GK=12,5mm (129m²)				
342	**Nichttragende Innenwände**	178,50 m²	28.474	**159,52**	23,8
	KS-Mauerwerk, d=11,5cm (26m²), GK-Wände, d=12,5cm, OSB, GK-Beplankung (120m²), d=15cm, beidseitig 2x12,5mm GK-Beplankung (9m²), 1x12,5mm (19m²), GK-Installationswand, d=20cm (5m²), Revisionsklappe (1St)				
343	**Innenstützen**	7,20 m	194	**26,97**	0,2
	Stahlstütze 70x70mm, h=7,20m (1St)				
344	**Innenwandöffnungen**	39,29 m²	25.544	**650,15**	21,3
	Röhrenspantüren, Holzumfassungszargen, weiß (32m²), Stahltüren T60 RS (3m²), Ganzglastüren, festverglastes Seitenteil, ESG 8mm (4m²), Drückergarnituren (17St)				
345	**Innenwandbekleidungen**	836,91 m²	34.537	**41,27**	28,8
	Spachtelung, Malervlies, Beschichtung (482m²), GK-Vorsatzschalen, d=20cm, Holzfaserdämmung, 2x12,5mm Beplankung (35m²), Badewannen einmauern (2St), GK-Platten an Stb-Wänden (90m²), Abdichtung (65m²), Wandfliesen 60x60cm (155m²), Dispersionsbeschichtung (200m²)				
350	**Decken/Horizontale Baukonstruktionen**				**100,0**
351	**Deckenkonstruktionen**	358,86 m²	77.740	**216,63**	42,5
	Stb-Elementdecken C30/37, d=22cm, Schalung, Bewehrung (153m²), Stb-Unterzüge 25x26cm (10m), 45x26cm (8m), Holzbalkendecken, OSB, d=25mm, auf KVH bis 14x30cm (183m²), Stb-Treppen C30/37, vier gerade Läufe, d=20cm, b=100cm je 8 Stg 19x26cm (8m²), Stb-Podeste 1,56x2,23m (7m²), 1,01x2,23m (5m²), Stahlwangentreppe, 4,00x0,80m, geradläufig, Flachstahl, d=10mm (3m²), Treppenstufen, 25x80cm, d=40mm, Holz (16St)				

KG	Kostengruppe	Menge Einheit	Kosten €	€/Einheit	%
353	**Deckenbeläge**	309,40 m²	57.049	**184,38**	31,2
	PUR-Wärmedämmung WLG 024, d=180mm (157m²), PS-Wärmedämmung WLG 035, d=20mm (153m²), TSD, d=30mm (310m²), Heizestrich CT C35, d=65mm (308m²), als Gefälleestrich (2m²), Estrichbewehrung (78m²), Parkett, schleifen, versiegeln (219m²), Holzsockel (191m), Korkfugen (13m), Abdichtung (44m²), Bodenfliesen 60x60cm (70m²), Fliesensockel (35m)				
354	**Deckenbekleidungen**	163,40 m²	27.925	**170,90**	15,3
	Abgehängte Decken, Mineralwolldämmung, d=100mm, GK-Platten, d=12,5mm, spachteln, Malervlies, Dispersionsbeschichtung (154m²), UK, OSB-Platten, d=22mm, Faserzementplatten (9m²)				
355	**Elementierte Deckenkonstruktionen**	9,00 m²	8.166	**907,28**	4,5
	Balkonanlage 3,00x3,04m, umlaufendes U180, Stahlstützen QR 70x5mm, h=6,00m, verzinkt, Balkonbodenplatte freitragend, dreigeteilt 1,00x3,00m, inkl. Entwässerung (9m²)				
359	**Sonstiges zur KG 350**	367,86 m² DEF	11.908	**32,37**	6,5
	Geländer an Wangentreppe, Flachstahl 10x40mm, senkrechte Stäbe, h=0,90m, Holzhandlauf (9m), an Betontreppen, Flachstahl 10x40mm, senkrechte Stäbe, h=0,90m (10m), Balkongeländer, Flachstahl 10x40mm, senkrechte Stäbe, Handlauf, h=0,90m, dreiseitig (9m)				
360	**Dächer**				**100,0**
361	**Dachkonstruktionen**	244,64 m²	15.244	**62,31**	13,2
	Holz-Satteldach mit Gauben, Dachneigung 35°, KVH 10x10-24cm (7m³), BSH 10-18x16-36cm (2m³), Dachstuhl errichten, Stahlverbinder (544m), Windrispenband (50m)				
362	**Dachöffnungen**	3,10 m²	10.025	**3.233,74**	8,7
	Dachflächenfenster 74x140cm, Dreifachverglasung, Motorantriebe (3m²), Rollläden auf DFF (2St)				
363	**Dachbeläge**	231,06 m²	49.657	**214,91**	43,0
	Holzfaserdämmung WLG 048, d=60mm (233m²), Konterlattung 40x60mm, Lattung 40x60mm, Dachziegel (177m²), Firstziegel (23m), Traufbohlen, Einlauf-Verbundbleche, Lüftungsgitter, Rinnen (47m), Ortgangbleche (15m), PVC-Abdichtung, Lattung keilförmig (54m²), DWD-Schalung, d=15mm (12m²), Aufkantung, Abdeckung Zink (14m), Notablauf (1St), Fallrohre DN100 (30m), Standrohre (6St)				
364	**Dachbekleidungen**	215,91 m²	40.608	**188,08**	35,1
	Holzfaserdämmplatten WLG 036, d=240mm, Klimamembran (216m²), Holzweichfaserdämmung, d=40mm, GK, d=12,5mm, bei Installationsebenen unter Schräge (110m²), abgehängte Decken, Holzweichfaserdämmung, d=40mm, GK-Platten, d=12,5mm (105m²), Malervlies, Dispersionsbeschichtung (216m²)				
390	**Sonstige Maßnahmen für Baukonstruktionen**				**100,0**
391	**Baustelleneinrichtung**	565,46 m² BGF	13.100	**23,17**	49,9
	Baustelleneinrichtung Hauptgewerk (1St), Nebengewerke (2St), Baustellen-WC, Baustrom, Baustromverteiler (6Mt), Schnurgerüst (psch)				
392	**Gerüste**	565,46 m² BGF	11.832	**20,92**	45,0
	Fassadengerüst Lastklasse 3 (440m²), Konsolverbreiterungen, b=30cm (50m), Gelenkschutz (36m), Dachdeckerschutznetze (92m), Arbeitsschutzgerüste (1.040m²), Treppengerüst (psch)				

KG	Kostengruppe	Menge Einheit	Kosten €	€/Einheit	%
397	**Zusätzliche Maßnahmen**	565,46 m² BGF	1.336	**2,36**	5,1
	Abdecken der Bodenflächen mit Malervlies (128m²), mit Folien (4h)				
410	**Abwasser-, Wasser-, Gasanlagen**				**100,0**
411	**Abwasseranlagen**	565,46 m² BGF	4.819	**8,52**	16,9
	KG-Rohre DN125, Formstücke (6m), HT-Rohre DN50-100, Formstücke, Rohrdämmung (55m), Bodenablauf DN100 (1St)				
412	**Wasseranlagen**	565,46 m² BGF	19.238	**34,02**	67,6
	Alu-Verbundrohre DN18-28, Formstücke, Rohrdämmung (238m), Zirkulationspumpe, Druckminderer (1St), Wand-WCs (6St), Handwaschbecken (6St), Badewannen 180x80cm (3St), Duschablaufrinnen, l=90cm (2St), Ausgussbecken (1St), Waschmaschinenanschlüsse (3St), Küchenanschluss (1St), Außenwasserhähne, frostfrei (2St), Brandschutzmanschetten (8St)				
419	**Sonstiges zur KG 410**	565,46 m² BGF	4.414	**7,81**	15,5
	Montageelemente für WCs (6St), für Waschtische (6St)				
420	**Wärmeversorgungsanlagen**				**100,0**
421	**Wärmeerzeugungsanlagen**	565,46 m² BGF	29.494	**52,16**	53,8
	Sole-Wasser-Wärmepumpe (1St), Wasseraufbereiter (1St), Schlammabscheider (1St), Ausdehnungsgefäß (1St)				
422	**Wärmeverteilnetze**	565,46 m² BGF	25.293	**44,73**	46,2
	Kupferrohre DN28-35, Rohrdämmung (90m), Fußbodenheizungsrohre 17x2mm (310m²), Heizkreisverteiler achtfach (4St), Stellantriebe (33St), Wärmemengenzähler (4St), Sicherheitsgruppe (1St), Unterputzventile (6St), Ventilblöcke (9St), Wasserzähler (2St), Klemmverschraubungen (72St)				
430	**Raumlufttechnische Anlagen**				**100,0**
431	**Lüftungsanlagen**	565,46 m² BGF	35.408	**62,62**	100,0
	Zentrale Wohnungslüftungsanlagen mit WRG, Steuerung, Flachkanäle, Luftgitter, Abluft- und Zuluftventile, Schalldämpfer (3St), Designventile (12St)				
440	**Elektrische Anlagen**				**100,0**
442	**Eigenstromversorgungsanlagen**	565,46 m² BGF	29.189	**51,62**	36,7
	Photovoltaikanlage: 17 Solarmodule, 170x100cm, Nennleistung 6 kW/h, Batteriespeicher 10kW/h (psch)				
444	**Niederspannungsinstallationsanlagen**	565,46 m² BGF	46.531	**82,29**	58,6
	Zählerschrank (1St), Unterverteiler (3St), FI-Schutzschalter (2St), FI/Sicherungsautomaten (14), Erdkabel (140m), Mantelleitungen NYY (127m), Kabelkanäle (31m), Bewegungsmelder (3St), Schalter/Taster (44St), Steckdosen (112St), Herd-, Backofen-, Spülmaschinenanschlüsse (je 3St), UP-Raumthermostate (24St), Jalousienanschlüsse (12St), Deckenbrennstellen (12St), Stromkreiszuleitungen NYY (36St), Verkabelung (psch)				
445	**Beleuchtungsanlagen**	565,46 m² BGF	771	**1,36**	1,0
	Außenleuchten (3St)				

KG	Kostengruppe	Menge Einheit	Kosten €	€/Einheit	%
446	**Blitzschutz- und Erdungsanlagen**	565,46 m2BGF	2.953	**5,22**	3,7
	Fundamenterder V4A (63m), Anschlussfahnen (2St), Potenzialausgleichsschiene (1St)				
450	**Kommunikations-, sicherheits- und informationstechnische Anlagen**				**100,0**
451	**Telekommunikationsanlagen**	565,46 m2BGF	698	**1,24**	8,0
	Fernsehanschlussdosen (4St), Verkabelungen (psch)				
452	**Such- und Signalanlagen**	565,46 m2BGF	369	**0,65**	4,2
	Klingelanlagen (3St), Verkabelungen (psch)				
455	**Audiovisuelle Medien- u. Antennenanl.**	565,46 m2BGF	3.049	**5,39**	34,9
	SAT-Anlage, vierfach LNB, Zuleitungen zu Verteilerpunkten (1St)				
457	**Datenübertragungsnetze**	565,46 m2BGF	4.612	**8,16**	52,8
	EDV-Anschlussdosen (21St), Verkabelungen (psch)				
550	**Technische Anlagen**				**100,0**
554	**Wärmeversorgungsanlagen**	–	35.596	**–**	100,0
	Erdsondenbohrung, t bis 120m, Doppel-U-Sonde (1St), Systemtrenner (1St)				

Kostenkennwerte für Leistungsbereiche nach STLB (Kosten des Bauwerks nach DIN 276)

LB	Leistungsbereiche	Kosten €	€/m² BGF	€/m³ BRI	% an 3+4
000	Sicherheits-, Baustelleneinrichtungen inkl. 001	24.930	44,10	14,20	2,2
002	Erdarbeiten	27.983	49,50	16,00	2,5
006	Spezialtiefbauarbeiten inkl. 005	–	–	–	–
009	Entwässerungskanalarbeiten inkl. 011	–	–	–	–
010	Drän- und Versickerarbeiten	5.660	10,00	3,20	0,5
012	Mauerarbeiten	2.537	4,50	1,40	0,2
013	Betonarbeiten	170.705	301,90	97,30	15,4
014	Natur-, Betonwerksteinarbeiten	–	–	–	–
016	Zimmer- und Holzbauarbeiten	130.006	229,90	74,10	11,7
017	Stahlbauarbeiten	3.603	6,40	2,10	0,3
018	Abdichtungsarbeiten	15.540	27,50	8,90	1,4
019	Kampfmittelräumarbeiten	–	–	–	–
020	Dachdeckungsarbeiten	20.423	36,10	11,60	1,8
021	Dachabdichtungsarbeiten	–	–	–	–
022	Klempnerarbeiten	8.750	15,50	5,00	0,8
	Rohbau	**410.136**	**725,30**	**233,80**	**37,0**
023	Putz- und Stuckarbeiten, Wärmedämmsysteme	14.948	26,40	8,50	1,3
024	Fliesen- und Plattenarbeiten	25.264	44,70	14,40	2,3
025	Estricharbeiten	30.400	53,80	17,30	2,7
026	Fenster, Außentüren inkl. 029, 032	59.453	105,10	33,90	5,4
027	Tischlerarbeiten	37.570	66,40	21,40	3,4
028	Parkettarbeiten, Holzpflasterarbeiten	15.459	27,30	8,80	1,4
030	Rollladenarbeiten	15.783	27,90	9,00	1,4
031	Metallbauarbeiten inkl. 035	41.598	73,60	23,70	3,8
034	Maler- und Lackiererarbeiten inkl. 037	46.432	82,10	26,50	4,2
036	Bodenbelagarbeiten	–	–	–	–
038	Vorgehängte hinterlüftete Fassaden	89.898	159,00	51,20	8,1
039	Trockenbauarbeiten	114.947	203,30	65,50	10,4
	Ausbau	**491.754**	**869,70**	**280,30**	**44,4**
040	Wärmeversorgungsanl. - Betriebseinr. inkl. 041	53.181	94,00	30,30	4,8
042	Gas- und Wasserinstallation, Leitungen inkl. 043	7.438	13,20	4,20	0,7
044	Abwasseranlagen - Leitungen	8.811	15,60	5,00	0,8
045	GWE-Einrichtungsgegenstände inkl. 046	8.073	14,30	4,60	0,7
047	Dämmarbeiten an betriebstechnischen Anlagen	5.654	10,00	3,20	0,5
049	Feuerlöschanlagen, Feuerlöschgeräte	–	–	–	–
050	Blitzschutz- und Erdungsanlagen	2.090	3,70	1,20	0,2
053	Niederspannungsanlagen inkl. 052, 054	77.217	136,60	44,00	7,0
055	Sicherheits- u. Ersatzstromversorgungsanl.	–	–	–	–
057	Gebäudesystemtechnik	–	–	–	–
058	Leuchten und Lampen inkl. 059	138	0,24	0,08	< 0,1
060	Sprechanlagen, elektroakust. Anlagen inkl. 064	3.049	5,40	1,70	0,3
061	Kommunikationsnetze inkl. 063	1.319	2,30	0,75	0,1
069	Aufzüge	–	–	–	–
070	Gebäudeautomation	–	–	–	–
075	Raumlufttechnische Anlagen inkl. 078	35.408	62,60	20,20	3,2
	Gebäudetechnik	**202.377**	**357,90**	**115,40**	**18,3**
084	Abbruch, Rückbau, Schadstoffsanierung	–	–	–	–
	Abbrucharbeiten	**–**	**–**	**–**	**–**
	Sonstige Leistungsbereiche	**4.360**	**7,70**	**2,50**	**0,4**

6100-1612
Mehrfamilienhaus
(33 WE)
TG (42 STP)

Objektübersicht

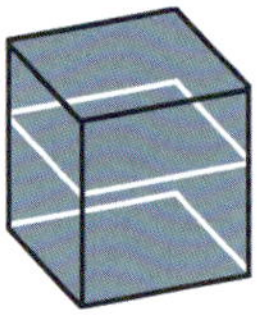

BRI 690 €/m³

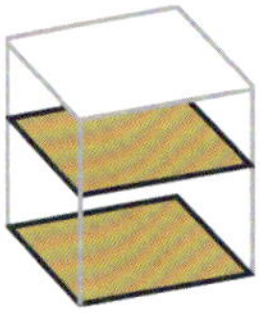

BGF 2.269 €/m²

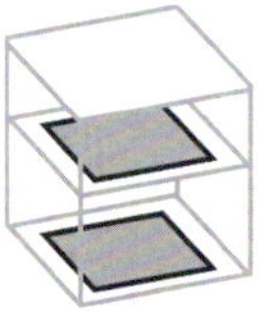

NUF 4.222 €/m²

Objekt:
Kennwerte: 1.Ebene DIN 276
BRI: 10.557 m³
BGF: 3.212 m²
NUF: 1.726 m²
Bauzeit: 79 Wochen
Bauende: 2021
Standard: über Durchschnitt
Bundesland: Bayern
Kreis: Regensburg, Stadt

Architekt*in:
Bayerische Staatsforsten AöR
Thomas Feigl & Lisa Schex
Tillystraße 2
93053 Regensburg

Bauherr*in:
Bayerische Staatsforsten AöR

© Manfred Jarisch

© Manfred Jarisch

© Manfred Jarisch

© Manfred Jarisch

© Manfred Jarisch

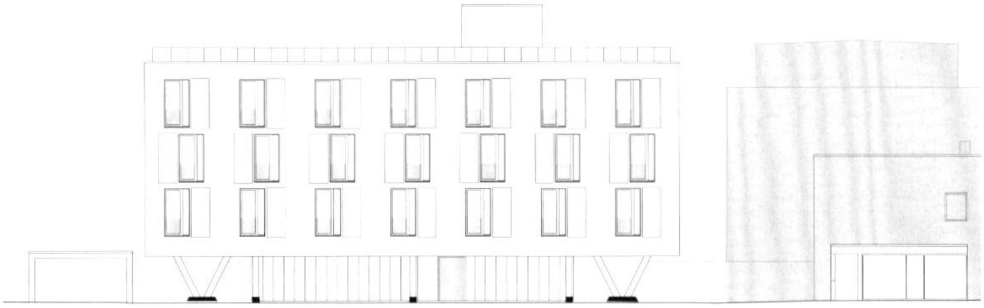

Ansicht Nord-Ost

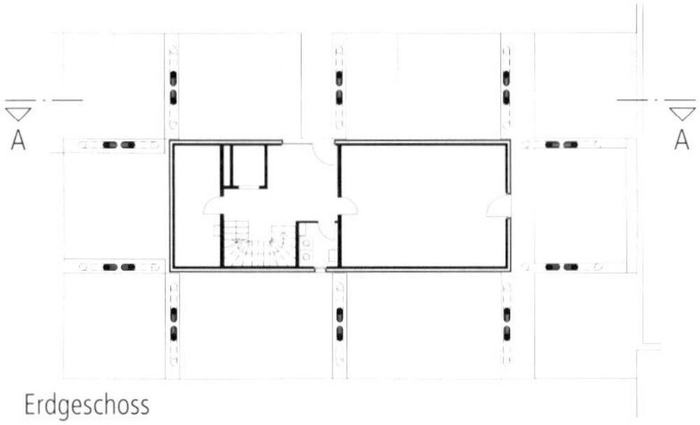

Erdgeschoss

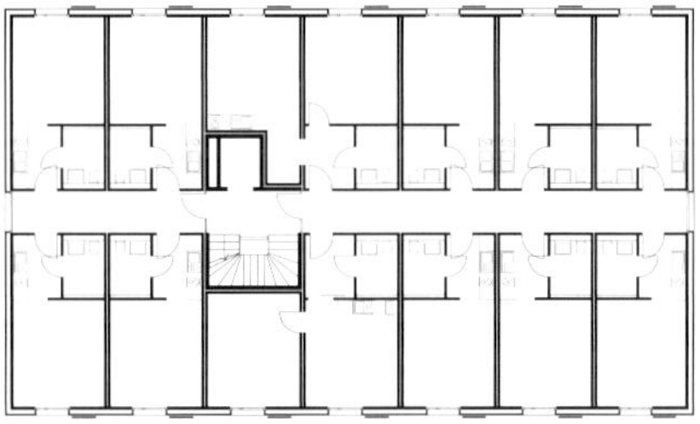

1.+2. Obergeschoss

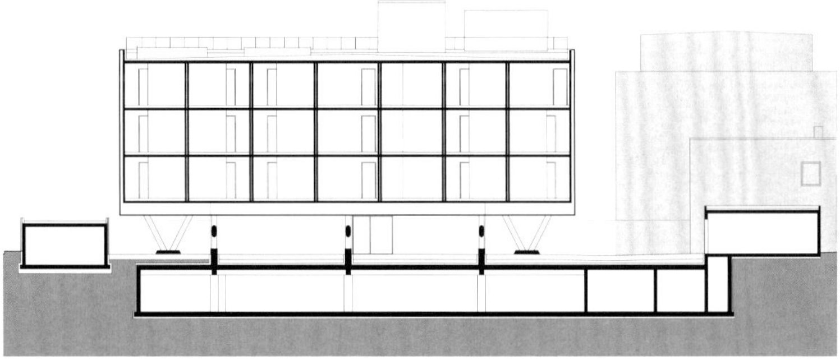

Schnitt A-A

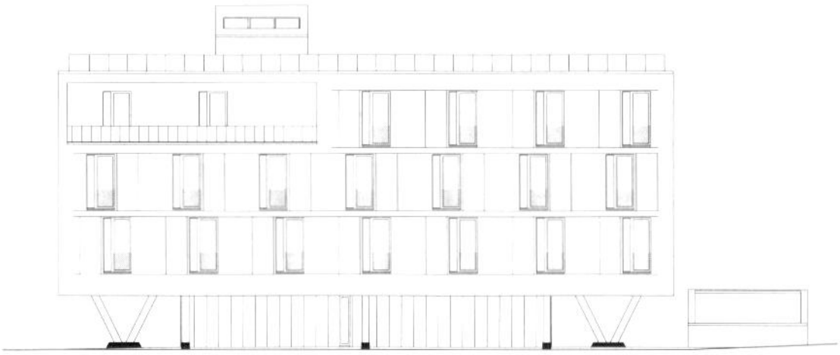

Ansicht Süd-West

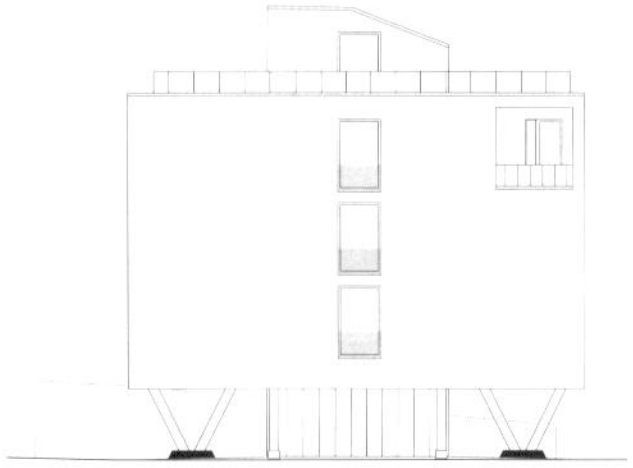

Ansicht Nord-West

6100-1612
Mehrfamilienhaus
(33 WE)
TG (42 STP)

Objektbeschreibung

Allgemeine Objektinformationen

Für den Neubau wurde eine als Mitarbeiterparkplatz genutzte Fläche herangezogen, um u. a. auch für Mitarbeiter*innen neuen Wohnraum zu schaffen. Auf insgesamt sechs Ebenen überlagern sich unterschiedliche Nutzungen: Die ehemaligen Mitarbeiterparkplätze stehen in der Tiefgarage zur Verfügung, die Bewohner parken direkt unter dem aufgeständerten Gebäude im Erdgeschossbereich. Durch die Überbauung und innerstädtische Nachverdichtung entsteht dringend benötigter Wohnraum ohne neue Flächen zu erschließen und zu versiegeln. Das Flachdach als grüne Oase steht allen Hausbewohnern mit der Möglichkeit zum urban gardening zur Verfügung.

Nutzung

1 Untergeschoss
Tiefgarage: 42 Stellplätze

1 Erdgeschoss
Erschließung, Abstellräume, Technikräume, Müll, Fahrräder, 21 Stellplätze unter Dach

3 Obergeschosse
26 Einzimmerwohnungen
7 Zweizimmerwohnungen

1 Dachgeschoss
Dachgarten für alle Mieter*innen

Nutzeinheiten

Stellplätze: 75
Wohneinheiten: 33
Wohnfläche: 891 m^2

Grundstück

Bauraum: Beengter Bauraum
Neigung: Ebenes Gelände
Bodenklasse: BK 1 bis BK 5

Besonderer Kosteneinfluss Grundstück
Ehem. Parkplatz der Betriebszentrale der Bayerischen Staatsforsten in Regensburg

Markt

Hauptvergabezeit: 2. Quartal 2019
Baubeginn: 3. Quartal 2019
Bauende: 1. Quartal 2021
Konjunkturelle Gesamtlage: über Durchschnitt
Regionaler Baumarkt: Durchschnitt

Baukonstruktion

Die Tiefgarage des Gebäudes ist massiv ausgeführt. Der Erschließungskern ist aus Stahlbeton und hat im EG eine vierseitig auskragende Decke als Tragrost aus Baubuche und Stahl. Ab dem EG sind alle Geschosse in Masssivholz erstellt. Die Oberflächen wurden in Sichtqualität ausgeführt. Die Fassade besteht aus einer karbonisierten Holzoberfläche, die bodentiefen Lärchenholzfenster haben Schiebeläden. Der Boden wurde mit Eichendielen belegt oder als Estrichbeschichtung ausgeführt. Die Bäder sind raumhoch gefliest. Das Flachdach ist intensiv begrünt.

Technische Anlagen

Das Haus ist über einen Nahwärmeanschluss an die Biomasseheizung der angrenzenden Betriebszentrale angeschlossen. Über eine Fußbodenheizung wird die Wärme in den Räumen verteilt. Die Bäder verfügen über eine dezentrale Abluftanlage, die Zuluft erfolgt über Außenluftdurchlässe.

Sonstiges

In den 26 Einzimmerwohnungen wird die Küche vom Vermieter zur Verfügung gestellt. Alle Wohneinheiten sind barrierefrei.

Energetische Kennwerte

Gesetzliche Grundlage: EnEV 2013
Gebäudenutzfläche: 1.142,67 m^2
Gebäudevolumen: 3.570,83 m^3
A/V_e-Verhältnis (Kompaktheit): 0,49 m^{-1}
Hüllfläche des beheizten Volumens: 1.752,95 m^2
Spez. Transmissionswärmeverlust: 0,29 W/(m^2·K)
Spez. Jahresprimärenergiebedarf: 20,30 kWh/(m^2·a)
Spez. Jahresendenergiebedarf: 57,70 kWh/(m^2·a)
Anlagenaufwandszahl: 0,17

Energetische Angaben zu Außenbauteilen

Decke gegen Außenluft unten

U-Wert: 0,07 W/(m²·K)

Gesamtdicke: 78,77 cm	d [cm]	λ [W/(m·K)]
Estrich	6,50	1,400
PE-Folie	0,02	0,330
Dämmung MW	4,00	0,035
Schüttung	8,50	0,700
Holz (Brettsperrholz)	16,00	0,130
Dämmung MW	40,00	0,035
GK-Platte	1,25	0,250
HWL-Platte	2,50	0,080

Außenwand hinterlüftet

U-Wert: 0,18 W/(m²·K)

Gesamtdicke: 28,00 cm	d [cm]	λ [W/(m·K)]
Holz (Brettsperrholz)	10,00	0,130
Dämmung MW	18,00	0,040

Decke gegen Außenluft oben

U-Wert: 0,17 W/(m²·K)

Gesamtdicke: 61,00 cm	d [cm]	λ [W/(m·K)]
Holz (Brettsperrholz)	18,00	0,130
Schüttung	7,00	0,700
Dampfsperre	1,00	0,170
Dämmung EPS	16,00	0,040
Abdichtung	1,00	0,170
Kies	18,00	0,700

Dach

U-Wert: 0,29 W/(m²·K)

Gesamtdicke: 44,00 cm	d [cm]	λ [W/(m·K)]
Stahlbeton	20,00	2,300
Dampfsperre	1,00	0,170
Dämmung EPS	12,00	0,040
Abdichtung	1,00	17,000
Kies	10,00	0,700

Planungskennwerte für Flächen und Rauminhalte nach DIN 277

Flächen des Grundstücks		Menge Einheit	% an GF
BF	Bebaute Fläche	3.968,94 m²	70,2
UF	Unbebaute Fläche	1.684,06 m²	29,8
GF	Grundstücksfläche	5.653,00 m²	100,0

Grundflächen des Bauwerks		Menge Einheit	% an NUF	% an BGF
NUF	Nutzungsfläche	1.725,93 m²	100,0	53,7
TF	Technikfläche	33,72 m²	2,0	1,0
VF	Verkehrsfläche	1.017,61 m²	59,0	31,7
NRF	Netto-Raumfläche	2.777,26 m²	160,9	86,5
KGF	Konstruktions-Grundfläche	434,59 m²	25,2	13,5
BGF	Brutto-Grundfläche	3.211,85 m²	186,1	100,0

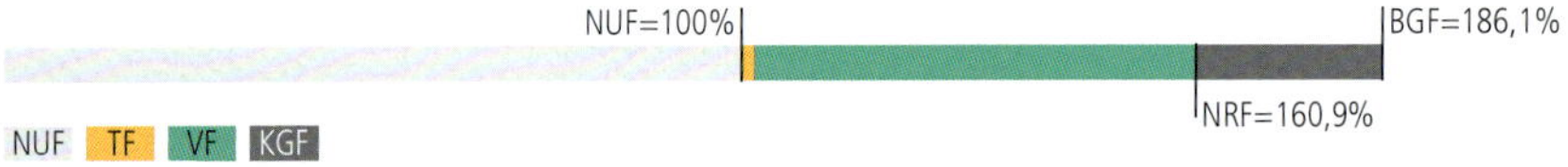

Brutto-Rauminhalt des Bauwerks		Menge Einheit	BRI/NUF (m)	BRI/BGF (m)
BRI	Brutto-Rauminhalt	10.557,35 m³	6,12	3,29

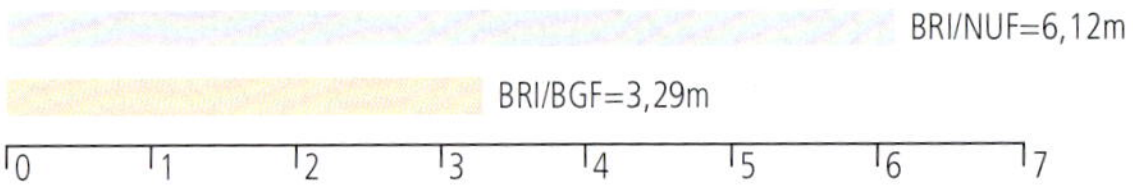

Kostenkennwerte für die Kostengruppen der 1.Ebene DIN 276

KG	Kostengruppen (1. Ebene)	Einheit	Kosten €	€/Einheit	€/m² BGF	€/m³ BRI	% 300+400
100	Grundstück	m² GF	–	–	–	–	–
200	Vorbereitende Maßnahmen	m² GF	–	–	–	–	–
300	Bauwerk – Baukonstruktionen	m² BGF	6.609.280	2.057,78	2.057,78	626,04	90,7
400	Bauwerk – Technische Anlagen	m² BGF	678.091	211,12	211,12	64,23	9,3
	Bauwerk 300+400	**m² BGF**	**7.287.371**	**2.268,90**	**2.268,90**	**690,27**	**100,0**
500	Außenanlagen und Freiflächen	m² AF	243.210	–	75,72	23,04	3,3
600	Ausstattung und Kunstwerke	m² BGF	–	–	–	–	–
700	Baunebenkosten	m² BGF	–	–	–	–	–
800	Finanzierung	m² BGF	–	–	–	–	–

KG	Kostengruppe	Menge Einheit	Kosten €	€/Einheit	%
3+4	**Bauwerk**				**100,0**
300	**Bauwerk – Baukonstruktionen**	3.211,85 m² BGF	6.609.280	**2.057,78**	90,7

Stb-Bodenplatte, Bodenbeschichtung, Kiesfilterschicht, Sauberkeitsschicht; Brettsperrholz-Außenwände in Sichtqualität, Stb-Wände, Sichtbeton, Holzfenster, karbonisierte Holzfassade, Holzoberflächen geölt, Wandfliesen, Holz-Schiebeläden, Glasbrüstungen; Brettsperrholz-Innenwände in Sichtqualität, Stb-Wände, Sichtbeton, Holzoberflächen geölt, Wandfliesen, Wandspiegel, flächenbündig, Innentüren; vierseitig auskragende Decke als Hybrid-Konstruktion Stahl-Baubuche über EG, Brettschichtholzdecken über OGs, zementgebundene Estrichbeschichtung, Eichendielen, geölt; Brettschichtholz-Flachdach, Abdichtung, intensive Dachbegrünung als Dachgarten mit bis zu 60cm Substrathöhe; Küche mit Schränken, Regalen, Herd, Kühlschrank und Spülmaschine

KG	Kostengruppe	Menge Einheit	Kosten €	€/Einheit	%
400	**Bauwerk – Technische Anlagen**	3.211,85 m² BGF	678.091	**211,12**	9,3

Gebäudeentwässerung, Kalt- und Warmwasserleitungen, Sanitärobjekte, Glas-Duschtrennwände; Nahwärmeanschluss, Fußbodenheizung; Außenluftdurchlässe im Bereich Fensterstürze, Abluft in innenliegenden Bädern; Elektroinstallation; Hausalarmanlage mit Druckknopfmeldern und akustischem Signalgeber in jedem Aufenthaltsraum (Kompensationsmaßnahme für brennbare Oberflächen im Flurbereich und 1. Rettungsweg durch offene Mittelgarage im EG)

KG	Kostengruppe	Menge Einheit	Kosten €	€/Einheit	%
500	**Außenanlagen und Freiflächen**	–	243.210	**–**	3,3

Rasenfugenpflaster; Kinderspielplatz mit Balanciergeräten, Sandkasten, Holzliegen, Bänke, Rohstahl-Pflanztröge; Bäume, tierfreundliche Stauden, Gräser

6100-1635
Mehrfamilienhaus (24 WE) Sozialzentrum

Objektübersicht

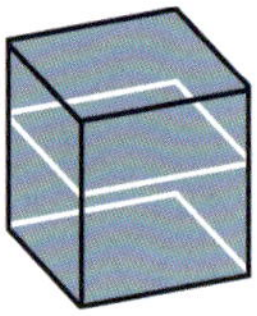

BRI 609 €/m³

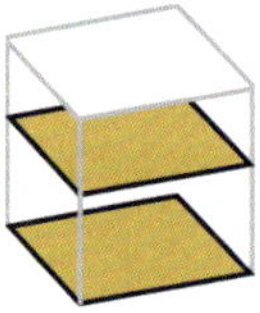

BGF 1.972 €/m²

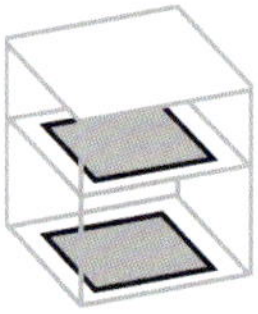

NUF 2.960 €/m²

Objekt:
Kennwerte: 1. Ebene DIN 276
BRI: 9.738 m³
BGF: 3.005 m²
NUF: 2.002 m²
Bauzeit: 61 Wochen
Bauende: 2022
Standard: Durchschnitt
Bundesland: Brandenburg
Kreis: Brandenburg a.d. Havel

Architekt*in:
LPH 1-5
Matthias Wegner
Holzmarktstraße 11
14467 Potsdam

LPH 6-8
SWP schäferwenninger-projekt GmbH
Steinstraße 41
12307 Berlin

Bauherr*in:
Volkssolidarität Landesverband Brandenburg e. V.
Benzstraße 10
14482 Potsdam

Ansicht Nord-Ost

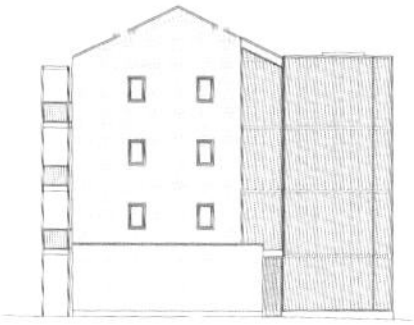

Ansicht Süd-Ost

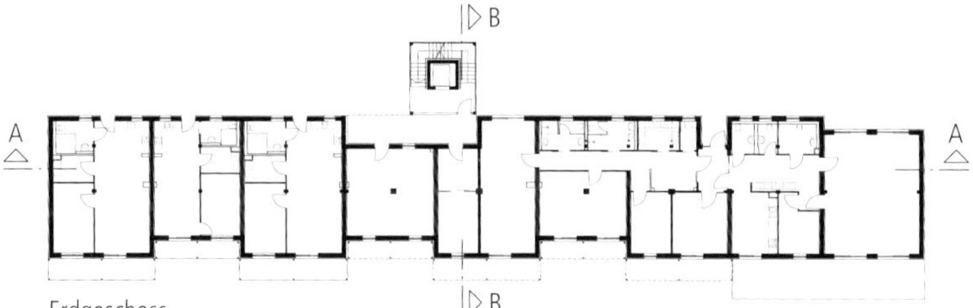

Erdgeschoss

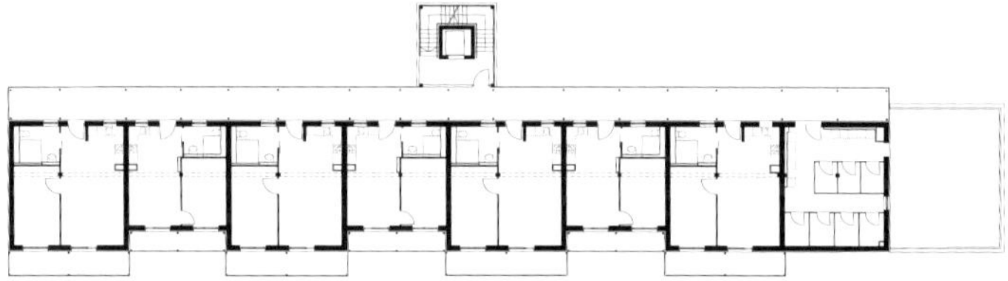

1.-3. Obergeschoss

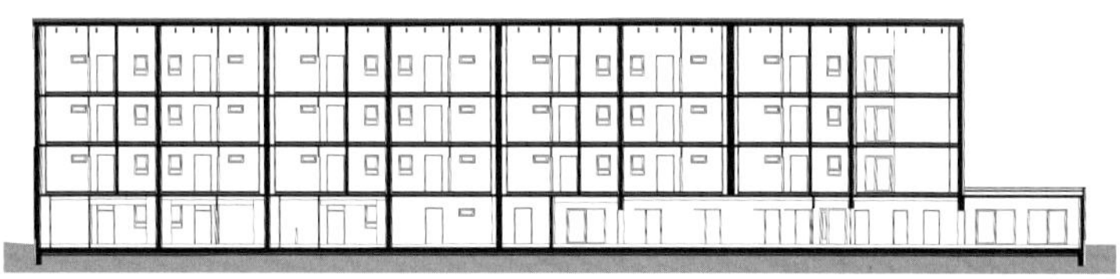

Schnitt A-A

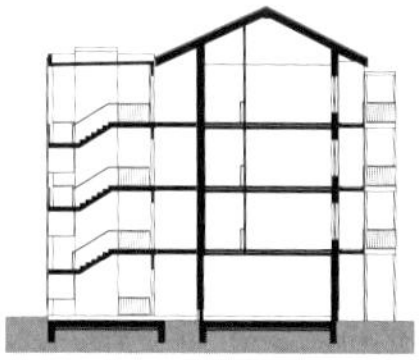

Schnitt B-B

Ansicht Nord-West

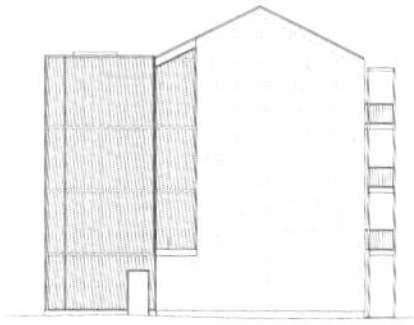

Ansicht Süd-West

Objektbeschreibung

Allgemeine Objektinformationen

Der Neubau mit 24 Wohneinheiten auf vier Geschossen wurde in nachhaltiger Holzrahmenbauweise erstellt. Im Erdgeschoss befindet sich ein Sozialzentrum mit Begegnungsstätte und die Räumen eines ambulanten Pflegedienstes. Das Gebäude ist insgesamt 68m lang und 17m tief. Ein gesundes Wohnklima und ein KfW 40 Standard zeichnen das Gebäude aus.

Nutzung

1 Erdgeschoss
drei Wohnungen, Abstellräume, Technikräume, Begegnungsstätte, Sanitärräume, Büros Pflegedienst, Umkleideräume

2 Obergeschosse
sieben Wohnungen, Abstellräume, Wäscherei

1 Dachgeschoss
sieben Wohnungen, Abstellräume, Wäscherei

Besonderer Kosteneinfluss Nutzung
Nachträglich geforderte Fluchttreppen an den Gebäudegiebeln

Nutzeinheiten

Bürofläche: 135 m^2
Versammlungsraumfläche: 496 m^2
Wohneinheiten: 24
Wohnfläche: 1.371 m^2

Grundstück

Bauraum: Freier Bauraum
Neigung: Ebenes Gelände
Bodenklasse: BK 3 bis BK 4

Markt

Hauptvergabezeit: 1. Quartal 2021
Baubeginn: 4. Quartal 2021
Bauende: 4. Quartal 2022
Konjunkturelle Gesamtlage: Durchschnitt
Regionaler Baumarkt: Durchschnitt

Baukonstruktion

Der Bau ist als Hybridbau errichtet. Das Tragwerk gründet auf Stb-Streifenfundamenten und einer 30cm starken Stb-Bodenplatte, das Treppenhaus, der Aufzugschacht und die tragenden Balkonelemente sind in Stahlbeton gefertigt. Die übrigen Tragelemente bestehen aus einem Holzskelettbau, aus Leimholzstützen und -trägern. Dieses Skelett wird mittels Holzrahmbau-Elementen ausgefüllt. Alle nichttragenden Wände bestehen aus Trockenbau, teilweise aus Strohbauplatten. Die Geschossdecken sind aus Massivholzdecken hergestellt, auf dem schwimmend verlegten Estrich wurde Vinyl oder Fliesen verlegt. Für die Fassadengestaltung wurde ein Wärmeverbundsystem gewählt. Es wurden dreifachverglaste Fenster eingebaut. Die Balkon- und Laubenganggeländer sind in Stahl gefertigt und weiß beschichtet.

Technische Anlagen

Ein Fernwärmeanschluss versorgt die Wohnungen mit Wärme. Die Verteilung erfolgt über eine Fußbodenheizung, zusätzlich sind die Bäder mit einem Handtuch-Heizkörper ausgestattet. Die Warmwasserversorgung erfolgt zentral über die Fernwärme-Übergabestation mit einem Speicher im Haustechnikraum. Jede Wohnung erhält eine Zu- und Abluftanlage. Ein Personenaufzug wurde eingebaut.

Sonstiges

Alle Wohnungen sind mit Küchen ausgestattet. Im Außenbereich wurde eine Retentionsanlage und Versickerungsmulden modelliert. Außenmobiliar steht den Bewohnern zur Verfügung.

Energetische Kennwerte

Gesetzliche Grundlage: GEG 2020
Gebäudenutzfläche: 1.405,30 m^2
Gebäudevolumen: 5.530,20 m^3
A/V_e-Verhältnis (Kompaktheit): 0,40 m^{-1}
Hüllfläche des beheizten Volumens: 2.211,00 m^2
Spez. Transmissionswärmeverlust: 0,24 $W/(m^2 \cdot K)$
Spez. Jahresprimärenergiebedarf: 29,68 $kWh/(m^2 \cdot a)$
Anlagenaufwandszahl: 0,58

Energetische Angaben zu Außenbauteilen

Bodenplatte

U-Wert: 0,21 W/(m²·K)

Gesamtdicke: 51,53 cm	d [cm]	λ [W/(m·K)]
Estrich	6,00	1,400
Abdichtung	0,03	0,330
Dämmung	15,00	0,035
Abdichtung	0,50	0,170
Stahlbeton	30,00	2,300

Außenwand

U-Wert: 0,17 W/(m²·K)

Gesamtdicke: 47,80 cm	d [cm]	λ [W/(m·K)]
GK-Platte	1,50	0,250
Luftschicht ruhend	1,00	0,670
Dämmung	4,00	0,040
GF-Platte	1,80	0,320
GF-Platte	1,80	0,320
Holz	9,00	0,240
Dämmung	3,00	0,040
Holz	9,00	0,240
GK-Platte	1,80	0,320
GK-Platte	1,80	0,320
Dämmung	12,00	0,040
Außenputz	1,10	1,000

Außenwand

U-Wert: 0,12 W/(m²·K)

Gesamtdicke: 42,47 cm	d [cm]	λ [W/(m·K)]
GK-Platte	1,50	0,250
Luftschicht ruhend	1,00	0,067
Dämmung	4,00	0,040
Dampfbremse	0,02	0,330
GF-Platte	1,80	0,320
GF-Platte	1,80	0,320
Holz	24,00	0,130
Dämmung	24,00	0,035
GF-Platte	1,25	0,320
Dämmung	6,00	0,040
Außenputz	1,10	1,000

Flachdach

U-Wert: 0,11 W/(m²·K)

Gesamtdicke: 36,80 cm	d [cm]	λ [W/(m·K)]
Holz	16,00	0,130
Dampfbremse	0,30	0,330
Dämmung	20,00	0,025
Bitumenbahn	0,50	0,170

Dach

U-Wert: 0,16 W/(m²·K)

Gesamtdicke: 30,25 cm	d [cm]	λ [W/(m·K)]
GF-Platte	1,25	0,300
Luftschicht ruhend	3,00	0,156
Dampfbremse	0,50	0,330
Holz	24,00	0,130
Dämmung	24,00	0,035
Holzfaserplatte	1,50	0,100

Planungskennwerte für Flächen und Rauminhalte nach DIN 277

Flächen des Grundstücks		Menge Einheit	% an GF
BF	Bebaute Fläche	813,86 m²	28,7
UF	Unbebaute Fläche	2.018,14 m²	71,3
GF	Grundstücksfläche	2.832,00 m²	100,0

Grundflächen des Bauwerks		Menge Einheit	% an NUF	% an BGF
NUF	Nutzungsfläche	2.002,44 m²	100,0	66,6
TF	Technikfläche	24,00 m²	1,2	0,8
VF	Verkehrsfläche	519,00 m²	25,9	17,3
NRF	Netto-Raumfläche	2.545,44 m²	127,1	84,7
KGF	Konstruktions-Grundfläche	459,25 m²	22,9	15,3
BGF	Brutto-Grundfläche	3.004,69 m²	150,1	100,0

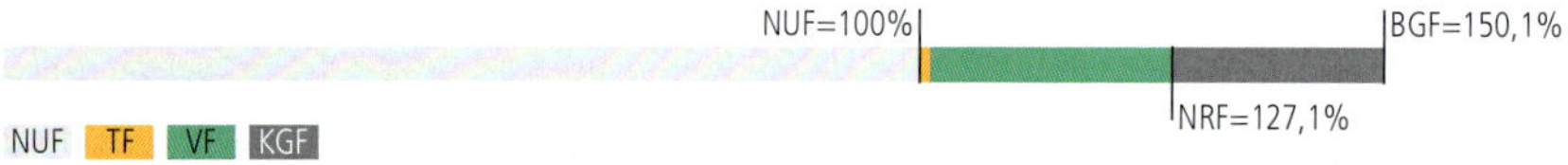

Brutto-Rauminhalt des Bauwerks		Menge Einheit	BRI/NUF (m)	BRI/BGF (m)
BRI	Brutto-Rauminhalt	9.737,66 m³	4,86	3,24

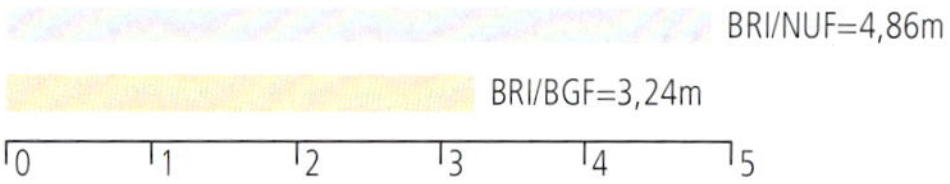

Kostenkennwerte für die Kostengruppen der 1. Ebene DIN 276

KG	Kostengruppen (1. Ebene)	Einheit	Kosten €	€/Einheit	€/m² BGF	€/m³ BRI	% 300+400
100	Grundstück	m² GF	–	–	–	–	–
200	Vorbereitende Maßnahmen	m² GF	–	–	–	–	–
300	Bauwerk – Baukonstruktionen	m² BGF	4.799.170	1.597,23	1.597,23	492,85	81,0
400	Bauwerk – Technische Anlagen	m² BGF	1.127.223	375,15	375,15	115,76	19,0
	Bauwerk 300+400	**m² BGF**	**5.926.393**	**1.972,38**	**1.972,38**	**608,61**	**100,0**
500	Außenanlagen und Freiflächen	m² AF	350.523	–	116,66	36,00	5,9
600	Ausstattung und Kunstwerke	m² BGF	116.750	38,86	38,86	11,99	2,0
700	Baunebenkosten	m² BGF	–	–	–	–	–
800	Finanzierung	m² BGF	–	–	–	–	–

KG	Kostengruppe	Menge Einheit	Kosten €	€/Einheit	%
3+4	**Bauwerk**				**100,0**
300	**Bauwerk – Baukonstruktionen**	3.004,69 m² BGF	4.799.170	**1.597,23**	81,0

Baugrubenaushub; Stb-Streifenfundamente, Stb-Bodenplatte, Dämmung, Estrich, Vinyl, Bodenfliesen, Sauberkeitsschicht, Perimeterdämmung; Holzrahmenwände, Holzstützen, Fenster, dreifachverglast, Eingangstüren, WDVS, GK-Bekleidung, Beschichtung; Holz-Innenwände, BSH-Stützen, Strohwände, GK-Wände, Holztüren, Innenputz, Holzbekleidung, Beschichtung; Massivholzdecken, Stb-Treppen, Balkone, Laubengänge, Estrich, Vinyl, Bodenfliesen, Balkonbeläge, Abhangdecken, Stahlgeländer; Holzpfetten, Massivholzdach, Wellplatten, Dämmung, Stehfalzdeckung, Dachentwässerung

KG	Kostengruppe	Menge Einheit	Kosten €	€/Einheit	%
400	**Bauwerk – Technische Anlagen**	3.004,69 m² BGF	1.127.223	**375,15**	19,0

Gebäudeentwässerung, Kalt- und Warmwasserleitungen, Sanitärobjekte, Warmwasserspeicher; Fernwärmeanschluss, Heizungsrohre, Fußbodenheizung, Handtuch-Heizkörper mit E-Patrone für Sommerbetrieb; Zu- und Abluftanlage je WE; Elektroinstallation, Beleuchtung, Starkstromversorgung; Fernmeldeanlage

KG	Kostengruppe	Menge Einheit	Kosten €	€/Einheit	%
500	**Außenanlagen und Freiflächen**	–	350.523	**–**	5,9

Frostschutzschicht, Pflasterbeläge auf Wegen, auf Terrassen, auf Stellplätzen; Geländeentwässerung, Retentionsanlage, Versickerungsmulden; Beleuchtung, LED-Pollerleuchten; Fahrradständer, Sitzbänke; Pflanzflächen, Bäume, Hecken, Stauden, Bodendecker, Rasen

KG	Kostengruppe	Menge Einheit	Kosten €	€/Einheit	%
600	**Ausstattung und Kunstwerke**	3.004,69 m² BGF	116.750	**38,86**	2,0

Einbauküchen, Geräte

6100-1649
Mehrfamilienhaus
(31 WE)
Gewerbe (3 GE)

Objektübersicht

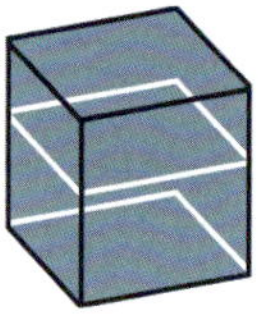

BRI 1.010 €/m³

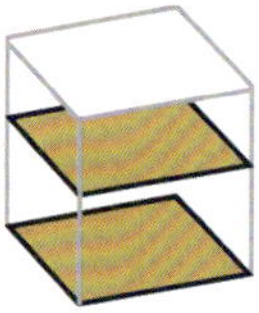

BGF 3.186 €/m²

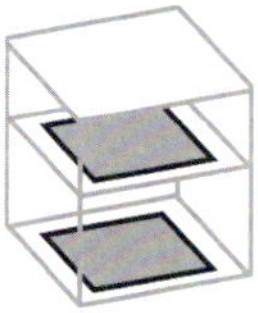

NUF 4.590 €/m²

Objekt:
Kennwerte: 1. Ebene DIN 276
BRI: 14.888 m³
BGF: 4.722 m²
NUF: 3.278 m²
Bauzeit: 87 Wochen
Bauende: 2023
Standard: Durchschnitt
Bundesland: Baden-Württemberg
Kreis: Mannheim, Stadt

Architekt*in:
Wandel Lorch
Götze Wach GmbH
Kaiserstraße 39
60329 Frankfurt am Main

Bauherr*in:
Wohnwerk Rhein-Neckar
GmbH & Co. KG
Albert-Camus-Allee 1
54294 Trier

© Norbert Miguletz

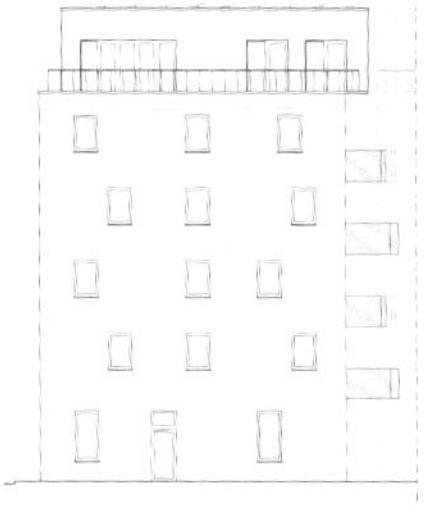

Ansicht Ost

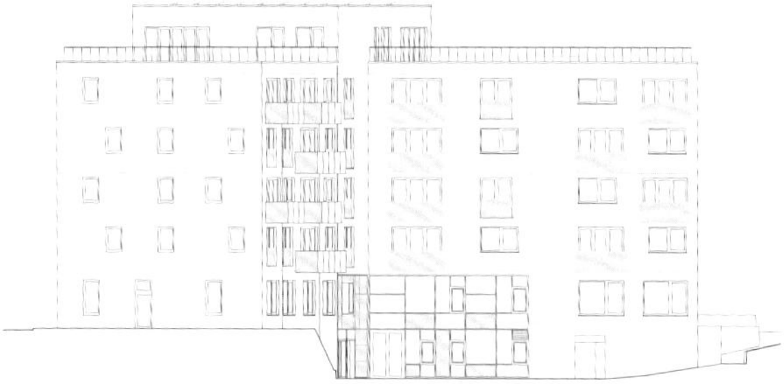

Ansicht Nord-Ost

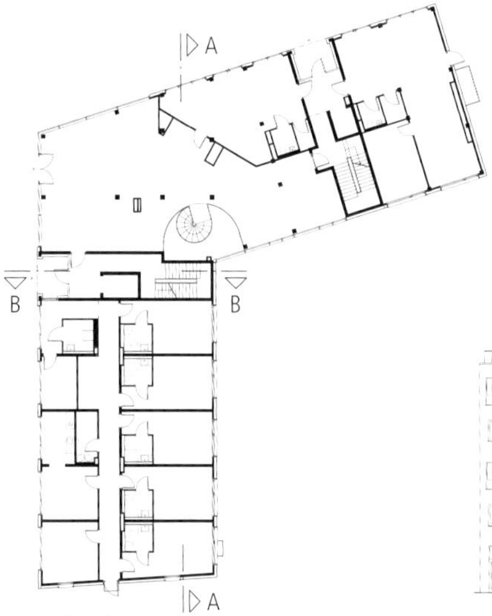

Erdgeschoss

Ansicht Süd-West

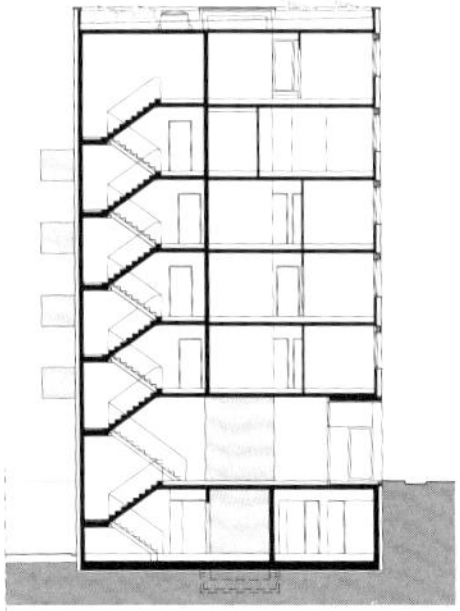

Schnitt B-B

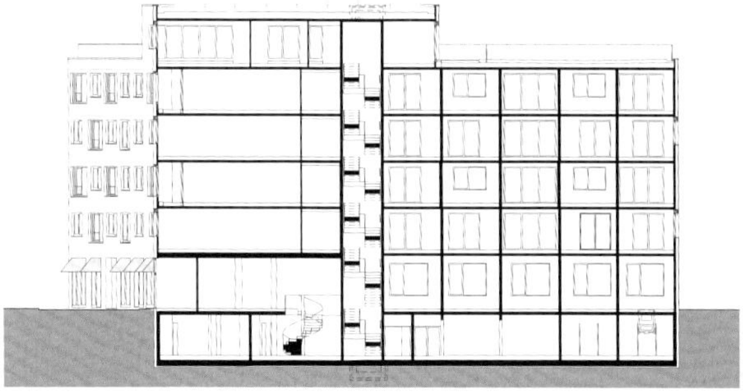

Schnitt A-A

Objektbeschreibung

Allgemeine Objektinformationen

Das Bauvorhaben ist Teil eines neuen Quartiers mit besonderem Fokus auf Nachhaltigkeit, klimagerechte Stadtentwicklung und sozialem Miteinander. Das Gebäude versucht einen Paradigmenwechsel im Wohnungsbau. Durch die Kombination unterschiedlicher Wohnformen mit gemeinschaftlich genutzten Räumen wird eine Reduktion der Wohnfläche pro Bewohner auf ca. 30m² erreicht. Im EG und UG befinden sich drei kleine Gewerbeeinheiten.

Nutzung

1 Untergeschoss
Gewerbe: Büros, Besprechungsraum
Allgemein: Gemeinschaftszone, Fitnessraum, WCs, Abstellräume, Fahrradkeller, Müllraum, Traforäume, Schaltraum, Technikräume, Terrasse

1 Erdgeschoss
Gewerbe: Büros, WCs
1 Wohnung: Wohnraum, Speiseraum, Küche, Schlafräume, Büro, Bäder, WCs, Abstellraum

4 Obergeschosse
28 Wohnungen: Wohnen, Essen, Küche, Schlafräume, Bäder, Balkone

1 Dachgeschoss
2 Wohnungen: Wohnen, Essen, Küche, Schlafräume, Bäder, Abstellräume, Terrassen

Nutzeinheiten

Wohneinheiten: 31
Wohnfläche: 2.753m²

Grundstück

Bauraum: Freier Bauraum
Neigung: Ebenes Gelände
Bodenklasse: BK 3 bis BK 4

Markt

Hauptvergabezeit: 4.Quartal 2020
Baubeginn: 2.Quartal 2021
Bauende: 1.Quartal 2023
Konjunkturelle Gesamtlage: über Durchschnitt
Regionaler Baumarkt: über Durchschnitt

Baukonstruktion

Zentrales Ziel der Planung im Sinne des Einsatzes von nachwachsenden Rohstoffen war es, das Gebäude möglichst weitgehend in Holzbauweise zu errichten. Das UG, Teile der Decke über dem EG sowie beide Treppenhauskerne wurden in Beton ausgeführt. Das übrige Gebäude wurde als massiver Holzbau errichtet. Die Böden wurden mit Parkett, Fliesen und textilen Belägen ausgestattet. Die Kunststoff- und Aluminiumfenster sowie die Pfosten-Riegelfassaden sind mit einer Dreifachverglasung versehen. Die Fassaden erhielten ein Wärmedämmverbundsystem. Die Balkone wurden in einer Stahl-Holzkonstruktion vor die Fassade gehängt. Das Dach erhielt eine extensive Begrünung.

Technische Anlagen

Das Gebäude wurde an das Fernwärmenetz angeschlossen. Die Heizungsverteilung erfolgt über Fußbodenheizung und Plattenheizkörper. Innenliegende Badezimmer erhielten eine Abluftanlage mit integriertem Feuchtesensor für die Raumentlüftung. Auf der Dachfläche befindet sich eine PV-Anlage, die im Mieterstrommodell genutzt wird. Zwei Aufzüge dienen der barrierefreien Erschließung.

Sonstiges

Die unterschiedlichen Farbkonzepte der Eingänge und Treppenhäuser bieten den Bewohnern eine Möglichkeit der Identifikation mit dem Gebäude. Das Gebäude erfüllt den KfW-Energieeffizienzstandard 40. Die energetischen Werte und die Schichtaufbauten beziehen sich auf den Wohngebäudeteil.

Energetische Kennwerte

Gesetzliche Grundlage: GEG 2020
Gebäudenutzfläche: 3.349,60m²
Gebäudevolumen: 10.467,50m³
A/V_e-Verhältnis (Kompaktheit): 0,27m⁻¹
Hüllfläche des beheizten Volumens: 2.867,20m²
Spez. Transmissionswärmeverlust: 0,31W/(m²·K)
Jahresprimärenergie: 62.225,00kWh/a
Spez. Jahresprimärenergiebedarf: 18,60kWh/(m²·a)
Jahresendenergiebedarf: 137.479,00kWh/a
Jahresheizwärmebedarf: 77.105,00kWh/a
Spez. Jahresheizwärmebedarf: 23,02kWh/(m²·a)

Energetische Angaben zu Außenbauteilen

Außenwand

U-Wert: 0,16 W/(m²·K)

Gesamtdicke: 33,00 cm	d [cm]	λ [W/(m·K)]
GK-Platte	1,00	0,250
GK-Platte	1,00	0,250
Holz	10,00	0,130
Klebstoff	1,00	1,600
Dämmung	18,00	0,035
Armierung	1,00	1,000
Außenputz	1,00	0,250

Dach

U-Wert: 0,08 W/(m²·K)

Gesamtdicke: 45,50 cm	d [cm]	λ [W/(m·K)]
Holz	14,00	0,130
Bitumenbahn	0,50	0,170
Dämmung	16,00	0,023
Gefälledämmung	15,00	0,035

Planungskennwerte für Flächen und Rauminhalte nach DIN 277

Flächen des Grundstücks		Menge Einheit	% an GF
BF	Bebaute Fläche	794,00 m^2	53,9
UF	Unbebaute Fläche	679,00 m^2	46,1
GF	Grundstücksfläche	1.473,00 m^2	100,0

Grundflächen des Bauwerks		Menge Einheit	% an NUF	% an BGF
NUF	Nutzungsfläche	3.277,67 m^2	100,0	69,4
TF	Technikfläche	59,46 m^2	1,8	1,3
VF	Verkehrsfläche	715,75 m^2	21,8	15,2
NRF	Netto-Raumfläche	4.052,88 m^2	123,7	85,8
KGF	Konstruktions-Grundfläche	669,43 m^2	20,4	14,2
BGF	Brutto-Grundfläche	4.722,31 m^2	144,1	100,0

Brutto-Rauminhalt des Bauwerks		Menge Einheit	BRI/NUF (m)	BRI/BGF (m)
BRI	Brutto-Rauminhalt	14.887,80 m^3	4,54	3,15

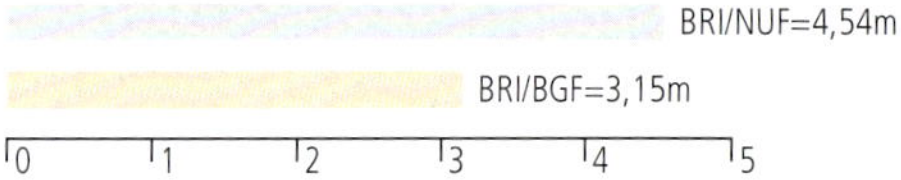

Kostenkennwerte für die Kostengruppen der 1.Ebene DIN 276

KG	Kostengruppen (1.Ebene)	Einheit	Kosten €	€/Einheit	€/m² BGF	€/m³ BRI	% 300+400
100	Grundstück	m² GF	–	–	–	–	–
200	Vorbereitende Maßnahmen	m² GF	–	–	–	–	–
300	Bauwerk – Baukonstruktionen	m² BGF	11.272.139	2.387,00	2.387,00	757,14	74,9
400	Bauwerk – Technische Anlagen	m² BGF	3.771.247	798,60	798,60	253,31	25,1
	Bauwerk 300+400	**m² BGF**	**15.043.387**	**3.185,60**	**3.185,60**	**1.010,45**	**100,0**
500	Außenanlagen und Freiflächen	m² AF	474.579	628,58	100,50	31,88	3,2
600	Ausstattung und Kunstwerke	m² BGF	–	–	–	–	–
700	Baunebenkosten	m² BGF	–	–	–	–	–
800	Finanzierung	m² BGF	–	–	–	–	–

KG	Kostengruppe	Menge Einheit	Kosten €	€/Einheit	%
3+4	**Bauwerk**				**100,0**
300	**Bauwerk – Baukonstruktionen**	4.722,31 m² BGF	11.272.139	**2.387,00**	74,9
	Baugrubenaushub, Baugrubenverbau; Stb-Fundamentplatte, Estrich, Epoxidharz-Beschichtung, Linoleum, Teppichboden, Bodenfliesen, Abdichtung, Sauberkeitsschicht, Perimeterdämmung; Stb-Wände, massive Brettsperrholzwände, BSH-Stützen, Stb-Stützen, Kunststofffenster, Alu-Fenster, WDVS, GK-Bekleidung, Pfosten-Riegelfassade, feststehende Markisen, Rollläden, Zip-Screens, Fassadenbegrünung, Rankgerüst; massive Brettsperrholzwände, Stb-Wände, GK-Wände, Glaswände, Stb-Stützen, Holztüren, Wandfliesen, Beschichtung; Stb-Decken, Sicht-Brettsperrholzdecken, Stb-Fertigteilbalkone, Brettsperrholzplatten, Stb-Treppen, Dämmung, Estrich, Heizestrich, Teppichboden, Parkett, Bodenfliesen, teilw. abgehängte GK-Decken, Glasgeländer, Treppengeländer; Massives Brettsperrholzdach, Dämmung, Abdichtung, Attika, Terrassenplatten, extensive Dachbegrünung, Dachentwässerung, teilw. abgehängte GK-Decken, Beschichtung				
400	**Bauwerk – Technische Anlagen**	4.722,31 m² BGF	3.771.247	**798,60**	25,1
	Gebäudeentwässerung, Kalt- und Warmwasserleitungen, Sanitärobjekte; Fernwärmeversorgung, Wohnungstationen für Warmwasser und Heizung, Plattenheizkörper, Fußbodenheizung; Einzelraumlüfter, RWA-Anlagen; Elektroinstallation, PV-Anlage (58 m²); Datenübertragungsanlage; Personenaufzüge (2St)				
500	**Außenanlagen und Freiflächen**	755,00 m² AF	474.579	**628,58**	3,2
	Oberbodenarbeiten, Bodenarbeiten; Terrassenbeläge; Treppen, Rampen, Sitzstufen; Oberbodenauftrag, Böschungssicherungen, Gehölze, Stauden, Rasen				

6100-1650
Mehrfamilienhaus
(42 WE)

Objektübersicht

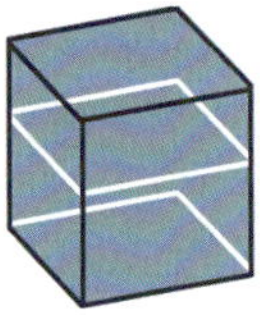
BRI 923 €/m³

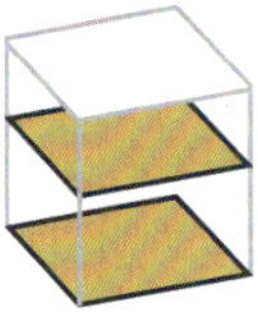
BGF 2.609 €/m²

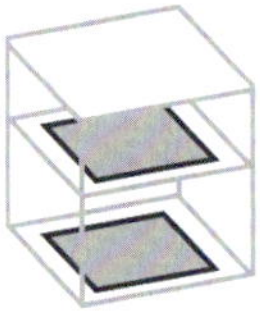
NUF 3.875 €/m²

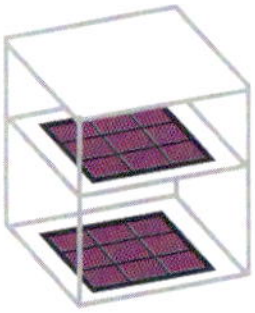
NE 4.474 €/NE
NE: Wohnfläche

Objekt:
Kennwerte: 1.Ebene DIN 276
BRI: 9.854 m³
BGF: 3.486 m²
NUF: 2.347 m²
Bauzeit: 70 Wochen
Bauende: 2021
Standard: Durchschnitt
Bundesland: Berlin
Kreis: Berlin, Stadt

Architekt*in:
tafkaoo architects GmbH
Adolfstraße 4
13347 Berlin

Bauherr*in:
LiM Living in Metropolises SCE
Knobelsdorffstraße 96
14050 Berlin

© tafkaoo architects GmbH

© tafkaoo architects GmbH

Ansicht Nord

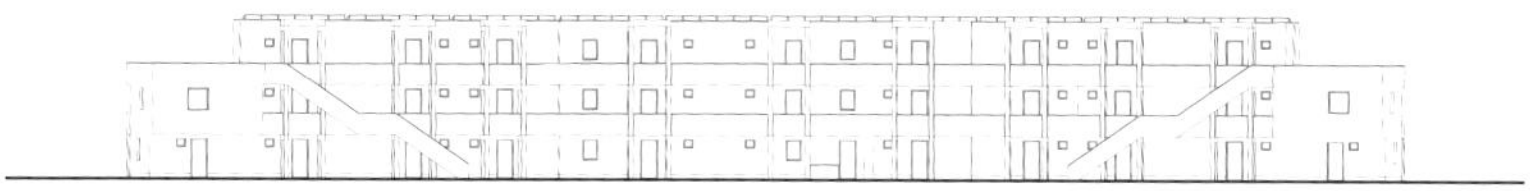

Erdgeschoss

Obergeschoss

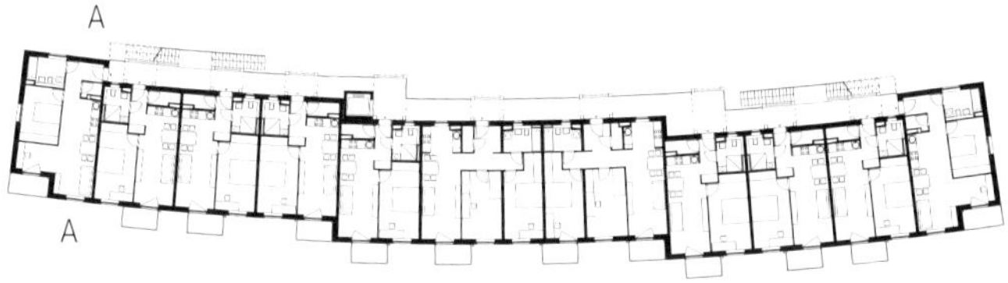

Dachgeschoss

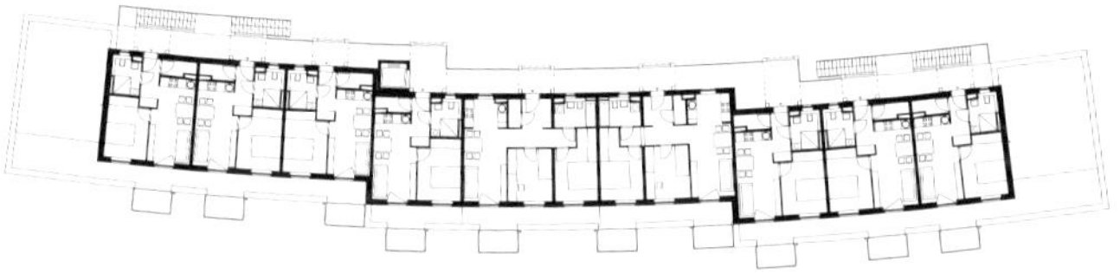

Schnitt A-A

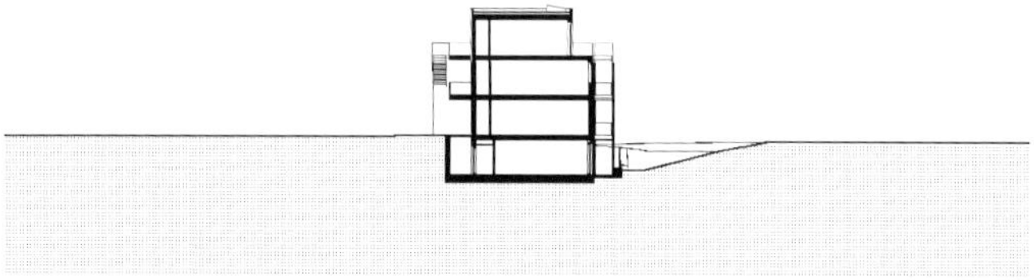

Ansicht Süd

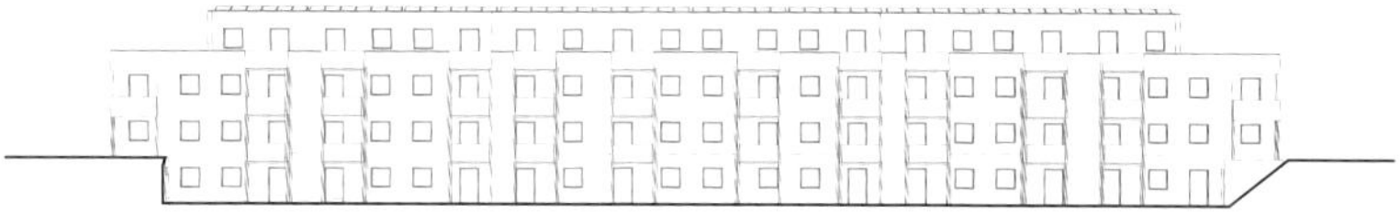

Objektbeschreibung

Allgemeine Objektinformationen

Die Wohnanlage besteht aus einem Garten-, zwei Regel- und einem darüber liegenden Staffelgeschoss. Diese werden im Norden durch einen außenliegenden Aufzug, Treppen und externe Laubengänge erschlossen. Gemeinschaftsflächen, die zur flexiblen Nutzung oder auch als Co-Working Space zur Verfügung stehen, sind auf verschiedenen Ebenen vorgesehen.

Nutzung

1 Untergeschoss
elf Wohnungen mit Wohn-, Essküche, Schlafzimmer, Bad, Abstellen, Flur; Technik, Flur, Aufzug, Treppenhaus

1 Erdgeschoss
elf Wohnungen mit Wohn-, Essküche, Schlafzimmer, Kinderzimmer, Bad, Abstellen, Flur; Erschließungsflur, Aufzug, Treppenhaus

1 Obergeschoss
elf Wohnungen mit Wohn-, Essküche, Schlafzimmer, Kinderzimmer, Bad, Abstellen, Flur; Laubengang, Aufzug, Treppenhaus

1 Dachgeschoss
neun Wohnungen mit Wohn-, Essküche, Schlafzimmer, Kinderzimmer, Bad, Abstellen, Flur; Laubengang, Aufzug, Treppenhaus

Nutzeinheiten

Wohneinheiten: 42
Wohnfläche: 2.033 m^2

Grundstück

Bauraum: Freier Bauraum
Neigung: Ebenes Gelände
Bodenklasse: BK 2 bis BK 6

Markt

Hauptvergabezeit: 2. Quartal 2020
Baubeginn: 2. Quartal 2020
Bauende: 4. Quartal 2021
Konjunkturelle Gesamtlage: Durchschnitt
Regionaler Baumarkt: über Durchschnitt

Baukonstruktion

Das Gebäude besteht aus einem Gartengeschoss aus Stahlbeton-Fertigteilen und einem aufgesetzten dreigeschossigen Holzbau in Rahmenbauweise, welcher in vorgefertigten Elementen mit eingebauten Fenstern auf die Baustelle geliefert und montiert wurde. Tragende sowie Wohnungstrennwände bestehen ebenso wie die Decken aus CLT-Platten unterschiedlicher Dicke. Die gartenseitigen Balkone sind als Stahltürme ausgebildet und wie die Stahlbeton-Erschließungszone thermisch von der Holzkonstruktion getrennt. Die Fassaden sind mit einer Holzschalung bekleidet, rauminnenseitig wurden die Wände mit Gipskarton belegt und beschichtet. Die Böden wurden mit einem schwimmenden Estrich versehen und mit Fliesen oder Parkett belegt. Die Dachterrassen und Balkone erhielten einen Belag aus Betonplatten, das Flachdach wurde begrünt.

Technische Anlagen

Für die Bereitstellung der Wärmeenergie ist eine Wärmepumpe in Kombination mit Erdwärme-Flächenkollektoren verantwortlich. Die Heizwärmeverteilung erfolgt über Fußbodenheizungen. Ergänzend dazu liefern PV-Module, die auf dem Dach über dem Dachgeschoss montiert sind, elektrische Energie für die dezentrale Herstellung von Warmwasser über Durchlauferhitzer in den Wohneinheiten. Ein Aufzug ermöglicht die barrierefreie Erschließung aller Wohnungen.

Energetische Kennwerte

Gesetzliche Grundlage: EnEV 2013
Gebäudenutzfläche: 2.251,30 m^2
Gebäudevolumen: 7.035,20 m^3
A/V_e-Verhältnis (Kompaktheit): 0,49 m^{-1}
Hüllfläche des beheizten Volumens: 3.464,00 m^2
Spez. Transmissionswärmeverlust: 0,32 $W/(m^2 \cdot K)$
Spez. Jahresprimärenergiebedarf: 26,80 $kWh/(m^2 \cdot a)$
Spez. Jahresendenergiebedarf: 14,90 $kWh/(m^2 \cdot a)$
Spez. Jahresheizwärmebedarf: 37,70 $kWh/(m^2 \cdot a)$
Anlagenaufwandszahl: 0,83

Planungskennwerte für Flächen und Rauminhalte nach DIN 277

Flächen des Grundstücks		Menge Einheit	% an GF
BF	Bebaute Fläche	820,00 m2	42,0
UF	Unbebaute Fläche	1.132,00 m2	58,0
GF	Grundstücksfläche	1.952,00 m2	100,0

Grundflächen des Bauwerks		Menge Einheit	% an NUF	% an BGF
NUF	Nutzungsfläche	2.346,76 m2	100,0	67,3
TF	Technikfläche	42,64 m2	1,8	1,2
VF	Verkehrsfläche	562,19 m2	24,0	16,1
NRF	Netto-Raumfläche	2.951,59 m2	125,8	84,7
KGF	Konstruktions-Grundfläche	534,27 m2	22,8	15,3
BGF	Brutto-Grundfläche	3.485,86 m2	148,5	100,0

Brutto-Rauminhalt des Bauwerks		Menge Einheit	BRI/NUF (m)	BRI/BGF (m)
BRI	Brutto-Rauminhalt	9.854,19 m3	4,20	2,83

Kostenkennwerte für die Kostengruppen der 1. Ebene DIN 276

KG	Kostengruppen (1. Ebene)	Einheit	Kosten €	€/Einheit	€/m² BGF	€/m³ BRI	% 300+400
100	Grundstück	m² GF	–	–	–	–	–
200	Vorbereitende Maßnahmen	m² GF	–	–	–	–	–
300	Bauwerk – Baukonstruktionen	m² BGF	7.355.464	2.110,09	2.110,09	746,43	80,9
400	Bauwerk – Technische Anlagen	m² BGF	1.738.106	498,62	498,62	176,38	19,1
	Bauwerk 300+400	**m² BGF**	**9.093.570**	**2.608,70**	**2.608,70**	**922,81**	**100,0**
500	Außenanlagen und Freiflächen	m² AF	–	–	–	–	–
600	Ausstattung und Kunstwerke	m² BGF	–	–	–	–	–
700	Baunebenkosten	m² BGF	–	–	–	–	–
800	Finanzierung	m² BGF	–	–	–	–	–

KG	Kostengruppe	Menge Einheit	Kosten €	€/Einheit	%
3+4	**Bauwerk**				**100,0**
300	**Bauwerk – Baukonstruktionen**	3.485,86 m² BGF	7.355.464	**2.110,09**	80,9

Bodenarbeiten; Stb-Bodenplatte, Dämmung Heizestrich, Parkett, Bodenfliesen, Betonplatten, Perimeterdämmung; Stb-Fertigteilwände, Holzrahmenwände, Stb-Stützen, Stb-Laubengänge, Fenster, Zweifachverglasung, Wohnungstüren, Dämmung, Holzschalung, GK-Vorsatzschalung, Beschichtung, Wandfliesen; Stb-Wände, GK-Wände, Holztüren, GK-Vorsatzschalen, Beschichtung, Wandfliesen; Stb-Fertigteildecken, CLT-Brettsperrholzdecken, Schüttung, TS-Dämmung, Heizestrich, Parkettbeläge, Bodenfliesen, Stahltreppen, Stahl-Balkontürme, Stahl-Balkongeländer; CLT-Sperrholzflachdach, Oberlichter, Dämmung, Abdichtung, Dachentwässerung, Dachbegrünung

KG	Kostengruppe	Menge Einheit	Kosten €	€/Einheit	%
400	**Bauwerk – Technische Anlagen**	3.485,86 m² BGF	1.738.106	**498,62**	19,1

Gebäudeentwässerung, Kalt- und Warmwasserleitungen, dezentrale Warmwassererzeugung, Durchlauferhitzer; Sanitärobjekte; Wasser-Sole-Wärmepumpe mit Erdwärme-Flächenkollektoren, Fußbodenheizung; PV-Anlage, Elektroinstallation; Personenaufzug

6100-1651
Mehrfamilienhaus
(3 WE)
Praxis

Objektübersicht

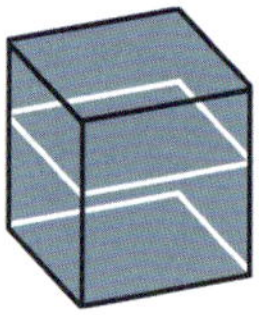

BRI 590 €/m³

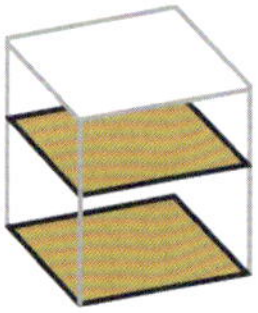

BGF 1.789 €/m²

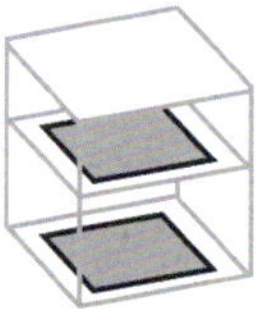

NUF 2.728 €/m²

Objekt:
Kennwerte: 1.Ebene DIN 276
BRI: 1.943 m³
BGF: 641 m²
NUF: 420 m²
Bauzeit: 70 Wochen
Bauende: 2022
Standard: über Durchschnitt
Bundesland: Bayern
Kreis: Oberallgäu

Architekt*in:
brack architekten
Brennergasse 9
87435 Kempten

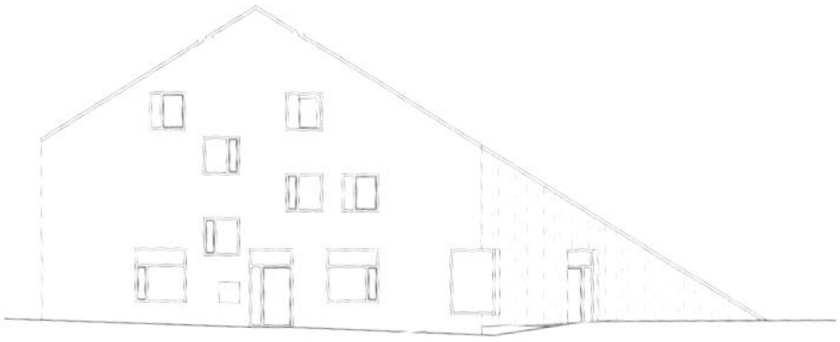
Ansicht Nord

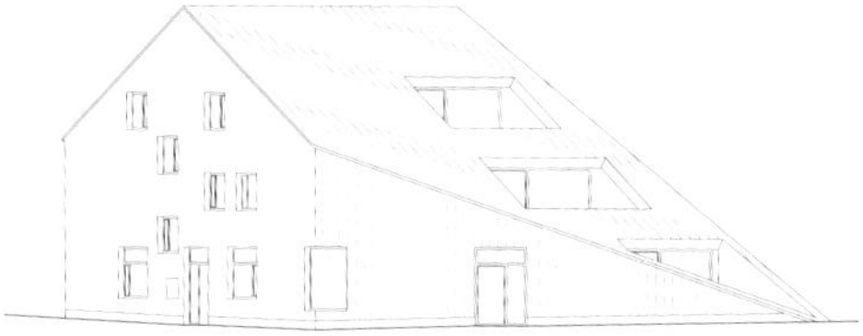
Ansicht West

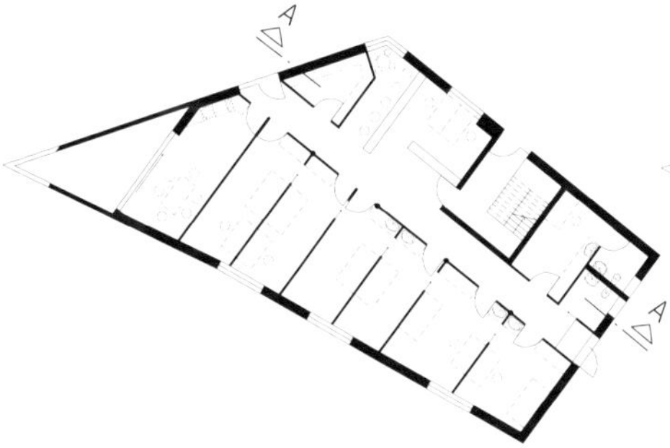

Erdgeschoss

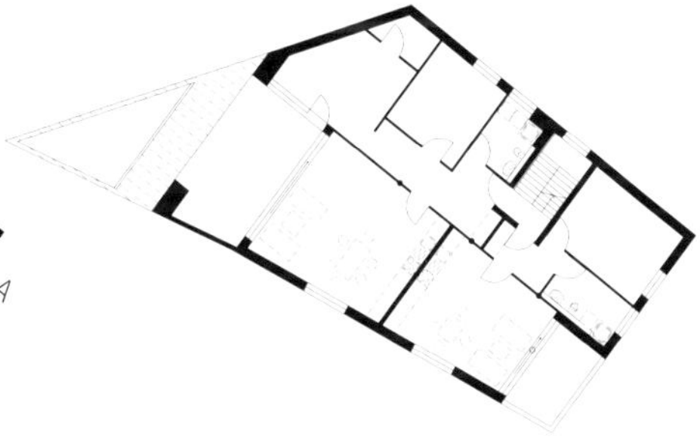
Obergeschoss

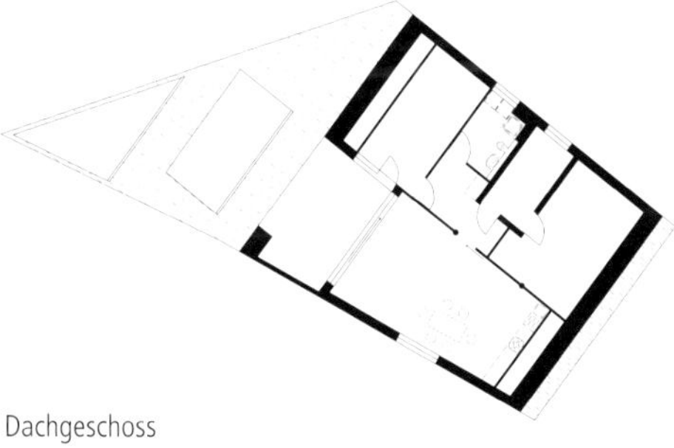
Dachgeschoss

Schnitt A-A

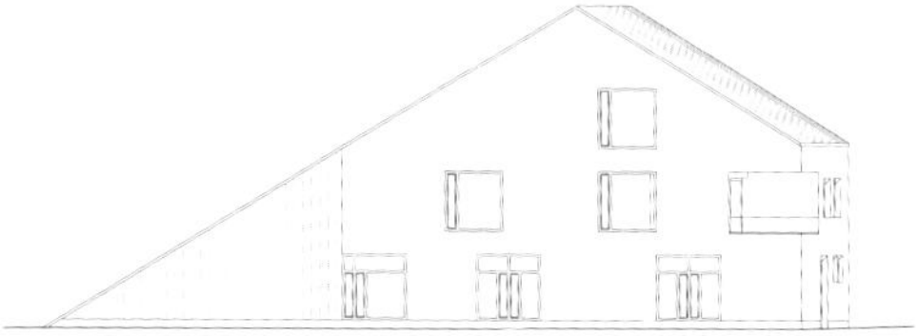
Ansicht Süd

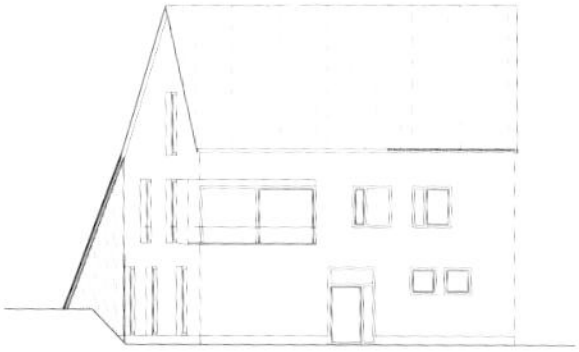
Ansicht Ost

Objektbeschreibung

Allgemeine Objektinformationen

Auf einem sehr schmalen und auf zwei Seiten spitz zulaufenden Grundstück sollten eine Praxis und drei Wohnungen untergebracht werden. Durch eine geschickte Anwendung der gültigen Abstandsflächenregeln entstand ein Gebäude mit einer rollstuhlgerechten Praxis auf 200m² Nutzungsfläche im Erdgeschoss sowie drei individuelle 2- bzw. 3-Zimmer-Wohnungen in Ober- und Dachgeschoss. Jede Wohnung verfügt über einen großzügigen Freibereich wie Terrasse, Dachterrasse oder Loggia.

Nutzung

1 Erdgeschoss
Praxis: Empfang, Wartebereich, Behandlungszimmer, Labor, WCs, Personalraum, Lager, Flur, Terrasse

1 Obergeschoss
2 WE: Wohn- Essküche, Schlafen, Bad, Flur, Loggia
Treppenhaus

1 Dachgeschoss
1 WE: Wohn- Essküche, Schlafen, Bad, Flur, Dachterrasse
Treppenhaus, Technik

Nutzeinheiten

Wohneinheiten: 3
Wohnfläche: 239m²

Grundstück

Bauraum: Beengter Bauraum
Neigung: Geneigtes Gelände
Bodenklasse: BK 3 bis BK 5

Besonderer Kosteneinfluss Grundstück
Besonderen Auflagen durch die Nähe der Bahnlinie und Staatsstraße

Markt

Hauptvergabezeit: 3.Quartal 2020
Baubeginn: 4.Quartal 2020
Bauende: 1.Quartal 2022
Konjunkturelle Gesamtlage: über Durchschnitt
Regionaler Baumarkt: unter Durchschnitt

Baukonstruktion

Der Neubau gründet auf einer Stahlbeton-Bodenplatte mit Aufkantung. Das Treppenhaus wurde ebenfalls in Stahlbeton hergestellt, alle Außenwände sind in Holzständerbauweise mit Holz-Weichfaserdämmung gefertigt. Es wurden Holz-Alufenster eingebaut, die Fassaden sind teilweise verputzt, teilweise holzverschalt. Aus Gründen des Schallschutzes wurden die Decken als sichtbare Massivholzdecken mit erhöhtem Trittschallschutz errichtet. Die Böden wurden mit Linoleum und Fliesen belegt, auf den Terrassenböden sind Lärchenholzdielen verbaut. Die mit Fliesen belegte Stahlbetontreppe erhielt ein massives Stahlplattengeländer. Das Dach ist mit einer Edelstahl-Banddeckung eingedeckt.

Technische Anlagen

Eine Solewärmepumpe mit drei ca. 100m tiefen Erdsonden versorgt das Gebäude mit Wärme. Eine Fußbodenheizung verteilt die Heizwärme in allen Geschossen. Die Frischwasserbereitung erfolgt mit Hilfe von Wohnungsstationen in jeder Einheit. Eine PV-Anlage mit 27kWp sorgt für die Eigenstromversorgung. Das Erdgeschoss wird Mithilfe einer zentralen Lüftungsanlage mit Wärmerückgewinnung mit Frischluft versorgt.

Sonstiges

Die Außenanlage zu dem Gebäude ist unter der Objektnummer 6100-1653 separat dokumentiert.

Energetische Kennwerte

Gesetzliche Grundlage: EnEV 2013
Gebäudenutzfläche: 545,00m²
Gebäudevolumen: 1.702,00m³
Hüllfläche des beheizten Volumens: 908,00m²
Spez. Transmissionswärmeverlust: 0,27W/(m²·K)
Spez. Jahresprimärenergiebedarf: 12,53kWh/(m²·a)

Energetische Angaben zu Außenbauteilen

Bodenplatte

U-Wert: 0,17 W/(m²·K)

Gesamtdicke: 80,05 cm	d [cm]	λ [W/(m·K)]
Fliesen	1,00	1,300
Estrich	6,50	1,400
Trittschalldämmung	3,50	0,045
Dämmung	4,00	0,040
Abdichtung	0,05	0,170
Stahlbeton	25,00	2,300
Schaumglasschotter	40,00	0,105

Außenwand

U-Wert: 0,16 W/(m²·K)

Gesamtdicke: 33,50 cm	d [cm]	λ [W/(m·K)]
GF-Platte	1,00	0,320
Dämmung	4,00	0,040
Holz	4,00	0,130
OSB-Platte	1,50	0,130
Dämmung	20,00	0,040
Holz	20,00	0,130
Holzfaserplatte	6,00	0,050
Außenputz	1,00	1,000

Dachterrasse

U-Wert: 0,15 W/(m²·K)

Gesamtdicke: 32,55 cm	d [cm]	λ [W/(m·K)]
Holz	20,00	0,130
Dampfsperre	0,40	0,170
Dämmung	12,00	0,025
Abdichtung	0,15	0,170

Dach

U-Wert: 0,15 W/(m²·K)

Gesamtdicke: 35,57 cm	d [cm]	λ [W/(m·K)]
GK-Platte	1,25	0,250
OSB-Platte	1,50	0,130
PE-Folie	0,02	0,330
Dämmung	24,00	0,040
Holz	24,00	0,130
Holz	2,50	0,130
Abdichtung	0,31	2,300
Holzfaserplatte	6,00	0,042

Planungskennwerte für Flächen und Rauminhalte nach DIN 277

Flächen des Grundstücks		Menge Einheit	% an GF
BF	Bebaute Fläche	254,44 m²	38,4
UF	Unbebaute Fläche	408,56 m²	61,6
GF	Grundstücksfläche	663,00 m²	100,0

Grundflächen des Bauwerks		Menge Einheit	% an NUF	% an BGF
NUF	Nutzungsfläche	420,39 m²	100,0	65,6
TF	Technikfläche	17,70 m²	4,2	2,8
VF	Verkehrsfläche	81,51 m²	19,4	12,7
NRF	Netto-Raumfläche	519,60 m²	123,6	81,1
KGF	Konstruktions-Grundfläche	121,40 m²	28,9	18,9
BGF	Brutto-Grundfläche	641,00 m²	152,5	100,0

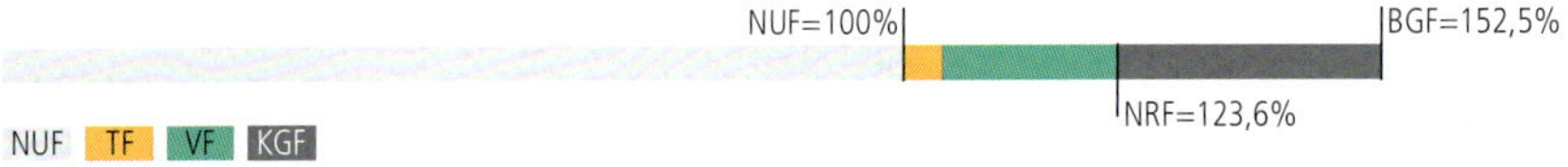

Brutto-Rauminhalt des Bauwerks		Menge Einheit	BRI/NUF (m)	BRI/BGF (m)
BRI	Brutto-Rauminhalt	1.942,77 m³	4,62	3,03

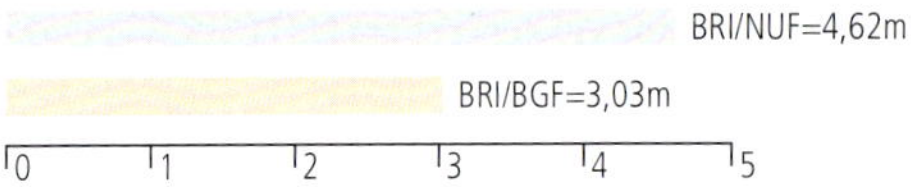

Kostenkennwerte für die Kostengruppen der 1.Ebene DIN 276

KG	Kostengruppen (1. Ebene)	Einheit	Kosten €	€/Einheit	€/m² BGF	€/m³ BRI	% 300+400
100	Grundstück	m² GF	–	–	–	–	–
200	Vorbereitende Maßnahmen	m² GF	–	–	–	–	–
300	Bauwerk – Baukonstruktionen	m² BGF	903.355	1.409,29	1.409,29	464,98	78,8
400	Bauwerk – Technische Anlagen	m² BGF	243.386	379,70	379,70	125,28	21,2
	Bauwerk 300+400	**m² BGF**	**1.146.741**	**1.788,99**	**1.788,99**	**590,26**	**100,0**
500	Außenanlagen und Freiflächen	m² AF	–	–	–	–	–
600	Ausstattung und Kunstwerke	m² BGF	–	–	–	–	–
700	Baunebenkosten	m² BGF	–	–	–	–	–
800	Finanzierung	m² BGF	–	–	–	–	–

KG	Kostengruppe	Menge Einheit	Kosten €	€/Einheit	%
3+4	**Bauwerk**				**100,0**
300	**Bauwerk – Baukonstruktionen**	641,00 m² BGF	903.355	**1.409,29**	78,8

Bodenarbeiten; Stb-Bodenplatte, Abdichtung, Dämmung, Heizestrich, Bodenfliesen, Linoleum, Lärchenholzdielen, Schaumglasschotter; Stb-Aufkantung, Stb-Wände, Holzrahmenwände, Dämmung, Holz-Alufenster, Holz-Alutüre, OSB-Platten, Holzfaserdämmplatten, Putz, Holzbekleidung, Gipsfaserplatten, Beschichtung, Wandfliesen, Raffstores; Stb-Wände, GK-Wände, Holz-Schiebetüren, Holztüren, Gipsfaserplatten, Beschichtung, Wandfliesen; Massivholzdecken, Stb-Treppe, Dämmung, Heizestrich, Linoleum, Bodenfliesen, Lärchen-Terrassendielen, abgehängte Rasterdecken, massives Stahlplattengeländer; Holz-Sparren-Pfettendach, Weichfaserdämmung, Schalung, Edelstahl-Banddeckung, Dachentwässerung

KG	Kostengruppe	Menge Einheit	Kosten €	€/Einheit	%
400	**Bauwerk – Technische Anlagen**	641,00 m² BGF	243.386	**379,70**	21,2

Gebäudeentwässerung, Kalt- und Warmwasserleitungen, Wohnungsstationen, Sanitärobjekte; Wasser-Sole-Wärmepumpe 20kW, 100m tiefe Erdsonden, Pufferspeicher 950l, Fußbodenheizung; zentrale Lüftungsanlage mit Wärmerückgewinnung, feuchtegesteuerte Bad-Entlüfter; PV-Anlage 126m², Elektroinstallation, Beleuchtung; LAN-Anschlüsse

6100-1657
Studierenden-
appartements (11 WE)

Objektübersicht

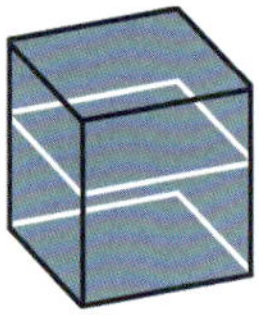

BRI 1.112€/m³

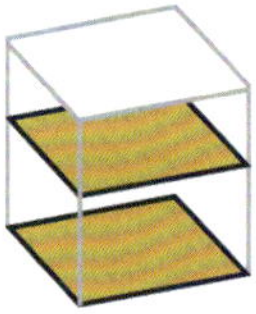

BGF 3.485€/m²

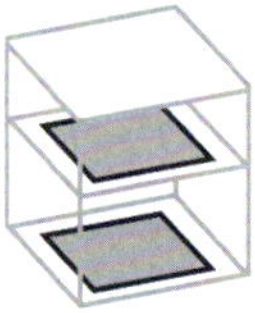

NUF 6.017€/m²

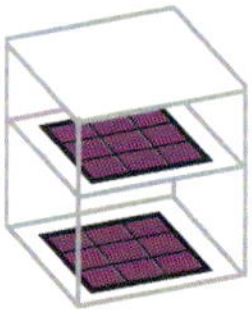

NE 6.017€/NE

NE: Wohnfläche

Objekt:
Kennwerte: 1.Ebene DIN 276
BRI: 1.234m³
BGF: 394m²
NUF: 228m²
Bauzeit: 26 Wochen
Bauende: 2021
Standard: Durchschnitt
Bundesland: Hessen
Kreis: Fulda

Architekt*in:
HfM Architektur
+ Energiedesign
Peterstor 10
36037 Fulda

Bauherr*in:
André Eydt
Am Tannenstück 20
36041 Fulda

© Katharina Wagner

© Katharina Wagner

© Katharina Wagner

© Katharina Wagner

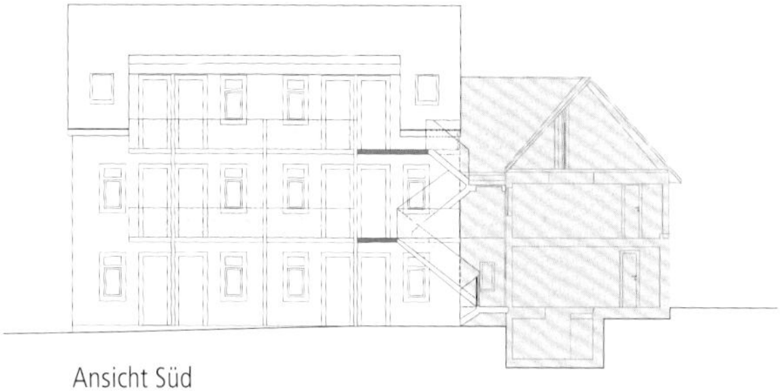

Ansicht Süd

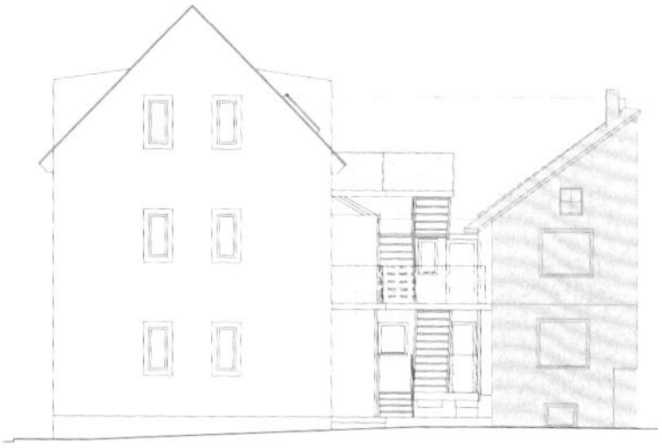

Ansicht West

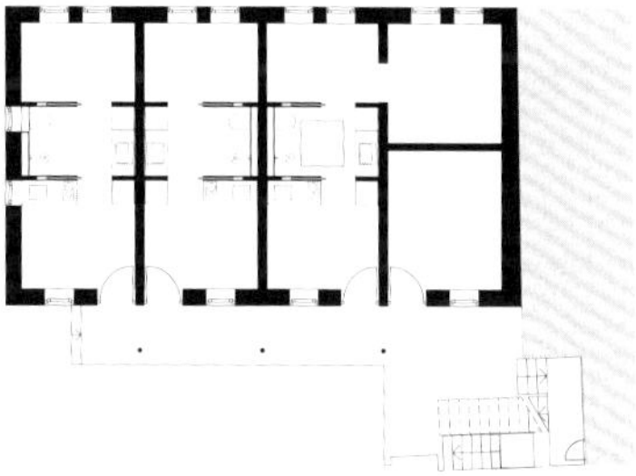

Erdgeschoss

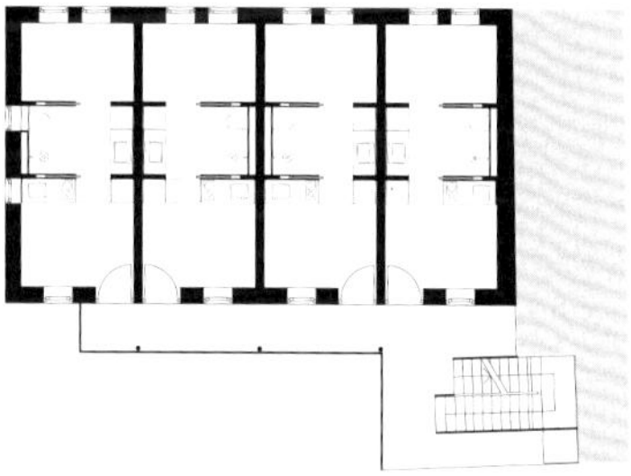

Obergeschoss

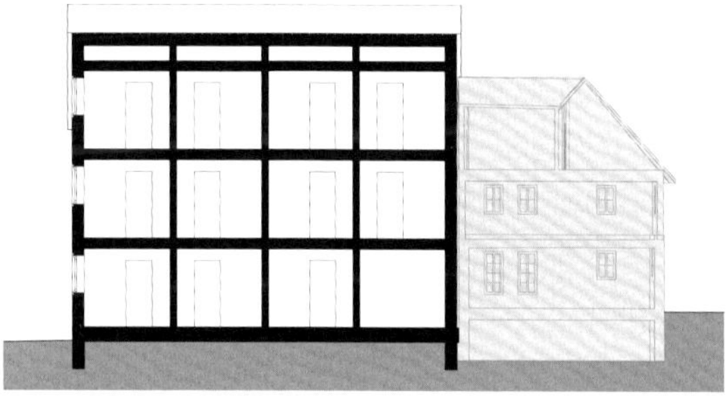

Schnitt A-A

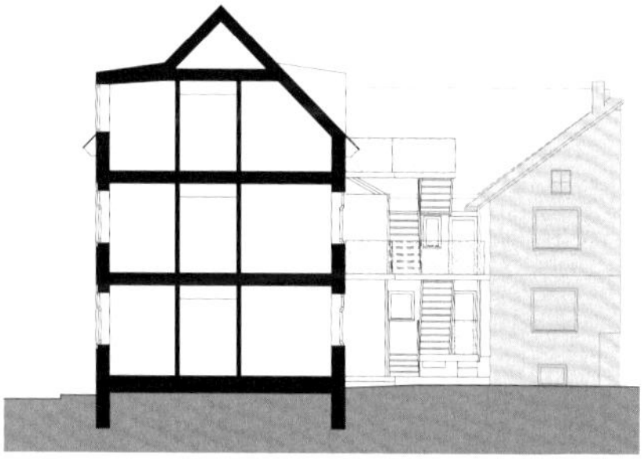

Schnitt B-B

Ansicht Nord

Objektbeschreibung

Allgemeine Objektinformationen

Der Bauherr hat einen Altbau mit vier Wohneinheiten und einer angrenzenden Baulücke erworben. Diese Baulücke sollte größtmöglich bebaut und mit einer maximalen Anzahl an Wohneinheiten in der Effizienzhausklasse 40plus realisiert werden. Nach Fertigstellung wurden die elf Appartements vollständig an Studierende vermietet.

Nutzung

1 Erdgeschoss
drei Appartements mit Wohn-Schlafraum, Küche, Bad, Technik, Abstellraum

1 Obergeschoss
vier Appartements mit Wohn-Schlafraum, Küche, Bad, Laubengang

1 Dachgeschoss
vier Appartements mit Wohn-Schlafraum, Küche, Bad, Laubengang

Nutzeinheiten

Wohneinheiten: 11
Wohnfläche: 228 m^2

Grundstück

Bauraum: Baulücke
Neigung: Ebenes Gelände
Bodenklasse: BK 1 bis BK 4

Markt

Hauptvergabezeit: 1. Quartal 2021
Baubeginn: 1. Quartal 2021
Bauende: 3. Quartal 2021
Konjunkturelle Gesamtlage: über Durchschnitt
Regionaler Baumarkt: Durchschnitt

Baukonstruktion

Der nicht unterkellerte Anbau gründet auf einer Bodenplatte. Für das Tragwerk der Wohngeschosse wurde ein Holzrahmenbau mit Zellulosedämmung gewählt. Alle Wände wurden von der Holzbaufirma vorproduziert und vor Ort errichtet. Dadurch verkürzte sich die Bauzeit erheblich. Das Dach wurde klassisch als zimmermannsmäßiges Pfettendach ausgeführt und mit Ziegeln gedeckt. Bei den Fenstern handelt es sich um dreifachverglaste Holzfenster. Die Fassade erhielt einen grauen Verputz. Eine Stahltreppenanlage mit Laubengängen, die gleichzeitig als Balkone genutzt werden können, wurden vor das Gebäude gehängt. Die Böden wurden mit Linoleum belegt.

Technische Anlagen

Ein Gas-BHKW mit Pufferspeicher versorgt den Neubau mit Wärme. Die Verteilung der Heizwärme erfolgt über Fußbodenheizung. Außerdem wurde eine Lüftungsanlage mit Wärmerückgewinnung eingebaut. Die Luftdichtheit der Räume wurde mit einem Blower-Door-Test bestätigt.

Sonstiges

Die Lochfassade mit ihren hochformatigen Einzelfenstern nimmt die horizontalen Linien des Bestandsbaus auf und fügt sich so gut in das Stadtbild ein.

Energetische Kennwerte

Gesetzliche Grundlage: EnEV 2013
Gebäudenutzfläche: 323,00 m^2
Gebäudevolumen: 1.009,00 m^3
Hüllfläche des beheizten Volumens: 579,50 m^2
Spez. Transmissionswärmeverlust: 0,25 W/(m^2·K)
Spez. Jahresprimärenergiebedarf: 26,90 kWh/(m^2·a)
Anlagenaufwandszahl: 0,56

Energetische Angaben zu Außenbauteilen

Bodenplatte

U-Wert: 0,19 W/(m²·K)

Gesamtdicke: 55,40 cm	d [cm]	λ [W/(m·K)]
Bodenbelag	1,00	1,000
Estrich	6,00	1,400
Dämmung	2,00	0,040
Dämmung	8,00	0,035
Bitumenbahn	0,40	0,170
Stahlbeton	30,00	2,100
Dämmung	8,00	0,038

Außenwand

U-Wert: 0,14 W/(m²·K)

Gesamtdicke: 38,75 cm	d [cm]	λ [W/(m·K)]
GK-Platte	1,25	0,250
OSB-Platte	2,00	0,130
Dämmung	26,00	0,040
Holz	26,00	0,180
Dämmung	8,00	0,043
Außenputz	1,50	1,000

Dach

U-Wert: 0,14 W/(m²·K)

Gesamtdicke: 37,75 cm	d [cm]	λ [W/(m·K)]
GK-Platte	1,25	0,250
Luftschicht	3,00	0,156
OSB-Platte	1,50	0,130
Dämmung	26,00	0,040
Holz	26,00	0,130
Dämmung	6,00	0,043

Planungskennwerte für Flächen und Rauminhalte nach DIN 277

Flächen des Grundstücks		Menge Einheit	% an GF
BF	Bebaute Fläche	275,33 m²	65,8
UF	Unbebaute Fläche	143,05 m²	34,2
GF	Grundstücksfläche	418,38 m²	100,0

Grundflächen des Bauwerks		Menge Einheit	% an NUF	% an BGF
NUF	Nutzungsfläche	228,17 m²	100,0	57,9
TF	Technikfläche	10,61 m²	4,7	2,7
VF	Verkehrsfläche	60,85 m²	26,7	15,4
NRF	Netto-Raumfläche	299,63 m²	131,3	76,1
KGF	Konstruktions-Grundfläche	94,30 m²	41,3	23,9
BGF	Brutto-Grundfläche	393,93 m²	172,6	100,0

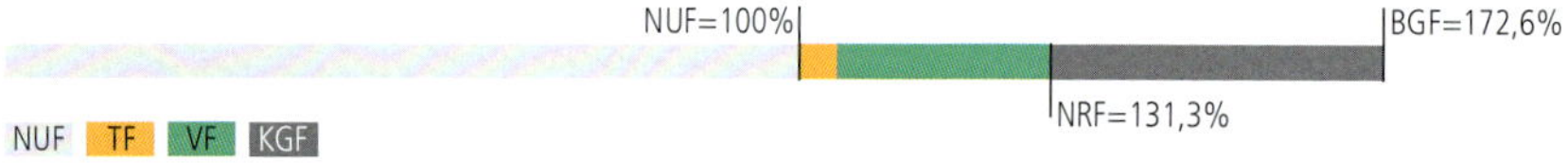

Brutto-Rauminhalt des Bauwerks		Menge Einheit	BRI/NUF (m)	BRI/BGF (m)
BRI	Brutto-Rauminhalt	1.234,42 m³	5,41	3,13

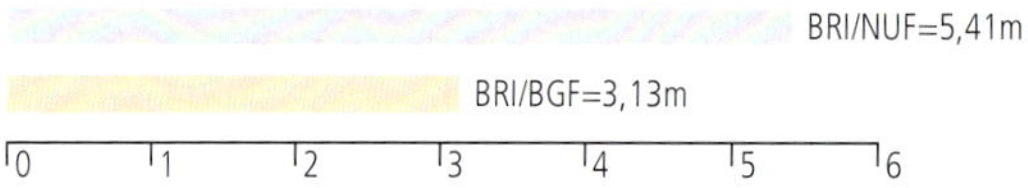

Kostenkennwerte für die Kostengruppen der 1.Ebene DIN 276

KG	Kostengruppen (1. Ebene)	Einheit	Kosten €	€/Einheit	€/m² BGF	€/m³ BRI	% 300+400
100	Grundstück	m² GF	–	–	–	–	–
200	Vorbereitende Maßnahmen	m² GF	28.406	67,90	72,11	23,01	2,1
300	Bauwerk – Baukonstruktionen	m² BGF	1.152.945	2.926,78	2.926,78	934,00	84,0
400	Bauwerk – Technische Anlagen	m² BGF	220.012	558,51	558,51	178,23	16,0
	Bauwerk 300+400	**m² BGF**	**1.372.956**	**3.485,28**	**3.485,28**	**1.112,23**	**100,0**
500	Außenanlagen und Freiflächen	m² AF	46.758	537,45	118,70	37,88	3,4
600	Ausstattung und Kunstwerke	m² BGF	21.660	54,99	54,99	17,55	1,6
700	Baunebenkosten	m² BGF	–	–	–	–	–
800	Finanzierung	m² BGF	–	–	–	–	–

KG	Kostengruppe	Menge Einheit	Kosten €	€/Einheit	%
200	**Vorbereitende Maßnahmen**	418,38 m² GF	28.406	**67,90**	2,1
	Erschließung: Abwasseranschluss, Stromanschluss				
3+4	**Bauwerk**				**100,0**
300	**Bauwerk – Baukonstruktionen**	393,93 m² BGF	1.152.945	**2.926,78**	84,0
	Baugrubenaushub; Stb-Fundamente, Stb-Bodenplatte, Abdichtung, Dämmung, Heizestrich, geschliffen, versiegelt; Holzrahmenbauwände, Holzfenster, Dreifachverglasung, Holztüren, Wärmedämmung, Außenputz, GK-Bekleidung, Sonnenschutzplissees; Holzrahmenbauwände, Wandfliesen, Schiebetüren; Massivholzdecken, Stahltreppen, Heizestrich, geschliffen, versiegelt, Spanndecken, Stahlgeländer, Treppengeländer; Holz-Satteldach, Sparren, Dachgauben, Dachfenster, Dämmung, Ziegeldeckung, Dachentwässerung, GK-Bekleidung; Einbauküchen, Einbauschränke mit Schreibtischen, Einbauregale, Waschtischeinbauelemente				
400	**Bauwerk – Technische Anlagen**	393,93 m² BGF	220.012	**558,51**	16,0
	Gebäudeentwässerung, Kalt- und Warmwasserleitungen, Sanitärobjekte; gasbetriebenes BHKW mit Pufferspeicher, Fußbodenheizung; kontrollierte Be- und Entlüftung mit Wärmerückgewinnung; Elektroinstallation, Beleuchtung; Fernseh- und Antennenanlagen, Rauchmelder				
500	**Außenanlagen und Freiflächen**	87,00 m² AF	46.758	**537,45**	3,4
	Oberbodenarbeiten, Bodenarbeiten; Pflasterarbeiten Innenhof; Oberbodenauftrag, Stauden, Rasen				
600	**Ausstattung und Kunstwerke**	393,93 m² BGF	21.660	**54,99**	1,6
	Holzbetten, Regalbretter zu den Einbaumöbeln				

6100-1669
Mehrfamilienhäuser
(2 Gebäude)
(18 WE, 2 GE)

Objektübersicht

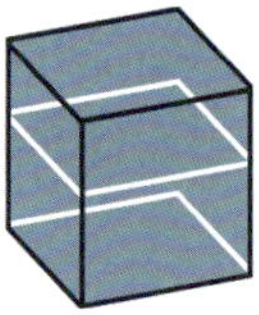

BRI 774 €/m³

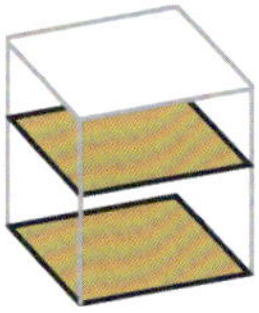

BGF 2.353 €/m²

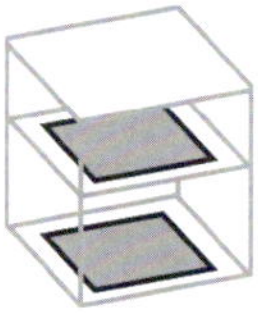

NUF 3.537 €/m²

Objekt:
Kennwerte: 1.Ebene DIN 276
BRI: 9.576 m³
BGF: 3.148 m²
NUF: 2.094 m²
Bauzeit: 122 Wochen
Bauende: 2022
Standard: Durchschnitt
Bundesland: Berlin
Kreis: Berlin, Stadt

Architekt*in:
IFUB GmbH
Immanuelkirchstraße 23
10405 Berlin

© Thomas Straub

© Thomas Straub

© Thomas Straub

© Thomas Straub

© Thomas Straub

Ansicht Nord Vorderhaus

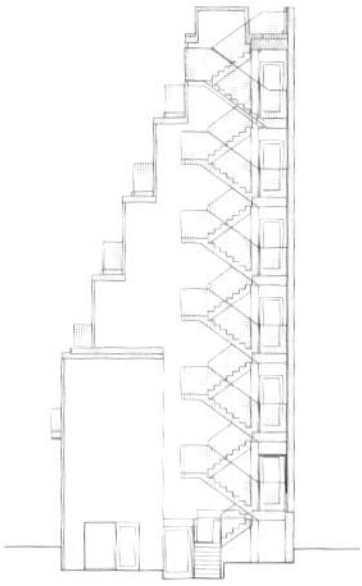

Ansicht Nord Gartenhaus

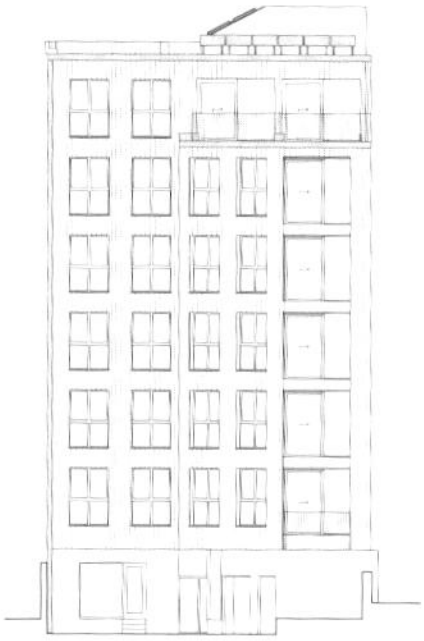

Ansicht Süd Vorderhaus

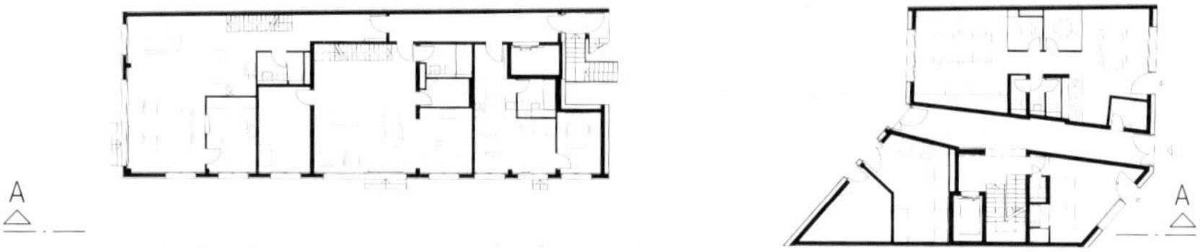

Erdgeschoss

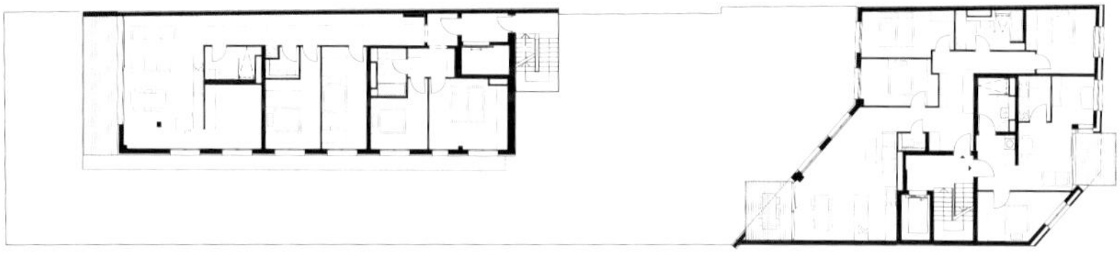

3. Obergeschoss

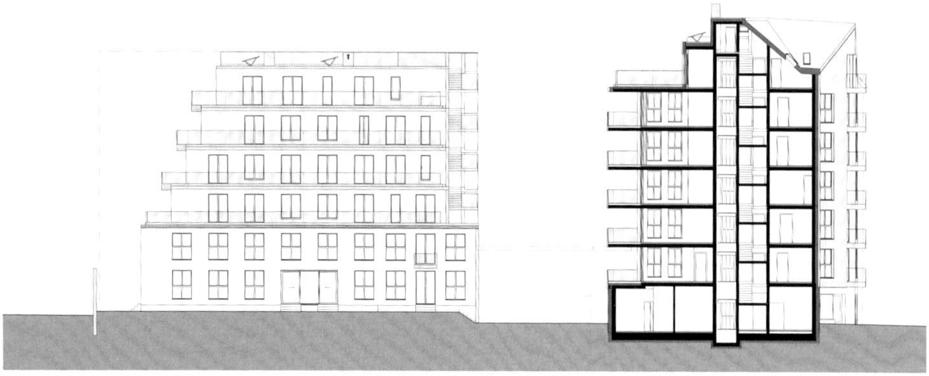

Schnitt A-A

Objektbeschreibung

Allgemeine Objektinformationen

Auf dem Grundstück in einer sehr schmalen, länglichen Baulücke entstanden ein Vorder- und ein Gartenhaus, das an die Brandwand des Nachbarhauses angebaut wurde. Als Bauherren haben sich 15 Familien zu einer sogenannten Baugruppe zusammengetan. Entstanden ist ein ökologisch durchdachtes, modernes Haus, auf das die Bauherren in Konzeption und Gestaltung viel Einfluss nahmen.

Nutzung

1 Untergeschoss
Hinterhaus: Abstellräume, Gemeinschaftsräume, WC, Technik, Flur, Aufzug

1 Erdgeschoss
Vorderhaus: Gewerbeeinheiten, WC, Flur, Müllraum, Treppenhaus, Aufzug
Hinterhaus: Wohnräume, Schlafräume, Bäder, Küchen, Flure, Treppenhaus, Aufzug

5 Obergeschosse
Wohnräume, Schlafräume, Bäder, Küchen, Flure, Treppenhäuser, Aufzüge

1 Dachgeschoss
Dachterrassen, Treppenausgänge

Nutzeinheiten

Gebäude: 2
Verkaufsfläche: 90 m²
Wohneinheiten: 18
Wohnfläche: 1.672 m²

Grundstück

Bauraum: Beengter Bauraum
Neigung: Geneigtes Gelände
Bodenklasse: BK 3 bis BK 5

Markt

Hauptvergabezeit: 1. Quartal 2020
Baubeginn: 1. Quartal 2020
Bauende: 3. Quartal 2022
Konjunkturelle Gesamtlage: unter Durchschnitt
Regionaler Baumarkt: über Durchschnitt

Baukonstruktion

Aus Brandschutzgründen fiel die Wahl der Baustoffe auf eine Hybridkonstruktion aus Stahlbeton und Holz. Gegründet sind die Bauten auf einer 60cm starke Stahlbeton-Fundamentplatte, sie trägt die massiven Stahlbeton- und Mauerwerkswände an der Grundstücksgrenze ebenso wie die gedämmten Holzsandwichfassaden zur Gartenseite. Die Außenwände sind unterschiedlich bekleidet. Es kamen sowohl glasierte Riemchen als auch Alu-Wellplatten sowie eine hinterlüftete Lärchenholzbekleidung zum Einsatz. Die Holz- und Alufenster wurden mit einer Dreifachverglasung ausgestattet. Die Decken und Flachdächer sind als Stahlbeton-Elementdecken, teilweise in Ortbeton, ausgeführt, die Steildächer als nicht hinterlüftete Sparrendächer. Sie wurden bituminös abgedichtet. Die Flachdächer sind extensiv begrünt. In den Innenräumen sind die Böden mit Parkett und Bodenfliesen belegt. Die Decken wurden zum Teil in Sichtbeton belassen.

Technische Anlagen

Das haustechnische Konzept basiert auf einer Abluft-Wärmepumpe, die das Warmwasser aus der Wärme der Abluft der Wohnungen gewinnt. Durch die Außenwand-Luftdurchlässe strömt Luft nach und sorgt damit automatisch für den notwendigen Luftwechsel. Kombiniert wird das System mit städtischer Fernwärme zur Beheizung. Photovoltaikmodule auf dem Dach unterstützen den Betrieb der Wärmepumpe.

Sonstiges

Stellplätze für Autos wurden nicht gewünscht und von Seiten der Stadt nicht gefordert. Das machte die Begrünung des Innenhofs möglich, der von der Hausgemeinschaft genutzt wird. Angeschlossen an den Innenhof ist auch ein flexibel nutzbarer Gemeinschaftsraum. Für die energetischen Werte wurden die Angaben des Vorderhauses zugrunde gelegt.

Energetische Kennwerte

Gesetzliche Grundlage: EnEV 2013
Gebäudenutzfläche: 1.105,50 m²
Gebäudevolumen: 3.164,30 m³
A/V_e-Verhältnis (Kompaktheit): 0,25 m⁻¹
Hüllfläche des beheizten Volumens: 977,60 m²
Spez. Transmissionswärmeverlust: 0,40 W/(m²·K)
Spez. Jahresprimärenergiebedarf: 28,14 kWh/(m²·a)

Energetische Angaben zu Außenbauteilen

Bodenplatte

U-Wert: 0,23 W/(m²·K)

Gesamtdicke: 106,10 cm	d [cm]	λ [W/(m·K)]
Estrich	5,90	1,400
PE-Folie	0,10	2,300
Trittschalldämmung	2,50	0,032
Bitumenbahn	0,40	0,230
Beton	24,70	1,650
Bitumenbahn	0,40	0,230
Stahlbeton	60,00	2,500
PE-Folie	0,10	2,300
Dämmung	12,00	0,041

Außenwand hinterlüftet Kalksandstein

U-Wert: 0,20 W/(m²·K)

Gesamtdicke: 41,00 cm	d [cm]	λ [W/(m·K)]
Innenputz	1,00	0,700
Kalksandstein	20,00	1,100
Holz	18,00	0,130
Dämmung	18,00	0,032
Holzfaserplatte	2,00	0,120

Außenwand hinterlüftet Holz

U-Wert: 0,19 W/(m²·K)

Gesamtdicke: 27,70 cm	d [cm]	λ [W/(m·K)]
GK-Platte	1,25	0,250
GK-Platte	1,25	0,250
Holz	5,00	0,130
Dämmung	5,00	0,032
OSB-Platte	2,20	0,130
Holz	16,00	0,130
Dämmung	16,00	0,038
Holzfaserplatte	2,00	0,120

Dach

U-Wert: 0,14 W/(m²·K)

Gesamtdicke: 31,97 cm	d [cm]	λ [W/(m·K)]
GK-Platte	1,25	0,250
Holz	2,00	0,130
Dämmung	2,00	0,032
Dampfsperre	0,10	2,400
Holz	24,00	0,130
Dämmung	24,00	0,032
Holz	3,80	0,130
Bitumenbahn	0,30	0,170
Bitumenbahn	0,52	0,170

Dach Gründach / Dachterrasse

U-Wert: 0,16 W/(m²·K)

Gesamtdicke: 43,22 cm	d [cm]	λ [W/(m·K)]
Stahlbeton	25,00	2,500
Bitumenbahn	0,40	0,170
Dämmung	16,90	0,028
Bitumenbahn	0,42	0,170
Wurzelschutzbahn	0,50	0,170

Planungskennwerte für Flächen und Rauminhalte nach DIN 277

Flächen des Grundstücks		Menge Einheit	% an GF
BF	Bebaute Fläche	464,32 m²	56,9
UF	Unbebaute Fläche	351,68 m²	43,1
GF	Grundstücksfläche	816,00 m²	100,0

Grundflächen des Bauwerks		Menge Einheit	% an NUF	% an BGF
NUF	Nutzungsfläche	2.094,46 m²	100,0	66,5
TF	Technikfläche	21,55 m²	1,0	0,7
VF	Verkehrsfläche	516,68 m²	24,7	16,4
NRF	Netto-Raumfläche	2.632,69 m²	125,7	83,6
KGF	Konstruktions-Grundfläche	515,60 m²	24,6	16,4
BGF	Brutto-Grundfläche	3.148,29 m²	150,3	100,0

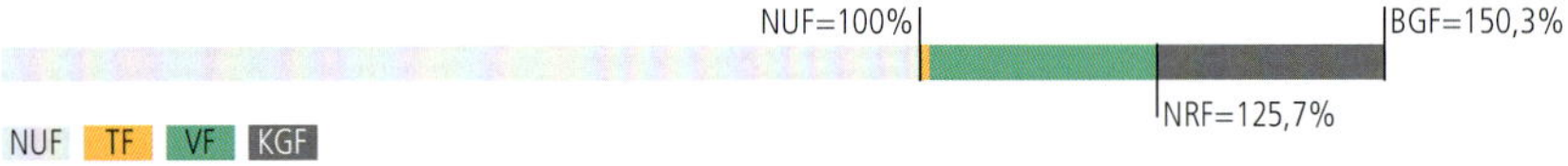

Brutto-Rauminhalt des Bauwerks		Menge Einheit	BRI/NUF (m)	BRI/BGF (m)
BRI	Brutto-Rauminhalt	9.576,00 m³	4,57	3,04

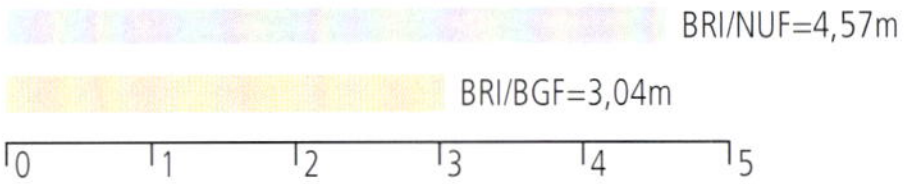

Kostenkennwerte für die Kostengruppen der 1.Ebene DIN 276

KG	Kostengruppen (1. Ebene)	Einheit	Kosten €	€/Einheit	€/m² BGF	€/m³ BRI	% 300+400
100	Grundstück	m² GF	–	–	–	–	–
200	Vorbereitende Maßnahmen	m² GF	332.996	408,08	105,77	34,77	4,5
300	Bauwerk – Baukonstruktionen	m² BGF	5.755.547	1.828,15	1.828,15	601,04	77,7
400	Bauwerk – Technische Anlagen	m² BGF	1.652.204	524,79	524,79	172,54	22,3
	Bauwerk 300+400	**m² BGF**	**7.407.751**	**2.352,94**	**2.352,94**	**773,57**	**100,0**
500	Außenanlagen und Freiflächen	m² AF	229.402	652,30	72,87	23,96	3,1
600	Ausstattung und Kunstwerke	m² BGF	–	–	–	–	–
700	Baunebenkosten	m² BGF	–	–	–	–	–
800	Finanzierung	m² BGF	–	–	–	–	–

KG	Kostengruppe	Menge Einheit	Kosten €	€/Einheit	%
200	**Vorbereitende Maßnahmen**	816,00 m² GF	332.996	**408,08**	4,5
	Abbruch bestehende Bebauung				
3+4	**Bauwerk**				**100,0**
300	**Bauwerk – Baukonstruktionen**	3.148,29 m² BGF	5.755.547	**1.828,15**	77,7
	Stb-Fundamentplatten, Abdichtung, Dämmung, Estrich, Bodenbeschichtung, Bodenfliesen, Parkett; Stb-Wände, KS-Mauerwerk, Alufenster, Alutüren, Holzfenster, Dreifachverglasung, Holzsandwichfassade, hinterlüftet, Alu-Wellplatten, glasierte Riemchenfassade, Innenputz, Wandfliesen, Beschichtung, Sonnenschutz; Stb-Wände, KS-Mauerwerk, GK-Wände, Holztüren, Röhrenspan, Putz, Beschichtung, Wandfliesen; Stb-Decken, oberflächenfertig, Stb-Fertigtreppen, Stb-Balkone, Dämmung, Estrich, Parkett, Bodenfliesen, Beschichtung, Stahl-Treppengeländer, Holz-Balkongeländer; Stb-Flachdächer, Steildach als Holz-Sparrendach, Dachflächenfenster, Dämmung, Abdichtung, extensive Dachbegrünung, Terrassenplatten, Holz-Terrassengeländer, Dachentwässerung				
400	**Bauwerk – Technische Anlagen**	3.148,29 m² BGF	1.652.204	**524,79**	22,3
	Gebäudeentwässerung, Kalt- und Warmwasserleitungen, Warmwasserspeicher, Sanitärobjekte; Abluft-Wärmepumpe, Fernwärme, Fußbodenheizung; AW-Nachströmdurchlässe mit Wärmerückgewinnung; PV-Anlage, Elektroinstallation, Beleuchtung; Personenaufzüge				
500	**Außenanlagen und Freiflächen**	351,68 m² AF	229.402	**652,30**	3,1
	Betonplattenbeläge, Fahrradrampe, Terrassenpflaster, Spielplatzflächen, Traufstreifen; Winkelstützwände, Treppen; Oberflächenentwässerung; Bepflanzung, Wandbegrünung, Rasen				

Gemeindezentren

9

Kostenkennwerte für die Kosten des Bauwerks (Kostengruppen 300+400 nach DIN 276)

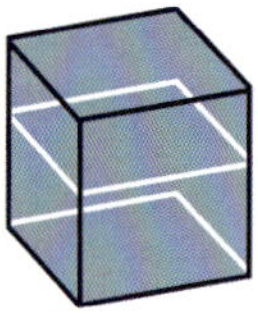

BRI 665 €/m³
von 540 €/m³
bis 785 €/m³

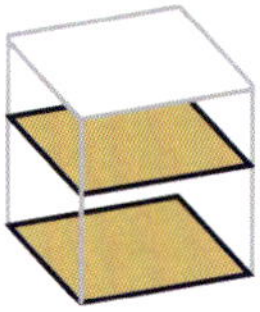

BGF 3.000 €/m²
von 2.220 €/m²
bis 3.625 €/m²

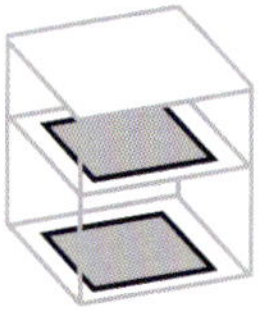

NUF 4.295 €/m²
von 3.375 €/m²
bis 5.230 €/m²

Kosten:
Stand 2. Quartal 2024
Bundesdurchschnitt
inkl. 19% MwSt.

Objektbeispiele

6400-0120

6400-0122

6400-0126

Kosten der 17 Vergleichsobjekte

Seiten 524 bis 557

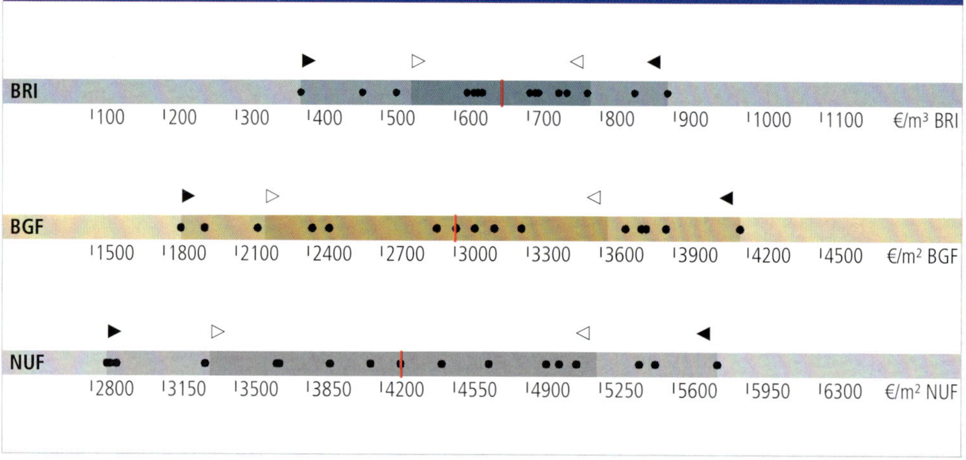

- ● KKW
- ▶ min
- ▷ von
- | Mittelwert
- ◁ bis
- ◀ max

Kostenkennwerte für die Kostengruppen der 1. und 2.Ebene DIN 276

KG	Kostengruppen der 1.Ebene	Einheit	▷	€/Einheit	◁	▷	% an 300+400	◁
100	Grundstück	m² GF	–	**–**	–	–	**–**	–
200	Vorbereitende Maßnahmen	m² GF	15	**34**	105	1,2	**3,5**	6,8
300	Bauwerk – Baukonstruktionen	m² BGF	1.733	**2.319**	2.819	72,9	**77,3**	81,4
400	Bauwerk – Technische Anlagen	m² BGF	510	**682**	942	18,6	**22,7**	27,1
	Bauwerk 300+400	m² BGF	2.219	**3.000**	3.627	100,0	**100,0**	100,0
500	Außenanlagen und Freiflächen	m² AF	56	**140**	295	2,7	**8,7**	17,0
600	Ausstattung und Kunstwerke	m² BGF	19	**55**	112	0,7	**2,2**	4,3
700	Baunebenkosten*	m² BGF	740	**794**	849	24,6	**26,5**	28,3 ◁
800	Finanzierung	m² BGF	–	**–**	–	–	**–**	–

* Auf Grundlage der HOAI 2021 berechnete Werte nach §§ 35, 52, 56. Weitere Informationen siehe Seite 32

KG	Kostengruppen der 2.Ebene	Einheit	▷	€/Einheit	◁	▷	% an 1.Ebene	◁
310	Baugrube / Erdbau	m³ BGI	37	**81**	151	0,3	**1,4**	2,3
320	Gründung, Unterbau	m² GRF	413	**454**	512	14,3	**16,1**	17,4
330	Außenwände / vertikal außen	m² AWF	767	**851**	958	27,7	**32,8**	38,9
340	Innenwände / vertikal innen	m² IWF	444	**507**	603	9,3	**15,2**	17,2
350	Decken / horizontal	m² DEF	414	**574**	747	0,7	**4,5**	9,9
360	Dächer	m² DAF	403	**469**	578	19,7	**22,5**	24,6
370	Infrastrukturanlagen		–	**–**	–	–	**–**	–
380	Baukonstruktive Einbauten	m² BGF	49	**76**	115	2,0	**3,1**	4,8
390	Sonst. Maßnahmen für Baukonst.	m² BGF	79	**107**	149	3,3	**4,4**	6,1
300	**Bauwerk – Baukonstruktionen**	**m² BGF**					**100,0**	
410	Abwasser-, Wasser-, Gasanlagen	m² BGF	82	**100**	125	12,8	**16,2**	20,7
420	Wärmeversorgungsanlagen	m² BGF	88	**140**	157	19,1	**22,4**	27,3
430	Raumlufttechnische Anlagen	m² BGF	15	**77**	165	2,6	**10,6**	21,7
440	Elektrische Anlagen	m² BGF	220	**257**	311	33,3	**41,2**	45,5
450	Kommunikationstechnische Anlagen	m² BGF	9	**34**	54	1,5	**5,3**	8,7
460	Förderanlagen	m² BGF	–	**–**	–	–	**–**	–
470	Nutzungsspez. / verfahrenstech. Anl.	m² BGF	< 1	**11**	40	< 0,1	**1,9**	9,2
480	Gebäude- und Anlagenautomation	m² BGF	14	**46**	78	0,3	**2,4**	9,8
490	Sonst. Maßnahmen f. techn. Anl.	m² BGF	–	**2**	–	0,0	**< 0,1**	0,3
400	**Bauwerk – Technische Anlagen**	**m² BGF**					**100,0**	

Prozentanteile der Kosten 2.Ebene an den Kosten des Bauwerks nach DIN 276 (Von/Mittel/Bis)

KG	Kostengruppe	%
310	Baugrube / Erdbau	1,1
320	Gründung, Unterbau	12,8
330	Außenwände / vertikal außen	26,2
340	Innenwände / vertikal innen	11,9
350	Decken / horizontal	3,5
360	Dächer	17,8
370	Infrastrukturanlagen	
380	Baukonstruktive Einbauten	2,5
390	Sonst. Maßnahmen für Baukonst.	3,5
410	Abwasser-, Wasser-, Gasanlagen	3,2
420	Wärmeversorgungsanlagen	4,5
430	Raumlufttechnische Anlagen	2,5
440	Elektrische Anlagen	8,4
450	Kommunikationstechnische Anlagen	1,1
460	Förderanlagen	
470	Nutzungsspez. / verfahrenstech. Anl.	0,3
480	Gebäude- und Anlagenautomation	0,6
490	Sonst. Maßnahmen f. techn. Anl.	< 0,1

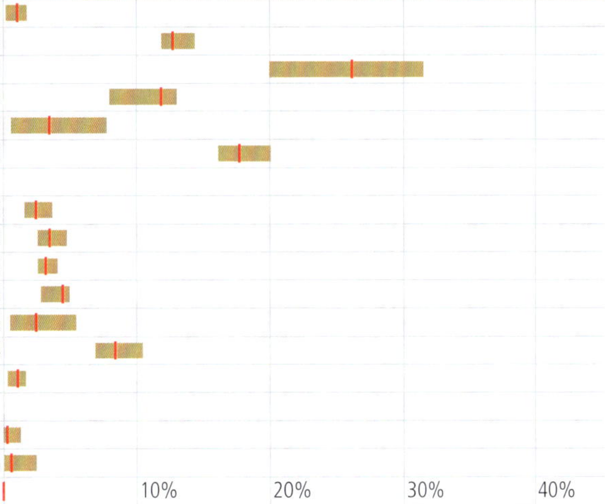

Prozentanteile der Kosten für Leistungsbereiche nach STLB (Kosten Bauwerk nach DIN 276)

Kosten:
Stand 2. Quartal 2024
Bundesdurchschnitt
inkl. 19% MwSt.

LB	Leistungsbereiche	7,5% 15% 22,5% 30%	▷	% an 300+400	◁
000	Sicherheits-, Baustelleneinrichtungen inkl. 001		2,1	**3,1**	4,5
002	Erdarbeiten		0,9	**1,8**	2,6
006	Spezialtiefbauarbeiten inkl. 005		–	**–**	–
009	Entwässerungskanalarbeiten inkl. 011		< 0,1	**0,3**	0,7
010	Drän- und Versickerarbeiten		–	**–**	–
012	Mauerarbeiten		< 0,1	**1,3**	6,0
013	Betonarbeiten		4,8	**6,4**	8,5
014	Natur-, Betonwerksteinarbeiten		0,0	**0,8**	3,8
016	Zimmer- und Holzbauarbeiten		12,7	**19,6**	29,8
017	Stahlbauarbeiten		0,2	**1,2**	2,5
018	Abdichtungsarbeiten		0,8	**1,7**	2,8
020	Dachdeckungsarbeiten		0,0	**1,6**	4,1
021	Dachabdichtungsarbeiten		0,6	**3,4**	5,7
022	Klempnerarbeiten		1,4	**2,4**	5,5
	Rohbau		36,6	**43,4**	53,0
023	Putz- und Stuckarbeiten, Wärmedämmsysteme		0,2	**1,7**	4,8
024	Fliesen- und Plattenarbeiten		1,0	**1,7**	3,0
025	Estricharbeiten		1,4	**1,7**	2,1
026	Fenster, Außentüren inkl. 029, 032		4,6	**8,9**	12,7
027	Tischlerarbeiten		6,3	**9,8**	14,6
028	Parkettarbeiten, Holzpflasterarbeiten		0,0	**1,2**	3,1
030	Rollladenarbeiten		0,3	**0,9**	1,9
031	Metallbauarbeiten inkl. 035		< 0,1	**0,5**	2,2
034	Maler- und Lackiererarbeiten inkl. 037		0,3	**1,3**	2,0
036	Bodenbelagarbeiten		0,1	**0,7**	1,5
038	Vorgehängte hinterlüftete Fassaden		0,6	**3,1**	6,5
039	Trockenbauarbeiten		2,2	**4,5**	8,0
	Ausbau		32,2	**36,1**	41,7
040	Wärmeversorgungsanl. - Betriebseinr. inkl. 041		3,0	**4,2**	4,9
042	Gas- und Wasserinstallation, Leitungen inkl. 043		0,5	**0,8**	1,0
044	Abwasseranlagen - Leitungen		0,4	**0,7**	1,0
045	GWE-Einrichtungsgegenstände inkl. 046		1,0	**1,3**	2,2
047	Dämmarbeiten an betriebstechnischen Anlagen		0,2	**0,6**	1,1
049	Feuerlöschanlagen, Feuerlöschgeräte		0,0	**< 0,1**	< 0,1
050	Blitzschutz- und Erdungsanlagen		0,3	**0,5**	0,9
052	Mittelspannungsanlagen		–	**–**	–
053	Niederspannungsanlagen inkl. 054		3,0	**4,2**	4,9
055	Sicherheits- u. Ersatzstromversorgungsanl.		–	**–**	–
057	Gebäudesystemtechnik		< 0,1	**0,5**	2,5
058	Leuchten und Lampen inkl. 059		2,8	**3,7**	5,1
060	Sprechanlagen, elektroakust. Anlagen inkl. 064		< 0,1	**0,2**	0,4
061	Kommunikationsnetze inkl. 062		0,3	**0,7**	1,4
063	Gefahrenmeldeanlagen		0,0	**0,2**	0,4
069	Aufzüge		–	**–**	–
070	Gebäudeautomation		0,0	**0,4**	1,2
075	Raumlufttechnische Anlagen inkl. 078		0,4	**2,0**	4,3
	Gebäudetechnik		13,9	**19,8**	23,9
	Sonstige Leistungsbereiche inkl. 008, 033, 051		0,2	**0,6**	2,0

● KKW
► min
▷ von
| Mittelwert
◁ bis
◀ max

Planungskennwerte für Flächen und Rauminhalte nach DIN 277

Grundflächen		▷	Fläche/NUF (%)	◁	▷	Fläche/BGF (%)	◁
NUF	Nutzungsfläche	100,0	**100,0**	100,0	66,3	**69,9**	72,6
TF	Technikfläche	3,1	**3,8**	5,8	2,1	**2,6**	3,8
VF	Verkehrsfläche	14,6	**17,7**	20,6	10,0	**12,0**	13,6
NRF	Netto-Raumfläche	117,9	**121,5**	125,4	81,6	**84,5**	85,9
KGF	Konstruktions-Grundfläche	20,4	**22,8**	29,1	14,1	**15,5**	18,4
BGF	Brutto-Grundfläche	139,6	**144,2**	153,5	100,0	**100,0**	100,0

Brutto-Rauminhalte		▷	BRI/NUF (m)	◁	▷	BRI/BGF (m)	◁
BRI	Brutto-Rauminhalt	5,97	**6,51**	7,25	4,12	**4,54**	5,04

Flächen von Nutzeinheiten	▷	NUF/Einheit (m²)	◁	▷	BGF/Einheit (m²)	◁
Nutzeinheit:	–	**–**	–	–	**–**	–

Lufttechnisch behandelte Flächen	▷	Fläche/NUF (%)	◁	▷	Fläche/BGF (%)	◁
Entlüftete Fläche	12,5	**12,5**	12,5	9,0	**9,0**	9,0
Be- und entlüftete Fläche	46,5	**46,5**	46,5	34,9	**34,9**	34,9
Teilklimatisierte Fläche	–	**–**	–	–	**–**	–
Klimatisierte Fläche	–	**–**	–	–	**–**	–

KG	Kostengruppen (2. Ebene)	Einheit	▷	Menge/NUF	◁	▷	Menge/BGF	◁
310	Baugrube / Erdbau	m³ BGI	0,58	**0,82**	0,84	0,45	**0,58**	0,71
320	Gründung, Unterbau	m² GRF	1,10	**1,25**	1,35	0,78	**0,88**	0,91
330	Außenwände / vertikal außen	m² AWF	1,32	**1,40**	1,40	0,89	**0,96**	0,96
340	Innenwände / vertikal innen	m² IWF	0,98	**1,03**	1,13	0,68	**0,73**	0,79
350	Decken / horizontal	m² DEF	0,30	**0,35**	0,60	0,24	**0,26**	0,46
360	Dächer	m² DAF	1,60	**1,74**	2,18	1,16	**1,21**	1,33
370	Infrastrukturanlagen		–	**–**	–	–	**–**	–
380	Baukonstruktive Einbauten	m² BGF	1,40	**1,44**	1,53	1,00	**1,00**	1,00
390	Sonst. Maßnahmen für Baukonst.	m² BGF	1,40	**1,44**	1,53	1,00	**1,00**	1,00
300	**Bauwerk – Baukonstruktionen**	**m² BGF**	1,40	**1,44**	1,53	1,00	**1,00**	1,00

Planungskennwerte für Bauzeiten — 17 Vergleichsobjekte

Bauzeit in Wochen

Objektübersicht zur Gebäudeart

6400-0026 Gemeindezentrum*

Architektengruppe 4 Braun-Dietz-Lüling-Schlagenhaufer, Ingolstadt

6400-0063 Begegnungszentrum*

maurer - ARCHITEKTUR
Vechelde

6400-0078 Gemeindehaus*

Stoy-Architekten
Neumünster

6400-0082 Gemeindehaus*

hage.felshart.griesenberg Architekten BDA
Ahrensburg

6400-0094 Spielhaus, Jugendtreff - Effizienzhaus ~62%*

Püffel Architekten
Bremen

6400-0096 Gemeindezentrum*

Studio b2
Brackel

* Diese Objekte wurden zur Bildung der statistischen Werte herangezogen und sind nicht als Einzelobjekt in diesem Band veröffentlicht.

6400-0097 Gemeindehaus*

AAg Loebner Schäfer Weber BDA Freie Architekten
GmbH, Heidelberg

6400-0105 Bürgerhaus*

STUDIOBORNHEIM Unger Ritter Architekten
PartG mbB, Frankfurt am Main

6400-0110 Jugendhaus*

MATTES//EPPMANN ARCHITEKTEN GbR
Abstatt

6400-0112 Evang.-Luth. Gemeindezentrum
- Effizienzhaus ~37%*

Architekturbüro Thiemann
Hersbruck

6400-0113 Bildungscampus - Effizienzhaus ~87%*

heinobrodersen architekt
Flensburg

6400-0114 Kirchliches Gemeindezentrum*

MMST Architekten GmbH
Hamburg

* Diese Objekte wurden zur Bildung der statistischen Werte herangezogen und sind nicht als Einzelobjekt in diesem Band veröffentlicht.

Objektübersicht zur Gebäudeart

6400-0116 Dorfgemeinschaftshaus - Effizienzhaus ~42%*

jup. architektur
Winsen (Luhe)

6400-0120 Jugendfreizeitstätte (3 Gruppen, 100 Kinder)

brück.jordan architekten ingenieure PartGmbB
Würzburg

6400-0122 Heilpädagogische Tagesstätte (20 AP), Wohnungen

Kammerl & Kollegen
Pfaffing

6400-0124 Bürgerhaus (120 Sitzplätze), Remise*

querluft architekten GmbH
Straubing

6400-0126 Gemeindehaus (140 Sitzplätze)

Bindhammer Architekten, Stadtplaner und Beratender Ingenieur Part mbB, Bayerbach

* Diese Objekte wurden zur Bildung der statistischen Werte herangezogen und sind nicht als Einzelobjekt in diesem Band veröffentlicht.

6400-0120
Jugendfreizeitstätte
(3 Gruppen)
(100 Kinder)

Objektübersicht

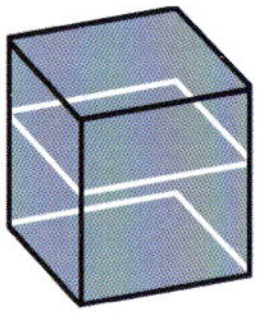

BRI 741 €/m³

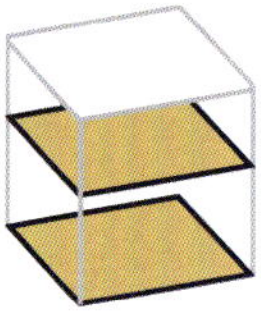

BGF 3.082 €/m²

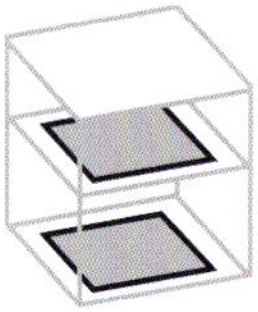

NUF 4.716 €/m²

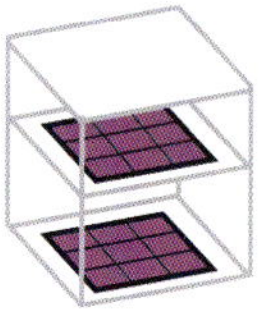

NE 24.502 €/NE

NE: Kinder

Objekt:
Kennwerte: 3. Ebene DIN 276
BRI: 3.304 m³
BGF: 795 m²
NUF: 520 m²
Bauzeit: 43 Wochen
Bauende: 2021
Standard: Durchschnitt
Bundesland: Bayern
Kreis: Schweinfurt, Stadt

Architekt*in:
brück.jordan
architekten ingenieure
PartGmbB
Landwehrstraße 31
97070 Würzburg

Bauherr*in:
Stadt Schweinfurt
Markt 1
97421 Schweinfurt

© Tom Bauer

© Tom Bauer

© Tom Bauer

© Tom Bauer

© Tom Bauer

© Tom Bauer

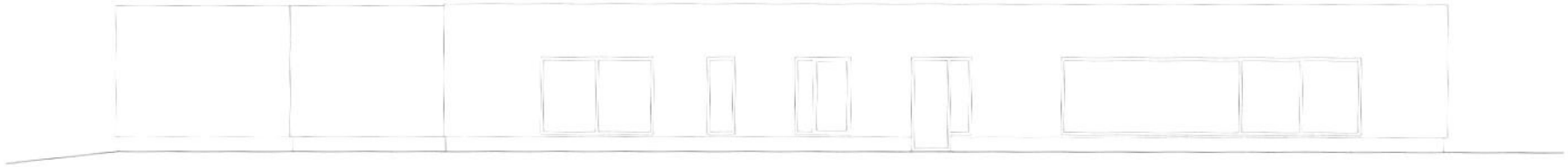

Ansicht Nord-West

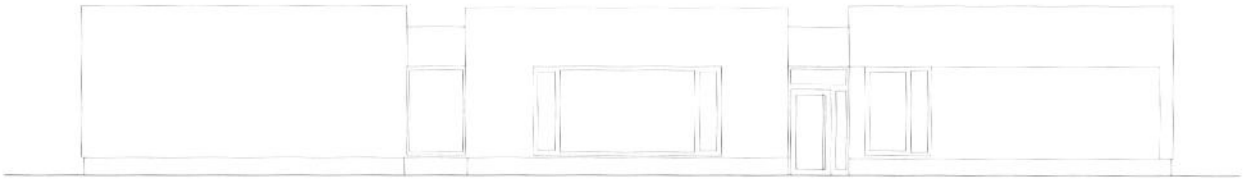

Ansicht Nord-Ost

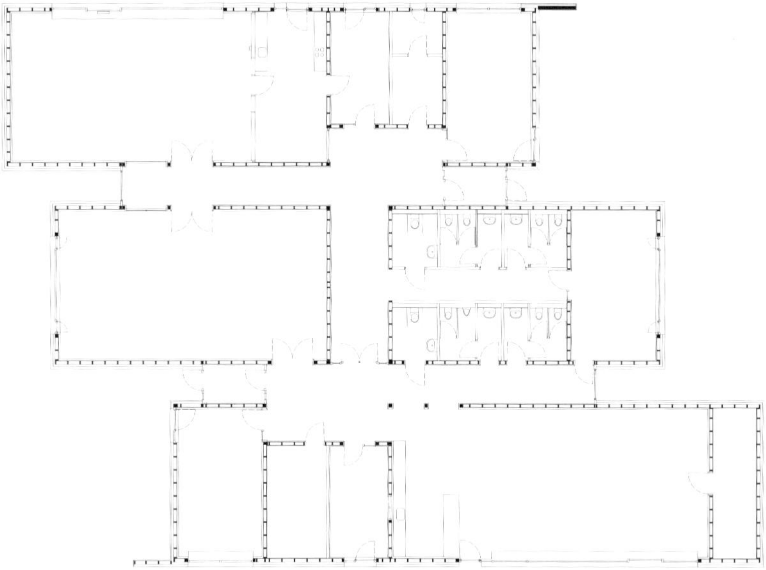

Erdgeschoss

Querschnitt

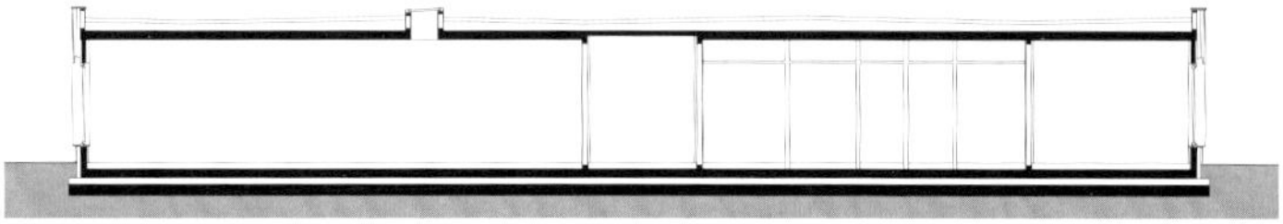

Längsschnitt

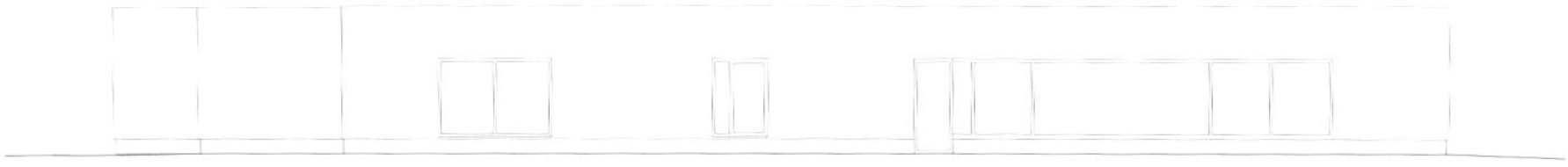

Ansicht Süd-Ost

Objektbeschreibung

Allgemeine Objektinformationen

Die neue Jugendfreizeitstätte befindet sich auf einem ebenen Grundstück mit altem Baumbestand, das von bestehenden Wegen umschlossen ist. Die drei Nutzungseinheiten für Jugendliche, Kinder und zur gemeinschaftlichen Nutzung können zusammen und getrennt voneinander genutzt werden. Dem Konzept entsprechend ist der eingeschossige Baukörper in drei Gebäudeteile gegliedert, die seitlich zueinander versetzt angeordnet sind. Ihre Innenbereiche sind großzügig und offen gestaltet.

Nutzung

1 Erdgeschoss
Gruppenräume (2St), Begegnungsräume (2St), Multifunktionsraum, Werkstatt, Küche, Sanitärräume, Büros (2St), Abstellräume (2St), Windfang (2St), Flure (3St), Technikraum, Putzraum

Nutzeinheiten

Gruppen: 3
Kinder: 100

Grundstück

Bauraum: Freier Bauraum
Neigung: Ebenes Gelände
Bodenklasse: BK 3 bis BK 5

Markt

Hauptvergabezeit: 2. Quartal 2020
Baubeginn: 2. Quartal 2020
Bauende: 2. Quartal 2021
Konjunkturelle Gesamtlage: Durchschnitt
Regionaler Baumarkt: Durchschnitt

Baukonstruktion

Das nicht unterkellerte Gebäude gründet auf einer tragenden, unterseitig gedämmten Stahlbetonbodenplatte. Die tragenden und aussteifenden Wände wurden als Holzrahmenbau mit gedämmter Holzständerkonstruktion mit innen- und außenseitig vorgesetzter Holzbekleidung ausgeführt. Die Außenfassade ist mit einer hinterlüfteten Holzfassade aus sägerauhen Lärchenleisten unterschiedlicher Breite ummantelt. Die zueinander in der Höhe versetzten Flachdächer sind aus Brettsperrholz mit Folienabdichtung und extensiver Dachbegrünung ausgeführt. Im Multifunktionsraum wurde ein festverglastes Oberlicht eingebaut. Die Innenwandbekleidungen bestehen aus Fichte-Dreischichtplatten, die mit einer pigmentieren Lasur behandelt wurden. Die oberen Wandbereiche sind mit akustisch wirksamen Bekleidungen ausgestattet. Als Fußbodenbeläge wurden Linoleum und keramische Fliesen gewählt.

Technische Anlagen

Die Wärmeversorgung der Jugendfreizeitstätte wird über einen Fernwärmeanschluss gewährleistet. Jede der drei Nutzungseinheiten besitzt eine eigene Lüftungsanlage mit Wärmerückgewinnung. In die unbehandelten Massivholzdecken sind deckenbündig LED-Linienleuchten integriert worden. Das Dachniederschlagswasser wird in Rigolen gesammelt und versickert.

Energetische Kennwerte

Gesetzliche Grundlage: EnEV 2013
Gebäudenutzfläche: 682,00 m^2
Gebäudevolumen: 2.182,80 m^3
Hüllfläche des beheizten Volumens: 2.025,50 m^2
Spez. Transmissionswärmeverlust: 0,20 $W/(m^2 \cdot K)$
Mittlerer U-Wert (opake Bauteile): 0,10 $W/(m^2 \cdot K)$
Mittlerer U-Wert (transparente Bauteile): 0,82 $W/(m^2 \cdot K)$
Spez. Jahresprimärenergiebedarf: 58,52 $kWh/(m^2 \cdot a)$
Spez. Jahresendenergiebedarf: 78,69 $kWh/(m^2 \cdot a)$
Differenzdruck-Messverfahren: 0,53 h^{-1}

Energetische Angaben zu Außenbauteilen

Bodenplatte

U-Wert: 0,14 W/(m²·K)

Gesamtdicke: 55,00 cm	d [cm]	λ [W/(m·K)]
Estrich	5,00	1,400
Trittschalldämmung	2,00	0,040
Dämmung	8,00	0,035
Stahlbeton	24,00	2,500
Dämmung	16,00	0,039

Außenwand

U-Wert: 0,15 W/(m²·K)

Gesamtdicke: 27,80 cm	d [cm]	λ [W/(m·K)]
Holz	1,80	0,130
Holz	16,00	0,130
Dämmung	16,00	0,035
Holzfaserplatte	10,00	0,035

Dach

U-Wert: 0,11 W/(m²·K)

Gesamtdicke: 44,40 cm	d [cm]	λ [W/(m·K)]
Holz	24,00	0,170
Bitumenbahn	0,40	0,170
Dämmung	14,00	0,026
Dämmung	6,00	0,026

Planungskennwerte für Flächen und Rauminhalte nach DIN 277

Flächen des Grundstücks		Menge Einheit	% an GF
BF	Bebaute Fläche	794,87 m²	50,2
UF	Unbebaute Fläche	787,13 m²	49,8
GF	Grundstücksfläche	1.582,00 m²	100,0

Grundflächen des Bauwerks		Menge Einheit	% an NUF	% an BGF
NUF	Nutzungsfläche	519,58 m²	100,0	65,4
TF	Technikfläche	15,95 m²	3,1	2,0
VF	Verkehrsfläche	128,71 m²	24,8	16,2
NRF	Netto-Raumfläche	664,24 m²	127,8	83,6
KGF	Konstruktions-Grundfläche	130,63 m²	25,1	16,4
BGF	Brutto-Grundfläche	794,87 m²	153,0	100,0

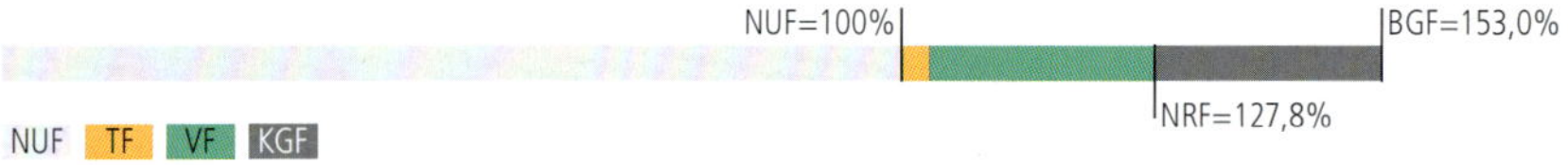

Brutto-Rauminhalt des Bauwerks		Menge Einheit	BRI/NUF (m)	BRI/BGF (m)
BRI	Brutto-Rauminhalt	3.304,49 m³	6,36	4,16

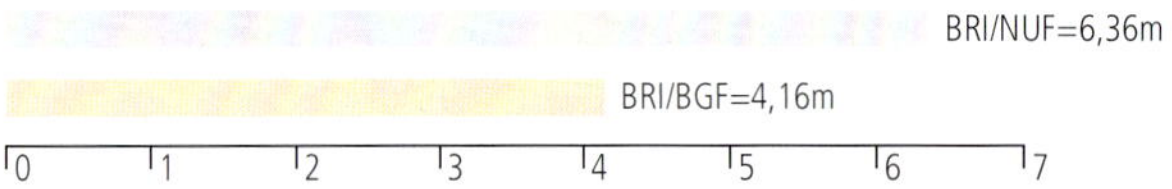

Lufttechnisch behandelte Flächen	Menge Einheit	% an NUF	% an BGF
Entlüftete Fläche	–	–	–
Be- und entlüftete Fläche	–	–	–
Teilklimatisierte Fläche	–	–	–
Klimatisierte Fläche	–	–	–

KG	Kostengruppen (2. Ebene)	Menge Einheit	Menge/NUF	Menge/BGF
310	Baugrube / Erdbau	767,14 m³ BGI	1,48	0,97
320	Gründung, Unterbau	694,88 m² GRF	1,34	0,87
330	Außenwände/Vertikale Baukonstruktionen, außen	641,93 m² AWF	1,24	0,81
340	Innenwände/Vertikale Baukonstruktionen, innen	662,75 m² IWF	1,28	0,83
350	Decken/Horizontale Baukonstruktionen	–	–	–
360	Dächer	805,56 m² DAF	1,55	1,01

Kostenkennwerte für die Kostengruppen der 1.Ebene DIN 276

KG	Kostengruppen (1. Ebene)	Einheit	Kosten €	€/Einheit	€/m² BGF	€/m³ BRI	% 300+400
100	Grundstück	m² GF	–	–	–	–	–
200	Vorbereitende Maßnahmen	m² GF	25.973	16,42	32,68	7,86	1,1
300	Bauwerk – Baukonstruktionen	m² BGF	1.817.475	2.286,51	2.286,51	550,00	74,2
400	Bauwerk – Technische Anlagen	m² BGF	632.691	795,97	795,97	191,46	25,8
	Bauwerk 300+400	**m² BGF**	**2.450.166**	**3.082,47**	**3.082,47**	**741,47**	**100,0**
500	Außenanlagen und Freiflächen	m² AF	75.504	95,41	94,99	22,85	3,1
600	Ausstattung und Kunstwerke	m² BGF	11.546	14,53	14,53	3,49	0,5
700	Baunebenkosten	m² BGF	–	–	–	–	–
800	Finanzierung	m² BGF	–	–	–	–	–

KG	Kostengruppe	Menge Einheit	Kosten €	€/Einheit	%
200	**Vorbereitende Maßnahmen**	1.582,00 m² GF	25.973	**16,42**	1,1
	Sichern von Versorgungsleitungen, Abbruch von Betonfundamenten, Grundstück freimachen, Gehölze roden, Oberbodenarbeiten; Asphaltfläche erneuern; Entsorgung, Deponiegebühren				
3+4	**Bauwerk**				**100,0**
300	**Bauwerk – Baukonstruktionen**	794,87 m² BGF	1.817.475	**2.286,51**	74,2
	Bodenaushub; Stb-Flachgründung, Abdichtung, Heizestrich, Linoleum, Bodenfliesen, Epoxidharzbeschichtung, Perimeterdämmung; Holzrahmenwände, Stb-Wände, Holzrahmenattika, Stahlstützen, Holzfenster, hinterlüftete Holzfassade, Holzmehrschichtbekleidung, offene Holzleistenschalung, Wandfliesen, Sonnenschutz; GK-Wände, Holztüren, WC-Trennwände; Brettsperrholz-Flachdach, Oberlicht, Dachbegrünung, Dachentwässerung, GK-Decken, Beschichtung; Einbaumöbel, Einbauküchen; Schließanlage				
400	**Bauwerk – Technische Anlagen**	794,87 m² BGF	632.691	**795,97**	25,8
	Gebäudeentwässerung, Kalt- und Warmwasserleitungen, Sanitärobjekte; Fernwärmeanschluss, Heizungsrohre, Heizkörper, Fußbodenheizung; Lüftungsgeräte mit WRG, Elektroinstallation, Beleuchtung, Erdung; Telefonverkabelung, Sprechanlagen, Rufsignalanlagen, Antennenanlage, Branderkennungsanlage, Brandmelder, EDV-Verkabelung; Feuerlöscher; Gebäudeautomation				
500	**Außenanlagen und Freiflächen**	791,35 m² AF	75.504	**95,41**	3,1
	Bodenarbeiten; Versickerungsrigolen, Geländeentwässerung				
600	**Ausstattung und Kunstwerke**	794,87 m² BGF	11.546	**14,53**	0,5
	Sanitärausstattung				

Kostenkennwerte für die Kostengruppen der 2. Ebene DIN 276

KG	Kostengruppe	Menge Einheit	Kosten €	€/Einheit	%
200	**Vorbereitende Maßnahmen**				**100,0**
210	**Herrichten**	1.582,00 m² GF	5.300	**3,35**	20,4
	Sichern von Versorgungsleitungen (14m) * Abbruch von Betonfundamenten (6m³) * Grundstück freimachen, Vegetation, Gehölze roden (84m²), Oberboden abtragen (81m³); Entsorgung, Deponiegebühren				
220	**Öffentliche Erschließung**	1.582,00 m² GF	20.673	**13,07**	79,6
	Asphaltfläche aufbrechen, entsorgen, Asphaltfläche wieder herstellen (207m²)				
300	**Bauwerk – Baukonstruktionen**				**100,0**
310	**Baugrube / Erdbau**	767,14 m³ BGI	42.356	**55,21**	2,3
	Baugrubenaushub, lösen, lagern, entsorgen (667m³), lösen, verfüllen (100m³)				
320	**Gründung, Unterbau**	694,88 m² GRF	302.792	**435,75**	16,7
	Stb-Bodenplatte (695m²), Streifenfundamente (2m³) * Bitumenabdichtung, EPS-Wärmedämmung, EPS-Trittschalldämmung, Calciumsulfat-Heizestrich (658m²), Linoleum (604m²), Bodenfliesen (42m²), Epoxidharzbeschichtung (16m²), Sauberlaufmatten (7m²) * Schottertragschicht (218m³), Ausgleichsschicht, Brechsand (806m²), Perimeterdämmung (761m²), Bitumendickbeschichtung (104m²), Sockeldämmung (48m²)				
330	**Außenwände/Vert. Baukonstrukt., außen**	641,93 m² AWF	536.124	**835,17**	29,5
	Holzrahmenwände (316m²), Stb-Wände (65m²) * Holzrahmenattika (145m²) * Stahlstützen (36m) * Holzfenster, teilweise Festverglasungen (101m²), Türelemente (15m²) * hinterlüftete Lärchenbekleidung (487m²), Holzmehrschichtplatten (44m²), Alu-Sockelbekleidung (66m²), offene Holzleistenschalung (19m²) * Holzmehrschichtplatten (487m²), GK-Bekleidung (61m²), Beschichtung (53m²), Wandfliesen (8m²) * Sonnenschutz (89m²)				
340	**Innenwände/Vert. Baukonstrukt., innen**	662,75 m² IWF	307.974	**464,69**	16,9
	Holzrahmenwände (374m²) * GK-Wände (163m²) * Holztüren (59m²), mit Festverglasungen (32m²), Holzfenster, Festverglasung (20m²), Schiebefenster (1m²) * Holzmehrschichtplatten (321m²), GK-Bekleidung (178m²), GK-Vorsatzschalen (46m²), Beschichtung (310m²) , Wandfliesen (82m²), Wandspiegel, fliesenbündig (4m²)* WC-Trennwände, Türen (14m²)				
360	**Dächer**	805,56 m² DAF	410.627	**509,74**	22,6
	Brettsperrholz-Flachdach, Unterseite Sichtqualität (802m²) * Oberlicht (4m²) * Abdichtung (733m²), Gefälledämmung (733m²), Wurzelschutz (735m²), Drän-/Filterschicht (726m²), extensive Dachbegrünung (446m²), Betontrittplatten (6m²), Kies (204m²), Attikablechabdeckungen (70m²), Kiesfangleisten (280m), Dachabläufe (13St), Notüberläufe (11St), Regenfallrohre (14m) * GK-Decken, Beschichtung (41m²), Holzmehrschichtplatten (39m²) * Absturzsicherung (1St), Anschlagpunkte (24St)				
380	**Baukonstruktive Einbauten**	794,87 m² BGF	96.478	**121,38**	5,3
	Multifunktions-Einbauschränke (8St), Sideboards (2St), Küchenzeilen (5St), Tresen (1St), Oberschränke (3St), Hochschränke (2St), Kochfeld (2St), Backofen (2St), Dunstabzüge (2St), Kühl-/Gefriergeräte (2St), Geschirrspüler (2St), Spüle (2St), Mülltrenner (2St), Getränkekühler (1St), Waschmaschine (1St), Raumteiler (4St), TV-Board (1St), Schreibtische (4St) * WC-Piktogramme (6St) * Briefkasten (1St)				

KG	Kostengruppe	Menge Einheit	Kosten €	€/Einheit	%
390	**Sonst. Maßnahmen für Baukonstrukt.**	794,87 m²BGF	121.124	**152,38**	6,7
	Baustelleneinrichtungen (5St), Baustraße (657m²), Bauzaun (401m), WC-Container (1St), Lagerfläche (198m²), Baustrom (psch), Bauwasser (psch) * Fassadengerüst (585m²) * Schutzabdeckungen (744m²), Baureinigung, Bodenbeläge (1.271m²), Fenster, Türen (142m²), Innentüren (24St), Küchenzeilen (2St), Technische Anlagen (psch), Bauheizung (3St) * Schließanlage, Profilzylindern (26St), Schlüssel (60St), Transponder (15St)				
400	**Bauwerk – Technische Anlagen**				**100,0**
410	**Abwasser-, Wasser-, Gasanlagen**	794,87 m²BGF	95.225	**119,80**	15,1
	KG-Rohre (376m), PP-Rohre (95m) * Metallverbundrohre (157m), Edelstahlrohre (17m), Hauswasserstation, Wasserzähler (1St), Hygienespülungen (3St), Waschtische (7St), Wand-Tiefspül-WCs, Spülautomatik (7St), für Kinder (2St), Urinal, Spülautomatik (1St), Stützklappgriffe (4St), Rückenstütze (2St), Spülbecken (1St), Durchlauferhitzer (4St), Außenarmaturen (2St) * Montageelemente (17St)				
420	**Wärmeversorgungsanlagen**	794,87 m²BGF	113.658	**142,99**	18,0
	Fernwärmeübergabestation, Regelung, Schaltschrank (1St), Umwälzpumpen (psch), Ausdehnungsgefäß (1St), Füllstation (1St), Enthärtungsarmatur (1St), Wasserzähler (1St) * Mehrschichtverbundrohre (650m), Stahlrohre (62m), Differenzdruckregler (7St), Absperrventile (7St), Umwälzpumpen (3St), Thermometer (6St) * Flachheizkörper (21St), Konverter (5St), Fußbodenheizung (31m²), Heizkreisverteiler (1St)				
430	**Raumlufttechnische Anlagen**	794,87 m²BGF	129.618	**163,07**	20,5
	Zu-/Abluftgeräte, Wärmerückgewinnung (3St), Wickelfalzrohre (114m), Alu-Flexrohre (13m), Rechteckkanäle (41m²), CO_2-Sensoren (3St), Schalldämpfer (41St), Drosselklappen (22St), Jalousieklappen (2St), Luftdurchlässe (12St), Weitwurfdüsen (9St), Lüftungsgitter (7St), Dachhauben (6St)				
440	**Elektrische Anlagen**	794,87 m²BGF	191.080	**240,39**	30,2
	Verteilerschrank (1St), LS-Schalter (55St), FI-Schalter (15St), Steuereinheiten (4St), Anschlussschrank (1St), Mantelleitungen (6.173m), Steckdosen (112St), Schalter/Taster (90St), Bewegungs-/Präsenzmelder (21St) * Anbauleuchten (77St), Pendelleuchten (20St), Lichtleisten (19St), Downlights (12St), Feuchtraumleuchten (8St), Rettungszeichenleuchten (7St) * Fundamenterder (216m), Ringerder (178m), Fangstangen (14St), Installationsleitungen (210m)				
450	**Kommunikationstechnische Anlagen**	794,87 m²BGF	40.689	**51,19**	6,4
	Fernmeldeleitungen (1.112m) * Türsprechanlagen (2St), Ruf-Kompaktset (2St) * Sat-Antennenanlage (1St), Koaxialkabel (498m), Antennendosen (5St), Audiokabel (15m) * Branderkennungsanlage (1St), Brandmelder (36St) * Wandschrank (1St), Datenkabel (1.440m), Patchkabel (52St), HDMI-Kabel (16St), Datenanschlussdosen (29St), Patchpanel Cat6 (3St)				
470	**Nutzungsspez. u. verfahrenstechn. Anl.**	794,87 m²BGF	701	**0,88**	0,1
	Feuerlöscher (3St)				

KG	Kostengruppe	Menge Einheit	Kosten €	€/Einheit	%
480	**Gebäude- und Anlagenautomation**	794,87 m² BGF	61.720	**77,65**	9,8
	Automationsstation (1St), Anzeige-/Bediengerät (1St), Switch (1St), Patchkabel (3St), Netzgeräte (2St), Überspannungsschutz (2St), Transformator (1St), Kommunikationsschnittstelle (1St), Ein-/Ausgabemodule (12St), Temperatur-Messwertgeber (11St), Druck-Messwertgeber (1St), Stellantriebe (13St) * Schaltschrank (1St), Einspeisung, Hauptschalter, Sicherung (1St), Steuerspannungstrafo (1St), Überspannungsschutz (1St), Meldemodule (79St), Netzwerksteckmodule (4St), Anschlusskabel (67St)				
500	**Außenanlagen und Freiflächen**				**100,0**
510	**Erdbau**	606,40 m³ EBR	34.279	**56,53**	45,4
	Grabenaushub, lösen, lagern (477m³), Schachtaushub (29m³), verfüllen, Lagermaterial (258m³), Rigolenaushub, lagern (100m³), entsorgen (45m³)				
550	**Technische Anlagen**	791,35 m² AF	41.225	**52,09**	54,6
	Versickerungsrigolen (49St), Frontgitter (90St), Filtervlies (138m²), Filterkies (2m³), Sandbett (23m³), Betonschächte (5St), PE-Schacht (1St), Sandfang (1St), Schmutzfänger (1St), Regenwasserabläufe (5St)				
600	**Ausstattung und Kunstwerke**				**100,0**
610	**Allgemeine Ausstattung**	794,87 m² BGF	11.546	**14,53**	100,0
	WC-Bürstengarnituren (9St), WC-Papierrollenhalter (7St), Seifenspender (7St), Papierhandtuchspender (7St), Desinfektionsspender (7St), Hygieneabfallbehälter (4St)				

Kostenkennwerte für die Kostengruppen 300 der 2. und 3. Ebene DIN 276 (Übersicht)

KG	Kostengruppe	Menge Einheit	€/Einheit	Kosten €	% an 3+4
300	**Bauwerk – Baukonstruktionen**	**794,87 m² BGF**	**2.286,51**	**1.817.475,12**	**74,2**
310	**Baugrube / Erdbau**	**767,14 m³ BGI**	**55,21**	**42.355,87**	**1,7**
311	Herstellung	767,14 m³ BGI	55,21	42.355,87	1,7
312	Umschließung	–	–	–	–
313	Wasserhaltung	–	–	–	–
314	Vortrieb	–	–	–	–
319	Sonstiges zur KG 310	–	–	–	–
320	**Gründung, Unterbau**	**694,88 m² GRF**	**435,75**	**302.792,29**	**12,4**
321	Baugrundverbesserung	–	–	–	–
322	Flachgründungen und Bodenplatten	694,88 m²	188,46	130.959,19	5,3
323	Tiefgründungen	–	–	–	–
324	Gründungsbeläge	668,13 m²	140,09	93.600,66	3,8
325	Abdichtungen und Bekleidungen	798,44 m²	97,98	78.232,43	3,2
326	Dränagen	–	–	–	–
329	Sonstiges zur KG 320	–	–	–	–
330	**Außenwände/Vert. Baukonstrukt., außen**	**641,93 m² AWF**	**835,17**	**536.123,64**	**21,9**
331	Tragende Außenwände	380,56 m²	235,01	89.435,62	3,7
332	Nichttragende Außenwände	145,25 m²	137,96	20.038,01	0,8
333	Außenstützen	36,05 m	104,78	3.777,43	0,2
334	Außenwandöffnungen	116,12 m²	750,30	87.124,77	3,6
335	Außenwandbekleidungen, außen	614,98 m²	316,99	194.943,38	8,0
336	Außenwandbekleidungen, innen	546,65 m²	200,61	109.661,60	4,5
337	Element. Außenwandkonstruktionen	–	–	–	–
338	Lichtschutz zur KG 330	88,58 m²	351,58	31.142,83	1,3
339	Sonstiges zur KG 330	–	–	–	–
340	**Innenwände/Vert. Baukonstrukt., innen**	**662,75 m² IWF**	**464,69**	**307.974,25**	**12,6**
341	Tragende Innenwände	374,17 m²	197,95	74.068,22	3,0
342	Nichttragende Innenwände	163,49 m²	115,46	18.875,93	0,8
343	Innenstützen	–	–	–	–
344	Innenwandöffnungen	111,51 m²	968,50	107.997,01	4,4
345	Innenwandbekleidungen	716,83 m²	138,48	99.266,56	4,1
346	Elementierte Innenwandkonstruktionen	13,58 m²	571,91	7.766,52	0,3
347	Lichtschutz zur KG 340	–	–	–	–
349	Sonstiges zur KG 340	–	–	–	–
350	**Decken/Horizontale Baukonstruktionen**	**–**	**–**	**–**	**–**
351	Deckenkonstruktionen	–	–	–	–
352	Deckenöffnungen	–	–	–	–
353	Deckenbeläge	–	–	–	–
354	Deckenbekleidungen	–	–	–	–
355	Elementierte Deckenkonstruktionen	–	–	–	–
359	Sonstiges zur KG 350	–	–	–	–
360	**Dächer**	**805,56 m² DAF**	**509,74**	**410.627,03**	**16,8**
361	Dachkonstruktionen	802,00 m²	223,91	179.574,79	7,3
362	Dachöffnungen	3,56 m²	632,07	2.250,16	< 0,1
363	Dachbeläge	794,43 m²	261,65	207.859,27	8,5
364	Dachbekleidungen	79,53 m²	163,66	13.015,80	0,5
365	Elementierte Dachkonstruktionen	–	–	–	–
366	Lichtschutz zur KG 360	–	–	–	–
369	Sonstiges zur KG 360	805,56 m² DAF	9,84	7.926,99	0,3
370	**Infrastrukturanlagen**	**–**	**–**	**–**	**–**
380	**Baukonstruktive Einbauten**	**794,87 m² BGF**	**121,38**	**96.477,93**	**3,9**
390	**Sonst. Maßnahmen für Baukonstrukt.**	**794,87 m² BGF**	**152,38**	**121.124,10**	**4,9**

Kostenkennwerte für die Kostengruppen 400 der 2. und 3. Ebene DIN 276 (Übersicht)

KG	Kostengruppe	Menge Einheit	€/Einheit	Kosten €	% an 3+4
400	**Bauwerk – Technische Anlagen**	**794,87 m² BGF**	**795,97**	**632.690,67**	**25,8**
410	**Abwasser-, Wasser-, Gasanlagen**	**794,87 m² BGF**	**119,80**	**95.225,01**	**3,9**
411	Abwasseranlagen	794,87 m² BGF	56,34	44.783,14	1,8
412	Wasseranlagen	794,87 m² BGF	55,81	44.365,30	1,8
413	Gasanlagen	–	–	–	–
419	Sonstiges zur KG 410	794,87 m² BGF	7,64	6.076,58	0,2
420	**Wärmeversorgungsanlagen**	**794,87 m² BGF**	**142,99**	**113.657,79**	**4,6**
421	Wärmeerzeugungsanlagen	794,87 m² BGF	35,38	28.125,36	1,1
422	Wärmeverteilnetze	794,87 m² BGF	68,58	54.513,43	2,2
423	Raumheizflächen	794,87 m² BGF	39,02	31.019,00	1,3
424	Verkehrsheizflächen	–	–	–	–
429	Sonstiges zur KG 420	–	–	–	–
430	**Raumlufttechnische Anlagen**	**794,87 m² BGF**	**163,07**	**129.618,41**	**5,3**
431	Lüftungsanlagen	794,87 m² BGF	163,07	129.618,41	5,3
432	Teilklimaanlagen	–	–	–	–
433	Klimaanlagen	–	–	–	–
434	Kälteanlagen	–	–	–	–
439	Sonstiges zur KG 430	–	–	–	–
440	**Elektrische Anlagen**	**794,87 m² BGF**	**240,39**	**191.079,57**	**7,8**
441	Hoch- und Mittelspannungsanlagen	–	–	–	–
442	Eigenstromversorgungsanlagen	–	–	–	–
443	Niederspannungsschaltanlagen	–	–	–	–
444	Niederspannungsinstallationsanlagen	794,87 m² BGF	137,02	108.915,18	4,4
445	Beleuchtungsanlagen	794,87 m² BGF	76,57	60.860,74	2,5
446	Blitzschutz- und Erdungsanlagen	794,87 m² BGF	26,80	21.303,65	0,9
447	Fahrleitungssysteme	–	–	–	–
449	Sonstiges zur KG 440	–	–	–	–
450	**Kommunikationstechnische Anlagen**	**794,87 m² BGF**	**51,19**	**40.688,85**	**1,7**
451	Telekommunikationsanlagen	794,87 m² BGF	4,41	3.505,21	0,1
452	Such- und Signalanlagen	794,87 m² BGF	9,40	7.474,55	0,3
453	Zeitdienstanlagen	–	–	–	–
454	Elektroakustische Anlagen	–	–	–	–
455	Audiovisuelle Medien- u. Antennenanl.	794,87 m² BGF	4,58	3.640,66	0,1
456	Gefahrenmelde- und Alarmanlagen	794,87 m² BGF	16,79	13.343,56	0,5
457	Datenübertragungsnetze	794,87 m² BGF	16,01	12.724,85	0,5
458	Verkehrsbeeinflussungsanlagen	–	–	–	–
459	Sonstiges zur KG 450	–	–	–	–
460	**Förderanlagen**	**–**	**–**	**–**	**–**
461	Aufzugsanlagen	–	–	–	–
462	Fahrtreppen, Fahrsteige	–	–	–	–
463	Befahranlagen	–	–	–	–
464	Transportanlagen	–	–	–	–
465	Krananlagen	–	–	–	–
466	Hydraulikanlagen	–	–	–	–
469	Sonstiges zur KG 460	–	–	–	–
470	**Nutzungsspez. u. verfahrenstechn. Anl.**	**794,87 m² BGF**	**0,88**	**701,23**	**< 0,1**
480	**Gebäude- und Anlagenautomation**	**794,87 m² BGF**	**77,65**	**61.719,81**	**2,5**
490	**Sonst. Maßnahmen für techn. Anlagen**	**–**	**–**	**–**	**–**

Kostenkennwerte für die Kostengruppen der 3.Ebene DIN 276

KG	Kostengruppe	Menge Einheit	Kosten €	€/Einheit	%
210	**Herrichten**				**100,0**
211	**Sicherungsmaßnahmen**	1.582,00 m² GF	240	**0,15**	4,5
	Sichern von Versorgungsleitungen (14m)				
212	**Abbruchmaßnahmen**	1.582,00 m² GF	779	**0,49**	14,7
	Abbruch von Betonfundamenten (6m³); Entsorgung, Deponiegebühren				
214	**Herrichten der Geländeoberfläche**	1.582,00 m² GF	4.281	**2,71**	80,8
	Grundstück freimachen, Vegetation, Gehölze roden (84m²), Oberboden abtragen, d=30cm (81m³); Entsorgung, Deponiegebühren				
220	**Öffentliche Erschließung**				**100,0**
227	**Verkehrserschließung**	1.582,00 m² GF	20.673	**13,07**	100,0
	Asphaltfläche einschneiden (311m), Asphaltfläche aufbrechen, laden, entsorgen, Asphaltfläche wieder herstellen, d=25-30cm (207m²), Fugenverguss (234m)				
310	**Baugrube / Erdbau**				**100,0**
311	**Herstellung**	767,14 m³ BGI	42.356	**55,21**	100,0
	Baugrubenaushub, d=1,00m, lösen, lagern, entsorgen (667m³), lösen, verfüllen (100m³), Planum (806m²)				
320	**Gründung, Unterbau**				**100,0**
322	**Flachgründungen und Bodenplatten**	694,88 m²	130.959	**188,46**	43,3
	Stb-Bodenplatte C25/30, d=25cm, Schalung, Bewehrung (695m²), Streifenfundamente C20/25 (2m³)				
324	**Gründungsbeläge**	668,13 m²	93.601	**140,09**	30,9
	Bitumenabdichtung, EPS-Wärmedämmung WLG 040, d=55-80mm, EPS-Trittschalldämmung WLG 040, d=15-20mm, Calciumsulfat-Heizestrich, d=50-64mm (658m²), Spachtelung, Linoleum (604m²), Holzsockel (298m), Bodenfliesen 30x60cm (42m²), Fliesensockel (27m), Epoxidharzbeschichtung, d=3mm (16m²), Sauberlaufmatten, Rahmen (7m²)				
325	**Abdichtungen und Bekleidungen**	798,44 m²	78.232	**97,98**	25,8
	Schottertragschicht 0/56mm, d=30cm (218m³), Ausgleichsschicht, Brechsand 2/4mm, d=3cm (806m²), XPS-Perimeterdämmung, d=160mm (761m²), Bitumendickbeschichtung (104m²), XPS-Sockeldämmung, d=80mm (48m²)				
330	**Außenwände/Vertikale Baukonstruktionen, außen**				**100,0**
331	**Tragende Außenwände**	380,56 m²	89.436	**235,01**	16,7
	Holzrahmenwände, KVH 6-10x16cm, h=2,80-3,00m, innen OSB-Platten, d=18mm, Mineralwolldämmung WLS 032, d=16cm (316m²), Unterzüge, BSH 16x30-45cm (1m³), Vertikalstützen, KVH 12-16x12-16cm (1m³), Stb-Wände C25/30, d=16cm, Schalung, Bewehrung (65m²)				
332	**Nichttragende Außenwände**	145,25 m²	20.038	**137,96**	3,7
	Holzrahmenattika, KVH 6x12cm, h=50cm, innen OSB-Platten, d=15mm, Mineralwolldämmung WLS 032, d=12cm (145m²), Unterzüge, BSH 12x48-60cm (3m³)				

KG	Kostengruppe	Menge Einheit	Kosten €	€/Einheit	%
333	**Außenstützen**	36,05 m	3.777	**104,78**	0,7
	Stahlstützen 100x100x10mm, beschichtet (30m), 70x70x5mm, l=2,15m, Kopf-/Fußplatten (6m)				
334	**Außenwandöffnungen**	116,12 m²	87.125	**750,30**	16,3
	Holzfenster, Uw=0,85W/m²K, Dreifach-Isolierverglasung, teilweise Festverglasung, dreiteilig (38m²), zweiteilig (30m²), sechsteilig (23m²), einteilig (10m²), Türelemente, dreiteilig (11m²), einteilig (4m²), Obentürschließer (psch), Milchglasfolie (psch), Fensterbänke außen, Alu (44m), innen, Holz, mit Lüftungsschlitzen, Beschichtung (44m)				
335	**Außenwandbekleidungen, außen**	614,98 m²	194.943	**316,99**	36,4
	Holzunterkonstruktion, d=60mm, Holzfaserdämmung WLS 043, d=100mm, hinterlüftete Lärchenbekleidung, senkrecht, beschichtet (487m²), Laibungen (47m), Holzmehrschichtplatten, d=22mm (44m²), Laibungen (9m), Insektenschutzgitter (500m), Alu-Sockelbekleidung, XPS-Dämmung, d=80mm (66m²), offene Holzleistenschalung, Unterkonstruktion Douglasie (19m²)				
336	**Außenwandbekleidungen, innen**	546,65 m²	109.662	**200,61**	20,5
	Holzunterkonstruktion, d=56mm, Holzmehrschichtplatten, d=19mm, Beschichtung (400m²), als Akustikplatten (51m²), Laibungen (13m²), an Oberlicht, Holzunterkonstruktion, d=26mm (36m²), GK-Bekleidung, einlagig (51m²), GK-Vorsatzschalen, d=22cm, einseitig doppelt beplankt (10m²), Dispersionsbeschichtung (53m²), Wandfliesen 30x60cm (8m²)				
338	**Lichtschutz zur KG 330**	88,58 m²	31.143	**351,58**	5,8
	Textiler Sonnenschutz, Motorantrieb, Führungsschienen (89m²), Sonnenschutzzentrale, Wetterstation (1St)				
340	**Innenwände/Vertikale Baukonstruktionen, innen**				**100,0**
341	**Tragende Innenwände**	374,17 m²	74.068	**197,95**	24,1
	Holzrahmenwände, KVH 6-10x14cm, h=3,00-3,50m, innen OSB-Platten, d=15mm, Mineralwolldämmung WLG 040, d=14cm (374m²), Unterzüge, BSH 14x30-45cm (2m³)				
342	**Nichttragende Innenwände**	163,49 m²	18.876	**115,46**	6,1
	GK-Metallständerwände, d=10-12,5cm, beidseitig doppelt beplankt, Mineralwolldämmung WLG 040, d=60mm (163m²)				
344	**Innenwandöffnungen**	111,51 m²	107.997	**968,50**	35,1
	Holztüren, Vollspan, Oberfläche HPL, Blockzargen (59m²), mit Seitenteil/Oberlicht Festverglasungen (32m²), Holzfenster, Uw=0,85W/m²K, Dreifach-Isolierverglasung, Festverglasung, dreiteilig (11m²), einteilig (5m²), zweiteilig (4m²), als Schiebefenster (1m²), Türstopper (10St), Panikbeschläge (4St)				
345	**Innenwandbekleidungen**	716,83 m²	99.267	**138,48**	32,2
	Holzunterkonstruktion, d=26mm, Holzmehrschichtplatten, d=19mm, Beschichtung (271m²), als Akustikplatten (50m²), GK-Bekleidung, einlagig (178m²), GK-Vorsatzschalen, d=22cm, einseitig doppelt beplankt (46m²), Dispersionsbeschichtung (310m²), Wandfliesen 30x60cm (82m²), Wandspiegel, fliesenbündig (4m²)				
346	**Elementierte Innenwandkonstruktionen**	13,58 m²	7.767	**571,91**	2,5
	WC-Trennwände, HPL-Verbundelemente, d=30mm, h=2,15m, zwei Türen (12m²), eine Tür (2m²)				

KG	Kostengruppe	Menge Einheit	Kosten €	€/Einheit	%
360	**Dächer**				**100,0**
361	**Dachkonstruktionen**	802,00 m2	179.575	**223,91**	43,7
	Brettsperrholzdach, d=24cm, Nadelholz, Unterseite Sichtqualität (681m2), d=8cm (97m2), d=14cm (24m2)				
362	**Dachöffnungen**	3,56 m2	2.250	**632,07**	0,5
	Pfosten-Riegel-Oberlicht 475x75cm, Dreifachverglasung, Uw=0,85W/m2K, Festverglasung (4m2)				
363	**Dachbeläge**	794,43 m2	207.859	**261,65**	50,6
	Bitumenabdichtung, Dampfsperre (733m2), vertikal (112m), PIR-Dämmung WLS 023, d=140mm, PIR-Gefälledämmung, d=20-100mm (733m2), vertikal (44m2), Dachabdichtung, Wurzelschutz (735m2), vertikal (329m), Drän-/Filterschicht (726m2), vertikal (341m), extensive Dachbegrünung, d=10cm (446m2), Betontrittplatten (6m2), Kies (204m2), Attikablechabdeckungen, b=30cm (70m2), Kiesfangleisten, b=9cm (280m), Dachabläufe (13St), Notüberläufe (11St)				
364	**Dachbekleidungen**	79,53 m2	13.016	**163,66**	3,2
	GK-Decken, d=12,5mm, Abhängehöhe 50cm, Dispersionsbeschichtung (41m2), Holzmehrschichtplatten, d=22mm, Holzunterkonstruktion, Abhängehöhe 24-60cm (39m2)				
369	**Sonstiges zur KG 360**	805,56 m2 DAF	7.927	**9,84**	1,9
	Absturzsicherung, Seil-/Gurtsystem (1St), Anschlagpunkte (24St)				
380	**Baukonstruktive Einbauten**				**100,0**
381	**Allgemeine Einbauten**	794,87 m2 BGF	95.259	**119,84**	98,7
	Multifunktions-Einbauschrank, l=725cm, zwölffach, Schranktüren, teilweise Sicherheitsspiegel, Einlegeböden (1St), l=120 bis 260cm (7St), Sideboards (2St), Raumteiler (4St), TV-Board (1St), Schreibtische (4St), Küchenzeilen, HPL-Arbeitsplatten (5St), Tresen (1St), Oberschränke, l=220 bis 495cm (3St), Hochschränke (2St), Kochfeld (2St), Backofen (2St), Dunstabzüge (2St), Kühl-/Gefriergeräte (2St), Geschirrspüler (2St), Spüle (2St), Mülltrenner (2St), Getränkekühler (1St), Waschmaschine (1St)				
386	**Orientierungs- und Informationssysteme**	794,87 m2 BGF	314	**0,40**	0,3
	WC-Piktogramme (6St)				
389	**Sonstiges zur KG 380**	794,87 m2 BGF	905	**1,14**	0,9
	Edelstahlbriefkasten 235x425x80mm, wetterfest, eloxiert (1St)				
390	**Sonstige Maßnahmen für Baukonstruktionen**				**100,0**
391	**Baustelleneinrichtung**	794,87 m2 BGF	83.107	**104,55**	68,6
	Baustelleneinrichtung, Hauptgewerk (1St), Nebengewerke (4St), Baustraße (657m2), Lagerfläche (198m2), Bauzaun, h=2,00m, Tor (401m), WC-Container (1St), Baustrom (psch), Bauwasser (psch)				
392	**Gerüste**	794,87 m2 BGF	17.384	**21,87**	14,4
	Fassadengerüst, Lastklasse 3 (585m2), Seitenschutz (197m)				

KG	Kostengruppe	Menge Einheit	Kosten €	€/Einheit	%
397	**Zusätzliche Maßnahmen**	794,87 m2 BGF	15.374	**19,34**	12,7
	Schutzabdeckungen, Vlies, Kartonage (640m2), Folie (104m2), Baureinigung von Linoleum (1.214m2), Fliesen (41m2), Bodenbeschichtung (16m2), Fenster, Türen (142m2), Innentüren (24St), Küchenzeilen (2St), Technischen Anlagen (psch), Bauheizung (3St)				
398	**Provisorische Baukonstruktionen**	794,87 m2 BGF	665	**0,84**	0,5
	Provisorische Regenentwässerungen (3St)				
399	**Sonstiges zur KG 390**	794,87 m2 BGF	4.595	**5,78**	3,8
	Schließanlage mit Profil-Doppelzylindern (24St), digital, freidrehend (2St), Gruppenschlüssel (30St), Generalschlüssel (30St), Transponder (15St), Schlüsselschrank (1St)				
410	**Abwasser-, Wasser-, Gasanlagen**				**100,0**
411	**Abwasseranlagen**	794,87 m2 BGF	44.783	**56,34**	47,0
	KG-Rohre DN100-125, Formstücke, Sandbett (376m), PP-Rohre DN56-100, Rohrdämmung (95m), Grundleitungsanschlüsse DN100-150 (15St), Sifons (16St)				
412	**Wasseranlagen**	794,87 m2 BGF	44.365	**55,81**	46,6
	Metallverbundrohre DN12-25, Formstücke, Rohrdämmung (157m), Edelstahlrohre DN10-32 (17m), Hauswasserstation, Wasserzähler (1St), Hygienespülungen (3St), Waschtische (5St), barrierefrei (2St), Wand-Tiefspül-WCs, Spülautomatik (5St), barrierefrei (2St), für Kinder (2St), Urinal, Spülautomatik (1St), Stützklappgriffe (4St), Rückenstütze (2St), Spülbecken (1St), Durchlauferhitzer (4St), Außenarmaturen (2St), Armaturen				
419	**Sonstiges zur KG 410**	794,87 m2 BGF	6.077	**7,64**	6,4
	Montageelemente für WCs (7St), barrierefrei (2St), für Waschtische (4St), barrierefrei (2St), für Urinal (1St), für Ausgussbecken (1St)				
420	**Wärmeversorgungsanlagen**				**100,0**
421	**Wärmeerzeugungsanlagen**	794,87 m2 BGF	28.125	**35,38**	24,7
	Fernwärmeübergabestation, Regelung, Schaltschrank (1St), Umwälzpumpen (psch), Ausdehnungsgefäß 50l (1St), Füllstation (1St), Enthärtungsarmatur (1St), Wasserzähler (1St)				
422	**Wärmeverteilnetze**	794,87 m2 BGF	54.513	**68,58**	48,0
	Mehrschichtverbundrohre DN12-25, Formstücke, Rohrdämmung (650m), Stahlrohre DN15-32 (62m), Differenzdruckregler DN20-25 (7St), Absperrventile DN20-25 (7St), Umwälzpumpen (3St), Thermometer (6St)				
423	**Raumheizflächen**	794,87 m2 BGF	31.019	**39,02**	27,3
	Flachheizkörper (21St), Konverter (5St), Fußbodenheizung (31m2), PE-Xa-Rohre (199m), Heizkreisverteiler, Verteilerschrank (1St)				

KG	Kostengruppe	Menge Einheit	Kosten €	€/Einheit	%
430	**Raumlufttechnische Anlagen**				**100,0**
431	**Lüftungsanlagen**	794,87 m² BGF	129.618	**163,07**	100,0
	Zu-/Abluftgeräte 1.320-1.800m³/h, Wärmerückgewinnung (3St), Wickelfalzrohre DN100-250, Formstücke, Dämmung (114m), Alu-Flexrohre DN100-250 (13m), Rechteckkanäle (41m²), CO_2-Sensoren (3St), Schalldämpfer (41St), Drosselklappen (22St), Jalousieklappen (2St), Luftdurchlässe (12St), Weitwurfdüsen (9St), Lüftungsgitter (7St), Dachdurchführungen, Dachhauben (6St)				
440	**Elektrische Anlagen**				**100,0**
444	**Niederspannungsinstallationsanlagen**	794,87 m² BGF	108.915	**137,02**	57,0
	Verteilerschrank (1St), LS-Schalter (55St), FI-Schalter (15St), Lasttrennschalter (4St), Steuereinheiten (4St), NH-Trenner (1St), Anschlussschrank, Zählerfeld, Verteilerfeld, Mediafeld, anschlussfertig, abschließbar (1St), Mantelleitungen NYM (5.399m), Steuerleitungen (774m), Leerrohre (337m), Steckdosen (110St), CEE-Steckdosen (2St), Schalter/Taster (90St), Bewegungs-/Präsenzmelder (21St), Notausschalter (2St), Dachdurchführung (1St)				
445	**Beleuchtungsanlagen**	794,87 m² BGF	60.861	**76,57**	31,9
	Anbauleuchten (77St), Pendelleuchten (20St), Lichtleisten (19St), Downlights (12St), Feuchtraumleuchten (8St), Rettungszeichenleuchten (7St)				
446	**Blitzschutz- und Erdungsanlagen**	794,87 m² BGF	21.304	**26,80**	11,1
	Fundamenterder, Edelstahl, D=10mm (216m), Ringerder (178m), Fangleitungen (345m), Ableitungen (79m), Fangstangen (14St), Installationsleitungen (210m), Leitungshalter (351St), Klemmen (104St), Verbinder (39St), Potenzialausgleichsschienen (4St)				
450	**Kommunikations-, sicherheits- und informationstechnische Anlagen**				**100,0**
451	**Telekommunikationsanlagen**	794,87 m² BGF	3.505	**4,41**	8,6
	Fernmeldeleitungen (1.069m), erdverlegt (43m)				
452	**Such- und Signalanlagen**	794,87 m² BGF	7.475	**9,40**	18,4
	Türsprechanlagen, Ruftaster, Hausnummern (2St), Ruf-Kompaktset für barrierefreie WCs, Alarmgeber (2St)				
455	**Audiovisuelle Medien- u. Antennenanl.**	794,87 m² BGF	3.641	**4,58**	8,9
	Sat-Antennenanlage (1St), Flachdachständer, Mast, l=1,20m (1St), Koaxialkabel (498m), Antennendosen (5St), Audiokabel (15m)				
456	**Gefahrenmelde- und Alarmanlagen**	794,87 m² BGF	13.344	**16,79**	32,8
	Branderkennungsanlage, 64 Melder, Display (1St), Funk-Brandmelder (34St), Handmelder (2St),				
457	**Datenübertragungsnetze**	794,87 m² BGF	12.725	**16,01**	31,3
	Wandschrank (1St), Datenkabel (1.440m), Patchkabel (52St), HDMI-Kabel (16St), Datenanschlussdosen (29St), Patchpanel Cat6 (3St)				
470	**Nutzungsspezifische und verfahrenstechnische Anlagen**				**100,0**
474	**Feuerlöschanlagen**	794,87 m² BGF	701	**0,88**	100,0
	Feuerlöscher (3St)				

KG	Kostengruppe	Menge Einheit	Kosten €	€/Einheit	%
480	**Gebäude- und Anlagenautomation**				**100,0**
481	**Automationseinrichtungen**	794,87 m²BGF	46.659	**58,70**	75,6
	Automationsstation (1St), Anzeige-/Bediengerät (1St), Switch (1St), Patchkabel Cat7 (3St), Netzgeräte (2St), Überspannungsschutz (2St), Transformator (1St), Kommunikationsschnittstelle (1St), Ein-/Ausgabemodule (12St), Temperatur-Messwertgeber (11St), Druck-Messwertgeber (1St), Stellantriebe (13St)				
482	**Schaltschränke, Automation**	794,87 m²BGF	15.061	**18,95**	24,4
	Schaltschrank beleuchtet (1St), Sichtfenster, Türdisplay (1St), Einspeisung, Hauptschalter, Sicherung (1St), Steuerspannungstrafo (1St), Überspannungsschutz (1St), Meldemodule (79St), Netzwerksteckmodule (4St), Anschlusskabel (67St)				
510	**Erdbau**				**100,0**
511	**Herstellung**	606,40 m³EBR	34.279	**56,53**	100,0
	Grabenaushub, t bis 1,25m, lösen, lagern (477m³), Schachtaushub (29m³), verfüllen, Lagermaterial (258m³), Rigolenaushub, lösen, lagern (100m³), aufnehmen, entsorgen (45m³)				
550	**Technische Anlagen**				**100,0**
551	**Abwasseranlagen**	791,35 m²AF	41.225	**52,09**	100,0
	Versickerungsrigolen 80x80x66cm (49St), Frontgitter (90St), Filtervlies (138m²), Filterkies 2/5mm (2m³), Sandbett, d i.M. 10cm (23m³), Betonschächte, D=1,00m, Abdeckungen (5St), PE-Schacht 80x80x66cm, Abdeckung (1St), Sandfang (1St), Schmutzfänger (1St), Regenwasserabläufe (5St)				

Kostenkennwerte für Leistungsbereiche nach STLB (Kosten des Bauwerks nach DIN 276)

LB	Leistungsbereiche	Kosten €	€/m² BGF	€/m³ BRI	% an 3+4
000	Sicherheits-, Baustelleneinrichtungen inkl. 001	107.115	134,80	32,40	4,4
002	Erdarbeiten	75.115	94,50	22,70	3,1
006	Spezialtiefbauarbeiten inkl. 005	–	–	–	–
009	Entwässerungskanalarbeiten inkl. 011	–	–	–	–
010	Drän- und Versickerarbeiten	–	–	–	–
012	Mauerarbeiten	–	–	–	–
013	Betonarbeiten	153.996	193,70	46,60	6,3
014	Natur-, Betonwerksteinarbeiten	–	–	–	–
016	Zimmer- und Holzbauarbeiten	349.518	439,70	105,80	14,3
017	Stahlbauarbeiten	3.777	4,80	1,10	0,2
018	Abdichtungsarbeiten	69.694	87,70	21,10	2,8
019	Kampfmittelräumarbeiten	–	–	–	–
020	Dachdeckungsarbeiten	–	–	–	–
021	Dachabdichtungsarbeiten	176.291	221,80	53,30	7,2
022	Klempnerarbeiten	55.375	69,70	16,80	2,3
	Rohbau	**990.881**	**1.246,60**	**299,90**	**40,4**
023	Putz- und Stuckarbeiten, Wärmedämmsysteme	–	–	–	–
024	Fliesen- und Plattenarbeiten	19.679	24,80	6,00	0,8
025	Estricharbeiten	36.809	46,30	11,10	1,5
026	Fenster, Außentüren inkl. 029, 032	109.045	137,20	33,00	4,5
027	Tischlerarbeiten	373.883	470,40	113,10	15,3
028	Parkettarbeiten, Holzpflasterarbeiten	–	–	–	–
030	Rollladenarbeiten	31.143	39,20	9,40	1,3
031	Metallbauarbeiten inkl. 035	–	–	–	–
034	Maler- und Lackiererarbeiten inkl. 037	9.882	12,40	3,00	0,4
036	Bodenbelagarbeiten	32.560	41,00	9,90	1,3
038	Vorgehängte hinterlüftete Fassaden	178.965	225,20	54,20	7,3
039	Trockenbauarbeiten	43.977	55,30	13,30	1,8
	Ausbau	**835.944**	**1.051,70**	**253,00**	**34,1**
040	Wärmeversorgungsanl. - Betriebseinr. inkl. 041	107.838	135,70	32,60	4,4
042	Gas- und Wasserinstallation, Leitungen inkl. 043	18.700	23,50	5,70	0,8
044	Abwasseranlagen - Leitungen	27.116	34,10	8,20	1,1
045	GWE-Einrichtungsgegenstände inkl. 046	31.495	39,60	9,50	1,3
047	Dämmarbeiten an betriebstechnischen Anlagen	21.071	26,50	6,40	0,9
049	Feuerlöschanlagen, Feuerlöschgeräte	701	0,88	0,21	< 0,1
050	Blitzschutz- und Erdungsanlagen	21.304	26,80	6,40	0,9
053	Niederspannungsanlagen inkl. 052, 054	108.915	137,00	33,00	4,4
055	Sicherheits- u. Ersatzstromversorgungsanl.	–	–	–	–
057	Gebäudesystemtechnik	61.720	77,60	18,70	2,5
058	Leuchten und Lampen inkl. 059	60.861	76,60	18,40	2,5
060	Sprechanlagen, elektroakust. Anlagen inkl. 064	11.115	14,00	3,40	0,5
061	Kommunikationsnetze inkl. 063	29.574	37,20	8,90	1,2
069	Aufzüge	–	–	–	–
070	Gebäudeautomation	–	–	–	–
075	Raumlufttechnische Anlagen inkl. 078	116.677	146,80	35,30	4,8
	Gebäudetechnik	**617.087**	**776,30**	**186,70**	**25,2**
084	Abbruch, Rückbau, Schadstoffsanierung	–	–	–	–
	Abbrucharbeiten	**–**	**–**	**–**	**–**
	Sonstige Leistungsbereiche	**6.253**	**7,90**	**1,90**	**0,3**

6400-0122
Heilpädagogische
Tagesstätte (20 AP)
Wohnungen (4 WE)
TG (16 STP)

Objektübersicht

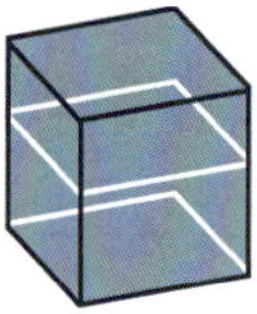
BRI 631 €/m³

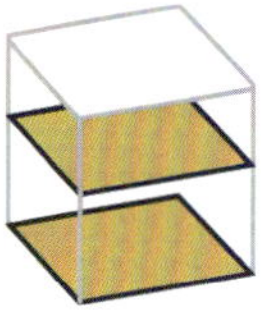
BGF 1.870 €/m²

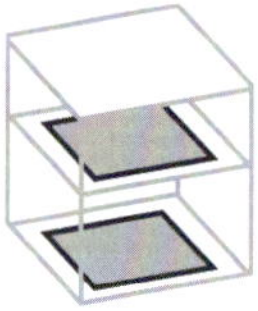
NUF 2.922 €/m²

Objekt:
Kennwerte: 1. Ebene DIN 276
BRI: 6.562 m³
BGF: 2.214 m²
NUF: 1.417 m²
Bauzeit: 91 Wochen
Bauende: 2022
Standard: über Durchschnitt
Bundesland: Bayern
Kreis: München, Stadt

Architekt*in:
Kammerl & Kollegen
Hauptstraße 19
83539 Pfaffing

Bauherr*in:
Evangelisch-Lutherischer
Dekanatsbezirk München
Landwehrstraße 11
80336 München

© Adrienne-Sophie Hoffer

© Adrienne-Sophie Hoffer

© Adrienne-Sophie Hoffer

© Adrienne-Sophie Hoffer

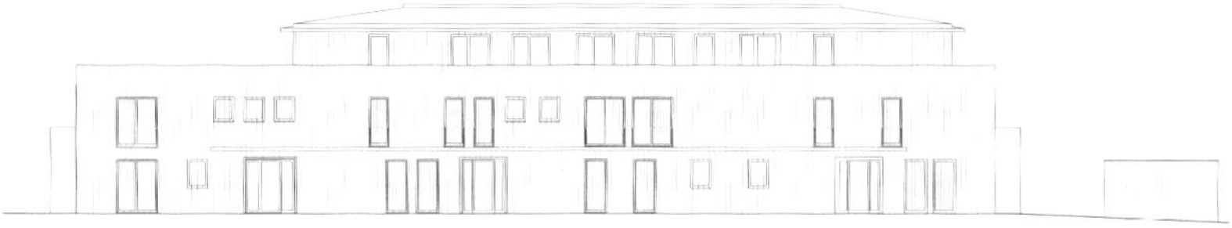

Ansicht Nord

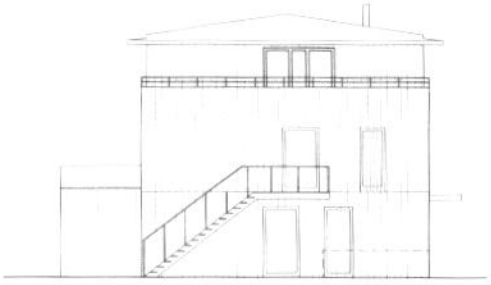

Ansicht Ost

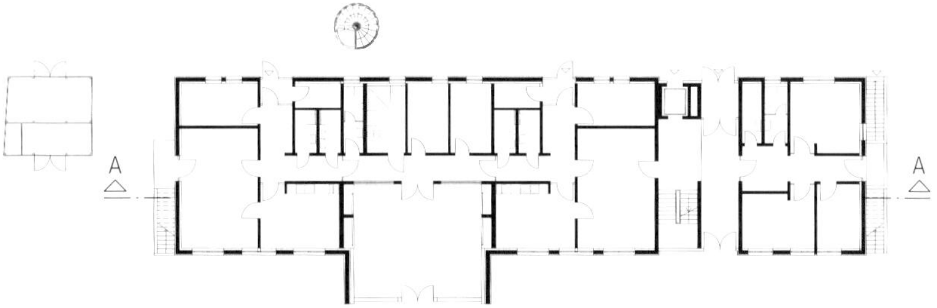

Erdgeschoss

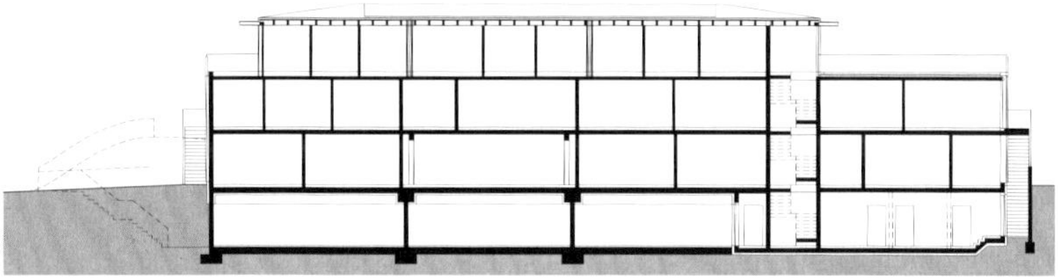

Schnitt A-A

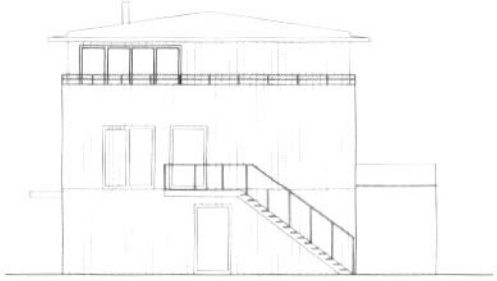

Ansicht Süd

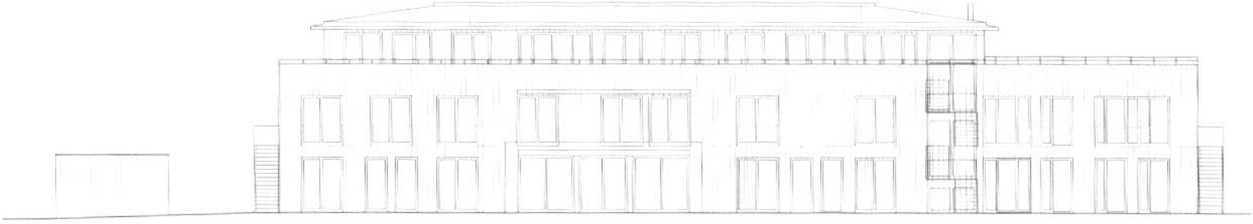

Ansicht West

6400-0122
Heilpädagogische
Tagesstätte (20 AP)
Wohnungen (4 WE)
TG (16 STP)

Objektbeschreibung

Allgemeine Objektinformationen

Die heilpädagogische Tagesstätte ist ein nachhaltiges Haus für Kinder und Jugendliche, das Inklusion und ein offenes Miteinander verschiedener Altersstufen ermöglicht. Das Gebäude beinhaltet eine Mischnutzung aus Kindertagesstätte, betreutem Wohnen, Mitarbeiter-Wohnen und Arbeiten. Bei der Gestaltung des Holzkubus stand eine kompakte, schlichte Form im Vordergrund, die innerhalb der Fassadenhülle Freiräume und private Zonen bietet und somit, fernab der gemeinsamen Freiflächen im Garten, auch eigene private Rückzugsmöglichkeiten schafft.

Nutzung

1 Untergeschoss
Tiefgarage, Technikräume, Waschküche, Aufwärmküche, Abstellen, Flure, Treppenhaus

1 Erdgeschoss
Windfang, Foyer, Gruppenräume, Bewegungsraum, Büroräume, Therapieräume, Nebenräume, WCs, Flure, Treppenhaus, Aufzug

1 Obergeschoss
Gruppenraum, Personalräume, Übernachtungsräume, Dienstzimmer, Sanitärräume, Wohn-Essküche, Fernsehraum, Flure, Treppenhaus, Aufzug, Balkone

1 Dachgeschoss
drei Wohngruppen, Schlafzimmer, Wohn-Essküchen, Bäder, WCs, Flure, Treppenhaus, Aufzug, Dachterrassen, Loggien

Nutzeinheiten

Arbeitsplätze: 20
Gruppen: 3
Wohneinheiten: 4
Wohnfläche: 541 m²

Grundstück

Bauraum: Beengter Bauraum
Neigung: Ebenes Gelände
Bodenklasse: BK 1 bis BK 2

Markt

Hauptvergabezeit: 4. Quartal 2020
Baubeginn: 1. Quartal 2021
Bauende: 4. Quartal 2022
Konjunkturelle Gesamtlage: über Durchschnitt
Regionaler Baumarkt: Durchschnitt

Baukonstruktion

Das Gebäude gründet auf einer Stahlbetonbodenplatte und wurde als, länglicher Holzkubus in Hybridbauweise ausgeführt. Das UG, sowie das EG wurden in Stahlbeton erstellt, die darüberliegenden Geschosse sind in Brettsperrholzbauweise errichtet. Die Fassade, mit dreifachverglasten Holzfenstern wurde aus hinterlüftetem Lärchenholz mit Dämmung aus Holzwolle und Zellulose gestaltet. Sowohl die Stb-Bauteile als auch die Holzwände wurden oberflächenfertig belassen.

Technische Anlagen

Beheizt wird das Gebäude mittels einer Luft-Wasser-Wärmepumpe, unterstützt von einer Photovoltaikanlage. Die Wärmeverteilung erfolgt über Fußbodenheizung. Die Belüftung des Gebäudes erfolgt durch eine mechanische, dezentrale Lüftungsanlage mit Wärmerückgewinnung.

Sonstiges

Der Aspekt der Barrierefreiheit mit einer durchgehend rollstuhlgerechten Planung im Außen-und Innenbereich spielt eine tragende Rolle, um den Bewohnern uneingeschränkte Mobilität zu ermöglichen. Das Gebäude erfüllt den KfW 55-Standard nach EnEV 2016. Erfolgte Auszeichnungen 2023: Prädikat "KlimaKulturKompetenz" der Bayerischen Architektenkammer in den Bereichen "Barrierefreiheit" und "Energieeffizienz", sowie das Signet "Bayern barrierefrei" des Bayerischen Sozialministeriums.

Energetische Kennwerte

Gesetzliche Grundlage: EnEV 2013
Gebäudenutzfläche: 629,60 m²
Spez. Transmissionswärmeverlust: 0,33 W/(m²·K)
Spez. Jahresprimärenergiebedarf: 16,80 kWh/(m²·a)
Spez. Jahresendenergiebedarf: 11,20 kWh/(m²·a)
CO_2-Emissionen: 4,60 kg/(m²·a)

Planungskennwerte für Flächen und Rauminhalte nach DIN 277

Flächen des Grundstücks		Menge Einheit	% an GF
BF	Bebaute Fläche	527,20 m²	12,7
UF	Unbebaute Fläche	3.622,80 m²	87,3
GF	Grundstücksfläche	4.150,00 m²	100,0

Grundflächen des Bauwerks		Menge Einheit	% an NUF	% an BGF
NUF	Nutzungsfläche	1.416,82 m²	100,0	64,0
TF	Technikfläche	47,00 m²	3,3	2,1
VF	Verkehrsfläche	411,08 m²	29,0	18,6
NRF	Netto-Raumfläche	1.874,90 m²	132,3	84,7
KGF	Konstruktions-Grundfläche	338,96 m²	23,9	15,3
BGF	Brutto-Grundfläche	2.213,86 m²	156,3	100,0

Brutto-Rauminhalt des Bauwerks		Menge Einheit	BRI/NUF (m)	BRI/BGF (m)
BRI	Brutto-Rauminhalt	6.561,78 m³	4,63	2,96

Kostenkennwerte für die Kostengruppen der 1. Ebene DIN 276

KG	Kostengruppen (1. Ebene)	Einheit	Kosten €	€/Einheit	€/m² BGF	€/m³ BRI	% 300+400
100	Grundstück	m² GF	–	–	–	–	–
200	Vorbereitende Maßnahmen	m² GF	–	–	–	–	–
300	Bauwerk – Baukonstruktionen	m² BGF	3.402.399	1.536,86	1.536,86	518,52	82,2
400	Bauwerk – Technische Anlagen	m² BGF	736.932	332,87	332,87	112,31	17,8
	Bauwerk 300+400	**m² BGF**	**4.139.331**	**1.869,73**	**1.869,73**	**630,82**	**100,0**
500	Außenanlagen und Freiflächen	m² AF	–	–	–	–	–
600	Ausstattung und Kunstwerke	m² BGF	–	–	–	–	–
700	Baunebenkosten	m² BGF	–	–	–	–	–
800	Finanzierung	m² BGF	–	–	–	–	–

KG	Kostengruppe	Menge Einheit	Kosten €	€/Einheit	%
3+4	**Bauwerk**				**100,0**
300	**Bauwerk – Baukonstruktionen**	2.213,86 m² BGF	3.402.399	**1.536,86**	82,2

Baugrubenaushub; Stb-Streifenfundamente, Stb-Bodenplatte, Abdichtung, Dämmung, Estrich, Bodenfliesen, Garagenpflaster, Perimeterdämmung; Stb-Wände, Brettsperrholz-Außenwände, Holzfenster, Holz-Glastüren, Dreifachverglasung, Abdichtung, Dämmung, hinterlüftete Holzverschalung Lärche; Innenputz, Beschichtung, Wandfliesen, textiler Sonnenschutz, Markisen; Stb-Innenwände, Brettsperrholzwände, GK-Wände, Innentüren, HPL-beschichtet, Sichtholzoberflächen, Sichtbeton, GK-Bekleidung, Beschichtung, Wandfliesen; Stb-Decken, Stb-Treppen, Holzsperrholzdecken, Dämmung, Heizestrich, Linoleum, Bodenfliesen, abgehängte Akustikdecken, Stahl-Elementtreppen, Treppengeländer; Stb-Flachdach, Brettsperrholzdach, Dämmung, Abdichtung, Zinkdeckung, Dachentwässerung

KG	Kostengruppe	Menge Einheit	Kosten €	€/Einheit	%
400	**Bauwerk – Technische Anlagen**	2.213,86 m² BGF	736.932	**332,87**	17,8

Gebäudeentwässerung, Kalt- und Warmwasserleitungen, Sanitärobjekte; Luft-Wasser-Wärmepumpe, Fußbodenheizung; dezentrale Lüftungsanlage; Photovoltaikanlage, Elektroinstallation, Beleuchtung; Aufzugsanlage

6400-0126
Gemeindehaus
(140 Sitzplätze)

Objektübersicht

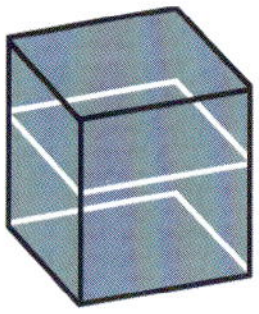

BRI 714 €/m^3

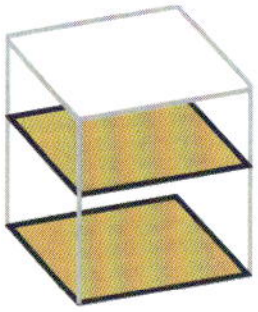

BGF 3.866 €/m^2

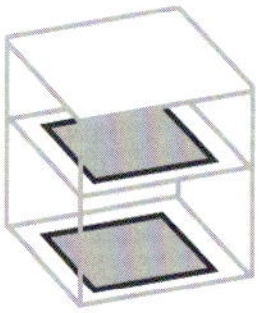

NUF 5.804 €/m^2

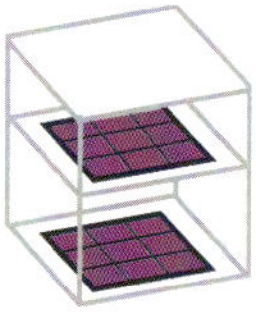

NE 9.057 €/NE
NE: Sitzplätze

Objekt:
Kennwerte: 1. Ebene DIN 276
BRI: 1.776 m^3
BGF: 328 m^2
NUF: 218 m^2
Bauzeit: 61 Wochen
Bauende: 2021
Standard: über Durchschnitt
Bundesland: Bayern
Kreis: Landshut

Architekt*in:
Bindhammer Architekten,
Stadtplaner und Beratender
Ingenieur Part mbB
Kapellenberg 18
84092 Bayerbach

Bauherr*in:
Kath. Kirchenstiftung
Mariä Himmelfahrt
84092 Bayerbach

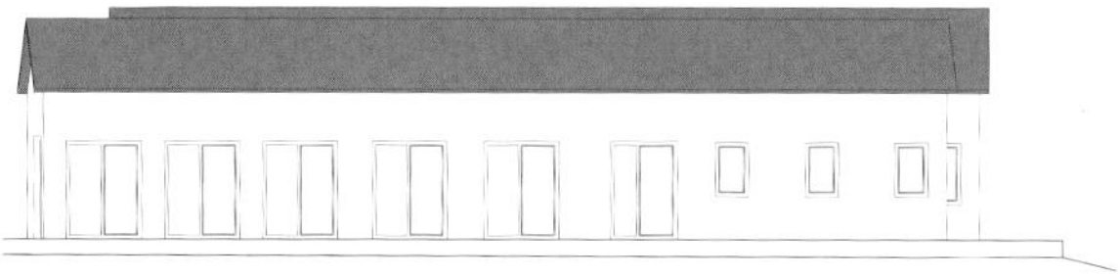

Ansicht Nord

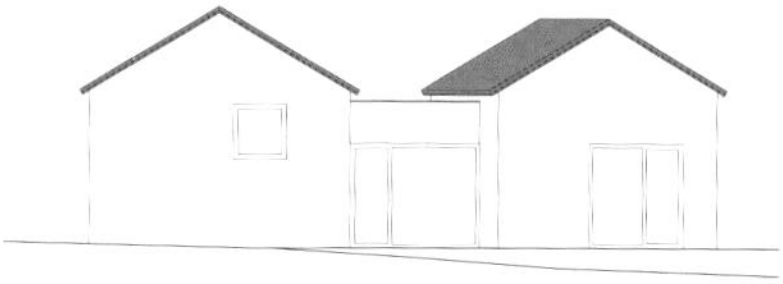

Ansicht Ost

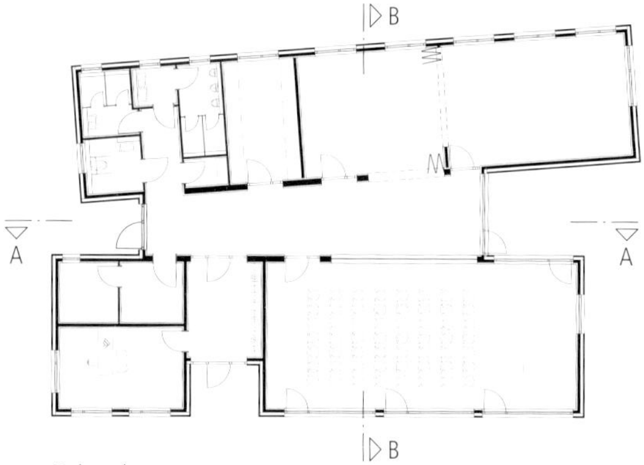

Erdgeschoss

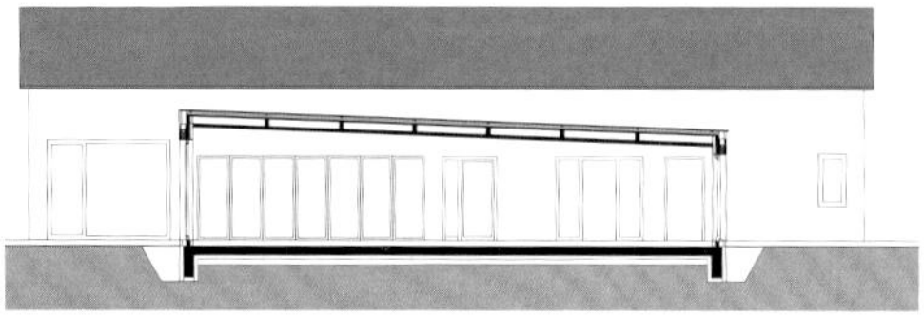

Schnitt A-A

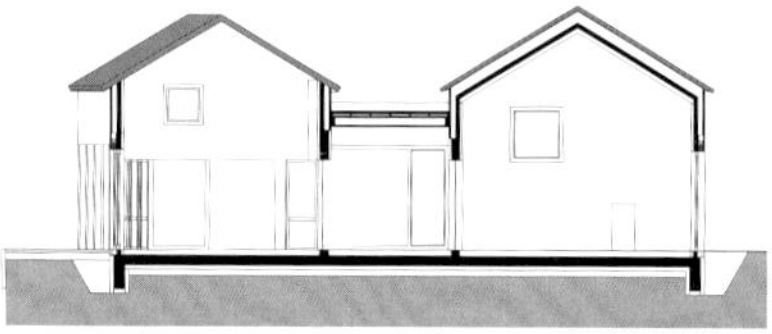

Schnitt B-B

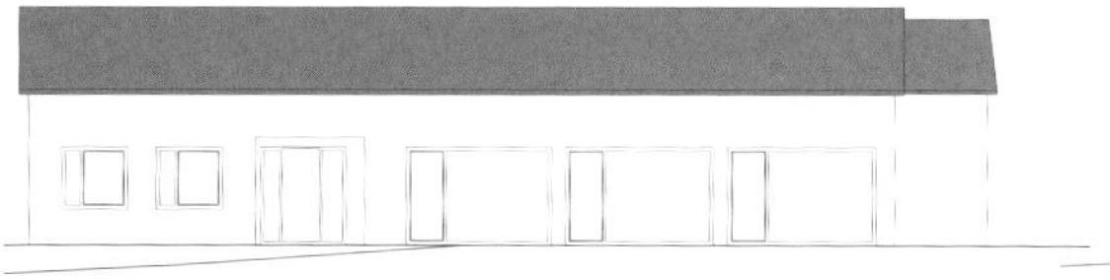

Ansicht Süd

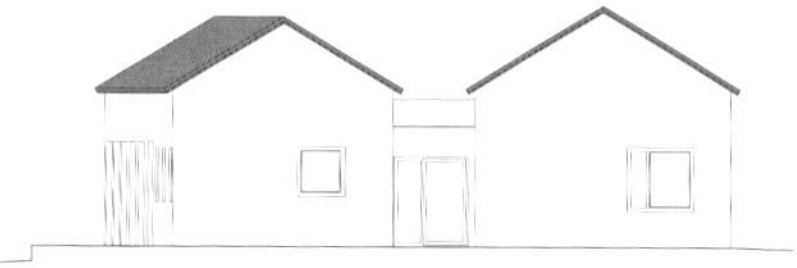

Ansicht West

Objektbeschreibung

Allgemeine Objektinformationen

Entlang eines zentralen, lichtdurchfluteten Foyers mit Pultdach werden zwei zueinander versetzte Langhäuser mit steilen Satteldächern miteinander verbunden. Der Neubau dient der Kirchenstiftung und den kirchlichen Gruppen, wie z.B. den Ministranten und dem Kirchenchor, die mit zahlreichen Veranstaltungen am kulturellen Leben in der Gemeinde mitwirken. Der eingeschossige Bau ist ebenerdig und barrierefrei zugänglich und entspricht den heutigen Baustandards an eine nachhaltige Bauweise.

Nutzung

1 Erdgeschoss
Großer Pfarrsaal, zwei Gruppenräume, Pfarrbüro, Foyer, Garderobe, Windfang, Teeküche, WC-Räume, Technik, Abstellraum, Flur

Nutzeinheiten

Arbeitsplätze: 1
Sitzplätze: 140

Grundstück

Bauraum: Freier Bauraum
Neigung: Ebenes Gelände
Bodenklasse: BK 1 bis BK 3

Markt

Hauptvergabezeit: 3. Quartal 2020
Baubeginn: 4. Quartal 2020
Bauende: 4. Quartal 2021
Konjunkturelle Gesamtlage: über Durchschnitt
Regionaler Baumarkt: unter Durchschnitt

Baukonstruktion

Das Bauwerk wurde in Holzmassivbauweise errichtet und ist mit einem Wärmedämmverbundsystem ummantelt. Es gründet auf einer Stahlbeton-Bodenplatte. Das Dachtragwerk ist als Faltwerk ausgebildet. Die Dachflächen wirken als Scheiben, die die Lasten auf die Querwände übertragen. Das Faltwerk ist analog dem Schiffsbau "auf Spant" gebaut. Das Dach des Zwischenbaus wurde mit flach geneigtem Trapezblech auf Balkenlage gedeckt. Unterseitig sind die Dächer mit Holz-Akustikelementen bekleidet. Für die Fassadenelemente wurden außen flächenbündige Holz-Aluelemente mit Dreifachverglasung verbaut. Die tragenden Holzwände sind im Innenbereich in Sichtholz belassen, alle weiteren Wände sind in Trockenbauweise beplankt. Die Gruppenräume können mit Hilfe einer Faltwand verbunden werden. Als Fußbodenbelag wurde in den Haupträumen ein Holzparkett im englischen Verband verlegt, die Sanitärräume und der Eingangsbereich erhielten einen Fliesenbelag.

Technische Anlagen

Für die Beheizung ist eine Luft-Wärmepumpe installiert. Die Verteilung der Wärme erfolgt über eine Fußbodenheizung. Warmwasser wird dezentral bereitet.

Sonstiges

Das gewählte Sichtholz stellt als Baustoff einen Bezug zum alten Pfarrgarten und seinen großen Bäumen her. Die Holzmassivbauweise ist umweltfreundlich, hat gute Wärme- und Schallschutzeigenschaften und gibt den Räumen eine angenehme Atmosphäre.

Energetische Kennwerte

Gesetzliche Grundlage: GEG 2020
Gebäudenutzfläche: 235,00 m²
Mittlerer U-Wert (opake Bauteile): 0,14 W/(m²·K)
Mittlerer U-Wert (transparente Bauteile): 0,80 W/(m²·K)
Spez. Jahresprimärenergiebedarf: 107,70 kWh/(m²·a)
CO_2-Emissionen: 33,50 kg/(m²·a)

Energetische Angaben zu Außenbauteilen

Bodenplatte

U-Wert: 0,17 W/(m²·K)

Gesamtdicke: 52,02 cm	d [cm]	λ [W/(m·K)]
Fliesen	1,50	1,000
Estrich	5,50	1,400
PE-Folie	0,02	0,300
Dämmung	3,00	0,040
Dämmung	5,00	0,035
Stahlbeton	25,00	2,100
Dämmung	12,00	0,035

Außenwand

U-Wert: 0,17 W/(m²·K)

Gesamtdicke: 38,50 cm	d [cm]	λ [W/(m·K)]
GK-Platte	2,50	0,210
Holz	6,00	0,130
Holz	8,00	0,130
Holz	16,00	0,130
Dämmung	16,00	0,035
Dämmung	4,00	0,045
Außenputz	2,00	1,000

Decke gegen Außenluft unten

U-Wert: 0,16 W/(m²·K)

Gesamtdicke: 34,50 cm	d [cm]	λ [W/(m·K)]
Holz	8,00	0,130
Holz	20,00	0,130
Dämmung	20,00	0,035
Holzfaserplatte	4,00	0,040
GK-Platte	2,50	0,210

Dach Foyer

U-Wert: 0,15 W/(m²·K)

Gesamtdicke: 33,03 cm	d [cm]	λ [W/(m·K)]
Holz	8,00	0,130
PE-Folie	0,03	0,200
Holzfaserplatte	20,00	0,040
Holzfaserplatte	5,00	0,045

Dach

U-Wert: 0,17 W/(m²·K)

Gesamtdicke: 33,23 cm	d [cm]	λ [W/(m·K)]
Holz	8,00	0,130
PE-Folie	0,03	0,200
Holz	20,00	0,130
Dämmung	20,00	0,039
Holzfaserplatte	5,20	0,045

Planungskennwerte für Flächen und Rauminhalte nach DIN 277

Flächen des Grundstücks		Menge Einheit	% an GF
BF	Bebaute Fläche	335,00 m²	10,2
UF	Unbebaute Fläche	2.938,00 m²	89,8
GF	Grundstücksfläche	3.273,00 m²	100,0

Grundflächen des Bauwerks		Menge Einheit	% an NUF	% an BGF
NUF	Nutzungsfläche	218,47 m²	100,0	66,6
TF	Technikfläche	6,02 m²	2,8	1,8
VF	Verkehrsfläche	45,47 m²	20,8	13,9
NRF	Netto-Raumfläche	269,96 m²	123,6	82,3
KGF	Konstruktions-Grundfläche	58,04 m²	26,6	17,7
BGF	Brutto-Grundfläche	328,00 m²	150,1	100,0

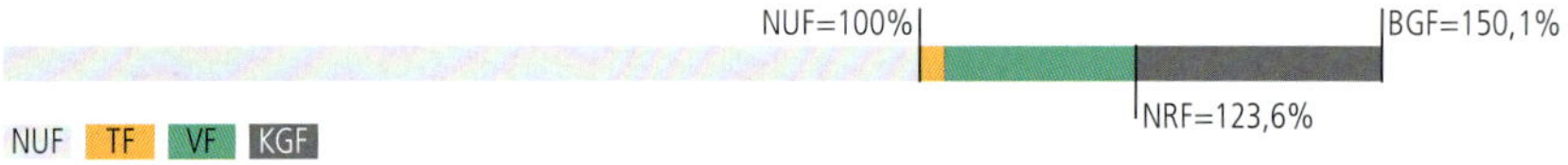

Brutto-Rauminhalt des Bauwerks		Menge Einheit	BRI/NUF (m)	BRI/BGF (m)
BRI	Brutto-Rauminhalt	1.776,00 m³	8,13	5,42

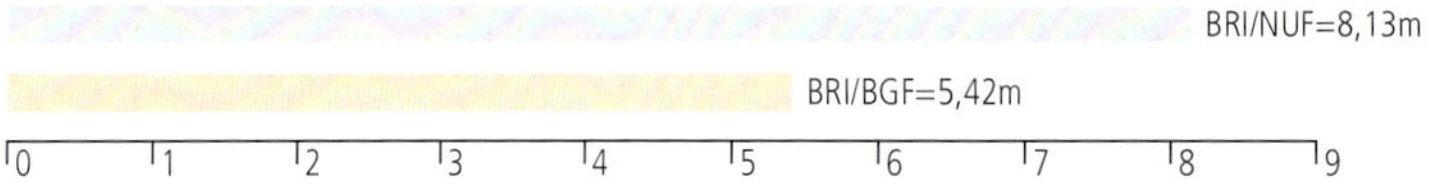

Kostenkennwerte für die Kostengruppen der 1.Ebene DIN 276

KG	Kostengruppen (1. Ebene)	Einheit	Kosten €	€/Einheit	€/m² BGF	€/m³ BRI	% 300+400
100	Grundstück	m² GF	–	–	–	–	–
200	Vorbereitende Maßnahmen	m² GF	–	–	–	–	–
300	Bauwerk – Baukonstruktionen	m² BGF	977.887	2.981,36	2.981,36	550,61	77,1
400	Bauwerk – Technische Anlagen	m² BGF	290.077	884,38	884,38	163,33	22,9
	Bauwerk 300+400	**m² BGF**	**1.267.964**	**3.865,74**	**3.865,74**	**713,94**	**100,0**
500	Außenanlagen und Freiflächen	m² AF	–	–	–	–	–
600	Ausstattung und Kunstwerke	m² BGF	–	–	–	–	–
700	Baunebenkosten	m² BGF	–	–	–	–	–
800	Finanzierung	m² BGF	–	–	–	–	–

KG	Kostengruppe	Menge Einheit	Kosten €	€/Einheit	%
3+4	**Bauwerk**				**100,0**
300	**Bauwerk – Baukonstruktionen**	328,00 m² BGF	977.887	**2.981,36**	77,1

Baugrubenaushub; Stb-Streifenfundamente, StB-Bodenplatte, Abdichtung, Heizestrich, Parkett, Bodenfliesen, Dämmung, Schottertragschicht, Sauberkeitsschicht; Holz-Massivbauwände, Holz-Alufenster, Dreifachverglasung, Drehtüranlagen, WDVS mit Besenstrichputz, GK-Bekleidungen, Wandfliesen, Raffstores; Holz-Massivbauwände, GK-Wände, Holztüren, GK-Bekleidung, Beschichtung, Wandfliesen, Faltwand, WC-Trennwände; Satteldächer: Dachtragwerk, Holz als Faltwerk, Dämmung, Abdichtung, Dachziegel, Zwischenbau: Holzstapeldach, Holzfaserdämmung, Abdichtung, Trapezblech, Dachentwässerung, Holzakustikelemente; Einbauküche, Einbauschränke

KG	Kostengruppe	Menge Einheit	Kosten €	€/Einheit	%
400	**Bauwerk – Technische Anlagen**	328,00 m² BGF	290.077	**884,38**	22,9

Gebäudeentwässerung, Kaltwasserleitungen, dezentrale Warmwasserbereitung, Durchlauferhitzer, Sanitärobjekte; Luft-Wärmepumpe mit Pufferspeicher, Heizleitungen, Fußbodenheizung; Elektroinstallation, Beleuchtung, EDV-Technik

10 Sonstige Gebäude

5300-0021
Duschhaus
(4 Duschen)

Objektübersicht

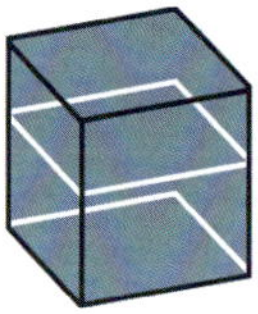

BRI 1.619 €/m³

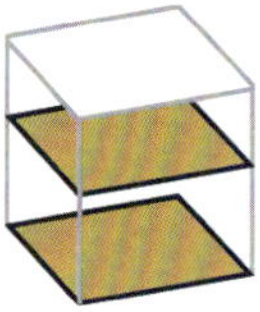

BGF 4.856 €/m²

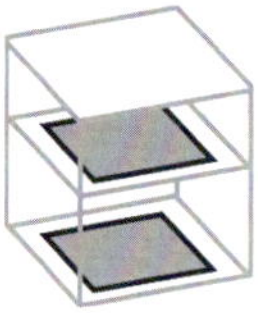

NUF 6.831 €/m²

Objekt:
Kennwerte: 1. Ebene DIN 276
BRI: 72 m³
BGF: 24 m²
NUF: 17 m²
Bauzeit: 61 Wochen
Bauende: 2022
Standard: über Durchschnitt
Bundesland: Bayern
Kreis: Landsberg am Lech

Architekt*in:
ARCHITEKTanBORD
Dipl.-Ing. Viktor Walter
Annastraße 36A
86150 Augsburg

Bauherr*in:
ESC Segel-Club Eching
vertr. d. Christian Gröbmüller
882140 Olching

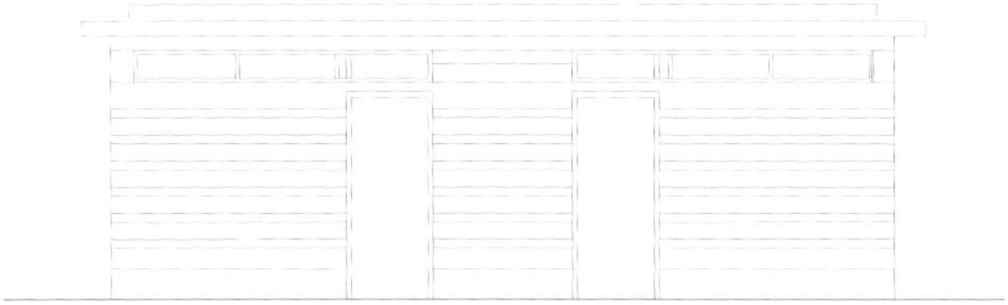

Ansicht Nord

Ansicht West

Ansicht Ost

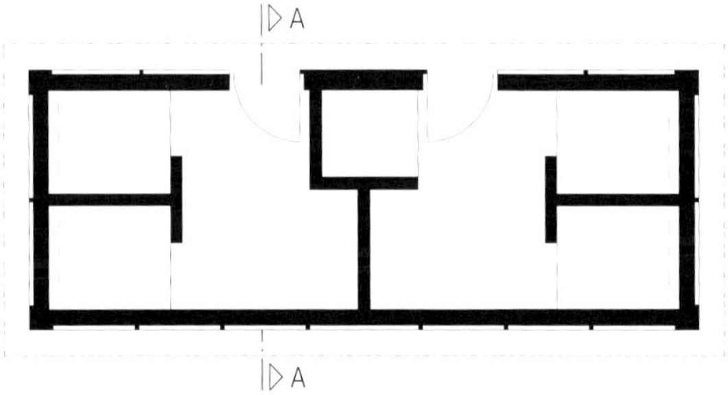

Erdgeschoss

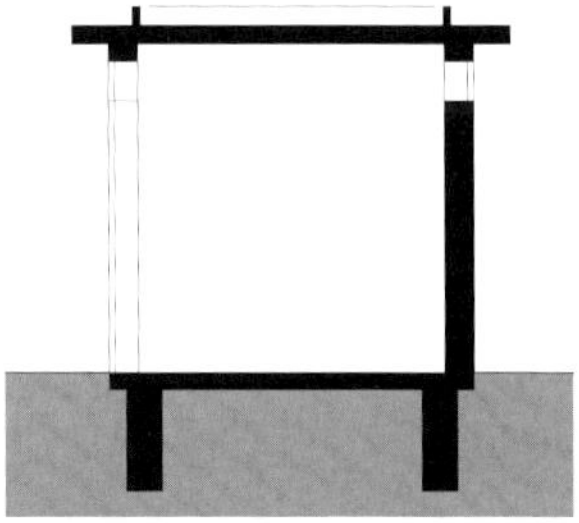

Schnitt A-A

Ansicht Süd

Objektbeschreibung

Allgemeine Objektinformationen

Bei dem Neubau handelt es sich um ein Duschhaus mit zwei Umkleide- sowie vier Duschkabinen.

Nutzung

1 Erdgeschoss
Duscheinrichtung mit Umkleidemöglichkeiten

Grundstück

Bauraum: Freier Bauraum
Neigung: Ebenes Gelände
Bodenklasse: BK 1 bis BK 3

Markt

Hauptvergabezeit: 3.Quartal 2021
Baubeginn: 1.Quartal 2021
Bauende: 2.Quartal 2022
Konjunkturelle Gesamtlage: über Durchschnitt
Regionaler Baumarkt: unter Durchschnitt

Baukonstruktion

Das Duschhaus gründet auf Stahlbetonfundamenten. Die 25cm starke Betonfundamentplatte ist mit einer 10cm dicken Dämmschicht versehen. Die Wände wurden in vorgefertigter Holzständerbauweise mit hinterlüfteter Holzlamellenbekleidung aus Lärche realisiert. Das Flachdach ist als Holzstapeldecke ausgeführt. Lichtbänder an allen vier Seiten über Kopfhöhe versorgen das gesamte Gebäude vollständig mit Tageslicht.

Technische Anlagen

Das Duschgebäude wird über eine ca. 20kW starke elektronische Heizung beheizt. Diese wird ebenso für die Warmwasseraufbereitung genutzt.

Planungskennwerte für Flächen und Rauminhalte nach DIN 277

Flächen des Grundstücks		Menge Einheit	% an GF
BF	Bebaute Fläche	24,00 m^2	0,2
UF	Unbebaute Fläche	11.615,00 m^2	99,8
GF	Grundstücksfläche	11.639,00 m^2	100,0

Grundflächen des Bauwerks		Menge Einheit	% an NUF	% an BGF
NUF	Nutzungsfläche	17,06 m^2	100,0	71,1
TF	Technikfläche	1,00 m^2	5,9	4,2
VF	Verkehrsfläche	–	–	–
NRF	Netto-Raumfläche	18,06 m^2	105,9	75,3
KGF	Konstruktions-Grundfläche	5,94 m^2	34,8	24,8
BGF	Brutto-Grundfläche	24,00 m^2	140,7	100,0

Brutto-Rauminhalt des Bauwerks		Menge Einheit	BRI/NUF (m)	BRI/BGF (m)
BRI	Brutto-Rauminhalt	72,00 m^3	4,22	3,00

Kostenkennwerte für die Kostengruppen der 1. Ebene DIN 276

KG	Kostengruppen (1. Ebene)	Einheit	Kosten €	€/Einheit	€/m² BGF	€/m³ BRI	% 300+400
100	Grundstück	m² GF	–	–	–	–	–
200	Vorbereitende Maßnahmen	m² GF	4.012	0,34	167,17	55,72	3,4
300	Bauwerk – Baukonstruktionen	m² BGF	88.096	3.670,65	3.670,65	1.223,55	75,6
400	Bauwerk – Technische Anlagen	m² BGF	28.444	1.185,19	1.185,19	395,06	24,4
	Bauwerk 300+400	**m² BGF**	**116.540**	**4.855,84**	**4.855,84**	**1.618,61**	**100,0**
500	Außenanlagen und Freiflächen	m² AF	2.169	–	90,36	30,12	1,9
600	Ausstattung und Kunstwerke	m² BGF	–	–	–	–	–
700	Baunebenkosten	m² BGF	–	–	–	–	–
800	Finanzierung	m² BGF	–	–	–	–	–

KG	Kostengruppe	Menge Einheit	Kosten €	€/Einheit	%
200	**Vorbereitende Maßnahmen**	11.639,00 m² GF	4.012	**0,34**	3,4

Schürfgruben herstellen, Baum fällen

KG	Kostengruppe	Menge Einheit	Kosten €	€/Einheit	%
3+4	**Bauwerk**				**100,0**
300	**Bauwerk – Baukonstruktionen**	24,00 m² BGF	88.096	**3.670,65**	75,6

Stahlbetonbodenplatte, Abdichtung, Ausgleichsdämmung, Trittschalldämmung, Zementestrich, Fliesenbelag, Perimeterdämmung; Holzständer-Außenwände, Fenster mit Dreifachverglasung, hinterlüftete Lärchenholzverkleidung, OSB-Bekleidung als Dampfbremse, GK-Bekleidung, Wandfliesen, Farbbeschichtung; Holzständer-Innenwände, GK-Wände, Wandfliesen, Farbbeschichtung; Holzstapeldecke als Flachdach, Zwischendämmung, Bitumenabdichtung, Notabdichtung, OSB-Bekleidung als Dampfbremse, GK-Bekleidung, Farbbeschichtung, Dachentwässerung; Schließanlage

KG	Kostengruppe	Menge Einheit	Kosten €	€/Einheit	%
400	**Bauwerk – Technische Anlagen**	24,00 m² BGF	28.444	**1.185,19**	24,4

Gebäudeentwässerung, Kalt- und Warmwasserleitungen, Sanitärobjekte; elektronische Heizung 20kW, Heizkörper; Elektroinstallation, Beleuchtung

KG	Kostengruppe	Menge Einheit	Kosten €	€/Einheit	%
500	**Außenanlagen und Freiflächen**	–	2.169	–	1,9

Außendusche; Bepflanzung

5300-0022
Bootshaus
(6 Fahrzeuge)

Objektübersicht

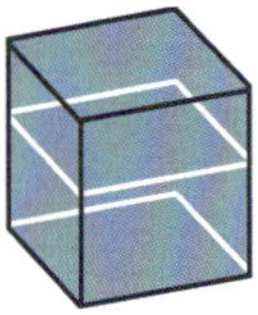

BRI 646 €/m³

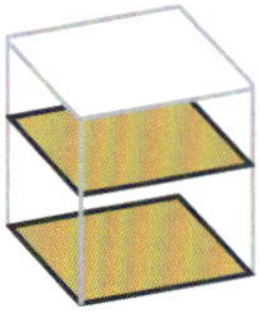

BGF 3.145 €/m²

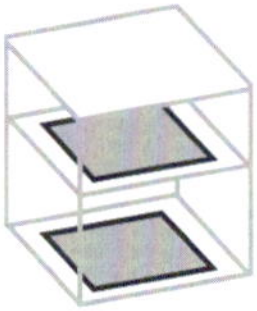

NUF 3.719 €/m²

Objekt:
Kennwerte: 1. Ebene DIN 276
BRI: 1.163 m³
BGF: 239 m²
NUF: 202 m²
Bauzeit: 43 Wochen
Bauende: 2022
Standard: Durchschnitt
Bundesland: Berlin
Kreis: Berlin, Stadt

Architekt*in:
Steiner Weißenberger
Architekten
Kurfürstenstraße 15-16
10785 Berlin

Bauherr*in:
Land Berlin
BIM Berliner Immobilien-
management GmbH
Keibelstraße 36
10178 Berlin

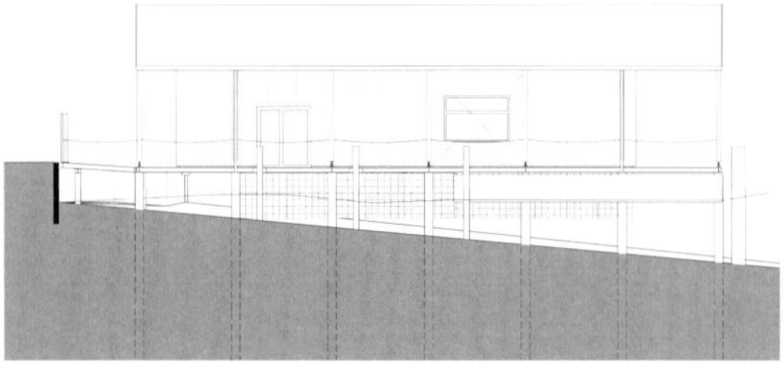

Ansicht Nord

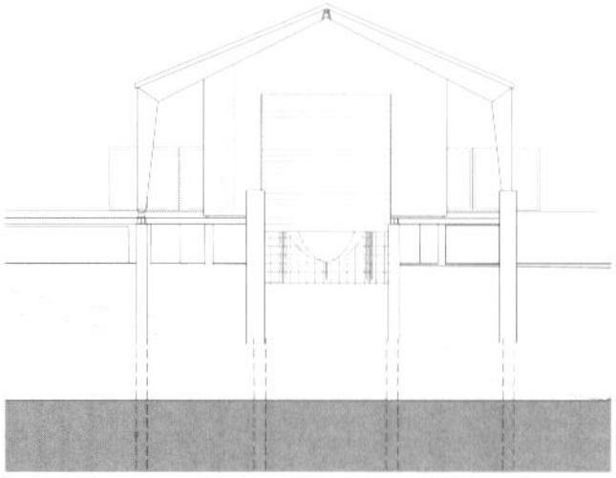

Ansicht West

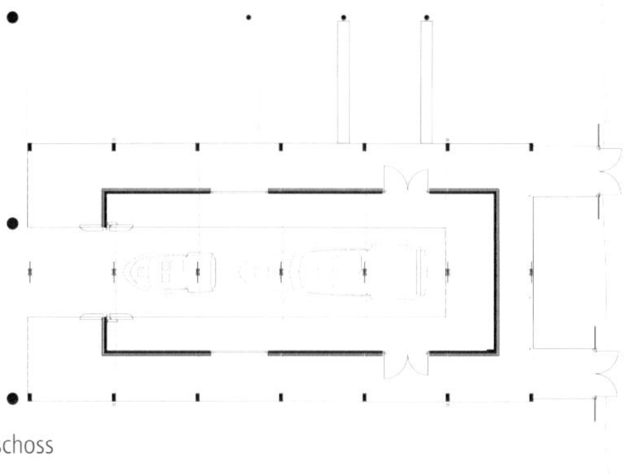

Erdgeschoss

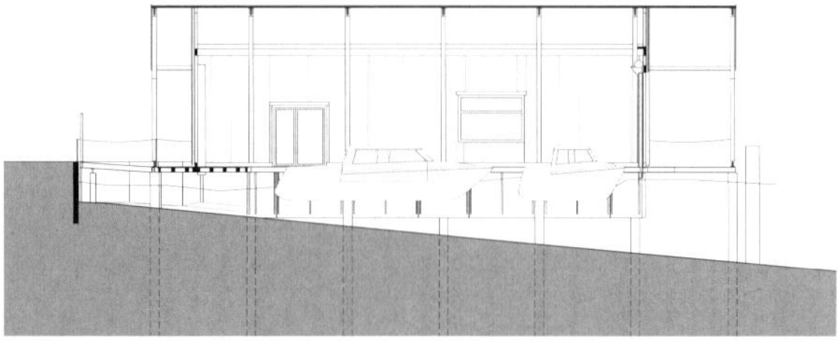

Schnitt A-A

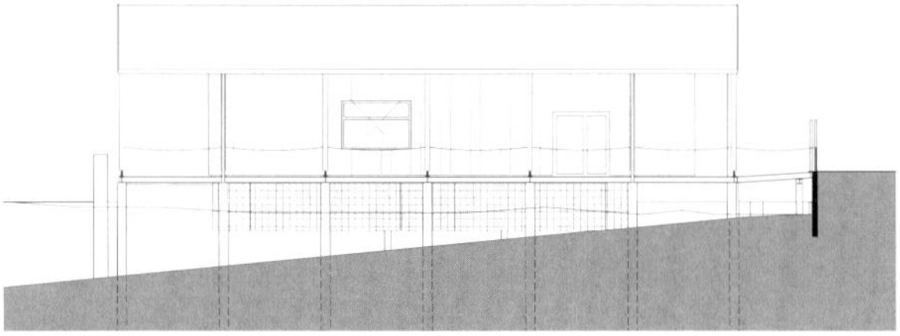

Ansicht Süd

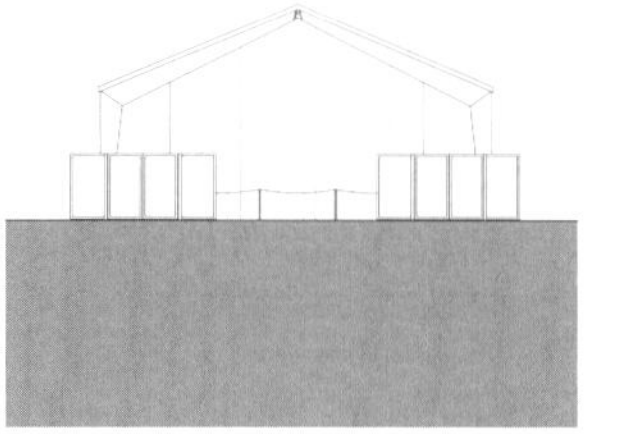

Ansicht Ost

Objektbeschreibung

Allgemeine Objektinformationen

Bootshaus für die Unterbringung der Feuerwehrboote der Freiwilligen Feuerwehr Berlin auf der Havel. Das Bootshaus ist von zwei seitlichen Stegen aus begehbar. Mittig befindet sich die Einhausung für zwei Boote. Die Außensteganlage ist überdacht und bietet Platz für vier weitere Liegeplätze, sowie für die Evakuierung von Personenschiffen.

Nutzung

1 Erdgeschoss
Steganlage und Bootsschuppen für sechs Liegeplätze der freiwilligen Feuerwehr

Besonderer Kosteneinfluss Nutzung
Wassergründung

Nutzeinheiten

Fahrzeugstellplätze: 6

Grundstück

Bauraum: Freier Bauraum
Neigung: Ebenes Gelände
Bodenklasse: BK 1 bis BK 3

Markt

Hauptvergabezeit: 4. Quartal 2021
Baubeginn: 4. Quartal 2021
Bauende: 3. Quartal 2022
Konjunkturelle Gesamtlage: Durchschnitt
Regionaler Baumarkt: über Durchschnitt

Baukonstruktion

Die Gründung besteht aus Stahlpfählen, die bis tief unter den Seegrund verankert wurden. Darauf lagert ein Stahlrost aus Stahlträgern, der mit KVH-Balken in der Stegebene ausgefacht ist. Dreigelenkbinder aus kesseldruckimprägniertem Furnierschichtholz bilden die Gebäudetragkonstruktion.
Die Wände bestehen aus einem Holzständerwerk mit Holzfenstern. Alle Oberflächen wurden sichtbar belassen. Die Fassade besteht aus einem Holzständerwerk mit einer horizontal- und vertikal wechselnden Brettschalung. Das Satteldach, das aus den Dreigelenkbindern gebildet wurde, erhielt eine Bitumenabdichtung, die direkt auf dem Furnierschichtholz verlegt wurde.

Technische Anlagen

Das Bauwerk wurde mit einer Erdungs- und Blitzschutzanlage versehen. Ein steuerbares Rolltor schließt das Gebäude von der Wasserseite.

Sonstiges

Bei dem Bauwerk handelt es sich um einen Ersatzneubau. Die Abrisskosten des alten Bootshauses sind in dieser Dokumentation nicht enthalten.

Planungskennwerte für Flächen und Rauminhalte nach DIN 277

Flächen des Grundstücks		Menge Einheit	% an GF
BF	Bebaute Fläche	239,01 m²	100,0
UF	Unbebaute Fläche	–	–
GF	Grundstücksfläche	239,01 m²	100,0

Grundflächen des Bauwerks		Menge Einheit	% an NUF	% an BGF
NUF	Nutzungsfläche	202,07 m²	100,0	84,5
TF	Technikfläche	–	–	–
VF	Verkehrsfläche	25,80 m²	12,8	10,8
NRF	Netto-Raumfläche	227,87 m²	112,8	95,3
KGF	Konstruktions-Grundfläche	11,14 m²	5,5	4,7
BGF	Brutto-Grundfläche	239,01 m²	118,3	100,0

Brutto-Rauminhalt des Bauwerks		Menge Einheit	BRI/NUF (m)	BRI/BGF (m)
BRI	Brutto-Rauminhalt	1.162,80 m³	5,75	4,87

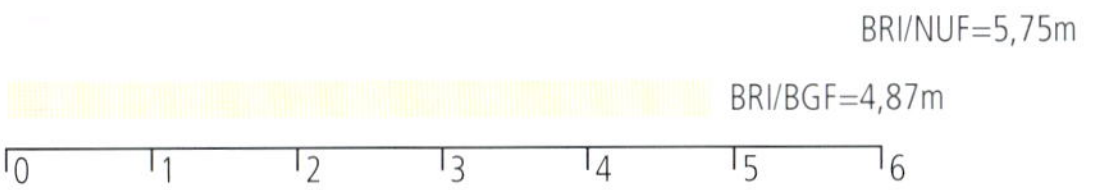

Kostenkennwerte für die Kostengruppen der 1. Ebene DIN 276

KG	Kostengruppen (1. Ebene)	Einheit	Kosten €	€/Einheit	€/m²BGF	€/m³BRI	% 300+400
100	Grundstück	m²GF	–	–	–	–	–
200	Vorbereitende Maßnahmen	m²GF	–	–	–	–	–
300	Bauwerk – Baukonstruktionen	m²BGF	694.621	2.906,24	2.906,24	597,37	92,4
400	Bauwerk – Technische Anlagen	m²BGF	56.965	238,34	238,34	48,99	7,6
	Bauwerk 300+400	**m²BGF**	**751.587**	**3.144,58**	**3.144,58**	**646,36**	**100,0**
500	Außenanlagen und Freiflächen	m²AF	–	–	–	–	–
600	Ausstattung und Kunstwerke	m²BGF	–	–	–	–	–
700	Baunebenkosten	m²BGF	–	–	–	–	–
800	Finanzierung	m²BGF	–	–	–	–	–

KG	Kostengruppe	Menge Einheit	Kosten €	€/Einheit	%
3+4	**Bauwerk**				**100,0**
300	**Bauwerk – Baukonstruktionen**	239,01 m²BGF	694.621	**2.906,24**	92,4

Tiefgründung, Stahlpfähle, Stahlträgerrost, KVH-Holzbalken, Riffeldielen, Holzschrammborde, Sicherheitsgitter; Holzständerwerk, Holzfenster, festverglast, Holztüre, Rolltor mit Metallrahmen, OSB, Lattung, Holzschalung; Dreigelenkbinder, Schalung, Bitumenabdichtung, Dachentwässerung

KG	Kostengruppe	Menge Einheit	Kosten €	€/Einheit	%
400	**Bauwerk – Technische Anlagen**	239,01 m²BGF	56.965	**238,34**	7,6

Regenentwässerung; Elektroinstallation auf Kabelrinnen, Beleuchtung, Blitzschutz, Erdungsanlage; Alarmanlage; Steuerung Rolltor

6200-0127
Studierenden-
wohnheim
(110 WE)

Objektübersicht

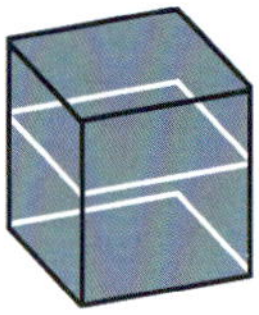

BRI 868 €/m³

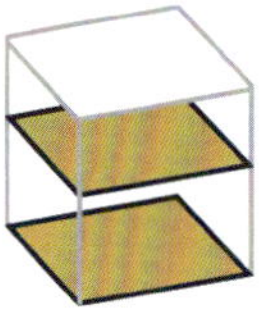

BGF 2.804 €/m²

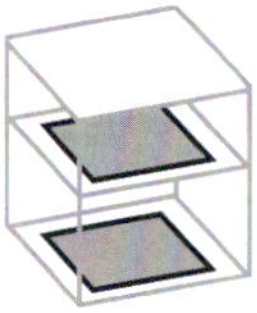

NUF 5.602 €/m²

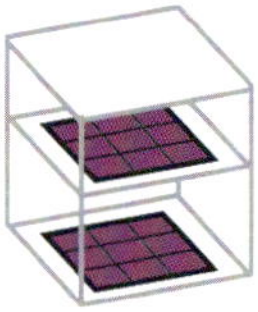

NE 134.701 €/NE

NE: Betten

Objekt:
Kennwerte: 1.Ebene DIN 276
BRI: 17.073 m³
BGF: 5.284 m²
NUF: 2.645 m²
Bauzeit: 74 Wochen
Bauende: 2022
Standard: Durchschnitt
Bundesland: Rheinland-Pfalz
Kreis: Trier, Stadt

Architekt*in:
ARCHITEKTEN STEIN
HEMMES WIRTZ
Bahnhofstraße 11
54317 Kasel

Bauherr*in:
Studierendenwerk Trier
Universitätsring 12a
54296 Trier

© Eibe Sönnecken

© Eibe Sönnecken

© Eibe Sönnecken

© Eibe Sönnecken

Ansicht Ost

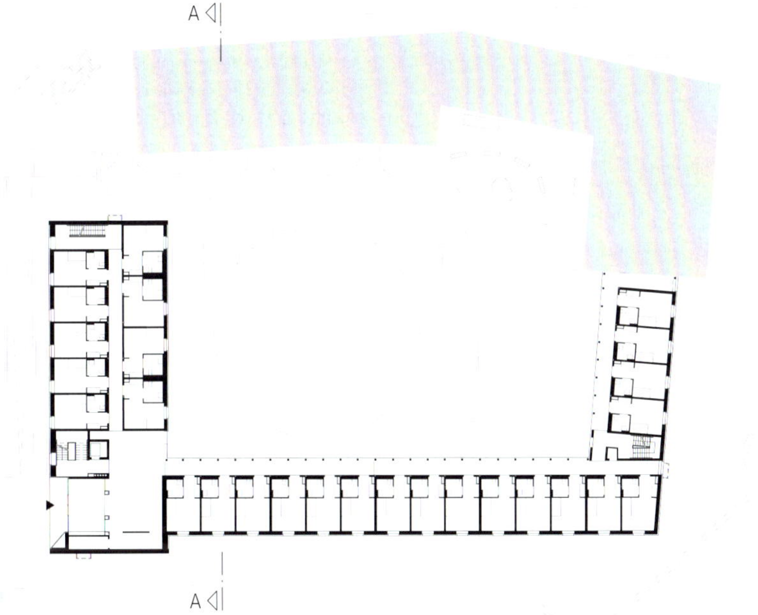

Erdgeschoss

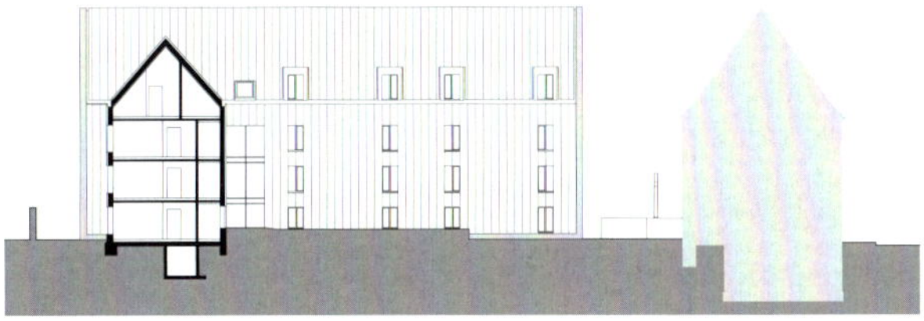

Schnitt A-A und Hof Ansicht

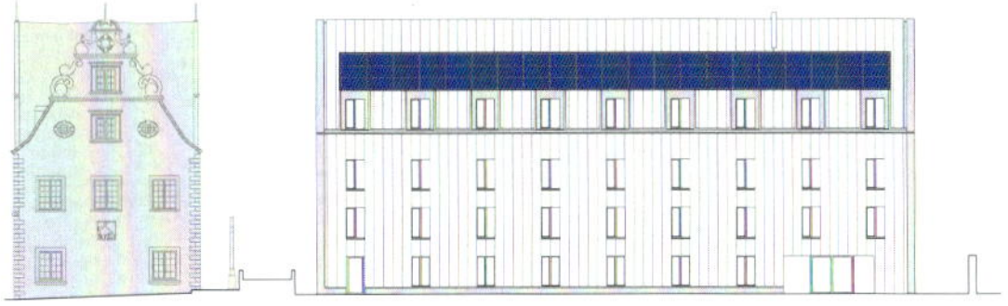

Ansicht Süd

Ansicht Nord

Objektbeschreibung

Allgemeine Objektinformationen

Der Ersatzneubau, ein innovativer Holz-Hybridbau, wurde in der Flucht des ehemaligen Kreuzgangs errichtet und bildet mit dem Altbau einen gemeinsamen Innenhof. In dessen Zentrum steht eine mehrere Jahrhunderte alte Rotbuche, eine der ältesten Bäume Triers. Am Platz der ehemaligen Klosterkirche schließt der Südflügel die Straßenflucht zur vielbefahrenen Straße hin ab.

Nutzung

1 Untergeschoss
Technikräume, Hausanschlussräume, Abstellraum, Flure, Treppenhäuser, Aufzüge

1 Erdgeschoss
27 Einzelappartements, Windfang, Foyer, Flure, Treppenhäuser, Aufzüge

2 Obergeschosse
59 Einzelappartements, Windfang, Foyer, Flure, Luftraum, Putzmittelraum, Abstellen, Treppenhäuser, Aufzüge

1 Dachgeschoss
24 Einzelappartements, Windfang, Foyer, Abstellen, Flure, Treppenhäuser, Aufzüge

Nutzeinheiten

Betten: 110
Wohneinheiten: 110
Wohnfläche: 2.421 m^2

Grundstück

Bauraum: Beengter Bauraum
Neigung: Ebenes Gelände
Bodenklasse: BK 3 bis BK 5

Besonderer Kosteneinfluss Grundstück
Gestaltungssatzung, Anforderungen an den Schallschutz und Denkmalschutz

Markt

Hauptvergabezeit: 1. Quartal 2020
Baubeginn: 1. Quartal 2021
Bauende: 3. Quartal 2022
Konjunkturelle Gesamtlage: Durchschnitt
Regionaler Baumarkt: Durchschnitt

Baukonstruktion

Auf Stahlbetonfundamenten gegründet wurde der gesamte Holz-Hybridbau in Form von vorgefertigten Wandelementen errichtet. Die Vorteile von Holz- und Betonbauten wurden so kombiniert. Die Fenster, Lüftung und andere haustechnische Elemente konnten bereits ab Werk integriert werden. Die Decken bestehen aus massiven, von unten sichtbaren Leimholzelementen mit Aufbeton. Die Alu-Stehfalzelemente kombiniert mit einer Alu-Pfostenriegelkonstruktion bilden die Fassaden. Die Böden wurden mit Linoleum und Parkett belegt, in den Bädern wurden Fliesen verlegt.

Technische Anlagen

Die Wärmeerzeugung für Heizung und Warmwasser erfolgt über ein Blockheizkraftwerk, sowie eine Luft-Wasser-Wärmepumpe. Eine Fußbodenheizung verteilt die Wärme in den Räumen. Auf dem Dach wurde eine PV-Anlage installiert. Ein Personenaufzug erschließt die Geschosse barrierefrei.

Energetische Kennwerte

Gesetzliche Grundlage: EnEV 2013
Gebäudenutzfläche: 4.999,00 m^2
Spez. Transmissionswärmeverlust: 0,21 W/(m^2·K)
Spez. Jahresprimärenergiebedarf: 20,00 kWh/(m^2·a)
Spez. Jahresendenergiebedarf: 21,00 kWh/(m^2·a)
CO_2-Emissionen: 6,00 kg/(m^2·a)

Planungskennwerte für Flächen und Rauminhalte nach DIN 277

Flächen des Grundstücks		Menge Einheit	% an GF
BF	Bebaute Fläche	2.118,00 m²	39,2
UF	Unbebaute Fläche	3.279,00 m²	60,8
GF	Grundstücksfläche	5.397,00 m²	100,0

Grundflächen des Bauwerks		Menge Einheit	% an NUF	% an BGF
NUF	Nutzungsfläche	2.644,92 m²	100,0	50,1
TF	Technikfläche	104,02 m²	3,9	2,0
VF	Verkehrsfläche	1.211,48 m²	45,8	22,9
NRF	Netto-Raumfläche	3.960,42 m²	149,7	74,9
KGF	Konstruktions-Grundfläche	1.323,99 m²	50,1	25,1
BGF	Brutto-Grundfläche	5.284,41 m²	199,8	100,0

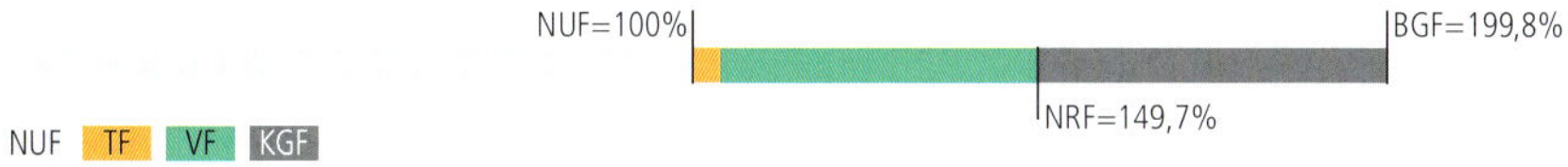

Brutto-Rauminhalt des Bauwerks		Menge Einheit	BRI/NUF (m)	BRI/BGF (m)
BRI	Brutto-Rauminhalt	17.073,42 m³	6,46	3,23

Kostenkennwerte für die Kostengruppen der 1. Ebene DIN 276

KG	Kostengruppen (1. Ebene)	Einheit	Kosten €	€/Einheit	€/m² BGF	€/m³ BRI	% 300+400
100	Grundstück	m² GF	–	–	–	–	–
200	Vorbereitende Maßnahmen	m² GF	–	–	–	–	–
300	Bauwerk – Baukonstruktionen	m² BGF	10.383.529	1.964,94	1.964,94	608,17	70,1
400	Bauwerk – Technische Anlagen	m² BGF	4.433.555	838,99	838,99	259,68	29,9
	Bauwerk 300+400	**m² BGF**	**14.817.084**	**2.803,92**	**2.803,92**	**867,85**	**100,0**
500	Außenanlagen und Freiflächen	m² AF	–	–	–	–	–
600	Ausstattung und Kunstwerke	m² BGF	–	–	–	–	–
700	Baunebenkosten	m² BGF	–	–	–	–	–
800	Finanzierung	m² BGF	–	–	–	–	–

KG	Kostengruppe	Menge Einheit	Kosten €	€/Einheit	%
3+4	**Bauwerk**				**100,0**
300	**Bauwerk – Baukonstruktionen**	5.284,41 m² BGF	10.383.529	**1.964,94**	70,1

Baugrubenaushub; Baugrundverbesserung, Stb-Fundamente, Stb-Bodenplatte WU, Abdichtung, Wärmedämmung, Estrich, Bodenfliesen, Linoleum, Parkett, teilw. staubbindender Anstrich; Stb-Wände WU, Stb-Sockel, Holzriegelwerk, Dämmung, GF-Platten, Alufenster, Dreifachverglasung, Traglattung, Schalung, Alu-Stehfalzfassade, GK-Platten, Beschichtung, Wandfliesen, Alu-Pfosten-Riegelkonstruktion; Stb-Wände, GK-Wände, Holztüren, Brandschutztüren, Wandfliesen, Beschichtung; Stb-Decken (UG), Brettsperrholzdecken, Aufbeton, Wärmedämmung, Heizestrich, Bodenfliesen, Parkett, Linoleum; Satteldach-Holzkonstruktion, Dachgauben, Dachflächenfenster, Sparrendämmung, Traglattung, Schalung, Alu-Stehfalzdeckung, GK-Platten, Beschichtung, Dachentwässerung; Einbauküchen

KG	Kostengruppe	Menge Einheit	Kosten €	€/Einheit	%
400	**Bauwerk – Technische Anlagen**	5.284,41 m² BGF	4.433.555	**838,99**	29,9

Gebäudeentwässerung, Kalt- und Warmwasserleitungen, Sanitärobjekte; Blockheizkraftwerk, Luft-Wasser-Wärmepumpe, Fußbodenheizung; dezentrale Lüftungsgeräte; PV-Anlage, Elektroinstallation, Beleuchtung, Sicherheitsbeleuchtung, Blitzschutzanlage; Personenaufzug; Feuerlöscher

Objektübersicht

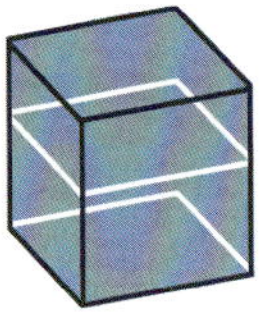

BRI 1.168€/m³

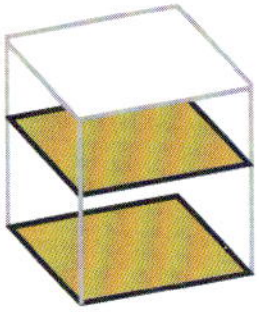

BGF 5.428€/m²

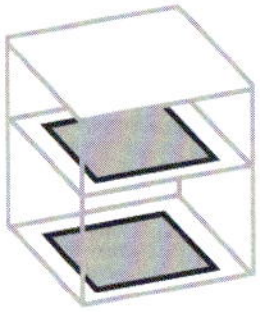

NUF 7.572€/m²

Objekt:
Kennwerte: 1.Ebene DIN 276
BRI: 925m³
BGF: 199m²
NUF: 143m²
Bauzeit: 61 Wochen
Bauende: 2023
Standard: Durchschnitt
Bundesland: Hamburg
Kreis: Hamburg, Stadt

Architekt*in:
Hormann Architektur
www.janhormann.de

Bauherr*in:
Bezirksamt Hamburg Altona
Jessenstraße 1-3
22767 Hamburg

Ansicht Nord

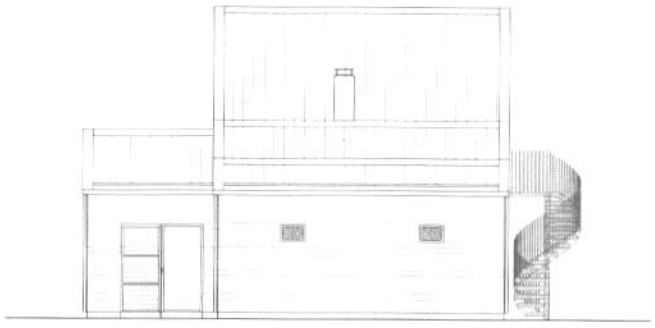

Ansicht Ost

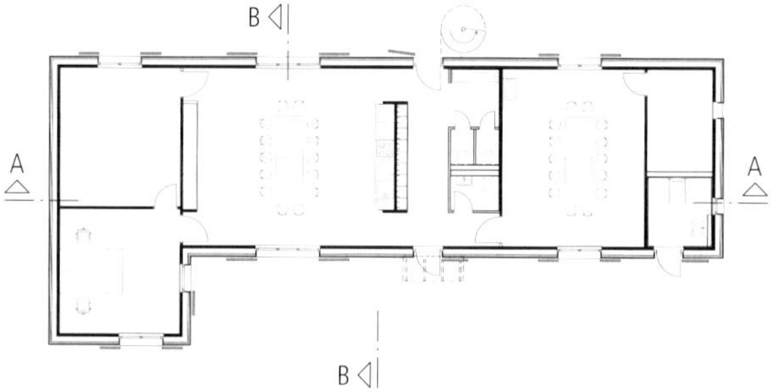

Erdgeschoss

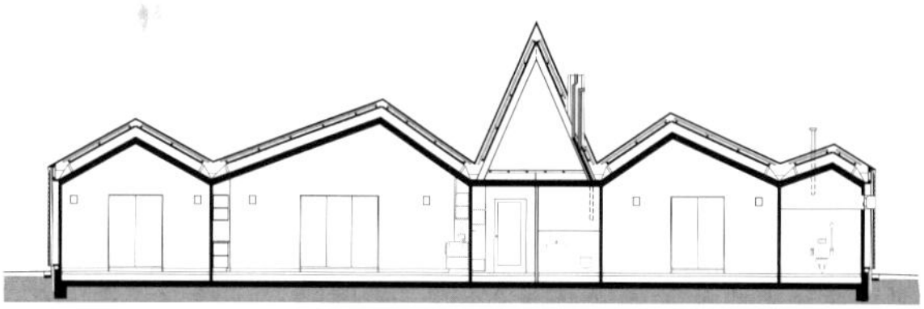

Schnitt A-A

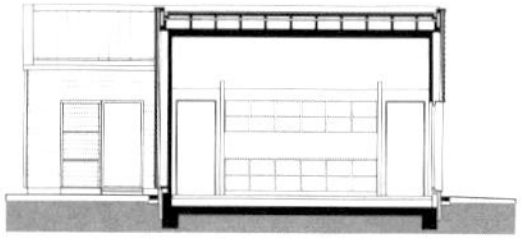

Schnitt B-B

Ansicht Süd

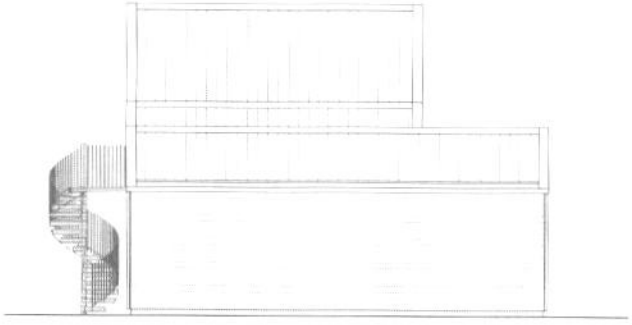

Ansicht West

Objektbeschreibung

Allgemeine Objektinformationen

Im Zuge der Neustrukturierung eines Grünzugs erhielt der Bauspielplatz mitten in einem innerstädtischen Park ein neues Zuhause mit großem Außenbereich. Das Bauspielhaus beherbergt die Gruppenräume, in denen Kinder unter Betreuung spielen und werken können. Der Raum im DG dient den Kindern als überdachte Terrasse.

Nutzung

1 Erdgeschoss
Gemeinschaftsraum mit Küche, Multifunktionsraum, Werkstatt, Büro, WCs, Hausanschlussraum

1 Dachgeschoss
Überdachte Terrasse im Spitzboden

Grundstück

Bauraum: Freier Bauraum
Neigung: Ebenes Gelände
Bodenklasse: BK 1 bis BK 3

Markt

Hauptvergabezeit: 1. Quartal 2022
Baubeginn: 1. Quartal 2022
Bauende: 2. Quartal 2023
Konjunkturelle Gesamtlage: über Durchschnitt
Regionaler Baumarkt: über Durchschnitt

Baukonstruktion

Die Baumaterialien spiegeln die Nutzung wider. Die Konstruktion besteht aus Massivholzwänden und -dächern, die im Innenraum sichtbar sind. Außen befindet sich die Dämmebene mit einer Ständerkonstruktion und Mineralwolldämmung. Die Lärchenbretter für die Stülpschalung wurden von der Bezirksförsterei mit Holz aus dem bezirkseigenen Forst hergestellt. Die Baukosten dafür wurden auf Marktpreise hochgerechnet. Der Raum im DG wurde als Dachterrasse mit Gefälledämmung, Abdichtung und Holzbelag auf Balkenlage ausgeführt.

Technische Anlagen

Das Haus ist als „LowTech" -Gebäude mit möglichst wenig technischer Ausstattung konzipiert. Die bestehende Infrastruktur eines ehemaligen WC-Gebäudes an selbiger Stelle wurde für die Wasser, Abwasser und für die Gaszentralheizung reaktiviert. Raumweise angeordnete Wandlüfter mit Wärmerückgewinnung unterstützen die Heizung als regeneratives Element und sorgen für einen kontinuierlichen Luftaustausch.

Sonstiges

Der Baukörper wird durch die Dachabwicklung in seine Nutzungsbereiche strukturiert. Die Interpretation der Typologie klassischer Satteldachhäuser verleiht dem Gebäude ein Gesicht und macht es zum Identifikationsobjekt für Kinder und Parkbesucher.

Energetische Kennwerte

Gesetzliche Grundlage: GEG 2020
Gebäudenutzfläche: 165,00 m^2
Gebäudevolumen: 680,00 m^3
Hüllfläche des beheizten Volumens: 637,00 m^2
Mittlerer U-Wert (opake Bauteile): 0,13 $W/(m^2 \cdot K)$
Mittlerer U-Wert (transparente Bauteile): 1,06 $W/(m^2 \cdot K)$
Spez. Jahresprimärenergiebedarf: 109,80 $kWh/(m^2 \cdot a)$

Energetische Angaben zu Außenbauteilen

Bodenplatte

U-Wert: 0,18 W/(m²·K)

Gesamtdicke: 46,30 cm	d [cm]	λ [W/(m·K)]
Estrich	8,00	0,870
Dämmung	18,00	0,035
Abdichtung	0,30	0,170
Beton	20,00	1,510

Außenwand hinterlüftet

U-Wert: 0,16 W/(m²·K)

Gesamtdicke: 32,00 cm	d [cm]	λ [W/(m·K)]
Holz	10,00	0,130
Holz	18,00	0,130
Dämmung	18,00	0,035
Holzfaserplatte	4,00	0,047

Decke gegen kalten Dachraum

U-Wert: 0,16 W/(m²·K)

Gesamtdicke: 38,80 cm	d [cm]	λ [W/(m·K)]
Holz	16,00	0,130
Holz	20,00	0,130
Dämmung	20,00	0,035
Holz	2,80	0,130

Dach hinterlüftet

U-Wert: 0,14 W/(m²·K)

Gesamtdicke: 42,00 cm	d [cm]	λ [W/(m·K)]
Holz	18,00	0,130
Holz	20,00	0,130
Dämmung	20,00	0,035
Holzfaserplatte	4,00	0,047

Planungskennwerte für Flächen und Rauminhalte nach DIN 277

Flächen des Grundstücks		Menge Einheit	% an GF
BF	Bebaute Fläche	199,00 m²	18,9
UF	Unbebaute Fläche	856,00 m²	81,1
GF	Grundstücksfläche	1.055,00 m²	100,0

Grundflächen des Bauwerks		Menge Einheit	% an NUF	% an BGF
NUF	Nutzungsfläche	142,66 m²	100,0	71,7
TF	Technikfläche	9,08 m²	6,4	4,6
VF	Verkehrsfläche	14,83 m²	10,4	7,5
NRF	Netto-Raumfläche	166,57 m²	116,8	83,7
KGF	Konstruktions-Grundfläche	32,43 m²	22,7	16,3
BGF	Brutto-Grundfläche	199,00 m²	139,5	100,0

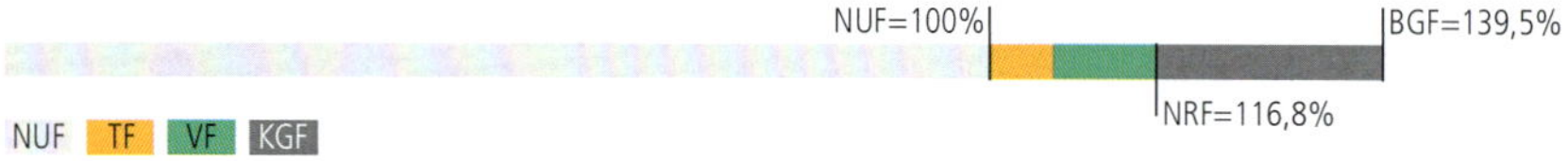

Brutto-Rauminhalt des Bauwerks		Menge Einheit	BRI/NUF (m)	BRI/BGF (m)
BRI	Brutto-Rauminhalt	924,50 m³	6,48	4,65

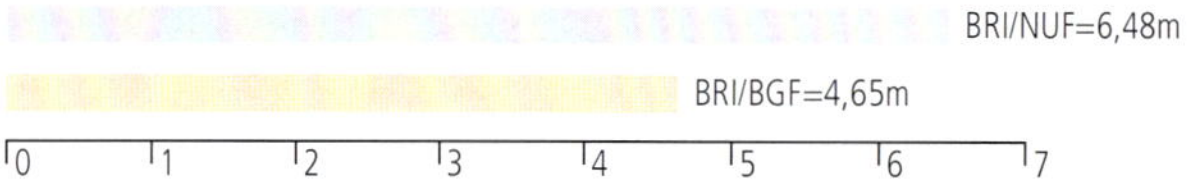

Kostenkennwerte für die Kostengruppen der 1.Ebene DIN 276

KG	Kostengruppen (1.Ebene)	Einheit	Kosten €	€/Einheit	€/m² BGF	€/m³ BRI	% 300+400
100	Grundstück	m² GF	–	–	–	–	–
200	Vorbereitende Maßnahmen	m² GF	–	–	–	–	–
300	Bauwerk – Baukonstruktionen	m² BGF	841.623	4.229,26	4.229,26	910,35	77,9
400	Bauwerk – Technische Anlagen	m² BGF	238.578	1.198,89	1.198,89	258,06	22,1
	Bauwerk 300+400	**m² BGF**	**1.080.201**	**5.428,15**	**5.428,15**	**1.168,42**	**100,0**
500	Außenanlagen und Freiflächen	m² AF	–	–	–	–	–
600	Ausstattung und Kunstwerke	m² BGF	–	–	–	–	–
700	Baunebenkosten	m² BGF	–	–	–	–	–
800	Finanzierung	m² BGF	–	–	–	–	–

KG	Kostengruppe	Menge Einheit	Kosten €	€/Einheit	%
3+4	**Bauwerk**				**100,0**
300	**Bauwerk – Baukonstruktionen**	199,00 m² BGF	841.623	**4.229,26**	77,9

Baugrubenaushub; Stb-Fundamente, Stb-Bodenplatte, Estrich geschliffen, Bodenfliesen, Abdichtung, Kiesschicht, Perimeterdämmung; Massivholzwände, Sichtqualität, Stahlstützen Wettersegel, Holzfenster, Wärmedämmung, Lärchenholz-Stülpschalung, Stahl-Holz-Fensterläden, Sonnen/Wettersegel; Massivholz-Innenwände, GK-Wände, Wandfliesen; Massivholzdecke, Außen-Stahltreppe, Gefälledämmung, Balkenlage mit Holzterrassendielen, Abdichtung, Treppengeländer; Massivholzdach, teilw. Holzbalkendach, Dämmung, Faserzementplatten, Abdichtung, Attika, Dachentwässerung; Einbauküche, Garderobe, Einbauregale

KG	Kostengruppe	Menge Einheit	Kosten €	€/Einheit	%
400	**Bauwerk – Technische Anlagen**	199,00 m² BGF	238.578	**1.198,89**	22,1

Gebäudeentwässerung, Kalt- und Warmwasserleitungen, Sanitärobjekte; Gas-Brennwerttherme, Plattenheizkörper; kontrollierte dezentrale Be- und Entlüftung mit Wärmerückgewinnung; Elektroinstallation, Beleuchtung; Telefon- und Datenleitungen; Rauchmelder

7200-0100
Verbrauchermarkt
(2 GE, 18 AP)

Objektübersicht

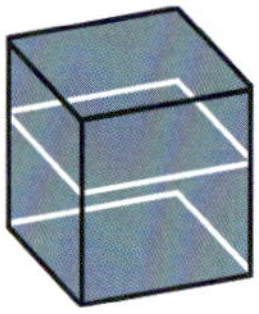

BRI 389 €/m³

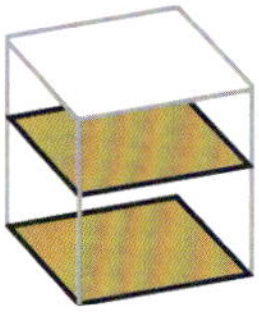

BGF 2.741 €/m²

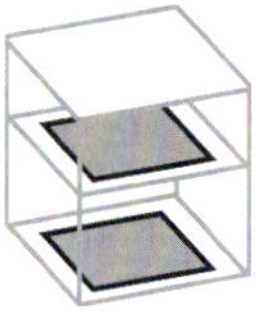

NUF 3.654 €/m²

Objekt:
Kennwerte: 1.Ebene DIN 276
BRI: 40.728 m³
BGF: 5.784 m²
NUF: 4.340 m²
Bauzeit: 57 Wochen
Bauende: 2022
Standard: Durchschnitt
Bundesland: Niedersachsen
Kreis: Oldenburg

Architekt*in:
Angelis & Partner
Architekten mbB
Heiligengeistwall 11
26122 Oldenburg

© Olaf Mahlstedt

Zeichnungen

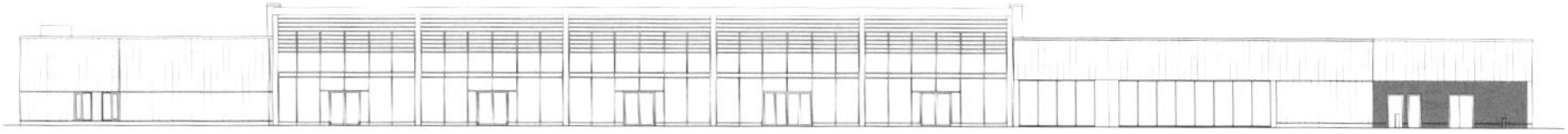
Ansicht Nord-West

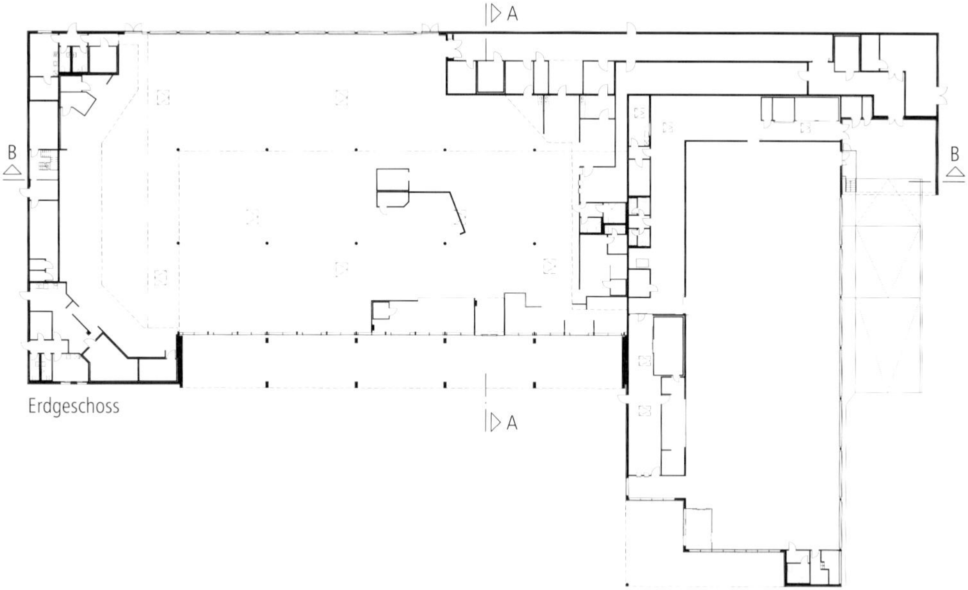

Erdgeschoss

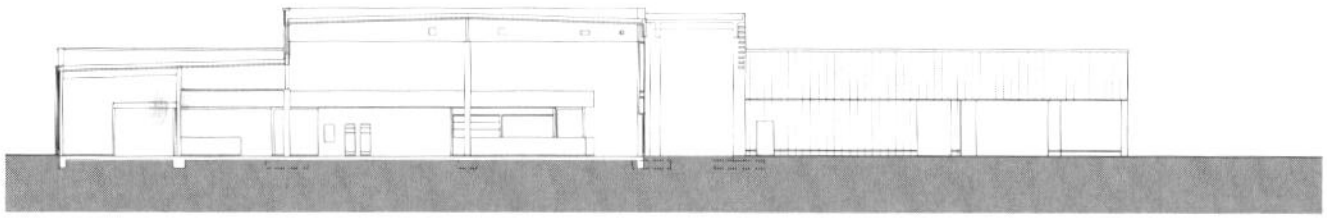
Schnitt A-A

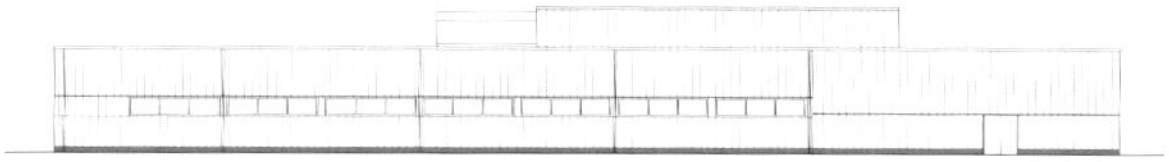
Ansicht Süd-West

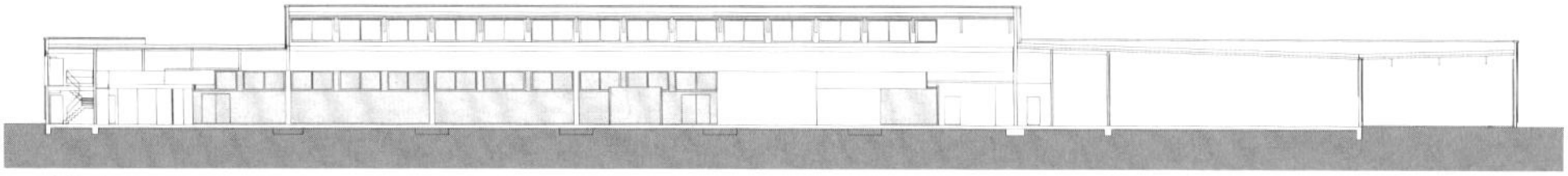
Schnitt B-B

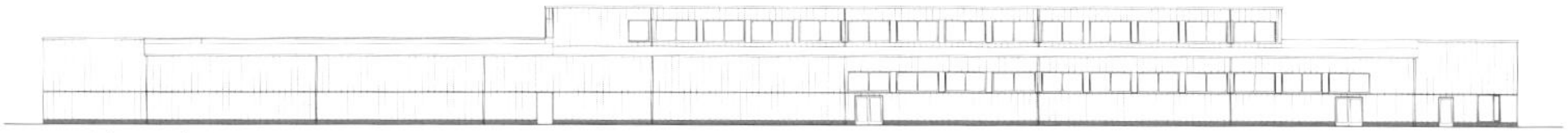
Ansicht Süd-Ost

Objektbeschreibung

Allgemeine Objektinformationen

Der Neubau liegt am Rande des Ortes am Übergang zu den Feldern. Der L-förmige Baukörper ordnet sich um eine erhöhte Mittelzone mit Markthallencharakter, großflächiger Glasfassade und vorgelagertem Arkadengang an. Bestimmt wird die Architektur durch den Einsatz natürlicher Materialien und einem hohen Anteil an natürlicher Belichtung. Die naturbelassene Lärchenholzfassade lehnt sich an Fassaden örtlicher landwirtschaftlicher Gebäude an und trägt zu einer verträglichen Einbettung des Gebäudes in die Landschaft bei.

Nutzung

1 Erdgeschoss
Verkaufsräume, Shops, Vorbereitungsräume, Kühlzellen, Tiefkühlzellen, Anlieferungsbereich, Büros, Lagerräume, Personalräume, WCs, Umkleiden, Hausanschlussräume, Kältetechnikraum, Heizungsraum, ELA- und BMZ-Raum, Müllräume

1 Obergeschoss
Teilgeschoss: Technikräume Lüftung, Kältetechnikraum, Luftraum

Nutzeinheiten

Arbeitsplätze: 18
Stellplätze: 163

Grundstück

Bauraum: Freier Bauraum
Neigung: Ebenes Gelände
Bodenklasse: BK 1 bis BK 4

Markt

Hauptvergabezeit: 4.Quartal 2020
Baubeginn: 1.Quartal 2021
Bauende: 2.Quartal 2022
Konjunkturelle Gesamtlage: Durchschnitt
Regionaler Baumarkt: unter Durchschnitt

Baukonstruktion

Das Tragwerk besteht aus einer Leimbinderkonstruktion mit Spannweiten von 11,50m bis 20,50m. Innen liegen die Binder auf eingespannten Stahlbetonstützen auf, an den Außenwänden schließen die Binder an BSH-Stützen an. Die Außenwände bestehen aus Holzrahmenwänden mit hinterlüfteter Fassadenbekleidung aus vertikal montierten, unbehandelten Lärchenholzlatten in zwei unterschiedlichen Breiten. Der Brandschutz für die Holzschalung wurde erreicht, indem die Außenwände u.a. mit einer Lage Gipsfaserplatten und Begrenzungen in der Lüftungsebene ausgeführt wurden. Die 8,20m hohe Glasfassade wurde als Holz-Pfosten-Riegelfassade umgesetzt.

Technische Anlagen

Der Eigenstrombedarf wird über eine großflächige Photovoltaikanlage mit einer Gesamtleistung von 360kWp gedeckt. Für die Beheizung der Märkte wird die Abwärme aus der Kältetechnik genutzt und über eine Bauteilaktivierung der Sohlplatte in die Räume eingebracht. Die Bauteilaktivierung lässt sich außerdem zur Kühlung der Märkte nutzen. Darüber hinaus werden die Märkte über Lüftungsgeräte mit Wärmerückgewinnung mechanisch be- und entlüftet.

Sonstiges

Die Märkte erfüllen den KfW 55 Standard.

Energetische Kennwerte

Gesetzliche Grundlage: EnEV 2013
Gebäudenutzfläche: 11.829,00 m²
Gebäudevolumen: 36.967,00 m³
Hüllfläche des beheizten Volumens: 12.822,00 m²
Mittlerer U-Wert (opake Bauteile): 0,18 W/(m²·K)
Mittlerer U-Wert (transparente Bauteile): 1,10 W/(m²·K)
Spez. Jahresprimärenergiebedarf: 64,03 kWh/(m²·a)

Energetische Angaben zu Außenbauteilen

Bodenplatte

U-Wert: 0,38 W/(m²·K)

Gesamtdicke: 42,50 cm	d [cm]	λ [W/(m·K)]
Fliesen	1,50	1,300
Mörtel	8,00	1,200
Stahlbeton	25,00	2,500
Dämmung PS	8,00	0,035

Außenwand hinterlüftet

U-Wert: 0,69 W/(m²·K)

Gesamtdicke: 28,00 cm	d [cm]	λ [W/(m·K)]
GK-Platte	1,50	0,250
Luftschicht, ruhend	5,50	0,306
Holz	5,50	1,300
OSB-Platte	1,50	1,300
Dämmung MW	18,00	0,035
Holz	18,00	1,300
Faserzementplatte	1,50	0,300

Dach

U-Wert: 0,14 W/(m²·K)

Gesamtdicke: 24,30 cm	d [cm]	λ [W/(m·K)]
Stahl	0,09	17,000
PE-Folie	0,03	0,330
Dämmung PS	24,00	0,035
Dachbahn	0,18	0,200

Planungskennwerte für Flächen und Rauminhalte nach DIN 277

Flächen des Grundstücks		Menge Einheit	% an GF
BF	Bebaute Fläche	5.669,00 m²	35,2
UF	Unbebaute Fläche	10.426,00 m²	64,8
GF	Grundstücksfläche	16.095,00 m²	100,0

Grundflächen des Bauwerks		Menge Einheit	% an NUF	% an BGF
NUF	Nutzungsfläche	4.339,60 m²	100,0	75,0
TF	Technikfläche	195,72 m²	4,5	3,4
VF	Verkehrsfläche	388,83 m²	9,0	6,7
NRF	Netto-Raumfläche	4.924,15 m²	113,5	85,1
KGF	Konstruktions-Grundfläche	859,65 m²	19,8	14,9
BGF	Brutto-Grundfläche	5.783,80 m²	133,3	100,0

Brutto-Rauminhalt des Bauwerks		Menge Einheit	BRI/NUF (m)	BRI/BGF (m)
BRI	Brutto-Rauminhalt	40.728,00 m³	9,39	7,04

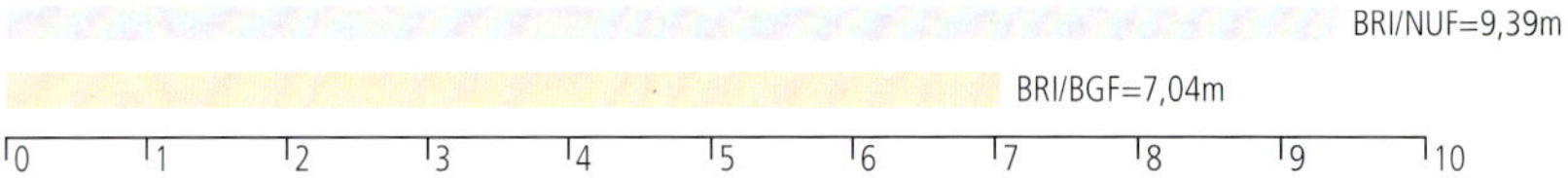

Kostenkennwerte für die Kostengruppen der 1.Ebene DIN 276

KG	Kostengruppen (1.Ebene)	Einheit	Kosten €	€/Einheit	€/m² BGF	€/m³ BRI	% 300+400
100	Grundstück	m² GF	–	–	–	–	–
200	Vorbereitende Maßnahmen	m² GF	–	–	–	–	–
300	Bauwerk – Baukonstruktionen	m² BGF	11.995.236	2.073,94	2.073,94	294,52	75,7
400	Bauwerk – Technische Anlagen	m² BGF	3.860.126	667,40	667,40	94,78	24,3
	Bauwerk 300+400	**m² BGF**	**15.855.362**	**2.741,34**	**2.741,34**	**389,30**	**100,0**
500	Außenanlagen und Freiflächen	m² AF	–	–	–	–	–
600	Ausstattung und Kunstwerke	m² BGF	–	–	–	–	–
700	Baunebenkosten	m² BGF	–	–	–	–	–
800	Finanzierung	m² BGF	–	–	–	–	–

KG	Kostengruppe	Menge Einheit	Kosten €	€/Einheit	%
3+4	**Bauwerk**				**100,0**
300	**Bauwerk – Baukonstruktionen**	5.783,80 m² BGF	11.995.236	**2.073,94**	75,7

Baugrubenaushub; Bodenaustausch, Stb-Fundamente, WU-Beton, Estrich, Bodenfliesen, Abdichtung, Perimeterdämmung; Holzrahmenwände, BSH-Stützen, Stb-Stützen, Alu-Pfosten-Riegelfassade, Holz-Pfosten-Riegelfassade, Alufenster, Dreifachverglasung, Wärmedämmung, Gipsfaserplatten-Bekleidung, hinterlüftete Lärchenholzfassade; Holzrahmenwände, Stb-Wände, teilw. Sichtbeton, Stb-Stützen, Wandfliesen; Holzbalkendecke, Stahltreppen, Estrich, Beschichtung, abgehängte GK-Decken, Treppengeländer; Holz-Leimbinderdach, Oberlichter, Stahl-Trapezblech, Dämmung, Abdichtung, Attika, Dachentwässerung, abgehängte GK-Decke; Einbauküche

KG	Kostengruppe	Menge Einheit	Kosten €	€/Einheit	%
400	**Bauwerk – Technische Anlagen**	5.783,80 m² BGF	3.860.126	**667,40**	24,3

Gebäudeentwässerung, Fettabscheider (2St), Kalt- und Warmwasserleitungen, Sanitärobjekte; Gas-Brennwerttherme, Plattenheizkörper, Betonkernaktivierung; Einzelraumlüfter, kontrollierte Be- und Entlüftung mit Wärmerückgewinnung, Abluftanlage, Kälteanlagen; Elektroinstallation, PV-Anlage (1.000m²), Beleuchtung, Sicherheitsleuchten, Blitzschutzanlage; Datenübertragungsnetz, elektro-akustische Anlagen, Brandmeldeanlage, Einbruchmeldeanlage; Großküche, Sprinkleranlage mit Hydrantenanlage, Feuerlöscher, elektronische Zugangskontrolle mit Zahlenkombination; KNX-Beleuchtungssteuerung

Objektübersicht

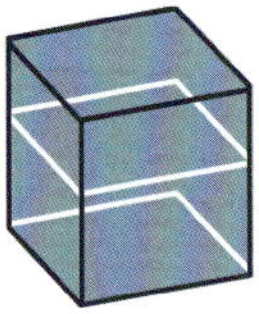

BRI 478 €/m³

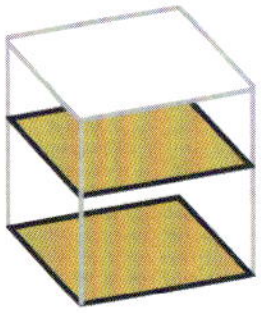

BGF 1.714 €/m²

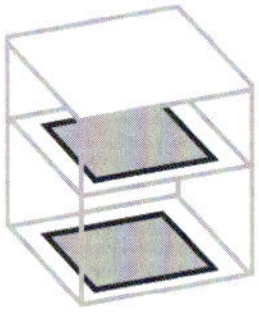

NUF 2.264 €/m²

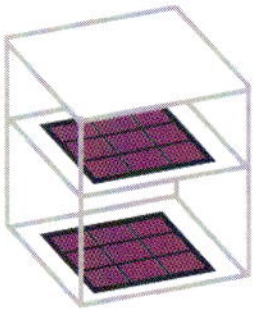

NE 278.280 €/NE

NE: Fahrzeugstellplätze

Objekt:
Kennwerte: 3. Ebene DIN 276
BRI: 1.164 m³
BGF: 325 m²
NUF: 246 m²
Bauzeit: 22 Wochen
Bauende: 2019
Standard: Durchschnitt
Bundesland: Bayern
Kreis: Oberallgäu

Architekt*in:
brack architekten
Brennergasse 9
87435 Kempten

Bauherr*in:
Xaver Weixler
Halde 54
87471 Durach

© Matthias Baumgartner

© Matthias Baumgartner

© Matthias Baumgartner

© Matthias Baumgartner

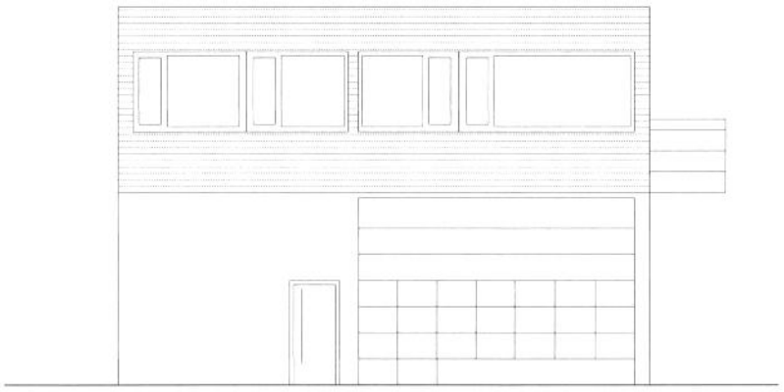

Ansicht Nord

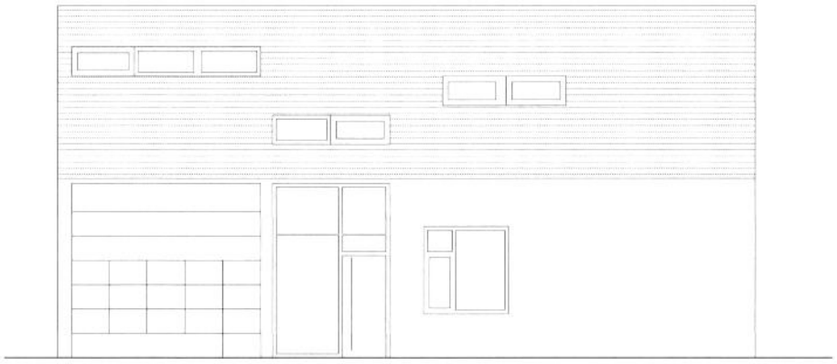

Ansicht Ost

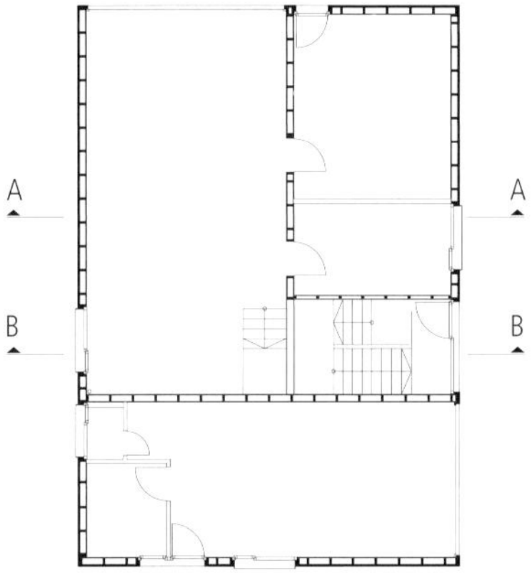

Erdgeschoss

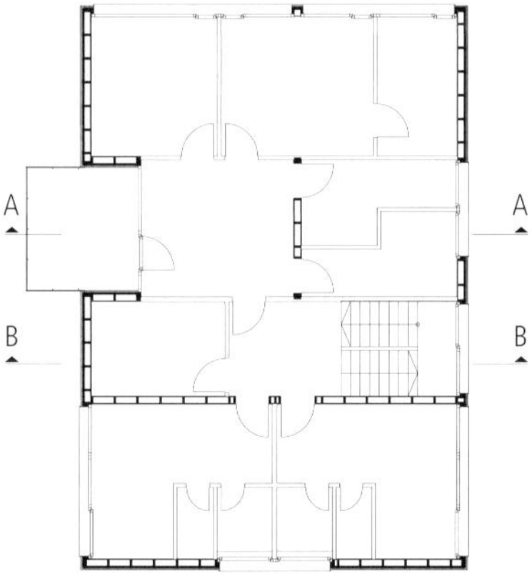

Obergeschoss

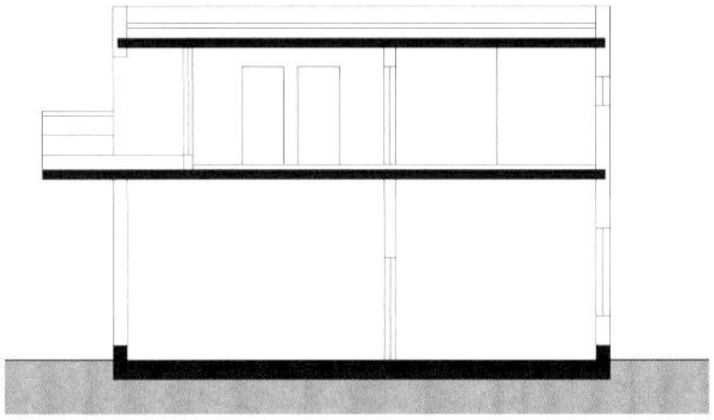

Schnitt A-A

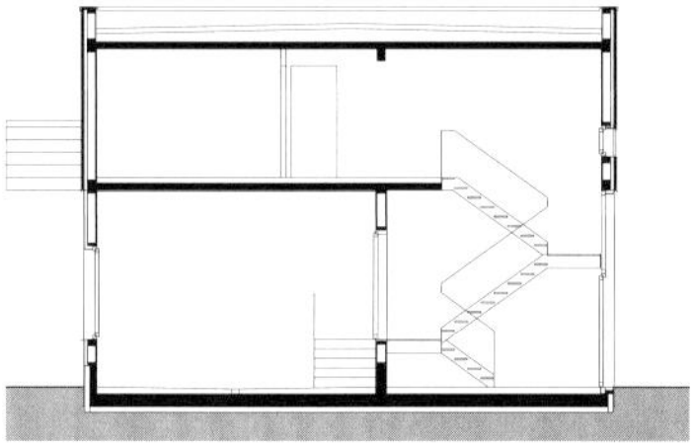

Schnitt B-B

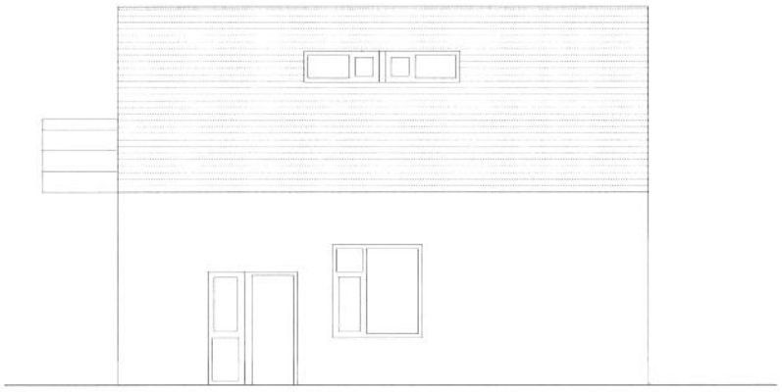

Ansicht Süd

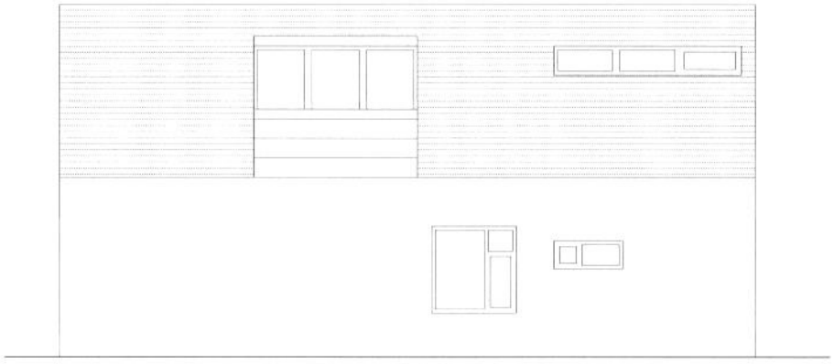

Ansicht West

Objektbeschreibung

Allgemeine Objektinformationen

Die zweigeschossige Rettungswache wurde für die Nutzung von zwei Rettungsdiensten im Wechselbetrieb gebaut. Der Neubau musste innerhalb von sechs Monaten geplant und errichtet werden.

Nutzung

1 Erdgeschoss
Garage, Werkstatt, Lager, Büro, Hygiene-/Putzraum, WC, Technik

1 Dachgeschoss
Umkleiden, Duschen, WCs, Aufenthalt, Teeküche, Ruheräume, Verwaltung, Wachleiter, Putz-/Wäscheraum, Balkon

Nutzeinheiten

Fahrzeugstellplätze: 2

Grundstück

Bauraum: Freier Bauraum
Neigung: Ebenes Gelände
Bodenklasse: BK 3 bis BK 4

Markt

Hauptvergabezeit: 4. Quartal 2018
Baubeginn: 4. Quartal 2018
Bauende: 2. Quartal 2019
Konjunkturelle Gesamtlage: Durchschnitt
Regionaler Baumarkt: unter Durchschnitt

Besonderer Kosteneinfluss Markt
Bauherr ist Inhaber des auf dem Grundstück ansässigen Gewerbebetriebs und hat Eigenleistung eingebracht.

Baukonstruktion

Das nicht unterkellerte Bauwerk gründet auf einer Stahlbetonbodenplatte. Die tragenden Wände entstanden in Holzrahmenbauweise mit Holzfaserdämmung und OSB-Schalung. Das Erdgeschoss erhielt eine Putzfassade, das Obergeschoss ist mit einer hinterlüfteten Rhombusschalung bekleidet. Decke und Flachdach wurden aus Brettsperrholz gefertigt. Die Treppenanlage und die Balkongeländer sind aus verzinktem Stahl. Im Erdgeschoss erhielt der Heizestrich eine Epoxidharzbeschichtung, im Obergeschoss ist er mit Linoleum und Kautschuk belegt. Das Dach wurde extensiv begrünt.

Technische Anlagen

Das Gebäude wird mit Fernwärme durch einen auf dem Grundstück ansässigen Gewerbebetrieb versorgt. Die Wärmeverteilung erfolgt über eine Fußbodenheizung. Eine Frischwasserstation im Neubau dient der Warmwasserbereitung. Das Flachdach ist für eine spätere Eigenstromversorgung durch eine Photovoltaikanlage vorbereitet.

Sonstiges

Die Schlosser- und Malerarbeiten wurden in Eigenleistung erbracht, sind aber in den Kosten enthalten. Da die Konzession zum Betrieb der Rettungswache vorläufig auf zehn Jahre terminiert ist, wurde das Gebäude so realisiert, dass später eine Umnutzung in einen Gewerbebetrieb, optional mit einer Betriebsleiterwohnung, möglich ist.

Energetische Kennwerte

Gesetzliche Grundlage: EnEV 2013
Gebäudenutzfläche: 275,90 m^2
Gebäudevolumen: 1.087,90 m^3
A/V_e-Verhältnis (Kompaktheit): 0,62 m^{-1}
Hüllfläche des beheizten Volumens: 672,30 m^2
Mittlerer U-Wert (opake Bauteile): 0,17 $W/(m^2 \cdot K)$
Mittlerer U-Wert (transparente Bauteile): 1,00 $W/(m^2 \cdot K)$
Spez. Jahresprimärenergiebedarf: 49,70 $kWh/(m^2 \cdot a)$

Energetische Angaben zu Außenbauteilen

Bodenplatte

U-Wert: 0,31 W/(m²·K)

Gesamtdicke: 46,02 cm	d [cm]	λ [W/(m·K)]
Estrich	11,00	1,400
PE-Folie	0,02	0,200
Stahlbeton	25,00	2,100
Dämmung	10,00	0,035

Außenwand

U-Wert: 0,18 W/(m²·K)

Gesamtdicke: 32,15 cm	d [cm]	λ [W/(m·K)]
GK-Platte	1,25	0,210
OSB-Platte	1,50	0,130
Holz	16,00	0,130
Dämmung	16,00	0,038
Holzfaserplatte	6,00	0,044
Luftschicht ruhend	5,00	0,313
Holz	2,40	0,130

Dach

U-Wert: 0,15 W/(m²·K)

Gesamtdicke: 51,01 cm	d [cm]	λ [W/(m·K)]
Holz	14,00	0,200
PE-Folie	0,01	0,300
Dämmung	20,00	0,035
Abdichtung	2,00	0,170
Substrat	15,00	2,100

Planungskennwerte für Flächen und Rauminhalte nach DIN 277

Flächen des Grundstücks		Menge Einheit	% an GF
BF	Bebaute Fläche	749,09 m²	27,1
UF	Unbebaute Fläche	2.010,51 m²	72,9
GF	Grundstücksfläche	2.759,60 m²	100,0

Grundflächen des Bauwerks		Menge Einheit	% an NUF	% an BGF
NUF	Nutzungsfläche	245,82 m²	100,0	75,7
TF	Technikfläche	4,00 m²	1,6	1,2
VF	Verkehrsfläche	24,89 m²	10,1	7,7
NRF	Netto-Raumfläche	274,71 m²	111,8	84,6
KGF	Konstruktions-Grundfläche	49,92 m²	20,3	15,4
BGF	Brutto-Grundfläche	324,63 m²	132,1	100,0

Brutto-Rauminhalt des Bauwerks		Menge Einheit	BRI/NUF (m)	BRI/BGF (m)
BRI	Brutto-Rauminhalt	1.163,78 m³	4,73	3,59

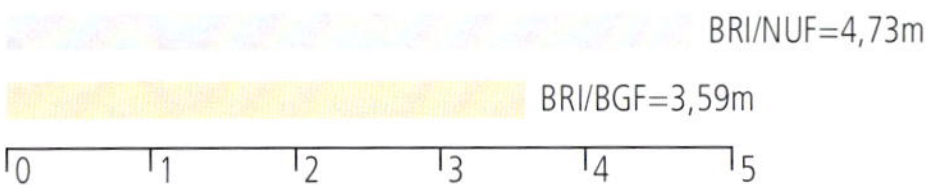

Lufttechnisch behandelte Flächen	Menge Einheit	% an NUF	% an BGF
Entlüftete Fläche	–	–	–
Be- und entlüftete Fläche	–	–	–
Teilklimatisierte Fläche	–	–	–
Klimatisierte Fläche	–	–	–

KG	Kostengruppen (2. Ebene)	Menge Einheit	Menge/NUF	Menge/BGF
310	Baugrube / Erdbau	93,44 m³ BGI	0,38	0,29
320	Gründung, Unterbau	149,88 m² GRF	0,61	0,46
330	Außenwände/Vertikale Baukonstruktionen, außen	381,90 m² AWF	1,55	1,18
340	Innenwände/Vertikale Baukonstruktionen, innen	342,23 m² IWF	1,39	1,05
350	Decken/Horizontale Baukonstruktionen	164,04 m² DEF	0,67	0,51
360	Dächer	161,82 m² DAF	0,66	0,50

Kostenkennwerte für die Kostengruppen der 1. Ebene DIN 276

KG	Kostengruppen (1. Ebene)	Einheit	Kosten €	€/Einheit	€/m² BGF	€/m³ BRI	% 300+400
100	Grundstück	m² GF	–	–	–	–	–
200	Vorbereitende Maßnahmen	m² GF	4.892	1,77	15,07	4,20	0,9
300	Bauwerk – Baukonstruktionen	m² BGF	496.125	1.528,28	1.528,28	426,31	89,1
400	Bauwerk – Technische Anlagen	m² BGF	60.434	186,16	186,16	51,93	10,9
	Bauwerk 300+400	**m² BGF**	**556.559**	**1.714,44**	**1.714,44**	**478,23**	**100,0**
500	Außenanlagen und Freiflächen	m² AF	19.904	51,69	61,31	17,10	3,6
600	Ausstattung und Kunstwerke	m² BGF	1.815	5,59	5,59	1,56	0,3
700	Baunebenkosten	m² BGF	–	–	–	–	–
800	Finanzierung	m² BGF	–	–	–	–	–

KG	Kostengruppe	Menge Einheit	Kosten €	€/Einheit	%
200	**Vorbereitende Maßnahmen**	2.759,60 m² GF	4.892	**1,77**	0,9
	Abbruch Bodenplatte, Entsorgung				
3+4	**Bauwerk**				**100,0**
300	**Bauwerk – Baukonstruktionen**	324,63 m² BGF	496.125	**1.528,28**	89,1
	Stb-Bodenplatte, Heizestrich, Epoxidharzbeschichtung, Perimeterdämmung; Holzrahmen-Außenwände, Holzrahmenattika, BSH-Stütze, Kunststofffenster, Sektionaltore, Eingangstüren, hinterlüftete Holzfassade, Putz, Beschichtung; Holzrahmen-Innenwände, GK-Wände, Holztüren, GK-Bekleidung, Wandfliesen, Beschichtung, Brettsperrholzdecke, Linoleum, Kautschukboden, Stahlwangentreppen, Balkongeländer; Brettsperrholzdach, Dämmung, extensive Dachbegrünung, Dachentwässerung				
400	**Bauwerk – Technische Anlagen**	324,63 m² BGF	60.434	**186,16**	10,9
	Gebäudeentwässerung, Kalt- und Warmwasserleitungen, Sanitärobjekte; Heizungsrohre, Fußbodenheizung; Einzelraumlüfter; Elektroinstallation, Beleuchtung, Blitzschutz; Satellitenanlage, Datenübertragungsnetz				
500	**Außenanlagen und Freiflächen**	385,03 m² AF	19.904	**51,69**	3,6
	Grobplanum; Asphaltbelag; Entwässerungsrinne; Oberboden andecken				
600	**Ausstattung und Kunstwerke**	324,63 m² BGF	1.815	**5,59**	0,3
	Duschabtrennung, Sanitärausstattung				

Kostenkennwerte für die Kostengruppen der 2. Ebene DIN 276

KG	Kostengruppe	Menge Einheit	Kosten €	€/Einheit	%
200	**Vorbereitende Maßnahmen**				**100,0**
210	**Herrichten**	2.759,60 m² GF	4.892	**1,77**	100,0
	Abbruch Bodenplatte (11h), Entsorgung Betonabbruch (61t)				
300	**Bauwerk – Baukonstruktionen**				**100,0**
310	**Baugrube / Erdbau**	93,44 m³ BGI	2.270	**24,29**	0,5
	Baugrubenaushub (70m³), Rohrgrabenaushub (23m³)				
320	**Gründung, Unterbau**	149,88 m² GRF	56.966	**380,08**	11,5
	Stb-Bodenplatte (125m²), Mehrspartenhauseinführung (1St) * Gefälle-Zementputz-Heizestrich (83m²), Zementheizestrich (54m²), Epoxidharzbeschichtung (137m²) * Frostschutzkies, Lagermaterial (23m³), Geotextil (187m²), Splitt, XPS-Perimeterdämmung (150m²)				
330	**Außenwände/Vert. Baukonstrukt., außen**	381,90 m² AWF	180.388	**472,34**	36,4
	Holzrahmenwände (221m²), Stb-Aufkantung (41m²), BSH-Schwellen (36m) * Holzrahmenattika (30m²) * BSH-Stütze (3m) * Kunststofffenster/-fenstertüren (39m²), Sektionaltore (30m²), Nebentür (2m²), Alu-Haustürelement (9m²), Kunststoff-Haustürelement (4m²) * Fassadenbahn, Holzfaserdämmung (282m²), Bitumendickbeschichtung, Perimeterdämmung (16m²), Rhombusschalung, lasiert (181m²), Oberputz, Beschichtung (147m²) * GK-Bekleidung (208m²), Zementbauplatten-Bekleidung (13m²), Wandfliesen (11m²), Silikatbeschichtung (210m²)				
340	**Innenwände/Vert. Baukonstrukt., innen**	342,23 m² IWF	82.959	**242,41**	16,7
	Holzrahmenwände (97m²), Stb-Aufkantung (17m²), BSH-Schwellen (21m) * GK-Wände (183m²), Holzrahmenwand (17m²) * BSH-Stützen (5m) * Holztüren (23m²), Holz-Türelement T30-RS (5m²) * GK-Bekleidung (194m²), GKF-Bekleidung (45m²), Wandfliesen (42m²), Silikatbeschichtung (555m²)				
350	**Decken/Horizontale Baukonstruktionen**	164,04 m² DEF	74.964	**456,99**	15,1
	Brettsperrholzdecke, Industriesicht (149m²) * Zementheizestrich (122m²), Linoleum (84m²), Kautschukboden (36m²), EPS-Gefälledämmung, Dachabdichtung (10m²) * GKF-Bekleidung, Silikatbeschichtung (87m²) * Stahlwangentreppen, Gitterroststufen/-podeste, Geländer (15m²) * Stahl-Balkongeländer, HPL-Bekleidung (6m)				
360	**Dächer**	161,82 m² DAF	80.369	**496,66**	16,2
	Brettsperrholzdach, Wohnsicht (152m²), BSH-Träger (6m) * PIR-Wärmedämmung, EPS-Gefälledämmung (143m²), Dachabdichtung (155m²), Dränageplatten, Extensivsubstrat, Trockensaat (120m²), Kiesrandstreifen (23m²), Alu-Attikaabdeckung (19m²), Wasserfangkästen (2St), Regenfallrohre, Alu (2St), Notüberläufe (2St)				
390	**Sonst. Maßnahmen für Baukonstrukt.**	324,63 m² BGF	18.210	**56,09**	3,7
	Baustelleneinrichtungen (2St), Kran (1St) * Fassadengerüst (378m²), Abstützungen (14St), Gitterträgerüberbauungen (13m), Fangschutz (51m)				

KG	Kostengruppe	Menge Einheit	Kosten €	€/Einheit	%
400	**Bauwerk – Technische Anlagen**				**100,0**
410	**Abwasser-, Wasser-, Gasanlagen**	324,63 m² BGF	24.179	**74,48**	40,0
	KG-Rohre (62m), PP-Rohre (40m), Parkdeck-Kastenrinne (8m), Bodenablauf (1St), Dachabläufe (2St) * Edelstahlrohre (173m), Verbundrohre (38m), Durchlauferhitzer (1St), Warmwasserspeicher (4St), Tiefspül-WCs (3St), Urinal (1St), Waschtische (2St), Ausgussbecken (1St), Duschwannen (2St) * Montageelemente (4St)				
420	**Wärmeversorgungsanlagen**	324,63 m² BGF	13.283	**40,92**	22,0
	Stahlrohre (28m), Heizungsregler (1St), Fußbodenregeleinheit (1St), Pumpengruppe (1St), Ausdehnungsgefäß (1St) * Fußbodenheizung, Dämmung (254m²), Alu-Verbundrohre (1.200m), PE-Xc-Rohre (600m), Heizkreisverteiler (4St)				
430	**Raumlufttechnische Anlagen**	324,63 m² BGF	2.911	**8,97**	4,8
	Einzelraumlüfter (7St), Wickelfalzrohre (9m), Edelstahlrohr (1m), Flexschlauch (1St)				
440	**Elektrische Anlagen**	324,63 m² BGF	17.411	**53,63**	28,8
	Elektroinstallation, Verteilung, Leitungen, Schalter, Taster, Steckdosen (psch) * LED-Deckenleuchten (15St), LED-Streifenleuchten (47m), Wandleuchten (2St) * Fundamenterder (105m), Alu-Draht (42m)				
450	**Kommunikationstechnische Anlagen**	324,63 m² BGF	2.650	**8,16**	4,4
	Satellitenantenne (1St), Antennenanschlussdosen (2St), Verkabelung * Datenanschlussdosen (5St)				
500	**Außenanlagen und Freiflächen**				**100,0**
510	**Erdbau**	–	1.802	**–**	9,1
	Grobplanum (158m²)				
530	**Oberbau, Deckschichten**	198,38 m² BFF	12.422	**62,62**	62,4
	Asphalttragschicht (158m²), bestehende Asphaltfläche fräsen (41m²), Asphaltdeckschicht (198m²)				
550	**Technische Anlagen**	385,03 m² AF	2.843	**7,38**	14,3
	Entwässerungsrinne, Pkw-befahrbar (10m)				
570	**Vegetationsflächen**	186,65 m² PSF	1.546	**8,28**	7,8
	Oberboden andecken (187m²)				
590	**Sonst. Maßnahmen für Außenanlagen u. Freiflächen**	385,03 m² AF	1.292	**3,36**	6,5
	Baustelleneinrichtung (psch) * Abbruch von Asphaltdecke (25m²); Entsorgung, Deponiegebühren				
600	**Ausstattung und Kunstwerke**				**100,0**
610	**Allgemeine Ausstattung**	324,63 m² BGF	1.815	**5,59**	100,0
	Duschabtrennung, Glas-Pendeltüren 1,00x1,90m (2St), Spiegel 80x60cm (2St), WC-Bürstengarnituren (2St), WC-Papierrollenhalter (2St)				

Kostenkennwerte für die Kostengruppen 300 der 2. und 3.Ebene DIN 276 (Übersicht)

KG	Kostengruppe	Menge Einheit	€/Einheit	Kosten €	% an 3+4
300	**Bauwerk – Baukonstruktionen**	**324,63 m² BGF**	**1.528,28**	**496.125,28**	**89,1**
310	**Baugrube / Erdbau**	**93,44 m³ BGI**	**24,29**	**2.269,93**	**0,4**
311	Herstellung	93,44 m³ BGI	24,29	2.269,93	0,4
312	Umschließung	–	–	–	–
313	Wasserhaltung	–	–	–	–
314	Vortrieb	–	–	–	–
319	Sonstiges zur KG 310	–	–	–	–
320	**Gründung, Unterbau**	**149,88 m² GRF**	**380,08**	**56.965,77**	**10,2**
321	Baugrundverbesserung	–	–	–	–
322	Flachgründungen und Bodenplatten	149,88 m²	186,03	27.881,75	5,0
323	Tiefgründungen	–	–	–	–
324	Gründungsbeläge	136,84 m²	151,54	20.737,20	3,7
325	Abdichtungen und Bekleidungen	149,88 m²	55,69	8.346,81	1,5
326	Dränagen	–	–	–	–
329	Sonstiges zur KG 320	–	–	–	–
330	**Außenwände/Vert. Baukonstrukt., außen**	**381,90 m² AWF**	**472,34**	**180.387,78**	**32,4**
331	Tragende Außenwände	261,70 m²	177,71	46.507,24	8,4
332	Nichttragende Außenwände	29,84 m²	148,24	4.423,38	0,8
333	Außenstützen	2,56 m	24,98	63,96	< 0,1
334	Außenwandöffnungen	90,36 m²	600,66	54.276,04	9,8
335	Außenwandbekleidungen, außen	298,03 m²	211,87	63.142,15	11,3
336	Außenwandbekleidungen, innen	220,83 m²	54,23	11.975,01	2,2
337	Element. Außenwandkonstruktionen	–	–	–	–
338	Lichtschutz zur KG 330	–	–	–	–
339	Sonstiges zur KG 330	–	–	–	–
340	**Innenwände/Vert. Baukonstrukt., innen**	**342,23 m² IWF**	**242,41**	**82.958,51**	**14,9**
341	Tragende Innenwände	113,72 m²	194,76	22.147,79	4,0
342	Nichttragende Innenwände	199,83 m²	106,16	21.214,82	3,8
343	Innenstützen	5,12 m	24,79	126,94	< 0,1
344	Innenwandöffnungen	28,68 m²	669,50	19.201,22	3,4
345	Innenwandbekleidungen	596,44 m²	33,98	20.267,75	3,6
346	Elementierte Innenwandkonstruktionen	–	–	–	–
347	Lichtschutz zur KG 340	–	–	–	–
349	Sonstiges zur KG 340	–	–	–	–
350	**Decken/Horizontale Baukonstruktionen**	**164,04 m² DEF**	**456,99**	**74.964,16**	**13,5**
351	Deckenkonstruktionen	149,51 m²	195,68	29.256,35	5,3
352	Deckenöffnungen	–	–	–	–
353	Deckenbeläge	130,49 m²	143,22	18.688,33	3,4
354	Deckenbekleidungen	86,79 m²	61,32	5.322,31	1,0
355	Elementierte Deckenkonstruktionen	14,53 m²	1.139,90	16.562,72	3,0
359	Sonstiges zur KG 350	164,04 m² DEF	31,30	5.134,44	0,9
360	**Dächer**	**161,82 m² DAF**	**496,66**	**80.369,37**	**14,4**
361	Dachkonstruktionen	152,25 m²	205,05	31.219,07	5,6
362	Dachöffnungen	–	–	–	–
363	Dachbeläge	161,82 m²	303,73	49.150,30	8,8
364	Dachbekleidungen	–	–	–	–
365	Elementierte Dachkonstruktionen	–	–	–	–
366	Lichtschutz zur KG 360	–	–	–	–
369	Sonstiges zur KG 360	–	–	–	–
370	**Infrastrukturanlagen**	**–**	**–**	**–**	**–**
380	**Baukonstruktive Einbauten**	**–**	**–**	**–**	**–**
390	**Sonst. Maßnahmen für Baukonstrukt.**	**324,63 m² BGF**	**56,09**	**18.209,76**	**3,3**

Kostenkennwerte für die Kostengruppen 400 der 2. und 3. Ebene DIN 276 (Übersicht)

KG	Kostengruppe	Menge Einheit	€/Einheit	Kosten €	% an 3+4
400	**Bauwerk – Technische Anlagen**	**324,63 m² BGF**	**186,16**	**60.434,02**	**10,9**
410	**Abwasser-, Wasser-, Gasanlagen**	**324,63 m² BGF**	**74,48**	**24.178,88**	**4,3**
411	Abwasseranlagen	324,63 m² BGF	35,55	11.539,65	2,1
412	Wasseranlagen	324,63 m² BGF	34,32	11.140,96	2,0
413	Gasanlagen	–	–	–	–
419	Sonstiges zur KG 410	324,63 m² BGF	4,62	1.498,26	0,3
420	**Wärmeversorgungsanlagen**	**324,63 m² BGF**	**40,92**	**13.283,47**	**2,4**
421	Wärmeerzeugungsanlagen	–	–	–	–
422	Wärmeverteilnetze	324,63 m² BGF	12,80	4.155,92	0,7
423	Raumheizflächen	324,63 m² BGF	28,12	9.127,55	1,6
424	Verkehrsheizflächen	–	–	–	–
429	Sonstiges zur KG 420	–	–	–	–
430	**Raumlufttechnische Anlagen**	**324,63 m² BGF**	**8,97**	**2.910,95**	**0,5**
431	Lüftungsanlagen	324,63 m² BGF	8,97	2.910,95	0,5
432	Teilklimaanlagen	–	–	–	–
433	Klimaanlagen	–	–	–	–
434	Kälteanlagen	–	–	–	–
439	Sonstiges zur KG 430	–	–	–	–
440	**Elektrische Anlagen**	**324,63 m² BGF**	**53,63**	**17.410,70**	**3,1**
441	Hoch- und Mittelspannungsanlagen	–	–	–	–
442	Eigenstromversorgungsanlagen	–	–	–	–
443	Niederspannungsschaltanlagen	–	–	–	–
444	Niederspannungsinstallationsanlagen	324,63 m² BGF	23,72	7.701,66	1,4
445	Beleuchtungsanlagen	324,63 m² BGF	16,58	5.382,88	1,0
446	Blitzschutz- und Erdungsanlagen	324,63 m² BGF	13,33	4.326,14	0,8
447	Fahrleitungssysteme	–	–	–	–
449	Sonstiges zur KG 440	–	–	–	–
450	**Kommunikationstechnische Anlagen**	**324,63 m² BGF**	**8,16**	**2.650,04**	**0,5**
451	Telekommunikationsanlagen	–	–	–	–
452	Such- und Signalanlagen	–	–	–	–
453	Zeitdienstanlagen	–	–	–	–
454	Elektroakustische Anlagen	–	–	–	–
455	Audiovisuelle Medien- u. Antennenanl.	324,63 m² BGF	4,08	1.325,02	0,2
456	Gefahrenmelde- und Alarmanlagen	–	–	–	–
457	Datenübertragungsnetze	324,63 m² BGF	4,08	1.325,02	0,2
458	Verkehrsbeeinflussungsanlagen	–	–	–	–
459	Sonstiges zur KG 450	–	–	–	–
460	**Förderanlagen**	**–**	**–**	**–**	**–**
461	Aufzugsanlagen	–	–	–	–
462	Fahrtreppen, Fahrsteige	–	–	–	–
463	Befahranlagen	–	–	–	–
464	Transportanlagen	–	–	–	–
465	Krananlagen	–	–	–	–
466	Hydraulikanlagen	–	–	–	–
469	Sonstiges zur KG 460	–	–	–	–
470	**Nutzungsspez. u. verfahrenstechn. Anl.**	**–**	**–**	**–**	**–**
480	**Gebäude- und Anlagenautomation**	**–**	**–**	**–**	**–**
490	**Sonst. Maßnahmen für techn. Anlagen**	**–**	**–**	**–**	**–**

Kostenkennwerte für die Kostengruppen der 3. Ebene DIN 276

KG	Kostengruppe	Menge Einheit	Kosten €	€/Einheit	%
210	**Herrichten**				**100,0**
212	**Abbruchmaßnahmen**	2.759,60 m² GF	4.892	**1,77**	100,0
	Abbruch Bodenplatte (11h), Entsorgung Betonabbruch, groß (57t), armiert (4t)				
310	**Baugrube / Erdbau**				**100,0**
311	**Herstellung**	93,44 m³ BGI	2.270	**24,29**	100,0
	Baugrubenaushub BK 3-4 (70m³), Rohrgrabenaushub (23m³), Planum (187m²)				
320	**Gründung, Unterbau**				**100,0**
322	**Flachgründungen und Bodenplatten**	149,88 m²	27.882	**186,03**	48,9
	Stb-Bodenplatte C25/30, d=25cm, Schalung, Bewehrung (125m²), Mehrspartenhauseinführung (1St)				
324	**Gründungsbeläge**	136,84 m²	20.737	**151,54**	36,4
	Gefälle-Zementputz-Heizestrich CT-C25-F4, d=90-135mm (83m²), Zementheizestrich CT-C25-F4, d=65mm (54m²), Epoxidharzbeschichtung (137m²), Hohlkehlsockelleisten (104m)				
325	**Abdichtungen und Bekleidungen**	149,88 m²	8.347	**55,69**	14,7
	Frostschutzkies, Lagermaterial (23m³), Geotextil (187m²), Splitt, d=5-6cm, XPS-Perimeterdämmung WLS 037, d=100mm, PE-Folie (150m²)				
330	**Außenwände/Vertikale Baukonstruktionen, außen**				**100,0**
331	**Tragende Außenwände**	261,70 m²	46.507	**177,71**	25,8
	Holzrahmenwände 6x16cm, Holzfaserdämmung WLG 035, d=160mm, einseitig OSB-Schalung, d=15mm (221m²), Stb-Aufkantung C25/30, 40x20cm, Schalung, Bewehrung (41m²), BSH-Schwellen 8x16cm (36m)				
332	**Nichttragende Außenwände**	29,84 m²	4.423	**148,24**	2,5
	Holzrahmenattika 6x16cm, Holzfaserdämmung WLG 035, d=160mm, einseitig OSB-Schalung, d=15mm (30m²)				
333	**Außenstützen**	2,56 m	64	**24,98**	< 0,1
	BSH-Stütze 16x16cm (3m)				
334	**Außenwandöffnungen**	90,36 m²	54.276	**600,66**	30,1
	Kunststofffenster Ug=0,6W/m²K, zwei bis drei Elemente gekoppelt, ein-/zweiteilig, Drehkipp, Festverglasungen (31m²), Kunststoff-Fenstertürelement, Seitenteile (8m²), Sektionaltore, Lichtbänder, Kunststoffdoppelscheiben, Schlupftüren, Torantriebe, Steuerung, Signalleuchte (30m²), Nebentür, wie Tore (2m²), Alu-Haustürelement, Seitenteil, VSG-Oberlichter, E-Öffner (9m²), Kunststoff-Haustürelement, Seitenteil, festverglaste Brüstung, Drehkippflügel (4m²), Fensterbänke, außen, Alu (34m)				
335	**Außenwandbekleidungen, außen**	298,03 m²	63.142	**211,87**	35,0
	Fassadenbahn, Holzfaserdämmung WLG 040, d=60mm (282m²), Bitumendickbeschichtung, Perimeterdämmung, d=100mm (16m²), Holzunterkonstruktion, Rhombusschalung, Fichte 25x140mm, lasiert (181m²), Armierung, Oberputz, Beschichtung (147m²)				

KG	Kostengruppe	Menge Einheit	Kosten €	€/Einheit	%
336	**Außenwandbekleidungen, innen**	220,83 m²	11.975	**54,23**	6,6
	GK-Bekleidung, d=12,5mm (208m²), Zementbauplatten-Bekleidung (13m²), Wandfliesen 25x50cm (11m²), Silikatbeschichtung (210m²)				
340	**Innenwände/Vertikale Baukonstruktionen, innen**				**100,0**
341	**Tragende Innenwände**	113,72 m²	22.148	**194,76**	26,7
	Holzrahmenwände, d=17,5cm, KVH 6x16cm, Holzfaserdämmung WLG 035, d=160mm, beidseitig OSB-Schalung, d=15mm (97m²), Stb-Aufkantung C25/30, 40x20cm, Schalung, Bewehrung (17m²), BSH-Schwellen 8x16cm (21m)				
342	**Nichttragende Innenwände**	199,83 m²	21.215	**106,16**	25,6
	GK-Wände, d=10cm, beidseitig einlagig beplankt, teilweise Zementbauplatten, Mineralwolldämmung (134m²), d=12,5cm, beidseitig doppelt beplankt (49m²), Holzrahmenwand, d=9cm, KVH 6x7,5cm, beidseitig OSB-Schalung, d=15mm, GK-Beplankung (17m²)				
343	**Innenstützen**	5,12 m	127	**24,79**	0,2
	BSH-Stützen 16x16cm (5m)				
344	**Innenwandöffnungen**	28,68 m²	19.201	**669,50**	23,1
	Holztüren, beschichtet, Stahlzargen (23m²), Holz-Türelement T30 RS, Seitenverglasung, Blockzarge (5m²)				
345	**Innenwandbekleidungen**	596,44 m²	20.268	**33,98**	24,4
	GK-Bekleidung, d=12,5mm (194m²), GKF-Bekleidung (45m²), Abdichtung (11m²), Wandfliesen 25x50cm (42m²), Silikatbeschichtung (555m²)				
350	**Decken/Horizontale Baukonstruktionen**				**100,0**
351	**Deckenkonstruktionen**	149,51 m²	29.256	**195,68**	39,0
	Brettsperrholzdecke, d=14cm, Industriesicht (132m²), d=16cm (17m²)				
353	**Deckenbeläge**	130,49 m²	18.688	**143,22**	24,9
	Zementheizestrich CT-C25-F4, d=65mm (122m²), Linoleum (84m²), Linoleumsockel (104m), Kautschukboden (36m²), Kautschuksockel (36m), Dampfsperre, EPS-Gefälledämmung WLG 035, d i.M. 120mm, Dachabdichtung, zweilagig (10m²)				
354	**Deckenbekleidungen**	86,79 m²	5.322	**61,32**	7,1
	GKF-Bekleidung, d=12,5mm, Silikatbeschichtung (87m²)				
355	**Elementierte Deckenkonstruktionen**	14,53 m²	16.563	**1.139,90**	22,1
	Stahlwangentreppen, b=1,20m, Gitterroststufen, Gitterrostpodeste, Flachstahlgeländer, h=90cm, verzinkt, beschichtet, Edelstahlhandläufe (15m²)				
359	**Sonstiges zur KG 350**	164,04 m² DEF	5.134	**31,30**	6,8
	Stahl-Balkongeländer, verzinkt, HPL-Bekleidung (6m)				

KG	Kostengruppe	Menge Einheit	Kosten €	€/Einheit	%
360	**Dächer**				**100,0**
361	**Dachkonstruktionen**	152,25 m²	31.219	**205,05**	38,8
	Brettsperrholzdach, d=14cm, Wohnsicht (152m²), BSH-Träger 16x24cm (6m)				
363	**Dachbeläge**	161,82 m²	49.150	**303,73**	61,2
	Dampfsperre (155m²), PIR-Wärmedämmung, d=120mm, EPS-Gefälledämmung, d i.M. 120mm, Trennlage (143m²), Dachabdichtung, Wurzelschutzbahn (155m²), Dränageplatten, Extensivsubstrat, d=8-10cm, Trockensaat (120m²), Kiesrandstreifen, b=50cm (23m²), Alu-Attikaabdeckung, b=36cm (19m²), Wasserfangkästen (2St), Regenfallrohre, Alu (2St), Standrohre (2St), Notüberläufe (2St)				
390	**Sonstige Maßnahmen für Baukonstruktionen**				**100,0**
391	**Baustelleneinrichtung**	324,63 m² BGF	11.423	**35,19**	62,7
	Baustelleneinrichtung, Hauptgewerk (1St), Nebengewerk (1St), Kran (1St), Schnurgerüst (1St), Baustellen-WC (1St)				
392	**Gerüste**	324,63 m² BGF	6.787	**20,91**	37,3
	Fassadengerüst, Lastklasse 3 (378m²), Abstützungen, l=6,00m (14St), Gitterträgerüberbauungen (13m), Fangschutz (51m)				
410	**Abwasser-, Wasser-, Gasanlagen**				**100,0**
411	**Abwasseranlagen**	324,63 m² BGF	11.540	**35,55**	47,7
	KG-Rohre DN100, Formstücke (62m), PP-Rohre DN 50-100, Formstücke (40m), Brandschutzmanschetten (3St), Edelstahl-Parkdeck-Kastenrinne (8m), Bodenablauf (1St), Dachabläufe, Schachtaufsätze (2St)				
412	**Wasseranlagen**	324,63 m² BGF	11.141	**34,32**	46,1
	Edelstahlrohre DN15-28 (173m), Verbundrohre DN16-20, Formstücke (38m), Rückspülfilter (1St), Brauchwassermischer (1St), Durchlauferhitzer 18-27kW (1St), Warmwasserspeicher 5l (4St), Tiefspül-WCs (3St), Urinal (1St), Waschtische (2St), Ausgussbecken (1St), Duschwannen 100x100cm, Brausethermostate, Brausesets (2St), Armaturen				
419	**Sonstiges zur KG 410**	324,63 m² BGF	1.498	**4,62**	6,2
	Montageelemente für WCs (3St), für Urinal (1St)				
420	**Wärmeversorgungsanlagen**				**100,0**
422	**Wärmeverteilnetze**	324,63 m² BGF	4.156	**12,80**	31,3
	Stahlrohre verzinkt, Formstücke, Rohrdämmung (28m), Edelstahl-Formstücke (13St), Heizungsregler (1St), Fußbodenregeleinheit (1St), Pumpengruppe (1St), Membran-Ausdehnungsgefäß 50l (1St)				
423	**Raumheizflächen**	324,63 m² BGF	9.128	**28,12**	68,7
	Fußbodenheizung, Dämmrollen, d=20-30mm (190m²), Dämmplatten, d=20-40mm (64m²), Alu-Verbundrohre (1.200m), PE-Xc-Rohre (600m), Heizkreisverteiler (4St)				
430	**Raumlufttechnische Anlagen**				**100,0**
431	**Lüftungsanlagen**	324,63 m² BGF	2.911	**8,97**	100,0
	Einzelraumlüfter (7St), Wickelfalzrohre DN100-125, Formstücke (9m), Edelstahlrohr DN130 (1m), Flexschlauch DN80 (1St)				

KG	Kostengruppe	Menge Einheit	Kosten €	€/Einheit	%
440	**Elektrische Anlagen**				**100,0**
444	**Niederspannungsinstallationsanlagen**	324,63 m² BGF	7.702	**23,72**	44,2
	Elektroinstallation, Verteilung, Schalter, Taster, Steckdosen, Leitungen (psch)				
445	**Beleuchtungsanlagen**	324,63 m² BGF	5.383	**16,58**	30,9
	LED-Deckenleuchten (15St), LED-Streifenleuchten (47m), Wandleuchten (2St)				
446	**Blitzschutz- und Erdungsanlagen**	324,63 m² BGF	4.326	**13,33**	24,8
	Fundamenterder, verzinkt (50m), Edelstahl (55m), Alu-Draht, D=8mm (42m), Leitungshalter (16St), Verbinder (25St), Alu-Fangstangen, l=1,50m (2St), Stangenhalter (8St), Dachleitungshalter, Beton (10St)				
450	**Kommunikations-, sicherheits- und informationstechnische Anlagen**				**100,0**
455	**Audiovisuelle Medien- u. Antennenanl.**	324,63 m² BGF	1.325	**4,08**	50,0
	Satellitenantenne (1St), Antennenanschlussdosen (2St), Verkabelung				
457	**Datenübertragungsnetze**	324,63 m² BGF	1.325	**4,08**	50,0
	Datenanschlussdosen (5St)				
510	**Erdbau**				**100,0**
511	**Herstellung**	–	1.802	**–**	100,0
	Grobplanum (158m²)				
530	**Oberbau, Deckschichten**				**100,0**
533	**Plätze, Höfe, Terrassen**	198,38 m²	12.422	**62,62**	100,0
	Asphalttragschicht, d=10cm (158m²), bestehende Asphaltfläche fräsen, d=4cm, reinigen (41m²), Asphaltdeckschicht, d=3cm (198m²), Leistensteine (22m)				
550	**Technische Anlagen**				**100,0**
551	**Abwasseranlagen**	385,03 m² AF	2.843	**7,38**	100,0
	Entwässerungsrinne, Pkw-befahrbar (10m), Rohranschluss DN100 (1St)				
570	**Vegetationsflächen**				**100,0**
571	**Vegetationstech. Bodenbearbeitung**	186,65 m²	1.546	**8,28**	100,0
	Oberboden andecken, d=25cm, Lagermaterial (187m²)				
590	**Sonstige Maßnahmen für Außenanlagen und Freiflächen**				**100,0**
591	**Baustelleneinrichtung**	385,03 m² AF	911	**2,37**	70,5
	Baustelleneinrichtung (psch)				
594	**Abbruchmaßnahmen**	385,03 m² AF	381	**0,99**	29,5
	Abbruch von Asphaltdecke (25m²); Entsorgung, Deponiegebühren				

Kostenkennwerte für Leistungsbereiche nach STLB (Kosten des Bauwerks nach DIN 276)

LB	Leistungsbereiche	Kosten €	€/m² BGF	€/m³ BRI	% an 3+4
000	Sicherheits-, Baustelleneinrichtungen inkl. 001	18.210	56,10	15,60	3,3
002	Erdarbeiten	2.270	7,00	2,00	0,4
006	Spezialtiefbauarbeiten inkl. 005	–	–	–	–
009	Entwässerungskanalarbeiten inkl. 011	–	–	–	–
010	Drän- und Versickerarbeiten	–	–	–	–
012	Mauerarbeiten	–	–	–	–
013	Betonarbeiten	44.295	136,40	38,10	8,0
014	Natur-, Betonwerksteinarbeiten	–	–	–	–
016	Zimmer- und Holzbauarbeiten	172.109	530,20	147,90	30,9
017	Stahlbauarbeiten	–	–	–	–
018	Abdichtungsarbeiten	4.420	13,60	3,80	0,8
019	Kampfmittelräumarbeiten	–	–	–	–
020	Dachdeckungsarbeiten	–	–	–	–
021	Dachabdichtungsarbeiten	43.298	133,40	37,20	7,8
022	Klempnerarbeiten	9.271	28,60	8,00	1,7
	Rohbau	**293.873**	**905,30**	**252,50**	**52,8**
023	Putz- und Stuckarbeiten, Wärmedämmsysteme	10.820	33,30	9,30	1,9
024	Fliesen- und Plattenarbeiten	7.398	22,80	6,40	1,3
025	Estricharbeiten	10.145	31,20	8,70	1,8
026	Fenster, Außentüren inkl. 029, 032	33.150	102,10	28,50	6,0
027	Tischlerarbeiten	9.323	28,70	8,00	1,7
028	Parkettarbeiten, Holzpflasterarbeiten	–	–	–	–
030	Rollladenarbeiten	–	–	–	–
031	Metallbauarbeiten inkl. 035	41.972	129,30	36,10	7,5
034	Maler- und Lackiererarbeiten inkl. 037	24.063	74,10	20,70	4,3
036	Bodenbelagarbeiten	13.012	40,10	11,20	2,3
038	Vorgehängte hinterlüftete Fassaden	–	–	–	–
039	Trockenbauarbeiten	52.369	161,30	45,00	9,4
	Ausbau	**202.251**	**623,00**	**173,80**	**36,3**
040	Wärmeversorgungsanl. - Betriebseinr. inkl. 041	12.799	39,40	11,00	2,3
042	Gas- und Wasserinstallation, Leitungen inkl. 043	5.512	17,00	4,70	1,0
044	Abwasseranlagen - Leitungen	9.515	29,30	8,20	1,7
045	GWE-Einrichtungsgegenstände inkl. 046	6.863	21,10	5,90	1,2
047	Dämmarbeiten an betriebstechnischen Anlagen	2.769	8,50	2,40	0,5
049	Feuerlöschanlagen, Feuerlöschgeräte	–	–	–	–
050	Blitzschutz- und Erdungsanlagen	4.326	13,30	3,70	0,8
053	Niederspannungsanlagen inkl. 052, 054	7.702	23,70	6,60	1,4
055	Sicherheits- u. Ersatzstromversorgungsanl.	–	–	–	–
057	Gebäudesystemtechnik	–	–	–	–
058	Leuchten und Lampen inkl. 059	5.383	16,60	4,60	1,0
060	Sprechanlagen, elektroakust. Anlagen inkl. 064	1.325	4,10	1,10	0,2
061	Kommunikationsnetze inkl. 063	1.325	4,10	1,10	0,2
069	Aufzüge	–	–	–	–
070	Gebäudeautomation	–	–	–	–
075	Raumlufttechnische Anlagen inkl. 078	2.911	9,00	2,50	0,5
	Gebäudetechnik	**60.429**	**186,10**	**51,90**	**10,9**
084	Abbruch, Rückbau, Schadstoffsanierung	–	–	–	–
	Abbrucharbeiten	**–**	**–**	**–**	**–**
	Sonstige Leistungsbereiche	**–**	**–**	**–**	**–**

7600-0098
Werkfeuerwehr
(6 Fahrzeuge)

Objektübersicht

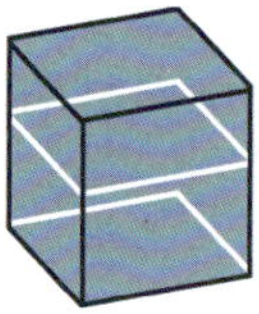

BRI 681 €/m³

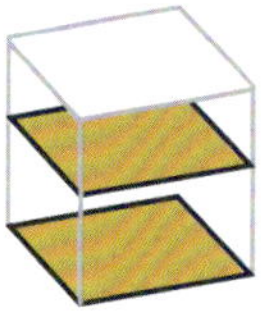

BGF 3.137 €/m²

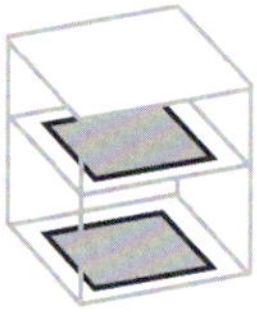

NUF 4.345 €/m²

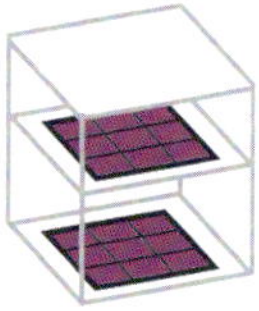

NE 872.880 €/NE

NE: Fahrzeugstellplätze

Objekt:
Kennwerte: 1.Ebene DIN 276
BRI: 7.692 m³
BGF: 1.670 m²
NUF: 1.205 m²
Bauzeit: 92 Wochen
Bauende: 2022
Standard: Durchschnitt
Bundesland: Saarland
Kreis: Saarpfalz-Kreis

Architekt*in:
wack + marx - architekten
Marienstraße 18
66386 St. Ingbert

Bauherr*in:
Robert Bosch GmbH
Bexbacher Straße 72
66424 Homburg

Zeichnungen

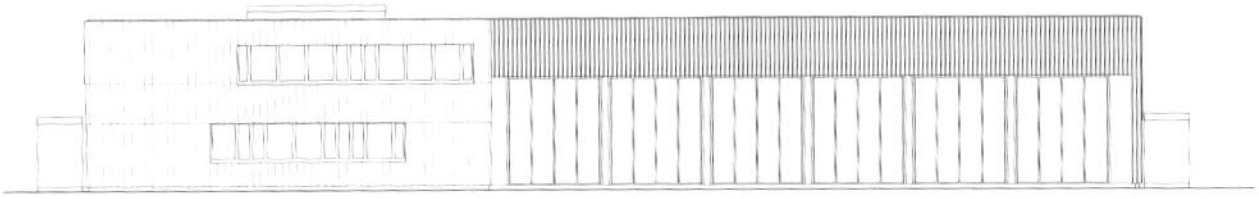
Ansicht Ost

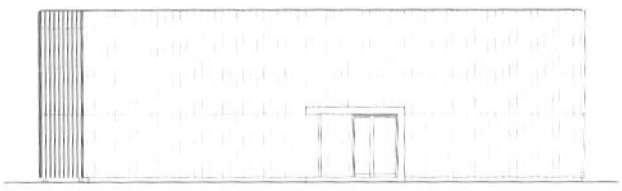
Ansicht Nord

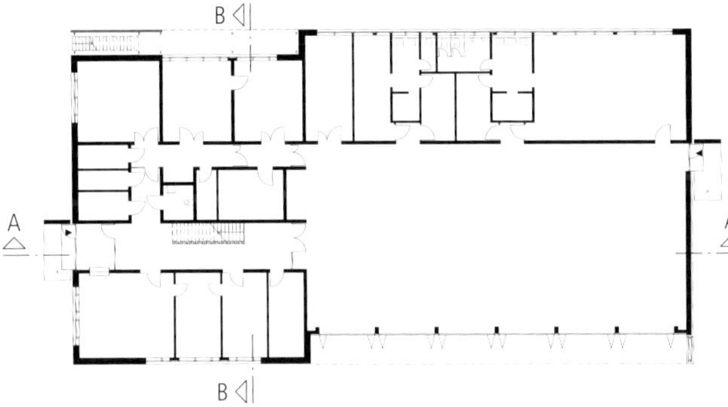

Erdgeschoss

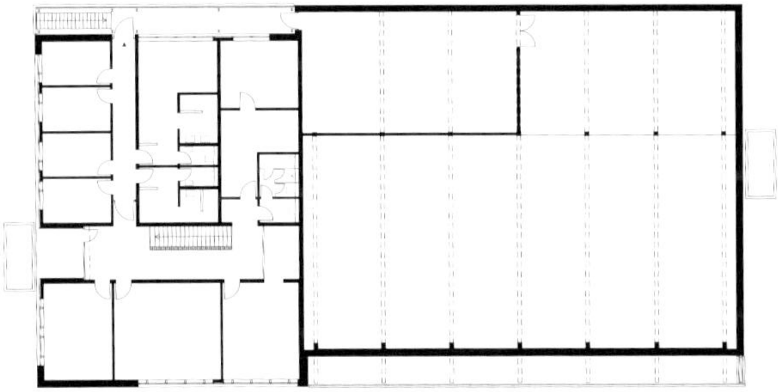
Obergeschoss

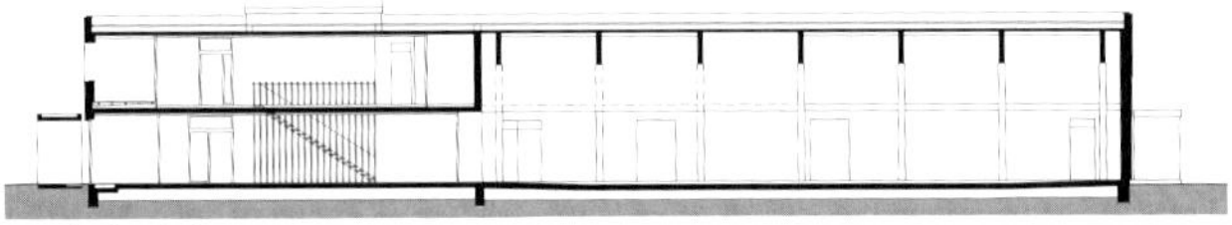
Schnitt A-A

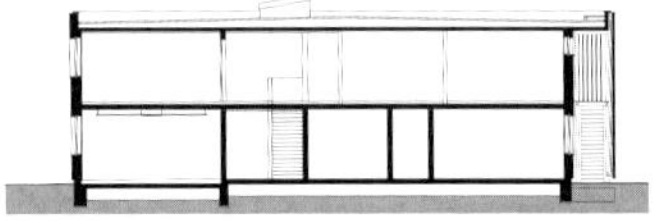
Schnitt B-B

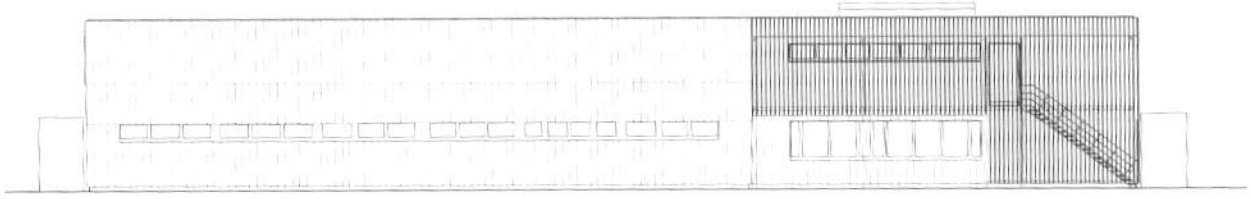
Ansicht West

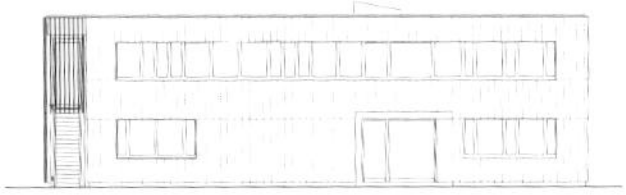
Ansicht Süd

Objektbeschreibung

Allgemeine Objektinformationen

Der klar zugeschnittene zweigeschossige Baukörper bietet Platz, um die gesetzlichen Vorgaben an eine Feuerwache mit 25 hauptberuflichen und 33 nebenberuflichen Feuerwehrkräften zu erfüllen. Die Wache ist 24 Stunden an 365 Tagen im Jahr besetzt. Bei dem Objekt wurde besonderer Wert auf die vorrangige Nutzung nachhaltig erzeugter, nachwachsender Rohstoffe (Bauen mit Holz, überwiegende Verwendung von Holzfaserdämmstoffen) sowie den Einsatz von Baustoffen mit weitestgehend reduzierten Schadstoffen gelegt.

Nutzung

1 Erdgeschoss
Fahrzeughalle, Leitstelle, Fokusraum, Büro, Werkstätten, Reinigungsraum, Lager, Dekontamination, Umkleiden, Duschen, WCs, Technikräume

1 Obergeschoss
Ruheräume, Küche, Aufenthaltsraum, Schulungsraum, Sportraum, Kleiderkammer, Umkleideraum, Waschräume, WCs, Archiv, Lager, Technikraum, Loggia

Nutzeinheiten

Fahrzeugstellplätze: 6

Grundstück

Bauraum: Freier Bauraum
Neigung: Ebenes Gelände
Bodenklasse: BK 1 bis BK 4

Markt

Hauptvergabezeit: 2. Quartal 2020
Baubeginn: 2. Quartal 2020
Bauende: 1. Quartal 2022
Konjunkturelle Gesamtlage: Durchschnitt
Regionaler Baumarkt: Durchschnitt

Baukonstruktion

Das Gebäude erhielt eine Stahlbetonbodenplatte auf Dämmschotter. Die tragenden Innenwände im EG sind aus Beton, die Außenwände und alle tragenden Innenwände im OG als hochgedämmte Holzständerkonstruktion errichtet. Eine hinterlüftete Holzfassade bekleidet die Außenwände, teilweise ist sie als Vorhangfassade ausgeführt. Die Decken sind aus Brettsperrholz gefertigt. Das Dach wurde extensiv begrünt.

Technische Anlagen

Der Neubau ist an das eigene Nahwärmenetz angebunden, erhielt außerdem eine Solarthermie und eine PV-Anlage sowie eine kontrollierte Be- und Entlüftung mit Wärmerückgewinnung.

Energetische Kennwerte

Gesetzliche Grundlage: EnEV 2013
Gebäudenutzfläche: 1.479,00 m^2
Gebäudevolumen: 7.082,00 m^3
A/V_e-Verhältnis (Kompaktheit): 0,45 m^{-1}
Hüllfläche des beheizten Volumens: 3.160,00 m^2
Mittlerer U-Wert (opake Bauteile): 0,16 $W/(m^2 \cdot K)$
Mittlerer U-Wert (transparente Bauteile): 1,10 $W/(m^2 \cdot K)$
Spez. Jahresprimärenergiebedarf: 53,23 $kWh/(m^2 \cdot a)$
CO_2-Emissionen: 19,55 $kg/(m^2 \cdot a)$

Planungskennwerte für Flächen und Rauminhalte nach DIN 277

Flächen des Grundstücks		Menge Einheit	% an GF
BF	Bebaute Fläche	–	–
UF	Unbebaute Fläche	–	–
GF	Grundstücksfläche	279.700,00 m²	100,0

Grundflächen des Bauwerks		Menge Einheit	% an NUF	% an BGF
NUF	Nutzungsfläche	1.205,43 m²	100,0	72,2
TF	Technikfläche	144,86 m²	12,0	8,7
VF	Verkehrsfläche	136,43 m²	11,3	8,2
NRF	Netto-Raumfläche	1.486,72 m²	123,3	89,1
KGF	Konstruktions-Grundfläche	182,80 m²	15,2	10,9
BGF	Brutto-Grundfläche	1.669,52 m²	138,5	100,0

Brutto-Rauminhalt des Bauwerks		Menge Einheit	BRI/NUF (m)	BRI/BGF (m)
BRI	Brutto-Rauminhalt	7.691,59 m³	6,38	4,61

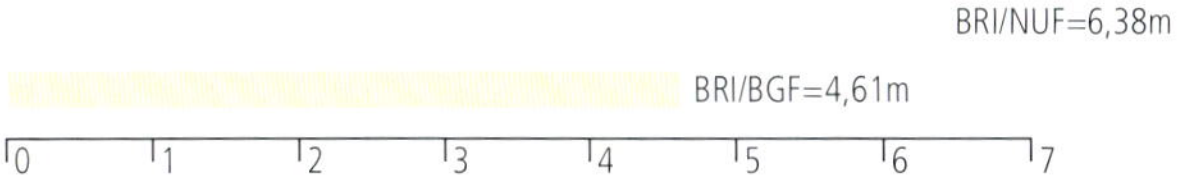

Kostenkennwerte für die Kostengruppen der 1. Ebene DIN 276

KG	Kostengruppen (1. Ebene)	Einheit	Kosten €	€/Einheit	€/m² BGF	€/m³ BRI	% 300+400
100	Grundstück	m² GF	–	–	–	–	–
200	Vorbereitende Maßnahmen	m² GF	43.601	0,16	26,12	5,67	0,8
300	Bauwerk – Baukonstruktionen	m² BGF	3.325.664	1.991,99	1.991,99	432,38	63,5
400	Bauwerk – Technische Anlagen	m² BGF	1.911.615	1.145,01	1.145,01	248,53	36,5
	Bauwerk 300+400	**m² BGF**	**5.237.279**	**3.137,00**	**3.137,00**	**680,91**	**100,0**
500	Außenanlagen und Freiflächen	m² AF	165.588	82,79	99,18	21,53	3,2
600	Ausstattung und Kunstwerke	m² BGF	–	–	–	–	–
700	Baunebenkosten	m² BGF	–	–	–	–	–
800	Finanzierung	m² BGF	–	–	–	–	–

KG	Kostengruppe	Menge Einheit	Kosten €	€/Einheit	%
200	**Vorbereitende Maßnahmen**	279.700,00 m² GF	43.601	**0,16**	0,8

Rückbau eines Gleisbettes

KG	Kostengruppe	Menge Einheit	Kosten €	€/Einheit	%
3+4	**Bauwerk**				**100,0**
300	**Bauwerk – Baukonstruktionen**	1.669,52 m² BGF	3.325.664	**1.991,99**	63,5

Baugrubenaushub; Stb-Fundamente, Stb-Bodenplatte, Estrich, Verbundestrich, Doppelboden, Beschichtung, Bodenfliesen, Abdichtung, Dämmschotter; Stb-Wände, Holzständerwände, Stb-Stützen, Aluminium-Fenster, Dreifachverglasung, Glasfalttore, Wärmedämmung, hinterlüftete sägeraue Holzfassade, GK-Bekleidung, teilw. Lamellenraffstore; Stb-Wände, Holzständerwände, GK-Wände, Glaswand, Wandfliesen, WC-Trennwände; Sicht-Brettsperrholzdecken, Stahlwangentreppe mit Holzstufen, Stahltreppe, Heizestrich, Kautschuk-Belag, Parkett, Bodenfliesen, teilw. Schallschutzdecken, Treppengeländer; Brettsperrholzdach, Oberlicht, Dämmung, Abdichtung, Attika, extensive Dachbegrünung, innenliegende Entwässerung, Holzdachbekleidung, Stb-Eingangsüberdachung

KG	Kostengruppe	Menge Einheit	Kosten €	€/Einheit	%
400	**Bauwerk – Technische Anlagen**	1.669,52 m² BGF	1.911.615	**1.145,01**	36,5

Gebäudeentwässerung, Kalt- und Warmwasserleitungen, Sanitärobjekte; Fernwärmeversorgung, Bauteilaktivierung (zum Heizen, EG-Bodenplatte), Solarthermieanlage (8m²), Fußbodenheizung; kontrollierte Be- und Entlüftung mit Wärmerückgewinnung; Elektroinstallation, PV-Anlage (270m²), Beleuchtung, Sicherheitsleuchten; Feuerwehr-Leittechnik mit eigenem Telekommunikationsnetz und eigener Funktechnik, Rauchmelder

KG	Kostengruppe	Menge Einheit	Kosten €	€/Einheit	%
500	**Außenanlagen und Freiflächen**	2.000,00 m² AF	165.588	**82,79**	3,2

Oberbodenarbeiten, Bodenarbeiten; Plattenwege, Asphaltierungen; Oberbodenauftrag, Bäume, Rasen, Schotterrasen

7600-0099
Feuerwehrgerätehaus
(5 Fahrzeuge)

Objektübersicht

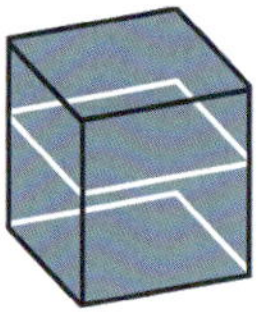

BRI 635 €/m³

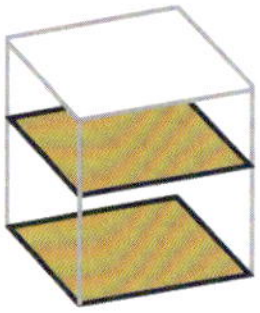

BGF 4.076 €/m²

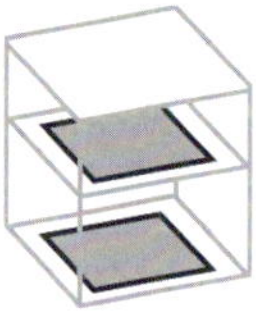

NUF 5.392 €/m²

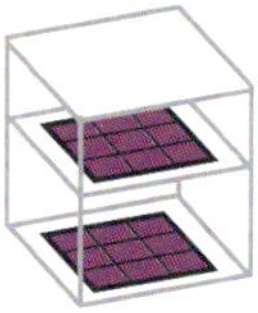

NE 1.265.254 €/NE

NE: Fahrzeugstellplätze

Objekt:
Kennwerte: 1.Ebene DIN 276
BRI: 9.962 m³
BGF: 1.552 m²
NUF: 1.173 m²
Bauzeit: 74 Wochen
Bauende: 2023
Standard: Durchschnitt
Bundesland: Nordrhein-Westfalen
Kreis: Rhein-Sieg-Kreis

Architekt*in:
ZACHARIAS
PLANUNGSGRUPPE GbR
Grüner Weg 17
53757 Sankt Augustin

Bauherr*in:
Stadt Hennef
Der Bürgermeister
Frankfurter Straße 97
53773 Hennef

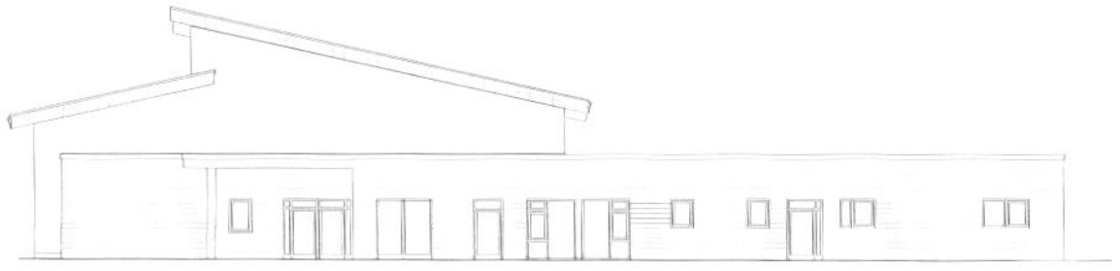

Ansicht Nord-Ost

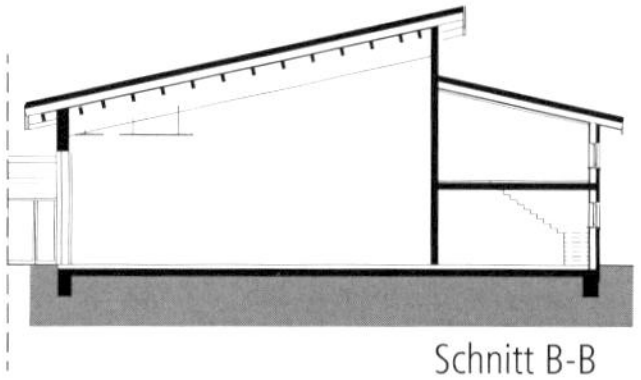

Schnitt B-B

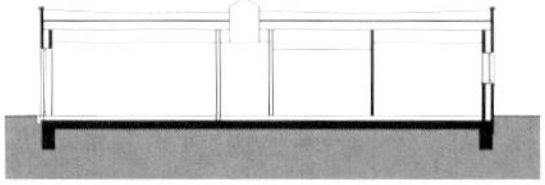

Schnitt A-A

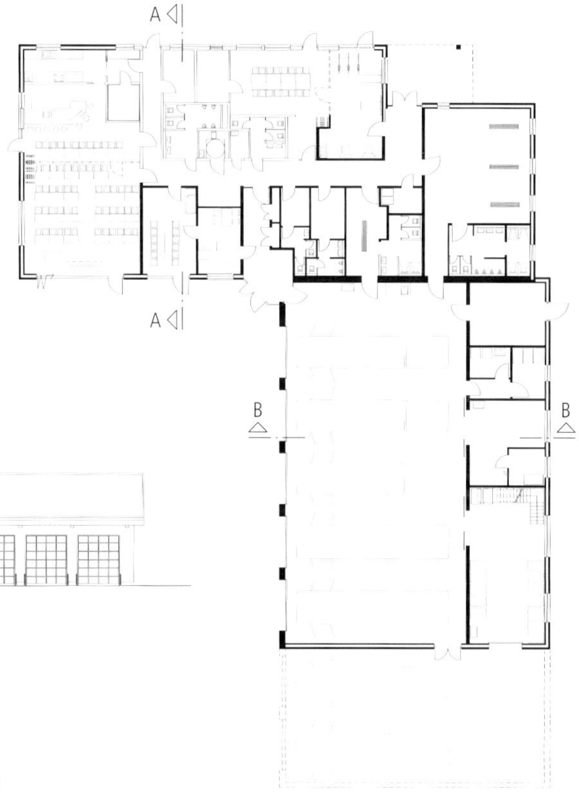

Erdgeschoss

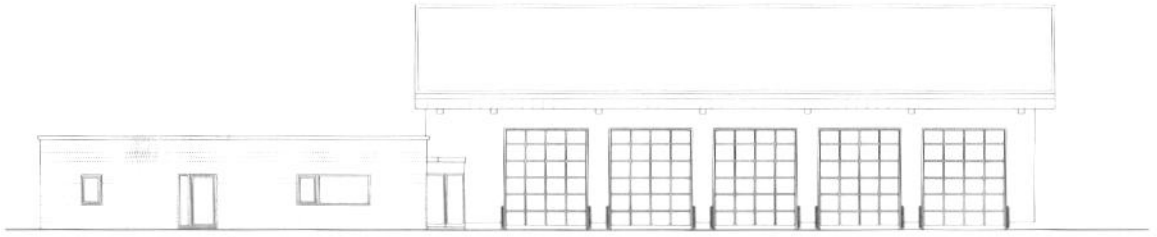

Ansicht Nord-West

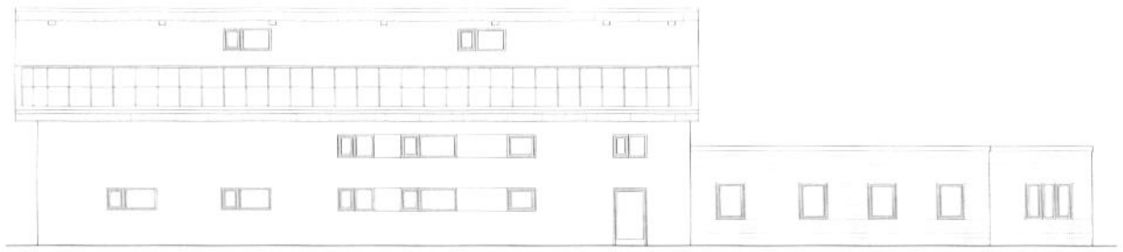

Ansicht Süd-Ost

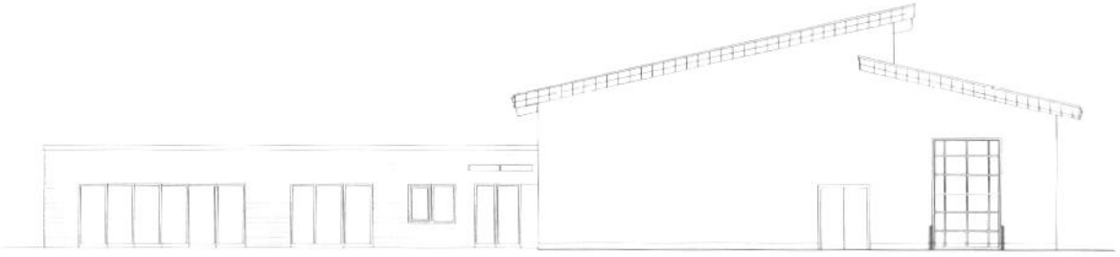

Ansicht Süd-West

Objektbeschreibung

Allgemeine Objektinformationen

Das Objekt ist in nachhaltiger Gebäudestruktur in Holzrahmenbauweise geplant und ausgeführt. Es bietet Platz für fünf Einsatzfahrzeuge. Im eingeschossigen Gebäudeteil wurden Umkleideräume für 45 Herren und 13 Damen sowie für 20 Jugendliche der Jugendfeuerwehr untergebracht. Es bestehen Erweiterungsmöglichkeiten sowohl für die Fahrzeughalle als auch für den Sozialtrakt.

Nutzung

1 Erdgeschoss
Fahrzeughalle, Lager, Werkstatt, Wasch- u. Trockenraum, Technikraum, Umkleide Herren, Umkleide Damen, Umkleide Jugend, Sanitärräume, Übungsraum, Fitnessraum, Besprechung, Büroräume, Stuhllager, Schulungsraum, Küche, Ausgabentheke, Kühlraum, Garderobe

1 Obergeschoss
Technikraum, Lager

Nutzeinheiten

Fahrzeugstellplätze: 5

Grundstück

Bauraum: Freier Bauraum
Neigung: Ebenes Gelände
Bodenklasse: BK 1 bis BK 4

Markt

Hauptvergabezeit: 3.Quartal 2021
Baubeginn: 3.Quartal 2021
Bauende: 1.Quartal 2023
Konjunkturelle Gesamtlage: Durchschnitt
Regionaler Baumarkt: Durchschnitt

Baukonstruktion

Gegründet wurde das Gebäude auf einer 30cm dicken Stahlbetonbodenplatte. Statische und aussteifende Wände sind in Holzrahmenbauweise erstellt. Das Dach der Fahrzeughalle ist in Holzbinderbauweise mit Koppelpfetten als versetztes Pultdach errichtet. Das Dach des Sozialtraktes wurde als Flachdach aus Brettholzstapelelementen erstellt. Die Fenster in Alu-Rahmenkonstruktion erhielten eine Dreifachverglasung. Die Fassade der Fahrzeughalle erhielt einen Putz, der Sozialtrakt wurde mit Lärchenholz bekleidet. Das Dach wurde begrünt. Die Böden sind mit Fliesen, Rüttelboden in der Halle oder textilen Bodenbelägen belegt.

Technische Anlagen

Die Wärmeerzeugung erfolgt Mithilfe von Geothermie. Zwei Wärmepumpen mit je 28,8kW Leistung werden aus zehn Erdbohrungen á 100m Tiefe gespeist. Die Wärmeverteilung erfolgt über Fußbodenheizung. Es wurde eine Lüftungsanlage mit Wärmerückgewinnung eingebaut. Auf dem Dach wurde eine PV-Anlage mit 24,6kWp installiert, dessen Strom in einem 22kW Stromspeicher eingespeist wird. Somit wird ein großer Teil der Stromproduktion eigenverwendet.

Sonstiges

Das Feuerwehrhaus wurde in Anlehnung an den KfW 55 Standard errichtet. Im Außenbereich wurde ein 120.000l großer Wasserspeicher eingebaut.

Energetische Kennwerte

Gesetzliche Grundlage: GEG 2020
Gebäudenutzfläche: 1.396,27 m^2
Gebäudevolumen: 8.062,86 m^3
A/V_e-Verhältnis (Kompaktheit): 0,48 m^{-1}
Hüllfläche des beheizten Volumens: 3.850,68 m^2
Spez. Transmissionswärmeverlust: 0,29 $W/(m^2 \cdot K)$
Mittlerer U-Wert (opake Bauteile): 0,13 $W/(m^2 \cdot K)$
Mittlerer U-Wert (transparente Bauteile): 1,00 $W/(m^2 \cdot K)$
Jahresprimärenergie: 30.537,22 kWh/a
Spez. Jahresprimärenergiebedarf: 25,39 $kWh/(m^2 \cdot a)$
Jahresendenergiebedarf: 77.507,60 kWh/a
Spez. Jahresendenergiebedarf: 64,46 $kWh/(m^2 \cdot a)$
CO_2-Emissionen: 11,52 $kg/(m^2 \cdot a)$
PV-Anlage: 15,00 kWp

Energetische Angaben zu Außenbauteilen

Bodenplatte Halle

U-Wert: 0,24 W/(m²·K)

Gesamtdicke: 60,80 cm	d [cm]	λ [W/(m·K)]
Fliesen	1,50	1,000
Estrich	15,30	1,400
PE-Folie	1,00	0,230
Dämmung	3,00	0,035
Stahlbeton	30,00	2,100
Dämmung	10,00	0,035

Bodenplatte Aufenthaltsräume

U-Wert: 0,21 W/(m²·K)

Gesamtdicke: 49,20 cm	d [cm]	λ [W/(m·K)]
Estrich	7,70	1,200
PE-Folie	1,00	0,230
Dämmung	5,00	0,035
Bitumenbahn	0,50	0,170
Stahlbeton	25,00	2,100
Dämmung	10,00	0,035

Bodenplatte Technik

U-Wert: 0,22 W/(m²·K)

Gesamtdicke: 56,80 cm	d [cm]	λ [W/(m·K)]
Fliesen	1,50	1,000
Estrich	9,70	1,400
PE-Folie	1,00	0,230
Dämmung	4,00	0,035
Bitumenbahn	0,60	0,170
Stahlbeton	30,00	2,100
Dämmung	10,00	0,035

Außenwand Halle Stahlbeton

U-Wert: 0,20 W/(m²·K)

Gesamtdicke: 49,50 cm	d [cm]	λ [W/(m·K)]
Stahlbeton	30,00	2,100
Dämmung	18,00	0,039
Außenputz	1,50	1,000

Außenwand Halle Holzständer

U-Wert: 0,19 W/(m²·K)

Gesamtdicke: 33,80 cm	d [cm]	λ [W/(m·K)]
OSB-Platte	1,80	0,150
PE-Folie	0,50	0,230
Holz	24,00	0,130
Dämmung	24,00	0,039
Holzfaserplatte	6,00	0,090
Außenputz	1,50	1,000

Außenwand

U-Wert: 0,16 W/(m²·K)

Gesamtdicke: 32,60 cm	d [cm]	λ [W/(m·K)]
GF-Platte	1,50	0,320
Holz	20,00	0,130
Dämmung	20,00	0,039
OSB-Platte	1,50	0,150
Holz	8,00	0,130
Dämmung	8,00	0,035
Holzfaserplatte	1,60	7,000

Flachdach Brettstapel

U-Wert: 0,13 W/(m²·K)

Gesamtdicke: 49,20 cm	d [cm]	λ [W/(m·K)]
Holz	24,00	0,150
Bitumenbahn	0,60	0,170
Dämmung	24,00	0,039
Bitumenbahn	0,60	0,170

Gründach

U-Wert: 0,14 W/(m²·K)

Gesamtdicke: 45,30 cm	d [cm]	λ [W/(m·K)]
GF-Platte	1,25	0,320
PE-Folie	0,05	0,230
Holz	26,00	0,130
Dämmung	26,00	0,035
Holz	2,00	0,150
Bitumenbahn	5,00	0,170
Dämmung	6,00	0,035
Dachdichtungsbahn	5,00	0,230

Pultdach

U-Wert: 0,14 W/(m²·K)

Gesamtdicke: 34,00 cm	d [cm]	λ [W/(m·K)]
Holz	2,40	0,150
Bitumenbahn	5,00	0,170
Dämmung	26,00	0,039
Bitumenbahn	0,60	0,170

Planungskennwerte für Flächen und Rauminhalte nach DIN 277

Flächen des Grundstücks		Menge Einheit	% an GF
BF	Bebaute Fläche	–	–
UF	Unbebaute Fläche	–	–
GF	Grundstücksfläche	–	–

Grundflächen des Bauwerks		Menge Einheit	% an NUF	% an BGF
NUF	Nutzungsfläche	1.173,27 m²	100,0	75,6
TF	Technikfläche	61,98 m²	5,3	4,0
VF	Verkehrsfläche	99,04 m²	8,4	6,4
NRF	Netto-Raumfläche	1.334,29 m²	113,7	86,0
KGF	Konstruktions-Grundfläche	217,89 m²	18,6	14,0
BGF	Brutto-Grundfläche	1.552,18 m²	132,3	100,0

Brutto-Rauminhalt des Bauwerks		Menge Einheit	BRI/NUF (m)	BRI/BGF (m)
BRI	Brutto-Rauminhalt	9.962,30 m³	8,49	6,42

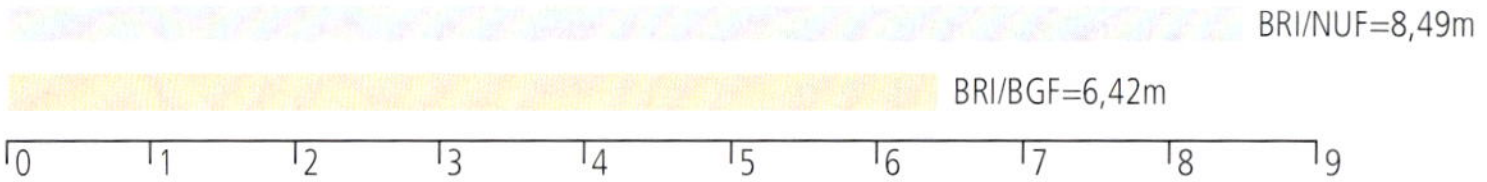

Kostenkennwerte für die Kostengruppen der 1.Ebene DIN 276

KG	Kostengruppen (1.Ebene)	Einheit	Kosten €	€/Einheit	€/m² BGF	€/m³ BRI	% 300+400
100	Grundstück	m² GF	–	–	–	–	–
200	Vorbereitende Maßnahmen	m² GF	–	–	–	–	–
300	Bauwerk – Baukonstruktionen	m² BGF	4.688.099	3.020,33	3.020,33	470,58	74,1
400	Bauwerk – Technische Anlagen	m² BGF	1.638.171	1.055,40	1.055,40	164,44	25,9
	Bauwerk 300+400	**m² BGF**	**6.326.270**	**4.075,73**	**4.075,73**	**635,02**	**100,0**
500	Außenanlagen und Freiflächen	m² AF	–	–	–	–	–
600	Ausstattung und Kunstwerke	m² BGF	–	–	–	–	–
700	Baunebenkosten	m² BGF	–	–	–	–	–
800	Finanzierung	m² BGF	–	–	–	–	–

KG	Kostengruppe	Menge Einheit	Kosten €	€/Einheit	%
3+4	**Bauwerk**				**100,0**
300	**Bauwerk – Baukonstruktionen**	1.552,18 m² BGF	4.688.099	**3.020,33**	74,1

Bodenarbeiten; Stb-Streifenfundamente, Stb-Bodenplatte, Abdichtung, Dämmung, Heizestrich, Bodenfliesen, Natursteinbeläge, Teppich, Rüttelboden mit Bodenfliesen (Fahrzeughalle), Glasschaumschotter; Holzrahmenbauweise, Holzständerwände, Alufenster, Dreifachverglasung, Alutüren, Oberlichter, Sektionaltore, Holzbrettfassadenbekleidung sibirischer Lärche, Dämmung, mineralischer Oberputz; Holzständerwände, GK-Wände, Innentüren, OSB/GK-Bekleidung, Beschichtung; Holzbalkendecke, Treppe, Treppengeländer; Holz-Pultdach mit Brettschichtholzbinder, Koppelpfetten, Lichtkuppel, Zwischensparrendämmung, Flachdach mit Brettholzstapeldecken, Dämmung, extensive Dachbegrünung, Kiesrandstreifen, Attikaabdeckung, Dachentwässerung, Schrankensystem

KG	Kostengruppe	Menge Einheit	Kosten €	€/Einheit	%
400	**Bauwerk – Technische Anlagen**	1.552,18 m² BGF	1.638.171	**1.055,40**	25,9

Gebäudeentwässerung, Kalt- und Warmwasserleitungen, Sanitärobjekte; Geothermie, Wärmepumpe, Fußbodenheizung; Klimaanlagen, Klimasplitgeräte für Kühl- und Tiefkühlraum, RWA-Anlage, Lüftungsanlage mit Wärmerückgewinnung; PV-Anlage, Elektroinstallation, Beleuchtung, Sicherheitsbeleuchtung, Blitzschutzanlage; Zeiterfassungsanlage, elektronische Zugangskontrolle, Videoüberwachung, Fernmelde-, Datenübertragungsanlage, Fernseh-, Antennenanlage, Rauchmelder; Küchentechnik, Teilsprinkleranlage

7600-0101
Feuerwehrgerätehaus
(2 Fahrzeuge)

Objektübersicht

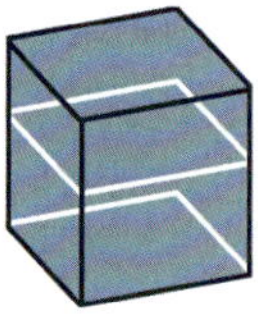

BRI 1.031 €/m³

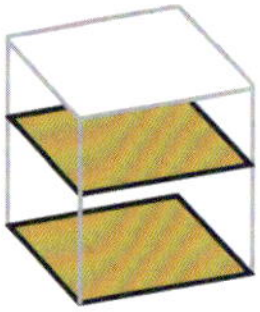

BGF 4.538 €/m²

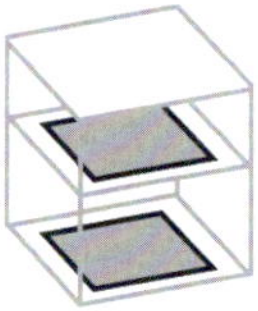

NUF 6.199 €/m²

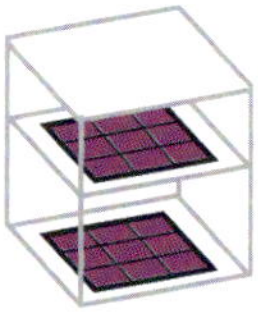

NE 1.002.431 €/NE

NE: Fahrzeugstellplätze

Objekt:
Kennwerte: 1.Ebene DIN 276
BRI: 1.944 m³
BGF: 442 m²
NUF: 323 m²
Bauzeit: 61 Wochen
Bauende: 2022
Standard: über Durchschnitt
Bundesland: Niedersachsen
Kreis: Hannover, Region

Architekt*in:
architekten schäfer
krause schulz mbB
Seestraße 12
30171 Hannover

Bauherr*in:
Stadt Hemmingen
Rathausplatz 1
30966 Hemmingen

© architekten schäfer krause schulz mbB

© architekten schäfer krause schulz mbB

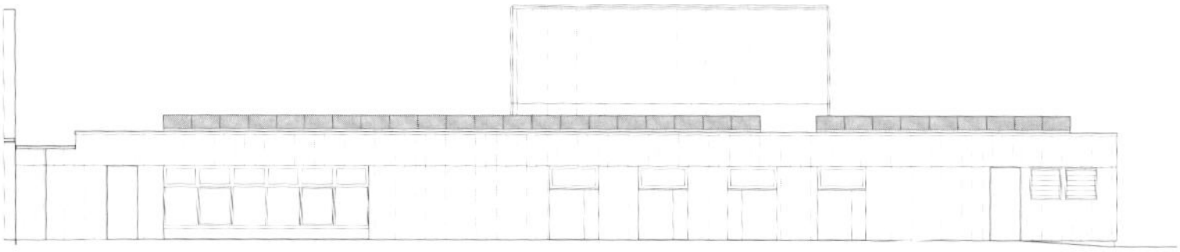

Ansicht Süd

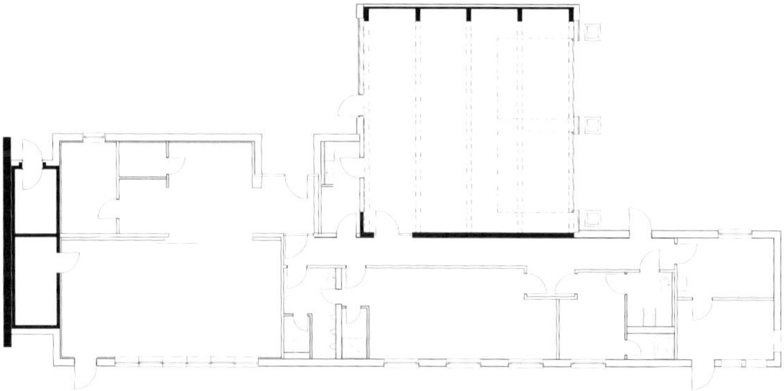

Erdgeschoss

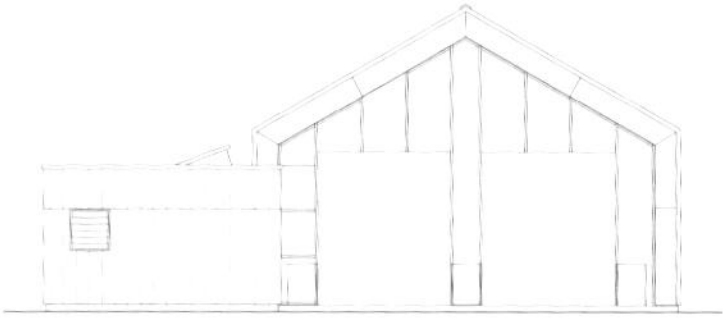

Ansicht Ost

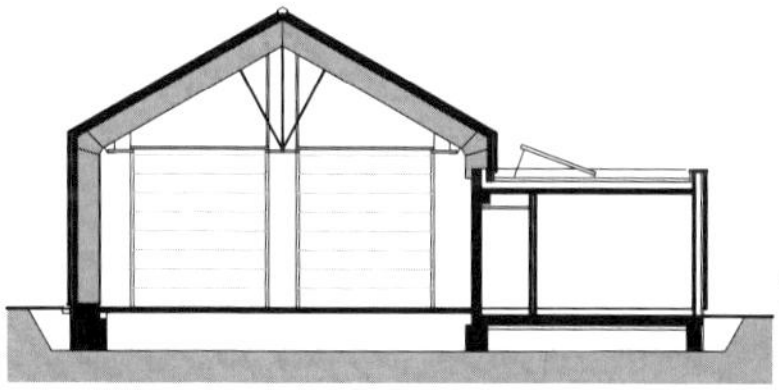

Schnitt A-A

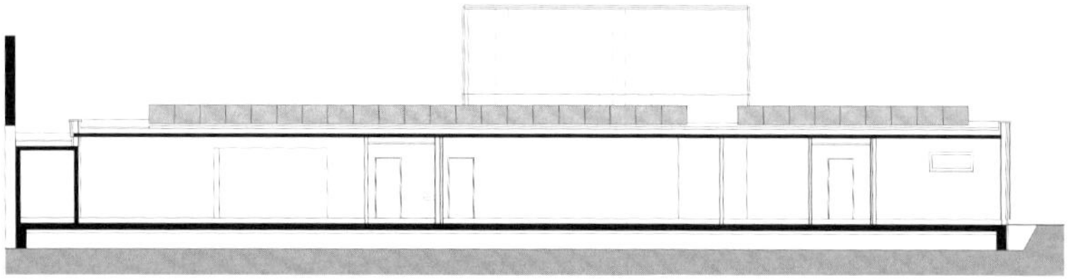

Schnitt B-B

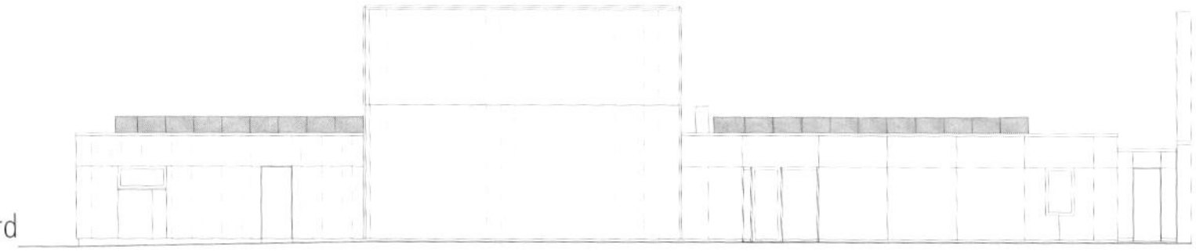

Ansicht Nord

Objektbeschreibung

Allgemeine Objektinformationen

Das Feuerwehrgerätehaus entstand in Holzbauweise und ersetzt den in die Jahre gekommenen Altbau. Die neue Fahrzeughalle wurde mit einem Satteldach ausgeführt, durch das sich das Gebäude harmonisch in das dörflich geprägte Umfeld einfügt. Im angrenzenden Flachdachbau sind die Umkleide- und Schulungsräume, sowie eine Werkstatt mit Lagerräumen untergebracht.

Nutzung

1 Erdgeschoss
Foyer, Fahrzeughalle, Büro, Werkstatt, Schulungsraum, Lager, Umkleiden, Duschen, WCs, Technikraum

Nutzeinheiten

Fahrzeugstellplätze: 2

Grundstück

Bauraum: Beengter Bauraum
Neigung: Ebenes Gelände
Bodenklasse: BK 3 bis BK 4

Markt

Hauptvergabezeit: 1. Quartal 2021
Baubeginn: 2. Quartal 2021
Bauende: 2. Quartal 2022
Konjunkturelle Gesamtlage: über Durchschnitt
Regionaler Baumarkt: Durchschnitt

Baukonstruktion

Die Gründung des Gebäudes wurde mittels einer Stahlbetonbodenplatte mit Streifenfundamenten ausgeführt. Die tragenden Brettschichtholzbinder der Fahrzeughalle lagern auf einem Stahlbetonsockel. Der Boden der Fahrzeughalle ist auf tragfähigem Unterbau als Pflasterfläche ausgebildet. Die Wand- und Dachflächen der Halle wurden innenseitig aus Brettsperrholztafeln gebildet, die außenseitig mineralisch gedämmt und mit gefalzten Alu-Blechen bekleidet sind. Die Giebelseiten wurden großflächig verglast und mit roten Sektionaltoren ausgestattet. Die Tragkonstruktion des restlichen Gebäudes wurde in Holztafelbauweise mit Brettsperrholzdecken ausgeführt. Die Fassaden wurden hinterlüftet und mit senkrechtem Douglasienholz und Faserzementtafeln bekleidet. Die Böden im Innenbereich sind mit Linoleum und Feinsteinzeug belegt. Die transparenten Bauteile wurden als Türen-, Fenster- oder Pfosten-Riegelkonstruktion in Aluminium ausgeführt.

Technische Anlagen

Die Fahrzeughalle wird mittels Wärmepumpe und angebundener Luftheizung beheizt. Die Beheizung von Büro- und Schulungsbereich sowie Umkleiden wird über eine separate und entsprechend größer dimensionierte Luft-Wasser-Wärmepumpe mit Innenaufstellung gewährleistet. Die Wärmeverteilung erfolgt über eine Fußbodenheizung. Über dachseitige PV-Module wird der benötigte Strom für die Wärmepumpen generiert. Das Gebäude kann größtenteils natürlich belüftet werden. In den Umkleidebereichen ist zur Feuchteabfuhr eine Unterdruck-Lüftungsanlage installiert. Alle Stellplätze in der Fahrzeughalle besitzen Anschlüsse zur Versorgung mit Druckluft und Wechselstrom. Eine zentrale Lüftungsanlage dient der Abführung von Dieselmotor-Emissionen. Vorrichtungen zur Notstromeinspeisung sind fassadenseitig vorgesehen.

Energetische Kennwerte

Gesetzliche Grundlage: EnEV 2013
Gebäudenutzfläche: 380,00 m^2
Gebäudevolumen: 1.944,00 m^3
Hüllfläche des beheizten Volumens: 1.286,00 m^2
Mittlerer U-Wert (opake Bauteile): 0,21 $W/(m^2 \cdot K)$
Mittlerer U-Wert (transparente Bauteile): 0,95 $W/(m^2 \cdot K)$
Spez. Jahresprimärenergiebedarf: 67,99 $kWh/(m^2 \cdot a)$

Energetische Angaben zu Außenbauteilen

Bodenplatte

U-Wert: 0,16 W/(m²·K)

Gesamtdicke: 52,00 cm	d [cm]	λ [W/(m·K)]
Estrich	6,50	1,400
Dämmung	2,00	0,035
Dämmung	6,00	0,035
Bitumenanstrich	0,50	0,170
Stahlbeton	25,00	2,000
Dämmung	12,00	0,035

Außenwand hinterlüftet

U-Wert: 0,15 W/(m²·K)

Gesamtdicke: 25,50 cm	d [cm]	λ [W/(m·K)]
OSB-Platte	1,50	0,130
Dämmung	18,00	0,035
Holzfaserplatte	6,00	0,045

Dach

U-Wert: 0,14 W/(m²·K)

Gesamtdicke: 47,00 cm	d [cm]	λ [W/(m·K)]
Holz	14,00	0,240
Bitumenbahn	1,00	0,170
Dämmung	20,00	0,035
Bitumenbahn	2,00	0,170
Blähsplitt	10,00	0,160

Planungskennwerte für Flächen und Rauminhalte nach DIN 277

Flächen des Grundstücks		Menge Einheit	% an GF
BF	Bebaute Fläche	442,00 m²	25,0
UF	Unbebaute Fläche	1.323,00 m²	75,0
GF	Grundstücksfläche	1.765,00 m²	100,0

Grundflächen des Bauwerks		Menge Einheit	% an NUF	% an BGF
NUF	Nutzungsfläche	323,41 m²	100,0	73,2
TF	Technikfläche	19,75 m²	6,1	4,5
VF	Verkehrsfläche	37,69 m²	11,7	8,5
NRF	Netto-Raumfläche	380,85 m²	117,8	86,2
KGF	Konstruktions-Grundfläche	60,96 m²	18,8	13,8
BGF	Brutto-Grundfläche	441,81 m²	136,6	100,0

Brutto-Rauminhalt des Bauwerks		Menge Einheit	BRI/NUF (m)	BRI/BGF (m)
BRI	Brutto-Rauminhalt	1.944,19 m³	6,01	4,40

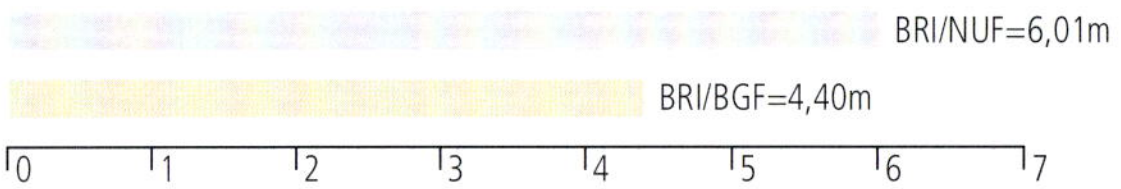

Kostenkennwerte für die Kostengruppen der 1.Ebene DIN 276

KG	Kostengruppen (1.Ebene)	Einheit	Kosten €	€/Einheit	€/m² BGF	€/m³ BRI	% 300+400
100	Grundstück	m² GF	–	–	–	–	–
200	Vorbereitende Maßnahmen	m² GF	–	–	–	–	–
300	Bauwerk – Baukonstruktionen	m² BGF	1.539.314	3.484,11	3.484,11	791,75	76,8
400	Bauwerk – Technische Anlagen	m² BGF	465.549	1.053,73	1.053,73	239,46	23,2
	Bauwerk 300+400	**m² BGF**	**2.004.863**	**4.537,84**	**4.537,84**	**1.031,21**	**100,0**
500	Außenanlagen und Freiflächen	m² AF	473.058	357,56	1.070,73	243,32	23,6
600	Ausstattung und Kunstwerke	m² BGF	–	–	–	–	–
700	Baunebenkosten	m² BGF	–	–	–	–	–
800	Finanzierung	m² BGF	–	–	–	–	–

KG	Kostengruppe	Menge Einheit	Kosten €	€/Einheit	%
3+4	**Bauwerk**				**100,0**
300	**Bauwerk – Baukonstruktionen**	441,81 m² BGF	1.539.314	**3.484,11**	76,8

Baugrubenaushub, Wasserhaltung; Baugrundverbesserung, Stb-Fundamente, Stb-Bodenplatte, WU-Beton, Heizestrich, Linoleum, Bodenfliesen, Pflasterbelag (Fahrzeughalle), Abdichtung, Perimeterdämmung; Holzrahmenwände, Brettschichtholzbinder, Brettsperrholzplatten, Alu-Pfosten-Riegel-Fassade, Alu-Fenster, Dreifachverglasung, Sektionaltore, Wärmedämmung, hinterlüftete Faserzement-Fassade, Douglasienholzfassade, Alu-Blechschare, teilw. textiler Sonnenschutz; Holzrahmenbauwände, Innenmauerwerk, Stb-Wand in Sichtbeton, GK-Wände, Wandfliesen, mobile Trennwand; Brettsperrholzdach, Brettschichtholzbinder, Oberlichter, Dämmung, Alu-Blechdeckung, Abdichtung, Attika, extensive Dachbegrünung, außenliegende Entwässerung, abgehängte GK-Decke, Schallschutzdecke; Empfangstresen mit Küchenfunktion, Garderobe, Einbauregal

KG	Kostengruppe	Menge Einheit	Kosten €	€/Einheit	%
400	**Bauwerk – Technische Anlagen**	441,81 m² BGF	465.549	**1.053,73**	23,2

Gebäudeentwässerung, Hebeanlage, Kalt- und Warmwasserleitungen, Sanitärobjekte; Luft-Wasser-Wärmepumpen (2St), Fußbodenheizung, Luftheizung (Fahrzeughalle); Unterdruck-Abluftanlage (Sanitär); Elektroinstallation, PV-Anlage (60m²), Beleuchtung, Sicherheitsleuchten, Anbindepunkt für Dieselgenerator zur Notstromversorgung, Blitzschutzanlage; Datenübertragungsanlage, Rauchmelder; Feuerlöscher, elektronische Zugangskontrolle im Alarmweg

KG	Kostengruppe	Menge Einheit	Kosten €	€/Einheit	%
500	**Außenanlagen und Freiflächen**	1.323,00 m² AF	473.058	**357,56**	23,6

Oberbodenarbeiten, Bodenarbeiten, Erdbaumaßnahmen; Unterbaumaßnahmen, Bodenaustausch; Wege, Stellplätze; Zäune, Tore, Schutzgitter; Abwasser, Wasserversorgungsleitungen, Außenbeleuchtungsanlagen; Fahrradständer, Abfallbehälter, Müllplatzeinhausung; Oberbodenauftrag, Bodenverbesserung, Schotterrasen, Fertigstellungspflege

7700-0092
Gerätehalle
temporär (2 STP)

Objektübersicht

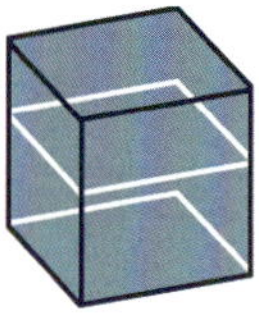

BRI 839 €/m³

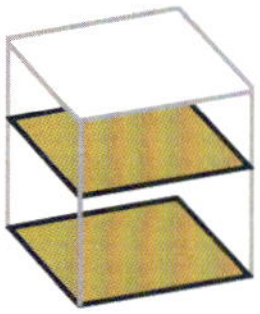

BGF 3.327 €/m²

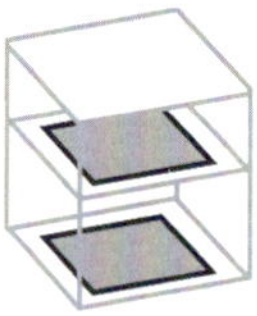

NUF 3.451 €/m²

Objekt:
Kennwerte: 1.Ebene DIN 276
BRI: 333 m³
BGF: 84 m²
NUF: 81 m²
Bauzeit: 35 Wochen
Bauende: 2021
Standard: über Durchschnitt
Bundesland: Hessen
Kreis: Darmstadt, Stadt

Architekt*in:
Renn Architektur DA
Heidelberger Landstraße 99
64297 Darmstadt

© Thomas Eicken

© Thomas Eicken

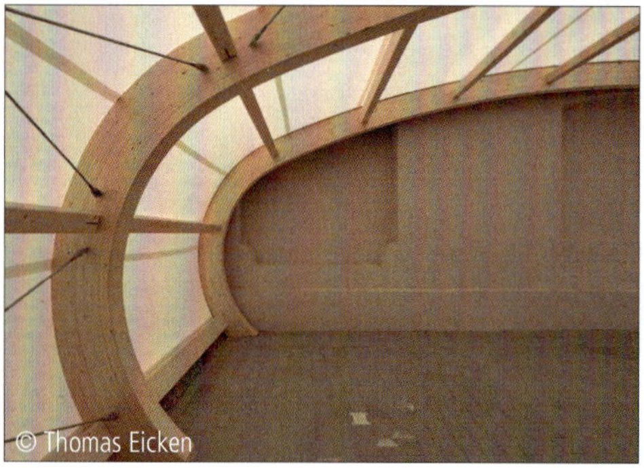

© Thomas Eicken

© Thomas Eicken

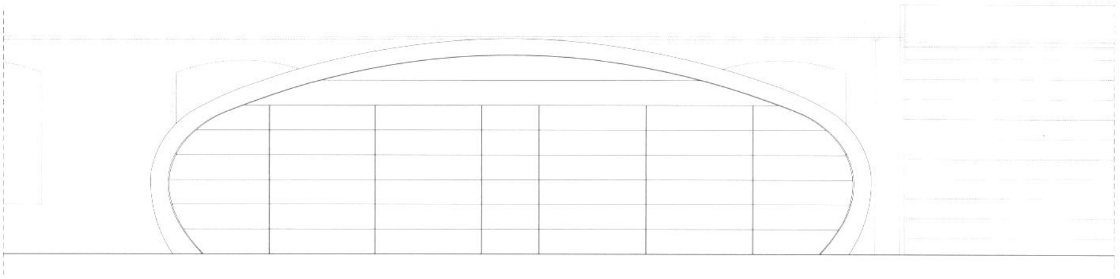

Ansicht Nord

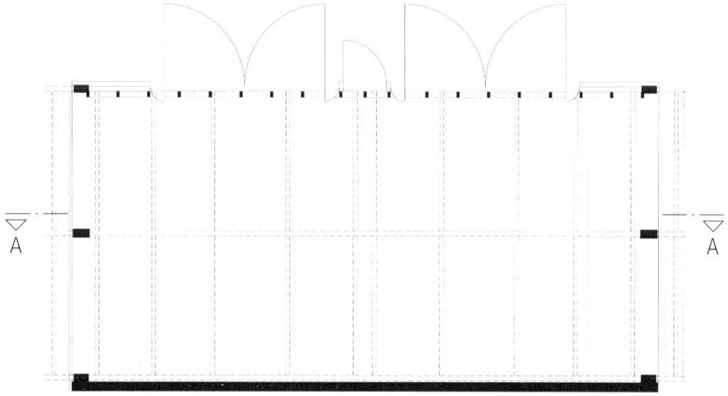

Erdgeschoss

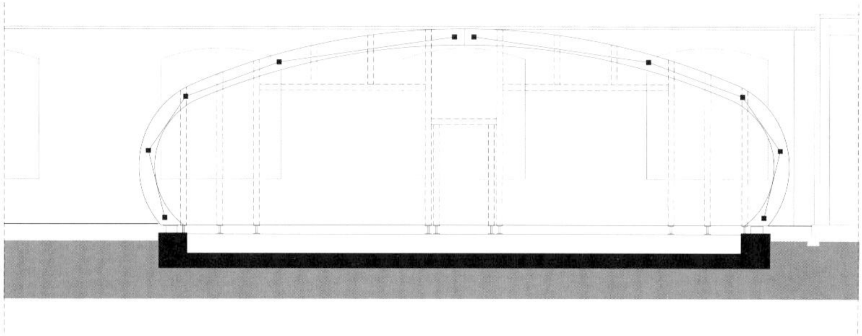

Schnitt A-A

Ansicht Ost

Objektbeschreibung

Allgemeine Objektinformationen

Die Bauaufgabe bescheiden - das Areal zwischen Bibliothek, Zentralwerkstatt, Fachbereich Informatik und Kindertagesstätte städtebaulich komplex. Am neuen Standort wurden alle Nutzungen und Vorgaben der Gärtnerei für das Gesamtareal der Hochschule zusammengefasst.

Nutzung

1 Erdgeschoss
Abstell- und Lagerraum mit zwei Traktorstellplätzen

Nutzeinheiten

Fahrzeugstellplätze: 2
Lagerfläche: 40 m²

Grundstück

Bauraum: Freier Bauraum
Neigung: Ebenes Gelände
Bodenklasse: BK 3

Markt

Hauptvergabezeit: 1. Quartal 2021
Baubeginn: 1. Quartal 2021
Bauende: 3. Quartal 2021
Konjunkturelle Gesamtlage: über Durchschnitt
Regionaler Baumarkt: über Durchschnitt

Baukonstruktion

Die Baukonstruktion besteht aus einer leichten, demontierbaren Systemhalle in Holzbinderkonstruktion mit Membrandach. Die Gebäuderückseite schließt unmittelbar an die vorhandene Grenzwand an und wird zum integralen Bestandteil eines Ressourcen schonenden Gesamtkonzepts. Das Tragsystem und die Fassade folgen im Detail den Vorgaben an eine temporäre Gebäudekonstruktion.

Technische Anlagen

Auch die Ausführung der technischen Anlagen wurde ressourcenschonend überdacht. Die Halle benötigt keine Heizungs- oder Lüftungsanlage. Die Dachentwässerung geschieht direkt über die bogenförmige Dachmembran in seitlich angeordnete Versickerungsflächen. Die Türen und Tore benötigen keine elektrischen Antriebe. Lediglich eine Starkstromzuleitung wurde verlegt.

Sonstiges

Als temporäres Gebäude kann die gesamte Konstruktion an einem neuem Standort wieder aufgebaut werden. Aus diesem Grund sind alle Verbindungen geschraubt ausgeführt. Ohne weitreichende Änderung besteht die Möglichkeit, die Halle einer anderen Nutzung zuzuführen. Die Membran kann leicht über die seitlich angeordneten Spannvorrichtungen ausgetauscht werden.

Planungskennwerte für Flächen und Rauminhalte nach DIN 277

Flächen des Grundstücks		Menge Einheit	% an GF
BF	Bebaute Fläche	84,00 m²	58,3
UF	Unbebaute Fläche	60,00 m²	41,7
GF	Grundstücksfläche	144,00 m²	100,0

Grundflächen des Bauwerks		Menge Einheit	% an NUF	% an BGF
NUF	Nutzungsfläche	81,00 m²	100,0	96,4
TF	Technikfläche	–	–	–
VF	Verkehrsfläche	–	–	–
NRF	Netto-Raumfläche	81,00 m²	100,0	96,4
KGF	Konstruktions-Grundfläche	3,00 m²	3,7	3,6
BGF	Brutto-Grundfläche	84,00 m²	103,7	100,0

Brutto-Rauminhalt des Bauwerks		Menge Einheit	BRI/NUF (m)	BRI/BGF (m)
BRI	Brutto-Rauminhalt	333,00 m³	4,11	3,96

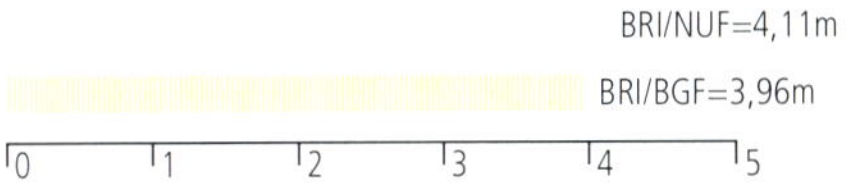

Kostenkennwerte für die Kostengruppen der 1. Ebene DIN 276

KG	Kostengruppen (1. Ebene)	Einheit	Kosten €	€/Einheit	€/m² BGF	€/m³ BRI	% 300+400
100	Grundstück	m² GF	–	–	–	–	–
200	Vorbereitende Maßnahmen	m² GF	–	–	–	–	–
300	Bauwerk – Baukonstruktionen	m² BGF	270.165	3.216,25	3.216,25	811,31	96,7
400	Bauwerk – Technische Anlagen	m² BGF	9.337	111,16	111,16	28,04	3,3
	Bauwerk 300+400	**m² BGF**	**279.502**	**3.327,41**	**3.327,41**	**839,35**	**100,0**
500	Außenanlagen und Freiflächen	m² AF	24.566	409,44	292,46	73,77	8,8
600	Ausstattung und Kunstwerke	m² BGF	–	–	–	–	–
700	Baunebenkosten	m² BGF	–	–	–	–	–
800	Finanzierung	m² BGF	–	–	–	–	–

KG	Kostengruppe	Menge Einheit	Kosten €	€/Einheit	%
3+4	**Bauwerk**				**100,0**
300	**Bauwerk – Baukonstruktionen**	84,00 m² BGF	270.165	**3.216,25**	96,7
	Baugrubenaushub; Betonfundamente mit Zerrbalken; gebogene Brettschichtholzbinder als Wände und Dach, Druckstäbe in BSH, Rundstahl-Zugverbände, PVC-Typ 2-Membran-Bespannung				
400	**Bauwerk – Technische Anlagen**	84,00 m² BGF	9.337	**111,16**	3,3
	Elektroinstallation, LED-Langfeldleuchten				
500	**Außenanlagen und Freiflächen**	60,00 m² AF	24.566	**409,44**	8,8
	Betonpflasterbelag in der Halle und außen				

7800-0034
Fahrradparkhaus
(604 STP)

Objektübersicht

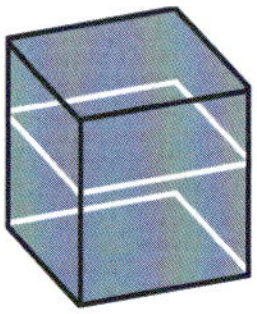

BRI 601 €/m³

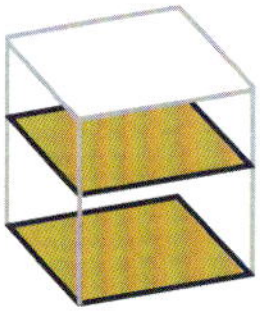

BGF 2.186 €/m²

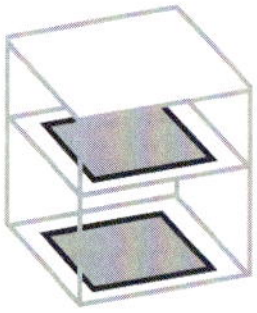

NUF 4.248 €/m²

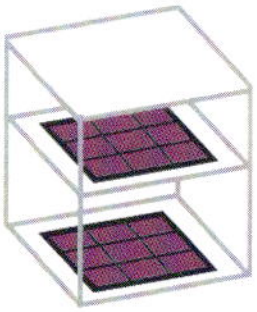

NE 4.774 €/NE

NE: Stellplätze

Objekt:
Kennwerte: 1. Ebene DIN 276
BRI: 4.800 m³
BGF: 1.319 m²
NUF: 679 m²
Bauzeit: 100 Wochen
Bauende: 2022
Standard: Durchschnitt
Bundesland: Brandenburg
Kreis: Barnim

Architekt*in:
Leitplan GmbH
Planungs- und Entwicklungsgesellschaft
Uhlandstraße 97
10715 Berlin

© Michael Ryan

© Michael Ryan

© Michael Ryan

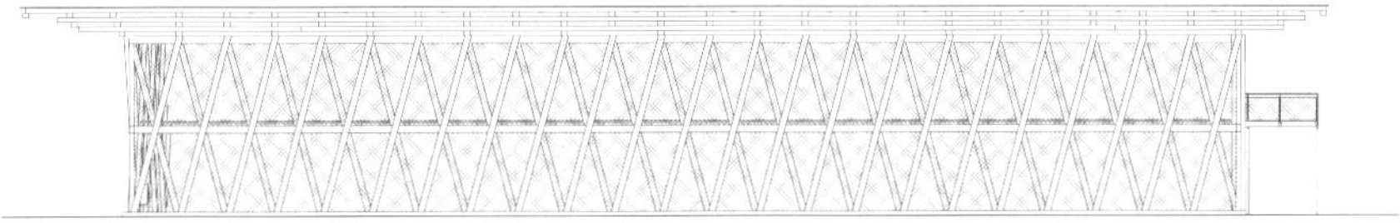

Ansicht Nord

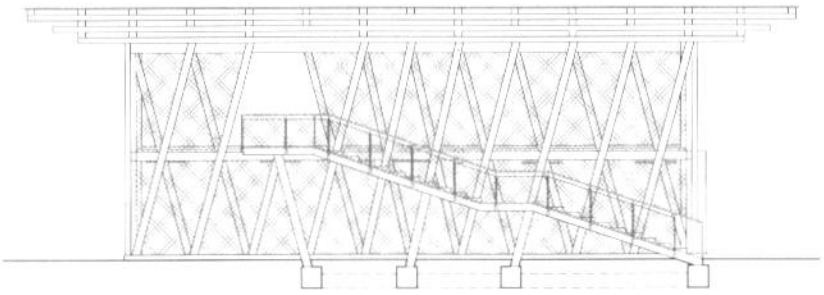

Ansicht West

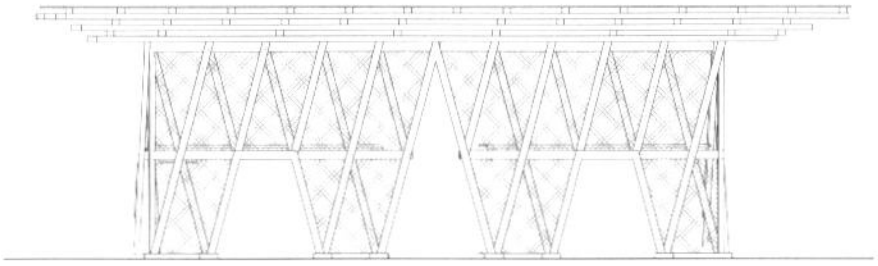

Ansicht Ost

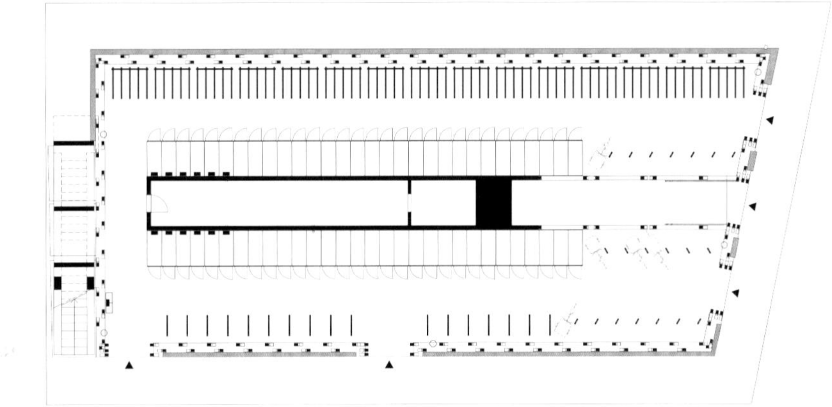

Erdgeschoss

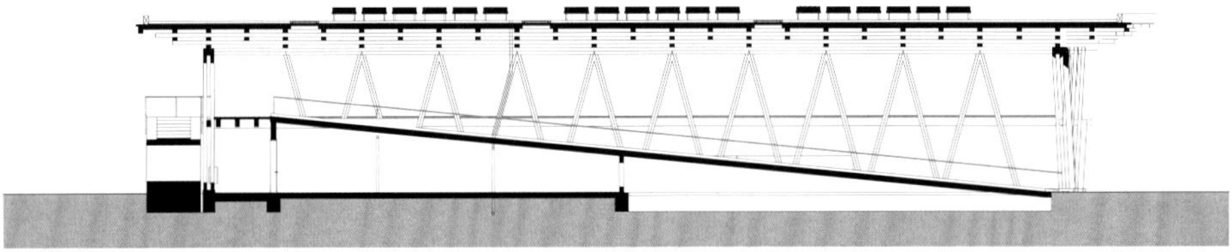

Schnitt A-A

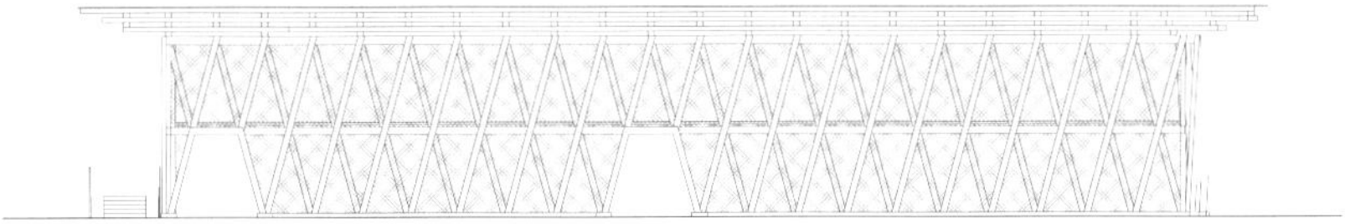

Ansicht Süd

Objektbeschreibung

Allgemeine Objektinformationen

Das Fahrradparkhaus am Hauptbahnhof bietet Platz für 604 Fahrräder. Aufgrund der insgesamt fünf Eingänge und einer Fahrradrampe ins Obergeschoss ermöglicht es den Pendlern und Pendlerinnen des Personennahverkehrs ein schnelles und unkompliziertes Abstellen der Fahrräder.

Nutzung

1 Erdgeschoss
Parkflächen für Fahrräder

1 Obergeschoss
Parkflächen für Fahrräder

Nutzeinheiten

Stellplätze: 604

Grundstück

Bauraum: Freier Bauraum
Neigung: Ebenes Gelände
Bodenklasse: BK 3 bis BK 5

Markt

Hauptvergabezeit: 2. Quartal 2020
Baubeginn: 3. Quartal 2020
Bauende: 2. Quartal 2022
Konjunkturelle Gesamtlage: Durchschnitt
Regionaler Baumarkt: Durchschnitt

Baukonstruktion

Das zweigeschossige Bauwerk gründet auf Stahlbeton-Streifenfundamenten. Eine Stahlbeton-Bodenplatte befindet sich nur unter der Rampe im Haustechnikraum. Diese Rampe ebenfalls aus Stahlbeton erschließt das Obergeschoss. Das Dach, die Fassade und die Trägerkonstruktion sind aus Lärchenbrettschichthölzern gefertigt. Edelstahl-Seilnetze bilden den Fassadenabschluss. Auf der 840m² großen Dachfläche wurde eine bienenfreundliche Begrünung aufgebracht. Das Parkhaus für 604 Fahrradstellplätzen ist mit Doppelparkern, Anlehnbügeln und abschließbaren Boxen (teilweise mit Strom für E-Bikes) eingerichtet. Es bietet auch Stellplätze für Lastenräder und Anhänger.

Technische Anlagen

Die Stromversorgung durch 18 Photovoltaik-Module auf dem Dach ermöglicht nahezu eine Selbstversorgung des benötigten Strombedarfs, sowohl für die Beleuchtung als auch für die Ladesäulen.

Sonstiges

Das Fahrradparkhaus wurde 2022 als eines von fünf Leuchtturmprojekten in Deutschland mit dem Deutschen Verkehrswendepreis ausgezeichnet und erhielt im Rahmen des Deutschen Ingenieurbaupreises 2022 eine Auszeichnung.

Planungskennwerte für Flächen und Rauminhalte nach DIN 277

Flächen des Grundstücks		Menge Einheit	% an GF
BF	Bebaute Fläche	673,00 m²	63,3
UF	Unbebaute Fläche	390,00 m²	36,7
GF	Grundstücksfläche	1.063,00 m²	100,0

Grundflächen des Bauwerks		Menge Einheit	% an NUF	% an BGF
NUF	Nutzungsfläche	678,75 m²	100,0	51,5
TF	Technikfläche	39,07 m²	5,8	3,0
VF	Verkehrsfläche	390,18 m²	57,5	29,6
NRF	Netto-Raumfläche	1.108,00 m²	163,2	84,0
KGF	Konstruktions-Grundfläche	211,00 m²	31,1	16,0
BGF	Brutto-Grundfläche	1.319,00 m²	194,3	100,0

Brutto-Rauminhalt des Bauwerks		Menge Einheit	BRI/NUF (m)	BRI/BGF (m)
BRI	Brutto-Rauminhalt	4.800,00 m³	7,07	3,64

Kostenkennwerte für die Kostengruppen der 1. Ebene DIN 276

KG	Kostengruppen (1. Ebene)	Einheit	Kosten €	€/Einheit	€/m² BGF	€/m³ BRI	% 300+400
100	Grundstück	m² GF	–	–	–	–	–
200	Vorbereitende Maßnahmen	m² GF	–	–	–	–	–
300	Bauwerk – Baukonstruktionen	m² BGF	2.668.164	2.022,87	2.022,87	555,87	92,5
400	Bauwerk – Technische Anlagen	m² BGF	215.116	163,09	163,09	44,82	7,5
	Bauwerk 300+400	**m² BGF**	**2.883.280**	**2.185,96**	**2.185,96**	**600,68**	**100,0**
500	Außenanlagen und Freiflächen	m² AF	221.713	568,50	168,09	46,19	7,7
600	Ausstattung und Kunstwerke	m² BGF	451.558	342,35	342,35	94,07	15,7
700	Baunebenkosten	m² BGF	–	–	–	–	–
800	Finanzierung	m² BGF	–	–	–	–	–

KG	Kostengruppe	Menge Einheit	Kosten €	€/Einheit	%
3+4	**Bauwerk**				**100,0**
300	**Bauwerk – Baukonstruktionen**	1.319,00 m² BGF	2.668.164	**2.022,87**	92,5
	Bodenarbeiten; Stb-Streifenfundamente, Stb-Bodenplatte, Stb-Aufkantung, Bodenbeschichtung, Betonpflaster, Sauberkeitsschicht; Tragwerk: Brettschichtstützen, Lärchenholz, Edelstahlnetze; Stb-Rampe mit Trittstufen, Stb-Treppe mit Schiebestreifen, Beschichtung, Brettschicht-Holzbalkendecke, Lärchenholz, Geländer; Flachdach: Stapelroste, BSH-Balken, Lärchenholz, BFU-Platten, Abdichtung, Attikableche, extensive Dachbegrünung, Dachentwässerung				
400	**Bauwerk – Technische Anlagen**	1.319,00 m² BGF	215.116	**163,09**	7,5
	Gebäudeentwässerung; PV-Anlage, Beleuchtung, Ladestationen für E-Bikes				
500	**Außenanlagen und Freiflächen**	390,00 m² AF	221.713	**568,50**	7,7
	Rigole, Pflasterarbeiten				
600	**Ausstattung und Kunstwerke**	1.319,00 m² BGF	451.558	**342,35**	15,7
	Fahrradboxen, Fahrradanlehnbügel, Doppelstockparker				

7800-0037
Parkhaus (77 STP)

Objektübersicht

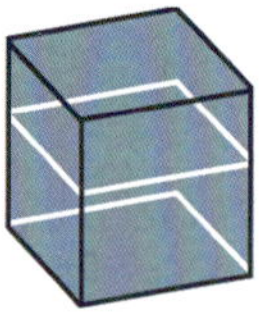

BRI 349 €/m³

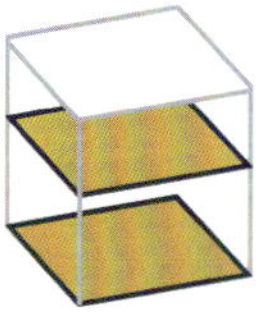

BGF 1.051 €/m²

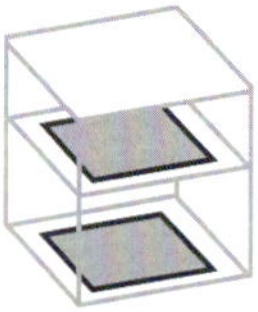

NUF 1.882 €/m²

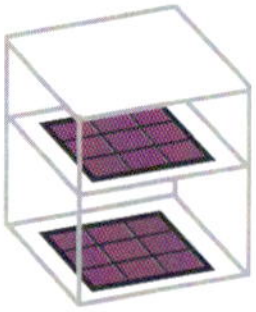

NE 28.916 €/NE
NE: Stellplätze

Objekt:
Kennwerte: 3.Ebene DIN 276
BRI: 6.384 m³
BGF: 2.118 m²
NUF: 1.183 m²
Bauzeit: 39 Wochen
Bauende: 2020
Standard: Durchschnitt
Bundesland: Hessen
Kreis: Groß-Gerau

Architekt*in:
kg5 architekten
Küstermeier I Gentner
Ronsdorfer Straße 74
40233 Düsseldorf

Bauherr*in:
GeWoBau
Rüsselsheim mbH
Marksstraße 40
65428 Rüsselsheim

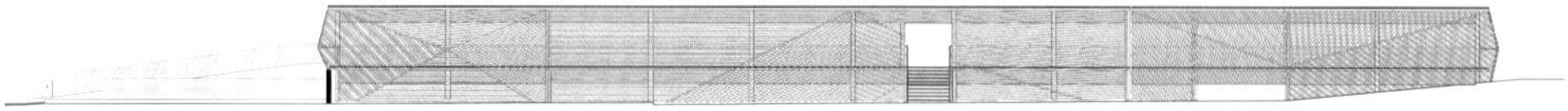

Ansicht Nord

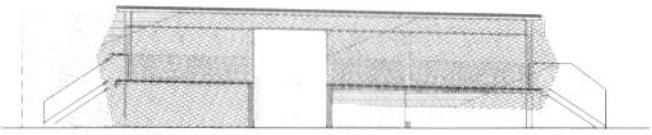

Ansicht Ost

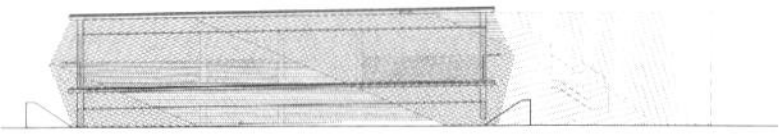

Ansicht West

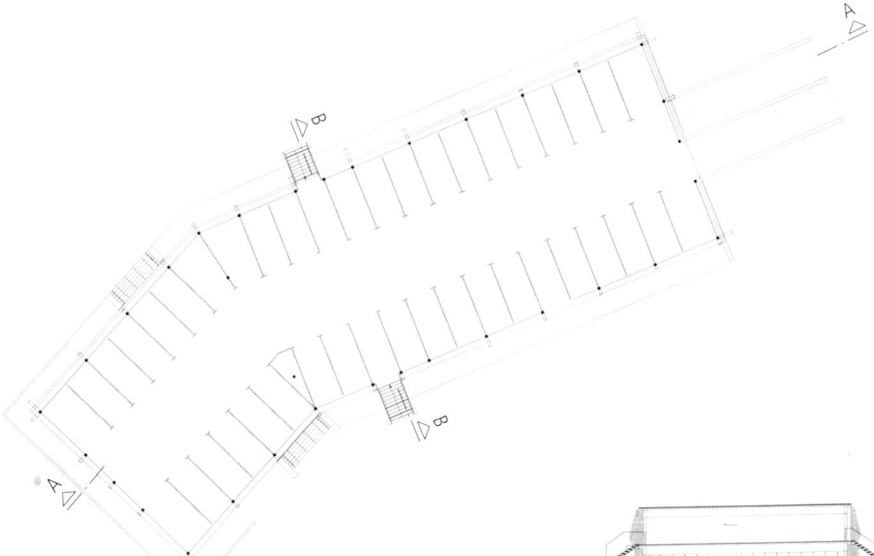

Erdgeschoss

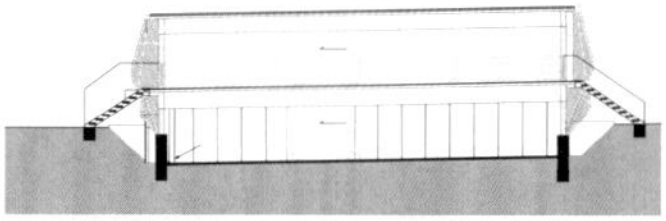

Schnitt B-B

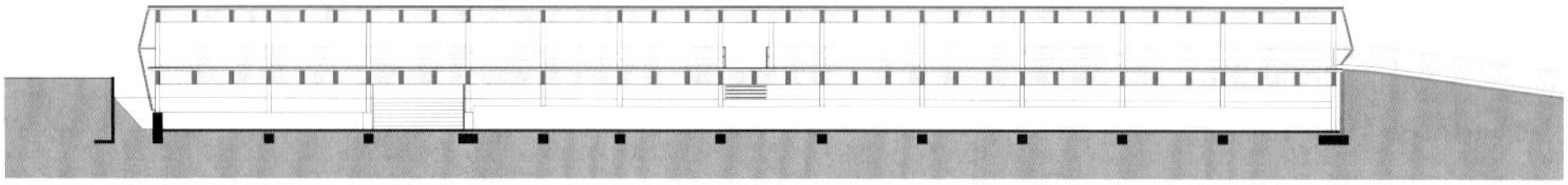

Schnitt A-A

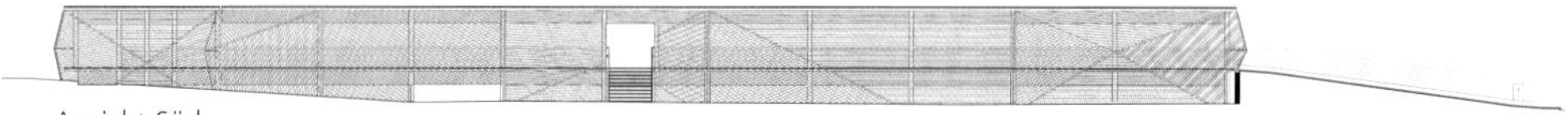

Ansicht Süd

Objektbeschreibung

Allgemeine Objektinformationen

Der Neubau des Parkhauses mit 77 Stellplätzen für die Anwohner der umliegenden Hochhäuser soll durch seine Bauweise als Holzbau in Kontrast zur Wohnbebauung des Umfeldes stehen.

Nutzung

1 Untergeschoss
Parkplätze, Fahrgasse, Rampe

1 Erdgeschoss
Parkplätze, Fahrgasse, Rampe

Nutzeinheiten

Stellplätze: 77

Grundstück

Bauraum: Beengter Bauraum
Neigung: Geneigtes Gelände
Bodenklasse: BK 3 bis BK 4

Markt

Hauptvergabezeit: 1.Quartal 2020
Baubeginn: 1.Quartal 2020
Bauende: 4.Quartal 2020
Konjunkturelle Gesamtlage: Durchschnitt
Regionaler Baumarkt: Durchschnitt

Baukonstruktion

Die Gründung erfolgt auf Stb-Streifen- und Einzelfundamenten. Die Tragkonstruktion besteht aus Stahlstützen die BSH-Binder und Brettsperrholz-Deckenelemente tragen. Darüber ist eine Abdichtung mit Asphaltbelag verlegt. Das Stützraster wurde auf 5x16m festgelegt. Als Fassade wurden unregelmäßige Stahlelemente in Dreiecksformen mit Rahmenhölzern bekleidet und bilden einen transparenten, lebendigen Raumabschluss. Auf dem Dach, ebenfalls aus Brettsperrholzelementen, wurde eine extensive Dachbegrünung ausgeführt. Der Boden des Erdgeschosses besteht aus Betonpflaster auf einer Schottertragschicht.

Technische Anlagen

Für den reibungslosen Parkbetrieb wurde eine Ampelanlage sowie eine Schranke installiert. Im Technikraum befindet sich die Elektroverteilung für die Beleuchtung des Gebäudes. Sonst sind keine weiteren technischen Einbauten nötig.

Sonstiges

Das Parkhaus wurde in ein abgeböschtes Gelände gesetzt und mit einer umlaufenden Gabionenmauer begrenzt. Auf der unteren Ebene des Gebäudes verläuft beidseitig eine Freitreppe und verbindet die beiden Höfe der umgebenden Wohnbebauung miteinander.

Planungskennwerte für Flächen und Rauminhalte nach DIN 277

Flächen des Grundstücks		Menge Einheit	% an GF
BF	Bebaute Fläche	1.105,13 m²	–
UF	Unbebaute Fläche	–	–
GF	Grundstücksfläche	–	–

Grundflächen des Bauwerks		Menge Einheit	% an NUF	% an BGF
NUF	Nutzungsfläche	1.183,11 m²	100,0	55,9
TF	Technikfläche	16,20 m²	1,4	0,8
VF	Verkehrsfläche	777,86 m²	65,7	36,7
NRF	Netto-Raumfläche	1.977,17 m²	167,1	93,4
KGF	Konstruktions-Grundfläche	140,83 m²	11,9	6,6
BGF	Brutto-Grundfläche	2.118,00 m²	179,0	100,0

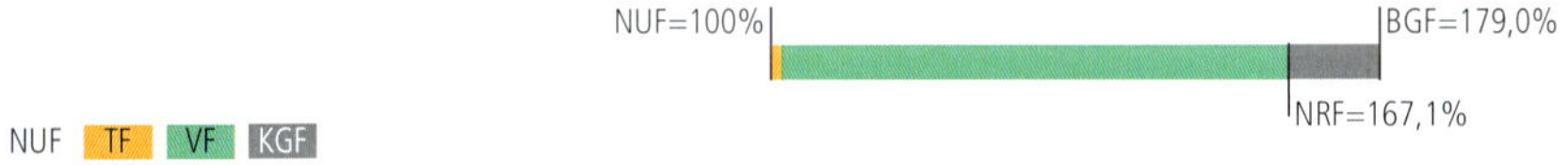

Brutto-Rauminhalt des Bauwerks		Menge Einheit	BRI/NUF (m)	BRI/BGF (m)
BRI	Brutto-Rauminhalt	6.383,69 m³	5,40	3,01

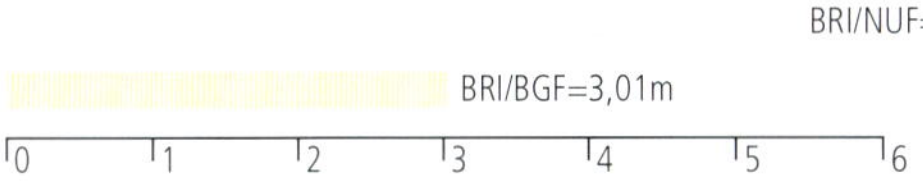

Lufttechnisch behandelte Flächen	Menge Einheit	% an NUF	% an BGF
Entlüftete Fläche	–	–	–
Be- und entlüftete Fläche	–	–	–
Teilklimatisierte Fläche	–	–	–
Klimatisierte Fläche	–	–	–

KG	Kostengruppen (2. Ebene)	Menge Einheit	Menge/NUF	Menge/BGF
310	Baugrube / Erdbau	1.028,59 m³ BGI	0,87	0,49
320	Gründung, Unterbau	984,84 m² GRF	0,83	0,47
330	Außenwände/Vertikale Baukonstruktionen, außen	911,65 m² AWF	0,77	0,43
340	Innenwände/Vertikale Baukonstruktionen, innen	–	–	–
350	Decken/Horizontale Baukonstruktionen	981,78 m² DEF	0,83	0,46
360	Dächer	969,94 m² DAF	0,82	0,46

Kostenkennwerte für die Kostengruppen der 1. Ebene DIN 276

KG	Kostengruppen (1. Ebene)	Einheit	Kosten €	€/Einheit	€/m² BGF	€/m³ BRI	% 300+400
100	Grundstück	m² GF	–	–	–	–	–
200	Vorbereitende Maßnahmen	m² GF	147.257	–	69,53	23,07	6,6
300	Bauwerk – Baukonstruktionen	m² BGF	2.058.196	971,76	971,76	322,41	92,4
400	Bauwerk – Technische Anlagen	m² BGF	168.328	79,48	79,48	26,37	7,6
	Bauwerk 300+400	**m² BGF**	**2.226.525**	**1.051,24**	**1.051,24**	**348,78**	**100,0**
500	Außenanlagen und Freiflächen	m² AF	15.209	–	7,18	2,38	0,7
600	Ausstattung und Kunstwerke	m² BGF	–	–	–	–	–
700	Baunebenkosten	m² BGF	–	–	–	–	–
800	Finanzierung	m² BGF	–	–	–	–	–

KG	Kostengruppe	Menge Einheit	Kosten €	€/Einheit	%
200	**Vorbereitende Maßnahmen**	–	147.257	–	6,6

Abbruch von Parkpalette, Pflasterbelägen, Betonteilen; Entsorgung, Deponiegebühren; Kampfmittelsondierung

KG	Kostengruppe	Menge Einheit	Kosten €	€/Einheit	%
3+4	**Bauwerk**				**100,0**
300	**Bauwerk – Baukonstruktionen**	2.118,00 m² BGF	2.058.196	**971,76**	92,4

Erdarbeiten, Baugrubenverbau; Stb-Streifenfundamente; Schottertragschicht, Recyclingmaterial, Betonverbundpflaster, Parkplatzmarkierung; Doppelwandelemente, Stahlstützen, Stahlrahmen-Fassadenelemente, diagonal montierte Lärchenkanthölzer, Aussteifungsverbände; Brettsperrholzdecken, BSH-Binder, Stahltreppen, Holzfaserdämmung, Bitumenabdichtung, Gussasphalt, Anprallgitter; Brettsperrholzdach, BSH-Binder, Kunststoffabdichtung, Dränelemente, Extensivsubstrat, Saatgut, Dachentwässerung, Absturzsicherungen

KG	Kostengruppe	Menge Einheit	Kosten €	€/Einheit	%
400	**Bauwerk – Technische Anlagen**	2.118,00 m² BGF	168.328	**79,48**	7,6

Gebäudeentwässerung; Elektroinstallation, LED-Beleuchtung, Sicherheitsbeleuchtung; Ampelanlage, Einfahrtsschranke

KG	Kostengruppe	Menge Einheit	Kosten €	€/Einheit	%
500	**Außenanlagen und Freiflächen**	–	15.209	–	0,7

Stb-Winkelstützwände

Kostenkennwerte für die Kostengruppen der 2.Ebene DIN 276

KG	Kostengruppe	Menge Einheit	Kosten €	€/Einheit	%
200	**Vorbereitende Maßnahmen**				**100,0**
210	**Herrichten**	–	147.257	–	100,0
	Abbruch von Parkpalette (psch), Pflasterbelägen (135m³), Betonteilen (10m³); Entsorgung, Deponiegebühren * Kampfmittelsondierung (psch)				
300	**Bauwerk – Baukonstruktionen**				**100,0**
310	**Baugrube / Erdbau**	1.028,59 m³ BGI	156.333	**151,99**	7,6
	Baugrubenaushub, laden, entsorgen (774m³), lagern (170m³), verfüllen (171m³), Grabenaushub, lagern, verfüllen (66m³), Arbeitsräume verfüllen (170m³), Schotter (1.243m²) * Baugrubenverbau (43m²), PE-Folien (322m²)				
320	**Gründung, Unterbau**	984,84 m² GRF	208.279	**211,49**	10,1
	Fundamentaushub, Stb-Streifenfundamente (51m³), Stb-Einzelfundamente (84m³), Ankerplatten einbauen (36St), Hohlkehle (29m), Schottertragschicht, Recyclingmaterial (914m³) * Betonverbund-pflaster (941m²), Parkplatzmarkierung (37St), Muldenrinnen (55m), Betonbordsteine (127m) * Sauberkeitsschicht (14m³)				
330	**Außenwände/Vert. Baukonstrukt., außen**	911,65 m² AWF	517.790	**567,97**	25,2
	Doppelwandelemente (112m²) * Stahlstützen, l bis 5,96m, vergossen (187m), l=1,00m (9m), Kopfplatten (9St), Fahnenbefestigungen (14St), Anschlussbleche für Absturzsicherungen (74St) * Stahlrahmen-Fassadenelemente, Lärchenkanthölzer, diagonal montiert (800m²), Bitumenabdichtung, Noppenbahn (75m²), Aussteifungsverbände (36St)				
350	**Decken/Horizontale Baukonstruktionen**	981,78 m² DEF	564.664	**575,14**	27,4
	Brettsperrholzdecken, BSH (970m²), BSH-Binder (676m) * Holzfaserdämmung, Bitumenabdichtung, Gussasphalt (970m²), Traufbleche (60m), Deckenrandanschlüsse (159m), Bodenmarkierungen (226m), Parkplatznummern (40St) * Stahltreppen, 19 Gitterroststufen (12m²) * Stahlmatten als Anprallgitter (158m)				
360	**Dächer**	969,94 m² DAF	544.608	**561,49**	26,5
	Brettsperrholzdach, BSH (970m²), BSH-Binder (677m) * FPO-Kunststoffabdichtung (970m²), Dränelemente, Extensivsubstrat, Saatgut (891m²), Kiesstreifen (146m), Alu-Attikaabdeckungen (174m), Alu-Kastenrinnen (139m), Fallrohre (18m), Rinnenkessel (8St) * Absturzsicherungen (83m)				
390	**Sonst. Maßnahmen für Baukonstrukt.**	2.118,00 m² BGF	66.523	**31,41**	3,2
	Baustelleneinrichtung (psch), Baustellen-WCs (2St) * Fassadengerüst (1.006m²), Leiterturm (1St), Innengeländer (464m)				
400	**Bauwerk – Technische Anlagen**				**100,0**
410	**Abwasser-, Wasser-, Gasanlagen**	2.118,00 m² BGF	30.066	**14,20**	17,9
	PP-Rohre (99m), Druckrohrleitung (5m), PE-Pumpensumpf (1St), Doppelpumpenanlage (psch), Hofabläufe (4St), Entwässerungsrinnen, Abdeckroste (15m), Liefermaterial Sand (12m³)				

KG	Kostengruppe	Menge Einheit	Kosten €	€/Einheit	%
440	**Elektrische Anlagen**	2.118,00 m² BGF	104.990	**49,57**	62,4
	Verteilerschrank, Unterverteiler, Sicherungen, Schutzschalter (psch), Kabelschutzrohre (15m) * Deckenleuchten, Sicherheitsbeleuchtung, Verkabelung (psch) * Bandstahl (143m), Anschlussfahnen (28m)				
450	**Kommunikationstechnische Anlagen**	2.118,00 m² BGF	33.272	**15,71**	19,8
	Ampelanlage (1St), Einfahrtsschranke (1St)				
500	**Außenanlagen und Freiflächen**				**100,0**
540	**Baukonstruktionen**	–	15.209	**–**	100,0
	Stb-Winkelstützwände (24m²)				

Kostenkennwerte für die Kostengruppen 300 der 2. und 3.Ebene DIN 276 (Übersicht)

KG	Kostengruppe	Menge Einheit	€/Einheit	Kosten €	% an 3+4
300	**Bauwerk – Baukonstruktionen**	**2.118,00 m² BGF**	**971,76**	**2.058.196,48**	**92,4**
310	**Baugrube / Erdbau**	**1.028,59 m³ BGI**	**151,99**	**156.332,87**	**7,0**
311	Herstellung	1.028,59 m³ BGI	118,65	122.043,37	5,5
312	Umschließung	364,50 m²	94,07	34.289,50	1,5
313	Wasserhaltung	–	–	–	–
314	Vortrieb	–	–	–	–
319	Sonstiges zur KG 310	–	–	–	–
320	**Gründung, Unterbau**	**984,84 m² GRF**	**211,49**	**208.279,33**	**9,4**
321	Baugrundverbesserung	–	–	–	–
322	Flachgründungen und Bodenplatten	984,84 m²	136,71	134.636,14	6,0
323	Tiefgründungen	–	–	–	–
324	Gründungsbeläge	959,48 m²	67,36	64.631,61	2,9
325	Abdichtungen und Bekleidungen	271,00 m²	33,25	9.011,59	0,4
326	Dränagen	–	–	–	–
329	Sonstiges zur KG 320	–	–	–	–
330	**Außenwände/Vert. Baukonstrukt., außen**	**911,65 m² AWF**	**567,97**	**517.789,52**	**23,3**
331	Tragende Außenwände	111,65 m²	384,70	42.952,24	1,9
332	Nichttragende Außenwände	–	–	–	–
333	Außenstützen	195,96 m	687,43	134.708,56	6,1
334	Außenwandöffnungen	–	–	–	–
335	Außenwandbekleidungen, außen	875,10 m²	388,67	340.128,71	15,3
336	Außenwandbekleidungen, innen	–	–	–	–
337	Element. Außenwandkonstruktionen	–	–	–	–
338	Lichtschutz zur KG 330	–	–	–	–
339	Sonstiges zur KG 330	–	–	–	–
340	**Innenwände/Vert. Baukonstrukt., innen**	**–**	**–**	**–**	**–**
341	Tragende Innenwände	–	–	–	–
342	Nichttragende Innenwände	–	–	–	–
343	Innenstützen	–	–	–	–
344	Innenwandöffnungen	–	–	–	–
345	Innenwandbekleidungen	–	–	–	–
346	Elementierte Innenwandkonstruktionen	–	–	–	–
347	Lichtschutz zur KG 340	–	–	–	–
349	Sonstiges zur KG 340	–	–	–	–
350	**Decken/Horizontale Baukonstruktionen**	**981,78 m² DEF**	**575,14**	**564.664,08**	**25,4**
351	Deckenkonstruktionen	969,94 m²	388,63	376.944,89	16,9
352	Deckenöffnungen	–	–	–	–
353	Deckenbeläge	970,00 m²	156,44	151.745,81	6,8
354	Deckenbekleidungen	–	–	–	–
355	Elementierte Deckenkonstruktionen	11,84 m²	960,67	11.374,30	0,5
359	Sonstiges zur KG 350	981,78 m² DEF	25,06	24.599,09	1,1
360	**Dächer**	**969,94 m² DAF**	**561,49**	**544.607,81**	**24,5**
361	Dachkonstruktionen	969,94 m²	390,22	378.487,02	17,0
362	Dachöffnungen	–	–	–	–
363	Dachbeläge	970,00 m²	168,14	163.091,79	7,3
364	Dachbekleidungen	–	–	–	–
365	Elementierte Dachkonstruktionen	–	–	–	–
366	Lichtschutz zur KG 360	–	–	–	–
369	Sonstiges zur KG 360	969,94 m² DAF	3,12	3.029,00	0,1
370	**Infrastrukturanlagen**	**–**	**–**	**–**	**–**
380	**Baukonstruktive Einbauten**	**–**	**–**	**–**	**–**
390	**Sonst. Maßnahmen für Baukonstrukt.**	**2.118,00 m² BGF**	**31,41**	**66.522,85**	**3,0**

Kostenkennwerte für die Kostengruppen 400 der 2. und 3. Ebene DIN 276 (Übersicht)

KG	Kostengruppe	Menge Einheit	€/Einheit	Kosten €	% an 3+4
400	**Bauwerk – Technische Anlagen**	**2.118,00 m² BGF**	**79,48**	**168.328,16**	**7,6**
410	**Abwasser-, Wasser-, Gasanlagen**	**2.118,00 m² BGF**	**14,20**	**30.066,42**	**1,4**
411	Abwasseranlagen	2.118,00 m² BGF	14,20	30.066,42	1,4
412	Wasseranlagen	–	–	–	–
413	Gasanlagen	–	–	–	–
419	Sonstiges zur KG 410	–	–	–	–
420	**Wärmeversorgungsanlagen**	**–**	**–**	**–**	**–**
421	Wärmeerzeugungsanlagen	–	–	–	–
422	Wärmeverteilnetze	–	–	–	–
423	Raumheizflächen	–	–	–	–
424	Verkehrsheizflächen	–	–	–	–
429	Sonstiges zur KG 420	–	–	–	–
430	**Raumlufttechnische Anlagen**	**–**	**–**	**–**	**–**
431	Lüftungsanlagen	–	–	–	–
432	Teilklimaanlagen	–	–	–	–
433	Klimaanlagen	–	–	–	–
434	Kälteanlagen	–	–	–	–
439	Sonstiges zur KG 430	–	–	–	–
440	**Elektrische Anlagen**	**2.118,00 m² BGF**	**49,57**	**104.989,55**	**4,7**
441	Hoch- und Mittelspannungsanlagen	–	–	–	–
442	Eigenstromversorgungsanlagen	–	–	–	–
443	Niederspannungsschaltanlagen	–	–	–	–
444	Niederspannungsinstallationsanlagen	2.118,00 m² BGF	8,04	17.023,77	0,8
445	Beleuchtungsanlagen	2.118,00 m² BGF	39,21	83.047,74	3,7
446	Blitzschutz- und Erdungsanlagen	2.118,00 m² BGF	2,32	4.918,04	0,2
447	Fahrleitungssysteme	–	–	–	–
449	Sonstiges zur KG 440	–	–	–	–
450	**Kommunikationstechnische Anlagen**	**2.118,00 m² BGF**	**15,71**	**33.272,17**	**1,5**
451	Telekommunikationsanlagen	–	–	–	–
452	Such- und Signalanlagen	–	–	–	–
453	Zeitdienstanlagen	–	–	–	–
454	Elektroakustische Anlagen	–	–	–	–
455	Audiovisuelle Medien- u. Antennenanl.	–	–	–	–
456	Gefahrenmelde- und Alarmanlagen	–	–	–	–
457	Datenübertragungsnetze	–	–	–	–
458	Verkehrsbeeinflussungsanlagen	2.118,00 m² BGF	15,71	33.272,17	1,5
459	Sonstiges zur KG 450	–	–	–	–
460	**Förderanlagen**	**–**	**–**	**–**	**–**
461	Aufzugsanlagen	–	–	–	–
462	Fahrtreppen, Fahrsteige	–	–	–	–
463	Befahranlagen	–	–	–	–
464	Transportanlagen	–	–	–	–
465	Krananlagen	–	–	–	–
466	Hydraulikanlagen	–	–	–	–
469	Sonstiges zur KG 460	–	–	–	–
470	**Nutzungsspez. u. verfahrenstechn. Anl.**	**–**	**–**	**–**	**–**
480	**Gebäude- und Anlagenautomation**	**–**	**–**	**–**	**–**
490	**Sonst. Maßnahmen für techn. Anlagen**	**–**	**–**	**–**	**–**

Kostenkennwerte für die Kostengruppen der 3.Ebene DIN 276

KG	Kostengruppe	Menge Einheit	Kosten €	€/Einheit	%
210	**Herrichten**				**100,0**
212	**Abbruchmaßnahmen**	–	144.515	–	98,1
	Abbruch von Parkpalette (psch), Pflasterbelägen, inkl. Splitt (135m³), Betonteilen (10m³); Entsorgung, Deponiegebühren				
215	**Kampfmittelräumung**	–	2.743	–	1,9
	Kampfmittelsondierung Gelände (psch)				
310	**Baugrube / Erdbau**				**100,0**
311	**Herstellung**	1.028,59 m³BGI	122.043	**118,65**	78,1
	Baugrubenaushub BK 2-5, t bis 1,70m, lösen, laden, entsorgen (774m³), lösen, lagern (170m³), Wiedereinbau, verdichten (170m³), Grabenaushub BK 2-5, t=1,00m, lagern, verfüllen (66m³), Arbeitsräume verfüllen, t=1,50m, Kies-Sand-Gemisch 0/16mm (170m³), Schotter, d=40cm, Schotterplanum (1.243m²), Geländemodellierung Rampe (19m³)				
312	**Umschließung**	364,50 m²	34.289	**94,07**	21,9
	Baugrubenverbau, Trägerbohlenwand (43m²), Böschungssicherung, PE-Folien (322m²)				
320	**Gründung, Unterbau**				**100,0**
322	**Flachgründungen und Bodenplatten**	984,84 m²	134.636	**136,71**	64,6
	Fundamentaushub, Stb-Streifenfundamente C30/37, 50x50cm, Schalung, Bewehrung (51m³), Stb-Einzelfundamente C30/37-C35/45 (84m³), Schrankenfundamente 50x50x80cm (4St), Ankerplatten liefern, einbauen (36St), Hohlkehlen (29m), Schottertragschicht 0/56mm, Recyclingmaterial, d=70-100cm (890m³), d=50cm im Gefälle/Rampen (24m³)				
324	**Gründungsbeläge**	959,48 m²	64.632	**67,36**	31,0
	Feinplanum, Betonverbundpflaster 20x16,5x10cm (941m²), Parkplatzmarkierungen, anthrazit (37St), Endsteine (39m), Muldenrinnen C25/30, b=33cm (55m), Betonbordsteine 25x10cm (75m), 30x18cm (52m)				
325	**Abdichtungen und Bekleidungen**	271,00 m²	9.012	**33,25**	4,3
	Sauberkeitsschicht, d=5cm, unter Fundamenten (14m³), Ausgleichsbeton C8/10 (5m³), Plattendruckversuche (8St)				
330	**Außenwände/Vertikale Baukonstruktionen, außen**				**100,0**
331	**Tragende Außenwände**	111,65 m²	42.952	**384,70**	8,3
	Doppelwandelemente C35/45, d=30cm, Schalung, Bewehrung (112m²)				
333	**Außenstützen**	195,96 m	134.709	**687,43**	26,0
	Stahlstützen QR220, l=5,96m, Fußplatten 40x40x2cm (187m), l=1,00m, als Aufschieblinge (9m), Kopfplatten (9St), Stützenverguss, Beton C20/25 (28St), Eindichten (31St), Fahnenbefestigungen (14St), Anschlussbleche für Absturzsicherungen 94x8cm (74St), Einbauteile Aufschiebling QR 90x8mm (9St)				

KG	Kostengruppe	Menge Einheit	Kosten €	€/Einheit	%
335	**Außenwandbekleidungen, außen**	875,10 m2	340.129	**388,67**	65,7
	Stahlrahmen-Fassadenelemente, Stahlprofile 100x65x10mm, verzinkt, Lärchenkanthölzer 60x60mm, diagonal montiert (800m2), Bitumenabdichtung, Noppenbahn (75m2), Aussteifungsverbände, 80x120x10mm, l=5,00m (36St), Beschichtung, L-Profile (184m)				
350	**Decken/Horizontale Baukonstruktionen**				**100,0**
351	**Deckenkonstruktionen**	969,94 m2	376.945	**388,63**	66,8
	Brettsperrholzdecken, d=100mm, BSH, fünfschichtig, l bis 17,40m (970m2), BSH-Binder 22x66cm, l=4,00-16,00m (666m), 24x24cm (10m), Holzstopfen (2.428St), Stabdübel, d=16mm, l=190-310mm (1.228St), Verschraubungen (psch)				
353	**Deckenbeläge**	970,00 m2	151.746	**156,44**	26,9
	Holzfaserdämmung, dreilagig, d=8mm, Voranstrich, Bitumenabdichtung, zweilagig, Gussasphalt B20/30, d=40mm (970m2), Traufbleche, Randwinkel 50x50x3mm (60m), Deckenrandanschlüsse (159m), Stützenanschlüsse (34St), Bodenmarkierungen, Linien (226m), Parkplatznummerierungen (40St), Bewegungsfugenprofil (4m)				
355	**Elementierte Deckenkonstruktionen**	11,84 m2	11.374	**960,67**	2,0
	Stahltreppen, b=2,17m, U240-Profile, 19 Gitterroststufen 17,5x28cm, verzinkt (12m2)				
359	**Sonstiges zur KG 350**	981,78 m2 DEF	24.599	**25,06**	4,4
	Stahlmatten als Anprallgitter, h=1,00m, an Stahlstützen verschraubt, verzinkt (158m)				
360	**Dächer**				**100,0**
361	**Dachkonstruktionen**	969,94 m2	378.487	**390,22**	69,5
	Brettsperrholzdach, d=100mm, BSH, fünfschichtig, l bis 17,40m (970m2), BSH-Binder 20x60cm, l=3,46-16,32m (667m), 24x24cm (10m), Holzstopfen (1.565St), Stabdübel, d=16mm, l=170-310mm (819St), Verbinder (46St), Verschraubungen (psch)				
363	**Dachbeläge**	970,00 m2	163.092	**168,14**	29,9
	FPO-Kunststoffabdichtung, d=2mm, Schutzlage RMS 300 (970m2), Dränelemente 5l/m2, Extensivsubstrat, d=6-8cm, Saatgut (891m2), Kiesstreifen, Kiesfangleisten (146m), Alu-Attikaabdeckungen, h=28cm (174m), Alu-Kastenrinnen 30x7cm, Einlaufbleche (139m), Fallrohre DN100, verzinkt (18m), Rinnenkessel (8St), Dehnungselemente Rinne (10St), Abdichten Sekuranten (12St)				
369	**Sonstiges zur KG 360**	969,94 m2 DAF	3.029	**3,12**	0,6
	Edelstahl-Absturzsicherungen, h=40cm (83m), Einzelanschlagpunkte (12St), Sicherheitsgeschirr (1St)				
390	**Sonstige Maßnahmen für Baukonstruktionen**				**100,0**
391	**Baustelleneinrichtung**	2.118,00 m2 BGF	39.297	**18,55**	59,1
	Baustelleneinrichtung, Hauptgewerk (1St), Nebengewerke (6St), Baustellen-WCs (2St)				
392	**Gerüste**	2.118,00 m2 BGF	27.225	**12,85**	40,9
	Fassadengerüst Lastklasse 3 (1.006m2), außenliegender Seitenschutz, b=60cm (155m), Leiterturm (1St), Innengeländer (464m)				

KG	Kostengruppe	Menge Einheit	Kosten €	€/Einheit	%
410	**Abwasser-, Wasser-, Gasanlagen**				**100,0**
411	**Abwasseranlagen**	2.118,00 m² BGF	30.066	**14,20**	100,0
	PP-Rohre DN100, Formstücke (99m), Druckrohrleitung DN50, Formstücke, Rohrdämmung (5m), PE-Pumpensumpf DN1.000 (1St), Doppelpumpenanlage, Signalanlage, Schieber, Ventile (psch), Hofabläufe DN100 (4St), Entwässerungsrinnen DN150, Abdeckroste (15m), Dichtheitsprüfung (1St), Liefermaterial Sand 0/2mm (12m³)				
440	**Elektrische Anlagen**				**100,0**
444	**Niederspannungsinstallationsanlagen**	2.118,00 m² BGF	17.024	**8,04**	16,2
	Verteilerschrank, Unterverteiler, Sicherungen, Schutzschalter, Installationsmaterial, Leerrohre, Bewegungsmelder (psch), Kabelschutzrohr DN125 (15m)				
445	**Beleuchtungsanlagen**	2.118,00 m² BGF	83.048	**39,21**	79,1
	Deckenleuchten, Sicherheitsbeleuchtung inkl. Verkabelung, Leuchtmittel (psch)				
446	**Blitzschutz- und Erdungsanlagen**	2.118,00 m² BGF	4.918	**2,32**	4,7
	Bandstahl, b=50mm (143m), Anschlussfahnen, d=10mm, Edelstahl (28m)				
450	**Kommunikations-, sicherheits- und informationstechnische Anlagen**				**100,0**
458	**Verkehrsbeeinflussungsanlagen**	2.118,00 m² BGF	33.272	**15,71**	100,0
	Ampelanlage, Einfahrt (1St), Einfahrtsschranke (1St)				
540	**Baukonstruktionen**				**100,0**
543	**Wandkonstruktionen**	23,73 m²	15.209	**640,92**	100,0
	Stb-Winkelstützwände C30/37, b=0,50m, h=0,55-1,30m, Hinterfüllung (24m²)				

Kostenkennwerte für Leistungsbereiche nach STLB (Kosten des Bauwerks nach DIN 276)

LB	Leistungsbereiche	Kosten €	€/m² BGF	€/m³ BRI	% an 3+4
000	Sicherheits-, Baustelleneinrichtungen inkl. 001	66.523	31,40	10,40	3,0
002	Erdarbeiten	171.100	80,80	26,80	7,7
006	Spezialtiefbauarbeiten inkl. 005	–	–	–	–
009	Entwässerungskanalarbeiten inkl. 011	9.908	4,70	1,60	0,4
010	Drän- und Versickerarbeiten	–	–	–	–
012	Mauerarbeiten	–	–	–	–
013	Betonarbeiten	142.812	67,40	22,40	6,4
014	Natur-, Betonwerksteinarbeiten	–	–	–	–
016	Zimmer- und Holzbauarbeiten	870.496	411,00	136,40	39,1
017	Stahlbauarbeiten	332.227	156,90	52,00	14,9
018	Abdichtungsarbeiten	–	–	–	–
019	Kampfmittelräumarbeiten	–	–	–	–
020	Dachdeckungsarbeiten	224.891	106,20	35,20	10,1
021	Dachabdichtungsarbeiten	–	–	–	–
022	Klempnerarbeiten	42.156	19,90	6,60	1,9
	Rohbau	**1.860.114**	**878,20**	**291,40**	**83,5**
023	Putz- und Stuckarbeiten, Wärmedämmsysteme	–	–	–	–
024	Fliesen- und Plattenarbeiten	–	–	–	–
025	Estricharbeiten	–	–	–	–
026	Fenster, Außentüren inkl. 029, 032	–	–	–	–
027	Tischlerarbeiten	–	–	–	–
028	Parkettarbeiten, Holzpflasterarbeiten	–	–	–	–
030	Rollladenarbeiten	–	–	–	–
031	Metallbauarbeiten inkl. 035	11.374	5,40	1,80	0,5
034	Maler- und Lackiererarbeiten inkl. 037	10.659	5,00	1,70	0,5
036	Bodenbelagarbeiten	–	–	–	–
038	Vorgehängte hinterlüftete Fassaden	–	–	–	–
039	Trockenbauarbeiten	–	–	–	–
	Ausbau	**22.033**	**10,40**	**3,50**	**1,0**
040	Wärmeversorgungsanl. - Betriebseinr. inkl. 041	–	–	–	–
042	Gas- und Wasserinstallation, Leitungen inkl. 043	1.334	0,63	0,21	< 0,1
044	Abwasseranlagen - Leitungen	16.245	7,70	2,50	0,7
045	GWE-Einrichtungsgegenstände inkl. 046	–	–	–	–
047	Dämmarbeiten an betriebstechnischen Anlagen	953	0,45	0,15	< 0,1
049	Feuerlöschanlagen, Feuerlöschgeräte	–	–	–	–
050	Blitzschutz- und Erdungsanlagen	4.918	2,30	0,77	0,2
053	Niederspannungsanlagen inkl. 052, 054	16.737	7,90	2,60	0,8
055	Sicherheits- u. Ersatzstromversorgungsanl.	–	–	–	–
057	Gebäudesystemtechnik	–	–	–	–
058	Leuchten und Lampen inkl. 059	99.784	47,10	15,60	4,5
060	Sprechanlagen, elektroakust. Anlagen inkl. 064	16.535	7,80	2,60	0,7
061	Kommunikationsnetze inkl. 063	–	–	–	–
069	Aufzüge	–	–	–	–
070	Gebäudeautomation	–	–	–	–
075	Raumlufttechnische Anlagen inkl. 078	–	–	–	–
	Gebäudetechnik	**156.506**	**73,90**	**24,50**	**7,0**
084	Abbruch, Rückbau, Schadstoffsanierung	–	–	–	–
	Abbrucharbeiten	**–**	**–**	**–**	**–**
	Sonstige Leistungsbereiche	**187.871**	**88,70**	**29,40**	**8,4**

Kostenstand: 2. Quartal 2024, Bundesdurchschnitt, **inkl. 19% MwSt.**

9100-0212
Kirche (199 Sitzplätze)
Gästehaus (15 Betten)

Objektübersicht

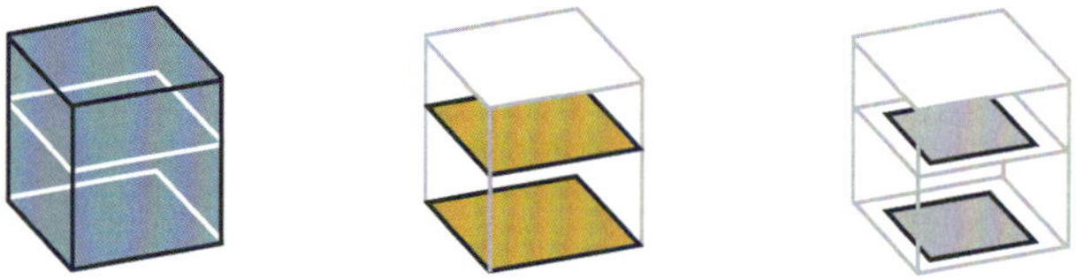

BRI 547 €/m³ BGF 2.292 €/m² NUF 3.444 €/m²

Objekt:
Kennwerte: 1. Ebene DIN 276
BRI: 3.297 m³
BGF: 787 m²
NUF: 524 m²
Bauzeit: 52 Wochen
Bauende: 2021
Standard: unter Durchschnitt
Bundesland: Hessen
Kreis: Waldeck-Frankenberg

Architekt*in:
foundation 5+
architekten BDA
Am Alten Sudhaus 6
34119 Kassel

Bauherr*in:
Evangelische Kirche von
Kurhessen-Waldeck
Landeskirchenamt
Wilhelmshöher Allee 330
34131 Kassel

© Constantin Meyer Fotografie

Ansicht Ost

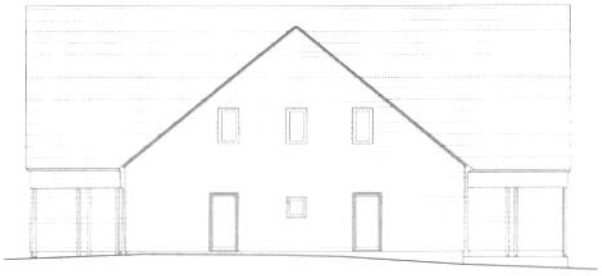
Ansicht Süd

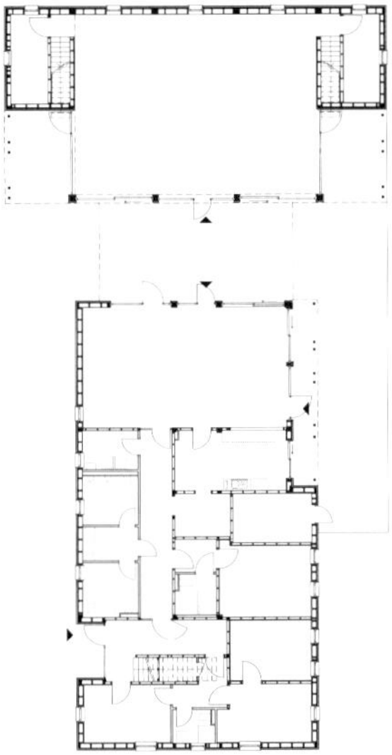
Erdgeschoss

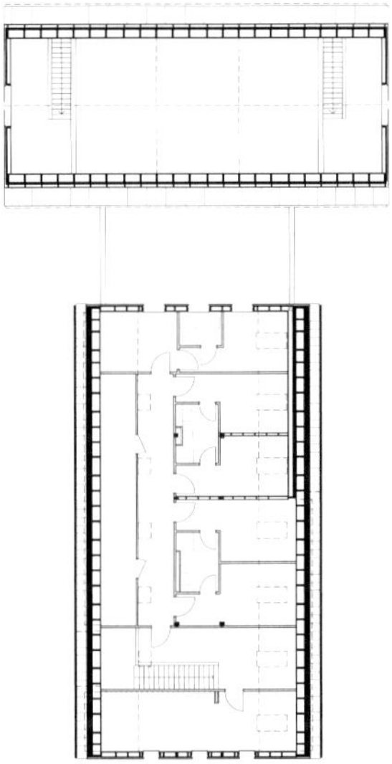
Obergeschoss

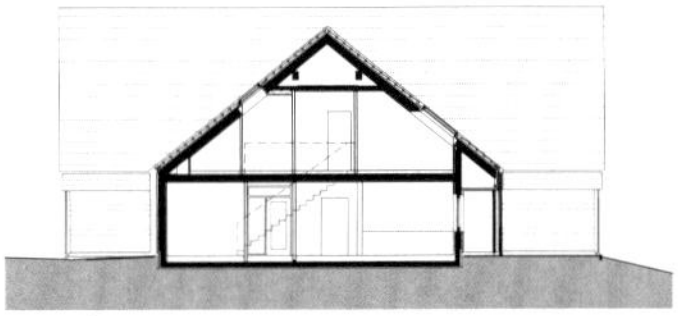
Schnitt A-A

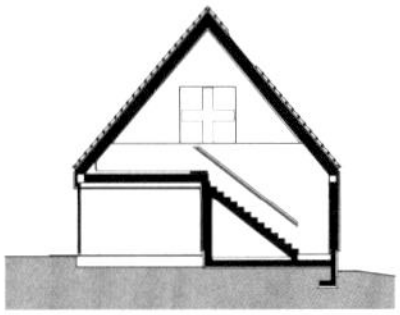
Schnitt B-B

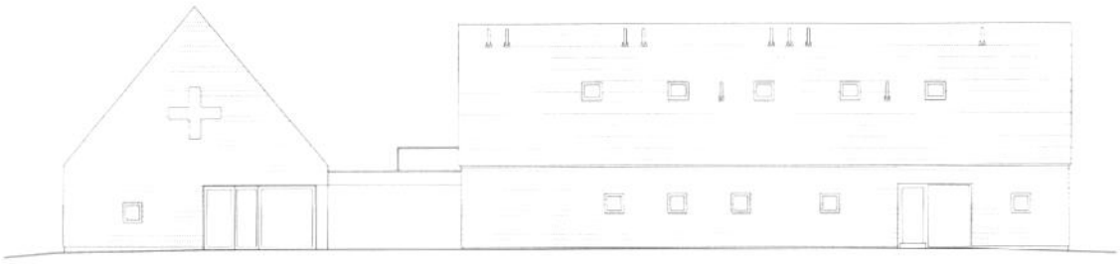
Ansicht West

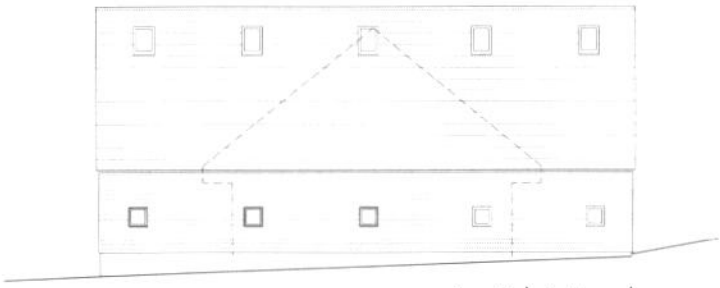
Ansicht Nord

Objektbeschreibung

Allgemeine Objektinformationen

Die Kirche möchte durch die „Kirche unterwegs" am Edersee Angebote für Menschen im Urlaub machen. Die Anlage besteht aus zwei Gebäudeteilen: dem Gottesdienstraum, auch als Tagungs- und Veranstaltungsraum nutzbar, und dem Beherbergungsgebäude mit Café im Erdgeschoss und Gästezimmern darüber.

Nutzung

1 Erdgeschoss
Gottesdiensträume, Büro, Eingang, Wohn-Schlafräume, Gästezimmer, Küche, Speisesaal, Hauswirtschaftsraum, Besprechungsraum, WCs, Bäder, Lager, Abstellräume, Technik, Treppenhaus, Flure

1 Dachgeschoss
Teamräume, Bäder, Schlafräume, Emporen, Abstellräume, Treppenhaus, Flure

Nutzeinheiten

Betten: 15
Sitzplätze: 199

Grundstück

Bauraum: Freier Bauraum
Neigung: Geneigtes Gelände
Bodenklasse: BK 1 bis BK 7

Markt

Hauptvergabezeit: 2.Quartal 2020
Baubeginn: 2.Quartal 2020
Bauende: 2.Quartal 2021
Konjunkturelle Gesamtlage: Durchschnitt
Regionaler Baumarkt: Durchschnitt

Baukonstruktion

Auf den Stahlbetonbodenplatten wurden beide Gebäudeteile als Holzständerbauten ausgeführt. Die Außenwände sind mit Holzfaserdämmung in der Konstruktionsebene gedämmt und außenseitig mit einer Holzfaserplatte sowie hinterlüfteter Lärchenholz- Rhombusschalung bekleidet. Die Holzfenster sind mit einer zweifachen Wärmeschutzverglasung ausgestattet. Die Sparrendächer über beiden Gebäudeteilen sind mit Tondachziegeln belegt. Als Bodenbeläge kamen Feinsteinzeugfliesen, Basaltlavaplatten und Linoleum zum Einsatz. Die Unterseite des Sparrendachs im Saal wurde mit Holz-Leistenschalung bekleidet.

Technische Anlagen

Die Wärmeversorgung des Gebäudes erfolgt über eine Luft-Wasser-Wärmepumpe. Die Wärmeverteilung erfolgt über Fußbodenheizung. Die Luftdichtheit der Gebäude wurde durch einen Blower-Door-Test geprüft.

Sonstiges

Das Zusammenspiel von Gottesdienstsaal, Café, Beherbergungsmöglichkeit und öffentlichen Freiflächen ermöglicht es den Betreibern ein sehr breites Spektrum an Veranstaltungen und Aktivitäten anzubieten. Der Betrieb des Beherbergungsgebäudes und des Gottesdienstgebäudes wird ganzjährig stattfinden. Das Gottesdienstgebäude ist mit einfachem energetischen Standard ausgeführt.

Energetische Kennwerte

Gesetzliche Grundlage: EnEV 2013
Gebäudenutzfläche: 458,61 m²
Gebäudevolumen: 1.548,80 m³
Hüllfläche des beheizten Volumens: 963,04 m²
Mittlerer U-Wert (opake Bauteile): 0,17 W/(m²·K)
Mittlerer U-Wert (transparente Bauteile): 1,30 W/(m²·K)
Spez. Jahresprimärenergiebedarf: 193,34 kWh/(m²·a)
CO_2-Emissionen: 68,00 kg/(m²·a)

Energetische Angaben zu Außenbauteilen

Bodenplatte

U-Wert: 0,26 W/(m²·K)

Gesamtdicke: 44,93 cm	d [cm]	λ [W/(m·K)]
Estrich	7,00	1,400
PE-Folie	0,03	0,330
Trittschalldämmung	2,50	0,040
Dämmung	10,00	0,035
Bitumenbahn	0,40	0,170
Stahlbeton	25,00	2,300

Außenwand Sockel

U-Wert: 0,34 W/(m²·K)

Gesamtdicke: 31,90 cm	d [cm]	λ [W/(m·K)]
GK-Platte	2,50	0,250
Dämmung	3,00	0,035
Stahlbeton	20,00	2,300
Bitumenbahn	0,40	0,230
Dämmung	6,00	0,035

Außenwand

U-Wert: 0,19 W/(m²·K)

Gesamtdicke: 27,75 cm	d [cm]	λ [W/(m·K)]
GK-Platte	1,25	0,250
Luftschicht ruhend	3,00	0,156
Holz	3,00	0,130
OSB-Platte	1,50	0,130
Dämmung	16,00	0,040
Holz	16,00	0,130
Holzfaserplatte	6,00	0,045

Dach

U-Wert: 0,15 W/(m²·K)

Gesamtdicke: 34,28 cm	d [cm]	λ [W/(m·K)]
GK-Platte	1,25	0,250
Luftschicht ruhend	3,00	0,156
Holz	3,00	0,130
Dampfsperre	0,03	0,170
Dämmung	24,00	0,040
Holz	24,00	0,130
Holzfaserplatte	6,00	0,045

Planungskennwerte für Flächen und Rauminhalte nach DIN 277

Flächen des Grundstücks		Menge Einheit	% an GF
BF	Bebaute Fläche	549,90 m^2	–
UF	Unbebaute Fläche	–	–
GF	Grundstücksfläche	–	–

Grundflächen des Bauwerks		Menge Einheit	% an NUF	% an BGF
NUF	Nutzungsfläche	523,54 m^2	100,0	66,5
TF	Technikfläche	10,33 m^2	2,0	1,3
VF	Verkehrsfläche	93,27 m^2	17,8	11,9
NRF	Netto-Raumfläche	627,14 m^2	119,8	79,7
KGF	Konstruktions-Grundfläche	159,65 m^2	30,5	20,3
BGF	Brutto-Grundfläche	786,79 m^2	150,3	100,0

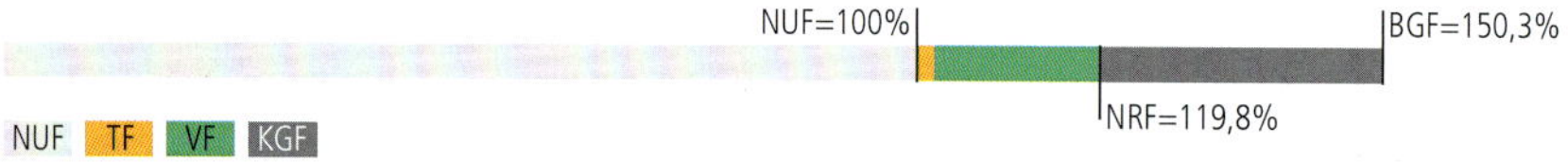

Brutto-Rauminhalt des Bauwerks		Menge Einheit	BRI/NUF (m)	BRI/BGF (m)
BRI	Brutto-Rauminhalt	3.296,75 m^3	6,30	4,19

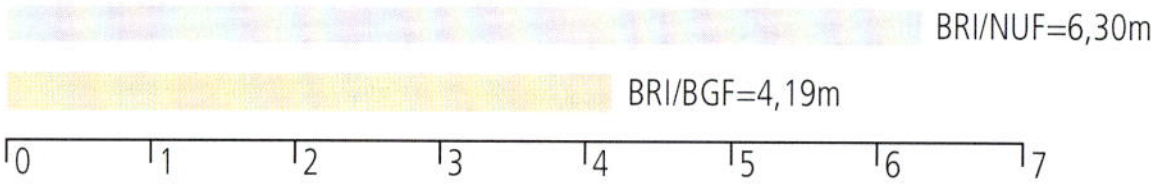

Kostenkennwerte für die Kostengruppen der 1. Ebene DIN 276

KG	Kostengruppen (1. Ebene)	Einheit	Kosten €	€/Einheit	€/m² BGF	€/m³ BRI	% 300+400
100	Grundstück	m² GF	–	–	–	–	–
200	Vorbereitende Maßnahmen	m² GF	–	–	–	–	–
300	Bauwerk – Baukonstruktionen	m² BGF	1.422.821	1.808,39	1.808,39	431,58	78,9
400	Bauwerk – Technische Anlagen	m² BGF	380.303	483,36	483,36	115,36	21,1
	Bauwerk 300+400	**m² BGF**	**1.803.123**	**2.291,75**	**2.291,75**	**546,94**	**100,0**
500	Außenanlagen und Freiflächen	m² AF	373.038	450,75	474,13	113,15	20,7
600	Ausstattung und Kunstwerke	m² BGF	–	–	–	–	–
700	Baunebenkosten	m² BGF	–	–	–	–	–
800	Finanzierung	m² BGF	–	–	–	–	–

KG	Kostengruppe	Menge Einheit	Kosten €	€/Einheit	%
3+4	**Bauwerk**				**100,0**
300	**Bauwerk – Baukonstruktionen**	786,79 m² BGF	1.422.821	**1.808,39**	78,9

Baugrubenaushub; Stb-Fundamentplatte, Abdichtung, Dämmung, Heizestrich, Linoleum, Bodenfliesen, Naturstein, Sauberkeitsschicht, Dämmung, Dränage; Holzrahmenwände, Stb-Stützen, Holzfenster, Wärmeschutzverglasung, Wärmedämmung, Lärchenholzfassade, Gipsfaserbekleidung, Beschichtung; Holzrahmenwände, GK-Wände, Holztüren, Schiebetüranlagen, Wandfliesen, Beschichtung, WC-Trennwände; Holzbalkendecken, Holztreppen F30-bekleidet, Heizestrich, Linoleum, Bodenfliesen, abgehängte GK-Bekleidung, Holzleistenbekleidung, Brüstungsgeländer, Treppenhandläufe; Holzbalkendächer, Dachfenster, Dämmung, Dachziegel, Dachentwässerung, GK-Decken, Holzleisten-Bekleidung

KG	Kostengruppe	Menge Einheit	Kosten €	€/Einheit	%
400	**Bauwerk – Technische Anlagen**	786,79 m² BGF	380.303	**483,36**	21,1

Gebäudeentwässerung, Kalt- und Warmwasserleitungen, Sanitärobjekte; Luft-Wasser-Wärmepumpe, Fußbodenheizung; Elektroinstallation, Beleuchtung, Sicherheitsleuchten, Blitzschutzanlage; Fernseh- und Antennenanlagen, Rauchmelder; küchentechnische Anlage

KG	Kostengruppe	Menge Einheit	Kosten €	€/Einheit	%
500	**Außenanlagen und Freiflächen**	827,60 m² AF	373.038	**450,75**	20,7

Oberbodenarbeiten; Plattenbeläge auf Wegen und Terrassen, Kies-Zufahrt und Stellplätze, Spielplatzfläche; Sitzmauern, Winkelstützmauern, Treppen, Rampen, Geländer; Spielgeräte; Stauden, Rasen

Kostenkennwerte für Kostengruppen der 3. Ebene nach DIN 276

Kostenkennwerte für die Kostengruppen 200 der 3. Ebene DIN 276

KG	Kostengruppe	Menge Einheit	Kosten €	€/Einheit	€/m² BGF
211	**Sicherungsmaßnahmen**				
	4400-0333 Kindertagesstätte (3 Gruppen, 35 Kinder)				
		1.414,00 m² GF	2.127	**1,50**	3,30
	Rohrgrabenbereich: Bitumenbelag und Unterbau abbrechen, entsorgen, Asphalttragschicht einbauen (10m²)				
	6400-0120 Jugendfreizeitstätte (3 Gruppen, 100 Kinder)				
		1.582,00 m² GF	240	**0,15**	0,30
	Sichern von Versorgungsleitungen (14m)				
212	**Abbruchmaßnahmen**				
	6100-1593 Mehrfamilienhaus (3 WE)				
		953,00 m² GF	49.529	**51,97**	87,59
	Abbruch von Wohngebäude (psch); Entsorgung, Deponiegebühren				
	6100-1672 Einfamilienhaus				
		4.316,00 m² GF	31.222	**7,23**	236,12
	Abbruch von Wohnhaus (411m³), Gartenhaus (43m³), Dachdeckung (273m²), Betonplatten (80m²); Entsorgung, Deponiegebühren				
	6400-0120 Jugendfreizeitstätte (3 Gruppen, 100 Kinder)				
		1.582,00 m² GF	779	**0,49**	0,98
	Abbruch von Betonfundamenten (6m³); Entsorgung, Deponiegebühren				
	7600-0089 Rettungswache (2 Fahrzeuge)				
		2.759,60 m² GF	4.892	**1,77**	15,07
	Abbruch Bodenplatte (11h), Entsorgung Betonabbruch, groß (57t), armiert (4t)				
	7800-0037 Parkhaus (77 STP)				
		–	144.515	**–**	68,23
	Abbruch von Parkpalette (psch), Pflasterbelägen, inkl. Splitt (135m³), Betonteilen (10m³); Entsorgung, Deponiegebühren				
214	**Herrichten der Geländeoberfläche**				
	4400-0333 Kindertagesstätte (3 Gruppen, 35 Kinder)				
		1.414,00 m² GF	7.179	**5,08**	11,13
	Oberboden abtragen, d=30cm, in Mieten lagern (1.427m²), Bäume fällen, Wurzelstöcke roden, beseitigen (3St)				
	4400-0367 Kindergarten (7 Gruppen, 130 Kinder)				
		6.130,00 m² GF	38.416	**6,27**	22,19
	Oberboden abtragen, d=35cm, lagern (200m³), entsorgen (699m³)				

KG	Kostengruppe	Menge Einheit	Kosten €	€/Einheit	€/m² BGF
	6100-1593 Mehrfamilienhaus (3 WE)				
		953,00 m² GF	2.476	**2,60**	4,38
	Oberboden mit Bewuchs, d=30cm, abtragen, lagern (200m²), abräumen von Sträuchern, h=1,00-2,00m (50m²)				
	6100-1672 Einfamilienhaus				
		4.316,00 m² GF	643	**0,15**	4,87
	Erdtank verfüllen (3m³), Bäume fällen, Wurzelstöcke roden (2St)				
	6400-0120 Jugendfreizeitstätte (3 Gruppen, 100 Kinder)				
		1.582,00 m² GF	4.281	**2,71**	5,39
	Grundstück freimachen, Vegetation, Gehölze roden (84m²), Oberboden abtragen, d=30cm (81m³); Entsorgung, Deponiegebühren				
215	**Kampfmittelräumung**				
	7800-0037 Parkhaus (77 STP)				
		–	2.743	–	1,29
	Kampfmittelsondierung Gelände (psch)				

Kostenkennwerte für die Kostengruppen 200 der 3. Ebene DIN 276

KG	Kostengruppe	Menge Einheit	Kosten €	€/Einheit	€/m² BGF
222	**Wasserversorgung**				
	4400-0367 Kindergarten (7 Gruppen, 130 Kinder)				
		6.130,00 m²GF	48.781	**7,96**	28,18
	Hausanschluss Wasser, Erdarbeiten, Leitungen (1St)				
224	**Fernwärmeversorgung**				
	4400-0367 Kindergarten (7 Gruppen, 130 Kinder)				
		6.130,00 m²GF	53.311	**8,70**	30,79
	Hausanschluss Fernwärme 80kW, Erdarbeiten, Leitungen (1St), Hausübergabestation (1St)				
225	**Stromversorgung**				
	4400-0367 Kindergarten (7 Gruppen, 130 Kinder)				
		6.130,00 m²GF	11.497	**1,88**	6,64
	Hausanschluss Strom, Erdarbeiten, Leitungen (1St)				
227	**Verkehrserschließung**				
	6400-0120 Jugendfreizeitstätte (3 Gruppen, 100 Kinder)				
		1.582,00 m²GF	20.673	**13,07**	26,01
	Asphaltfläche einschneiden (311m), Asphaltfläche aufbrechen, laden, entsorgen, Asphaltfläche wieder herstellen, d=25-30cm (207m²), Fugenverguss (234m)				

Kostenkennwerte für die Kostengruppen 300 der 3.Ebene DIN 276

KG	Kostengruppe	Menge Einheit	Kosten €	€/Einheit	€/m² BGF
311	**Herstellung**				
	4400-0333 Kindertagesstätte (3 Gruppen, 35 Kinder)				
		1.330,62 m³ BGI	43.067	**32,37**	66,77
	Oberboden abfahren (282m³), Baugrubenaushub BK 3-5, lagern (569m³), lagern, abfahren (369m³), Rohrgrabenaushub BK 3-5, t=1,25-3,00m (104m³), Handaushub (6m³), Rohrgraben auffüllen, Liefermaterial (39m³), Verfüllungen, Quarzsand, d=35cm, zweilagig (247m³), Planum (783m²)				
	4400-0367 Kindergarten (7 Gruppen, 130 Kinder)				
		2.734,53 m³ BGI	211.265	**77,26**	122,03
	Baugrube BK 3-4, t bis 60cm, lösen, lagern (1.629m³), Grabenaushub BK 3-5, t bis 1,00m (87m³), t bis 2,00m (440m³), t bis 4,00m (579m³), verfüllen, Lagermaterial (1.093m³), Liefermaterial (293m³), entsorgen (663m³), Planum (2.795m²)				
	6100-1593 Mehrfamilienhaus (3 WE)				
		554,44 m³ BGI	20.220	**36,47**	35,76
	Baugrubenaushub BK 3-4, t bis 3,00m, lösen, lagern (350m³), lösen, entsorgen (204m³), auf Grundstück verteilen (500m²), Rohrgrabenaushub BK 3-6, t bis 50cm, b=30cm (1m³), Verfüllung Kies 0/22mm, t bis 3,00m (100m³)				
	6100-1672 Einfamilienhaus				
		99,98 m³ BGI	2.725	**27,25**	20,61
	Baugrubenaushub BK 3-5, abfahren (90m³), Rohrgrabenaushub BK 3-5, t bis 1m, lagern, verfüllen (10m³)				
	6400-0120 Jugendfreizeitstätte (3 Gruppen, 100 Kinder)				
		767,14 m³ BGI	42.356	**55,21**	53,29
	Baugrubenaushub, d=1,00m, lösen, lagern, entsorgen (667m³), lösen, verfüllen (100m³), Planum (806m²)				
	7600-0089 Rettungswache (2 Fahrzeuge)				
		93,44 m³ BGI	2.270	**24,29**	6,99
	Baugrubenaushub BK 3-4 (70m³), Rohrgrabenaushub (23m³), Planum (187m²)				
	7800-0037 Parkhaus (77 STP)				
		1.028,59 m³ BGI	122.043	**118,65**	57,62
	Baugrubenaushub BK 2-5, t bis 1,70m, lösen, laden, entsorgen (774m³), lösen, lagern (170m³), Wiedereinbau, verdichten (170m³), Grabenaushub BK 2-5, t=1,00m, lagern, verfüllen (66m³), Arbeitsräume verfüllen, t=1,50m, Kies-Sand-Gemisch 0/16mm (170m³), Schotter, d=40cm, Schotterplanum (1.243m²), Geländemodellierung Rampe (19m³)				
312	**Umschließung**				
	4400-0333 Kindertagesstätte (3 Gruppen, 35 Kinder)				
		36,00 m²	280	**7,79**	0,43
	Rohrgrabenverbau, h bis 3,00m (36m²)				

KG	Kostengruppe	Menge Einheit	Kosten €	€/Einheit	€/m² BGF
	7800-0037 Parkhaus (77 STP)				
		364,50 m²	34.289	**94,07**	16,19

Baugrubenverbau, Trägerbohlenwand (43m²), Böschungssicherung, PE-Folien (322m²)

Kostenkennwerte für die Kostengruppen 300 der 3.Ebene DIN 276

KG	Kostengruppe	Menge Einheit	Kosten €	€/Einheit	€/m² BGF
321	**Baugrundverbesserung**				
	4400-0333 Kindertagesstätte (3 Gruppen, 35 Kinder)	–	5.465	**–**	8,47
	Hydraulisches Bindemittel, Zement/Kalk, in Lagen verteilen (18t)				
322	**Flachgründungen und Bodenplatten**				
	4400-0333 Kindertagesstätte (3 Gruppen, 35 Kinder)	602,52 m²	88.132	**146,27**	136,64
	Stb-Bodenplatte, d=25cm, Schalung, Bewehrung (603m²), Magerbetonauffüllungen für Tiefergründung, unbewehrt (13m³), Einzelfundamente 2,50x0,40x0,60m (2m³), Mehrspartenhauseinführung (1St), Rohrdurchführungen (12St), Gebäudeeinführungen (4St)				
	4400-0367 Kindergarten (7 Gruppen, 130 Kinder)	1.693,27 m²	203.032	**119,91**	117,28
	Stb-Bodenplatte C25/30, d=25cm, Schalung, Bewehrung (1.693m²), Hauseinführungsschacht 1,00x1,00x1,50m (1St)				
	6100-1593 Mehrfamilienhaus (3 WE)	173,48 m²	52.288	**301,41**	92,47
	Fundamentaushub BK 3-6, t=0,60m, laden, entsorgen (33m³), Stb-Fundamente C25/30, Schalung, Bewehrung (30m³), Stb-Bodenplatte C25/30, d=18cm (173 m²), Fugenband (71m)				
	6100-1672 Einfamilienhaus	126,74 m²	26.336	**207,80**	199,17
	Stb-Fundamentplatte C25/30, WU, d=25cm, Schalung, Bewehrung (127m²), Mehrspartenhausanschluss (1St)				
	6400-0120 Jugendfreizeitstätte (3 Gruppen, 100 Kinder)	694,88 m²	130.959	**188,46**	164,76
	Stb-Bodenplatte C25/30, d=25cm, Schalung, Bewehrung (695m²), Streifenfundamente C20/25 (2m³)				
	7600-0089 Rettungswache (2 Fahrzeuge)	149,88 m²	27.882	**186,03**	85,89
	Stb-Bodenplatte C25/30, d=25cm, Schalung, Bewehrung (125m²), Mehrspartenhauseinführung (1St)				
	7800-0037 Parkhaus (77 STP)	984,84 m²	134.636	**136,71**	63,57
	Fundamentaushub, Stb-Streifenfundamente C30/37, 50x50cm, Schalung, Bewehrung (51m³), Stb-Einzelfundamente C30/37-C35/45 (84m³), Schrankenfundamente 50x50x80cm (4St), Ankerplatten liefern, einbauen (36St), Hohlkehlen (29m), Schottertragschicht 0/56mm, Recyclingmaterial, d=70-100cm (890m³), d=50cm im Gefälle/Rampen (24m³)				

KG	Kostengruppe	Menge Einheit	Kosten €	€/Einheit	€/m² BGF
323	**Tiefgründungen**				
	4400-0367 Kindergarten (7 Gruppen, 130 Kinder)	1.693,27 m²	181.960	**107,46**	105,11
	Duktile Gusspfähle, D=11,8cm, t bis 6,00m, Verpressbeton C25/30 (267m), D=17cm (83m), Pfahlkopfplatten (81St), Stb-Fundamentbalken C25/30, 50x80cm, Schalung, Bewehrung (29m³), 24x80cm (3m³)				
324	**Gründungsbeläge**				
	4400-0333 Kindertagesstätte (3 Gruppen, 35 Kinder)	558,79 m²	92.352	**165,27**	143,19
	Bitumenabdichtungsbahnen (554m²), EPS-Dämmung, WLG 035, d=100mm (540m²), d=70mm (9m²), d=130mm (5m²), Calciumsulfat-Heizestrich CA-C35-F5, d=65mm (415m²), Zementheizestrich CT-C35-F5, bewehrt, d=65mm (130m²), d=70cm (9m²), Massivholzparkett, Eiche, d=8mm, geölt, gewachst (318m²), Holzsockel (111m), Linoleum, d=2,5mm (111m²), Holzsockel, lasiert (69m), Bodenfliesen 60x30cm (66m²), 30x30cm (64m²), Fliesensockel (79m), Fußabstreifer 200x200cm (2St)				
	4400-0367 Kindergarten (7 Gruppen, 130 Kinder)	1.598,58 m²	295.522	**184,87**	170,70
	Bitumenabdichtung (1.722m²), EPS-Wärmedämmung WLG 035, d=70mm (1.477m²), EPS-Trittschalldämmung, d=10-30mm (1.477m²), Heizestrich, d=88-90mm (1.229m²), Zementestrich, d=80-86mm (248m²), Kautschukbelag (1.412m²), Holzsockel (350m), Alusockel (310m), Zementmörtel, Bodenfliesen 20x20cm (161m²), Fliesensockel (123m), Sauberlaufmatten, Rahmen (26m²)				
	6100-1593 Mehrfamilienhaus (3 WE)	147,21 m²	14.108	**95,84**	24,95
	Bitumenabdichtung (147m²), Zementestrich CT-C35, d=45mm (46m²), Hartstoffeinstreuung (60m²), Epoxidharzbeschichtung (114m²)				
	6100-1672 Einfamilienhaus	112,78 m²	13.439	**119,16**	101,63
	Bitumenabdichtung (113m²), EPS-Dämmung WLG 040, d=50mm (108m²), XPS-Dämmung WLG 040, d=80mm (5m²), Zement-Heizestrich, d=70-75mm, Trocknungsbeschleuniger (113m²), Linoleum (92m²), Linoleumsockel (53m), Bodenbeschichtung, Sockel (14m²), Abdichtung, Bodenfliesen 60x60cm (5m²)				
	6400-0120 Jugendfreizeitstätte (3 Gruppen, 100 Kinder)	668,13 m²	93.601	**140,09**	117,76
	Bitumenabdichtung, EPS-Wärmedämmung WLG 040, d=55-80mm, EPS-Trittschalldämmung WLG 040, d=15-20mm, Calciumsulfat-Heizestrich, d=50-64mm (658m²), Spachtelung, Linoleum (604m²), Holzsockel (298m), Bodenfliesen 30x60cm (42m²), Fliesensockel (27m), Epoxidharzbeschichtung, d=3mm (16m²), Sauberlaufmatten, Rahmen (7m²)				

KG	Kostengruppe	Menge Einheit	Kosten €	€/Einheit	€/m² BGF
	7600-0089 Rettungswache (2 Fahrzeuge)				
		136,84 m²	20.737	**151,54**	63,88
	Gefälle-Zementputz-Heizestrich CT-C25-F4, d=90-135mm (83m²), Zementheizestrich CT-C25-F4, d=65mm (54m²), Epoxidharzbeschichtung (137m²), Hohlkehlsockelleisten (104m)				
	7800-0037 Parkhaus (77 STP)				
		959,48 m²	64.632	**67,36**	30,52
	Feinplanum, Betonverbundpflaster 20x16,5x10cm (941m²), Parkplatzmarkierungen, anthrazit (37St), Endsteine (39m), Muldenrinnen C25/30, b=33cm (55m), Betonbordsteine 25x10cm (75m), 30x18cm (52m)				
325	**Abdichtungen und Bekleidungen**				
	4400-0333 Kindertagesstätte (3 Gruppen, 35 Kinder)				
		632,23 m²	49.017	**77,53**	76,00
	Geotextil 150-200g/m², Glasschaumschotter 10/75mm, d=30cm, PE-Folie, Sauberkeitsschicht C12/15, d=5cm (705m²), PE-Folie (603m²), vertikal, Perimeterdämmung WLG 035, d=60mm (30m²)				
	4400-0367 Kindergarten (7 Gruppen, 130 Kinder)				
		1.802,12 m²	160.708	**89,18**	92,83
	Schottertragschicht, d bis 25cm (2.156m²), d bis 50cm, Filtervlies (372m²), Sauberkeitsschicht C16/20, d i.M. 10cm (1.812m²), PE-Folie (1.348m²), XPS-Perimeterdämmung WLG 040, d=100mm (2.195m²), Bitumendickbeschichtung, vertikal (109m²)				
	6100-1593 Mehrfamilienhaus (3 WE)				
		173,48 m²	6.600	**38,04**	11,67
	Sauberkeitsschicht, Recyclingmaterial 0/45mm, d=20-25cm (158m³), PE-Folie (173m²)				
	6100-1672 Einfamilienhaus				
		133,98 m²	15.389	**114,86**	116,38
	Geotextil (210m²), Schaumglasschotter (172m³), PE-Folie (137m²), Bitumendickbeschichtung, Perimeterdämmung WLS 037, d=120mm, Armierung, Sockelputz, Dichtschlämme, Beschichtung, vertikal (7m²)				
	6400-0120 Jugendfreizeitstätte (3 Gruppen, 100 Kinder)				
		798,44 m²	78.232	**97,98**	98,42
	Schottertragschicht 0/56mm, d=30cm (218m³), Ausgleichsschicht, Brechsand 2/4mm, d=3cm (806m²), XPS-Perimeterdämmung, d=160mm (761m²), Bitumendickbeschichtung (104m²), XPS-Sockeldämmung, d=80mm (48m²)				
	7600-0089 Rettungswache (2 Fahrzeuge)				
		149,88 m²	8.347	**55,69**	25,71
	Frostschutzkies, Lagermaterial (23m³), Geotextil (187m²), Splitt, d=5-6cm, XPS-Perimeterdämmung WLS 037, d=100mm, PE-Folie (150m²)				

KG	Kostengruppe	Menge Einheit	Kosten €	€/Einheit	€/m² BGF
	7800-0037 Parkhaus (77 STP)				
		271,00 m²	9.012	**33,25**	4,25
	Sauberkeitsschicht, d=5cm, unter Fundamenten (14m³), Ausgleichsbeton C8/10 (5m³), Plattendruckversuche (8St)				
326	**Dränagen**				
	4400-0333 Kindertagesstätte (3 Gruppen, 35 Kinder)				
		602,52 m² GRF	5.964	**9,90**	9,25
	Dränagerohre DN100, Sickerpackung, Kies 16/32mm, Vlies (122m), Spül-Kontrollschächte DN315 (4St), Anschluss an bestehenden Kanal (1St)				
	6100-1593 Mehrfamilienhaus (3 WE)				
		173,48 m² GRF	2.958	**17,05**	5,23
	PVC-Dränrohre DN125, Formstücke (30m), Dränkontrollschacht DN315, t=3,00m (1St), Dränkies 8/16mm (16m³)				
	6100-1672 Einfamilienhaus				
		126,74 m² GRF	2.745	**21,66**	20,76
	PVC-Dränrohre DN100, Formstücke (138m)				

Kostenkennwerte für die Kostengruppen 300 der 3. Ebene DIN 276

KG	Kostengruppe	Menge Einheit	Kosten €	€/Einheit	€/m² BGF
331	**Tragende Außenwände**				
	4400-0333 Kindertagesstätte (3 Gruppen, 35 Kinder)				
		267,26 m²	50.400	**188,58**	78,14
	Holzrahmenwände, d=17,5cm, KVH 6/16cm, Zellulosedämmung WLG 040, d=160mm, OSB-Schalung, d=15mm (224m²), d=11,5cm (43m²), Holzschwellen 10x16cm (110m), 10x12cm (9m)				
	4400-0367 Kindergarten (7 Gruppen, 130 Kinder)				
		571,69 m²	136.730	**239,17**	78,98
	Holzrahmenwände, d=21,5cm, KVH 10x14-16cm, außen Holzfaserbeplankung, d=60mm, innen OSB-Schalung, Zelluloseeinblasdämmung WLG 040, d=140mm (386m²), d=23,5cm, KVH 10x16cm, außen Holzfaserbeplankung, d=60mm, innen OSB-Schalung, Zelluloseeinblasdämmung WLS 042, d=160mm (114m²), d=13,3cm, KVH 10x10cm, außen OSB-Schalung (72m²)				
	6100-1593 Mehrfamilienhaus (3 WE)				
		445,27 m²	110.635	**248,47**	195,66
	Stb-Wände C25/30, d=25cm, Sichtqualität, Schalung, Bewehrung (202m²), Holzrahmenwände, d=27cm, KVH 60x240mm, außenseitig MDF, d=15mm, innenseitig OSB, d=15mm, Mineralwolldämmung WLG 035, d=240mm (244m²)				
	6100-1672 Einfamilienhaus				
		119,26 m²	20.227	**169,61**	152,97
	Holzrahmenwände, KVH/BSH 6x16cm, Holzfaserdämmung, d=160mm, innenseitig OSB-Schalung, d=15mm (94m²), Stb-Sockelaufkantung C25/30, d=14cm, h=35cm, Schalung, Bewehrung (25m²)				
	6400-0120 Jugendfreizeitstätte (3 Gruppen, 100 Kinder)				
		380,56 m²	89.436	**235,01**	112,52
	Holzrahmenwände, KVH 6-10x16cm, h=2,80-3,00m, innen OSB-Platten, d=18mm, Mineralwolldämmung WLS 032, d=16cm (316m²), Unterzüge, BSH 16x30-45cm (1m³), Vertikalstützen, KVH 12-16x12-16cm (1m³), Stb-Wände C25/30, d=16cm, Schalung, Bewehrung (65m²)				
	7600-0089 Rettungswache (2 Fahrzeuge)				
		261,70 m²	46.507	**177,71**	143,26
	Holzrahmenwände 6x16cm, Holzfaserdämmung WLG 035, d=160mm, einseitig OSB-Schalung, d=15mm (221m²), Stb-Aufkantung C25/30, 40x20cm, Schalung, Bewehrung (41m²), BSH-Schwellen 8x16cm (36m)				
	7800-0037 Parkhaus (77 STP)				
		111,65 m²	42.952	**384,70**	20,28
	Doppelwandelemente C35/45, d=30cm, Schalung, Bewehrung (112m²)				

KG	Kostengruppe	Menge Einheit	Kosten €	€/Einheit	€/m² BGF
332	**Nichttragende Außenwände**				
	4400-0367 Kindergarten (7 Gruppen, 130 Kinder)	215,23 m²	52.546	**244,14**	30,35
	Holzrahmen-Attiken, KVH 10x14cm, Zelluloseeinblasdämmung WLG 040, d=140mm, außen Holzfaserbeplankung, d=60mm, OSB-Schalung, Dreischichtplatten, d=27mm (176m²), ungedämmt (39m²), Attika-Unterkonstruktion, Dreischichtplatten, d=27mm, b=400mm (301m)				
	6100-1672 Einfamilienhaus	21,48 m²	6.608	**307,66**	49,98
	Massivholzattika, d=16cm, h=40cm (21m²)				
	6400-0120 Jugendfreizeitstätte (3 Gruppen, 100 Kinder)	145,25 m²	20.038	**137,96**	25,21
	Holzrahmenattika, KVH 6x12cm, h=50cm, innen OSB-Platten, d=15mm, Mineralwolldämmung WLS 032, d=12cm (145m²), Unterzüge, BSH 12x48-60cm (3m³)				
	7600-0089 Rettungswache (2 Fahrzeuge)	29,84 m²	4.423	**148,24**	13,63
	Holzrahmenattika 6x16cm, Holzfaserdämmung WLG 035, d=160mm, einseitig OSB-Schalung, d=15mm (30m²)				
333	**Außenstützen**				
	4400-0333 Kindertagesstätte (3 Gruppen, 35 Kinder)	7,35 m	431	**58,62**	0,67
	Holzstützen 16x16cm (7m), Stahlprofil-Stützenfüße (3St)				
	4400-0367 Kindergarten (7 Gruppen, 130 Kinder)	50,00 m	5.241	**104,82**	3,03
	Stahlstützen 60x60x4mm, beschichtet (34m), 80x80x5mm (16m)				
	6100-1593 Mehrfamilienhaus (3 WE)	10,88 m	4.185	**384,61**	7,40
	Stb-Stützen C30/37, 45x25cm, Schalung, Bewehrung (3m), 25x25cm (3m), KS-Mauerwerkspfeiler 24x24cm (5m)				
	6400-0120 Jugendfreizeitstätte (3 Gruppen, 100 Kinder)	36,05 m	3.777	**104,78**	4,75
	Stahlstützen 100x100x10mm, beschichtet (30m), 70x70x5mm, l=2,15m, Kopf-/Fußplatten (6m)				
	7600-0089 Rettungswache (2 Fahrzeuge)	2,56 m	64	**24,98**	0,20
	BSH-Stütze 16x16cm (3m)				

KG	Kostengruppe	Menge Einheit	Kosten €	€/Einheit	€/m² BGF
	7800-0037 Parkhaus (77 STP)				
		195,96 m	134.709	**687,43**	63,60
	Stahlstützen QR220, l=5,96m, Fußplatten 40x40x2cm (187m), l=1,00m, als Aufschieblinge (9m), Kopfplatten (9St), Stützenverguss, Beton C20/25 (28St), Eindichten (31St), Fahnenbefestigungen (14St), Anschlussbleche für Absturzsicherungen 94x8cm (74St), Einbauteile Aufschiebling QR 90x8mm (9St)				
334	**Außenwandöffnungen**				
	4400-0333 Kindertagesstätte (3 Gruppen, 35 Kinder)				
		19,67 m²	15.966	**811,71**	24,75
	Holz-Alu-Fenster Ug=0,7W/m²K, einflüglig, Drehkipp (10m²), festverglast (4m²), Rahmentüren (5m²), Fensterbänke, Multiplex, b=8-15cm, innen (7m), Alu, außen (9m), Laibungsbretter, Multiplex, innen (10m)				
	4400-0367 Kindergarten (7 Gruppen, 130 Kinder)				
		316,34 m²	320.010	**1.011,60**	184,85
	Holzfenster, Uw=0,9W/m²K, Dreifach-VSG-Verglasung, Öffnungsflügel, Festverglasungen, vierteilig (81m²), fünfteilig (65m²), dreiteilig (51m²), als Holz-Alufenster, zweiteilig (97m²), dreiteilig (13m²), einteilig (4m²), Holztüren, hinterlüftete Fichtenbekleidung, beschichtet, Blockzargen (7m²), Antipanikbeschläge (6St), Motorantrieb (1St), Fluchttürsicherung (1St), Alu-Fenstereinfassungen (163m), Fensterbänke innen, Holz (34m), Fensterbänke außen, Alu (31m)				
	6100-1593 Mehrfamilienhaus (3 WE)				
		103,16 m²	78.488	**760,84**	138,80
	Alu-Kunststofffenster, Dreifachverglasung, U<0,79W/m²K, DK, zweiflüglig, dreigeteilt (70m²), Alu-Haustüren, geschlossenes Türblatt (5m²), mit verglastem Seitenteil, satiniert (5m²), Sektionaltore 5,00x2,25m, Motorantrieb (23m²), Fensterbänke, Holz, innen, t=30cm (17m), t=44cm (5m), Alu, außen (35m)				
	6100-1672 Einfamilienhaus				
		42,67 m²	29.953	**701,97**	226,52
	Holz-Alu-Fenstertüren, Uw=0,8W/m²K, zweiteilig, Drehkipp, Festverglasung (27m²), einteilig, Festverglasung (6m²), Drehkipp (2m²), Holzeingangstüren, U=1,3W/m²K, außenseitig Aluschale (5m²), mit Glasausschnitt (2m²)				
	6400-0120 Jugendfreizeitstätte (3 Gruppen, 100 Kinder)				
		116,12 m²	87.125	**750,30**	109,61
	Holzfenster, Uw=0,85W/m²K, Dreifach-Isolierverglasung, teilweise Festverglasung, dreiteilig (38m²), zweiteilig (30m²), sechsteilig (23m²), einteilig (10m²), Türelemente, dreiteilig (11m²), einteilig (4m²), Obentürschließer (psch), Milchglasfolie (psch), Fensterbänke außen, Alu (44m), innen, Holz, mit Lüftungsschlitzen, Beschichtung (44m)				

KG	Kostengruppe	Menge Einheit	Kosten €	€/Einheit	€/m² BGF
	7600-0089 Rettungswache (2 Fahrzeuge)				
		90,36 m²	54.276	**600,66**	167,19

Kunststofffenster Ug=0,6W/m²K, zwei bis drei Elemente gekoppelt, ein-/zweiteilig, Drehkipp, Festverglasungen (31m²), Kunststoff-Fenstertürelement, Seitenteile (8m²), Sektionaltore, Lichtbänder, Kunststoffdoppelscheiben, Schlupftüren, Torantriebe, Steuerung, Signalleuchte (30m²), Nebentür, wie Tore (2m²), Alu-Haustürelement, Seitenteil, VSG-Oberlichter, E-Öffner (9m²), Kunststoff-Haustürelement, Seitenteil, festverglaste Brüstung, Drehkippflügel (4m²), Fensterbänke, außen, Alu (34m)

KG	Kostengruppe	Menge Einheit	Kosten €	€/Einheit	€/m² BGF
335	**Außenwandbekleidungen, außen**				
	4400-0333 Kindertagesstätte (3 Gruppen, 35 Kinder)				
		286,93 m²	85.003	**296,25**	131,79

Holzfaserdämmung WLG 040, d=80mm (252m²), Fassadenbahn (267m²), Konterlattung 3x5cm, Sparschalung, d=3cm, Lärche-Schindelbekleidung, zweilagig (192m²), Holzunterkonstruktion, zweilagig, HPL-Bekleidung, d=6mm (77m²), Perimeterdämmung WLG 035, d=60mm (18m²), Sockelverwahrungen, Edelstahl (118m)

	4400-0367 Kindergarten (7 Gruppen, 130 Kinder)				
		828,66 m²	182.400	**220,11**	105,36

Holzunterkonstruktion, d=40mm, hinterlüftete Fichtenbekleidung waagrecht, Lasur (759m²), Laibungen (76m), Insektenschutzwinkel (601m), Alu-Sockelbekleidung (54m²), Siliconharzbeschichtung (16m²)

	6100-1593 Mehrfamilienhaus (3 WE)				
		445,82 m²	103.907	**233,07**	183,76

Fassadenbekleidung: Konterlattung/Lattung aus KVH 40-60mm, senkrechte Lärchenholzprofile, verschiedene Breiten, b=69-121mm, gehobelt, geölt (262m²), offene Fassadenbekleidung (57m²), Laibungen (58m), Fassadenbeschichtung (215m²), Sockelabdichtung, Noppenschutzbahn (92m²), Faserzementplatten (17m²), Sockelplatten, h=30cm (9m²), HPL-Platten, d=9mm, als Gaubenbekleidung (10m²), Insektenschutzgitter (208m)

	6100-1672 Einfamilienhaus				
		156,79 m²	29.822	**190,20**	225,53

Fassadenbahn, Holzfaserdämmung, d=60mm, Holz-UK, Nut-/Federschalung, Lärche (132m²), in Laibungen (51m), Flüssigkunststoffabdichtung (20m), Bitumendickbeschichtung, Perimeterdämmung WLS 037, d=120mm (19m²), Armierung, Sockelputz, Dichtschlämme, Beschichtung (25m²), in Laibungen (6m)

	6400-0120 Jugendfreizeitstätte (3 Gruppen, 100 Kinder)				
		614,98 m²	194.943	**316,99**	245,25

Holzunterkonstruktion, d=60mm, Holzfaserdämmung WLS 043, d=100mm, hinterlüftete Lärchenbekleidung, senkrecht, beschichtet (487m²), Laibungen (47m), Holzmehrschichtplatten, d=22mm (44m²), Laibungen (9m), Insektenschutzgitter (500m), Alu-Sockelbekleidung, XPS-Dämmung, d=80mm (66m²), offene Holzleistenschalung, Unterkonstruktion Douglasie (19m²)

KG	Kostengruppe	Menge Einheit	Kosten €	€/Einheit	€/m² BGF
	7600-0089 Rettungswache (2 Fahrzeuge)				
		298,03 m²	63.142	**211,87**	194,50
	Fassadenbahn, Holzfaserdämmung WLG 040, d=60mm (282m²), Bitumendickbeschichtung, Perimeterdämmung, d=100mm (16m²), Holzunterkonstruktion, Rhombusschalung, Fichte 25x140mm, lasiert (181m²), Armierung, Oberputz, Beschichtung (147m²)				
	7800-0037 Parkhaus (77 STP)				
		875,10 m²	340.129	**388,67**	160,59
	Stahlrahmen-Fassadenelemente, Stahlprofile 100x65x10mm, verzinkt, Lärchenkanthölzer 60x60mm, diagonal montiert (800m²), Bitumenabdichtung, Noppenbahn (75m²), Aussteifungsverbände, 80x120x10mm, l=5,00m (36St), Beschichtung, L-Profile (184m)				
336	**Außenwandbekleidungen, innen**				
	4400-0333 Kindertagesstätte (3 Gruppen, 35 Kinder)				
		256,50 m²	33.050	**128,85**	51,24
	Gipsfaserplatten-Bekleidung, d=12,5mm (243m²), GK-Vorsatzschalen, einseitig, zweilagig beplankt, d=7,5cm, Mineralwolldämmung, d=40mm (37m²), Dispersionssilikat-Beschichtung (200m²), Dreischichtplatten-Bekleidung, Decklage Weißtanne, d=20mm (47m²), Wandfliesen (9m²)				
	4400-0367 Kindergarten (7 Gruppen, 130 Kinder)				
		537,19 m²	48.739	**90,73**	28,15
	GK-Vorsatzschalen, UK, Dämmung, d=40mm, doppelt beplankt (222m²), Holz-Vorsatzschalen, UK, Dämmung, d=50mm, Dreischichtplatten, d=19mm, Sichtqualität (184m²), Spachtelung Q3, Malervlies, Dispersionsbeschichtung (313m²), Latexbeschichtung (205m²), Laibungen (8m), Wandfliesen (26m²), MDF-Stützenbekleidungen (21m²), Brandschutzbeschichtung auf Stahlstützen (13m²)				
	6100-1593 Mehrfamilienhaus (3 WE)				
		339,08 m²	44.158	**130,23**	78,09
	GK-Installationswände, spachteln, Malervlies (220m²), Laibungen (91m), Dispersionsbeschichtung (340m²), Calciumsilikatplatten, d=12cm, Putz (49m²), Wandabdichtung (15m²)				
	6100-1672 Einfamilienhaus				
		103,93 m²	10.331	**99,40**	78,13
	GK-Installationsebene, doppelt beplankt, Dämmung, d=40mm, Spachtelung Q3 (104m²), in Laibungen (70m), über Fenstern (15m), Dispersions-Silikatbeschichtung (70m²), in Laibungen (52m), Wandfliesen 60x30cm (2m²)				

KG	Kostengruppe	Menge Einheit	Kosten €	€/Einheit	€/m² BGF
	6400-0120 Jugendfreizeitstätte (3 Gruppen, 100 Kinder)	546,65 m²	109.662	**200,61**	137,96
	Holzunterkonstruktion, d=56mm, Holzmehrschichtplatten, d=19mm, Beschichtung (400m²), als Akustikplatten (51m²), Laibungen (13m²), an Oberlicht, Holzunterkonstruktion, d=26mm (36m²), GK-Bekleidung, einlagig (51m²), GK-Vorsatzschalen, d=22cm, einseitig doppelt beplankt (10m²), Dispersionsbeschichtung (53m²), Wandfliesen 30x60cm (8m²)				
	7600-0089 Rettungswache (2 Fahrzeuge)	220,83 m²	11.975	**54,23**	36,89
	GK-Bekleidung, d=12,5mm (208m²), Zementbauplatten-Bekleidung (13m²), Wandfliesen 25x50cm (11m²), Silikatbeschichtung (210m²)				
337	**Elementierte Außenwandkonstruktionen**				
	4400-0333 Kindertagesstätte (3 Gruppen, 35 Kinder)	87,49 m²	127.187	**1.453,73**	197,20
	Holz-Alu-Pfosten-Riegel-Fassaden, Festverglasungen, teilweise farbig, Brüstungsverglasungen, Drehkippflügel, zweiteilige Hebeschiebetüren, barrierefrei, Ug=0,7W/m²K, VSG (83m²), Haustürelement, Holz-Alu-Eingangstür mit Glasausschnitt, Drehtür-Automatik, seitliche Festverglasung (4m²)				
338	**Lichtschutz zur KG 330**				
	4400-0333 Kindertagesstätte (3 Gruppen, 35 Kinder)	86,00 m²	24.675	**286,92**	38,26
	Fassaden-Markisen, Motorantriebe (86m²), Sonnenschutzzentrale mit Messwertgebern (1St), USV-Anlage (1St)				
	4400-0367 Kindergarten (7 Gruppen, 130 Kinder)	177,40 m²	63.428	**357,54**	36,64
	Markisen mit Seilführung, Motorantrieb, zweiteilig (69m²), einteilig (49m²), Schienenführung (59m²), Bediengerät (1St), Schaltaktoren (8St), Wetterstation (1St)				
	6100-1593 Mehrfamilienhaus (3 WE)	39,74 m²	15.783	**397,16**	27,91
	Alu-Raffstores, Lamellenbreite 80mm (40m²)				
	6400-0120 Jugendfreizeitstätte (3 Gruppen, 100 Kinder)	88,58 m²	31.143	**351,58**	39,18
	Textiler Sonnenschutz, Motorantrieb, Führungsschienen (89m²), Sonnenschutzzentrale, Wetterstation (1St)				
339	**Sonstiges zur KG 330**				
	4400-0333 Kindertagesstätte (3 Gruppen, 35 Kinder)	374,42 m² AWF	4.727	**12,62**	7,33
	Briefkastenanlage, Edelstahl (1St), Gitterrost (1St)				

KG	Kostengruppe	Menge Einheit	Kosten €	€/Einheit	€/m² BGF
	6100-1593 Mehrfamilienhaus (3 WE)				
		548,43 m² AWF	4.076	**7,43**	7,21
	Absturzsicherungen, Glas, h bis 90cm (4m²), Halterungen, Edelstahl (8St)				
	6100-1672 Einfamilienhaus				
		183,41 m² AWF	3.207	**17,49**	24,25
	Ganzglasvordach 1,50x1,00m, VSG, freitragend (1St)				

Kostenkennwerte für die Kostengruppen 300 der 3. Ebene DIN 276

KG	Kostengruppe	Menge Einheit	Kosten €	€/Einheit	€/m² BGF
341	**Tragende Innenwände**				
	4400-0333 Kindertagesstätte (3 Gruppen, 35 Kinder)	613,59 m²	87.830	**143,14**	136,17
	Holzrahmenwände, d=11,5cm, KVH 6/10cm, Zellulosedämmung WLG 040, d=100mm, OSB-Schalung, d=15mm (199m²), d=13,5cm (95m²), d=17,5cm (49m²), Dreischicht-Brettsperrholzwände, d=10cm (271m²)				
	4400-0367 Kindergarten (7 Gruppen, 130 Kinder)	1.100,81 m²	283.725	**257,74**	163,89
	Brettsperrholzwände, d=100mm, einseitig Einschichtplatte, Sichtqualität (478m²), beidseitig Einschichtplatte (92m²), Holzrahmenwände, KVH 6x10cm, d=125-150mm, Steinwolldämmung, d=100mm, einseitig OSB-Schalung, einseitig GK-Beplankung, Dreischichtplatten, d=19mm, Sichtqualität (221m²), einseitig GK-Beplankung, Dreischichtplatten, Sichtqualität (185m²), einseitig doppelte GK-Beplankung (124m²), OSB-Aufdopplungen (776m²)				
	6100-1593 Mehrfamilienhaus (3 WE)	164,42 m²	31.047	**188,83**	54,91
	Stb-Wände C25/30, d=25cm, Sichtqualität, Schalung, Bewehrung (36m²), Holzrahmenwände, d=17,5cm, KVH 60x120mm, Holzfaserdämmung, beidseitig OSB=15mm, GK=12,5mm (129m²)				
	6100-1672 Einfamilienhaus	59,10 m²	6.077	**102,82**	45,96
	Massivholzwände, d=6cm (59m²)				
	6400-0120 Jugendfreizeitstätte (3 Gruppen, 100 Kinder)	374,17 m²	74.068	**197,95**	93,18
	Holzrahmenwände, KVH 6-10x14cm, h=3,00-3,50m, innen OSB-Platten, d=15mm, Mineralwolldämmung WLG 040, d=14cm (374m²), Unterzüge, BSH 14x30-45cm (2m³)				
	7600-0089 Rettungswache (2 Fahrzeuge)	113,72 m²	22.148	**194,76**	68,22
	Holzrahmenwände, d=17,5cm, KVH 6x16cm, Holzfaserdämmung WLG 035, d=160mm, beidseitig OSB-Schalung, d=15mm (97m²), Stb-Aufkantung C25/30, 40x20cm, Schalung, Bewehrung (17m²), BSH-Schwellen 8x16cm (21m)				
342	**Nichttragende Innenwände**				
	4400-0333 Kindertagesstätte (3 Gruppen, 35 Kinder)	81,62 m²	11.775	**144,26**	18,26
	GK-Metallständerwände, d=15cm, Mineralwolldämmung, d=60mm, beidseitig doppelt beplankt (46m²), d=12,5cm (10m²), als Installationswände, d=30-37cm, Mineralwolldämmung, d=40mm, beidseitig doppelt beplankt (21m²), Abmauerung Brausewannen, Bimsplatten, d=6-8cm (4m²)				

KG	Kostengruppe	Menge Einheit	Kosten €	€/Einheit	€/m² BGF
	4400-0367 Kindergarten (7 Gruppen, 130 Kinder)				
		383,50 m²	59.840	**156,04**	34,57
	GK-Metallständerwände, d=12,5cm, beidseitig doppelt beplankt, Mineralwolldämmung WLG 040, d=60mm (228m²), Holzrahmenwände, d=118-124mm, KVH 6x8cm, Steinwolldämmung, d=80mm, einseitig Dreischichtplatten, Sichtqualität, einseitig doppelte GK-Beplankung (131m²), beidseitig Dreischichtplatten, Sichtqualität (25m²)				
	6100-1593 Mehrfamilienhaus (3 WE)				
		178,50 m²	28.474	**159,52**	50,35
	KS-Mauerwerk, d=11,5cm (26m²), GK-Wände, d=12,5cm, OSB, GK-Beplankung (120m²), d=15cm, beidseitig 2x12,5mm GK-Beplankung (9m²), 1x12,5mm (19m²), GK-Installationswand, d=20cm (5m²), Revisionsklappe (1St)				
	6100-1672 Einfamilienhaus				
		18,52 m²	1.921	**103,73**	14,53
	GK-Wände, d=10-15cm, beidseitig doppelt beplankt, Dämmung, d=40mm, Spachtelung Q3 (19m²)				
	6400-0120 Jugendfreizeitstätte (3 Gruppen, 100 Kinder)				
		163,49 m²	18.876	**115,46**	23,75
	GK-Metallständerwände, d=10-12,5cm, beidseitig doppelt beplankt, Mineralwolldämmung WLG 040, d=60mm (163m²)				
	7600-0089 Rettungswache (2 Fahrzeuge)				
		199,83 m²	21.215	**106,16**	65,35
	GK-Wände, d=10cm, beidseitig einlagig beplankt, teilweise Zementbauplatten, Mineralwolldämmung (134m²), d=12,5cm, beidseitig doppelt beplankt (49m²), Holzrahmenwand, d=9cm, KVH 6x7,5cm, beidseitig OSB-Schalung, d=15mm, GK-Beplankung (17m²)				
343	**Innenstützen**				
	6100-1593 Mehrfamilienhaus (3 WE)				
		7,20 m	194	**26,97**	0,34
	Stahlstütze 70x70mm, h=7,20m (1St)				
	7600-0089 Rettungswache (2 Fahrzeuge)				
		5,12 m	127	**24,79**	0,39
	BSH-Stützen 16x16cm (5m)				

KG	Kostengruppe	Menge Einheit	Kosten €	€/Einheit	€/m²BGF
344	**Innenwandöffnungen**				
	4400-0333 Kindertagesstätte (3 Gruppen, 35 Kinder)				
		74,29 m²	99.630	**1.341,10**	154,47
	Holz-Fensterelement, dreiteilig, zwei Hebeschiebetüren, barrierefrei, Festverglasung (14m²), Holz-Alu-Pfosten-Riegel-Konstruktionen, dreiteilig, Blockrahmentür mit Glasausschnitt, zwei Festverglasungen (11m²), drei Schiebetüranlagen, je vier Schiebetüren, MDF-Platten, HPL-beschichtet (29m²), Holz-Schiebetürelement, vor Wand laufend, HPL-beschichtet (2m²), Fingerschutztürelemente, Röhrenspaneinlage, HPL-beschichtet (15m²), T30, HPL-beschichtet (2m²), Festverglasungen, VSG (2m²); Stahlumfassungszargen, VSG				
	4400-0367 Kindergarten (7 Gruppen, 130 Kinder)				
		180,28 m²	169.120	**938,10**	97,69
	Holztüren, Stahlzargen (99m²), mit Glasseitenteilen (43m²), Holzrahmentüren, Oberlichter, Seitenteile mit Glasausschnitt, T30-RS (19m²), Schallschutztüren (4m²), Schiebetüren (4m²), Stahltür (2m²), Holzfenster, ESG-Festverglasungen (8m²), Stahlumfassungszargen (61St), Türstopper (26St)				
	6100-1593 Mehrfamilienhaus (3 WE)				
		39,29 m²	25.544	**650,15**	45,17
	Röhrenspantüren, Holzumfassungszargen, weiß (32m²), Stahltüren T60 RS (3m²), Ganzglastüren, festverglastes Seitenteil, ESG 8mm (4m²), Drückergarnituren (17St)				
	6100-1672 Einfamilienhaus				
		8,89 m²	2.608	**293,40**	19,73
	Holztüren, Oberfläche lackiert, Umfassungszargen (9m²)				
	6400-0120 Jugendfreizeitstätte (3 Gruppen, 100 Kinder)				
		111,51 m²	107.997	**968,50**	135,87
	Holztüren, Vollspan, Oberfläche HPL, Blockzargen (59m²), mit Seitenteil/Oberlicht Festverglasungen (32m²), Holzfenster, Uw=0,85W/m²K, Dreifach-Isolierverglasung, Festverglasung, dreiteilig (11m²), einteilig (5m²), zweiteilig (4m²), als Schiebefenster (1m²), Türstopper (10St), Panikbeschläge (4St)				
	7600-0089 Rettungswache (2 Fahrzeuge)				
		28,68 m²	19.201	**669,50**	59,15
	Holztüren, beschichtet, Stahlzargen (23m²), Holz-Türelement T30 RS, Seitenverglasung, Blockzarge (5m²)				

KG	Kostengruppe	Menge Einheit	Kosten €	€/Einheit	€/m² BGF
345	**Innenwandbekleidungen**				
	4400-0333 Kindertagesstätte (3 Gruppen, 35 Kinder)	1.031,09 m²	113.277	**109,86**	175,63
	Gipsfaserplatten-Bekleidung, d=12,5mm, Q3 (573m²), GKF-Schallschutz-Vorsatzschalen, d=10,5cm, zweilagig beplankt, Mineralwolldämmung, d=60mm (201m²), GK-Vorsatzschale, zweilagig beplankt, d=7,5cm, Mineralwolldämmung, d=40mm (23m²), GK-Beplankung (27m²), Dispersionssilikat-Beschichtung (697m²), Dreischichtplatten-Bekleidung, Decklage Weißtanne, d=20mm (230m²), Wandfliesen 15x15cm (71m²), Spiegel 265x90cm, fliesenbündig (2m²), Acrylharzbeschichtung (18m²), Lasur (13m²)				
	4400-0367 Kindergarten (7 Gruppen, 130 Kinder)	2.832,63 m²	244.297	**86,24**	141,11
	GK-Vorsatzschalen, UK, Dämmung 20-60mm, doppelt beplankt (697m²), einfach beplankt (249m²), ungedämmt (161m²), GK-Laibungen (159m), Holz-Vorsatzschalen, UK, Dämmung, d=20-60mm, GK-Beplankung, Dreischichtplatten, d=19mm, Sichtqualität (192m²), Holz-Laibungen (120m), Holzlasur (779m²), Vergilbungsschutz (671m²), Spachtelung Q3, Malervlies (834m²), Dispersionsbeschichtung (1.024m²), Laibungen (103m), Wandfliesen (156m²), Wandspiegel, fliesenbündig (10m²)				
	6100-1593 Mehrfamilienhaus (3 WE)	836,91 m²	34.537	**41,27**	61,08
	Spachtelung, Malervlies, Beschichtung (482m²), GK-Vorsatzschalen, d=20cm, Holzfaserdämmung, 2x12,5mm Beplankung (35m²), Badewannen einmauern (2St), GK-Platten an Stb-Wänden (90m²), Abdichtung (65m²), Wandfliesen 60x60cm (155m²), Dispersionsbeschichtung (200m²)				
	6100-1672 Einfamilienhaus	118,30 m²	7.657	**64,73**	57,91
	GK-Bekleidung, Spachtelung Q3 (118m²), GK-Vorsatzschale (1m²), GK-Verkofferung (1m²), Dispersions-Silikatbeschichtung (100m²), Abdichtung, Wandfliesen (15m²), Abmauerung Badewanne (1St)				
	6400-0120 Jugendfreizeitstätte (3 Gruppen, 100 Kinder)	716,83 m²	99.267	**138,48**	124,88
	Holzunterkonstruktion, d=26mm, Holzmehrschichtplatten, d=19mm, Beschichtung (271m²), als Akustikplatten (50m²), GK-Bekleidung, einlagig (178m²), GK-Vorsatzschalen, d=22cm, einseitig doppelt beplankt (46m²), Dispersionsbeschichtung (310m²), Wandfliesen 30x60cm (82m²), Wandspiegel, fliesenbündig (4m²)				
	7600-0089 Rettungswache (2 Fahrzeuge)	596,44 m²	20.268	**33,98**	62,43
	GK-Bekleidung, d=12,5mm (194m²), GKF-Bekleidung (45m²), Abdichtung (11m²), Wandfliesen 25x50cm (42m²), Silikatbeschichtung (555m²)				

KG	Kostengruppe	Menge Einheit	Kosten €	€/Einheit	€/m² BGF
346	**Elementierte Innenwandkonstruktionen**				
	4400-0333 Kindertagesstätte (3 Gruppen, 35 Kinder)	21,72 m²	6.197	**285,31**	9,61
	WC-Trennwandanlagen, Vollspanplatten, d=40mm, HPL-Schichtstoff, mit Frontwänden, Mittelwänden, drei Türen, h=2,00m (13m²), h=1,50m (8m²)				
	4400-0367 Kindergarten (7 Gruppen, 130 Kinder)	118,54 m²	79.187	**668,02**	45,74
	Holz-Glaselemente, Rahmentüren, Holzzargen, Glasseitenteile, Oberlichter (30m²), mobile Holz-Trennwandanlage, beidseitig Dreischichtplatten, schallgedämmt, Rw=47dB, Laufschienensystem, sechs Vollwandelemente, eine Tür, zwei Anschlusselemente (22m²), ESG-Glastrennwand, Holzständer, sechs Glasfelder, eine Glasrahmentür, Stockzarge (16m²), WC-Trennwände, HPL-Vollkernplatten, d=13mm, 16 Türen (50m²)				
	6400-0120 Jugendfreizeitstätte (3 Gruppen, 100 Kinder)	13,58 m²	7.767	**571,91**	9,77
	WC-Trennwände, HPL-Verbundelemente, d=30mm, h=2,15m, zwei Türen (12m²), eine Tür (2m²)				
349	**Sonstiges zur KG 340**				
	4400-0333 Kindertagesstätte (3 Gruppen, 35 Kinder)	791,22 m² IWF	2.579	**3,26**	4,00
	Handlauf, Eiche (1St)				

Kostenkennwerte für die Kostengruppen 300 der 3.Ebene DIN 276

KG	Kostengruppe	Menge Einheit	Kosten €	€/Einheit	€/m² BGF
351	**Deckenkonstruktionen**				
	4400-0333 Kindertagesstätte (3 Gruppen, 35 Kinder)	21,36 m²	7.524	**352,25**	11,67
	Dreischicht-Brettsperrholzdecke, d=10cm (21m²), Stahlrahmen mit Stahlstütze für Galerie (1St)				
	6100-1593 Mehrfamilienhaus (3 WE)	358,86 m²	77.740	**216,63**	137,48
	Stb-Elementdecken C30/37, d=22cm, Schalung, Bewehrung (153m²), Stb-Unterzüge 25x26cm (10m), 45x26cm (8m), Holzbalkendecken, OSB, d=25mm, auf KVH bis 14x30cm (183m²), Stb-Treppen C30/37, vier gerade Läufe, d=20cm, b=100cm je 8 Stg 19x26cm (8m²), Stb-Podeste 1,56x2,23m (7m²), 1,01x2,23m (5m²), Stahlwangentreppe, 4,00x0,80m, geradläufig, Flachstahl, d=10mm (3m²), Treppenstufen, 25x80cm, d=40mm, Holz (16St)				
	7600-0089 Rettungswache (2 Fahrzeuge)	149,51 m²	29.256	**195,68**	90,12
	Brettsperrholzdecke, d=14cm, Industriesicht (132m²), d=16cm (17m²)				
	7800-0037 Parkhaus (77 STP)	969,94 m²	376.945	**388,63**	177,97
	Brettsperrholzdecken, d=100mm, BSH, fünfschichtig, l bis 17,40m (970m²), BSH-Binder 22x66cm, l=4,00-16,00m (666m), 24x24cm (10m), Holzstopfen (2.428St), Stabdübel, d=16mm, l=190-310mm (1.228St), Verschraubungen (psch)				
353	**Deckenbeläge**				
	6100-1593 Mehrfamilienhaus (3 WE)	309,40 m²	57.049	**184,38**	100,89
	PUR-Wärmedämmung WLG 024, d=180mm (157m²), PS-Wärmedämmung WLG 035, d=20mm (153m²), TSD, d=30mm (310m²), Heizestrich CT C35, d=65mm (308m²), als Gefälleestrich (2m²), Estrichbewehrung (78m²), Parkett, schleifen, versiegeln (219m²), Holzsockel (191m), Korkfugen (13m), Abdichtung (44m²), Bodenfliesen 60x60cm (70m²), Fliesensockel (35m)				
	7600-0089 Rettungswache (2 Fahrzeuge)	130,49 m²	18.688	**143,22**	57,57
	Zementheizestrich CT-C25-F4, d=65mm (122m²), Linoleum (84m²), Linoleumsockel (104m), Kautschukboden (36m²), Kautschuksockel (36m), Dampfsperre, EPS-Gefälle-dämmung WLG 035, d i.M. 120mm, Dachabdichtung, zweilagig (10m²)				

KG	Kostengruppe	Menge Einheit	Kosten €	€/Einheit	€/m² BGF
	7800-0037 Parkhaus (77 STP)				
		970,00 m²	151.746	**156,44**	71,65
	Holzfaserdämmung, dreilagig, d=8mm, Voranstrich, Bitumenabdichtung, zweilagig, Gussasphalt B20/30, d=40mm (970m²), Traufbleche, Randwinkel 50x50x3mm (60m), Deckenrandanschlüsse (159m), Stützenanschlüsse (34St), Bodenmarkierungen, Linien (226m), Parkplatznummerierungen (40St), Bewegungsfugenprofil (4m)				
354	**Deckenbekleidungen**				
	6100-1593 Mehrfamilienhaus (3 WE)				
		163,40 m²	27.925	**170,90**	49,38
	Abgehängte Decken, Mineralwolldämmung, d=100mm, GK-Platten, d=12,5mm, spachteln, Malervlies, Dispersionsbeschichtung (154m²), UK, OSB-Platten, d=22mm, Faserzementplatten (9m²)				
	7600-0089 Rettungswache (2 Fahrzeuge)				
		86,79 m²	5.322	**61,32**	16,39
	GKF-Bekleidung, d=12,5mm, Silikatbeschichtung (87m²)				
355	**Elementierte Deckenkonstruktionen**				
	4400-0333 Kindertagesstätte (3 Gruppen, 35 Kinder)				
		5,26 m²	16.285	**3.096,07**	25,25
	Treppenanlage: 14Stg 17x26cm, zweiläufig mit Zwischenpodest, Treppenstufen, Eiche Massiv, Treppenwangen und Brüstungsplatte, Dreischichtplatte mit HPL-Bekleidung, unter Podest zwei Schiebetüren, auf Gegenseite eine Drehtüre, auf Galerie eine Drehtüre in Brüstungshöhe (5m²)				
	6100-1593 Mehrfamilienhaus (3 WE)				
		9,00 m²	8.166	**907,28**	14,44
	Balkonanlage 3,00x3,04m, umlaufendes U180, Stahlstützen QR 70x5mm, h=6,00m, verzinkt, Balkonbodenplatte freitragend, dreigeteilt 1,00x3,00m, inkl. Entwässerung (9m²)				
	7600-0089 Rettungswache (2 Fahrzeuge)				
		14,53 m²	16.563	**1.139,90**	51,02
	Stahlwangentreppen, b=1,20m, Gitterroststufen, Gitterrostpodeste, Flachstahlgeländer, h=90cm, verzinkt, beschichtet, Edelstahlhandläufe (15m²)				
	7800-0037 Parkhaus (77 STP)				
		11,84 m²	11.374	**960,67**	5,37
	Stahltreppen, b=2,17m, U240-Profile, 19 Gitterroststufen 17,5x28cm, verzinkt (12m²)				
359	**Sonstiges zur KG 350**				
	4400-0333 Kindertagesstätte (3 Gruppen, 35 Kinder)				
		26,62 m² DEF	3.646	**136,95**	5,65
	Glas-Absturzsicherung, Brüstung (psch)				

KG	Kostengruppe	Menge Einheit	Kosten €	€/Einheit	€/m2 BGF
	6100-1593 Mehrfamilienhaus (3 WE)				
		367,86 m2 DEF	11.908	**32,37**	21,06
	Geländer an Wangentreppe, Flachstahl 10x40mm, senkrechte Stäbe, h=0,90m, Holzhandlauf (9m), an Betontreppen, Flachstahl 10x40mm, senkrechte Stäbe, h=0,90m (10m), Balkongeländer, Flachstahl 10x40mm, senkrechte Stäbe, Handlauf, h=0,90m, dreiseitig (9m)				
	7600-0089 Rettungswache (2 Fahrzeuge)				
		164,04 m2 DEF	5.134	**31,30**	15,82
	Stahl-Balkongeländer, verzinkt, HPL-Bekleidung (6m)				
	7800-0037 Parkhaus (77 STP)				
		981,78 m2 DEF	24.599	**25,06**	11,61
	Stahlmatten als Anprallgitter, h=1,00m, an Stahlstützen verschraubt, verzinkt (158m)				

Kostenkennwerte für die Kostengruppen 300 der 3. Ebene DIN 276

KG	Kostengruppe	Menge Einheit	Kosten €	€/Einheit	€/m² BGF
361	**Dachkonstruktionen**				
	4400-0333 Kindertagesstätte (3 Gruppen, 35 Kinder)	686,25 m²	193.476	**281,93**	299,97
	Sechseckiges Holz-Walmdach, abbinden, aufstellen, Sparren 10x26cm, Zellulosedämmung WLG 040, d=260mm, OSB-Schalung, d=18mm, unter Sparren (686m²)				
	4400-0367 Kindergarten (7 Gruppen, 130 Kinder)	1.936,65 m²	221.042	**114,14**	127,68
	Holzflach-/Satteldächer, BSH 12x26cm (129m³), KVH (3m³), Abbund (4.113m), OSB-Schalung, d=25mm (1.937m²), Abfangträger HEA200 (28m), IPE360 (17m), IPE400 (14m), IPE 220 (13m)				
	6100-1593 Mehrfamilienhaus (3 WE)	244,64 m²	15.244	**62,31**	26,96
	Holz-Satteldach mit Gauben, Dachneigung 35°, KVH 10x10-24cm (7m³), BSH 10-18x16-36cm (2m³), Dachstuhl errichten, Stahlverbinder (544m), Windrispenband (50m)				
	6100-1672 Einfamilienhaus	126,19 m²	22.122	**175,31**	167,30
	Brettsperrholz-Flachdach, d=16cm (126m²)				
	6400-0120 Jugendfreizeitstätte (3 Gruppen, 100 Kinder)	802,00 m²	179.575	**223,91**	225,92
	Brettsperrholzdach, d=24cm, Nadelholz, Unterseite Sichtqualität (681m²), d=8cm (97m²), d=14cm (24m²)				
	7600-0089 Rettungswache (2 Fahrzeuge)	152,25 m²	31.219	**205,05**	96,17
	Brettsperrholzdach, d=14cm, Wohnsicht (152m²), BSH-Träger 16x24cm (6m)				
	7800-0037 Parkhaus (77 STP)	969,94 m²	378.487	**390,22**	178,70
	Brettsperrholzdach, d=100mm, BSH, fünfschichtig, l bis 17,40m (970m²), BSH-Binder 20x60cm, l=3,46-16,32m (667m), 24x24cm (10m), Holzstopfen (1.565St), Stabdübel, d=16mm, l=170-310mm (819St), Verbinder (46St), Verschraubungen (psch)				
362	**Dachöffnungen**				
	4400-0333 Kindertagesstätte (3 Gruppen, 35 Kinder)	6,08 m²	20.703	**3.405,14**	32,10
	Oberlichtband, Uw=1,0W/m²K, VSG, drei Module, ein Rauchabzugsoberlicht 1,00x1,60m, Motorantrieb, zwei feststehende Module 0,75x1,60m, drei innenliegende Sonnenschutz-Rollos, Motorantrieb, Alu-Eindeckrahmen, Holzunterkonstruktion (4m²), Flachdachfenster 1,20x1,20m, Uw=1,2W/m²K, Isolierglasscheibe, VSG, Acrylglaskuppel, Kunststoff-Aufsetzkranz, Motorantrieb (1m²), festverglast (1m²), Aufsetzkranzerhöhungen (2St)				

KG	Kostengruppe	Menge Einheit	Kosten €	€/Einheit	€/m² BGF
	4400-0367 Kindergarten (7 Gruppen, 130 Kinder)	20,92 m²	35.734	**1.708,12**	20,64
	Dachverglasungen, Ug=1,8W/m²K, Neigung 9-27°, Stahlblechzarge, Wärmedämmung (14m²), Lichtkuppeln, Ug=2,2W/m²K, D=1,20-1,50m, Aufsetzkranz (7m²)				
	6100-1593 Mehrfamilienhaus (3 WE)	3,10 m²	10.025	**3.233,74**	17,73
	Dachflächenfenster 74x140cm, Dreifachverglasung, Motorantriebe (3m²), Rollläden auf DFF (2St)				
	6400-0120 Jugendfreizeitstätte (3 Gruppen, 100 Kinder)	3,56 m²	2.250	**632,07**	2,83
	Pfosten-Riegel-Oberlicht 475x75cm, Dreifachverglasung, Uw=0,85W/m²K, Festverglasung (4m²)				
363	**Dachbeläge**				
	4400-0333 Kindertagesstätte (3 Gruppen, 35 Kinder)	716,38 m²	213.786	**298,42**	331,46
	Holzfaserdämmung WLG 045, d=80mm, Unterspannbahn (683m²), Konterlattung, Dachschalung (687m²), Traufschalung (14m²), Vlies, Kunststoff-Dachabdichtung (716m²), Schubschwellen (189m), Dränmatten (379m²), Wasserspeicher-/Dränschicht, Filtervlies, Vegetationssubstrat, d=6cm (252m²), Systemerde, d=10cm (352m²), Bewässerungs-/Schutzmatten (631m²), Hydraulische Nassansaat (589m²), Ziegelbruch 8/16mm, b=30cm (32m²), Traufprofil, Edelstahl (107m), Dachrinnen, Titanzink (107m), Regenfallrohre DN100, Titanzink (17m)				
	4400-0367 Kindergarten (7 Gruppen, 130 Kinder)	1.906,92 m²	503.700	**264,14**	290,96
	Bitumendampfsperre (1.985m²), EPS-Dämmung WLS 036, d=140mm (1.054m²), als Gefälledämmung, d i.M. 110mm (972m²), Mineralwolldämmung WLS 036-037, d=140-200mm (798m²), als Gefälledämmung, d i.M. 60mm (72m²), Steinwolldämmung WLG 035, als Stirndämmung (56m²), Lagesicherung auf Schrägdach, Titanzink (230m), Bitumenabdichtung, Wurzelschutz (1.851m²), Drän-/Filterschicht, d=20-50mm, extensive Dachbegrünung, d=9cm (1.038m²), Kiesfangleisten (365m), Kies (256m²), Attikaabdeckungen, Alu (345m), Dachrandbekleidung, Titanzink (230m), Dachabläufe (16St)				
	6100-1593 Mehrfamilienhaus (3 WE)	231,06 m²	49.657	**214,91**	87,82
	Holzfaserdämmung WLG 048, d=60mm (233m²), Konterlattung 40x60mm, Lattung 40x60mm, Dachziegel (177m²), Firstziegel (23m), Traufbohlen, Einlauf-Verbundbleche, Lüftungsgitter, Rinnen (47m), Ortgangbleche (15m), PVC-Abdichtung, Lattung keilförmig (54m²), DWD-Schalung, d=15mm (12m²), Aufkantung, Abdeckung Zink (14m), Notablauf (1St), Fallrohre DN100 (30m), Standrohre (6St)				

KG	Kostengruppe	Menge Einheit	Kosten €	€/Einheit	€/m² BGF
	6100-1672 Einfamilienhaus				
		132,23 m²	46.462	**351,37**	351,37

Dampfsperre, PIR-Gefälledämmung WLS 023, d i.M. 164mm (118m²), Linienentwässerungskeile (4St), Bitumenabdichtung, zweilagig (146m²), Schutzvlies, Drän-/Speicherelemente, Extensivsubstrat, Trockensaat (75m²), Kiesrandstreifen 16/32mm, b=50cm (27m²), Ortgangschalung, Attikaabdeckung, Edelstahl (56m), Dachabläufe (2St), Notüberläufe (2St), Fallrohre, Edelstahl (8m), Standrohre (2St)

	6400-0120 Jugendfreizeitstätte (3 Gruppen, 100 Kinder)				
		794,43 m²	207.859	**261,65**	261,50

Bitumenabdichtung, Dampfsperre (733m²), vertikal (112m), PIR-Dämmung WLS 023, d=140mm, PIR-Gefälledämmung, d=20-100mm (733m²), vertikal (44m²), Dachabdichtung, Wurzelschutz (735m²), vertikal (329m), Drän-/Filterschicht (726m²), vertikal (341m), extensive Dachbegrünung, d=10cm (446m²), Betontrittplatten (6m²), Kies (204m²), Attikablechabdeckungen, b=30cm (70m²), Kiesfangleisten, b=9cm (280m), Dachabläufe (13St), Notüberläufe (11St)

	7600-0089 Rettungswache (2 Fahrzeuge)				
		161,82 m²	49.150	**303,73**	151,40

Dampfsperre (155m²), PIR-Wärmedämmung, d=120mm, EPS-Gefälledämmung, d i.M. 120mm, Trennlage (143m²), Dachabdichtung, Wurzelschutzbahn (155m²), Dränageplatten, Extensivsubstrat, d=8-10cm, Trockensaat (120m²), Kiesrandstreifen, b=50cm (23m²), Alu-Attikaabdeckung, b=36cm (19m²), Wasserfangkästen (2St), Regenfallrohre, Alu (2St), Standrohre (2St), Notüberläufe (2St)

	7800-0037 Parkhaus (77 STP)				
		970,00 m²	163.092	**168,14**	77,00

FPO-Kunststoffabdichtung, d=2mm, Schutzlage RMS 300 (970m²), Dränelemente 5l/m², Extensivsubstrat, d=6-8cm, Saatgut (891m²), Kiesstreifen, Kiesfangleisten (146m), Alu-Attikaabdeckungen, h=28cm (174m), Alu-Kastenrinnen 30x7cm, Einlaufbleche (139m), Fallrohre DN100, verzinkt (18m), Rinnenkessel (8St), Dehnungselemente Rinne (10St), Abdichten Sekuranten (12St)

364	**Dachbekleidungen**				
	4400-0333 Kindertagesstätte (3 Gruppen, 35 Kinder)				
		637,36 m²	117.410	**184,21**	182,04

Holzlattenkonstruktion 30x98mm (208m²), Holztragkonstruktion (104m²), Dreischichtplatten, d=33mm, Decklage Weißtanne (111m²), Akustik-Brettsperrholz-Elemente, d=33mm, Weißtanne, Sichtqualität (97m²), GK-Decken, abgehängt, gelocht (99m²), glatt (84m²), GKF-Decken F30, Mineralwolldämmung, d=40mm (42m²), GK-Bekleidung (110m²), Dispersionssilikat-Beschichtung (359m²), Holzunterkonstruktion, zweilagig, HPL-Bekleidung, d=6mm, außen (71m²)

KG	Kostengruppe	Menge Einheit	Kosten €	€/Einheit	€/m² BGF
	4400-0367 Kindergarten (7 Gruppen, 130 Kinder)				
		1.807,30 m²	365.474	**202,22**	211,11
	GK-Akustikdecken, Abhängehöhe 40cm, Mineralwolldämmung, d=20mm (977m²), Holzdecken, Abhängehöhe 10-180cm, beschichtet (205m²), Holz-Akustikdecken, Vergilbungsschutz, Abhängehöhe 40cm, Mineralfaserdämmung, d=150mm (148m²), GK-Decken, Tapete (186m²), Metall-Kassettendecken (43m²), Mineralfaserplatten (40m²), GK-Bekleidung (33m²), Dispersionsbeschichtung (1.272m²), Brandschutzbeschichtung auf Stahlträgern (74m²)				
	6100-1593 Mehrfamilienhaus (3 WE)				
		215,91 m²	40.608	**188,08**	71,81
	Holzfaserdämmplatten WLG 036, d=240mm, Klimamembran (216m²), Holzweichfaserdämmung, d=40mm, GK, d=12,5mm, bei Installationsebenen unter Schräge (110m²), abgehängte Decken, Holzweichfaserdämmung, d=40mm, GK-Platten, d=12,5mm (105m²), Malervlies, Dispersionsbeschichtung (216m²)				
	6100-1672 Einfamilienhaus				
		99,74 m²	6.155	**61,71**	46,55
	GK-Bekleidung, Spachtelung, Dispersions-Silikatbeschichtung (100m²)				
	6400-0120 Jugendfreizeitstätte (3 Gruppen, 100 Kinder)				
		79,53 m²	13.016	**163,66**	16,37
	GK-Decken, d=12,5mm, Abhängehöhe 50cm, Dispersionsbeschichtung (41m²), Holzmehrschichtplatten, d=22mm, Holzunterkonstruktion, Abhängehöhe 24-60cm (39m²)				
366	**Lichtschutz zur KG 360**				
	4400-0333 Kindertagesstätte (3 Gruppen, 35 Kinder)				
		1,44 m²	603	**418,84**	0,94
	Wabenplissee, Motorantrieb (1m²)				
369	**Sonstiges zur KG 360**				
	4400-0333 Kindertagesstätte (3 Gruppen, 35 Kinder)				
		722,46 m² DAF	1.350	**1,87**	2,09
	Schneefanggitter (10m)				
	4400-0367 Kindergarten (7 Gruppen, 130 Kinder)				
		1.957,57 m² DAF	21.753	**11,11**	12,57
	Seilsicherungssystem, Sekuranten, Anschlagpunkte (psch), Steigleiter (1St), persönliche Schutzausrüstung (1St)				
	6400-0120 Jugendfreizeitstätte (3 Gruppen, 100 Kinder)				
		805,56 m² DAF	7.927	**9,84**	9,97
	Absturzsicherung, Seil-/Gurtsystem (1St), Anschlagpunkte (24St)				
	7800-0037 Parkhaus (77 STP)				
		969,94 m² DAF	3.029	**3,12**	1,43
	Edelstahl-Absturzsicherungen, h=40cm (83m), Einzelanschlagpunkte (12St), Sicherheitsgeschirr (1St)				

Kostenkennwerte für die Kostengruppen 300 der 3. Ebene DIN 276

KG	Kostengruppe	Menge Einheit	Kosten €	€/Einheit	€/m²BGF
381	**Allgemeine Einbauten**				
	4400-0333 Kindertagesstätte (3 Gruppen, 35 Kinder)				
		644,98 m²BGF	51.432	**79,74**	79,74
	Spielpodest 2,25x1,74m, Birke-Multiplex, mit Geländerwange, d=40 mm, drei Stufen, Eiche massiv, unter Podest, Schublade, Box für Bällebad (1St), Sitzbank, rund, Birke-Multiplex, Linoleumbelag (1St), Nischenbekleidung, Birke-Multiplex, HPL-beschichtet (1St), Schlafkojen für 120-140er bauseitige Matratzen, Birke-Multiplex, beschichtet (4St), Schlafkojen oben, vordere Klappe mit Fangschutznetz (4St), Leiter (1St), offene Regale, eingepasst (2St), Garderoben, Sitzbank, Schuhablage, Oberteil, Dreierelemente (12St), Zweierelemente (3St)				
	4400-0367 Kindergarten (7 Gruppen, 130 Kinder)				
		1.731,19 m²BGF	268.027	**154,82**	154,82
	Holz-Einbauschränke, b=60-120cm, Dreischichtplatten, Türen abschließbar (53St), Schrankaufsätze (22St), Unterschränke (46St), Oberschränke (41St), Regale (22St), Garderoben (8St), Einsätze für Fachböden (15St), für Abfallbehälter (10St), für Wasch-/Spülbecken (12St), Rollboxen (24St), Arbeitsplatten (4St), Schiebetüren (4St), Sitzbänke/-möbel (3St), Küchenzeilen: Hochschränke (2St), Ober-/Unterschränke (10St), Arbeitsplatten (6m), Einbaukühlschränke (2St), Edelstahlspülen (2St), Geschirrspüler (1St), Einbauherd (1St), Mikrowelle (1St), Regal (1St), Mülltrenner (2St), Armaturen (4St)				
	6400-0120 Jugendfreizeitstätte (3 Gruppen, 100 Kinder)				
		794,87 m²BGF	95.259	**119,84**	119,84
	Multifunktions-Einbauschrank, l=725cm, zwölffach, Schranktüren, teilweise Sicherheitsspiegel, Einlegeböden (1St), l=120 bis 260cm (7St), Sideboards (2St), Raumteiler (4St), TV-Board (1St), Schreibtische (4St), Küchenzeilen, HPL-Arbeitsplatten (5St), Tresen (1St), Oberschränke, l=220 bis 495cm (3St), Hochschränke (2St), Kochfeld (2St), Backofen (2St), Dunstabzüge (2St), Kühl-/Gefriergeräte (2St), Geschirrspüler (2St), Spüle (2St), Mülltrenner (2St), Getränkekühler (1St), Waschmaschine (1St)				
382	**Besondere Einbauten**				
	4400-0367 Kindergarten (7 Gruppen, 130 Kinder)				
		1.731,19 m²BGF	5.898	**3,41**	3,41
	Klappturnwand, Leiter, Parcours (1St), Wand-Prallschutz, d=3cm (1St)				
386	**Orientierungs- und Informationssysteme**				
	4400-0333 Kindertagesstätte (3 Gruppen, 35 Kinder)				
		644,98 m²BGF	4.120	**6,39**	6,39
	Infosäule, MDF-Platte, beschichtet, mit Sitzbank, Birke-Multiplex, 2/3-Kreis, Sitzfläche mit Linoleum belegt (1St), Schriftzug "STROMBOLI" (1St)				
	6400-0120 Jugendfreizeitstätte (3 Gruppen, 100 Kinder)				
		794,87 m²BGF	314	**0,40**	0,40
	WC-Piktogramme (6St)				

KG	Kostengruppe	Menge Einheit	Kosten €	€/Einheit	€/m2 BGF
389	**Sonstiges zur KG 380**				
	6400-0120 Jugendfreizeitstätte (3 Gruppen, 100 Kinder)				
		794,87 m2 BGF	905	**1,14**	1,14
	Edelstahlbriefkasten 235x425x80mm, wetterfest, eloxiert (1St)				

Kostenkennwerte für die Kostengruppen 300 der 3. Ebene DIN 276

KG	Kostengruppe	Menge Einheit	Kosten €	€/Einheit	€/m² BGF
391	**Baustelleneinrichtung**				
	4400-0333 Kindertagesstätte (3 Gruppen, 35 Kinder)				
		644,98 m² BGF	31.865	**49,41**	49,41
	Baustelleneinrichtung (psch), Bauzaun (126m), Schnurgerüst (1St), Baustellenzufahrt, d=35cm (112m³), Baustrom-, Bauwasseranschluss (psch), Baustellen-Trocken-WC (1St), Feuchtraumleuchten (2St)				
	4400-0367 Kindergarten (7 Gruppen, 130 Kinder)				
		1.731,19 m² BGF	114.577	**66,18**	66,18
	Baustelleneinrichtung Hauptgewerk (1St), Nebengewerke (13St), Schottertragschicht für Baustraße, d=30cm, Filtervlies (257m²), Bauzaun, h=2,00m, Tore (431m), Baustrom (1St), Besprechungscontainer (psch), Baukran (1St), Baustellen-WC (1St), Bautüren (3St)				
	6100-1593 Mehrfamilienhaus (3 WE)				
		565,46 m² BGF	13.100	**23,17**	23,17
	Baustelleneinrichtung Hauptgewerk (1St), Nebengewerke (2St), Baustellen-WC, Baustrom, Baustromverteiler (6Mt), Schnurgerüst (psch)				
	6100-1672 Einfamilienhaus				
		132,23 m² BGF	15.486	**117,11**	117,11
	Baustelleneinrichtung (psch), Kran (1St), Schnurgerüst (1St), Baustromanschluss (1St), Baustellen-WC (1St), Bauzaun (39m), Zufahrtsrampe, Frostschutzkies (34m²)				
	6400-0120 Jugendfreizeitstätte (3 Gruppen, 100 Kinder)				
		794,87 m² BGF	83.107	**104,55**	104,55
	Baustelleneinrichtung, Hauptgewerk (1St), Nebengewerke (4St), Baustraße (657m²), Lagerfläche (198m²), Bauzaun, h=2,00m, Tor (401m), WC-Container (1St), Baustrom (psch), Bauwasser (psch)				
	7600-0089 Rettungswache (2 Fahrzeuge)				
		324,63 m² BGF	11.423	**35,19**	35,19
	Baustelleneinrichtung, Hauptgewerk (1St), Nebengewerk (1St), Kran (1St), Schnurgerüst (1St), Baustellen-WC (1St)				
	7800-0037 Parkhaus (77 STP)				
		2.118,00 m² BGF	39.297	**18,55**	18,55
	Baustelleneinrichtung, Hauptgewerk (1St), Nebengewerke (6St), Baustellen-WCs (2St)				
392	**Gerüste**				
	4400-0333 Kindertagesstätte (3 Gruppen, 35 Kinder)				
		644,98 m² BGF	8.482	**13,15**	13,15
	Fassadengerüst, Lastklasse 3 (359m²), Dachfanggerüst (160m), Fahrgerüst (1St)				

KG	Kostengruppe	Menge Einheit	Kosten €	€/Einheit	€/m² BGF
	4400-0367 Kindergarten (7 Gruppen, 130 Kinder)				
		1.731,19 m² BGF	48.224	**27,86**	27,86
	Fassadengerüst, Lastklasse 3, freistehend (1.134m²), Treppenturm (1St), Rollgerüste (2St)				
	6100-1593 Mehrfamilienhaus (3 WE)				
		565,46 m² BGF	11.832	**20,92**	20,92
	Fassadengerüst Lastklasse 3 (440m²), Konsolverbreiterungen, b=30cm (50m), Gelenkschutz (36m), Dachdeckerschutznetze (92m), Arbeitsschutzgerüste (1.040m²), Treppengerüst (psch)				
	6100-1672 Einfamilienhaus				
		132,23 m² BGF	2.998	**22,67**	22,67
	Fassadengerüst, Lastklasse 3 (240m²), Dachfanggerüst (57m)				
	6400-0120 Jugendfreizeitstätte (3 Gruppen, 100 Kinder)				
		794,87 m² BGF	17.384	**21,87**	21,87
	Fassadengerüst, Lastklasse 3 (585m²), Seitenschutz (197m)				
	7600-0089 Rettungswache (2 Fahrzeuge)				
		324,63 m² BGF	6.787	**20,91**	20,91
	Fassadengerüst, Lastklasse 3 (378m²), Abstützungen, l=6,00m (14St), Gitterträgerüberbauungen (13m), Fangschutz (51m)				
	7800-0037 Parkhaus (77 STP)				
		2.118,00 m² BGF	27.225	**12,85**	12,85
	Fassadengerüst Lastklasse 3 (1.006m²), außenliegender Seitenschutz, b=60cm (155m), Leiterturm (1St), Innengeländer (464m)				
397	**Zusätzliche Maßnahmen**				
	4400-0333 Kindertagesstätte (3 Gruppen, 35 Kinder)				
		644,98 m² BGF	4.253	**6,59**	6,59
	Witterungsschutz Holzbauteile (psch), Linoleumbelag mit Tetrapack schützen (96m²), Folienabdeckungen (133m²), Bautrockner für Estrich (7Wo)				
	4400-0367 Kindergarten (7 Gruppen, 130 Kinder)				
		1.731,19 m² BGF	10.604	**6,13**	6,13
	Schutzabdeckungen für Fenster, Türen (275m²), für Bodenbeläge (159m²), für Sichtholzwände (89m²), Reinigung von Kautschukbodenbelägen (1.435m²), Einbauschränken (360m²), Fensterelementen (280m²), Wandfliesen (220m²), Bodenfliesen (150m²), Holz-Glastüren (80m²), Holztüren (61St), Sanitärobjekten (61St), Kücheneinrichtungen (35m²)				
	6100-1593 Mehrfamilienhaus (3 WE)				
		565,46 m² BGF	1.336	**2,36**	2,36
	Abdecken der Bodenflächen mit Malervlies (128m²), mit Folien (4h)				

KG	Kostengruppe	Menge Einheit	Kosten €	€/Einheit	€/m² BGF
	6100-1672 Einfamilienhaus				
		132,23 m² BGF	711	**5,38**	5,38
	Baureinigung von Linoleum (92m²), Fliesen (24m²), Fenstern (41m²), Sanitärobjekten (psch), Türen (5St), Technik-/Abstellraum (14m²)				
	6400-0120 Jugendfreizeitstätte (3 Gruppen, 100 Kinder)				
		794,87 m² BGF	15.374	**19,34**	19,34
	Schutzabdeckungen, Vlies, Kartonage (640m²), Folie (104m²), Baureinigung von Linoleum (1.214m²), Fliesen (41m²), Bodenbeschichtung (16m²), Fenster, Türen (142m²), Innentüren (24St), Küchenzeilen (2St), Technischen Anlagen (psch), Bauheizung (3St)				
398	**Provisorische Baukonstruktionen**				
	4400-0333 Kindertagesstätte (3 Gruppen, 35 Kinder)				
		644,98 m² BGF	125	**0,19**	0,19
	Provisorische Fallrohranschlüsse, Kunststoffschläuche (6St)				
	4400-0367 Kindergarten (7 Gruppen, 130 Kinder)				
		1.731,19 m² BGF	2.061	**1,19**	1,19
	Provisorische Regenfallrohre (58m), Dachabläufe (11St)				
	6400-0120 Jugendfreizeitstätte (3 Gruppen, 100 Kinder)				
		794,87 m² BGF	665	**0,84**	0,84
	Provisorische Regenentwässerungen (3St)				
399	**Sonstiges zur KG 390**				
	6400-0120 Jugendfreizeitstätte (3 Gruppen, 100 Kinder)				
		794,87 m² BGF	4.595	**5,78**	5,78
	Schließanlage mit Profil-Doppelzylindern (24St), digital, freidrehend (2St), Gruppenschlüssel (30St), Generalschlüssel (30St), Transponder (15St), Schlüsselschrank (1St)				

Kostenkennwerte für die Kostengruppen 400 der 3.Ebene DIN 276

KG	Kostengruppe	Menge Einheit	Kosten €	€/Einheit	€/m² BGF
411	**Abwasseranlagen**				
	4400-0333 Kindertagesstätte (3 Gruppen, 35 Kinder)				
		644,98 m² BGF	24.680	**38,27**	38,27
	KG-Rohre DN100-200, Formstücke (242m), Kontrollschächte DN1.000, t=1,75-2,75 (2St), Mehrschichtverbundrohre DN50-125, Formstücke, Rohrdämmung (168m), Bodenabläufe (2St), Edelstahlrinne (1St)				
	4400-0367 Kindergarten (7 Gruppen, 130 Kinder)				
		1.731,19 m² BGF	33.642	**19,43**	19,43
	HT-Rohre DN50-110, Formstücke (156m), PE-Schläuche DN50-110 (131m), Grundleitungsanschlüsse (17St), Sifons (14St), Bodenabläufe (4St)				
	6100-1593 Mehrfamilienhaus (3 WE)				
		565,46 m² BGF	4.819	**8,52**	8,52
	KG-Rohre DN125, Formstücke (6m), HT-Rohre DN50-100, Formstücke, Rohrdämmung (55m), Bodenablauf DN100 (1St)				
	6100-1672 Einfamilienhaus				
		132,23 m² BGF	7.032	**53,18**	53,18
	PP-Grundleitungen DN100-150, Formstücke (57m), PP-Schalldämmrohre DN50-100, Formstücke, Rohrdämmung (9m)				
	6400-0120 Jugendfreizeitstätte (3 Gruppen, 100 Kinder)				
		794,87 m² BGF	44.783	**56,34**	56,34
	KG-Rohre DN100-125, Formstücke, Sandbett (376m), PP-Rohre DN56-100, Rohrdämmung (95m), Grundleitungsanschlüsse DN100-150 (15St), Sifons (16St)				
	7600-0089 Rettungswache (2 Fahrzeuge)				
		324,63 m² BGF	11.540	**35,55**	35,55
	KG-Rohre DN100, Formstücke (62m), PP-Rohre DN 50-100, Formstücke (40m), Brandschutzmanschetten (3St), Edelstahl-Parkdeck-Kastenrinne (8m), Bodenablauf (1St), Dachabläufe, Schachtaufsätze (2St)				
	7800-0037 Parkhaus (77 STP)				
		2.118,00 m² BGF	30.066	**14,20**	14,20
	PP-Rohre DN100, Formstücke (99m), Druckrohrleitung DN50, Formstücke, Rohrdämmung (5m), PE-Pumpensumpf DN1.000 (1St), Doppelpumpenanlage, Signalanlage, Schieber, Ventile (psch), Hofabläufe DN100 (4St), Entwässerungsrinnen DN150, Abdeckroste (15m), Dichtheitsprüfung (1St), Liefermaterial Sand 0/2mm (12m³)				

KG	Kostengruppe	Menge Einheit	Kosten €	€/Einheit	€/m2 BGF
412	Wasseranlagen				
	4400-0333 Kindertagesstätte (3 Gruppen, 35 Kinder)				
		644,98 m2 BGF	60.252	**93,42**	93,42

Edelstahlrohre DN12-40, Formstücke, Rohrdämmung (274m), Mehrschichtverbundrohre DN12-20, Formstücke, Rohrdämmung (224m), Flexschläuche (10m), Zirkulationspumpe (1St), Rückspülfilter, Druckminderer (1St), Tiefspül-WCs (2St), für Kinder (3St), für Baby (1St), barrierefrei, WC-Steuerung, Funk (1St), Waschtische (2St), mit Griffmulden (7St), Duschwanne 80x80cm, Brausegarnitur (1St), Ausgussbecken (1St), Sicherheitsthermostate (12St), Waschtisch-Elektronik-Batterien (11St), Spültischarmatur (1St), Außenarmaturen (2St), Stützklappgriffe (2St)

	4400-0367 Kindergarten (7 Gruppen, 130 Kinder)				
		1.731,19 m2 BGF	144.736	**83,60**	83,60

Hauswasserstation, Zähler (1St), Weichwasseranlage (1St), Metallverbundrohre DN12-40, Formstücke, Rohrdämmung (578m), Hygienespülungen (4St), Durchlauferhitzer (50St), WW-Speicher, 80l (1St), Waschtische (22St), barrierefrei (1St), kindgerecht (7St), Wand-Tiefspül-WCs (8St), barrierefrei, Spülautomatik (1St), kindgerecht (16St), Duschwannen, Brausearmaturen (4St), Urinale (2St), Ausgussbecken (1St), Stützklappgriff (1St), Klappsitz (1St), Rückenstütze (1St), Außenarmaturen (2St)

	6100-1593 Mehrfamilienhaus (3 WE)				
		565,46 m2 BGF	19.238	**34,02**	34,02

Alu-Verbundrohre DN18-28, Formstücke, Rohrdämmung (238m), Zirkulationspumpe, Druckminderer (1St), Wand-WCs (6St), Handwaschbecken (6St), Badewannen 180x80cm (3St), Duschablaufrinnen, l=90cm (2St), Ausgussbecken (1St), Waschmaschinenanschlüsse (3St), Küchenanschluss (1St), Außenwasserhähne, frostfrei (2St), Brandschutzmanschetten (8St)

	6100-1672 Einfamilienhaus				
		132,23 m2 BGF	8.354	**63,18**	63,18

Edelstahlrohre DN12-25, Formstücke, Rohrdämmung (40m), Systemtrenner (1St), Zähleranschlussgarnitur (1St), Rückspülfilter (1St), Schrägsitzventile (3St), Mischventil (1St), Tiefspül-WC (1St), Waschtisch mit Möbel (1St), Badewanne (1St), Brausegarnitur (1St), Außenarmatur (1St), Geräteventil (1St)

	6400-0120 Jugendfreizeitstätte (3 Gruppen, 100 Kinder)				
		794,87 m2 BGF	44.365	**55,81**	55,81

Metallverbundrohre DN12-25, Formstücke, Rohrdämmung (157m), Edelstahlrohre DN10-32 (17m), Hauswasserstation, Wasserzähler (1St), Hygienespülungen (3St), Waschtische (5St), barrierefrei (2St), Wand-Tiefspül-WCs, Spülautomatik (5St), barrierefrei (2St), für Kinder (2St), Urinal, Spülautomatik (1St), Stützklappgriffe (4St), Rückenstütze (2St), Spülbecken (1St), Durchlauferhitzer (4St), Außenarmaturen (2St), Armaturen

KG	Kostengruppe	Menge Einheit	Kosten €	€/Einheit	€/m² BGF
	7600-0089 Rettungswache (2 Fahrzeuge)				
		324,63 m² BGF	11.141	**34,32**	34,32
	Edelstahlrohre DN15-28 (173m), Verbundrohre DN16-20, Formstücke (38m), Rückspülfilter (1St), Brauchwassermischer (1St), Durchlauferhitzer 18-27kW (1St), Warmwasserspeicher 5l (4St), Tiefspül-WCs (3St), Urinal (1St), Waschtische (2St), Ausgussbecken (1St), Duschwannen 100x100cm, Brausethermostate, Brausesets (2St), Armaturen				
419	**Sonstiges zur KG 410**				
	4400-0333 Kindertagesstätte (3 Gruppen, 35 Kinder)				
		644,98 m² BGF	9.749	**15,12**	15,12
	Installations-Montagewände, raumhoch (42m²), Montageelemente für Waschtisch (1St), barrierefrei (8St), für WCs (6St), barrierefrei (1St), für bodenstehendes WC (1St), für Stützklappgriffe (2St)				
	4400-0367 Kindergarten (7 Gruppen, 130 Kinder)				
		1.731,19 m² BGF	16.851	**9,73**	9,73
	Montageelemente für WCs (22St), barrierefrei (1St), für Waschtische (12St), barrierefrei (1St), für Urinale (2St), für Ausgussbecken (1St)				
	6100-1593 Mehrfamilienhaus (3 WE)				
		565,46 m² BGF	4.414	**7,81**	7,81
	Montageelemente für WCs (6St), für Waschtische (6St)				
	6100-1672 Einfamilienhaus				
		132,23 m² BGF	488	**3,69**	3,69
	Montageelement für WC (1St)				
	6400-0120 Jugendfreizeitstätte (3 Gruppen, 100 Kinder)				
		794,87 m² BGF	6.077	**7,64**	7,64
	Montageelemente für WCs (7St), barrierefrei (2St), für Waschtische (4St), barrierefrei (2St), für Urinal (1St), für Ausgussbecken (1St)				
	7600-0089 Rettungswache (2 Fahrzeuge)				
		324,63 m² BGF	1.498	**4,62**	4,62
	Montageelemente für WCs (3St), für Urinal (1St)				

Kostenkennwerte für die Kostengruppen 400 der 3.Ebene DIN 276

KG	Kostengruppe	Menge Einheit	Kosten €	€/Einheit	€/m² BGF
421	**Wärmeerzeugungsanlagen**				
	4400-0333 Kindertagesstätte (3 Gruppen, 35 Kinder)				
		644,98 m² BGF	91.634	**142,07**	142,07
	Sole-Wasser-Wärmepumpe 6-24kW (1St), Speicher 300l (1St), Pufferspeicher 1.000l (1St), Ausdehnungsgefäß 150l (1St), Pumpen (2St), Solarstation (1St), Solarregler (1St), Solarvorschaltgefäß 35l (1St), Solar-Ausdehnungsgefäße 80l (2St), Mischergruppe (1St), Erdsolespeicher: Registermatten, Heiz-/Kühlkreise möglich, PE-RT-Rohre, Formstücke (482m²), Glykol-Wasser-Gemisch (1St), Soleverteiler (4St), Flachkollektoren 2,15x1,25x0,80m, 2kW (8St), Regelung, Fernzugriff (2St), Visualisierung				
	4400-0367 Kindergarten (7 Gruppen, 130 Kinder)				
		1.731,19 m² BGF	27.798	**16,06**	16,06
	Fernwärmeübergabestation 49kW (1St), Ausdehnungsgefäß (1St), Schlammabscheider (1St), Systementgasung (1St), Wasseraufbereitungsanlage (1St)				
	6100-1593 Mehrfamilienhaus (3 WE)				
		565,46 m² BGF	29.494	**52,16**	52,16
	Sole-Wasser-Wärmepumpe (1St), Wasseraufbereiter (1St), Schlammabscheider (1St), Ausdehnungsgefäß (1St)				
	6100-1672 Einfamilienhaus				
		132,23 m² BGF	24.932	**188,55**	188,55
	Luft-Wasser-Wärmepumpe, Heizleistung 2,3-6,5kW (1St), Multifunktionsspeicher 830l (1St), Pumpenbaugruppe (1St), Sicherheitsgruppe (1St), Umschaltventil (1St), Luft-Schlammabscheider (1St)				
	6400-0120 Jugendfreizeitstätte (3 Gruppen, 100 Kinder)				
		794,87 m² BGF	28.125	**35,38**	35,38
	Fernwärmeübergabestation, Regelung, Schaltschrank (1St), Umwälzpumpen (psch), Ausdehnungsgefäß 50l (1St), Füllstation (1St), Enthärtungsarmatur (1St), Wasserzähler (1St)				
422	**Wärmeverteilnetze**				
	4400-0333 Kindertagesstätte (3 Gruppen, 35 Kinder)				
		644,98 m² BGF	32.143	**49,84**	49,84
	Edelstahlrohre DN25-50, Formstücke, Rohrdämmung (159m), Edelstahlsolarleitungen DN12-25, Formstücke, Rohrdämmung (227m), Lufttöpfe DN65-80 (4St), Kontrollschacht für Wärmepumpenleitungen DN1.500 (1St)				
	4400-0367 Kindergarten (7 Gruppen, 130 Kinder)				
		1.731,19 m² BGF	29.016	**16,76**	16,76
	Kupferrohre DN 20-40, Formstücke (464m), Rohrdämmung (108m)				

KG	Kostengruppe	Menge Einheit	Kosten €	€/Einheit	€/m² BGF
	6100-1593 Mehrfamilienhaus (3 WE)				
		565,46 m² BGF	25.293	**44,73**	44,73
	Kupferrohre DN28-35, Rohrdämmung (90m), Fußbodenheizungsrohre 17x2mm (310m²), Heizkreisverteiler achtfach (4St), Stellantriebe (33St), Wärmemengenzähler (4St), Sicherheitsgruppe (1St), Unterputzventile (6St), Ventilblöcke (9St), Wasserzähler (2St), Klemmverschraubungen (72St)				
	6100-1672 Einfamilienhaus				
		132,23 m² BGF	1.207	**9,13**	9,13
	Stahlrohre DN12-25, Formstücke, Rohrdämmung (37m), Strangabsperrventil (1St), Kugelhahn (1St)				
	6400-0120 Jugendfreizeitstätte (3 Gruppen, 100 Kinder)				
		794,87 m² BGF	54.513	**68,58**	68,58
	Mehrschichtverbundrohre DN12-25, Formstücke, Rohrdämmung (650m), Stahlrohre DN15-32 (62m), Differenzdruckregler DN20-25 (7St), Absperrventile DN20-25 (7St), Umwälzpumpen (3St), Thermometer (6St)				
	7600-0089 Rettungswache (2 Fahrzeuge)				
		324,63 m² BGF	4.156	**12,80**	12,80
	Stahlrohre verzinkt, Formstücke, Rohrdämmung (28m), Edelstahl-Formstücke (13St), Heizungsregler (1St), Fußbodenregeleinheit (1St), Pumpengruppe (1St), Membran-Ausdehnungsgefäß 50l (1St)				
423	**Raumheizflächen**				
	4400-0333 Kindertagesstätte (3 Gruppen, 35 Kinder)				
		644,98 m² BGF	34.291	**53,17**	53,17
	Fußbodenheizung, EPS-Dämmplatte WLG 040, d=30-2mm (554m²), Fußbodenheizregister (247St), PE-RT-Rohre (920m), Heizkreisverteiler, sieben-elf Heizkreise (4St), Verteilerschränke (4St), Anschlussgruppen für Sole- oder Heizkreis (4St), Raumthermostate (15St), Raumtemperaturregler (6St), Ventilantriebe (35St), hydraulischer Abgleich (1St)				
	4400-0367 Kindergarten (7 Gruppen, 130 Kinder)				
		1.731,19 m² BGF	36.068	**20,83**	20,83
	Fußbodenheizung, Verlegeplatten, PE-Xa-Heizungsrohre 17x2,0mm (8.130m), Verteilerschränke, Heizkreisverteiler, 7-14 Heizkreise (9St), Stellantriebe (80St), Regulierventile (9St)				
	6100-1672 Einfamilienhaus				
		132,23 m² BGF	4.961	**37,52**	37,52
	Fußbodenheizung, Tackersystem, PS-Dämmung WLS 045, d=30-35mm (108m²), PE-X-Rohre 17x2mm (800m), Edelstahlverteiler, elf Heizkreise, Verteilerschrank (1St), Stellantriebe (8St), Kugelhahn (1St)				

KG	Kostengruppe	Menge Einheit	Kosten €	€/Einheit	€/m² BGF
	6400-0120 Jugendfreizeitstätte (3 Gruppen, 100 Kinder)				
		794,87 m² BGF	31.019	**39,02**	39,02

Flachheizkörper (21St), Konverter (5St), Fußbodenheizung (31m²), PE-Xa-Rohre (199m), Heizkreisverteiler, Verteilerschrank (1St)

KG	Kostengruppe	Menge Einheit	Kosten €	€/Einheit	€/m² BGF
	7600-0089 Rettungswache (2 Fahrzeuge)				
		324,63 m² BGF	9.128	**28,12**	28,12

Fußbodenheizung, Dämmrollen, d=20-30mm (190m²), Dämmplatten, d=20-40mm (64m²), Alu-Verbundrohre (1.200m), PE-Xc-Rohre (600m), Heizkreisverteiler (4St)

KG	Kostengruppe	Menge Einheit	Kosten €	€/Einheit	€/m² BGF
431	**Lüftungsanlagen**				
	4400-0333 Kindertagesstätte (3 Gruppen, 35 Kinder)	644,98 m² BGF	48.085	**74,55**	74,55
	Zu-/Abluftgerät, Volumenstrom 1.350m³/h, Deckenmontage (1St), Hydraulikeinheit (1St), Spiralfalzrohre DN100-315, Formstücke (167m), Alu-Flexrohre DN100-125 (41m), Stahl-Formteile, Kanaldämmung (35m²), Rohrschalldämpfer (28St), Kanalschalldämpfer (1St), Drosselklappen (31St), Tellerventile DN100-125 (36St), Wetterschutzgitter 40x60cm (2St)				
	4400-0367 Kindergarten (7 Gruppen, 130 Kinder)	1.731,19 m² BGF	251.900	**145,51**	145,51
	Lüftungsgeräte mit WRG, 2.000m³/h (2St), 648-3.312 m³/h (1St), Abluftgerät 720-3.600m³/h (1St), Dachventilator Volumenstrom 5.018 m³/h, Sockelschalldämpfer (1St), Edelstahl-Abzugshauben, Beleuchtung (3St), Bedieneinheiten (2St), Einzelraumlüfter 30-60m³/h (9St), Lüftungskanäle, Formstücke, Dämmung (457m²), Wickelfalzrohre DN100-250 (115m), Alu-Flexrohre DN80-160 (55m), Rohrschalldämpfer (65St), Kanalschalldämpfer (33St), Volumenstromregler (18St), Jalousieklappen (6St), Luftdurchlässe (65St), Brandschutzklappen (6St), Dachdurchführungen (12St), Dachhauben (8St)				
	6100-1593 Mehrfamilienhaus (3 WE)	565,46 m² BGF	35.408	**62,62**	62,62
	Zentrale Wohnungslüftungsanlagen mit WRG, Steuerung, Flachkanäle, Luftgitter, Abluft- und Zuluftventile, Schalldämpfer (3St), Designventile (12St)				
	6100-1672 Einfamilienhaus	132,23 m² BGF	580	**4,39**	4,39
	Einzelraumlüfter 100m³/h, Außenwandhülse (1St)				
	6400-0120 Jugendfreizeitstätte (3 Gruppen, 100 Kinder)	794,87 m² BGF	129.618	**163,07**	163,07
	Zu-/Abluftgeräte 1.320-1.800m³/h, Wärmerückgewinnung (3St), Wickelfalzrohre DN100-250, Formstücke, Dämmung (114m), Alu-Flexrohre DN100-250 (13m), Rechteckkanäle (41m²), CO_2-Sensoren (3St), Schalldämpfer (41St), Drosselklappen (22St), Jalousieklappen (2St), Luftdurchlässe (12St), Weitwurfdüsen (9St), Lüftungsgitter (7St), Dachdurchführungen, Dachhauben (6St)				
	7600-0089 Rettungswache (2 Fahrzeuge)	324,63 m² BGF	2.911	**8,97**	8,97
	Einzelraumlüfter (7St), Wickelfalzrohre DN100-125, Formstücke (9m), Edelstahlrohr DN130 (1m), Flexschlauch DN80 (1St)				

Kostenkennwerte für die Kostengruppen 400 der 3. Ebene DIN 276

KG	Kostengruppe	Menge Einheit	Kosten €	€/Einheit	€/m² BGF
442	**Eigenstromversorgungsanlagen**				
	6100-1593 Mehrfamilienhaus (3 WE)	565,46 m² BGF	29.189	**51,62**	51,62
	Photovoltaikanlage: 17 Solarmodule, 170x100cm, Nennleistung 6kW/h, Batteriespeicher 10kW/h (psch)				
	6100-1672 Einfamilienhaus	132,23 m² BGF	8.163	**61,73**	61,73
	Photovoltaikanlage 4,05kWp, ballastiert, zwölf Module (20m²), Wechselrichter (1St), Solarkabel (200m)				
444	**Niederspannungsinstallationsanlagen**				
	4400-0333 Kindertagesstätte (3 Gruppen, 35 Kinder)	644,98 m² BGF	63.503	**98,46**	98,46
	Zählerschrank (1St), Verteilerschrank (1St), Kleinverteiler (2St), Drehstromzähler (3St), Schutzschalter (82St), Schütze (4St), Blitzstrom-Kombi-Ableiter (1St), Jahresuhr (1St), Dämmerungsschalter (1St), Kabelrinnen (24m), Installationskanäle (29m), Mantelleitungen (5.041m), Fernmeldeleitungen (1.083m), Gummischlauchleitungen (428m), Steuerleitungen (61m), Erdkabel (86m), Steckdosen (175St), CEE-Steckdosen (4St), Schalter/Taster (243St), Jalousieschalter (1St), Präsenzmelder (18St), DALI-Potentiometer (2St), Automatikschalter (1St), Herdanschlussdose (1St)				
	4400-0367 Kindergarten (7 Gruppen, 130 Kinder)	1.731,19 m² BGF	286.160	**165,30**	165,30
	Schaltschränke (2St), Verteiler (5St), LS-Schalter (209St), FI-Schalter (25St), Brandschutzschalter (57St), Steuermodule (44St), Überspannungsschutz (8St), NH-Sicherungen (7St), Klemmen (766St), Mantelleitungen (13.637m), Installationskabel (3.240m), Steuerleitungen (444m), Installationskanäle (541m), Kabelrinnen (47m), Steckdosen (350St), Schalter/Taster (118St), Raumthermostatschalter (49St), Jalousieschalter (32St), Bewegungsmelder (22St) Bodentanks (4St)				
	6100-1593 Mehrfamilienhaus (3 WE)	565,46 m² BGF	46.531	**82,29**	82,29
	Zählerschrank (1St), Unterverteiler (3St), FI-Schutzschalter (2St), FI/Sicherungsautomaten (14), Erdkabel (140m), Mantelleitungen NYY (127m), Kabelkanäle (31m), Bewegungsmelder (3St), Schalter/Taster (44St), Steckdosen (112St), Herd-, Backofen-, Spülmaschinenanschlüsse (je 3St), UP-Raumthermostate (24St), Jalousienanschlüsse (12St), Deckenbrennstellen (12St), Stromkreiszuleitungen NYY (36St), Verkabelung (psch)				
	6100-1672 Einfamilienhaus	132,23 m² BGF	23.172	**175,24**	175,24
	Zählerkasten (1St), Unterverteiler (1St), FI-LS-Kombischalter (2St), LS-Schalter (2St), Zeitschalter (1St), Flachbandkabel (197m), Mantelleitungen NYM (77m), Solarkabel (44m), Leerrohre (33m), Kabelkanal (4m), Steckdosen (36St), Bodendose (1St), Dimmer (9St), Schalter (6St), Raumthermostate (5St), Bewegungsmelder (1St)				

KG	Kostengruppe	Menge Einheit	Kosten €	€/Einheit	€/m² BGF
	6400-0120 Jugendfreizeitstätte (3 Gruppen, 100 Kinder)				
		794,87 m² BGF	108.915	**137,02**	137,02
	Verteilerschrank (1St), LS-Schalter (55St), FI-Schalter (15St), Lasttrennschalter (4St), Steuereinheiten (4St), NH-Trenner (1St), Anschlussschrank, Zählerfeld, Verteilerfeld, Mediafeld, anschlussfertig, abschließbar (1St), Mantelleitungen NYM (5.399m), Steuerleitungen (774m), Leerrohre (337m), Steckdosen (110St), CEE-Steckdosen (2St), Schalter/Taster (90St), Bewegungs-/Präsenzmelder (21St), Notausschalter (2St), Dachdurchführung (1St)				
	7600-0089 Rettungswache (2 Fahrzeuge)				
		324,63 m² BGF	7.702	**23,72**	23,72
	Elektroinstallation, Verteilung, Schalter, Taster, Steckdosen, Leitungen (psch)				
	7800-0037 Parkhaus (77 STP)				
		2.118,00 m² BGF	17.024	**8,04**	8,04
	Verteilerschrank, Unterverteiler, Sicherungen, Schutzschalter, Installationsmaterial, Leerrohre, Bewegungsmelder (psch), Kabelschutzrohr DN125 (15m)				
445	**Beleuchtungsanlagen**				
	4400-0333 Kindertagesstätte (3 Gruppen, 35 Kinder)				
		644,98 m² BGF	44.940	**69,68**	69,68
	Feuchtraum-Anbauleuchten (6St), Anbauleuchten (2St), Einbau-Tiefstrahler (10St), Lichtkanäle, Anbau (47m), Einbau (2m), Pendel (10m), DALI-Lichtkanäle (78m), Notleuchten, selbstüberwachend (4St), Sicherheitsleuchten (2St), Spots (3St)				
	4400-0367 Kindergarten (7 Gruppen, 130 Kinder)				
		1.731,19 m² BGF	125.546	**72,52**	72,52
	Einbauleuchten (169St), Anbauleuchten (166St), Lichtbänder (98St), Lichtleisten (42m), Rettungszeichenleuchten (34St), Sicherheitsleuchte, Batterie (1St)				
	6100-1593 Mehrfamilienhaus (3 WE)				
		565,46 m² BGF	771	**1,36**	1,36
	Außenleuchten (3St)				
	6100-1672 Einfamilienhaus				
		132,23 m² BGF	6.845	**51,76**	51,76
	LED-Lichtbänder (50m), Aluprofile, l=2,50-4,40m (12St), Schaltnetzteile (8St), Außenwandleuchten (5St), Feuchtraum-Wannenleuchten (3St)				
	6400-0120 Jugendfreizeitstätte (3 Gruppen, 100 Kinder)				
		794,87 m² BGF	60.861	**76,57**	76,57
	Anbauleuchten (77St), Pendelleuchten (20St), Lichtleisten (19St), Downlights (12St), Feuchtraumleuchten (8St), Rettungszeichenleuchten (7St)				

KG	Kostengruppe	Menge Einheit	Kosten €	€/Einheit	€/m² BGF
	7600-0089 Rettungswache (2 Fahrzeuge)				
		324,63 m² BGF	5.383	**16,58**	16,58
	LED-Deckenleuchten (15St), LED-Streifenleuchten (47m), Wandleuchten (2St)				
	7800-0037 Parkhaus (77 STP)				
		2.118,00 m² BGF	83.048	**39,21**	39,21
	Deckenleuchten, Sicherheitsbeleuchtung inkl. Verkabelung, Leuchtmittel (psch)				
446	**Blitzschutz- und Erdungsanlagen**				
	4400-0333 Kindertagesstätte (3 Gruppen, 35 Kinder)				
		644,98 m² BGF	13.147	**20,38**	20,38
	Fundamenterder, Bandstahl (131m), Edelstahl, D=10mm (195m), Anschlussfahnen (37St), Erdeinführungen (6St), Ableitungen Alu/PVC, hinter Fassade (41m), Alu-Auffangleitungen, D=8mm (107m), Alu-Fangstangen, l=2,00m (5St), Klemmen (110St), Potenzialausgleichsschienen (2St)				
	4400-0367 Kindergarten (7 Gruppen, 130 Kinder)				
		1.731,19 m² BGF	29.489	**17,03**	17,03
	Blitzschutz-/Erdungsanlage (psch), Mantelleitungen (170m), Erdungsrohrschellen (6St), Potenzialausgleichsschienen (4St)				
	6100-1593 Mehrfamilienhaus (3 WE)				
		565,46 m² BGF	2.953	**5,22**	5,22
	Fundamenterder V4A (63m), Anschlussfahnen (2St), Potenzialausgleichsschiene (1St)				
	6100-1672 Einfamilienhaus				
		132,23 m² BGF	2.564	**19,39**	19,39
	Fundamenterder V4A (66m), verzinkt (60m), Verbinder (36St), Erdungsschiene (1St), Anschlussfahne (1St), Mantelleitungen NYM (16m)				
	6400-0120 Jugendfreizeitstätte (3 Gruppen, 100 Kinder)				
		794,87 m² BGF	21.304	**26,80**	26,80
	Fundamenterder, Edelstahl, D=10mm (216m), Ringerder (178m), Fangleitungen (345m), Ableitungen (79m), Fangstangen (14St), Installationsleitungen (210m), Leitungshalter (351St), Klemmen (104St), Verbinder (39St), Potenzialausgleichsschienen (4St)				
	7600-0089 Rettungswache (2 Fahrzeuge)				
		324,63 m² BGF	4.326	**13,33**	13,33
	Fundamenterder, verzinkt (50m), Edelstahl (55m), Alu-Draht, D=8mm (42m), Leitungshalter (16St), Verbinder (25St), Alu-Fangstangen, l=1,50m (2St), Stangenhalter (8St), Dachleitungshalter, Beton (10St)				
	7800-0037 Parkhaus (77 STP)				
		2.118,00 m² BGF	4.918	**2,32**	2,32
	Bandstahl, b=50mm (143m), Anschlussfahnen, d=10mm, Edelstahl (28m)				

Kostenkennwerte für die Kostengruppen 400 der 3.Ebene DIN 276

KG	Kostengruppe	Menge Einheit	Kosten €	€/Einheit	€/m² BGF
451	**Telekommunikationsanlagen**				
	4400-0367 Kindergarten (7 Gruppen, 130 Kinder)				
		1.731,19 m² BGF	1.707	**0,99**	0,99
	Verteilerkasten (1St), Anschlussleisten (6St), Patchfelder Cat3 (4St), Datenkabel mit Stecker Cat6 (1St)				
	6100-1593 Mehrfamilienhaus (3 WE)				
		565,46 m² BGF	698	**1,24**	1,24
	Fernsehanschlussdosen (4St), Verkabelungen (psch)				
	6400-0120 Jugendfreizeitstätte (3 Gruppen, 100 Kinder)				
		794,87 m² BGF	3.505	**4,41**	4,41
	Fernmeldeleitungen (1.069m), erdverlegt (43m)				
452	**Such- und Signalanlagen**				
	4400-0333 Kindertagesstätte (3 Gruppen, 35 Kinder)				
		644,98 m² BGF	2.449	**3,80**	3,80
	Schwachstromverteilerkasten (1St), LSA-Anschlussleisten (8St), Ruf-Kompakt-Set für barrierefreies WC (1St), Ruftaster mit Beruhigungslampe (1St), Einbaulautsprecher (1St), Innenstationen, Freisprechen (3St), Steuergerät (1St), Fernmeldeleitungen (35m)				
	4400-0367 Kindergarten (7 Gruppen, 130 Kinder)				
		1.731,19 m² BGF	5.176	**2,99**	2,99
	Sprechanlage, Steuerung, Einbaulautsprecher (1St), Innenstationen, Ruftasten, Gong (2St), Innensprechstellen (8St), Ruf-Kompakt-Set, Läutewerk (1St)				
	6100-1593 Mehrfamilienhaus (3 WE)				
		565,46 m² BGF	369	**0,65**	0,65
	Klingelanlagen (3St), Verkabelungen (psch)				
	6100-1672 Einfamilienhaus				
		132,23 m² BGF	376	**2,84**	2,84
	Klingeltaster, Sprechstelle (1St), Rufgenerator (1St), Funkmodul (1St)				
	6400-0120 Jugendfreizeitstätte (3 Gruppen, 100 Kinder)				
		794,87 m² BGF	7.475	**9,40**	9,40
	Türsprechanlagen, Ruftaster, Hausnummern (2St), Ruf-Kompaktset für barrierefreie WCs, Alarmgeber (2St)				
453	**Zeitdienstanlagen**				
	4400-0367 Kindergarten (7 Gruppen, 130 Kinder)				
		1.731,19 m² BGF	1.839	**1,06**	1,06
	Zeiterfassung, Funkuhren (3St)				

KG	Kostengruppe	Menge Einheit	Kosten €	€/Einheit	€/m² BGF
454	**Elektroakustische Anlagen**				
	4400-0333 Kindertagesstätte (3 Gruppen, 35 Kinder)				
		644,98 m² BGF	7.860	**12,19**	12,19
	Deckenlautsprecher (6St), Installationsverstärker, Überträger (3St), Überträger, zweikanalig (2St), Audio-Kabel (50m), Cinch-Audiokabel (97m), Audio-Anschlussdosen (4St)				
455	**Audiovisuelle Medien- und Antennenanlagen**				
	4400-0367 Kindergarten (7 Gruppen, 130 Kinder)				
		1.731,19 m² BGF	189	**0,11**	0,11
	Koaxialkabel (25m), Anschlussdosen (2St)				
	6100-1593 Mehrfamilienhaus (3 WE)				
		565,46 m² BGF	3.049	**5,39**	5,39
	SAT-Anlage, vierfach LNB, Zuleitungen zu Verteilerpunkten (1St)				
	6100-1672 Einfamilienhaus				
		132,23 m² BGF	3.069	**23,21**	23,21
	SAT-Anlage (1St), Antennenanschlussdosen (5St)				
	6400-0120 Jugendfreizeitstätte (3 Gruppen, 100 Kinder)				
		794,87 m² BGF	3.641	**4,58**	4,58
	Sat-Antennenanlage (1St), Flachdachständer, Mast, l=1,20m (1St), Koaxialkabel (498m), Antennendosen (5St), Audiokabel (15m)				
	7600-0089 Rettungswache (2 Fahrzeuge)				
		324,63 m² BGF	1.325	**4,08**	4,08
	Satellitenantenne (1St), Antennenanschlussdosen (2St), Verkabelung				
456	**Gefahrenmelde- und Alarmanlagen**				
	4400-0333 Kindertagesstätte (3 Gruppen, 35 Kinder)				
		644,98 m² BGF	11.759	**18,23**	18,23
	Rauchabzugszentrale (1St), Wind-/Regensensor (1St), RWA-Haupt-/Nebenbedienstellen (3St), Rauchwarnmelder, Funkmodul (32St), Funkhandtaster (3St), optische Brandmelder (3St)				
	4400-0367 Kindergarten (7 Gruppen, 130 Kinder)				
		1.731,19 m² BGF	62.945	**36,36**	36,36
	Brandmeldezentrale, Schaltschrank (1St), Installationskabel (1.472m), Rauchmelder (65St), Handmelder (22St), Luftproben-Rauchmelder (11St), Brandmelder (4St), akustische Signalgeber (67St), optische Signalgeber (2St), Feuerwehr-Infozentrale, Anzeigetableau (1St), Laufkarten (38St), Schlüsseldepot (1St)				
	6100-1672 Einfamilienhaus				
		132,23 m² BGF	210	**1,59**	1,59
	Rauchmelder (5St)				

KG	Kostengruppe	Menge Einheit	Kosten €	€/Einheit	€/m² BGF
	6400-0120 Jugendfreizeitstätte (3 Gruppen, 100 Kinder)				
		794,87 m² BGF	13.344	**16,79**	16,79
	Branderkennungsanlage, 64 Melder, Display (1St), Funk-Brandmelder (34St), Handmelder (2St),				
457	**Datenübertragungsnetze**				
	4400-0333 Kindertagesstätte (3 Gruppen, 35 Kinder)				
		644,98 m² BGF	7.547	**11,70**	11,70
	Netzwerkschrank 21HE (1St), Patchfelder 24 Ports (2St), Steckdosen (6St), C6A-Module (76St), Datenanschlussdosen mit Abdeckplatte, 2xRJ45 (4St), Datenanschlussdosen 2xRJ45 (13St), Datenleitungen (1.062m), HDMI-Anschlussdosen (2St), HDMI-Kabel (10m)				
	4400-0367 Kindergarten (7 Gruppen, 130 Kinder)				
		1.731,19 m² BGF	28.969	**16,73**	16,73
	Verteilerschrank (1St), 19"-Verteilerfelder (9St), Datenkabel (4.259m), Datenanschlussdosen Cat6 (72St)				
	6100-1593 Mehrfamilienhaus (3 WE)				
		565,46 m² BGF	4.612	**8,16**	8,16
	EDV-Anschlussdosen (21St), Verkabelungen (psch)				
	6100-1672 Einfamilienhaus				
		132,23 m² BGF	977	**7,39**	7,39
	Patchfeld (1St), Datenanschlussdosen (6St)				
	6400-0120 Jugendfreizeitstätte (3 Gruppen, 100 Kinder)				
		794,87 m² BGF	12.725	**16,01**	16,01
	Wandschrank (1St), Datenkabel (1.440m), Patchkabel (52St), HDMI-Kabel (16St), Datenanschlussdosen (29St), Patchpanel Cat6 (3St)				
	7600-0089 Rettungswache (2 Fahrzeuge)				
		324,63 m² BGF	1.325	**4,08**	4,08
	Datenanschlussdosen (5St)				
458	**Verkehrsbeeinflussungsanlagen**				
	7800-0037 Parkhaus (77 STP)				
		2.118,00 m² BGF	33.272	**15,71**	15,71
	Ampelanlage, Einfahrt (1St), Einfahrtsschranke (1St)				

Kostenkennwerte für die Kostengruppen 400 der 3. Ebene DIN 276

KG	Kostengruppe	Menge Einheit	Kosten €	€/Einheit	€/m²BGF
474	**Feuerlöschanlagen**				
	6400-0120 Jugendfreizeitstätte (3 Gruppen, 100 Kinder)				
		794,87 m²BGF	701	**0,88**	0,88
	Feuerlöscher (3St)				

Kostenkennwerte für die Kostengruppen 400 der 3.Ebene DIN 276

KG	Kostengruppe	Menge Einheit	Kosten €	€/Einheit	€/m2 BGF
481	**Automationseinrichtungen**				
	6400-0120 Jugendfreizeitstätte (3 Gruppen, 100 Kinder)				
		794,87 m2 BGF	46.659	**58,70**	58,70

Automationsstation (1St), Anzeige-/Bediengerät (1St), Switch (1St), Patchkabel Cat7 (3St), Netzgeräte (2St), Überspannungsschutz (2St), Transformator (1St), Kommunikationsschnittstelle (1St), Ein-/Ausgabemodule (12St), Temperatur-Messwertgeber (11St), Druck-Messwertgeber (1St), Stellantriebe (13St)

KG	Kostengruppe	Menge Einheit	Kosten €	€/Einheit	€/m2 BGF
482	**Schaltschränke, Automationsschwerpunkte**				
	6400-0120 Jugendfreizeitstätte (3 Gruppen, 100 Kinder)				
		794,87 m2 BGF	15.061	**18,95**	18,95

Schaltschrank beleuchtet (1St), Sichtfenster, Türdisplay (1St), Einspeisung, Hauptschalter, Sicherung (1St), Steuerspannungstrafo (1St), Überspannungsschutz (1St), Meldemodule (79St), Netzwerksteckmodule (4St), Anschlusskabel (67St)

Kostenkennwerte für die Kostengruppen 400 der 3. Ebene DIN 276

KG	Kostengruppe	Menge Einheit	Kosten €	€/Einheit	€/m² BGF
491	**Baustelleneinrichtung**				
	4400-0367 Kindergarten (7 Gruppen, 130 Kinder)				
		1.731,19 m² BGF	3.728	**2,15**	2,15
	Baustromverteiler (2St), Baustellenbeleuchtung (psch)				
492	**Gerüste**				
	4400-0333 Kindertagesstätte (3 Gruppen, 35 Kinder)				
		644,98 m² BGF	1.088	**1,69**	1,69
	Fahrgerüste (psch)				
	4400-0367 Kindergarten (7 Gruppen, 130 Kinder)				
		1.731,19 m² BGF	2.752	**1,59**	1,59
	Rollgerüste (5St)				
497	**Zusätzliche Maßnahmen**				
	4400-0333 Kindertagesstätte (3 Gruppen, 35 Kinder)				
		644,98 m² BGF	3.091	**4,79**	4,79
	Elektroheizmobil für Estrichaufheizung, Leihgebühr (2St)				
498	**Provisorische technische Anlagen**				
	4400-0333 Kindertagesstätte (3 Gruppen, 35 Kinder)				
		644,98 m² BGF	234	**0,36**	0,36
	Provisorische Anschluss Dachkuppel für Lüftungszwecke, Parametrierung, Programmierung bauseitiges Bediengerät (1St)				

Kostenkennwerte für die Kostengruppen 500 der 3.Ebene DIN 276

KG	Kostengruppe	Menge Einheit	Kosten €	€/Einheit	€/m² BGF
511	**Herstellung**				
	6400-0120 Jugendfreizeitstätte (3 Gruppen, 100 Kinder)				
		606,40 m³ EBR	34.279	**56,53**	43,13
	Grabenaushub, t bis 1,25m, lösen, lagern (477m³), Schachtaushub (29m³), verfüllen, Lagermaterial (258m³), Rigolenaushub, lösen, lagern (100m³), aufnehmen, entsorgen (45m³)				
	7600-0089 Rettungswache (2 Fahrzeuge)				
		–	1.802	–	5,55
	Grobplanum (158m²)				

Kostenkennwerte für die Kostengruppen 500 der 3. Ebene DIN 276

KG	Kostengruppe	Menge Einheit	Kosten €	€/Einheit	€/m² BGF
533	**Plätze, Höfe, Terrassen**				
	7600-0089 Rettungswache (2 Fahrzeuge)				
		198,38 m²	12.422	**62,62**	38,26

Asphalttragschicht, d=10cm (158m²), bestehende Asphaltfläche fräsen, d=4cm, reinigen (41m²), Asphaltdeckschicht, d=3cm (198m²), Leistensteine (22m)

Kostenkennwerte für die Kostengruppen 500 der 3. Ebene DIN 276

KG	Kostengruppe	Menge Einheit	Kosten €	€/Einheit	€/m² BGF
543	**Wandkonstruktionen**				
	7800-0037 Parkhaus (77 STP)				
		23,73 m²	15.209	**640,92**	7,18
	Stb-Winkelstützwände C30/37, b=0,50m, h=0,55-1,30m, Hinterfüllung (24m²)				

Kostenkennwerte für die Kostengruppen 500 der 3. Ebene DIN 276

KG	Kostengruppe	Menge Einheit	Kosten €	€/Einheit	€/m² BGF
551	**Abwasseranlagen**				
	4400-0367 Kindergarten (7 Gruppen, 130 Kinder)	4.203,00 m² AF	95.960	**22,83**	55,43
	KG-Rohre DN100-300, Formstücke (685m), Fettabscheider, Probeentnahmeschacht, Ultraschallmessgerät (1St), Kontrollschächte DN1.000, Schachtabdeckungen (9St), Schachtringe (9St), Schachtanschlüsse (5St)				
	6100-1672 Einfamilienhaus	1.125,00 m² AF	2.105	**1,87**	15,92
	Beton-Absetzschacht DN1.000, t=3,25m, Schachtabdeckung (1St)				
	6400-0120 Jugendfreizeitstätte (3 Gruppen, 100 Kinder)	791,35 m² AF	41.225	**52,09**	51,86
	Versickerungsrigolen 80x80x66cm (49St), Frontgitter (90St), Filtervlies (138m²), Filterkies 2/5mm (2m³), Sandbett, d i.M. 10cm (23m³), Betonschächte, D=1,00m, Abdeckungen (5St), PE-Schacht 80x80x66cm, Abdeckung (1St), Sandfang (1St), Schmutzfänger (1St), Regenwasserabläufe (5St)				
	7600-0089 Rettungswache (2 Fahrzeuge)	385,03 m² AF	2.843	**7,38**	8,76
	Entwässerungsrinne, Pkw-befahrbar (10m), Rohranschluss DN100 (1St)				
554	**Wärmeversorgungsanlagen**				
	6100-1593 Mehrfamilienhaus (3 WE)	–	35.596	**–**	62,95
	Erdsondenbohrung, t bis 120m, Doppel-U-Sonde (1St), Systemtrenner (1St)				
556	**Elektrische Anlagen**				
	4400-0333 Kindertagesstätte (3 Gruppen, 35 Kinder)	–	15.078	**–**	23,38
	Pollerleuchtenrohr, h=1,15m, mit drei Steckdosen, fünf CEE-Steckdosen, FI-Schalter, acht Sicherungen (1St), h=0,875m, mit Bewegungssensor (3St), mit Notlicht (1St), Pollerleuchtenköpfe (5St), Erdstücke (5St), Erdkabel (89m)				
	4400-0367 Kindergarten (7 Gruppen, 130 Kinder)	4.203,00 m² AF	4.445	**1,06**	2,57
	Kabelschutzrohre DN50-100, erdverlegt (733m)				
	6100-1672 Einfamilienhaus	1.125,00 m² AF	3.633	**3,23**	27,47
	Sprechanlage, Türstation (psch), Ladestation 11kW (1St), Außenkabel (52m), Kabelschutzrohre DN50 (50m)				

Kostenkennwerte für die Kostengruppen 500 der 3.Ebene DIN 276

KG	Kostengruppe	Menge Einheit	Kosten €	€/Einheit	€/m² BGF
571	**Vegetationstechnische Bodenbearbeitung**				
	7600-0089 Rettungswache (2 Fahrzeuge)				
		186,65 m²	1.546	**8,28**	4,76
	Oberboden andecken, d=25cm, Lagermaterial (187m²)				

Kostenkennwerte für die Kostengruppen 500 der 3. Ebene DIN 276

KG	Kostengruppe	Menge Einheit	Kosten €	€/Einheit	€/m² BGF
591	**Baustelleneinrichtung**				
	7600-0089 Rettungswache (2 Fahrzeuge)				
		385,03 m² AF	911	**2,37**	2,81
	Baustelleneinrichtung (psch)				
594	**Abbruchmaßnahmen**				
	7600-0089 Rettungswache (2 Fahrzeuge)				
		385,03 m² AF	381	**0,99**	1,17
	Abbruch von Asphaltdecke (25m²); Entsorgung, Deponiegebühren				

ANHANG

Regionalfaktoren

Regionalfaktoren Deutschland

Diese Faktoren geben Aufschluss darüber, inwieweit die Baukosten in einer bestimmten Region Deutschlands teurer oder günstiger liegen als im Bundesdurchschnitt. Sie können dazu verwendet werden, die BKI Baukosten an das besondere Baupreisniveau einer Region anzupassen.
Hinweis: Alle Angaben wurden durch Untersuchungen des BKI weitgehend verifiziert. Dennoch können Abweichungen zu den angegebenen Werten entstehen. In Grenznähe zu einem Land-/Stadtkreis mit anderen Baupreisfaktoren sollte dessen Baupreisniveau mit berücksichtigt werden, da die Übergänge zwischen den Land-/Stadtkreisen fließend sind. Die Besonderheiten des Einzelfalls können ebenfalls zu Abweichungen führen.
Für die größeren Inseln Deutschlands wurden separate Regionalfaktoren ermittelt. Dazu wurde der zugehörige Landkreis in Festland und Inseln unterteilt. Alle Inseln eines Landkreises erhalten durch dieses Verfahren den gleichen Regionalfaktor. Der Regionalfaktor des Festlandes erhält keine Inseln mehr und ist daher gegenüber früheren Ausgaben verringert.

Land- / Stadtkreis / Insel	Bundeskorrekturfaktor
Aachen, Städteregion	0,945
Ahrweiler	1,001
Aichach-Friedberg	1,089
Alb-Donau-Kreis	1,013
Altenburger Land	0,887
Altenkirchen (Westerwald)	0,990
Altmarkkreis Salzwedel	0,892
Altötting	0,987
Alzey-Worms	0,970
Amberg, Stadt	1,090
Amberg-Sulzbach	1,059
Ammerland	0,848
Amrum, Insel	1,280
Anhalt-Bitterfeld	0,835
Ansbach	1,038
Ansbach, Stadt	1,072
Aschaffenburg	1,086
Aschaffenburg, Stadt	1,072
Augsburg	1,099
Augsburg, Stadt	1,231
Aurich, Festlandanteil	0,733
Aurich, Inselanteil	1,200
Bad Dürkheim	1,058
Bad Kissingen	1,040
Bad Kreuznach	0,953
Bad Tölz-Wolfratshausen	1,169
Baden-Baden, Stadtkreis	1,014
Baltrum, Insel	1,200
Bamberg	1,089
Bamberg, Stadt	1,217
Barnim	0,878
Bautzen	0,911
Bayreuth	1,134
Bayreuth, Stadt	1,033
Berchtesgadener Land	1,138
Bergstraße	1,027
Berlin, Stadt	1,120
Bernkastel-Wittlich	1,055
Biberach	1,023
Bielefeld, Stadt	0,868
Birkenfeld	1,046
Bochum, Stadt	0,891
Bodenseekreis	0,973
Bonn, Stadt	0,918
Borken	0,917
Borkum, Insel	1,115
Bottrop, Stadt	0,856
Brandenburg an der Havel, Stadt	0,985
Braunschweig, Stadt	0,783
Breisgau-Hochschwarzwald	1,101
Bremen, Stadt	0,976
Bremerhaven, Stadt	0,946
Burgenlandkreis	0,869
Böblingen	1,107
Börde	0,895
Calw	1,072
Celle	0,838
Cham	0,905
Chemnitz, Stadt	0,848
Cloppenburg	0,756
Coburg	1,010
Coburg, Stadt	1,140
Cochem-Zell	0,991
Coesfeld	0,933
Cottbus, Stadt	0,877
Cuxhaven	0,788
Dachau	1,174
Dahme-Spreewald	0,953
Darmstadt, Stadt	1,046
Darmstadt-Dieburg	1,002

Deggendorf	0,975
Delmenhorst, Stadt	0,794
Dessau-Roßlau, Stadt	0,898
Diepholz	0,820
Dillingen a.d.Donau	1,092
Dingolfing-Landau	0,986
Dithmarschen	1,024
Donau-Ries	1,047
Donnersbergkreis	0,967
Dortmund, Stadt	0,792
Dresden, Stadt	0,905
Duisburg, Stadt	0,923
Düren	0,977
Düsseldorf, Stadt	0,990
Ebersberg	1,294
Eichsfeld	0,907
Eichstätt	1,046
Eifelkreis Bitburg-Prüm	1,009
Elbe-Elster	0,876
Emden, Stadt	0,704
Emmendingen	1,102
Emsland	0,820
Ennepe-Ruhr-Kreis	0,891
Enzkreis	1,043
Erding	1,163
Erfurt, Stadt	0,901
Erlangen, Stadt	1,143
Erlangen-Höchstadt	1,046
Erzgebirgskreis	0,891
Essen, Stadt	0,888
Esslingen	1,028
Euskirchen	0,931
Fehmarn, Insel	1,170
Flensburg, Stadt	0,792
Forchheim	1,099
Frankenthal (Pfalz), Stadt	0,943
Frankfurt (Oder), Stadt	0,825
Frankfurt am Main, Stadt	1,028
Freiburg im Breisgau, Stadtkreis	1,171
Freising	1,112
Freudenstadt	1,050
Freyung-Grafenau	0,990
Friesland, Festlandanteil	0,818
Friesland, Inselanteil	1,399
Fulda	1,000
Föhr, Insel	1,280
Fürstenfeldbruck	1,281
Fürth	1,077
Fürth, Stadt	1,017
Garmisch-Partenkirchen	1,163
Gelsenkirchen, Stadt	0,898
Gera, Stadt	0,917
Germersheim	1,020
Gießen	0,999
Gifhorn	0,861
Goslar	0,837
Gotha	0,880
Grafschaft Bentheim	0,852
Greiz	0,945
Groß-Gerau	0,975
Göppingen	1,033
Görlitz	0,887
Göttingen	0,865
Günzburg	1,091
Gütersloh	0,901
Hagen, Stadt	0,874
Halle (Saale), Stadt	0,823
Hamburg, Freie und Hansestadt	1,153
Hameln-Pyrmont	0,834
Hamm, Stadt	0,873
Hannover, Region	0,934
Harburg	0,980
Harz	0,845
Havelland	0,985
Haßberge	1,088
Heidekreis	0,896
Heidelberg, Stadtkreis	1,087
Heidenheim	0,986
Heilbronn	1,012
Heilbronn, Stadtkreis	1,036
Heinsberg	0,950
Helgoland, Insel	1,392
Helmstedt	0,820
Herford	0,851
Herne, Stadt	0,934
Hersfeld-Rotenburg	0,987
Herzogtum Lauenburg	0,931
Hiddensee, Insel	1,101
Hildburghausen	0,895
Hildesheim	0,840
Hochsauerlandkreis	0,920
Hochtaunuskreis	1,018
Hof	1,130
Hof, Stadt	1,165
Hohenlohekreis	1,052
Holzminden	0,787
Höxter	0,925
Ilm-Kreis	0,860
Ingolstadt, Stadt	1,128
Jena, Stadt	1,000
Jerichower Land	0,849
Juist, Insel	1,200

Kaiserslautern 0,975
Kaiserslautern, Stadt 0,984
Karlsruhe 1,006
Karlsruhe, Stadtkreis 1,116
Kassel 0,994
Kassel, Stadt 0,983
Kaufbeuren 1,073
Kelheim 0,983
Kempten (Allgäu) 1,067
Kiel, Stadt 1,136
Kitzingen 1,065
Kleve 0,911
Koblenz, Stadt 0,906
Konstanz 1,052
Krefeld, Stadt 0,844
Kronach 1,135
Kulmbach 1,038
Kusel 0,961
Kyffhäuserkreis 0,901
Köln, Stadt 0,962

Lahn-Dill-Kreis 1,010
Landau in der Pfalz, Stadt 0,956
Landsberg am Lech 1,158
Landshut 0,994
Landshut, Stadt 1,110
Langeoog, Insel 1,076
Leer, Festlandanteil 0,721
Leer, Inselanteil 1,115
Leipzig 0,957
Leipzig, Stadt 0,812
Leverkusen, Stadt 0,894
Lichtenfels 1,023
Limburg-Weilburg 0,972
Lindau (Bodensee) 1,120
Lippe 0,925
Ludwigsburg 1,041
Ludwigshafen am Rhein, Stadt 0,962
Ludwigslust-Parchim 0,901
Lörrach 1,028
Lübeck, Hansestadt 0,961
Lüchow-Dannenberg 0,873
Lüneburg 0,940

Magdeburg, Stadt 0,845
Main-Kinzig-Kreis 1,016
Main-Spessart 1,065
Main-Tauber-Kreis 1,044
Main-Taunus-Kreis 1,030
Mainz, Stadt 1,027
Mainz-Bingen 1,036
Mannheim, Stadtkreis 1,024
Mansfeld-Südharz 0,897
Marburg-Biedenkopf 0,999
Mayen-Koblenz 1,001
Mecklenburgische Seenplatte 0,900
Meißen 0,919
Memmingen 1,073
Merzig-Wadern 0,955
Mettmann 0,903
Miesbach 1,274
Miltenberg 1,095
Minden-Lübbecke 0,866
Mittelsachsen 0,928
Märkisch-Oderland 0,930
Märkischer Kreis 0,921
Mönchengladbach, Stadt 0,906
Mühldorf a.Inn 1,044
Mülheim an der Ruhr, Stadt 0,875
München 1,288
München, Stadt 1,549
Münster, Stadt 0,878

Neckar-Odenwald-Kreis 1,063
Neu-Ulm 1,075
Neuburg-Schrobenhausen 1,007
Neumarkt i.d.OPf. 0,978
Neumünster, Stadt 0,842
Neunkirchen 0,944
Neustadt a.d.Aisch-Bad Windsheim 1,133
Neustadt a.d.Waldnaab 1,062
Neustadt an der Weinstraße, Stadt 0,986
Neuwied 0,940
Nienburg (Weser) 0,758
Norderney, Insel 1,200
Nordfriesland, Festlandanteil 1,116
Nordfriesland, Inselanteil 1,280
Nordhausen 0,872
Nordsachsen 0,961
Nordwest-Mecklenburg, Inselanteil 1,221
Nordwestmecklenburg, Festlandanteil 0,955
Northeim 0,878
Nürnberg, Stadt 1,033
Nürnberger Land 1,140

Oberallgäu 1,096
Oberbergischer Kreis 0,903
Oberhausen, Stadt 0,898
Oberhavel 0,970
Oberspreewald-Lausitz 0,888
Odenwaldkreis 0,980
Oder-Spree 0,936
Offenbach 0,980
Offenbach am Main, Stadt 1,008
Oldenburg 0,898
Oldenburg (Oldb), Stadt 0,823
Olpe 0,988
Ortenaukreis 1,005

Osnabrück	0,836
Osnabrück, Stadt	0,839
Ostalbkreis	1,067
Ostallgäu	1,043
Osterholz	0,830
Ostholstein, Festlandanteil	0,927
Ostholstein, Inselanteil	1,170
Ostprignitz-Ruppin	0,952
Paderborn	0,936
Passau	0,916
Passau, Stadt	1,103
Peine	0,818
Pellworm, Insel	1,280
Pfaffenhofen a.d.Ilm	1,030
Pforzheim, Stadtkreis	1,024
Pinneberg, Festlandanteil	1,018
Pinneberg, Inselanteil	1,392
Pirmasens, Stadt	0,971
Plön	1,005
Poel, Insel	1,221
Potsdam, Stadt	1,022
Potsdam-Mittelmark	0,957
Prignitz	0,819
Rastatt	1,024
Ravensburg	1,053
Recklinghausen	0,891
Regen	0,935
Regensburg	1,057
Regensburg, Stadt	1,076
Rems-Murr-Kreis	1,036
Remscheid, Stadt	0,900
Rendsburg-Eckernförde	0,939
Reutlingen	1,032
Rhein-Erft-Kreis	0,926
Rhein-Hunsrück-Kreis	1,008
Rhein-Kreis Neuss	0,906
Rhein-Lahn-Kreis	1,012
Rhein-Neckar-Kreis	1,045
Rhein-Pfalz-Kreis	0,975
Rhein-Sieg-Kreis	0,944
Rheingau-Taunus-Kreis	1,037
Rheinisch-Bergischer Kreis	0,948
Rhön-Grabfeld	1,071
Rosenheim	1,261
Rosenheim, Stadt	1,176
Rostock	0,939
Rostock, Stadt	0,986
Rotenburg (Wümme)	0,753
Roth	1,070
Rottal-Inn	0,989
Rottweil	0,978
Rügen, Insel	1,101
Saale-Holzland-Kreis	0,845
Saale-Orla-Kreis	0,879
Saalekreis	0,908
Saalfeld-Rudolstadt	0,913
Saarbrücken, Regionalverband	0,921
Saarlouis	0,964
Saarpfalz-Kreis	0,938
Salzgitter, Stadt	0,811
Salzlandkreis	0,864
Schaumburg	0,817
Schleswig-Flensburg	0,910
Schmalkalden-Meiningen	0,952
Schwabach, Stadt	1,128
Schwalm-Eder-Kreis	0,959
Schwandorf	1,018
Schwarzwald-Baar-Kreis	0,972
Schweinfurt	1,093
Schweinfurt, Stadt	1,042
Schwerin, Stadt	1,062
Schwäbisch Hall	0,979
Segeberg	0,965
Siegen-Wittgenstein	0,956
Sigmaringen	1,040
Soest	0,900
Solingen, Stadt	0,880
Sonneberg	0,952
Speyer, Stadt	1,086
Spiekeroog, Insel	1,076
Spree-Neiße	0,748
St. Wendel	1,009
Stade	0,856
Starnberg	1,294
Steinburg	0,949
Steinfurt	0,869
Stendal	0,729
Stormarn	0,918
Straubing, Stadt	1,233
Straubing-Bogen	1,023
Stuttgart, Stadtkreis	1,131
Suhl, Stadt	0,940
Sylt, Insel	1,280
Sächsische Schweiz-Osterzgebirge	0,974
Sömmerda	0,886
Südliche Weinstraße	1,032
Südwestpfalz	1,019
Teltow-Fläming	0,978
Tirschenreuth	1,038
Traunstein	1,115
Trier, Stadt	1,076
Trier-Saarburg	1,085
Tuttlingen	1,050
Tübingen	1,078

Uckermark	0,889
Uelzen	0,887
Ulm, Stadtkreis	1,008
Unna	0,881
Unstrut-Hainich-Kreis	0,873
Unterallgäu	1,031
Usedom, Insel	1,050
Vechta	0,836
Verden	0,836
Viersen	0,945
Vogelsbergkreis	0,949
Vogtlandkreis	0,948
Vorpommern-Greifswald, Festlandanteil	0,994
Vorpommern-Greifswald, Inselanteil	1,050
Vorpommern-Rügen, Festlandanteil	0,856
Vorpommern-Rügen, Inselanteil	1,101
Vulkaneifel	1,010
Waldeck-Frankenberg	1,007
Waldshut	1,027
Wangerooge, Insel	1,399
Warendorf	0,926
Wartburgkreis	0,910
Weiden i.d.OPf., Stadt	1,056
Weilheim-Schongau	1,148
Weimar, Stadt	1,008
Weimarer Land	0,914
Weißenburg-Gunzenhausen	1,019
Werra-Meißner-Kreis	0,974
Wesel	0,941
Wesermarsch	0,814
Westerwaldkreis	0,994
Wetteraukreis	0,957
Wiesbaden, Stadt	0,947
Wilhelmshaven, Stadt	0,878
Wittenberg	0,789
Wittmund, Festlandanteil	0,756
Wittmund, Inselanteil	1,076
Wolfenbüttel	0,899
Wolfsburg, Stadt	0,860
Worms, Stadt	1,017
Wunsiedel i.Fichtelgebirge	1,092
Wuppertal, Stadt	0,846
Würzburg	1,110
Würzburg, Stadt	1,204
Zingst, Insel	1,101
Zollernalbkreis	1,041
Zweibrücken, Stadt	1,021
Zwickau	0,917

Regionalfaktoren Österreich

Bundesland	Korrekturfaktor
Burgenland	1,109
Kärnten	1,105
Niederösterreich	1,043
Oberösterreich	1,128
Salzburg	1,098
Steiermark	1,116
Tirol	1,043
Vorarlberg	1,100
Wien	1,123

Regionalfaktoren für den Europa-Raum

Land	Korrekturfaktor
Albanien	0,312
Belgien	0,684
Bosnien und Herzegowina	0,303
Bulgarien	0,367
Dänemark	0,876
Estland	0,495
Finnland	0,949
Frankreich	0,771
Griechenland	0,463
Irland	0,725
Island	0,922
Italien	0,557
Kroatien	0,333
Lettland	0,508
Litauen	0,450
Luxemburg	0,797
Malta	0,535
Mazedonien	0,299
Montenegro	0,356
Niederlande	0,787
Norwegen	0,983
Polen	0,442
Portugal	0,473
Rumänien	0,348
Schweden	1,028
Schweiz	1,161
Serbia	0,343
Slowakei	0,515
Slowenien	0,457
Spanien	0,533
Tschechische Republik	0,478
Türkei	0,258
Ungarn	0,425
Zypern	0,500

ANHANG

Verzeichnis der Architektur- und Planungsbüros

BKI dankt den genannten Büros für die zur Verfügung gestellten Objektdaten.

Nutzen Sie die Vorteile Ihrer Projekt-Veröffentlichung in den BKI-Produkten:
- Dokumentierte Kosten Ihres Projekts nach DIN 276
- Ausbau und Erweiterung Ihrer bürointernen Baukostendaten für Folgeprojekte
- Dokumentationsunterlagen als Referenz für Ihre Projekt-Akquise
- Aufwandsentschädigung von bis zu 700,- €
- Aufnahme Ihrer Bürodaten in die Liste der Architekt*innen und Planer*innen
- Kostenloses Fachbuch

Weitere Informationen unter www.bki.de/bki-verguetung.html